中国风景园林学会　编

中国风景园林学会2018年会

论文集

新时代的中国风景园林

Chinese Landscape Architecture in New Era

CHSLA 2018

中国建筑工业出版社

图书在版编目(CIP)数据

中国风景园林学会2018年会论文集/中国风景园林学会编. —北京：中国建筑工业出版社，2018.10
ISBN 978-7-112-22750-1

Ⅰ.①中… Ⅱ.①中… Ⅲ.①园林设计-中国-文集 Ⅳ.①TU986.2-53

中国版本图书馆CIP数据核字(2018)第221851号

责任编辑：杜 洁 兰丽婷
责任校对：王雪竹

中国风景园林学会2018年会论文集
新时代的中国风景园林
中国风景园林学会 编

*

中国建筑工业出版社出版、发行（北京海淀三里河路9号）
各地新华书店、建筑书店经销
北京红光制版公司制版
北京市密东印刷有限公司印刷

*

开本：880×1230毫米 1/16 印张：45½ 字数：1927千字
2018年10月第一版 2018年10月第一次印刷
定价：**99.00**元
ISBN 978-7-112-22750-1
(32850)

中国风景园林学会2018年会
论文集

新时代的中国风景园林

Chinese Landscape Architecture in New Era

CHSLA 2018

主　　编：孟兆祯　陈　重

编　　委（按姓氏笔画排序）：

王向荣　王志泰　包志毅　刘　晖　刘滨谊

李　雄　林广思　金荷仙　高　翅

目 录

风景园林规划与设计

风景园林生态与修复

风景园林资源与文化遗产

风景园林植物

风景园林工程与管理

摘要选登

论文集

风景园林规划与设计

基于游人行为偏好的公园植物空间特征分析

——以上海鲁迅公园为例

Analysis of Park Plant Spatial Characteristics Based on Tourists' Behavioral Preference

—A Case Study of Lu Xun Park in Shanghai

樊艺青　吴　雪

摘　要： 城市公园中不同场地的空间特征可以影响游人的活动方式与分布，而游人活动偏好对城市公园的规划设计至关重要。本文以上海鲁迅公园为研究对象，首先通过行为观察法和调查问卷对公园中游人的分布和活动进行记录；其次根据公园中游人的分布情况对其活动场地的可达性、空间围合度以及植物光环境等场地特征进行测量记录；最后通过量化的方法分析公园中不同植物空间特征对游人行为分布的影响，从游人活动偏好的角度为未来城市公园的改造与新建提供参考。

关键词： 游客偏好；空间围合度；郁闭度；可达性

Abstract: The spatial characteristics of different sites in urban parks can influence the behavior and distribution of tourists, and the preference of tourists is crucial to the planning and design of urban parks. This article takes Lu Xun Park in Shanghai as the study case, and records the distribution and activities of visitors in the park through behavior observation and questionnaires. Secondly, the site features such as accessibility, degree of enclosure, and light environment of plant are recorded according to the distribution of tourists in the park. Finally, the influence of different plant spatial characteristics on the behavior distribution of tourists in the park was analyzed by quantitative methods. The conclusions would provide some guidelines for future urban park design and reconstruction.

Keyword: Tourist Preference; Spatial Enclosure; Forest Canopy Closure; Accessibility

引言

扬·盖尔把公共空间中人们的户外活动分为 3 种类型：必要性活动、自发性活动和社会性活动[1]。当场地和环境满足人的需要，具备一定的功能，大量的自发性活动会随之发生，从而发展出更多的社会性活动[2]。公园环境为使用者提供可以感受外界环境的机会，这种机会有利于居民的积极的心理建设。反之，游客也能发挥主观能动性创造和影响公园的空间环境。园林植物景观空间的营造是公园环境设计的重要组成部分，与游客对空间的感知与偏好密不可分，本文从鲁迅公园空间使用偏好出发，试图量化公园内植物空间特征，以探讨受使用者欢迎的空间特征。

1　调研内容和方法

鲁迅公园是上海主要的历史文化纪念性公园和中国第一个体育公园。园内有国家级文物保护单位——鲁迅墓、鲁迅纪念馆以及尹奉吉义举纪念地梅园，这些文物单位使得鲁迅公园呈现出浓厚的文化氛围和历史积淀。公园位于上海市虹口区四川北路，占地面积 28.63 万 m^2。本文采取问卷调查法、行为场所观察法（择工作日一天、周末一天，在工作日和周末下午 3～5 点对公园内文艺活动、聚众交流活动地点及观看人数进行记录，记录内容为实时的活动人群的数量、性别、年龄、活动内容，在平面图上记录活动人群的相应位置）和实地访谈法对鲁迅公园进行了调查分析。在正式进行记录之前，选择了天气晴朗的 2 个工作日和 2 个周末分别对鲁迅公园的活动进行了预调研和记录，调研结果表明鲁迅公园的活动与使用人数较为稳定，数据具有代表性。

2　结果分析

2.1　行为观察

2.1.1　活动类型分析

鲁迅公园的活动非常丰富，包括体育锻炼、游乐活动、音乐活动、交流活动和休闲活动等。本调查只记录在场地中正在进行文艺活动和交流活动的人，未记录在路上流动的人群。为研究活动及场地对人群的吸引力，使用地图标记法将每种活动的表演者和观看者标记出来。

鲁迅公园工作日和休息日的文艺与交流参与性活动人群都以男性居多（表 1），年龄以中老年退休者为主，休息日家庭聚会性质活动上升，青年和儿童使用者增多。

鲁迅公园文艺活动人群特征　　表 1

类别	性别		年龄	合计
	男	女		
工作日	138	4	中老年、青年、儿童	183
休息日	342	84	中老年、青年	385

图 1 展示了鲁迅公园周末活动空间分布的点密度图，公园中的活动遍布全园，主要人群集中在入口处两边的林下空间、鲁迅纪念馆附近的大草坪、茶室附近场地以及茶室西北部公园主干道上。这些活动人群的聚集形成了一个个领域感很强的亚空间。本文选择图中聚集人数较多的 6 个空间单元进行具体分析。

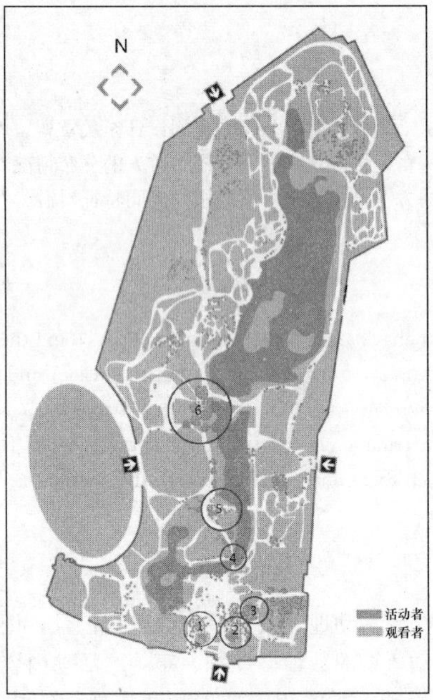

图 1　鲁迅公园周末活动空间分布点密度图

2.1.2　合唱活动及其环境特征

（1）活动特征

合唱活动主要分布在入口 3 个空间单元（图 2）。活动人群以中老年人为主，男性人数约为女性的 2 倍。观看者主要分为参与性观看和非参与性观看。参与性观看者包围在演奏者的周围，与演奏者的距离在 2m 之内。非参与性观看者一般都是分布在合唱圈外部的座椅处，休憩的同时关注表演。

（2）环境特征

三处空间单元都是林下空间，具有庇护的空间属性。它们都位于道路与场地交界处，沿主要游步道分布，可达性高，但又避开了公园入口的主干道，避免人流的干扰。从表演者的角度，这些地方既有团体活动需要的空间独立性，同时也满足了被路人观看的条件。从观看者的角度出发，这个空间必然不能是流动的空间，观者会因为人流的不安定因素而没有驻足的欲望。此外，场地的座椅为观者创造了便利。

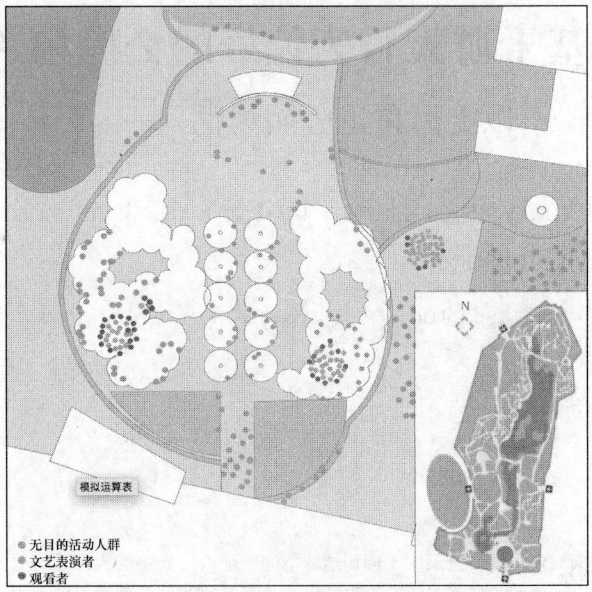

图 2　入口处周末合唱活动表演者与观看者分布图

2.1.3　口琴活动及其环境特征

（1）活动特征

口琴演奏者位于公园主干道旁的一块空地处，表演者是一中年男性。从观看人数可以看出，口琴演奏对于人群的吸引力相对于二胡和吹笛更大。二胡和吹笛的活动更倾向于是内部小团体的交流过程，而口琴作为独奏活动，则更倾向于表演的性质，吸引到更多的人前来观看。另外，口琴演奏者就站在主干道旁的半开敞场地，他本身的环境选择可能就出于一种表演的意识。

（2）环境特征

空间单元四邻着公园主干道（图 3），且位于十字交叉口，人流量明显较大。场地是由植物围合的半开敞空间，空地面积较大，能容纳较多观看人群。整个空间面对道路开放，空间中的活动使经过的人群一目了然。植物群落前方设有座椅，方便弹奏者和观看者停留。

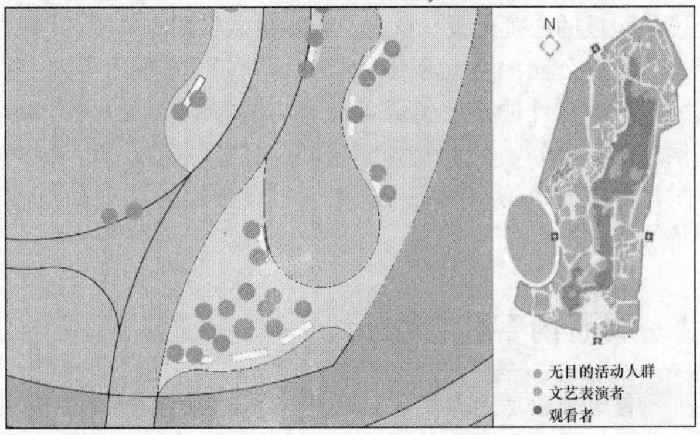

图 3　周末口琴活动者与观看者分布

2.1.4　二胡和吹笛活动及其环境特征

（1）活动特征

二胡与吹笛活动主要分布在茶室附近（图 4）。参与活动的人群年龄多为 50 岁以上的退休老人。二胡演奏表演者位于茶室长廊内，吹笛者主要位于花坛旁的座椅处，活动形式是以乐器演奏为主的小团体活动。由于此地有足够的休息设施，参与人群可以长时间停留此地。

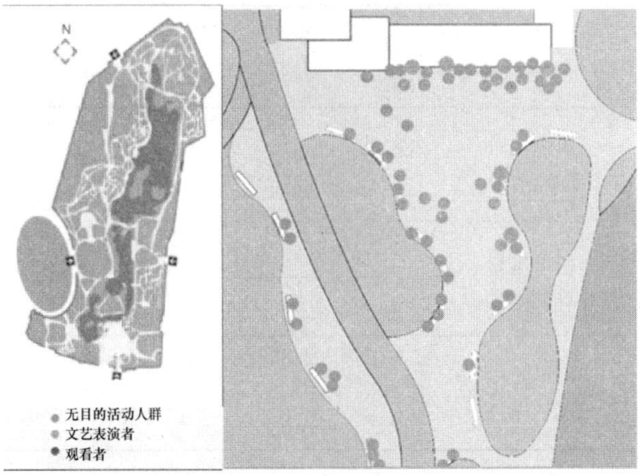

图 4　周末茶室处二胡与吹笛活动者及观看者分布

（2）环境特征

空间单元五是分别由建筑合植物围合而成的小型半开敞空间。茶室外围的长廊为二胡演奏者提供了类似舞台的建筑背景，同时又面对外部开敞，向观看者演示。茶室前边是花坛围合的半开敞空间，花坛与花坛彼此相对，花坛前设有座椅。若有活动发生，则两边的活动者就可以互为表演者和观看者。此空间单元有 3 个入口，较多的人会流入到这个空间成为活动的观察者。

2.1.5　集会交流

（1）活动人群特征

集会交流的人数非常密集，该人群是本次研究中观察到的人数最多的团体活动，仍然以组群形式呈现。在周末，大的群体在 30 人左右，小的群体 10～15 人。在工作日，大的群体在 20 人左右，小的 7～8 人。参与讨论者几乎全部都是男性，只有 1～2 个女性。年龄主要以中年和老年为主。

（2）环境特征

空间单元六位于鲁迅墓旁边的公园主干道及两边的空地上。经过访谈和观察，交谈的内容多为当前时事及一些社会问题的谈论，这可能是源于讨论者对鲁迅墓附近的文化氛围的环境感知。整个空间的流动性较强，道路周围没有服务设施。德吉恩的《应用交通学》中提到：在公园里，有一种把人拉向边缘的吸引力。因此，我们分析，在一开始这种交谈可能源于少量人在路边的交谈，而这种交谈会吸引更多的人参与，逐渐形成聚众交谈并且围在了道路中间。

2.2　问卷调查

问卷分为 4 个部分，第一部分是游人的基本信息，第二部分对鲁迅公园中游人的活动类型进行调查，第三部分根据游人是否将该场地作为第一活动场地以及场地选择的原因进行调查，第四部分是游人对场地改造的建议。问卷样本量 50 份，有效问卷 48 份。根据发放的调查问卷整理得出：86%的人将其所在的场地作为活动场地的第一选择，即由此所得出的选择场地的原因以及建议是有参考价值的。

2.2.1　活动类型

根据问卷统计，39%的人经常进行唱歌活动，20%的人进行乐器演奏，14%的人只是随便看看，9%的人聊天，5%的人运动和其他活动，4%的人则选择静坐和打牌。

2.2.2　活动原因

23%的人认为选择该场地的原因是出于听得到音乐；13%是出于靠近园路。人流量较大；11%出于入口近和有植物庇护；8%出于视野开阔和有座椅等基础设施，以及环境的安静；7%出于建筑因素；4%则是其他因素；3%是因为闻到花香；2%的人是因为其他地方被占据以及该场地有标志物。

2.2.3　公园改进建议

分别有 20%的人认为他们所在的空间无需修改和增加座椅，17%的人认为需要增加相关活动设施，12%的人认为需要扩大场地面积，10%认为需要增加安全系数，3%认为需要增加标志性景观，以及还分别有 2%的人认为需要增加鲁迅文化和增加建筑。

3　周末文化交流活动环境数量特征分析

3.1　环境数量特征测量

3.1.1　空间可达性。

空间可达性测量　　表 2

	距最近入口距离（m）	距主入口距离（m）
空间单元一	55	55
空间单元二	50	50
空间单元三	132	132
空间单元四	176	186
空间单元五	97	270
空间单元六	190	410

活动空间与公园入口的距离影响着人们对空间的关注和使用。本文以公园道路网络为基础，运用 CAD 计算了 6 个空间单元与公园出入口的距离。鲁迅公园东西南北侧皆分布有出入口，南侧入口为主要出入口。空间单元一、二、三靠近南侧入口，空间单元四、五、六靠近西侧入口。6 个空间单元与最近出入口的距离都小于 200m，便于吸引人群。相较于北侧入口和东侧入口，西侧入口靠近地铁站出口，也使得公园西侧空间更易到达和被使用（表 2）。

3.1.2 空间围合度

空间的大小、形状以及长宽高影响着人们对空间的感受，长宽构成了空间的基面，高度决定了空间的边界。空间的围合度可以通过基面的进深（D）与高度（H）的比值进行衡量。有学者提出，当 D/H 小于 1 时，空间产生封闭的感觉；当 $D/H=1\sim3$ 时，空间大小尺度较为合适；当 D/H 大于 3 时，空间有空旷之感[3]。林下空间单元一、二、三位于公园入口，没有明显的植物边界，通过测取树阵的种植间距 D 来代表空间视距。空间单元三、四形状不规则，分别选取 2 个代表性视点进行采样。详情见表 3。

空间围合度测量　　表 3

空间名称	D（m）	H（m）	D/H
空间单元一	8.00	7.4	1.08
空间单元二	10.00	11.0	0.91
空间单元三	10.00	14.3	0.70
空间单元四	视点一 12.05	15.8	0.76
	视点二 10.63	15.8	0.67
空间单元五	视点一 10.92	16.4	0.67
	视点二 10.66	16.4	0.65
空间单元六	5.00	15.7	0.32

从 D/H 来看，5 个空间单元的空间围合感都较强，空间亲和力高，吸引人们进入其中。空间单元六作为狭长形空间，其空间限定性则更为明显。相关研究指出，在围合空间的植物配置中，6m 以下高度层更接近人观赏的高度，围合空间的效果更明显[4]，这表明小乔木和灌木对于空间边界的限定更易识别。空间单元四、五的植物配置层次丰富，座椅旁边多栽植 3～4m 的小乔木以及 1.5m 左右高的灌木，形成了更为封闭而独立的空间感。

3.1.3 植物光环境

植物的光环境影响着人们对空间封闭度的感受，空间透光性越强，空间封闭度越低。本文采用郁闭度来反映空间透光性，郁闭度是衡量植物所占有的水平空间面积的一个指标，它反映了植物叶层对空间顶部的覆盖程度[5]。通过鱼眼相机根据各空间单元大小对其顶层植物进行定点采样，并使用软件计算各点的郁闭度及平均值。

从表 4 来看，空间单元六的顶层植物郁闭度最高，即道路空间顶层封闭度最高，其次是空间单元五，即建筑旁二胡活动空间。入口的 3 个合唱空间中，空间单元二的郁闭度高于单元一和单元三。

植物光环境测量　　表 4

	采样值			平均郁闭度
空间单元一（入口树阵广场）	2.454	1.512	1.359	1.930
	1.780	2.073	1.698	
	1.594	3.490	1.408	

续表

	采样值			平均郁闭度
空间单元二（入口树阵广场）	2.905	3.433	2.267	2.517
	3.182	1.995	1.821	
	1.875	2.528	2.650	
空间单元三（入口树阵广场）	1.619	2.288		1.909
	1.539	2.229		
	1.872			
空间单元四（小型林下空间）	2.276	1.756		1.927
	1.625	2.050		
空间单元五（建筑旁空间）	2.509	2.657		2.612
	2.165	2.709		
	2.265	3.368		
空间单元六（道路空间）	2.901	2.687		2.934
	3.343	2.276		
	3.138	2.960		

3.2 环境数量特征分析

3.2.1 围合度与郁闭度

围合度反映了空间的高与基面的关系，而郁闭度则体现空间顶部的覆盖率。从表 5 中可以看出 6 个空间单元的 D/H 值与郁闭度呈现反向的关系，这也间接反映了鲁迅公园中越开敞的植物空间，其顶层郁闭度越低。这种现象可以通过种植间距解释，植物的种植间距越小，空间的围合度与郁闭度越强。此外，植物的叶面积以及枝干密度等对郁闭度也有较大的影响。

环境数量特征　　表 5

数量特征	空间单元一	空间单元二	空间单元三	空间单元四	空间单元五	空间单元六
距主入口距离	55	50	132	186	270	410
D/H	1.08	0.91	0.70	0.72	0.66	0.32
郁闭度	1.930	2.517	1.909	1.927	2.612	2.934

3.2.2 可达性与围合度

从图 5 中可以看出，随着 6 个空间单元依次远离主入口，其空间围合度也在逐渐下降。靠近主入口的空间更为

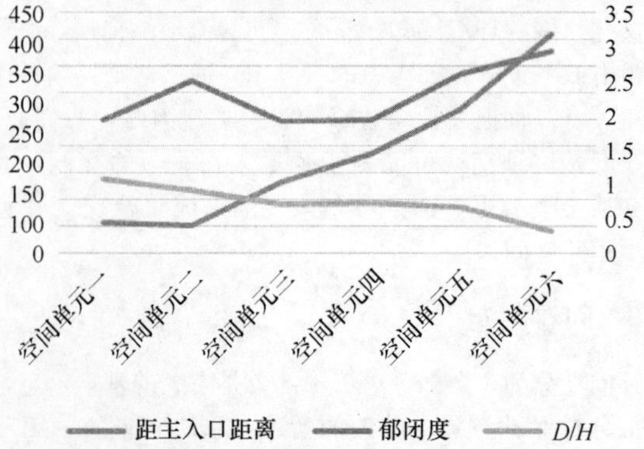

图 5　环境数量特征关系

开敞，活动形式丰富，人群容易被活动吸引而形成聚集。此类空间更易激发活泼、高昂且感染性质强的活动，例如合唱、合奏等，空间带有欢快的氛围。随着路线的深入，空间尺度逐渐缩小，空间氛围也逐渐温和，活动多以个人或小团队进行，例如口琴独奏或者二胡交流。空间单元六最为狭窄，空间氛围在此也变得沉静和严肃。

3.2.3 可达性与郁闭度

随着路线的深入，空间顶层植物的覆盖度也呈现逐渐上升的趋势。空间单元二的顶层郁闭度较高，这与其种植密度较高且悬铃木叶面积指数较大有关。实际上，空间单元四、五、六的植物种类与层次较入口空间也更为丰富，以小乔木和地被植物限定边界空间，从而形成可识别的基面空间、立面空间和顶部空间，人们容易在这里停留驻足，休憩放松。

4 结语

鲁迅公园周末文艺活动和交流活动人群以老年人为主，活动场地更偏向于可达性高、人流量大、有庇护性的场地。植物空间的营造对于场地的吸引力至关重要。靠近公园主入口的空间尺度应偏大，植物的围合度与郁闭度不应太高，以便分流人群并起到往公园内部过渡的作用，活泼欢快的功能分区可以安排在入口附近。随着园路深入公园中心，活动功能逐渐分散，植物的配置则要根据空间的性质进行调整。例如安静的空间，植物的围合度与顶层郁闭度都要较高以隔绝外部。而便于人们开展小型活动的半开敞空间，围合度与顶层郁闭度则可能需要此消彼长，使得空间的基面、立面和顶部不至于完全封闭，以吸引外部人群。但在具体的设计过程中，还需充分考虑场地特性、植物特性、空间序列等因素，以创造优美、舒适、符合使用者需求的空间。

参考文献

[1] 扬·盖尔. 交往与空间[M]. 何人可，译. 北京：中国建筑工业出版社，2002.

[2] 赵璐. 城市中心区公园边界空间设计研究[D]. 长沙：中南大学，2011.

[3] 夏伟伟，屠宜平. 杭州花港观鱼公园植物景观空间分析研究[J]. 华中建筑，2012，30(8)：117-122.

[4] 李伟强，包志毅. 园林植物空间营造研究——以杭州西湖绿地为例[J]. 风景园林，2011(5)：98-103.

[5] 李永宁，张宾兰，秦淑英，等. 郁闭度及其测定方法研究与应用[J]. 世界林业研究，2008(1)：40-46.

作者简介

樊艺青，1992年生，女，汉族，河南人，同济大学建筑与城市规划学院景观学系在读硕士研究生。电子邮箱：13322462519@163.com。

吴雪，1992年生，女，汉族，山东人，同济大学建筑与城市规划学院景观学系在读硕士研究生。电子邮箱：158162856@qq.com。

北京老城居住街区小微绿地现状研究①

Study on the Current Situation of Small Green Space in the Residential Blocks of Beijing Old Town

耿 超 杨 鑫

摘　要：随着城市修补工作的深入，小微绿地在城市绿地系统中的地位越发凸显，特别是北京老城这种城市功能紧凑的地区。该文选取北京老城中居住街区小微绿地作为研究对象，通过ArcGis平台对北京老城居住街区的小微绿地分布情况进行量化处理。结合实地调研，对研究范围内小微绿地的周长、面积、位置、服务设施和植物绿化等现状情况进行研究统计。总结当前北京老城小微绿地建设特点，对小微绿地的优化提出合理的建议。
关键词：北京老城；居住街区；小微绿地

Abstract: With the in－depth implementation of urban repair work, the status of small green space in the urban green space system is becoming more and more prominent, especially in Beijing old town, which has a compact urban function. This paper chooses the small green space of residential blocks in Beijing old town as the research object, and quantifies the distribution of small green space in residential blocks in the old city of Beijing by ArcGis platform. Then, the paper combined with the field investigation, the circumference, area, location, service facilities and plant greening of the small green space in the study area were studied and statistically analyzed. Finally, the paper summarizes the current characteristics of small green space construction in Beijing old town, and puts forward reasonable suggestions for the optimization of small green space.
Keyword: Beijing Old Town; Residential Area; Small Green Space

1　相关概念阐述

1.1　小微绿地

小微绿地是当今城市绿地系统中最贴近人们日常生活的部分，在改善城市环境、提升城市活力、改善人居环境等方面具有重要的意义。

在城市环境建设方面，小微绿地可以作为单独的绿地系统，也可以和周边的城市绿道、城市公园等相联系，共同完善城市绿地系统，使城市环境更加美好；在空间品质提升方面，小微绿地作为公共活动空间，可以解决老城区空间秩序混乱问题，恢复老城区的功能和活力；在人文社会方面，小微绿地的建设可以丰富周边人群的日常生活，为人们提供更多安静、舒适的游憩场所（图1）。

表2.0.4-1城市建设用地内的绿地分类和代码

类别代码				类别名称	内容	备注
大类	中类	小类				
G1				公园绿地	向公众开放，以游憩为主要功能，兼具生态、景观、文教和应急避险等功能，有一定游憩和服务设施的绿地	
	G11			综合公园	内容丰富，适合开展各类户外活动，具有完善的游憩和配套管理服务设施的绿地	规模宜大于10hm²
	G12			社区公园	用地独立，具有基本的游憩和服务设施，主要为一定社区范围内居民就近开展日常休闲活动服务的绿地	规模宜大于1hm²
	G13			专类公园	具有特定内容或形式，有相应的游憩和服务设施的绿地	
	G13	G131		动物园	在人工饲养条件下，移地保护野生动物，进行动物饲养、繁殖等科学研究，并供科普、观赏、游憩等活动，具有良好设施和解说标识系统的绿地	

续表2.0.4-1

类别代码			类别名称	内容	备注
大类	中类	小类			
G1	G13	G132	植物园	进行植物科学研究、引种驯化、植物保护，并供观赏、游憩及科普等活动，具有良好设施和解说标识系统的绿地	
		G133	历史名园	体现一定历史时期代表性的造园艺术，需要特别保护的园林	
		G134	遗址公园	以重要遗址及其背景环境为主形成的，在遗址保护和展示等方面具有示范意义，并具有文化、游憩等功能的绿地	
		G135	游乐公园	单独设置，具有大型游乐设施，生态环境较好的绿地	绿化占地比例应大于或等于65%
		G139	其他专类公园	除以上各种专类公园外，具有特定主题内容的绿地。主要包括儿童公园、体育健身公园、滨水公园、纪念性公园、雕塑公园以及位于城市建设用地内的风景名胜公园、城市湿地公园和森林公园等	绿化占地比例宜大于或等于65%
	G14		游园	除以上各种公园绿地外，用地独立、规模较小或形状多样，方便居民就近进入，具有一定游憩功能的绿地	带状游园的宽度宜大于12m;绿化占地比例应大于或等于65%
G2			防护绿地	用地独立，具有卫生、隔离、安全、生态防护功能，游人不宜进入的绿地。主要包括卫生隔离防护绿地、道路及铁路防护绿地、高压走廊防护绿地、公用设施防护绿地等	

图1　2018新版《城市绿地分类标准》（部分）

① 基金项目：国家自然科学基金（项目批准号：51508004）资助；住房和城乡建设部科学技术计划——北京建筑大学北京未来城市设计高精尖创新中心开放课题（UDC2017030712）资助；2018年北京市属高校高水平教师队伍建设支持计划青年拔尖项目（PXM2018＿014212＿000043）资助。

参考2018新版《城市绿地分类标准》中社区公园和游园的相关概念及当前小微绿地建设的实际情况，本文中小微绿地的调研统计范围为：“在公共空间中，面积不超过 $1hm^2$，用地独立，有明显边界，具有一定休息和服务设施的绿地。”

1.2 北京老城

在新版《北京城市总体规划（2016～2035年）》中，规定了北京老城范围为北京市二环内，包括东城区和西城区的大部分，面积为 $62.5km^2$。该区域是首都功能核心区的重要组成部分，既是北京市开发强度最高的完全城市化地区，又是北京古建筑遗存最丰富的地区（图2）。

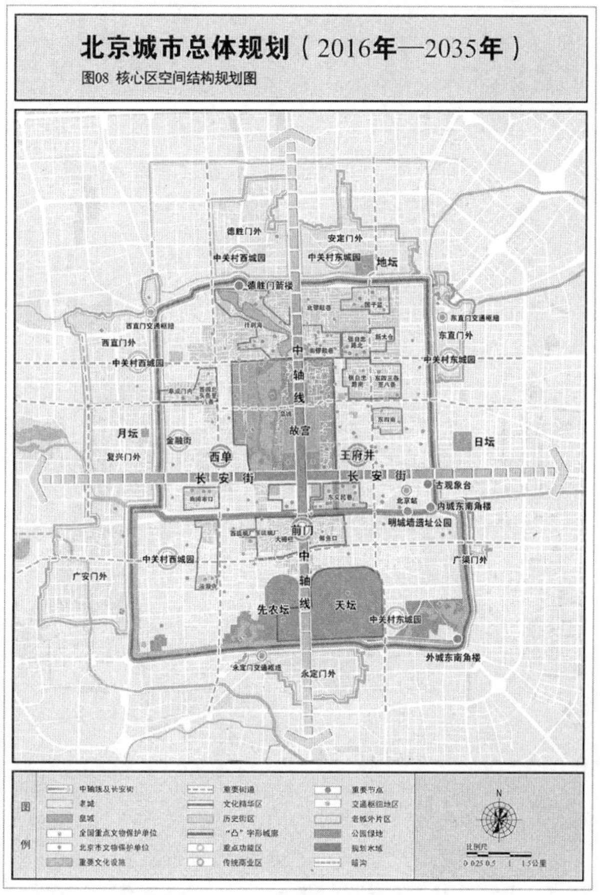

图2 北京市核心区结构规划图

2 北京老城居住街区小微绿地基本情况

2.1 北京老城居住街区小微绿地概况

在北京老城内，居住街区在东、南、西、北4个方向呈环状分布，南侧的居住街区分布最多、最密集。经调研统计，此16个区域内小微绿地的数量共为118个，总面积 $95864m^2$，平均周长130m，平均面积 $812m^2$。118块小微绿地中最大的周长为383m，最大的面积为 $5984m^2$，最小周长仅21m，最小面积仅 $30m^2$（图3、图4）。

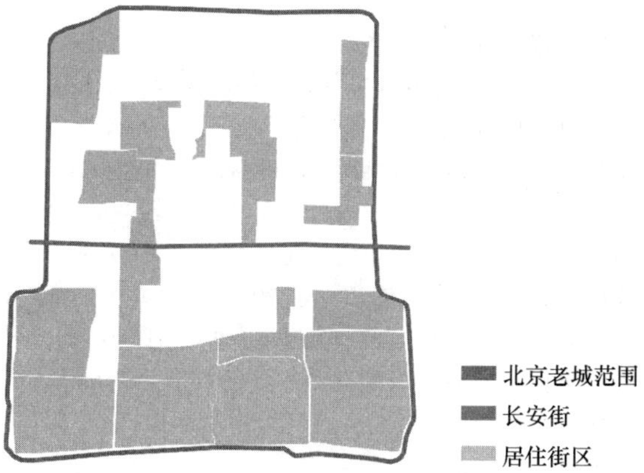

图3 北京老城居住街区位置图

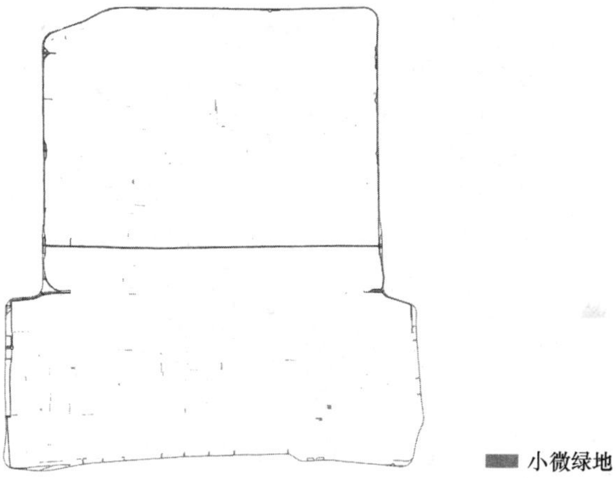

图4 北京老城居住街区小微绿地分布图

2.2 北京老城居住街区小微绿地的周长与面积

2.2.1 小微绿地周长数据统计

在北京老城的居住街区中，小微绿地周长在100m以内的占比最大，有44%；在100～200m范围内的约占40%；除此之外，小微绿地周长在200～300m的约占8.5%；大于300m的占比最小，仅7.6%。由此可以看出，当前的北京老城居住街区内，小微绿地的周长主要分布在200m以内，占总数的84%（图5）。

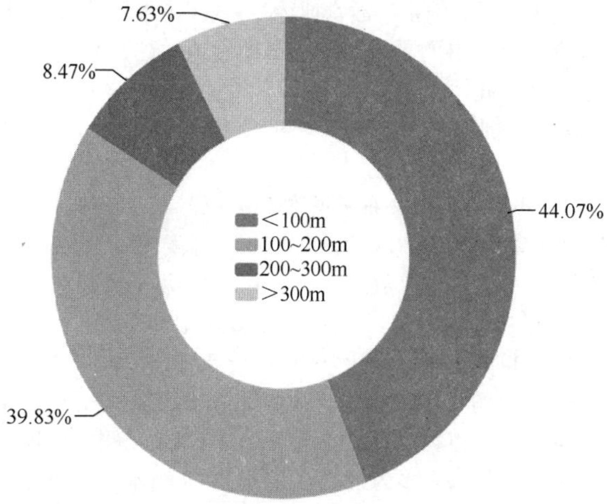

图5 北京老城居住街区小微绿地周长统计图

2.2.2 小微绿地面积数据统计

在北京老城的居住街区中，小微绿地共有 118 块，其总面积约 95860m^2，平均面积为 812.4m^2。在此之中，面积在 500m^2 以内的小微绿地占比最高，有 54%；在 500～999m^2 之间的约占 17%，与面积在 1000～1999m^2 之间小微绿地 18%的占比相差不大；面积在 2000～2999m^2 之间的较小，约占 8%；而面积大于 3000m^2 的占比最小，仅为约 3%。由此可以看出，北京老城居住街区内小微绿地面积普遍较小，小微绿地面积主要分布在 2000m^2 以内，占总数的 89%（图 6）。

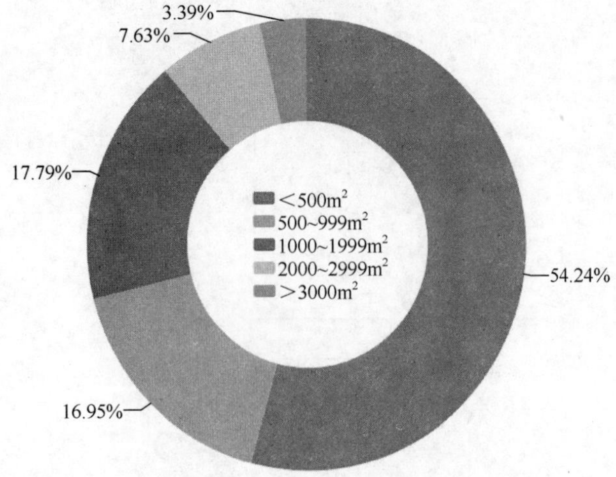

图 6　北京老城居住街区小微绿地面积统计图

2.3 北京老城居住街区小微绿地的分布情况

2.3.1 小微绿地在北京老城居住街区的分布集中

经过 GIS 核密度分析，可以看出北京老城居住街区的小微绿地分布较为集中，西南侧分布最为密集，中部北侧及东南侧次之，西北侧、东北侧分布最少。结合北京老城公园绿地位置和居住区分布实际来看，北京老城南侧居住区最为密集，但东南侧公园绿地最多且面积最大，缓解了人们对于绿地的需求，因此在北京老城西南侧小微绿地的分布最为密集。在北京老城的北侧，虽然居住街区分布较为分散，但由于故宫博物院、景山公园、北海公园等国家重要景点的集中影响，小微绿地的建设极大地方便了游客在此休息、聚集的需求，因此在北京老城的中部北侧小微绿地分布较为集中（图 7、图 8）。

2.3.2 小微绿地多分布于道路两侧

北京老城居住街区中，有 87 片小微绿地分布在道路两侧，占小微绿地总数的 73%，其余 31 片小微绿地分布在街角路口，占总数的 26%，小微绿地多分布于路侧。分布于路口的小微绿地通常为矩形且面积较大，有广场、座椅等必要的设施，有些较大的场地中还设置了羽毛球等运动场地，植物丰富，环境优美；分布于路侧的小微绿地面积变化较大，多为带状沿道路分布，由草地、绿篱等将场地与道路分隔，场地内设施相对单一（图 9～图 11）。

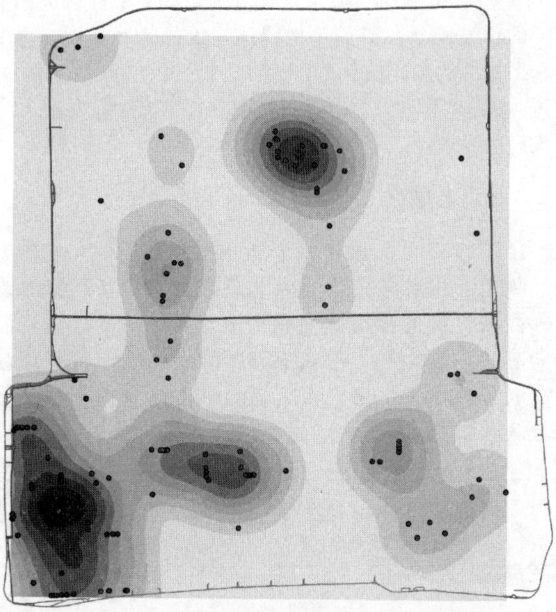

图 7　北京老城居住街区小微绿地核密度分析图

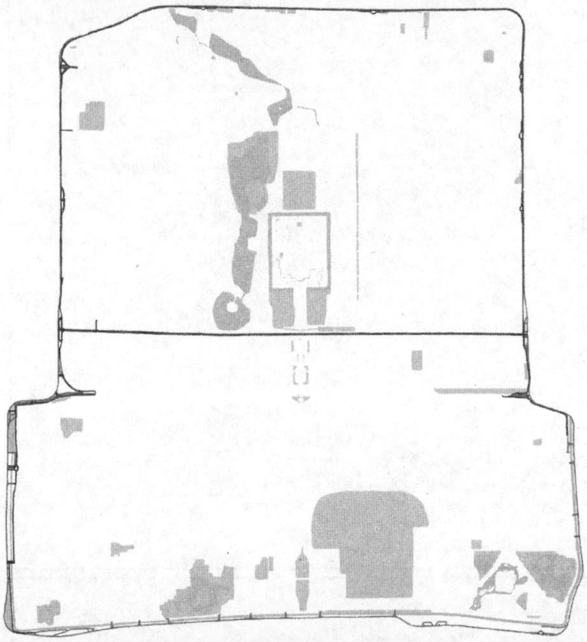

图 8　北京老城公园绿地分布图

图 9　路口的小微绿地

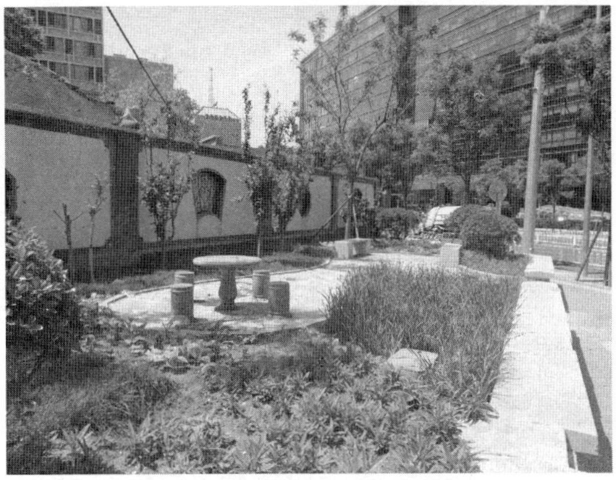

图 10　路侧的小微绿地

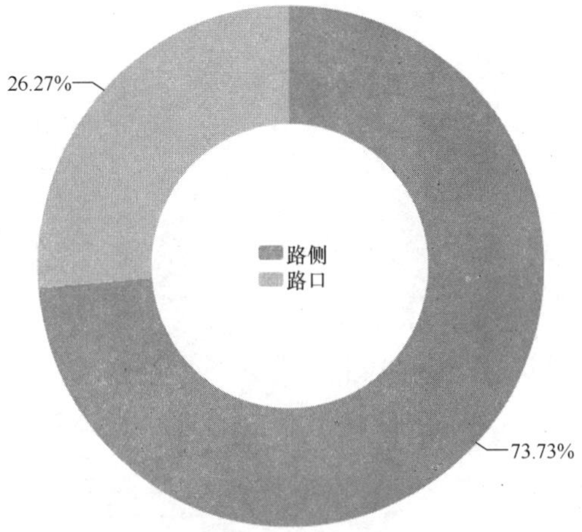

图 11　小微绿地与道路位置关系图

3　北京老城居住街区小微绿地服务设施基本情况

北京老城居住街区中小微绿地的服务设施主要包含运动设施、休闲设施和生活设施三大类。其中运动设施主要由健身器材等健身设施和乒乓球等运动场地组成，这些维护良好、使用频繁的运动设施成了人们在小微绿地中运动健身的主要工具和场地；休闲设施主要由广场和廊架组成，小微绿地中较为空旷的广场让人们可以驻足进行一些自由的活动，廊架使人们在休息的同时也有良好的景观体验；生活设施主要由座椅和垃圾箱组成，座椅是人们日常最主要的休息设施，座椅设置的位置及高度的不同能给人带来不一样的休息体验，垃圾箱作为人们在公共空间中处理垃圾的首选，它的设置合理与否对此处小微绿地的环境好坏有着重要的影响。

3.1　小微绿地运动设施设置情况分析

3.1.1　小微绿地的健身设施分布集中

健身设施方面，约 73%的小微绿地中没有健身器材的设置，其余 27%的绿地中设置了健身器材，在设置健身器材的场地中，健身器材在 10 个之内的占比最大，约为 72%，20 个器材以上占比最小，仅为 3%。健身器材维护较好但其所在的小微绿地大多功能仅为健身功能，当场地较大时会使空间有一定的浪费（图 12、图 13）。

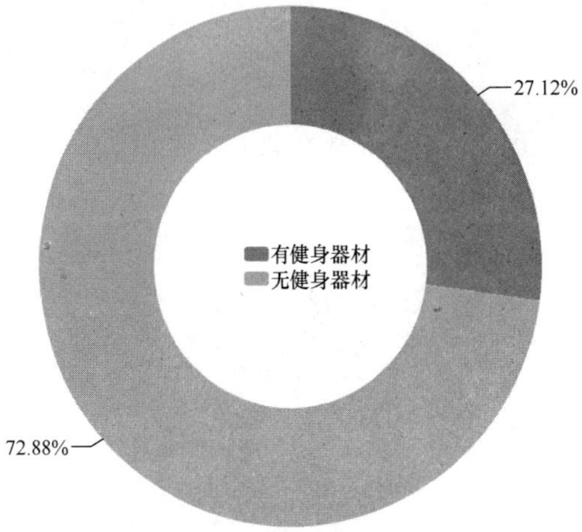

图 12　小微绿地健身器材统计图

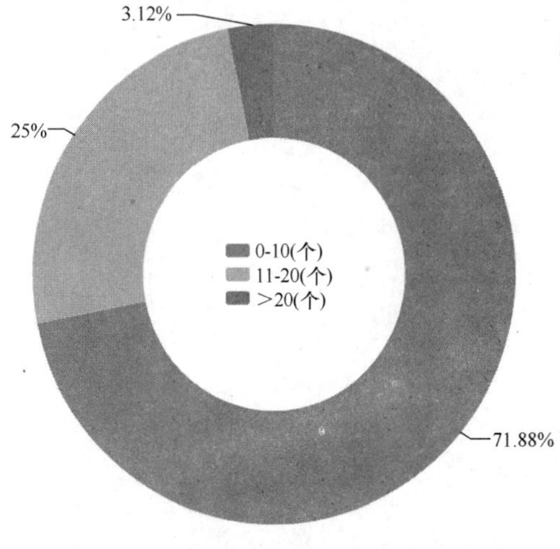

图 13　小微绿地健身器材数量统计图

3.1.2　小微绿地的运动场地数量较少

运动场地的设置总体较少，仅有 5%的小微绿地中有运动场地设置。在运动场地的选择中，乒乓球场在小微绿地内设置最多，占 72%；羽毛球场其次，占比 16%；足球、篮球两项球类运动场地共占 12%。运动场地维护较好，使用十分频繁（图 14、图 15）。

居住街区小微绿地运动场地的设置主要受运动场地面积的影响，在居民喜欢的各类运动中，由于乒乓球占地面积最小，对场地环境的适应性较强，因此在小微绿地的运动场地中设置最多；羽毛球占地面积较小，对场地环境的适应性最强，除了专业场地外，较大的空地广场均可进行活动，因此进行活动的人比场地的数量更多；相比之下，足球、篮球这些专业性较强的场地需要更大的面积来设置运动场地，因此其多位于公园及大型绿地中，在小微绿地中设置很少（图 16）。

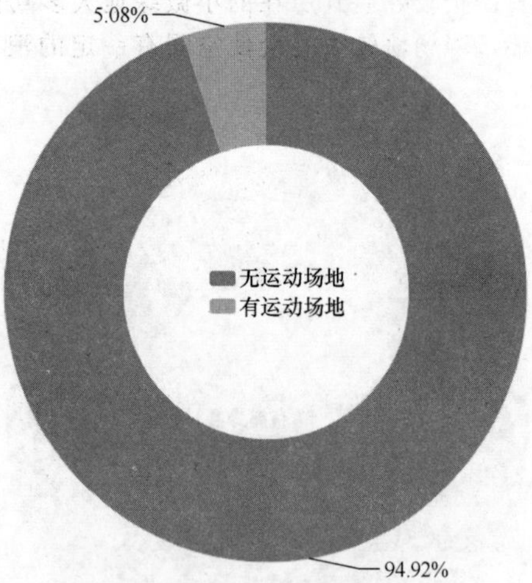

图 14　小微绿地运动场地统计图

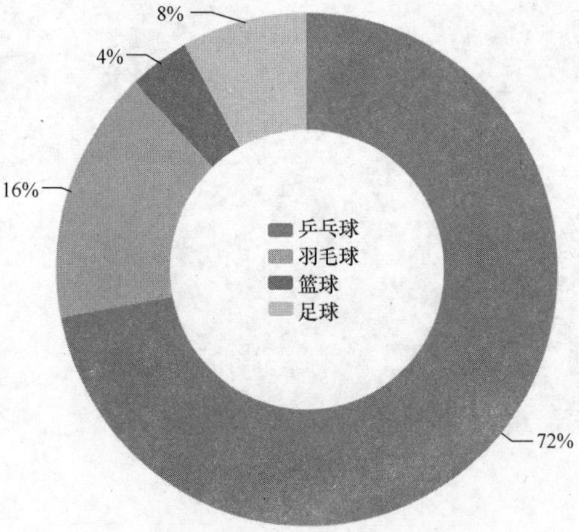

图 15　小微绿地运动场地分类统计图

图 16　小微绿地面积与运动种类关系图

3.1.3　小微绿地运动设施设置现状小结

在北京老城居住街区小微绿地的运动设施中，健身设施分布较为集中，各类运动场地数量极少，大多数小微绿地很难满足人们日常的健身需求。而在已设置运动设施的小微绿地内，10 个以内的健身设施和各类运动场地在一定程度上可以满足人们的运动需求。因此，应根据所处小微绿地之间的差别，因地制宜地增设这些急需的运动设施，丰富人们的运动方式（图 17、图 18）。

3.2　北京老城居住街区小微绿地的休闲设施设置情况分析

3.2.1　小微绿地的广场面积较小

广场设置方面，约有 36％的小微绿地中没有广场空地，在 64％的小微绿地中设置了可以活动的广场。其中，

图 17　小微绿地健身设施图

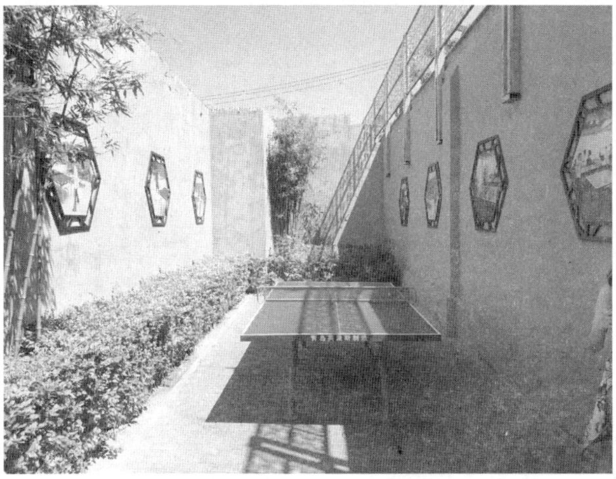

图 18　小微绿地运动场地图

67%的广场面积较小，仅供人们进行简单的原地活动；而其余 33%的广场较大，可进行占地较大的运动或人数较多的集体活动。小微绿地中，除部分广场由地形、铺装、绿篱等形式明确分隔外，其余多由座椅、廊架等设施的位置区分（图 19、图 20）。

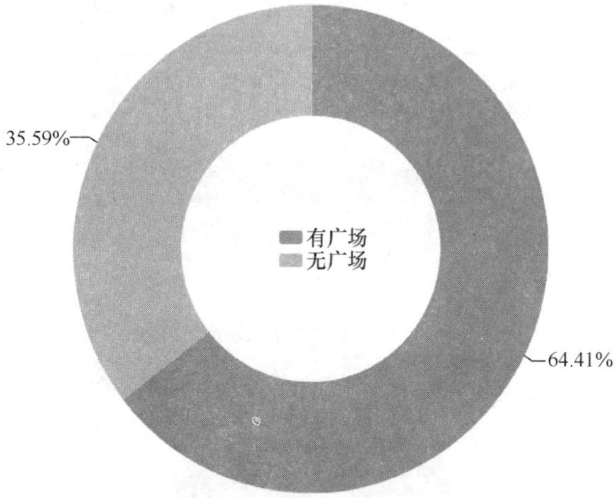

图 19　小微绿地广场统计图

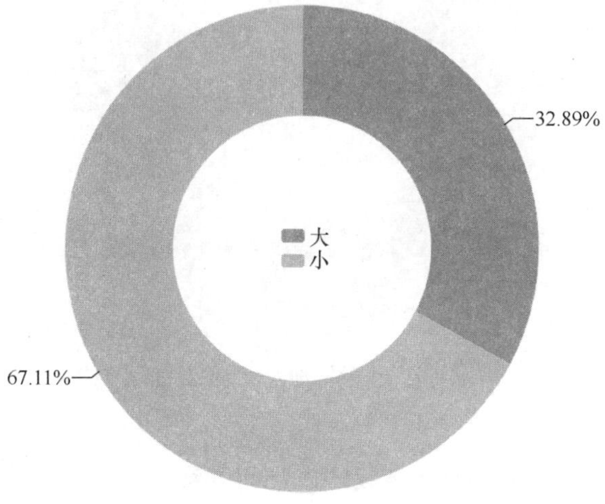

图 20　小微绿地广场面积统计图

3.2.2　小微绿地的廊架数量较少

在廊架的设置上，约 73%的小微绿地中没有设置廊架。在余下 27%的小微绿地中，500m^2 内的小微绿地与 500～999m^2 小微绿地廊架设置占比相同，均为约 31%；而 1000～1999m^2 占比略小，约占 28%；2000m^2 以上面积的小微绿地中廊架比例最小，仅为约 9%。综合当前北京老城居住街区小微绿地面积的情况，在面积中占比最大的 500m^2 以下的小微绿地，其廊架比例与 500～999m^2、1000～1999m^2 的小微绿地相近，可以看出小微绿地的面积对廊架的设置有一定的影响，其多设置在面积相对较大的小微绿地中（图 21、图 22）。

3.2.3　小微绿地休闲设施设置现状小结

在北京老城居住街区小微绿地的休闲设施中，广场数量较多而廊架数量较少，两者间数量差距较大。大部分小面积的广场不能让人们舒适活动，可以考虑将其改为运动场地或其他适宜的功能，从而避免空间的浪费。设置廊架虽然会占用空间，但可以利用其既能单独成景又能与周边景观融合的特性，通过合理的设置丰富小微绿地内的景观，提升小微绿地的吸引力（图 23、图 24）。

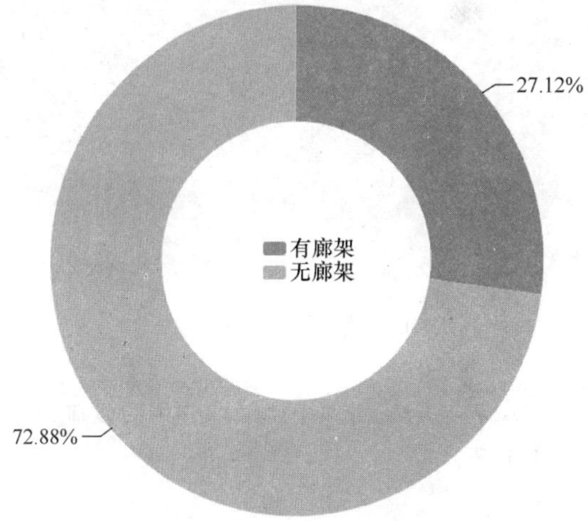

图 21　小微绿地廊架统计图

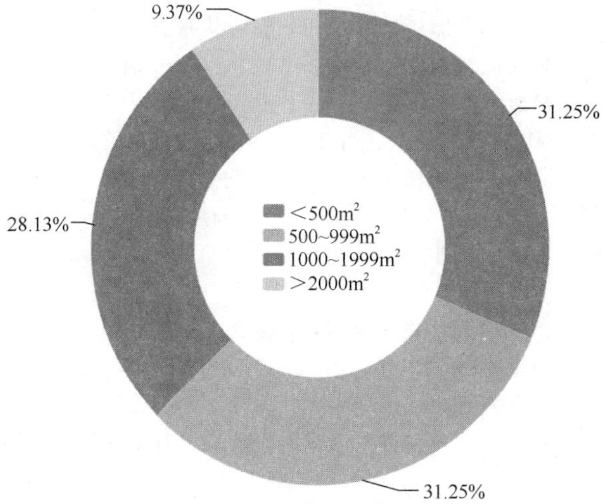

图 22　小微绿地面积与廊架设置关系图

图 23　小微绿地广场图

图 24　小微绿地廊架图

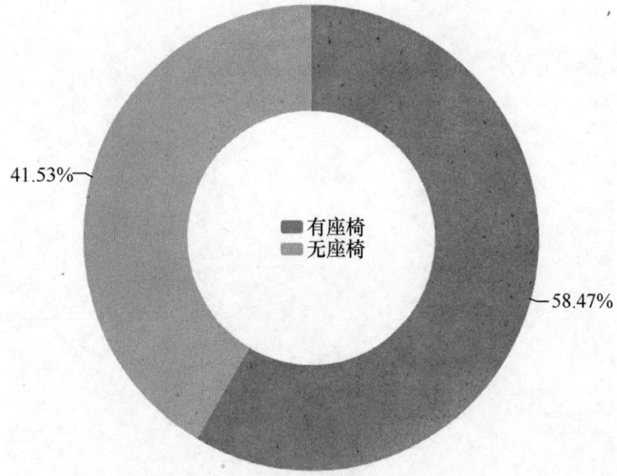

图 25　小微绿地座椅统计图

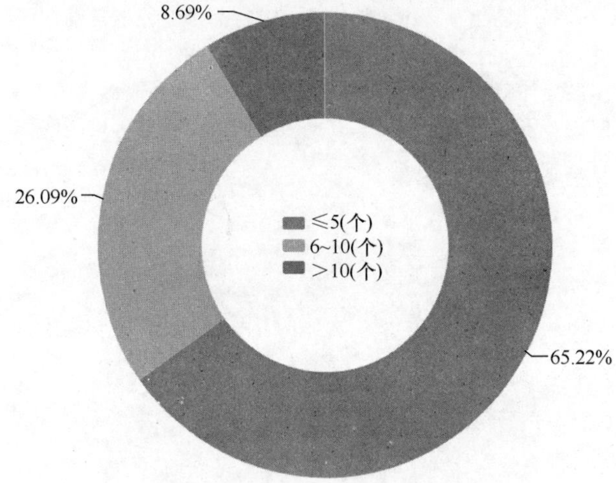

图 26　小微绿地座椅数量统计图

3.3　北京老城居住街区小微绿地的生活设施设置情况分析

3.3.1　小微绿地的座椅分布不均

在座椅的设置方面，约有 42%的绿地内没有座椅，在其余 58%有座椅的绿地中，座椅共有 353 个，平均每块小微绿地约有座椅 3 个，平均每 271m^2 有一个座椅。其中绿地内设置不多于 5 个座椅的占比最大，有 65%；有 6～10 个座椅其次，占 26%；而 10 个以上的最少，仅为 9%。小微绿地内的座椅虽然平均数较为合理，但叠加仅有 6 成设置了座椅，分布不均十分明显，会影响到人们的正常休息（图 25、图 26）。

3.3.2　小微绿地的垃圾箱数量极少

在垃圾箱的设置方面，有 71%没有垃圾箱，在余下的 29%的绿地中，共有垃圾箱 34 个，平均每块绿地垃圾箱个数仅为 0.47。在垃圾箱的设置上，有 1 个垃圾箱的绿地占比最大，约为 59%；有 2 个垃圾箱的其次，占 26%；有 3 个垃圾箱的占总数的 9%；而 4 个垃圾箱的最少，只占约 6%。居住街区小微绿地内垃圾箱较为缺乏，每块绿地不足 1 个（图 27、图 28）。

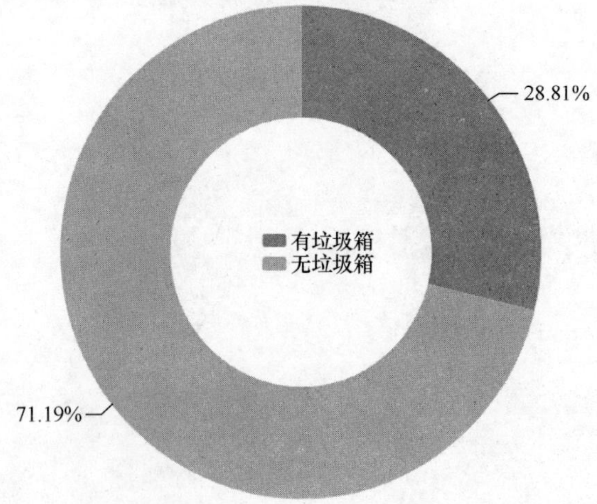

图 27　小微绿地垃圾箱统计图

3.3.3　小微绿地生活设施配置现状小结

在北京老城居住街区小微绿地的生活设施中，座椅和垃圾箱均数量较少，很难满足人们的需求，急需增加。

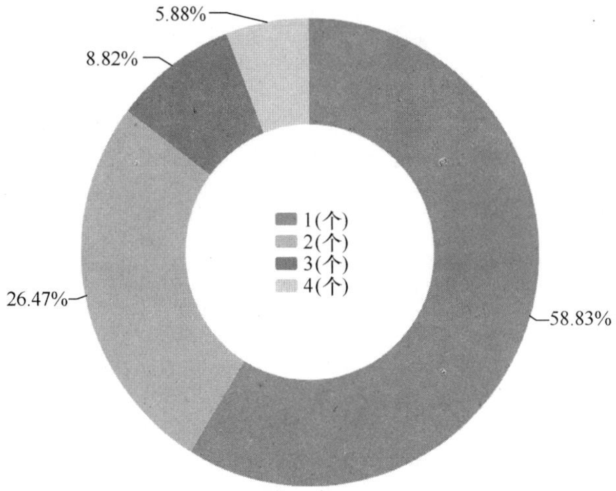

图 28　小微绿地垃圾箱数量统计图

但在增加座椅的同时，也要符合此处小微绿地的功能，在满足数量的基础上，可以通过对座椅摆放位置的调整增加小微绿地的空间感。座椅和垃圾箱的合理增加和摆放不仅能满足人们基本的使用需求，还能让人们使用更加方便（图 29、图 30）。

图 29　小微绿地座椅图

图 30　小微绿地垃圾箱图

3.4　北京老城居住街区小微绿地的服务设施小结

在服务设施方面，北京老城居住街区小微绿地内较为缺乏。由于受到小微绿地自身场地条件限制，单独的小微绿地很难汇集所有设施并具备所有功能。因此在增添设施时，应先分析小微绿地的周边环境与功能，再根据场地自身条件，选择最适宜的设施添加，进而使周边的小微绿地功能相互搭配，从整体上提升小微绿地的服务水平。

4　北京老城居住街区小微绿地景观环境基本情况

北京老城居住街区小微绿地中的景观环境主要分为地形、植物种类和植物生长情况三部分。地形作为人们对小微绿地的第一印象，抬高和下沉的地形可以有效地将小微绿地与道路分隔，水平的地形让使用者进入更加方便；乔木、灌木和草本植物的不同搭配可以在空间上带给使用者幽闭、开敞等丰富的体验感，在不同的时节，带给使用者鲜艳、明亮等多彩的体验；植物良好的生长能给使用者带来生机勃勃的感受，对舒缓压力、提高情绪有很大帮助。

4.1　小微绿地的地形多为水平

在地形方面，场地水平的占比最大，约为 80%；抬高的地形其次，约占 19%；下沉的地形最少，仅占 1%。说明在北京老城居住街区的小微绿地中，水平的场地占了绝大部分，十分方便人们进入（图 31）。

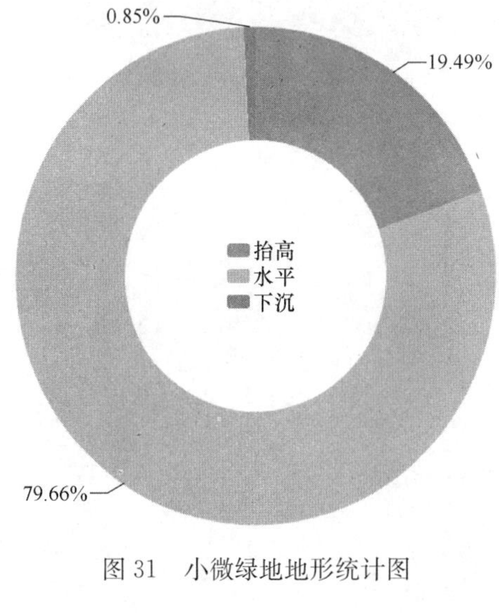

图 31　小微绿地地形统计图

4.2　小微绿地的植物种类较为丰富

在植物的种类方面，将北京老城居住街区小微绿地中的植物分为乔木、灌木和草本植物三大类，其中种植乔木的小微绿地占比约 84%，种植灌木的小微绿地占比约 81%，种植草本植物的小微绿地占比约 81%。乔木、灌木和草本植物的种植率均达到了 80%以上，但分别仍有 20%的小微绿地中没有其中一种或多种存在，说明在当前的老城居住街区内，有些小微绿地中乔木、灌木、草本之间的种植搭配仍有些不均衡，需要改善（图 32～图 34）。

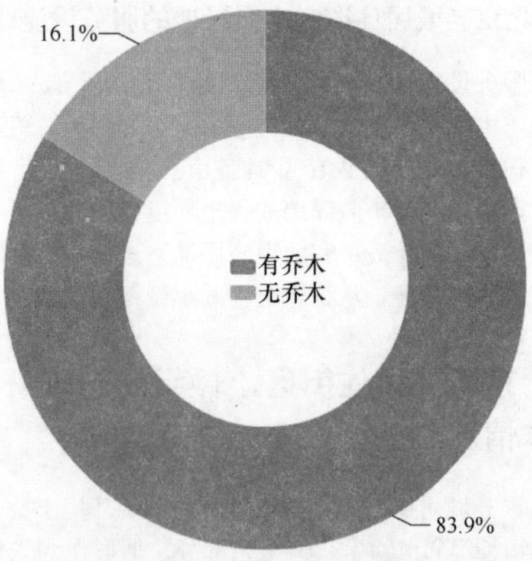

图 32　乔木种植情况统计图

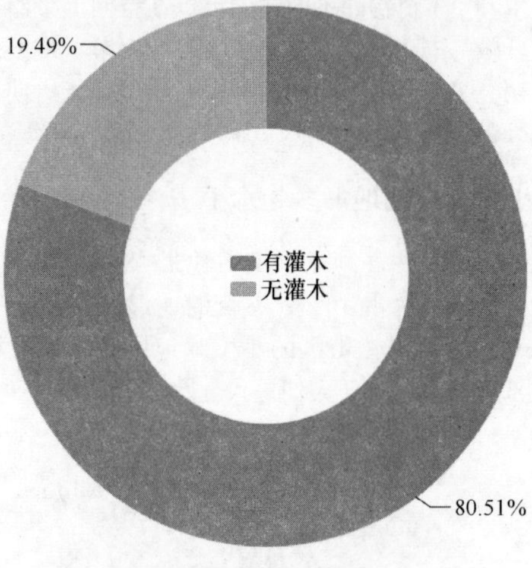

图 33　灌木种植情况统计图

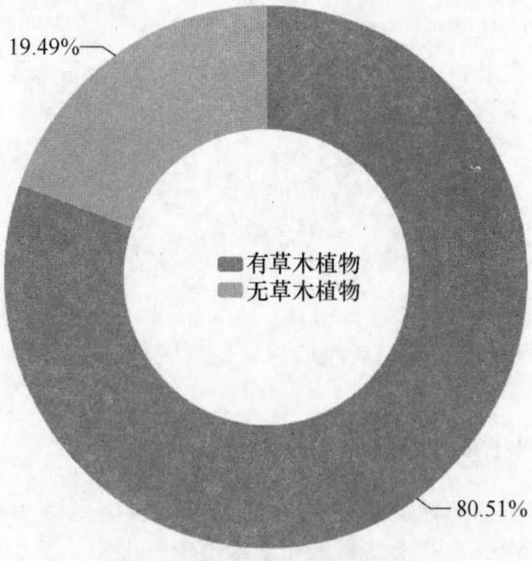

图 34　草本植物种植情况统计图

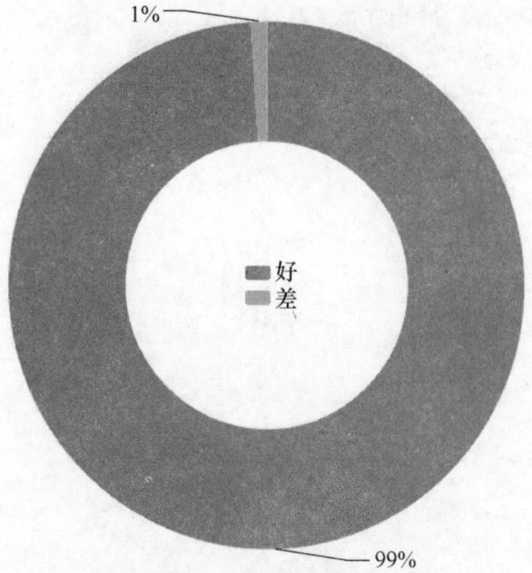

图 35　乔木生长情况统计图

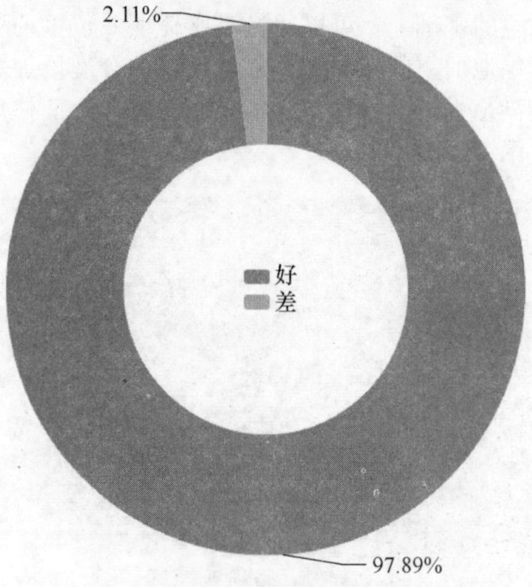

图 36　灌木生长情况统计图

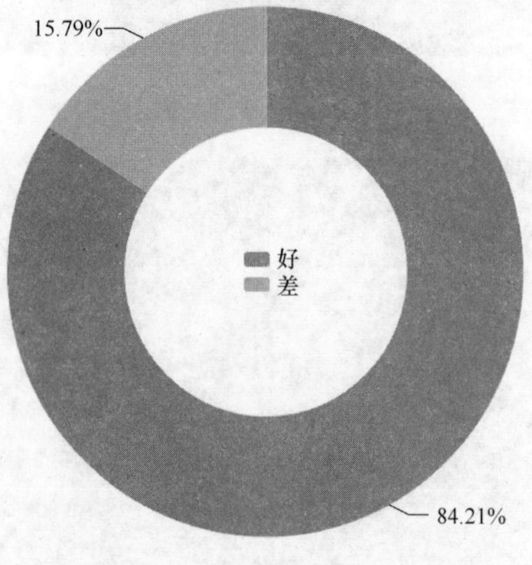

图 37　草本植物生长情况统计图

4.3　小微绿地的植物生长情况基本良好

在植物生长情况方面，北京老城居住街区小微绿地中乔木长势良好的占 99%；灌木生长良好，与乔木相差不大，占 98%；而草本生长较好的为 84%。当前的小微绿地内，乔木和灌木生长很好，但草本植物存在一些问题，需要根据场地的不同因地制宜分析改善（图 35～图 37）。

4.4 北京老城居住街区小微绿地景观环境小结

在景观环境方面，北京老城居住街区小微绿地的整体情况较好，但仍有改善的空间。在保持小微绿地水平的同时，可以在较大的小微绿地内布置抬高和下沉的场地，或在绿地中通过堆土、叠石等方法营造出更为丰富的空间。场地中的植物在设计满足必要的遮荫等需要外，还可以考虑其季相和乔灌草之间的搭配效果，并加强对草本植物的保护，从而提升小微绿地的景观品质。

5 总结

本文通过对北京老城居住街区小微绿地设计现状的调研总结，在分析小微绿地的周长、面积和分布规律等总体情况的基础上，对当前小微绿地中设置的主要设施、场地和植物进行分类统计，借助直观的数据统计在一定程度上指导北京老城居住街区小微绿地的建设。经过本文的数据统计与分析，当前北京老城居住街区的小微绿地大多处于周长小于 200m、面积小于 2000m^2 的范围内，多分布于道路一侧，在北京老城的西南侧分布最为集中。在当前已建成的小微绿地内，仅广场和座椅的设置超过了 50%，而健身器材、廊架和垃圾箱的设置均不足 30%，运动场地仅不足 10%，各类功能设施较为缺乏，导致当前的小微绿地功能较为单一。相比之下，小微绿地的景观环境较好，虽然在植物种类及养护上略有不足，但以水平为主的场地搭配各类植物可以给人们带来舒适的体验。

针对上述北京老城居住街区小微绿地建设的相关问题，提出以下几点建议：首先，在小微绿地的规划布局方面，应当把各处独立的小微绿地联系起来，形成完整的小微绿地系统，使其融入进北京老城的居住街区环境，以期改善当前小微绿地分布不合理的现状；第二，在小微绿地的功能方面，应以每个小微绿地的形态特征为基础，因地制宜地匹配运动、休闲和生活设施，使其具备一种或多种功能，改善当前小微绿地功能不合理的现状；第三，在小微绿地的景观方面，应在保留现状植物的基础上，根据色彩和功能补植相关植物，以完善小微绿地的植物群落，提升当前小微绿地的景观环境。

这些就近、分散、合理设计布局的小微绿地可以与市民的日常生活建立良好和谐的关系，成为北京老城居住街区人们喜爱的日常休闲活动空间，使北京老城的城市环境更加美好。

参考文献

[1] 仇保兴．城市生态化改造的必由之路——重建微循环[J]．城市观察，2012(6)：5-20.

[2] 周泽林，张一帆，周翔．浅析城市微绿地设计手法及其案例应用．城市建筑，2018(17)：63-66.

[3] 刘臻．基于“第三场所”理论的城市修补实践——以珠海市社区体育公园为例[C]//广东：中国城市规划学会、东莞市人民政府“持续发展 理性规划”——2017 中国城市规划年会．2017，12.

[4] 张璐，麻广睿，吴婷婷，等．2017 年“计成奖”一等奖：北京市石景山区 2015 年绿化美化工程——小微绿地更新[J]．风景园林，2018，25(5)：11.

[5] 师永强，薛重生，徐磊，等．基于 RS 和 GIS 的城市绿地与城市人居环境质量的研究[J]．安徽农业科学，2008(11)：4779-4780.

[6] 张俊霞．城市绿地设施人性化研究[D]，南京：南京林业大学，2005.

作者简介

耿超，1994 年生，男，汉族，河北人，北方工业大学建筑与艺术学院在读硕士研究生，研究方向城市绿地空间规划设计。电子邮箱：ncutjygc@126.com。

杨鑫，1983 年生，女，汉族，博士，北方工业大学建筑与艺术学院特聘教授。研究方向为风景园林规划与设计、城市绿地空间。

北京市郊野公园的分类及特征研究①

Classification and Characteristics of Country Parks in Beijing

王宇泓　牛　琳　李　雄

摘　要：郊野公园位于城市近郊区，作为一种新型城市绿地，在维护生态系统、完善游憩功能、推动城市建设等方面有着重要意义。本文对国内外郊野公园的历史及发展情况进行综述，结合主要划分标准，对北京市 48 个已建成郊野公园进行统计、分类，总结不同类型郊野公园的特征。对各类型郊野公园的分布、规模面积进行分析，并探讨不同类型郊野公园的功能差异。本文为完善市域绿色空间结构、确定第二道绿化隔离地区郊野公园布局建设的顺利实施提供依据。

关键词：郊野公园；公园分类；景观特征；北京

Abstract: Country parks are located in the suburbs of cities. As a new type of urban green space, country parks play an important role in maintaining the ecological system, improving the recreational function and promoting urban construction. Beijing City Master Plan (2016-2035) proposed to increase the proportion of green space in the second greening isolation area, promote the construction of country parks, to form a country park and eco-agriculture-based green belt ring. In this paper, the history and development of country parks at are reviewed, 48 completed country parks in Beijing are classified, and the characteristics of different types of country parks are summarized. The distribution, scale and area of different types of country parks were analyzed, and the functional differences of different types of country parks were discussed. This paper provides support for determining the type of country parks in the second greening isolation area. Rebuilding the urban green space structure and determining the second green isolation area of the country park construction.

Keyword: Country Park; Park Classfication; Landscape Features; Beijing

引言

郊野公园位于城市近郊区，具有生态、游憩、经济等功能，对统筹城乡发展及维持城市空间布局等有重要作用[1]。郊野公园（country park）概念起源于英国，1968 年，英国颁布乡村法，提出郊野公园解决郊野地区的舒适性及娱乐性，英国郊野公园体系由此诞生、发展。20 世纪 70 年代，中国香港为解决城市化进程导致的农业用地减少，发展为郊野公园。截止到 2015 年，香港共有 35 个郊野公园和 17 个特别地区，总面积约 415km^2[2]。中国大陆郊野公园建设也取得了一定的进展。2002 年深圳编制的《深圳市绿地系统规划（2002—2020）》，提出建设 21 个郊野公园的建议[3]。2007 年，北京市启动绿化隔离地区“郊野公园环”建设，郊野公园被列入城市绿地系统规划中。2008 年，上海市《上海绿地系统实施规划》提出在有条件的森林、湿地资源的基础上，改造成为森林公园、郊野公园、湿地公园以及其他各种专类公园等[2]。2017 年，《北京市城市总体规划（2016 年—2035 年）》中提出推进郊野公园建设，形成以郊野公园和生态农业为主的环状绿化带。郊野公园成为完善城市绿地结构、满足居民需求的重要组成部分。一方面，在城市扩张的背景下，郊野公园作为一种新型的城市绿地，在维持生态环境、实现城市可持续发展上起着重要作用；另一方面，随着人口增长，郊野公园的建设对满足人对于自然的情感及物质需求有着重要意义。

近年来，郊野公园也逐渐引起了国内外学者的广泛关注。朱祥明等[4]、孙瑶等[5]对国内外郊野公园的规划要点及设计手法进行分析，提出山水田园—自然郊野的郊野公园构建模式。章志都等[6]、汤雨琴等[7]、郭晓贝等[8]提出郊野公园的绿地结构、游憩度及环境质量等方面的评价方法，为郊野公园的建设提供依据。金山等[9]对郊野公园的功能及服务设施进行研究，提出郊野公园的建设应综合考虑使用合理、生态保护、景观塑造等方面的要求。刘森[10]对郊野公园的植物景观进行研究，总结郊野公园植物景观营造及建设要点。综合来看，已有研究具有以下特点。第一，从研究对象来看，目前研究多以郊野公园作为一种城市绿地，分析其内部规划建设要点及评价方法，而对不同郊野公园的功能、景观差异研究相对较少。第二，从研究方法来看，主要以传统的问卷调查及现场调研为主。随着 3S 技术的不断进步，对于郊野公园在城市绿地系统中的总体探讨相对较少。本文利用 ArcGIS 对已有郊野公园进行分析，结合已有郊野公园分类，对北京市郊野公园进行划分，研究各类郊野公园特征，一起为完善优化北京市绿地布局，确定第二道绿化隔离地区郊野公园布局建设的顺利实施提供依据，为城市可持续发展提供科学依据。

① 基金项目：国家自然科学基金“基于森林城市构建的北京市生态绿地格局演变机制及预测预警研究”（31670704）和北京市共建项目专项共同资助。

1 研究区概况

1.1 北京市概况

北京市位于华北平原北部，背靠燕山，毗邻渤海湾。气候类型为典型的北温带半湿润大陆性季风气候，夏季高温多雨，冬季寒冷干燥，春、秋时间短。北京市平均海拔 43.5m，地形西北高、东南低，山区面积 10200km²，约占总面积的 62%；平原区面积为 6200km²，约占总面积的 38%。2017 年北京地区平均降水量为 620.6mm。北京市地带性植被类型是暖温带落叶阔叶林并间有温带针叶林的分布。

北京是世界上最大的城市之一，2015 年北京市常住人口 2170.5 万人，比 2014 年末增加 18.9 万人。其中，户籍人口 1347.9 万人，常住外来人口 822.6 万人。北京被全球权威机构 GaWC 评为世界一线城市，经济发展迅速，2017 年，北京市实现地区生产总值（GDP）28000.4 亿元，按可比价格计算，比上年增长 6.7%，人均生产总值约 12.899 万元人民币。北京市自 2007 年起，推动城市绿化隔离地区"郊野公园环"建设。在 2017 年 9 月发布的《北京市城市总体规划（2016～2035 年）》中明确提出，提高第二道绿化隔离地区绿色空间比重，推进郊野公园建设，形成以郊野公园和生态农业为主的环状绿化带。这对北京市郊野公园的建设提出了更高的要求，完善市域绿色空间结构、规划建设合理的郊野公园环系统成为北京市建设的重要内容。

1.2 北京市的郊野公园

本文郊野公园的研究范围界定在北京市市域，共有东城区、西城区、朝阳区、丰台区、石景山区、海淀区、门头沟区、房山区、通州区、顺义区、昌平区、大兴区、怀柔区、平谷区、密云区、延庆区 16 个市辖区。区域面积 16410km²。

对于郊野公园的选择，主要根据北京市园林绿化局发布的郊野公园名单，共有郊野公园 50 个，同时，基于中国地图出版社出版的 2017 年修订的北京交通游览图及百度地图卫星影像，利用 ArcGIS 的配准域数字化功能，对公园的位置、数量、面积等信息进行修正、筛选及增补，最终确定 48 个郊野公园作为研究对象，将其编号（表 1）。

北京市郊野公园　　表 1

序号	名称	区县	年份	面积（hm²）	类型
1	长春健身园	海淀区	2007 年	10.6	康体健身
2	高碑店百花公园	朝阳区	2015 年	21.53	康体健身
3	京城体育休闲公园	朝阳区	2012 年	37.47	康体健身
4	御康公园	丰台区	2009 年	39.8	康体健身
5	太平郊野公园	昌平区	2010 年	72.33	康体健身
6	万丰公园	丰台区	2016 年	78	康体健身
7	老山郊野公园	石景山区	2009 年	79	康体健身
8	东小口森林公园	昌平区	2018 年	110.5	康体健身
9	长阳公园	房山区	2008 年	303.4	康体健身
10	海子公园	昌平区	2009 年	27	历史文化
11	北坞公园	海淀区	2016 年	47	历史文化
12	古塔公园	朝阳区	2008 年	55.7	历史文化
13	将府公园	朝阳区	2008 年	58	历史文化
14	京城梨园	朝阳区	2008 年	62	历史文化
15	兴隆公园	朝阳区	1995 年	67.8	历史文化
16	东坝郊野公园	朝阳区	2007 年	286.6	历史文化
17	小红门镇海寺公园	朝阳区	1990 年	8.4	林田风光
18	勇士营郊野公园	朝阳区	2010 年	21	林田风光
19	树村郊野公园	海淀区	2015 年	37.25	林田风光
20	朝来森林公园	朝阳区	2000 年	40.6	林田风光
21	榆树庄公园	丰台区	1998 年	51.2	林田风光
22	杜仲公园	朝阳区	2008 年	59.9	林田风光
23	丹青圃公园	海淀区	2008 年	69.8	林田风光
24	京城槐园	朝阳区	2009 年	73.2	林田风光
25	常营公园	朝阳区	2008 年	74	林田风光
26	鸿博公园	朝阳区	2009 年	80	林田风光
27	东升八家郊野公园	海淀区	2009 年	101.45	林田风光
28	金田郊野公园	朝阳区	2009 年	113	林田风光
29	和义郊野公园	丰台区	2012 年	27	生态保护
30	大屯黄草湾郊野公园	朝阳区	2010 年	39	生态保护
31	晓月公园	丰台区	2009 年	67	生态保护
32	绿堤公园	丰台区	2009 年	105	生态保护
33	白鹿郊野公园	朝阳区	2008 年	28.6	休闲游乐
34	半塔郊野公园	昌平区	2012 年	28.6	休闲游乐
35	桃苑公园	丰台区	2009 年	30.65	休闲游乐
36	天元公园	丰台区	2009 年	32.8	休闲游乐
37	海棠公园	朝阳区	2009 年	33	休闲游乐
38	旺兴湖郊野公园	大兴区	2009 年	37.06	休闲游乐
39	亦新郊野公园	大兴区	2012 年	40.33	休闲游乐
40	京城森林公园	朝阳区	2012 年	43.33	休闲游乐
41	玉泉郊野公园	海淀区	2008 年	46.02	休闲游乐
42	老君堂公园	朝阳区	2008 年	48.3	休闲游乐
43	看丹公园	丰台区	2009 年	49.16	休闲游乐
44	来广营清河营郊野公园	朝阳区	2009 年	57.63	休闲游乐
45	玉东郊野公园	海淀区	2008 年	88	休闲游乐

续表

续表

序号	名称	区县	年份	面积（hm^2）	类型
46	高鑫公园	丰台区	2009 年	36.9	自然科普
47	平庄郊野公园	海淀区	2010 年	43.9	自然科普
48	东风公园	朝阳区	2009 年	80	自然科普

2 郊野公园的类型划分

2.1 主要划分标准与讨论

《城市绿地分类标准》CJJ/T 85—2017（中华人民共和国行业标准）于 2018 年 6 月 1 日起实施，其中提出将郊野公园作为小类与风景名胜区、森林公园、湿地公园和其他风景游憩绿地归属于风景游憩绿地二级分类。郊野公园没有下级分类。目前国内外典型的郊野公园的划分主要分为以下 2 种。①英国按照郊野公园的主要功能分为郊野游憩公园、郊野休闲公园、郊野运动公园和郊野自然公园 4 种类型[11]。②香港郊野公园按照提供的活动设施分为游憩地区、原野地区和特别地区；按照游憩活动分为自然风光型、文化艺术型、人工娱乐型、运动休闲型、生产体验型 5 种类型[11]。从社会需求来看，随着城市边缘区用地的不断开发，郊野公园的不断发展，其建设必将从简单的数量、面积、规模增长转向定位精细化、类型丰富化的规划与建设。借鉴英国及中国香港的郊野公园分类系统，主要根据郊野公园的功能属性来划分，对于明确不同类型郊野公园特征，分类指导建设特色鲜明、功能合理的郊野公园具有重要意义。因此，本文在城市绿地分类标准中郊野公园的功能定位的基础上，结合国内外经验及地域特色，对北京市郊野公园进行分类。

2.2 北京市郊野公园的类型划分

本文根据郊野公园的功能，对北京市郊野公园进行分类，并对各类型特征进行总结。

（1）生态保护型

郊野公园在维护生态系统、改善小气候、调节空气湿度、缓解城市热岛效应、防治城市无序扩张等方面发挥重要作用，对于维护城市边缘区生态环境具有重要意义。在北京市郊野公园中，生态保护型郊野公园以现状自然资源为基础，以自然郊野为特色，游憩活动相对较低。如晓月公园，因地制宜设置生态修复区，起到生态保护的作用（图 1）。

（2）历史文化型

北京是著名的历史文化古都，具有众多文化遗址及历史典故。郊野公园所在位置大多处于京郊，其中不少是由古代行宫御园发展而来，在建设过程中突出历史文化特色，将文化历史融入郊野公园的设计中。历史文化型成为郊野公园建设中的重要类型。位于丰台区的海子公园，金代到清末年间，海子公园所处位置为皇家御用的狩猎园——“海子”的一角，明代皇帝钦定这里为燕京十景之

图 1 晓月郊野公园

一“南秋风”，所以在园中设置可高瞻远眺的海子墙、瞭望台等景观，突出其历史文化特色（图 2）。

图 2 海子公园

（3）康体健身型

康体健身型郊野公园发挥郊野公园面积较大、距离城市中心较远、场地限制较少的优势，以运动、体育为特色。设置运动健身区域或球场，将康体活动融入郊野公园中。如老山郊野公园保留奥运山地车比赛赛道，充分发挥体育元素，成为老山郊野公园的一个特色项目（图 3）。

图 3 老山郊野公园

（4）林田风光型

郊野公园乡土田园、自然郊野的风格特色，使其区别于传统城市公园，可融入大面积的郊野景观。以京城槐园为例，公园内大量种植槐树，以槐花飘香及浓郁的夏阴为特色植物景观，种植十多种不同种类的槐树，体现野趣。另外，一些郊野公园的前身为生产防护林，其自然基底也为林天风光的营造提供了条件。如三间房杜仲公园依托三间房地区的千亩杜仲林建设（图4）。

图4　京城槐园

（5）休闲游乐型

休闲游乐型郊野公园以休闲游乐设施为特色。郊区郊野公园，其游人活动主要集中在节假日，停留时间相对较长，活动类型也更加丰富。在其中可根据场地的限制，提供不同种类的休闲游乐活动。如玉泉郊野公园，其充满野趣特色，具有森林休闲功能，公园分为青少年活动区、老年活动区及儿童活动区（图5）。

图5　玉泉郊野公园

（6）自然科普型

自然科普型郊野公园为青少年科普和科学研究提供基地。如平庄郊野公园，设置自然教育和树木研习径，并利用简介牌、标识系统等，将植物、昆虫种类进行展示（图6）。

2.3　不同类型郊野公园的分布特点

2.3.1　郊野公园位置分布

对北京市郊野公园的位置分布进行分析，多远离城

图6　平庄郊野公园

市中心。目前已建成郊野公园所在区域较为集中。其中朝阳区郊野公园数量最多，为22个，占比45.8%；丰台区郊野公园数量为10个，占比20.8%；海淀区数量为8个，占比16.7%。另外，昌平区、大兴区、石景山区、房山区郊野公园数量较少，分别为4个、2个、1个、1个。不同区县郊野公园的位置分布不同的主要原因为郊野公园距城市中心距离不同。从各类型郊野公园的位置分布来看，生态保护型郊野公园距离城区较远，其游憩活动强度较低。

2.3.2　斑块规模分布

将郊野公园斑块规模进行划分，按照大型（≥$100hm^2$）、较大型（≥$75hm^2$，＜$100hm^2$）、中型（≥$50hm^2$，＜$75hm^2$）、较小型（≥$25hm^2$，＜$50hm^2$）、小型（＜$25hm^2$）的标准对北京市郊野公园进行分类。通过ArcGIS软件，计算郊野公园不同规模的比重分布。其中，较大型郊野公园共21个，占比重最高，为43.7%。北京市郊野公园的面积最大值为$303.4hm^2$，最小值为$8.4hm^2$，均值为$63.5hm^2$。此外，大型郊野公园共4个，占比8.3%；中型郊野公园共12个，占比2.5%；较小型郊野公园共5个，占比10.4%；小型郊野公园共6个，占比12.5%。

各类型郊野公园的规模面积存在差别，历史文化型、康体健身型、林田风光型、生态保护型、自然科普型、休闲娱乐型的面积均值逐渐减小，分别为$86.3hm^2$、$83.63hm^2$、$60.82hm^2$、$59.50hm^2$、$53.6hm^2$、$43.34hm^2$。休闲游乐型郊野公园的个数比重分布相对集中，较小型郊野公园共11个，占比84.62%。且没有较大型、大型郊野公园分布。林田风光型郊野公园的规模面积分布较为分散，各个规模均有分布。康体健身型郊野公园各个规模均有分布，但主要规模面积集中在较大型及大型。

3　不同类型郊野公园的功能关系

郊野公园的不同功能之间有着密切联系，虽然各类型郊野公园根据不同特色有其主导功能，但每个郊野公园都是复杂的多功能体系。研究不同功能间关系有助于

实现郊野公园合理化配置，在避免“千园一景”现象，进行针对性建设的同时，提升郊野公园的综合功能，优化绿色空间布局（表2）。

不同类型郊野公园的功能差异　　表2

	康体健身型	林田风光型	历史文化型	生态保护型	休闲游乐型	自然科普型
康体健身	+++++	++	++	++	+++	++
林田风光	+++	+++++	+++	++++	++++	++++
历史文化	+++	++	+++++	++	+++	++
生态保护	++	++++	+++	+++++	++	++++
休闲游乐	++++	++++	++++	+++	+++++	+++
自然科普	+++	+++	+++	++++	+++	+++++

注：“+”表示相关性强度，“+”越多，其相关性越强。

郊野公园为具有多种功能的综合体系，如历史文化型郊野公园同时也具有相对较高的休闲游乐功能，如将府公园，融入燕昭王登台拜将的历史文化，通过驼房小径、驼影寻踪等景点，描述驼房营村的历史文化。以展现历史文化为特色，也实现了郊野公园的休闲游乐功能，同时具有生态保护的功能。在郊野公园的建设中，应明确定位于内容，以其类型特征为特色，但不能忽视其他功能的实现，以建设综合化、可持续发展的郊野公园。

4　结论

在城市化发展的进程中，郊野公园建设的研究具有重要意义，对郊野公园的分类研究可为后期郊野公园建设提供依据。本文通过对48个已建成郊野公园进行统计、分类，结合国内外分类方法，将北京市郊野公园分为康体健身型、历史文化型、林田风光型、生态保护型、休闲游乐型、自然科普型，并对不同类型的特征进行分析。对北京市郊野公园的位置分布进行分析，可知郊野公园大多位于城市郊区，其中朝阳区所占数量比重最大，为45.8%。对斑块规模分布进行分析，可得较大型郊野公园共21个，占比重最高，为43.7%。另外，本文对不同类型郊野公园的功能关系进行分析。通过对北京市郊野公园分类及特征进行研究，为确定第二道绿化隔离地区郊野公园的类型以及各类公园的功能定位、服务对象和主要内容提供支撑。为落实《北京市城市总体规划（2016～2035年）》对于市域绿色空间体系和规模、市域游憩绿地体系的构建提供保证，为完善市域绿色空间结构、确定第二道绿化隔离地区郊野公园布局建设的顺利实施提供依据。

参考文献

[1]　张公保，刘俊娟．郊野公园在城市绿地系统中的作用[J]．山西农业科学，2008(4)：72-73.

[2]　朱江．我国郊野公园规划研究[D]．北京：中国城市规划设计研究院，2010.

[3]　张玉钧，张力圆，张功．郊野公园概念的演变与发展[J]．风景园林，2013(5)：80-85.

[4]　朱祥明，孙琴．英国郊野公园的特点和设计要则[J]．中国园林，2009，25(6)：1-5.

[5]　孙瑶，马航，宋聚生．深圳、香港郊野公园开发策略比较研究[J]．风景园林，2015(7)：118-124.

[6]　章志都，徐程扬，龚岚，等．基于SBE法的北京市郊野公园绿地结构质量评价技术[J]．林业科学，2011，47(8)：53-60.

[7]　汤雨琴，郭健康，靳思佳，等．郊野公园游憩度评价体系构建研究[J]．上海交通大学学报(农业科学版)，2013，31(5)：79-88.

[8]　郭晓贝，齐童，李宏，等．基于模糊综合评价法的北京市郊野公园水环境质量评价[J]．首都师范大学学报(自然科学版)，2012，33(1)：57-61.

[9]　金山，夏丽萍．上海郊野公园服务设施规划的思考[J]．上海城市规划，2013(5)：15-18.

[10]　刘森．北京市郊野公园植物景观研究[D]．北京：北京林业大学，2015.

[11]　杨宇琼．北京市郊野公园体系研究及发展策略探讨[D]．武汉：华中农业大学，2010.

作者简介

王宇泓，1994年生，女，汉，河北人，北京林业大学园林学院在读硕士。研究方向为风景园林规划设计与理论。电子邮箱：wangyuhong@bjfu. edu. cn。

牛琳，1989年生，女，汉，河南人，北京景观园林设计有限公司。研究方向为风景园林规划设计与理论。电子邮箱：koyida@live. cn。

李雄，1964年生，男，汉，山西人，博士，北京林业大学副校长。研究方向为风景园林规划设计与理论。电子邮箱：lixiong@bjfu. edu. cn。

城市更新背景下基于非正式开发的景观空间生产策略研究[①]

Research on the Production Strategy of Landscape Space Based on Informal Development in the Context of Urban Renewal

高一凡　金云峰　陈栋菲

摘　要：在城市更新、土地存量优化、城市修补的语境下，论文旨在解决服务于居民日常游憩的社区绿地营造过程中，公众景观功能需求的意愿表达与空间营造实践的渠道过于单一和低效、缺乏有效的公众参与管理体系的问题。本文首先界定非正式开发景观的概念，研究非正式开发景观空间生产的影响因素，进而提出基于非正式开发的景观空间生产的管理策略和空间利用策略。管理策略从政策与管控措施、规划机制、公众参与机制、动态渐进性更新4个方面提出相应的策略；空间利用策略分别从宏观和微观尺度提出空间评价、不同空间类型的利用策略。本文旨在构建以居民为参与主体的日常游憩型社区景观营建的管理与实施框架，为政府管理者提供引导性，将自下而上和自上而下两者的优势相结合，拓展景观空间的类型和内涵。

关键词：城市更新；非正式开发；景观空间生产；管理策略；空间利用策略

Abstract: In the context of urban renewal, land stock optimization, and urban repair, the thesis aims to solve the problem of the willingness to express the public demand and the practice of space creation in the process of building small-scale daily recreation community green space, which is too single and inefficient, and lacks effective public participation management system. This paper first defines the concept of informal development landscape and influencing factors of informal development landscape space production. Furthermore, this paper proposes the management strategy and space utilization strategy of landscape space production. The management strategy proposes corresponding strategies from four aspects: policy and control measures, planning mechanism, public participation mechanism, and dynamic progressive update. The space utilization strategy proposes spatial evaluation and utilization strategies of different spatial types from macro and micro scales. This paper is to construct a management and implementation framework for daily recreation－type community landscape construction, to provide guidance for government managers, and to combine the advantages of bottom-up and top－down, expanding the type and connotation of landscape space.

Keyword: Urban Regeneration; Informal Development; Landscape Space Production; Management Strategy; Space Utilization Strategy

1　概述

面临新时代我国城市发展不平衡、不充分与人民日益增长的美好生活需要的矛盾，在城市更新、土地存量优化、城市修补的语境下，论文旨在解决以下问题：居民日常游憩型社区绿地较为缺乏，在其营造过程中，公众景观功能需求的意愿表达与空间营造实践的渠道过于单一和低效，缺乏有效的公众参与管理体系，并探讨如何结合自下而上和自上而下空间营造的优势。同时，城市更新已逐渐从政府的单一决策控制向多方参与的协调式更新转变，基于非正式开发的景观空间生产作为一种新的解决城市更新问题的手段逐渐受到关注。

2　概念界定

2.1　基于非正式开发的景观空间生产概念解读

2.1.1　非正式开发

不同于地方政府主导的传统的一次性土地出让开发模式，非正式开发是一种遵守既有的法定规划条件和规则、不改变现有的用地性质的前提下，进行空间营造和更新[1]。不同于传统的蓝图式规划设计，这种开发模式是以公众和非政府组织为主导，通常采用一种临时性、过渡性的空间利用手段。

2.1.2　非正式开发景观

非正式开发景观是通过上述的非正式开发模式所营造的景观空间和场地，是在不改变用地性质的情况下一种小规模、短时间或临时的、较为廉价、灵活的景观空间。在项目实施过程中参与的主体多元，重视周边居民对公共空间的意愿和更新的能力，营造新的功能性空间：农业、娱乐设施、零售、花园、休憩场所、广场、公园等，创造性地拓展了景观空间内涵与外延[2]。

2.1.3　基于非正式开发的景观空间生产

亨利·列斐伏尔（Henri Lefebvre）（1974）在《空间

① 基金项目：上海市城市更新及其空间优化技术重点实验室开放课题（编号201820303）资助。

的生产》（*The Production of Space*）① 中提出空间是日常生活和社会实践的产物[3]，表明了空间应与社区居民以及他们的日常生活紧密联系。基于非正式开发的景观空间营造强调公众主导的多主体共同参与，不同于传统政府主导的正式开发模式的空间规划和设计，而是通过临时性、过渡性的空间接入方式进行渐进性的开发，营造服务于社区居民日常游憩的景观空间，这种自下而上的空间实践过程称之为基于非正式开发的景观空间生产。而景观空间生产的对象不仅包括现有的景观绿地类型，还包括那些有潜力转变成景观的用地类型。

本文的“景观空间生产”有两层递进的含义：①借鉴空间生产理论的社会学逻辑，非正式开发方式同样注重社会价值的创造，凸显空间与社会群体的协同关系；②顺应空间生产理论的社会学观点，按照公共管理和产品服务社会的逻辑，通过非正式的项目开发手段，进行物质性的景观空间营造，注重空间公平正义、市民的日常生活以及自发的创造性实践[4]。

2.2 非正式开发景观的空间生产影响因素分析

基于非正式开发的景观空间生产体现了空间与社会的协同关系，是一种空间意愿的社会表达和实现。为了规避非正式开发实践带来的弊端，政策和管控措施在非正式开发中起着重要作用，引导空间实践，因此非正式开发景观是空间的表征、表征性空间共同作用的结果[3]。因此自下而上和自上而下相结合的景观空间生产方式，既回应了列斐伏尔、福柯等社会学家对空间资本化的批判，也一定程度规避了非正规空间的混乱、缺乏长期效益等不利因素。相比空间的非正式实践，非正式开发景观更注重这几个层面的内容：政策和管控措施、空间层面的评估与利用、景观的社会服务价值、多方的共同参与、实施与管理。结合大量的案例分析得出，非正式开发景观空间生产的影响因素分为 2 个层面：动力因素和生成因素，内含 10 个子项（表 1）。

非正式开发景观空间生产的影响因素　　表 1

非正式开发景观空间生产的影响因素	动力因素	（1）日常生活和游憩空间的需求
		（2）景观空间的公平性诉求
		（3）功能和空间的更新
		（4）低效空间的利用
	生成因素	（1）公众参与
		（2）组织基础
		（3）技术支持
		（4）制度支撑
		（5）资金支持
		（6）空间利用

资料来源：作者自绘。

基于影响因素的研究，下文从实施主体和实施客体（主体实施管理和物质空间实践）的角度提出基于非正式开发的景观空间生产管理策略和空间利用策略。

3 基于非正式开发的景观空间生产管理策略

管理策略将非正式开发和政府主导的蓝图式规划设计的优势相结合。政策和管控措施为非正式开发景观提供鼓励性、引导性的实施框架，而非正式开发为景观空间生产带来了灵活积极、可持续性的空间和社会效益，增强居民对居住环境空间营造的能力和主动权，非正式开发的景观空间生产管理策略应与城市的政策和规划相结合[5]。

3.1 基于政策与管控措施的引导策略

3.1.1 土地再开发的管控制度

非正式开发景观的对象为低效功能性用地的情况下，长远期的开发会涉及用地性质的变更，而政府则为这种公共空间的供给方式提供用地性质变更的政策可能性，为公共空间的供给、土地的功能复合提供合法的依据和实施手段。《上海市城市更新实施办法（2015）》提出，在符合区域发展导向和相关规划土地要求的前提下，允许用地性质的兼容与转换。另外政府可以出台政策鼓励社区参与土地一级市场竞争，让社区组织拥有优先参与土地再开发的权利。

3.1.2 土地的临时性使用政策

（1）政府主导的土地临时性使用。针对城市现有的公共性用地，政府发起并主导空间临时性使用项目，例如美国旧金山的停车位公园（Parklet）项目[6]，提供一套完整的项目申请、评估、设计、决策、实施的行动框架，协调公众参与和非政府组织的介入，共同实施和管理。

（2）政府成立专职部门协调多方参与。针对个人或企业的产权用地的非正式开发利用，政府则提供协作式服务，激发社区居民、非政府组织联合土地产权人自发进行微空间营造和更新。维也纳为了更好实施临时性使用政策，设立了专管此类事物的协调管理部门（coordination office），其主要职能是为各类群体提供协作平台，同时也为政府职能部门之间的协作提供平台，协调各方确定场地的协议、选址、功能、使用期限、维护管理细则等[7]。

（3）政府为临时性使用项目提供多元的社会资金来源。为了临时性使用空间的可持续发展，政府需要为非正式开发景观项目提供多元的社会资本支撑，鼓励、联合非政府组织、企业、土地产权人的参与，这种 PPP 合作模式要为多元的社会资金提供渠道和参与的可能性，特别是街区中的个体、社区组织等。例如旧金山的停车位公园项目中，大部分的资金来源都是项目所在街区的商铺，包括咖啡厅和餐厅[8]，停车位公园为这些沿街的商铺带来了商业价值，这些社会资金也是维持非正式开发项目持

① 列斐伏尔的著作 *The Production of Space* 有关空间社会学的观点在建筑、景观学界产生了深远的影响，大量学者专注于城市空间、日常生活、社会建构的相互关系的研究。

续运营的重要因素[9]（表2）。

已建成和实施中的洛杉矶停车位公园投资类型　表2

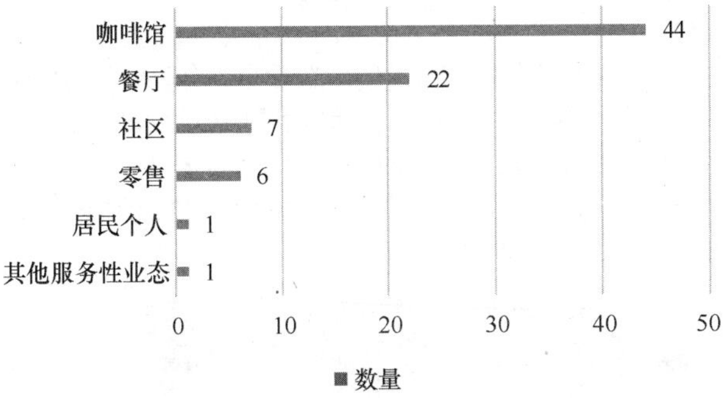

资料来源：改绘自参考文献[9]。

3.2 基于规划机制的协调策略

3.2.1 城市更新规划与城市绿地系统规划体系的对接

城市更新规划为基于非正式开发的景观空间生产提供较为灵活的规划保障，规避了现行规划体系灵活性较差的缺陷，而与现有城市绿地系统规划的衔接则为基于非正式开发的景观空间生产提供实施保障，并让非正式开发景观项目能更好地融入城市总体的功能和空间结构中。

3.2.2 城市更新规划中纳入非正式开发景观的相关内容

在城市更新规划的实施和管理中，需要为景观的非正式开发提供途径：①城市更新单元的划定——界定需要基础设施、协调用地功能和产业布局、改善公共空间环境、提升建筑质量的区域，考虑设立非正式开发景观的实施项目；②城市更新的场地评估——对城市更新单元用公共空间进行评估，明确城市更新单元中公共空间改善提升的目标、内容和策略；③城市更新的实施计划——寻找需要更新利用的土地，编制城市更新实施计划，确定要开展的非正式开发景观项目，并明确建设方案、实施主体。

3.3 基于公众参与机制的组织策略

3.3.1 多主体参与的协作机制

自下而上的景观空间生产需要在政府协调管理部门的政策支持下，为某个城市单元或者具体的城市更新景观项目建立包含不同相关群体的地方支援组织，开展全生命周期的临时性景观空间的项目开发。地方支援组织的建立需要在以规划设计师为首的专家团队的引导下，联合四类不同的群体：政府管理部门、经济支撑群体、社区和公众、非政府组织[10]（图1）。

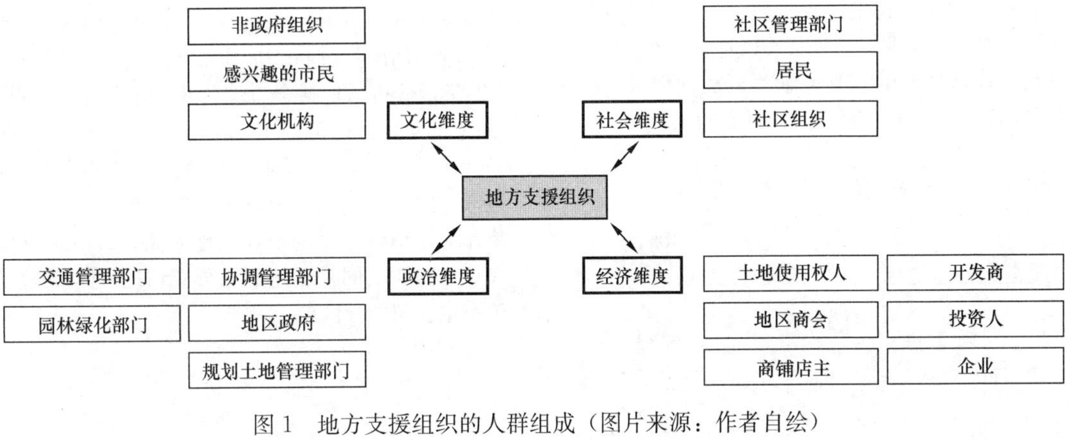

图1　地方支援组织的人群组成（图片来源：作者自绘）

德国不莱梅市将临时性使用作为城市更新的重要工具，为非正式开发项目建立了多方合作的地方支援组织（local support group）[10]，激发城市中闲置用地和建筑的潜在使用者，联合参与者、产权人、非政府组织等进行协作式、高效的临时性使用项目开发，这类项目通常以景观空间的营造为最终载体，激发城市更新和可持续发展。

3.3.2 明确不同主体的参与方式和内容

社区居民是非正式开发景观项目各个阶段的参与主体，包括项目的发起、设计方案与决策、建设与维护等；社区团体组织各类公共活动，激发社区居民对社区景观营造的积极性。非政府组织为社区居民提供多样化的信息，并组织公共活动激发居民的积极性，同时需要景观规划设计师为首的专家团队的长期介入与合作，提供专业的技术支持。政府和城市管理者需要发掘非正式开发景观的潜力，并通过提供政策支持，引导基层各个群体进行自下而上的景观营造，评估、确定可实施的区域和场地。私人投资者的参与为社区层面的小尺度景观项目提供资金支持，为项目可持续发展和活力的注入提供支撑。

3.3.3 项目全过程的公众参与

公众参与不仅体现在项目的方案层面，更应该体现在项目开发全过程的4个阶段：发起与立项、规划设计与决策、建设与执行、维护与管理。在各个阶段，城市的协调管理部门和地方支援组织需要开展不同的公众活动和工作营。在发起和立项、规划设计与决策阶段，公众参与的方式主要是通过工作营、讨论会、主题活动、临时性场所营造的形式；建设执行阶段开展营造课程、建造志愿者活动；在管理维护阶段主要通过不同类型的民间资本、社区志愿者活动等形式。明确公众在项目开发每个阶段参与的内容和方式，为社区居民为主体的基层群体营造景观空间提供可实施的路径。

3.4 基于动态渐进性的更新策略

3.4.1 基于时间尺度的渐进性空间生产

非正式开发景观因为通常采用临时性的空间利用策略，最终目标是产生长远的效益，形成永久性的景观场地。非正式的景观营造需要采取渐进性的更新策略，发挥其灵活性的特征，关注规划设计和管理实施的过程，充分利用公众参与和现场评估来确定功能、空间的合理性，产生影响深远的社会效益，并且实施的经济成本较低、速度较快。

纽约时代广场的人行空间营造分为3个阶段（图2），从景观家具的临时性占用、临时性的广场到永久性的城市广场，通过阶段性的空间临时性使用来检验并实施重大公共空间的营造，通过真实的空间展示和使用评价，渐进性地推进项目的实施。

图2 时代广场的渐进性开发（临时占用—临时性广场—永久性广场）

（图片来源：https：//www.archdaily.com/465343/nyc-s-times-square-becomes-permanently-pedestrian）

3.4.2 基于实施主体的渐进性更新管理

为了更好地管理渐进性开发项目，应建立实施主体和场地合法性因素之间的关系矩阵（图3），从而跟踪项目的定位和实施情况，明确每个项目的实施主体，在推进项目转变的临界时提供正确的管理策略。关系矩阵中Y轴为实施主体因素，分析非正式开发景观的发起者、管理者、土地产权人等，关系矩阵中X轴为合法性因素，从不被政府批准的非正式空间实践到合法的空间项目。

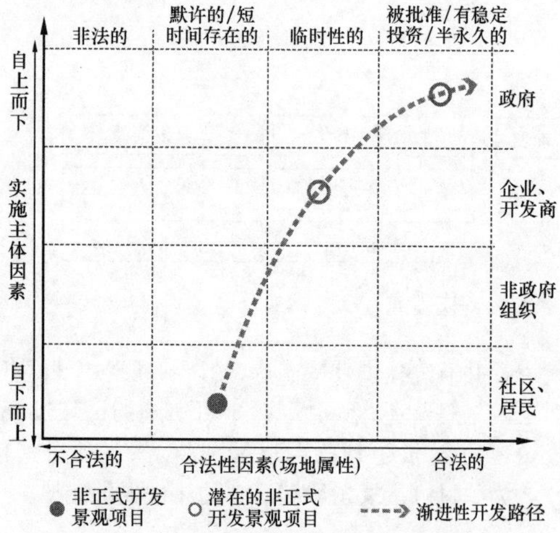

图3 实施主体和场地合法性因素之间的关系矩阵

（图片来源：作者自绘）

4 基于非正式开发的景观空间生产的空间利用策略

4.1 宏观尺度——基于社区生活圈尺度的绿地公平性分析

在社区尺度层面开展空间的评估和选择，基于生活圈尺度的可达性衡量非正式开发景观公平性，进行社区尺度的绿地需求分析和现有绿地的服务效率分析[11]，选择出需要进行非正式开发景观营造的地块，以及需要利用非正式开发景观来进行改善的社区。

以美国旧金山停车位公园为例——首先根据15min社区生活圈步行尺度（1200m）来进行社区单元划分[12]；再根据生活圈尺度将不同层级城市绿地的服务范围通过GIS进行分析，包括全市性公园（服务范围1000m）、区域性公园（服务范围600m）、社区级绿地（服务范围350m），分析得出这些城市公共绿地空间服务覆盖的城市范围（图4），以及没有被覆盖的区域（图5），这些区域将作为停车位公园的潜在实施对象；最后分析现有的停车位公园在不同社区组团的分布情况（图6），寻找缺乏停车位公园的社区单元。

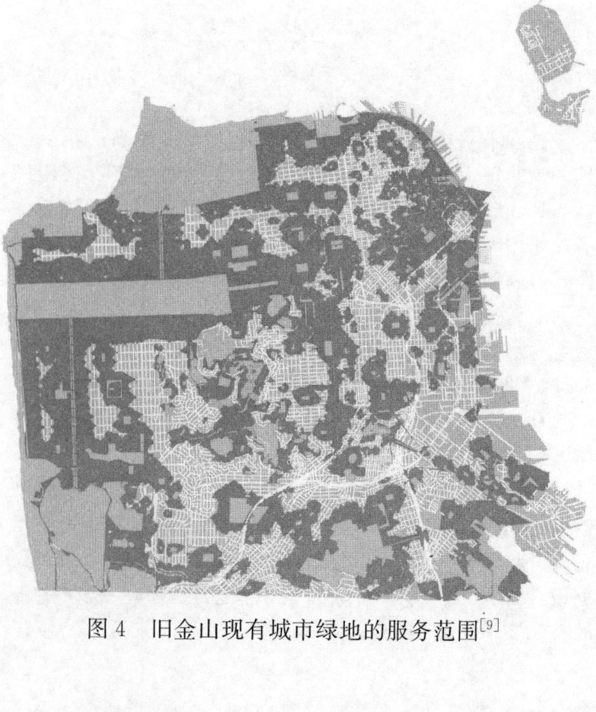

图4 旧金山现有城市绿地的服务范围[9]

图 5　旧金山未被绿地服务范围覆盖的社区[9]

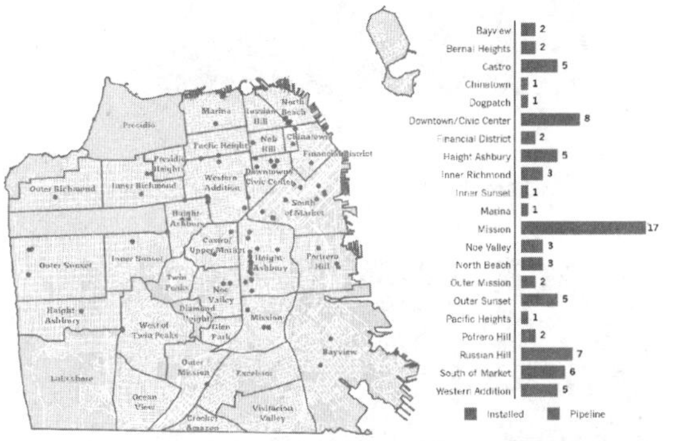

图6　旧金山各个社区单元中停车位公园的分布和数量[9]

非正式开发景观在街区空间的置入需要考虑与现有的城市公共空间体系相嵌合，包括城市公园绿地、广场、街道空间，文化、体育等公共服务设施用地，结合步行道、自行车道的线性空间（图 7），分析这些空间之间的线性关系，非正式开发景观的场地选择宜处在这些空间相联系的路径之上。

图 7　停车位公园与自行车系统的关系[9]

4.2　微观尺度——基于空间类型的临时性使用策略

经过宏观尺度的空间评估和选择确定非正式开发景观的潜在空间对象，再从微观尺度层面针对 4 类空间——闲置用地、功能性空间、畸零空间、城市绿地[2]，提出相应的空间临时性使用策略。

4.2.1　城市空闲地或弃置地

以德国、奥地利、瑞士等为代表的欧洲国家兴起了一种过渡性的开放空间利用（interim open space use），将城市中的闲置用地或被正式开发前的一块空闲地作为一个临时性、过渡性的公共活动空间。在维也纳第 17 街区的一个建筑旁的空地上，由当地居民和土地产权人共同合作建立了一个 310m² 的临时性沙滩排球场，利用场地中的部分停车场和空地作为临时性的运动场地[7]。

4.2.2　功能性空间

对有明确用地性质的用地临时性使用最典型的实践是有关城市道路空间的临时性使用。北美超过 20 个城市开展的“停车位公园”项目和“人行道广场”项目是利用低效的道路空间进行临时性的街头绿地和广场营造。停车位公园通常利用 2～3 个车位空间，置入可移动的桌椅、种植箱、木质平台、构筑物等要素，（图 8），不仅为社区居民提供休憩交往的场所，也为街道底层空间的商铺提供户外就餐空间，另外也会留有自行车的停放空间（图 9）。

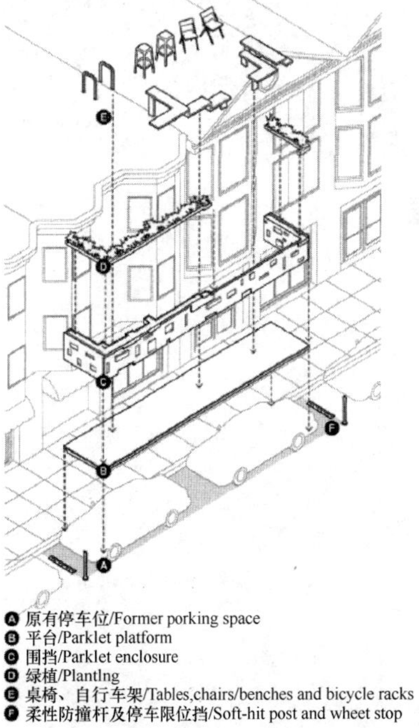

图 8　停车位公园的空间要素[13]

4.2.3　畸零空间

基于非正式开发的景观空间营造改造利用这些定义不明确、零散、失落的空间，将其整合到现有的公共空间系统之中。城市中最主要的畸零空间为立交桥下空间、无景观的河道和铁路两侧空间、交通岛空间。在英国伦敦

Hackney Wick 区的跨河立交桥下的室外剧场利用，为 Hackney Wick 区创造了市民休闲活动的聚会场所（图 10），附近街区的 200 名志愿者参与建设，此外这块土地的使用权人——伦敦奥运会遗产运营和发展公司（London Legacy Development Corporation）计划将这个场地建设成永久性的公共空间，并寻求与周边奥林匹克公园、Hackney 湿地、维多利亚公园等的空间联系。

4.2.4　现有公园绿地空间

非正式开发在现有城市公园绿地内部营造临时性的空间，通过功能和空间复合的方式开展公园绿地的更新。德国柏林滕珀尔霍夫机场公园是由废弃的军用机场改造成的城市公园，在公园边界、靠近社区的区域有几块场地为临时性的社区花园（图 11），“社区空间办公室”组织公众参与式空间营造，柏林市民可以以每月 1 欧元的价格租用其中一块 $2m^2$ 大小的土地，种植花草、农作物或利用废弃的家具、物件搭建休憩设施（图 12），同时社区还会组织在这里开展种植课程、木工创作等公共教育活动。

图 9　停车位公园[14]

1—伦敦“长椅停车位公园”；2、3—Devil’s Teeth 面包店停车位公园

图 10　伦敦 Hackney Wick 区立交桥下的公共空间

（图片来源：https：//assemblestudio.co.uk/projects/folly-for-a-flyover）

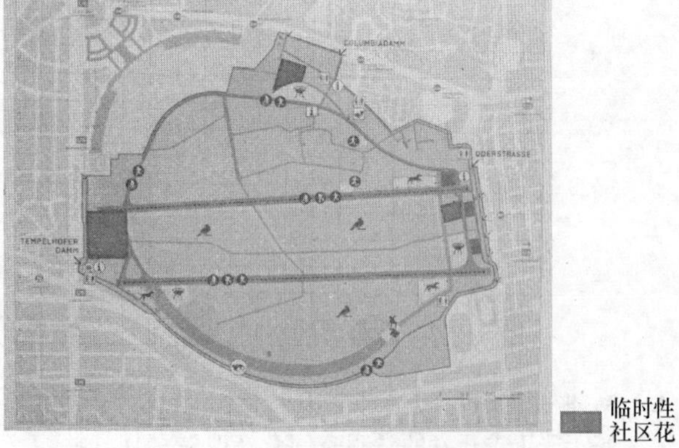

图 11　德国柏林滕珀尔霍夫机场公园中的社区花园的位置

（图片来源：作者自绘）

图 12　德国柏林滕珀尔霍夫机场公园中的社区花园

（图片来源：作者自摄）

5 结论

在目前城市建设用地有限、土地存量优化、城市修补的背景下，本文探讨了非正式开发景观空间生产的概念、影响因素，将自下而上和自上而下两者的优势相结合，提出景观空间生产的综合实施框架（图13），包含管理策略和空间利用策略两方面。研究不仅注重研究景观空间生产方法路径，也提出相应的管控和治理措施作为支撑。非正式开发模式为景观空间营造提供了一种较为灵活、适应性强的自下而上的途径，体现出传统规划设计方式所不具备的社会和空间效益，这种自下而上的空间营造作为一种景观空间营造途径，从景观视角解决城市更新中的日常游憩型社区绿地供给问题，增强空间与社会的协同性、场地的功能和空间灵活性、畸零空间的高效利用。

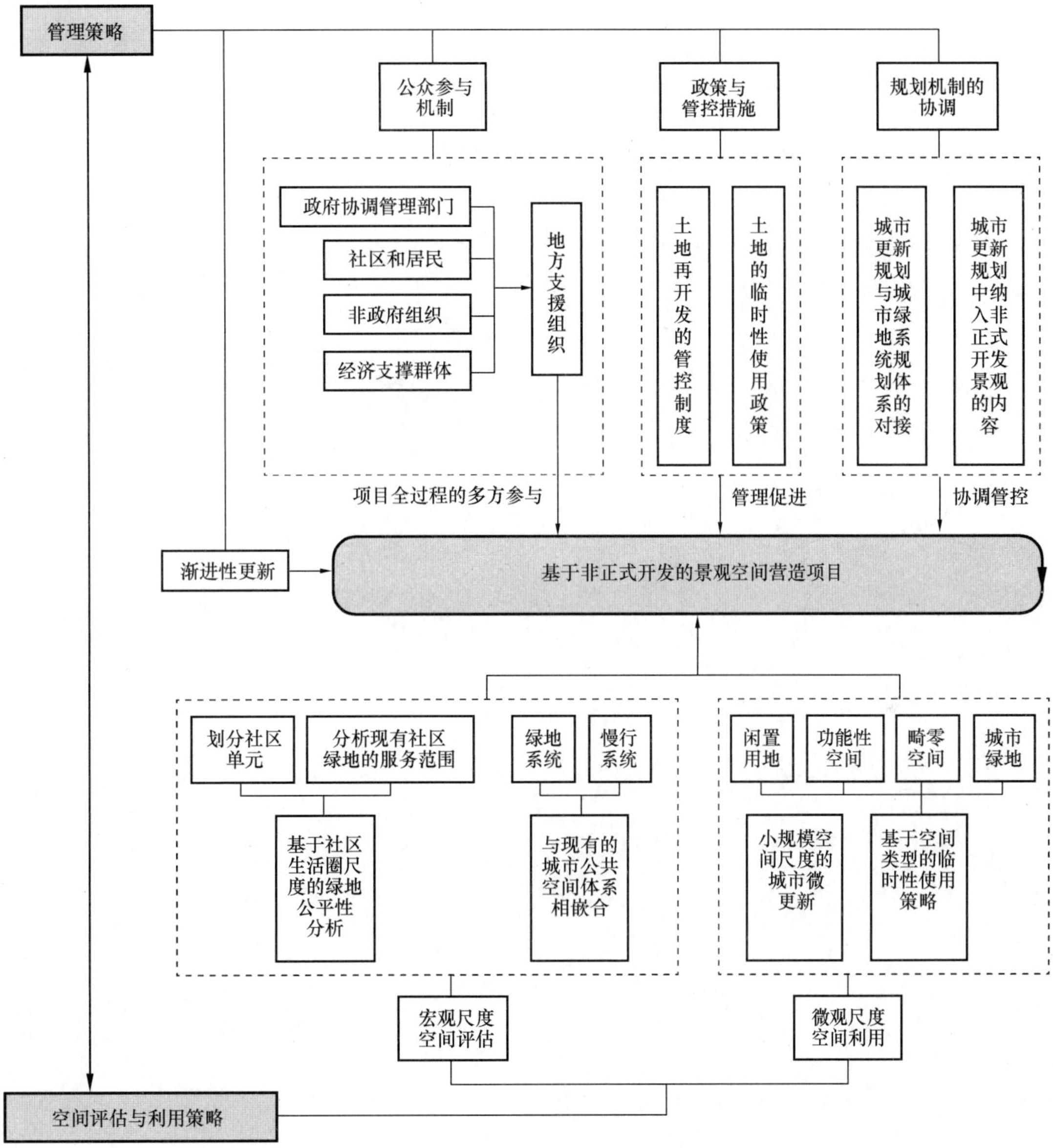

图13 基于非正式开发的景观空间生产综合实施框架（图片来源：作者自绘）

参考文献

[1] 高媛．非正式更新模式下的旧城区更新研究——以厦门沙坡尾规划为例[J]．城市，2013(9)：53-55.

[2] 陈蔚镇，刘荃．城市更新中非正式开发景观项目的潜质与价值[J]．中国园林，2016(5)：32-36.

[3] Lefebvre H. The Production of Space [M]. Oxford: Blackwell, 1991: 32-33; 49-65.

[4] 赵亮，陈蔚镇．景观空间生产研究——逻辑、机制与实践[J]．中国园林，2017，33(3)：39-44.

[5] Finn D. DIY urbanism: implications for cities[J]. Journal of Urbanism International Research on Placemaking & Urban Sustainability, 2014, 7(4): 381-398.

[6] Pavement to Parks. San Francisco parklet manual[M]. Version 2.2. San Francisco: Pavement to Parks, 2015.

[7] Gstach D. Freiraeune auf Zeit: Zwischennutzung von Urbanen Brachen als Gegenstand der Kommunalen Freirau-

mentwicklung[D]. Universitaet Kassel，2006.
[8] GeneStroman，SF Parks Alliance & SF Planning Department. Opportunity Mapping：San Francisco Parklets & Plazas[R]. The Pavement to Parks Research Lab. 2014.
[9] Oh K，Jeong S. Assessing the spatial distribution of urban parks using GIS[J]. Landscape & Urban Planning，2007，82(1-2)：25-32.
[10] Temporary use as a tool for urban regeneration project. TUTUR FINAL REPORT[R]. 2015.
[11] 金云峰，高一凡，沈洁．绿地系统规划精细化调控——居民日常游憩型绿地布局研究[J]．中国园林，2018(2)：112-115.
[12] 杜伊，金云峰．社区生活圈的公共开放空间绩效研究——以上海市中心城区为例[J]．现代城市研究，2018(5)：101-108.
[13] Zhao J，University T. A Temporary Urban Solution? Review on the Parklet Program in San Francisco[J]. Urban Design，2016.
[14] Taylor D. PARK(ing) Day[J]. Parks & Recreation，2012.

作者简介

高一凡，1993年生，男，汉族，陕西人，同济大学建筑与城市规划学院风景园林专业硕士研究生。研究方向为城市绿地系统与公共开放空间。电子邮箱：fpgyf@sina. com。

金云峰，1961年生，男，上海人，同济大学建筑与城市规划学院景观学系副系主任、教授、博士生导师，高密度人居环境生态与节能教育部重点实验室，生态化城市设计国际合作联合实验室，上海市城市更新及其空间优化技术重点实验室，高密度区域智能城镇化协同创新中心特聘教授。研究方向为风景园林规划设计方法与技术、景观有机更新与开放空间公园绿地、自然资源保护与风景旅游空间规划、中外园林与现代景观。电子邮箱：jinyf79@163. com。

陈栋菲，1994年生，女，上海人，同济大学建筑与城市规划学院景观学系在读硕士研究生。研究方向为风景园林规划设计方法与技术。电子邮箱：shfxcdf@126. com。

城市街道户外微气候人体热生理感应评价分析

——以上海古北黄金城道步行街为例①

Analysis and Evaluation of Urban Streets Microclimate on Human Physiological Thermal Responses

—Illustrated by the Case of Shanghai Golden City Road

刘滨谊　黄　莹

摘　要：研究人体热生理感受与街道风景园林风、湿、热小气候要素和街道开敞空间三者之间的耦合互动关系。以上海古北黄金城道步行街为试验地，实验集取了可穿戴传感器获取皮肤温度（指尖、胸部）、皮电活动（EDA）、血容量搏动（BVP）、心率、血氧饱和度等人体生理数据，在ErgoLAB人机环境同步系统中，经滤波处理、图像反卷积处理、奇异点纠正、时域分析、频域分析和散点图生成生理感受指标，通过各生理指标分析，实现了街道风景园林小气候人体感受的量化。研究得出影响人体热生理感应的各项评价指标以及影响人体舒适感受的空间环境特征。集取可穿戴传感器获取热生理感应参数，评价街道小气候人体感应，理解城市宜居环境风景园林小气候机制，进而有针对性地提出面向城市街道空间的小气候适应性规划设计策略，以风景园林规划设计应对气候变化。

关键词：风景园林小气候；风、湿、热小气候要素；人体生理感受；城市街道

Abstract: This research is taking Golden City Pedestrian Street in Shanghai as survey object, to find the relationship between human physiological thermal responses, summer microclimate (thermal, wind and humidity) elements and landscape spatial layout. The experiment obtained the human physiological data such as skin temperature (fingertip, chest), skin electrodermal activity (EDA), blood volume pulsation (BVP), heart rate, blood oxygen saturation, etc. from the wearable sensor. Data was processed by filtering processing, image deconvolution processing, singular point correction, time domain analysis, frequency domain analysis and scatter plot to generate physiological sensation indicators in ErgoLAB human－machine－environment synchronization system. Through the analysis of human physiological indicators, the quantification of human perception of landscape microclimate is realized. Using wearable sensors to obtain human physiological thermal data, and evaluating the human microclimate perception, can help to understand landscape architecture microclimate mechanism in livable environment and propose the urban street microclimate adaptability design strategy.

Keyword: Landscape Architecture Microclimate; Thermal, Wind and Humidity Elements; Human Physiological Thermal Responses; Urban Street

引言

在城市步行街道中，风景园林小气候影响使用者的行为模式、类型和停留时间。提升城市步行街小气候舒适度将有助于促进城市公共空间自发性活动和社会性活动，提升城市公共空间质量，吸引人们进行户外活动，对人体健康、社会交往以及节约能耗都有重要的意义。

本文属于国家自然科学基金重点项目“城市宜居环境风景园林小气候适应性设计理论和方法研究”（编号51338007）[1-4]部分课题研究。研究主要包括：对上海高密度人居环境城市街道的风景园林空间展开实地监测，针对人群每日频繁活动的公共空间进行夏季微气候实测和人体感受量化分析。研究采用场地调查、现场实测、问卷访谈和行为观测方法，以上海古北黄金城道步行街为调研对象，研究夏季小气候风湿热要素、街道风景园林空间构成，以及人体热舒适感应三者间的关系，提出基于小气候适应性的城市街道风景园林空间环境改善策略。

1　试验方法及内容

1.1　试验场地

古北黄金城道是由SWA于2009年在上海长宁区（120°29′E，31°16′N，平均海拔4m）古北居住区中设计完成的一条开放式商业步行街，其商业消费和休闲步行功能决定了对公共空间小气候舒适性的较高要求。步行街覆盖了三个城市街区，呈东西走向，高宽比约为1∶1，以商业街和住宅底商为主要模式，街道宽60m，两侧为联列式高层住宅，平均建筑高度60m。街道景观设计采用“城市室外客厅”的概念，沿街布有露天广场、喷泉、儿童活动场、亲水平台等多种景观空间，景观设计手法丰

①　基金项目：国家自然科学基金重点项目“城市宜居环境风景园林小气候适应性设计理论和方法研究”（编号51338007）资助。

富，空间类型多样，季相变化明显。丰富的景观空间和种植设计为研究人体户外热生理感应提供环境变量，是一处较为合适的实验场地。

1.2 试验方法

1.2.1 风景园林空间小气候要素实测

本研究使用 Watchdog 小型气象站，针对风景园林空间中的风、湿、热微气候因子，对距地面 1.5m 高度处的小气候要素——空气温度、太阳辐射、阵风风速及相对湿度进行连续 72h 观测，试验日期为 2018 年 7 月 13～15 日。本试验在适宜大部分人群活动的天气状况基础上，选取上海夏季典型天气日进行实验（晴天或多云天气，短时阵雨天气也被纳入实验范围）。实验在街道活动密集的区域分别布置 12 个测点（图 1），分析比较的重点是步行街不同空间类型之间的微气候因子变化规律。

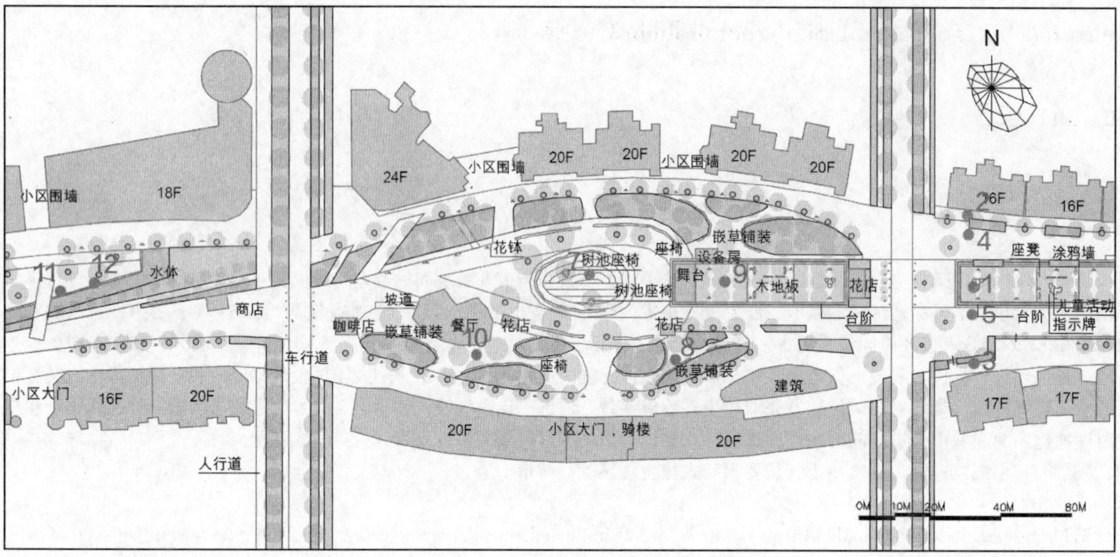

图 1　黄金城道小气候测试布点图

1.2.2 人体热生理感应实测

此次夏季实验收集 92 人次数据，共有 46 个受试者参与，其中女 30 人、男 16 人（图 2）。实验在每个测点集取了可穿戴传感器获取皮肤温度（指尖、胸部）、皮电活动（EDA）、血容量搏动（BVP）、心率、血氧饱和度等人体生理数据。每个测点每次的热生理感应时间为 5min，一轮测试共 12 个测点[5-6]。皮肤温度数据由无线皮温传感器采集，实验时将温度探头紧贴所要测试的皮肤部位并固定，每个受试者分别采集 2 个部位的皮肤温度，一个采集点直接暴露于小气候环境之中（指尖），一个采集点位于衣物覆盖之下（胸部）；皮电信号数据（EDA）由无线皮电传感器采集，实验时将 2 个电极分别与同一手掌 2 个不同的指尖相连形成回路；心率数据由无线光电容积脉搏（BVP）传感器采集，实验时将脉搏传感器的耳夹夹在耳垂上。该 3 项数据在 ErgoLAB 人机环境同步系统中实时显示。血氧饱和浓度数据由指夹式血氧饱和浓度仪采集，由受试者在实验中每隔 100s 记录一次，一段完整的 5min 的实验中共记录 3 次。人体热生理感应分析比较的重点是不同空间类型内各生理指标的变化规律（图 3）。

图 2　部分受试者

1.2.3 舒适度感受评估

对街道实体空间小气候要素实测的同时，每日随机抽取各测点使用者进行问卷调查，得到使用者舒适度感受评估。调研问卷包括两部分内容：第一部分调查受访者对于小气候参数的热感觉和热偏好；第二部分记录受访者的个人信息、衣着和活动状态。其中热舒适评价采用 ASHRAE7 点热感觉投票，空气温度、相对湿度和太阳辐射感受投票使用 5 点标度，风速感受投票使用 4 点标度[7]。实验采集 648 例舒适感受指标个案（图 4），舒适

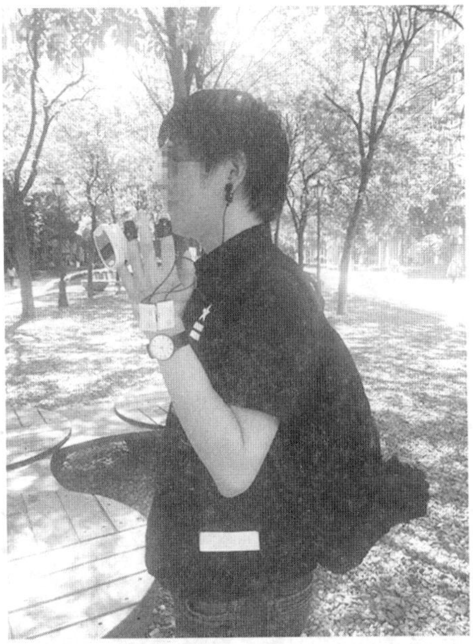

图 3　受试者佩戴生理感应仪器示意

感受指标数据的分析评价运用 SPSS 和 Excel 进行回归分析。

图 4　受试者在各测点填写热舒适感受问卷

2　实验结果与分析

实验结果从以下 3 个方面进行分析：首先，说明 3 个实验日不同空间类型小气候参数的基本状况，对实验测得的太阳辐射、空气温度、阵风风速、相对湿度等微气候因子数据取间隔为 1h 的平均值进行比较，分析各类空间之间的微气候差别；其次，在 ErgoLAB 人机环境同步系统中，经滤波处理、图像反卷积处理、奇异点纠正、时域分析、频域分析等生成生理感受指标，通过对皮肤温度、皮电活动（EDA）、心率、血氧饱和度这 4 项生理指标分析，实现风景园林小气候人体感受的量化；最后，分析研究微气候参数、人体热生理感应指标以及影响其变化的景观空间三者之间的关系。

2.1　街道不同空间类型小气候参数

对古北黄金城道进行空间分类时综合考虑下垫面材质、是否在水边以及是否有顶平面遮荫，结合此街道风景园林设计手法与实验布点，将空间变量分为开敞广场区（硬质铺装无遮荫，测点 4、5、7）、林下休憩区（嵌草、木质铺装有遮荫，测点 1、8、9、10）与滨水观景区（滨临水面有遮荫，测点 11、12）。图为 3 个实验日 7：00～19：00 不同实验组太阳辐射、空气温度、相对湿度的最大值、最小值与平均值，以及阵风风速的最大值和平均值（图 5～图 8）。由数据可得，夏季实验期间空气温度变化范围为 27.6～36.6℃，不同下垫面空气温度分布中开敞广场区＞滨水观景区＞林下休憩区，其中开敞广场区平均比滨水观景区高 0.5～2.9℃，平均比林下休憩区高 0.1～2.7℃；相对湿度范围为 35.4%～72.8%，平均值在 36%～70%，其中不同下垫面空气相对湿度分布中滨水观景区＞林下休憩区＞开敞广场区；实验期间最大风速为 4.72m/s，平均风速在 0.34～1.28m/s，开敞广场区风速明显大于滨水观景区，林下休憩区风速最小；实验日中太阳辐射最大值为 1203wat/m^2，出现在开敞广场区中，平均值均高于滨水观景区和林下休憩区。

2.2　人体热生理感应分析

围绕街道空间小气候实测数据和人体热生理感应实验数据展开分析，主要解决两个问题，即哪些生理指标对人体热生理感应影响较大，可以用于评价空间小气候环境，以及哪些小气候要素与人体热生理感应参数间存在相关关系。

2.2.1　皮肤电活动（Electrodermal Activity，EDA）

实验采集到的 EDA 信号需要检查剔除坏值并运用 ErgoLAB 数据平台进行处理。首先对信号进行判别并进行滤波处理和图像反卷积处理，目的在于排除异常数据的干扰。其次对信号进行时域分析以得到皮肤电导水平（Skin Conductance Level，SCL），该值是反映皮肤电活动的重要指标，可表征人体的生理活跃水平和出汗情况[8]。个体生理状态紧张活跃时皮肤电导水平较高，个体生理状态松弛时皮肤电导水平较低。图 9 为某受试者皮肤电导信号处理结果。通过采集在开敞广场区（测点 4、5、7）、林下休憩区（测点 1、8、9、10）与滨水观景区（测点 11、12）中各受试者的 SCL 值，并在三种景观空间中取其最大、最小、平均值进行比较（图 10），分析可得受试者的 SCL 水平为开敞广场区＞林下休憩区＞滨水观景区，即在开敞广场区中受试者普遍感到焦虑紧张，而在滨水观景区则较为舒适松弛。人体皮肤电导水平（SCL）个体差异性较大，在不同情况、不同时间中皮肤电导水平之间也会有较大的差异。为探究小气候要素与人体热生理感应参数间相关关系，运用 SPSS 进行皮尔逊双变量相关性分析（图 11），得出太阳辐射与 SCL 之间呈显著性正相关，即太阳辐射越强，皮肤电导水平越高，但与其他气候因子之间并没有相关性。

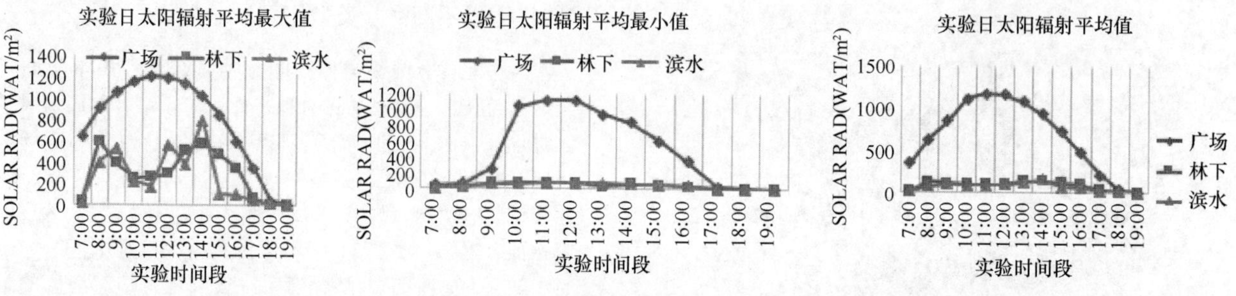

图 5　黄金城道不同空间类型太阳辐射最大、最小、平均值

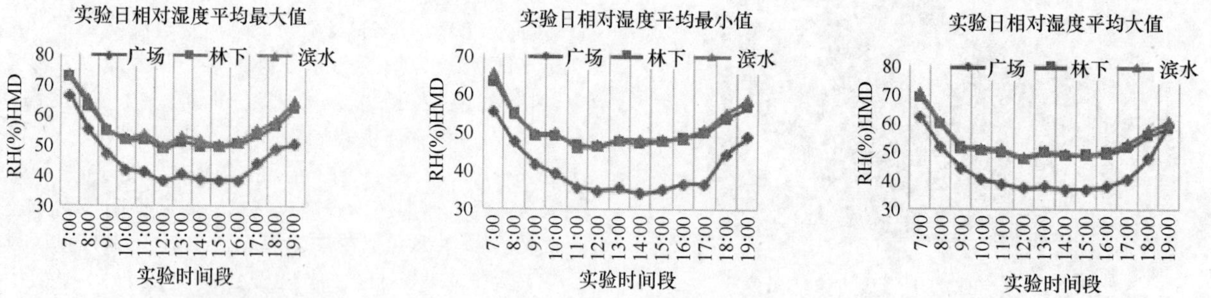

图 6　黄金城道不同空间类型相对湿度最大、最小、平均值

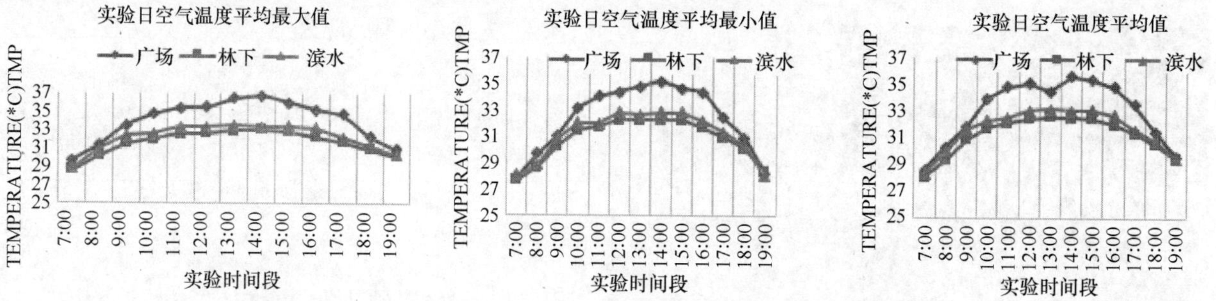

图 7　黄金城道不同空间类型空间温度最大、最小、平均值

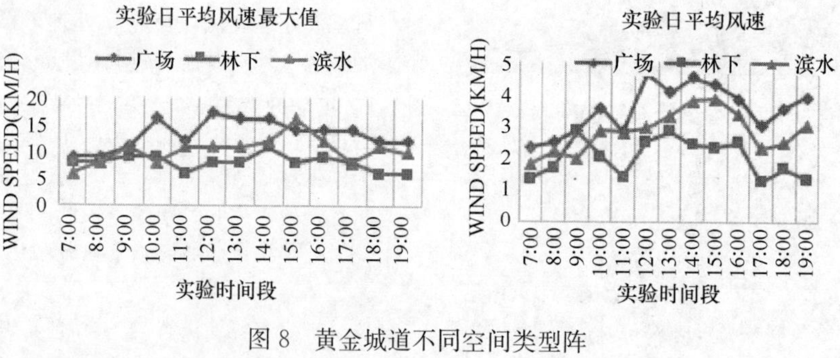

图 8　黄金城道不同空间类型阵

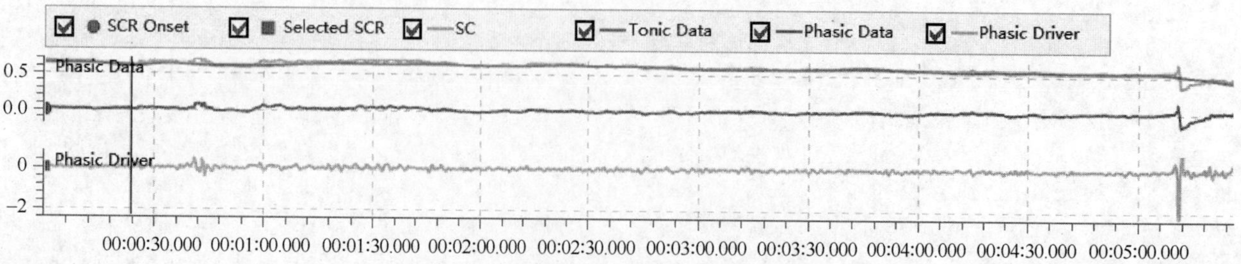

图 9　某受试者的皮肤电导信号

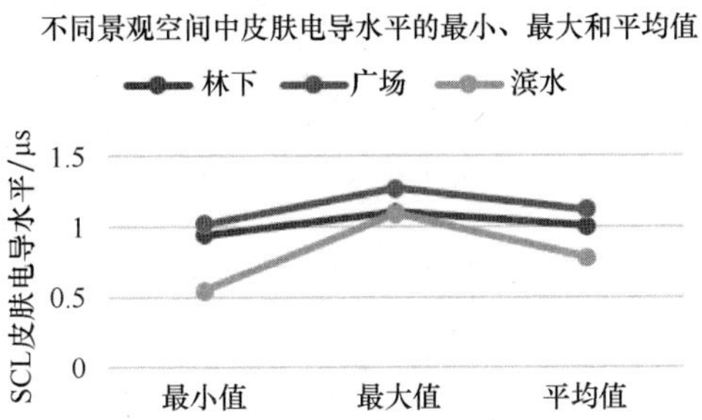

图 10　不同景观空间中皮肤电导水平

2.2.2　心率及心率变异性

运用 ErgoLAB 数据平台对采集到的心率信号进行处理。首先对采集的异常信号进行剔除，对波形完整有序的信号进行滤波处理和奇异点纠正，去除心率信号中的白噪声和工频干扰（图 12）。随后采用时域分析、频域分析和散点图分析三种手段对心率信号进行处理。其中，时域分析是将心率（HR）和心动间隔（IBI）视为时间的函数，可得到受试者在单个测点测试期间心率信号的心动间隔均值（AVNN）、平均心率值（AVHR）、心动间隔标准差（SDNN）等。频域分析是利用快速傅里叶变换将心率的时域分析信号转换为频域分析信号，进而进行功率谱密度分析。在频域分析中，心率信号被分为高频（HF，0.15～0.4HZ）、低频（LF，0.04～0.15HZ）、极低频（VLF，0.0033～0.4HZ）和超低频（ULF，0～0.0033HZ）四个频段，可得到不同频段功率占总功率的百分比和不同频段功率间的比值。由于高频段和低频段分别受迷走神经和交感神经活动的影响，故 LF/HF 值可表征交感与迷走神经的平衡性。LF/HF 值上升表示交感神经活动增强，LF/HF 值下降表示迷走神经活动增强。散点图分析主要基于对 R－R 间期变化数据的分析绘制庞加莱（Pioncare）截面和趋势图（图 13），直观表现受试者生理状态。其中庞加莱截面能揭示受试者心脏健康状况，健康受试者的散点图多集中在与坐标轴成 45°的射线附近而呈彗星状，试验所收集心率信号对应的庞加莱截面基本都呈彗星状。趋势图则是根据第一象限（A＋＋）和第三象限（B－－）中数据点的个数表现交感与迷走神经的平衡性，与 LF/HF 值相似。庞加莱截面和趋势图都是针对单个受试者单个测量段落进行分析绘制的。本文采用时域分析中的平均心率值（AVHR）和频域分析中的心率变异性（LF/HF）作为研究对比的生理参数。分析通过采集不同景观空间中受试者的平均心率值（AVHR）和心率变异性（LF/HF）数值，发现两者的数值分布均为开敞广场区＞滨水观景区＞林下休憩区，且 AVHR 与空气湿度呈显著负相关，与空气温度呈显著正相关，LF/HF 与空气湿度呈负相关，与空气温度呈正相关（图 11）。

		太阳辐射	空气湿度	空气温度	风速
SCL	皮尔逊相关性	.202**	−0.157	−0.077	0.275
	显著性（双尾）	0.324	0.362	0.655	0.104
AVHR	皮尔逊相关性	−0.006	−.235**	.285**	0.063
	显著性（双尾）	0.974	0.511	0.777	0.716
LF/HF	皮尔逊相关性	.102*	−.360*	.354*	−0.084
	显著性（双尾）	0.088	0.031	0.034	0.625
手指温度	皮尔逊相关性	0.124	−.503**	.549**	−0.11
	显著性（双尾）	0.471	0.002	0.001	0.523
胸部温度	皮尔逊相关性	0.229	−0.246	.334*	−0.305
	显著性（双尾）	0.179	0.148	0.046	0.07
皮肤温差	皮尔逊相关性	−0.153	−0.026	−0.034	0.232
	显著性（双尾）	0.374	0.881	0.846	0.174

*在0.05级别（双尾），相关性显著。**在0.01级别（双尾），相关性显著。

图 11　小气候要素与人体热生理感应参数间皮尔逊双变量相关性分析

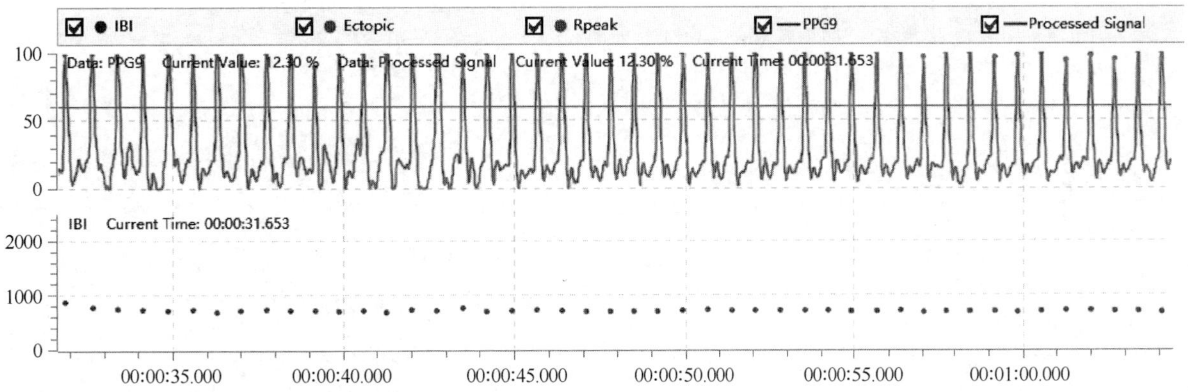

图 12　某受试者的心率信号与心动间隔图

2.2.3　皮肤温度

在 ErgoLAB 数据平台中对采集到的皮肤温度信号进行滤波降噪（图 14）。随后通过时域分析得到每段热生理感受实验期间各受试者的最高值、最低值和平均值、中位数以及方差等数据。由于户外实验影响因素复杂多变，因此采集到的数据在小范围内有参差波动，故本实验采用滤波平滑处理后的信号平均幅值反映实验期间受试者在对应测点的皮肤温度平均水平。夏季实验皮肤温度测点分别为衣物覆盖下的胸部皮肤温度和暴露于热环境中的手指皮肤温度，皮温差为两者差值。分析得出受试者的胸部温度与皮肤温度均在开敞广场区最高（图 15），平均高于滨水观景区和林下休憩区 0.3～0.4°C，且手指皮肤温度与空气温度、空气湿度呈显著相关，胸部皮肤温度与空气温度呈正相关（图 11）。

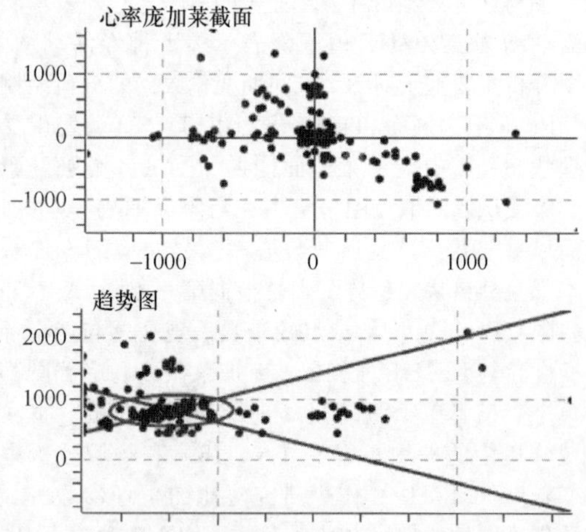

图 13　某受试者的心率庞加莱截面和趋势图

2.2.4　血氧饱和度

血氧饱和浓度于测试期间由受试者通过问卷记录，本实验采用记录数值的平均值反映实验期间受试者在对应测点的血氧饱和浓度水平。夏季实验血氧饱和浓度均值为 97.28%，处于正常血氧饱和浓度范围之内（90%～100%），血氧饱和度在开敞广场区中最低，与太阳辐射呈显著负相关。

2.3　小结

在夏季实验日中，微气候因子在街道不同景观空间中呈现明显差别。太阳辐射与空气温度的最大值与最大平均值均发生在开敞广场区中，该区无树荫覆盖，平均太阳辐射 726wat/m²，平均气温 33.28℃，空间内持续有约 0.97m/s 的微风，空气相对湿度维持在 34.2%～66.2%，夏季人体舒适度最低。太阳辐射与空气温度的最小值与最小平均值均发生在滨水观景区，该区乔灌草丰富，植被覆盖率高，平均太阳辐射 72wat/m²，平均气温 31.8℃，空间内持续有约 0.75m/s 的微风，空气相对湿度维持在 46%～72.8%，夏季人体舒适度最高。

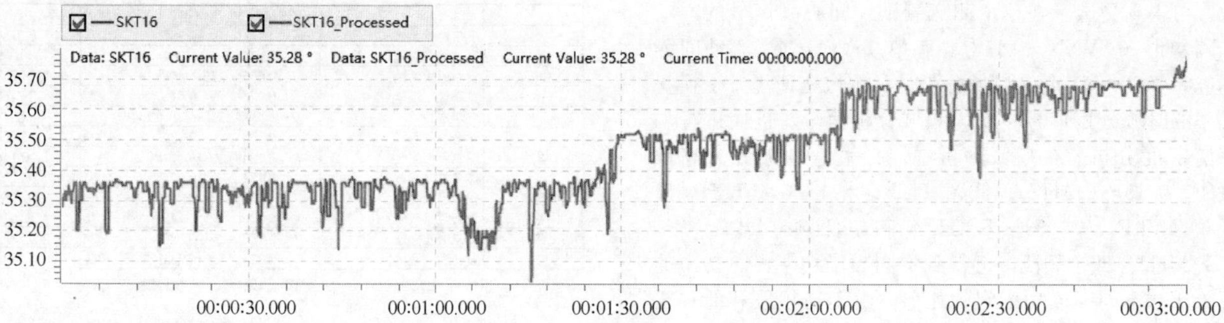

图 14　某受试者的皮肤温度信号

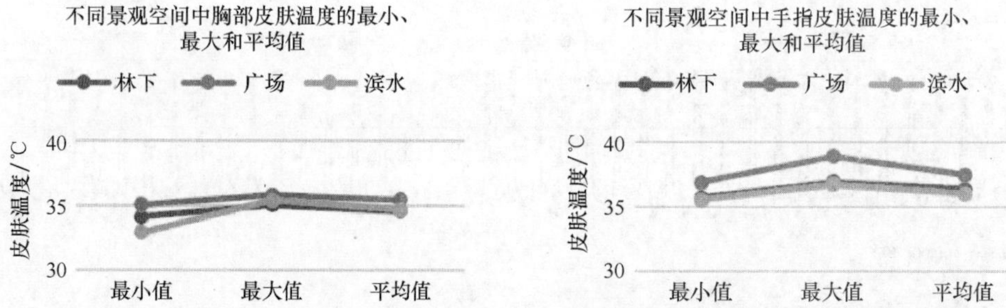

图 15　不同景观空间中胸部皮肤温度与手指皮肤温度的最小、最大和平均值

人体热生理感应指标在街道不同景观空间中受到微气候因子影响呈现差别。①皮肤电导水平反映机体出汗状况和焦虑状况，反映着机体水盐代谢系统和自主神经系统的生理状况。经研究，皮肤电导水平主要受太阳辐射强度的影响，对预测空间使用者的舒适程度具有较高的重要性。②实验期间表层皮肤温度可以灵敏地反映适应街道小气候环境状况，随环境温度变化最敏感，并与热舒适相关程度高，数值在 31.3～37.6℃区间内波动。相较于胸部皮肤温度，手指皮肤温度更能反映评价夏季户外微气候的相对湿度和空气温度状况。③个体心率水平具有显著的差异，正常人的心率维持在 60～100bmp 的范围内。实验发现平均心率值（AVHR）受相对湿度与空气温度影响较大，当机体受到小气候环境热刺激，就会提升机体新陈代谢水平从而促进机体产热或排汗功能进行生理调节，心率也会由此增加。在实验过程中由于室外因素多变导致交感神经活跃，受试者的心率变异性（LF/HF）数值整体偏高且不稳定，与微气候因子之间并未找到显著相关。④血氧饱和浓度反映了血液中血红蛋白与氧气结合的程度，是监测循环系统生理状况的重要手段之一。受到热刺激的机体通过提高新陈代谢进行生理调节，相应地会提高机体呼吸和循环系统的机能。夏季实验中受试者血氧饱和浓度均值为 97.28%，与太阳辐射关联显著。

3 结论和讨论

本文旨在分析研究微气候参数、人体热生理感应指标以及影响其变化的景观空间三者之间的关系，以改善上海城市街道热环境舒适性。研究发现，在夏季街道空间中，太阳辐射强度、相对湿度、空气温度对人体生理感应影响较大。其中，太阳辐射强度对热生理感应参数的影响范围较广，空气温度对热生理感应参数的影响程度较显著。皮肤电导水平（SCL）、平均心率值（AVHR）、手指皮肤温度、血氧饱和浓度适用于上海城市街道小气候热生理感应评价指标，心率变异性（LF/HF）、胸部皮肤温度可作为参考指标。

本实验为高密度城市街道风景园林空间的微气候实地试验，集取可穿戴传感器获取热生理感应参数，对街道小气候人体感应展开评价。此研究将有助于更好地理解城市宜居环境风景园林小气候机制，进而有针对性地提出面向城市街道空间的小气候适应性规划设计策略，以风景园林规划设计应对气候变化，对建设更加人性化、宜居的城市街道空间提供相关建议和指导。但实验仍存在不足：因户外天气状况有很强的不可控性、受试者的热背景和热生理特征存在个体差异且生理感应因子受多因素影响，故实验数据存在一定误差，每条街道空间要素不同，故实验结果无法直接用于其他街道空间。后续研究还可结合冬季实验，更进一步综合物理、生理和心理三方面的重要参数指标对户外微气候人体感应进行评价分析。

参考文献

[1] 刘滨谊，匡纬．城市风景园林小气候空间单元物理环境与感受信息数字化模拟研究[C]．中国首届数字景观国际研讨会．南京：东南大学，2013.

[2] 张琳，刘滨谊，林俊．城市滨水带风景园林小气候适应性设计初探[J]．中国城市林业，2014(4)：36-39.

[3] 刘滨谊，张德顺，张琳，等．上海城市开敞空间小气候适应性设计基础调查研究[J]．中国园林，2014(12)：17-22.

[4] 刘滨谊，梅欹．风景园林小气候感受影响机制和研究方法[C]//中国风景园林学会 2015 年会论文集．北京：中国建筑工业出版社，2015.

[5] Nakayoshi M，Kanda M，Shi R，et al. Outdoor thermal physiology along human pathways：a study using a wearable measurement system[J]. International Journal of Biometeorology，2014，59(5)：503-515.

[6] Lai D，Zhou X，Chen Q. Modelling Dynamic Thermal Sensation of Human Subjects in Outdoor Environments[J]. Energy & Buildings，2017，149.

[7] 梅欹，刘滨谊．上海住区风景园林空间冬季微气候感受分析[J]．中国园林，2017(4)：12-17.

[8] 程静，刘光远．基于皮肤电导的非线性情感特征提取研究[J]．西南大学学报(自然科学版)，2014，36(6)：186-194.

作者简介

刘滨谊，1957 年生，男，辽宁法库人，博士，同济大学风景园林学科专业委员会主任，景观学系教授、博士生导师，国务院学位委员会风景园林学科评议组召集人，国务院、教育部、人事部风景园林专业硕士指导委员会委员，全国高等学校土建学科风景园林专业教指委副主任委员，住房与城乡建设部城市设计专家委员会委员、风景园林专家委员会委员，研究方向为景观视觉评价、绿地系统规划、风景园林与旅游规划设计。

黄莹，1992 年生，女，浙江杭州人，同济大学建筑与城市规划学院景观学系在读研究生。研究方向为风景园林规划设计、气候适应性设计。

城市人居环境演变的分异现象及成因分析
——基于“北上广深”城市发展统计数据的实证研究

Analysis on the Evolution and Differentiation of Urban Residential Environment and Its Causes
—An Empirical Study Based on the Statistical Data of Urban Development in Beijing, Shanghai, Guangzhou and Shenzhen

胡凯富　成超男

摘　要：探讨城市人居环境的发展规律，分析人居环境演变分异与成因。以“北上广深”为例，运用熵权法测算并评价城市人居环境质量，并通过平均值与总体标准偏差的量化分析来研究2006～2016年间城市人居环境的时间分异、系统分异和成因机制。结果表明：①时间分异特征，“北上广深”在10年间的人居环境质量呈现波动增长态势，并表现出明显离散特征。②系统分异特征，人居环境各子系统存在明显系统分异特征，但总体呈现下降趋势。其中子系统分异中的社会系统和支撑系统分异明显，人口系统、居住系统和环境系统分异较小。③供给侧和需求侧因素、城市社会经济发展水平和人居环境的主体“人”是其演变过程中造成时间分异与系统分异的成因。
关键词：风景园林；城市规划；城市人居环境；动态演变；分异特征；北上广深

Abstract: This paper discusses the development law of urban human settlement environment, and analyzes the evolution and differentiation of human settlement environment and its causes. Taking "Beijing, Shanghai, Guangzhou and Shenzhen" as an example, entropy weight method was used to measure and evaluate the quality of urban human settlements, and the time differentiation, system differentiation and genetic mechanism of urban human settlements in 2006-2016 were studied through the quantitative analysis of average value and overall standard deviation. The results showed that the living environment quality of "Beijing, Shanghai, Guangzhou and Shenzhen" presented a trend of fluctuation and increase in 10 years, and showed a distinct discrete feature. The system differentiation features, the system differentiation characteristics of each subsystem of human settlements environment, but the overall trend is downward. The social system and supporting system in subsystem differentiation are obviously different, while the population system, residence system and environment system are less different. The factors of supply side and demand side, the level of urban social and economic development and the main body of human environment are the causes of time and system differentiation in its evolution process.
Keyword: Landscape Architecture; Urban Planning; Urban Living Environment; Dynamic Evolution; Differentiation Features;

引言

近年来，城市化快速发展不仅促进社会资源不断向城市聚集，带动城市社会经济水平的提升，同时也显著改善人们的生活水平。但居住环境在人口迅速增长所造成的压力之下不断恶化，人居问题开始受到人们重视和关注。而在城市发展和人居环境的不同发展阶段往往呈现着不同的演变特征，追根溯源，其成因机制也不尽相同。因此从这一视角出发，把握城市人居环境演变过程的发展规律及成因机制，有助于丰富我国人居环境理论研究和指导城市建设的可持续发展。

1　国内外相关研究进展

自1996年联合国人类住区会议提出人居环境的概念以来，国内外相关研究的成果不断涌现。目前，国外学者针对人居环境研究主要集中于三大方面：①环境科学方面，碳排放人居环境空间类型研究，老龄化背景下绿色开放空间对人居环境的影响研究等；②生态学方面，滨海景观的人居环境可持续发展研究，史前人居环境的时空整合研究等；③社会学方面，人类活动与人居环境的关联度研究，人居环境变迁研究等。而国内人居环境的动态演变研究则一方面关注于人居环境学框架体系研究和中国人居史等研究，另一方面集中于人居环境质量、协调度、满意度等评价研究。

综上所述，目前大多数学者对城市人居环境的时空分异特征等已进行较多深入研究，国际上研究关注的人居环境的空间类型和聚居活动关系等具有较强实践价值，而国内则在人居环境发展规律的理论、内容和方法等方面研究具有较强学术意义。作者在梳理国内外研究进展时发现，大多数学者研究行政地理或空间网格尺度下的人居环境状况，局限于特定地区或城市尺度上，缺乏同等级城市之间异质性的比较研究。因此，本文选取我国一线城市“北上广深”为研究对象，采用熵权法计算其人居环境质量，通过平均值和总体标准偏差的量化分析来探讨其城市人居环境动态演变过程中的分异现象和成因机制。

2 数据与方法

2.1 数据来源

研究区域的主要数据来源于2006～2016年《中国统计年鉴》、2006～2016年"北上广深"的城市统计年鉴、国民经济和社会发展统计公报、水源公报、环境状况公报等。

2.2 指标体系

评价指标体系是研究城市人居环境动态演变差异与成因机制的基础，作者在人居环境学科框架和体系基础上，参照住房和城乡建设部公布的《人居环境评价指标体系》，以及前人研究成果基础上，依据研究对象的地方性、人居环境的系统性、指标可操作性和不可替代性等原则，提出兼顾目标层、综合指标层和单项指标层的三级分层评价指标体系，总计26项指标（表1）。

城市人居环境评价体系 表1

目标层	综合指标层	单项指标层	指标属性	单位
城市人居环境	人口系统	年末常住人口	正向	万人
		性别比(女=100)	正向	—
		人口自然增长率	正向	%
		劳动力人口占比	正向	%
		总抚养比	负向	%
	居住系统	城市人口密度	负向	人/km^2
		城镇人均住房建筑面积	正向	m^2/人
		房屋施工面积	正向	万m^2
	环境系统	人均公园绿地面积	正向	m^2/人
		建成区绿化覆盖率	正向	%
		年平均气温	正向	℃
		年平均日照时数	正向	h
		年平均降水量	正向	mm
		生活垃圾无害化处理率	正向	%
	社会系统	人均地区生产总值	正向	万元/人
		地区生产总值指数(上年=100)	正向	—
		在岗职工平均工资	正向	元
		城镇登记失业率	负向	%
		居民消费价格指数(上年=100)	正向	—
		居民人均可支配收入	正向	元
	支撑系统	人均居民生活用水量	正向	升
		城市污水日处理能力	正向	万m^3
		人均城市道路面积	正向	m^2
		每万人医疗机构床位数	正向	张
		每万人拥有执业(助理)医师数	正向	人
		每万人拥有注册护士数	正向	人

资料来源：作者自绘。

2.3 数据处理

为消除原始数据不同量纲所造成的影响，对其进行无量纲标准化处理，计算公式为：

正向指标： $X_i = (x_i - x_{\min})/(x_{\max} - x_{\min})$ (1)

负向指标： $X_j = (x_{\max} - x_j)/(x_{\max} - x_{\min})$ (2)

式中，x_i 和 x_j 为原始数值，X_i 和 X_j 为标准化之后的数值；$x_{\max}$ 和 $x_{\min}$ 分别为矩阵中的最大值与最小值。

2.4 研究方法

熵是由Shannon从物理学引入信息论的一个概念，表达具有不确定的量度。熵权法作为一定客观的赋权方法，既能够克服德尔菲法确定权重的主观性，又能克服复杂系统中过多指标带来的属性重复性，适合客观数据和多元综合指标的评价，具体步骤如下：

① 原始矩阵：$X=\{x_{ij}\}_{m\times n}(0\leqslant i\leqslant m,\ 0\leqslant j\leqslant n)$，则 x_{ij} 为第 i 个城市第 j 项指标的指标值。

② 计算第 j 项指标第 i 个城市的权重：$p_{ij} = X_{ij}\sum_{i=1}^{m} X_{ij}$。

③ 指标的熵值：$e_j = -k\sum_{i=a}^{m}(p_{ij}\ln p_{ij}), k = 1/\ln m, e_j \in [0,1]$。

④ 差异性系数：$g_j = 1 - e_j$。

⑤ 计算第 j 项指标的权重：$w_j = g_j/\sum_{j=1}^{n} g_j$。

⑥计算人居环境结果：$R = \sum_{j=1}^{n} W_j \times X_{ij}$。

3 结果分析

3.1 时间分异特征

(1)总体趋势。由图1可知，2006～2016年间"北上广深"城市人居环境质量呈现波动式增长(表2)。城市平均人居环境质量由2006年2.99波动增长至2016年7.77，并在该时间段内出现两个高峰值，分别为2008年与2013年。究其原因发现，2008年高峰值由于上海、广州和深圳的人居环境质量分别高于2007年与2009年，如上海市人口系统的劳动人口占比、社会系统的居民消费价格指数和支撑系统人均居民生活用水量，广州和深圳市人口系统的人口自然增长率和地区生产总值指数等指标相较于2007年与2009年更具优势。而2013年高峰值的出现则使得"北上广深"城市人居环境质量在2013年均高于2012年与2014年。

10年间北上广城市人居环境质量综合得分 表2

城市 \ 年份	2006	2007	2008	2009	2010	2011	2012	2013	2014	2015	2016
北京	2.25	3.38	4.15	4.55	4.99	5.83	6.15	6.99	6.95	7.19	7.85
上海	3.36	4.19	4.40	4.07	5.12	6.09	6.26	6.50	6.46	6.97	7.61
广州	3.25	3.73	4.46	4.20	5.72	6.57	6.61	7.55	7.06	7.22	7.72
深圳	3.10	3.72	4.40	4.30	5.12	6.33	6.41	7.21	7.05	7.23	7.90

资料来源：作者自绘。

（2）阶段性差异。由图1可知，北上广深10年间人居环境平均值呈现5个阶段：第1阶段（2006～2008年）人居环境质量平均值呈现快速增长的趋势，由2006年的2.99上升至2008年的4.35，该阶段是由于国家政策和城市自身发展的共同作用，尤其是2008年在城市经济发展、基础设施建设中取得一定成就；第2阶段（2008～2009年）人居环境质量平均值小幅度短暂下降，总体数值由4.35下降到4.28，其原因为城市人居环境五大系统中的社会系统、支撑系统和环境系统都出现不同程度的下降，其中环境系统下降最为明显，人均公园绿地面积等指标的减少是其人居环境质量下降的主要驱动因素；第3阶段（2009～2013年）人居环境质量平均值呈现出稳定上升的趋势，总体数值由4.28上升到7.06，该阶段是"十二五"规划准备和开局之年，国家提出的相关政策推进了一线城市的发展；第4阶段（20013～2014年）人居环境质量平均值再次出现小幅度下降，由7.06降至6.88；第5阶段（20014～2016年）人居环境质量平均值再次稳定上升，总体数值由6.88上升到7.77，随着生态文明建设首度被写入国家五年规划，深化改革和新型城镇化发展等宏观调控政策的落实使得城市人居环境质量得到进一步稳定提升。

（3）离散程度特征。由图1可知，"北上广深"10年间城市人居环境总体标准偏差呈现3个阶段：第1个阶段（2006～2009年）人居环境质量总体标准偏差小幅度下降，数值范围在0.38～0.06间，表明该时间段内城市之间的人居环境差距有一定程度缩小；第2阶段（2009～2013年）人居环境质量总体标准偏差呈现波动上升趋势，总体变化数值较大，数值范围在0.06～1.41，说明该时间段内城市间的差距呈现明显增大趋势；第3阶段（2013～2016年）人居环境质量总体标准偏差呈快速减少趋势，数值变化较大，由1.41减少到0.49，表明该阶段的人居环境差距正在快速减少。

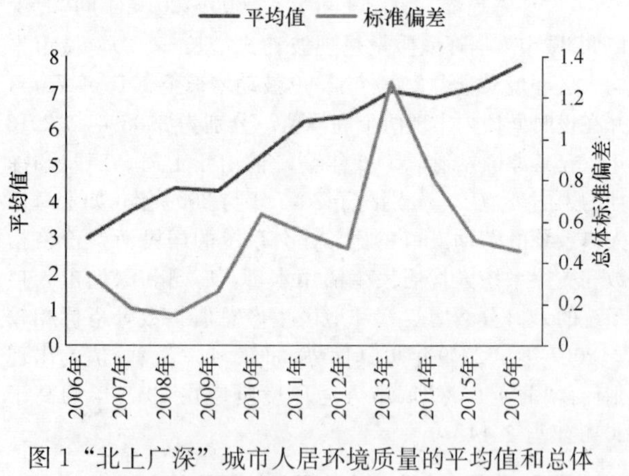

图1"北上广深"城市人居环境质量的平均值和总体标准偏差（图片来源：作者自绘）

3.2 系统分异特征

（1）系统分异。由图2可知，在城市人居环境的五大子系统中，人口系统、环境系统和居住系统的平均值相对较大，而支撑系统和社会系统的平均值相对较小，因此城市人居环境存在一定系统分异的特征。

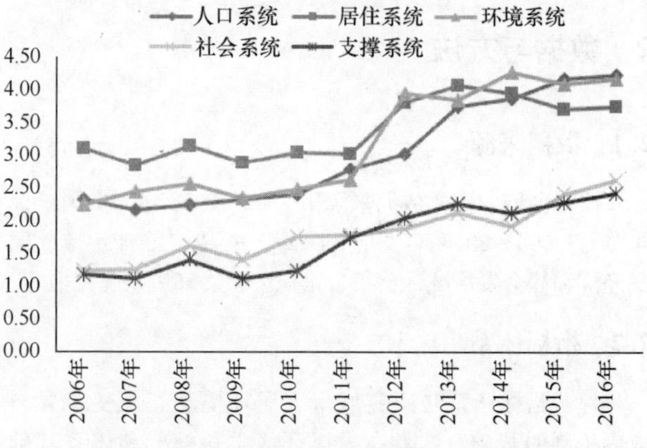

图2 "北上广深"城市人居环境五大系统时间分异（图片来源：作者自绘）

（2）系统时间分异。2006～2016年"北上广深"城市人居环境的五大子系统总体呈现上升趋势。①人口系统、居住系统、环境系统呈现出较为明显的波动上升趋势，其中人口系统从2006年的2.32上升至2016年的4.24，居住系统从2006年的3.12上升至2016年的3.76，环境系统从2006年的2.26上升至2016年的4.18，表明10年间"北上广深"人居环境在人口、居住和环境方面的水平不断提升，究其深层次机制发现，由于近年来房地产供给市场的繁荣发展和居住质量需求的不断提升，促使"北上广深"城市的人均住房建筑面积在不断增加，最终呈现出居住子系统快速增长的趋势。人口子系统伴随城市聚集现象和人才引入等政策的颁布使得劳动人口占比等指标快速增长。环境系统则受到国家政策倡导的生态文明建设而得以提升。②社会系统、支撑系统表现出平稳增长的趋势，究其深层次成因机制，归功于城镇登记失业率的稳定下降，万人医疗机构床位数、万人拥有执业（助理）医师数和注册护士数等指标在小幅度增长。

3.3 成因机制分析

（1）供给侧与需求侧共同作用于城市人居环境的系统分异。由于土地和资本等供给因素的影响，2006～2016年间的房地产供给市场日益繁荣，人均住房建筑面积从2006年的23m^{2}增长至2016年的33m^2，居住子系统呈现持续增长的态势，城镇居民人均可支配收入也增长近301%，社会子系统同样不断增长，因此供给侧对于城市人居环境的系统分异具有明显作用[2]。此外，随着居民生活水平的提升，公众开始逐渐重视生活品质的改善，越来越多的需求便造成人居环境各个系统因素受到影响和变化，如支撑系统的人均城市道路面积由2006年的6.32m^{2}上升至2016年的7.62m^2，增长近121%。环境系统的人均公园绿地面积由2006年的12m^{2}增长至2016年的16m^2。综合而言，供给侧因素对于城市人居环境系统分析具有显著影响，而需求侧则通过影响人居环境各子系统的变化而间接影响整体，供给和需求二者共同作用于人居环境的系统分异。

（2）城市社会经济发展水平是"北上广深"城市人居

环境时间分异的主导性因素。2006～2016 年城市人居环境波动上涨趋势与社会经济发展水平有着密不可分的关系，10 年间出现两个高峰值的原因也由于与人均地区生态总值、在岗职工平均工资等具体社会经济指标有着间接联系，进而促使上海、广州和深圳在 2008 年和 2013 年的城市人居环境子系统具有明显优势。

（3）人作为人居环境的主体，是其演变过程分异现象的根本。“北上广深”城市平均的人口自然增长率由 2006 年的 1.2%增长至 4.1%，总抚养比由 26%上升至 29%，人口系统中指标数量和结构的变化不仅影响子系统的变化，还将通过人的需求变化间接作用于其他子系统，进而造成城市人居环境的时空分异。

综上所述，以社会子系统为主导的供给侧和以人口子系统为主的需求侧，在二者共同作用下造成城市人居环境的系统分异，而城市社会经济的发展水平将是城市人居环境分异现象的直接主导因素。人作为人居环境的主体，通过人口子系统的变化间接影响其系统分异，进而综合作用于人居环境演变过程的分异现象。

4 结论与讨论

4.1 结论

（1）时间分异。运用熵权法测算人居环境质量，实证研究我国一线城市“北上广深”的人居环境的时间过程、系统属性以及形成机理。结果表明：时间演变分异特征，2006～2016 年人居环境质量呈现波动上升趋势，分别在 2008 年和 2013 年出现高峰值；10 年间人居环境平均值呈现出 5 个阶段的阶段性特征，而人居环境总体标准偏差呈现出 3 个阶段离散程度特征。

（2）系统分异。“北上广深”10 年间城市人居环境的五大系统之间存在较为明显的系统分异；从系统时间分异上看，总体上呈现出上升的趋势；系统区域分异中环境系统的区域分异最小，居住系统、人口系统的区域之间分异较小，支撑系统和社会系统的区域之间分异较为明显。

4.2 讨论

通过对人居环境演变过程的时间和系统分异现象及成因机理的研究，作者针对“北上广深”城市人居环境的提升提出两点建议：一方面人口系统作为人居环境分异的根本，需对人口和人才政策进行适度调整和变革，如考虑生育政策和人才引进计划，进而改善日益下降的劳动人口占比和不断上升的总抚养占比；另一方面由于城市社会经济的发展水平是人居环境事件分异的主导驱动机制，可将阻碍城市经济发展的可代替产业进行改制和迁出，培养适合地区性经济发展的产业生长。

综上所述，通过对城市人居环境演变过程的分异现象探究和成因分析，对丰富人居环境理论研究和指导城市建设的可持续发展具有重要的现实意义。研究过程中也存在一些不足之处，有待进一步优化与讨论，如评价指标的筛选和评价指标体系的确定，以及计算权重的方法应向专家咨询后，再通过主客观相结合的方式优化权重占比等。

参考文献

[1] Baiocchi G，Creutzig F，Minx J，et al. A spatial typology of human settlements and their CO_2 emissions in England[J]. Global Environmental Change，2015，34：13-21.

[2] Kemperman A，Timmermans H. Green spaces in the direct living environment and social contacts of the aging population [J]. Landscape & Urban Planning，2014，129(3)：44-54.

[3] Thomas F. Marginal islands and sustainability：2000 years of human settlement in eastern Micronesia[J]. Economic and Ecohistory，2015，14(11)：64-74.

[4] Yubero-Gómez M，Rubio-Campillo X，López-Cachero J. The study of spatiotemporal patterns integrating temporal uncertainty in late prehistoric settlements in northeastern Spain [J]. Archaeological and Anthropological Sciences，2016，8 (3)：477-490.

[5] Jongeneelgrimen B，Droomers M，van Oers H A，et al. The relationship between physical activity and the living environment：A multi-level analyses focusing on changes over time in environmental factors[J]. Health & Place，2014，26(2)：149-160.

[6] Sørensen J F L. The impact of residential environment reputation on residential environment choices[J]. Journal of Housing& the Built Environment，2014，30(3)：403-425.

[7] 吴良镛．人居环境科学导论[M]．北京：中国建筑工业出版社，2001.

[8] 吴良镛．人居环境科学研究进展(2002—2010)[M]．北京：中国建筑工业出版社，2011.

[9] 吴良镛．中国人居史[M]．北京：中国建筑工业出版社，2014.

[10] 李雪铭，晋培育[M]．中国城市人居环境质量特征与时空差异分析[J]．地理科学，2012，32(5)：521-529.

[11] 丛艳国，夏斌．广州市人居环境满意度的阶层分异研究[J]．城市规划，2013 (1)：40-44.

[12] 李航，李雪铭，田深圳，等．城市人居环境的时空分异特征及其机制研究——以辽宁省为例[J]．地理研究，2017，36(7)：1323-1338.

[13] 刘颂，刘滨谊．城市人居环境可持续发展评价体系研究[J]．城市规划学刊，1999(5)：35-37.

[14] 熊鹰，曾光明，董力三，等．城市人居环境与经济协调发展不确定性定量评价——以长沙市为例[J]．地理学报，2007，62(4)：397-406.

[15] 李雪铭，晋培育．中国城市人居环境质量特征与时空差异分析[J]．地理科学，2012，32(5)：521-529.

作者简介

胡凯富，1992 年生，男，内蒙古人，北京林业大学在读研究生。研究方向为风景园林规划设计与理论。

成超男，1992 年生，女，内蒙古人，北京林业大学在读研究生。研究方向为风景园林规划设计与理论。

存量规划背景下公园边界空间的更新研究①

——以北京北中轴地区城市公园为例

Research on the Updating of Park Boundary Space under the Background of Stock Planning

—A Case Study of Urban Parks in Beijing North Central Axis District

张 希 姜雪琳 王思杰

摘 要：在存量规划背景下，如何以有限的空间资源应对多元的空间价值诉求，已成为城市建设活动中的焦点。随着生活方式的转变，具有混合功能的城市公共空间已成为城市居民日常生活必不可少的场所。在传统城市公园建设中常被作为线性要素对待的公园边界，其三维属性有待挖掘。本文以北京北中轴地区3个社会主义计划经济时代集中建设的传统公园作为主要研究对象，从城市、社区、景观设施3个尺度深入探讨城市公园边界空间土地整合与功能转换的更新方法，以改变传统公园结构，推动存量规划背景下的旧城区绿网更新，为新时代的中国风景园林设计提供新的思路。

关键词：存量规划；绿色网络；城市公园；边界空间

Abstract: Under the background of stock planning, how to deal with multiple spatial demands with limited space is a key issue in the urban construction. With the change of lifestyle, multifunctional public space has become an essential place for urban residents' daily life. The boundaries of traditional urban parks, which are often treated as linear elements, have to be explored as three—dimensional space in today's construction. This paper takes 3 traditional parks built in the socialist planned economy eras in the Beijing North Central axis as main research objects, and discusses the updating methods of urban park boundary space from the three scales of cities, communities and landscape facilities, in order to promote the renewal of green network system in old city under the background of stock planning and provide fresh ideas for Chinese landscape architecture design in the new era.

Keyword: Stock Planning; Green Network System; Urban Park; Boundary Space

引言

增量规划和存量规划源于不同的土地利用模式，增量规划是以新增建设用地供应为主要手段，主要通过用地规模扩大和空间拓展来推动城市发展的规划[1]。与增量规划不同，存量规划是在保持建设用地总规模不变、城市空间不扩张的条件下，主要通过存量用地的盘活、优化、挖潜、提升而实现城市发展的规划[2]。存量规划关注于城市建成区，主要针对闲置未利用、利用不充分不合理、产出效率低的已建设用地[3]。

近年来，传统的增量发展模式已经无法满足新的城市发展需求，在存量规划背景下，如何以有限的空间资源应对多元的空间价值诉求，已成为城市建设活动中的焦点问题，城市规划由增量规划逐步向存量规划转型。

1 现代城市公园的发展与功能转变

北京现代城市公园虽面临着设施陈旧等问题，但公园使用率仍然很高，尤其是临近居住区的城市公园，深受老年人与儿童的喜爱。

中华人民共和国成立初期，我国城市公园建设参考苏联的文化休息公园，关注于公园内部的功能分区建设，20世纪60年代开始转而强调园内植物的农林生产等实际功能，80年代由于经济的发展和人们需求的转变，城市公园所承载的功能向商业娱乐转变，进入90年代后，园林绿化的建设不只着眼于公园内部，而是考虑与城市建设相结合，公园内的日常休憩活动成为人们生活必不可少的一部分[4]，公园的门票制被年票、月票所取代，甚至实行免费开放，这确实从一定程度上弱化了公园与城市的界限。然而，至今为止，大多数公园仍保留着围墙以及内向型的传统空间布局，公园边界往往为人所忽视，从未真正意义地向城市打开。

2 城市公园边界空间

2.1 不同视野下边界空间含义的界定

凯文林奇从城市尺度上将“边界”定义为城市中不被视为通道的线性成分，是两种不同事物之间的空间界定，

① 基金项目：城乡生态环境北京实验室项目——北京市城乡绿地生态网络优化研究（2015BLUREE02）资助。

通常是两个面的分界线[5]，强调其划分不同功能空间的单一线性属性。而黑川纪章则将“边界空间”定义为兼具其中性、不确定性和重叠性的灰空间[6]，这一解读更接近于人的尺度，边界空间这种具有混合功能的三维属性恰恰是我国公园建设中未得到有效挖潜的部分，也是本文所讨论的重点。

2.2 城市公园边界空间的更新潜力

在存量规划的大背景下，存量发展着眼于对土地的内部挖潜，包括旧城更新与改造规划、环境综合整治规划、交通改善和基础设施提升规划、历史街区和风貌保护规划、产业升级与园区整合规划、土地整备与拆迁安置规划[1]等，这其中就包括已建成城市公园的边界空间，往往被人所忽视却值得关注。

城市公园的边界空间现多被单一形式的围墙所占据，或因相互介入与侵占形成城市灰色空间，这无疑是对土地的浪费。边界空间既是多种功能相互渗透的过渡地带，也是需求不同的使用者习惯逗留、交流与自发形成多样活动的场所，本应存在更多可能。因此，城市公园的边界空间不仅具有划分城市用地这一单一基础功能，还具有吸引、激活等多元混合功能，同时实现划分功能的景观方式也不只“围墙”一种。

3 城市公园边界空间更新研究

本文聚焦北京城市公园边界空间，选取北京城市北中轴线附近的柳荫公园、青年湖公园、地坛公园3个传统城市公园作为研究对象，对公园边界空间进行土地整合与功能转换，以期改变传统公园的内向型结构，使其与城市肌理相互渗透，推动存量规划背景下的旧城区绿网更新，为新时代的中国风景园林设计提供新的思路。

3.1 现状问题

3.1.1 公园未纳入城市绿色网络体系

柳荫公园和青年湖公园西邻北京城市北中轴线，与北中轴线周边的人定湖公园等同一时期出现的多个城市公园一样，均属于社会主义计划经济时代集中建设的成果，公园建设时只关注于绿地数量与绿地面积的提升，因此每个公园都被作为独立个体而建设。从空间上看，北中轴线附近公园虽分布集中，但相互之间缺乏连接性，并未串联形成城市绿色网络体系（图1）。

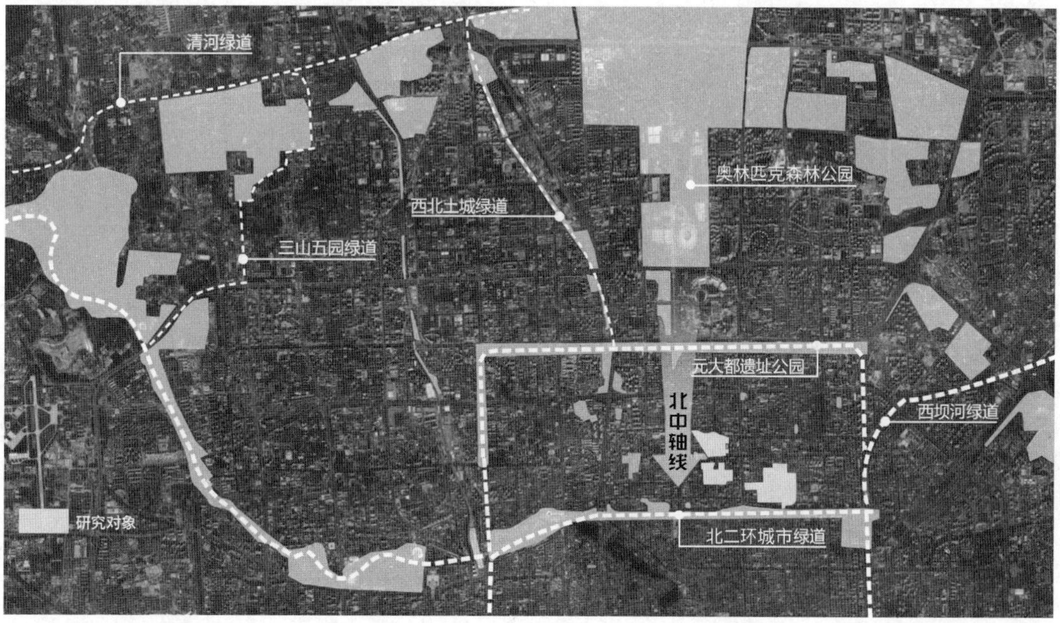

图1 北京城市北中轴线区域城市公园现状分布图

3.1.2 传统公园边界开放性差

柳荫公园与青年湖公园均于1958年开挖成湖，后经历一段售票开放期，至2013年才对市民免费开放[7]。现状公园周边多为20世纪60年代社会主义计划经济时期所建设的单位大院及居住区（图2*a*），构成了此区域封闭的居住环境氛围，公园空间均通过四周围墙界定（图2*b*），加之中心湖的开挖与地形的堆叠，形成传统的内向型公园结构。其中，柳荫公园占地面积约17.5hm^2，西侧围墙紧邻市政道路，南侧围墙紧靠一片棚户区，公园包括北、西、东三个出入口，其中北入口被周边居住区围墙和临时性建筑侵占，狭窄甬长，不易被发现。青年湖公园占地17hm^2，北侧界面与市政路相连，南、东、西三面均与居住区外墙相连，公园虽包含五个出入口，其中三个依托于北侧市政交通，另两个入口深入居住区内部，形成城市死角，周围居民需绕路进入公园，非本地居民则很难发现公园入口。

地坛公园始建于明嘉靖九年（1530年），坛内总面积43.04hm^2。于1984年售票开放至今，2006年国务院公布地坛为全国重点文物保护单位[8]。公园共包含四个出入口，中部保护范围被围墙严格限定[9]。

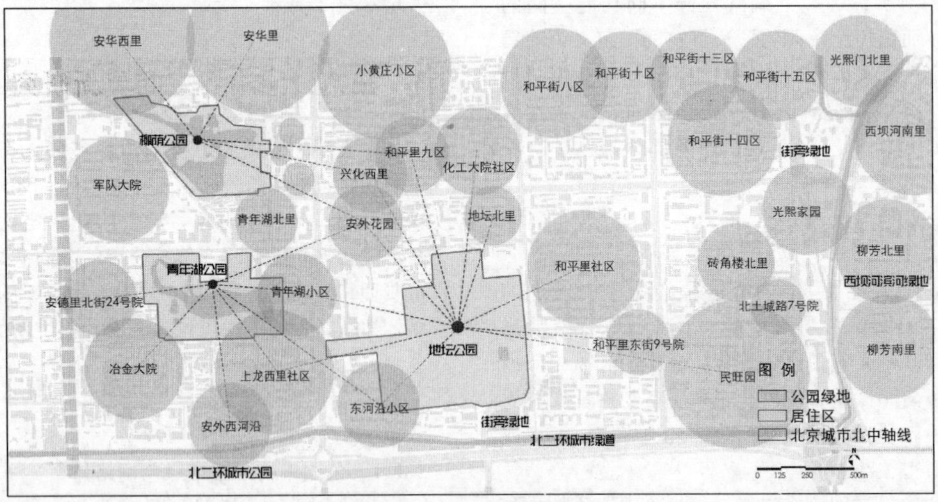

(*a*)

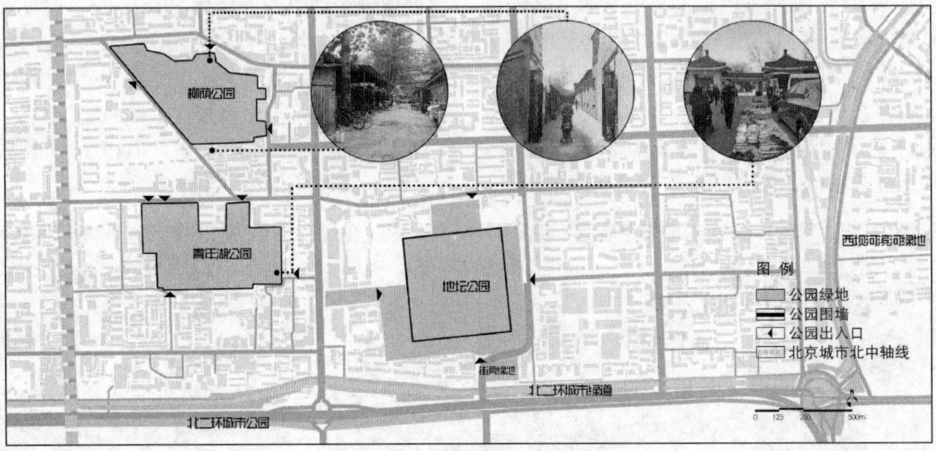

(*b*)

图 2　现状公园边界开放性分析图

3.1.3　边界功能空间的缺失与景观效果的缺乏

现状公园边界类型均为围墙、栏杆等硬性边界，处理方式生硬，形成了未被有效利用的城市灰色地带。柳荫公园边界外围少有绿色缓冲空间，使用者的需求未被满足（图 3*a*）。地坛公园外围即使被绿地包围，但可使用的场地不多，使用率不高，导致了城市活力的缺失（图 3*b*）。且非法占用空间问题明显，柳荫公园及青年湖公园入口处被果蔬摊位和机动车非法占用，空间杂乱（图 3*c*、图 2*b*）。

3.1.4　公园特色文化的缺失

传统公园呈现内向型的空间结构，不仅将公园景致限定在围墙内，同时文化娱乐活动也被封闭在公园内部进行。以柳荫公园为例，公园以柳为特色元素，内部定期举办柳文化节、生态知识科普等特色活动，但缺少与城市的互动，公园文化鲜有人知。

3.1.5　公园边界市政交通体系混乱

对于外围邻接道路的公园边界，围墙外市政交通体系混乱，自行车与机动车混行问题严重，人行道多被机动车停车占据，造成空间资源浪费、交通安全性差、公园可达性低等问题。

3.2　公园边界空间更新策略

基于对三个已建成城市公园现状问题的分析与总结，从城市、社区、景观设施三个尺度提出多层次的公园边界空间更新策略，在存量发展的大背景下，完成已建成公园边界灰空间向功能复合型边界空间的转变，实现高密度城市环境中绿色开放空间的构建。

3.2.1　城市尺度

（1）整合边界潜力空间，实现功能转换

充分挖掘未得到有效利用却极具潜力的公园边界空间（图 4*a*），采用“针灸疗法”式的见缝插绿手法进行改造设计。如拆除公园围墙、栏杆等灰色基础设施，将原公园边界内外空间作为整体进行利用，完成灰色基础设施向绿色基础设施的转变；整合棚户区、临时性建筑等非法占用的城市空间，以及可改造的城市绿地，转换为复合功能型公共空间，以期成为进入公园的吸引点与城市活力的激发点。

（2）将公园纳入城市绿地网络，完善慢行体系

北中轴线及周边街区是北京城市发展具有特殊重要意义的区段，柳荫公园、青年湖公园、地坛公园是

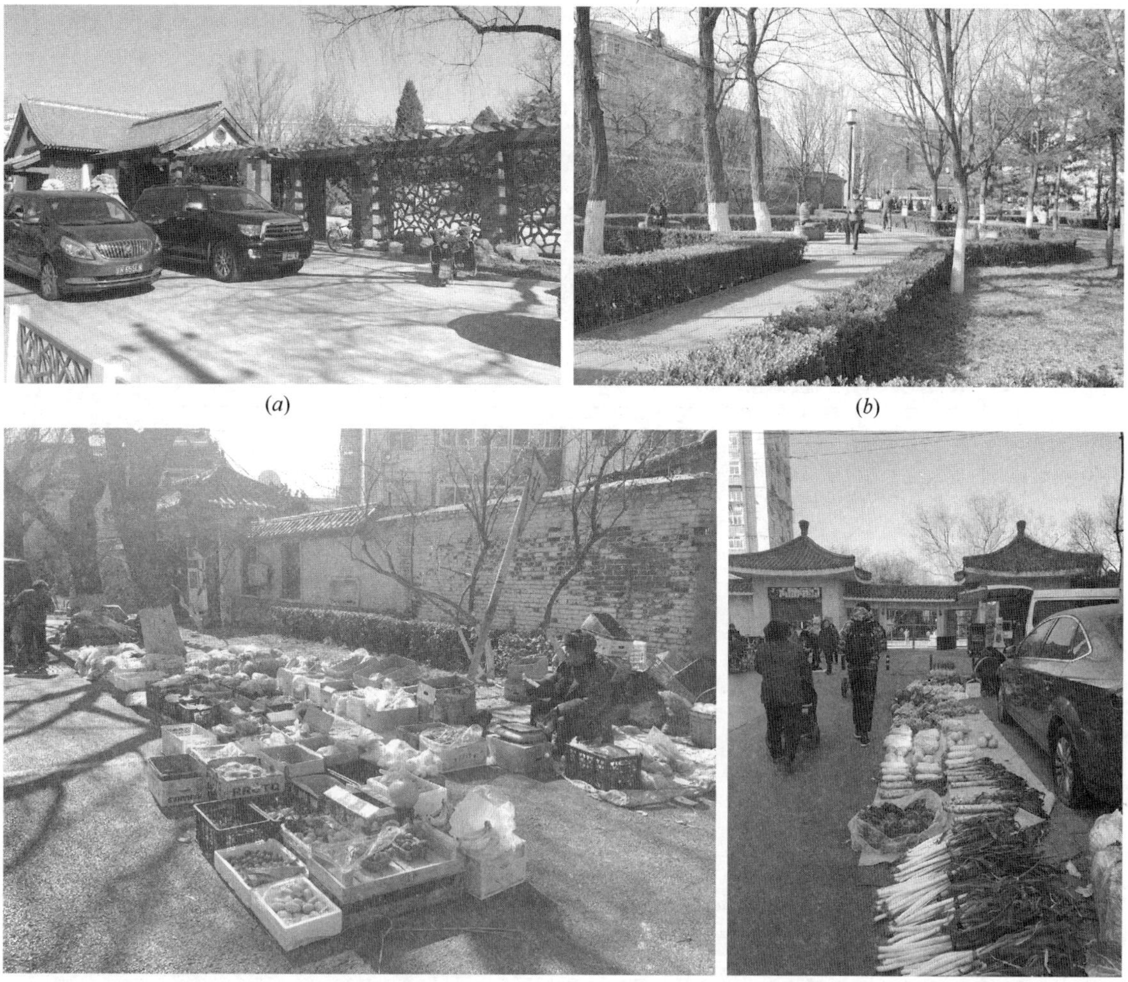

(a)　(b)　(c)　(d)

图 3　公园边界空间现状

（a）柳荫公园西入口现状；（b）地坛公园围墙外围绿地现状；

（c）柳荫公园西入口外现状；（d）青年湖公园东入口外现状

连通奥林匹克森林公园与北二环绿道的重要节点。利用公园边界潜力空间，重新梳理城市慢行体系，打通奥林匹克森林公园至北二环城市绿道之间的连接性绿廊，形成一个贯穿连通、叠加在现有城市肌理之上的公共空间体系（图 4*b*），实现北京北中轴城市绿色轴线的延伸。

3.2.2　社区尺度

（1）重新定位公园边界空间

邻接不同区域的公园边界采取不同的更新策略（图 5）。邻接市政道路且无地形高差阻隔的公园边界，既是公园空间，又是城市空间，采取向城市打开的更新策略，成为公园开放界面，使公园绿色空间漫入城市。如柳荫公园面向城市街道的西侧界面，拆除围墙，将自行车道引入公园边界空间，保证机动车与非机动车的分流，在缓解市政道路交通压力的同时，为人们提供良好的景观体验，也将人们引入公园。在商业氛围浓重、交通便利的东北角整合现状临时商业建筑，营造餐饮文娱为一体的公园主入口，并将现有公园北入口调整为次入口。拆除柳荫公园南侧棚户区，改建为社区广场，以增强公共吸引力，使其成为高密度城市中重要的公共生活缓冲区，同时与街角绿地、青年湖公园广场一起整合为两公园间的连接性节点。再如青年湖公园南侧边界，现状公园围墙紧贴居住区，东西两侧的市政道路到此戛然而止，可达性很弱。因此考虑设计连续的公共空间界面，以连接东西向道路，疏通城市交通网络。

邻接居住空间和历史保护空间等需保证私密性与安全性的边界空间保留围墙等硬性隔离设施，并在可利用的空间内布置绿色开放空间。如地坛公园围墙内部为历史遗迹保护范围，需要适当进行分隔，因此保留围墙，仅在大型城市事件进行时局部打开，围墙外围边界空间则作为城市绿色开放空间进行设计。青年湖公园和柳荫公园与居住区相连接的边界需保留围墙进行隔离，结合地形塑造以减少噪声影响。

（2）置入社区功能，引入社区文化

考虑策划和引入一系列公共事件。如柳荫公园柳文化节、生态文化节等，将柳文化与生态文化结合科普展廊、文创售卖设施在柳荫公园西侧边界进行预告，南侧社区

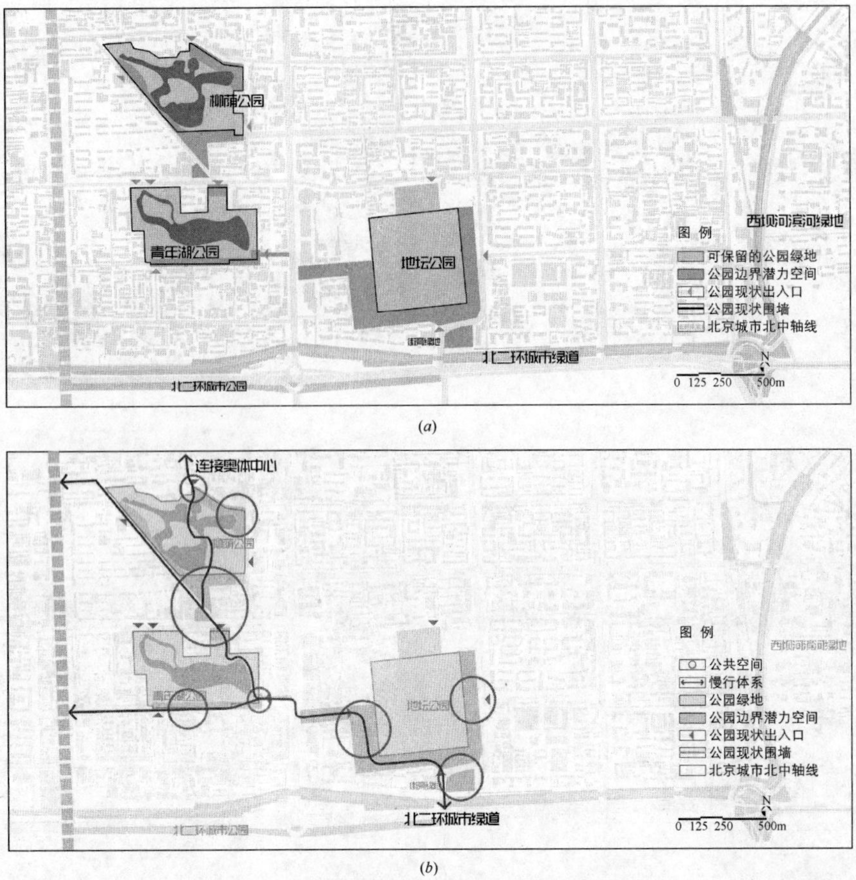

图 4　公园边界潜力空间分布图及慢行体系规划图

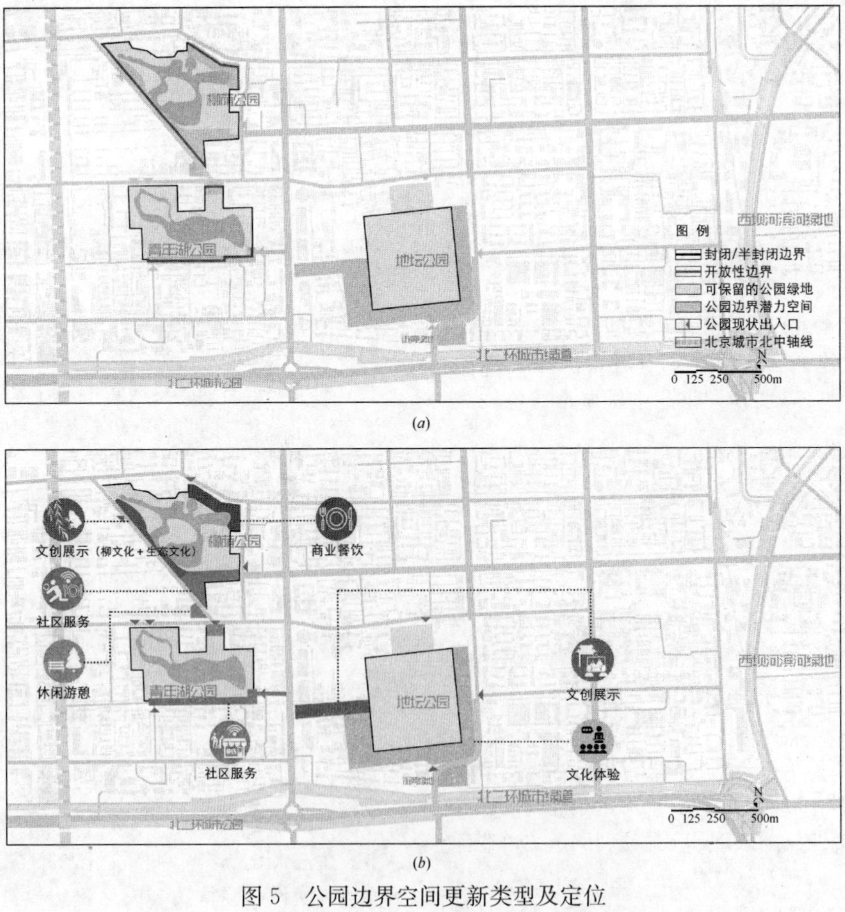

图 5　公园边界空间更新类型及定位

广场承担社区服务功能，将服务中心建筑与外部广场空间结合设计，通过布置集市、室外展览、餐饮、读书空间等社区功能达到活跃公园边界的效果。再如地坛公园南侧绿色空间，重新定位为文创展示区和文化体验区，在构建景观廊道的同时，承担文化科普的功能，提高边界活力（图 6）。

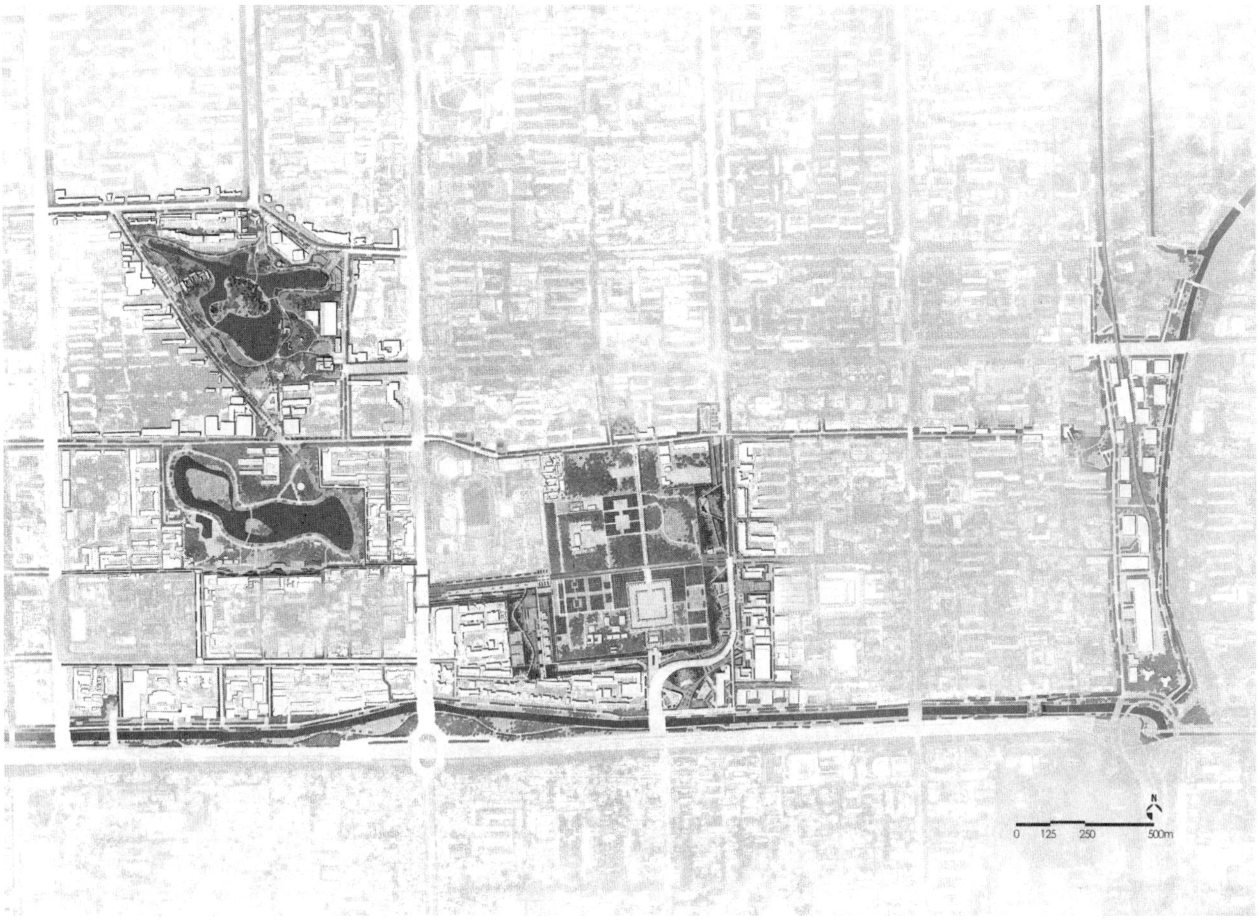

图 6　设计平面图

3.2.3　景观设施尺度

（1）在空间上，创造功能复合型边界空间

将景观设施与交通基础设施相结合。如柳荫公园南侧社区广场部分（图 7），有效利用有限的边界空间，梳理出清晰的“机动车—自行车—人行”流线，保证三者互不干扰：临街展廊、售卖摊位、室外餐饮将人引入公园；部分自行车道从市政道路转入公园边界空间内部，设置自行车驿站，改善机非混行问题；创造地面—地下双层停车空间体系，根据需求布置自行车地面停车、机动车地下停车场以及合法化机动车路侧停车位，并与绿地、花箱、临街座椅等景观设施相结合。

（2）在时间上，创造弹性边界空间，作为城市活力的激活点

通过慢行体系串联多种活动空间，并考虑策划和引入一系列公共事件，公共事件往往具有特殊性与短期性的特点，因此公共事件结束后或开始前该空间的弹性使用策略在设计中就显得尤为重要。多功能社区广场配套有集市管理建筑，为定期集市（图 8*a*）配备相关服务设施，无集市时则作为旱喷广场（图 8*b*）。地坛外围文化体验区集中布置广场空间，作为地坛文化节、庙会等节事事件举办时的露天剧场、音乐会以及临时停车等场地，平时则作为居民进行广场舞、户外课堂、露天棋牌等休闲游憩活动的场所。地坛文创展示区布置文创摊位，平时用于文化产品展示与蔬菜售卖（图 8*c*），大型专题节事活动时全部置换为相关主题展廊（图 8*d*）。

4　结语

如何在高密度城市环境中建设绿色开放空间已成为新时代的中国风景园林设计的热点话题，激活已建成的城市公园边界空间则对此提供了一种新的思路。随着城市公园连贯性、开放性、可达性的不断增强，公园与周边城市环境的衔接也将更加紧密，边界空间的活跃发展将为现代公共生活提供更多可能性，从而实现邻里服务、观光游憩、文化科普、产业转型、经济收益的共赢。

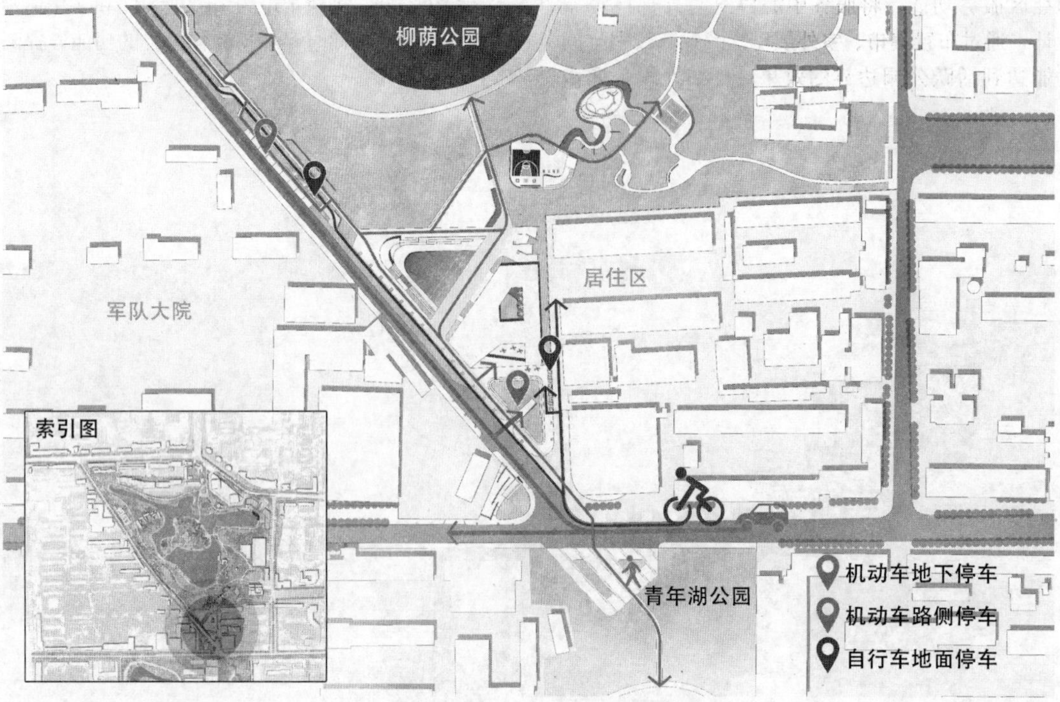

图 7　柳荫公园南侧社区广场交通流线图

(*a*)　(*b*)

(*c*)　(*d*)

图 8　弹性场地效果

(*a*) 社区中心广场——集市效果；(*b*) 社区中心广场——旱喷效果

(*c*) 文创摊位——蔬菜售卖效果；(*d*) 文创摊位——主题展廊效果

参考文献

[1]　邹兵．增量规划向存量规划转型：理论解析与实践应对[J]．城市规划学刊，2015(5)：12-19.

[2]　邹兵．增量规划、存量规划与政策规划[J]．城市规划，2013，37(2)：35-37；55.

[3]　姚存卓．浅析规划管理部门在存量土地管理中存在的问题与解决途径[J]．规划师，2009，25(10)：81-84.

[4]　栾春凤．中国现代城市综合性公园功能变迁研究[D]．郑州：郑州大学，2004.

[5]　凯文·林奇．城市意向[M]．方益萍，何晓军，译．北京：华夏出版社，2002.

[6]　曹凯中，朱天禹．过渡与吸引：巴塞罗那公园边界空间研究[J]．住区，2015(3)：152-157.

[7]　因地制宜 让自然野趣在城市里吐露芬芳——柳荫公园中水周边景观改造工程[C]．//北京园林学会、北京市园林绿化局、北京市公园管理中心．北京市"建设节约型园林绿化"论文集．2007：6.

[8]　刘媛．北京明清祭坛园林保护和利用[D]．北京：北京林业大学，2009.

[9] 池小燕. 北京地坛建筑研究[D]. 天津：天津大学，2007.

作者简介

张希，1993年生，女，汉族，天津人，北京林业大学园林学院在读硕士研究生。电子邮箱：819010980@qq.com。

姜雪琳，1993年生，女，汉族，山东人，北京林业大学园林学院在读硕士研究生。电子邮箱：1013262936@qq.com。

王思杰，1993年生，男，汉族，广东人，北京林业大学园林学院在读硕士研究生。电子邮箱：553008209@qq.com。

大数据支持下城市绿地游憩研究进展①

Research Progress on Urban Green Space Recreation Under the Support of Large Data

陈 倩 刘文平

摘 要： 在智慧城市建设和大数据日趋广泛应用的背景下，大数据的出现为风景园林领域研究带来了新的机遇与挑战。通过对大数据支持下城市绿地游憩研究的总结分析，探讨了城市绿地游憩大数据的特征和类型，分析发现游憩大数据除了具有传统大数据"5V"特点之外，还具有多源性、客观性、动态性、现实性、精细性等特征，梳理了城市绿地游憩的大数据，主要有移动定位数据、媒体网络数据、社交网络数据、GPS和地图影像数据等类型。同时，从游憩行为、偏好及满意度和游憩服务评价等方面总结了大数据支持下城市绿地游憩理论研究以及不同尺度城市绿地规划设计方法。最后，分析了现阶段大数据在城市绿地游憩研究中存在的局限，即大数据获取和分析处理困难、大数据本身具有偏向性、精确性和准确性有限等，并提出了今后大数据的发展机遇。

关键词： 大数据；城市绿地；城市公园；游憩服务

Abstract: In the context of the construction of smart cities and the wide application of large data, the emergence of large data has brought new opportunities and challenges for the research of landscape architecture. Through the summary and analysis of the urban green space Recreation Research under the support of large data, the characteristics and types of the large data of urban green space recreation are discussed, and the analysis shows that the large data of recreation and recreation have the characteristics of multisource, objectivity, dynamic, realistic and fine, and combed the urban green space, besides the characteristics of the traditional large data "5V". The big data for recreation include mobile location data, media network data, social network data, GPS and map data. At the same time, the theory of recreation and recreation of urban green space supported by large data and different urban green space planning and design methods are summarized from the aspects of recreation preference, satisfaction and recreation service evaluation. Finally, the limitations of large data in the study of urban green space recreation are analyzed, namely, the difficulty of large data acquisition and analysis, the bias, accuracy and accuracy of large data itself, and the development opportunities for the future big data are also put forward.

Keyword: Big Data; Urban Green Space; Urban Park; Recreation Service

引言

在智慧城市建设和大数据日趋广泛应用的背景下，大数据技术迅速发展，已融入人们社会生活的各个方面，不断影响和改变人们的日常居住、工作和休闲方式，并且广泛运用于各行各业，也为风景园林领域带来了新的机遇与挑战。风景园林设计最为重要的内容之一是协调人与自然的关系，而人以及人的行为是大数据产生的重要来源。当今人们对绿地的游憩需求不断加大，人与绿地间的关系需要调和，大数据收录人的行为同时又能很好地刻画人的行为，尤其是城市绿地的游憩行为，将人的空间行为活动以数据的形式平面可视化。文章阐述了城市绿地游憩大数据的特征和类型，从游憩偏好、满意度和游憩服务评价等方面总结了大数据支持下城市绿地游憩理论研究以及不同尺度城市绿地规划设计方法。基于大数据揭示城市绿地的游憩需求、使用规律、服务评价以及辅助规划决策等方面，对城市绿地建设和协调人地关系具有重要作用。

1 城市绿地游憩大数据

1.1 城市绿地游憩大数据特征

一般认为，大数据（big data）是指在一定时间范围内无法用常规软件工具进行捕捉、管理、处理和分析的数据集合[1]。城市公园游憩服务大数据既具有大数据的"5V"特点，即数据规模大（Volume）、数据种类多（Variety）、数据变化快（Velocity）、数据真实性（Veracity）、应用价值高（Value）[2-3]，同时又具有时空大数据的多源性、动态性、客观性、真实性、人本性等特征[4]。由于其数据大规模、超规模的特点，大数据又被认为是传统小样本数据分析研究样本数量的扩展。

当今大数据运用日趋广泛，利用大数据能从时间和空间角度分析研究城市绿地游憩，同时能够客观科学地将人群需求直观地可视化出来，增加了绿地规划的科学

① 基金项目：国家自然科学基金项目"城市公园游憩与降温服务辐射效应相互影响机制及其布局调控研究"（编号51508218）资助。

性和人性化。游憩大数据的特征体现在城市绿地游憩研究及运用的各个方面。规模大体现在数据量庞大，数据覆盖广泛全面，比如公交刷卡记录覆盖的人群全面，信息量大，但同时也带来了一定的有用数据获取困难。种类多的特性决定了数据类型多样，如研究绿地使用情况可获取游人绿地游憩使用前、后和使用过程数据，还包括场地数据、人群特性、活动数据等。大数据的多源性表示大数据的来源广泛且具有很大的可选择性，给城市绿地游憩研究者提供多种途径研究视角，如可以通过定位、签到等多种方式获取行为动态数据，评论数据获取游憩满意度等。大数据变化快的特点体现了其动态性，能够实时获取动态数据，如GPS跟踪定位数据能够不间断地实时获取游人的位置、状态，网络社交数据获取场地评级、游人特征等，并且这种动态的数据不受时间、天气的影响。大数据的真实性使获取的数据反映事物的客观性和现象的真实性，没有经过人为的干扰或加工。此特性让研究者能够直接实时获取游人行为，可以有效避免传统数据采集获取延时二次处理造成的误差。大数据的价值性在绿地游憩研究方面指的是数据价值度高，相比传统数据而言大数据可以一次性获取的数据信息量大、内容全面，能够很好地缩减时间、人力物力，尤其是对于需要长时间调研的周期性的游憩研究。大数据的人本性反映人群的外在属性如性别、年龄、身份等，内在属性如情绪、兴趣等，行为属性如时间、空间、轨迹等[5]，为城市公园绿地游憩提供传统数据难以收集的人群信息。综上所述，随着大数据时代的到来，城市公园绿地游憩服务越来越离不开大数据的支撑，大数据为城市绿地规划设计发展和优化带来了新的契机和新的思路。

1.2 城市绿地游憩行为大数据类型

在大数据出现之前，分析游憩行为主要依赖传统小样本数据分析，方法比较有限，通常是问卷调查、对象访谈、观察法、跟踪法等[6]，这些数据收集方法相对来说耗时耗力，成本也较高，同时获得的样本数据量和信息量也有限，而大数据本身所具有的特点很好地避免了传统数据的缺陷。大数据运用在城市绿地游憩研究的数据主要可以分为两个方向：一是相关绿地本身信息，二是相关人群信息[7]。根据其来源大致可分为四类：移动定位数据、媒体网络数据、社交网络数据、GPS和地图影像数据。

1.2.1 移动定位数据

移动定位数据有手机信令数据[8-9]、地铁公交卡刷卡数据[10]、出租车路径位置数据[11]等，在当今智慧城市和智能手机广泛普及的情形下，此类数据具有普遍性且人群类型较为全面，能够很好地为城市绿地游憩研究提供游客时空间信息，但信息获取和分析的难度较大。移动定位数据在城市绿地游憩方面的研究主要有游人时空间行为研究[12-15]、公园选址[11,16]、城市绿道规划[10]等，如方家等[9]利用手机信令数据对上海的32个大型城市的游客空间行为、客源地空间与游客量的时间变化的研究。李方正等[10]基于北京市公交刷卡数据分析人口出行分布规律，结合北京市土地利用现状，进行绿道规划方法研究。黎海波等[11]通过分析海量出租车的OD（上下车）记录数据，在选址任务中引入居民实际居住与出行情况作为参考，将人类的活动情况作为优化因素考虑进来，探讨公园选址最优方案。

1.2.2 网络媒体数据

网络媒体数据主要有网上评论数据[17-22]、搜索引擎数据[23,25]、网络照片数据[26-27]等，平台主要有网站、论坛、贴吧等，媒体网络数据含有大量的信息，能够很直观得到信息的频率以及正负性评价，这些信息庞大但缺乏可信度和精确性，带有很强的个人当下情绪色彩，客观性较弱，信息发布的时间与地点准确度不够。网络媒体数据运用在城市绿地游憩方面主要有游人评价、游憩满意度以及绿地服务价值等，如王鑫等[17]提取大众点评网上北京郊野公园热点评论词汇，通过词频分析技术，进行社会影响可视化。谢瑶[24]等通过搜索引擎检索记录（百度、搜搜、Google和Yahoo）对上海153个公园的游憩功能游人关注度进行研究分析，给公园游憩功能设计提供参考意义。李春明等[26]借助带有地理参考信息的照片来研究游客时空行为。胡传东等[27]基于网络照片通过重庆磁器口景区的照相指数分析研究游客感知水平与关注度的空间规律。

1.2.3 社交网络数据

社交网络数据主要有新浪微博数据[12-14,17-18,23]、微信数据[28]等。社交网络数据与网络媒体数据在很大程度上相似，都包含大量复杂的信息，不同之处在于社交网络数据使用者数量基数更大，状态信息更新频繁，信息传播迅速，收集意义十分重大。由于微博使用人数大量，与游憩相关信息涵盖面广，利用微博签到数据对城市绿地游憩的研究较多，如李方正等[13]利用2013年北京市新浪微博签到数据，进行绿地使用研究，分析北京市中心城公园绿地的使用现状，并从绿地使用角度为城市绿地系统规划的修编提供建议。王波等[14]以南京市为例，借助新浪微博签到数据，从时间、空间、活动3个方面分析城市活动空间的动态变化，根据变化规律划分城市活动区域。阮庆[12]提取场地十二个月微博签到数据分析得到各时段人群活动密集度、人群活动强度及空间位置分布、人群活动类型偏好。

1.2.4 GPS和地图影像数据

GPS和地图影像数据主要有高德指数数据[20]、卫星定位导航（百度或谷歌地图）数据[15,20-30]、GPS定位跟踪器[6,13,31]、卫星地图影像数据[31-32]等。这一类数据包含场地、位置、时间、人群多种信息，并且信息准确度高，客观性、指向性明确。但也存在一定的缺陷，如游人配合度、设备熟悉度、设备自身缺陷等都影响数据的获取。如吴承照等[31]利用GPS定位跟踪技术，通过对共青森林公园开展游憩行为差异性实证研究，发现公园游人空间分布存在年龄群体差异性。王鑫等[20]利用高德指数获取各类地块红线内各时间段人群的数量、年龄以及停留时间，结合大众点评数据，研究北京森林公园社会服务价值评价。戚荣昊等[29]通过百度POI数据，对城市中人群的分布与活动强度进行量化分析，以此研究公园服务能力和优化绿地规划。

2 大数据支持下的城市绿地游憩研究

2.1 游憩行为时空特征研究

游人游憩行为时空特征研究主要是从绿地使用者的视角出发，提取游客的位置、时间、状态等数据，对游人日常休闲游憩行为进行归纳总结，分析游憩活动规律，为游憩时空间研究提供了更行之有效的方法。国内相关研究主要有雷芸[15]通过获取奥林匹克森林公园、朝阳公园和玉渊潭公园官方网站发布的“景区游览舒适度指数”和百度地图的景区热力图，研究分析大数据与城市公园时间和空间的利用，从而了解和把握公园日常休闲行为的规律和特征。吴承照等[31]利用GPS定位跟踪器，以共青森林公园为例开展游憩行为差异性实证研究，发现游人空间分布具有群体集聚性、等级性特征，不同的游客群体对公园的使用不同，以及其在公园内进行的游憩行为也存有异同。关于游人游憩行为的研究需要获取游人基本信息，牵涉到隐私问题，数据获取途径有限也具有一定难度；此外游人和场地信息庞大，数据处理和分析难度较大。

2.2 游憩偏好及满意度研究

游人偏好及满意度研究较为主观，在大数据所能提供的游人自然属性和社会属性的基础上，分析游人游憩偏好规律，提供有效理论数据支撑，例如陶赟[19]等以上海市吴淞炮台湾湿地森林公园为例，通过大众点评网的数据信息，分析得出游客对湿地公园的季节景观差异较为明显，游客偏好秋季景色，对能够体验自然野趣、散步健身等的地方最为满意，不满意度方面主要为餐饮设施不足和停车问题，提出湿地森林公园应从使用者角度结合使用者偏好，满足游客的切实需求，提高游客的游玩体验，从而规划出合理的布局。游人偏好和满意度研究与绿地服务评价获取数据的途径大都一致，均是以网络评论信息为依据，缺乏客观性和普遍性，适当结合实地访谈和调研，以减少数据偏差和误差。

2.3 城市绿地游憩活动时空分布特征及影响机制研究

由上述研究分析可知影响城市绿地游憩活动时空分布的因素有多个，其中主要分为时间因素、场地因素（空间）和人群因素，其中时间因素是前提，场地自然因素是基础，场地因素包括场地的基础空间数据、场地资源数据、场地设施数据等，场地因素影响着游人对游憩行为发生场所的选择，影响绿地内游人游憩活动特征。人群因素是核心，也是决定因素。人群因素又分为自然属性因素和行为心理因素，城市绿地的服务主体是各类人群，人群是游憩活动的发出者，人群因素对公园绿地游憩活动起到了决定作用。当时间确定时，在某个特定的时间段会有特定的人群在绿地进行游憩活动，而人群在场地内所进行的游憩活动以及游人在绿地内的分布情况是由场地本身和游人决定的。如雷芸[15]对于游人游憩行为的时空研究，发现公园本身的特色、设施、季节气温变化都影响游人在公园内的时空分布，且不同时段利用公园的主体不同。李雄、雷芸、李方正等对大数据在城市绿地游憩时空研究中的应用的研究就是从时间、场地、人群三个方面来论述城市公园游憩时空分布状况。城市绿地是城市用地的重要组成部分，对于人们游憩行为的时空研究，有助于了解和把握城市绿地日常休闲行为的规律和特征，可为今后绿地的规划设计提供科学的依据。

3 大数据支持下城市绿地游憩服务评价研究

3.1 绿地服务评价

城市绿地游憩服务评价研究通过游客个体间的使用体验和社会价值偏好特征，把游客的主观意愿反映到规划实践中。有关绿地服务评价主要是绿地社会服务价值、公园本身服务能力研究，如王鑫[20]、李籽萱[22]两人均以网络大数据为依据，利用词频分析技术对城市绿地进行社会服务价值研究，研究发现社会服务价值需要体现地方文化和地域特色，同时城市绿地于社会协调发展有重要作用，是游憩活动开展的重要公共空间。戚荣昊等[29]以福州市为例，选择百度POI数据，对城市中人群的分布与活动强度进行量化分析，通过服务压力评价指标评价公园服务能力和不同时空间中人群对绿地的需求程度，来反映公园绿地的服务情况。社会服务评价研究基本都分析了网络评论数据，缺乏城市绿地主要使用人群老人和儿童的数据，此外可能存在信息发布者信息不真实或评论模糊和过于主观等问题，影响数据准确性。

3.2 使用情况评价

使用情况评价主要通过游人实时评价记录反映如何使用、使用效果、使用过程、使用后评价等情况以及绿地的使用率与使用强度，完善场地与使用者之间的供需关系。如郝新华等[18]提取百度地图后台LBS数据、百度旅游网站以及新浪微博分别得到景区人口数据、游客评价、签到数。通过分析得到游客积极、中性、消极情绪占比，游客情绪分布和游客热力空间分布图，由此分析得知游客对公园的使用情况和使用偏好。网络大数据本身固有的缺陷就是数据的真实性和偏向性，微博使用者中青年居多，卫星地图使用者多是外地游客，由于网络安全问题用户信息可能存在错误等；通过向微博、百度这类企业平台获取的都是经过二次筛选处理的，可能有筛选误差等，这是网络数据暂时无法解决的问题，以致基于网络大数据的研究具有一定局限性。

4 大数据支持下城市绿地规划设计研究

4.1 城市尺度绿地规划布局研究

国内大数据在城市绿地规划上的研究仍处于初步阶

段，但已经取得了一定的进展。城市范围尺度的城市绿地研究主要有利用社交媒体数据和移动定位数据来研究城市各种类型绿地空间使用和总体布局，如李方正等[13]提取2013年北京市新浪微博签到数据，分析北京市中心城公园绿地的使用现状，结果表明：公园绿地使用率核心区高于拓展区；不同类型的公园绿地的使用状况不同以及使用影响因素也不同；不同时期中心城绿地使用会在空间、立地条件和游憩类型上产生相应改变。李方正等[10]利用北京市公交刷卡大数据与人口出行分布规律进行耦合分析，确定绿道连接的重点区域，建立绿道载体的评价指标体系，为绿道选择合适的斑块作为依托载体，根据服务功能优化绿道网络，确定绿道规划线路。李方正分别利用微博签到数据和公交刷卡数据来研究城市绿地空间和布局，将人群特征和使用规律作为依据，具有一定科学性和人本性，但社交网络数据具有人群偏向性，老人和小孩数据较少或缺失，研究结论可能具有一定偏差。

4.2 城市公园设计研究

4.2.1 公园选址

城市公园设计研究主要是通过可达性研究公园最佳选址，如黎海波等[11]通过分析海量出租车的OD（上下车）记录数据，将居民实际居住与出行情况作为选址参考，通过提高人口分布密度的精度，进而改进小山小湖社区公园的选址情况。王鑫[16]利用空间数据，分析区域自然特征、人群特征、景观视觉吸引度、网络评价等有关的数据，总结出靠近城市人类活动聚集强度较大地区的郊野公园的人群吸引度更高，选址用地边界应该尽量靠近活动聚集地。二者相比而言黎海波通过单一大数据出租车记录数据有一定的局限性，尤其是在如今共享单车和私家车普遍存在，对于距离较近的绿地选址选择出租车的情况较少。王鑫通过多源大数据分析总结内容较为全面丰富，但网络评价数据主观性太强，缺乏可信度。

4.2.2 设施和功能优化研究

有关公园的设施和功能优化主要是通过网络评论数据以及定位数据获取游人意见和使用情况，以此研究设施和功能的合理性，为公园优化提供参考，如谢瑶等[24]通过大数据挖掘，对搜索引擎的关于游憩活动检索记录进行分析研究，得出上海市公园主要的游憩功能，从而对给游人选择公园提供了参考。陶赟等[32]通过GPS定位跟踪等其他途径获取游人游憩行为偏好，从时空尺度上评价公园环境设施布局的合理性，为今后公园环境设施布局优化提供数据参考。但检索记录主观性太强，时间跨度大，并且没有筛选不同时间的评论，仅仅通过总检索记录来分析缺乏科学性、严谨性。GPS具有较好的准确度，目的明确，数据处理分析较网络大数据容易，但定位在信号差的地方有缺失或不准确现象，容易造成一定误差。

5 结语

随着大数据的快速发展，城市绿地游憩研究需要结合大数据辅助分析人的自然属性和社会属性，从时间、空间、设施、环境等多个维度，改善城市绿地的整体规划、服务能力以及公共设施水平，满足人的需求特性。面向未来，大数据现存的局限性将会逐渐减少，主要表现在以下几个方面：第一，大数据的重视度正在逐渐提高。2015年国务院出台了《促进大数据发展行动纲要》，明确指出立足我国国情和现实需要，推动大数据发展和应用在未来5～10年逐步实现以下目标。可预测在国家高度重视的推动下，大数据现存的获取难度将会被逐渐消除。第二，大数据的应用技术在不断提高。国家为实现我国从数据大国向数据强国转变，实施国家大数据战略，印发了《大数据产业发展规划（2016—2020年）》。近年来互联网企业研发推出了多种大数据处理系统，使深度学习、知识计算、可视化等大数据的分析技术得到迅速发展[33]。第三，数据型人才力量迅速壮大。应国家大数据战略的推进实施，我国借鉴国际经验制定了大数据人才战略，部分高校开设大数据教授课程，培养具有分析大数据能力、具备团队合作精神的专业人才。第四，大数据研究发展迅速。随着大数据应用技术的不断提高和人才的不断涌现，大数据逐渐被广泛运用于各行各业。大数据的类型、来源、应用领域等很多方面都在不断发展，大数据的局限性也在不断寻求突破中。相信随着时间的推移，各类数据的完善和积累，大数据必将更加广泛地应用到城市绿地建设与管理的方方面面。为此，充分利用目前生态智慧城市建设的契机，将大数据应用与城市绿地建设发展目标很好地结合在一起，从而提升城市绿地规划的科学性和有效性，最终促进城市的可持续发展。

参考文献

[1] 方巍，郑玉，徐江．大数据：概念、技术及应用研究综述[J]. 南京信息工程大学学报(自然科学版)，2014，6(5)：405-419.

[2] 党安荣，袁牧，沈振江，等．基于智慧城市和大数据的理性规划与城乡治理思考[J]. 建设科技，2015(5)：64-66.

[3] 边馥苓，杜江毅，孟小亮．时空大数据处理的需求、应用与挑战[J]. 测绘地理信息，2016，41(6)：1-4.

[4] 党安荣，张丹明，马琦伟，等．大数据时代的智慧景区管理与服务探讨[J]. 西部人居环境学刊，2016，31(4)：8-13.

[5] 党安荣，张丹明，李娟，等．基于时空大数据的城乡景观规划设计研究综述[J]. 中国园林，2018，34(3)：5-11.

[6] 邵隽，常雪松，赵雅敏．基于游记大数据的华山景区游客行为模式研究[J]. 中国园林，2018，34(3)：18-24.

[7] 李亮稷，沈娉，胡悦，等．基于大数据对城市公园的研究方法[J]. 美与时代(城市版)，2016(10)：65-67.

[8] 方家，王德，谢栋灿，等．上海顾村公园樱花节大客流特征及预警研究——基于手机信令数据的探索[J]. 城市规划，2016，40(6)：43-51.

[9] 方家，刘颂，王德，等．基于手机信令数据的上海城市公园供需服务分析[J]. 风景园林，2017(11)：35-40.

[10] 李方正，李婉仪，李雄．基于公交刷卡大数据分析的城市绿道规划研究——以北京市为例[J]. 城市发展研究，2015，22(8)：27-32.

[11] 黎海波，陈通利．出租车GPS大数据在东莞市"小山小湖"社区公园选址中的应用[J]. 测绘通报，2017(5)：95-99.

[12] 阮庆．基于时间维度与人群活动视角的城市公园规划设计研究[D]．深圳：深圳大学，2017.
[13] 李方正，董莎莎，李雄，等．北京市中心城绿地使用空间分布研究——基于大数据的实证分析[J]．中国园林，2016，32(9)：122-128.
[14] 王波，甄峰，张浩．基于签到数据的城市活动时空间动态变化及区划研究[J]．地理科学，2015，35(2)：151-160.
[15] 雷芸．挖掘大数据价值，助力城市公园游憩利用时空研究[J]．建筑与文化，2015(12)：141-143.
[16] 王鑫．基于空间数据分析的北郊森林公园选址研究[D]．北京：北京林业大学，2015.
[17] 王鑫，李雄．基于多源大数据的北京大型郊野公园的影响可视化研究[J]．风景园林，2016(2)：44-49.
[18] 郝新华．基于多源数据的奥林匹克森林公园南园使用状况评估[C]//．中国城市规划学会，沈阳市人民政府．规划60年：成就与挑战——2016中国城市规划年会论文集(11风景环境规划)，2016：10.
[19] 陶赟．基于VEP与SolVES模型的游客景观生态服务偏好及环境满意度研究[D]．上海：华东师范大学，2016.
[20] 王鑫，李雄．基于网络大数据的北京森林公园社会服务价值评价研究[J]．中国园林，2017，33(10)：14-18.
[21] 萧敬豪．基于大数据的公园绿地服务水平及公平性评价——以柳州市为例[C]//．中国城市规划学会，东莞市人民政府．持续发展 理性规划——2017中国城市规划年会论文集(05城市规划新技术应用)，2017：8.
[22] 李籽萱，宫冰，花睿英．大连市滨海路公园社会服务价值评价研究[J]．现代园艺，2018(7)：28-30.
[23] 陈名娇．城市公园使用综合评价研究——以深圳市为例[C]//．中国城市规划学会，贵阳市人民政府．新常态：传承与变革——2015中国城市规划年会论文集(06城市设计与详细规划)，2015：11.
[24] 谢瑶，郭旭梅．基于大数据的城市公园游憩功能研究[J]．电子商务，2015(5)：35-36；92.
[25] 尹罡，甄峰，汪侠．信息技术影响下休闲研究动态与展望[J]．世界地理研究，2017，26(3)：167-176.
[26] 李春明，王亚军，刘尹，等．基于地理参考照片的景区游客时空行为研究[J]．旅游学刊，2013，28(10)：30-36.
[27] 胡传东，张曼，黄亚妍，等．基于网络照片的旅游景区照相指数研究——以磁器口景区为例[J]．重庆师范大学学报(自然科学版)，2017，34(2)：120-127.
[28] 陈旭清．基于移动O2O模式的重庆主题公园微信营销发展研究[D]．重庆：重庆师范大学，2015.
[29] 戚荣昊，杨航，王思玲，等．基于百度POI数据的城市公园绿地评估与规划研究[J]．中国园林，2018，34(3)：32-37.
[30] 王烨．基于位置大数据的公园绿地空间分布绩效评价——以武汉市大型公园绿地为例[C]//．中国城市规划学会，东莞市人民政府．持续发展 理性规划——2017中国城市规划年会论文集(05城市规划新技术应用)，2017：11.
[31] 吴承照，刘文倩，李胜华．基于GPS/GIS技术的公园游客空间分布差异性研究——以上海市共青森林公园为例[J]．中国园林，2017，33(9)：98-103.
[32] 陶赟，傅碧天，车越．基于游憩行为偏好的城市公园环境设施空间优化[J]．城市环境与城市生态，2016，29(2)：21-26.
[33] 程学旗，靳小龙，王元卓，等．大数据系统和分析技术综述[J]．软件学报，2014，25(9)：1889-1908.

作者简介

陈倩，女，汉族，湖南衡阳人，华中农业大学园艺林学学院在读研究生。研究方向：风景园林规划设计、游憩行为。电子邮箱：375665504@qq.com。

刘文平，男，华中农业大学园艺林学学院风景园林系副教授。研究方向：大数据与景观服务时空流动、生态系统服务与绿色基础设施、地景规划。

地方营造

——重塑人地关系的上海存量老旧社区公共空间微更新①

Local Construction

—Shanghai Stock Old Community Public Space Micro-regeneration Reshaping Human-land Relationship

周 艳 金云峰 吴钰宾

摘 要：在城市更新转型的新时代，社区微更新是人居空间治理的创新举措。研究基于地方营造的日常生活视角，结合上海老旧公共空间微更新实践案例，提出了文创介入的公共生活联结、功能混合的资源集约利用、共建共享的慢行绿色重构、上下结合的多元协同共治等四种更新途径，探讨如何链接地方资源文化、驱动地方创造力，以期对新时代下空间治理长效机制的探索和良性社区共同体的培育有所助益。

关键词：景观有机更新；地方营造；社区微更新；人地关系；日常生活

Abstract: In the new era of urban renewal and transformation, community micro-regeneration is an innovative measure for human settlement space governance. Based on the daily life perspective of local construction and the case of Shanghai stock old community public space micro-regeneration, we put forward four renewal approaches, namely, the shared consciousness regeneration of cultural creativity ,the efficient use of resources with clear ownership, the regional linkage development of spatial connectivity and the combination of multiple co-governance. And we discuss the method to link local resource and culture and to enhance local creativity, which may give help to the exploration of long term mechanism for space governance in the new era and cultivation of a healthy community.

Keyword: Landscape Organic Renewal; Local Construction; Community Micro-regeneration; Human-land Relationship; Daily Life

随着我国迈入以生态文明建设为导向的新型城镇化时代，人居空间的创新治理成了推动城市转型的抓手。我国城市发展观正由外拓增量扩张转向内生存量优化，面对整合低效空间资源、提升城市功能品质、传承地域文脉特色等诉求，以何种路径来实现城市创新内涵式发展成了新时代下的新命题。城市更新治理视角从空泛的宏大叙事转向具体的日常生活，更加关注人的日常精神需求[1]。社区作为城市更新的单元载体，具有公共性、内生性与日常性等特点，在社区情景感知和关系建构中发挥着主要作用。在空间资源紧缺的约束下，上海正转向回归人本价值的"逆生长"发展阶段，以存量土地的集约利用、都市活力的创造激发、人居环境的品质改善为目标，进行了一系列存量老旧社区公共空间再生实践。其中上海社区微更新计划自实施以来，激发了居民广泛的关注与参与，实现了从"空间再生产"到"地方营造"的进步，探索出了一种人性化、低成本、易实施的宜居新模式。

1 社区微更新与地方营造

1.1 社区微更新的日常性

日常公共空间是社区公共空间特质形成的内在动因，为容纳以地缘关系和地域感情为基础的人际交往与公共活动的"公共容器"[2]。日常生活兼具自发与无序性，涵括街头漫步、闲聊、偶遇等内容，根植于与个人直接相关的户外环境。而日常公共空间具有经验与实用性，强调共享与互动，能包容社会的对立冲突及个体差异。日常都市主义主张通过微观低技的途径连接破碎的小空间来激发城市活力；有机更新理论则采取"小而灵活"的方式重释小规模的城市更新。社区微更新指在用地性质、建筑高度或容积率不改变的情况下，挖掘零星闲置的小微地块，从人的尺度出发，以日常生活需求为导向回应微观层面的人地需求[3]。

1.2 地方营造的在地性

社区主体由在生活上、文化上、心理上相互关联并建立共同地方感的人群组成，在人群结构和生活层次上具有同质性。社区日常公共空间是日常生活的场所，它被赋予日常生活意义的过程，即是"人化"为地方的过程，同质人群在这个过程中通过公共意识和共同价值的建立形成地方感。地方感是人对空间产生的情感互动依恋行为，包括认同及归属感[4]。地方营造正是扎根于地方资源禀赋的在地性场所营造，注重人与社区空间情感联系，通过链接地方特色、文化脉络、历史记忆与地域风貌，来恢复居民的场所情感体验[5]。

① 基金项目：上海市城市更新及其空间优化技术重点实验室开放课题（编号201820303）资助。

1.3 地方营造与社区微更新的关系

日常生活内嵌于日常公共空间中，只有还原真实的地方日常生活图景，以人文关怀和公平正义为价值导向，才能保持社区地方感和历史文脉的稳定和延续。以人为核心的新型城镇化建设明确提出通过加强精细化管理、人性化服务以及吸纳多元人群参与空间治理，来提升城市品质的新型城镇化战略[6]。落实到微观层面的社区微更新正是对人民日益增长的美好生活需要的积极回应。而地方营造是形成社区地方感的依据，影响着地方保育和社区融合，是社区力培育的落点，使社区微更新具有邻里修复、多元参与、文化传承的多义性。

2 地方营造视角下上海老旧社区公共空间的更新内涵特质

在快速城镇化的进程中，作为高度复合社会经济体的上海在《上海市城市总体规划（2015—2035）》中率先提出了建设用地"零增长""负增长"的城市发展观。建于20世纪八九十年代左右或更早的大量中心城区老旧社区均出现了综合性的陈旧现象，客观上已经不能满足居民物质文化生活的需求。该类空间既不满足历史保护的更新标准，短期内也无法实现拆除重建，经济利益更新驱动的长期缺位使其成为人居空间治理的痛点。上海存量老旧社区公共空间模式的演化规律与功能布局的改造提升对于社区品质具有现实意义。本文基于地方营造的视角从物质环境、心理属性与政策机制三个层面梳理出了毗邻关系网络脱域、利益权责关系交叠、社区慢行系统零散、地方参与治理欠优等更新内涵特质。

2.1 隔离：毗邻关系网络脱域

在资本权力的运作下，空间环境的衰落渗透到心理层面，老龄少子、社区阶层分化、文化匮乏等现象明显。市场经济打破了上海老旧社区原先以"单位制"为纽带的生活方式，消解了公共空间的有机性与多样性，社区居民与公共空间的情感和功能关系疏离。无序的开发导致社区人口外流严重，大量住房出租加剧了人户分离、公共空间需求异化的问题。面对居住环境逐年老化的困局，多数居民坐等拆迁，公共空间凝聚力解体，毗邻关系式微，内向的"熟人生活"走向开放的"生人社会"，个体关系从地域关系网络中抽离，社区走向"脱域共同体"[7]。

2.2 失协：利益权责关系交叠

上海老旧社区内部存在一定比例公共属性的私用出租房，历史原因造成的制度缺陷使违规租赁关系得以存续，社区成为量大面广、产权关系复杂、牵涉多方利益矛盾的集聚地。居民对诸如小广场、小绿地、小公园的私自侵占弱化了社区共识性，此类公共微空间所有者、责任者和受益者的利益范围无法界定，导致处于模糊变动状态中的居民使用权、投资开发商管理权和政府部门所有权削弱了微更新过程的协调统筹能力；另外经济能力低下的孤寡住户和外地租户更是无法承担社区日常维护费用，对此置若罔闻。

2.3 断裂：社区慢行系统零散

社区交通空间既有基本的交通职能，也有交往、定向、识别等特征，上海老旧社区增设的门禁系统形成的封闭界面切断了与社区相接的城市支路，传统细密的空间肌理日渐破碎，居民步行效率降低，具体表征为社区内部道路网络密度不均、内部慢行系统零散、交通设施配套不足等问题。一方面，停车位的严重缺乏引发人车矛盾凸显，车辆见缝插针式停放堵塞了小区道路、闲置绿地、公共广场等，潜藏着严重的隐患；另一方面，由于社区内部围墙的阻隔使小微公共空间的连通性断裂，剥夺了公共空间的开放度和公共性，未能形成层次清晰、连贯有序的慢行网络体系[8]。

2.4 剥夺：地方参与治理欠优

上海老旧社区公共空间传统更新模式依赖于自上而下的政府空间决策，是一种依托行政体系分配掌控社区资源的封闭式空间治理方式，容易忽略居民的主体性和多元化诉求，使空间改善与人的发展诉求脱节，异化为地方政府主导的行政型社区[9]。首先，单一性的决策主体和改造模式缺少对地方特色的考量，不能因地制宜地提出更新方针策略，使居民处于被告知、被要求进行改造的地位。其次，决策流程缺乏循环反馈环节，上下层级之间存在沟通不畅、信息失真等问题，虽然政府管理部门间易达成共识，但地方居民往往被排斥在决策之外。综上，由于公众参与的相关机制缺失，居民没有参与社区更新的有效途径，导致主人翁意识和社区自治的主观能动性丧失。

3 地方营造视角下的上海存量老旧社区公共空间微更新

3.1 上海存量老旧社区公共空间微更新思路

城市更新不只是物质层面的空间改造，还包含经济、社会和文化的复兴，涉及多元主体的利益平衡分配，需要基于空间正义的物质性和社会性的有机结合与综合治理[10]。社区微更新是在充分了解社区资源禀赋、居民诉求的基础上，通过多方参与平台机制形成的动态生长规划框架；是加强社区参与互助和自治精神，增强地方自豪感和主人翁意识以及重塑人地关系的过程（图1）。

3.2 上海存量老旧社区公共空间微更新实践策略

3.2.1 邻里修复：文创介入的公共生活联结

微更新注重精神生活和获得感等柔性层面的交流互动，通过挖掘社区历史文脉、打造富有特色的集体记忆公共场所、引入公共艺术文化事件、布置小尺度的创意家具来激发社区活力，创造出具有地域特色、凝聚力和影响力的品牌文化空间[11]。

（1）特色核心空间

"我们的百草园"项目成功塑造了一系列富有特色的

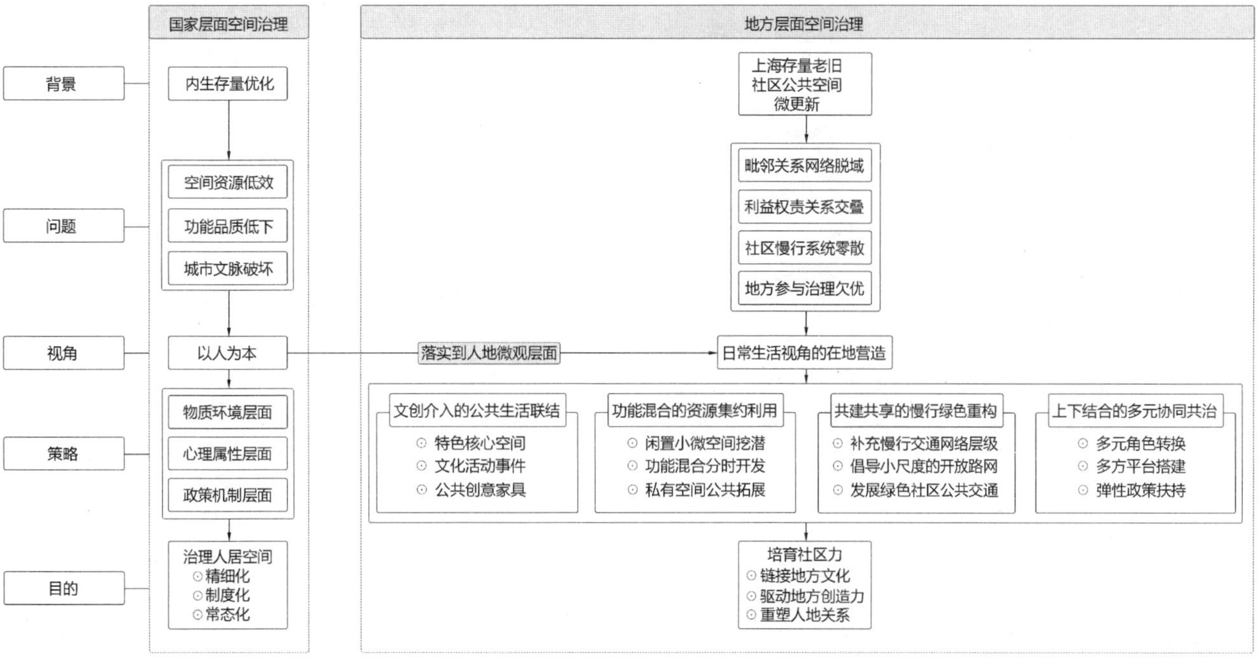

图 1　上海存量老旧社区公共空间微更新思路

（图片来源：作者自绘）

核心公共空间，积极引导居民亲自参与松土、施肥、涂鸦等，利用木料、轮胎、绿叶等废旧材料，鼓励居民将闲置植物资源捐赠，并通过建设社区植物漂流站对植物进行后期认养维护等来消除社区隔离，促进“熟人社会”的形成（图 2、图 3）。

图 2　居民参与百草园营造

图 3　蚯蚓堆肥桶

（图片来源：https：//www. jfdaily. com/wx/detail. do? id=45694）

（2）文化活动事件

陆家嘴社区利用微信公众平台探索自媒体时代的宣传途径，举办陆家嘴国际咖啡文化节、国际射箭赛事、金融象棋比赛、健身秧歌比赛等文化事件；开展“道德点评台”“文明星期六”等社区先进居民评优活动，建立了人与地方之间的时时互动联结。

（3）公共创意家具

微更新以小尺度的城市家具为切入点，营造符合人体尺度的公共空间场所体验，增加公共空间的吸引力与趣味性，如内置灯带的空中共享晾衣架、共享电动车充电墙、声控树晶球路灯、博物馆电话亭等创意公共家具（图 4、图 5）。

图 4　空中共享晾衣架

（图片来源：https：//www. zgjsjl. org. cn/ca88yazc/2018/0427/167710. html）

3. 2. 2　空间挖潜：功能混合的资源集约利用

针对公共空间权属管理多头等问题，微更新提议采

图 5　共享电动车充电墙
（图片来源：https：//www.zgjsjl.org.cn/ca88yazc/2018/0427/167710.html）

用公私合营的模式，对社区现状进行全面梳理以明确公私边界，挖潜闲置小微空间，并依托闲置资源进行功能混合分时开发，以公共产权的公共开放空间作为触媒，带动私有空间的自主更新。

（1）闲置小微空间挖潜

小微空间尺度偏小、布局分散，是常被忽略或占为私用的边角空间，如利用率低或废弃的楼间空地、底层架空空间、社区绿地等。杨浦区创智农园便是在合法开发的基础上，将原有小区封闭空间变为社区活动小广场和农艺空间。

（2）功能混合分时开发

社区共享理念鼓励各类附属设施和绿地向公众开放，如学校、单位的文化体育设施平时服务师生职工，周末和夜间服务周边居民，以拓宽服务人群，延长使用时段；大型社区广场则可以功能混合分时使用，例如白天的雕塑广场，夜晚可作为放映露天电影的场所，特殊时期还可为文化活动事件提供举办地点。

（3）私有空间公共拓展

基于公权带动私权的思想，借助相关的激励机制，以网络平台为支撑，把居民闲置的私人空间资源、活动场地等上传到社区共享云平台，供其他居民有偿预约，增补私有属性的公共空间。

3.2.3　交通补强：共建共享的慢行绿色重构

“窄马路，密路网”是上海老旧社区交通空间的典型特征，由社区主路、支路及步行路组成，其密集开放连通性较强[12]。微更新强调在不影响住宅地块的条件下鼓励小尺度的街区路网共享开放，发展社区公交服务，提高社区慢行微循环能力。

（1）补充慢行交通网络层级

以保证生命和消防通道畅通为目标，上海匣北区场中路 3308 弄小区新增拓宽道路，对道路交叉口进行优化提升；调整绿地面积增设停车位，扩建非机动车棚。同时，严格控制社区机动车路网密度，增加非机动车步行路网密度，形成层级分明、职能匹配、高效便捷的社区交通网络层级。

（2）倡导小尺度的开放路网

小尺度的开放路网建议内部道路充分与城市道路衔接，邻里一级慢行系统串联广场绿地等，社区一级慢行系统串联公交站点及公共设施等，从而以线串点构筑资源开放共享的公共生活网络。

（3）发展绿色社区公共交通

普陀区万里街道社区以社区公交小环线来接驳公交主线，对接公交和轨道站点，推行中型绿色能源环保电瓶公交车，设置多功能的公交服务设施，以期完善高质量的绿色公交体系[13]。

3.2.4　公众赋权：上下结合的多元协同共治

在创新空间治理背景下，微更新规划思路从传统的自上而下的模式转变为“政府引导、规划师参与、居民主导”上下结合的共治模式，依托多种社区参与治理平台和弹性政策，推进政府、市场、社会三方的积极协作，充分体现了人居空间治理与公众参与的深度结合[14]（图 6）。

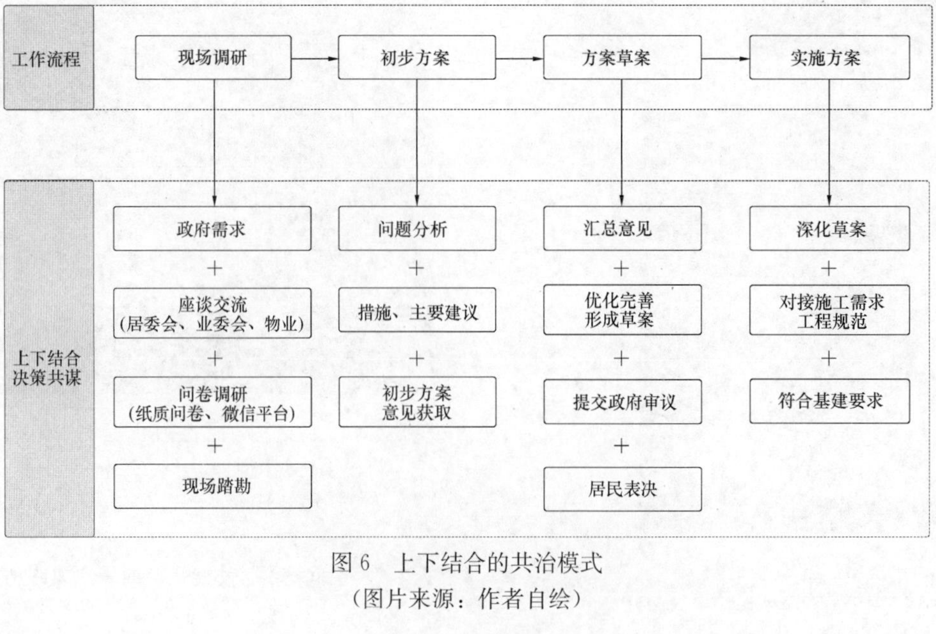

图 6　上下结合的共治模式
（图片来源：作者自绘）

（1）多元角色转换

政府在社区更新中应承担协调引导职责，包括政策制定、平台搭建、引入投资等；规划师则作为政府和居民沟通的桥梁，在充分理解上位规划思路的基础上对社区发展做出专业指导；居民则应发挥主观能动作用，积极参与协商，形成有效的正向反馈。

（2）多方平台搭建

匣北区芷江西路街道通过居民来访、电话、微信搜集居民意见，借助网络综合管理平台汇总问题，依托“三会一代表”平台和“1＋5＋X”工作模式协同配合解决问题，来完善区—镇—社区站—居民楼的网络化管理体系，搭建多方沟通协调平台。

（3）弹性政策扶持

基于“法治”“参与”“责任性”和“透明性”的准则，制定社区微更新相关事务的法律与机制，如四平街道设立社区自治基金，居民通过自筹经费可获得1：1等额的政府补贴；普陀区万里街道通过编制系统化的社区发展规划，避免了领导换届的影响，并给予赞助企业调节税等优惠。

4 结语

社区微更新对物质性环境和社会性环境进行双重地方营造，是一种充满人文关怀的小尺度、渐进式、多角度的协同治理更新方式。在上海试点取得一定成绩之后，老旧社区公共空间微更新不能停留在散点式的项目上，需要从全局范围统筹考虑，制定适应地方的社区规划法和公共参与程序等规定，从制度上保障微更新的常态化与长效性。同时，还应将上下联动的灵活性纳入其中，为时时突发情况预留弹性应对机制。社区微更新如何从零散的地方营造走向社会整体性经营，对探索推进国家治理体系和治理能力现代化具有重大意义。

参考文献

[1] 周详，窪田亚矢．国与家之间：论上海里弄街区日常生活空间的断裂与统一[J]．风景园林，2018，25(04)：34-40.

[2] 李昊．公共性的旁落与唤醒——基于空间正义的内城街道社区更新治理价值范式[J]．规划师，2018，34(2)：25-30.

[3] 金云峰，高一凡，沈洁．绿地系统规划精细化调控——居民日常游憩型绿地布局研究[J]．中国园林，2018，34(2)：112-115.

[4] 周尚意，唐顺英，戴俊骋．“地方”概念对人文地理学各分支意义的辨识[J]．人文地理，2011，26(6)：10-13；9.

[5] 谢涤湘，范建红，常江．从空间再生产到地方营造：中国城市更新的新趋势[J]．城市发展研究，2017，24(12)：110-115.

[6] 杜伊，金云峰．“底限控制”到“精细化”——美国公共开放空间规划的代表性方法、演变背景与特征研究[J]．国际城市规划，2018，33(3)：92-97；147.

[7] 王小章，王志强．从“社区”到“脱域的共同体”——现代性视野下的社区和社区建设[J]．学术论坛，2003(6)：40-43.

[8] 陈蔚镇，孙辰．开放社区的空间特质及规划导引——以3个上海社区为例[J]．建筑学报，2015(6)：41-46.

[9] 戴帅，陆化普，程颖．上下结合的乡村规划模式研究[J]．规划师，2010，26(1)：16-20.

[10] 言语，徐磊青，谭峥．空间修复与公共空间更新的行动主义——一个公共性与自主性的理论综述[J]．风景园林，2018，25(4)：25-33.

[11] 莫霞．上海城市更新的空间发展谋划[J]．规划师，2017，33(S1)：5-10.

[12] 杜伊，金云峰．社区生活圈视角下的公共开放空间绩效研究——以上海市中心城区为例[J]．现代城市研究，2018(5)：101-108.

[13] 郭玖玖．社区视角下的城市微改造创新与实践——以上海普陀区万里街道社区规划改造为例[J]．中外建筑，2017(8)：124-127.

[14] 杜伊，金云峰．城市公共开放空间规划编制[J]．住宅科技，2017(2)：8-14.

作者简介

周艳，1992年生，女，重庆人，同济大学风景园林专业在读研究生，研究方向为风景园林规划设计方法与技术、景观有机更新与开放空间公园绿地。电子邮箱：635641545@qq.com。

金云峰，1961年生，男，上海人，同济大学建筑与城市规划学院景观学系副系主任，教授，博士生导师，高密度人居环境生态与节能教育部重点实验室，生态化城市设计国际合作联合实验室，上海市城市更新及其空间优化技术重点实验室，高密度区域智能城镇化协同创新中心特聘教授。研究方向为风景园林规划设计方法与技术，景观有机更新与开放空间公园绿地，自然资源保护与风景旅游空间规划，中外园林与现代景观。电子邮箱：jinyf79@163.com。

吴钰宾，1996年生，女，浙江人，同济大学建筑与城市规划学院景观学系在读硕士研究生，研究方向为风景园林规划设计方法与技术、景观有机更新与开放空间公园绿地。电子邮箱：419394401@qq.com。

地形对风景园林广场类环境夏季小气候热舒适感受的影响比较①

——以上海世纪广场和辰山植物园为例

Comparison of the Influence of Terrain on the Thermal Comfort of Microclimate in Landscape Square Environment in Summer

—Taking Shanghai Century Square and Chenshan Botanical Garden as Examples

马椿栋　刘滨谊

摘　要：基于团队研究积累，对比研究风景园林中的地形设计与风湿热等小气候要素、热感受之间的关系，研究目的是对比理想风景园林小气候环境，寻找改善城市广场小气候人体热舒适感受的地形设计途径。以上海世纪广场和辰山植物园为例，实测了夏季不同地形空间中的小气候温度、相对湿度、风速、太阳辐射4项环境数据，统计热舒适客观评价指标，收集受试者的热感觉问卷。通过比较分析主观热感受、热舒适客观评价指标和小气候物理要素数据，实现风景园林小气候热舒适感受的量化，并对比不同坡向、坡高、坡位与不同遮荫情况的地形空间对夏季人体热舒适感受的影响，发现热舒适性较好的是坡向与风向垂直的地形景观的迎风坡脚处，分析其主要环境影响因素和作用规律，进而提出城市广场热舒适性能优化的地形设计策略，以小气候适宜性的风景园林规划设计营造人居环境。

关键词：风景园林小气候；小气候物理要素；热舒适感受；地形

Abstract: Based on the accumulation of team research, the relationship between topographic design in landscape architecture and microclimate factors and thermal sensations such as wind and heat is compared. The purpose of the research is to improve the microclimate environment of the ideal landscape and to improve the thermal comfort of the urban square microclimate by terrain design approach. Taking Shanghai Century Square and Chenshan Botanical Garden as examples, four environmental data of microclimate temperature, relative humidity, wind speed and solar radiation in different terrain spaces in summer were measured, and statistical evaluation indexes of thermal comfort were collected to collect the subject's thermal sensation questionnaire. By comparing and analyzing subjective thermal sensation, thermal comfort objective evaluation index and microclimate physical element data, the quantification of the thermal comfort of the landscape garden microclimate is realized, and the terrain space of different slope direction, slope height, slope position and different shading conditions is compared with the summer human body. The influence of thermal comfort is found. The thermal comfort is better at the foot of the windward slope with the vertical direction of the slope and the wind direction. The main environmental influencing factors and the law of action are analyzed, and then the terrain design strategy for optimizing the thermal comfort performance of the city square is proposed. The landscape design and design with microclimate suitability creates a living environment.

Keyword: Microclimate Landscape; Microclimate Physical Factors; Thermal Comfort; Terrain

引言

户外空间中存在热舒适感受不佳的诸多情况，适宜的小气候环境能改善人体热感受，进而激发户外空间的行为活动。多数学者认为在影响小气候的诸多因素中，地形、水体、植物群落和建筑布局等风景园林设计要素起到了重要作用。中国古人对地形、气候、文化就有着独到的理解，大到国家的都城、聚落选址，小到建筑体系的营造、基地的控制和构造处理等，皆依据一定的风水理念，以调节风和太阳辐射等气候因子，营造良好的局部小气候环境[1]。

地形即地表的综合形态，它包括地貌和地质状况[2]，是所有景观元素与设施的载体，在规划设计中发挥着骨架功能、限定空间、控制视线、影响旅游线路和速度、美学功能以及改善小气候的作用[3]。由于不同朝向的坡地上获得的热量和水分不同，因此地形对小气候的影响一般表现在太阳辐射分布不一致和地形对气流的改变作用两个方面，因此可以充分利用小地形或营造小地形以达到改善局部小气候，进而提升风景园林环境中人体热舒适感受的目的[2]。但目前对于风景园林地形空间辐射与风速的量化实测较少[4]，知网中地形与风景园林小气候的相关文献仅有38篇，对于地形景观空间小气候效应及热舒适感受的实测研究亟待加强。

① 基金项目：国家自然科学基金重点项目“城市宜居环境风景园林小气候适应性设计理论和方法研究”（编号51338007）资助。

1 实验内容与方法

本文依托国家自然科学基金重点项目“城市宜居环境风景园林小气候适应性设计理论和方法研究”（编号51338007），在团队研究基础上[5-7]，采用场地调研、现场实测、主观问卷调查和客观指标评价的方法，以上海世纪广场和辰山植物园为研究对象，旨在发现地形景观的空间类型、物理要素与人体主观热感受间的关系，并以此为基础，提出针对广场类风景园林环境热舒适改善的地形设计策略。

1.1 实验场地与时间

实验场地为上海世纪广场（121°5’E，31°2’N）东侧类地形覆土建筑和上海辰山植物园（121°2’E，31°1’N）澳洲植物区的弯曲连续地形，测试日期为上海夏季7～8月的4天，分别是世纪广场晴朗少云的7月27日（东南风）和8月6日（东南风），辰山植物园晴朗少云的7月19日（北风）与多云的8月12日（东北风），每天测试时间为7点至19点。

1.2 实验方法

1.2.1 物理数据环境实测

世纪广场布设测点6处，辰山植物园布设12处（测点布局如图1，平面来源Google Earth），每个测点放置一台美国产watchdog气象站，每1min自动采集一次1.5m高度小气候物理环境数据（温度、相对湿度、风向风速、太阳辐射地表温度、露点温度、气压）。各测点的对比内容如表1，A1A2A3、A4A5A6、B1B3B10、B2B4B9、B12B5B8、B11B6B7各组成一个完整的竖向断面，其中B1B3B10、B2B4B9坡向相同。

图1 测点布局

测点空间类型　　表1

测点编号	有无遮荫	海拔高度	坡位	测点编号	有无遮荫	海拔高度	坡位	测点编号	有无遮荫	海拔高度	坡位
A1	无	5m	坡脚	B1	无	3m	坡脚	B7	无	4m	坡脚
A2	无	10m	坡顶	B2	半	4m	坡脚	B8	半	4m	坡脚
A3	无	5m	坡脚	B3	无	10m	坡顶	B9	半	4m	坡脚
A4	无	5m	坡脚	B4	有	10m	坡顶	B10	无	4m	坡脚
A5	无	10m	坡顶	B5	有	10m	坡顶	B11	半	5m	坡脚
A6	无	5m	坡脚	B6	有	10m	坡顶	B12	半	5m	坡脚

1.2.2 客观热舒适感受度评价

而后基于物理环境数据，通过 Rayman 热舒适评价软件进行客观评价指标的计算[8]，以 SET＊（标准等效温度）和 PET（生理等效温度）热舒适评价模型为标准，由图 2 可知 SET＊与主观热感觉投票较一致，设置服装热阻为 0.6clo（薄短袖），平均新陈代谢率为 70W/m²（轻松站立），SET＊模型不考虑性别，且适用于炎热环境的热舒适度和感受评价，采用 Excel2007 对相关数据进行整理、归纳和统计分析。

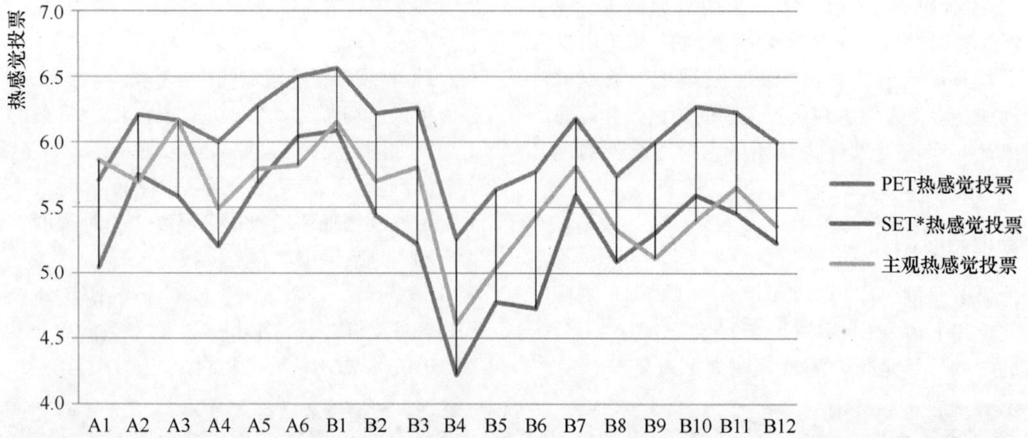

图 2　SET＊、PET 和主观热感觉投票比较

1.2.3 主观心理热感受投票

受试者累计共 45 人，其中女 31 人，男 13 人，平均身高 167cm，体重 55kg，年龄 21.5 岁。受试者每 1h 在相应测点位置上填写一轮问卷，共填写 7 轮问卷，每一轮问卷时，每个测点上都有一人同时在 5min 内的第 2、3、4、5min（第 1min 平复心情，并保持轻松站立）共填写四份问卷，以取平均值。为防止产生室外热适应，每轮问卷间隔时间受试者处于室内，并且每轮次轮转换位。共收集有效问卷 943 份，是一次尝试同时进行各测点主观热感受问卷收集，可以直观分析共时性的人体心理热舒适感应格局。问卷分别要求受试者对当前风、湿、热环境进行舒适性感受主观评估，以及对期望的行为进行选择（如去阴影处、回到室内、喝水、去风大的地方等）。其中热舒适评价采用 ASHRAE 7 度热感觉投票（1 寒冷、2 冷、3 凉、4 舒适、5 暖、6 热、7 炎热）[7]，客观热感觉投票与 SET＊热舒适评价指标具有对应关系：＜17℃为 3 凉，17～30℃为 4 舒适，30～34℃为 5 暖，34～37℃为 6 热，＞37℃为 7 炎热[9]。

2 分析与结果

2.1 世纪广场不同类型地形空间热舒适度比较

在世纪广场的少云晴天实验中，A3 点和 A6 点位于广场的主要活动区内，由于两测点处于背风坡脚的位置，风速及热舒适性都较差（图 3），日平均 SET＊评价值均是 38℃，不适于户外活动的开展。迎风坡脚 A1、A4 的日平均 SET＊为 33.7℃和 33.6℃，主观热舒适感受投票为 5.8 和 5.4；坡顶 A2、A5 的日平均 SET＊为 37.7℃和 37.3℃，主观热感受投票都为 5.7；背风坡脚 A3、A6 的日平均热感受投票为 6.2 和 5.8。A1 和 A4、A3 和 A6 的客观热舒适指标几乎一致，但主观热舒适感受有较大差别，在 A1、A3 温度还要低很多的情况下，是因为 A4、A6 的风速要大得多（图 4），A4 的日平均风速为 0.9m/s，

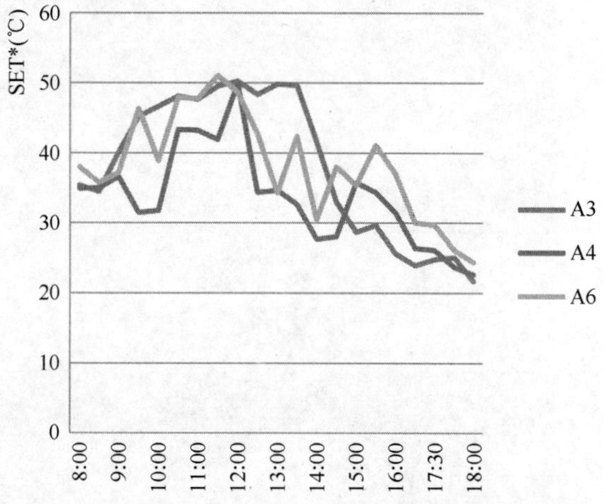

图 3　世纪广场测点热舒适度比较

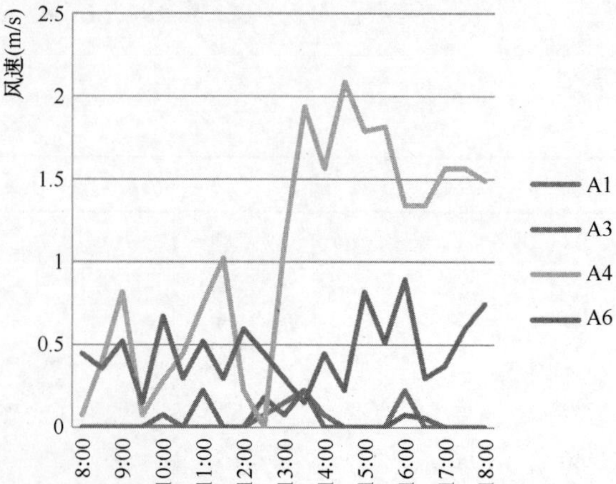

图 4　世纪广场测点风速比较

A1 仅为 0.03m/s，符合受试者对去往风速较大地方的期望，风速显著影响了受试者的心理热感受，但由于风景园林小气候的众多环境物理因子间的互相作用复杂，风速的改变是否主要由地形要素引起，尚不得而知。就热舒适性程度而言，在相同的坡向角度时，立面上世纪广场的迎风坡脚>坡顶>背风坡脚，即迎风坡脚处最舒适（图 5）；而在相同高程位置时，坡向与风向垂直的地形空间好于坡向平行于风向者。

在 8 月 12 日这天，辰山植物园所有测点的太阳辐射水平均较低，受局部热对流影响小，测点间的差异主要是地形因素和有无植物遮荫影响，便于控制变量，用以观察地形形态对风速的影响。迎风坡脚 B11、B12、B2 的日平均风速分别是 1.1m/s、1.7m/s、1.9m/s，平均阵风风速分别是 1.5m/s、2.1m/s、2.5m/s；坡顶 B3、B4、B5 的日平均风速都是 1m/s，平均阵风风速分别是 1.5m/s、1.3m/s、1.3m/s；背风坡脚 B7、B8、B9 日平均风速分别是 1.2m/s、0.3m/s、0.5m/s，平均阵风风速 1.5m/s、0.5m/s、0.7m/s，B7 风速的异常可能是由于此处是地形高程开始下降的区域，气流从侧面绕过地形并被加速。由实测数据可知，同一坡向地形上迎风坡脚的风速>坡顶的风速>背风坡脚的风速（图 6）；同是迎风坡脚，B2 点处坡向接近与风向垂直（90°），风速最大，且坡向与当日盛行风向的夹角越小，坡脚的风速越低（图 7），坡向角度对坡顶风速的影响则不明显，可能是由于坡顶植物覆盖较多对风速也产生了影响。以上验证了地形形态对于气流风速有明显改造的作用。

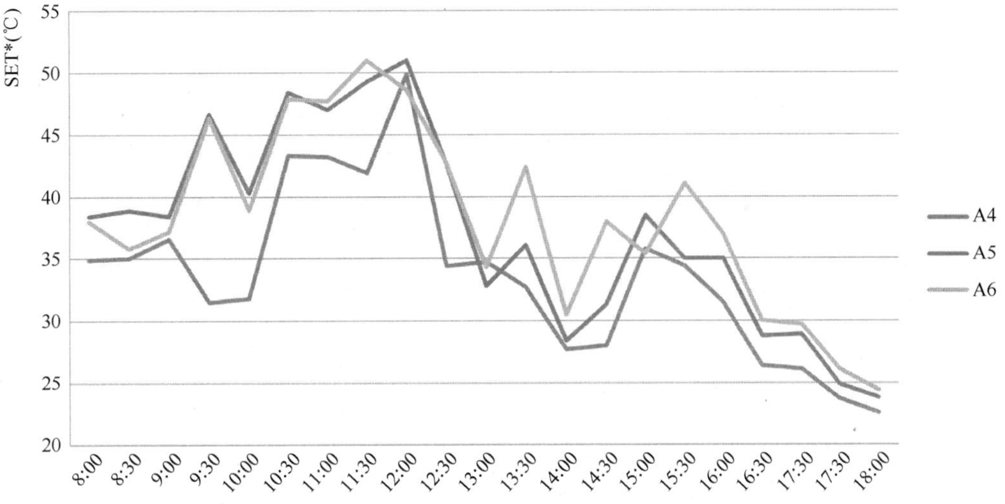

图 5　世纪广场同一坡向地形上不同坡位的热舒适度比较

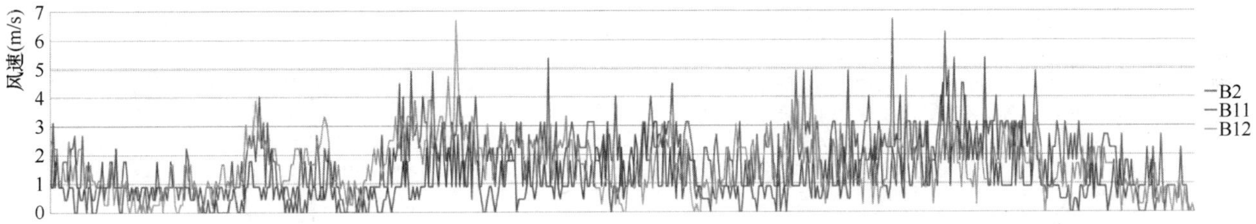

图 6　辰山植物园不同角度坡向的迎风坡脚风速比较

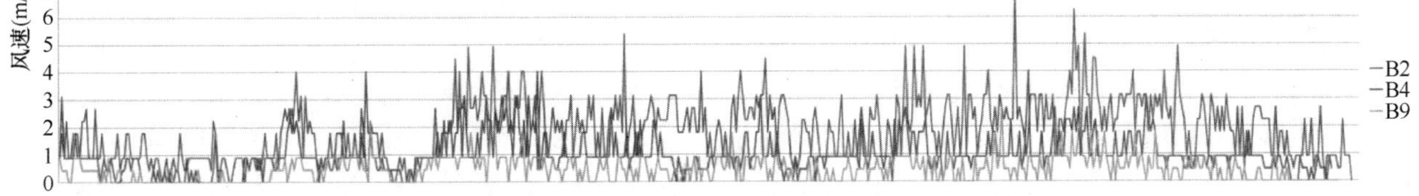

图 7　辰山植物园同一坡向地形的不同坡位空间风速比较

考虑多种环境条件共同作用的少云晴天实验，除了风速外，还采集现场的温度、湿度、辐射数据，计算了热舒适评价指标与客观热投票，收集了各测点的主观热感受投票。B1、B3、B10 三个测点皆无遮荫，日平均辐射强度分别是 628W/m²、626W/m²、690W/m²，辐射量较为接近，但 B10 点上午与下午辐射强度变化明显，验证了随着太阳位置变化，地形会对太阳辐射产生影响（图 8）。经统计，辰山植物园 7 月 19 日中，迎风坡脚 B11、B12、B2 的日平均热舒适 SET 值分别是 32.1℃、30.6℃、32.1℃，日平均客观热感觉投票分别是 5.45、5.2、5.5，日平均主观热感觉投票分别是 5.65、5.35、5.7，趋势较为一致；坡顶 B3、B4、B5、B6 的日平均热舒适 SET 值

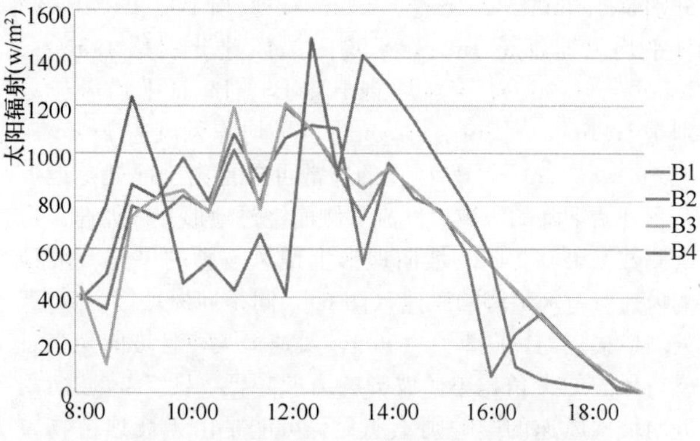

图 8 辰山植物园无遮荫测点辐射比较

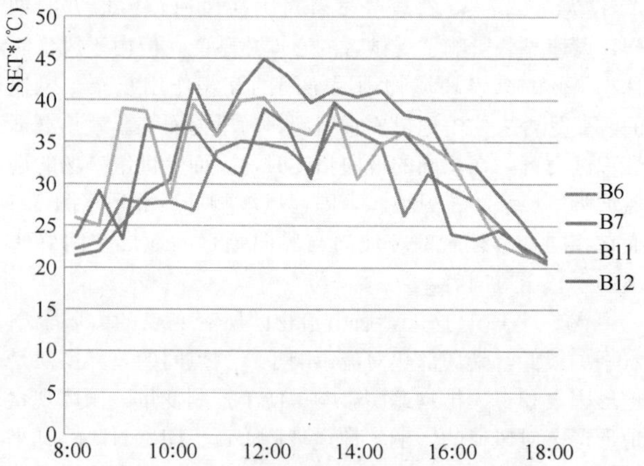

图 9 辰山植物园测点热舒适度比较

分别是 31.9℃、26.3℃、29.1℃、28.9℃，日平均客观热感觉投票分别是 5.2、4.2、4.8、4.7，日平均主观热感觉投票分别是 5.8、4.6、5.0、5.4；背风坡脚 B7、B8、B9、B10 的日平均热舒适 SET 值分别是 33.3℃、31.2℃、31.7℃、34.2℃，日平均客观热感觉投票分别是 5.6、5、5.4、5.6，日平均主观热感觉投票分别是 5.8、5.3、5.1、5.4。在坡向断面的垂直关系上，坡顶的热舒适性与迎风坡脚处相近，好于背风坡脚处，按照前文叙述，坡脚的热舒适性应远好于坡顶，相近的原因是坡脚的测点皆为半遮荫空间，坡顶则为全遮荫空间，植物覆盖的不同显著提升了热舒适性（图 9）。在平面形态的水平关系上，坡向与风向垂直的地形坡脚处的热舒适性好于其他角度，而坡顶则相反。B4 测点的舒适性最佳，是因其风速显著高于其他全遮荫的坡顶测点，可能因为此测点位于林地与开敞草地的交接地带，类似于林冠与地面转换角。

辰山植物园的热舒适性远好于世纪广场，在同为开敞空间的测点位置上，接受的太阳辐射强度类似，除了不同下垫面材质对温度湿度的影响外，风速是至关重要的因素（图 10），郊区开阔的环境与城市建成环境相比有天然的优势，因此城市广场需要更强力的措施，通过地形设计对夏季风速以及广场热舒适感受进行大幅提高是可行策略。

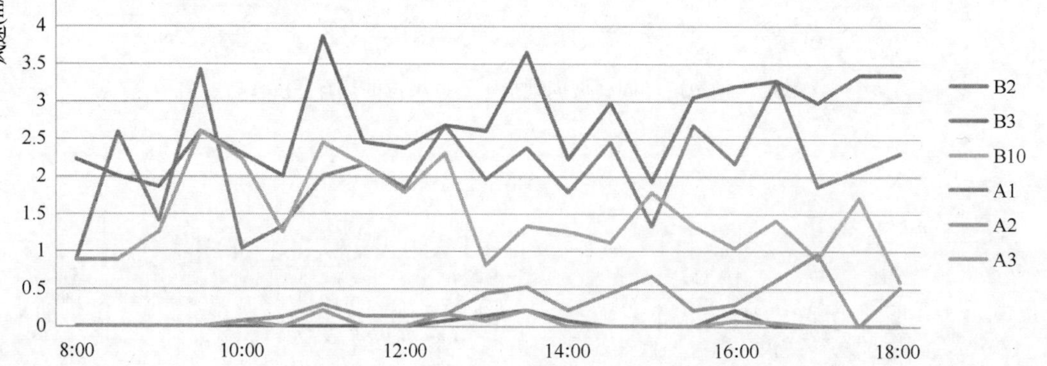

图 10 辰山植物园与世纪广场测点的热舒适度比较

3 结论与讨论

通过分析辰山植物园与世纪广场 6 个不同坡向的地形断面上 18 个测点的小气候物理环境数据、客观热舒适评价指标、主观热感觉投票，得出以下结论：

地形可以有效改变局地气流的风速，而风速的提高可以有效改善小气候热舒适性，迎风坡脚处的风速最高，坡顶其次，背风坡脚处的风速最低；坡向与风向垂直的地形坡脚处对风速的提高效果好于其他角度，且越平行，风速越小，坡顶则不明显。

在地形对夏季小气候热舒适性的影响方面，迎风坡脚处的热舒适性好于坡顶及背风坡脚，坡向与风向平行的地形坡脚处的舒适性好于其他角度的坡脚，可以通过坡向与夏季盛行风向垂直的地形，在迎风坡脚设置活动场地来营造更舒适的空间。

在地形设计的基础上，还可与植被要素共同组合形成有遮荫的空间，热舒适性可得到持续改善，其中林地与草地的过渡空间处的全遮荫处小气候舒适性最佳。

试验主要观察和分析了同一地形断面的不同坡位，以及不同坡向的地形空间类型的热舒适性，今后可结合更多环境性能化的景观建成案例或其他模拟手段，对不同尺度体量、更多方向角度的地形设计形制进行进一步探究。综上，平面及竖向上的地形景观空间营造，可以作为风景园林对室外环境中热舒适感受精确改善的一种途径。

参考文献

[1] 柏春．城市气候设计：城市空间形态气候合理性实现的途

径[M]. 北京：中国建筑工业出版社，2009.
[2] 庄晓林，段玉侠，金荷仙．城市风景园林小气候研究进展[J]. 中国园林，2017，33(4)：23-28.
[3] 朱昌春．地形在景观设计中的应用方式[J]. 黑龙江农业科学，2012(9)：80-83.
[4] 张德顺，李宾，王振，等．上海豫园夏季晴天小气候实测研究[J]. 中国园林，2016，32(1)：18-22.
[5] 刘滨谊，林俊．城市滨水带环境小气候与空间断面关系研究——以上海苏州河滨水带为例[J]. 风景园林，2015(6)：46-54.
[6] 刘滨谊，张德顺，张琳，等．上海城市开敞空间小气候适应性设计基础调查研究[J]. 中国园林，2014，30(12)：17-22.
[7] 刘滨谊，梅欹，匡纬．上海城市居住区风景园林空间小气候要素与人群行为关系测析[J]. 中国园林，2016，32(1)：5-9.
[8] 薛申亮，刘滨谊．上海市苏州河滨水带不同类型绿地和非绿地夏季小气候因子及人体热舒适度分析[J]. 植物资源与环境学报，2018，27(2)：108-116.
[9] 张伟，郜志，丁沃沃．室外热舒适性指标的研究进展[J]. 环境与健康杂志，2015，32(9)：836-841.

作者简介

马椿栋，1992 年生，男，汉族，山东临沂人，同济大学建筑城规学院景观学系在读硕士研究生。研究方向：风景园林小气候适应性设计理论与方法。电子邮箱：464423011@qq.com。

刘滨谊，1957 年生，男，辽宁法库人，博士，同济大学风景园林学科专业委员会主任，景观学系教授，博士生导师，国务院学位委员会风景园林学科评议组召集人，国务院、教育部、人事部风景园林专业硕士指导委员会委员，全国高等学校土建学科风景园林专业教指委副主任委员，住房与城乡建设部城市设计专家委员会委员、风景园林专家委员会委员。研究方向为景观视觉评价、绿地系统规划、风景园林与旅游规划设计。

多规合一下的上海郊野公园用地规划减量化运作机制研究①

Study on the Operation Mechanism of Land Usage's Reduction in Shanghai Country Park under Multiple-planning United Background

梁　骏　金云峰　李宣谕

摘　要：建设用地减量化背景下，上海郊野公园在创新的方式上利用了郊野单元多规合一的平台优势和相关配套政策，对“田水路林村厂”进行土地综合整治并叠加了游憩功能。其中如何配套相关政策推动减量实施并为郊野公园配套用地建设是规划难点。本文研究了上海郊野公园六个一期试点的用地规划减量化政策与运作机制。根据现阶段上海郊野公园配套政策，归纳为郊野单元政策、类集建区政策和城乡建设用地增减挂钩政策，其减量化运作机制包含有五个实施流程。此外，非建设用地与建设用地减量联动调整，以实现郊区全地类的统筹优化。研究得出上海郊野公园用地规划通过多规合一和政策引导的建设方式实现了对传统规划方法的革新。

关键词：多规合一；郊野单元；郊野公园；用地规划减量化；土地利用

Abstract: Under the background of the negative growth strategy of construction land, Shanghai utilizes the platform advantages of multiple-planning united of the country unit as well as related supporting policies to build Country Park, which comprehensively uses land consolidation method to renovate the "Field-Water-Road-Forest-Village-Manufactory" and superimposes recreational functions. How to support relevant policies to promote the reduction of construction land in implementation need research deeply. This research takes six pilots in country parks for example to study their reduction polices and mechanism of land use planning. It concludes three major reduction policies: the Country unit policy, the policy of Centralized construction alike area and the policy of urban and rural construction land increase or decrease in the hook. The reduction mechanism includes five implementation processes. Meanwhile, The linkage adjustment between non-construction land and construction land will be carried out to realize the overall optimization of the whole land in the suburbs. The study concludes that the planning of land use in country parks in Shanghai has achieved innovation in traditional planning methods through multiple-planning united and policy-guided construction methods.

Keyword: Multiple-planning United; Country Unit; Country Park; Land Usage's Reduction; Land Use

1　上海郊野公园建设背景

1.1　上海郊区现状土地利用粗放

上海郊区建设用地整体使用效率偏低，基础设施配套不全，集中建设区外 780km^2 现状建设用地绝大部分是农村居民点用地（42.5%）和工业用地（26.6%）。2015 年统计宅基地约 75.5 万户，宅基地超占、房屋超建、一户多宅、建新不拆旧、城镇户口家庭占用等现象较为普遍[1]。“198 区域”工业用地②占全市工业用地比重接近 1/4，工业产值占比却不到 10%[2]，工业用地利用强度相对不高。受城乡二元结构影响，农用地用途管制、粮食限价和有限的土地承包经营权流转收益使得农民收入偏低，中心城和新城的发展吸引了农村人口前往城市。当前，上海已进入城市“逆生长”和有机更新阶段，郊区的发展是未来发展的主战场。

1.2　以郊野单元为主体实施郊区建设用地减量化

土地资源是城市发展的物质基础和空间载体。2014 年以来，上海率先在全域范围内实行建设用地减量化，以减量整治低效、高污染、高能耗的建设用地腾出城市建设的发展指标。其中，在郊区以镇域为控规单元（郊野单元）作为规划实施和土地管理的基本地域单位，是郊区多规合一的统筹平台。对于镇域范围较大，整治内容、类型较为复杂的，可适当划分 2～3 个单元[3]。全市共划分了 104 个郊野单元，与 998 个城市控规单元进行无缝衔接[4]（图 1）。

1.3　郊野公园是生态文明为导向的郊野单元特殊形式

上海郊野公园在用地属性上不同于一般意义的绿地，而是一类特殊的郊野单元，仅通过原有的宏观规划和项目设计，以及深浅不一的专业规划是无法实现的[5]。全市在 104 个郊野单元中划出了 21 个作为郊野公园建设范围（图 2），考虑到生态环境的整体性，这类重大生态项目的单元范围为非完整镇域。相较于其他单元，它选址在《上海市基本生态网络规划》中生态用地范围内自然资源较好的重要节点，因而具有更优越的自然资源和发挥更重

① 基金项目：上海市城市更新及其空间优化技术重点实验室开放课题（编号 201820303）资助。

② “198 区域”指上海市规划的工业区外、规划集中建设区以外的现状工业用地，面积大约有 198km^2。

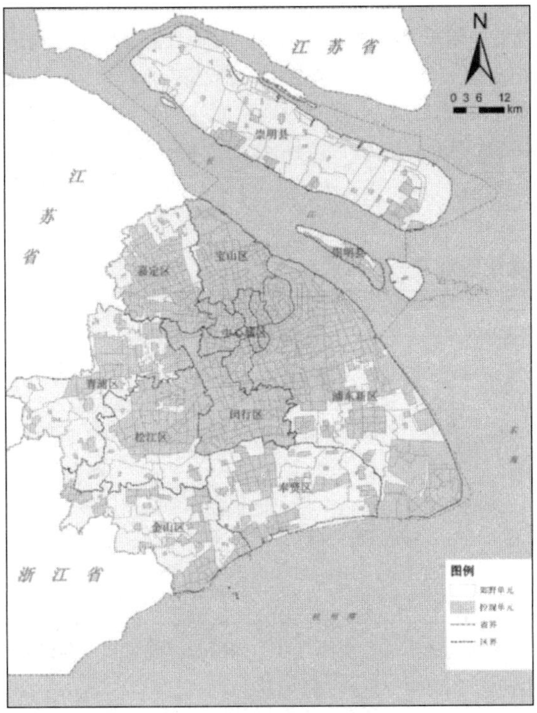

图 1　上海市网格化管理单元示意图
（图片来源：参考文献［4］）

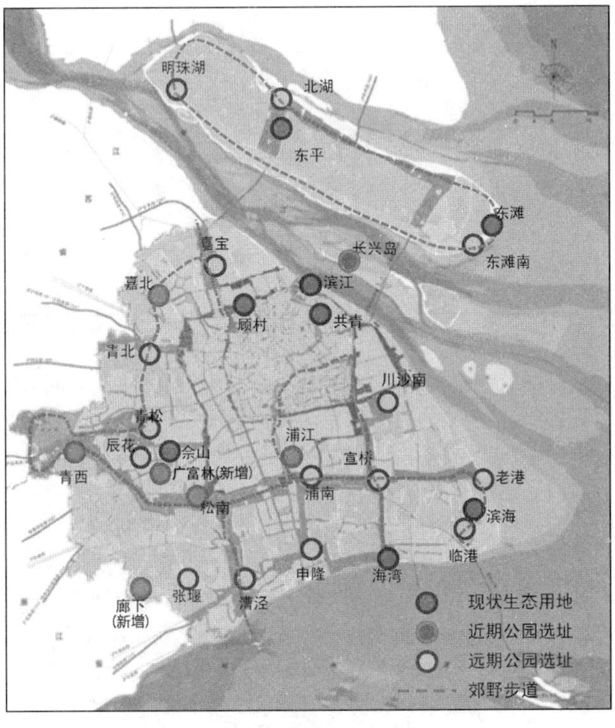

图 2　上海市郊野公园分布图
（图片来源：上海市郊野公园布局选址和试点基地概念规划）

要的生态功能。生态网络用地的功能复合化导致郊野公园具有郊区多地类的用地特征，并以大面积的基本农田作为基底性生态空间。正因为如此，农村的生产、生活每天都发生在场地中，郊野公园氛围更多偏向乡野环境而不是森林公园类的荒野环境。其建设目标是通过更新农村地区的三生空间与融合外部市民的游憩活动实现单元场地的可持续发展，上海郊野公园是属于郊区生态文明建设的一种开发方式。

本文研究的对象为首批的 6 个上海郊野公园试点，即青西郊野公园、长兴岛郊野公园、浦江郊野公园、嘉北郊野公园、松南郊野公园和廊下郊野公园。

2　上海郊野公园用地规划策略

2.1　以土地综合整治为手段的用地功能叠合思路

城市“绿地”已由传统意义上的城市基础设施概念转变为多种功能复合的、生态环境良好的土地区域[6]。上海郊野公园面积较大，建设筹集资金数量不菲，郊区“三农”问题贯穿着郊野公园发展的始终，场地应保留原有生产和生活功能，原有用地需要叠加其他功能后才能满足公园的基本游憩需求。因此上海采取了与其他城市郊野公园和城市公园开发建设不同的应对策略，即在基本不改变大部分用地性质和土地权属的情况下，只针对涉及土地综合整治和游憩需求的区域进行微调，将原功能与新功能进行简单的叠合[7]。

土地综合整治是郊野公园用地功能叠合的实施手段，涵盖了面向“田、水、路、林”要素的土地整治以及面向“村、厂”的城乡建设用地增减挂钩。从地类上看，土地整治偏向于农用地、水域与未利用地，增减挂钩面向对象是建设用地。郊野公园规划运用土地综合整治在原有用地功能上叠加了游憩功能（图 3）。

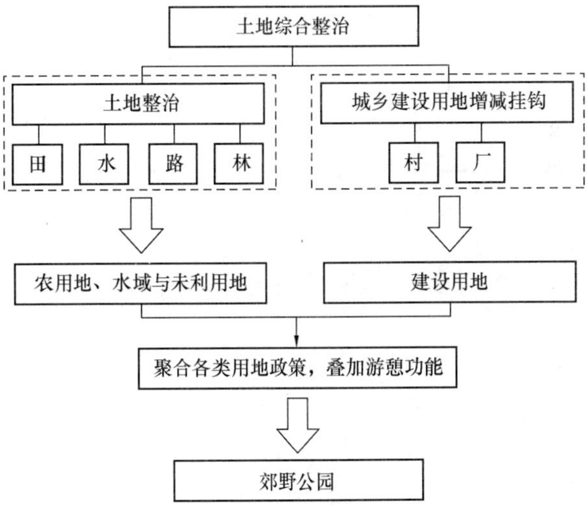

图 3　郊野公园用地规划策略
（图片来源：作者自绘）

2.2　整合涉农土地多功能利用的支持政策和配套减量化政策

近年来国家和上海市政府开始重视农村集体土地价值的提升，颁布了一系列政策支持文件，逐渐放开了对集体土地的用途限制。如面向休闲农业的《上海地区农家乐的发展优惠政策》、《关于支持本市休闲农业和乡村旅游产业发展的规划土地政策实施意见》的通知（沪规土资乡[2017]725号）等，鼓励闲置宅基地发展"农家乐"、利用"四荒地"（荒山、荒沟、荒丘、荒滩）发展休闲农业，政策的放开有助于实现农村集体土地的多功能开发。

除了整合涉农土地多功能利用的支持政策外，郊野公园建设还应满足本市建设用地减量化的要求，为公园设施建设和相关补偿政策提供可行性依据。2013年起上海颁布了一系列郊野单元（郊野公园）政策（表1），在现行土地制度体系框架下配套实施。根据细则和内容可以概括为三大减量化政策：(1) 郊野单元政策；(2) 类集建区政策；(3) 城乡建设用地增减挂钩政策。通过存量利用农民宅基地、盘活村集体建设用地资产，让土地发挥更大的价值。

郊野单元（郊野公园）相关配套政策 **表1**

序号	政策名称	政策主要内容
1	《关于成立市规划国土资源局郊野公园工作领导小组的通知》沪规土资办[2013]40号	成立郊野公园工作领导小组
2	《关于印发《郊野单元规划编制审批和管理若干意见（试行）》的通知》沪规土资综[2013]406号	郊野单元规划的定义、定位与作用、核心内容、编制审批管理
3	《关于印发《郊野单元（含郊野公园）实施推进政策要点(一)》的通知》沪规土资综[2013]416号	类集建区的规划空间奖励、已批控详的适度调整、城乡建设用地增减挂钩政策叠加类集建区规划空间、土地利用和出让的适应性选择、用地计划管理的考核联动、建立减量化工作联动核查制度
4	《关于本市郊野公园实施推进若干建议的函》沪规土资综[2013]741号	郊野公园的定位和实施途径、郊野公园建设成本与综合效益分析、后续造血机制、部门分工
5	《关于印发《上海市郊野公园规划建设的若干意见（试行）》的通知》沪规土资综[2013]866号	郊野公园定位、建设目标、后续规划、农用地整治、建设用地整治、专项规划
6	《关于印发2014年度区县集中建设区外现状低效建设用地减量化任务的函》沪规土资综[2014]60号	减量化工作考核办法
7	《关于印发《进一步完善本市新市镇规划编制管理体系、推进郊野单元规划编制的指导意见》的通知》沪规土资综[2014]244号	郊野单元规划定位、编制要求、政策保障
8	《2015年度"198"区域减量化实施计划编制工作的通知》沪规土资综[2014]722号	"198"区域减量化意义、基本原则、主要内容和相关工作要求
9	《关于减量化项目新增建设用地计划周转指标操作办法的通知》沪规土资综[2014]849号	新增建设用地计划周转指标操作办法

资料来源：作者自绘。

3 上海郊野公园减量化政策分析

3.1 多规合一的郊野单元政策

3.1.1 郊区多规合一的统筹平台

郊野单元规划是以镇为单位编制，统筹引领城市开发边界外郊区长远发展的综合性规划。利用该规划平台，以"郊野单元+政策"的形式尽可能地集聚各类政策和资源，不造成重复建设和资源浪费，让各个部门都有发言权[8]，有利于实现镇（乡）级的多规合一。同时规划平台还衔接了城市总体规划、土地利用规划等上位规划，完成各区分配的减量化要求，整合了土地整治规划、交通系统规划等各类专项规划，是关注近期的实施性、策略性规划。上海市城市总体规划（2017—2035年）的"两规融合，多规合一"空间规划体系中，处于单元规划层次的浦东新区和郊区重点编制新市镇总体规划，合并了郊野单元规划和历史文化名镇保护规划等规划，将涉及空间安排的各专项规划内容融入单元规划层次中[9]。

3.1.2 运用不同导向的地类落实规划要求

2014年颁布了《上海市郊野单元规划编制导则（试行）》(简称"旧版")，郊野公园试点规划编制参照了该版导则。在空间规划体系的新认识下，2016年《上海市新版郊野单元规划编制技术要求和成果规范》（简称"新版"）出台，新一轮的郊野公园规划将按照新版要求编制。旧版的"土地整治规划"和"专项规划"名字取消，规划内容按照"空间布局、底线管控、建设用地规划、农用地规划、生态用地规划"相应归类（图4）。其中生态用地规划中的生态空间布局规划包含"水系规划""林地规划"和"农林水一体化"，涉及了水域和未利用地、林地和耕地。规划编制使用统一的用地口径，采用覆盖农用地、建设用地、水域和未利用地的《两规合一用地分类》作为统一用地标准[10]。改动后的郊野单元规划以不同导向的地类落实规划要求，彰显出用地规划在郊野单元规划中的核心地位。

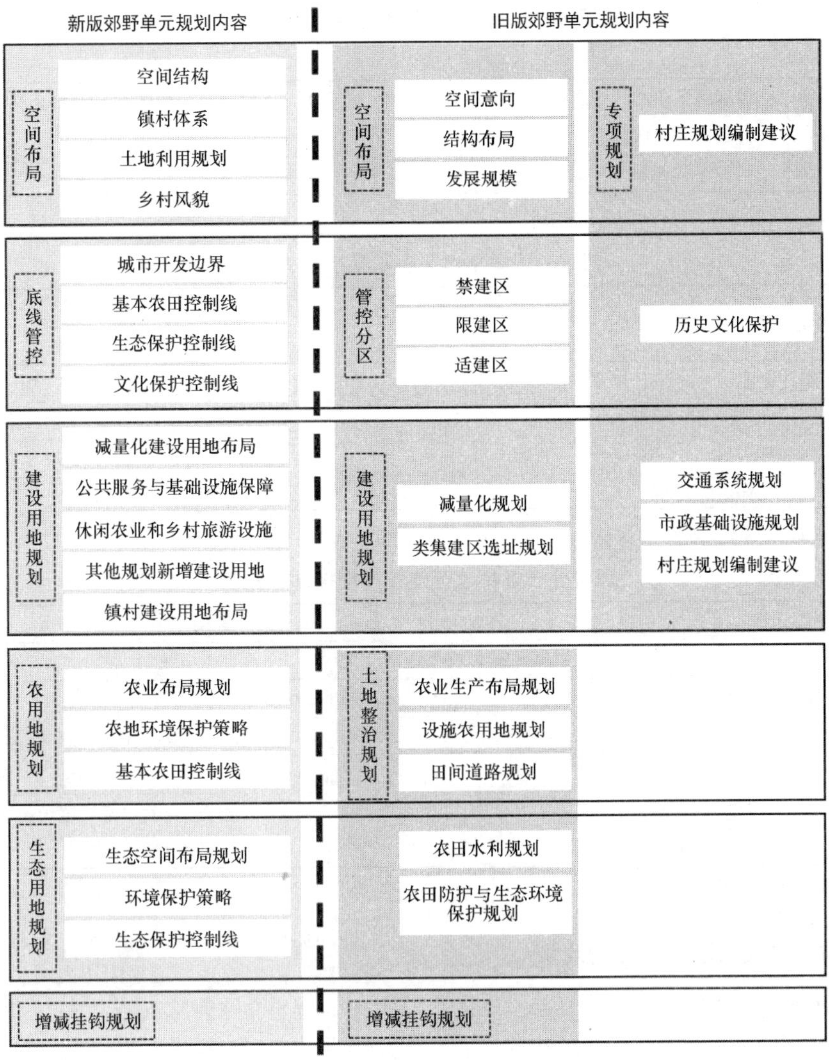

图 4 新版与旧版郊野单元规划内容比较
（图片来源：作者自绘）

3.2 助推减量的类集建区政策

面对集体土地不能商用的现实情况和为了有效调动各利益主体的积极性，上海制定“类集建区”政策作为低效建设用地减量化的配套奖励空间，开发建设选择适用于城镇建设用地为主的《上海市控制性详细规划技术准则》。

3.2.1 核心指标控制

沪规土资综［2013］416 号文件规定，在集建区外实现建设用地减量的，可获得类集建区的建设用地规划空间，其空间规模原则上控制在减量化建设用地面积的 1/3 以内，即存增转换比例不超过 33%。由于郊野公园要配套一定的游憩设施，空间奖励比例可适度提高，据统计试点全部控制在 40%以下。对于放弃类集建区空间可获得不超过 33%的类集建区空间量双用地指标奖励。

3.2.2 土地使用功能导向

沪规土资综［2013］866 号文件指出，类集建区建设导向以满足郊野公园安全和配套的基本服务功能为主，不宜新建体量较大的医院、学校、会展和游乐场等设施，不得新建商品住宅、工业项目以及对周边环境影响较大的市政设施。规划建设的标准不应低于集建区，且类集建区控规应更关注近期实施内容。从郊野公园试点规划总结得出，类集建区土地使用分为商业服务业用地、商务办公用地、文化用地三类（表 2）。

3.2.3 选址布局与相关控制指标

类集建区根据现状情况和规划要求分为存量利用和新增两部分，选址要求具体有以下三点：①避免大拆大建和占用生态网络空间，充分利用存量用地进行功能置换，规模小而紧凑，远郊和生态地区可以结合地区需要设置集中建设点，形态上应符合风貌控制要求；②选址应邻近周边城镇和大型社区布置；③尊重村民意愿，由镇村自身发展需求考虑类集建区选址意向。相关控制指标方面，容积率规定低于 2.0，二级保护线以内建议控制在 0.5～0.8（表 3），建筑高度控制在 24m 以下，商业建筑和文化建筑控制不高于 12m（表 4）。

郊野公园类集建区土地使用功能导向表　　表2

序号	用地性质	功能导向
1	商业服务业用地	游客服务中心、酒店、特色商业街、餐饮、农家乐、养生社区、疗休养、论坛会议、旅游配套服务等
2	商务办公用地	总部办公、康复理疗、研发中心
3	文化用地	科普馆、博物馆、宗祠、寺庙、塔、文化中心、历史陈列馆、高档宾馆、会所

资料来源：根据郊野公园试点规划文本总结。

郊野公园类集建区容积率控制一览表　　表3

序号	用地性质	容积率				
		青西	长兴岛	嘉北	松南	廊下
1	商业服务业用地	0.8～1.2	靠近城镇1.2～1.5 其余1.0～1.2	0.8～1.5	0.8～1.2	2.0
2	商务办公用地	1.2～1.5		1.0～2.0	1.2～1.5	2.0
3	文化用地	0.8～1.2		0.8～1.5	0.8～1.2	无
4	二级保护线内用地	0.5～0.8	1.0左右	无	0.5～0.8	无

资料来源：根据郊野公园试点规划文本总结。

郊野公园类集建区建筑高度控制一览表　　表4

序号	用地性质	建筑高度				
		青西	长兴岛	嘉北	松南	廊下
1	商业服务业用地	≤12m，局部15m	≤24m	≤15m，局部24m	≤24m	≤24m
2	商务办公用地	≤24m		≤24m		
3	文化用地	≤12m，局部15m		≤15m，局部24m		
备注		靠近城镇的建筑可适当提高			靠近轨道站点及城镇的建筑可适当提高	沿河道水系一侧20m范围内限高15m

资料来源：根据郊野公园试点规划文本总结。

3.3 实施操作的城乡建设用地增减挂钩政策

上海在推进郊野单元规划、宅基地置换、市级土地整治等各类土地整治项目中，城乡建设用地增减挂钩政策（简称“增减挂钩”）是核心政策，新增建设用地的规划建设需要在该项政策平台下才能落地。郊野公园规划是在本市下达的挂钩指标范围内，根据建设用地减量复垦（拆旧地块）情况，等量新增设用地指标和耕地占补平衡指标（简称“双指标”）用于落实公园建设（建新地块）实施增减挂钩。

3.3.1 建新地块

（1）建新地块

根据试点规划总结，建新地块可分为留用出让地块、安置地块、主要新增道路、划拨地块和统筹待定地块五类。

①留用出让地块。郊野单元中出让地块包括存量利用和统筹新增两部分，地块选址于类集建区。沪规土资综[2013] 741号文件规定，土地出让有两种适应性选择。一是建新地块内的国有建设用地使用权出让中，采取限定低价、竞无偿或限价提供经营性物业的方式，定向用于建设用地减量化的集体经济组织提供长远收益保障；二是在土地出让中可以不改变集体建设用地性质，继续供集体经济组织使用，也可以经征收后转为国有土地，以定向方式出让给集体经济组织或其授权开发的区属全国资公司。这为单元内实施减量化的集体经济组织提供了“造血机制”，保障和提高了集体经济组织的收入水平。

②安置地块。农民宅基地置换有利于改善农民居住条件和促进农业的规模化经营。具体安置策略分为三种：一是单元内部安置，二是周边大型居住区安置，三是镇内集建区周边和区内跨镇统筹安置。若安置地块位于集建区范围内并有控规覆盖的，由于安置实施带来的人口增加，经评估可适当调整已批控规的规划指标、用地性质，在符合土地使用相容性要求的前提下，商住办等混合用地比例可适当增加，以加速和强化造血功能。

③主要新增道路。包括市级干线、区级干线等主要道路，新增道路用地纳入计划指标。

④划拨地块。仅在浦江郊野公园出现，作为用地功能的置换。

⑤统筹待定地块。以上余下的双指标为统筹待定地块使用，应优先满足公园内部其他不可预见使用项目的前提下，在郊野公园周边及全区统筹挂钩安置，落实具体地块。此外，区土地利用总体规划若有预留公园的建设用地指标，可结合统筹待定地块的指标在区层面统一布局，并按照程序出让。不足的耕地指标从区内土地整治多余的补充耕地指标挂钩，并在区域层面的相关专项规划中予以论证和落实。

3.3.2 拆旧地块

拆旧地块优先考虑位于基本农田保护区、水源保护区、薄弱村集中区域、生态网络空间以及规划郊野公园等区域的“198”地块。主要为工矿仓储用地和农村宅基地。按照郊野公园布局要求，建设用地整治后可补充相应的耕地面积，满足耕地占补平衡指标的需求。

4 上海郊野公园用地规划减量化运作机制

4.1 确定低效建设用地范围

包括自上而下的落实上位规划指标，主要参考镇土地利用总体规划和区土地整治规划，初步确定建设用地总规模和减量化指标；以及自下而上的查清现状低效建设用地情况，主要查清对象为工矿仓储用地和农村居民点，在此基础上理清受影响的其他建设用地。最终将低效建设用地范围的查清情况与上位规划指标有效衔接，确定郊野公园低效建设用地范围。

4.2 制定减量化方案

方案是对郊野公园低效建设用地范围的具体落实，对于现状保存较好的可以考虑转为存量利用地块，通过功能的更新置换改造成郊野公园的配套设施，节余的双指标由区级统一收储。工业用地近期首先将集建区外能耗大、有污染、效益差和违章的企业减量化，远期目标针对搬迁难度较大的企业，减量后的建设用地将土地复垦转化为耕地，优质企业通过土地置换有序引导至104产业区块①内继续经营。列入减量范围的宅基地，应在尊重农民意愿的前提下有条件引导农户集中居住，明确保留的农村居民点编制村庄规划。

4.3 奖励类集建区空间

按照类集建区政策的存增转化比例奖励一定的面积，建设导向以满足公园安全和配套的基本服务功能为主，可适当安排休闲、健身、科教、体育、养老、旅馆、餐饮等与郊野公园相融的功能。功能匹配的用地类型分为商业服务业用地、商务办公用地和文化用地。

4.4 叠加增减挂钩规划

增减挂钩是在叠加了类集建区空间指标的基础上进行。部分留用出让地块为存量利用地块，不需要开垦耕地；非存量利用的留用出让地块、划拨地块和单元内的安置地块选址于类集建区，指标由类集建区的统筹新增建设用地指标获得，占取了等量的耕地占补平衡指标；郊野单元外的安置地块、主要新增道路和统筹待定地块，指标由拆除复垦获取的双指标搭配；统筹待定地块在全区内统筹挂钩安置并按照程序出让。

4.5 完成建设用地布局方案

布局方案统一汇总了减量化方案、类集建区奖励空间、建设用地增减挂钩规划的成果。

完成后向市局上报年度“198”区域减量化实施计划，并对减量化影响下的镇内区域协调与城镇总体规划提出深化建议（图5、图6）。

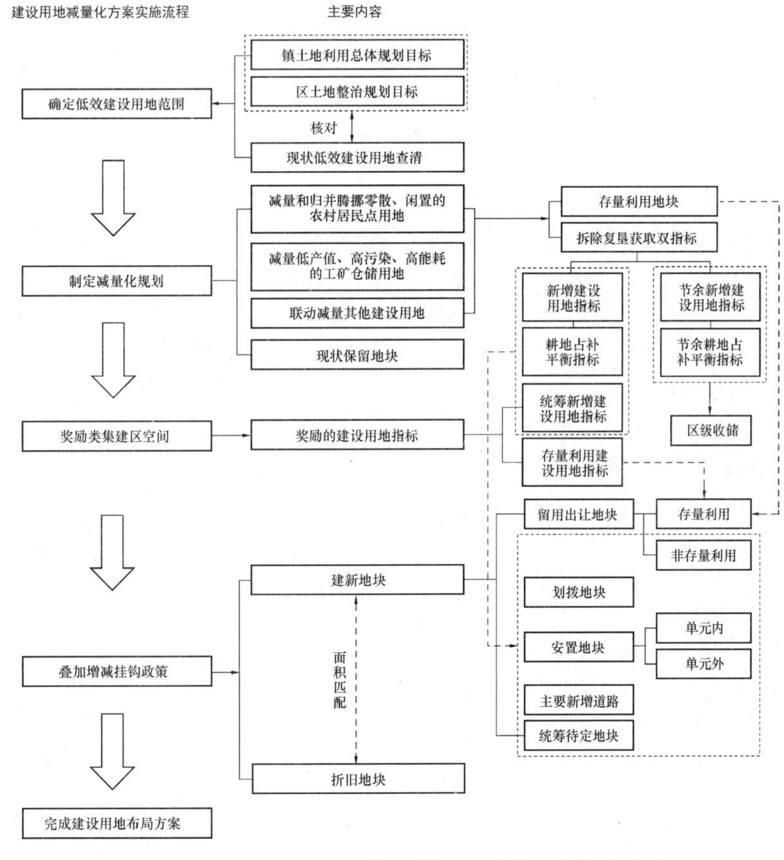

图5 郊野公园减量化运作机制（图片来源：作者自绘）

① 104区块是指上海市现有的104个规划工业区块。

图 6　郊野公园建设用地减量化方案实施流程

（图片来源：《上海市浦江郊野单元（郊野公园）规划》改绘）

5　总结

上海郊野公园用地规划体现了对郊区传统规划方法的革新。建设用地减量化背景下，上海加强了规划和政策引导，配套了郊野单元政策、类集建区政策和城乡建设用地增减挂钩政策，郊野公园利用在郊区划分控规单元这一契机，把公园作为生态文明建设型的郊野单元，赋予了一定的法律效力和开发控制强度。一方面以足够大的面积保障了生态环境建设，另一方面利用郊野单元规划的综合性特点，运用“多规合一”的思路统筹场地内的相关规划、资金与政策资源，使规划、国土、交通、发改等部门形成协同、系统、整体的运作机制，突出了规划的引领作用。同时郊野单元规划使用统一的用地口径，最终以建设用地、农用地和生态用地三个不同导向的地类落实在土地利用上。此外利用助推减量的类集建区政策和实时操作的增减挂钩政策，通过用地规划减量化运作机制减量单元内低效的建设用地，设置与郊野公园相融合为集体经济组织造血的用地功能，这些使得郊野公园的建设实施成为可能。

参考文献

[1]　王超领．上海农村宅基地资源优化配置路径探讨[J]．上海国土资源，2016，37(3)：15-18.

[2]　顾守柏，丁芸．上海“198”区域建设用地减量化的政策设计与探索[J]．上海土地，2015(6)：27-29.

[3]　庄一琦．转型发展背景下上海市区县土地整治规划编制方法研究[J]．上海国土资源，2014(3)：21-26.

[4]　吴沅箐．上海市郊野单元规划模式划分及比较研究[J]．上海国土资源，2015(2)：28-32.

[5]　殷玮．上海郊野公园单元规划编制方法初探[J]．上海城市规划，2013(5)：29-33.

[6]　汪翼飞．基于城乡用地分类的“绿地”发展研究[D]．上海：同济大学，2014.

[7]　梁骏，金云峰．用地减量化背景下郊野公园的多地类用地性质功能叠合策略研究——以上海郊野控规单元试点为例[C]//中国风景园林学会．中国风景园林学会 2017 年会论文集，2017，10：272-276.

[8]　庄少勤，史家明，管韬萍，等．以土地综合整治助推新型城镇化发展——谈上海市土地整治工作的定位与战略思考

[J]. 上海城市规划，2013(6)：4-7.
[9] 熊健，范宇，宋煜. 关于上海构建“两规融合、多规合一”空间规划体系的思考[J]. 城市规划学刊，2017(3).
[10] 上海市规划和国土资源管理局. 上海郊野单元规划探索和实践[M]. 上海：同济大学出版社，2015.

作者简介

梁骏，1990年生，男，广州人，同济大学建筑与城市规划学院景观学系硕士研究生。研究方向：风景园林规划设计方法与工程技术。电子邮箱：471082162@qq.com.

金云峰，1961年生，男，上海人，同济大学建筑与城市规划学院景观学系副系主任、教授、博士生导师，高密度人居环境生态与节能教育部重点实验室，生态化城市设计国际合作联合实验室，上海市城市更新及其空间优化技术重点实验室，高密度区域智能城镇化协同创新中心特聘教授。研究方向：风景园林规划设计方法与技术、景观有机更新与开放空间公园绿地、自然资源保护与风景旅游空间规划、中外园林与现代景观。电子邮箱：jinyf79@163.com。

李宣谕，1993年生，女，江苏人，同济大学建筑与城市规划学院景观学系在读硕士研究生。研究方向：风景园林规划设计方法与工程技术。电子邮箱：xuanyuli1993@hotmail.com。

风景园林学视角下基于生活圈的开放空间布局调适研究

——以上海为例①

Research on the Adjustment of Open Space Layout Based on Life Circle from the Perspective of Landscape Architecture

—Taking Shanghai as an Example

杜 伊 金云峰 李宣谕

摘 要：在我国社会主要矛盾转化的背景下，风景园林学科亟待解决人民日益增长的休闲游憩需要和城市开放空间不平衡不充分的发展之间的矛盾。通过介绍生活圈理念的国内外研究与应用进展，研究以上海为例界定生活圈等级层次，并辨析与生活圈对应的城市开放空间，提出其布局调适的要点，最后讨论了布局调适策略。作为风景园林视角下的生活圈理论应用，旨在为我国城市休闲游憩功能及开放空间未来发展提升提供指导。

关键词：风景园林；有机更新；存量规划；生活圈；开放空间；布局调适

Abstract: The report of the 19th National Congress of the Communist Party of China emphasizes that socialism with Chinese characteristics has entered a new era. The main contradictions in our society have been transformed into contradictions between the growing needs of people's good living and the inadequate and unbalanced development. Based on the perspective of meeting the needs of recreation in urban residents' life, this paper introduces the domestic and international research and application progress of the concept of living circle. Taking Shanghai as an example, it defines the level of life circle and analyzes the urban open space corresponding to the living circle. The main points of the layout adjustment of open space are put forward, and finally the layout adjustment strategy is discussed. This study is an application of the theory of living circle from the perspective of landscape architecture, and a proposal for the future development of urban open space in the context of the new era, aiming to provide guidance for the improvement of urban recreation in China.

Keyword: Landscape Architecture; Organic Renewal; Inventory Planning; Living Circle; Open Space; Layout Adjustment

1 背景

1.1 我国社会主要矛盾的转化

2017 年 10 月 18 日，习近平同志在十九大报告中强调：中国特色社会主义进入新时代，我国社会主要矛盾已经转化为人民日益增长的美好生活需要和不平衡不充分的发展之间的矛盾。对于风景园林学科而言，在未来的城市空间规划转型中，在大地景观的宏观范畴，学科应致力于控制城市生态环境底线，合理分配城市生态空间与资源；在城市空间规划建设尺度，应该发挥学科特长，致力于宜居性、休闲功能提升的研究与实践，改善城市生活空间，突出以人民为本的本质要求。

1.2 我国城市开放空间发展的主要矛盾

风景园林学科在城市空间中最主要的研究实践对象——城市开放空间，对于城市中人与自然的和谐共生、城市的健康可持续以及人民群众享受文化休闲的切身利益都意义重大，在意识到"青山绿水就是金山银山"的今天更显得尤为重要。

以往的开放空间主要指城市绿地，当前的主要矛盾之一是总量不足问题，以《上海市城市总体规划（1999—2020）实施评估研究报告》为例可以看到，上海中心城公共绿地建设尚不均衡，公共绿地建设总量不足，中心城区及周边地区缺乏足够的大型综合性公园；人均指标与国际大都市存在差距（图 1、图 2）。另一方面，城市开放空间还存在分布不均以及环境品质参差不齐的问题。城市中以封闭商业楼盘小区为单位的开放空间大量存在，很多

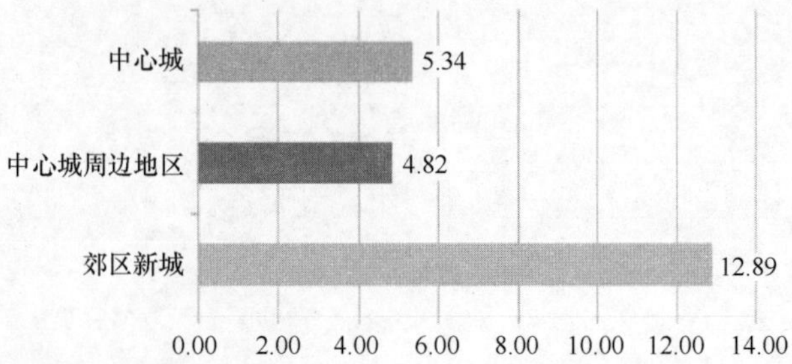

图 1 2011 年上海中心城、中心城周边地区及郊区新城人均绿化水平（图片来源：参考文献[1]）

① 基金项目：上海市城市更新及其空间优化技术重点实验室开放课题（编号 201820303）资助。

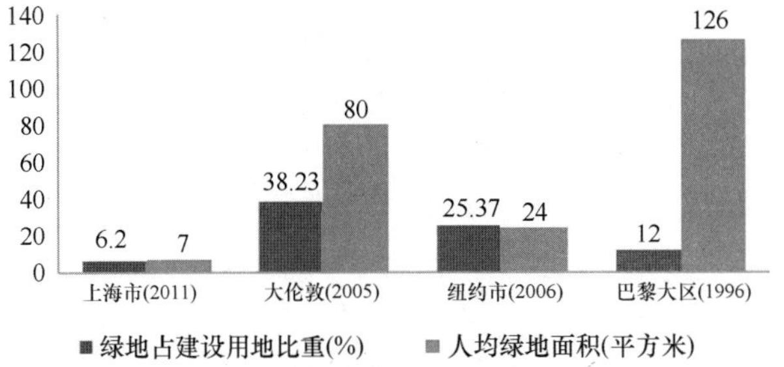

图 2　上海与国际大都市绿地面积对比图

（图片来源：作者自绘）

城市居民无法享受到这些空间，同时面向空间的开放空间大多在设计上侧重景观形象而难以满足活动使用需求。综上，城市开放空间所存在的这些问题转译到公共开放空间研究的语境正是，人民日益增长的休闲游憩需要与公共开放空间不平衡不充分的发展之间的矛盾。

1.3　矛盾解决的切入点——生活圈理论

我国各大城市即将度过或已经完成城市高度扩展阶段，未来提升城市发展质量与效率，塑造高品质社会人文环境，提升宜居性与城市活力是实现城市发展目标的重要保障。生活圈理论为我国原有的政治经济主导的规划视角真正融入了"以人为本"的新思想，是从环境品质提升、居民需求角度对城市空间供应进行调整与优化。近年来，在城市规划、人文地理等领域，部分学者开始尝试研究与应用"生活圈"理论，并在城市结构体系、公共服务设施等内容上获得了一定研究实践成果。此次《上海市城市总体规划（2017—2035 年）》也提出了"社区生活圈"，并且在规划中被赋予重要地位，被看作优化城市生活空间、提升生活品质的基本单元。风景园林学科可以尝试通过生活圈理论有效促进休闲游憩需要与开放空间不平衡不充分发展之间矛盾的解决。

2　生活圈理念在城市研究与应用领域的进展述评

2.1　城市研究领域

生活圈研究的兴起，是对生活空间的日常活动以及生活质量的关注。生活空间的研究最早可以追溯到 1943 年，当时表示动物居住与活动范围的"家域"（home range）概念被 W. H. Burt 引入居民生活空间认知的研究中，以家庭为中心进行日常生活空间研究的思想初现雏形[2]。之后不断有学者对此进行补充完善[3-4]，生活圈概念正式形成发展主要在亚洲[5]。20 世纪 70 年代日本以荒井良雄等为代表的学者在生活圈研究中形成了丰富成果，例如基于生活圈分析生活地域的构造[6-9]、生活方式的变化[10]，生活圈成为指导公园绿地、防灾等规划的有力手段[11]，并能支持新规划政策的分析讨论[12]。同时生活圈的界定与测度也是日本生活圈研究的主要方向之一[6-7]。

我国很多学者在规划实践中对生活圈理论的基础研究有一定推进。我国对"日常生活圈"的研究集中于公共设施配置、城市地域系统划分及识别等方面。我国现阶段有关生活圈界定与测度的研究也是一个主要方向。柴彦威等人提到当前我国在城市发展研究领域已形成一定数量的生活圈研究，但不同学者通过时间距离、时空距离或者生活空间与功能等定义生活圈，使得研究中生活圈范围的测度以及生活圈划分标准的科学性都较难把控[2]。

2.2　在城市规划的应用

日本是最早运用生活圈进行城市规划的地区，也是运用该理论最为成熟的地区。为了更好进行基础设施建设，提供各种社会公共服务，依据日本政府的政策，总务府于 1969 年提出了广域的概念，开始设定广域行政范围。在各大城市周边的广域行政圈内，为了能够完善区域的生活设施建设，提升城市便利性同时保证维护农村良好的自然环境，日本建设省于 1969 年开始采用地方生活圈模式进行规划，通过范围、人口、设施等不同要求将广域行政圈划分为"基础集落圈—一次生活圈—二次生活圈—地方生活圈"不同层级日常生活圈（表 1）。

我国尚没有真正的生活圈规划，其指标现阶段仍没有较为权衡的依据可以参考。已有学者基于不同研究视角对我国生活圈体系的规模进行了分析（表 2），可以看到主要是以时间距离、空间距离作为划定生活圈的依据。虽然都是基于实证研究提出的距离，但数值间差异很大。

日本的地方生活圈规划　　**表 1**

	地方生活圈	二次生活圈	一次生活圈	基础集落圈
范围（服务半径）	20～30km	6～10km	4～6km	1～2km
时间距离	高速公交 1～1.5h	公交 1h 以内	自行车 30min 公交 15min	步行 15～30min
中心城市或中心区人口规模	15 万人以上	1 万人以上	5000 人以上	1000 人以上
集中配置设施	综合医院、各类学校、中心市场等	商业街、中小学、地区诊所、高校区等	村公所、小诊所、集会地、中小学等	托儿所、老年活动中心等

资料来源：参考文献[13]。

我国生活圈圈层体系与规模比较 **表 2**

	作者与研究区域	圈层 1	圈层 2	圈层 3	圈层 4
时间距离	《上海市 15 分钟社区生活圈规划导则》	社区生活圈 步行 15min	—	—	—
时间距离	朱查松 城乡公共服务设施——仙桃为例	基本生活圈 老人、幼儿步行 15～30min	一次生活圈 小学生极限步行 1h	二次生活圈 中学生以上步行 1.5h 或自行车 30min	三次生活圈 机动车 30min
时间距离	孙德芳 县域公共服务设施——以邳州为例	初级生活圈 步行 15～45min	基础生活圈 自行车 15～45min	基本生活圈 公共汽车 15～30min	日常生活圈 公共汽车 20～60min
空间距离	《上海市 15 分钟社区生活圈规划导则》	社区生活圈 800～1000m	—	—	—
空间距离	朱查松 城乡公共服务设施	基本生活圈 最大 1km 最佳 500m	一次生活圈 不超过 4km	二次生活圈 最大 8km 最佳 4km	三次生活圈 15～30km
空间距离	孙德芳 县域公共服务设施——以邳州为例	初级生活圈 0.5～1.5km	基础生活圈 1.5～4.5km	基本生活圈 10～20km	日常生活圈（未设）
空间距离	柴彦威 城市内部空间结构——以兰州为例	基础生活圈（未设）	低级生活圈 1.5km	高级生活圈 4km	—

资料来源：作者自制。

2.3 对风景园林构建宜居环境的启示

在国外研究中，生活圈已成为指导城市绿地规划的有力手段，而在我国的现有研究中，尚未关注到通过生活圈指导城市绿地规划[14-15]，也就是说尚未基于生活圈理论考虑居民的日常休闲活动与游憩需求。风景园林学相较于城市规划，更多关注于“人-城市-自然”之间的关系，因此风景园林可以通过生活圈理论去更好地处理“人-城市-自然”的关系，在保障城市空间效率提升的同时，满足居民休闲需求，并且通过深入分解生活圈的概念内涵，划分生活圈等级，完善不同区域范围内的生态与生活环境品质。

3 城市生活圈层级界定与划分——以上海为例

3.1 上海市城市总体规划（2017—2035 年）概述

上海 2035 以城市功能的提升为出发点，核心是结构性优化调整。此次笔者通过对上海 2035 总规报告、文本以及学者已有研究的梳理，界定上海此次总规的三个生活圈层级——都市圈、城镇圈、社区生活圈，此次规划围绕不同空间层次对城市功能与空间布局进行战略性调整与格局优化有不同侧重。在都市圈层级上重点约束生态基底，以关键交通廊道为骨架，在城镇圈层级注重城乡统筹，共享公共服务设施，优化城乡体系，在社区生活圈层级构建生活网络，实现公平公共资源配置，可以说这就是对生活圈概念与理念的演绎应用[16]。

3.2 都市圈

上海都市圈实际已经远远超过了上海市的市域范围（图 3），“需要突破上海市域行政边界，进行更大范围内的资源统筹与协调”也早已是共识[17]。此次上海 2035 提

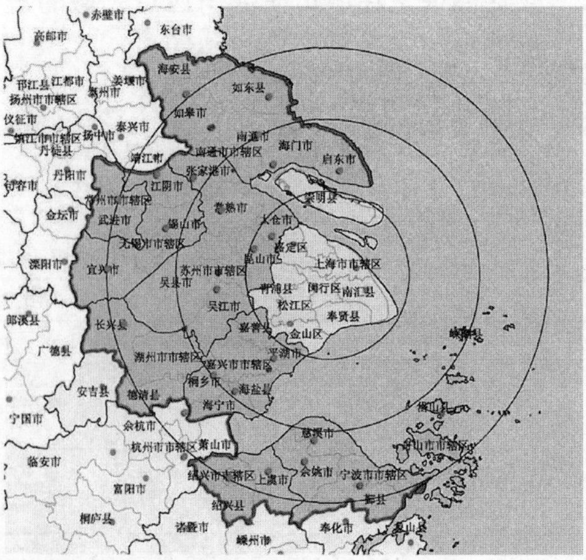

图 3 上海大都市圈范围示意
（图片来源：参考文献[17]）

出都市圈的理想协调区域的通勤范围是 90min，这是学者根据与企业关联往来、人群活动与交通强度、吴越文化范围、环境影响区域以及建筑用地延绵程度的技术论证与叠加分析得到的[18]。

3.3 城镇圈

城镇圈是上海郊区空间组织以及资源配置的基本单元，以一个或多个城镇（新城或新市镇）为核心，以居民交通出行的活动规律为依据，按照 30～40min 的通勤时间范围，范围覆盖若干个建制镇或街道，统筹配置公共服务设施，提高公共服务的效率，促进城镇圈内部的产城融合、居职平衡、服务共享、资源互补，实现组团式城乡统筹发展。上海 2035 提出规划形成 24 个城镇圈，其中 16 个综合发展型城镇圈，4 个整合提升型城镇圈，以及 4 个生态主导型城镇圈，涉及跨行政区的城镇圈，需保证跨行政区的协同性发展（图 4）。

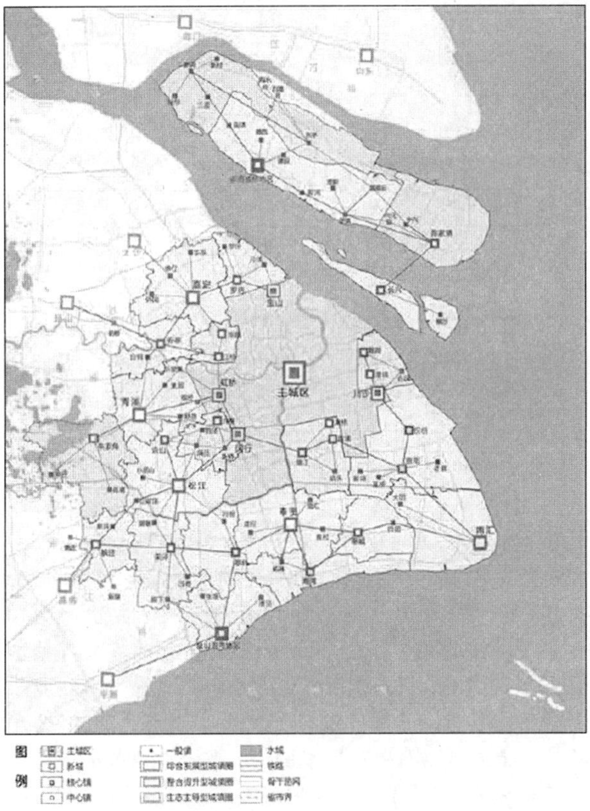

图 4　上海市域城镇圈规划图
（图片来源：参考文献[19]）

3.4 社区生活圈

目前上海 2035 与《上海市 15 分钟社区生活圈规划导则》中都对社区生活圈的规模、人口等进行了界定。综合考虑公共中心位置、人群需求特征、设施服务能级三个因素，根据 15min 时间距离以及结合街道等基层管理的需求划定的平均空间距离范围是 3km，这个规模基本与现在上海市控制性详细规划的单元是一致的[20]。常住人口约在 5 万～10 万之间，人口密度 2～2.7 万人/km^2。上海市当前的人口密度要更高，面临的需求也更大，建设好社区生活圈的意义更为重要（图 5）。

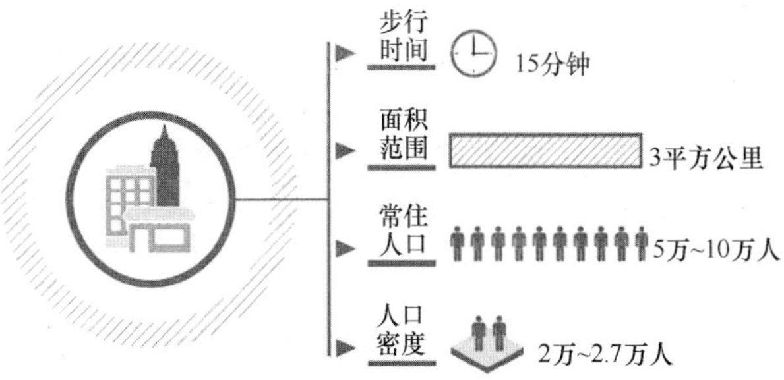

图 5　15min 社区生活圈示意
（图片来源：参考文献[21]）

4　基于生活圈的城市开放空间布局调适研究

4.1 基于生活圈的城市开放空间划分

结合上述的生活圈圈层体系，可以认为社区生活圈主要对应的是日常使用型的公共开放空间，而城镇圈与都市圈的公共开放空间往往提供非日常访问使用的休闲功能。以下结合上海的实际情况，介析生活圈体系对应的公共开放空间（表 3）。

基于生活圈体系的公共开放空间划分　　表 3

圈层结构	使用频率	特征		主要公共开放空间类型
城镇圈、都市圈	低于一周一次	城市地铁、轻轨、高速公路等交通可达，在市域及以上的尺度，以居民偶发性的行为为主，例如居民在周末远距离进行休闲娱乐活动		大型公园、郊野公园、水乡古镇、区域或市级绿道、世界级滨水或历史文化节点等
社区生活圈	每日，短时多次	社区级以下	步行可达，是满足居民最基本需求的生活空间，该圈层的公共开放空间可以满足居民日常基本健身、娱乐、社交等休闲需求	社区级以下公共绿地、绿道、邻里运动健身场地、儿童娱乐场地等
	一天到一周	社区中心级	步行可达，是社区的公共开放空间中心，由多个邻里单元共享，可以进行更为高级的休闲娱乐活动	社区或地区级的公园绿地、绿道、运动场地、大型广场、儿童娱乐场地等

资料来源：作者绘制。

4.2 都市圈——区域级开放空间布局调适

在长三角城市群组成的都市圈中，上海作为其中的核心城市，具有向外连接全球网络和向内辐射区域腹地

"两个扇面"的作用。在高铁、动车、高速公路等的持续建设下，区域的可达性得到增强，日常通勤圈也相应扩大，开放空间与未来建设方向概括为三个方面（图6）：

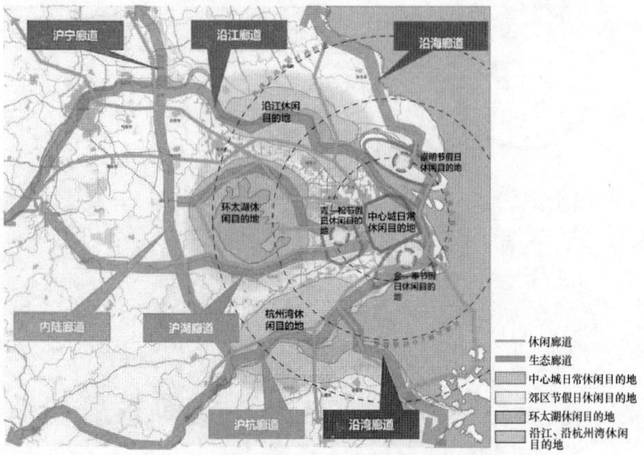

图6　区域公共开放空间格局策略示意
（图片来源：作者自绘）

（1）"蓝绿"廊道构成开放空间框架。上海市开放空间的发展也已经不局限于市域范围，未来应形成区域层面的"蓝绿"格局，其中包含太湖、淀山湖以及长江、吴淞江、杭州湾沿线的重要生态空间。在都市圈范围内，上海具有显著的滨江、滨海的区位优势，内部也包含"一纵、一横、四环、五廊、六湖"的景观水系结构，因此最终能够规划形成通江达海，集生态、文化、游憩等功能于一体的沿江、沿海、沪湖、沪宁、沪杭等多条蓝绿廊道开放空间系统。

（2）自然与文化资源的区域整合。近沪地区不仅生态环境敏感，还具有众多历史名镇，从休闲游憩视角来说，是节假日的重要休闲游憩目的地，因此沿青浦—松江（金泽镇、朱家角）、金山—奉贤（亭林镇、漕泾镇、山阳镇）等生态走廊，通过水脉、陆地交通串联近沪休闲目的地，通过进一步完善城市交通，打造以上海为中心，集文化、生态于一体的"水乡古镇"开放空间体系。

（3）着重塑造全球性。上海使都市圈根据国家对其战略要求，以及经济的辐射作用等功能，需要相应地匹配具有区域性甚至全球性的城市开放空间休闲节点，因此上海中央活动区的开放空间是着重发展的对象，目标打造全球性、世界级滨水景观岸线。

4.3　城镇圈——城市级与地区级开放空间布局调适

在城市郊区以城镇圈为基本单元的市域层面，城市开放空间及未来建设方向可以从两个方面概括（图7）：

（1）基于生态网络的大型开放空间。上海2035提出在城镇圈中应结合生态隔离带与近郊绿环建设大型公园，形成组团开敞的空间格局。以《上海市基本生态网络规划》为基础，完善生态法规及管理条例，严守生态底线，同步通过重要生态节点及绿道建设提升城市环境质量，维护城市的生态走廊、风景名胜区、水源保护地，提升生物多样性与景观格局的完整性。在预留足够的基础生态空间及野生动物栖息地的前提下，明确划分可供市民进入的开放空间斑块与廊道，在市域范围内加强大型开放

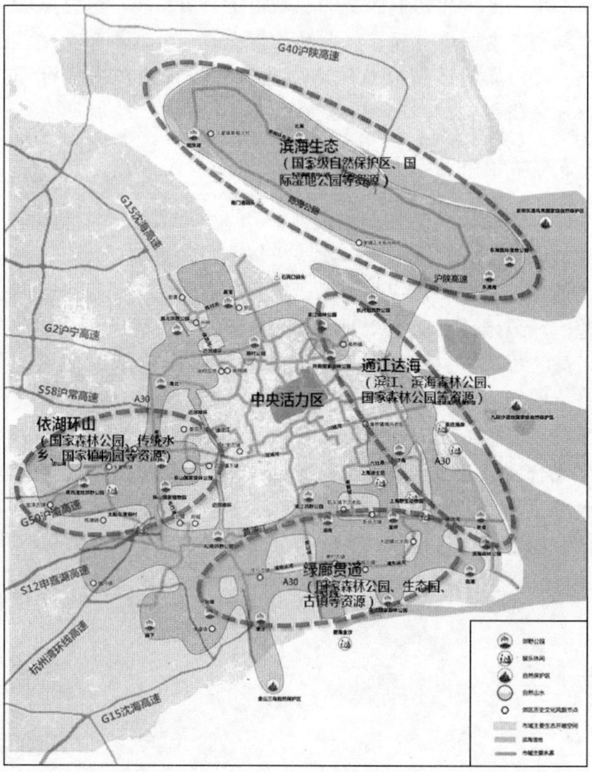

图7　市域公共开放空间格局策略示意
（图片来源：作者自绘）

空间，例如郊野公园、主题乐园、体育公园及市级绿道等的建设，提升都市休闲品质，发展上海市民周末及节假日休闲活动的主要目的地。主要依托自然山水、郊野、农田等非建设用地，承载上海居民及区域游客的休闲活动。通过城镇圈层的大尺度的开放空间构成城郊休闲带的基本功能载体，未来应依托丰富的水体资源、农田、村庄及林地等自然或人工要素，加大建设力度，进行功能重叠，努力扩大城乡居民户外休闲空间，锚固生态网络，维护城市生态平衡。

（2）体现沪上特色。上海2035中提出生态主导型城镇圈在保护整体生态基底的基础上，应培育生态农业与旅游度假产业，推进郊野公园与休闲旅游度假区的建设[19]。上海城镇圈中有朱家角镇、枫泾古镇等中国传统江南水乡，是打造上海自身独特气质的开放空间的基础。上海郊区分布有诸多历史文化风貌区，承载了上海重要的人文历史资源，体现了古村古镇的特色空间，大多伴随旅游、商业等项目的开发。未来在市域层面的开放空间可以继续发扬其融贯中西的特点，将大尺度开放空间打造成标志性的国际景观休闲节点，传统江南风貌可以结合国际现代与时尚感，尝试诠释上海当代"新水乡"的公共开放空间。

4.4　社区生活圈——社区级及以下开放空间布局调适

根据上海2035的要求，至2035年，社区公共服务设施15min步行可达覆盖率达到99%左右，公共开放空间（400m^{2}以上的公园和广场）的5min步行可达覆盖率达到

90%左右。在社区生活圈内，开放空间及其未来建设方向可以概括为两个方面。

（1）类型丰富的小型公共开放空间。在社区生活圈内，公共开放空间的建设是加强社区的空间环境品质以及提升居民生活质量的关键因素。尽管以往上海的空间编制中一直将公共开放空间作为很重要的指标加以严控，但是仍以 3000m^2 以上的公共开放空间规模为最小的控制对象，从居民日常使用角度来说，小型的公共开放空间建设没有受到足够重视。因此，在社区生活圈内需要更小型的社区级别以下的公共开放空间层次。在上海城市有机更新的背景下，社区级及以下的公共开放空间以存量空间的挖潜为主，将各类零散分布的城市消极空间加以改造，或者结合有机更新推动私人用地内部附属的公共开放空间的对外全天开放，丰富社区生活圈的公共开放空间类型。

（2）形成归属感。形成有归属感的社区公共开放空间需要满足两个重要前提，一个是满足日常活动的需求，二是满足便利性与步行可达性的要求。首先，社区生活圈的公开开放空间必须能够全方面满足居民日常生活需求，否则将出现居民需求与公共开放空间发展不充分不平衡之间的矛盾。因此社区级公共开放空间除了社区公园外，需要进一步增加各类体育运动场地和休闲健身设施，形成多样化的、无处不在的休闲、健身与交往空间。其次，在步行可达性与便利性方面，主要通过提高公共开放空间规模密度以及连通性来实现。加强通勤步道、休闲步道、文化型步道等社区绿道网络建设，以及通过辟通街坊内巷弄和公共通道，串联社区中心及以上的公共开放空间节点，形成日常休闲活动网络。

5 结语：策略与建议

5.1 布局调适的策略讨论

生活圈理念在我国的规划实践尚不充分，因此在生活圈指导下的城市开放空间的布局调适需要新的规划策略充实我国现有的规划体系。

首先，在生活圈的概念中，开放空间已经不局限于城市绿地，在都市圈与城镇圈范围内，部分非建设用地与生态用地可以作为承载一定休闲活动的目的地[22]；在社区生活圈范围内，开放空间也已不局限于社区公园，很多运动空间、线性绿道又或者非政府开发的广场等都应该视为开放空间的范畴[23]。即在不破坏生态并且能够有效管控的基础上，规划应该重新审视规划要素有效解决开放空间发展不充分的问题。其次，在不同生活圈层级，由于可达性与使用频率上的差异，城市居民对开放空间具有不同的使用与活动需求，因此在指标的设定与规划方法上都应该基于不同尺度与目标提出差异性的精细化规划方案[24]，从精细化规划解决开放空间发展不均衡的问题。最后，基于生活圈的开放空间规划需要技术法规、政策体系上的支撑，例如对应此次上海 2035 总规提出的“社区生活圈”，规划部门及时出台规划导则健全社区生活圈规划管理的内容。实施机制的完善是保障城市开放空间实现充分均衡发展的必要条件。

5.2 风景园林视角下城市开放空间未来发展建议

我国城市开放空间当前发展不平衡不充分与人民日益增长的休闲活动需求之间的矛盾印证了过去我国城市规划“见物不见人”发展观的问题所在。在我国城市发展更注重内涵质量提升的今天，风景园林作为一门密切关注人居环境质量、人与环境之间的良性发展的学科，在城市空间的问题上，特别是城市开放空间问题上，如何平衡人、自然与城市之间的关系具有自身学科背景优势。未来在城市相继进入更新阶段，各类存量用地之间权属复杂，风景园林应该发挥专长，在区域、市域、社区范畴识别、维护与发展开放空间，为我国城市留住更多宜居、宜游的空间，维持城市特色，绽放城市魅力。

参考文献

[1] 上海市城市总体规划（1999—2020）实施评估研究报告[R]. 2013.

[2] 孙道胜，柴彦威，张艳．社区生活圈的界定与测度：以北京清河地区为例[J]. 城市发展研究，2016(9)：1-9.

[3] Chapin F S. Human Activity Patterns in the City[J]. Queens Quarterly，1974，29(12)：463-469.

[4] Golledge R G，Stimson R J. Spatial Behavior：A Geographic Perspective[J]. Economic Geography，1997，74（1）：83-85.

[5] 孙道胜，柴彦威．城市社区生活圈体系及公共服务设施空间优化——以北京市清河街道为例[J]. 城市发展研究，2017(9)：7-14.

[6] 小野忠熙．周防地区的生活地域构造[J]. 人文地理，1969(3)：40-49.

[7] 山下克彦．岩手县大船渡、陆前高田市的生活圈[J]. 东北地理，1970(1)：6-11.

[8] 藤井正．大都市圈中心都市通勤率低下现象的检讨——日常生活的变化与关联机制[J]. 京都大学教养部（人文），1985(31)：141-143.

[9] 川口太郎．大都市圈的构造化[J]. 地域学研究，1990(3)：101-113.

[10] 石水照雄．城市空间体系[M]. 东京：古今书院，1990.

[11] 久保贞，增田升，安部大就，等．基于时间次元与应急行动的绿地规划[J]. 造园杂志，1989(5)：203-208.

[12] 森川洋．关于广域圈下生活圈域构想的讨论与建议[J]. 人文地理，2009(2)：111-125.

[13] 游宁龙，沈振江，马妍，等．日本首都圈整备开发和规划制度的变迁及其影响——以广域规划为例[J]. 城乡规划，2017(2)：15-24.

[14] 范炜，金云峰，陈希萌．公园-广场景观：理论意义、历史渊源与在紧凑型城区中的类型分类[J]. 风景园林，2016(4)：88-95.

[15] 金云峰，高一凡，沈洁．绿地系统规划精细化调控——居民日常游憩型绿地布局研究[J]. 中国园林，2018(2)：112-115.

[16] 孙德芳，沈山，武廷海．生活圈理论视角下的县域公共服务设施配置研究——以江苏省邳州市为例[J]. 规划师，2012(8)：68-72.

[17] 徐毅松，廖志强，张尚武，等．上海市城市空间格局优化的战略思考[J]. 城市规划学刊，2017(2)：20-30.

[18] 黄娜．大都市区范围界定方法及其应用[D]．杭州：浙江大学，2005.

[19] 上海市人民政府．上海市城市总体规划（2017—2035）[R]．2017.

[20] 奚东帆，吴秋晴，张敏清，等．面向2040年的上海社区生活圈规划与建设路径探索[J]．上海城市规划，2017(4)：65-69.

[21] 上海市规划和国土资源局．15分钟社区生活圈规划导则——规划、建设引导及行动指引[R]．2016.

[22] 杜伊，金云峰．城市公共开放空间规划编制[J]．住宅科技，2017(2)：8-14.

[23] 杜伊，金云峰．社区生活圈视角下的公共开放空间绩效研究——以上海市中心城区为例[J]．现代城市研究，2018(5)：102-107.

[24] 杜伊，金云峰．"底限控制"到"精细化"——美国公共开放空间规划的代表性方法、演变背景与特征研究[J]．国际城市研究，2018(3)：92-97.

作者简介

杜伊，1988年生，女，湖南人，同济大学建筑与城市规划学院景观学系在读博士研究生，美国北卡莱罗纳州立大学联合培养博士。研究方向：公共开放空间绩效与规划。电子邮箱：evadu0920@sina.com。

金云峰，1961年生，男，上海人，同济大学建筑与城市规划学院景观学系副系主任、教授、博士生导师，高密度人居环境生态与节能教育部重点实验室，生态化城市设计国际合作联合实验室，上海市城市更新及其空间优化技术重点实验室，高密度区域智能城镇化协同创新中心特聘教授。研究方向：风景园林规划设计方法与技术、景观有机更新与开放空间公园绿地、自然资源保护与风景旅游空间规划、中外园林与现代景观。电子邮箱：jinyf79@163.com。

李宣谕，1993年生，女，江苏人，同济大学建筑与城市规划学院景观学系在读硕士研究生。研究方向：风景园林规划设计方法与工程技术。电子邮箱：xuanyuli1993@hotmail.com。

公众对城市户外景观设施使用的安全感知研究

——以南昌市 30 处户外公共绿地空间为例

Public Awareness of the Use of Urban Outdoor Landscape Facilities

—Taking 30 Outdoor Public Green Space in Nanchang as an Example

李宝勇

摘　要： 当前，各地对城市景观环境营造愈加重视，绿化建设成绩显著。但近年来，发生在户外景观空间中的跌倒、摔伤、溺水、触电等事故屡屡见诸报端，日益引发社会对户外景观设施安全性的关注。以往研究较少涉及城市户外景观设施的安全性层面。本文首先使用户外景观设施安全满意度量表，结合现场观察和深入访谈，对公众使用各类户外景观设施的安全性满意度情况进行调查和数据处理分析，得出设施安全满意度结果；在此基础上，使用 spss 工具对各设施安全满意度因子进行相关性分析；最后，结合受访者个人信息，分析出不同人群属性下公众对各类户外景观设施安全评价的总体倾向。研究成果可为城市户外景观空间的安全性设计、建设和管理提供依据和参考。

关键词： 城市户外景观休闲设施；公众；安全性；相关性；问卷调查

Abstract: At present, more and more attention has been paid to the construction of urban landscape environment, and remarkable achievements have been made in greening construction. But in recent years, falling, falling, drowning and electric shock are frequently seen in the outdoor landscape space, which has increasingly aroused the attention of the society to the safety of outdoor landscape facilities. The previous research on urban landscape is less involved in the security level of urban landscape facilities. Using a Likert scale, combined with field observation and in-depth interviews, the perception of safety evaluation of facilities facilities were investigated; on this basis, the use of SPSS for data processing and analysis of survey results, clear user satisfaction for outdoor landscape facilities of various types of security, the overall tendency and the different attributes of user evaluation of personal information on the safety of outdoor landscape facilities. The research conclusions can provide suggestions and reference for the design and reconstruction of the public landscape space safety in the city.

Keyword: Urban Outdoor Landscape Leisure Facilities; Users; Safety; Relevance; Questionnaire Investigation

城市户外景观设施与人们的生活密切相关。种类丰富的各类设施在给城市带来景观和社会价值的同时，也在使用中产生了一定的安全性问题，近年来相继发生的不合格健身器材伤人[1]、铺装设计不合理引起滑倒跌伤[2]、景观山石砸伤游客[3]、毒性景观材料引起人体不适[4]、景观设施漏电致人死亡[5]等安全性问题一时间引起了社会及一些学者[6-8]的关注。个人感觉是对环境感知最重要的综合评估方式，公众的主观性评价法作为一种经典的景观评价方法[9]，同样可以有效研究城市户外景观设施的安全性问题。本文通过对在南昌市采集的 837 份问卷进行整理研究，分析了市民及公众对户外景观设施安全性的主观性安全感知，挖掘了不同因子之间的关联及不同特征人群（如性别、年龄、学历水平等）的评价偏好。

1　研究方法

1.1　研究对象和问卷设计

本次调研选取南昌市作为研究对象。南昌市作为省会城市，城市面积大，人口多，公共空间数量多且被使用频率高。该市共有 42 处对市民免费开放的城市公共空间，为确保大多数城市公众的需求，提高数据的可信度，在确定调研地点之前，采用深入访谈的方式对公众最常活动的公共空间进行了解，最终确定调研地点共 30 处（图 1）。研究于 2016 年 10 月和 2017 年 7 月、8 月在南昌市 30 处城市绿地和城市开放空间进行问卷调查，共发放问卷 900 份，最终回收有效问卷 837 份，有效率达 93.1%。整个调查时间取工作日与休息日各一半，以保证数据样本的代表性和随机性。受访者样本类型全面且符合一般城市休闲活动人群分类及构成比例，具体情况如图 2 所示。

图 1　实施本次调研的公共开放绿地（星号表示）（图片来源：作者绘）

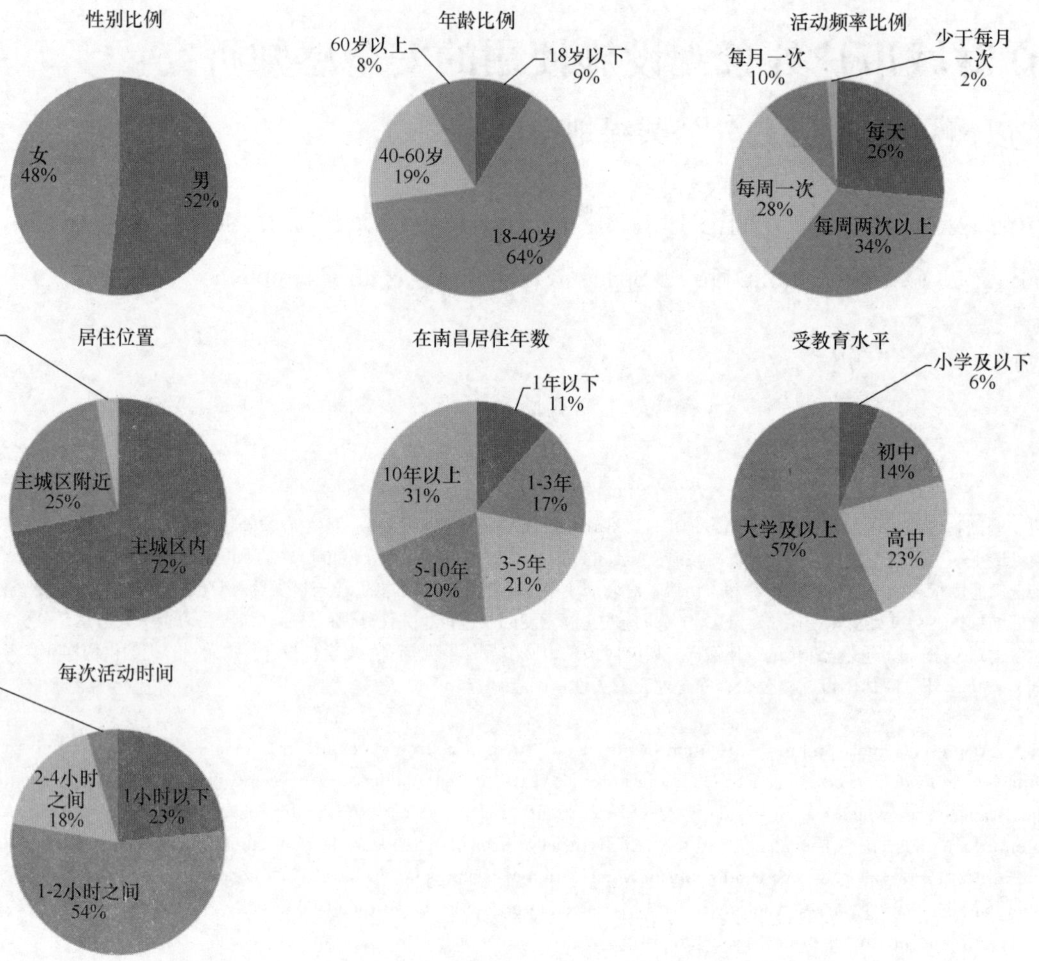

图2　采访人群分类及构成比例

（图片来源：作者自绘）

问卷通过基础服务设施、衍生服务设施和特殊服务设施3个方面调查户外景观设施的安全性。其中，基础服务设施安全性包括园路和铺装的防滑性与园路和铺装的平整度；衍生服务设施安全性包括人工水景的水深安全、亲水平台和护栏安全、亭廊的人性化和舒适度、假山和挡墙的稳固度、夜间照明设施配备效果与灯具和电力设施安全性、安全和警示标识的配备与醒目度；特殊服务设施安全性包括座椅的人性化和舒适度、健身设施和场地的使用安全程度、环卫设施卫生状况、卫生间使用的安全和舒适度、设施材料的理化安全和设施空间的治安状况。问卷使用李克特量表法，将受访者对各类设施安全性的满意程度评分分为5级，即非常满意（5分）、较满意（4分）、一般（3分）、不满意（2分）、很不满意（1分）。先期发放了30份问卷进行预调查，再根据被调查者的反映及问卷填答的情况对问卷内容或次序进行了调整，以尽量保证问卷的整体质量。

1.2　问卷的信度和效度检验

837份问卷的总体信度检验结果显示（表1），其Cronbach's alph系数为0.882，大于0.7，说明问卷具备较高的信度。检验样本充足性的KMO值为0.872，明显大于0.5；Bartlett球形检验的x2统计值的显著性概率是0.000，小于1%。经验证，本问卷前六大因子的方差贡献率为50.2%，大于一般要求的35%[10]，说明问卷结构效度满足要求。

KMO检验和Bartlett's检验结果表　　表1

KMO样本测度		0.872
Bartlett's球形检验	近似卡方分布	4560.618
	自由度	105
	显著性概率	0.000

资料来源：作者制。

1.3　相关性分析（analysis of correlation）

相关性分析是指对两个或两个以上具备相关性的变量元素进行分析，以衡量两个变量因素的相关密切程度。依据已有的研究成果，调查问卷设计采用李克特5级评分量表形式，受访者将感受到的户外景观设施按其安全感知强弱填写调查问卷[11]。同时，统计出837位受访者的性别、年龄、受教育程度以及家庭收入情况，绘制出被测群体资料数据分析图（图2）。最后，通过统计学软件挖掘出不同设施安全因子与不同种类人群基本属性（如年龄、活动频率、居住位置等）之间的关联程度。

1.4 直接观察法（observation method）

观察是设计访谈、设计问卷的基础。而无论是访谈法或问卷法都需要对研究对象有一定程度的了解，而这种了解往往是通过直接观察和记录得到的[12]。本研究采用直接观察法对各类景观设施的使用、管理和维护情况进行记录和分析，作为前期问卷设计的依据以及后期结论的参照和佐证。

1.5 深入访谈法（ in-depth interview）

深度访谈是指在访谈进行过程中，访谈者可以根据实际情况，针对具体的访谈对象和访谈进展因时因地改变访谈的重点和问题[13]。其优点在于它不仅赋予采访者，也给予受访者一定的自由度来共同探讨研究的中心问题[14]。本研究采用面对面访谈的形式，对公共空间内公众的瞬时安全感知、安全关注点、安全改进建议等进行访谈与记录。

2 结果与分析

2.1 安全感知主观评价

受访者对问卷的 30 个公共景观空间的景观设施安全因子进行主观评价，其结果经统计分析表明：公众认为户外景观设施 3 个方面安全性均一般，且均未达到较满意水平，满意度中等（表 2）。

城市户外景观设施安全性主观评价表　　表 2

	各评价等级调查占比	很不满意（%）	不满意（%）	一般（%）	较满意（%）	非常满意（%）	评价平均值	方差（STD）
	相应分值	1	2	3	4	5		
基础服务设施安全性	步道和铺装的防滑性	1.7	13.7	46.6	32.3	5.7	3.27	2.07
	步道和铺装的平整性	1.2	15.3	44.5	32.1	6.9	3.28	2.08
衍生服务设施安全性	人工水景的水深安全	1.5	19.2	49.2	23.7	6.4	3.14	2.02
	平台和护栏使用安全	2.3	22.6	43.8	25.7	5.6	3.10	2.01
	亭廊园建使用安全	2.8	16.4	42.6	28.3	9.9	3.26	2.07
	假山挡墙使用安全	1.7	16.6	43.6	30.2	7.9	3.26	2.07
	夜间灯具照明效果	2.3	15.7	45	29.9	7.1	3.24	2.06
	电力设备防触电处理水平	2.4	17.1	42.4	31.8	6.3	3.23	2.05
	安全标识警示效果	1.3	14.1	48.1	30	6.5	3.26	2.07
特殊服务设施安全性	座椅及休憩设施使用安全性	3.1	17.7	42.4	30.7	6.1	3.19	2.04
	健身游戏场地及设施安全性	2.1	16.4	46.5	30.1	4.9	3.19	2.04
	环卫设施清洁度	3.3	20.3	40.6	30.8	5.0	3.14	2.02
	卫生间使用安全及无障碍水平	4.3	22.8	39.9	26.5	6.5	3.08	2.01
	设施材料的无害化水平	1.9	15.8	48.9	27.3	6.1	3.19	2.04
	设施使用空间的安全性	1.8	14.6	47.7	29.4	6.5	3.24	2.06

注："评价平均值"即等级百分比与对应赋值乘积的加权平均数。
资料来源：作者制。

其中，在基础服务设施类，步道和铺装的平整性和防滑性是保证游客游憩活动安全的最基本要求，其满意度平均得分分别为 3.28 和 3.27，这表明步道和铺装的平整性和防滑性基本满足公众要求（表 2）。

在衍生服务设施安全性中，亭廊园建的使用安全、假山护土和挡墙的使用安全以及安全警示标识设置的合理性这 3 项的满意度仅次于步道和铺装的安全性，均为 3.26，表明此类设施的安全性也基本满足公众使用安全的要求。满意度位居其后的则分别为夜间灯具照明效果和电力设备防触电处理水平，表明公众对于电力设施的安全性仍有所顾忌，也间接反映出公共空间中电力设施存在的安全隐患不容忽视。相比以上设施，公众对于人工水景的水深安全、亲水平台以及护栏的设置安全安全性评价相对较低，分别为 3.14 和 3.10，属于设施因子评价较低水平，而该两项因子的不满意比例也是所有因子中较高的，分别为 19.2%和 22.6%（表 2）。

特殊服务设施安全性层面中，设施使用空间安全性满意度达到了 3.24，是该类中最高的一项，表明公众对于设施空间的治安安全性还是相对肯定的。但该类中的剩余 5 项因子满意度均处于 3.20 以下。其中，卫生间设施使用的安全性和无障碍性在本次调查所有因子中处于最低，仅为 3.08，其方差为 2.01，也为所有项方差中最低，体现出较高的评价一致度，表明卫生间安全舒适性是公众当前最迫切希望改善的重点。与此同时，环卫设施的清洁度满意度也较低，为 3.14，其方差水平为 2.02，表明公众对设施环境的卫生清洁度仍有较高的期望。此外，座椅休憩设施、健身游戏场地设施和材料的无害化水平满意度均为 2.19，在所有影响因子中处于中下水平，表明该类设施的安全性有较大的提升空间（表 2）。这也与现场观察和深入访谈的发现基本一致。

2.2 评价因子之间的相关性

本研究通过 spss 软件相关性分析中的 pearson 相关系数的显著性水平挖掘不同因子间的关系。通过分析可知，所有 15 项因子两两之间均显著相关（$p \leqslant 0.01$）。

在基础服务设施安全性层面，步道和铺装的防滑性和平整性之间的 pearson 相关系数为 0.654，显著性水平 $p \leqslant 0.01$，正相关性最为显著，表明提高两者中任何一个因子的满意度均能显著提高另外一方的主观评价满意度（表 3）。

基础服务设施安全因子评价相关分析（部分）　表 3

		步道和铺装的防滑性	步道和铺装的平整性
步道和铺装的防滑性	Pearson 相关性	1	.654 * *
	显著性（双侧）		.000
	N	837	837
步道和铺装的平整性	Pearson 相关性	.654 * *	1
	显著性（双侧）	.000	
	N	837	837

注：* * 代表 $p \leqslant 0.01$。
资料来源：作者制。

在衍生服务设施安全性层面，所含 7 个因子也相互显著相关。人工水景水深安全与平台及护栏安全的满意度呈现显著正相关（pearson 相关系数＝0.571，$p \leqslant 0.01$）；安全警示标示设置效果满意度与其他各类因子满意度水平均显著正相关（$p \leqslant 0.01$），表明做好设施空间的安全警示设施可有效提升公众对各类户外景观设施安全性的满意度，其中，对于电力设施防触电效果影响最为显著（pearson 相关系数＝0.487，$p \leqslant 0.01$）（表 4）。

在特殊服务设施安全性层面，所含 6 个因子相互显著关联。其中环卫设施卫生清洁与卫生间使用的舒适和安全性满意度之间的 pearson 相关系数＝0.611，且 $p \leqslant 0.01$，正相关且最为显著，表明提升公众对环卫设施清洁卫生的满意度可以显著提高卫生间使用安全的满意度；而卫生间舒适安全度与座椅舒适度之间也显著正相关（pearson 相关系数＝0.346，$p \leqslant 0.01$），说明卫生间使用越清洁舒适，则公众对座椅舒适性的满意度越高；而设施材料的无害度和设施空间的安全性满意度之间呈最显著正相关（pearson 相关系数＝0.507，$p \leqslant 0.01$），这表明，设施多选用低碳、环保、温和性材料可以显著提升公众对公共空间安全性的满意度（表 5）。

衍生服务设施安全因子评价相关分析　表 4

		Sh1	Sh2	Sh3	Sh4	Sh5	Sh6	Sh7
Sh1	Pearson 相关性	1	.571 * *	.344 * *	.407 * *	.406 * *	.401 * *	.318 * *
	显著性（双侧）		.000	.000	.000	.000	.000	.000
	N	837	837	837	836	837	837	837
Sh2	Pearson 相关性	.571 * *	1	.370 * *	.386 * *	.370 * *	.391 * *	.317 * *
	显著性（双侧）	.000		.000	.000	.000	.000	.000
	N	837	837	837	836	837	837	837
Sh3	Pearson 相关性	.344 * *	.370 * *	1	.480 * *	.369 * *	.365 * *	.360 * *
	显著性（双侧）	.000	.000		.000	.000	.000	.000
	N	837	837	837	836	837	837	837
Sh4	Pearson 相关性	.407 * *	.386 * *	.480 * *	1	.503 * *	.441 * *	.311 * *
	显著性（双侧）	.000	.000	.000		.000	.000	.000
	N	836	836	836	836	836	836	836
Sh5	Pearson 相关性	.406 * *	.370 * *	.369 * *	.503 * *	1	.610 * *	.398 * *
	显著性（双侧）	.000	.000	.000	.000		.000	.000
	N	837	837	837	836	837	837	837
Sh6	Pearson 相关性	.401 * *	.391 * *	.365 * *	.441 * *	.610 * *	1	.443 * *
	显著性（双侧）	.000	.000	.000	.000	.000		.000
	N	837	837	837	836	837	837	837
Sh7	Pearson 相关性	.318 * *	.317 * *	.360 * *	.311 * *	.398 * *	.443 * *	1
	显著性（双侧）	.000	.000	.000	.000	.000	.000	
	N	837	837	837	836	837	837	837

注：* * 代表 $p \leqslant 0.01$。因本表内容多、占幅较大，考虑排版要求，此处将各行列因子赋以"sh1、sh2、sh3…shN"表示。其中：Sh1－人工水景的水深安全；sh2－平台护栏使用安全；Sh3－亭廊园建使用安全；sh4－假山挡墙使用安全；Sh5－夜间照明设施照明效果；sh6－电力设施防触电水平；Sh7－安全标识警示效果。
资料来源：作者制。

特殊服务设施安全因子评价相关分析 表 5

		座椅舒适度	健身场地及设施安全	环卫设施卫生清洁度	卫生间舒适和安全	设施材料的无害度	设施使用空间安全性
座椅舒适度	Pearson 相关性	1	.316 * *	.346 * *	.335 * *	.293 * *	.271 * *
	显著性（双侧）		.000	.000	.000	.000	.000
	N	837	837	837	836	836	836
健身场地及设施安全	Pearson 相关性	.316 * *	1	.399 * *	.283 * *	.282 * *	.278 * *
	显著性（双侧）	.000		.000	.000	.000	.000
	N	837	837	837	837	837	837
环卫设施卫生清洁度	Pearson 相关性	.346 * *	.399 * *	1	.611 * *	.310 * *	.209 * *
	显著性（双侧）	.000	.000		.000	.000	.000
	N	837	837	837	837	837	837
卫生间舒适和安全	Pearson 相关性	.335 * *	.283 * *	.611 * *	1	.416 * *	.244 * *
	显著性（双侧）	.000	.000	.000		.000	.000
	N	836	837	837	837	837	837
设施材料的无害度	Pearson 相关性	.293 * *	.282 * *	.310 * *	.416 * *	1	.507 * *
	显著性（双侧）	.000	.000	.000	.000		.000
	N	836	837	837	837	837	837
设施使用空间安全性	Pearson 相关性	.271 * *	.278 * *	.209 * *	.244 * *	.507 * *	1
	显著性（双侧）	.000	.000	.000	.000	.000	
	N	836	837	837	837	837	837

注：* * 代表 $p \leqslant 0.01$。

资料来源：作者制。

2.3 个人基本特征信息与评价因子相关性

图 2 反映了被调查者的基本类型信息。通过分析评价满意度与不同人群分类属性相关性，可显示不同特征人群的评价倾向和偏好。个人特征和位置属性与评价结果相关性分析表明（表 6），男性和女性对各类户外景观设施安全性的评价并未呈现显著（$p \leqslant 0.01$）或有效的相关性（$p \leqslant 0.05$）。

个人基本特征信息与评价结果的 spearman 相关性 表 6

		性别	年龄	活动频率	每次活动时间	南昌居住年限	学历水平	居住地位置
步道和铺装的防滑性	Pearson 相关性	−.012	−.025	−.070 *	.060	.022	−.022	−.035
	显著性（双侧）	.732	.466	.043	.085	.524	.528	.315
	N	837	837	837	837	837	837	837
步道和铺装的平整性	Pearson 相关性	.029	−.064	−.023	.079 *	.009	.011	−.002
	显著性（双侧）	.407	.066	.504	.022	.804	.761	.949
	N	837	837	837	837	837	837	837
人工水景水深安全	Pearson 相关性	.031	−.031	−.034	−.006	.034	.015	.020
	显著性（双侧）	.365	.371	.330	.853	.332	.666	.568
	N	837	837	837	837	837	837	837
平台护栏安全	Pearson 相关性	.037	−.046	−.028	−.006	.045	.026	.060
	显著性（双侧）	.289	.188	.427	.872	.198	.449	.085
	N	837	837	837	837	837	837	837
亭廊安全性	Pearson 相关性	−.035	−.096 * *	−.038	−.024	.004	.015	−.012
	显著性（双侧）	.308	.005	.276	.496	.903	.674	.725
	N	837	837	837	837	837	837	837

续表

		性别	年龄	活动频率	每次活动时间	南昌居住年限	学历水平	居住地位置
假山护土挡墙安全	Pearson 相关性	.031	−.067	−.018	.056	.097**	.005	−.070*
	显著性（双侧）	.378	.052	.598	.106	.005	.891	.042
	N	837	837	837	837	837	837	837
夜间照明设施照明效果	Pearson 相关性	.012	−.065	.034	.056	−.021	.007	.022
	显著性（双侧）	.732	.060	.320	.106	.537	.829	.530
	N	837	837	837	837	837	837	837
电力设施防触电水平	Pearson 相关性	−.003	−.036	−.010	.020	.038	.026	.020
	显著性（双侧）	.932	.293	.771	.565	.266	.457	.554
	N	837	837	837	837	837	837	837
安全警示标识效果	Pearson 相关性	.049	−.078*	−.013	−.049	−.004	−.047	.012
	显著性（双侧）	.161	.024	.698	.155	.910	.177	.720
	N	837	837	837	837	837	837	837
座椅舒适度	Pearson 相关性	−.019	−.059	−.016	.008	−.001	.051	.054
	显著性（双侧）	.577	.090	.645	.817	.983	.141	.122
	N	837	837	837	837	837	837	837
健身场地及设施安全	Pearson 相关性	−.001	−.052	−.036	−.010	.031	−.004	−.040
	显著性（双侧）	.969	.129	.292	.779	.366	.907	.246
	N	837	837	837	837	837	837	837
环卫设施卫生清洁度	Pearson 相关性	−.022	−.065	.004	−.033	−.072*	−.046	.104**
	显著性（双侧）	.526	.059	.902	.343	.037	.186	.003
	N	837	837	837	837	837	837	837
卫生间舒适和安全	Pearson 相关性	.028	−.116**	−.013	−.001	−.121**	−.040	.109**
	显著性（双侧）	.425	.001	.704	.979	.000	.251	.002
	N	837	837	837	837	837	837	837
设施材料的无害度	Pearson 相关性	.031	−.069*	−.024	−.010	−.044	.032	.011
	显著性（双侧）	.373	.047	.495	.769	.206	.356	.749
	N	837	837	837	837	837	837	837
设施使用空间安全性	Pearson 相关性	.016	−.018	.016	.041	.052	.000	−.026
	显著性（双侧）	.637	.605	.651	.232	.131	.993	.460
	N	837	837	837	837	837	837	837

注：*代表 $p \leqslant 0.05$，**代表 $p \leqslant 0.01$。

资料来源：作者制。

在公众年龄层面，亭廊的安全性评价与公众年龄呈现负相关（pearson 相关系数＝−0.096，$p \leqslant 0.05$），表明年龄越大，对亭廊安全性评价越低，这表明老年身体衰退，对亭廊园建设施的庇护效果及舒适度要求越来越高，结合现场深度访谈发现，此类设施并未满足老年人需要。

安全警示标识效果评价与公众年龄呈现负相关（pearson 相关系数＝−0.078，$p \leqslant 0.05$），表明年龄越大，对安全警示标识效果评价越低，也说明老年人因身体机能退化，对于安全警示标示愈加重视，结合现场对老年人的深度访谈发现，该类设施不论从设置数量还是阅读辨识度上均需较大改进。

设施材料无害性评价与公众年龄呈负相关（pearson 相关系数＝−0.069，$p \leqslant 0.05$），表明中老年人对设施材料的满意度相比其他人群更低。

卫生间的安全舒适性评价则与公众年龄呈显著负相关（pearson 相关系数＝−0.116，$p \leqslant 0.02$），表明随着公众年龄增大，对该类设施的安全舒适性满意度显著降低。

在公众户外活动频率方面，步道和铺装的防滑性评价与公众户外活动频率呈现负相关（pearson 相关系数＝−0.070，$p \leqslant 0.05$），表明公众活动频率越高，对于步道和铺装的防滑性越不满意。

而在公众单次活动时间层面，步道和铺装的平整性评价与公众单次活动时间呈现正相关（pearson 相关系数=0.079，$p \leqslant 0.05$），可以认为，公众对步道和铺装的平整性满意度的提升，可以有效延长其每次在公共空间活动滞留的时间。

在南昌本地居住时间方面，假山护土及挡墙等设施的安全性评价与公众在南昌居住的时间呈正相关（pearson 相关系数=0.097，$p \leqslant 0.05$）。这表明公众在南昌本地居住时间越长，对于空间内假山护土挡墙等设施安全性评价越高。这可能是由于长期在本地居住，使公众获得了归属感的原因。同时，环卫设施卫生清洁满意度评价与公众在南昌居住时间呈负相关（pearson 相关系数=－0.072，$p \leqslant 0.05$）。而分析表明，调查者对卫生间的舒适安全满意度与其本地居住时间呈现显著的负相关（pearson 相关系数=－0.121，$p \leqslant 0.01$），表明本地居住时间越长的居民，对于卫生间使用安全性满意度越低。

在受访者居住位置层面，假山护土及挡墙设施的安全性评价与受访者居住地距中心城区的距离呈负相关（pearson 相关系数=－0.070，$p \leqslant 0.05$），即居住地离中心城区越远，对该类设施安全性满意度则越低；对环卫设施卫生洁净满意度和卫生间安全舒适度满意度与受访者居住地离中心城区距离则呈现显著正相关（pearson 相关系数=0.104，$p \leqslant 0.01$；pearson 相关系数=0.109，$p \leqslant 0.01$），表明相比郊区居民，主城区居民对于设施环境卫生安全及卫生间使用安全要求明显更高。

3 结论

本研究针对公众对不同城市户外景观设施安全性的满意度评价及因子间相互关系的分析，结合现场调查和深入访谈，得出结论如下。

满意度评价结果显示，满意度水平最高的是基础性服务设施层面的步道以及铺装平滑度和防滑性，分别达到 3.28 和 3.27；衍生服务设施中的亭廊园建、假山挡墙以及安全警示标识效果满意度位居其后，均为 3.26；水景水深和平台及护栏使用等因子得分较低，表明公共空间中人工水景的设计及安全处理仍需重点改进；特殊服务设施层面中，民众对于卫生间使用安全及环卫设施卫生安全的满意度均处于中下值，表明这两个方面设施建设仍需提升。总体来看，各类户外景观设施安全性仍有较大提升空间，这也与现场观察结果是一致的（图 3）。

图 3　部分户外景观设施存在的安全隐患

（a）翘起的地砖；（b）严重破损的台阶；（c）朽蚀的景观亭柱；（d）损坏的座椅；

（e）风化破损的塑胶跑道；（f）残缺且硬化的安全垫层

（图片来源：作者自摄）

设施安全因子相关性研究发现，基础服务设施安全性层面中，步道和铺装的防滑性和平整性之间显著正相关；人工水景水深安全与平台及护栏安全的满意度显著正相关；亭廊安全性和座椅舒适度满意度呈现显著正相关；安全警示标示设置效果满意度与其他各类因子满意度水平均显著正相关。可知，在条件有限的情况下，加强安全警示设施的设置，可在短期内有效提高公众对于总体户外景观设施的安全性满意度。

在个人基本特征信息属性对主观评价的影响研究中发现，不同性别和学历对于各类景观设施安全性评价并没有显著差异。而在年龄属性方面，年龄越大，公众对于步道铺装、亭廊、卫生间、设施材料以及安全标识的要求越来越高；在公众户外活动频率属性方面，活动频率越高，对于步道和铺装的防滑性要求越高；在本地居住年限属性方面，本地居住时间越长，对假山护土挡墙等设施安全性满意度越高，但对于卫生间使用安全性满意度却越低；在居住位置属性方面，公众在城市中居住地越偏远，对假山护土设施安全性满意度越高；同时，相比郊区居民，主城区居民对于设施环境卫生安全及卫生间使用安全要求更高。此类发现不仅可为城市中公共景观空间安全性设计和改造提供建议和参考，对当前老龄化[15]、居住分异[16]等问题较为突出的社会背景下城市绿地建设也有一定的借鉴意义。

参考文献

[1] 北京晚报．六岁男童被公园健身器材夹住头颅不治身亡[EB/OL]．http：//news.163.com/08/1005/20/4NH42O4A00011229.html.

[2] 重庆晚报．老人在免费公园滑倒摔伤，园方该不该承担责任[EB/OL]. http：//cq.qq.com/a/20111014/000276.html.

[3] 京华时报．公园游玩被石头砸伤 女子起诉管理方索赔[EB/OL]. http：//www. chinanews.com/life/2015/07-07/7388540. shtml.

[4] 财经．杭州外国语学校现“毒草坪”，校方称将铲除[EB/OL]. http：//yuanchuang. caijing.com.cn/2016/0617/4134587.shtml.

[5] 新民网．实拍游客公园游玩触电，三人不幸遇难[EB/OL]. http：//news.xinmin.cn/shehui/2016/08/05/30303209.html.

[6] 赖胜男，古新仁．园林安全性问题初探[J]. 江西林业科技，2014，42(5)：61-64.

[7] 张芳，申曙光，李凡，等．开放式城市公园景观安全性及其设计对策[J]. 安徽农业科学，2011，39(1)：354-356.

[8] 王华清．现代城市公园景观设施人性化设计初探[D]. 成都：四川农业大学，2015.

[9] Zube E H. Themes in Landscape Assessment Theory [J]. Landscape Journal，1984，3(2)：104-110.

[10] 卢淑华．社会统计学[M]. 北京：北京大学出版社，2004.

[11] 阳富强，刘晓霞，朱伟方．大学校园安全氛围量表设计与应用[J]. 安全与环境工程，2018，25(1)：109-114.

[12] 颜玖．观察法在社会科学研究中的应用[J]. 北京市总工会职工大学学报，2001，(4)：36-44.

[13] 孙晓娥．深度访谈研究方法的实证论析[J]. 西安交通大学学报(社会科学版)，2012，32(3)：101-106.

[14] RUBINHJ，RUBINIS. Qualitative Inter-viewing：The Art of Hearing Data[M]. Thousand Oaks，CA：Sage Publications，Inc. 1995.

[15] 谢波，魏伟，周婕．城市老龄化社区的居住空间环境评价及养老规划策略[J]. 规划师，2015，31(11)：5-11；33.

[16] 李志刚．中国城市的居住分异[J]. 国际城市规划，2008(4)：12-18.

寒地城市公园健身主体微气候偏好的时变特征研究[①]

A Research on Time-varying Characteristics of Microclimate Preference of Fitness Body in Cold City Park

卞　晴　赵晓龙　徐靖然

摘　要：健身主体微气候偏好与健身空间微气候环境的互动关系直接影响着其自发性健身活动意愿及活动效率。本文以哈尔滨市民日常健身行为为频发的综合性公园——兆麟公园为研究区域，选择春、夏、秋三季，将全日划分为初温、积温、高温及降温四个时段，根据预调研结果对低龄儿童、中壮年群体以及老年群体聚集频率较高的六个健身空间进行活动人次分段监测。同时对其健身空间微气候因子进行定点测量。揭示健身主体时空分布特征基础上，利用多重比较Scheffe法（$P=0.05$）对各健身主体所在活动场地微气候因子的季相性及时段性差异进行比较分析。以期在微气候适应性原则主导下，优先满足不同年龄段对健身空间的微气候偏好需求，提高不同年龄结构群体的自发性健身活动意愿，将寒地城市公园健身空间的社会功能、审美功能与微气候物理空间的适应性原则紧密结合。

关键词：寒地城市公园；健身主体；微气候偏好；季相及时段性差异

Abstract: The interaction between microclimate preference and microclimate environment of fitness body directly affects the willingness and activity of spontaneous fitness activities. In this paper, the daily activities of Harbin residents to participate in a comprehensive park-Zhaolin Park as the research area. According to the results of pre-survey, six fitness spaces with high frequency of young children, middle-aged and middle-aged groups were selected under the conditions of primary, accumulated temperature, high temperature and cooling period. At the same time on its fitness space micro-climate factors for fixed-point measurement. First, I use the basic description analysis to reveal the spatial and temporal distribution of fitness subjects. And then, the climatic and seasonal differences of microclimatic factors in the active sites of the fitness subjects were compared by using the Scheffe method ($P=0.05$) in the one-way ANOVA. Aiming at provide the objective mathematical analysis support for discussing the difference of time-varying characteristics of microclimatic factors of fitness subject. In order to meet the needs of microclimate preference in different age groups under the guidance of microclimatic adaptability, to improve the spontaneous fitness activities of different age groups, and to improve the social function and aesthetic function of urban fitness space The principle of adaptability of microclimate physical space is closely integrated.

Keyword: City Park in Cold Region; Fitness Body; Microclimate Preferences; Seasonal and Periodic Differences

随着全球气候变暖、极端气候条件频发以及使用者对城市开放空间品质需求的增加，国内外研究学者开始注重城市开放空间微气候物理环境及其热舒适与行为活跃程度之间的关系问题，并取得了一定的研究成果。其相关研究主要集中在旅游地[1-3]及城市开放空间微气候及其舒适度与客流量[4-5]、活动人次的相关性研究[6]，微气候舒适度、使用者主观热感知评价与活动人次的相关性研究[7-10]，空间布局及其形态特征[11-12]、景观形态特征的微气候调节机理[13]与活动人次的相关性研究三方面内容。

但现有相关研究多以微气候因子为影响变量，以活动人次作为因变量探讨微气候环境对户外空间使用率的影响作用，而忽略了行为主体对活动场地的选择带有明显的地域性气候特征、年龄特征、季相性及时段性等特征，其相关实证研究认识相对缺乏。同时就特殊地域气候特征而言，由于寒地城市长期受到不利气候因素影响，一定程度上阻碍市民从事户外活动积极性，城市开放空间使用效率的降低带来一系列健康问题亟待解决[14-16]。

因此，研究将活动类型聚焦至健身行为，从健身主体年龄结构出发，探求其自发性健身活动对健身空间微气候环境选择偏好的季相及时段性时变特征，以待解决以下问题：

（1）城市公园内不同年龄健身主体从事健身活动的时空分布特征如何？

（2）城市公园微气候特征是否是影响不同年龄健身主体活动人次改变的重要诱因？

（3）不同年龄健身主体对健身空间微气候环境特征的偏好是否存在显著季相与时段性差异？

在气候适应性健身空间设计主导下，为提高不同年龄结构群体的自发性健身活动意愿及活动效率提供数据支撑。

1　研究内容及方法

1.1　研究区域概况

研究以哈尔滨市级公园兆麟公园（N45°46′26.4″,

① 基金项目：国家自然科学基金重点项目“严寒地区城市微气候调节原理与设计方法研究”（51438005）、黑龙江省科技攻关项目“寒地景观特征与运动模式互动模型建构”（GZ15A510）和黑龙江省寒地景观科学与技术重点实验室自主课题“寒地绿色空间健身运动功效与微气候舒适度相关性研究”（2016HDJG—3101）共同资助。

E126°36′56.16″）为实验区域。该公园自然资源丰富，植被覆盖率高达 62%。研究通过观察及行为注记对全园健身主体进行预调研记录，并根据记录结果筛选出六个低龄儿童、中壮年群体及老年群体高聚集率的健身场地作为基础数据采集点。

1.2 基础数据采集方法

1.2.1 数据采集时间

研究选择春、夏、秋季三个观测期，随机选取各季中三天无云晴好天气（表 1）。同时，根据每日微气候特征的显著差异将观测时段 8：00～16：00 具体划分为初温、积温、高温及降温四个时段对健身主体及其健身场地微气候因子进行分段监测（表 2）。

1.2.2 微气候数据采集方法

采用 Testo-435 多功能测量仪（空气温度：±0.3℃、相对湿度：+2%RH～+98%RH、风速：0.03m/s+4%测量值）及建通 JTR05 太阳辐射仪（7～14mV/kW/m－2）距地面 1.5m 处每 1min 自记一次，对各观测场地空气温度、相对湿度、风速、太阳辐射进行分时段实地定点测量（表 3）。

实验观测时间表　　表 1

季相	春季	夏季	秋季
实测时间	2016.4.27 2016.4.28 2015.5.17	2016.7.26 2016.7.27 2016.8.04	2015.9.25 2015.10.8 2015.10.12
微气候特征	温度、太阳辐射及湿度回升，温暖舒适但早晚温差及风速差异大	高温高湿极端天气且极端状态持续时间较长	温度及太阳辐射逐渐下降，阴凉萧瑟向冬季过渡

实验观测时间段　　表 2

时间段	8：00～10：00	10：00～12：00	12：00～—14：00	14：00～16：00
微气候特征	初温阶段 太阳辐射弱、温度低、湿度高	积温阶段 太阳辐射逐渐增强、温度升高、湿度下降	高温阶段 太阳辐射最强、气温最高、湿度最小	降温阶段 太阳辐射下降、气温开始降低、湿度增加
行为特征	晨练行为	自发性健身行为	自发性健身行为	自发性健身行为

各测试点仪器配置图　　表 3

观测点	1. 复合健身广场	2. 乔木灌木林	3. 松林大道	太阳辐射仪
测量仪器				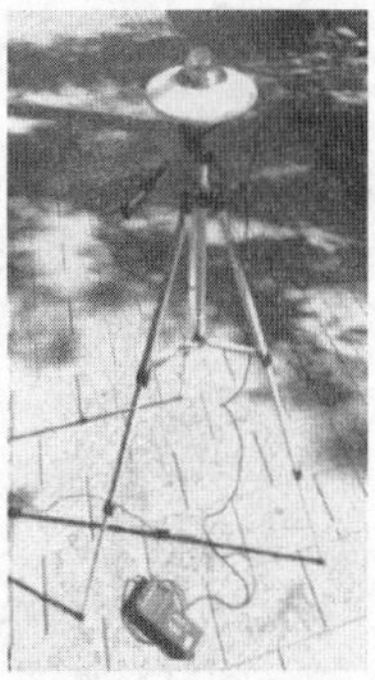
观测点	4. 健身器械广场	5. 建筑前庭	6. 集会广场	
测量仪器				

1.2.3 健身主体行为数据采集方法

通过调查问卷及访谈法获取健身主体年龄信息，并根据新国际年龄标准将其划分为 0～5 岁低龄儿童、35～64 岁中壮年群体、65 岁及以上老年群体三部分。利用行为注记法记录其活动空间及其活动人次，共计有效样本 2284 人次。

1.3 数据分析方法

研究利用基础性描述分析揭示健身主体的时空分布特征；利用相关性分析建立活动人次与微气候因子关联关系；利用单因素方差分析中的多重比较 Scheffe 法（$P=0.05$）对各健身主体所在场地微气候因子的时变性差异进行分析，深入挖掘健身主体微气候偏好的时变性差异。

2 研究结果及讨论

2.1 健身主体时空分布特征

观测期内，35～64 岁中壮年为主要健身群体，占三季总受测人数的 79%，其次为 65 岁及以上老年群体占受测总人数的 14%，0～5 岁低龄儿童占 7%。其中，春季是各年龄层健身行为最为活跃的阶段，其活动人数占三季观测期总人数的 40%，其次为夏季占总人数的 31%，秋季最低占总人数的 29%（图 1）。其中，老年群体的日变化趋势明显区别于其他年龄段，初温阶段是老年群体进行晨练健身行为频率最高的时段，其人数占该群体受测总人数的 40%。

健身主体的时空变化特征显示：春季观测点 4 健身器械广场及观测点 2 乔木灌木林是低龄儿童及老年人活动人次最高的空间（图 2）。中壮年群体对活动场地的选择没有显著的差异，其中观测点 1 是其活动最为频繁的健身

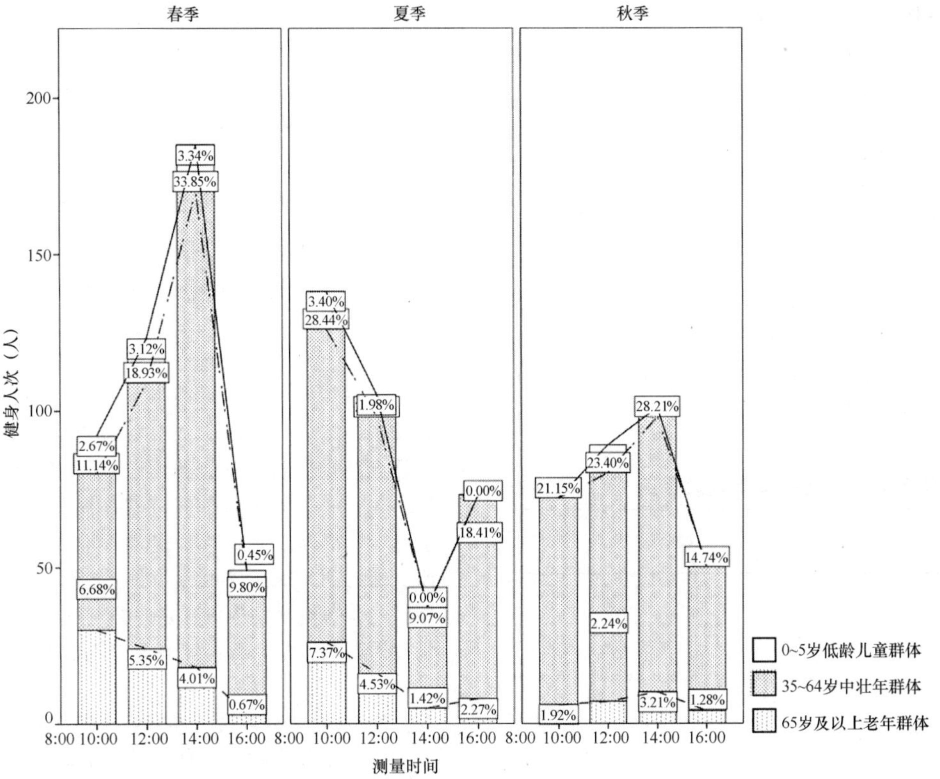

图 1　健身主体季相性分布特征

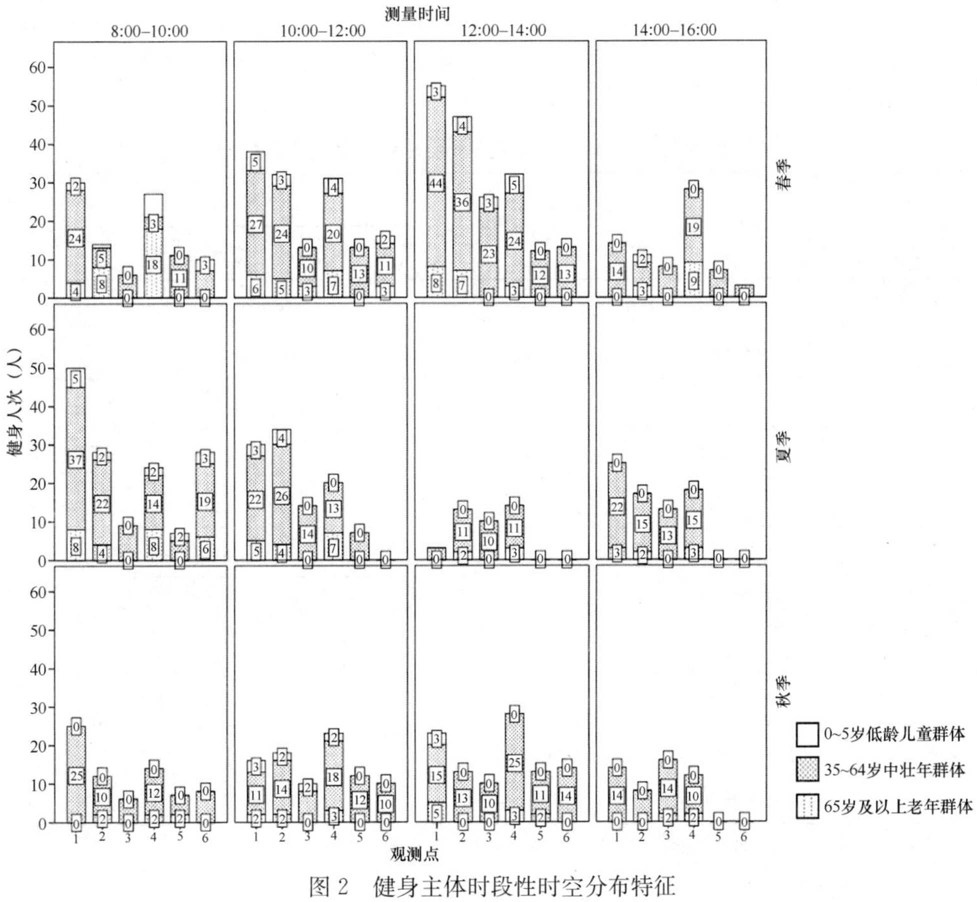

图 2　健身主体时段性时空分布特征

空间。观测点5建筑前庭是各受测群体使用频率最低的空间，观测期间内无低龄儿童及老年群体使用。夏季测试期间内，观测点1复合性健身广场及观测点2乔木灌木林是低龄儿童及中壮年群体使用人次最高的两个健身空间。其中低龄儿童群体出现频次最高的空间是观测点1。秋季，各年龄层对健身空间选择的差异较小。

2.2 健身人次与微气候因子关联性分析

根据不同年龄健身主体在每个观测点的活动百分比，设置聚集地对照点如下，探究健身人次与微气候因子的相关关系（表4）。结果表明，总健身人次与太阳辐射、温度呈显著正相关，与风速呈负相关。关联强度如下：太阳辐射＞温度＞风速（表5）。其中，低龄儿童与老年群体活动人次，与湿度及风速呈显著负相关。关联强度如下：温度＞太阳辐射＞风速＞湿度。中壮年群体活动人次仅与太阳辐射、温度相关。

不同年龄健身主体聚集地对照点　　表4

年龄群体	对照组
低龄儿童	1 2
中壮年群体	3 5
老年群体	4 6

健身人次与微气候因子相关性分析　　表5

健身人次	空气温度（℃）	相对湿度（%）	风速（m/s）	太阳辐射（W/m^2）
总健身人次	0.535**	−0.327	−0.515*	0.627**
低龄儿童	0.838**	−0.497*	−0.655**	0.698**
中壮年群体	0.357*	−0.186	0.142	0.394*
老年群体	0.673**	−0.353*	−0.612**	0.587**

注：**——相关性在0.01层上显著（双侧），*——相关性在0.05层上显著（双侧）。

2.3 健身主体微气候偏好季相性差异

2.3.1 低龄儿童群体微气候偏好季相性差异

低龄儿童对微气候偏好的季相性差异多重比较结果显示（表6）：温度方面，低龄儿童群体在春夏两季的温度需求与其他群体产生明显差异。其中以夏季时段最为明显，较高于其他群体2.15℃。由于其生理调节系统以及体表散热机制尚未完善，致使其耐热性明显低于其他群体4.47℃。湿度方面，夏季高温高湿严重影响人体舒适度，各群体之间的湿度敏感性均存在显著差异，其湿度耐受能力明显低于中壮年群体5.08%。夏季太阳辐射过于强烈，各健身主体均存在遮荫避热行为。秋季天气寒冷且日照时数较少，各群体对太阳辐射需求一致。

2.3.2 中壮年群体微气候偏好季相性差异

中壮年群体微气候偏好的季相性多重比较结果显示（表7）：中壮年群体的微气候偏好明显差异于其他群体。其中，温度需求均小于其他群体，夏季相反，其所在空间温度普遍高于其他群体4.92℃。中壮年群体对温度、湿度以及风速的耐受力均高于其他群体。

低龄儿童群体微气候偏好季相性差异多重比较　　表6

		春季	夏季	秋季
			温度（℃）差异显著性	
低龄儿童群体	中壮年群体	2.158*	−4.470*	0.100
	老年群体	−0.078	0.455	0.050
			相对湿度（%）差异显著性	
低龄儿童群体	中壮年群体	0.142	−5.087*	−4.995*
	老年群体	0.013	−0.975*	−0.185
			风速（m/s）差异显著性	
低龄儿童群体	中壮年群体	−0.163	0.045	−0.548*
	老年群体	0.184	0.264	0.092
			太阳辐射（W/m^2）差异显著性	
低龄儿童群体	中壮年群体	196.097*	4.650	−8.700
	老年群体	−40.254*	8.951	−8.900

注：* 均值差的显著水平为0.05，当显著性值$P<0.05$，表示两者均有显著性差异。

中壮年群体微气候偏好季相性差异多重比较 表 7

		春季	夏季	秋季
		温度（℃）差异显著性		
中壮年群体	低龄儿童群体	−2.158*	4.470*	−0.100
	老年群体	−2.237*	4.925*	−0.050
		相对湿度（%）差异显著性		
中壮年群体	低龄儿童群体	−0.142	5.087*	4.995*
	老年群体	−0.129	4.112*	4.810*
		风速（m/s）差异显著性		
中壮年群体	低龄儿童群体	0.163	−0.045	0.548*
	老年群体	0.347*	0.219	0.640*
		太阳辐射（W/m^2）差异显著性		
中壮年群体	低龄儿童群体	−196.097*	−4.650	8.700
	老年群体	−236.352*	4.301	−0.200

注：* 均值差的显著水平为 0.05，当显著性值 $P<0.05$，表示两者均有显著性差异。

2.3.3 老年群体微气候偏好季相性差异

老年群体微气候偏好的季相性差异多重比较结果显示（表 8）：温度方面，春夏两季的微气候偏好显著差异于中壮年群体。春季，老年群体的所在健身空间温度明显高于中壮年群体 2.23℃，而夏季明显低于中壮年群体 4.92℃。老年群体对温度需求较高但也较为敏感，喜热而不耐热。湿度方面，由于夏季高温高湿状态及秋季的阴冷潮湿状态，在一定程度上阻碍人体体表的散热机能。因此，老年人群体在湿度方面均低于中壮年群体，其湿度低于中壮年湿度 4.81%。风速方面，由于春秋两季，风速增大进而加速体表散热，老年人群体对风速的耐受性均低于中壮年群体。

老年群体微气候偏好季相性差异多重比较 表 8

		春季	夏季	秋季
		温度（℃）差异显著性		
老年群体	低龄儿童群体	0.0789	−0.455	−0.050
	中壮年群体	2.237*	−4.925*	0.050
		相对湿度（%）差异显著性		
老年群体	低龄儿童群体	−.0134	0.975*	0.185
	中壮年群体	0.129	−4.112*	−4.810*
		风速（m/s）差异显著性		
老年群体	低龄儿童群体	−0.184	−0.264	−0.092
	中壮年群体	−0.347*	−0.219	−0.640*
		太阳辐射（W/m^2）差异显著性		
老年群体	低龄儿童群体	40.254*	−8.951	8.900
	中壮年群体	236.352*	−4.301	0.200

注：* 均值差的显著水平为 0.05，当显著性值 $P<0.05$，表示两者均有显著性差异。

2.4 健身主体微气候偏好时段性差异

2.4.1 低龄儿童群体微气候偏好时段性差异

低龄儿童群体对微气候偏好的时段性差异多重比较结果显示（表 9）：初温阶段，健身空间各微气候因子处于初始且均衡的状态，各群体间的温湿度以及太阳辐射偏好不存在显著差异。初温时段，风速较大且低龄儿童的耐受性较低，其能接受的风速在初温阶段较低于中壮年群体 0.5m/s。积温阶段，低龄儿童对太阳辐射量的需求高于中壮年群体 18.3W/m^2，导致其温度偏好高于中壮年群体 2.23℃。高温阶段，低龄儿童群体的太阳辐射需求明显高于中壮年群体 40.35W/m^2，但其温度偏好却低于中壮年群体 4.55℃。降温时段，由于温度及太阳辐射量的降低以及风速的增加，致使该阶段低龄儿童的微气候偏好较为敏感。

无论季相或时段如何变化，太阳辐射量是激发低龄儿童进行健身活动的首要因素。虽然太阳辐射量可以带来温暖舒适的温度条件，但由于低龄儿童的耐受能力较低，高温状态对低龄儿童的活动有一定的阻碍作用。同时风速加大在一定程度上加快体表的散热机制，因此，风速是影响低龄儿童健身行为活动效率的又一影响因素。

低龄儿童群体微气候偏好时段性差异多重比较　　表 9

		初温时段	积温时段	高温时段	降温时段
		温度（℃）差异显著性			
低龄儿童群体	中壮年群体	0.420	2.235*	−4.555*	3.030*
	老年群体	0.607	−0.010	−0.596	0.065
		相对湿度（%）差异显著性			
低龄儿童群体	中壮年群体	−0.135	0.020	−2.013*	−6.355*
	老年群体	0.015	−0.030	−0.550*	−1.630*
		风速（m/s）差异显著性			
低龄儿童群体	中壮年群体	−0.528*	0.003	0.088	−0.843*
	老年群体	−0.024	−0.051	0.041	−0.110
		太阳辐射（W/m^2）差异显著性			
低龄儿童群体	中壮年群体	0.200	18.300*	40.350*	4.800
	老年群体	−3.950	13.150*	−2.850	−0.200

注：* 均值差的显著水平为 0.05，当显著性值 $P<0.05$，表示两者均有显著性差异。

2.4.2　中壮年群体微气候偏好时段性差异

中壮年群体微气候偏好的时段性差异多重比较结果显示（表 10）：初温阶段，中壮年群体在风速方面与其他群体偏好呈现出显著差异，该阶段其风速明显高于其他群体 0.52m/s。积温阶段，由于太阳辐射量以及温度迅速上升，致使中壮年在这两方面与其他群体产生显著差异。其中以温度差异最为明显，其所在温度较其他群体低 2.24℃。而高温及降温阶段，中壮年各微气候因子偏好均显著差异于其他群体，并呈现出显著的时段性差异，其中高温时段，中壮年群体所在健身场地温度明显高于其他群体 4.55℃，而降温时段则相反。同时高温及降温时段其湿度的耐受性也明显高于其他群体。

中壮年群体微气候偏好时段性差异多重比较　　表 10

		初温时段	积温时段	高温时段	降温时段
		温度（℃）差异显著性			
中壮年群体	低龄儿童群体	−0.420	−2.235*	4.555*	−3.030*
	老年群体	0.187	−2.245*	3.959*	−2.965*
		相对湿度（%）差异显著性			
中壮年群体	低龄儿童群体	0.135	−0.020	2.013*	6.355*
	老年群体	0.150	−0.050	1.463*	4.725*
		风速（m/s）差异显著性			
中壮年群体	低龄儿童群体	0.528*	−0.003	−0.088	0.843*
	老年群体	0.503*	−0.054	−0.046	0.733*
		太阳辐射（W/m^2）差异显著性			
中壮年群体	低龄儿童群体	−0.200	−18.300*	−40.350*	−4.800
	老年群体	−4.150	−5.150	−43.200*	−5.000

注：* 均值差的显著水平为 0.05，当显著性值 $P<0.05$，表示两者均有显著性差异。

2.4.3　老年群体微气候偏好时段性差异

老年群体微气候偏好的时段性差异多重比较结果显示（表 11）：由于老年人生理调节机能减弱，虽然对温度及太阳辐射的需求与低龄儿童趋同，但其对于微气候各因子的敏感程度及耐受性要高于低龄儿童，尤其体现在风速及太阳辐射方面。因此，在规划设计老年群体为受众的健身空间时，应格外注重营造低风高日照的微气候环境，旨在改善适老化的微气候物理环境。

老年群体微气候偏好时段性差异多重比较 **表 11**

		初温时段	积温时段	高温时段	降温时段
		温度（℃）差异显著性			
老年群体	低龄儿童群体	−0.607	0.010	0.596	−0.065
	中壮年群体	−0.187	2.245*	−3.950*	2.965*
		相对湿度（%）差异显著性			
老年群体	低龄儿童群体	−0.015	0.030	0.550*	1.630*
	中壮年群体	−0.150	0.050	−1.463*	−4.725*
		风速（m/s）差异显著性			
老年群体	低龄儿童群体	0.024	0.034	−0.041	0.110
	中壮年群体	−0.503*	0.034	0.046	−0.733*
		太阳辐射（W/m^2）差异显著性			
老年群体	低龄儿童群体	3.950	−13.150*	2.850	0.200
	中壮年群体	4.150	5.150	43.200*	5.000

注：* 均值差的显著水平为 0.05，当显著性值 $P<0.05$，表示两者均有显著性差异。

3 健身主体微气候偏好下的健身空间植被景观形态设计探讨

研究结果表明：低龄儿童群体与老年群体太阳辐射偏好明显高于中壮年群体 236.35W/m^2，产生 2.94℃的温度偏好差，且对风速较为敏感。低风高日照的微气候物理环境是激发低龄儿童及老年群体健身人次的重要因素。中壮年群体的微气候偏好呈现出明显相反的季相性及时段性差异特征。由于其生理调节机能较为成熟，对各微气候因子的耐受性及其接受弹性均高于其他健身群体，以耐风性及耐湿性最为显著。

该研究结果可为未来的寒地城市公园健身空间提供科学客观的基础理论依据。以微气候适应性原则为主导，优先满足不同年龄段对健身行为物理空间的微气候需求。将寒地城市公园健身空间的社会功能、审美功能与微气候物理空间的适应性原则紧密结合。对此，研究针对健身行为主体的微气候偏好提出以下相关植被景观形态设计策略。

对低龄儿童及老年群体的气候适应性健身空间景观设计而言，由于其对温度及太阳辐射需求较高且耐热、耐风性较差，存在显著低风高日照微气候物理环境需求。高郁闭度的乔木冠层对温度及太阳辐射具有一定的冷却及阻挡作用。因此，高大乔木冠层植被并不适合于低龄儿童及老年群体活动的健身空间。同时，受其对风速敏感性的影响，可利用低矮的灌草结构增加场地周边的围合性。不仅在一定程度上对风速进行阻挡，同时起到增加植被覆盖率、增强植被降温增湿效用的目的。老年群体，由于其健身行为活动具有一定的聚集性、经常性、群体性，且活动时间较长等特征。人工遮荫与自然遮荫相结合的方式，对延长其活动时长具有显著影响。

中壮年群体的微气候偏好呈现出明显相反的季相性及时段性差异特征。由于其生理调节机能较为成熟，对各微气候因子的耐受性及接受弹性均高于其他健身群体，尤其以耐风性及耐湿性最为显著。该群体的健身空间无需过多微气候环境的营造手段，但仍应该利用复合化的植被群落结构创建更为适宜的健身活动空间。

4 结论

研究通过实证研究证实，不同健身主体年龄段对微气候偏好存在季相及时段性时变特征差异。该研究结果可作为影响寒地城市公园市民健身行为意愿及活动频率的重要原因之一，为微气候适应性的景观规划设计提供科学依据，将寒地城市公园健身空间的社会功能、审美功能与微气候物理空间的适应性原则紧密结合，为创造“健康中国”提供基础理论支撑。

参考文献

[1] 陈冬冬，章锦河，刘法建．黄山旅游气候舒适度与客流量变化相关性分析[J]．资源开发与市场，2008(7)：607-609.

[2] 孙根年，马丽君．西安旅游气候舒适度与客流量年内变化相关性分析[J]．旅游学刊，2007(7)：34-39.

[3] 马丽君，孙根年，康国栋，等．北京旅游气候舒适度与客流量年内变化相关分析[J]．干旱区资源与环境，2009(2)：95-100.

[4] 陈睿智，董靓，马黎进．湿热气候区旅游建筑景观对微气候舒适度影响及改善研究[J]．建筑学报，2013(S2)：93-96.

[5] 邱瑞琦，白美兰，樊建平．内蒙古地区气候因子与旅游活动的关系[J]．内蒙古气象，2002(1)：14-18.

[6] 刘滨谊，梅欹，匡纬．上海城市居住区风景园林空间小气候要素与人群行为关系测析[J]．中国园林，2016，32(1)：5-9.

[7] Chen L，Wen Y，Zhang L，et al. Studies of thermal comfort and space use in an urban park square in cool and cold seasons in Shanghai [J]. Building and Environment，2015，94：644-653.

[8] Elnabawi M H，Hamza N，Dudek S. Thermal perception of outdoor urban spaces in the hot arid region of Cairo，Egypt [J]. Sustainable Cities and Society，2016，22：136-145.

[9] Huang J, Zhou C, Zhuo Y, et al. Outdoor thermal environments and activities in open space: An experiment study in humid subtropical climates[J]. Building and Environment, 2016, 103: 238-249.
[10] Watanabe S, Ishii J. Effect of outdoor thermal environment on pedestrians' behavior selecting a shaded area in a humid subtropical region[J]. Building and Environment, 2016, 95: 32-41.
[11] 张博. 西安城市街道空间形态夏季小气候适应性实测初探[D]. 西安：西安建筑科技大学，2015.
[12] 曾煜朗. 步行街道微气候舒适度与使用状况研究[D]. 重庆：西南交通大学，2014.
[13] 王吉勇，冷红. 基于微气候和环境行为学的历史广场复兴设计——以哈尔滨索菲亚广场为例[C]// 2009 中国城市规划年会论文集，2009.
[14] 袁萍. 严寒地区城市住区冬季交往空间研究探索[D]. 乌鲁木齐：新疆大学，2013.
[15] 冷红，袁青，郭恩章. 基于"冬季友好"的宜居寒地城市设计策略研究[J]. 建筑学报，2007(9)：18-22.
[16] 袁青，冷红. 寒地城市广场设计对策[J]. 规划师，2004(11)：59-62.

作者简介

卞晴，1992 年生，女，汉族，黑龙江哈尔滨人，哈尔滨工业大学建筑学院风景园林专业在读博士研究生。研究方向：寒地气候适应性设计及理论、健康景观规划设计及理论。邮箱 2286234783@qq. com。

赵晓龙，1971 年生，男，汉族，黑龙江哈尔滨人，哈尔滨工业大学建筑学院风景园林系教授、博士生导师、系主任、国际园林景观规划设计行业协会常务理事。研究方向：寒地气候适应性设计及理论，健康景观规划设计及理论。

徐靖然，1994 年生，女，汉族，山东日照人，哈尔滨工业大学建筑学院风景园林专业在读硕士研究生。研究方向：健康景观规划设计及理论。

荷兰“还河流以空间”计划的空间策略分析①

Analysis of Spatial Strategy in the “Room for the River” in the Netherlands

于佳琳　张晋石

摘　要：荷兰，作为低地城市一直与水进行抗争。其悠久的水管理发展历史及著名的水利项目使得荷兰在水管理方面享誉全球。20 世纪初，荷兰提出了“还河流以空间”计划，水管理思维由“单一目标”转变为“多目标协同”，将洪水防御与空间质量同时纳入水管理体系中，最终达到防洪与城市发展的双重目的。在多目标协同的过程中，风景园林学科在空间设计、协调人类活动与河流空间的关系上发挥着重要作用。本文梳理了荷兰水管理的发展历程，总结不同历史时期荷兰面临的洪水防御问题、水管理目标、理念、代表案例，探究“还河流以空间”（room for the river）计划提出的历史背景及发展倾向。通过剖析项目的空间策略，从扩展防御性物理空间、基于防洪措施的空间设计、基于空间质量评估体系的防洪措施三个方面例证“还河流以空间”计划的空间态度以及实质内涵。

关键词：风景园林；还河流以空间；荷兰；空间质量；洪水防御；空间质量评估框架

Abstract：As a lowland city，Netherlands has been fighting with water. Netherlands has long history of water management development and famous water projects，making it world-renowned in the water management . At the beginning of the 20th century，Netherlands proposed the “room for the river”which reflected water management thinking changed from the“single goal” to“multi-objective coordination”. Both flood defense and space quality are included into the water management system，achieving the dual purpose of flood control and urban development. In the process of multi-objective coordination，landscape architecture plays an important role in spatial design and coordination of human activities and river space.

In order to understand the historical background of the “Room for the River”，the paper reviews the development of water management in the Netherlands，concluding issues such as flood defense problems，water management objectives and concepts，cases and influence of Netherland in different historical periods. According to analysis the spatial strategies of projects，spatial attitudes and the substantive connotation of the “Room for the River” are exemplified from three aspects：expanding defensive physical space，space design based on flood prevention measures，and flood control measures based on spatial quality assessment system.

Keyword：Landscape Architecture；Room for the River；Netherlands；Spatial Quality；Flood Defense ；Ruimtelijke Kwalitits Toets（RKT）

全球变暖等气候变化导致海平面上升，增加了三角洲及滨水区的洪水风险，为城市的雨洪管理带来巨大的压力。荷兰位于欧洲西部，是人口稠密的河流三角洲地区，其国土有一半以上的区域低于海平面或者与海平面齐平。如图 1 所示，荷兰西侧濒临北海，西欧的三大河流——莱茵河、马斯河、斯海尔德河均由荷兰入海，其境内河流纵横，水域率高达 18.41%。独特的地理条件使荷兰面对严峻的洪水危机的同时，也积累了丰富的水管理经验。

图 1　“还河流以空间”计划项目分布图[7]

①　基金项目：中央高校基本科研业务费专项资金（项目编号 2017ZY09）资助。

20世纪中期至今，荷兰分别提出了“三角洲计划”、“还河流以空间”计划等一系列的尝试，水管理思维由“单一目标”转变为“多目标协同”。即将洪水防御与空间协调同时纳入水管理体系中，最终达到防洪与城市发展的双重目的。在多目标协同的过程中，风景园林学科在空间设计、协调人类活动与河流空间的关系上发挥着重要作用。本文分析荷兰水管理措施的发展历程、“还河流以空间”计划的空间策略与案例，探究荷兰水管理措施中空间策略产生的背景、内容及方法。

1 荷兰水管理发展的历史进程

早在公元前，荷兰就出现了修建堤坝、板桩等水管理的措施。随着现实状况与需求的改变，荷兰的水管理措施也不断进化和发展。从筑堤、挖渠、排水等扩张性的水管理措施到三角洲工程，再到“还河流以空间”计划，荷兰水管理的历史进程反映了人类与水关系的转变。

荷兰水管理措施是在不断解决问题的实践过程中逐步完善起来的。表1中不难看出，从小规模的堤坝、水渠的建设，到大规模的填海工程，荷兰水管理的人工干预措施不断加强。偌大的防洪工程在解决洪水问题的同时，也伴随产生了一系列新的矛盾。例如，河流排水量不均、水位上升速度加快、水质恶化、生态环境破坏等。

荷兰水管理措施发展历程 **表1**

序列	时间	问题	水管理目标	水管理技术及理念	消极影响	代表案例	参与学科/部门
1	公元前	洪水灾害	预防一般性洪水灾害	修建大坝、板桩、涵洞、人工土丘 terps			水利工程/
2	中世纪	排水不畅	疏导水流	开垦泥炭沼泽，开挖水道和沟渠	开挖水道使沼泽暴露于空气中，致其凝结和氧化		水利工程/
3	13世纪	盐化的沼泽导致海水入侵，致使沼泽被冲走	抵御海水侵入	建立一系列堤坝连接人们居住的土丘 terps			水利工程/水务局
4	17世纪初	海平面不断上升侵蚀陆地面积，使陆地面积减少	增加土地面积	内陆湖区填海工程，排干湖泊和池塘中的水填海造地	造成河流改道或排水量不均的情况	Haarlemmermeer 项目	水利工程/水务局
5	18世纪	经过17世纪，部分河流及其支流出现排水量不足、流向分配不均的情况	纠正排水	开凿运河，改善排水及流向	冰坝出现使河水难以流入海中	Pannerdensch 运河、Maasmond 工程	水利工程/水务局
6	19世纪～20世纪	河流支流有不同的流量需求	开挖筑堰以实现不同支流之间的分流	出现更多强烈的人工干预措施	强大的水干预措施，降低了河流形态的适应性，影响河床填充，导致河床侵蚀；致使荷兰低洼地区沉降，海水上升得更快	挖掘 Nieuwe Merwede、Bergsche Maas 和 Nieuwe Wateweg，以及在 Neder-Rijn 造堰	水利工程/水务局
7	1927～1937年	洪水灾害	预防水患、保护原有土地、围垦新的土地、获得更多淡水	须德海计划(Zuiderzee)	阻碍水量交换，物种锐减，水质恶化，生态环境遭到严重破坏	阿夫鲁戴克（Afsluitdijk）拦海大坝	水利工程/水务局
8	1954～1986年	风暴潮灾害	抵御风暴潮灾害，保证海水流动，从而保护水道生态环境	三角洲计划“Delta” project 修建潮汐式拦潮闸。防洪技术思路转变，提出“多目标计划”，由单纯的筑堤防洪转变为防洪与生态保护相结合		东斯海尔德挡潮闸（East Scheldt Tide Lock）	水利工程（有城市设计、风景园林、土木工程专家参与讨论）/公共工程和水资源管理总局

续表

序列	时间	问题	水管理目标	水管理技术及理念	消极影响	代表案例	参与学科/部门
9	1993～2016年	面对气候变化和人类活动所带来的洪水灾害，只是单纯地加固、加高堤防毫无意义	降低洪水风险，提高河流的空间质量；恢复流域相关部分的形态学弹性	“还河流以空间”计划“Room for the river”开始关注水域空间，实现防洪、生态、提升空间质量、促进城市发展等多个目标		Overdiep的河流拓宽项目、Volkerak-Zoommeer湖储水项目等试点工程	水利工程、城市规划、风景园林/公共工程和水资源管理总局、Rijkswaterstaat、地方水务局、非政府研究机构等

由此，荷兰水管理不再只关注水体本身，而是将视角扩展到水域空间，希望通过空间的协调配合疏导水流、带动区域发展，由此产生了诸如“三角洲计划”“还河流以空间”等先进的治水理念。至今，参与荷兰水管理的学科不再只有水利工程，风景园林、城市规划等专业的加入增强了措施的综合性、合理性、生态性等，水管理目标从单一的洪水防御向防洪、生态保护、城市发展等多目标转变。

2 “还河流以空间”计划

2.1 “还河流以空间”计划的提出

1993年和1995年，荷兰遭遇河水灾害。1995年的洪水使荷兰的大片农田被淹没，为此疏散了25万居民和100万头牲畜。面对如此耗费财力物力的大规模迁移，荷兰政府注意到一直以来单纯以洪水防御为目标的水管理措施急需改进。直到2006年，荷兰政府正式启动国家战略项目“还河流以空间”，项目包含了40条河流、39个试点的河流空间改造工程（图1）。提倡还河流更大的空间，将防御性与生态性同时纳入到水管理体系中，以应对气候变化和人类活动对河流产生的综合影响。

2.2 还河流以空间的实质内涵

“还河流以空间”项目的核心在于“空间”二字。探究“如何还河流以空间”“还河流以怎样的空间”是探讨计划实质内涵的关键。

荷兰已实施的多个试点的策略不同，各有偏重。总体来说“还河流以空间”计划是在保证水安全的前提下，根据现实洪涝状况及区域发展的差异，制定相应的优化空间质量的策略。为实现“安全的、具有吸引力的河流区域”的目标，其主要方法是扩展防御性物理空间，其次是提高空间质量。在这一过程中，协调好空间质量与洪水防御功能的关系十分重要。

3 “还河流以空间”计划空间策略解析

3.1 扩展防御性物理空间

大型堤坝等防洪工程的建设、城市的发展，都占据了大量的滨河空间，使有限的河道空间无法容纳极端水量。相比于传统的筑堤建坝等防洪工程，“还河流以空间”计划中的水管理策略由“堵”变“疏”，强调为水的流通、涨落提供一定程度的自由空间。计划中提出了九大空间策略（图2）：开挖河道降低河道高程、扩大夏季河滩面积、降低防波堤、加固防洪工程、降低滞洪区高程、建设高水位渠、迁移堤坝、水体储存、拆除圩田，它们均是从扩展滨水空间、提高河道承载力的角度提出的空间策略。

表2综合分析了六大试点工程的现状问题、空间策略、具体措施、项目最终影响与结果，扩展防御性滨水空间的洪水防御效果明显且直接。

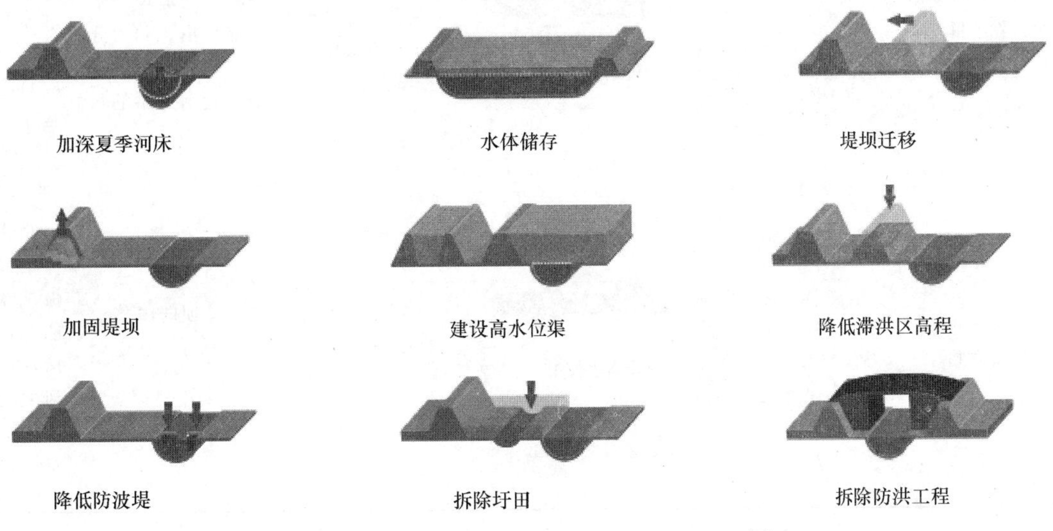

图2 “还河流以空间”计划九大策略示意图[7]

“还河流以空间”试点项目空间策略 **表 2**

序号	试点名称	试点区位	空间策略	现状问题	具体措施	结果及影响
1	Overdiep 的河流拓宽项目		迁移堤坝 	普遍性洪水灾害	堤坝迁移后，农田迁到沿新堤重建的人造土丘（terps）上	使 Maas 河高水位降低了 27cm
2	waal 河防波堤降低项目	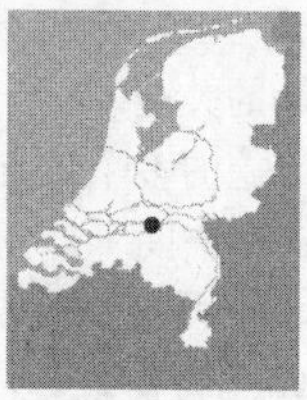	降低防波堤 	防波堤抬高了洪水位；防波堤全年裸露，影响河道观感	全长 75km 的河道上 750 个防波堤均下调； Pannerdensch 运河与 Gorinchem 河之间的防波堤平均下调 1m	极端水位会降低 6～12cm；防波堤 2/3 的时间在 waal 河面以下，使河道更显宽阔
3	Volkerak-Zoommeer 湖储水项目	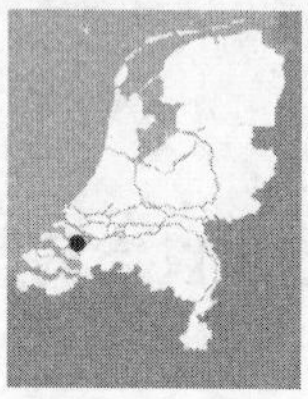	水体储存 	风暴潮屏障关闭与极端水位同时出现时导致区域水位十分高	将河水暂时储存于 Volkerak-Zoommeer 湖中	限制 Hollandsch Diep 和 Haringvliet 的水位，确保降低特殊高水位区域的洪水风险
4	Lent 堤坝外迁项目	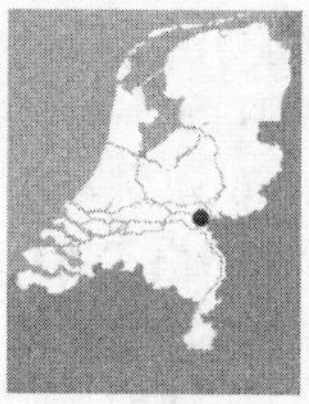	a 迁移堤坝  b 开挖分洪河道 	河湾狭窄导致水位极高	搬迁堤坝，拓展河洪泛区，开辟一条 150～200m 宽、约 3km 长的辅助河道，并在河道中央预留部分用地，形成中心岛	Waal 河该区段水位降低了 35 cm，防洪能力得到提升；推动北岸扩张计划，带动区域发展
5	Noordwaard 圩田拆除项目	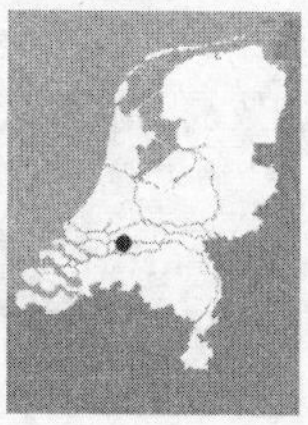	a 拆除圩田  b 建设绿色防波堤	区域未达到防洪要求，鹿特丹以东 40km 地区的水位需要减少 30cm	将 Noordwaard 圩田转变为水可以流过的区域，利用部分降低的堤坝为水流创造出入口，分担了 Nieuwe Merwede 运河上游的水量	部分农田和居民搬迁，Noordwaard 圩田成为季节性过水区域，使该区域可以适应百年一遇甚至千年一遇的洪水灾害
6	Hondsbroeksche Pleij 项目	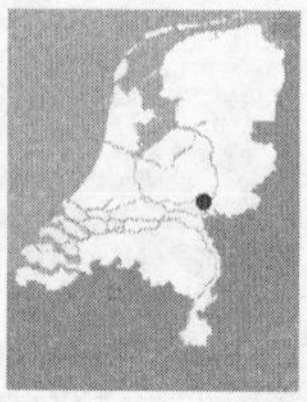	a 堤坝内迁 拓宽河道  b 建设高水位渠 	易受到上游极端排水的影响	将堤坝向内移动 250m 后在其侧建设高水位渠	高水位渠确保了高水位和极端水位排放能力，调节莱茵河与伊泽尔河之间的水分配，使极高的水位降低 40cm

资料来源：整理自参考文献［7］、［8］。

3.2 空间质量与洪水防御相协调

相比于传统的筑堤建坝等防洪工程，“还河流以空间”计划中的水管理策略由“堵”变“疏”，强调为水的流通、涨落提供一定程度的自由空间。该计划将空间质量作为水管理的第二目标，从雨洪管理的角度来看，极具颠覆性。

所谓空间质量，可以简单归纳为空间的实用性、吸引力和稳定性的综合效果，提高空间质量被认为是解决社会-经济问题的重要因素。即在满足防洪标准的前提下，使所还“空间”具有更优的功能、更大的吸引力、更稳定的空间结构。相比之下，先前的水管理效果评估大多只关注于水安全、淡水供应等方面，很少提及“空间质量”这一概念。

“还河流以空间”计划为同时实现防御洪水和提高空间质量两个既定目标，主张采取可以协调洪水风险管理和空间质量的综合性空间策略。这一综合性空间策略的实现主要通过两种方式：一是基于防洪措施选择最优的空间设计方案；二是基于 RKT 空间质量评估框架选择最佳的防洪措施。通过席凡宁根项目（Scheveningen）和阿尔布赛尔瓦德地区（Albalasserwaard）的案例，可以分别看出“还河流以空间”计划中空间质量与洪水防御相互协调的两种方式。

3.2.1 基于防洪措施选择最优的空间设计：以三角洲工作室的席凡宁根（Scheveningen）项目为例

席凡宁根是荷兰海牙市的自治镇，是著名的滨海旅游度假胜地。该地人口密集，是城市化最高且最复杂的地方，也是最脆弱的地方，常年遭受海平面上升所带来的洪水威胁。但是解决其问题的方法并非抵御洪水这么简单，一方面，滨水建成区中包含了文物古迹与私有产权建筑，单纯拆除建筑转而建设防洪基础设施的代价过于昂贵；另一方面，考虑到经济、社会的需求，席凡宁根需要通过空间改善来带动城市发展。因此，提出洪水防御和空间质量两个方面都有效的洪水风险干预措施至关重要。

荷兰成立“三角洲工作室”，联合土木工程、城市规划、风景园林等多专业合作，进行综合设计。首先，团队对席凡宁根的水文动态、适应自然过程的洪水基础设施的变化、人工影响进行分层研究，提出了三种不同的防洪方法，即建设“硬质堤岸”“沙岸”和“垂直坝”。其次，针对席凡宁根空间存在区域的内外联系不足、临海界面景观环境差、特色建筑不显现等问题，提出了整体设计方案。方案中设置多个通向大海的入口标志，包括恢复区域内的 Kurhaus 纪念性广场；滨水大道将席凡宁根的三个区域（港口、村落、旅游区）连通，并反映各自的定位和特点；保留和加强建成区与海洋之间的视线和功能联系；电车轨道通向海边，所有站点都直接面向海景（图 3）。最终，基于三种不同的防洪措施，针对现有的空间问题提出三种空间设计方案。方案综合了洪水防御和空间质量两个方面，能够同时满足城市发展定位和防洪需求。

（1）方案 1：延伸硬质堤岸

滨水大道的原防水高度为＋6.7m，在加设硬质堤岸后，其防水高度必须达到＋14m。在满足防水需求的同时，为避免滨水大道与大海产生空间上的疏离，方案将大道设计为阶梯式，成为适应水位变化的弹性区域（如图 4、图 5）。水防线以内的无堤区，可建设底层防水的建筑或者停车场等受水淹影响不大的功能区。滨河大道旁分布灵活的季节性商业。

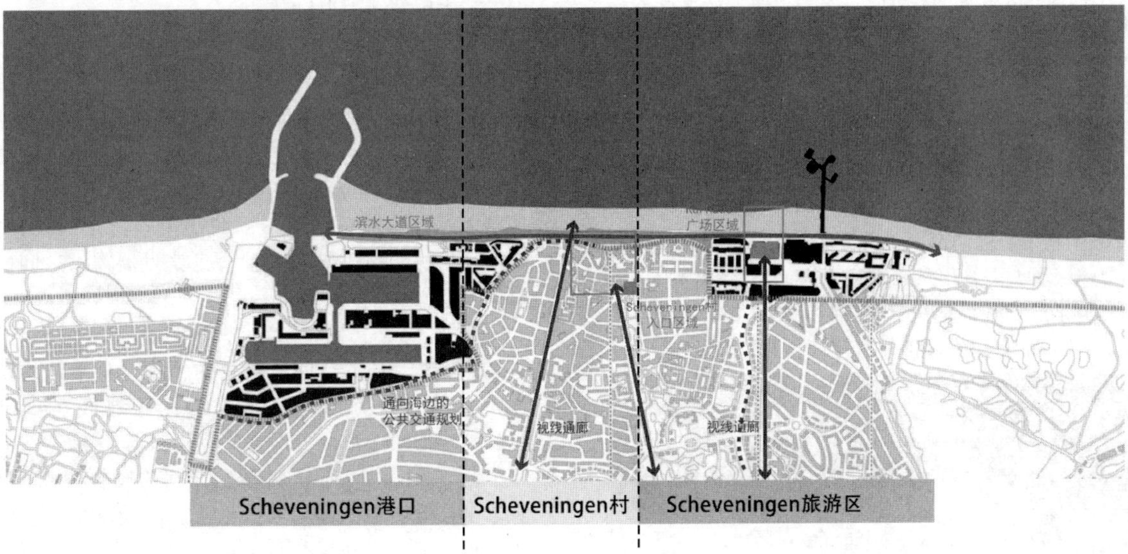

图 3　Scheveningen 整体方案规划分析图（图片来源：作者自绘）

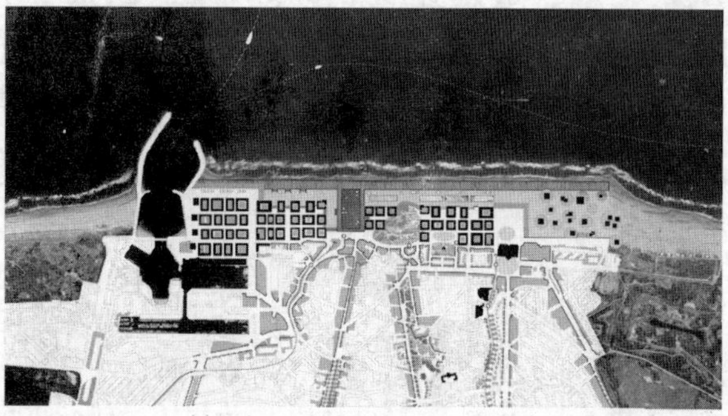

图 4　方案 1 规划设计[14]

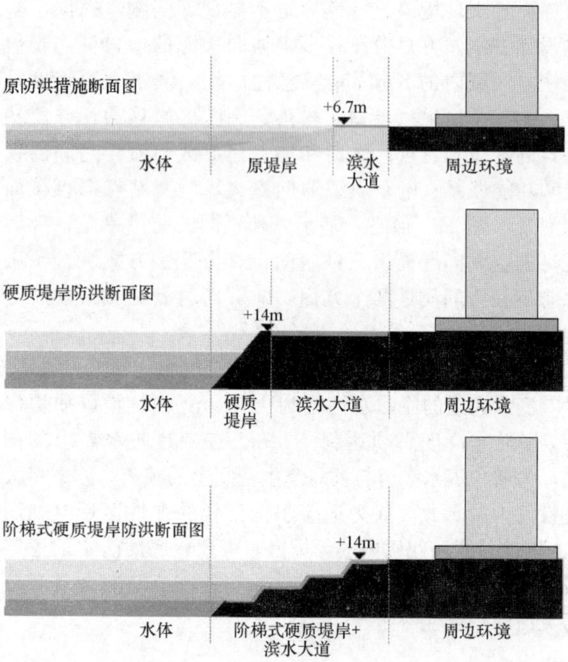

图 5　方案 1 堤岸改进效果图（图片来源：作者自绘）

方案 1 中提到的阶梯式硬质堤岸与滨海大道结合的方式，相比于原方案既加强了防洪能力，又避免了单纯的硬质堤岸过高使人与水疏离的情况。在不同的水位情况下，人们可通过不同高度的滨海大道与水产生联系。

（2）方案 2：灵活的建设沙堤

方案中利用沙堤作为主要的防洪工程，在滨水大道前，沙堤将海滩延伸了十几米，使防水高度也提高到＋12m（图 6）。但是沙岸在极端天气下容易坍塌，需要补充或延伸，以防海平面上升或侵蚀。为保证沙岸空间的灵活性，

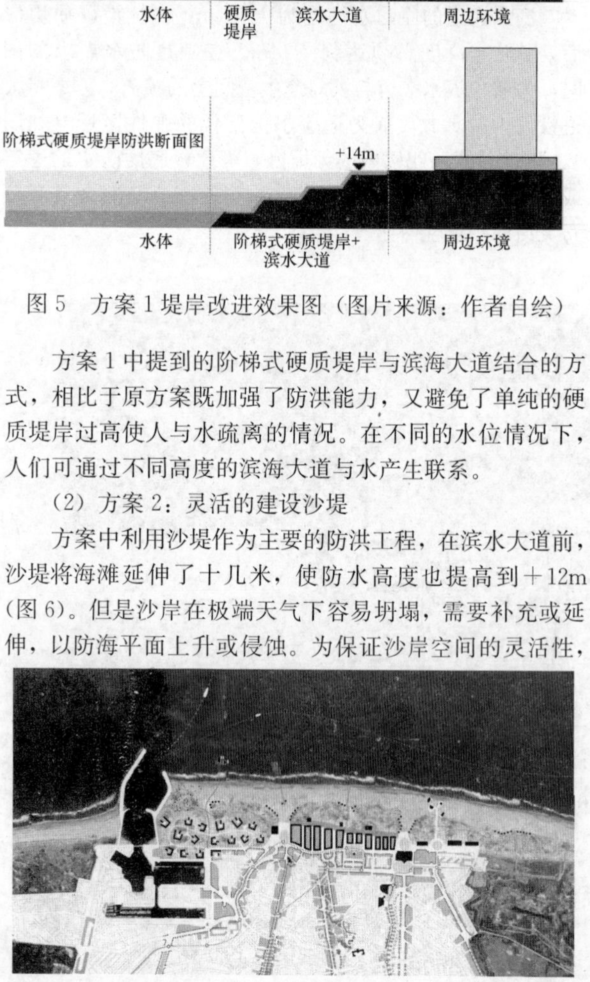

图 6　方案 2 规划设计[14]

防水区域只能设有灵活或季节性的建筑物，比如艺术家住宅和旅游公寓。但当沙丘延伸到防水区域足够多的地方时，就有可能建造永久性的建筑物（图 7）。在席凡宁根港（Scheveningen Harbour）附近的沙丘内就沿着滨水大道建设了永久公寓，该片区成了“沙滩上的席凡宁根”。

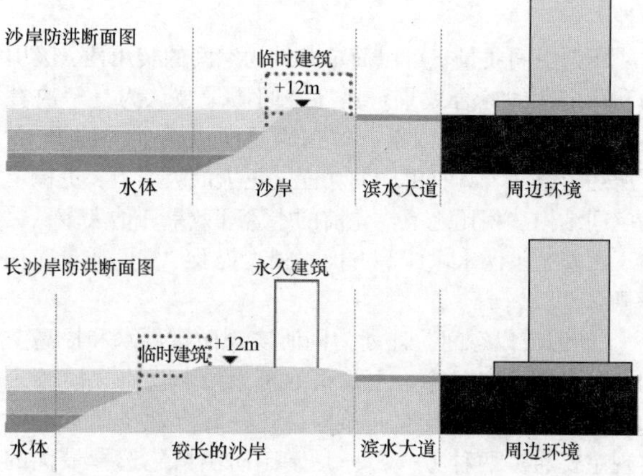

图 7　方案 2 堤岸改进效果图（图片来源：作者自绘）

方案 2 中的沙岸是灵活的防洪措施，一般情况下沙岸上建设临时性建筑以保证沙岸可以灵活应对洪水；当沙岸延长时，临水部分可适应水位变化，距离水体较远的部分被水侵蚀的可能性低，因此可以建设永久性建筑。

（3）方案 3：建设垂直堤

该方案在海中建设垂直于海岸的堤坝，使海岸免受侵蚀的同时将席凡宁根也延伸到海中。为寻求最优的防洪与空间效果，对大坝的多个位置进行测试和评估，最终大坝位置确定在席凡宁根村和席凡宁根海滩之间（图 8）。垂直坝将场地分为两部分：南部住宅区和北部旅游度假胜地。电车可以延伸到大坝端头，引导游客靠近海滩（图 9），滨水区域活力得以激发。

（4）小结

三种设计形成了不同的区域定位，有不同的设计重点，通过提出多种方案启发思考，促进防洪措施的不断进步。该案例中洪水防御与空间质量的综合考虑主要体现在设计流程中：分层研究—提出防洪方案—解决空间问题整体设计策略—针对不同防洪策略的空间设计方案，这对如何协调防洪需求与社会经济发展需求之间的关系有借鉴意义。

3.2.2　基于 RKT 空间质量评估框架选择最佳的防洪措施：以荷兰阿尔布赛尔瓦德地区（Albalasserwaard）为例

荷兰 Albalasserwaard 地区面临严峻的洪水威胁，一直以来，堤坝和风暴潮屏障是防止其受洪水侵袭的主要水管理措施。每六年荷兰水务部门就会测试一次堤坝强度，当达不到防洪标准时，就会进一步加强堤坝。但是越来越高的堤坝并没有达到预期的效果。

在“还河流以空间”计划的引导下，荷兰水务部门改变了以往的防洪策略，选择在空间质量的视角下进行洪水干预措施的选择。他们对 Albalasserwaard 地区的环堤进

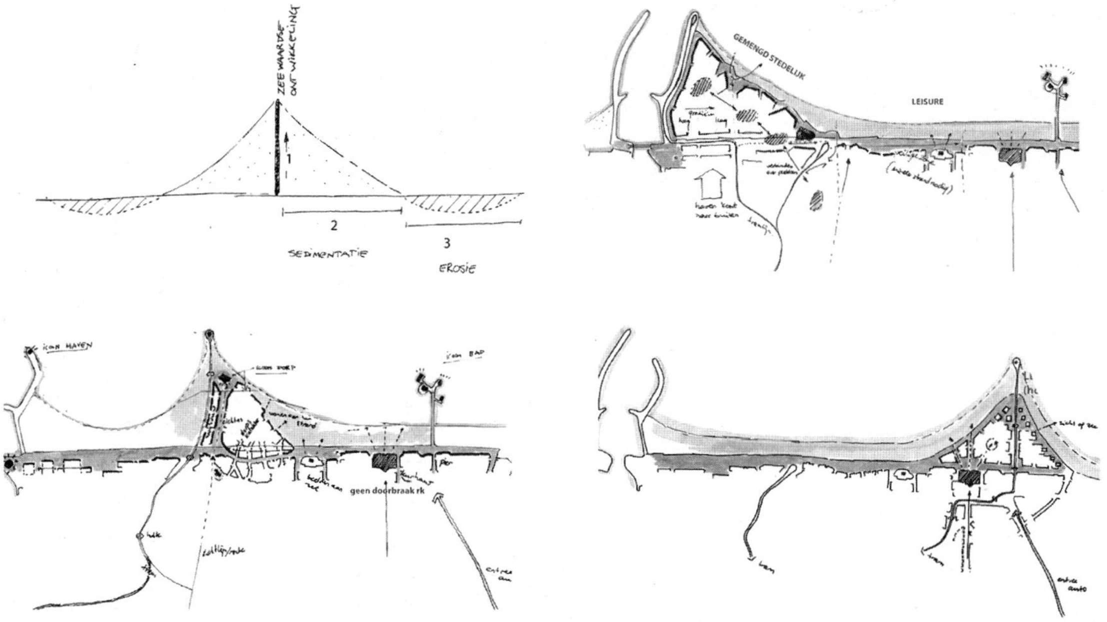

图 8　方案 3 中垂直坝位置选择过程[14]

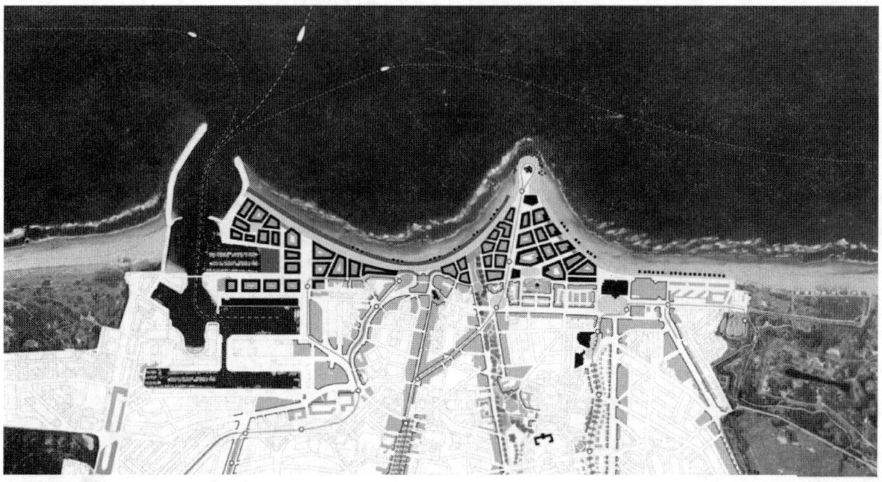

图 9　方案 3 规划设计[14]

行检测，将各区段的堤防加高情况绘制成图，根据各段水环境的差异提出了不同的解决方案，选择空间质量评估框架 RKT 作为工具，对同一区段的不同方案进行空间质量评价，最终选择出空间质量较好的防洪措施。

（1）RKT 空间质量框架

空间质量框架（Ruimtelijke Kwalitits Toets，简称 RKT 评估框架），就作用机制而言，RKT 是空间质量关键性的评估框架，是综合了问卷调查与专家评估等较为全面的空间质量评估方法。在这种方法中，生态学、城市设计、风景园林专业组成的专家团队从实用性、吸引力和稳定性三方面评估景观中的防洪措施。每一方面又包含诸多子项，如生态功能、易维护、周边定位、文化识别性、空间布局、与水的关系、可逆性、发展机遇等。对多个子项进行评定后综合讨论的结果，是选择防洪措施的基本依据。

图 10 空间质量评估表，即专家为荷兰 Albalasserwaard 地区使用的 RKT 评估列表。评估结果由阳性、阴性或中性表示。阳性评估表明，该防洪措施可以提高空间质量；阴性表明措施对现有空间质量有负面影响，应不予采用或移除。图 11 中包含了 Albalasserwaard 地区各段堤坝加高后的空间质量评价结果。

以其中一段为例，说明基于 RKT 空间质量评估的防洪方案的选择。

为了满足新的防洪标准，对 E 区段提出了三种方案。一是根据预测的水位，将部分堤坝增加 48cm；二是根据土木工程专家建议，加固沿岸的石墙并提高堤坝的高度至 48cm；三是专家组提出升高边坡 30cm（图 12）。前两种方式的 RKT 评估结果均为负：增加 48cm 的堤坝将隔断广场到河流的连续空间，而且方法二中边坡变缓会使堤岸失去原有的历史特征。相比之下，方法三保证河岸空间的连续性，形成倾斜的公共空间，同时满足了防水与空间质量的双重要求。

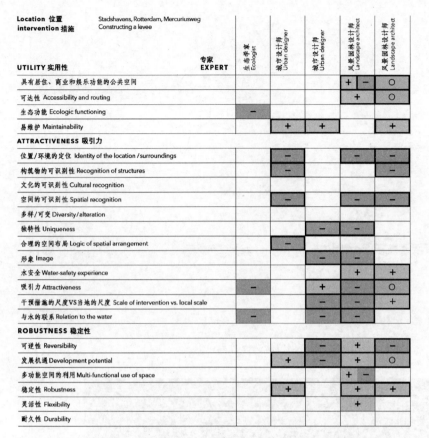

Location 位置 intervention 措施	Stadshavens, Rotterdam, Mercuriusweg Constructing a levee				
专家 EXPERT	生态学家 Ecologist	城市设计师 Urban designer	城市设计师 Urban designer	风景园林设计师 Landscape architect	风景园林设计师 Landscape architect
UTILITY 实用性					
具有居住、商业和娱乐功能的公共空间				+ −	○
可达性 Accessibility and routing				+	○
生态功能 Ecologic functioning	−				
易维护 Maintainability		+	+		+
ATTRACTIVENESS 吸引力					
位置/环境的定位 Identity of the location / surroundings		−		−	−
构筑物的可识别性 Recognition of structures		−			−
文化的可识别性 Cultural recognition					
空间的可识别性 Spatial recognition		−		−	−
多样/可变 Diversity / alteration					
独特性 Uniqueness			−	−	
合理的空间布局 Logic of spatial arrangement		−			
形象 Image			−	−	
水安全 Water-safety experience				+	+
吸引力 Attractiveness	−		+	−	○
干预措施的尺度VS当地的尺度 Scale of intervention vs. local scale			−	−	+
与水的联系 Relation to the water	−		−	−	
ROBUSTNESS 稳定性					
可逆性 Reversibility			−	+	−
发展机遇 Development potential		+	−	+	○
多功能空间的利用 Multi-functional use of space				+ −	
稳定性 Robustness		+		+	+
灵活性 Flexibility				+	
耐久性 Durability					

评估结果 ASSESSMENT

− −

−

○

\+

++

Important criteria 重要的标准

小组评估结果 GROUP ASSESSMENT

−

○ −

\+

−

○

○ −

图 10　空间质量评估表

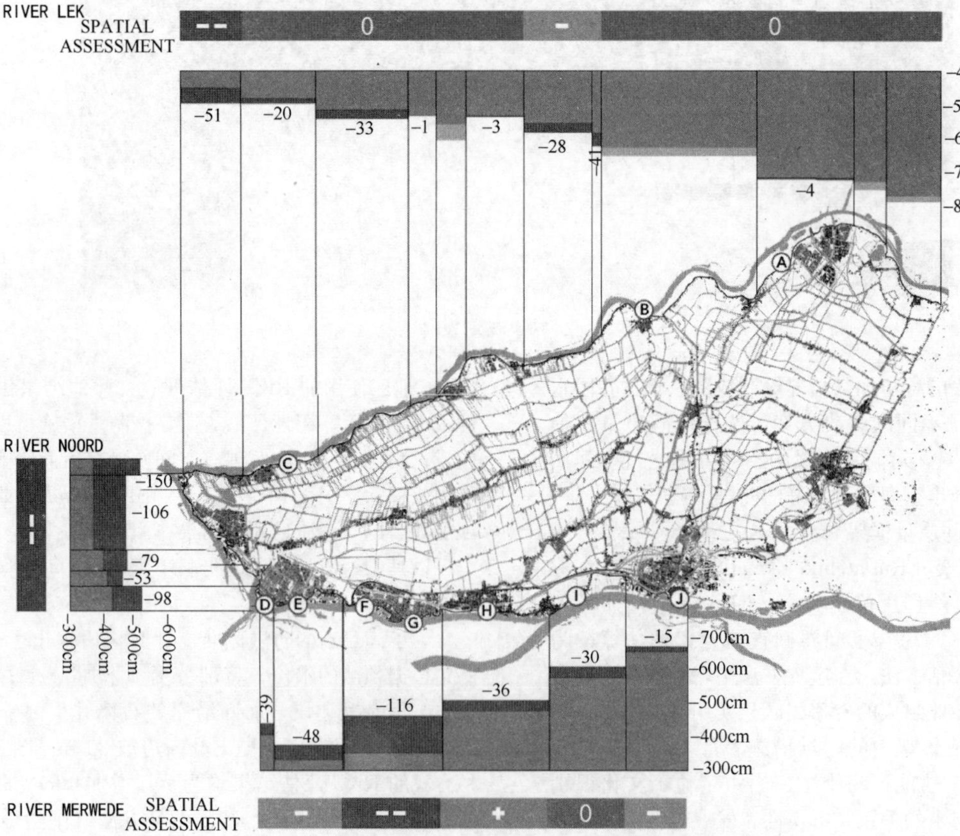

图 11　Albalasserwaard 地区地图及 2100 年区段堤坝加高示意图[11]

（上图针对 Albalasserwaard 区域各段堤岸加高措施分段进行空间质量评估，以便根据空间质量状况进行防洪措施的选择与替换）

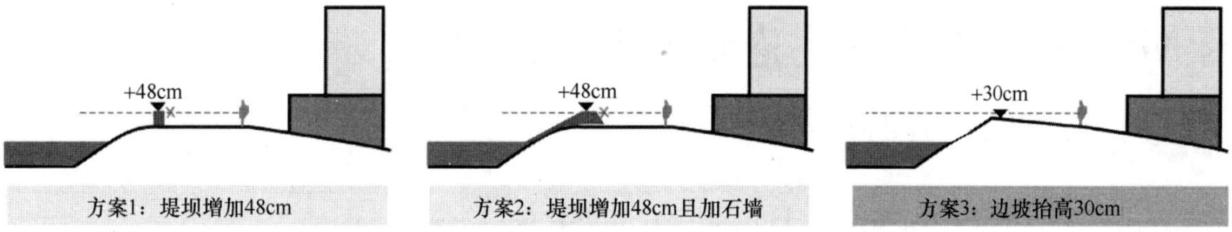

图 12　E 区段三方案效果剖面示意图（图片来源：作者自绘）

(2) 小结

相比于席凡宁根项目以空间设计配合防洪策略，该案例以空间质量作为判断洪水防御措施的出发点，措施的提出与分配过程可以归纳为以下几个步骤：

①找出目前和潜在洪水风险防御策略，该地区的空间特性、防洪标准、目标和潜力；

②对现状或规划方案进行 RKT 空间质量评估，对评价为负的措施进行改进；

③系统性地提出不同的措施改进方案，明悉不同方案的洪水预防、空间质量等效果；

④根据 RKT 评估筛选最优的空间设计方案，嵌入到整体设计当中。

4　结语

"还河流以空间"计划是荷兰洪水防御措施的重大变革，也为水管理提供新的思路与方法。本文通过多个案例论证说明"还河流以空间"计划中"扩展防御性物理空间"和"协调洪水防御与空间质量"两个空间策略。前者的核心为"提供水空间"，后者的重点在于"营建滨水开放空间"。事实证明，综合考虑空间质量与洪水风险，不但可以抵御洪水危机，还可以引导滨水区域的社会、经济、文化等多方面协同发展。

参考文献

[1] Bert，Enserink. Thinking the unthinkable—the end of the Dutch river dike system Exploring a new safety concept for the river management[J]. Journal of Risk Research，2004，(7)：745-757.

[2] Rijkswaterstaat. Water Management in the Netherlands [R]. Netherlands：Ministry of Infrastructure and the Environment，2011.

[3] 郝晓地，宋鑫，曹达啟．水国荷兰——从围垦排涝到生态治水[J]. 中国给水，2016(16)：1-7.

[4] FloodDefence'2002，Wu et al.（eds）——2002 Science Press，New York Ltd.，ISBN 1-880132-54-0.

[5] Nillesen AL. Water-safety strategies and local-scale spatial quality[J]. Municipal Engineer，2013(166)：16-23.

[6] Nillesen AL. An integrated approach to flood risk management and spatial quality for a Netherlands' river polder area [J]. Mitig Adapt Strateg Glob Change 2015(20)：949-966.

[7] Room for theRiver[EB/OL]. (2012-05). www. roomfortheriver. nl.

[8] Ruimte voor de Rivier[EB/OL]. 2016.

[9] 吴丹子，王晞月，钟誉嘉．生态水城市的水系治理战略项目评述及对我国的启示[J]. 风景园林，2016(5)：16-26.

[10] 郭巍，侯晓蕾．荷兰三角洲地区防洪的弹性策略分析[J]. 风景园林，2016(1)：34-38.

[11] Anne，Loes，Nillesen. Improving the allocation of flood-risk interventions from a spatial quality perspective [J]. Journal of Landscape Architecture，2014，9(1)：20-31.

[12] 郭巍，侯晓蕾．疏浚、排水和开垦——荷兰低地圩田景观分析[J]. 风景园林，2015，(8)：16-22.

[13] Nillesen AL. Water-safety strategies and local-scale spatial quality[J]. Municipal Engineer，2013(166)：16-23.

[14] Anne，Loes，Nillesen. 2015. The synergy between flood risk protection and spatial quality in coastal cities. Research In Urbanism Series，3(1)，255-274.

[15] 韩·梅尔，周静，彭晖．荷兰三角洲：寻找城市规划和水利工程新的融合[J]. 国际城市规划，2009(2)：4-13.

作者简介

于佳琳，1993 年生，女，汉族，山东人，北京林业大学风景园林专业在读研究生，研究方向为风景园林规划与设计。电子邮箱：569212717@qq. com。

张晋石，1979 年生，男，汉族，山东人，博士，北京林业大学园林学院副教授，研究方向为风景园林规划与设计。电子邮箱：bj _ zjs@126. com。

基于 MSPA 分析法的生态廊道规划研究
——以乌兰察布风景道规划为例

Ecological Corridor Planning Based on MSPA Analysis
—An Example of Ulanqab Scenic Byway Planning

解 爽 李方正 李 雄

摘 要：本文以乌兰察布风景道规划为例，由国内外对生态廊道的研究入手，在分析其发展历史的基础上结合廊道的功能及意义展开深入探讨。研究以乌兰察布市域核心区域为研究范围，以 2016 年遥感影像数据作为数据源，运用 MSPA 分析法识别并提取研究范围内核心区、连接桥、孤岛等生态要素，挖掘区域生态空间对其合理保护，提升区域生物多样性，同时结合景观生态学理论选取斑块间缺乏生态连通的区域，提出合理的廊道规划建议。

关键词：生态廊道；MSPA 分析；核心区；连通性

Abstract: Taking the planning of Ulanqab scenic road as an example, this study started with the research on ecological corridor at home and abroad, conducted an in-depth discussion on the function and significance of corridor based on its development history. Taking the core area of Ulanqab city as the research scope and the remote sensing image data of 2016 as the data source, the study used MSPA analysis to identify and extract the ecological elements such as core, bridge and islet within the research scope, excavated the reasonable protection of regional ecological space, and promoted the regional biological diversity. At the same time, by combining with the theory of landscape ecology, the area lacking ecological connectivity among patches was selected and reasonable corridor planning was proposed.

Keyword: Ecological Corridor; MSPA Analysis; Core; Connectivity

引言

随着城市化进程加快，城市扩张、城市人口规模扩大导致了植被破坏、绿地破碎化等一系列问题，自然景观破碎化是城市化过程中尤为常见的突出问题，它可能导致物种数量减少、死亡率增加及迁移率的下降，因而被认为是生物多样性降低与物种灭绝的最重要影响因素之一[1]。随着研究的发展，越来越多的人意识到对生态的保护不能仅限于对生物栖息地的保护，这些人为划定的保护区很容易形成多个单独的生态孤岛，不同栖息地之间的物种群落很难维持正常的物质能量流通，物种多样性保持效果有限[2-3]，因而对于生态廊道的研究不可忽视。

在景观生态学中，廊道被定义为呈条带状分布的景观要素，而生态廊道则被定义为具有保护生物多样性、过滤污染物、防止水土流失、防风固沙、调控洪水等一系列生态服务功能的廊道类型[4]。但目前对生态廊道识别提取与规划的方法研究还相对较少。

近年来，形态学空间格局分析（morphological spatial pattern analysis，MSPA）方法已开始逐渐被引入到生态规划领域。目前已有学者通过 MSPA 提取城市绿色基础设施网络要素的空间分布，并识别其功能及等级，整合遥感、GIS 技术，结合景观连接度的评价，以提出未来城市 GI 规划的可能性[5-8]，也有学者采用 MSPA 方法对城市景观时空格局变化进行定量分析[9]，并且利用 MSPA 进行景观格局时空变化特征的评估以及城市绿地生态网络的规划[10]等，MSPA 分析法在景观生态领域的作用日渐突出。本文以乌兰察布风景道规划为背景，针对生态廊道规划作为该规划中生态网络构建的重要部分展开研究，利用 MSPA 分析对乌兰察布市域范围内的核心区域进行生态要素的识别与提取，以生态优先策略进行廊道规划，并对生态廊道研究方法进行初步探讨。

1 研究区概况

乌兰察布市位于内蒙古自治区中部，向东毗邻河北张家口、向南靠近山西大同、向西邻近省会呼和浩特。本研究以乌兰察布市域范围内的核心区域为重点研究对象，包含 1 区 1 旗 2 县（集宁区、察哈尔右翼前旗、卓资县、兴和县）（图 1），总面积 9790km²，人口数 110 万人。该区域气候为大陆性季风气候，年平均气温在 0℃～18℃之间，年平均降水量在 150～450mm 之间。区域内地形复杂、丘陵盆地相间，有大小不等的平原沟壑纵横，平均海拔 1152～1321m。区域内有 G6 京藏高速、G7 京新高速、110 国道和呼张高铁穿越，道路交通的建设对场地生态带来占用土地资源、改变地形地貌、破坏原有植被、引发水土流失和地质灾害、引起生物死亡或迁移等破坏[11]，导致区域生态景观破碎问题较为严重。

图 1　乌兰察布研究区域范围图

2　数据来源及方法

2.1　数据来源

本研究以 2016 年乌兰察布市 Landsat TM 遥感影像为主要数据源，经过影像融合、几何校正、图像增强与拼接等处理后，通过人机交互目视解译的方法，得到乌兰察布市核心区域土地利用栅格数据图，辅以乌兰察布市 2016 年 1∶50000 地形图信息核对以及进行实地调研，对提取结果加以更正，最终达到研究精度要求。其中，土地利用类型被划分为建设用地、耕地、林地、草地、水域及未利用地 6 类。

2.2　研究方法

形态学空间格局分析法，由 Vogt 结合数学形态学制图算法提出，是基于腐蚀、膨胀、开启、闭合等数学形态学原理对栅格图像的空间格局进行度量、识别和分割的一种图像处理方法[6]，土地利用栅格数据图可被识别提取为 7 类要素，分别为核心区、连接桥、孤岛、环、穿孔、分支、边缘（图 2）。该方法对于识别研究区域内生境斑块及廊道、判断景观连通性具有重要意义[10]。

3　结果与分析

根据遥感影像解译结果，得出研究区域内土地利用类型分布情况（图 3），研究区域内，林地面积最大，占比为 29.33%，其次分别为草地面积占比 25.6%，耕地面积占比 22.5%，建设用地面积占比 10.79%，自然保留地面积占比 10.72%，水域面积最小，占比为 1.06%。其中，林地主要分布于西部大青山余脉，东南部苏木山林区，草地主要分布于西北侧辉腾锡勒草原一带，耕地以东北部平原区为主，建设用地则主要分布于中心城区集宁区内。区域生境斑块破碎度较高，斑块间受道路交通分割严重，连通性差。

通过 MSPA 进一步分析，识别并提取研究区域内的核心区、连接桥、孤岛、环、分支、边缘等景观要素，研究在识别结果的基础上进行了进一步的分析讨论，针对场地现状提出适宜的生态廊道规划方案。

3.1　核心区识别与提取

通过 MSPA 分析法，不同用地类型的大型自然斑块被划分为核心区（图4），承担着为生物提供栖息地以及

MSPA 要素	生态学含义
核心区	大型自然斑块，是多种生态过程的“源”，为野生动物提供栖息地或迁移目的地。在城市区域中，核心区通常对应于城市地域内的大型公园、自然保护区、风景名胜区等
孤岛	孤立的小斑块，其内部物种和外部物种交流的可能性较小，相当于生态网络中的“生态跳岛”，可提供物种散布或物质、能量流动，在生态网络中起着媒介的作用。城市中的附属绿地如居住区绿地、街头小游园、道路广场绿地等通常表现孤岛的特征
边缘	核心区与其外围城市建设用地斑块的过渡地带，保护核心区的生态过程和自然演替，减少外界景观人为干扰带来的冲击，具有边缘效应。在城市环境中，主要表现为绿色景观与外界相交的地带，如公园、风景名胜区外围的林带
穿孔	核心区与其内部城市建设用地斑块的过渡地带，同样具有边缘效应，是核心区绿色景观受到人类活动影响或者自然条件的影响而出现植被退化的边缘地带
连接桥	连接相邻核心区的廊道，是相邻核心区斑块间进行物种扩散和能量交流的通道。在城市景观中多表现为带状绿地，如绿化带、防风林带、河流绿化带等
环	连接同一核心区内部的廊道，是核心区斑块内部进行物种扩散和能量交流的通道。在城市景观中多表现为自然保护区或公园等内部的道路绿化带
分支	连接核心区及外围景观的廊道，是核心区斑块与其外围景观进行物种扩散和能量交流的通道。在城市景观中多表现为连接城市居住区或商业区与城市公园等之间的道路绿化带

图 2　MSPA 各要素的生态学含义[6]

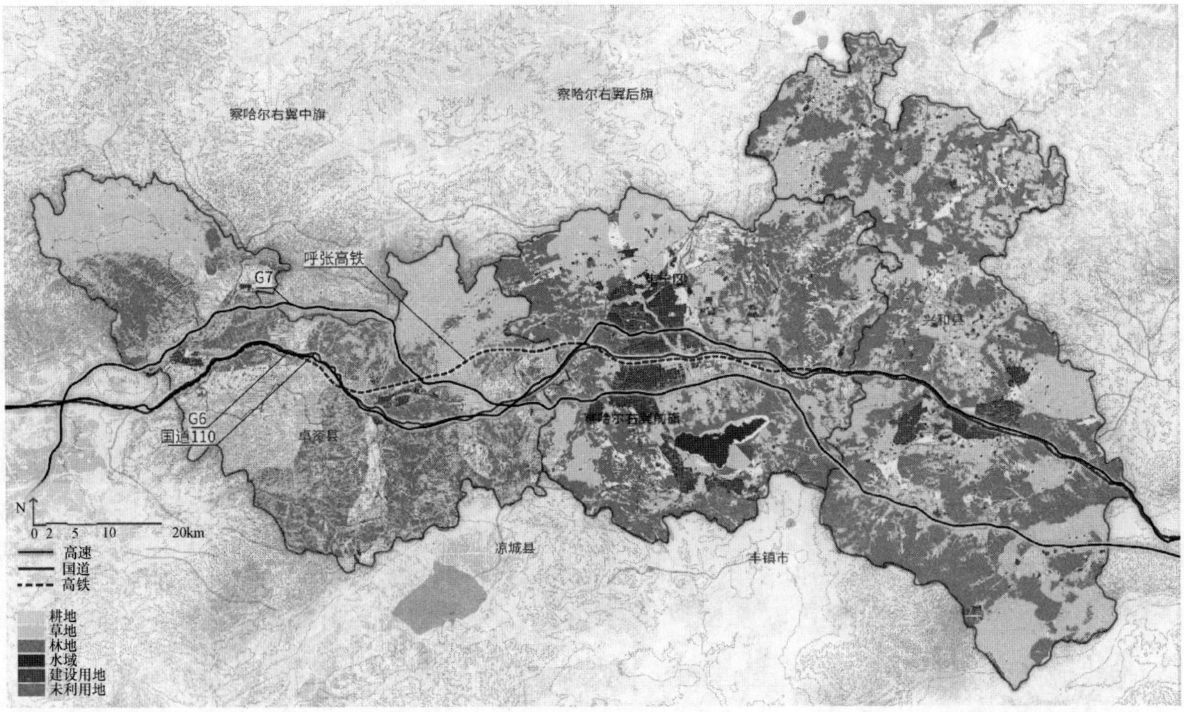

图 3　土地利用遥感解译图

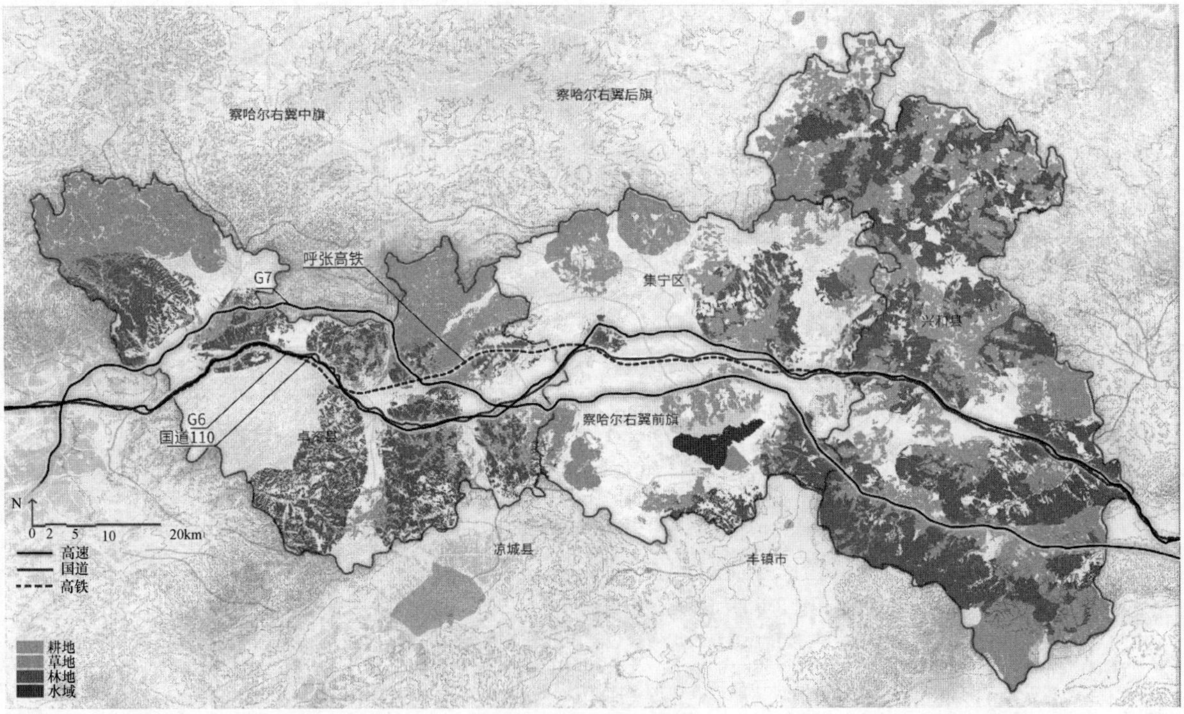

图 4　核心区识别提取图

迁徙途径等功能，是城市生态要素中的重要保护区域。

分析结果表明，林地核心区面积最大，占比为 44.63%；其次为草地，面积占比为 27.75%；再其次为耕地，面积占比为 26.67%；面积最小为水域，占比 0.95%。其中，林地斑块核心区呈现分散布局且相对破碎，核心区之间缺乏连通，这与道路交通的建设以及城市建设用地的侵占有关；草地斑块核心区分布相对集中，主要与草场牧区集中分布有关；耕地斑块核心区呈破碎化分布于研究区域内，核心区之间连通性差，与道路交通的分割以及村镇的布局有关；水域斑块核心区呈现完整且独立的分布状态，主要以黄旗海湿地为主，可形成相对独立完整的水域生态系统。

结合景观生态学理论，斑块面积和连接度指数是景观生态过程与功能的重要因素。研究将核心区按面积大小分为三个等级，并根据其连通性程度由高到低进一步划分，最终将核心区划分为一级核心区（面积大且连通性好）、二级核心区（面积中等且连通性一般）、三级核心区（面积较小且连通性差），最终形成核心区重要性分级图（图5）。

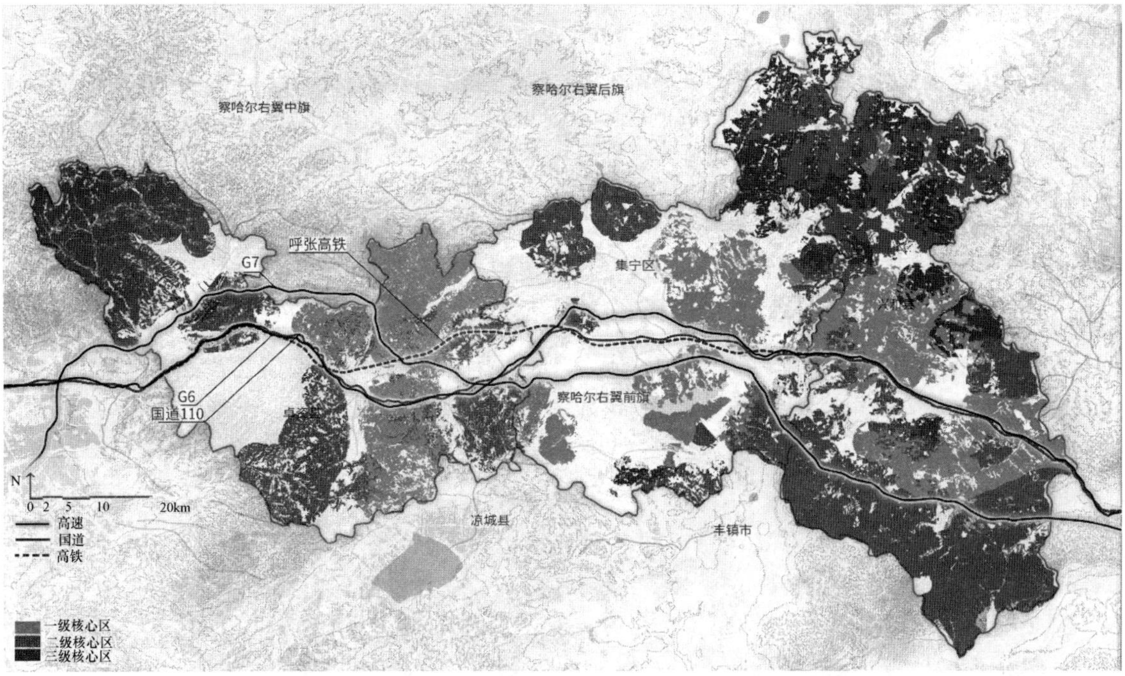

图5 核心区分级图

研究表明，一级核心区主要分布于北部辉腾锡勒草原区、东部苏木山林场区以及中部的大面积白海子镇农田区域，这些区域有着良好的生态基底，在后续生态廊道规划中应优先发展保护该区域的连通性，提升该区域之间的生态交流，确保生物多样性发展。二级核心区主要分布于西北侧大青山余脉、东北部部分农田以及东南部马头山林区。三级核心区主要以东北部破碎的农田为主，这些区域生态基底相对较差，在生态廊道规划中应以保护原有生态特征为主，减少开发，以免破坏区域生态敏感性。

3.2 孤岛、环、分支、边缘识别与提取

孤岛表现为孤立的小斑块，环是连通同一核心区内部的廊道，分支则是连通核心区与外围的廊道，边缘表现为核心区与建设用地的过渡地带。

经过 MSPA 分析，研究区域内识别出多处孤岛，呈散布状态均匀分布于研究区域内，分支多分布于北部边缘区，环分布于东北部农田区域居多，边缘则以西部大青山余脉林地与草地斑块过渡区居多（图6）。

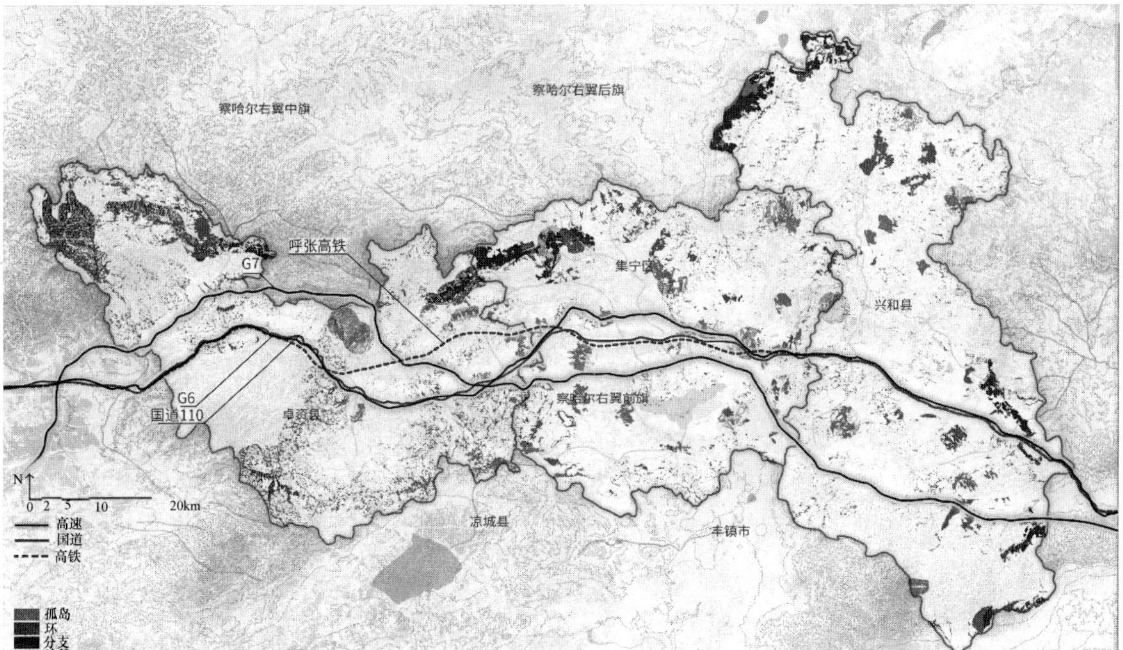

图6 孤岛、环、分支、边缘识别提取图

3.3 连接桥识别与提取

连接桥作为连接相邻两个核心区的廊道，承担着核心区之间物质流动、能量输送的功能。通过 MSPA 方法识别出研究区域内存在的连接桥要素（图 7），其分别连通相邻两个林地核心区、两个草地核心区、两个耕地核心区，两个水域核心区。研究表明，林地类连接桥面积最大，占比为 42.49%；其次为耕地类连接桥，面积占比为 34.68%；再其次为草地类连接桥，面积占比为 19.97%；水域类连接桥面积最小，占比为 2.86%。

其中，林地类连接桥主要分布于东侧苏木山林场区，说明该区域不仅林地斑块相对完整，且拥有良好的连通性，物种能在此进行良好的迁徙交流，保证生物多样性；草地类连接桥主要分布于西侧和北侧草原，用于连接该区域相对完整的草地斑块核心区；耕地类连接桥主要分布于东北部、中部农田，呈现相对散乱的布局；水域类连接桥较少分布于黄旗海湿地周围。

结合景观生态学理论，孤岛、环、分支均可被认为具有连接相邻生境斑块核心区，起到物种迁徙、能量输送作用的"廊道"，将其与连接桥的识别与提取整合，依据廊道形态、长度、宽度以及所连接核心区的重要性判断，将廊道划分为三级，分别为一级廊道（长而宽，且连接重要核心区）、二级廊道（中等长度与宽度，且连接相对重要的核心区）、三级廊道（短而细，且连接较为不重要的核心区）。其中，一级廊道在后续生态规划中应当重点保护，避免建设用地侵占，并在缺口处进行廊道修补，提升廊道连通性（图 8）。

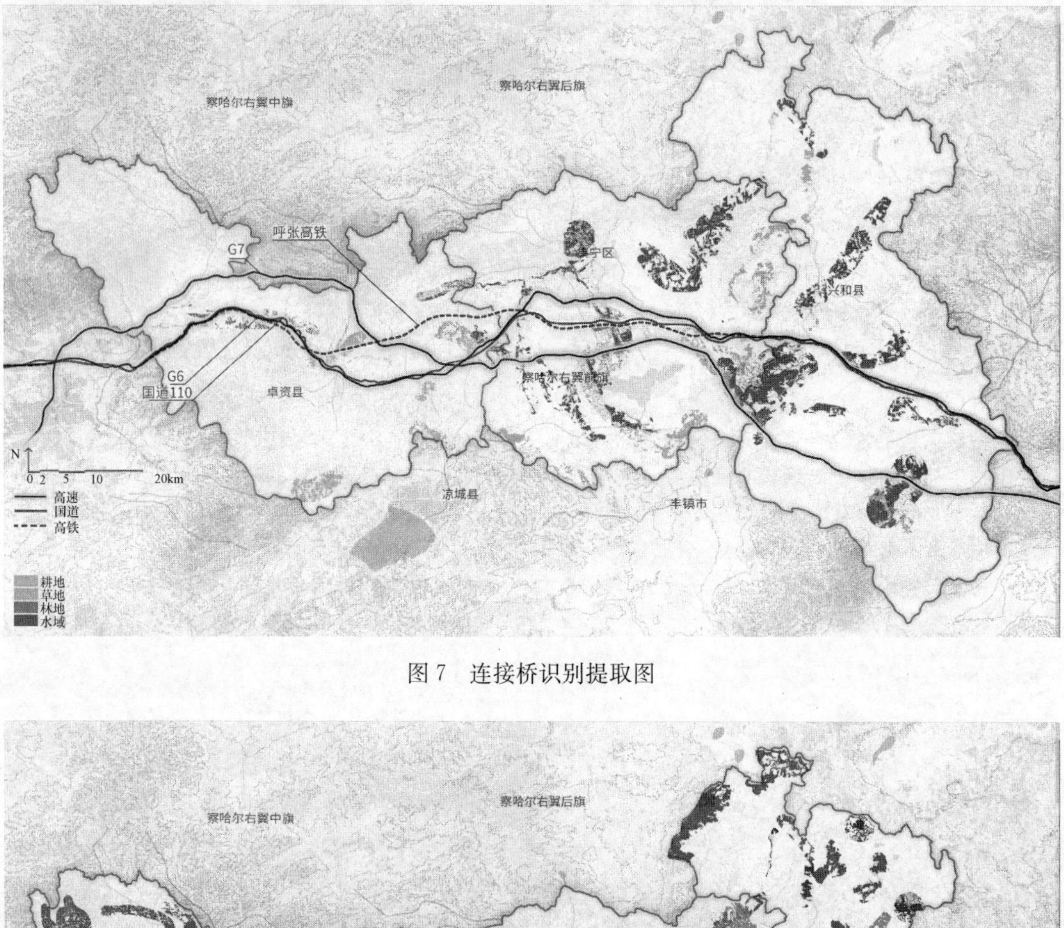

图 7 连接桥识别提取图

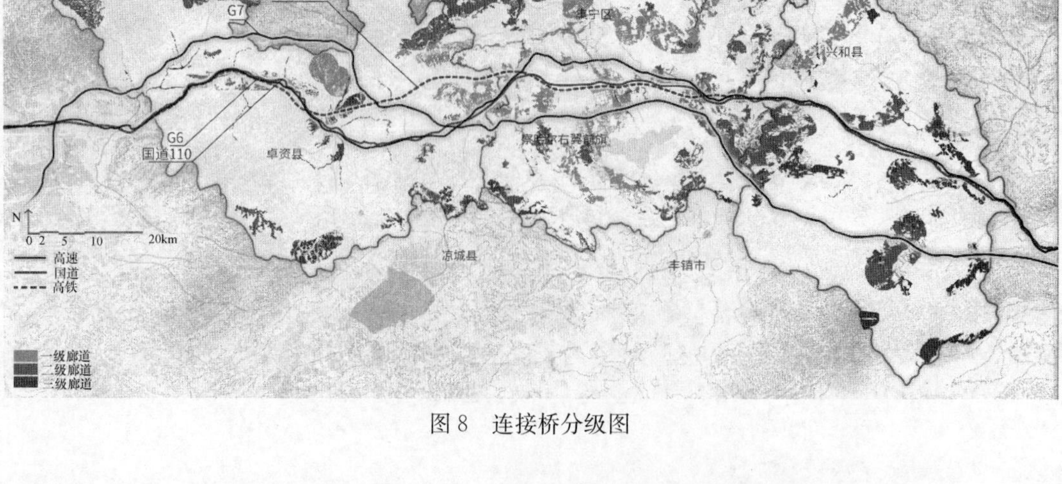

图 8 连接桥分级图

3.4 廊道规划

依据以上分析结果，基于景观生态学理论，在尽可能减少人为干扰的前提下将区域内相对破碎、缺乏连通的核心区斑块进行生态廊道修补，新建多处廊道及孤岛加强连通性（图 9）。其中，新建廊道多位于区域中部，连通被建设用地及道路交通严重割裂的农田斑块及少量草地、林地斑块，孤岛散布于区域中部和东北部，主要连通较为破碎的林地斑块，提升区域生物多样性，以增强区域生态网络的稳定性。

生态廊道规划应以维护生态环境为原则，以体现生态廊道对环境的改善。在配置植物上突出植物种植的合理性，调查适合该地区的植物配置，在原有的较稳定的植物群落中去寻找稳定的组合，在此基础上结合生态学和园林美学原理建立适合城市生态系统的人工植物群落，体现出生态廊道建设对社会发展和环境保护上的作用[12]。植物配置应当以乌兰察布当地乡土树种为主，在充分考虑山水林田原生境背景下合理配置，打造因地制宜的生态廊道。

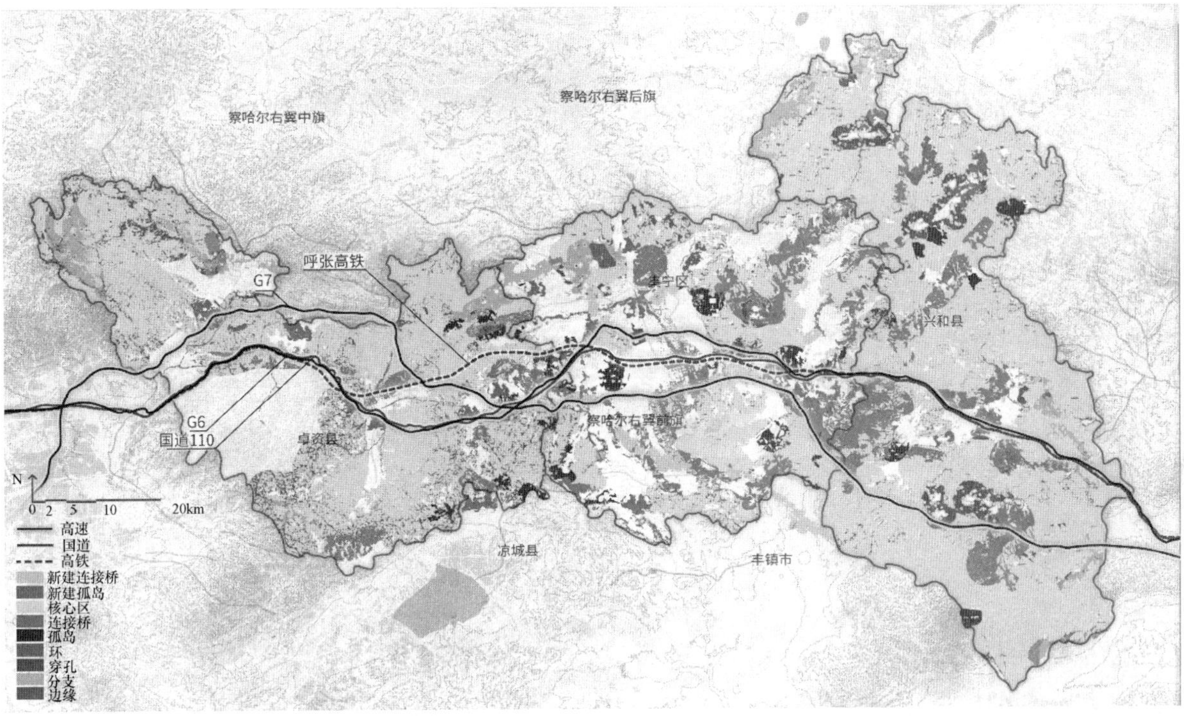

图 9 生态廊道规划图

4 总结

近年来我国对大力推行生态文明建设的关注力度不断增强，党的十九大报告把实现人与自然和谐共生的现代化作为新时代生态文明建设的新目标。在新时代生态文明建设背景下，风景园林作为保护生态环境、建设美丽中国的重要领头行业，面临着诸多挑战。生态廊道作为保护生物多样性、防止水土流失、修复生境斑块破碎化的重要景观要素，对生态文明建设起着至关重要的作用。此次研究基于乌兰察布生态廊道构建，结合景观生态学理论，运用 MSPA 分析法对生态要素进行了客观识别、提取，最终在保护自然基底的基础上提出合理的廊道规划建议：①对现有廊道尤其是一级廊道进行重点保护，缺口处进行生态修补，增强廊道连通性；②在相对重要的一二级核心区之间缺乏连通性的部位，依据立地条件适当增加连接桥廊道或孤岛廊道，以促进核心区之间物质交换和能量流动，增强物种多样性。

参考文献

[1] 郭纪光，蔡永立，罗坤，等. 基于目标种保护的生态廊道构建——以崇明岛为例 [J]. 生态学杂志，2009，28（8）：1668-1672.

[2] 赵清，郑国强，黄巧华. 南京城市森林景观格局特征与空间结构优化 [J]. 地理学报，2007，62（8）：870-878.

[3] 李素英，王计平，任慧君. 城市绿地系统结构与功能研究综述 [J]. 地理科学进展，2010，29（3）：377-384.

[4] 朱强，俞孔坚，李迪华. 景观规划中的生态廊道宽度 [J]. 生态学报，2005，25（9）：2406-2412.

[5] 吴银鹏，王倩娜，罗言云. 基于 MSPA 的成都市绿色基础设施网络结构特征研究 [J]. 西北林学院学报，2017，32（4）：260-265.

[6] 邱瑶，常青，王静. 基于 MSPA 的城市绿色基础设施网络规划——以深圳市为例 [J]. 中国园林，2013（5）：104-108.

[7] 于亚平，尹海伟，孔繁花，等. 基于 MSPA 的南京市绿色基础设施网络格局时空变化分析 [J]. 生态学杂志，2016，35（27506）1608-1616.

[8] 刘颂，何蓓. 基于 MSPA 的区域绿色基础设施构建——以苏锡常地区为例 [J]. 风景园林，2017（8）：98-104.

[9] 席朗. 基于 MSPA 的县级尺度景观网络格局时空变化分析——以东乡县为例 [J]. 环球人文地理，2017（16）.

[10] 王越，林箐. 基于 MSPA 的城市绿地生态网络规划思路的转变与规划方法探究 [J]. 中国园林，2017（5）：68-73.

[11] 张婧丽. 高速公路景观绿化中的生态廊道 [J]. 交通标准化，2014，42 (10)：74-76.
[12] 潘佳佳. 生态廊道规划设计中的植物配置及景观分析 [D]. 郑州：河南农业大学，2013.

作者简介

解爽，1995年生，女，汉族，山东潍坊人，北京林业大学园林学院在读硕士研究生。研究方向：风景园林规划设计与理论。电子邮箱：394659962@qq.com。

李方正，1989年生，男，汉族，山东济南人，北京林业大学园林学院讲师。研究方向：城市绿色空间生态系统服务权衡与协同、风景园林与公共健康。电子邮箱：fangzhengli@bjfu.edu.com。

李雄，1964年生，男，汉族，山西人，博士，北京林业大学副校长、园林学院教授。研究方向：风景园林规划设计与理论。电子邮箱：bearlixiong@sina.com。

基于NLPIR平台大数据文本分析的北京市典型建成绿道绩效评价①

Post Occupancy Evaluation of Built Greenway Network in Beijing Based on NLPIR Platform

谭 立 赵茜瑶 李 倞

摘 要：绿道是城市中重要的生态和休闲网络组成部分，很多大城市如北京已经逐步规划和建设城市的绿道系统，但相关的绩效评价还未形成成熟的体系。新的时代，互联网社交平台如新浪微博和博客成了大量使用者发表看法和评价的平台，通过对其提供的大量文本数据进行挖掘，往往能了解到人们对某一事物的客观评价，一定程度上弥补了传统调研方式的不足。本文通过文本爬取和NLPIR平台大数据分析，对北京的三个典型建成绿道进行比较研究。研究分析人们对绿道的情感认知、对绿道做出不同情绪评价的原因、对绿道不同空间节点的关注度以及绿道上的活动类型和偏好，最后通过综合分析，对未来城市绿道系统的建设和改造提出建议。

关键词：绿道；大数据；NLPIR；使用后评价；微博

Abstract: The greenway is an important part of the ecological and leisure network in the city. Many large cities such as Beijing have gradually planned and constructed the urban greenway system, but the relevant performance evaluation has not yet formed a relatively mature system. In the new era, Internet social platforms such as Sina Weibo and Sina Blog have become a platform for users to express their opinions and evaluations. By mining a large amount of text data provided by them, we can understand the objective evaluation. To some extent, it will make up for the shortcomings of traditional research methods. This paper compares the three typical built greenways in Beijing through text crawling and big data analysis of the NLPIR platform. We analyze people's emotional cognition of the greenway, the reasons for different emotional evaluation of the greenway, the attention to different spatial nodes of the greenway, and the types and preferences of activities on the greenway. Finally, through comprehensive analysis, we reviewed the future urban greenway system suggestions for construction and renovation.

Keyword: Greenway; Big Data; NLPIR; POE; Micro-blog

1 研究背景

1.1 相关研究现状

绿道是城市中重要的生态和休闲网络组成部分，是城市中人们慢行生活、接触自然的重要途径，在城市化不断加剧和生态问题突出的当今时代起着重要的作用[1]。很多大城市如北京已经逐步规划和建设城市的绿道系统，但相关的绩效评价还为形成较为成熟的体系，尤其是居民的使用后评价。由于绿道使用者较为分散、周边用地环境复杂多变，传统的调研方式往往难以开展。此外，实地调研等传统方式难以获取历史的评价数据，难以进行一个长期的观察和研究。

1.2 研究理论概述

本文的研究基于对网络评价文本大数据的挖掘，其一方面可以获取数量较大、使用者空间分布较均匀的评价文本数据，有效地提升研究的客观性，同时由于网络数据能够容易获得历史评价记录，因此不受时间的限制，能从更广的时间尺度上对绿道进行评价，进一步提升研究结果的准确性。

对于挖掘到的网络文本大数据，本文利用NLPIR平台（Natural Language Processing & Information Retrieval，自然语言处理与信息检索）进行分析。NLPIR大数据搜索与挖掘平台是一个集实时数据采集和存储、语义分析、专业知识库的大数据处理平台，可在智能分析的基础上实现数据集成、自动分析和知识服务[2-3]。本文主要利用该平台进行文本情感分析和词频统计，并对研究结果进行分类对比。

1.3 研究对象

北京从2013年开始即展开了绿道项目的建设，截至2018年，政府公布的建成绿道项目已有8条以上[4]，但由于不同绿道的完成度并不一致，部分绿道使用率较低，网络能获取的评价文本较少，因此本文选择了其中使用率最高、评价数据最多的3条绿道进行研究，分别为环二环城市绿道、三山五园绿道、温榆河绿道，其基本数据和空间位置见表1和图1。这三条绿道依次位于城市中心城区、城市中心城区与郊区之间、城市郊区三个典型的城市

① 基金项目：国家自然科学基金青年科学基金项目“基于空间潜力和社会行为量化分析的城市型绿道网络识别和构建模式研究—以北京海淀区为例”（编号31600577）和中央高校基本科研业务费专项资金（编号2015ZCQ-YL-02）共同资助。

空间位置。本文的相关研究均基于全线建成的绿道，相关数据均采集自绿道全线建成的时间点之后。

研究绿道基本信息　　表 1

绿道名称	建成时间	单程长度（km）
环二环城市绿道	2014	35
三山五园绿道	2014	36.1
温榆河绿道	2015	78

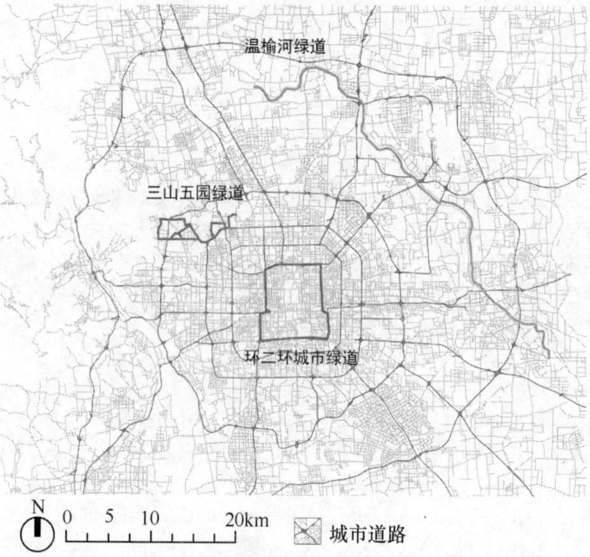

图 1　研究绿道位置示意图

此外，因为不同区域绿道建设的负责团队与各辖区分期建设规划等有所不同，部分绿道虽然名称不一样，但存在路线重叠的情况。本文在研究时将重复度极高的绿道归类到同一绿道下进行研究，包括环二环城市绿道与营城建都滨水绿道、温榆河绿道和通州北运河绿道。其中营城建都滨水绿道和通州北运河绿道均为对应绿道的一部分。

1.4　文本数据来源与获取

微博是一个基于用户关系信息分享、传播以及获取的平台。用户可以通过 WEB、WAP 等各种客户端组建个人社区，以 140 字（包括标点符号）的文字更新信息，并实现即时分享。博客的正式名称为网络日记，是使用特定的软件，在网络上出版、发表和张贴个人文章的人，或者是一种通常由个人管理、不定期张贴新的文章的网站，其与微博的区别主要为其字数不受限制，因此一篇博客往往有较多的文本量。本文通过对两者的文本进行综合分析，进一步提升研究的客观性和准确性。

本文的文本数据来源于新浪微博和博客，其在中国具有大量的使用者，文本数据量较大，对于分析和研究人们的使用后评价具有较好的代表性。研究通过检索绿道相关的关键词（主要为绿道名称），对绿道相关的文本进行爬取，从而获得大量的相关文本。表 2 为研究爬取的相关数据情况。本文共爬取到相关微博 1726 条、博客 24 篇。相关微博中，部分微博的地点、内容与研究对象不符，部分微博为政府和相关机构的宣传微博，将这部分内容去掉后，共保留 296 条微博用于分析，其包含中文字符 14096 个。

文本数据统计　　表 2

	环二环绿道	三山五园绿道	温榆河绿道
有效微博数	171	56	69
有效微博字数	6012	3363	4721
检索总微博数	886	438	402
博客数	17	4	3
博客总字数	7649	2439	2634

2　研究方法

本文利用 NLPIR 平台对爬取到的文本数据进行分析，包括使用者情绪分析、情绪影响因子分析、空间关注点分析和使用者活动类型分析四个部分。其中，使用者情绪分析利用了 NLPIR 平台的基于深度神经网络的文本情感分析技术，后三者则利用了基于完美双数组 TRIE 树的词频统计技术。

2.1　使用者情绪分析

使用者情绪分析主要在于分析人们在对某一事物进行描述时的情绪，正面情绪越多，则说明对该事物的体验和评价越好。本文采用了基于深度神经网络的文本情感分析，其包括两种技术：(1) 情感词的自动识别与权重自动计算，利用共现关系，采用 Bootstrapping 的策略，反复迭代，生成新的情感词及权重。(2) 情感判别的深度神经网络：基于深度神经网络对情感词进行扩展计算，综合为最终的结果[5]。整个分析过程在 NLPIR 大数据搜索与挖掘平台完成。平台将分析结果分为正情绪和负情绪两种，正情绪包含乐、好，负情绪包含怒、哀、惧、恶、惊。

本文对三个绿道的文本分别进行了情感分析，其结果见图 2，饼状图反映了不同绿道中使用者情绪所占的比例。

由图 2 可以看出，人们对绿道的评价基本以正面情绪为主，其中环二环城市绿道的正面情绪占比最多，满意度最高。温榆河绿道“乐”情绪占比最高，即说明其虽然总的正面评价不如环二环绿道，但其带给人们的体验更加优质，能够产生更加满意的感受。负面评价上，所有负面情绪中“恶”即恶心的情绪占比最高，其次则是“哀”即哀伤、低落的情绪。

2.2　情绪影响因子分析

研究通过对文本的词频进行归类和计算，提取出人们评价绿道时出现最多的情感词汇，能够间接地反映出人们做出评价的原因。

基于完美双数组 TRIE 树的词频统计由 NLPIR 平台提供，其词频统计算法的效率较高，是常规算法的十倍以上。该算法的效率不会随着待统计结果数目的剧增而指数级增长，一般是呈亚线性增长[6]。词频分析将提取文本

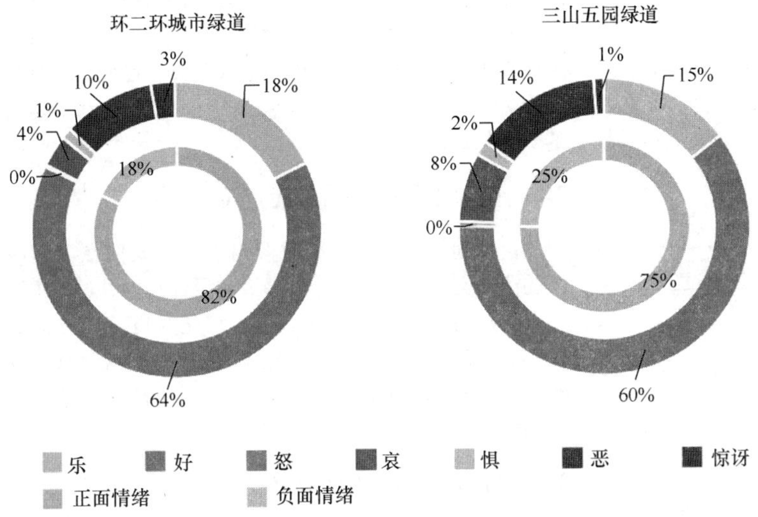

图 2　使用者情绪比例图

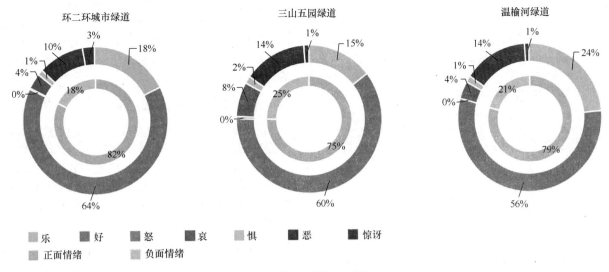

中的名词、动词和形容词，得到每个词语出现的频率。其中形容词多为描述自身的心情与感受，因此能够反映人们的情绪影响因子。表 3 为词频最高的前三个与情绪有关的形容词，包括正情绪和负情绪两种。

情绪形容词词频排序　　　　**表 3**

	词频排序	环二环城市绿道	三山五园绿道	温榆河绿道
正面	1st	开心	健康	开心
	2nd	美丽	开心	宽阔
	3rd	祥和	连续	舒适
负面	1st	嘈杂	恶心	费劲
	2nd	糟糕	在哪	不通
	3rd	吓人	狭窄	肮脏

对照表 3 与图 2 的结果，并反馈到原文中进行对照，我们能对人们情绪的原因进行推测和论证。其中，“开心”是使用过程中最多的感受，而不同绿道产生积极情绪的原因有所偏向。如环二环绿道的原因还有“美丽”和“祥和”，与城市中心区有关，这里的居民更希望一种祥和的生活氛围，同时又能够在拥挤的老城中找到一方美丽的自然环境。三山五园绿道的关键词是“健康”和“连续”，反映了人们健身和对绿道连续性的较高要求。温榆河绿道由于地处郊区，“宽阔”成为了人们喜欢这里的重要原因。

负面形容词词频解释了绿道负面情绪产生的一些原因。由图 2 可知，所有情绪中“恶”即恶心的情绪占比最大，其中三山五园绿道和温榆河绿道反映最多。其主要原因是这两条绿道沿线环境并没有得到很好的清理，路过一些棚户区和污水河道时，往往给人不好的印象。此外通过对比原文本，“哀”的情绪一般来源于路线的破碎和不完善。

2.3　绿道关注点分析

研究利用基于完美双数组 TRIE 树的词频统计，得到文本中的名词词频，其中部分名词为地名，间接反映了人们对这些地点的关注度。本文统计了每个绿道词频量前六的地点，其结果如表 4 所示。这些地点亦可以转译到空间位置上，反映出绿道中受到人们关注、具有发展潜力的地点，获得绿道的关注点空间分布图（图 3）。

绿道关注点统计　　　　**表 4**

词频排序	环二环城市绿道	三山五园绿道	温榆河绿道
1st	鼓楼	玉泉	温榆河
2nd	金中都	香山	河畔
3rd	广安门	植物园	北运河
4th	崇文门	颐和园	罗马湖
5th	白纸坊	皇家	湿地
6th	天坛	海淀公园	油菜花

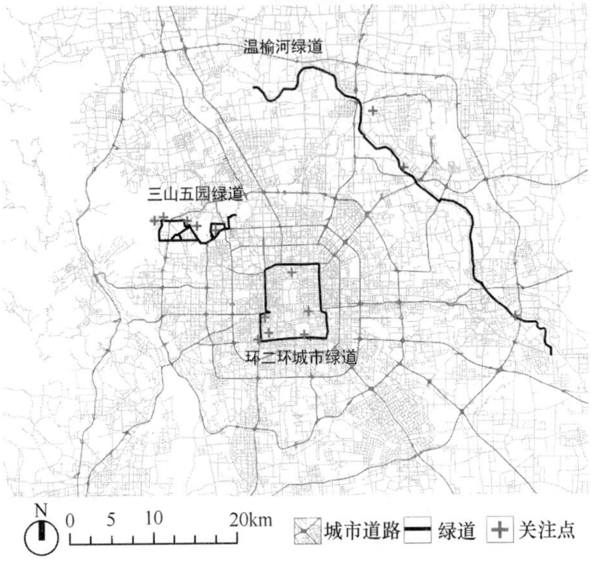

图 3　关注点空间分布图

2.4 使用者活动类型分析

研究利用基于完美双数组 TRIE 树的词频统计，得到文本中的动词词频，其中部分动词为活动的类型，间接反映了人们在绿道中的活动内容。本文统计了每个绿道词频量前五的活动类型，其结果如表 5 所示。

绿道活动类型统计 表 5

词频排序	环二环城市绿道	三山五园绿道	温榆河绿道
1st	行走	行走	骑车
2nd	休闲	跑步	跑步
3rd	生活	发现	烧烤
4th	散步	看到	拍照
5th	纪念	休息	踏青

从表中可以比较明显地看出不同绿道活动类型的不同，其中环二环城市绿道以行走、散步等慢节奏的活动方式为主，与城市中心区人们的日常生活息息相关。三山五园绿道中则以跑步等锻炼方式为主，同时“发现”“看到”反映了人们对沿途的周边风景资源有较深的印象。温榆河绿道的活动类型则以骑行、烧烤等郊野活动为主。

3 绿道提升与完善建议

基于本次的研究，我们对未来北京城市绿道系统的建设提出以下建议。

3.1 完善绿道的完整性与可识别性

通过分析和调研论证，我们发现北京建成区绿道的一个重要问题就是绿道的完整性。尽管政府规划了一个连续的绿道系统，但是在实际建设过程中，很多绿道会受到城市道路的影响，出现被城市道路分割而无法连续的问题，缺乏用地而直接占用车行道或人行横道的问题。情绪分析中“费劲”“狭窄”“不通”以及“在哪”往往都是反映这类问题。此外，由于建设不完全和规划选线欠考虑，部分区段的周边环境较差。建议在未来的绿道建设和改造过程中，通过逐步调整用地分配、构建立体交通体系来对这些问题地段进行针对性处理。

3.2 加强连接潜力资源

研究获得的关注点分布图呈现了绿道中重要的潜力地段。这些地段周边往往有着较好的景观资源，或者大量的使用人群，但实际调研中，大部分潜力地段的设计和规划与其他地段基本一致，周边资源也缺乏。建议未来的绿道建设中，适当提升这些潜力区段的设计品质，尤其是连通周边的资源节点，如增加绿道支线，更好地将绿道周边的资源与绿道结合起来。

3.3 凸显不同绿道的功能定位

由动词的词频统计结果容易看出，人们在不同绿道中的活动类型有所偏差。在绿道的设计和提升过程中，宜根据人们活动需求的不同，完善特化绿道某一方面的功能和服务设施。如在郊区绿道增设更多的骑行辅助设施，在城市中心区绿道设置更多贴近居民日常生活需求的功能场地。

3.4 推进社会反馈平台建设

在研究过程中，我们发现有的绿道之间尽管建成时间一致，但相关词条在微博平台的热度却有着较大的差别。统计结果显示，两者的宣传微博数亦有着较大差异，可以推测出政府的网络宣传对促进人们使用绿道有着一定的促进作用。建议政府和相关机构加大相关社会宣传，并且积极构建、开放诸如微博这样的网络平台，为未来的反馈研究提供更好的基础。

参考文献

[1] 周年兴，俞孔坚，黄震方．绿道及其研究进展 [J]．生态学报，2006 (9)：3108-3116.

[2] 王飞，陈立，易绵竹，等．新技术驱动的自然语言处理进展 [J]．武汉大学学报（工学版），2018，51 (8)：669-678.

[3] [EB/OL]．http://info.b2b168.com/s168-70396884.html.

[4] [EB/OL]．http://www.bjyl.gov.cn/sdlh/jkld/.

[5] [EB/OL]．http://ictclas.nlpir.org/nlpir/html/qinggan-5.html.

[6] [EB/OL]．http://ictclas.nlpir.org/nlpir/html/cipin-3.html.

作者简介

谭立，1992 年生，男，土家族，湖北人，北京林业大学园林学院风景园林学在读博士研究生。研究方向为风景园林规划与设计。电子邮箱：1113001748@qq.com。

赵茜瑶，1995 年生，女，满族，北京人，北京林业大学园林学院风景园林学在读硕士研究生。研究方向：风景园林规划设计。电子邮箱：rita95312@163.com。

李倞，1984 年生，男，汉族，北京林业大学园林学院副教授。电子邮箱：liliang@bjfu.edu.cn。

基于百度POI数据的深圳市福田区风雨连廊选址规划研究

Location Planning of Rain Corridor Based on Baidu POI Data in Futian District, Shenzhen, China

王一岚　韩炜杰　刘晓明　郭　巍

摘　要：大数据的应用在各行各业都受到普遍的高度关注，在高度信息化的今天，过度依赖主观经验的传统风景园林规划设计方式对大众实际需求的把握开始显得力不从心。POI（Point of Interest）数据是一种表示地理实体的点状数据，包含坐标、位置等空间信息和名称、类别等属性信息，属于比较容易获得的一种城市数据类型。依靠在百度地图开放平台上获得的深圳市福田区POI数据，采用核密度估计法和层次分析法完成人群对风雨连廊的需求度评价，在此基础上进行连廊的初步选址，再通过对高需求度区域中的街道进行景观性评价来选择具体的连廊载体街道，最终得到连廊的选址规划图。总体而言，依据POI数据的城市景观设施需求度分析有助于提高风景园林师对景观设施的选址等前期研究的客观性和科学性，在数据越来越丰富的未来还有相当大的发展空间。

关键词：风景园林；POI；风雨连廊；核密度；福田区

Abstract: Application of big data has received widespread attention in all walks of life. With the current era of highly informatized, the traditional landscape planning and design methods that rely too much on subjective experience have become unable to grasp the actual needs of the public. POI (Point Of Interest) data is a kind of point data representing a geographic entity, including spatial information such as coordinates and position, and attribute information such as name and category. It is a kind of urban data type that is relatively easy to obtain. Based on the POI data of Futian District in Shenzhen obtained on the open platform of Baidu map, the kernel density estimation method and the analytic hierarchy process are used to evaluate the demand for the rain corridor. Based on this, the preliminary selection of the corridor is carried out. Then, through the landscape evaluation of the streets in the high-demand area, the specific corridor carrier street is selected, and finally the layout plan of the corridor is obtained. In general, the analysis of the demand of urban landscape facilities based on POI data will help to improve the objectivity and scientificity of earlier studies on site selection of landscape facilities by landscape architects, and there will be considerable space for development in the future within big data increasing.

Keyword: Landscape; POI; Rain Corridor; Kernel Density; Futian District

风雨连廊是城市公共交通三网融合中的重要组成部分，主要功能为遮阳和挡雨，减轻恶劣天气对人们出行和换乘的影响，是大型公共建筑（如医院、机场、火车站）、公共交通站点（地铁站、公交站、客运码头）等人流集中区域的步行联系通道，多见于一些日照时间长、降雨量大的热带和亚热带地区城市。

目前在风雨连廊的建设方面，国际上新加坡做得最为完善（图1），而我国的风雨连廊慢行设施的建设才刚刚起步，多见于经济发达的东南沿海地区城市，如深圳、广州、三亚等（图2）。但这些城市现有的风雨连廊分布十分零散，尚不能与交通体系衔接形成连续的网络以达到改善公众出行体验的目的。造成这一现象的主要原因之一是因为缺乏在规划层面对建设风雨连廊选址的把控。传统的城市景观基础设施选址规划缺乏客观、准确的方法来把控人们对设施的需求度，大多数情况下是依赖规划设计师的主观经验进行定性的分析与决策。大数据分析技术的应用给选址规划提供了新的思路，经过了一些年的发展和技术沉淀，大数据应用的成本开始降低，依靠在百度等面向公众开放的商业平台上免费获得的POI数据，我们可以对人群需求度进行可精确定位的分析：用GIS导入POI数据加以分析后，便可以图示化的方式清晰地呈现出人群活动强度的空间分布，在此基础上可分析出不同地区人们对风雨连廊等城市景观设施的需求度高低，进而对选址提供客观科学的依据。

图1　新加坡风雨连廊（图片来源：网络）

1　研究地区与研究方法

1.1　研究区概况

深圳市位于广东省中南沿海地区，属亚热带海洋性气候，夏季高温多雨，日照时间长。福田区位于深圳市中

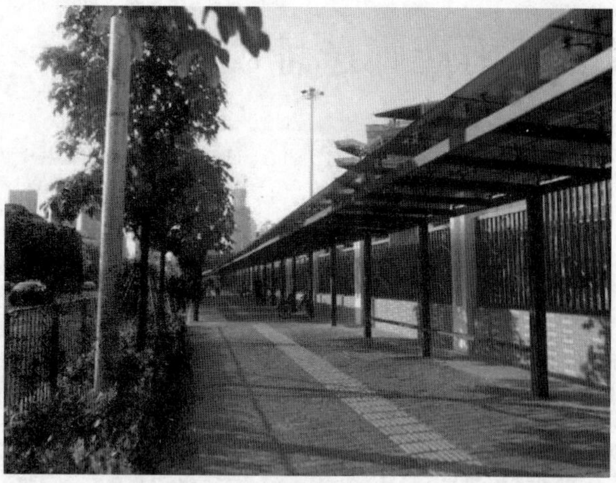

图 2　深圳市现有风雨连廊（图片来源：作者自摄）

心城区，总面积 78.8km²，常住人口 150 万人，是市委市政府所在地，东起红岭路，西至侨城东路，北接龙华，南临深圳河，与香港隔河相望[1]，区内汇集了大量商务区、教育科研机构、医院等公共设施，是深圳的行政、文化、金融和国际交流中心。目前深圳市公共交通三网融合建设正在推进中，慢行系统中的风雨连廊是其重要组成部分。福田区的风雨连廊不仅要承担城市交通的职能，完善道路空间的组织结构，满足人们的出行、观赏、游憩等需要，还要起到保护历史文化、构造特色城市景观、体现城市文化氛围等作用。

1.2　数据来源

1.2.1　POI 数据的特征

POI 是兴趣点的简称，POI 数据是一种表示地理实体的点状数据，包含坐标、位置等空间信息和名称、类别等属性信息[2]，属于比较容易获得的一种城市数据类型。POI 数据早期的应用多见于地图导航上，用户通过输入兴趣点名称便可获取兴趣点的位置信息[3]，导航地图中 POI 信息点的多少以及信息的准确程度和信息更新速度，都影响到地图的使用情况。由于大多数地图软件都是开源的，面向用户免费使用，所以 POI 数据的获取相较于手机信令数据、社交网络数据、监测数据更加容易[4]，通过简单编程的一些小程序便可在这些开源平台上扒取一座城市的完整 POI 数据，这些数据类别清晰、便于清洗、信息量大，涵盖城市的各个方面，非常适合用于有关城市问题的一些研究。由于在国内百度地图的市场占有量最大，信息也最为全面，故本文主要使用的是从百度地图上获取的 POI 数据。

1.2.2　POI 数据的获取

要得到人群对不同城市空间中风雨连廊的需求度评价，首先应选取合适的 POI 数据。本文参考了同类型研究[5-6]中使用的评价体系和影响因子，确定了连接性、流动人口分布两个决定风雨连廊需求度的标准层。连接公交站、地铁站与人群出行目的地之间的“最后一公里”体现的是对风雨连廊连接性的需求，大型公建、办公设施、大型商业、大型居住区反映的是流动人口最大的出行目的地。因此，选取公交站点、地铁站点两种 POI 数据作为连接性下的指标层；选取大型公建（如医院、学校、体育馆等）、办公设施、大型商业体、大型居住区四种 POI 数据作为流动人口分布下的指标层，在百度地图开发者平台上通过扒数据软件获取了深圳市福田区的这六类 POI 数据，加以清洗和筛选后导入 ArcGIS（图 3）。

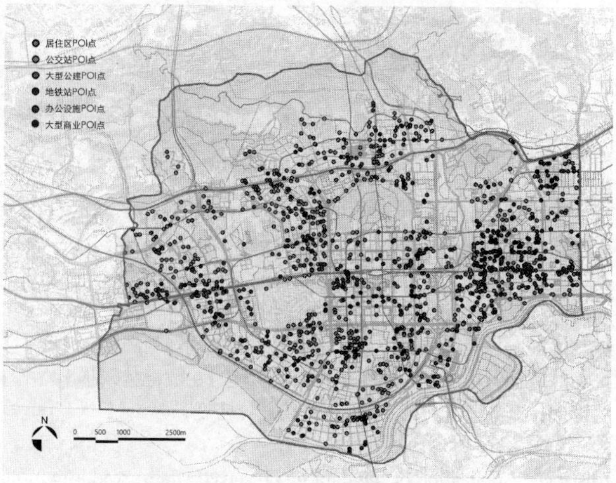

图 3　深圳市福田区 POI 点
（图片来源：作者自绘，底图来自谷歌地球和 OSM）

1.2.3　其他数据的获取

研究中使用到的其他数据主要包括卫星遥感图像数据、路网矢量数据、行政边界数据等。遥感影像数据通过 LocaSpaceViewer 直接下载 Google Earth 影像，路网矢量数据主要依靠从开源平台 Open Street Map 上获取的道路线数据，经转换后导入 ArcGIS。福田区的行政边界数据从深圳市行政区划图中获取。路网及行政边界分布如图 3 所示。

1.3　研究方法

研究方法主要分为两部分。一是采用核密度估计法和 AHP（Analytic Hierarchy Process）层次分析法完成人群对风雨连廊的需求度评价，叠加各 POI 核密度后，得到高核密度值的区域，便是人群对风雨连廊需求度高的区域，在此基础上进行连廊的初步选址；二是通过对高需求度区域中的街道进行景观性评价来选择具体的连廊载体街道，最终得到连廊的选址规划图。

1.3.1　基于 POI 核密度分析的连廊需求度评价

核密度估计法（Kernel Density Estimation）最早由 Rosenblatt 提出，其原理是距离越近的事物关联越紧密，离核心要素越近，获取的密度扩张值越大[7]，常用于研究一堆点的空间分布规律。具体的方法是通过一个移动的单元格对点或线格局的密度进行估计，给定样本点坐标 x_1，y_1，x_2，y_2，…，x_i，y_i，可用核心估计算法模拟出属性变量数据的分布[8]。在研究对象主要为二维数据时，一个常用的核密度估计函数公式[9]表示为：

$$f_n(x)=\frac{1}{nh^2\pi}\sum_{i=1}^{n}K\left[\left(1-\frac{(x-x_i)^2+(y-y_i)^2}{h^2}\right)\right]^2 \quad (1)$$

上述公式中：K 为核函数；h 是带宽；$(x-x_i)^2+(y$

$-y_i)^2$表示点与点间的距离；n表示一定范围内点的数量。

风雨连廊的需求度与在其服务范围内相关POI点的数量和密度呈明显的正相关关系。在GIS中使用核密度分析工具分别对6种指标POI点进行核密度估算，对应得到6个核密度分布层，分别表示6种POI点在目标范围即福田区内的分布密度和详细位置。

不同的影响因子对风雨连廊需求度的影响程度不一样，如核心商业区、大型公建的地铁站附近毫无疑问是对风雨连廊需求度最高的地方，因此，需要对影响因子的权重进行计算。目前，在基于GIS的多准则分析中，层次分析法是计算权重最常见的方法[10]，研究采用AHP层次分析法对不同类别的POI进行权重计算，得到不同的权重值（表1）。获得权重后将核密度分析得到的6个核密度层进行栅格化，使用GIS空间分析工具下的栅格计算器将每个图层对应的权重输入后再加以叠加，便可得到风雨连廊需求度分布（图4），颜色越深的区域代表需求度越高，初步选出位于这些区域中可作为风雨连廊潜在载体的街道。

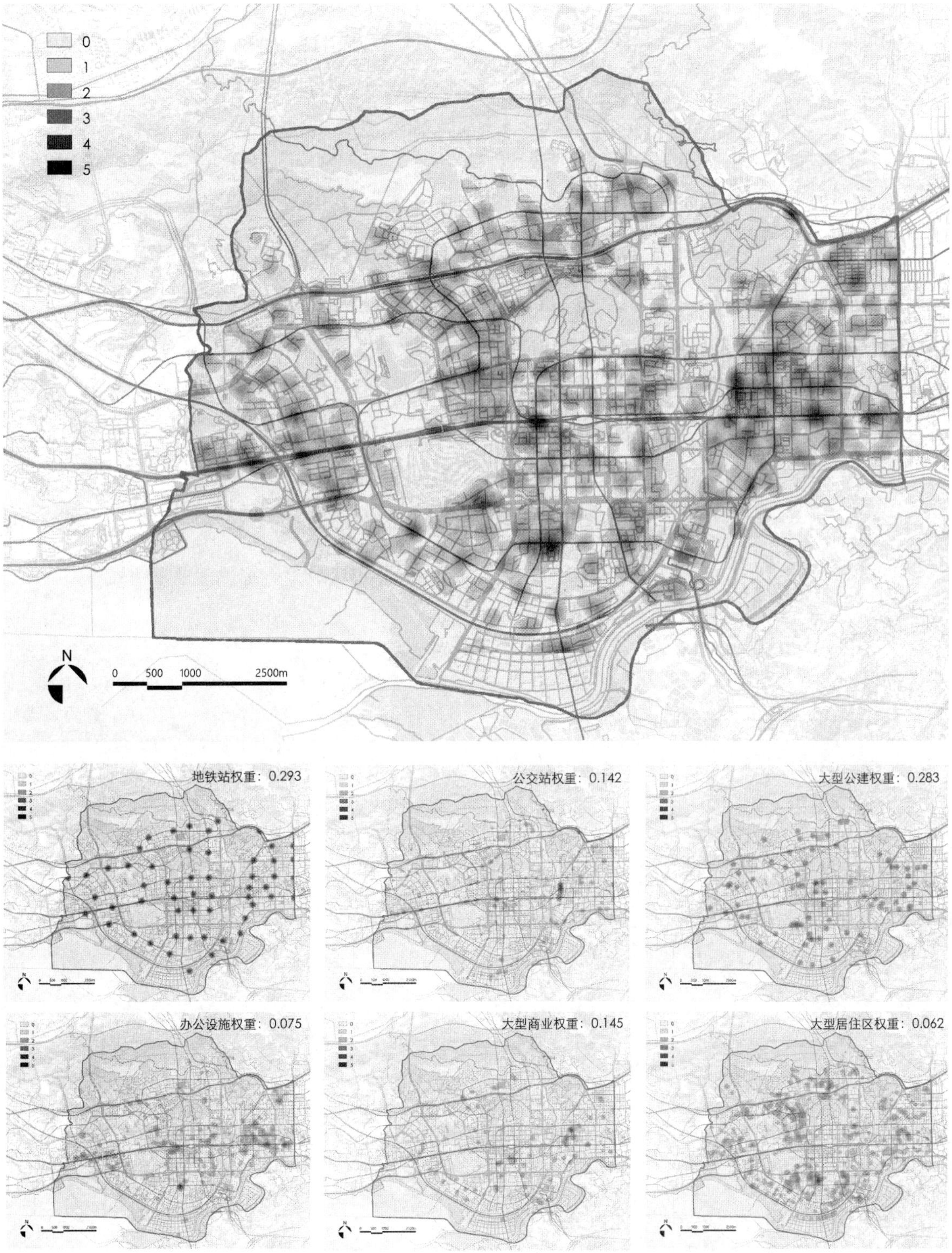

图4 深圳市福田区风雨连廊需求度分布图（图片来源：作者自绘）

风雨连廊需求度评价表　　表 1

目标层	标准层	指标层	权重
风雨连廊需求度	连接性	地铁站点	0.293
		公交站点	0.142
	流动人口分布	大型公建	0.283
		办公设施	0.075
		大型商业	0.145
		大型居住区	0.062

资料来源：作者自制。

1.3.2　连廊载体街道的景观性评价

考虑到福田区的风雨连廊不仅要承担城市交通的职能，还需要起到构造特色城市景观等作用，再加上近期建设的风雨连廊数量有限，于是对初步选出的可作为连廊载体的街道再作进一步的景观性评价加以筛选。

使用 AHP 层次分析法对初步选取的载体街道景观性和承载能力进行评价，以确定最终风雨连廊的选址。评价体系的指标选取（表 2）结合了风景园林专业人士（2 名教授、1 名高工，6 名博士）的意见，并参考了如绿道选线的景观性评价等类似研究，确定了景观特性、植物景观、基础设施、空间承载力 4 个标准层，景观特色性、绿地覆盖、步行空间宽度等 9 个指标层（表 2）。评价后，得分 3.5 分以上的街道可作为风雨连廊的选址载体街道。

风雨连廊载体街道景观性评价体系　　表 2

目标层	标准层	指标层	评分值
福田区风雨连廊载体景观性评价	景观特性	观赏性	1、2、3、4、5
		特色性	1、2、3、4、5
	植物景观	绿化覆盖率	1、2、3、4、5
		景观层次	1、2、3、4、5
		色彩与季相	1、2、3、4、5
	基础设施	停车场	1、2、3、4、5
		座椅、照明设施	1、2、3、4、5
	空间承载力	步行空间宽度	1、2、3、4、5
		可腾退空间宽度	1、2、3、4、5

资料来源：作者自制。

2　结果与分析

2.1　福田区风雨连廊需求度总体特征

根据福田区 POI 点核密度计算得出的风雨连廊需求度分布如图 4 所示，由于福田区是深圳的中心城区，社会资源集中，人口密度大，大型公共服务设施和商区多，整体而言都对风雨连廊都有一定需求，因此图面上总体分布较为平均，东部区域略高于西部，从颜色最深的聚集核数量来看，东部数量最多，中部其次，西部偏少。

其中，福田区内需求度最高的区域主要包括华强北商业区周边、深圳市政府及福田火车区域、福田区政府周边区域、深南中路两侧、深南大道两侧等，这些高需求度区域都受到人群活动、公共交通连接性的影响。承载多种活动类型越多的区域需求度越高，如华强北周边同时包含就医、购物、办公、上学等多种活动，社会资源高度集中，是福田区内需求度最高的区域。需求度偏低的区域往往受到公共交通连通性的影响最大，如香港大学深圳医院附近，由于其周围公交站点较少，且离地铁站点较远，步行体系还不太完善，故在以公共交通连接性为重要评价标准之一的需求度评价中，需求度不高。

根据福田区风雨连廊需求度分布对风雨连廊进行初步选址，首先选出位于颜色最深区域即需求度为 4 和 5 的聚集核区域内的道路，再依据每个聚集核区域的实际情况选择从地铁站出入口或公交站点到达大型公共建筑、商业体出入口之间的连接线路，初步选出从华富路、福华路、福中一路、三路、益田路、民田路、福民路、侨香路等 75 条可作为近期风雨连廊载体的街道（图 5）。

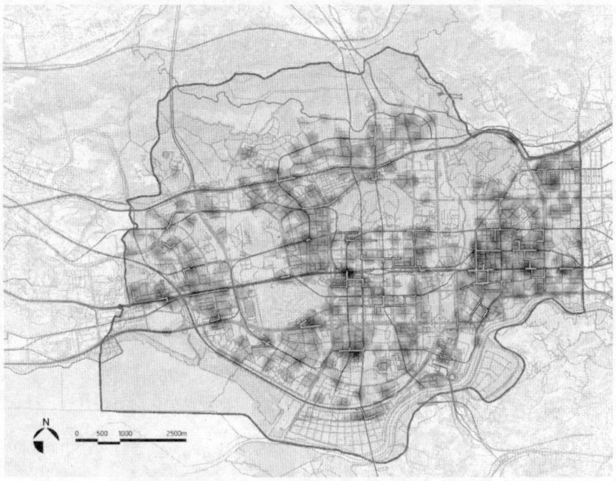

图 5　基于需求度的风雨连廊初步选址
（图片来源：作者自绘）

2.2　福田区风雨连廊选址规划结果

在从需求度高的区域初步选取的载体街道中，根据连廊载体街道景观性评价，结合实地考察和百度街景图等调查方法，在综合考虑了街道的服务功能和空间承载力之后，依照景观性评价表对选取的 75 条街道进行打分，选择得分 3.5 分以上的街道，可得到最终作为风雨连廊载体的街道，包括华富路、深南中路、福中一路、深南大道、民田路、福华路、中心路等 43 条道路，最终获得街道层面的风雨连廊选址规划图（图 6）。

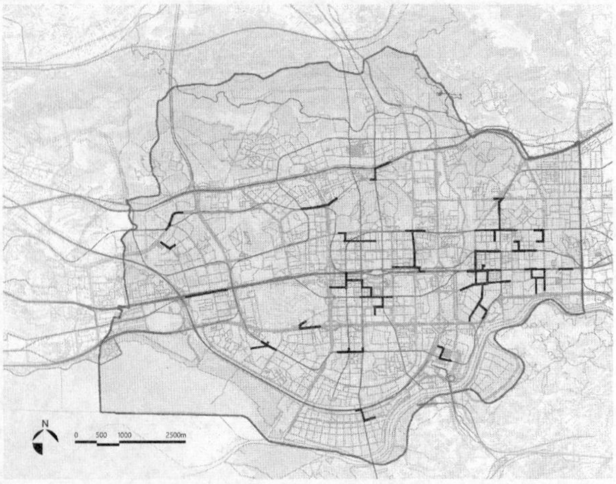

图 6　结合载体街道景观性评价的福田区风雨连廊最终选址
（图片来源：作者自绘）

3 结论

本文以深圳市福田区为例，基于从百度地图获取的POI大数据，用核密度分析法对福田区内风雨连廊的需求度进行了分析，并根据分析结果对连廊选址进行指导，通过对载体街道的景观性评价确定最终的连廊选址规划，探索了依靠大数据分析对城市景观基础设施进行选址规划的新方法，得出了以下结论。

（1）福田区整体对风雨连廊的需求度较高，相较而言，东部、中部区域的需求度略高于西部区域，在近期建设数量有限的情况下，连廊的选址应先重点关注东部和中部高聚集区的街道和大型公建。

（2）风雨连廊的选址最好与景观相结合，在解决功能的同时体现城市景观特色，同时道路现状剩余的可利用空间也是必须考虑的因素，在高需求区内选择景观性较高且空间足够的道路如华富路、深南大道等才是作为承载风雨连廊的理想路段。

（3）基于POI数据风雨连廊需求度分析只能给最终的选址提供参考，具体的选址还应结合实际情况进行优化调整，如第二次的筛选就纳入了对景观性和空间承载力的评价，在实际的建设计划中还要协调多方利益，依据现实情况来确定最终的选址。

4 讨论

POI这一类型的大数据获取成本低、数量庞大且覆盖面广，随着以POI点为载体的属性信息种类越来越丰富，如现在各类地图软件上的兴趣点不单单包括名称、类别等信息，还有景点照片、打分、文字点评等信息，POI数据为我们分析复杂的城市问题提供了新的工具，帮助我们做出更为合理的决策，结合人工智能、云计算等技术，还会给POI数据的分析与应用带来更多的可能。

今天的中国，拥有全世界最多的网民和最庞大的数据资源，各类POI数据的获取并不困难，但是，什么样的数据可以反映什么信息，何种问题需要何种数据，又需要采用哪些分析工具和算法，挑选合适的数据和算法往往是解决问题的关键，这些最终也离不开人的参与。具体到本研究上，即使是大量准确又客观的POI数据也不能全面地考虑到有关风雨连廊建设的所有现实情况，还需要结合现场条件、建设规划以及相关利益协调等加以优化，进行二次筛选，仅依靠客观数据的分析做出的决策同样存在着风险。

参考文献

[1] 吴健生，司梦林，李卫锋. 供需平衡视角下的城市公园绿地空间公平性分析——以深圳市福田区为例 [J]. 应用生态学报，2016，27（9）：2831-2838.

[2] 张巍，高新院，李瑞姗. 空间位置信息的多源POI数据融合 [J]. 中国海洋大学学报（自然科学版），2014，44（7）：111-116.

[3] 王爽，李炯. 基于城市网络空间的POI分布密度分析及可视化 [J]. 城市勘测，2015（1）：21-25.

[4] 党安荣，张丹明，李娟，等. 基于时空大数据的城乡景观规划设计研究综述 [J]. 中国园林，2018，34（3）：5-11.

[5] 俞孔坚，段铁武，李迪华，等. 景观可达性作为衡量城市绿地系统功能指标的评价方法与案例 [J]. 城市规划，1999（8）：7-10；42；63.

[6] Wang D，Brown G，Mateo-Babiano I. Beyond proximity：An integrated model of accessibility for public parks [J]. Asian Journal of Social Sciences & Humanities，2013，2（3）：486-498.

[7] 王法辉. 基于GIS的数量方法与应用 [M]. 北京：商务印书馆，2009.

[8] 禹文豪，艾廷华. 核密度估计法支持下的网络空间POI点可视化与分析 [J]. 测绘学报，2015，44（1）：82-90.

[9] 王法辉. 基于GIS的数量方法与应用 [M]. 北京：商务印书馆，2009.

[10] Taleai M，Sharifi A，Sliuzas R，et al. Evaluating the compatibility of multi-functional and intensive urban land uses [J]. International Journal of Applied Earth Observation and Geoinformation，2007，9：375-391.

作者简介

王一岚，1994年生，女，汉族，辽宁人，硕士。北京林业大学园林学院风景园林学在读硕士研究生。研究方向：风景园林规划设计。电子邮箱：syeva@163.com。

韩炜杰，1994年生，男，汉族，四川人，硕士，北京林业大学园林学院风景园林学在读硕士研究生。研究方向：风景园林规划设计。电子邮箱：824680035@qq.com

刘晓明，1962年生，男，江苏人，博士，北京林业大学园林学院教授，建设部风景园林专家，国际风景园林师联合会中国理事代表（IFLA），中国风景园林学会副秘书长、理事（CHSLA），国务院学位办全国风景园林硕士专业学位指导委员会委员。

郭巍，1976年生，男，浙江人，博士，北京林业大学园林学院副教授，荷兰代尔伏特理工大学（TUD）访问学者。研究方向：乡土景观。

基于动态发展性的城市边缘区绿色空间规划设计策略探究①

Study on Green Space Planning and Design Strategy of Urban Fringe Region Based on Dynamic Development

赵宇婷　崔　柳

摘　要： 近年来，中国城市化水平取得重要进展，但却相应地出现了城市无序蔓延的现象，对自然生态环境造成了严重破坏。城市边缘区作为城市建成区的边缘地带，城市发展与自然环境之间的关系变化剧烈。在这样一个区域环境下，如何在保护生态环境的基础上控制城市的健康良好扩张、促进人与自然和谐共生，在新时代的风景园林建设背景下，具有非常重要的意义。本文通过研究城市边缘区及其动态发展性特点、城市边缘区绿色空间，以及城市边缘区城市发展与绿色空间的关系等内容，探究基于动态发展性的城市边缘区绿色空间规划设计策略，并通过实践项目加以说明。

关键词： 城市边缘区；动态发展性；城市边缘区绿色空间；规划设计

Abstract: In recent years, the level of urbanization in China has made important progress, but the phenomenon of urban sprawl has correspondingly occurred, causing serious damage to the natural ecological environment. The urban fringe is the edge of urban built-up area, the relationship between urban development and natural environment in this area changes dramatically. In such a regional environment, how to control the healthy and good urban expansion and promote the harmonious coexistence of human and nature on the basis of protecting the ecological environment is of great significance in the context of landscape architecture construction in the new era. This paper studies the urban fringe and its dynamic development characteristics, the green space of urban fringe, and the relationship between urban development and green space of urban fringe, etc., to explore the planning and design strategy of green space of urban fringe based on dynamic development and explain it through practical projects.

Keyword: Urban Fringe; Dynamic Development; Urban Fringe Green Space; Planning and Design

1　城市边缘区及其动态发展性

1.1　城市边缘区概念

城市边缘区是城市建成区的边缘地带，是城市和乡村地区相联系的交界区。国外学者对于城市边缘区的相关研究比较早，其概念最早由德国地理学家赫伯特·路易斯提出[1]。随后，又有众多学者根据不同研究内容，进一步补充完善了城市边缘区的概念。其中普利尔于1968年提出的城市边缘区的概念较为全面，被认为是比较合适且采用得比较多的概念。他指出：城市边缘区是一种土地使用、社会和人口特征的过渡地带，位于中心城连续建成区与外围几乎没有城市居民住宅及非农土地利用的纯农业腹地之间，兼具城市和乡村的特征，人口密度低于中心城区，但高于周围乡村地区的区域[2]。

1.2　城市边缘区的动态发展性

城市边缘区处于城市向乡村过渡的地带，其最大特点是空间结构的不稳定，是城乡地域中变化最快的地带[3]。随着城市的不断发展，城市边缘区的边界也会发生变化，用地类型的不断转变，使得边缘区向中心城区发展过渡，今日的中心城区可能是昨日的边缘区，而今日的边缘区也会随时间推移变成未来的中心城区，总体上呈现出时间轴线上的动态发展过程。

2　城市边缘区绿色空间

城市边缘区绿色空间指的是处于城市边缘区内，由植被及其周围的光、水、土、气等环境要素共同构成的自然与近自然空间，它在地域范围内形成由不同土地单元镶嵌而成的复合生态系统，具有较高的生态保护、景观美学、休闲游憩、防震减灾、历史文化保护等生态、社会、经济、美学价值[4]。城市边缘区绿色空间是城市边缘区内的重要组成部分，其形成和发展同时受到自然环境和人类活动的影响，注重保护城市边缘区绿色空间，有利于联系自然与城市，达到两者的协调发展。

3　城市边缘区绿色空间与城市发展的动态性关系

城市与自然从来都不是孤立的两个系统，它们互相联系、互相影响。城市自产生之日起就是发展的状态，但这种发展并不是无规律的大拆大建，而是城市化与自然

① 基金项目：北京林业大学科技创新计划项目（2018ZY06）资助。

化的统一。城市边缘区由于其位置的特殊性所具备的强烈动态发展性，使城市与自然之间的关系也处于一种不稳定的动态影响状态。

3.1 城市的发展变化对城市边缘区绿色空间的影响

城市边缘区的动态性决定了其用地性质的不确定性，可能导致新的绿色空间的出现（公园绿地等）或者旧的绿色空间（耕地、林地等）的消失，这在中观层面上会导致绿色空间结构的变化调整，影响整个城市边缘区的绿地结构、生态网络。微观层面上，城市的扩张发展，促使用地的改变，新兴更多功能，与之相应结果则是绿地功能的复合多样；同时，交通、用地等的变化建设，则会影响到绿地的具体设计（形态、边界、出入口等）。

3.2 城市边缘区绿色空间构建促进城市发展

城市边缘区绿色空间的构建在经济、生态、文化、地域特色构建等方面都对城市发展有着很大影响。一方面，绿地良好的生态效益，带动周边地块地价的提高，从而增加新的功能用地建设，带来经济效益，促进人口的增加，促进城市化，扩大城市发展边缘；另一方面，完整连续的绿色空间体系的构建又可以形成生态绿色屏障，形成地域特色景观，抑制城市的无限扩张。

4 基于动态性考虑的城市边缘区绿色空间规划设计——以北京昌平温榆河沿岸为例

4.1 研究项目背景

研究区域位于北京市昌平区，北始北六环，南至北清路，东临青藏高速，西达立汤路，以沙河和温榆河沿岸空间为核心，属于北京中心城区外围的城市边缘区（图1）。该区域在上位规划中处于北京第二道绿化隔离范围的重要位置，是北京北部山区与平原区的重要生态过渡区，还与北京奥林匹克森林公园纵向构成北京北部景观轴的重要节点。

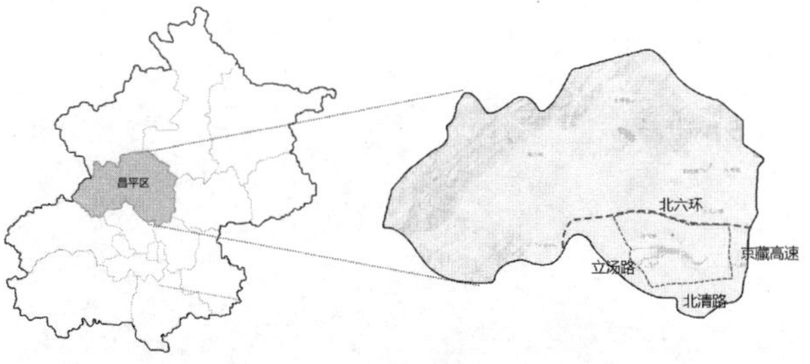

图1 研究项目区位

由于研究区域区位的特殊性，其经过时间的演变发展，形成了较为复杂的场地情况，如人口不断增加、多类用地混杂、交通不便、滨河条件未能充分利用等。研究区域处于一种不稳定的过渡时期，人与自然的关系无组织的变化，各种元素在逐渐融入。如何面对这种动态发展性、正确处理好城市发展与绿色生态保护之间的关系，就成为该项目研究的主要问题。

4.2 整体思路及理念

引入“弹性策略”的设计方法作为理念指导，强调方案的灵活性和不完全确定性，促使设计结果不但可以在环境不断发展中保持相对的稳定性，而且能在环境发生变化时显现灵活性和可调节性[5]，在分析城市建设过程及绿色空间构建的基础之上，深入理解两者的矛盾发展，并构建动态性的空间概念。

具体针对研究区域内自然系统和人工系统之间存在的动态矛盾来考虑，通过现状分析，总结得出两方面系统的突出问题分别是绿色空间分布散乱和用地性质混杂。针对自然系统所存在问题，提出了增加绿地连通性、构建绿网体系的思路；而针对人工系统所存在问题，主要是通过进行部分的用地调整，来合理整体城市布局。

在两方面系统构建过程中，非常重要的是要有“用时间创造空间”的理念，从时间维度上进行考虑，认识到景观设计是一个动态的过程，意在协调人为过程与生态进程，在自然生态的承载能力允许范围之内，融合人类活动以及可持续的资源利用，以维持人类社会经济和自然生态系统的完整性[6]。两方面的规划调整通过对用地各要素的科学评价分析，考虑未来的发展可能性，互为牵制、互为影响，针对研究区域的动态发展性而逐步形成方案（图2）。

4.3 系统构建过程

4.3.1 自然系统——绿网体系构建

运用科学评价的手段作为依据构建绿网体系，将现状场地内绿色资源有效连接整合，并在此基础上进行合理的分级绿地扩展，有利于未来绿色空间的健康持续发展。具体构建步骤分为三步：景观节点评价、景观节点分级与绿网体系构建。

（1）景观价值评价

首先，选取现状场地内的公园、林地、耕地、荒林地、裸土地等作为景观要素。其次，在参考以往相关研究基础上，将本研究中的各评价因子（斑块面积、绿化覆盖率、景观破碎度、景观多样性）相互比较，决定因子间的相关重要程度，建立评价模型，并运用AHP法进行层次分析，计算得出各项因子的权重值。最后，将研究地块划分成相同间距的方格单元，借助grasshopper软件分析，将评价值和权重相乘得出每个单元的得分值，从而得出研究地块的整体得分情况，其中，得分高的即为景观价值较高的地块（图3）。

（2）景观节点分级

根据现状用地情况和景观节点评价结果，选取一、二、三级景观节点。其中，一级景观节点景观价值最高，三级景观节点景观价值最低。

（3）绿网体系构建

通过景观节点间的相互连结，构建出概念性绿网结构，后期在此基础上进行落实深化（图4）。

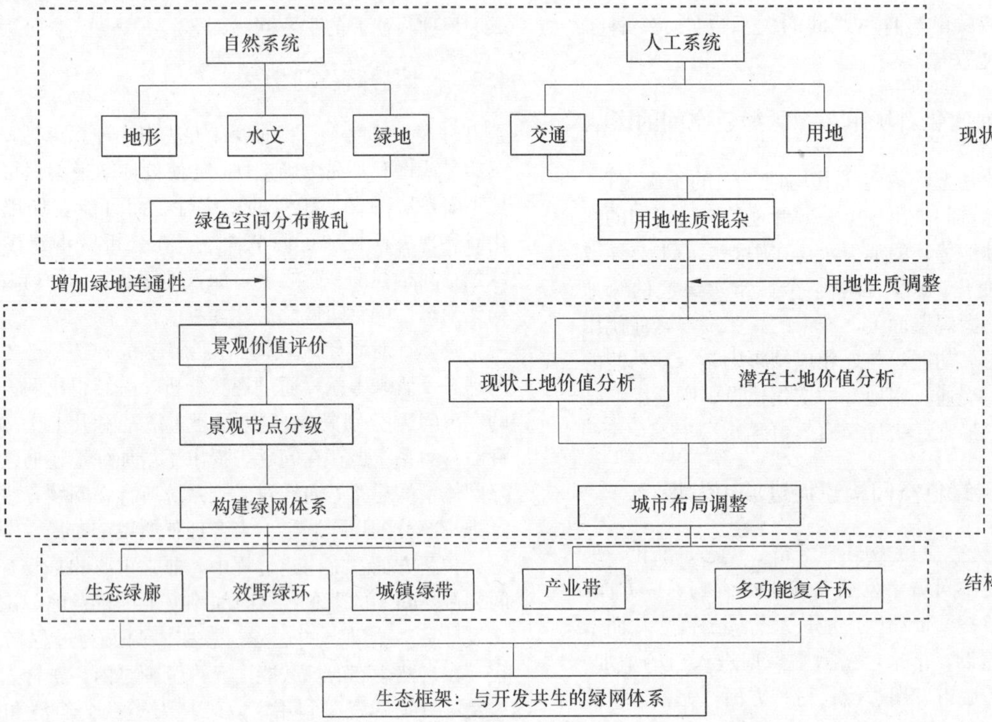

图 2　总体思路框架

图 3　景观价值评价结果

4.3.2　人工系统——城市布局调整

城市布局的调整主要以土地价值评价结果作为依据。考虑到研究区域的可变性，分别选择现状不可动要素和可动要素进行赋值评分，得到现状土地价值和潜在土地价值评价两类结果，两者叠加比较即能得出全面的研究区域内土地价值的情况，从而进行较为合理的用地调整。

(1) 现状土地价值评价

选取研究区域内现状不可动要素（公交站点、地铁站、高速路、快速路、主干路、地铁线等）作为评价因子，并对其进行权重分析评价并赋予分值。利用景观节点评价所构建方格网，利用 grasshopper 计算场地方格网单元到各要素的最短距离作为基础评分，再根据各要素对土地价值的影响正负性及权重值进行最终计算，得到场地方格网单元现状土地价值得分梯度图（图 5）。

图 4　概念性绿网结构

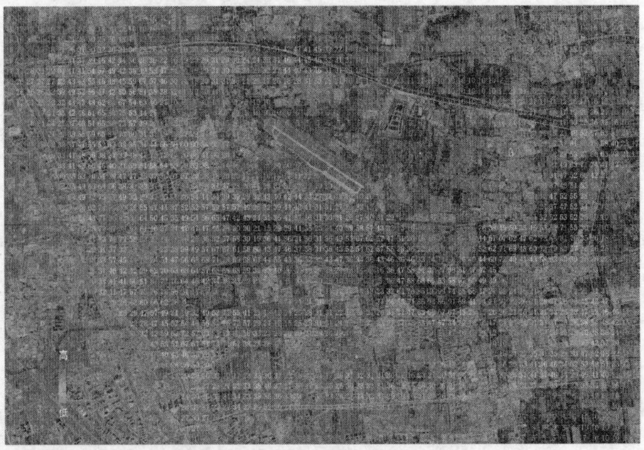

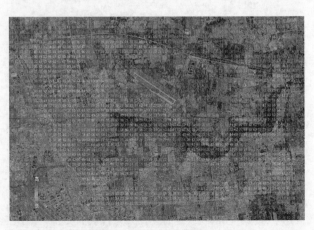

图 5　现状土地价值评价结果

（2）潜在土地价值评价

选取研究区域内现状可动要素（苗圃、荒林地、工业用地棚户区、物流仓储、园地等）作为评价因子，借助grasshopper计算各可动要素因子到不可动要素因子的最短距离作为基础评分，再根据各不可动要素对土地价值的影响正负性最终计算，得到场地可动要素因子潜在土地价值得分梯度图（图6）。

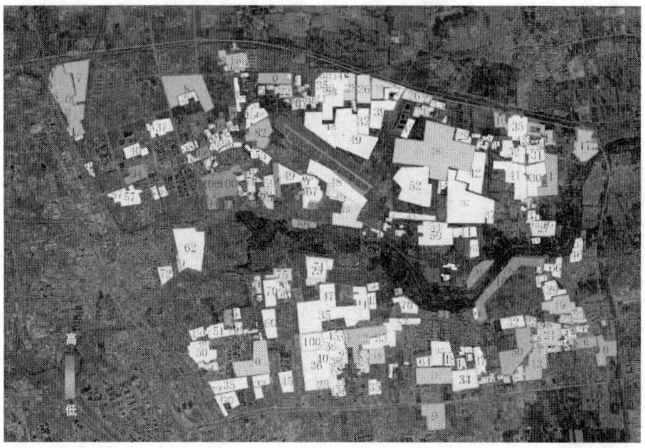

图6　潜在土地价值评价结果

（3）城市布局调整

根据得出的两类土地价值评价结果叠加，以“土地价值高地块高强度开发、用地紧凑、土地价值低地块低强度开发”原则，结合前期景观价值评价结果，进行合理用地调整。

在以上系统构建过程中，考虑了诸多现状要素及潜在要素的未来发展可能性，最终体系是通过将评价结果可视化并概念性的形成。两方系统互相影响，共同指导场地的未来动态发展。这样的系统构建过程不是一次性地进行刚性的定位，而是纳入了未来发展的不确定因素，能够动态地适应城市不断发展变化的需求，能够对城市形成的多样性和复杂性做出一定程度的反映，能够使城市未来发展变化涵盖在弹性的控制范围之内[7]。

4.4　重点规划区域策略

同时，适度的刚性是弹性理念发挥效用的重要保障[8]。以前期土地价值和景观价值的叠加分析结果为基础，选取了土地价值高、重要景观节点分布的地块，确定了重点规划区域范围。在重点规划区域内进一步明确重点改造部分，进一步构思整体结构，并提出相应的刚性规划设计策略，以便把控场地的发展。绿网体系构建提出了生态绿廊、郊野绿环及城镇绿带的结构设想；城市布局方面重点打造一个多功能复合环及一条产业带（图7）。其中，生态绿廊及多功能复合环所处地块为景观价值与土地价值均较高处，是规划设计的重中之重。以下将具体阐述这两处重点部分策略。

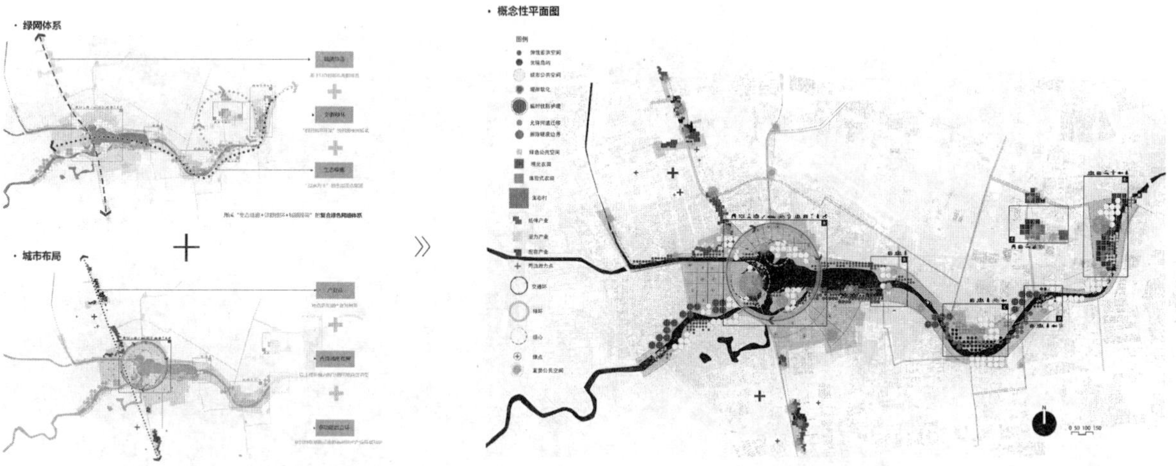

图7　总体结构及策略指导下的概念性平面图

4.4.1　生态绿廊

生态绿廊依托温榆河及其沿岸带构建，并带动南北的共通发展。主要通过三大策略来实现：疏导河道形态、退堤增加洪泛区、重塑河堤形态。在尊重河道自然演变原理之上，塑造“弹性”的可变空间（生境岛屿、蓄洪场地等），力图实现从河道近自然化改造到滨水慢性体系和公共活动空间的构建，形成亲民、自然、生态、安全的河流廊道（图8）。

4.4.2　多功能复合环

沙河和温榆河交接处的半岛既是重要的景观节点，也是土地价值最高的地块，还连接了南北的重要交通。以时间脉络的发展来看，此处将是区域未来重要中心。这样的中心不应单纯地仅是绿地中心，还应该是经济、文化、商业等多功能的复合中心。通过借助一个最简单但也最高效的几何形——圆形，构建出一个多功能的复合环状体系，与城市发展相结合。通过一个集合的“环”，将原先分散的绿地进行整合，将不连续不方便的交通进行连接，将土地价值高的地块进行利用，综合形成一个功能复合型“环”状体系，高效集约利用资源，提升公共空间整体水平和边缘区整体城市效率（图9）。

4.5　项目总结

该项目以城市边缘区中城市发展与生态保护间的动态矛盾为切入点，运用科学的分析手段，考虑到未来城市

图 8　生态绿廊策略

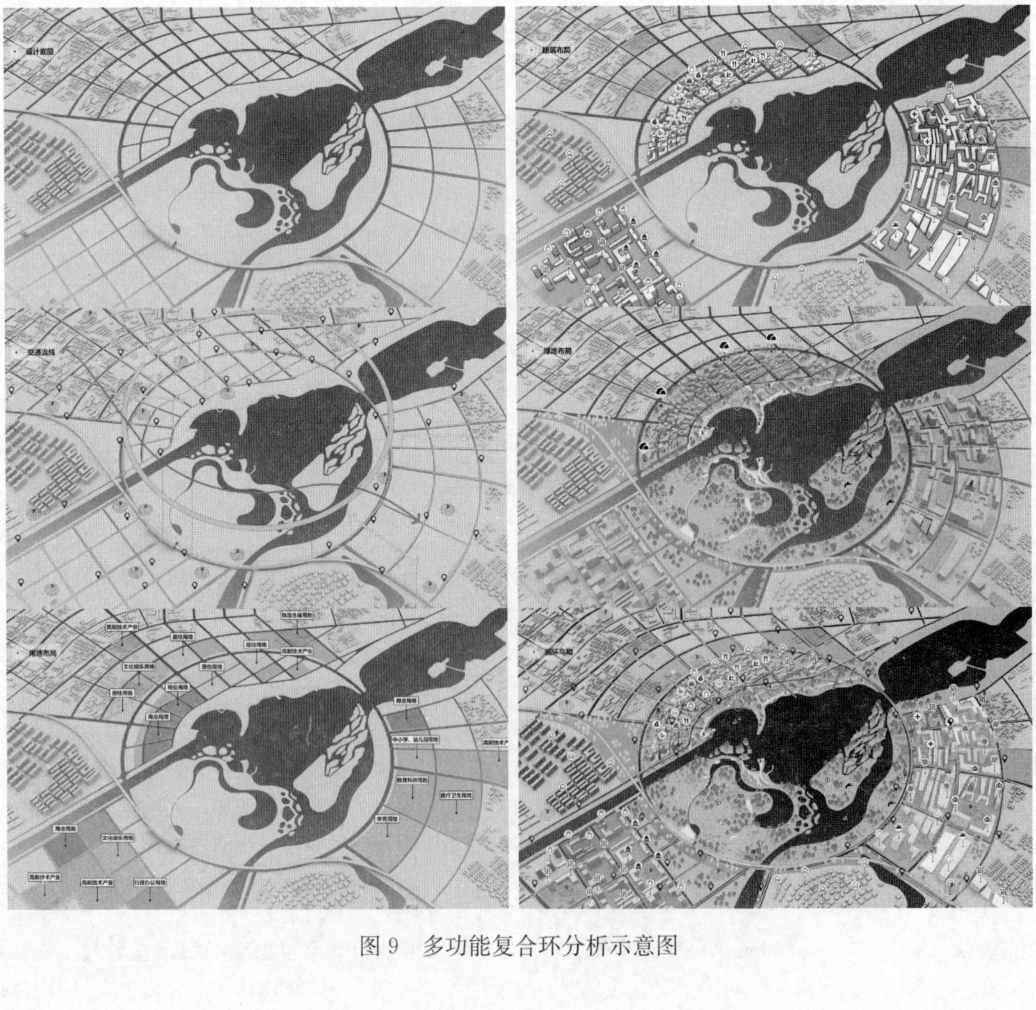

图 9　多功能复合环分析示意图

的蔓延发展与绿色空间的保护，相应提出规划策略，保证城市边缘区及其绿色空间的持续健康发展。希望通过这个项目，能够为同类型的城市边缘区相关问题解决提供一种建设性思路。

5 结语

城市边缘区所特有的动态发展性，决定了在进行其绿色空间规划设计时，要考虑各种复杂不确定因素，以一种新的设计理念来展开。考虑到场地本身以及场地周边城市空间的动态发展，以此为基础进行进一步的思考，不再将绿色空间设计为一成不变的“逃离大都市的避难所”，而是与城市结合起来共生长，可以随时间的发展而发展，随功能要求的转变而转变，形成一种动态的发展模式。这样的模式才是未来所向，才能更好适应城市发展的需求，城市将与绿色空间融为一体，人与自然之间的和谐关系将得到进一步的提升。

致谢

感谢本文研究项目其他组员赵可极、郅爽、邹苗、董乐、吴旭的共同思考与合作。

注：本文研究项目参展 2018 北京国际设计周·北京绿廊 2020——融合自然的城市更新与共享，并获得第七届艾景奖国际园林景观规划设计大赛金奖。

参考文献

[1] 周婕，谢波. 中外城市边缘区相关概念辨析与学科发展趋势［J］. 国际城市规划，2014，29（4）：14-20.

[2] 荣玥芳，郭思维，张云峰. 城市边缘区研究综述［J］. 城市规划学刊，2011（4）：93-100.

[3] 杨山. 城市边缘区空间动态演变及机制研究［J］. 地理学与国土研究，1998（3）：19-23.

[4] 王思元. 城市边缘区绿色空间的景观生态规划设计研究［D］. 北京：北京林业大学，2012.

[5] 魏婷. 弹性设计理念在后工业景观设计中的应用［D］. 西安：西安美术学院，2015.

[6] 余剑歌. 詹姆斯·科纳的历时过程景观思想研究［D］. 哈尔滨：哈尔滨工业大学，2013.

[7] 段亚丽. 弹性设计理念指导下的郑州市树木园景观规划［D］. 郑州：河南农业大学，2014.

[8] 卢科荣. 刚性和弹性，我拿什么来把握你——控规在城市规划管理中的困境和思考［J］. 规划师，2009，25（10）：78-80；89.

作者简介

赵宇婷，1994 年生，女，汉族，山西人，北京林业大学园林学院在读硕士研究生。研究方向：城市公共园林规划与设计。电子邮箱：zyt _ 622@foxmail. com。

崔柳，1981 年生，女，汉族，辽宁人，博士，北京林业大学园林学院副教授。研究方向：城市边缘区绿色空间规划与设计研究、城市公共园林规划与设计。电子邮箱：cuiliula @ bjfu. edu. cn。

基于多源开放数据的居住型街道空间特征对步行流量的影响研究

Influence of Residential Street Space Characteristics on Pedestrian Flow Based on Multi－source Open Data

赵茹玥　赵晓龙

摘　要：本文以北京市中心城区居住型街道为研究对象，基于多源开放数据获得步行流量与空间特征，建立两者间耦合机理。首先，通过爬取城市开放地图、识别街景图像等方法，提取街道空间形态特征、组织特征及公共设施便捷性，通过VGI结合ArcGIS平台获得步行流量数据。其次，基于社区历史演进及空间特征差异检验，将居住型街道样本分为传统式街坊型、混合式单位型、封闭式物管型三类六种典型类型。再次，利用SPSS进行相关性分析，基于典型类型街道提取影响步行流量的空间特征。最后，通过线性回归模拟，分析各类典型居住型街道步行流量影响因子的影响强度差异，并横向对比各空间特征的影响机理，旨在为塑造促进步行的居住型街道空间提供数据支撑。

关键词：居住型街道；空间特征；步行流量；多源开放数据

Abstract：Based on the residential street in Beijing，this paper obtains the pedestrian flow and spatial characteristics based on the multi-source open data，establishes the coupling mechanism between them. First，through the way of crawling the city open map and identifying the street view image，the street space morphological features，the organizational features and the convenience of the public facilities are extracted. The pedestrian flow data is obtained through the VGI and ArcGIS. Secondly，based on the historical evolution of communities and the difference test of spatial characteristics，the residential street samples are divided into six typical types：traditional neighborhood type，mixed unit type and gated type. Thirdly，SPSS is used to analyze the spatial correlation of pedestrian flow based on typical street types. Finally，through the linear regression，extracting spatial characteristics of pedestrian flow based on diffident typical types and comparing the influence mechanism of spatial characteristics. The purpose is to provide data support for shaping the pedestrian street space to promote walking.

Keyword：Residential Street；Spatial Characteristics；Pedestrian Flow；Multi Source Open Data

1　研究背景

随着快速城市化进程，机动车导向下的交通模式导致居民步行活动缺乏，亚健康问题突显。街道作为步行的主要空间载体，其空间特征与步行活动的相关性成为人们的研究热点。居住型街道是城市居民步行活动发生最频繁的场所，探讨影响居住型街道步行流量的空间特征对促进主动式步行出行具有重要意义。

关于街道空间与步行活动相关性的研究主要从组织形态要素和空间形态要素展开。其中空间形态要素包含车行道相关指标、人行道设施相关指标、街道尺度、视觉形态及临街界面等。国内外学者已经实现质性研究的量化，Millington[1]和Carr L、Dunsiger[2]等人分别从街道空间特征与步行设施可用性方面总结了促进步行的积极作用。国内陈泳通过实地调研及数理统计探讨了面街建筑底层界面对步行者的影响[3-4]，周钰进一步总结了临街建筑贴线率的指标及算法[5]。组织形态要素方面，盛强基于空间句法验证了不同空间的街道组织形态模式对街区活力的影响[6]，廖辉、张春阳等人从道路交叉口密度、路网密度等方面提出适宜主动式步行出行的街道组织特征[7-8]。公共设施便捷性的角度，居住社区的公共服务设施经历了从统一的配套规定标准到适应市场“量体裁衣”的转变[9]。除法规规范中的设施服务半径外，面街的出入口数量、交通站点分布等都会影响居民的步行便捷性[4]。以上的空间特征为本文指标选取提供了依据，并据此在之后的相关性分析中筛选与居住型街道步行活动相关的空间特征因子。但研究对象多单从功能、周边用地属性等进行分类，缺乏基于类型学的街道分类细化，从典型类型的居住型街道视角的空间特征研究不足。

另外，在开放数据的普及下，街道的研究摆脱传统实测采集的局限。Greg P基于STRAVA实现骑行者行为数据的采集[10]，龙瀛、郝新华利用手机信令数据和城市地图兴趣点（POI）总结了使用者的时空分布规律[11-12]，提供了基于开放数据的城市空间特征量化方法。Andrew G. Rundle[13]和Feick[14]等人通过在线街景地图和具有地理信息的照片证实街景数据的有效性。唐婧娴进一步利用街景数据，以街道的绿视率、开敞度、围合度、机动化程度、色彩丰富指数等指标进行街道空间品质评价[15]，为本研究提供街道视觉特征分析的新思路。综上，开放数据的普及使得空间特征数据、行为数据采集、数据分析更加高效化、精细化、多源化，但如何利用开放数据阐释空间特征与步行行为的研究还有待进一步深化。

本研究将基于上述研究成果，以北京市中心城区居住型街道为研究对象，通过多源开放数据采集空间特征与步行流量数据。基于类型学的视角，通过空间特征差异性检验细化街道分类，并通过数理分析构建典型类型的居住型街道空间特征与步行流量的拟合模型，根据其耦合机理阐释影响步行的空间特征并类比其强度差异，最后依据散点图提出适宜值，为塑造促进步行的居住型街道空间设计提供理论基础。

2 研究方法

2.1 研究区域

北京作为我国首都，其发展经历了从传统居住到现代居住模式的转型，在市场经济的推动下，存在多种类型社区并存的特点。基于类型学的研究，结合街道的功能与等级分类，限定本文的研究范围为存在于居住社区内部，以生活型功能为主，兼具通行功能的城市次干路及支路。选择空间特征差异较大的 6 处居住社区，平均半径 1.5km 左右。

2.2 数据采集

本研究的步行流量数据来自 STRAVA 网站。由于数据后台获取限制，将可视化热力图通过 ArcGIS 重分类为 6 级。

基于上述相关研究综述将空间特征归纳为：空间形态特征、组织形态特征、公共设施便捷性，获取方式如表 1，并对非直接获取的特征指标进行量化。

空间特征数据采集方式　　表 1

一级指标		二级指标	采集方式
空间形态特征	尺度特征	车行道宽度	城市开放地图平面
		人行道宽度	
		街道长度	
	界面特征	街道高宽比	城市开放地图平面/计算
		建筑高度	城市开放地图平面
		界面连续性	城市开放地图平面/计算
		界面贴线率	
	视觉特征	围合度	街景地图/SegNET/计算
		机动化程度	
		开敞度	
		绿视率	
组织形态特征		控制值	ArcGIS/Axwoman63
		连接度	
		集成度	
		深度	
公共设施便捷性		出入口数	城市开放地图 POI
		公交站数	
		商业网点密度	
		服务网点密度	城市开放地图 POI 抓取/ArcGIS 计算

（1）界面连续性为建筑物紧贴建筑界面控制线总长度与建筑界面控制线总长度的比值；界面贴线率为街道两侧紧贴建筑红线的界面面宽与所有界面面宽投影总和的比率（图 1）。

（2）视觉特征通过采集街道前后两端的百度街景地图，利用 SegNET 实现智能分割，以植被占比衡量绿视率；以天空比率衡量街道的开敞度；以建筑物、柱体与树木的总和作为围合度；以车行道路、汽车比重作为机动化程度指标。

（3）商业、服务网点密度为 ArcGIS 街道分级缓冲区覆盖下的 POI 数量除以街道长度，其中商业网点包含餐饮、购物、娱乐；服务网点包含公厕、银行、社区中心等（图 1）。

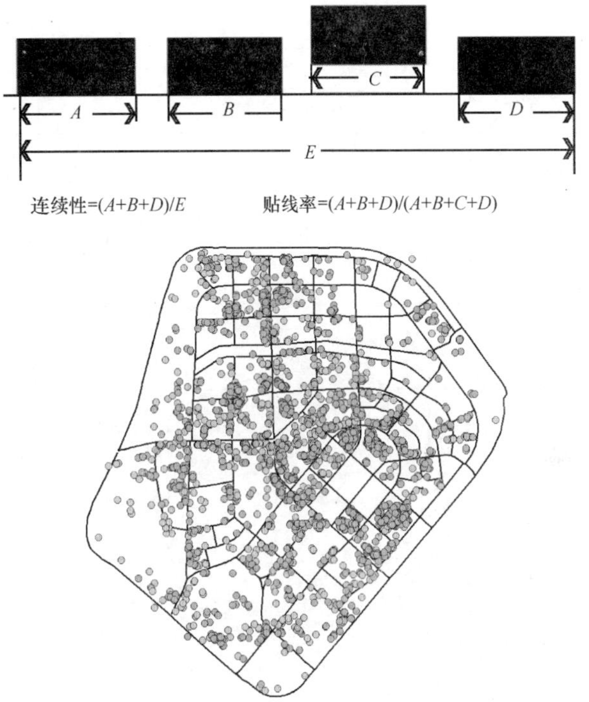

图 1　连续性、贴线率及网点密度计算方法

2.3 不同类型居住型街道空间特征差异性检验

本研究共筛选出 383 条街道，由于社区的历史演进，基于空间特征不同，根据社区属性将其分为传统式街坊型、混合式单位型、封闭式物管型 3 类（表 2），并根据街道等级将每类分为次干道与支路，形成 3 类 6 种街道样本。其中传统式街坊型 118 条，混合式单位型 131 条，封闭式物管型 134 条。将 3 类街道样本数据输入 SPSS20 进行空间特征差异性检验，结果表明其存在显著差异（表 3），为后文研究空间特征对步行流量的耦合机理打基础。

空间特征差异性检验　　表 2

居住社区类型	建筑布局	层数	道路情况	居住社区样本
传统式街坊型	独立院落、街坊式	低层	外围干道绕行，内部小道分割	交道口、大栅栏
混合式单位型	成排建筑、社区边界靠围墙或建筑围合	多层	次干道均匀密集穿越	东直门、和平里
封闭式物管型	混合布置、楼间距较大	多层、高层	城市道路四周围绕	望京花园、方庄

空间特征差异性检验 **表 3**

因变量			平均差	标准误	显著性	因变量			平均差	标准误	显著性
人行道宽度	1	2	.98532*	.18129	0.000	出入口数	1	2	11.838*	.720	0.000
	1	3	.63280*	.15714	0.000		1	3	11.039*	.715	0.000
	2	3	−.35252*	.14309	0.043		2	3	−.799*	.185	0.000
车行道宽度	1	2	−6.29149*	1.25536	0.000	公交站点	1	2	−6.497*	.677	0.000
	1	3	−10.51789*	1.08168	0.000		1	3	−6.475*	.537	0.000
	2	3	−4.22640*	1.42221	0.010		2	3	.022	.776	1.000
街道长度	1	2	−207.39166*	22.47984	0.000	商业网点密度	1	2	−.0014525	.0039508	0.976
	1	3	−158.33262*	16.03659	0.000		1	3	.0036538	.0034383	0.641
	2	3	49.05903	23.70802	0.114		2	3	.0051064	.0037585	0.440
街道高宽比	1	2	.74546*	.15143	0.000	服务网点密度	1	2	−.0100294*	.0020211	0.000
	1	3	.72000*	.14857	0.000		1	3	−.0016251	.0020261	0.808
	2	3	−.02546	.11964	0.995		2	3	.0084042*	.0023167	0.001
建筑高度	1	2	−13.83343*	.99817	0.000	控制值	1	2	.2990467	.1810412	0.271
	1	3	−19.75069*	1.21634	0.000		1	3	.6279353*	.1565584	0.000
	2	3	−5.91726*	1.29929	0.000		2	3	.3288886*	.1280008	0.032
连续性	1	2	.0761657*	.0208340	0.001	连接度	1	2	2.033*	.627	0.004
	1	3	.2661902*	.0204111	0.000		1	3	1.860*	.555	0.003
	2	3	.1900245*	.0217991	0.000		2	3	−.172	.442	0.972
贴线率	1	2	.0910072*	.0229408	0.000	局部深度值	1	2	17.884*	3.541	0.000
	1	3	.2584278*	.0226300	0.000		1	3	20.520*	2.997	0.000
	2	3	.1674205*	.0245778	0.000		2	3	2.635	2.500	0.647
绿视率	1	2	−.0376574	.0196194	0.159	整体集成度	1	2	.3807227*	.0659783	0.000
	1	3	−.1271636*	.0175147	0.000		1	3	.1993540*	.0616955	0.004
	2	3	−.0895062*	.0165028	0.000		2	3	−.1813686*	.0541635	0.003
围合度	1	2	.0692861*	.0169592	0.000	平均深度值	1	2	−.3832748*	.0831678	0.000
	1	3	.0823140*	.0161636	0.000		1	3	.1906078*	.0730216	0.029
	2	3	.0130278	.0125870	0.659		2	3	.5738826*	.0625002	0.000
开敞度	1	2	−.0053907	.0099731	0.931	局部集成度	1	2	.5790216*	.1305587	0.000
	1	3	−.0007151	.0092104	1.000		1	3	.4202810*	.1126912	0.001
	2	3	.0046757	.0079024	0.912		2	3	−.1587406	.1085625	0.375
机动化程度	1	2	−.0733642*	.0139063	0.000	全局深度	1	2	59.699	31.227	0.164
	1	3	−.1410450*	.0134424	0.000		1	3	207.313*	30.775	0.000
	2	3	−.0676807*	.0112980	0.000		2	3	147.613*	8.586	0.000

注：1 为传统式街坊型；2 为混合式单位型；3 为封闭式物管型。

3 数据分析与结果

3.1 各类居住型街道空间特征与步行流量的相关性分析

将空间特征变量与步行流量通过 SPSS 统计软件进行 Pearson 相关性分析，识别影响步行流量的空间特征自变量，为建立空间特征对步行流量的影响机理模型筛选因子（表 4）。

传统式街坊型次干道步行流量与空间形态特征中的界面特征相关性最强，与组织形态的相关性最弱；其支路的视觉形态特征与步行流量的相关性最强，且高于次干道。另外，出入口数量与公交站点影响了次干道的步行流量，但不对支路产生影响，而商业网点密度是支路的影响因子。

混合式单位型次干道步行流量与空间形态特征中的尺度特征相关性最强，且影响因子较多。相比于次干道而言，支路空间形态特征中的界面特征对步行流量的影响更大。组织形态特征对混合式单位型街道步行流量的影响程度高于传统式街坊型。

封闭式物管型街道的空间形态特征与步行流量的相关性是三类街道中最弱的，但其支路中所有视觉形态特征都存在相关性。另外，该类型两等级的街道都与组织要素的相关性较强。从数据结果发现，封闭式物管型街道是三类街道中唯一不与商业网点存在相关性的，且两种级别的街道都与出入口数量存在正相关。

步行流量与空间特征的相关性 **表 4**

类型	等级	参数	空间形态要素										
			街道长度	人行道宽度	车行道宽度	沿街建筑高度	街道高宽比	界面连续性	界面贴线率	绿视率	开敞度	机动化程度	围合度
传统式街坊型	次干道	标准化系数			-0.365	-0.686	0.369	0.449					0.428
		调整后 R^2			0.211	0.458	0.115	0.238					0.263
	支路	标准化系数		0.44			0.394			0.593	-0.4		
		调整后 R^2		0.283			0.244			0.343	0.347		
混合式单位型	次干道	标准化系数		0.337	0.533		0.318	-0.296	-0.44	0.375	-0.49	-0.291	
		调整后 R^2		0.098	0.271		0.285	0.171	0.319	0.109	0.309	0.168	
	支路	标准化系数	0.472			0.284		-0.291	-0.619		0.434		-0.29
		调整后 R^2	0.212			0.068		0.272	0.374		0.177		0.213
封闭式物管型	次干道	标准化系数		0.366					-0.3			-0.248	0.257
		调整后 R^2		0.123					0.378			0.049	0.254
	支路	标准化系数					-0.345	-0.299	-0.388	0.631	-0.44	-0.37	0.604
		调整后 R^2					0.201	0.073	0.335	0.387	0.296	0.191	0.353

类型	等级	参数	组织形态要素						公共服务设施便捷性		
			整体集成度	局部集成度	控制值	连接度	全局深度	局部深度	出入口数	公交站点	商业网点密度
传统式街坊型	次干道	标准化系数	0.642		-0.313		-0.9		0.325	-0.659	
		调整后 R^2	0.397		-0.313		0.804		0.243	0.42	
	支路	标准化系数		0.486	0.597	0.585					0.6
		调整后 R^2		0.226	0.348	0.334					0.352
混合式单位型	次干道	标准化系数		0.469		0.427		0.609			0.389
		调整后 R^2		0.206		0.167		0.359			0.271
	支路	标准化系数		0.36	0.28	0.28		0.31	0.489	0.258	
		调整后 R^2		0.217	0.065	0.065		0.283	0.228	0.254	
封闭式物管型	次干道	标准化系数	0.65		0.453	0.461	-0.622		0.433	0.211	
		调整后 R^2	0.413		0.196	0.204	0.377		0.177	0.12	
	支路	标准化系数	0.355			0.289		0.355	0.764		
		调整后 R^2	0.264			0.167		0.198	0.576		

3.2 居住型街道空间特征对步行流量的影响强度差异分析

上述相关性分析筛选出可能影响步行人流量的街道空间特征变量，接下来将通过基础模型模拟各类型居住型街道空间特征对人流量的影响机理。将呈现相关的空间特征变量纳入一元回归模型中作为自变量，步行流量等级作为因变量。

在明确变量对各类居住型街道步行流量影响机理的基础上（表 5），通过标准化系数的大小来辨析各个空间特征变量的影响程度差异，其中蓝色表示次干道，红色表示支路。

步行人流量与空间形态特征的模型拟合 **表 5**

类型	等级	参数	街道长度	人行道宽度	车行道宽度	沿街建筑高度	街道高宽比	界面连续性	界面贴线率	绿视率	开敞度	机动化程度	围合度
传统式街坊型	次干道	标准化系数			−0.365	−0.686	0.369	0.449					0.428
		调整后 R2			0.211	0.458	0.115	0.238					0.263
	支路	标准化系数		0.44			0.394			0.593	−0.4		
		调整后 R2		0.283			0.244			0.343	0.347		
混合式单位型	次干道	标准化系数		0.337	0.533		0.318	−0.296	−0.44	0.375	−0.49	−0.291	
		调整后 R2		0.098	0.271		0.285	0.171	0.319	0.109	0.309	0.168	
	支路	标准化系数	0.472			0.284		−0.291	−0.619		0.434		−0.29
		调整后 R2	0.212			0.068		0.272	0.374		0.177		0.213
封闭式物管型	次干道	标准化系数		0.366					−0.3			−0.248	0.257
		调整后 R2		0.123					0.378			0.049	0.254
	支路	标准化系数					−0.345	−0.299	−0.388	0.631	−0.44	−0.37	0.604
		调整后 R2					0.201	0.073	0.335	0.387	0.296	0.191	0.353

类型	等级	参数	组织形态要素						公共服务设施便捷性		
			整体集成度	局部集成度	控制角	连接度	全局深度	局部深度	出入口数	公交站点	商业网点密度
传统式街坊型	次干道	标准化系数	0.642		−0.313		−0.9		0.325	−0.659	
		调整后 R2	0.397		−0.313		0.804		0.243	0.42	
	支路	标准化系数		0.486	0.597	0.585					0.6
		调整后 R2		0.226	0.348	0.334					0.352
混合式单位型	次干道	标准化系数		0.469		0.427		0.609			0.389
		调整后 R2		0.206		0.167		0.359			0.271
	支路	标准化系数		0.36	0.28	0.28		0.31	0.489	0.258	
		调整后 R2		0.217	0.065	0.065		0.283	0.228	0.254	
封闭式物管型	次干道	标准化系数	0.65		0.453	0.461	−0.622		0.433	0.211	
		调整后 R2	0.413		0.196	0.204	0.377		0.177	0.12	
	支路	标准化系数	0.355			0.289		0.355	0.764		
		调整后 R2	0.264			0.167		0.198	0.576		

(1) 传统式街坊型街道空间特征对步行人流量的影响

空间形态特征中，次干道的街道临街界面特征与尺度特征对人流量的影响更大，其中作用最强的是沿街建筑高度（$B=-0.686$），其次是连续性（$B=0.449$），而支路中视觉特征影响程度更大，其中作用最强的是绿视率（$B=0.593$）（图 2）。

可见，次干道中步行者更偏向于低矮且连贯性较强的临街建筑界面，而支路中步行者更在意是否有适宜的步道宽度和视觉特征。

组织形态特征中，在次干道上，全局深度对步行流量的影响最强（$B=-0.9$），说明街道所在位置的便捷程度对步行流量产生最大影响。而支路中，影响最大的是控制值（$B=0.597$）和连接度（$B=0.585$），说明街道与周边路段的连接密切程度对人流量产生积极影响，可见街道的渗透性对于支路的步行活动有较好的促进作用。另外，整合度指标中，影响次干道步行流量更强的是整体整合度，而支路中局部整合度的影响更大，可见支路上的使用者相对于次干道而言更加注重从局部特征来感受整体空间的形态结构。

公共服务设施便捷性中，次干道上公交站点对步行流量的影响最强，但呈现负相关（$B=-0.659$），这可能是由于传统式街坊型街道的步行者多以社区内部步行活动为主，与外部的公交出行较弱，而公交站点无形中又加重了街道的机动化水平，对步行活动起到消极作用。其次是出入口数量的积极影响（$B=0.325$）。对支路起积极影响的仅有商业网点密度（$B=0.600$），这可能是由于传统

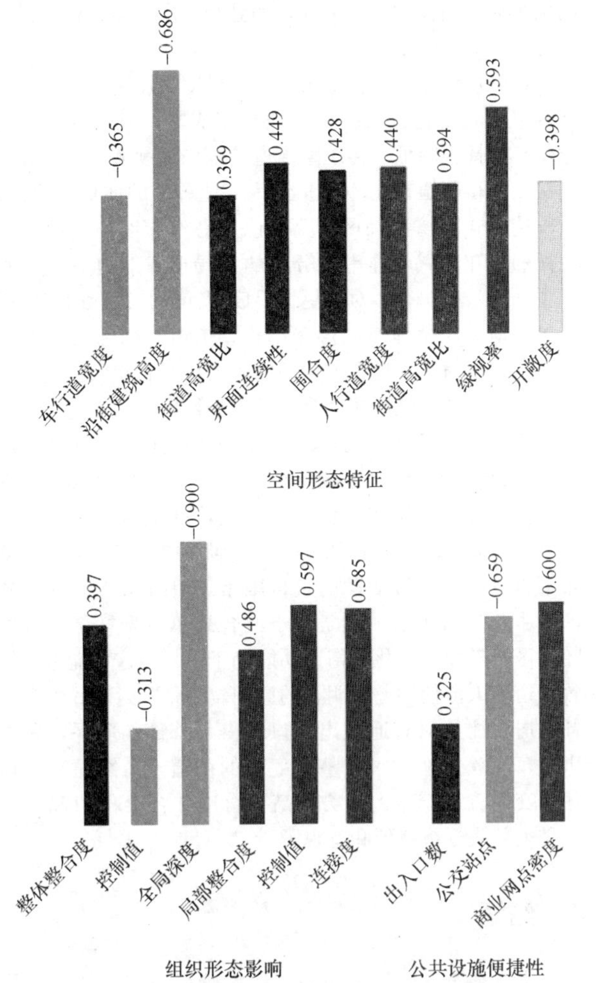

图 2　传统式街坊型街道空间特征影响程度图

式街坊型支路的商业较为分散，功能复合的居住型街道对步行活动产生积极影响。

(2) 混合式单位型街道空间特征对步行流量的影响

空间形态特征中，次干道上开敞度对步行流量的影响最强（$B=-0.487$），结合均值可见（图 3），现有次干道过于通透，居民更倾向于视线受植被或沿街建筑遮挡更多的街道空间，而该指标在支路出现负相关，说明支路中开敞度较弱，居民倾向于视线更开阔的空间类型。值得一提的是，连续性、贴线率同时与两等级的街道步行流量呈现负相关，且在支路中是最强影响因素（$B=-0.619$），说明混合式单位型街道的步行者倾向于富于变化的界面节奏和留出沿街活动空间的步道形式。

组织形态特征中，次干道的组织形态特征对步行流量的整体影响明显高于支路，另外在两等级的街道上，整合度和深度指标都出现局部整合度（B 次$=0.609$，B 支$=0.359$）及局部深度（B 次$=0.360$，B 支$=0.280$）影响更高的趋势，说明在混合式单位型社区中步行者倾向于从局部空间特征来感受整体空间形态结构，同时局部空间中街道所在位置的便捷程度显著促进该类型社区的步行活动。

公共服务设施便捷性特征中，商业网点密度（$B=0.389$）影响次干道的步行流量，这可能是因为在混合式

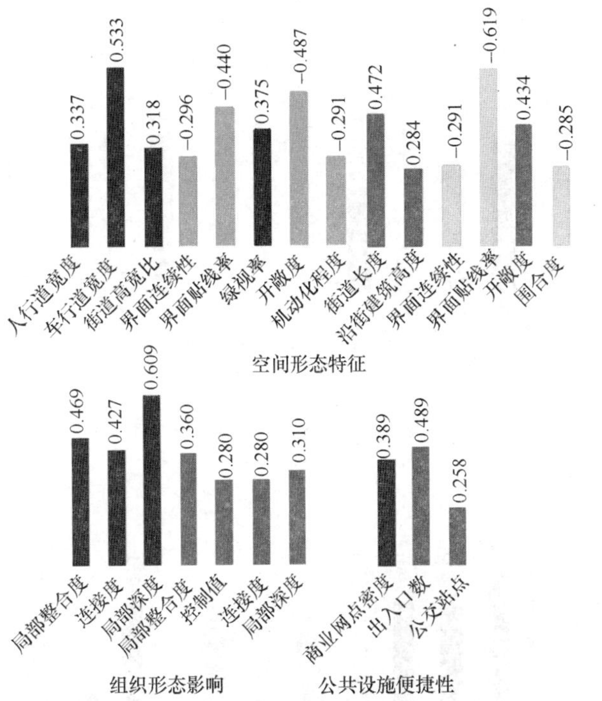

图 3　混合式单位型街道空间特征影响程度图

单位型社区中，沿街店铺主要分布于次干道上，满足居民日常步行出行顺路购物的需求，所以商业对次干道的步行活动产生积极影响。而支路直接连接社区内部，且该类型社区多以半封闭式和开放式为主，日常步行穿行在社区内部得到满足，支路上的出入口与公交站数量可有效降低日常步行出行距离，对步行的积极作用更大。

(3) 封闭式物管型街道空间特征对步行人流量的影响

空间形态特征对次干道步行流量的影响较弱，支路上视觉特征的影响较强，且影响最大的是绿视率（$B=0.631$），其次是围合度（$B=0.604$）（图 4）。可见随着社区规划的逐渐完善与标准化，使得街道的尺度不再是决定步行活动是否发生的影响因素，而沿街绿化造成的围合度、绿视率、开敞度、贴线率的变化成为触发步行活动的因子。另外，在两等级的街道上，贴线率都和步行流量产生负相关，这可能是由于局部建筑后退形成的带状沿街绿地或开放空间，满足了居民日常街头活动，并一定程度上远离机动车道，形成有安全感的尺度隔离。

组织形态特征中，整体整合度（B 次$=0.650$，B 支$=0.355$）在封闭式物管型社区都表现出与步行流量的积极影响，该类型社区由于多数采用中到大尺度地块作为基本单元，其出入口较多的街道往往整体整合度最强，这和显著性结论也保持一致。其次全局深度（$B=-0.622$）表现出与次干道步行流量的负相关，局部深度表现出与支路的正相关（$B=0.355$），可见道路等级较高的街道，使用者更偏向于对整体空间形态的感知，在道路等级较低的空间中，街道与周围路段的便捷程度对步行活动的影响更大。

公共服务设施便捷性中，出入口数量对两等级街道都产生积极影响，且支路的影响程度明显更大（$B=0.764$），可见在封闭式物管型社区中，过大的规划单元尺

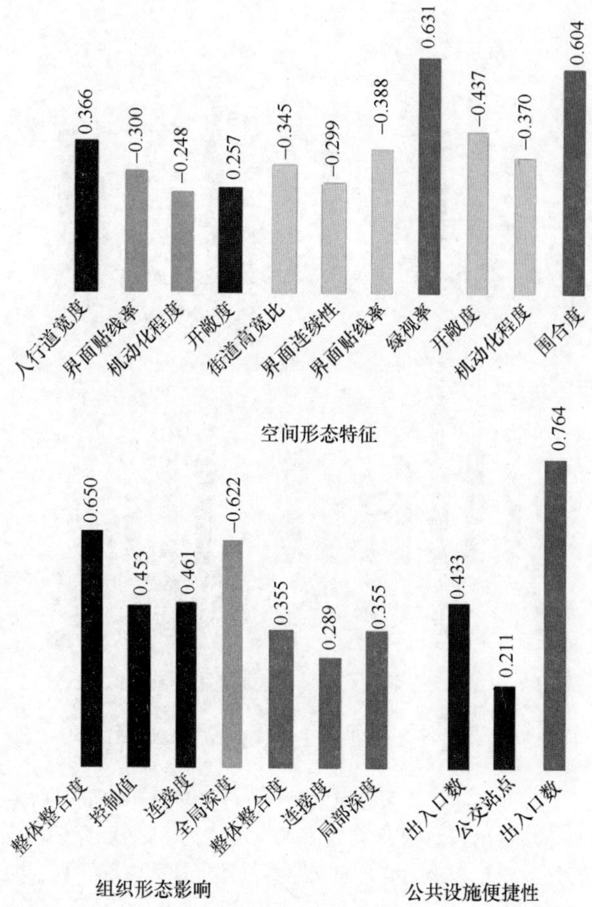

图 4　封闭式物管型街道空间特征影响程度图

度造成节点之间步行距离过长的问题，小区出入口密度及分布对步行活动产生积极影响。公交站点仅促进次干道步行流量（$B=0.211$），而商业网点密度与该类型社区不存在相关，这可能是由于在封闭式物管型社区中，商业主要集中布置，分散在裙楼的沿街商铺对于促进步行活动的意义不大。

3.3　空间特征影响机理的横向对比讨论

综合 3 种类型的居住型街道空间特征对步行流量影响机理，横向比较得知：

（1）空间形态特征中的尺度特征普遍对次干道步行流量影响更大。其中，有效的步行宽度依旧是影响混合式单位型与封闭式物管型次干道的因素。另外值得一提的是，虽然街道空间由于街道设计趋于标准化，次干道中表现尤为明显，这一优势带来绿视率显著增加，视觉特征趋于稳定，例如围合程度、开敞度通过植被及沿街建筑进行控制，但机动化水平在支路上增加明显，在促进以步行导向的社区通行中，不利于良好的空间环境塑造。其次，沿街建筑层高增加，高宽比已经降至最低，但步行流量依旧与高宽比呈负相关，即使用者倾向于更加紧凑的街道空间。沿街建筑后退或局部放大形成的公共空间对于促进混合式单位型与封闭式物管型街道的步行活动有积极作用，特别是混合式单位型社区，步行者更倾向于连续性较低的界面，赋予节奏变化的沿街界面和沿街局部的开放空间满足居民沿街的街头活动，如健身、广场舞、聊天、下棋等。

（2）从组织形态特征来看，小尺度居住模式到大尺度社区单元的变化虽然减少土地利用成本，但街道空间可达性与便捷性降低。传统型街道的全局深度大，但较高的连接度使得街道在任一单元到达其他单元的便捷性更高。所以传统式街坊型社区，鉴于使用者对深度与局部空间特征的感知，减少连串式分散的布局形式能更有效地吸引主动式步行出行。对于更大尺度单元的社区，由于使用者更多地关注整体空间形态结构，街道与相邻街道的连接紧密程度对于促进街道空间的渗透作用有积极影响。

（3）公共设施便捷性对主动式步行出行的促进主要体现在交通便捷性上，混合式单位型和封闭式物管型居民与外部交通依靠公交系统的倾向明显。商业网点的促进作用仅体现在传统式街坊型支路上，可见随社区规划的完整性，商业集中布置现象明显，居住型街道中的商业分布不再是促进步行活动的直接因素。但封闭式物管型社区的服务与商业水平都略低于混合式单位型社区，可见随社区管理模式变化，街道功能趋于单一，这可能也是导致街道的人流使用差异明显的原因。另外，封闭式物管型社区居民往往只有通过出入口取得与外部的联系，所以出入口应较多地布置在整合度高的街道上，然而当下往往是交通流最集中的地方，高整合度在社会价值和生活意义上的表现被贬低和忽视了。

4　结语

本文基于空间特征的差异性检验提出三类典型居住型街道，通过多源开放数据获得空间特征与步行流量数据，基于数理模型阐释居住型街道空间特征与步行流量的耦合机理。研究发现，三类居住型街道的步行影响因子及影响强度存在差异，未来的改造优化应根据不同类型街道因地制宜而定。另外，由于开放数据的获取限制，影响步行的变量和人群活动类型数据尚不够完善，如车流量、微气候、使用者的社会因素变量等，有待未来进一步考虑。

参考文献

[1]　Millington C, Ward T C, Rowe D, et al. Development of the Scottish Walkability Assessment Tool (SWAT)[J]. Health & Place, 2009, 15 (2): 474-481.

[2]　Carr L J, Dunsiger S I, Marcus B H. Walk score™ as a global estimate of neighborhood walkability [J]. American Journal of Preventive Medicine, 2010, 39 (5): 460-463.

[3]　陈泳，赵杏花. 基于步行者视角的街道底层界面研究——以上海市淮海路为例 [J]. 城市规划，2014，38 (6)：24-31.

[4]　陈泳，王全燕，奚文沁，等. 街区空间形态对居民步行通行的影响分析 [J]. 规划师，2017，33 (2)：74-80.

[5]　周钰. 街道界面形态规划控制之"贴线率"探讨 [J]. 城市规划，2016，40 (8)：25-29.

[6]　刘星，盛强，杨振盛. 步行通达性对街区空间活力与交往的影响 [J]. 上海城市规划，2017 (1)：56-61.

[7]　廖辉，冯文翰，赵景伟. 居住性历史文化街区活力的量化评价及优化策略初探——以青岛市大鲍岛为例 [J]. 上海城市

管理，2017，26（1）：75-78.

[8] 张春阳，谢凯. 基于“窄路密网”规划模式的城市设计优化探讨［J］. 城市建筑，2017（10）：114-117.

[9] 赵民，林华. 居住社区公共服务设施配建指标体系研究［J］. 城市规划，2002，26（12）：72-75.

[10] Greg P. Griffin，Junfeng Jiao，Where does bicycling for health happen? Analysing volunteered geographic information through place and plexus［J］. Journal of Transport & Health，2015，2：238-247.

[11] 龙瀛，周垠. 街道活力的量化评价及影响因素分析——以成都为例［J］. 新建筑，2016（1）.

[12] 郝新华，龙瀛，石淼，等. 北京街道活力：测度、影响因素与规划设计启示［J］. 上海城市规划，2016（3）：37-45.

[13] Rundle A G，Bader M D M，Richards C A，et al. Using Google Street View to Audit Neighborhood Environments［J］. American Journal of Preventive Medicine，2011，40（1）：94-100.

[14] Feick R，Robertson C. A multi-scale approach to exploring urban places in geotagged photographs［J］. Computers Environment & Urban Systems，2015，53：96-109.

[15] 唐婧娴，龙瀛. 特大城市中心区街道空间品质的测度——以北京二三环和上海内环为例［J］. 规划师，2017，33（2）：68-73.

作者简介

赵茹玥，1993年生，女，汉族，浙江杭州人，哈尔滨工业大学建筑学院在读硕士研究生。电子邮箱：zry87415532@qq.com。

赵晓龙，1971年生，男，汉族，黑龙江哈尔滨人，博士，哈尔滨工业大学景观系主任、教授、博士生导师。电子邮箱：943439654@qq.com。

基于景观绩效评价的城市绿地开放空间人体舒适度评价方法研究

——以北京市清华东路带状公园为例

An Evaluation Method Based on Landscape Performance of Human Thermal Comfort on Summer Open Spaces

—A Case Study of Beijing Qinghua East Road Belt-shaped Park

王　婧

摘　要：景观绩效系列（LPS）是美国风景园林基金会（LAF）为发展可持续的风景园林而搭建的交流平台，旨在通过明确的评估内容来提供量化的评估方法、共享的成功案例。随着近年城市建设，城市建成区的景观环境品质能否满足使用人群对于户外环境的要求成为衡量项目成果的重要标准之一。本文选取北京市城区一处带状绿地作为案例地，基于ENVI－met平台和Rayman模型对夏季场地的实测数据进行拟合与验证，对绿地实际的缓解城市热岛、提供降温效益、提升环境热舒适度方面进行量化评价。通过此类研究方法的研究为提升建成环境的热舒适度方面提供参考，也将此方法作为项目景观绩效评价的工具内容进行拓展。
关键词：景观绩效；热舒适度；量化评估；PET；带状公园

Abstract: The landscape performance series (LPS) is an exchange platform established by the American landscape architecture foundation (LAF) for the development of sustainable landscape gardens. It aims to provide quantitative assessment methods and shared success cases through clear assessment contents. With the development of urban construction in recent years, whether the landscape environmental quality of urban built-up areas can meet the outdoor environment requirements of users has become one of the important standards to measure the project results. In this paper, a belt-shaped green space in Beijing urban area is selected as the case site. Based on the ENVI-met platform and Rayman model, the measured data of the site in summer is used to study and quantitatively evaluate the actual urban heat island relief, cooling benefits and improvement of environmental thermal comfort of the green space. The study of this method provides reference for improving the thermal comfort of the built environment, and it is also used as a tool to expand contents of the tools box for landscape performance evaluation.
Keyword: Landscape Performance; Thermal Comfort; Quantitative Assessment; PET; Belt-shaped park

引言

景观绩效评价是风景园林行业研究的新热点，国内现有研究侧重于数学评价模型的建构方法和过程，缺乏针对建设成果的实证评价。而由美国风景园林基金会（Landscape Architecture Foundation，简称 LAF）在 2010 年发起的景观绩效系列（Landscape Performance Series，简称 LPS）[1]研究注重对建设成果的实证评价，它提倡通过一系列“案例研究调查”（Case Study Investigation，简称 CSI）的方法来准确量化建成项目的景观绩效，其核心是对建成项目运行状态进行量化评估，从而确定被使用的设计方法和策略是否满足原本的设计意图，并且是否为项目的可持续发展做出贡献。这种量化评估的过程为设计理论和实践应用提供了一个重要的连接，有助于为指导未来循证的设计（evidence-based design）[2]建立研究基础。

随着城市建设的扩张，城市环境尤其是户外环境品质面临挑战，城市建成区的景观项目能否为使用者提供优质舒适的体验成为一项重要的绩效考量标准。景观绩效中对于温度与城市热岛方面的关注度则体现在对参与公共空间的人群的体验上，因而人在公共空间中的热舒适度可以作为一项绩效指标用于量化评价景观空间能够带来的降温方面的实际效益。近年来，绿道结合带状公园的建设使得更多的街道成为城区居民开展各种活动的重要空间，也是城市公共空间的重要类别之一。城市绿地，尤其是在中国北方夏季的一系列改善城市生态环境、缓解热岛效应方面的功效，诸如降低空气温度、降低太阳辐射强度、调节局部微气候等对于公共空间舒适度提升具有强大效益，此类景观空间的空间热舒适度提升的有效性也成为项目建设成果的重要评价依据之一。以往的有关城市绿地开放空间舒适度的研究方法多基于单因子的，本文将采用案例研究的方法对北京市城区内的一处景观案例进行热舒适度的量化评估，考量绿地夏季在生态方面的降温效益以及社会方面的舒适度体验。

1 方法框架

1.1 建议指标

对于热舒适度的绩效评价工具，建议采用 PET 指数（Hoppe，1999；Matzarakis 等，1999；Mayer，霍普，1987）。它是基于 MEMI（Munich Energy Balance Model for Individuals）模型提出的人体热舒适度指标，室内外环境下的 PET 均可等效于人体在维持体内和体表温度达到的人体热量平衡时相对应的在典型室内环境中的空气温度。体现了人体能量平衡和室外空间长波辐射通量的相互关系，是最合适的户外人体热舒适度评价指标[3]。它是基于对开放空间的生物气候性能的简单计算，以满足人体的热舒适。该指数的主要优势如下：它的计算方法有适当的软件工具，并且应用范围涉及景观设计师、建筑师、城市规划师和生物气候学家等多个领域（Chen 和 Ng，2012；Matzarakis 等，2007；Moustris 等，2014）。此外，人们对 PET 指数进行了广泛的研究，并根据人们当地的气候条件制定了相应的指数（Monteiro 和 Alucci，2006；Tseliou 等，2010）[3]。

1.2 研究方法

应用 PET 指数方法作为绩效评价工具的研究方法采用实际测量与模型模拟相结合的方式。利用验证后的模拟数据对 PET 指数进行计算和评价。所建立的评价工具以及流程框架可简化为数据获取、模型验证、指数计算几个部分（图 1）。

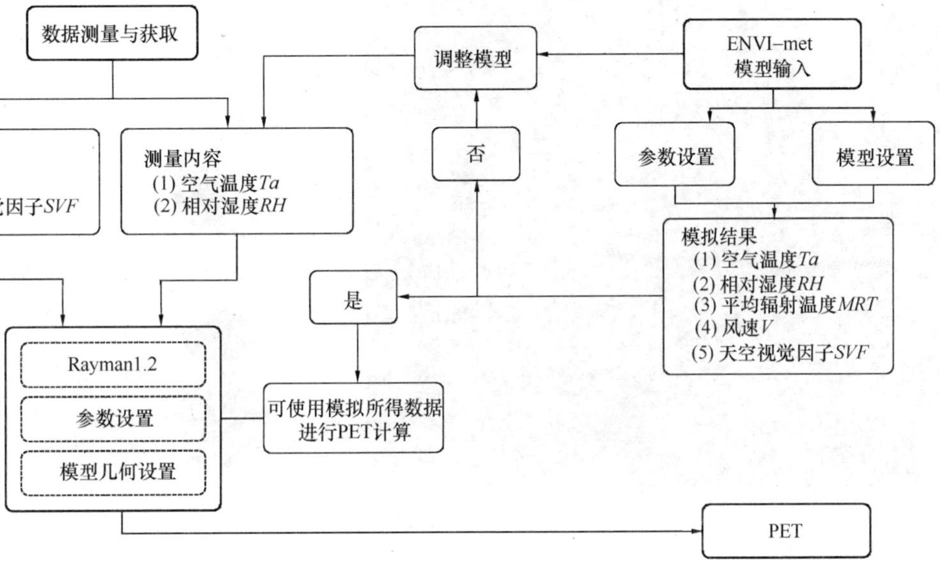

图 1 PET 指数方法研究框架

2 案例研究与实验

2.1 研究场地

案例场地地处中纬度地带（40°N，116°E），气候属于暖温带半湿润大陆性季风气候，夏季高温多雨，冬季寒冷干燥，所选取研究的场地位于北京市海淀区清华东路南侧的带状公园以及相邻的街道空间，带状公园地处城市主干道南侧，与居住小区及商业楼盘、高校公寓毗邻，是一个以居民健身运动、日常散步、儿童活动为主题的带状绿地空间，场地中以植物营造为主，辅以健身器材和少量的硬质场地，场地绿化覆盖率 80%以上。

选取的研究区域长度 930m，公园宽度约 80m。所选取的测点共四组，其中第一组作为对照组，处于与带状绿地同侧的硬质广场，场地边缘有种植池和休息座椅等设施，场地绿化覆盖率 30%以下；其余三组选取带状公园内的人行步道以及与城市道路断面平行的街道。带状绿地与人行步道相连，视为城市绿道的一部分。因而研究中所选取的测点除了沿带状公园的几个点位以外，也选取了同道路断面的人行步道，作为验证绿地降温效果与舒适度提升为周边开放空间带来的效益。

2.2 数据测量与计算

小气候测量采用电子手持温湿度测量计，仪器参数见表格（表 1）；测量选在晴朗少云的天气下进行，数据采集间隔为 1h，数据采集时保持空气温度和相对湿度传感器的高度为 1.5m。数据获取时间为 2018 年 7 月 29 日。使用鱼眼镜头获取测点天空开阔度评价信息图像，测量后整理得到场地信息概况（图 2）。

测量仪器及参数 表 1

测温范围	−10℃～50℃
温度测量误差	±0.2℃
温度测量范围	5%RH～98%RH
湿度测量误差	±5%（5%～40%）～±4%（41%～80%）
分辨率	0.1℃/0.1%RH

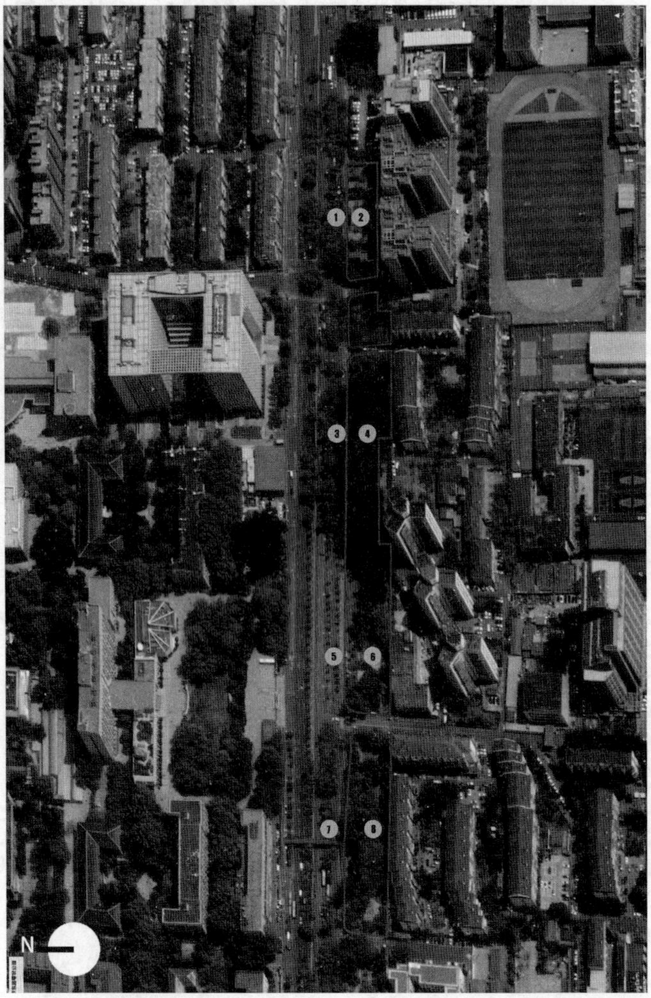

测点标号	鱼眼镜头照片	SVF	测点描述与说明
组A			
1号		0.415	行道树为冠幅8m洋白蜡，冠高8m
2号		0.833	硬质铺装广场种植冠幅3.5m国槐，冠高3.5m；广场边缘种植萱草、大叶黄杨；
组B			
3号		0.155	行道树1：冠幅5m洋白蜡，冠幅5m 行道树2：冠幅3m洋白蜡，冠幅3m
4号		0.083	绿地内乔木以毛白杨为主，冠幅3.5m，冠高5m；灌草层包括木槿、大叶黄杨、女贞、棣棠、玉笔簪、麦冬、鸢尾等；
组C			
5号		0.850	行道树冠幅2.5m洋白蜡，冠高2.2m；
6号		0.546	乔木以毛白杨为主，冠幅3m，冠高5m；灌草层为连翘、紫叶李、华北丁香、麦冬等 场地相对开阔，有塑胶跑道穿过；
组D			
7号		0.559	行道树为冠幅4.5m洋白蜡，冠高7m
8号		0.253	乔木包括国槐、侧柏、银杏 国槐：冠幅5.2m，冠高7.5m，侧柏：冠幅1.2m，冠高1.8m，银杏：冠幅3.2m，冠高2.5m，种植麦冬作为地被；

图 2　测点信息概况

2.3　模拟与评价

2.3.1　基于 ENVI-met 平台的数据验证和模拟

研究中采用 ENVI-met 第 4 版软件，用于模拟所选择测点的热环境状况。ENVI-met 是一种三维 CFD 微气候模型[4]，包括简单的一维土壤模型、辐射转移模型和植被模型。在 ENVI-met 中建立所选的四个测点模型并录入当天数据、周围环境条件等，模拟当日实时气象状况与相关数据，作为评价人体舒适度的输入参数。

为保证模拟的有效性，需要将模拟数据与实测数据进行验证，模拟误差在允许的温度、相对湿度误差范围内可将模拟数据用于下一步的参数输入。综合各项小气候指数和参数设定模拟得到当天各个时间点的空气温度模型图（图 3）。从该结果可以看出，带状公园在全天内始终保持着相较于周围硬质场地更低的空气温度，在 29.38～32.55℃之间，尤其是在午后室外环境达到日最高温度的情况下，对建筑周边的场地环境起到了很好的降温效果。此处的场地气象要素模拟结果可为下一步的热舒适度定量研究提供一种定性判断的依据和方向。

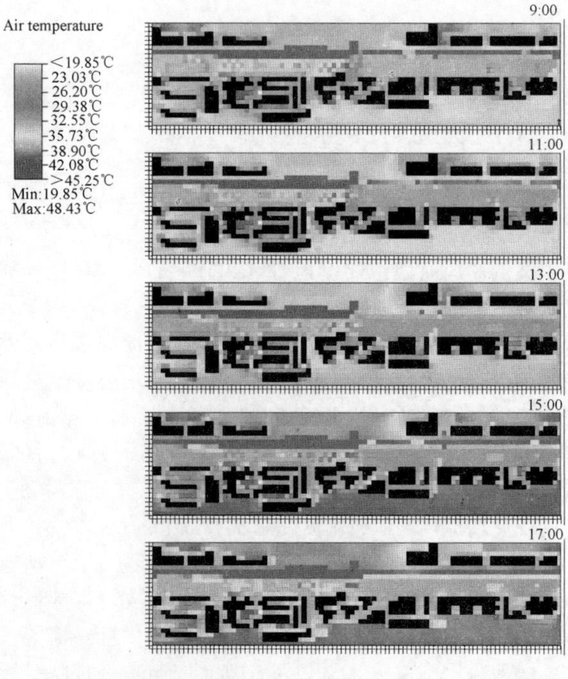

图 3　ENVI-met 模拟场地全天空气温度状况

2.3.2 Rayman 模型模拟

本文对于热舒适度绩效评价所选取的指标为生理等效温度（Physiological Equivalent Temperature，PET），该指标综合考虑了影响人体热感的环境因子，包括温度、相对湿度、风速、太阳辐射强度等[5]，还加入了与人体活动相关的参数，如服装热阻、夏季平均活动量等物理参数，旨在更为精准地模拟热环境和相对真实的人体热感温度。

在模拟计算中，输入已获取的时间、地理、环境、气候等数据，人体条件数据为性别男、身高 178cm、体重 70kg、年龄 30 周岁、夏季服装热阻为 0.6、活动强度取新陈代谢率 80W。详细的参数设置见表（表 2）。

Rayman-model 数据录入表　　　　表 2

数据类型	数据内容	详细参数
时间数据	模拟日期、模拟时间	2018/07/29
地理数据	区位、经纬度、海拔、时区	区位：中国北京；经纬度：116°E，41°N；时区：UTC/GMT + 8h（东八区）
环境数据	天空开阔度指数（SVF）	场地测点的 SVF 指数各有不同
气候数据	空气温度、大气压、相对湿度、风速、云层覆盖量、太阳辐射强度、平均辐射温度	空气温度、相对湿度通过实测数据获得；太阳辐射强度、平均辐射温度通过模拟拟合验证后获得；云层覆盖量、风速通过查阅气象资料获取
个人数据	身高、体重、年龄、性别	身高：178cm；体重：75kg；年龄：30 周岁；性别：男性
活动量数据	服装热阻、活动量	服装热阻：0.6；活动量：80W

2.3.3 评价结果

在此研究当中，ENVI－met 模型评价热与湿的可靠性是通过对场地实地测量与模拟状况相比较而获得验证的，在此前提与基础之上得到人在实际场地中的生理等效温度（PET）（图 4）。人体在不同气候条件下的热舒适度指标不同，因而需要选取适当的热舒适度评价标准用于判断场地实际的热舒适度所属的热感情况。各个地区的 PET 热感与舒适度分级情况对比如下表（表 3）。

热舒适度分类表（以北京、欧洲、中国台湾为例）　　　　表 3

热感描述	北京 PET（℃）	欧洲 PET（℃）	中国台湾 PET（℃）
非常冷	<4	<4	<14
冷	4 ～ 8	4～8	14～18
凉爽	8～16	8～13	18～22
微凉	16～22	13～18	22～26
舒适	22～28	18～23	26～30
微暖	28～32	23～29	30～34
温暖	32～38	29～35	34～38
热	38～44	35～41	38～42
非常热	>44	>41	>42

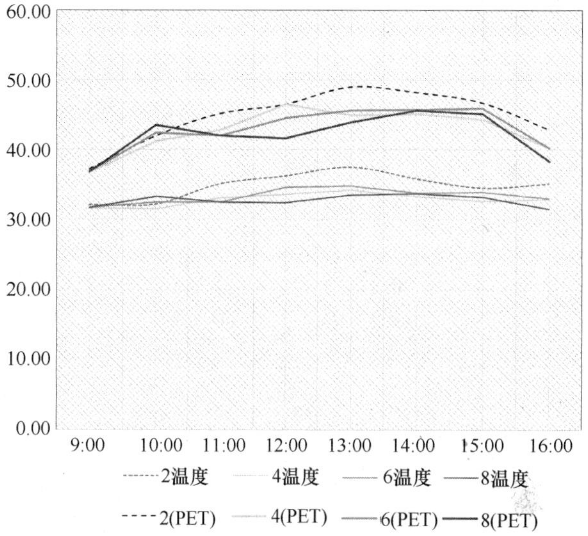

图 4　对比公园内四个测点的空气温度、生理等效温度（PET）

图表数据表明，在夏季，公园内四个测点全天的生理等效温度明显高于实际的空气温度，受当日较高空气湿度的影响，热感普遍偏高。测点 2（铺装广场）PET 峰值为 49.0℃，出现在 13：00 左右；公园内测点 PET 峰值约出现在 14：00～15：00，为 45.1～45.6℃；公园内测点在午后尽管温度略有上升，但 PET 值略有下降，呈现出舒适度提升的趋势，并且热感比铺装广场偏低 2～4℃；铺装广场的实际空气温度变化趋势与生理等效温度接近，但在下午 13：00 后，尽管空气温度略有降低，PET 下降相较缓慢，热舒适度体验较差。同时，图表也反映出公园测点在全天范围内相近的热舒适度感受，在下午 15：00 之后公园内的生理等效温度值呈现明显的下降趋势，尽管空气温度基本不变或略有上升，但热舒适度提升效果显著。

3　结论与思考

3.1　评价结论

对各个测点的夏季当天 PET 值和实测结果进行对比分析，可以得到如下结论。

（1）根据实际气温的情况来看，绿地内测点温度在测量周期内，全天变化范围上小于硬质广场，并在全天的最高温度为 34.8℃，低于硬质广场 2.7℃。

（2）PET 模拟结果表明，带状绿地内测点的热舒适度明显高于硬质广场，并且在日最高温的情况下提供热感相对舒适的环境。

（3）对比带状公园内测点以及同道路断面的人行步道的数据（图5），可见绿地为其周边街道也可带来相应的降温效益，相比于硬质广场，绿地内的降温效益更为明显。

（4）在全天范围内，舒适度最高的测点为8号，此处的环境条件相比于其他组具有的明显特征：冠层郁闭度较高，树种为洋白蜡、国槐、侧柏、银杏多种乔木的组合，并搭配了麦冬作为地被材料，根据此项差异，可展开对影响热环境的各项要素的研究，以制定提升舒适度等级的相应策略。

（5）以绿地为主要特征的城市开放空间在当前的城市环境中需要满足人们对于日常活动的功能需求，如健身、散步、休憩等，同时也需要营造出良好的户外小气候环境，来保证人们对于户外活动的舒适度体验需求。

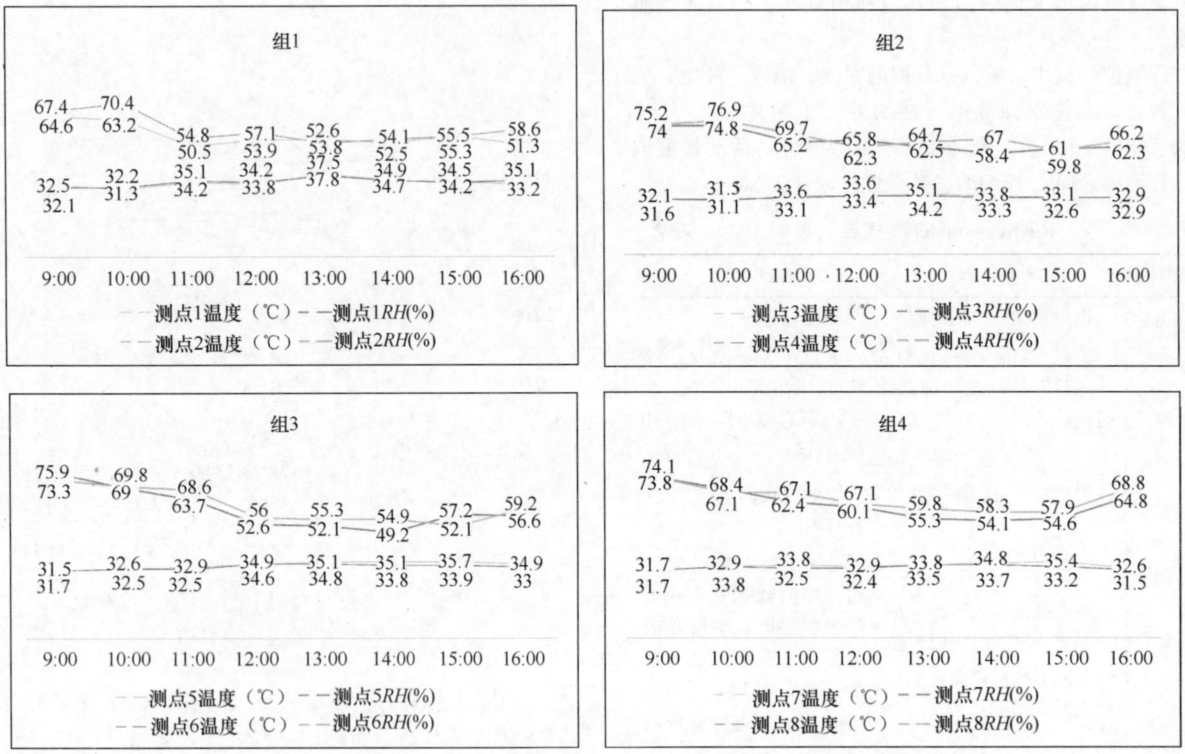

图5 对比公园与同道路断面街道测点的空气温度、相对湿度

3.2 思考总结

对景观项目进行量化评估的目的是了解景观空间的现状与价值，热舒适度所属范畴为LAF划分的三类指标，即生态、社会、经济三类指标中的生态部分，本文的热舒适度评价方法所提供的评价框架和量化指标，基本可以实现中小尺度的城市开放空间在缓解城市热岛和夏季降温方面的景观绩效评价表现情况。根据获取的评价表现，可以进一步展开关于场地的常年气象数据的调查以及植物、构筑物、周边建筑等特征要素的分析，来对已有的绿地空间进行优化提升，以量化指标为依据适当调整要素布局、绿化条件，如植物配比、冠层郁闭度控制、树种选择等来提升该项指标的绩效表现。在项目尺度上，探究得到更为舒适的户外空间营造方法，获取科学的调整或改造提升建议，探寻新的环境提升、场地营造方法技术等。

为了有效评估景观空间的现状质量、使用效率和未来发展，从而形成对其现状进行保护与优化的策略和对风景园林可持续规划设计实践的指导，风景园林循证研究与设计方法成为使风景园林学科走向科学性的途径之一。在景观绩效评价体系的理论框架下，越来越多的系统化、严谨的量化评价工具被应用于风景园林学科的循证研究与设计当中。人体舒适度评价方法有效对接了景观空间要素和量化指标，对于景观绩效评价工具和内容的拓展有着极大的潜力空间和研究意义。

参考文献

[1] 王云才，申佳可，象伟宁．基于生态系统服务的景观空间绩效评价体系［J］．风景园林，2017（1）：35-44.

[2] 罗毅，李明翰，段诗乐，等．已建成项目的景观绩效：美国风景园林基金会公布的指标及方法对比［J］．风景园林，2015（1）：52-69.

[3] Charalampopoulos I，Tsiros I，Chronopoulou-Sereli A，et al. Theor Appl Climatol，2017，128：811.

[4] ZhangAX，BokelR，DobbelsteenAV，et al. An integrated school and schoolyard design method for summer thermal comfort and energy efficiency in Northern China［J］. Building and Environment，2017，124：369-387.

[5] 赵晓龙，李国杰，高天宇．哈尔滨典型行道树夏季热舒适效应及形态特征调节机理［J］．风景园林，2016（12）：74-80.

作者简介

王婧，1995年生，女，汉族，山东人，北京林业大学园林学院硕士研究生，研究方向为风景园林规划设计理论方向。电子邮箱：aneccentricbetty@outlook. com。

基于景观绩效系列的社区花园绩效评价体系研究

Research on Performance Evaluation System of Community Garden Based on Landscape Performance Series

纪丹雯　沈　洁　刘悦来　陈　静

摘　要：社区花园是国内外城市优化绿色空间的良好途径之一，社区在整合生产性景观和园艺疗法的同时还能改善生态环境和人文品质。近年来，国内许多城市开始出现不同类型的社区花园，但是目前尚无针对社区花园的服务效益及其可持续性的评价体系。本文梳理了美国风景园林基金会发布的11个与社区花园相关案例的景观绩效系列（Landscape Performance Series，简称LPS），对其项目类型、规模、评价指标、评价方法等内容进行了统计分析，讨论了LPS对于我国社区花园建设的适用性，为我国城市绿色空间的优化提供新思路。

关键词：社区花园；景观绩效；服务效益

Abstract：Community gardens are one of the good ways for domestic and foreign cities to optimize green spaces. The community can improve the ecological environment and human quality while integrating productive landscape and horticultural therapy. In recent years，different types of community gardens have been appearing in many cities in China，but there is currently no evaluation system for the service benefits and sustainability of community gardens. This paper reviewed the Landscape Performance Series (LPS) of 11 community gardens-related cases published by the American Landscape Architecture Foundation. The statistical analysis and discussion on the project type，scale，evaluation indicators and evaluation method are analyzed. The applicability of LPS to the construction of community gardens in China is discussed，which provides new ideas for the optimization of urban green space in China.

Keyword：Community Garden；Landscape Performance；Service Efficiency

引言

社区花园是一些非营利组织、私人团体或者地区议会、地方政府，将其所有的或租用的闲置土地分割成小块，廉价租借或分配给个人和家庭用于园艺或农艺，并且有志愿者提供技术支援、协调及管理等服务，亦可由居民自发组织起来的团体自行管理运作的园艺用地。社区花园是国内外城市绿色空间优化的良好途径，能够在社区整合农业景观和园艺疗法，并改善社区景观环境和人文品质。近几年来，国内的许多城市都开始出现了不同形式的社区花园，但是目前尚无针对社区花园的服务效益及其可持续性的评价体系。

1　美国LPS社区花园绩效评价研究进展

美国风景园林基金会（Landscape Architecture Foundation，简称LAF）在2010年发起的景观绩效系列（Landscape Performance Series，简称LPS）研究注重对建设成果的实证评价，它提倡通过一系列“案例研究调查”（Case Study Investigation，简称CSI）的方法来准确量化建成项目的景观绩效。

本研究以11个已建成社区花园（或场地中包含了社区花园项目）的绩效评价案例为样本，进行了基于文献综述和假设的案例分析研究。假设研究案例的数据和评价方法都相对可靠，通过整理这11个项目的评价报告，对其项目类型、面积、评价指标、评价方法和评价限制进行统计分析。结果表明（图1），在现有的11个项目中，案例总面积最小的是加里科默农业青年中心（Gary Comer Youth Center），只有0.08hm²；总面积最大的是黎明社区（Daybreak Community），达1670.14hm²①。大部分案例的总面积小于20hm²，占比72.8%；1 hm²以内的案例有4个。

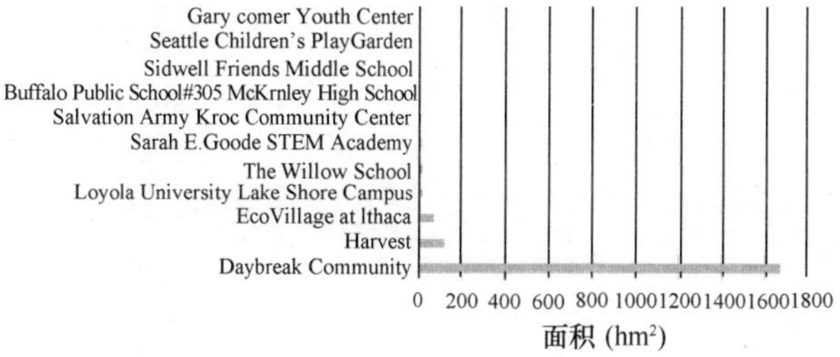

图1　社区花园案例的总面积

① 案例总面积指LPS网站提供的被评价案例的整体面积，其中社区花园往往占总面积的比例较小。鉴于此，笔者通过进一步查证对案例中社区花园的占地面积进行了统计，并对各个案例的评价指标结合实际场地图像及描述进行筛选，扣除明显非社区花园贡献的部分，具体阐述见第二节。

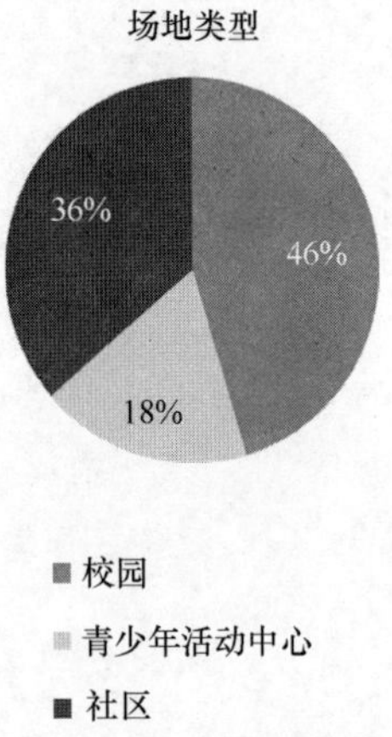

图 2　LPS收录社区花园所处的场地类型

从项目所处的场地类型来看（图 2），校园及青少年活动中心类型占比最高，在仅有的 11 个案例中占据了 7 个。可以看出，目前 LPS 中收录的社区花园案例以校园或儿童和青少年活动场所为主，少量案例分布在居住区内。

在此基础上，对这 11 个案例的景观绩效指标进行了分类分析①。其中，环境效益的指标总计 18 个，出现总频次为 40；社会效益的指标总计 19 个，出现总频次为 38；经济效益的指标总计 8 个，出现总频次为 12。环境效益与社会效益指标数量及出现频次相似，经济效益则明显少于前者。从具体的指标表述来看，在这 11 个案例中有 8 个项目的 16 个指标将“社区花园”作为场地发挥景观效益的一个载体进行了详细具体的描述（图 3）。有 6 个案例将社区花园中的食物产出纳入社会效益进行评价，只有 2 个案例强调了农产品带来的经济效益。关于社区花园的环境效益，现有案例只针对整体环境或结合部分场地进行量化，例如 2 个位于屋顶花园的案例结合了绿色建筑量化相应的指标，而其他的案例均未将社区花园作为一个独立的单元进行针对性的环境效益评价。因此，在现有 LPS 案例研究中社区花园本身对于环境效益的具体贡献难以体现。

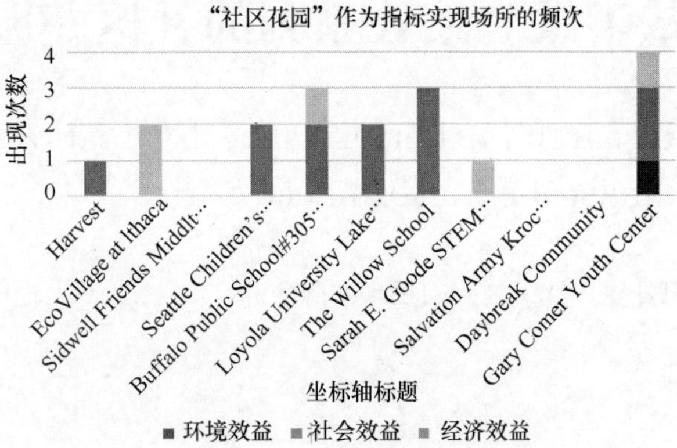

图 3　将“社区花园”“农场”“城市农业”等作为指标发生场所统计指标个数

2　社区花园绩效评价指标及相关研究

在梳理社区花园绩效评价指标过程中，我们发现社区花园占地面积小，每个案例均在 0.60 hm² 以下，只有个别案例（丰收社区 Harvest）面积达到 2.02 hm²（包括了农场面积）；大部分社区花园面积占其所属案例总面积的 3%以下（图 4）。

由于大部分的案例中针对整个场地的景观绩效指标存在明显非社区花园贡献的部分，因此，经过进一步查证，对相关评价指标进行进一步筛选，并结合案例具体分析其所用的评价方法和评价限制。

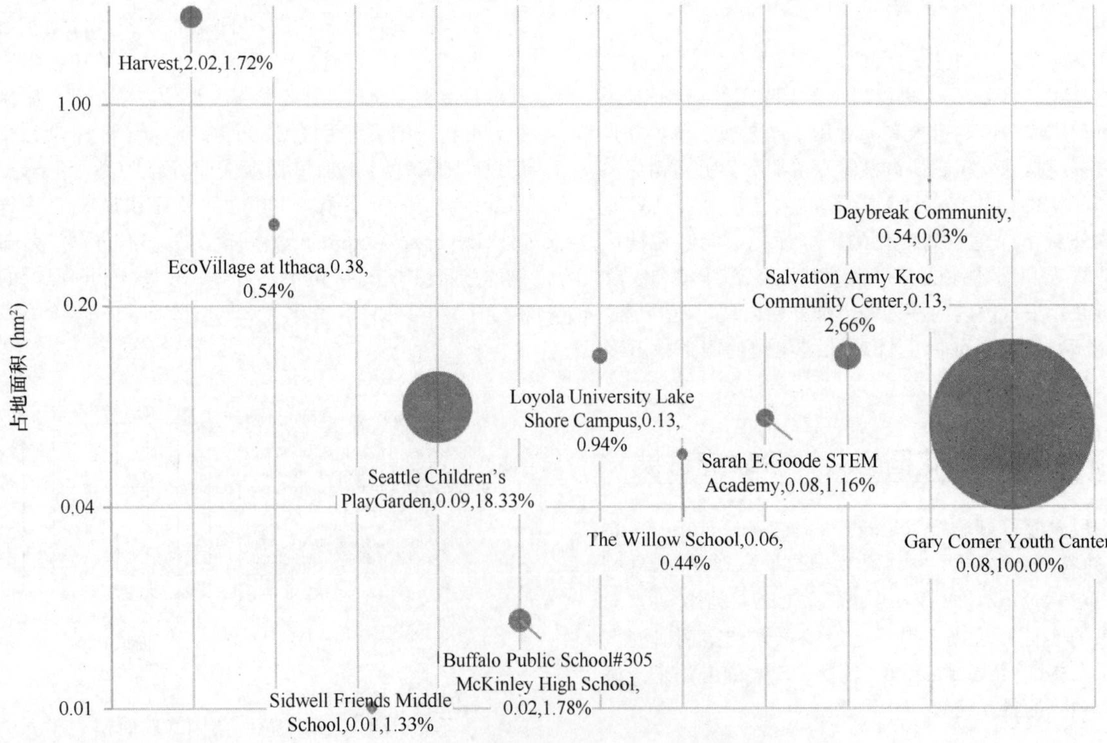

图 4　社区花园用地面积及占总面积比例图

① 该部分的景观绩效指标分类分析并未扣除明显非社区花园贡献的部分。

2.1 位于校园青少年活动中心的案例

在加里科默城市农业青年中心案例中，整个屋顶场地都属于社区花园。LPS 评价涉及环境、社会、经济三个维度，场地的环境绩效通过“景观对场地微气候的改善程度”来体现，量化因子为“屋顶冬季（夏季）平均温度升高（降低）度数”，数据来自于放置在屋顶的气象站。该场地的社会效益一方面体现在“产出食物”，量化因子有“为中心学生提供每日午餐数量”和“供应当地餐馆数”，数据来源于“可食芝加哥”的报告及花园管理者的访谈；另一方面，这个社区花园也给青少年中心提供了更多的教育机会，对于这项指标的量化因子则是“一年内参与的学生数”及“参与者的年龄跨度”，数据来源于“芝加哥大学社会服务部”的报告。该场地的经济效益评价则表现在“节约供暖和制冷的成本”上，该指标的量化方法则使用了由波特兰州立大学绿色建筑研究实验室开发的绿色屋顶计算器（Green Roof Calculator），通过输入“建筑的位置及类型”“屋顶材质”“种植深度”“叶面积”和“绿地覆盖率”等数据计算后得到相应的“节电量及费用”（表 1）。

青少年活动中心类案例评价方法　　表 1

项目	维度	指标	量化因子	数据获取/计算方法
Gary Comer Youth Center	环境	景观对场地微气候的改善程度	屋顶冬季（夏季）平均温度升高（降低）度数	四年内的屋顶小型气象站及当地气象数据
	社会	产出食物	为中心学生提供每日午餐数量 供应当地餐馆数	“可食芝加哥”的报告 对花园管理者的访谈
		提供教育机会	一年内参与的学生数 参与者的年龄跨度	“芝加哥大学社会服务部”的报告
	经济	节约供暖和制冷的成本	节电量及费用	使用了由波特兰州立大学绿色建筑研究实验室开发的绿色屋顶计算器（Green Roof Calculator），通过输入“建筑的位置及类型”“屋顶材质”“种植深度”“叶面积”“绿地覆盖率”等数据计算
Seattle Children's PlayGarden	社会	产出食物	预计收成及估计价值	使用了果蔬计算器，通过输入“植物数”“可食用部分指数”“平均每株植物重量”，计算得到
		提供了户外教育的机会 为残障儿童提供治疗条件	参加夏令营活动的残疾儿童和健全儿童数	活动报名统计

在另一个儿童活动中心西雅图儿童游乐花园（Seattle Children's Play Garden）案例中，社区花园面积占案例总面积的 18%。该社区花园对案例景观绩效评价的主要贡献在社会维度上，其中一个指标仍为“产出食物”，量化方法使用了果蔬计算器①，通过输入“植物数”“可食用部分指数”和“平均每株植物重量”，计算得到预计收成并估计价值，并且计算中没有考虑环境要素对作物的影响。该场地也将“提供了户外教育的机会”作为社会效益的指标之一，此外该场地还为残障儿童“提供了治疗条件”，该指标的量化因子为参加夏令营活动的残疾儿童和健全儿童数，数据来源于活动报名统计。

2.2 位于校园内的案例

在校园的 5 个案例中，西德威尔友谊中学（Sidwell Friends Middle School）的社区花园位于建筑屋顶，其对场地的环境效益主要贡献在“绿色屋顶对雨水积蓄作用”，通过量化“年遇暴雨存储量百分比”来衡量这个指标，输入“暴雨事件的雨量数据”“屋顶面积”“屋顶介质深度”“介质保水量”等数据进行计算。

在其他的校园案例中，社区花园对场地的环境绩效贡献并不明显。针对社会维度，有三个校园将“提升环保/可持续意识”作为绩效指标，量化因子分别有“访客数”“参与学生数量”“可以列出可持续景观特征的学生比例”以及与可持续实践有关的“回收有机废物重量”和“堆肥人数占接受调查的学生总数比例”等。洛约拉大学湖滨校区（Loyola University Lake Shore Campus）将“为社区花园提供土地”作为社会效益的一项指标，量化因子为“种植箱个数”，另外还有“举办各类公众活动”，量化因子为“举办活动数量”。

有 3 个学校将“通过社区花园生产食物”作为社会绩效评价的指标之一，量化因子分别有：“食物的重量及估值”“捐赠的事物份数”和“占学校食物的比例”。其中，萨拉古德 STEM 学院（Sarah E. Goode STEM Academy）将“预计食物的产出”作为指标，预测了食物产出，但花园实际上并没有得到使用。校园内的社区花园对于经济效益的作用主要反映在“提高入学吸引力”这个指标上，通过统计问卷调查中“将吸引人的校园作为入学选择”的比例进行衡量（表 2）。

① http://www.plangarden.com/app/vegetable_value/。

校园类案例评价方法 **表 2**

项目	维度	指标	量化因子	数据获取/计算方法
Sidwell Friends Middle School	环境	绿色屋顶对雨水积蓄作用	年遇暴雨存储量百分比	输入“暴雨事件的雨量数据”“屋顶面积”“屋顶介质深度”“介质保水量”等数据进行计算得到
	社会	提升环保/可持续意识	访客数 由学生带领参观的团队数	来自学校档案
Buffalo Public School ＃305 McKinley High School	社会	提供实践教育机会	参加课程人数	课程负责人
		提高入学吸引力	增加入学人数	
	经济	培训收入	收入金额	
Loyola University Lake Shore Campus	社会	提升环保/可持续意识（提高参观者对绿色基础设施的理解）	参观者人数	学校环境可持续发展研究所
		为社区花园提供土地	种植箱个数	校方及社区花园网站
		举办公众活动	举办活动数	学校 IES 城市农业协调员
		产出/向食品银行捐赠食物	生产食物重量及估值	
	经济	提高入学吸引力	将吸引人的校园作为入学选择	问卷调查数据
The Willow School	社会	提供户外（园艺）活动机会	参与园艺活动人数	相关研究报告
		生产食物	占学校食物的比例	
		可持续生活方式	回收有机废物重量 堆肥人数占接受调查的学生总数比例	
		提高环保/可持续意识	可以列出可持续景观特征的学生比例	调查要求列出绿色建筑的环保特征

2.3 位于社区中的案例

在社区案例中，丰收社区的案例将“提高绿色基础设施面积占比”作为场地环境绩效的指标之一，而社区花园占绿色基础设施总量的5%。场地的社会绩效一方面表现在“产出/向食品银行捐赠食物”这个指标上，量化的因子为“农产品经济价值”及“捐赠餐食份数”，数据由食物银行提供；另一部分社会绩效表现在“娱乐和社交”“公共健康和安全”“教育价值”“风景质量/视觉”和“创造场所感”等方面的11个指标中，而对这些指标的量化则通过统计在线调查问卷中“对下列陈述感到同意或非常同意的被访者占全部样本的比重”。对于场地的经济绩效，则通过“景观要素吸引购房者”这个指标来衡量，数据也来自于在线的问卷。

伊萨卡生态村庄（EcoVillage at Ithaca）中包含社区花园及两个农场，对景观绩效的贡献分别通过“有机农产品的销售收入”和“提供工作机会”两项反映经济效益的指标体现，量化因子分别为“具体销售金额”及提供的“工作岗位数量”，数据均由社区管理方提供；此外，在社会效益的指标中有“提高访客可持续意识及对集合住宅的理解”，该指标通过对访客进行问卷调查的方式获得，调查“访客提及的哪些可持续行为及具体的频次、支持程度”以及“访客认为本次参观加强了他们对哪些概念的理解”。但该场地的问卷调查回收的样本量较小（27份有效问卷），并且报告中还提到一些可持续实践①没有进行量化，形成相应的指标体系（表3）。

社区类案例评价方法 **表 3**

项目	维度	指标	量化因子	数据获取/计算方法
Harvest	环境	增加景观设施面积	绿色基础设施面积占比	由该社区提供数据
	社会	产出/向食品银行捐赠食物	农产品经济价值及捐赠餐食份数	食物银行提供
		增加居民户外活动参与度	对下列陈述感到同意或非常同意的被访者占全部样本的比重	在线问卷调查
		举办各类公众活动（社区组织的聚会/活动、农夫市场和节日）		

① 报告中还提到该社区的每个组团都有带围栏的社区花园，许多居民还在他们的小型私人庭院中加入了花园、食用植物和草药，使用农田附近池塘收集的雨水灌溉农业区，居民使用非肉类厨余堆肥，并且整个社区景观不使用杀虫剂或化学肥料。

续表

项目	维度	指标	量化因子	数据获取/计算方法
Harvest	社会	缓解精神压力	对下列陈述感到同意或非常同意的被访者占全部样本的比重	在线问卷调查
		增加体育活动		
		提升环保/可持续意识（了解乡土植物，慢行城市，“农场直达餐桌”（Farm-to-Table），干旱适应性景观）		
		推广城市农业		
		提供教育机会（园艺课堂、户外科学实验室、自然教育、儿童项目等）		
		提高对景观实践的理解		
		改变审美倾向（乡村景观特征）		
		提高场所/社区感知及认同感		
		增加合作伙伴/筹款人/房主的捐款范围		
		推广艺术审美活动（花园设计、工艺品和绘画）		
	经济	景观要素吸引购房者		
EcoVillage at Ithaca	社会	提高访客可持续意识（对集合住宅、人车分流、拼车/共乘、远程办公或在家工作、与邻居共享公用设施（供暖，供电等）、限制个人和家庭消费（水，电等）、分离垃圾收集和预分类（可回收物、堆肥等）的理解）	访客提及的哪些可持续行为及具体的频次、支持程度 访客认为本次参观加强了他们对哪些概念的理解	参观后问卷调查
	经济	有机农产品的销售收入	具体销售金额	社区管理方提供
		提供工作机会	工作岗位数量	

黎明社区虽然分布有6处社区花园，但却没有相关的量化指标，在案例的可持续特征描述中只提及“社区花园空间因居民需求进一步扩大”。而克洛克救世军社区中心（Salvation Army Kroc Community Center）的案例只提到“一个小型的城市农场将三分之一英亩的土地用于种植农产品，并有一个户外教室用于教育项目”，没有与社区花园有关的量化指标。

3 总结与展望

在对社区花园面积与对场地贡献指标数量的统计分析中（去除了“丰收社区”这一异常值），发现“社区花园规模”与其“对场地贡献指标数量”之间相关性不显著（图5）。现有的案例表明，社区花园的景观绩效指标数不受其面积规模的限制，但也可能是因为本次研究样本量有限的缘故①。

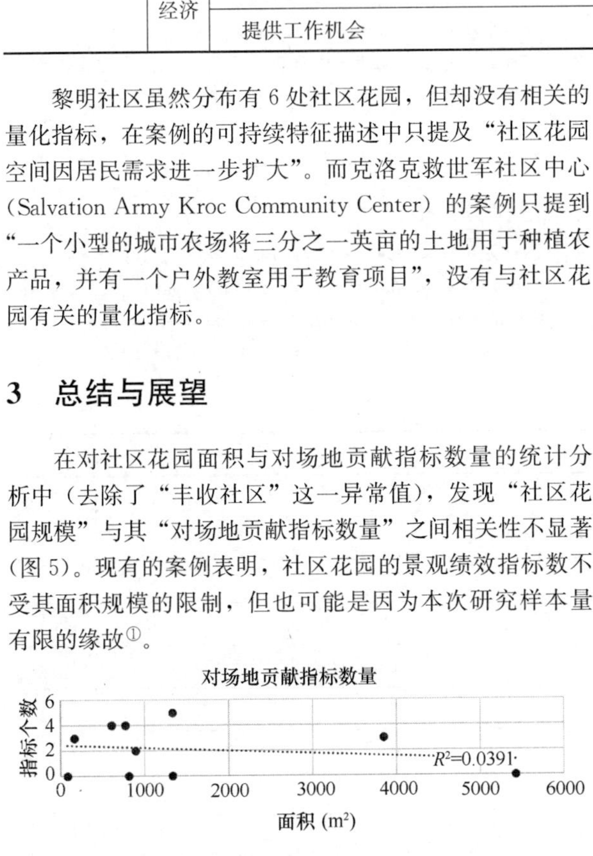

图5 社区花园面积与对场地贡献指标数量

通过对评估报告的整理，发现LPS关于社区农园的绩效评价有以下特点：

（1）社区花园的环境效益未能较好展现

分析青少年活动中心案例后发现，针对屋顶社区花园的环境与经济效益的指标相关度较大，都关注屋顶花园小气候改善带来的效益。实际上，微气候指标同样适用于非屋顶场地，并且可以部分参考量化方法，可操作性较强。而针对社区花园内种植的许多作物可以作为城市中鸟类、昆虫等的重要食物来源，对于其在城市生物多样性方面的贡献也应当有相应的指标。

（2）社会效益指标之间存在较强的相关性且没有较为科学统一的量化方法

反映社会绩效的指标互相之间存在关联，比如，“提供户外教育机会”和“举办公共活动”部分重叠。“提升环保/可持续意识”这个指标常通过“访客数量”来衡量，另外也有通过在问卷中让被访者举例哪些行为可以持续进行分析，后者可能更有效。但真正让学生或居民群体改变行为方式，进行可持续的生活实践可能是更有意义的一项指标，这需要有更有效的量化方式。“提供户外教育机会”和“提供治疗的条件”这两项指标均已以参与人数

① 具体量化因子的数值大小可能会因其规模而改变，但由于目前案例中针对同一指标的量化因子不同，较难进行比较分析。

作为指标，说服力较弱，后续的研究可以尝试参考其他相关的评价模型。同样，“举办各类公众活动”这一指标，仅通过举办活动数量来进行评价是比较容易操作的量化方式，但未能有效分析活动对参与者的促进作用。

（3）对社区花园的合作组织及相关机构提出了比较高的要求

在对指标量化因子和数据来源的分析中，我们发现社区花园的量化分析涉及很多不同的合作组织及相关机构，比如，对于“产出食物”这个指标来说，预计的食物产出和现实往往有较大出入，并且对相关组织管理机构要求较高，比如需要“食物银行”等机构支持。因此，目前较容易采用的评价指标是“为学生提供的午餐数量”和“占提供食物的比例”。因此进行社区花园景观绩效评价还需要完善社区花园相关组织的数据录入及整理。

在校园内的社区花园也容易遇到花园不能被有效使用的问题，由于学生假期及人员流动等方面的限制，一些大学校园采取将社区花园开放给周边居民使用的做法，但由于国内高校的开放度限制，这个做法可能是高校资源向社区惠及的一个开始，但有待相关研究实践的证实。有些高校的案例中提到参与运营社区花园的学生社团，也可以尝试参考相关指标进行量化评价。

（4）展望

根据上海社区花园促进会提供的数据，我们统计了上海社区花园分布，可以看出上海的社区花园目前也主要分布在“校园”“公园”“社区”类型的场地中（图6）。

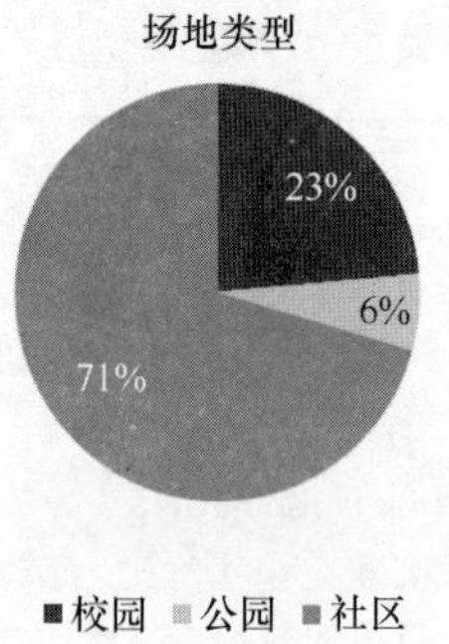

图6　上海社区花园场地类型

对比中美社区花园场地类型与面积分布（图7），可以发现，我国在公园场地与校园场地中的社区花园面积较美国大，而在社区场地中的面积则明显比美国社区小。由于涉及相关组织和经营方式不同，对于我国校园中的社区花园，考虑场地的开放度等差异点，对美国社区花园绩效各项指标需要酌情借鉴。

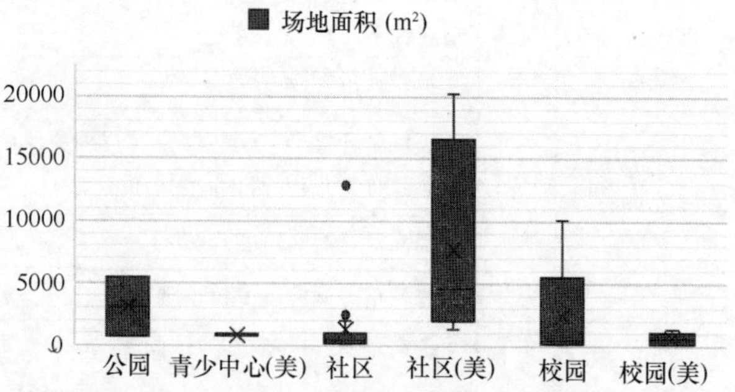

图7　中美社区花园场地与面积分布图

另一方面，从目前国内的社区花园情况来看，社区场地中的社区花园，目前项目设计目标较为统一，规模和场地要素有基本模式并且可重复性较高，可以尝试在既定的评价指标框架中进行指标的选取及补充，使得每个项目之间可以有一定的可比性，从而彼此之间产生一定的借鉴作用，也能对新的项目在一定程度上进行指导。

参考文献

[1] 钱静. 西欧份地花园与美国社区花园的体系比较［J］. 现代城市研究，2011，26（1）：86-92.

[2] 陈静，纪丹雯，沈洁. 城市困难立地的社区农园营造探索——以城市农业实践为例［J］. 园林，2018，309（1）：12-15

[3] 沈洁，龙若愚，陈静. 基于景观绩效系列（LPS）的中美雨水管理绩效评价比较研究［J］. 风景园林，2017（12）：107-116.

[4] Clarke L W，Jenerette G D. Biodiversity and direct ecosystem service regulation in the community gardens of Los Angeles，CA［J］. Landscape ecology，2015，30（4）：637-653.

附录

环境效益		指标	项目数量
生境	生境保护/创建/恢复	提高生态质量	2
		提高生物多样性（增加生物量密度指数BDI、动植物物种丰富度等）	3
水源	雨洪管理	雨水拦截量（通过树冠）	1
		控制径流总量	7
		控制径流峰值	1
	防洪	提高蓄洪能力（通过滞留雨水）	3
	节水	通过限制传统草坪面积来降低灌溉耗水量	1
		雨水/中水的资源化利用（用于灌溉、景观和厕所用水）	3
		通过使用节水型设备/低流速灌溉系统来降低灌溉耗水量	1
	水质	改善水质：减少水体污染物（总悬浮物、氮负荷、磷负荷、硝酸盐等）	3
		提高废水处理量（采用生物膜反应器水处理系统）	2

续表

环境效益		指标	项目数量
碳/能量	城市热岛效应	降低屋顶表面温度（采用绿色屋顶；高反射率屋顶材料等）	1
		调节场地微气候	1
	能源	节约能源（通过使用太阳能、绿色屋顶、节能灯具、地源热泵等）	3
	碳	年固碳量（通过乔木、灌木和草本植物等）	2
		减少碳足迹/碳排放（使用本土植物，消除了肥料、杀虫剂和除草的需要；用每周手除草和每年固定的燃烧代替机械设备等；现场材料和回收利用建设废料的再利用）	2
材料/废料	再利用和回收	废物利用（将场地原有材料、施工拆卸材料、各种废料等回收再利用）	3
其他	其他	增大绿色基础设施面积（景观设施，农业用地和开放空间等）	1
合计			40

社会效益	指标	项目数量
娱乐和社交价值	提供令人愉悦的户外活动空间和活动机会	3
	举办各类公众活动（社区组织的聚会/活动，农夫市场和节日）	3
公众健康和安全	提高生活质量	1
	缓解情绪压力	1
	体育活动增加	1
	提高步行可达性（完整的人行道连接、无障碍设施等）	1
	提高安全性（提升场地照明，提高公园能见度、开放性，减少交通事故和死亡事件）	1
	促进交通方式转变（汽车出行量减小，公共巴士、自行车、步行出行量增加）	1
	影响学校申请选择、增加入学需求（由于校园景观改善）	2
教育价值	提升环保/可持续意识（了解乡土植物，慢行城市，“农场直达餐桌（Farm-to-Table）”，城市农业，绿色基础设施等概念）	6
	推广城市农业	1
	提供教育机会（雨水管理、园艺课堂、户外科学实验室、自然教育、儿童项目等）	6
	提高对景观实践的理解	1
风景质量/视觉	改变审美倾向（乡村景观特征）	1
创造场所/场所感	提高场所/社区感知及认同感	1
	增加合作伙伴/筹款人/房主的捐款范围	1
	为周边居民提供社区花园种植土地	1
食品生产	产出/向食品银行捐赠食物	6
合计		38

经济效益	指标	项目数量
成本节约	节约运行和维护费用（如饮用水灌溉、除草、施肥、种植维护、停车场维护、取暖、制冷等能耗、雨洪的处理和清理的费用等）	2
	节约建设成本（如就地取材、材料替换、废物利用、保留现状植物、运输、用雨水基础设施代替传统市政管道的费用等）	2
收入	创造收入（农作物生产等）	3
场地价值	增加居住吸引力	1
	增加入学吸引力	1
	提升房产价值	1
	增加房产销售量	1
创造就业机会	创造就业机会	1
合计		12

作者简介

纪丹雯，1995年生，女，汉族，福建厦门人，同济大学建筑与城市规划学院景观学系在读硕士研究生。研究方向：城市农业、可持续景观规划和设计。电子邮箱：282492066@qq.com。

沈洁，1985年生，女，白族，云南建水人，博士，同济大学建筑与城市规划学院景观学系助理教授、硕士生导师，上海城市困难立地绿化工程技术研究中心，同济大学高密度人居环境生态与节能教育部重点实验室。研究方向：风景园林规划设计与理论。电子邮箱：jieshen@tongji.edu.cn。

刘悦来，1971年生，男，汉族，山东人，博士，同济大学建筑与城市规划学院教师，高密度人居环境生态与节能教育部重点实验室主任助理，上海四叶草堂青少年自然体验服务中心理事长。研究方向：可持续景观设计与社区营造。电子邮箱：liuyuelai@gmail.com。

陈静，1980年生，女，汉族，江苏扬州人，博士，同济大学建筑与城市规划学院景观学系讲师、硕士生导师，上海城市困难立地绿化工程技术研究中心，同济大学高密度人居环境生态与节能教育部重点实验室。研究方向：城市生态和城市健康。电子邮箱：jingchen@tongji.edu.cn。

基于热形耦合的城市水景观分散度优化设计探究

Study on Optimal Design of Urban Water Landscape Dispersivity Based on Thermal Coupling

王长鹏

摘　要： 城市化背景下，生态与人类活动的关联是当前生态变化研究重点领域。水景观作为缓解城市热岛的重要组成部分，国内外已有大量涉及水景观与热环境关联性的研究，但基于热形耦合的水景观分散度研究较少。因此基于广义建筑学空间本体角度，利用数值模拟方法量化不同分散度水景观降温能力，结果表明，随着水面率不断提高，不同分散度水景观热调节能力均不断增强，但就降温幅度与辐射范围而言，分散式水景观降温效果明显优于集中式水景观。最后利用济南古城片区控制性详细规划尺度下的城市三维空间模型进行实证探究，得出适宜该片区水景观优化设计的温度与湿度影响范围修正系数分别为－1.07 和－0.026。最后利用人体温度阈值①和最优热效应综合评价，得出基于水景观分散度的优化设计应保证水面率指标在 4%～16%之间。

关键词： 热形耦合；广义建筑学；水景观分散度；数值模拟；优化设计

Abstract: Under the background of urbanization, the relationship between ecology and human activities is the key area of current ecological change research. Water landscape, as an important component of urban heat island, has been involved in a large number of researches on the relationship between water landscape and thermal environment at home and abroad, but the study of water landscape dispersion based on thermal coupling is less. Therefore, from the perspective of the spatial ontology of the generalized architecture, the numerical simulation method is used to quantify the water surface cooling ability of the water surface under the conditions of 4%, 8%, 12%, 16%, 20% and 24%, respectively. The results show that with the increasing of the water surface rate, the heat adjustment ability of the water view of different dispersion is constantly enhanced. However, the cooling effect of dispersed waterscape is much better than that of centralized water landscape. Finally, the three-dimensional spatial model of the urban area under the control detailed planning of the ancient city of Ji'nan is used to make an empirical study. The correction coefficient of temperature and temperature is －1.07 and －0.026, which are suitable for the optimum design of the water landscape in this area. Finally, based on the comprehensive evaluation of the human body temperature threshold and the best thermal effect, it is concluded that the optimal design of water landscape dispersion should ensure that the water surface index is between 4%～16%. This has a guiding role in the urban water landscape planning and the protection and utilization of the spring water in Ji'nan, and is of great significance to the construction of Ji'nan's characteristic water ecological civilization and the success of the spring landscape.

Keyword: Thermal Coupling; General Architecture; Water Dispersion; Numerical Simulation; Optimal Design

引言

随着城市化进程的加速，越来越多的人聚集到城市，导致了高密度空间的产生。同时从建筑、规划、景观角度而言，城市化实质上是土地利用/覆被景观格局变化的过程，也即包括水体、绿地与植被等构成的自然景观被水泥、沥青等构成的人为景观取代的过程[1]，这是导致热环境恶化的重要原因。城市热环境与广义建筑学、气象环境、市政建设等密切相关，城市居民生活质量更是受其直接影响。20 世纪 70 年代至今，城市极端天气出现的频率不断增加，包括城市高温在内的多种反常问题也逐渐被科学界、各国政府部门重视起来（图 1）。

就广义建筑学领域而言，以往对水景观的研究多着眼于海绵城市的建设[2-7]及水体影响城市空间形态[8-11]等方面，而基于水景观与热环境相关性研究多从气象学、环境科学、生态学等学科角度去评价。有学者采用实地观测的方法对自然水域微气候及影响因素进行探析，肯定了水景观对城市热环境的改善作用[12-14]；有学者借助卫星遥感反演技术系统研究了城市热岛效应与绿色开放空间的演变特征，并借以分析地表温度与水景观格局之间的关系[15-17]；也有学者利用数值模拟的方法构建了理想状态的模式框架，对水景观作用的热力场进行动量差分探究；还有学者利用 CFD 模拟软件②进行温度场、风速等边界层结构模拟，进而探析水景观与热环境之间的耦合关系[18-21]。

目前有关热环境的相关研究，特别是有关水热耦合研究仍由气象学、环境科学等传统学科主导，并倾向于从城市"整体性"进行探究，忽略了水景观空间形态要素对热环境的作用关系。据此，以济南古城片区为研究对象，借助广义建筑学领域的空间本体优势，从水景观分散度

① 温度阈值是人体舒适度临界点，通常大于 35℃人体会产生不适感。

② Computational Fluid Dynamics（计算流体动力学）简称，是模拟仿真实际流体流动情况的软件统称，目前常用的有 Phoencis、Fluent 等软件。

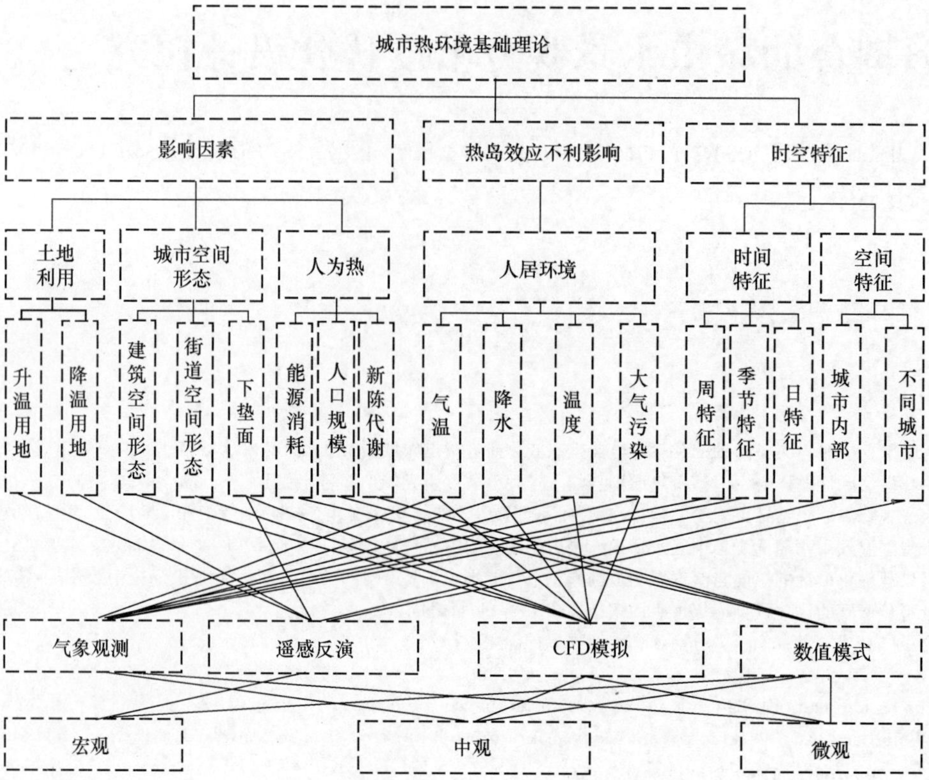

图1　城市热环境研究谱系（图片来源：作者自绘）

层面出发，利用 Phoencis① 模拟软件量化水景观降温能力，进而得出适用于该区域的水景观优化设计指标，为今后广义建筑学及水生态文明建设提供技术指导。

1　研究区与研究方法

1.1　研究区概况

济南古城片区处于城市的核心区域，地理位置相当显著。同时片区内泉、水资源丰富，不仅促进了城市景观文明形象的塑造，还对热环境起到改善作用。根据著名气象学家竺可桢教授对我国气候的描述，其大致可以分为秦汉代温暖—魏晋朝寒冷—唐代温暖—宋元明清寒冷四个时期[22]，总体而言，我国气候条件波动很大，并呈逐渐转冷的趋势，但在诸多历史文献中济南却一直保持着冬暖夏凉的温润环境，这其中不乏杜甫、宋恕②等人对济南舒适气候的肯定[23]。但随着近现代城市建设和发展与现实利益的驱动，济南古城片区水文环境受到严重破坏，原本“人水共生”的和谐局面被打破，泉水逐渐枯竭、市区地下水水位下降以及湿地消退成为济南城市发展付出的代价。当然这一系列的后果直接导致了城市生态问题的进一步恶化，水体微气候调节作用衰退加剧了济南城市夏季高温问题，加之极端天气出现的频率日益增加，市民正常生活受到影响，城市的持续健康发展受到阻碍。

近年来，迫于城市化带来的消极影响，人们逐渐意识到与环境和谐共存的必要性，济南有关部门通过采取限制开采地下水及地下水回灌、扩建大明湖、整治小清河等措施，已经有效修复了济南的水文环境，对于古城区而言，这不仅改善了其内部生态环境，还打造出了新时期泉城特色魅力风貌。2013 年，济南成为首批水生态文明城市试点，这为济南进一步塑造水文化景观城市提供了政策要求。如今泉水申遗已正式启动，有关保护范围也已划定完毕，由此可见未来济南的城市热环境将进一步改善。

1.2　研究方法

1.2.1　中观尺度③水景观数学模型构建

水景观分散度指的是其分布格局的离散程度，通常分为集中式与分散式两种。介于水景观相关指标是在控制性详细规划层面进行的，因此确定热环境研究尺度为中观尺度（0.5～100km）（图 2）。

在分析理想状态下水景观热形耦合关系时，为控制

① Phoenics 是“Parabolic Hyperbolic or Elliptic Numerical Integration Code Series”的简称，其内置算法与大多数 CFD 软件一样，是基于计算流体力学理论开发设计的。总体而言软件包含前处理、求解运算与后处理三大部分，同时，也为用户提供了便捷友好的操作界面和必需的参数数据。

② 古代济南不乏文人墨客的溢美之词，其中唐代杜甫诗《陪李北海宴历下亭》中有“海内此亭古，济南名士多”；清末宋恕更是有一百多首如“济南何减江南好，但恨遗山不可呼”“游兴江南频雨阻，春光不及济南多”的诗句。

③ 热环境的相关研究是有明显尺度特征的，其中中观尺度（0.5～100km）主要研究的是城市片区内部热现象，如城市空间形态、城市肌理、不透水面等与热环境的耦合关系。

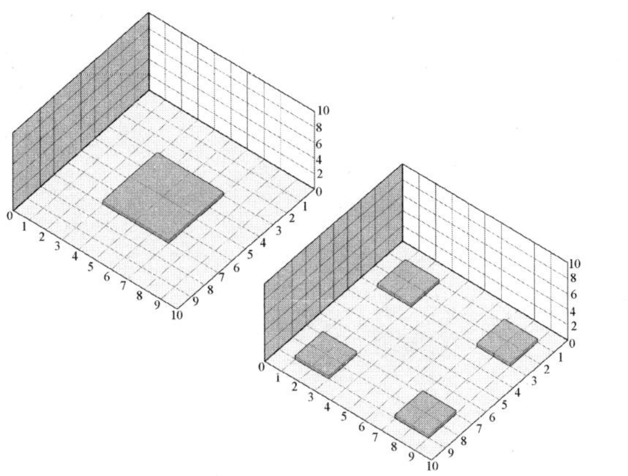

图 2　理想状态单一指标模型（图片来源：作者自绘）

模型变量，将城市三维模型信息简化为“水景观-城市表层”模式语言，且重点研究水面率处于 4%、8%、12%、16%、20%、24%六种不同条件下，集中式水景观与分散式水景观降温差异。理想水景观边长 a 与面积 S 之间的关系方程为：

$$S_{水} = a_1^2, a \in (0, +\infty) \tag{1}$$

此时，水面率 δ 与水景观面积 S 水景观、实验域面积 S 实验域之间的关系为：

$$\delta = \frac{S_{水}}{S_{实验域}} \tag{2}$$

$$\delta = 0.4n, n \in [1,6] \tag{3}$$

具体布置如图 3。

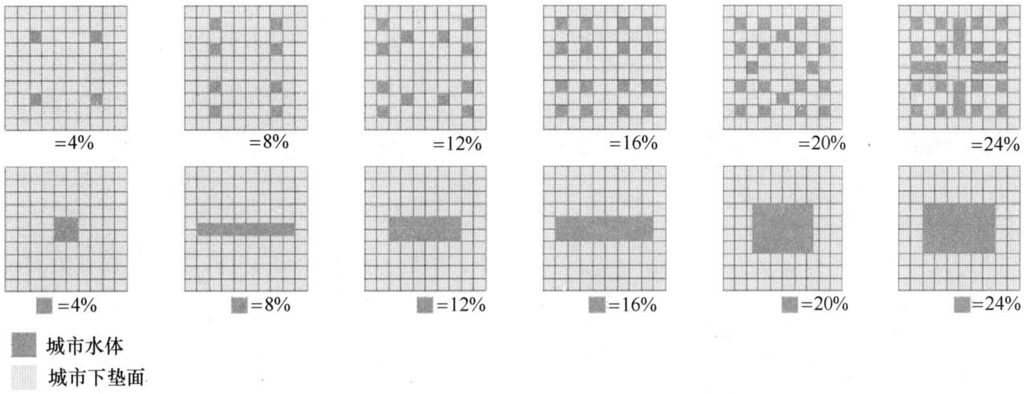

图 3　分散式水景观与集中式水景观实验布局图（图片来源：作者自绘）

1.2.2　CFD 软件耦合模拟

（1）单一指标模型耦合

城市热环境各要素之间共同维持着城市能量平衡，基于 Phoenics 软件自身的理想初始热绕及可变真实边界条件收敛功能，将夏季温度、风速等边界条件输入软件，进行流场三维结构适应，其中模拟设定区域范围为 3km×3km，试验网格的数量划分为 5m×5m，气象因素中济南纬度设置为 36.65°，模拟时间为 2017 年 7 月 14 日下午 14：00①，此时将软件内置天气工具进行激活，室外环境温度设置为 35℃，近地面 1.5m 处的风速为 3.1m/s，风向为东南向，此时漫辐射与直射辐射分别为 243W/m^2 和 218W/m^2。

（2）真实边界适应模型修正

在对济南古城片区进行控制性详细规划时，应在保证历史文化古迹完整的前提下，按照“有机更新”的原则对古城片区进行小尺度手术刀式的改造，当然，这种改造目的是为了使大体量、密度高的建筑群体尽量碎化，在提高空间通透性的同时，将多个小面积水景观斑块楔到原有城市空间中，这样既能使水面率指标提高，又达到了分散式水景观更加有效调节热环境的效果。针对原古城片区水面率指标为 14.06%的情况，实施控制性详细规划后的水景观水面率指标达到了 18.03%（图 4）。

由于理想状态下水景观热耦合模型为置入真实三维城市空间信息，仅能从单指标层面探究水景观降温能力。为增加模拟真实性，利用卫星资料及三维可视化建模工具进行中观尺度三维边界结构适应，其中复合的边界结构为“建筑体-水景观-道路-绿地”。

利用 Phoencis 软件针对济南古城片区水景观分散度优化设计方案进行热环境模拟分析，设置的有效实验区域为 2.65km×2.65km×0.06km，同时将实验网格划分为 600×600×60，其中模拟的实验时间为 2017 年 7 月 14 日下午 14 时，此时初始温度设置为 35℃，行人 1.5m 处风速设置为 3.1m/s，风向设置为东南方向 159°。同时增加方案对照组两组，其中一组为原始组，水面率为 14.06%；另一组针对分散度的设计对照方案，水面率为 16.22%。

1.2.3　热形耦合回归分析

以人体温度阈值为要素捕捉点，对模拟得到的热环境云图进行矢量化提取，分别得到高温区、中温区、低温区三个不同层级的温度与温度影响范围信息，量化不同分散度水景观的水面率与温度及温度影响范围之间的关系，进而利用 SPSS 数学统计软件对其数据进行耦合回归分析，得到水景观分散度的优化设计公式。

① 气象学中将日平均温度取 8：00、14：00、20：00、2：00 四个时刻温度的平均值，其中 14：00 室外温度最高。

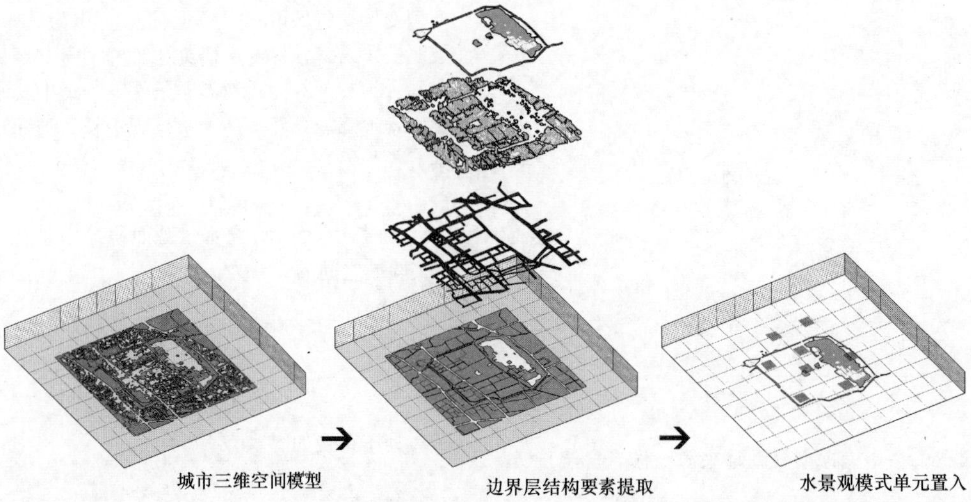

图 4　城市三维仿真模型边界修正示意图（图片来源：作者自绘）

2　耦合模拟分析

2.1　单一指标耦合模拟分析（图 5）

模拟得到理想状态下区域环境温度流场云图，将图 3 所包含的温度信息进行矢量化处理，得到高温区（红色下同）、中温区（橙黄色下同）、低温区（黄色下同）三个等级的温度覆盖域，其中以极端温度（>35℃）作为有效信息域，统计集中式水景观与分散式水景观在 4%、8%、12%、16%、20%、24%六种不同水面率下的高温区域所占比例，并利用 SPSS 数学统计软件进行归纳整理，分别得到不同分散度条件下水面率与平均温度、高温影响域关系表（表 1、表 2）。

不同分散度水景观水面率与平均温度关系　表 1

水面率	4%	8%	12%	16%	20%	24%
平均温度 $T_{集中}$	33.57℃	33.53℃	33.49℃	33.45℃	33.42℃	33.38℃
平均温度 $T_{分散}$	33.56℃	33.51℃	33.47℃	33.13℃	33.15℃	33.12℃

资料来源：作者自绘。

不同分散度水景观水面率与温度影响范围关系　表 2

水面率	4%	8%	12%	16%	20%	24%
温度范围 $S_{集中}$	55.05%	50.71%	42.48%	38%	26.47%	20.94%
温度范围 $S_{分散}$	55.05%	50.71%	39.27%	9.59%	6.4%	1.6%

资料来源：作者自绘。

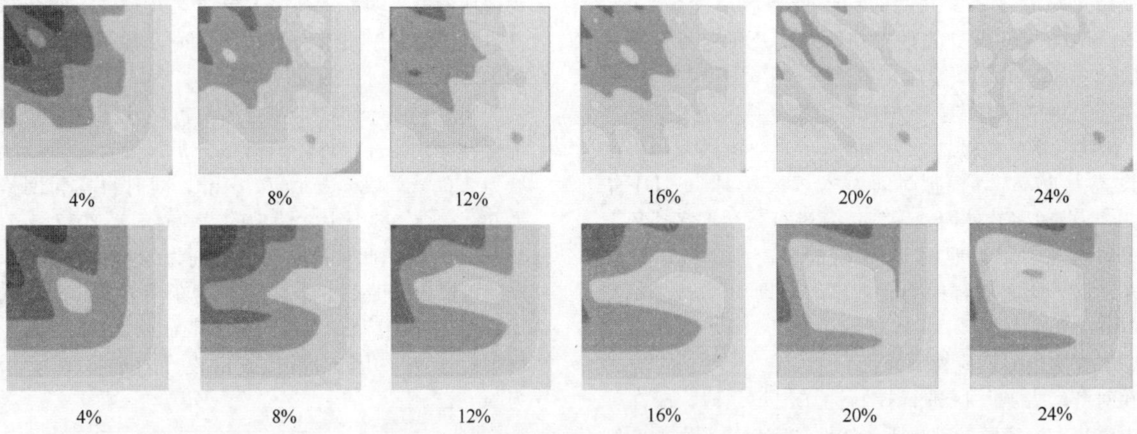

图 5　分散式（上）与集中式（下）水景观热环境模拟图（图片来源：作者自绘）

由统计 SPSS 软件生成的水面率与平均温度线性函数图像（图 6）可知，无论集中式还是分散式水景观，随着水面率不断增加，计算域内高温区域均有减少，尤其是分散式水景观降温效果更为明显，当分散式水景观水面率高于 24%时，计算域高温区基本消除，其中水面率在 12%～16%区间内降温效果极为显著。

此外，当水面率在 4%～24%区间内时，集中式水景观水面率与平均温度关系接近线性反比关系，且集中式水景观水面率 x 与平均温度 y 之间的关系函数为：

$$y = -0.9429x + 33.605, x \in [4\%, 24\%] \quad (4)$$

而分散式水景观在不同水面率范围内呈现不同的降温能力，其中当水面率在 4%～12%及 16%～24%区间内时，分散式水景观热调节能力相当，而水面率在 12%～16%区间内时，水景观水面率与平均关系函数斜率较大。分散式水景观水面率 x 与平均温度 y 之间的关系函数为：

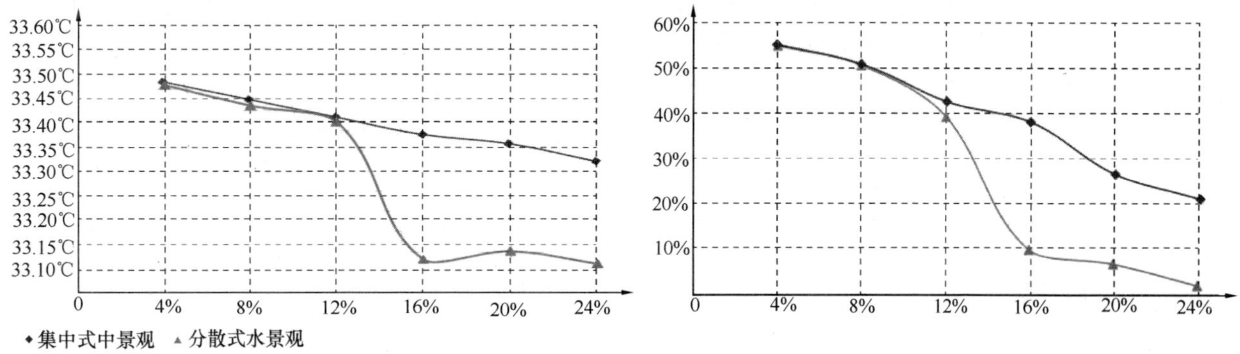

图6 不同分散度水景观水面率与平均温度、温度影响范围关系图（图片来源：作者自绘）

$$\begin{cases} y=-x+33.485, x\in[4\%,12)\cup(16\%,24\%] \\ y=-8.5x+34.49, x\in[12\%,16\%] \end{cases} \quad (5)$$

当水面率在4%～24%区间内时，集中式水景观水面率与高温区影响范围关系亦成线性反比关系，此时集中式水景观水面率与高温区影响范围之间的关系函数可以表示为：

$$y=-1.7696x+0.6372, x\in[4\%,24\%] \quad (6)$$

而分散式水景观水面率在12%～16%区间内与温度影响范围之间的关系函数斜率最大；此时分散式水景观水面率与高温区影响范围之间的关系函数可以表示为：

$$\begin{cases} y=-1.1425x+0.449, x\in[4\%,12\%)\cup(16\%,24\%] \\ y=-7.42x+1.283, x\in[12\%,16\%] \end{cases} \quad (7)$$

从理想分散度模拟实验来看：当水面率分别为4%、8%、12%、16%、20%、24%时，分散式的分散度在平均温度与温度影响范围两方面均比集中式分散度状况下效果明显。且分散式分散度下水面率处于12%～16%之间时降温效果最为明显。水面率超过16%时，分散式水景观降温效果不再显著，且水面率超过24%时，分散式水景观工况下的热岛效应基本消除。而集中式布局的水景观水面率与降温能力始终成线性反比关系。

2.2 控规尺度仿真环境耦合模拟分析

根据下午14点时行人1.5m高度处的室外大气温度模拟结果所示（图7），原始组实验域平均温度为32.28℃，高温区影响范围为28.95%；当针对济南古城片区水景观分散度设计方案进行热环境模拟时，有效实验域内平均温度降低明显，为32.25℃，高温区影响范围也降低到了22.01%；而优化设计方案对照组（水面率为16.22%）的热环境模拟结果显示，实验域内平均温度为32.26℃，高温区影响范围为23.47%（表3）。

实验组水面率与平均温度、温度影响范围关系表 **表3**

	原始组	方案组	方案对照组
水面率 δ	14.06%	18.03%	16.22%
平均温度 t	32.28℃	32.25℃	32.26℃
高温影响范围 s	28.95%	22.01%	23.47%

资料来源：作者自绘。

根据表3中数据对公式进行修正，得出了水面率与平均温度关系公式的修正系数 $R_1=-1.07$，进而得到基于围合度优化设计的济南古城片区控制性详细规划的水面率与平均温度之间的关系函数：

$$y=-x+32.415, x\in(16\%,24] \quad (8)$$

同样根据表3中数据对公式进行修正，得出了水面率与高温区影响范围关系公式的修正系数 $R_1'=-0.026$，进而得到基于围合度优化设计的济南古城片区控制性详细规划的水面率与平均温度之间的关系函数：

$$y=-1.1425x+0.423, x\in(16\%,24] \quad (9)$$

3 结论

通过对济南古城片区控制性详细规划方案进行热环境模拟可以得出，针对水景观分散度的设计，当随着水面率指标不断增加时，计算域内热环境均有所改善，且无论从人体阈值还是最优选择来看，分散式水景观的降温效应均优于集中布置的水景观。在济南古城控制性详细规

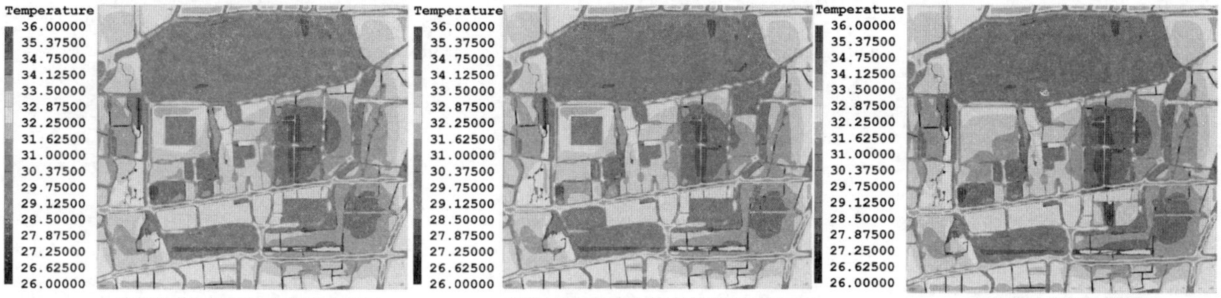

控制性详细规划方案温度流场　控制性详细规划方案对照组温度流场　原始模型环境温度流场

图7 基于分散度优化的热环境模拟（图片来源：作者自绘）

划方案热环境模拟中可以发现，建筑物密集区往往也是高温密布地区，由于通风条件较差，因此这一范围内水体并不能产生较大的降温作用，因此在保证通风条件良好的基础上进行水体设计，进而营造良好的区域微气候是值得推广的。而且根据黄富表等[24]利用神经感觉分析仪（TSA-Ⅱ）的 Limits 法测定的平均温觉阈值为 34.091±0.862℃，若使平均温度降到 34.091 以下的水面率 $\delta=4\%$，这与陈淑芬等人[25]基于温度阈值的北方泉水聚落水面率研究得出的结论基本一致。

当然通过探究发现，理想化单一指标水景观耦合模拟与边界结构真实性适应的耦合模拟之间存在差异性，这种差异性的存在除了与耦合模型本身的精细程度相关以外，也受外部气候多变性与复杂性的制约，尽管基于实验模拟阶段所得出的修正系数同样存在误差，但由这种探究思路所获取的设计公式与指标数据是相对科学的。

古城作为济南城市核心区域，其本身的政治、经济与文化地位极高。尤其在文化方面，除了有深厚的文化底蕴与众多的名胜古迹以外，古城片区水景观也是展示城市魅力的重要名片。不仅如此，在济南建城伊始，水景观与城市的命运便相互纠葛在一起，从过去十几年水景观的破坏导致济南古城生态恶化与高温现象滋生，再到现在济南水景观焕发青春促进济南更加持续友好的发展，水景观对于济南而言确实是不可忽视、不可放弃的重要存迹。因此，构建健康的水景观生态体系、发挥水景观生态效应对于强化济南古城人文景观有着较为现实的意义。

参考文献

[1] 岳文泽. 基于遥感影像的城市景观格局及其热环境效应研究 [D]. 上海：华东师范大学，2005.

[2] 俞孔坚，李迪华，袁弘，等. “海绵城市”理论与实践 [J]. 城市规划，2015（6）：26-36.

[3] 左其亭. 我国海绵城市建设中的水科学难题 [J]. 水资源保护，2016（4）：21-26.

[4] 张伟，王家卓，车晗等. 海绵城市总体规划经验探索——以南宁市为例 [J]. 城市规划，2016（8）：44-52.

[5] 李俊奇，任艳芝，聂爱华，等. 海绵城市：跨界规划的思考 [J]. 规划师，2016（5）：5-9.

[6] 王诒建. 海绵城市控制指标体系构建探讨 [J]. 规划师，2016（5）：10-16.

[7] 马洪涛，周丹，康彩霞，等. 海绵城市专项规划编制思路与珠海实践 [J]. 规划师，2016（5）：29-34.

[8] 刘群，荣海山，高鹏. 南宁市“山水城市”形态及控制实施策略 [J]. 规划师，2016（7）：64-71.

[9] 吴雅萍，高峻. 城市中心区滨水空间形态设计模式探讨 [J]. 规划师，2002（12）：21-25.

[10] 孔亚暐，张建华，闫瑞红，等. 传统聚落空间形态构因的多法互证——对济南王府池子片区的图释分析 [J]. 建筑学报，2016（5）：86-91.

[11] 汪洁琼，刘滨谊. 基于水生态系统服务效能机理的江南水网空间形态重构 [J]. 中国园林，2017（10）：68-73.

[12] ICHINOSE T. Monitoring and precipitation of urban climate after the restoration of a Cheong-gye Stream in Seoul Korea [J]. IAUC Newsletter-International Association for Urban Climate，2005（11）：11-14.

[13] 杨凯，唐敏，刘源，等. 上海中心城区河流及水体周边小气候效应分析 [J]. 华东师范大学学报（自然科学版），2004（3）：105-114.

[14] NISHIMURA N，NOMURA T，IYOTA H，et al. Novel water facilities for creation of comfortable urban micrometeorology [M]. 1998.

[15] 王美雅，徐涵秋，付伟，等. 城市地表水体时空演变及其对热环境的影响 [J]. 地理科学，2016（7）：1099-1105.

[16] 马妮莎. 水体对城市热环境影响的遥感和模拟分析 [D]. 广州：华南理工大学，2016.

[17] MATSUSHIMA D. Estimating regional distribution of surface heat fluxes by combining satellite data and a heat budget model over the Kherlen River Basin，Mongolia [J]. 2007，333.

[18] GUSEV Y M，NASONOVA O N. An experience of modelling heat and water exchange at the land surface on a large river basin scale [J]. Journal of Hydrology，2000，233（1）：1-18.

[19] NAGARAJAN B，YAU M，SCHUEPP P E. The effects of small water bodies on the atmospheric heat and water budgets over the MacKenzie River Basin [M]. 2004.

[20] 张洪涛，祝昌汉，张强. 长江三峡水库气候效应数值模拟 [J]. 长江流域资源与环境，2004（2）：133-137.

[21] 赵明，金铭，王松亚，等. 温州市灵昆岛区域热环境的模拟初步研究 [J]. 建筑节能，2016（10）：83-87.

[22] 竺可桢. 中国近五千年来气候变迁的初步研究 [J]. 中国科学，1973（2）：168-189.

[23] 济南教育学院济南文史研究室. 徐北文，李永祥，主编. 济南文史论丛·初编 [M]. 济南：济南出版社，2003.

[24] 黄富表，陈彤红，奈良进弘. 20 例正常人上肢不同部位的温度觉阈值的初步报告 [C] //第三届中日康复医学学术研讨会暨中国康复专业人才培养项目成果报告会论文集，2006.

[25] 陈淑芬，张建华，刘建军. 基于温觉阈值气温调节的北方泉水聚落合理水面率研究 [J]. 中国人口资源与环境，2014（S2）：323-327.

作者简介

王长鹏，1991 年生，男，汉族，山东济南人，硕士，山东同圆设计集团助理建筑师。研究方向：建筑设计及其理论。电子邮箱：1035303945@qq.com。

基于色彩形象坐标的城市滨海公园景观品质提升策略

——地中海潘扎城（Panza）与漳州滨海公园的比较研究

Urban Marina Park Landscape Quality Improvement Strategy Based on Color Image Coordinates

—Comparative Study between Mediterranean Panza and Zhangzhou Marina Park

毕世波　陈　明　戴　菲

摘　要：滨海公园不仅是居民休闲游憩的重要场所，也是提升景观品质、促进旅游业与经济发展的重要途径。而色彩作为通往空间进程的一个度量，是园林设计的主要因素。其合理选择与配置不仅是整体设计成功的重要前提，而且能显著地影响人的生理和心理状况。由此，本文基于“色彩形象坐标”相关理论、色彩 HSB 值，运用 ColorImpact、Adobe Photoshop 等色彩分析工具，分别以一个空间色彩规划成功的优秀案例——潘扎城（Panza）城市空间色彩与地处漳州开发区的南太武黄金海岸滨海公园色彩这两者为研究对象，从色彩的 HSB 值、“五职能色”及其间之关系等方面对两者的色彩选择与配置进行量化分析与比较研究，并从静态与动态两方面，为漳州滨海公园景观色彩提供针对性策略，也为全国滨海公园类似问题提供启发性思考与经验。

关键词：色彩形象坐标；潘扎城；漳州滨海公园；景观品质；提升策略

Abstract：Marina Park is not only a leisure recreation for residents but also an important way to enhance the quality of the landscape and promote tourism and economic development. As a measure of the spatial process，color is a major factor in garden design. Its reasonable selection and configuration is not only an important prerequisite for the overall design success，but also can significantly affect people's physical and psychological conditions. Therefore，based on the theory of "color image coordinates" and the color HSB value，this paper uses color analysis tools such as ColorImpact and Adobe Photoshop to solve the successful case of a spatial color scheme-The urban color of Panza and the color of the South Taiwu Gold Coast Marina Park in the Zhangzhou Development Zone are the research object. Quantitative analysis and comparative study on the color selection and configuration of the two are based on the HSB value of the color，the "five functional colors" and their relationship. From the static and dynamic aspects，this paper provides targeted strategies for the landscape color of zhangzhou Marina Park，and also provides inspiring thinking and experience for similar issues in the Marina park in China.

Keyword：Color Image Coordinates；Panzha City；Zhangzhou Marina Park；Landscape Quality；Promotion Strategy

引言

色彩是人和景观环境之间视觉交流的媒介，色彩作为通往空间进程的一个度量，是景观设计中重要组成要素[1-2]。针对色彩与环境空间及其间之关系的研究，已取得了丰硕的成果。但就研究的方法而言，多单一化的运用“色彩地理学”“色彩形象坐标”理论或与相关问卷方法相结合等方法[3-4]。就研究对象而言，主要体现在园林植物色彩与人的生理和心理的关系、植物色彩与季节变化、不同区域的色彩规划设计等方面[5-12]。但从色彩视角入手，综合运用此类方法，并通过比较研究对城市滨海公园的研究鲜见。随着城市的不断发展与人们生活水平的提升，居民对城市公园绿地有了更高要求。沿海城市凭借优越的地理位置和气候条件是人口密集之地。作为沿海城市的门户，滨海景观带不仅是居民休闲游憩的重要场所，也是提升景观品质、促进旅游业与经济发展的重要途径[13]。基于此，本文以潘扎城与漳州滨海公园为研究案例，借助色彩形象坐标理论与比较研究方法对城市滨海公园规划设计进行系统化的研究。

1　相关理论与概念

“色彩形象坐标”是由日本色彩研究所的色彩心理学家小林重顺基于蒙塞尔色彩体系研发并建立的重要色彩理论体系。该体系的建立，有效地反映了感情与色彩之间的呼应关系，揭示了色彩属性与色彩印象之间的定向关联性规律。其主要理论目的是通过语言形象这一可视化平台建立起色彩-语言-物或人三者之间的关系体系（图 1）[14]。

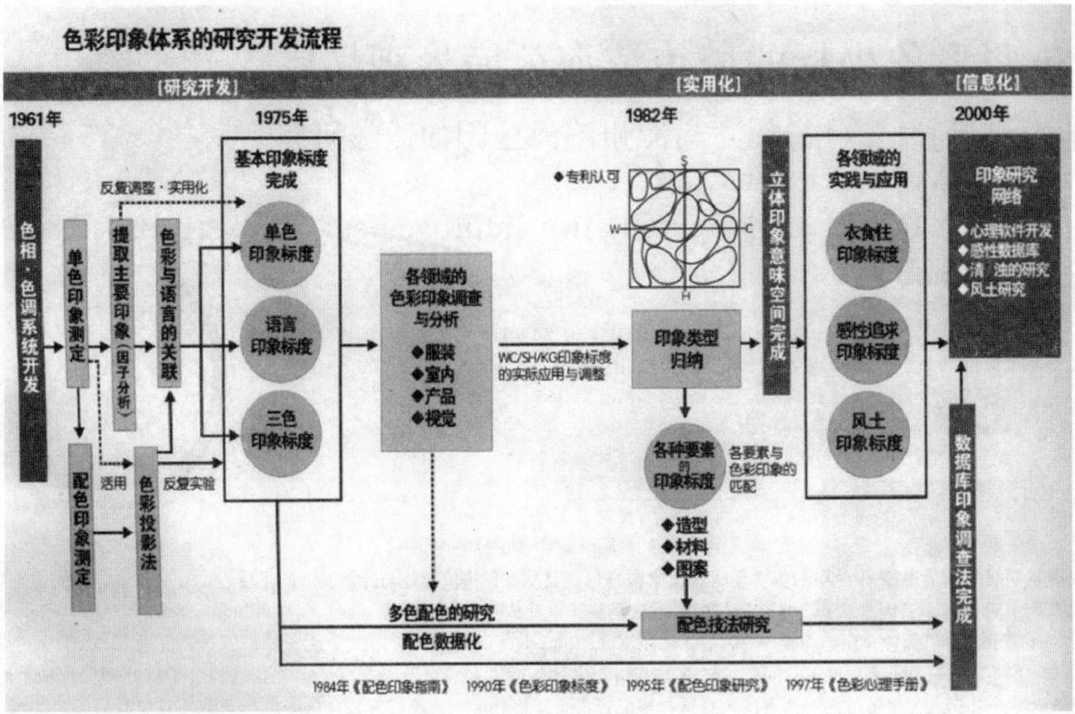

图 1 "色彩形象坐标"体系建立流程图[15]

2 研究案例与方法

2.1 潘扎城(Panza)概述及其选取依据

本文所提及的潘扎城为世界著名城市规划设计师埃德蒙·N·培根(Edmund N. Bacon)在 *Design of Cities* 一书中所提及的位于地中海伊斯基亚岛(Ischia)的一座小山城。

在著作中,培根将潘扎城作为色彩在空间运用中的典型优秀案例从"'预期'与'完满实现'""'静态'与'动态'"两个角度论述了色彩在该山城空间中的优秀表达效果。虽然该空间并非滨海公园空间,但是该案例所反映出的色彩与不同空间的关系规律对包括滨海公园空间所在的其他各类环境空间均具有重要的借鉴意义。

此外,培根在空间选取时所采用的"衔接性空间与节点空间"交叉结合的方式为漳州滨海公园图像的处理方式提供了依据。

2.2 漳州滨海公园及其选取依据

漳州滨海公园位于福建省漳州市开发区(典型的滨海城市区域)南太武黄金海岸,该公园紧邻海滨,是建设厦漳泉都市圈的重要组成部分之一。公园面积 15.6hm^2,规划目标要建立一个体现经济开发区的精神、物质与文化公共空间领域,与一个健康、时尚的海滨生活系统(图 2)。作为漳州开发区居民和游客服务的公共休闲带状滨海公园,漳州开发区将其定位为高端的国际化海岸景观,致力于打造成为集文化旅游、体育休闲度假和生态景观为一体的综合性的亲水空间。其优越的区位条件与前瞻性的规划定位是滨海城市公园的典型代表。

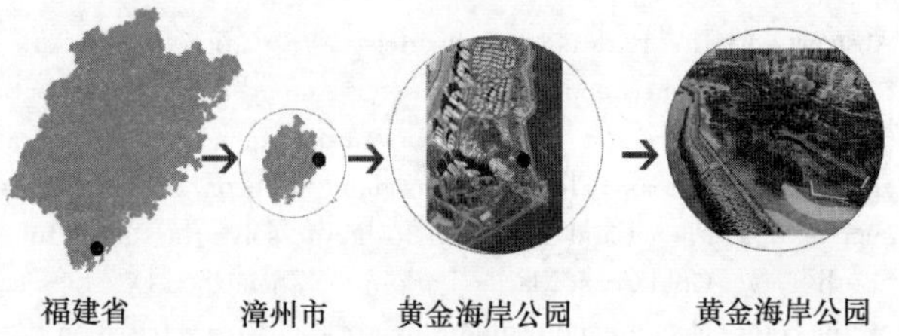

图 2 漳州滨海公园场地区位图(图片来源:作者自绘)

2.3 研究方法

2.3.1 数据的采集与处理

(1)图像"晶格化"单元格数值的采集与处理

在色彩数据采集阶段,引用《城市设计》一书中的插图进行空间色彩的处理与分析,并结合该书中的文字论述对插图的色彩进行矫正[1]。再通过 Photoshop(下文简称 PS)与 ColorImpact(下文简称 Co)分别对该空间进程中的 6 张图片按照空间次序进行晶格化处理。

借助 PS 中的滤镜功能,将原图按照不同的单元格数量进行初步处理。由此初步判断晶格化后的图像色彩最大程度地与原图相符时的最大单元格数值应在 70~100 之间,与原图差别最大的数值应在 150~300 之间(表 1)。为进一步确定数值,制定表 2。

将表 2 采用 E-mail 问卷的形式发送给 20 名设计学专业的硕、博士研究生,结果有 70%、40%、45%与 50%的人认为当单元格为 80 时晶格化图像分别与原图 a、b、c、d 相符。由此本文以下图像在晶格化处理时,最大单元格定为 80(表 3)。

同一图片晶格化图像与其单元格数值对照表 **表 1**

晶格化后的图片		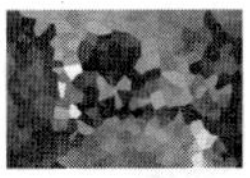				
单元格大小	35	40	45	50	55	60
晶格化后的图片						
单元格大小	65	70	75	80	90	100
晶格化后的图片	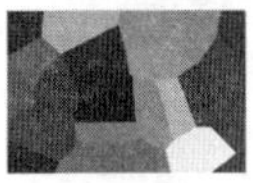				—	
单元格大小	150	200	250	300		原图

资料来源：作者自绘。

不同图片晶格化图像与其单元格数值对照表 **表 2**

图片编号	原图片	晶格化处理后的图片					
图 *a*							
		70	75	80	85	90	100

		150	200	250	300		
图 *b*							
		70	75	80	85	90	100

		150	200	250	300		

续表

<table>
<tr><th>图片编号</th><th>原图片</th><th colspan="6">晶格化处理后的图片</th></tr>
<tr><td rowspan="4">图 c</td><td rowspan="4"></td><td></td><td></td><td></td><td></td><td></td><td></td></tr>
<tr><td>70</td><td>75</td><td>80</td><td>85</td><td>90</td><td></td></tr>
<tr><td></td><td></td><td></td><td></td><td></td><td></td></tr>
<tr><td>100</td><td>150</td><td>200</td><td>250</td><td>300</td><td></td></tr>
<tr><td rowspan="4">图 d</td><td rowspan="4"></td><td></td><td></td><td></td><td></td><td></td><td></td></tr>
<tr><td>70</td><td>75</td><td>80</td><td>85</td><td>90</td><td>100</td></tr>
<tr><td>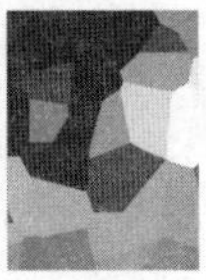</td><td></td><td></td><td></td><td></td><td></td></tr>
<tr><td>150</td><td>200</td><td>250</td><td>300</td><td></td><td></td></tr>
</table>

资料来源：作者自绘

晶格化后的图片与原图片的相符情况统计表 **表 3**

原图	晶格化后的图片与原图的相符情况										
	与原图相符的单元格大小支持情况							原图像抽象为色块的单元格大小支持情况			
	单元格大小	70	75	80	85	90	100	150	200	250	300
图 *a*	支持人数	—	1	14	5	1	—	2	11	6	1
图 *b*	支持人数	—	1	8	7	4	—	—	17	3	—
图 *c*	支持人数	—	—	9	6	3	2	—	14	2	4
图 *d*	支持人数	—	—	10	7	3	—	5	14	1	—

资料来源：作者自绘。

(2) 滨海空间语言形象获取

为获取能够描述滨海空间的修饰语。基于“色彩形象坐标”初步理论确定了 21 个形容词（稚嫩的、孩子气的、自由自在的、高兴的、风趣的、鲜艳的、热闹的、温润的、放松的、自然的、田园的、有品位的、温文尔雅的、秀丽的、水灵灵的、新鲜的、清净的、清朗的、青春的、青春洋溢的、运动的），并用网络问卷的方法确定排在前五位的依次为自由自在的、自然的、放松的、热闹的、清朗的。

(3) 潘扎城相关色彩数据采集与处理

选取 *Design of Cities* 一书中与潘扎城城市空间相关的图 *a*～*f* 6 张图片，编排顺序是按照该空间序列的展开方式依次排列的。图 *c* 与图 *f* 为该山城空间的两个重要节点，图 *f* 所反映的空间又是该区域的“标志物”——位于广场主位的小教堂；其余图片所反映的是“衔接性空间”。结合相应的文字内容，运用 PS 对山城空间图片进行预处理。并基于“色彩形象坐标”理论中的色彩语言坐标确定该著作中图像色彩所在的坐标范围。由此可知，相较于“原图片”所呈现的色彩，真实的潘扎城城市空间色彩均属于暖色，且具有更高的 S 值与更大范围的 B 值范围（表 4）。

潘扎城城市空间图片色彩与其形象坐标范围对应表 **表 4**

图片编号	原图片	照片中的意象	著作中色彩的名称	描述色彩、空间的形容词	色彩语言概括	作者描述的色彩的种类	色彩语言形象所在坐标范围
图 *a*		树木、墙体、天空、马路	—	—	—	—	—
图 *b*		树木、墙体、天空、马路	灰色、粉红	惊异的、全新的	动感的	2	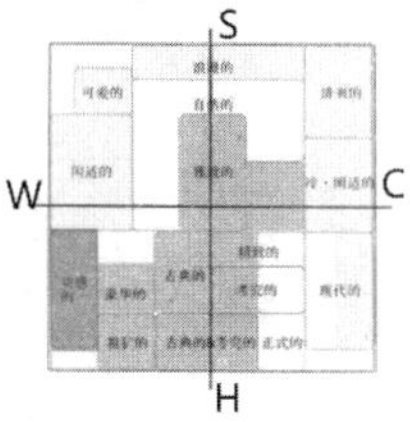
图 *c*		山、墙体、马路	灰、白色、橙、深蓝色、粉红、橘红色	轻快的、震慑、强烈强、闪闪发光、明亮的	闲适的、动感的、粗犷的	7	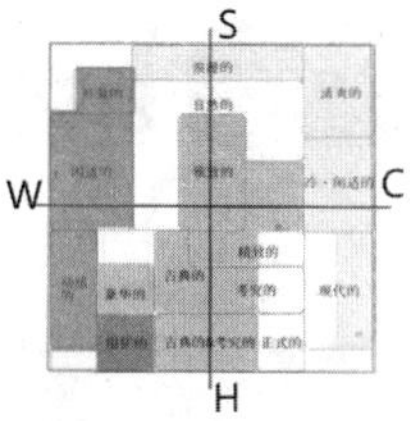
图 *d*		树木、墙体、天空、马路	灰色、白色	—	—	2	—
图 *e*		树木、墙体、天空、马路	—	—	—	—	—
图 *f*		墙体、天空、马路	绿色、黄色、白色、湛蓝	闪光、灿烂辉煌	豪华的、粗犷的	4	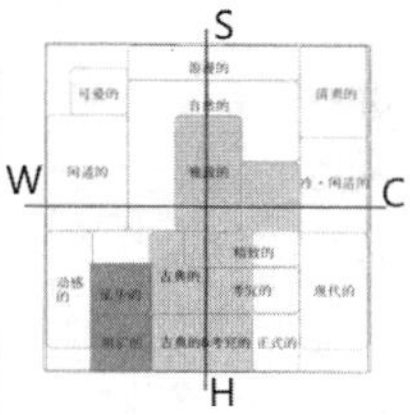

资料来源：作者自绘。

（4）漳州滨海公园相关色彩数据采集与处理

笔者于 2018 年 6 月 2 日选取了该公园空间的主要游览路线，借用“两步路”户外助手 APP，按照环境空间展开次序，标注出游览路线的主要景观节点，并对其进行拍照记录。照片拍摄高度约为 1.5m，拍照方向与人视的主要方向基本一致。由此，笔者共获取该环境空间 116 张图片。但为了便于色彩的统计分析，笔者按照上文中图 *a*～*f* 的照片选取原则。最终，从中择取了 53 张图片作为该空间色彩研究所需的图片。

2.3.2 比较研究法

运用比较研究的方法，从静态与动态两个方面比较分析两处空间色彩及其之间关系的异同。在比较的过程中，主要以色彩的 HSB 值、五职能色（主、辅、背景、点缀与融合色）为比较对象，并以山城空间的色彩关系及其规律作为比较标准，来评价黄金海岸滨海公园的规划与设计，并为该处景观品质的提升提出相应的方法。

3 研究结果

3.1 色彩的静态表达

3.1.1 潘扎城城市空间色彩的静态表达

运用 PS 将图 *a*～*f* 进行晶格化处理，再结合 Co 分析得到各图像所反映空间的主要色彩形象与“五职能色”及其相关数据（表 5）。

潘扎城城市空间色彩的“五职能色”与 HSB 值统计表　　表 5

图片	晶格化后的图片（单元格 80）	晶格化后的色彩形象（H）	空间地位	主色	辅色	背景色	点缀色	融合色	主要色彩关系（R）	配置效果
			边缘地带	2/14/83	192/9/46	226/30/94	342/4/99	2/14/83	邻近色	弱对比
				21/57/68	120/18/26	226/30/94	3/85/47	0/8/70	对比色	较强对比
			重要节点	9/69/44	353/50/75	140/22/32	34/12/95	0/8/70 284/5/80	互补色	强对比
			衔接性空间	359/21/79	86/21/27	225/30/93	—	28/15/94	同类色	弱对比
			—	43/21/90	239/19/84	239/19/84	201/10/19	22/4/70	对比色	较强对比
			重要节点	43/38/87	340/6/93	218/62/54	46/37/49	353/19/73	互补色	强对比

资料来源：作者自绘。

结果表明：图 *a* 的 S、B 值分别处于 9%～30%、46%～99%范围内，整体属于低饱和度、高明度的色彩选择范畴，色彩配置以邻近色为主；图 *b*～*f* 的 S 值依次 18%～85%、8%～69%……26%～62%范围内，B 值处于 26%～94%、32%～95%……45%～93%范围内；总体，均呈现出跨度范围广的特征，图 *c*、*e*、*f* 色彩种类较多，呈现出饱和度较高的强对比色彩关系（表 5）。

该山城整体空间的主、辅、背景、点缀、融合色 S、B 值分别依次处于 14%～69%、6%～50%……4%～19%与 44%～90%、27%～93%……70%～94%范围内，前三种色彩饱和呈现出前三者跨度范围广、点缀色明度对比强烈、融合色则明度高的特征；主色以暖色为主，背景色则是以天空蓝和山地绿为主的冷色；节点空间主、辅、背景色分别以 S、B 值较高且具有较强对比与互补的关系“红-绿”“橙-蓝”两组色彩为主。图 *c* 和图 *f* 在主色的红、黄两色中，均体现出最高的 S 值，分别为 69%和 38%，属于饱和度较高的色彩范畴（表 5）。

3.1.2　滨海公园环境空间色彩的静态表达

漳州滨海公园空间的丰富性必然导致图像筛选的复杂性，为研究既能保证严谨又便于统计，依据前文提及的处理方法对其进行处理（表 6）。

图 *a*1、*a*2……*a*53 的 S、B 值分别依次处于 10%～41%、23%～73%……3%～73%与 25%～83%、20%～69%……20%～83%范围内，色彩呈现出较高饱和度与较高明度范畴；图 *a*1、*a*8～*a*11、*a*14～*a*15、*a*17、*a*19～*a*22、*a*25～*a*26、*a*34～*a*35、*a*47、*a*48～*a*50 呈现出色相种类少、低饱和度的弱对比关系（表 6）。

该滨海公园环境空间中，能反映自然色彩的海水、天空及植被为冷色属性的蓝色与绿色，且三者的 H 值总体呈上升趋势，植被绿的 S 值最高达到 73%。承载人工色彩的各种材质、小品景观及其他园林构件则以体现暖色属性的高 S、B 值的橙黄、红色为主，体现出该环境空间的整体色彩具有较强的冷暖对比关系（表 6）。

潘扎城城市空间色彩的“五职能色”与 HSB 值统计表 表 6

图片	晶格化后的图片/单元格80	晶格化后的色彩形象	空间地位	主色	辅色	背景色	融合色	点缀色	图片编号	图片	晶格化后的图片/单元格80	晶格化后的色彩形象	空间地位	主色	辅色	背景色	融合色	点缀色
			重要节点一	208/10/53	70/36/25	22/11/83	—	31/41/68	a1 a28				重要节点七	34/23/50	208/11/50		224/16/53	79/73/20
				18/34/69	79/73/20	209/23/53			a2 a29				重要节点七	35/38/53	46/37/41	222/11/83		70/64/52
				18/34/69	77/59/33			60/17/27	a3 a30				重要节点七	32/26/53	90/18/52			
				17/31/57	79/73/20				a4 a31					351/29/55	94/27/51			33/16/55
				15/34/59	68/53/52			60/16/24	a5 a32					18/35/58	86/23/24			356/60/57
				18/29/54	68/52/50			40/33/33	a6 a33					25/43/58	77/55/54			
				19/31/59	69/43/29				a7 a34				重要节点八	225/6/75	213/21/53			42/30/67
			重要节点二	35/6/78	86/23/24				a8 a35				重要节点八	35/6/78	192/13/31			17/39/58
			重要节点二	70/4/26	79/73/20		209/24/55		a9 a36					15/42/59	79/73/20		224/16/54	23/37/69
			重要节点二	35/6/78	68/52/50		70/4/64	54/74/74	a10 a37					18/34/69	77/59/33			79/73/20
			重要节点二	35/6/78	68/25/25		201/10/54		a11 a38					18/34/69	79/73/20			70/72/53
					57/49/32		65/49/51	54/73/77	a12 a39					24/48/78	79/73/20			70/69/53
				15/38/58	69/43/29		213/15/56		a13 a40					14/36/62	79/73/20			
			重要节点三	222/15/53	54/64/52		251/8/54		a14 a41				重要节点九	220/1/82			30/34/77	354/61/56
			重要节点三	223/10/53	70/31/52				a15 a42				重要节点九	15/43/58			210/15/51	79/73/20
				230/3/78	59/55/32		251/8/54	11/51/69	a16 a43					24/42/58	49/42/63			79/73/20
			重要节点四	100/2/73	69/43/29				a17 a44					15/45/55	67/47/23			
			重要节点四	36/24/53				17/41/55	a18 a45				重要节点十	220/2/76				79/72/53
				16/24/56	69/43/29			43/13/93	a19 a46				重要节点十	76/9/51	57/52/30			19/19/51
			重要节点五	49/31/61	55/62/51		200/13/55		a20 a47				重要节点十	206/4/73	220/28/62		214/26/56	59/63/64
			重要节点五	230/3/88	86/23/24				a21 a48				重要节点十一	35/6/78				59/61/59
			重要节点五	217/4/72	86/25/25			208/21/24	a22 a49				重要节点十一	100/2/73	60/7/53			19/34/57
				21/27/54	69/43/29		208/9/54		a23 a50				重要节点十一	40/19/57	214/16/76			208/14/36
				20/38/58	65/36/26				a24 a51					15/45/55	66/50/23			
			重要节点六	224/11/55	69/43/29			24/41/56	a25 a52					16/33/55	69/43/29			
			重要节点六	25/16/53	86/25/25			214/13/92	a26 a53					40/13/55				9/73/20
				230/4/72	76/43/52		283/5/52	13/24/54	a27									

资料来源：作者自绘。

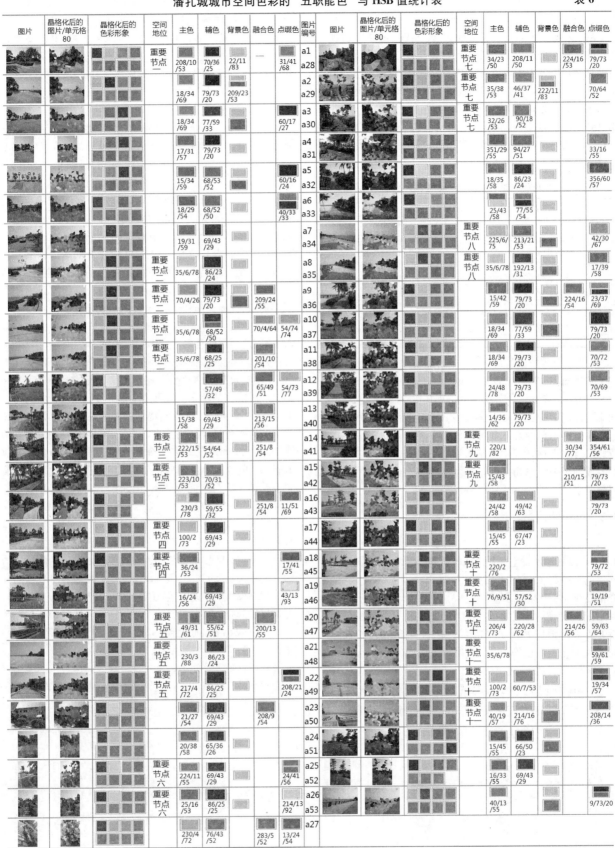

3.1.3 两处空间色彩的静态比较研究

两者整体空间色彩主色的 H 值范围分别为 21°～359°、14°～25°，S 值范围分别为 9%～67%、10%～45%，B 值范围分别为 15%～88%、53%～78%；前者体现出空间色彩变化丰富、层次感强的特征，后者则相对缺乏层次感（表 7）；色彩选择与配置均呈现出协调统一的特征，但是根据晶格化后的图像所示，就环境空间中所呈现出的色相数量而言，后者相对单一，相较于前者即使在较小的空间中仍运用了“红—绿”“橙—蓝”两组互补色，后者却在尺度较大的环境空间中，仅以红、绿两种主要色彩为主，尤其是辅色主要以植被绿为主；若再以自然色彩与人工色彩区分，人工色彩则仅凭红色在 S、B 值的变化来勉强地塑造环境空间的层次感。前者拥有较丰富的融合色，使得环境空间色彩配置具有协调统一且多变的特征；而后者在此方面较为缺乏。

两处空间整体色彩 HSB 值统计表　　表 7

空间 / 数值	潘扎城	漳州滨海公园	比较结果
H	2°～359°	14°～25°	前者 H 值跨度范围广
S	4%～85%	10%～45%	前者 S 值跨“低-中高”范围
B	19%～94%	53%～78%	前者 B 值跨“低-中-高”范围

资料来源：作者自绘。

不同空间的图片所反映出的色彩形象、色彩种类、H 与 S 值及其主要的色彩关系不同，即环境空间色彩和与之相应的环境空间的对应关系具有一定程度的唯一性。通过对各空间的色彩及其间关系进行合理地量化与分析能较好地反映出该环境空间给人们的感受。色彩选择与配置的成功与否能作为反映环境空间规划设计成败的重要评价元素。

3.2　色彩的动态表达

3.2.1　潘扎城城市空间色彩的动态表达

色彩种类（N）由图 *a*～*f* 呈现出“少-多-少-多”的变化规律，S 值呈现出了“低-高-低-高”与“低对比-强对比-低对比-强对比”的变化规律。而各图片反映的空间所处的空间地位展现出“边缘地带-重要节点-衬托性空间-重要标志”的变换关系，映射出了山城各空间的“弱-强-弱-非常强”空间区位关系。

该山城空间的主色与融合色呈现出由冷到暖的变化规律；辅色与背景色呈现 S 值变大、B 值变小的变化趋势；图 *a* 的色彩配置是以冷灰为主的邻近色弱对比配置方式；图 *b*、*e* 呈现出低饱和度的“红-绿”“蓝-橙”为主的对比色较强对比配置方式，而图 *c*、*f* 则呈现出高饱和度的“红-绿”“蓝-橙”为主的对比色强对比配置方式。

3.2.2　滨海公园空间色彩的动态表达

图 *a*1、*a*2……*a*53 所反映的色彩种类（N）并无明显的变化规律，“五职能色”的 S 值分别 2%～45%、11%～73%……13%～74% 的范围内。B 值处于 42%～78%、20%～52%……24～92%的范围内，主色以较高 S、B 值的红色为主，但节点空间则以具有较低 S、B 值的灰色与植被绿为主。非节点空间却体现出较强的“红—绿”对比与互补的关系特征，且与节点空间形成“强对比—弱对比”的关系；背景色是以较高 H 值、较低 S 值的天空蓝与较低 S 值、较高 H 值的海水蓝结合而成的蓝灰色为主，而无论是否为节点空间，在融合色与点缀色方面均存在较多的缺失问题（表 6）。

3.2.3　两处空间色彩的动态比较研究

前者主色的 S 值从“衔接性空间-节点空间-衔接性空间-节点空间”的变化，分别呈现出了 14%～69%～21%……38%的动态变化规律，B 值则呈现出了 83%～44%～79%～87%的变化特征；主色与辅色为邻近色关系，与背景色呈互补色关系，非节点空间恰好相反；点缀色与主色的 HSB 值总有一个具有较大差值，融合色 S 值较低、B 值较高，且在非节点空间用量少。总之 H、S 值的变化体现出与空间变化的一致性，而后者则在 B 值的变化出现了非一致性。

山城空间的色彩选择与配置在其动态表达的过程中，体现出了非重要空间强调少色相、重协调统一之关系的特征，重要空间则强调多色相、对比变化之关系的特征（图 3）。由此，通过 H、S 值与 R 的变化，再辅之以 B 值的变化来规划设计出兼顾审美性与实用性的人居环境空间。与之相反，滨海公园空间的动态表达则有着明显的不足，主要体现在以下几方面：第一，重要节点空间色彩呈现出 H 值低、种类单一、与辅色和背景色之间无对比或者互补关系及点缀色缺乏等问题；第二，融合色、点缀色的运用较为混乱，没有按照空间的重要程度进行科学的配置。

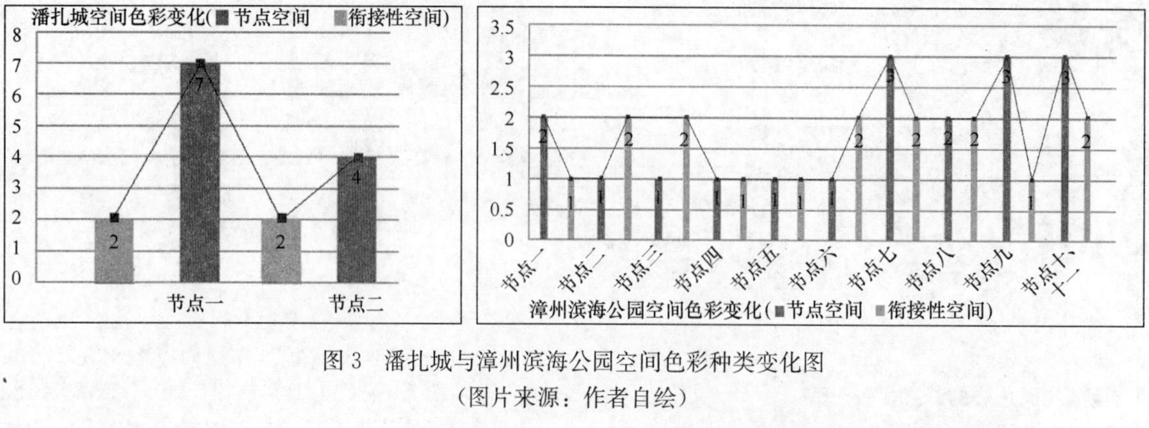

图 3　潘扎城与漳州滨海公园空间色彩种类变化图

（图片来源：作者自绘）

3.3 滨海公园品质提升策略

3.3.1 静态策略

滨海公园空间一般为尺度相对较大的开放空间，在色彩配置统一的基础上，采用增加色相种类或改变同色相不同S、B值变化的方式来提升滨海公园空间品质；在节点空间，突出人工色彩与自然色彩的强对比关系，节点重要构筑物的色彩可以为H值为60%～80%的橙色，植被色彩以H值大于50%、S值小于35%的绿色为主（图4）；加强环境空间的融合色选择与配置，在重要的节点空间可通过种植叶色或花色为橙、黄色系，且S值大于75%、B值大于85%的灌木（如鸡蛋花）、花种（如石竹）、藤本（炮仗花）植物丛来保证环境空间色彩感受统一的同时又具有层次感（图5）；在节点空间的主色可通过“红-绿”“橙-蓝”几组不同的互补色交替配置的方式，促进整体环境空间层次的丰富性。

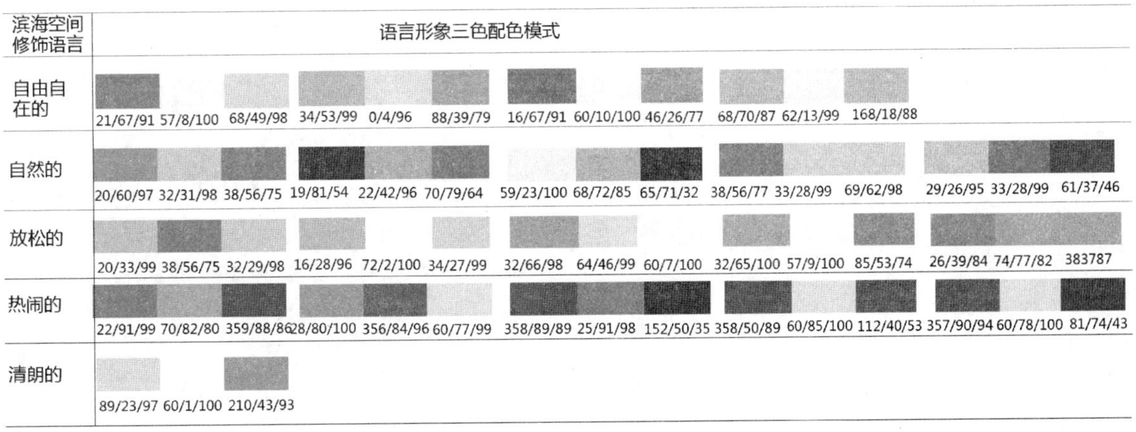
滨海空间修饰语言
语言形象三色配色模式
自由自在的
21/67/91 57/8/100 68/49/98 34/53/99 0/4/96 88/39/79 16/67/91 60/10/100 46/26/77 68/70/87 62/13/99 168/18/88
自然的
20/60/97 32/31/98 38/56/75 19/81/54 22/42/96 70/79/64 59/23/100 68/72/85 65/71/32 38/56/77 33/28/99 69/62/98 29/26/95 33/28/99 61/37/46
放松的
20/33/99 38/56/75 32/29/98 16/28/96 72/2/100 34/27/99 32/66/98 64/46/99 60/7/100 32/65/100 57/9/100 85/53/74 26/39/84 74/77/82 383787
热闹的
22/91/99 70/82/80 359/88/86 28/80/100 356/84/96 60/77/99 358/89/89 25/91/98 152/50/35 358/50/89 60/85/100 112/40/53 357/90/94 60/78/100 81/74/43
清朗的
89/23/97 60/1/100 210/43/93

图4 基于“色彩形象坐标”的漳州滨海空间色彩三色配置图

（图片来源：作者自绘）

图5 节点空间点缀色植物选择图

（图片来源：百度图片）

色彩具有地域性特征，对类似滨海公园这种区位特色鲜明的区域进行规划时，应重视诸如天空、海水等物象所映射出的较高的背景色对环境空间品质的影响，因其冷色属性的S、B值具有稳定性，应将其作为此类空间色彩规划的重要对象，非节点空间应选择低S、B值，与海水、天空色具有邻近色或近似色特征的蓝灰色为主。

3.3.2 动态策略

整体滨海公园空间应划分为节点与非节点空间两部分。前者色彩种类（N）选择与配置应较多；因为背景色为较为稳定的冷蓝色，主色除了应以较高S、B值的红色为主，还应加入较高S、B值的橙、黄色，既保证统一于暖色属性，又通过不同H值的变化促成节点空间的相互呼应。重要节点空间色彩的主色、辅色均应具有较高S值，主色还应具有较高的B值，而辅色应具较低的B值，以加强两种空间色彩对比的“强-弱”对比关系，使整体空间产生“繁-简”“紧蹙-松散”等节奏关系。此外，丰富空间中的融合色，在滨海公园空间的节点应以较低S值的暖灰色为主，非节点空间应以较低S值的冷灰色为主。

4 结语

色彩与人们的生活密切相关，是能最直接地呈现环境空间感受的意象，对人们的身心活动有着重要的影响[16]。本文的研究，一方面努力探求了环境空间色彩的量化研究方法；另一方面，通过与优秀案例的比较研究，从静态与动态两方面，为漳州滨海公园景观色彩提供针对性策略，也为全国滨海公园类似问题提供了启发性思考与经验。

参考文献

[1] (美)埃德蒙·N·培根．城市设计[M]．北京：中国建筑工业出版社，2013.

[2] 韩慧英，邓春鹤．城市湿地公园色彩景观研究以天津桥园为例[J]．广东农业科学，2013(3)：37.

[3] 孙琴．校园建筑色彩设计中色彩地理学的应用和探讨[J]．山西建筑，2009(1)：57.

[4] 曹幸．老年人视角下的社区公园景观色彩研究[D]．厦门：厦门大学，2014.
[5] 朱冬冬，陈更．川西灾区重建中的街区色彩探索[J]．现代城市研究，2010(5)：52-57.
[6] 刘维彬，郭春燕．寒地城市居住区中心绿地色彩设计[J]．风景园林，2006(2)：54-57.
[7] 岳桦，宋婷婷．哈尔滨市四条道路植物景观季相色彩设计的评价研究[J]．北方园艺 2017(3)：95-100.
[8] Yuning Cheng，Ming Tan. The quantitative research of landscape color：A study of Ming Dynasty City Wall in Nanjing. COLOR RESEARCH AND APPLICATION[J]．2018(43)：436-448.
[9] 郑伟．植物色彩在园林景观设计中的应用[J]．现代园艺，2016(4)：107-109.
[10] 李霞，朱笑．植物景观色彩对大学生视觉心理的影响[J]．中国园林，2013(7)：93-97.
[11] 李珎．珠江三角洲住区环境色彩设计探讨[J]．华中建筑，2006(12)：180-182.
[12] 刘宁．青岛新天地景观长廊色彩设计分析[J]．北方园艺，2016(1)：68-71.
[13] 孙志勇．城市滨海园林景观带规划设计研究——以烟台开发区滨海景观带为例[D]．济南：山东建筑大学，2016.
[14] 胡领．高校校园色彩景观研究[D]．厦门：厦门大学，2011.
[15] 陈晓惠．设计色彩[M]．杭州：浙江人民美术出版社，2005，44.
[16] 小林重顺．色彩形象坐标[M]．北京：人民美术出版社，2006，17.

作者简介

毕世波，1988年生，男，汉族，山东潍坊人，华中科技大学建筑与城市规划学院研究助理。研究方向：风景园林规划与设计、绿色基础设施。电子邮箱：991807415@qq.com。

陈明，1991年生，男，汉族，福建福州人，华中科技大学建筑与城市规划学院博士研究生。研究方向：风景园林规划与设计、绿色基础设施。电子邮箱：1551662341@qq.com。

戴菲，1974年生，女，汉族，湖北武汉人，博士，华中科技大学建筑与城市规划学院教授。研究方向：绿地系统、绿色基础设施。电子邮箱：58801365@qq.com。

基于视障人群休闲出行导向的绿道规划设计导则优化与提升[①]

Optimization of Greenway Planning and Design Guidelines Based on Leisure Travel Demand of Visually Impaired People

张慧莹　肖华斌　杨　慧

摘　要： 我国视残人口较多，且是世界盲人最多的国家。视障人群是我国不容忽视的一个群体，而作为与无障碍设计紧密联系的环境友好服务型设计，却很少关注视障者的休闲出行问题。绿道是休闲出行重要的空间载体，我国各省市的绿道规划设计导则正纷纷筹划编制中，是实现视障人群休闲出行的重要机会。视障人群休闲出行需求分析是实现“以人为本”评价绿道的重要手段，通过分析视障人群的休闲出行与绿道规划设计导则的供需现状，得出视障人群休闲出行需求对绿道规划设计导则的满意度结果，参考《无障碍设计规范》，结合国外无障碍设计经验，对绿道规划设计导则中的节点系统、游径系统、绿道绿化和绿道设施四个组成要素进行改进。

关键词： 视障人群；休闲出行；绿道规划设计导则；优化

Abstract: China has a large number of visually impaired people, and is the country with the largest number of blind people in the world. Visually impaired people are a group that can'ot be ignored in China. As an environment-friendly and service-oriented design closely related to barrier-free design, little attention has been paid to the leisure travel of visually impaired people. Greenway is an important space carrier for leisure travel, and the planning and design guidelines of Greenway in China's provinces and cities are being prepared one after another, which is an important opportunity to achieve leisure travel for visually impaired people. The demand analysis of leisure travel for visually impaired people is an important means to realize the "people-oriented" evaluation of greenway. By analyzing the supply and demand status of leisure travel and Greenway Planning and design guidelines for visually impaired people, the satisfaction results of visually impaired people on greenway planning and design guidelines are obtained. Referring to the "barrier-free design specifications", combined with foreign barrier-free design sxperience, to improved the four elements of Greenway node system, runway system, greenway greening and greenway facilities.

Keyword: Visually Impaired People; Leisure Travel; Greenway Planning and Design Guidelines; Optimization

我国视障者约 1263 万人，占全国总人口的 3.8%；其中盲视者约有 500 万人，占全世界盲人人口的 18%，是全世界盲人最多的国家。视障人群是我国不容忽视的群体，其日常出行已受到较多关注，而与其出行目的和方式不同的休闲出行关注度则较少。依据马斯洛需求层次理论，在社会经济快速发展的今天，休闲旅行日益频繁。国家还印发了《国民旅游休闲纲要（2013—2020 年）》，可见关注视障人群休闲出行的必要性。

绿道是实现国土生态安全格局的有利措施，是休闲出行重要的空间载体，绿道建设是实现视障人群休闲出行的重要方式。不同国家的绿道建设实现了各自的重要目标，建设对视障人群关怀的绿道不仅能够实现社会公平，提高全社会公众对视障人群的关注，还能够为全社会的人们提供更优质的服务，提升城市生活品质。我国的绿道规划设计导则（以下简称“导则”）已编制完成，各省市的绿道规划设计导则也在纷纷编制中。查看已有的绿道规划设计导则发现，导则中对视障人群的关注度较少，更没有明确提到。实际上我国在其他导则上对视障人群的关注也一直不够，一般以类似于“应符合《无障碍设计规范》的规定”（《无障碍设计规范》中有盲人设施建设规范）一笔带过。由于标准中包含内容较多，不能面面俱到，且未明确指出需遵守的内容，加之标准中除了与安全相关的内容外，大部分内容不具有强制性，所以对视障人群关怀不到位的问题经常出现。

通过调研视障人群休闲出行相关内容，查阅绿道规划设计导则中关注视障人群的内容，形成一个视障人群休闲出行需求对绿道规划设计导则的定性满意度评价。结合满意度评价结果与《无障碍设计规范》，借鉴国外成功的视障人群休闲出行经验，对现有绿道规划设计导则进行改进。

1　视障人群休闲出行需求调研

由于视障人群的特殊性，本文休闲出行是指以步行为主的不同时长、不同规模的室外休闲活动。调查发现，有 64.29% 的视障者因日常生活而出行，35.71% 的视障者因娱乐而出行，仅有 2 人几乎不出门（图 1），可见视障人群对休闲出行的需求较高。

视障人群休闲出行需求调研是实现“以人为本”评价绿道的重要手段。休闲出行行为的发生与未来发生的可能性由行为的动机因素、能力因素和期望决定[1]，动机因素由推动动机和拉动动机两个因素构成，推动动机是指

① 基金项目：住房和城乡建设部建筑节能与科技司北京建筑大学 2017 年开放课题项目（UDC2017011212）资助。

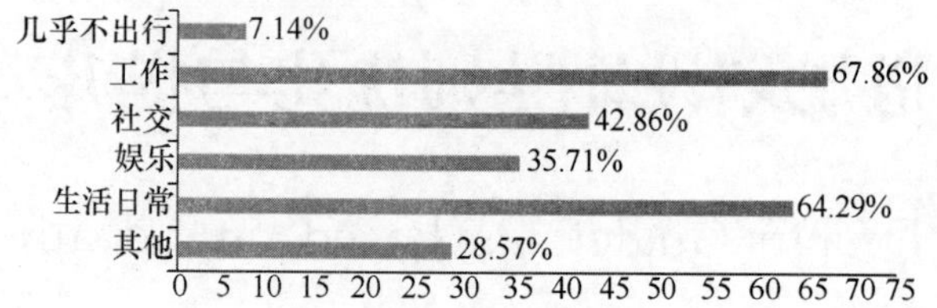

图 1　出行原因调查

由个人需求产生的内部驱动力，拉动动机是指外部刺激对行为发生的诱因。本次调查着重从推动动机——休闲出行频率、休闲出行目的，拉动动机——休闲出行吸引力，能力——休闲出行障碍，期望——改进策略四个方面的问题调研居民的休闲出行情况。主要通过访谈与电子问卷填写的方式来调研视障人群休闲出行情况。共收集调查问卷 28 份，有效问卷 28 份。

1.1　与推动动机相关的问题

①您平时休闲出行的频率；②休闲出行路线及停留点；③您认为休闲点什么特点对你最具有吸引力。

1.2　与拉动动机相关的问题

休闲出行对您吸引力最大的是什么。

1.3　与能力因素相关的问题

①您觉得阻止您休闲出行的因素有哪些；②您步行时通常以什么方式来辨认前进的方向。

1.4　与期望因素相关的问题

①您希望步行道在指引方式上如何改进；②您认为道路标识系统应怎样改进。

2　绿道规划设计导则中无障碍设计分析

绿道将休闲活动串联成一个连续的休闲出行空间载体，为居民休闲出行提供了更多机会，更是为实现视障人群休闲出行提供了可能。本文主要通过绿道组成要素来分析绿道规划设计导则的优化策略。

2.1　相关术语

（1）绿道

以自然要素为依托和构成基础，沿着河滨、海岸、溪谷、山脊、风景道路等自然和人工廊道，串联城乡游憩、休闲等线性绿色开敞空间，以游憩、健身为主，兼具市民绿色出行和生物迁徙等功能的廊道。由节点系统、游径系统、绿道绿化、标识系统、绿道设施组成，为人们提供贴近自然、骑车慢行和休闲健身的场所，分为城镇型和郊野型两种类型。

（2）节点系统

包括风景名胜区、森林公园、郊野公园、城市公园绿地和人文景点等重要游憩空间。

（3）慢行系统

包括步行道、自行车道和综合慢行道（即步行道、自行车道的综合体）。

（4）绿道绿化

绿道绿化由绿化保护带和绿化隔离带组成，是绿道的绿色基底。

（5）标识系统

包括引导标识、解说标识、指示标识、命名标识和警示标识五大类。

（6）服务设施系统

包括管理设施、商业服务设施、游憩与健身设施、科普教育设施、安全保障设施、环境卫生设施及其他市政公用设施等。其中，驿站是绿道使用者途中休憩、交通换乘的主要场所。

2.2　绿道组成要素无障碍分析

通过查阅现有的省市绿道规划设计导则发现，其对视障人群的关注没有明确内容，对无障碍设计有明确规定，但也是止于游径系统采用无障碍设计或无障碍设施符合《无障碍设计规范》[2]，为了能够更好地满足视障人群使用的需求，结合绿道内容及视障人群休闲出行调研结果，从参与度和安全性两个方面来定性评价绿道规划设计导则中绿道组成要素对视障人群需求的满意程度，然后用非常满意、较满意、满意三个等级列出满意度表格。绿道组成要素主要为节点系统、游径系统、绿道绿化和绿道设施四个方面。

现有绿道规划设计导则有省级和市级，相似度较高，但对视障人群的直接关注都较少，为了更好地实现优化的提升，将各导则有关视障人群的内容集合起来进行分析，主要以国家住房和城乡建设部颁发的《绿岛规划设计导则》为准[3]。绿道有两种类型：城镇型绿道和郊野型绿道。城镇型绿道是指城镇规划建设用地范围内，主要依托和串联城镇功能组团、公园绿地、广场、防护绿地等，供市民休闲、游憩、健身、出行的绿道；郊野型绿道是指城镇规划建设用地范围外，连接风景名胜区、旅游度假区、农业观光区、历史文化名镇名村、特色乡村等，供市民休闲、游憩、健身和生物迁徙等的绿道。由于视障者和视力正常者步行体验这两种类型绿道时，其到达该类型绿道时的方式无明显差异，所以两种类型可以一起分析，无需单独分开分析。

2.2.1　节点系统

（1）参与度

调查休闲出行吸引力发现，视障人群休闲出行停留点以城市内公园、广场、商场为主，其次是居住地周围的绿地、广场、商埠，少部分人仅沿路步行，不做停留（图 2）。由此可见视障人群与视力正常者休闲出行的停留点具

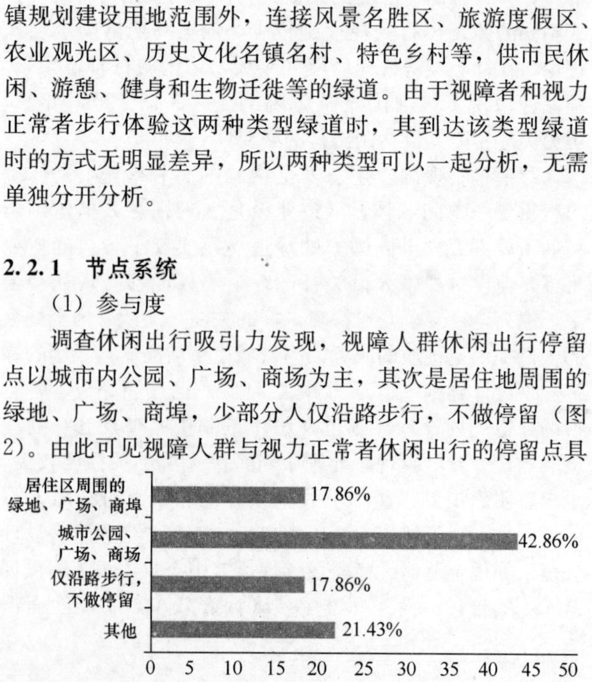

图 2　休闲出行目的地

有较强的目的性，从大型活动场地到小型活动场地，再到沿路步行，人数逐渐减少。绿道选线要求应就近联系各级城乡居民点及公共空间，方便市民使用，同时尽可能连接自然景观及历史文化节点，体现地域特色，这与视障人群休闲出行较强的目的性较符合。可见绿道节点能够满足视障人群参与度的需求。

（2）安全性

导则中提到的节点含有建筑、绿地等，其在建设中已按照《无障碍设计规范》建设要求实现了保障基本安全的强制性标准。

2.2.2 游径系统

（1）步行道

1）参与度

绿道选线依托路侧绿带、绿地或水系，游径从路侧绿带、开放式绿地或水系中穿过，满足视障人群沿路步行休闲的需求（图3～图6）。

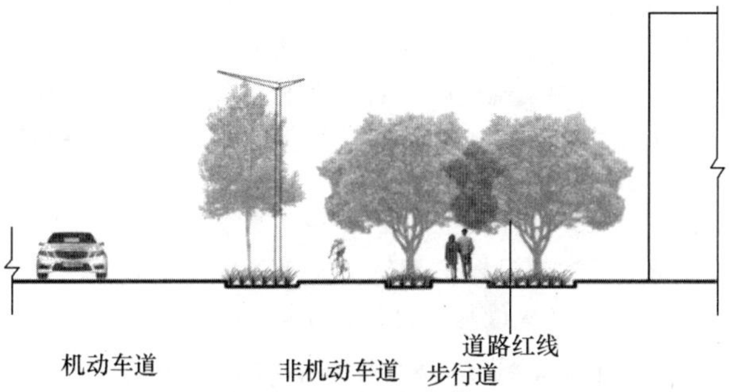

图3 依托路侧绿带剖面图
（图片来源：描绘国家导则）

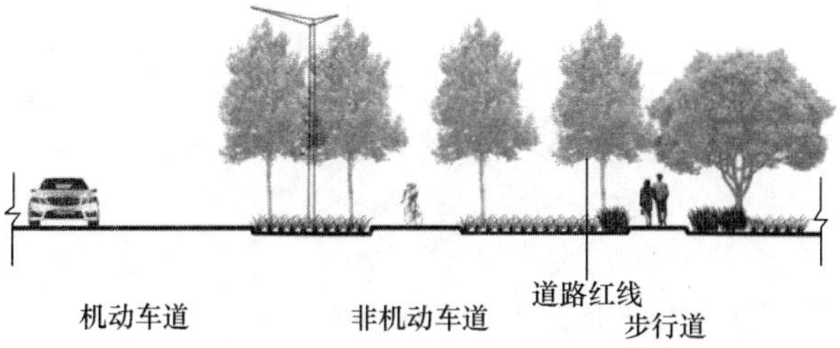

图4 与开放式绿地一体设计剖面图
（图片来源：描绘国家导则）

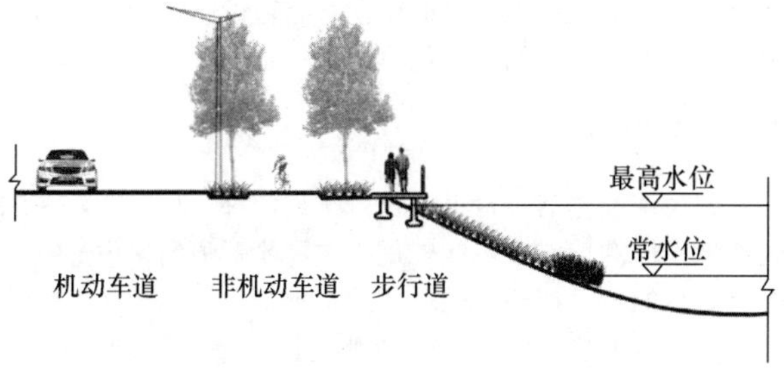

图5 沿亲水道剖面图（图片来源：描绘国家导则）

2）安全性

在调研中发现视障者在步行道步行时有较大障碍，57.14%的视障者认为独自安全出行无法保障。通过调查

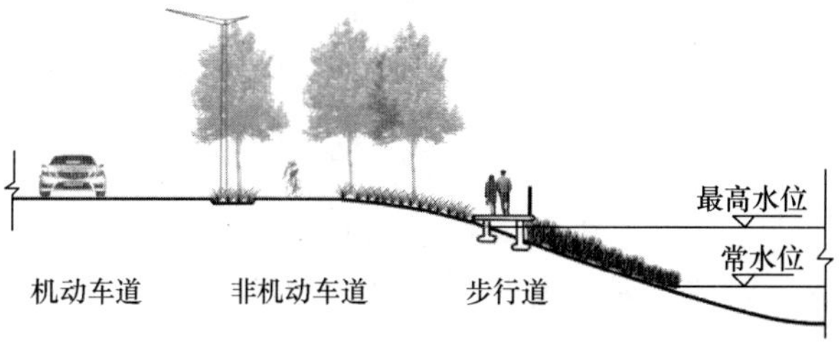

图6 沿坡顶道剖面图（图片来源：描绘国家导则）

发现主要原因有三个。

一是盲道建设的不合理。导则中规定慢性系统建设要采用《无障碍设计规范》，其中有盲道的建设标准，但实际应用中在条件不允许的地方无法满足标准要求。视障人群在步行时的盲道使用率为42.86%，选择沿绿化带边缘来辅助前行的频率为53.57%，沿墙面和路缘石的频率均为25%，沿隔离带为21.43%（图7）。可见视障者步行并不完全依赖盲道，一方面是因为盲道建设范围有限，盲道建设不够规范，如行进盲道与路缘石上沿在同一水平面时，无法满足距路缘石不应小于500mm的要求（图8）；当绕过路障时，由于盲道紧靠墙面，容易使视障行人撞到墙上（图9）。另一方面是绿化带边缘等实物具有较好的连续性，能够明确感受转角等道路信息，所以绿道的无障碍建设需要更加灵活。

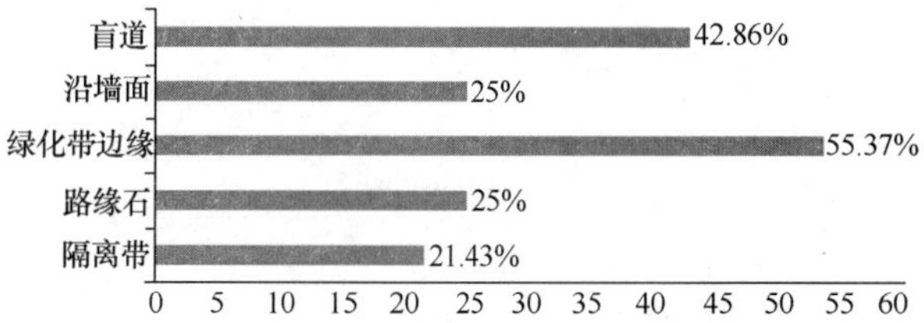

图7 步行前进方式

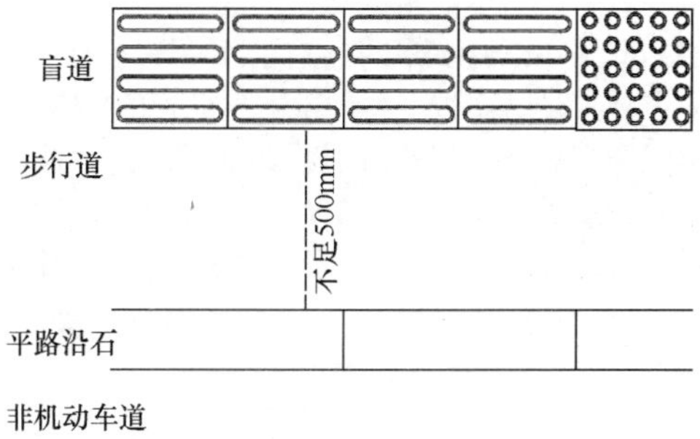

图8 盲道建设不规范Ⅰ（图片来源：作者自绘）

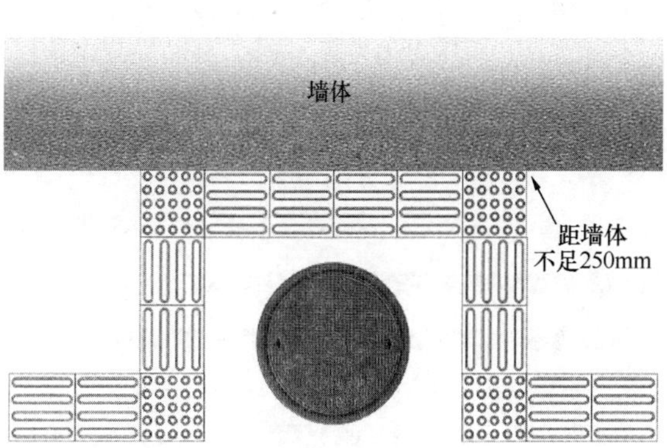

图9 盲道建设不规范Ⅱ（图片来源：作者自绘）

二是步行道与非机动车道间无隔离时易发生危险，导则中规定“城镇型绿道不建议设置步行骑车综合道”（图 3、图 4），解决了视障者与骑行者发生摩擦碰撞的问题。

三是无法分辨红绿灯的声音提示器。目前已有的红绿灯声音提示器由于两个方向的距离太近，快慢声音频率相互干扰，64%的视障者认为不能根据路口红绿灯声音提示器准确地做出判断。调查中发现视障人群对于陌生路段没有方向感的困难认同度为 35.71%，可见现有提示器不能够满足视障人群的需求，导则中对绿道交通接驳点做了要求，但未提及对视障者的关注。

（2）交通衔接系统

1）参与度

通过调查发现，视障者认为其休闲出行障碍 57.14% 的因素为独自安全出行无法保障，35.71%的原因为对于陌生路段没有方向感（图 10），显然最大的问题又回到了日常出行的问题，视障者为减少这种危险很少会选择独自步行出行。导则和《无障碍设计规范》均未采取相应措施。

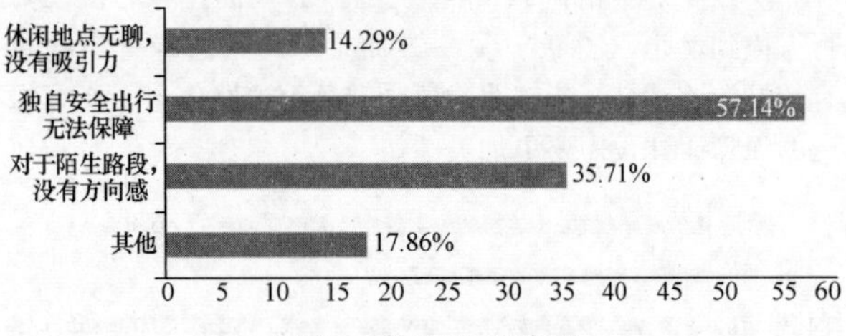

图 10 休闲出行障碍

2）安全性

目前已有的盲人过路信号提示音虽然从感知上满足了视障者的需求，但是其使用效果并不够好。调查中 64%的视障者认为不能根据路口红绿灯提示器准确地做出是否可以出发的判断。红灯亮起时慢速的“嘟——嘟——”声与远处另一方向绿灯亮起时急促的“嘟嘟嘟嘟”提示音混杂在一起，很难辨别究竟哪个声音才是目标方向指示灯发出的。有的甚至是两个方向的行人红绿灯设在了同一根灯杆上。两种提示音同时响起，快慢相错，视残者更分不清楚。导则和《无障碍设计规范》均未采取相应措施。

2.2.3 绿道绿化

（1）参与度

调查休闲出行吸引力发现，35.71%的视障者选择了自然环境，32.14%的视障者选择休闲娱乐（图 11），可见视障者尽管不能够看到以植物为构成基础的自然环境，

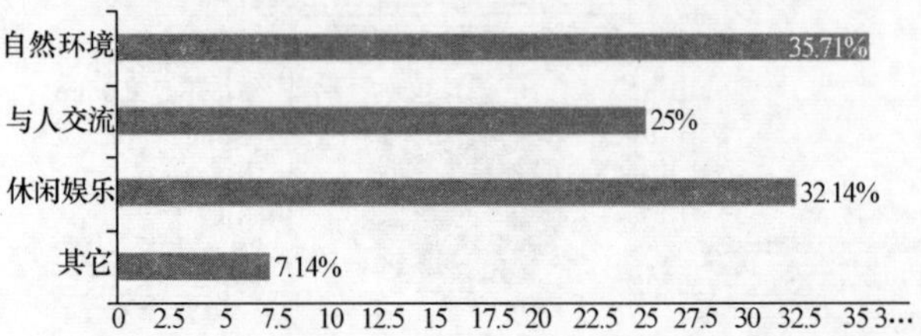

图 11 休闲出行目的

但是仍然喜欢去感受自然。而导则中对绿道绿化的基本要求和植物设计均未提及无障碍设计，由于视障人群无法用眼睛去观赏自然环境，我们需要创造其他的感受方式来帮助他们了解自然、融入自然，也增加了趣味性。

（2）安全性

视障者对植物没有做出明确的要求，导则中也没有提到绿化的安全问题。通过查看《无障碍设计规范》可知，带刺或叶片锋利的植物不宜种在儿童活动场周围，同理也适用于视障者对可触植物的要求，如丛生型植物，叶质坚硬，其叶形如剑，指向上方，这类植物如种植在道路两侧，极易发生危险。

2.2.4 绿道设施

（1）参与度

① 调查中发现，视障人群除接触到盲道、路口红绿灯提示器、坡道外，还会使用盲人贴，盲人贴能够帮助盲人在建筑等公共空间中实现位置与方向的确认，导则中对视障人群关注的服务设施仅有“无障碍设施参考《无障碍设计规范》”，标准中也缺少一些新设施的加入。

② 调查中发现视障者对盲文的普及呼声较高，且希望字体能够大一些，方便确认。导则中标识系统未特别提及设置盲人指示牌。

（2）安全性

服务设施建设要求无障碍设施需遵守《无障碍设计规范》，足以解决最基本的安全问题（表 1）。

视障人群对绿道规划设计导则休闲出行关注的满意度结果 表 1

	节点系统	游径系统	绿道绿化	绿道设施
参与度	★	★	○	●
安全性	★	○	●	★

注：满意度：★——非常满意（不做改进策略）；●——较满意（做相应改进策略）；○——满意（做改进策略）。

3 绿道规划设计导则改进

通过上述得出的视障人群对绿道规划设计导则的满意度结果，参考《无障碍设计规范》，结合国外无障碍设计经验，从游径系统、绿道绿化和绿道设施三个方面提出视障人群需求相应的改进策略。

3.1 游径系统

游径系统包括步行道、自行车道两种通行方式，考虑到视障人群的特殊性，此处重点关注步行道的建设。绿道游径系统的建设在基本要求的前提下，对游径宽度、游径坡度、游径铺装、绿道连接线、安全隔离设施等做了相关要求。而需要为视障人群做进一步调整的主要是游径铺装和游径的安全隔离设施。

3.1.1 步行道

视障人群独自出行依靠盲道前行的人占一半，盲道

建设必不可少。但是盲道建设不是盲目的全部铺设，因为有些道路宽度无法满足盲道的铺设要求，强行建设不仅会造成盲道铺设的不规范，给视障人群带来危险，也会给其他正常人的使用带来不便。

针对上述问题，结合视障人群问卷调查结果（图12），提出三个在绿道上的盲道改进措施。

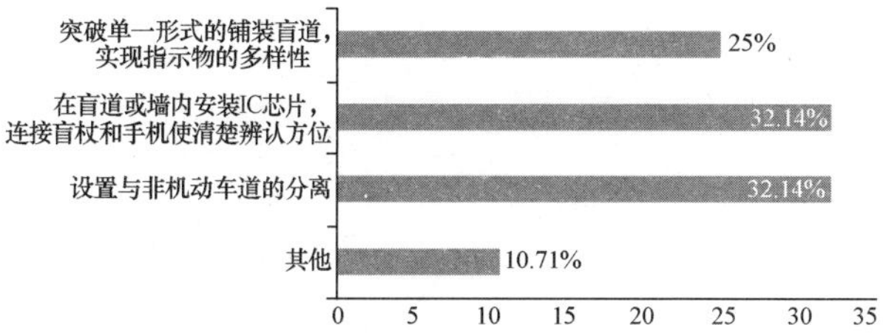

图 12　对步行前进方式的改进意见

一是减少盲道在宽度较窄的人行道上的铺设，并以连续的墙面、路缘石、台阶、绿化带边缘、隔离带等可触的具有立面的物体替代盲道的行进铺装和警示铺装，铺装与立面物体的色彩选择尽量对比鲜明，以满足弱视者的行走需求，并要保证建设时的安全性，实现盲道的多样化与灵活性（图13）。

图 13　沿绿带前行
（图片来源：网络）

二是可在盲道或步行道中置入太阳能蓄光材料、带电源的发光体或加入荧光粉，在晚间不仅可以给弱视者提供指引，也成为城市的一种风景（图 14、图 15）；尽量不采用吸音的塑胶地坪，以使视障者时刻感受着这个精彩的世界。

图 14　发光盲道
（图片来源：作者自绘）

图 15　波兰奥尔什丁郊区维纳河畔荧光绿道
（图片来源：网络）

三是利用新技术与新材料。调查中发现在视障者日常助行产品中，有 82.14%的视障者使用手机 APP，可见视障者对智能电子产品也比较依赖。日本将 IC 芯片置入盲道或者墙面内，当持有接收末端的视障者接近时，连接手机就会接收到道路说明等语音信息，从而使视障者能够清楚地辨别方位（图 16）。

3.1.2　交通衔接系统

对于视障人群来说，目前绿道中交通衔接系统的关注点仍然回到了与日常出行问题一致的交通信号灯上。

针对上述问题，结合访谈记录与查阅资料，提出以下改进意见。

（1）路口道路指示牌增加盲文标识（图 17）。

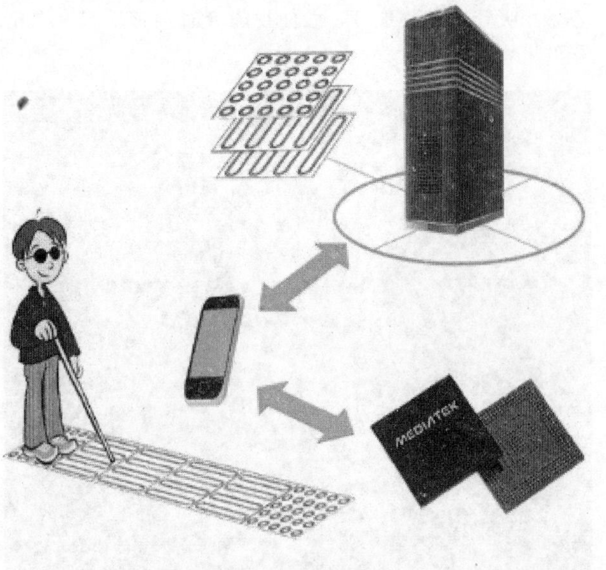

图 16　电子盲道

（图片来源：作者自绘）

图 17　路口盲文标识

（图片来源：网络）

（2）视障者对声音比较敏感的，在现有提示音发声频率不同的基础上，应用不同的音调区分不同方向的红绿灯。比如南北向的用高音调，东西向的用低音调。红绿灯提示音随着环境的变化而变化，周围噪音大时，提示器发出的声音会变大，安静的夜间就很小。

（3）十字路口电线杆或灯杆内设置智能语音提示系统。按住其上按钮持续 4s 后再放手，扩音器里就会有红绿灯的转换情况，车流的疏密、急缓，以及东、西、南、北 4 条路的路名等语音提示。

3.2　绿道绿化

3.2.1　盲人植物园

《无障碍设计规范》中要求大型植物园宜设置盲人植物区或植物角，面积约几千平米，并提供语音服务、盲文铭牌等供视觉障碍者使用的设施。盲人植物园是一种嗅觉、听觉、触觉多种感知体验的休闲及科普场所，可感知花、叶、果、干等物体的形态、气味、色彩等（图 18～图 21），为视障者提供了丰富多彩的感知体验，可解决视障者认为休闲点无聊、没有吸引力的休闲出行障碍（图 10、图 11）。国外盲人植物园经验较多，如英国特朗科威尔花园，是小型慈善机构“茂盛”创办的园艺疗法花园，该机构的园艺疗法师每年在此为超过 100 名残障人士提供指导和帮助；美国西雅图芳香园，一个由私人的非营利性机构西雅图盲人灯塔之家重修，不仅为当地的视觉障碍者提供了一个接近自然、感受植物的场所，更是一个散发着强烈人文关怀、慈善爱心的地方。我国的香港白普利公园、上海辰山植物园盲人园（图 22）都是为视障者建设的公园，取得了社会较多的关注。由问卷调查结果可知休闲出行对视障人群的吸引力同视力正常者没有差别，以体验自然环境和休闲娱乐居多，同时也是与人交流的机会。盲人植物园的设置可弥补视障人群对自然环境缺少的视觉感知。

图 18　随处可触盲文

（图片来源：网络）

盲人植物角的设置需要注意两个问题：一个是盲人植物园的服务范围，由于视障者的人数相比视力正常者较少，且盲人植物园的建设需要配备完善的服务设施、多样的植物种类，服务水平较高，所以根据城市区县半径及行走能力，设置一个盲人植物角的服务半径约为 8km；二是采用多种感官体验分散、交替设置的方式，弥补盲人植物角较远距离间的步行感知体验。

图 19　气味感知
（图片来源：网络）

图 20　形态感知 1
（图片来源：网络）

图 21　形态感知 2
（图片来源：网络）

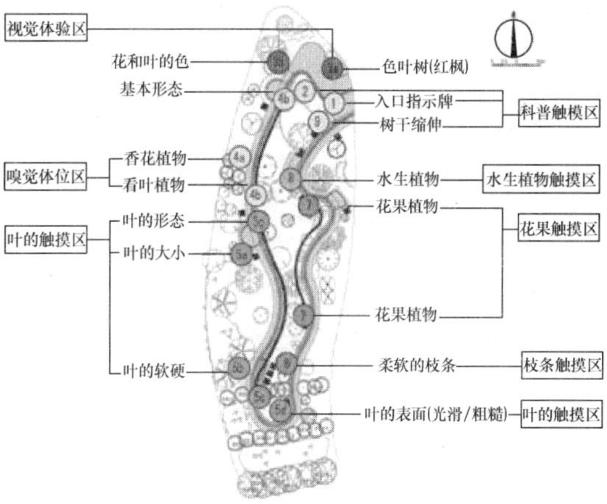

图 22　上海辰山植物园盲人园（图片来源：论文）

3.2.2　道路绿化

为保证视障者的安全，道路绿化应保证道路步行空间无遮挡物，一是保证路旁无侵占路面的植物，并保证植物选用无刺、无毒的安全植物；二是保证步行道树冠最低高度大于等于 2m。

3.3　绿道设施

3.3.1　标识系统

问卷调查发现，一级盲和二级盲的视障者中有 1/3 不会盲文，1/3 盲文使用仅可满足日常生活。

公园、广场、步行街等场所的常见标识系统主要是文字标牌的形式，但针对盲人使用的盲文标牌很少见到。导则中还包括电子设备标识，主要有显示屏、触摸屏和便携式电子导游机等，前两者增加了体验的多样化，但对视障者来说并没有起到更多的作用，后者能够有效地定位游人并实时介绍景点，但是其使用多在管理水平较高的景点，普及型较低。

针对上述两个主要问题，需要做出以下改进。

（1）在文字标牌边增设盲文标识牌，并在园内视障者可触的重要地方设置盲文标识，位置必须设置在人可碰到的地方，视情况设置在 1～1.8m 之间（图 23）。

（2）通过放置地图等图示石头浮雕，使盲人更加容易辨别方向。

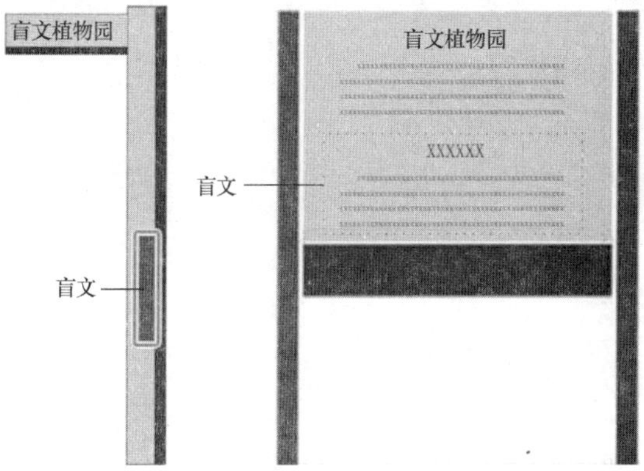

图 23　盲文设置位置示意（图片来源：作者自绘）

(3) 在文字标牌处增设语音解说标识，并配置按钮供视障者启用。

3.3.2 服务设施系统

绿道服务设施包含多种类型，有管理服务设施、配套商业设施、市政公用设施、游憩健身设施、科普教育设施、安全保障设施、环境卫生设施、停车设施等。其中视障人群在绿道中需要进一步改进的服务设施主要包含在游憩健身设施、科普教育设施、安全保障设施中。

(1) 游憩健身设施

视障者由于无法更多地感知环境，且对环境较敏感，比起视力正常者，在行走过程中更容易产生烦躁、疲劳之感，需要更多的休息空间与时间。所以应在人流较大的区域缩短休憩点间的距离，具体将休憩点椅凳间隔设置为都市型小于等于 80m，郊野型小于等于 200m。

(2) 科普教育设施

科普教育设施中的展示设施能够以直观的形象展示给公众，通过其形态、色彩、声响等，而如果展示设施体量较大，有围栏维护，视障者将不能够感受它。所以科普教育设施中的展示设施要尽量做到可亲近、可触摸感知和安全。

如美国贝蒂奥特盲人语音公园中有一尊海伦·凯勒的铜像和一个老式的抽水机，其灵感来源于海伦·凯勒幼年时在花园里第一次感受到了抽水机打出的水流，从此开始了她追求自然、寻求知识的历程。

4 结语

绿道建设对视障人群的关注不仅为视障者带来休闲空间，实现了社会公平性，还提高了国人及国家对视障人群的关注度与关怀，对绿道规划设计导则的改进从根本上做出了推动。视障人群也需要做出改变，多走出家门，尝试并不断提出问题，彼此了解与适应，让无障碍设施充分利用起来，让无障碍设施更加灵活，推动我国无障碍设施的使用率与完善度。无障碍者说出了他们的心声：不要为无障碍而设计无障碍（扶手、坡道等），只要是能让人变得轻松的都是无障碍。这让我们有信心能够以更轻松的方式、更友善的角度去思考无障碍，并与无障碍者加深交流，避免决策的盲目性，更准确地解决无障碍问题。

参考文献

[1] 韩汶．城市老年人休闲活动出行行为机理研究[D]．昆明：昆明理工大学，2015.

[2] 中华人民共和国住房和城乡建设部：GB 50763—2012．无障碍设计规范 GB 50763—2012 [S]．北京：中国建筑工业出版社，2012.

[3] 中华人民共和国住房和城乡建设部．绿道规划设计导则[Z]．2016.

作者简介

张慧莹，1994 年生，女，汉族，山东泰安人，山东建筑大学建筑城规学院硕士研究生。研究方向：风景园林规划与设计。

肖华斌，1980 年生，男，汉族，山东肥城人，博士，山东建筑大学建筑城规学院副教授、硕士生导师，山东建筑大学生态规划与景观设计研究所。电子邮箱：Xiaohuabin@foxmail. com。

杨慧，1983 年生，女，汉族，山东青岛人，硕士，山东建筑大学建筑城规学院讲师。研究方向：城市规划与设计。电子邮箱：94411041@qq. com。

基于问卷访谈法与网评聚类法游客画像冲浪胜地旅游规划辅助决策

——以海南省日月湾浪区为例

Tourist Portrait Aided Surfing Resort Planning Decision-making by Questionnaire Interview Method and Online Review Clustering Method

— A Case Study of Riyue Bay Surfing Resort①

王 南 施 宇 魏维轩

摘 要： 在全域旅游与全民运动不断推广的背景下，以冲浪运动为特色的运动旅游正逐渐兴起。然而，由于多方因素，冲浪者不能便捷享受浪区资源。以现场信息收集、现场及网络问卷访谈、网评聚类采集等方式，以机器学习的方法聚类识别、评价、构建冲浪胜地旅游者的游客画像，能够为冲浪度假区提供规划设计的辅助决策。以日月湾浪区为例，具体包括：(1) 量化分析现场信息、现场问卷访谈、网络问卷，数据挖掘网络评论，从运动行为偏好、游赏行为偏好、旅宿行为偏好三个维度分析游客特征；(2) 分析三类数据收集方式在实现游客画像方面的优劣势；(3) 结合三类调研中游客偏好与游客相关要素间构建游客画像数据库；(4) 依据游客画像总结不同游客对冲浪胜地的需求规则，提出冲浪旅游度假区的规划导则。研究结果表明：游客选择冲浪胜地的主要因素依次包括安全、浪况、俱乐部、交通、住宿、餐饮等，爱好日月湾浪区的主要因素依次包括交通便利、浪质缓软、俱乐部活动多样等，偏好冲浪的时间依次为 11～12 月（初学稳浪）、3～4 月（温度适宜）、6～8 月（台风大浪）等，冲浪者对日月湾的主要建议包括增加高质量住宿场所、增加当地特色餐饮、改善个别俱乐部条件、控制开发强度等。根据预测模型推演，冲浪胜地游客重点消费人群为 20～30 岁，以度假为目的实行短期制学习的冲浪中高收入游客，在冲浪区规划中可按照这类游客偏好进行重点考虑，并在网络人群中挖掘同样具有此类属性的潜在游客，在景区规划中依据游客画像属性增设对应需求的住宿、餐饮、娱乐休闲设施。

关键词： 冲浪胜地；旅游度假区；网评数据挖掘；计算机辅助决策；游客画像

Abstract: With the continuous promotion of Holistic Tourism and National Fitness Program (or campaign), sports tourism with the characteristics of surfing sport is emerging gradually. However, due to the multiple factors, the surfers can not enjoy the resources of the waves easily. By means of on-the-spot information collection, on-site and network questionnaire interview, network evaluation and clustering collection, the tourist portraits on the surfing resorts could be classified and identified, evaluated and constructed by means of machine learning, so that they can provide computer aided decision making for planning and design of surfing resorts. Taking the wave area of the Riyue Bay as an example, this article mainly includes: (1) quantitative analysis on-site information, on-site questionnaire interview, questionnaire survey, online review data mining, analysis of tourist characteristics from three dimensions: movement behavior preference, tour and sightseeing behavior preference, travel and accommodation behavior preference; (2) analyzing the advantages and disadvantages on three types of data collection modes in the realization of tourist portraits; (3) combining tourist preferences and tourist-related elements among the three types of research to construct a tourist portrait database; (4) according to the tourist portraits, summarizing the demand rules of different tourists to the surfing resorts, and proposing the planning guidelines of the surfing tourism resorts. The research results show that the main factors that tourists choose to surf the resort include safety, wave condition, club, transportation, accommodation, catering, etc., and the main factors in the beach area of the Riyue Bay include transportation facilities, slow and soft waves, various club activities, etc. The preference time of surfing is November-December (initial wave stabilization), March-April (appropriate temperature), June-August (typhoon big wave), etc. The main suggestions of surfers on Riyue Bay include increasing high-quality accommodation, adding more local characteristic catering, improving individual club conditions, controlling development intensity, etc. According to the prediction model, surf resort visitors who are the key consumer groups are of high incomes between the ages of 20-30 years old for short-term surfing study on vacation purposes. In the planning of surfing area, it is possible to focus on these visitors' preferences and dig up potential tourists with the same attributes in the network crowds, and add corresponding accommodation, catering and entertainment leisure facilities according to the attributes of tourist portraits in the scenic spot planning.

Keyword: Surfing Resort; Tourist Resort; Online Review Data Mining; Computer Aided Decision Making; Tourist Portrait

① 基金项目：高密度人居环境与节能教育部重点实验室（同济大学）开放课题 20180303《基于游客体验反馈网评大数据的旅游目的地城市决策模型》（起止时间 2019 年 1 月至 2019 年 12 月）资助。

1 背景

1.1 旅游业发展的新契机

近年来，在全球旅游竞争不断加剧的背景下，地方和区域层面的目的地的作用日益显现，旅游目的地在数量上近年持续增长，旅游者已不满足于传统的观光、度假、养生旅游等方式，以滑雪、潜水、冲浪、高尔夫等为主要旅游活动的小众特色旅游正逐渐兴起[1]。此类旅游往往对地理环境资源与配套设施要求较高，热衷此类旅游的游客人群具有相对共同的特点，人群相对稳定。因此，若要开发新型旅游产业，应利用地方旅游资源特色，根据偏好特色旅游的人群特征，有针对性地规划产业结构、度假设施、景观环境等，亦即需对目标客户的分析——“游客画像”。

1.2 全民健身背景下的体育旅游产业发展

2016年，国务院印发了《全民健身计划》，要求“将体育文化融入体育健身的全周期和全过程，以举办体育赛事活动为抓手，大力宣传运动项目文化，弘扬奥林匹克精神和中华体育精神，挖掘传承传统体育文化，发挥区域特色文化遗产的作用”①。以体育运动为主导的旅游行为因在游赏风景、探索自然的同时具有促进健康、调节情绪、挑战自我等积极作用，正逐渐风行于强调健身康体、收入较高、自由时间较多的人群中，著名的滑雪胜地法国阿尔卑斯山、冲浪胜地夏威夷和巴厘岛等，均成为运动旅游的热门目的地。旅游业正逐渐与体育相结合，以体育运动为主打特色的旅游度假区逐渐发展。度假胜地如何选择具有特色的运动资源，提供合理的配套设施，定位爱好此项运动的目标人群，了解旅游者需求，应成为体育旅游开发及体育旅游度假区规划首要关注的问题之一。

1.3 以游客画像为引导的冲浪胜地规划

体育旅游中，慢跑、徒步、溯溪、登山、滑雪等均为较受欢迎的主导运动类型；在景色优美的海岸沿线，冲浪运动因其新奇、刺激的特色体验，也成为风靡世界各大海域的流行运动。世界上以景观优美与冲浪闻名的岛屿目的地大多是休闲、观光度假的旅游热点区域，例如美国的夏威夷群岛、印尼的巴厘岛、马尔代夫、泰国的普吉岛等地。中国国土幅员辽阔，地理风貌多样，景观资源丰富，海南省万宁市的日月湾浪区、深圳的西涌浪区等亦是优越的冲浪胜地。然而，由于受众面窄、空间局限、规划不足、宣传不力、配套不够等问题，冲浪爱好者无法便捷地获得浪区资讯或舒适地享受浪区资源，而冲浪胜地的旅游度假产品亦无法根据冲浪爱好者在吃、住、行、游、购、娱等方面的特定偏好而规划配置。在这样的旅游业发展环境下，要保证以冲浪运动为特色的旅游目的地能够提升自身的竞争力，需要对游客行为偏好进行调查评估，并根据游客画像作出规划策略，以设计出可持续利用自然资源、满足游客需求、配套设施合理的冲浪胜地规划方案[2]。

2 基于游客画像的冲浪胜地旅游规划辅助决策方法

2.1 问卷调查

通过制定详细周密的冲浪游客问卷，收集游客信息，并应用社会学统计方法进行量的描述和分析。问卷分为现场调研问卷和网上问卷两种形式。

2.1.1 现场调研

通过在现场调研采集数据，辅以个人访谈的形式可更直观有效地收集游客偏好。通常游客喜好的描述性语言不能直接量化。通过现场采访与问卷调查能够精确有效地收集这类信息，并通过打分来具体量化，可定量分析游客的真实偏好，在度假区的规划决策中可根据游客喜好分布衡量利弊与发展方向。

2.1.2 网上问卷

通过互联网的便捷性大量发布问卷给互联网用户，这样做的目的在于基于互联网的大用户量得到比现场调研更多更全面的游客信息。此法可帮助挖掘网上潜在游客信息，大量游客数据可帮助分析行为偏好、游赏行为偏好、旅宿行为偏好，于度假区的规划有重大意义。

2.2 网上热评价挖掘

通过在马蜂窝、携程等旅游网站进行热搜词汇的筛选，找出评热比较高的冲浪度假区，搜集游客的网络评价、日月湾周边住宿饮食热搜词条。通过网络筛选数据分析游客行为趋势动向以及喜好，对于冲浪度假区吸引潜在游客有指导性作用。

2.3 游客画像

游客画像定义来源于用户画像，其定义为游客画像是真实游客的虚拟代表，是根据真实游客数据挖掘出的目标游客模型。本文通过对问卷与网评的方式收集的数据，需要进行游客画像归类筛选出的有效信息进行分析。由于上文所提及冲浪度假区由于受众面窄、空间局限、规划不足、宣传不力、配套不够等问题，冲浪爱好者无法便捷地获得浪区资讯或舒适地享受浪区资源；而冲浪胜地的旅游度假产品亦无法根据冲浪爱好者在吃、住、行、游、购、娱等方面的特定偏好而规划配置相关旅游服务资源。因此构建景区游客画像，能够系统高效地辅助规划决策。

2.3.1 指标选择

识别旅游目的竞争力的主要来源是旅游目的地评价

① 国务院．《全民健身计划（2016—2010年）》［N］．2016-6-15.

指标选取的首要环节，这为科学选取指标提供依据。核心旅游资源是旅游目的地竞争力的前提和基础，目的地的基础设施和支持产业为该地旅游竞争力提供支撑，目的地的环境是制约条件，旅游者需求则是竞争力的核心。因此，需要按旅游目的地评价、核心旅游资源、目的地基础设施、目的地支持产业与旅游者需求这五个指标进行现场问卷的设计[2]。

2.3.2 数据源与分析方法的选择

结合冲浪游客特点，游客基础数据包括运动行为偏好、游赏行为偏好、旅宿行为偏好等动态数据以及游客性别、年龄、职业、学历等静态数据。数据主要来源于实地调研、随机访谈以及互联网数据挖掘，通过数据预处理后的问卷数据集成数据仓库，采用 Excel、Tableau 统计软件对数据进行描述性统计分析及结果排序，挑选频数最多的指标进行数据分析，运用相关性分析以及方差分析法寻找各项因子之间的关联性以对游客画像进行深层次的探索。

2.3.3 游客画像标签建模体系

构建游客画像的关键在于为游客制定标签，剔除重合度高、所占权重较小的特征标签，整合、分类、建立相关模型，生成游客画像标签体系。

建模主要步骤为：获取原始数据、加工事实标签（29个）、建模集成模型标签（8个）、推演预测标签（4个）（图1）。

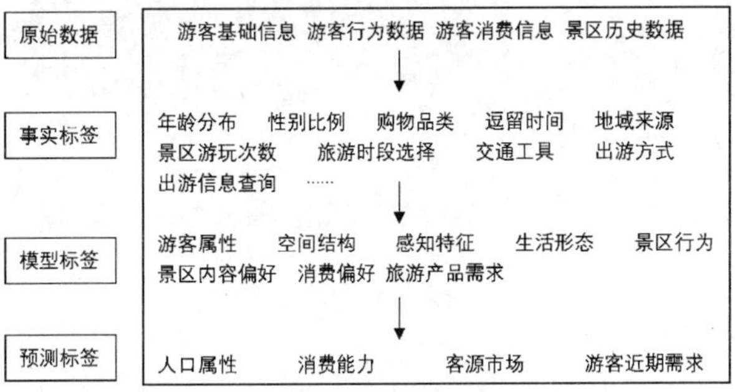

图1 游客画像建模
（图片来源：作者自绘）

将收集好的游客数据进行整理归类分析，构建游客画像并建立景区游客数据库。将事实标签数据统计分析，在分析数据的基础上总结归类形成模型标签，最终模型对人口属性、消费能力、客源市场、游客近期需求进行预测模拟，对于景区规划决策有重大导向作用。

3 以日月湾为例的游客现场调查分析

3.1 自然属性

万宁市日月湾位于海南省万宁市，以冲浪运动在国内外享有盛誉。冲浪作为日月湾的核心旅游资源，其环境优劣决定着旅游目的地的上限。日月湾作为国内外知名浪点（图2），海浪质量优良。对单季两个月的浪点数据

图2 日月湾海滩
（图片来源：作者自摄）

（包括浪涌、满潮时间、低潮时间、日落时间、风速）进行汇总统计。

冲浪运动的发展需要依靠冲浪区优越的海湾条件以及气候条件，以日月湾夏季浪涌为例（图3～图5），一般较为适合初学者冲浪的浪涌至少需要 1m，在有风的情况下往往能达到最佳效果。在6月底至8月中旬收集的浪涌数据，夏季最高浪涌的平均值为 1.1m（对于初学者学习冲浪属于安全范围内的浪涌高度），主要集中于早晨10：00到午间13：00，此时也是冲浪游客活动最为频繁的时间段。最低浪涌的平均值为 0.7m，大部分低涌集中在傍晚时分，此时游客活动较弱。一般情况下单日浪涌（以游客活动时间内计算）有一次高潮与两次低潮，偶有

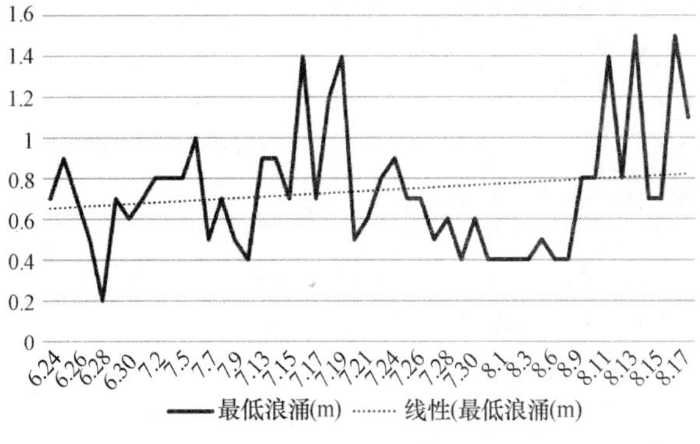

图3 日最低浪涌
（图片来源：作者自绘）

两次高潮出现。冬季涌较高，适合有一定基础的游客进行娱乐。日月湾冲浪区自然形成礁石底与沙底两类冲浪区域，一般礁石区域浪涌较高，危险程度高，沙底冲浪区浪较为柔和，适合初学冲浪游客，游客可自行根据实际情况选择冲浪。日月湾冲浪区开发程度较低，环境相对原始，优美的环境是旅游目的竞争力的一大保障，相对应安保措施较低，依赖于教练跟随保护，周边医疗机构驱车有半小时路程。

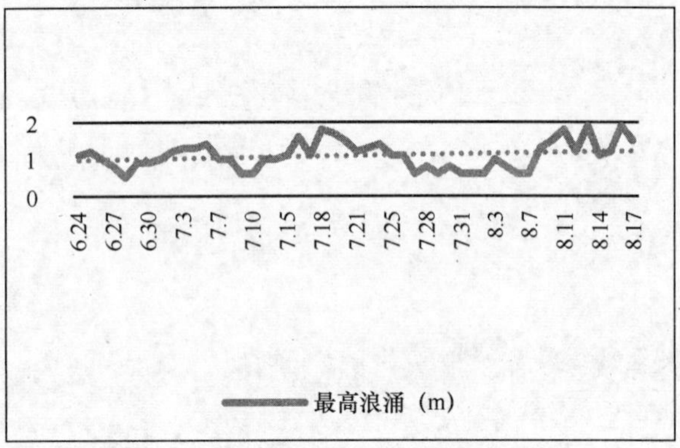

图4　日最高浪涌

（图片来源：作者自绘）

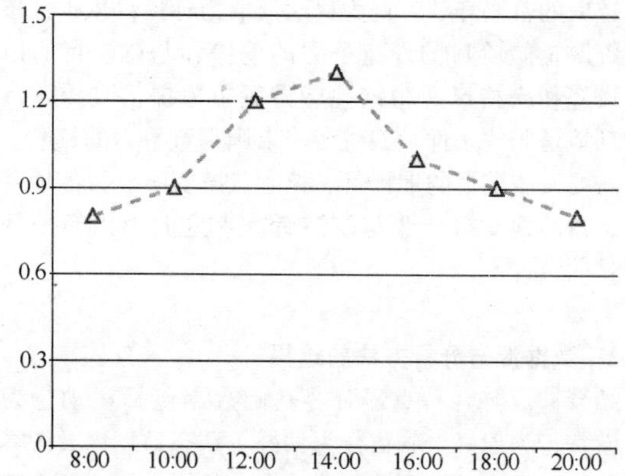

图5　单日浪涌变化

（图片来源：作者自绘）

3.2　基础设施现状

基础设施是风景区竞争力的基本条件，加强基础设施建设是提升景区人气的一个重要举措[3]。根据调研数据统计，目前沿海在建精品民宿数量达21栋，主要营业酒店为森林客栈以及周边普通民宿，1栋度假酒店闲置，普通民宿闲置7栋，餐饮设施简单，主要为摊贩式与小店铺形式（图6）。

图6　民宿与酒店

（图片来源：作者自摄）

3.3　现场调查问卷

调查问卷设计29个指标，于冬、夏浪季分别在日月湾现场进行连续7日针对普通游客、冲浪游客及教练等服务人员的现场调研，采用问卷调查为主、个人访谈为辅的形式。问卷调查采用分层抽样的方式，调查问卷分为游客问卷与教练问卷两种问卷形式，单季按照人数随机发放调查问卷300份（教练100份，游客200份），共回收问卷191份（教练50份，游客141份），其中教练有效问卷48份，学员有效问卷140份。回收率64%，有效率98%。对24名教练进行了访谈，另对30名游客进行了访谈。

以夏季调查为例，调查结果显示日月湾景区游客以男性为主，男性游客88人，占比62%；女性游客52人，占比38%；游客年龄构成以18～25岁占比最大，为60%；小于18岁与46岁以上共占比仅为13%。在文化层次结构中，本科或大专学历的达到42%，初中及以下学历占比20%，游客群体整体学历水平较高，年龄分布以年轻人为主体。从游客月收入特征看，收入水平主要集中在10000元以上，收入水平以中上等为主。

通过对国内游客按照地域结构进行归类排序，华南与华东地区占据客源市场主要份额，其次为华中与华北地区，西南与西北地区客源相对较少，地域上呈衰减规律。前三位省内客源进行排序的结果依次为浙江、江苏、广东，主要受地理区位、社会经济条件和交通共同影响。

3.3.1　游客运动行为偏好

85%的游客来日月湾是为冲浪，这当中70%的游客倾向于在上午8：00～11：00参与冲浪活动，其余的30%倾向于在14：00～17：00参与冲浪。100%的游客选择租用俱乐部的冲浪板进行冲浪。70%的游客选择在夏季进行冲浪活动。90%的游客加入冲浪俱乐部，这部分游客中有70%选择沙卡冲浪俱乐部与“戒浪·不”冲浪俱乐部。

3.3.2 游客游赏行为偏好

游客旅游动机与旅游目的地旅游产品密切相关，综合现场调研数据，在出游动机上，冲浪运动（35%）、感受休闲（15%）、当地风土人情（12%）、其他占比 38%，表明日月湾度假区综合开发程度不高，在冲浪特色运动的开发不完善。在出游前信息查询方面，景点介绍居首位，交通、天气、当地风俗文化和住宿信息状况为第二梯队，娱乐活动、治安状况、购物、其他信息占比均较低。游客对购物关注度不高，景区经营者应考虑从多途径入手加强吸引游客注意力。

3.3.3 游客旅宿行为偏好

景区资源和产品丰富度发展状况的重要体现在于游客于景区内的逗留时间，景区游客停留时间集中在 1d，占比 42%；预计停留 2～3d 的游客占比 30%，即选择停留 1～3d 的游客数量占总数量的 28%。景区游客出游平均滞留时间短是其显著特征，说明其旅游资源与产品对游客吸引力仍有待提高，旅游产品单一化是游客停留时间短的主要原因。

在旅游消费方面，游客主要偏向于住宿（32%）和餐饮（27%），其次为景区门票、娱乐活动和交通，有意向购买旅游商品的仅占 5%，可见游客在日月湾景区消费偏好总体呈低消费特征，而当地冲浪俱乐部，以沙卡为例，一天四课时收费标准为 780 元/人，消费主体依然是中上收入人群，单季度冲浪游客淡季约 150 人次，旺季黄金周时间人次可达 300[4]。

4 互联网冲浪游客行为偏好问卷调研与分析

本次网上调查问卷共收集有效问卷 199 份，男性占比 53%，女性 47%。冲浪运动的主要消费者是 21～30 岁的青壮年，由于具有一定的危险性，低龄与中老年游客较少。参与网上调研的冲浪游客学历大部分为本科，在这些游客中月收入分布占比较为平均，其中月收入 5001～10000 的游客较多，冲浪运动作为受条件制约较强的户外运动受众局限，一般为中高收入人群娱乐方式。这类游客中 48%游客通过互联网了解冲浪运动，其次按比例依次为亲朋好友介绍与参与冲浪俱乐部活动以及体育杂志。

4.1 游客运动行为偏好

综合考虑浪涌高度、气候因素、假期长度等社会因素，夏季 6～8 月为游客偏好的最佳冲浪时间（图 7）。80%的游客选择在 8：00～11：00 进行冲浪活动。80%的游客选择租用俱乐部冲浪板，20%的游客选择自带冲浪板。75%的游客选择加入冲浪俱乐部，其中按选择次序依次为沙卡冲浪俱乐部、“戒浪·不”冲浪俱乐部、盘古掌冲浪俱乐部。

游客偏好冲浪的时间依次为 11～12 月（初学稳浪）、3～4 月（温度适宜）、6～8 月（台风大浪）等。

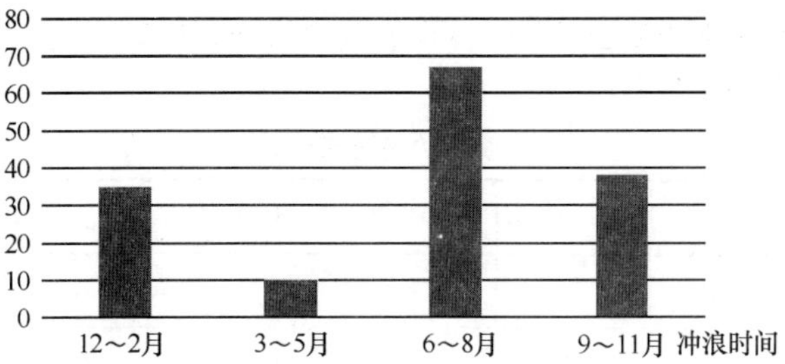

图 7　冲浪时间选择（图片来源：作者自绘）

4.2 游客游赏行为偏好

网上调查问卷游客交通的选择如下（图 8、图 9）。日月湾位于中国海南南部边缘，外省游客入境交通工具多为飞机。在第二程的交通工具选择上较为灵活，海南省地域面积大，自驾游的游客较多，占比为 38.9%。在这两大类交通工具的选择上潜在游客占比大，广告宣传可辅助挖掘游客。40%的游客选择在日月湾进行冲浪活动，35%的游客选择观光摄影。

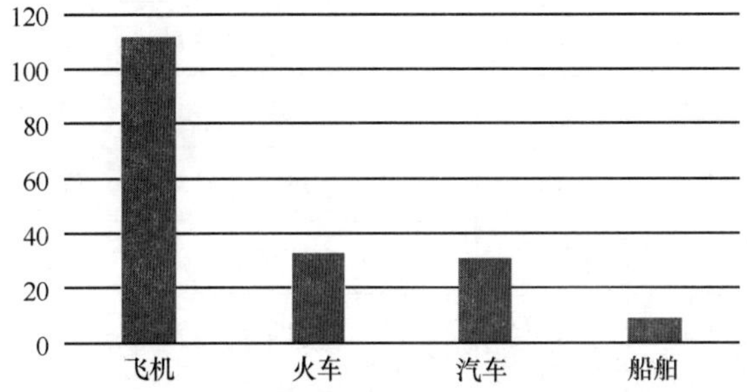

图 8　第一程交通工具选择（图片来源：作者自绘）

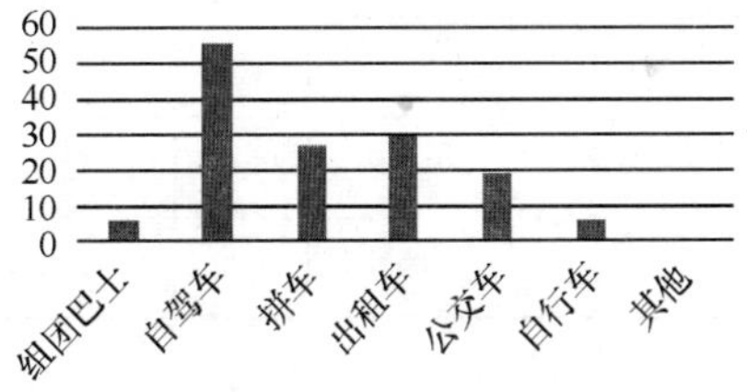

图 9　第二程交通工具选择
（图片来源：作者自绘）

4.3 游客旅宿行为偏好

住宿、餐饮方面，78%的游客倾向在冲浪区步行可及范围内进行，53%冲浪游客在冲浪区的停留时间为三天以上，这类游客愿意就近住宿饮食以方便冲浪活动，日月湾冲浪区周边有森林客栈度假酒店（180～400 元）、普通民宿（0～100 元）、精品民宿（200～500 元），缺少高品质星级酒店，而在网上游客的问卷中 33%的游客选择高品质星级度假酒店。

5 基于热门冲浪地的网络评论数据挖掘与聚类分析

通过马蜂窝等旅游网站对冲浪目的地城市（表 1）的

评分与热度进行对比分析，将平均分进行排名并归类其网评好中差评。

冲浪目的地城市评价　　表1

城市	平均分排名	热度排名	好评	中评	差评
海口	67	250	4415	1811	266
汕头	88	214	2546	888	174
秦皇岛	110	296	10896	3395	733
连云港	119	189	1782	619	86
珠海	123	282	8060	2738	405
佛山	127	253	4881	1674	235
威海	167	256	5167	1418	289
深圳	170	319	28813	8531	1348
宁波	190	291	9767	2880	348
大连	197	316	26707	7088	1188
烟台	219	288	9575	2467	378
青岛	220	330	46399	11869	733
三亚	250	329	45874	10025	1795
上海	251	341	102573	24537	3148
澳门	253	317	29095	7205	794
厦门	272	340	92934	20558	2765
舟山	301	294	11807	2231	319
香港	307	339	86091	15497	2259
台南	322	192	2163	364	27

资料来源：作者绘制。

5.1　评分分析

在统计的342个城市中，冲浪目的地城市总体排名不高，均分前100名的有海口与汕头两座城市，而热度排行中均为100名之后。考核标准以生态环境、人流量、安全性因素为评分方法，香港、澳门这些著名旅游城市排名靠后。网上评价中所有城市的评分均分4.307分，冲浪城市均分皆在均分附近。

5.2　网评分析

冲浪城市的好评占比均超70%，热门城市的好评基数大且占比高。在所有城市的网评比率中，冲浪城市的网评好评占比排名前列，表明这类城市在游客主观评价印象中地位颇高。

6　冲浪胜地目标——游客画像构建

6.1　目标游客

根据现场调研、网上问卷与网评法收集到的游客数据，在偏好冲浪的人群中，月收入5000元以上、年龄在20～30岁的青年居多，冲浪胜地应将主要目标游客定位在这类人群中挖掘潜在游客。

20～30岁的年轻冲浪游客偏好1.5～2m浪，多选夏威夷、日月湾、普吉岛等著名优质浪点。在1～20岁的青年与40岁以上冲浪游客多选1m附近稳浪进行娱乐，目的地依次为日月湾、西涌、夏威夷。

6.2　游客画像分类

根据游客静态数据做画像分类。按性别、年龄、职业、学历四类进行偏好总结。游客画像定义为静态数据的动态特征比例，形成N_1（男性）=（运动行为、旅宿行为、游赏行为），其中运动行为、旅宿行为、游赏行为这类按问卷比例较大的选择，根据比例搭配可形成N_1、N_2、N_3等1～3类特征的游客画像（表2）。

冲浪游客画像　　表2

性别	运动行为偏好	旅宿行为偏好	游赏行为偏好
N1（男性）	结伴冲浪，租板，喜大浪	快捷酒店、精品民宿，住在冲浪区附近1km范围内	自驾游，观海
N1（女性）	结伴冲浪，租板，喜稳浪	星级度假酒店，在冲浪区附近的市区住宿	自驾游，观海
年龄			
N2（0～10岁）	跟随父母，租板，喜稳浪	分布较平均，视监护人喜好而定	自驾游，沙滩玩耍
N2（11～20岁）	结伴而行，租板，喜稳浪	快捷酒店、精品民宿，住在冲浪区附近500m范围内	旅行团或跟随父母自驾游
N2（21～30岁）	结伴或独自，租板，喜大浪	星级度假酒店、精品民宿，住在冲浪区附近1km范围内	自驾游
N2（31～40岁）	独自，租板，喜大浪稳浪参半	精品民宿、星级度假酒店，住在冲浪区附近1km范围内	自驾游

续表

性别	运动行为偏好	旅宿行为偏好	游赏行为偏好
N2（41岁以上）	结伴而行，租板，喜稳浪	快捷酒店、精品民宿，住在冲浪区附近500m范围内	自驾游或跟随旅行团
职业			
N3（建筑师）	结伴冲浪，租板，喜稳浪	精品民宿、星级度假酒店，住在冲浪区附近1km范围内	自驾游
N3（教师）	结伴冲浪，租板，喜稳浪	快捷酒店、精品民宿，住在冲浪区附近1km范围内	自驾游或跟随旅行团
N3（运动员）	独自，租板或自带，喜大浪	精品民宿、星级度假酒店，住在冲浪区附近1km范围内	自驾游
N3（金融业者）	结伴冲浪，租板，喜稳浪	星级度假酒店，在冲浪区附近的市区住宿	自驾游
N3（私营业）	结伴冲浪，租板，喜大浪	星级度假酒店，在冲浪区附近的市区住宿	自驾游
学历			
N4（小学/初中）	跟随父母，租板，喜稳浪	分布较平均，视监护人喜好而定	自驾游，沙滩玩耍
N4（高中）	结伴而行，租板，喜稳浪	快捷酒店、精品民宿，住在冲浪区附近500m范围内	旅行团或跟随父母自驾游
N4（大学/专科）	结伴或独自，租板，喜大浪	星级度假酒店、精品民宿，住在冲浪区附近1km范围内或在附近市区	自驾游
N4（硕士及以上）	结伴或独自，租板，喜稳浪	星级度假酒店、精品民宿，住在冲浪区附近1km范围内	自驾游

资料来源：作者绘制。

现场调研中全部的游客选择租用冲浪俱乐部冲浪板，在网络调研中选择分布较全。住宿方面现场收集的数据游客更多倾向住在当地酒店，网络调研中由于住宿品质要求，一半游客选择住在冲浪区外的高级酒店实行自驾游来回。现场调研、网上问卷以及热评挖掘三者，前两者针对的研究对象精确定位在冲浪游客或与之有联系的目标，网络挖掘热评目标宽泛，目的在于分析网络用户中潜在冲浪游客，对于冲浪区宣传规划有指导方向。与日月湾本身自然客观属性的记录分析能够辅助决策开发，将目的地环境最大程度利用而不影响其长远发展[5]。现场调研收集现场数据，目标明确且内容有效真实，缺点在于时间成本高、效率低，样本数量少、误差大，例如难以反映真实的男女比以及年龄分布。网络问卷能够以低时间成本收集大量数据，能够有效减少数据统计中的误差，缺点在于有效问卷的数量难以得到保障。网上挖掘数据来看冲浪城市均分排名都较为靠后，而在游客评论中评价较高是由于网络均分是出自环境、人流量以及安全性、交通多方面因素考虑，是综合考量的客观因素，调查问卷主要考量的是游客主观因素评价，二者衡量依据有所差别。

7 基于冲浪景区游客画像的景区规划策略——以日月湾浪区为例

日月湾作为我国著名浪点，浪潮随季节变化多样，自然形成分区，适合初学者与熟练浪人，具有一定的代表性，所提策略可供其他冲浪景区借鉴采用。

7.1 景区营销策略

7.1.1 精准确定目标市场

日月湾景区的冲浪客源市场多集中于周边省份地区，浙江、江苏、广东市场是日月湾景区在省外的核心客源市场，而距离较远的西北、东北等地区以及港澳台地区则是景区下一步需要考虑扩展的客源市场。通过游客来源分析，精准掌握客源地游客到属地景区的旅游转化率，为景区的客源地市场进行精准分级，加强对低转化率客源地的宣传营销。

7.1.2 旅游产品的精准设计

通过分析多维数据可以建立旅游偏好标签数据库，深度挖掘游客需求，设计个性化旅游产品。日月湾游客停留时间短，冲浪运动与欣赏风光为游客的主要旅游动机，其次为感受当地风土人情及休闲娱乐，符合日月湾景区产品定位，景区单一的海边风光和民族风情并不能吸引游客长时间停留，游客在旅游消费上偏向于餐饮（当地特色美食）和住宿（特色民宿），游客对体验少数民族特色和参与娱乐活动需求最大，而这两点正是目前景区所缺乏的。因此，景区需要对民族风情和娱乐活动进行专业策划，设计多重体验型旅游产品。

7.1.3 信息的精准传播

信息的精准传播能大大提高游客转化率，同时减少景区的营销成本。日月湾景区游客在出行前了解的信息主要为景点介绍、交通、天气、当地风俗文化及住宿信息，其次为娱乐活动、治安状况、购物及其他信息。游客画像为景区经营者进行精准广告投放提供了重要依据，有助于产生更好的游客体验。其次需要利用广告、微信平台等公共媒体进行每日浪报的宣传，以方便冲浪游客更好获取冲浪信息资源以及挖掘潜在游客。

7.2 加强基础设施建设

基础设施是风景区竞争力的基本条件，加强基础设施建设是提升景区人气的一个重要举措[6]。日月湾景区目前的基础设施建设较为滞后，需加紧建设[7]。

7.2.1 住宿饮食

根据整理归类游客画像得出，游客对于在景区内住宿餐饮的需求较高，目前现存的餐饮住宿设施单一，需要引入多元化的住宿标准，如高级度假酒店与精品民宿、青年旅馆等。饮食方面需要强调当地特色美食，建设高品质主题餐厅以满足游客需求。

7.2.2 安全设施

海滩附近没有应急救援设施，冲浪区附近最近医院有至少半小时的车程，海边 200m 内需加设紧急救援站以预防海边出现的紧急事件，并能提供临时救援设备。

7.2.3 交通

目前来日月湾冲浪的游客多数自驾，其次是通过与俱乐部联系提供专车接送，一般单程收费 50 元。日月湾作为万宁市重要景点，与市区 40min 车程，可在临近景区出口处设置公交站。

8 结语

通过量化分析现场信息、现场问卷访谈、网络问卷，数据挖掘网络评论，从运动行为偏好、游赏行为偏好、旅宿行为偏好三个维度分析了偏好冲浪胜地旅游的游客特征，构建游客画像。研究结果表明：游客选择冲浪胜地的主要因素依次包括安全、浪况、俱乐部、交通、住宿、餐饮等，爱好日月湾浪区的主要因素依次包括交通便利、浪质缓软、俱乐部活动多样等，偏好冲浪的时间依次为 11～12 月（初学稳浪）、3～4 月（温度适宜）、6～8 月（台风大浪）等，冲浪者对日月湾的主要建议包括增加高质量住宿场所、增加当地特色餐饮、改善个别俱乐部条件、控制开发强度等。根据预测模型推演，冲浪胜地游客重点消费人群为 20～30 岁以度假为目的实行短期制学习冲浪的中高收入游客，在冲浪区规划中可按照这类游客偏好进行重点考虑，并在网络人群中挖掘同样具有此类属性的潜在游客，在景区规划中依据游客画像属性增设对应需求的住宿、餐饮、娱乐休闲设施。

参考文献

[1] 许峰，李静，弗朗索瓦·贝达德，等．全球视野下优秀旅游目的地评价系统的发展与检验[J]. 旅游学刊，2013(6).

[2] 张瀚方，刘雨婷，谢植升，等．基于游客微观画像的精准营销应用研究[J]. 商业经济，2018(5).

[3] 曲颖，李天元．旅游目的地形象、定位和品牌化：概念辨析和关系阐释[J]. 旅游科学，2011(4).

[4] 万津津，刘泽华，沙润，等．岛屿旅游目的地可持续发展策略研究——以海南国际旅游岛为例[J]. 经济问题探索，2011(10).

[5] 苏伟忠，杨英宝，顾朝林．城市旅游竞争力评价初探[J]. 旅游学刊，2003.

[6] 王纯阳．国外旅游目的地竞争力研究综述[J]. 旅游科学，2009(3)：28-34.

[7] 洪基军．旅游规划已步入创意时代[J]. 旅游学刊，2013(10)：8-11.

作者简介

王南，女，1984 年生，江苏南京人，同济大学风景园林博士，同济大学环境科学博士后，美国哥伦比大学建筑学院访问学者，LEED AP BD+C，注册城市规划师，现为南京工业大学建筑学院城乡规划系副研究员。

施宇，男，1995 年生，江苏镇江人。南京工业大学风景园林系硕士研究生。

魏维轩，男，1989 年生，河北石家庄人。同济大学风景园林硕士，科罗拉多大学景观建筑学硕士，现为上海济致建筑规划设计有限公司极致数据工作室总监。

基于新时代人民美好生活需求的风景园林转型及其实现路径①

Transformation of Landscape Architecture Based on the Demands of People in the New Era

刘志强　余　慧　王俊帝　邵大伟

摘　要： 社会经济转型发展背景下，人民对美好生活环境的需求日益增强，风景园林担负着营造和改善人居环境的时代使命。厘清了当前城乡人居环境面临的主要问题和发展趋势，明确了风景园林以人民为中心的发展导向，阐明了美好生活需求导向下风景园林转型发展的内涵和特征：表现为以追求“经济效益和开发建设速度”为中心向以“人与自然和谐共生”为导向的生态文明转变、由“自上而下”的指标化规划建设向以“绿色包容”为核心的品质和绩效转变、由表象的绿化美化向以人文化人性化为归宿的智慧服务转变。进一步针对风景园林转型发展需求，构建了科学研究、规划建设、保护管理三个层面的系统实施路径。以期促进新时代风景园林以人为本的转型发展，为建设新时代满足不同群体需求的人居环境提供参考和借鉴。

关键词： 美好生活需求；风景园林；转型；路径；新时代

Abstract: Under the background of social and economic transformation, people's demand for a better living environment is growing. Landscape architecture takes on the mission of creating and improving the living environment. This paper analyses the problems and development trends of human settlements, and clarifies the development orientation of landscape architecture centered on the people. This paper argues that the connotation and characteristics of landscape architecture transformation is from the pursuit of "economic benefits and construction speed" to "harmonious coexistence of man and nature", from "top-down" indicative planning to "green inclusion" as the core of quality, from greening and beautifying to intelligent service with humanization as its destination. On the basis of the above, this paper further constructs a systematic implementation path of "scientific research, planning and construction, protection and management". This study aims to promote the people-oriented transformation of landscape architecture in the new era and provide reference for the construction of human settlements to meet the needs of different groups.

Keyword: Demands for Better Life; Landscape Architecture; Transformation; Path; New Era

引言

改革开放40年来，中国经历了世界历史上规模最大、速度最快的城镇化进程，风景园林作为城镇建设的重要组成部分，亦取得了举世瞩目的成就[1-3]。当前中国特色社会主义已进入新时代，党和国家强调“以人民为中心”的发展理念。风景园林作为承载百姓生活需求的典型代表，如何顺应人民群众新期待，如何助力破解人民对美好人居环境日益增长的需求与不平衡不充分发展间的矛盾，将成为业内重点关注的紧迫问题。

基于人的美好生活需求及其更新演变，学界针对风景园林的转型已开展相关研究[4-7]。在协调人与自然关系方面，相关学者针对风景园林如何更高效缓解生态恶化[8-9]、提升环境质量[10-11]、融合自然哲学[12-13]等问题进行了深入思考；在优化生活生产空间上，已有研究针对风景园林规划建设的城乡及区域统筹[14]、宜居宜业宜游品质提升[15]、历史文化挖掘及景观风貌塑造[16-17]等方面取得了突破；在满足个体多样性需求方面，学者们针对风景园林的人性关怀[18-19]、功能提升[20-21]、精细化管理[22]等领域均取得了重要成果。中国风景园林历久弥新的源动力就在于紧跟时代的变迁。基于新时代人民美好生活需求的日益增强，风景园林工作者将迎来新的使命；同时，信息化时代科学技术的进步为发现和解决科学问题提供了技术支撑；以服务国家和人民需求为首要宗旨的风景园林兼备了传承与转型的必要性和可行性。基于此，本文首先针对新时代我国人居环境建设面临的困境，以及人民对风景园林的新需求进行深入挖掘与剖析；其次提出风景园林转型的目标与内涵；最后从科学研究、规划设计、建设管理等方面构建风景园林转型路径，以期为促进新时代风景园林以人为本的转型发展、建设新时代满足不同群体需求的人居环境提供参考和借鉴。

1　时代使命：我国人居环境建设的困境与机遇

新时代人民对生活环境及质量的要求越来越高，但由于在经济快速发展的同时，忽视了生态环境的承载力，

① 基金项目：国家自然科学基金面上项目“基于空间计量分析的中国市域建成区绿地率空间分异的格局、演变及其机理研究”（编号：51778389）、“城市绿地与居住用地空间耦合的过程、效应与机理研究——以南京为例”（编号：51878429）和苏州科技大学风景园林学学科建设共同资助。

使得人居环境建设出现了战略性实施偏弱、供给服务不均等、人性关怀薄弱等问题。人民对优美生活环境的迫切需要与现有的发展方式、发展结构间的矛盾十分突出，故如何实现人民美好生活的平衡及充分发展，对风景园林提出了新时代要求（图 1）。

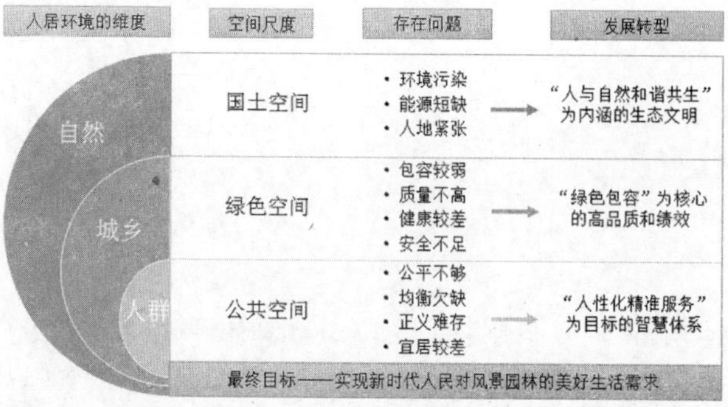

图 1 基于新时代人民美好生活需求的风景园林使命和转型示意图

1.1 与生态环境缺乏融合，人居环境矛盾突出

中国人口、土地分别占世界的 21%、7%，环境可持续发展的压力巨大。我国国土广袤，人口分布不均，最适合居住的 1/5 国土面积居住了人口总量的 59.4%，在最不宜居住的 1/3 国土上，常住人口仅占总人口的 2.4%。较高的人口基数和不合理的分布与环境承载力产生矛盾，人居环境的严峻态势危及我国可持续发展基础和民生福祉的落实，合理处理人口与国土空间的关系显得格外迫切。

1.2 城乡以人为本落实不够，包容性关怀不足

我国城镇化快速发展，2000～2016 年城市建成区总面积由 2.40 万 km^2 增长到 5.43 万 km^2，随之产生人口膨胀、交通拥挤、环境恶化、服务设施缺失等系列"城市病"，人口城镇化落后于土地城镇化。2016 年我国乡村常住人口 5.89 亿人，占总人口 42.65%，绿色开放空间的丧失进一步制约了社会的互动和包容。美丽乡村建设成为新型城镇化发展中适应城乡统筹的重要内容，补齐乡村居民的幸福感和归属感是全面建成小康社会的重大任务。

1.3 人群供给服务不均衡，宜居性评价较低

随着市场化进程推进，社会分层更加剧烈，不同阶层群体被动接受不均衡的城市公共空间供给。如上海市中心城区常住人口中较低阶层的 10% 人口、高收入的 10% 人口分别享有 4%、25% 的公园绿地资源[23]。此外，人们对人居环境的认知存在差异，有调查显示不同年龄、学历、户籍状况、家庭月收入等属性的居民对城市宜居性评价不同，其中 20～29 岁、40～49 岁、本地户口、高学历、家庭月收入 5000 以下和 2 万元以上的社会群体对城市宜居性评价较低[24]。

2 发展转型：实现人民美好生活需求的风景园林内涵和特征

风景园林的本质是"人"的风景园林，讨论风景园林发展转型应把人的需求因素放在首位。面对生态恶化、生存环境遭受破坏、城乡绿地重数量轻质量、缺乏安全与包容、公共基础设施不平等或失调、使用者关怀和参与不够等情况，有三点值得我们深思：一是如何破解人地资源紧张的矛盾？二是究竟怎样的风景园林是城乡人民需要的？三是风景园林服务模式如何更好地适应使用者需求？

2.1 向"人与自然和谐共生"为内涵的生态文明转型

进入新时代，人与自然和谐共生成为高质量发展的天然内涵，破解人居环境关系紧张的矛盾必须系统贯彻落实生态文明的新发展理念。风景园林由以追求"经济效益和开发建设速度"为中心，向以"人与自然和谐共生"为内涵的生态文明转变，引导人地关系发展的思路转变为生态、绿色、可持续，表现为国土空间生态安全格局的控制、山水格局的构建、绿地系统的建设、生态人居体系的布局、基础设施生态化等特征，以实现人与自然生命共同体。不仅注重实体环境载体的构建，实现生态服务功能的优化，更注重内涵生态安全格局的控制，目标是促进生活空间宜居舒适，体现出应对人居环境整体动态性变化的协调机制。

2.2 向"绿色包容"为核心的高品质效益转型

我国进入全面建成小康社会阶段，要求风景园林大力提升发展质量和效益。风景园林由"自上而下"的指标化规划建设向以"绿色包容"为核心的高品质和绩效转变，将回归"以人为核心""建设人的幸福家园"这些城乡建设的本源目标。在城市层面，表现为打造生态休闲空间、提升城市人居环境品质、创新绿色生活形式、丰富城市绿地文化内涵等特征。在乡村层面，应着眼于全球城镇化视野解析乡村问题、探究人居环境振兴论题，以改进农业景观和提升村民生活满意度。风景园林应以人民对美好生活的向往为导向，满足居民的健康、安全、舒适方便等基本要求，以及对人文和自然环境的认可和个人价值体现等更高要求，努力实现城乡争先进位与人民生活品质改进提升相得益彰。

2.3 向"人性化精准服务"为目标的智慧体系转型

风景园林作为公共服务产品应保证所有人同等享有，让人民有更多获得感和幸福感，展现"人人设计，为人设计"的内涵。风景园林应由表象的绿化美化向以"人性化精准服务"为目标的智慧服务体系转变，其可与大数据平台紧密融合，形成数据驱动的多目标智慧决策体系，提高对人的需求决策的精准化和快速响应水平，通过理念创新和跨越发展来促进传统风景园林服务升级，从而实现人与自然、城市的个性化对话，对包括城市绿地、游憩活动、公共安全、城市服务在内的各种需求做出智能响应。目标是使所有人充分享受到风景园林带来的效益，加强互动、参与、平等，使人们生活环境更和谐、更宜居，提升人们幸福指数。

3 实施路径：风景园林发展的必由之路

面对新时代人的新需求，风景园林应从国土空间整体的生态文明建设、城乡发展的宜居宜业宜游、个体人性的多元化满足等方面，在科学研究、规划设计、建设管理等全过程着力解决（图 2）。科学研究引领创新，应基于“以人民为中心”导向，发挥学科“以人为本”优势，同时深入挖掘新时代人性需求本质；规划设计统筹全局，应重视破解发展“不平衡不充分”问题，传承与塑造多尺度新时代景观风貌；建设管理彰显智慧，应由粗放变为精准，同时激发全民参与且加强法规建设。

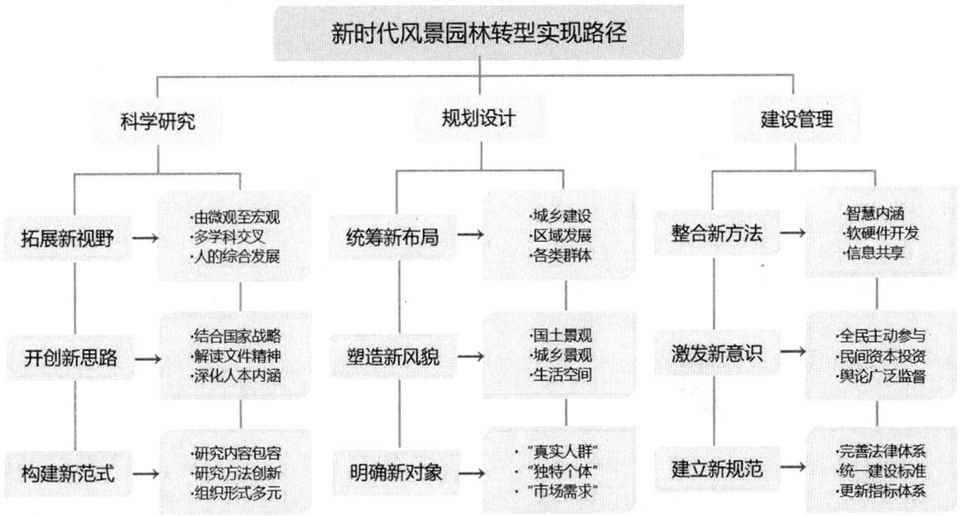

图 2　新时代风景园林转型路径框架图

3.1　科学研究的新路径

（1）顺应国家“以人民为中心”的导向，着力拓展学术新视野。下阶段研究应把深刻理解及把握人与风景园林的关系，以及把风景园林切实造福于人摆在优先位置，并以此开拓学术视野。一是不拘泥于单一学科内部，而是广泛深入融合其他与人的发展密切相关的学科；二是不局限于风景园林对人某一方面需求的满足，而是寻求对人综合发展的影响；三是应着眼于“自然界”“国家”“区域体系”等宏观层面，关注新时代国土空间开发、生态环境保护、资源节约利用的体制机制研究，推动形成人与自然和谐发展的现代化建设大格局[25]。

（2）发挥学科“以人为本”独特优势，不断开创科学研究新思路。“人与天调”“天人合一”长久以来就是风景园林学科关注的重点。当前，我国面临着气候变化、环境恶化、人口迁移及老龄化等一系列重大科学及社会问题，风景园林学更应发挥自身优势为人造福。下阶段科研方向应紧密围绕国家提出的“公园城市”“新型城镇化”等战略理念，深入解读中央及地方关于区域及城乡发展的最新文件精神，深化本学科新时代“以人为本”内涵，以独特的学科视角创新风景园林学人本主义研究的新思路及新理念。

（3）挖掘新时代人性需求本质，构建学科人文研究新范式。随着时代发展，人的诉求发生着深刻的变化。下阶段研究一是在内容上，将人类学、社会学、心理学等多学科理论知识与风景园林学进行结合，构建协调不同年龄、阶层、区域、健康等社会群体利益的新方法论与研究模式；二是在方法上，充分利用人工智能、大数据分析等研究手段，对风景园林人文研究进行多层次、多角度的综合实证，揭示出辩证的新结论；三是在研究组织上，突破传统科研组织壁垒，促进多学科组织与社会组织间协同合作，实现多主体人性化的协同开放研究。

3.2　规划设计的新路径

（1）重视破解“不平衡不充分”问题，有效提升整体社会效益。全面小康对风景园林提出了包容性规划设计要求：一是统筹城乡规划，进一步关注乡村地区和城乡之间的区域，创新规划设计方式促进农村生态环境改善、社会保障、文化建设等，助力新型城镇化[26]；二是以优势区域带动弱势地域，规划设计水平相对落后的区域应充分吸收东部沿海地区、发达城市先进经验，基于不同尺度对国土空间进行综合协调；三是重视弱势人群对风景园林的认知与使用，协调不同类型人群间的利益，稳步推进常住人口服务全覆盖，促进社会公平和人的全面发展。

（2）传承塑造多空间尺度新时代园林风貌，增强国人民族自信。在国土空间上，将自然资源作为重要要素来构建大尺度自然环境与城乡建设和谐统一的整体环境，力求形成“城景交融”的国土风貌特征。在城乡空间上，关注地域环境、历史文脉、空间机理的传承与延续，在探索外在风貌形成的内在逻辑和科学本质基础上，整合风景园林要素，塑造舒适宜人且富有特色的环境。在日常生活空间上，挖掘与创新我国传统风景园林基因与营造理念，构建特色彰显的新时代升级版中国园林，让人民群众切身体会文化自信，也为世界风景园林发展贡献中国智慧。

（3）基于市场规律推进供给侧改革，服务对象由“假想人口”回归“真实人群”。现行规划设计因未摆脱计划经济时期思维，存在对市场行为的落后模仿，缺乏对真实“个人”的关注，而是服务于统计意义的“人口”，不免脱离实际。在特定的历史阶段和有限的经济社会条件下，应针对真实的目标人群需求进行精细化定位，开展不同空间的差异化供给，切实做到“问需于民、问计于民”[27]。同时不过分夸大规划的作用，在守住生态安全、社会公平、可持续发展的“底线”时，将空间资源配置的机会留给市场规律。

3.3 建设管理的新路径

（1）由简单粗放转变为精细智慧，创新技术方法构建“人与自然生命共同体”。所谓“智慧”是政府部门及行业组织在物联网、大数据、人工智能等新一代信息技术支撑下，全面感知、识别、预测风景园林发展与人的关系，对其进行精细管理、快速响应和科学决策以满足人的各类需求。未来管理过程首先应加强数据信息的感知技术及软硬件开发；其次加强不同行业、部门、区域间的联系与信息共享，进而优化大数据的提取、存储与计算；最终实现新一代信息与风景园林建设管理的深度融合，促进整体人居环境的智能化与和谐化。

（2）充分调动社会参与力量，高效提升人民的满意度和获得感。新时代的建设管理应改变原来的“政府”主导而“市民”失声的状况，适度“放权”构建全社会协商、利益相关者全面参与的风景园林建设治理体系[28]。在建立完善园林使用者的参与管理体制，使群众在管理过程中加深认知的基础上，融入舆论参与、志愿服务参与和民间资本投资参与等，提升建设管理效益，保证管理体制合理与决策民主，实现风景园林建设管理质量提升和民生诉求得到尊重的共赢。

（3）完善法律法规及指标体系，切实保障空间正义与供给公平。风景园林相关法规及标准中很少提及为不同“人群”采取相应服务，且“园林城市”“生态园林城市”等作为城市园林发展的“唯一图景”，在实践中会诱发政绩工程、建设效率低等问题。完善法律体系是必要前提，应对各类建设管理行为从法律的高度进行规范和约束，同时可建立风景园林督察员制度，将事后治理转变为事前预警。进而在建设标准及指标体系上突破“同质化指标困境”“以物为本”，解决建设管理中标杆化泛滥、政策性缺失等问题，强化对人的实际服务功能。

4 结语

风景园林转型是其适应我国新时代社会经济发展的必然选择，也是有效满足人民美好生活，尤其是建设美好人居环境的强烈要求。本文阐明了基于新时代人民美好生活需求的风景园林转型的内涵和特征，构建了转型发展的实施路径，是对新时代风景园林发展的专门针对性有益探索。然而，基于新时代人民美好生活需求的风景园林转型发展是一项系统工程，也是风景园林的深层次改革创新行动，需要相关政府管理部门、学术团体、科研人员和工程实践人员的高效协同和不断的聚力创新。本文抛砖引玉，希望激发更多专家学者的思考和探索，为真正实现转型发展目标，乃至“美好生活”“中国梦”的目标贡献风景园林人的智慧和力量。

参考文献

[1] 张兵，白杨，丁戎．论风景园林在城市转型发展中的积极作用——中央城市工作会议精神学习思考[J]．中国园林，2017，33(1)：30-36.
[2] 贾建中，端木歧，贺凤春，等．尊崇自然、传承文化、以人为本是规划设计之基——风景园林规划设计 30 年回顾[J]．中国园林，2015，31(10)：24-31.
[3] 孟兆祯．风景园林梦中寻——传统园林因融入中国梦而更加辉煌[J]．中国园林，2014，30(5)：5-14.
[4] 李雄，张云路．新时代城市绿色发展的新命题——公园城市建设的战略与响应[J]．中国园林，2018，34(5)：38-43.
[5] 王磐岩．生态园林城市：用顶层设计来保障城市各要素的协调发展[J]．城乡建设，2016(3)：24.
[6] 杨锐．论风景园林学的现代性与中国性[J]．中国园林，2018，34(1)：63-64.
[7] 高翅．全球视野、本土行动、特色发展[J]．风景园林，2015(4)：45-47.
[8] 周聪惠，成玉宁．城市重度污染场地修复与改造的景观策略——以美国超级基金项目为例[J]．城市发展研究，2015，22(9)：1-8.
[9] 葛书红，王向荣．煤矿废弃地景观再生规划与设计策略探讨[J]．北京林业大学学报(社会科学版)，2015，14(4)：45-53.
[10] 段玉侠，金荷仙，史琰．风景园林空间冠层遮阴对夏季小气候及人体热舒适度的影响研究——以南京军区杭州疗养院为例[J]．中国园林，2018，34(5)：64-70.
[11] 刘滨谊，魏冬雪．城市绿色空间热舒适评述与展望[J]．规划师，2017，33(3)：102-107.
[12] 李树华．“天地人三才之道”在风景园林建设实践中的指导作用探解——基于“天地人三才之道”的风景园林设计论研究(一)[J]．中国园林，2011，27(06)：33-37.
[13] 张敏，韩锋，许大为．都江堰文化景观保护与发展[J]．规划师，2016，32(S2)：219-223.
[14] 党安荣，张丹明，李娟，等．基于时空大数据的城乡景观规划设计研究综述[J]．中国园林，2018，34(3)：5-11.
[15] 万敏，胡锦洲，翟娜娜．绿网城市理论及其武汉在地实验[J]．中国园林，2017，33(2)：5-13.
[16] 杨保军，朱子瑜，蒋朝晖，等．城市特色空间刍议[J]．城市规划，2013，37(3)：11-16.
[17] 刘晖，佟裕哲，王力．中国地景文化思想及其现实意义之探索[J]．中国园林，2014，30(6)：12-16.
[18] 邢振杰，康永祥，李明达．园林植物形态对人生理和心理影响研究[J]．西北林学院学报，2015，30(2)：283-286.
[19] 杜春兰，刘廷婷，蒯畅，等．巴蜀女性纪念园林研究[J]．中国园林，2018，34(3)：75-80.
[20] 王云才，申佳可，象伟宁．基于生态系统服务的景观空间绩效评价体系[J]．风景园林，2017(1)：35-44.
[21] 张悦文，金云峰．基于绿地空间优化的城市用地功能复合模式研究[J]．中国园林，2016，32(2)：98-102.
[22] 林广思．《物权法》之于城市绿地规划与建设管理的影响[J]．城市规划，2014，38(4)：54-57.
[23] 唐子来，顾姝．上海市中心城区公共绿地分布的社会绩效评价：从地域公平到社会公平[J]．城市规划学刊，2015，222(2)：48-56.
[24] 张文忠，尹卫红，张景秋，等．中国宜居城市研究报告[M]．北京：社会科学文献出版社，2006.
[25] 吴良镛．人居环境科学发展趋势论[J]．城市与区域规划研

究，2010，3(3)：1-14.
[26] 刘彦随. 中国新时代城乡融合与乡村振兴[J]. 地理学报，2018，73(4)：637-650.
[27] 周显坤."以人为本"的规划理念是如何被架空的[J]. 城市规划，2014，38(12)：59-64.
[28] 赵民. 论新时代城市总体规划的创新实践与政策导向[J]. 城乡规划，2018(2)：8-18.

作者简介

刘志强，1975年生，男，汉族，山东滨州人，硕士，苏州科技大学建筑与城市规划学院副教授。研究方向：风景园林规划设计与理论。电子邮箱：l_zhiqiang@163.com。

余慧，1980年生，女，汉族，安徽桐城人，博士，苏州科技大学建筑与城市规划学院讲师。研究方向：风景园林规划设计、遗产保护。

王俊帝，1990年生，男，汉族，江苏南通，硕士，苏州科技大学建筑与城市规划学院天平学院助教。研究方向：风景园林规划设计与理论。

邵大伟，1982年生，男，汉族，山东济南人，博士，苏州科技大学建筑与城市规划学院副教授。研究方向：风景园林规划设计、城乡规划。

基于用户网评体验数据挖掘的旅游目的地城市评价与分类规则模型

——以中国 342 个旅游目的地城市为例[①]

Internet Tourism Assessment Data Mining Oriented Tourism Destination Cities Assessment and Grouping Rule Model

—A Case Study of 342 Tourist Destination Cities in China

魏维轩　王　南

摘　要： 在全域旅游、互联网与人工智能飞速发展的背景下，旅游路径常以旅游目的地城市为主、以核心景区为辅，旅游者的出行常受到网评体验的影响。在各网站海量网评中，采用机器学习方法挖掘数据，构建旅游目的地城市评价与分类规则模型，是以风景园林学科为主的旅游规划与大数据应用之间的交叉探索，也是更科学性的计算机辅助旅游目的地筛选与智慧景区规划的决策参考。主要内容包括：（1）基于空间数据挖掘与机器学习算法理论，定义评分、评价热度、评热比，提出旅游目的地评价决策理论；（2）选择旅游网站城市评价端口，挖掘热评数据，构建评分梯度优化与排序聚类模型、热度聚类评分与排序规则模型及旅游目的地城市分类规则模型，总结目的地城市评热比与城市风景资源分类规则的应用场景；（3）以 Python 网络数据挖掘脚本于旅游门户网站抓取中国 342 个城市中共计 3118293 个旅游目的地评价数据，表明：网络评价前 3 位的旅游目的地城市分别为那曲（西藏）、博尔塔拉（新疆）、克孜勒苏柯尔克孜（新疆）。网络热度前 3 位的旅游目的地城市依次为北京、上海、厦门，评热比前 3 位的旅游目的地城市分别为那曲（西藏）、阿里（西藏）、阿勒泰（新疆）。结合地形的旅游目的地城市分类规则表明：高评价目的地集中于西北、西南、华南、东北北部与长三角地区，地形景区受欢迎度依次为山脉、高原、盆地、平原，游客较人文景点而言更偏爱自然风景旅游地。

关键词： 网络大数据挖掘；旅游目的地排序；评热比；分类规则模型；K-Means 算法

Abstract: With the rapid development of holistic tourism, internet and artificial Intelligence, tourist route often takes the tourist destination city as the center, with the core scenic spot as the supplement, the travel of the tourist is often influenced by the internet assessment. In that large-scale web review of each website, using machine learning method to conduct data mining, assessment and grouping model of tourism destination is established, which is a cross-exploration between tourism planning and large data application based on landscape architecture. It is also a scientific computer-aided tourist destination screening and intelligent scenic spot planning decision-making reference. The main contents include: (1) based on the theory of spatial data mining and machine learning algorithm, the definition of assessment value, assessment quantity, assessment value vs. assessment quantity ratio, and the decision theory of tourism destination evaluation are proposed; (2) by selecting the tourism website city evaluation port, mining the thermal assessment data, building graded gradient optimization, sorting clustering, the model of popular clustering grading and collation, the model of urban classification rules of tourist destinations, the application scenarios of the classification rules on urban landscape resources as well as the evaluation ratio of destination cities are summarized; (3) using Python network data Mining script to crawl the 342 cities in China, a total of 3,118,293 tourism destinations evaluation data, the results show that the first three top tourist destinations in the network evaluation are Nakchu Prefecture of Tibet, Bortala Mongol Autonomous Prefecture of Xinjiang, KizilsuKirghiz Autonomous Prefecture of Xinjiang; the network of the top three tourist destinations are Beijing, Shanghai, Xiamen; the top three popular tourism destination cities in the website are respectively Nakchu Prefecture of Tibet, Ngari Prefecture of Tibet, Altay of Xinjiang; the urban classification rules of the tourist destinations combined with topography show that: the high evaluation destinations are concentrated in the northwest, Southwest, south, northeast and Yangtze River delta areas, and the popularity of the terrain scenic area is the mountain, plateau, basin and plain, and tourists prefer the natural scenery tourism to the scenic spots.

Keyword: Big Data Mining via Internet; Tourist Destination Ranking; Assessment Value vs. Assessment Quantity Ratio; Grouping Rule Model; K-Means Algorithm

① 资金项目：由高密度人居环境与节能教育部重点实验室（同济大学）开放课题 201830303 "基于游客体验反馈网评大数据的旅游目的地城市决策模型"（起止时间 01/2019-12/2019）资助。

1 背景

1.1 全域旅游背景下的旅游产业发展

2009 年 11 月，国务院下发的《关于加快发展旅游业的意见》中决定，将旅游业培育成国际经济的战略支柱产业和人民群众更加满意的现代服务业，为我国旅游业的迅猛发展提供了支持[1]。随着国民经济水平的提高、人们对丰富精神生活的追求、国家法定假期的日益增多，外出旅游已逐渐成为人们在学习、工作、日常生活之余优先选择的休闲方式之一，发展为集观光、度假、养生、康体、研学、探索等多种功能为一体的人居活动[2]。2017 年 3 月，在国务院政府工作报告中明确指出："完善旅游设施和服务，大力发展乡村、休闲、全域旅游"[3]，即在一定区域内以旅游业为优势产业，通过对其经济社会资源的全方位系统化提升，实现区域资源尤其是旅游资源的有机整合与共建共享，是我国新时期旅游发展的总体战略。从中国国情与国民生活的长远发展来看，以旅游目的地城市为主导、以核心景点为辐射的全域旅游正将成为继度假旅游、观光旅游之后的新趋势。

1.2 大数据智能时代的旅游目的地决策

随着互联网产业与智能信息技术的蓬勃发展以及国家"金旅工程"的"三网一库"计算机网络信息系统的建立，保证了旅游数据的联网与管理基础[4]。《"十三五"旅游业发展规划》中强调，"十三五"期间，我国旅游业发展将呈现产业现代化的趋势，科学技术对推动旅游业发展的作用日益增大，云计算、物联网、大数据等现代信息技术在旅游业的应用更加广泛，大力推动旅游科技创新，打造旅游发展科技引擎；旅游互联网基础设施建设、旅游产业大数据平台正稳步推进，4A 级以上景区将实现免费 wifi、智能导游、电子讲解、信息推送等全覆盖[3]。在政策支持下，"智慧旅游"与"智慧景区"建设蓬勃发展，利用高新科技，通过移动互联网，借助便携的终端上网设备感知旅游资源、旅游经济、旅游活动等方面的信息，发布共享，提供智慧导航、导游、导览、导购等服务，便捷了游客活动[5]。这些愈发丰富、便捷的资讯，都为游客如何选择旅游目的地、旅游景区如何规划等决策提供了可靠的参考。

1.3 旅游网站中的用户体验评价信息挖掘

在全域旅游背景下，核心旅游目的地与旅游景区常常是全域旅游的辐射中心，北京、上海等大城市及乌鲁木齐、丽江、拉萨等旅游中心城市等多为旅游目的地的优先选择，游客在到达第一程目的地后，开展周边游、深度游、全域游等旅游活动。游客在选择旅游景点、景区、目的地城市时，多以网络信息为参考，出行决策常受到网评体验的影响。

在海量网络评论中，根据景点介绍、游客评价、旅游要素的星级排序等信息，寻找理想的旅游目的地，特别是选择交通较为便利、配套设施较为齐全的旅游目的地城市作为旅游度假的地理目标中心点，已是主流游客群体在出行前的必备功课[6]。影响游客选择旅游目的地城市的因素主要分为三大类：①网络上可获取的景区资源信息；②各类旅游门户网站上其他游客的打分、评语、图片等；③游客的自身特征与游赏倾向。然而，由于网络数据量过大、网站种类多样、评论主观性过强等因素，造成了难以筛选大量信息、无法判断网评真实性、难以整合片面评价等问题[7]。

因此，若可综合利用人工智能、风景园林、旅游管理等多学科技能，在旅游网站的海量网评中，以机器学习方式实现用户体验数据挖掘，聚类分类旅游目的地城市及其核心景区的综合评分、评价热度、计算评热比，分析高分及热评目的地的得分规则，是以风景园林学科为主导的旅游规划与大数据应用之间的交叉探索，也是更为科学性的计算机辅助旅游目的地筛选（游客层面）与智慧景区规划（景区层面）的决策参考[8]。

2 旅游目的地评价决策理论

2.1 旅游目的地决策的基本模式

游客在选择一处旅游目的地之前，通常会在影响力较大的旅游门户网站中搜索信息，搜索的路径常为：确定出游时间、游伴、费用、方向—选择倾向的旅游目的地类型并输入关键词—寻找偏好的旅游目的地城市—探索城市周边的景区、活动、配套设施等—查询交通、餐饮、住宿、门票等费用信息—旅游行程规划。在选择倾向旅游目的地类型和寻找偏好的旅游目的地城市与景区阶段，由于游客缺乏对景区的直观了解，其他游客对景区的评价则起到重要的作用。部分网站的旅游会细分吃、住、行、游、购、娱等的评价指标，而大多网站均以直观分数展示各类景点的游客综合评分，并统计点评数目。除了景区图片及文字介绍外，景点评分的高低是游客在未至景区前对景区较为直观的认知与感受，评分高的景点更能吸引游客，而评分低的景点则不受游客的偏爱[9]。

2.2 旅游目的地评价的客观认知

旅游网站的景点评分规则多为游玩过的游客对该景点综合体验的分值体现，如携程网对南京总统府景区的总评分为 4.6 分，其中细分为景色 4.6 分、趣味 4.3 分、性价比 4.4 分，总评论 22595 条，好评 22316 条，差评 279 条，带图 5825 条，并列为南京地区必玩景点的首位（图 1）。若游客对该类或该处景点有强烈的偏爱，评分及图文评价或可增强或削弱游客的游赏意愿，而对于未形成明确目的地导向的游客来说，则更需要在全网范围内进一步搜索，结合既往经验、短时记忆、整体认知等方式主观推测更有趣或更有吸引力的景点，不能客观真实地反映景点的实际评价，也无从得知游客真正偏爱的景点、景区、城市等具有何种规则[10]。

图 1　2018 年 8 月 25 日携程网上对南京总统府景区的评论首页截屏
（图片来源：2018 年 8 月 25 日携程网（www. ctrip. com）手机客户端页面）

2.3　基于城市热度评价聚类的旅游目的地评价决策理论

旅游目的地城市及其景区的评价体现于网络评分；热度体现于评价数量；评分与热度的比值可体现城市及景区的吸引力与游客密度的比值，比值越低越可标识出“有趣但不拥挤”的目的地城市及景区[11]。

基于城市热度评价聚类的旅游目的地评价决策理论即为利用网络大数据资源，采用评价排序、文本提炼、图像解读等方式，基于空间数据挖掘与机器学习算法，对海量数据进行聚类、分类、筛选与收敛，解析城市评价排序与较高评价的城市分类，计算评热比，挖掘高评和热评城市的得分规则，以此得出游客对旅游目的地评价的客观认知与决策引导[12]。

3　旅游目的地城市评价与分类规则模型

3.1　旅游目的地城市热度评价聚类模型

3.1.1　评分梯度优化与排序聚类模型

获取旅游网站中游客对热门旅游目的地城市中的各类景区的评分大数据，依此进行城市景区的热度评价排序；目前网络评价分度刻画值可用以下四种基本形式划分（表 1）。

网络评价分度刻画值形式划分　　　　表 1

贬					赞				
差评			中评				好评		
1		2		3		4		5	
1	2	3	4	5	6	7	8	9	10

资料来源：作者绘制。

为了避免评价中可能出现的整体评分较高的锚定效应（Anchoring Effect）情况，在计算评分分度时需通过进行评分集中区间的线形梯度优化，以便综合分析与可视化。优化根据得分最小值与得分最高值形成 0～100 分制评价优化评分规则。优化过程中对评分中过高或过低景区与城市数据进行验证校对，排除商业性营销影响。

根据城市内各景区的加权评分分值与参评人次，对旅游目的地城市热度进行排序；筛选 60 分以上、80 分以上、90 分以上等特征分类值的热评景区与热评城市进行评价。

3.1.2　热度聚类评分与排序模型

根据旅游门户网站的旅游目的地城市热评数据，将旅游目的地城市按照评论提及次数、城市景区点击浏览量等因素整合，排除商业性营销影响。考虑到各城市间浏览热度差距较大，为了突出统计分析显著程度，将得到的数据通过 K-means、DBSCAN 聚类分析算法处理，形成 10 分度或 100 分度的聚类图谱，根据聚类情况进行热度评分。

按聚类处理的目的地城市评分进行由高到低排列，形成旅游目的地的热度聚类评分与梯度排序，构建热度排序聚类模型[13]。

3.2　旅游目的城市分类规则模型

根据旅游目的地城市景区数据库中的指标要素进行聚类与相关性分析，提出高评和热评景区与城市在景观风貌、资源类型、承载力、交通可达性、票价、配套设施、人口密度时空分布等方面的分类特征[14]。

3.2.1　目的地城市“评热比”分类规则

然而，热度越高的城市往往表明游客越多，有些旅游目的地质量很高，但热评度也过高，即“虽有趣但拥挤”，是旅游质量与感受下降、产生出景区自身品质好坏外的客观影响。为提供更有效的“有趣但不拥挤”的旅游目的地决策参考，本研究定义“热评比”即计算评分与热度聚类分析数据的比值，以评价经度游览质量的评价。热评比分类规则以横轴为评分排名、纵轴为热度排名绘制评分与热度排名的四象限分类分析图，其中评分高但热度低的第四象限和第一象限中下部则为优先推荐的低评热比目的地，进行优质游览目的地分类。

3.2.2　目的地城市风景资源分类规则

旅游目的地城市在国内所处地域环境风貌特征各异，不同风景资源特征对旅游游览与体验有着较大影响，为了分类评价不同风景资源特征对旅游评价与热度的影响情况，根据全国地形地貌分布，按平原、丘陵、高原、山脉、盆地五类分类规则，对不同地理风貌分布的旅游目的地数据进行分类统计，根据分类内部分目的地城市评价与热度进行统计分析。

3.3　旅游目的地聚类与分类规则模型应用

根据旅游目的地的好评与热度聚类，以及聚类数据与其他旅游评价标准的分类分析，可进行具体应用场景分析，分析模型的流程反馈如图 2。

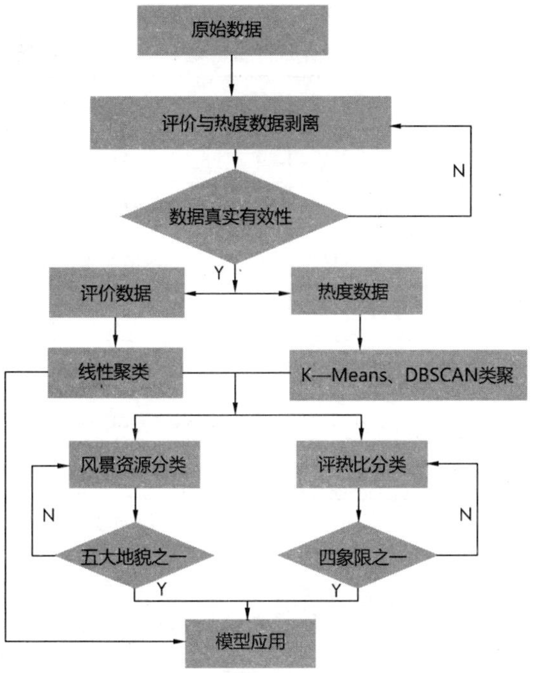

图 2　旅游目的地的好评热度分析模型流程反馈图
（图片来源：作者自绘）

4　以中国旅游目的地城市为例的评价与分类规则模型应用及决策参考

以 Python 网络数据发掘脚本及 Python 数据库分析脚本包，采集挖掘各地城市旅游年鉴资料数据及门户类线上旅游网站（OTA）数据，抓取中国 342 个城市中共计 3118293 个旅游目的地的评价数据（数据包更新时间 2018 年 4 月），保证每个地级市平均 10000 个评价有效获取的基础上，以群体数据体现景区的综合质量，转化为旅游目的地城市排名。

4.1　基于评价分值的中国旅游目的地高评分布

为消除锚定效应及优化可视分析，将网络挖掘的每个游客的好中差评转化为 10 分维度，并通过总体评分集中区间线性换算，形成 100 分制评价。高评价区域主要集中于中国的边界地带，如新疆、西藏、四川、台湾、黑龙江、海南等地，低评价区域则多集中于内陆，其中评价前 20 名的旅游目的地城市排名为下表所示（表 2），前 3 位分别是那曲（西藏）、博尔塔拉（新疆）、克孜勒苏柯尔克孜（新疆），它们的代表景点分别为纳木错、赛里木湖、慕士塔格峰。

评价前 20 名的旅游目的地城市排名　　表 2

省份	城市	景点平均分	排名	标志景点
西藏	那曲	92.04	1	纳木错
新疆	博尔塔拉	90.14	2	赛里木湖
新疆	克孜勒苏柯尔克孜	87.89	3	慕士塔格峰
西藏	山南	86.55	4	桑耶寺
海南	三沙	85.40	5	全富岛
西藏	阿里	85.36	6	冈仁波齐神山
新疆	阿勒泰	84.21	7	喀纳斯风景区
西藏	日喀则	82.28	8	珠峰大本营
台湾	宜兰	82.01	9	宜兰国立传统艺术中心
西藏	拉萨	81.54	10	布达拉宫
陕西	渭南	81.00	11	华山
台湾	台北	80.64	12	台北 101 大楼
台湾	新竹	80.44	13	内湾老街
青海	果洛	80.34	14	年保玉则景区
西藏	昌都	80.22	15	然乌湖
四川	阿坝	80.03	16	九寨沟风景区
甘肃	张掖	79.97	17	张掖丹霞地质公园
云南	迪庆	79.93	18	普达措国家公园
吉林	延边	79.31	19	雪乡
四川	甘孜	78.67	20	亚丁风景区

资料来源：作者绘制。

4.2　基于评价数量的中国旅游目的地城市评价热度分布

每个旅游目的地城市的评价数量代表城市的评价热度，旅游网站的数据挖掘表示，评价数量即热度最高的前 10 名城市依次为：北京、上海、厦门、香港、成都、杭州、西安、丽江、广州与重庆（图 3）。其中热度最高的

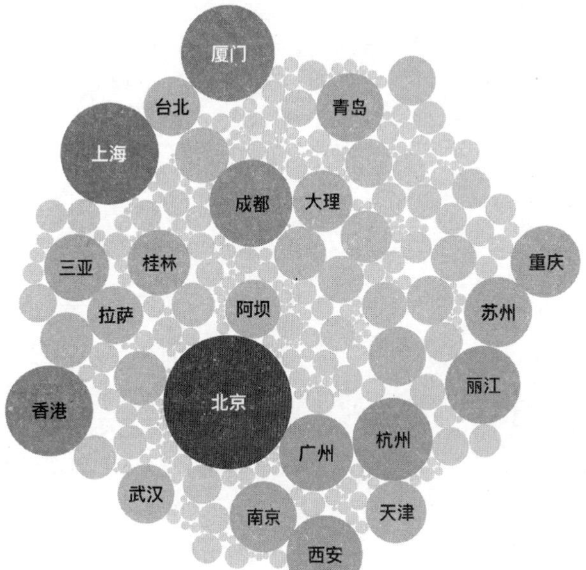

图 3　中国城市热度图
（图片来源：作者自绘）

北京市具有22万条有效评价，而对最低甘肃省金昌市仅有30条有效评价，因景点热度区间差异较大，故采用K-Means聚类分析算法，分类区间为10类，分值为1～10分，将部分目的地采用不同颜色表达（图4）。

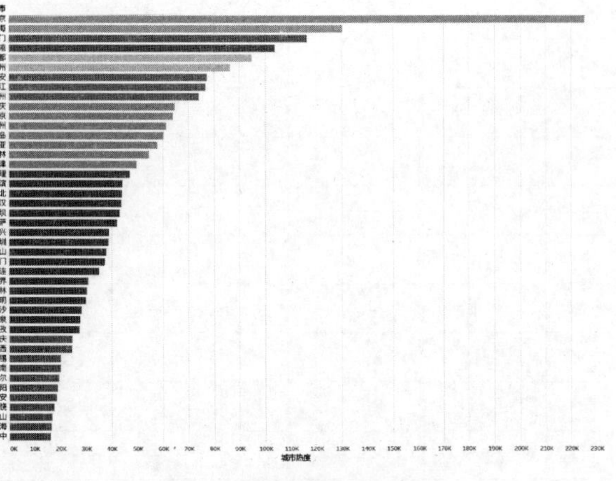

图4　城市网评热度梯度图

（图片来源：作者自绘）

4.3　基于评热比的“有趣但不拥挤”的中国旅游目的地城市决策参考

为获得中国境内“有趣但不拥挤”的旅游目的地城市排序，根据评分排名与热度排名绘制评热比四象限分析图（图5），黄框中是人少而评价又高的目的地，但可能由于距离较远、交通不便、价格过高等因素，并不完全是最优推荐，故再筛选出蓝框中热度适中但评价较好的区域，故可得出评热比最优的目的地前3名分别为那曲（西藏）、阿里（西藏）、阿勒泰（新疆），具体决策参考如下表所示（表3）。

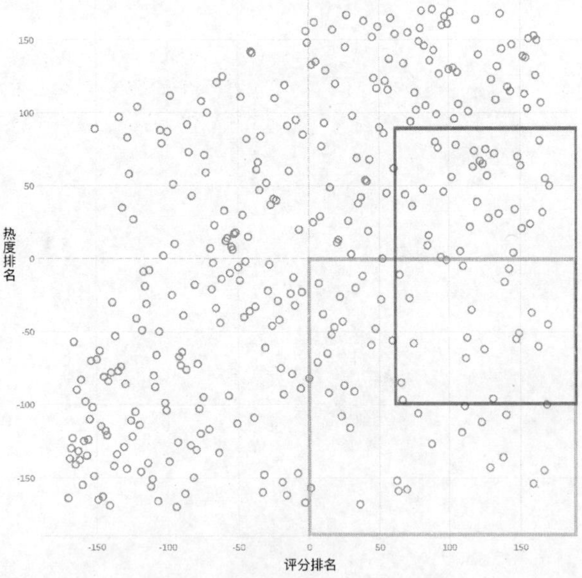

图5　热评比四象限分析图

（图片来源：作者自绘）

排名前20远离密集人群的高评价旅游目的地　　表3

省份	城市	景点平均分	排名	标志景点
西藏	那曲	92.04	1	纳木错
西藏	阿里	85.36	6	冈仁波齐山
新疆	阿勒泰	84.21	7	喀纳斯风景区
西藏	日喀则	82.28	8	珠峰大本营
陕西	渭南	81.00	11	华山
西藏	昌都	80.22	15	然乌湖
甘肃	张掖	79.97	17	张掖丹霞地质公园
云南	迪庆	79.93	18	普达措国家公园
吉林	延边	79.31	19	雪乡
四川	甘孜	78.67	20	亚丁风景区
台湾	台南	77.83	21	安平古堡
台湾	台中	77.18	22	东海大学
山西	忻州	76.89	24	雁门关
福建	龙岩	76.60	26	福建土楼永定景区
江西	萍乡	76.35	27	武功山风景区
青海	海北	75.63	29	卓尔山
台湾	桃园	75.02	30	慈湖
西藏	林芝	74.65	31	雅鲁藏布大峡谷
新疆	昌吉	74.35	33	天山天池风景区

资料来源：作者绘制。

在综合排名中，内陆城市较高评排名的列表出现频次较多，说明地理位置的可达性也是目的地决策的重要因素。

4.4　依据地形的中国旅游目的地高评城市分类规则

研究得出山脉型的目的地评价较高，丘陵与平原型的目的地评价较低，两极分化较为明显（图6）。结合地

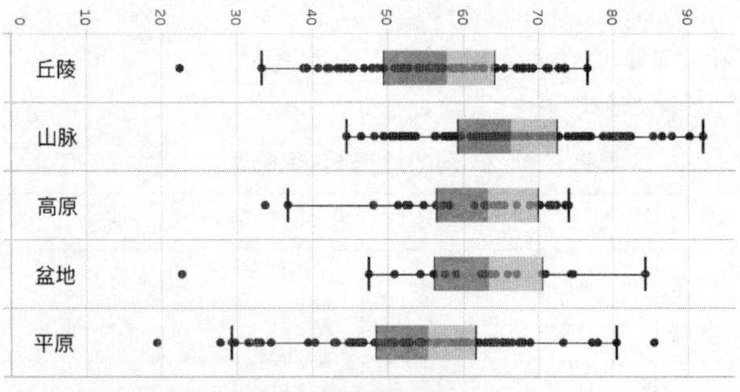

图6　地形与评分聚类分析图

（图片来源：作者自绘）

形与城市风貌特征，高评分的旅游目的地倾向于自然型城市。

基于高评分旅游目的地的聚类分析和分类规则可视化，可发现：

（1）高评价目的地主要集中在我国西北、西南、华南、东北北部与长三角地区，华中与华北地区总体目的地旅游评价较低；

（2）按中国五大地形分类，山脉型景区总体更受欢迎，垂直分布景观多样，评价热度集中且评价分数较高；

（3）华中、华北地区主要为平原、丘陵地形，数据方差较大，平均评价较低；

（4）评价较高的景区大多为自然风景旅游地，人文景点旅游评价倾向较弱。

5 结语

全域旅游带动了旅游产业以目的地为中心、以周边为辐射的迅速发展，旅游者对出行目的地选择的决策方式愈发多样；随着信息技术的不断推进，网络资源获取的便捷性增加，旅游门户网站的用户评论已成为旅游者选择目的地的主要方式之一。针对海量网络评论，在各网站海量网评中，采用机器学习方法挖掘数据，构建旅游目的地城市评价与分类规则模型，是以风景园林学科为主的旅游规划与大数据应用之间的交叉探索，也是更科学性的计算机辅助旅游目的地筛选与智慧景区规划的决策参考。

研究基于空间数据挖掘与机器学习算法理论，定义评分、评价热度、评热比，提出了旅游目的地评价决策理论；选择旅游网站城市评价端口，挖掘热评数据，确定评分梯度优化与排序聚类模型、热度聚类评分与排序规则模型及旅游目的地城市分类规则模型，总结了目的地城市评热比与城市风景资源分类规则的应用场景。将决策与分类规则模型应用于中国342个城市中共计3118293个旅游目的地评价数据，表明：网络评价前3位的旅游目的地城市分别为那曲（西藏）、博尔塔拉（新疆）、克孜勒苏柯尔克孜（新疆），网络热度前3位的旅游目的地城市依次为北京、上海、厦门，评热比前3位的旅游目的地城市分别为那曲（西藏）、阿里（西藏）、阿勒泰（新疆）；结合地形的旅游目的地城市分类规则表明：高评价目的地集中于西北、西南、华南、东北北部与长三角地区，地形景区受欢迎度依次为山脉、高原、盆地、平原，游客较人文景点而言更偏爱自然风景旅游地。

参考文献

[1] 国务院．关于加快发展旅游业的意见[R]．国发(2009)41号．

[2] 刘滨谊．风景园林三元论[J]．中国园林，2013(11)．

[3] 国务院．"十三五"旅游业发展规划[R]．国发(2016)70号．

[4] 国家旅游局．《金旅工程框架规划》[R]．2011．

[5] 党安荣，张丹明，陈杨．智慧景区的内涵与总体框架[J]．中国园林，2011(9)．

[6] 李宏，吴东亮．数字景区研究现状与问题探讨[J]．首都师范大学学报(自然科学版)．2011(10)：39-45．

[7] 刘利宁．智慧旅游评价指标体系研究[J]．科技管理研究，2013(6)：67-71．

[8] 赵宇茹．智能旅游信息系统建模与功能实现[D]．西安：陕西师范大学，2007．

[9] 汪侠，甄峰，吴小根．基于游客视角的智慧景区评价体系及实证分析——以南京夫子庙秦淮风光带为例[J]．地理科学进展，2015(4)．

[10] 党安荣，杨锐，刘晓冬．数字风景名胜区总体框架研究[J]．中国园林，2005(5)：31-34．

[11] Sagiroglu S，Sinac D. Big Data：A Review[C]. Proc of International Conference on Collaboration Technologies and Systenis. 2013：42-47.

[12] Gretzel U，Sigala M，Xiang Z C. Koo Smart Tourism：Foundations and Developments Electron Markets，2015，5(3)：179-188.

[13] 张凌云，黎巎，刘敏．智慧旅游的基本概念与理论体系[J]．旅游学刊，2012(5)．

[14] 余明华，冯翔，祝智庭．人工智能视域下机器学习的教育应用与创新探索[J]，2017(3)．

作者简介

魏维轩，男，1989年生，河北石家庄人，同济大学风景园林硕士，科罗拉多大学景观建筑学硕士，现为上海济致建筑规划设计有限公司极致数据工作室总监。

王南，女，1984年生，江苏南京人，同济大学风景园林博士，同济大学环境科学博士后，美国哥伦比亚大学建筑学院访问学者，LEED AP BD+C，注册城市规划师，现为南京工业大学建筑学院城乡规划系副研究员。

基于游憩偏好评价的滨江公共空间优化策略：以上海徐汇滨江与虹口滨江为例

Space Optimization Strategies of Riverside Public Spaces Based on Recreation Preference for Spatial Characteristic：A Case Study of Shanghai Xuhui and Hongkou Riverside Park

苏　日　程安祺　戴代新

摘　要：风景园林的服务对象面对公众，这要求空间设计应从公众的游憩需求出发。游憩偏好研究作为研究游憩需求的一种方法，在城市公共空间研究中，缺少针对小尺度空间特征的研究。本文以徐汇和虹口滨江为例，将空间活力作为游憩偏好的表征，进行游憩空间特征偏好的实证研究。通过基于偏好的理想活力分布模型与实际活力模型的比较，分析各个游憩空间现状与期望之间的差异，为滨江公园的空间优化提供策略。

关键词：滨水空间；空间活力；游憩空间；偏好；优化策略

Abstract: Facing the public, the target of landscape architecture requires that space design should start from the public demand for recreation. As a method to study the demand of recreation, former researches on recreation preference pay little attention to spatial characteristics of small-scale space in the area of urban public space. Taking Xuhui and Hongkou riverside as an example, spatial vitality is taken as the representation of recreational preferences to carry out an empirical study on the preferences of recreational space. Through the comparison between the ideal vitality distribution model based on preference and the actual vitality model, the paper analyzes the difference of the present and expectation of each recreational space, and then it provides a strategy for the space optimization of Riverside Parks.

Keyword: Waterfront Space; Space Vitality; Recreation Space; Preference; Optimization Strategy

1　背景

1.1　城市滨江空间研究

水承担着人类生存、农业灌溉与航运运输的多重功能，城市往往依赖水系发展，发达的水运使港埠逐渐成为城市中最有活力的地段。随着铁路时代的到来，港口逐渐衰落，工厂、仓库、码头被废弃，工业污水的排放近一步导致滨水区成为城市中衰颓废弃之地。20世纪六七十年代，滨水区的衰败逐渐成为城市规划关注的重点。许多西方港口城市对滨水区进行了更新建设，美国巴尔的摩内港、加拿大的维多利亚内港的开发都是城市滨水区复兴的成功例证。从城市建设的发展史看，滨水区功能经历了从运输、生态廊道、商务到旅游游憩的演变[1]。如今，滨水空间已经成为城市游憩公共空间的重要组成部分。

自20世纪90年开始，国内专家学者借鉴世界城市滨水开发建设的经验，对我国滨水空间的开发与建设进行了探讨。主要研究视角集中在：（1）城市游憩功能开发[1]；（2）滨水空间旅游体系研究[2]；（3）滨水空间设计原则[3-6]；（4）滨水空间设计要素解构[7]。总体来看，现有滨水空间的设计依旧遵循传统景观设计以设计师为主体的设计方式，研究多集中于对设计要素的探讨，以及对文化要素的传达，缺少对使用者游憩行为或游憩偏好反馈的研究。

1.2　游憩偏好相关研究

目前，游憩偏好相关研究多关注风景区、市域及更大范围内的人群特征，在城市公园层面，研究则聚焦于游憩满意度调查，大量的满意度调查脱离了空间实体。近年来，在城市公园的尺度上，研究开始关注游憩行为特征与空间特征的耦合关系。多数研究者采用观察法或招募志愿者实验的方法，研究游憩者活动偏好与绿地游憩空间的对应关系[8-9]，但在活动与空间之间，缺少了基于活动的空间偏好分析这一逻辑链条。观察与实验的公众偏好研究方法显示了游憩行为的揭示偏好（Revealed Preference Method RP），但通过RP的偏好评价无法确定有哪些空间要素是使用者更为重视的要素，只能通过主观对比，对空间的提升提出改进意见。因此，需要利用叙述偏好法（Stated Preference Method SP）进一步研究各个空间要素对于使用者选择偏好的影响。

但与此同时，脱离实际的游憩环境，单纯的空间偏好调查也显示出其缺陷。Hancock[10]以野营者为例探讨并说明了游憩偏好与真实空间选择之间存在偏差。可见，游憩行为选择机制不仅包含了物质空间特征的外显因素，也有影响选择的潜在因素，需要将叙述偏好与实际空间的使用状况进行对比验证。

滨江公共空间区别于城市腹地的城市公园，是一种具有明显空间导向性的线性空间。这意味着，滨江空间的横向交通组织将具有明显的线型连续性的特点，相较其他城市公园，游线关系较为单纯。人们在滨江线性空间游憩的过程中，对不断变化的空间产生感知，基于偏好做出方向的选择。因此，本文将滨水空间的人群活力分布作为人群空间偏好的表征，构建游憩空间偏好的研究模型。研究根据现状调研对徐汇和虹口滨江进行活力评价，将空间设计的实际活力与基于使用者空间偏好的理想活力结果进行比较，填补了游憩偏好研究在空间特征研究上的空白，在小尺度的空间设计与组织层面为滨水空间优化提供策略。

2 研究方法

2.1 游憩空间特征偏好研究方法

本文通过 3 个步骤，识别游憩空间特征偏好。(1) 通过文献梳理与使用者访谈，构建滨江公园活力评价空间特征指标体系，通过调查得到各指标基于人群选择偏好的影响权重，为指标赋值。利用指标结合现状空间特征绘制基于使用者偏好的理想活力分布图。(2) 通过多次实地观测记录计数，绘制现状空间的实际活力分布图。(3) 将理想活力分布图与实际活力分布图进行比较，识别活力差异的区域，对游憩空间特征偏好的指标进行分析。

2.2 基于人群叙述偏好（SP）的滨江公园理想活力分布

通过 4 步构建滨江公园理想活力分布模型：确立指标体系、利用 SP 法的选择偏好评价进行调查并基于指标因子赋值、对现状空间进行空间评价并结合使用者偏好进行 GIS 栅格叠加计算。现有公共空间活力评价的指标体系分类方法众多，分类依据也莫衷一是。因此本文基于以空间特征偏好为目标的出发点，结合滨水公园空间特点，通过对使用者进行访谈，确定使用者易感知的滨江公园空间活力的一级指标：空间类型（V_1）、尺度围合（V_2）、自然审美（V_3）、设施支持（V_4），下分二级指标：是否滨江（V_{11}）、空间尺度（V_{21}）、植被覆盖（V_{32}）、休憩设施（V_{41}）、儿童设施及场所（V_{42}）、运动设施及场所（V_{43}）。通过访谈法确定指标，使后续使用者偏好调查具有针对性，结果更具可信度（表 1）。

滨江公园活力评价空间特征指标体系（使用者感知） 表 1

空间活力	空间类型（V_1）	是否滨江（V_{11}）
	尺度围合（V_2）	空间尺度（V_{21}）
	自然审美（V_3）	植被覆盖度（V_{31}）
	设施水平（V_4）	休憩设施（V_{41}）
		儿童设施及场所（V_{42}）
		运动设施及场所（V_{43}）

2.3 基于实地显示偏好调研（RP）的实际空间活力分布

研究采用行为记录方法对徐汇滨江及虹口滨江进行了实地调研，对选定的空间进行定点观察记录的方式，现场定点记录 2min 内在各个空间中活动的人流量，结合拍照、多次记录等方式对数据进行整理，保证其有效性。在 GIS 中将行为记录的同空间点数据进行均值化处理，作为现状空间活力表征，并对应到空间中表达。

下文将以上海徐汇滨江（徐汇滨江规划展示中心—凯宾路段）与虹口滨江（上海港国际客运中心—上海浦江海关）为例，对整体层面的游憩空间特征进行评价并提出空间优化建议。

2.4 研究框架（图 1）

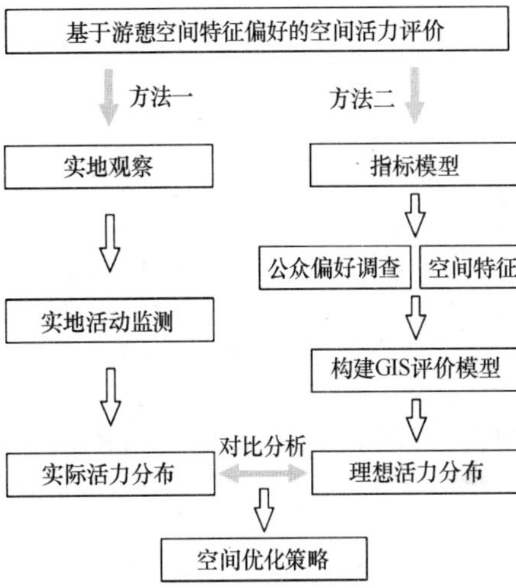

图 1 研究框架

3 实证对比研究

3.1 研究场地简介

3.1.1 徐汇滨江

徐汇滨江岸线全长共 8.4km，自 2008 年规划开放，于 2017 年底全面贯通，是由公共绿地、广场、公共活动设施、配套服务设施和水泥厂原址改造的文化演绎园区构成[11]。本文研究区段徐汇滨江规划展示中心至凯宾路段于 2012 年建成，由金晖南浦花园与龙美术馆（西岸馆）两片区构成，属于徐汇滨江的活力示范区，沿江 3km 岸线连续。研究范围内共有 5 处明显出入口（其他小型出入口众多）以及水花园、铁轨堆场花园、谷地花溪、滑板公园、龙美术馆、高空栈道、攀岩和多个广场等场地，内部游憩活动空间丰富。

3.1.2 虹口滨江

虹口滨江岸线全长 2.5km，于 2017 年中对外开放。本文研究区段为上海港国际客运中心至上海浦江海关段，包括国航中心段开放部分（西段）、置阳段和国客中心段，海关设置与港口岸线不连续。研究范围内出口众多，建有广场、观景步道、步行通廊、桥和步行区域，从而进行纵向空间上的串联。区域周边有大量商务建筑与餐饮服务建筑。

3.1.3 研究场地特征差异

徐汇滨江与虹口滨江空间之间有一定的差异。徐汇滨江区域目前无港口航运功能，仅为文化展示、公众活动等功能为主的城市开放空间，而虹口滨江则依然承担着港口航运的部分功能，两个滨江空间在功能上的差异导致了其空间特质的差别，虹口滨江区域滨江游憩空间由于码头港口阻隔，较为间隔而分散，而徐汇滨江区域则空间连续感较强。

3.2 徐汇滨江与虹口滨江活力偏好评价对比

3.2.1 滨江游憩空间的选择偏好评价

（1）空间特征偏好调查

基于SP法（选择偏好法）的选择偏好评价采用问卷法进行评价，利用SPSS正交设计设定问卷选项组合，之后回收问卷分析公园使用者对空间的特征偏好。经筛选回收共获得有效问卷61份，有效分析数据1342条。

采用多项逻辑特模型（Multinomial Logit Model）构建离散选择模型，来解释被试者的选择结果，各项变量为访谈法选定可被公众感知到的指标，用以估计各个空间环境要素对人们游憩空间选择的影响。解释模型构建的主要目标是得到使用者评价游憩活动空间的效用函数，对其定义如下：

$$V_i = a_1 \, type_i + a_2 \, plant_i + a_3 \, facility_i$$

其中，i为空间选项，即拟定的不同游憩空间的选择方案，Vi是选择某游憩空间的可见效用，a_{1-3}为模型所要拟合的系数，type为游憩空间类型，plant为空间植被覆盖水平，facility为空间设施布置水平（表2）。基于以上原理，本文建立了滨江游憩空间离散选择模型以求得各因素间的权重关系。

模型拟合结果 **表2**

要素	要素等级	参数对应变量	参数值	显著度
空间类型	滨江区域	Type	0.42367	0.0015
	非滨江区域	—	0	—
植被覆盖	植被茂密	Plant	0.27911	0.0122
	植被稀疏	—	0	—
空间面积	空间活动面积大	Area	0.05199	0.6932
	空间活动面积小	—	0	—
设施水平	活动休憩设施多	Facility	0.48331	0.0001
	活动休憩设施少	—	0	—
选择案例数	655			
Log-likelihood	−436.5848			
平均预测准确率	0.5135			

注：① 各项环境变量采用虚拟变量形式，设定效用最低水平为0，与其他水平效用相对比。② 取显著度<0.05的指标作为统计显著指标讨论。

资料来源：笔者自绘。

用Nlogit4软件进行模型拟合，所得结果如表2，显示的是变量参数的均值，也是接下来评价应用中使用的参数，模型总体预测准确率为0.5135，在同类型研究中属于一般较好的结果。

除了“空间面积”这一要素外，其他要素均达到统计显著结果，由于所有变量均为虚拟变量，故效用参数值之间具有可比性（图2）。将每类要素中效用最大的水平相比，总体上，对于滨江区域使用者的游憩空间选择偏好，人流量大小影响要大于游憩活动设施的多寡，大于空间属性是否滨江，大于植被覆盖是否茂密。人流量为负效用且影响力较大，可见在滨江游憩活动的空间选择上并不喜欢过多人群聚集的场地；其次影响最大的是活动休憩设施的多少，使用者往往偏好休憩活动设施较多的场地；再次，场地属性是否为滨江区域也是重要的影响因素，滨江区域往往拥有更开阔的视觉体验，使用者偏好值较高。而相对于设施及空间属性而言，植被覆盖度影响力较弱，但仍有显著影响，自然植被的丰富对于滨江空间具有一定的提升效力。

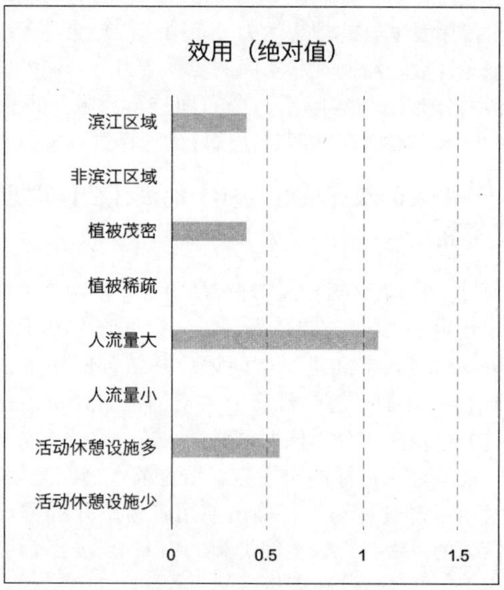

图2 环境要素效用

总体而言，疏导人流、加强相应区域设施建设，对空间体验品质提升有较强的影响力，其次，增大滨江观景面、多增加植被种植面积，对滨江空间体验品质的提升也能起到相应的作用。

（2）理想活力分布评价

基于以上分析，以虹口滨江及杨浦滨江两个滨江区域为例，对其中各个游憩活动空间进行评价。

基于各个空间的空间属性评价，以SP偏好评价模型计算得出的各项统计显著指标的效用值（参数值）为权重，利用GIS进行栅格叠加计算，通过数据准备输入—栅格化—加权叠合计算等几个步骤，得出基于偏好分析的空间评价（图3）。

从图中可以看出，两个滨江区域偏好活力较强的区域大多为滨江区域，其中虹口滨江偏西的滨江带由于设施量少，整体偏好较低，而某些非滨江区域，由于活动设施较丰富，产生了较好的偏好活力。

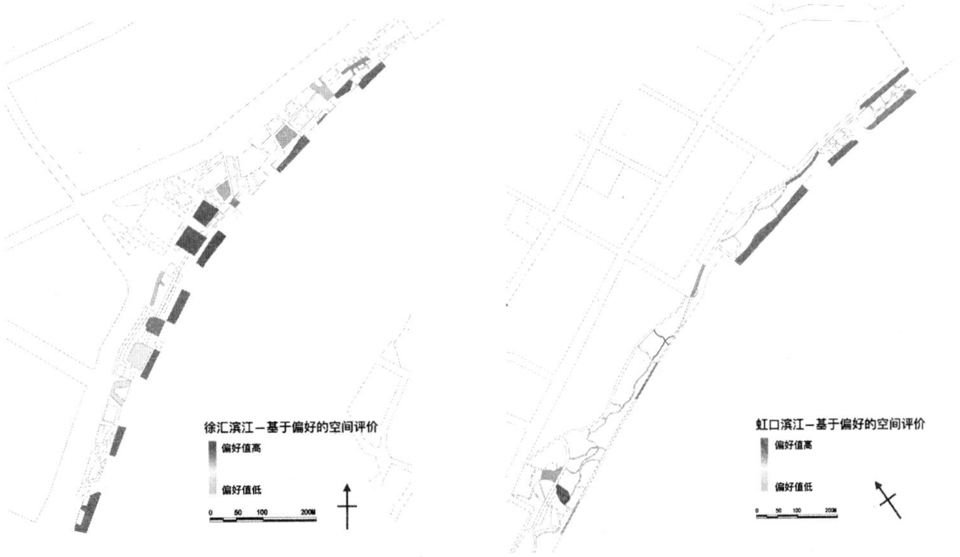

图 3　基于选择偏好分析的滨江空间评价

3.2.2　滨江游憩空间的显示偏好调研

运用现场调研打分的方式，对不同空间的基础环境属性进行评价，对选定的不同类别的空间，用里克特量表法进行打分评价（表 3），对每个空间区块的物理空间属性进行打分评价。

空间环境指标打分　　表 3

指标\评分	基本没有	较稀疏	适中	较茂密	茂密
自然审美	1	2	3	4	5
指标\评分	基本没有	设施很少	适中	设施较多	设施丰富
设施水平	1	2	3	4	5

注：其中，空间特质“是否滨江”为定性双因子变量。

将行为记录的同空间点数据进行均值化处理，作为现状空间活力表征，在GIS中对应到空间中表达，呈现现状活力空间的揭示偏好（图 4）。

图中可以看出，虹口滨江现状活力最高的点为中段较大的滨江空间及高阳路人行连廊部分，而徐汇滨江现状活力较高的区域为中段滨江、龙美术馆前的活动区域及攀岩墙附近区域。

3.3　比较讨论

对比基于偏好的空间评价及给予行为观察的现状空间活力，发现有显著的对比差异点存在。空间本底的选择偏好结果与现状空间活力产生偏差，说明对空间活力产生影响的不仅仅是场地与空间特质，空间之间的组合效应、空间的可达性与连通度以及人群作为空间中的动态要素，均对游憩空间有着不同程度的影响（图 5）。

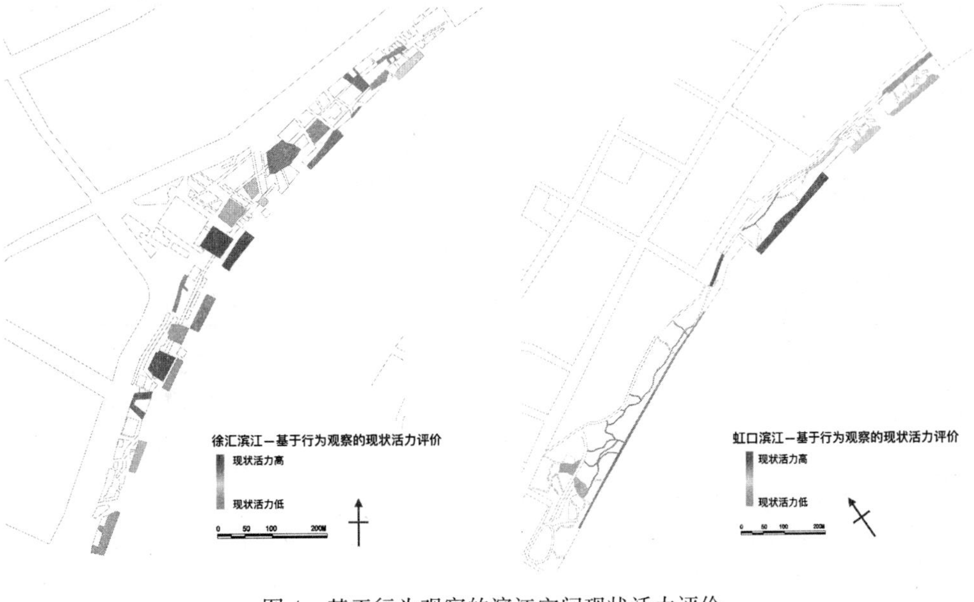

图 4　基于行为观察的滨江空间现状活力评价

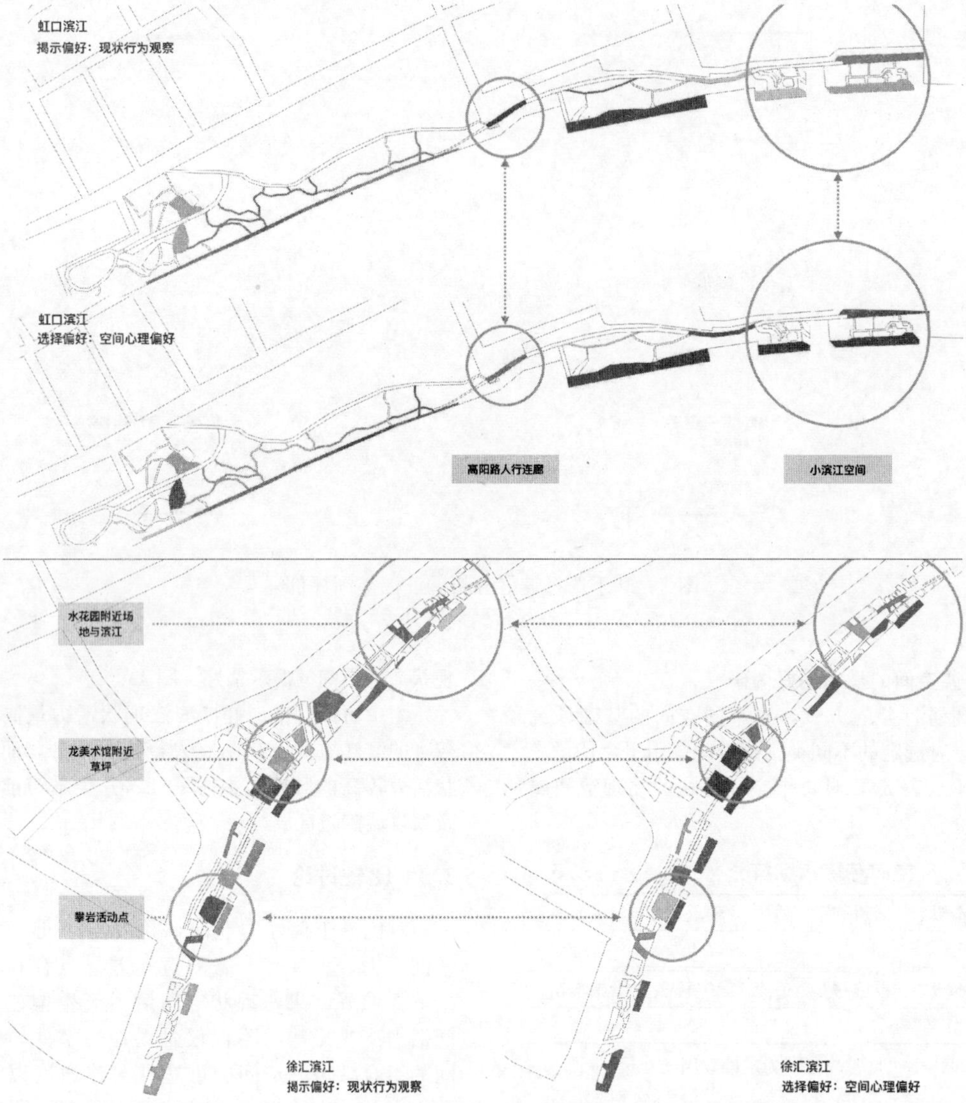

图5　虹口滨江/徐汇滨江空间对比差异点

差别较显著的空间点为：

（1）虹口滨江—高阳路人行连廊

高阳路人行连廊部分现状活力值大于偏好活力值。在人行连廊部分，空间的明显特质是空间交通意义大于其游憩意义，该区域不仅为滨江游憩空间的一部分，也是高阳路两侧人行及骑行的交通空间，导致现状人流量较多但偏好较低。

（2）虹口滨江—东段小滨江空间

东段小滨江空间由两个滨江空间组成，两个空间之间由于现状游港码头的阻隔，成为相对独立的点状空间，又由于其地形变化和植被视线遮挡较多，导致空间连通度较差，视线关系不好，现状人群可达性较差。

（3）徐汇滨江—水花园与滨江

水花园与滨江实际活力小于理想活力。水花园附近出入口距离周边建成场地较远，区域的可达性相对较差。道路尺度较小，且植物种植视线遮挡较多，导致空间的连通性较差。

（4）徐汇滨江—龙美术馆附近活动草坪

龙美术馆附近活动草坪实际活力小于理想活力。虽然草坪内设置有少量游憩设施，但草坪周围有植被遮挡，导致场地的连通性较差。空间改造可以适当增加游憩设施与设置开放的出入口。

（5）徐汇滨江—攀岩活动点

攀岩活动点实际活力大于理想活力。攀岩活动点设置有座椅等设施，作为儿童活动的场地，容易形成“人看人”的正反馈效应，形成聚集的人群。

根据偏好值与现状值对比，可针对不同性质的空间构造矩阵，以提出不同的更新提升策略（表4）。

空间提升策略分类　　表4

	偏好活力值高	偏好活力值低
现状活力值高	维持策略	修整策略
现状活力值低	提升策略	增补策略

（1）维持策略：偏好评价值高而现状活力值也较高的区域，基本符合期望值，只需在现状的基础上加强管理与设施维护即可。

（2）修整策略：现状值活力值高而偏好评价值较低的

区域，一般为遛狗等特殊人群活动而产生人看人活动的场地，或由于路径安排不合理，或由于空间非游憩功能主导而造成的人流聚集。这一类区域往往缺乏或错置相对应的配套设施，或空间体验有待提升，应针对每个空间进行调研，了解需求进行改进。

（3）提升策略：现状活力值低而偏好值高的区域，属于潜在活力点，但由于现状规划设计导致空间连通性较差，视线关系较差，人群很难到达，从而导致现状活力值较低，对于此类空间，应加强视线通廊建设，同时局部修正路径使其可达性提高。

（4）增补策略：对于现状活力值低而偏好值也低的区域，应因地制宜，视情况适当增加补充吸引力点及吸引力设施，以提高空间活力。

从虹口滨江与徐汇滨江对比来看，徐汇滨江现状活力值与其偏好活力值吻合度相对较高，且多数吻合度高的空间点分布于场地要素较为复合的区域（丰富的视线吸引点、丰富的活动设施等）。此外，徐汇滨江区段交通航运功能外移，游憩空间较为完整，而相比之下，依旧保留了交通航运功能的虹口滨江区域游憩空间较为狭小破碎，应在空间提升的同时，引入结合新的吸引点，加强空间之间的可达性与连续性，提升空间品质（图6）。

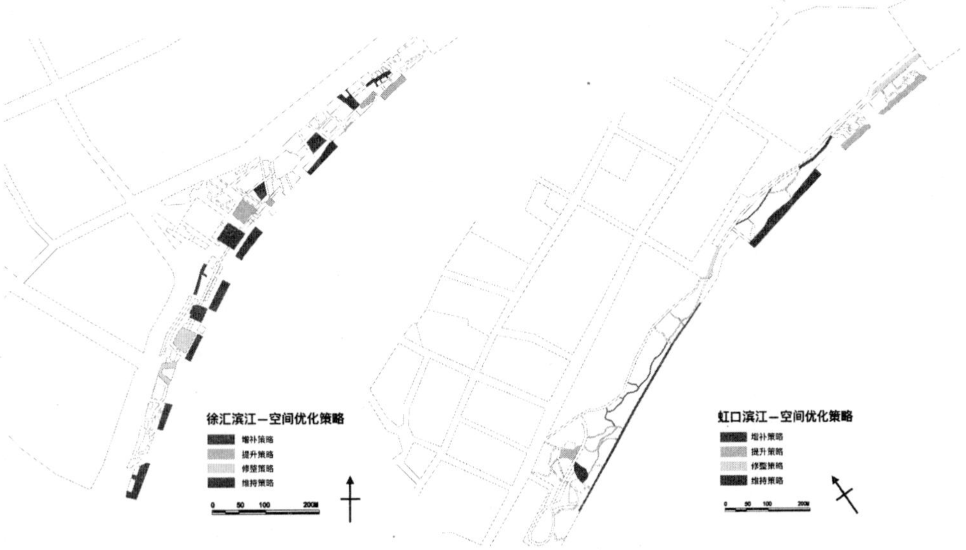

图6　空间优化策略分区

4　结论与反思

本文从公众使用与感知的视角出发，探讨了使用者对于滨江各个游憩空间的叙述偏好，与现状活力的揭示偏好相对比，提出基于期望与现实对比差异的空间优化策略，为使用者与设计师之间的交流反馈构建了桥梁，同时也反映出现状空间潜在待激活的活力点，为空间优化与管理修正提供指导。

在进行对比分析的过程中，研究发现了使用者并未感知的空间特征，即空间连通度。空间连通度在潜意识里影响了游线的选择和空间的发现，从而导致了活力的差异。对现状场地的提升可以从提高空间连通度入手。

人群在空间中的聚集是个动态的过程。在现场观测的过程中，研究发现除了空间特征之外，人群的效应也对活力产生影响，从而影响实际活力的观测结果。其中，人流量与“人看人”效应是两个明显的人群效应。人流量超过一定阈值会对人群产生负影响，而“人看人”效应会正向促进人群的聚集。目前实验很难排除人群效应的影响，后续研究展望通过引入人群的变量，建立动态模型拟合现状，以监测空间特征对研究场地内的活力影响。

参考文献：

[1]　吴必虎，贾佳．城市滨水区旅游·游憩功能开发研究——以武汉市为例[J]．地理学与国土研究，2002，18(2)：99-102.

[2]　陈敏．城市滨水区-绿化景观设计[D]．重庆：西南农业大学，2004.

[3]　徐永健，阎小培．城市滨水区旅游开发初探：北美的成功经验及其启示[J]．经济地理，2000，20(1)：99-102.

[4]　扈万泰，胡海，姜涛．承启人文生态　重塑山城水岸——重庆主城两江四岸滨江地带城市设计[J]．城市规划，2010，34(01)：73-76.

[5]　曾茂薇．城市滨水区景观规划设计研究[D]．北京：中央美术学院，2004.

[6]　聂柯．城市公共开放型滨水区景观设计研究[D]．南京：南京林业大学，2007.

[7]　莫玉秀．城市综合性公园游憩空间营建研究[D]．福州：福建农林大学，2011.

[8]　熊璐，张红霞，冷天翔．形状语法参数化城市设计模型初探——以江南水乡滨水空间生成为例[J]．新建筑，2018(4)：24-27.

[9]　陶赟，傅碧天，车越．基于游憩行为偏好的城市公园环境设施空间优化[J]．城市环境与城市生态，2016，29(2)：21-26.

[10]　Hancock H K. Recreation preference：its relation to user

behavior. Journal of Forestry, 1973, 71(6): 336-337.
[11] 王潇，朱婷．徐汇滨江的规划实践——兼论滨江公共空间的特色塑造[J]. 上海城市规划，2011(4)：30-34.

作者简介

苏日，1994年生，女，蒙古族，内蒙古人，同济大学建筑与城市规划学院景观学系在读硕士研究生。电子邮箱：la_tj_suri@qq.com。

程安祺，1994年生，女，汉族，浙江人，同济大学建筑与城市规划学院景观学系在读硕士研究生，电子邮箱：antrik@163.com。

戴代新，1975年生，男，汉族，湖南人，博士，同济大学副教授、博士生导师，建筑与城市规划学院学术发展部副主任，景观学系系主任助理，中国风景园林学会文化景观专业委员会副秘书长。研究方向：景观遗产与文化景观、景观再生与可持续设计。电子邮箱：urbanplanning@126.com。

结合生态系统服务量化评价的小城镇绿道选线方法探究
——以哈尔滨市太平镇为例

Research on Method of Greenway Channel Selection of Small Town Based on Quantitative Evaluation of Ecosystem Services
—Taiping Town of Harbin

刘 畅 冯 瑶 胡俞洁

摘 要：绿道建设在我国各地如火如荼地进行，小城镇绿道是连接城市绿道和乡村绿道之间的重要桥梁。因此，绿道选线是绿道规划的重要环节，绿道选线的合理性是保障绿道发挥生态系统服务功能的最好保证。本文提出结合生态系统服务价值量化评价的小城镇绿道选线方法及评价指标体系，并以哈尔滨市太平镇为例进行实证研究，通过将线性绿色基础设施纳入绿道选线对象，拓展了小城镇绿道选线的思路；通过将生态系统服务评价的量化方法与传统绿道选线方法的结合，增加了小城镇绿道选线方法的科学性和合理性。
关键词：绿道选线；线性绿色基础设施；生态系统服务量化评价；网络分析；小城镇

Abstract: The construction of greenway is in full swing in all parts of China, greenway in small town is an important bridge between cities and villages, which forms a connecting link in network of greenway. The channel selection of greenway is an important part of greenway planning. The rationality of channel selection can ensure the ecosystem services of greenway. Therefore, this paper proposes the method and evaluation index system of channel selection of greenway in small towns which based on the quantitative evaluation of service value in ecosystem, and takes the Taiping town of Harbin as an example for empirical study. This paper introduces the linear green infrastructure into the object of greenway channel selection and expands the ways of greenway channel selection in small towns; realizing the combination of the quantization method of ecosystem service evaluation and the traditional greenway channel selection method, increasing the scientificity and rationality of the channel selection method in small towns.
Keyword: Greenway Channel Selection; Linear Green Infrastructure; Quantization Evaluation of Ecosystem Service; Network Analysis; Small Town

引言

绿道选线是绿道规划的重要环节，其合理性是绿道发挥其功能的最好保障，具有十分重要的意义。现代绿道发源于美国和欧洲，从注重景观功能的林荫大道到注重绿地生态网络功能的生态廊道，现代绿道的发展已经历了两个多世纪的演变。近年来，随着绿道理论的研究深入和地理信息系统的发展，国内外出现了基于GIS和卫星影像的绿道选线研究，选线方法多集中在采用基于多因子适宜性评价的方法，选线对象多针对现状道路及带状河流等，缺乏对线性绿色基础设施作为选线基础要素的系统考虑。各类线性绿色基础设施同样涵盖了小城镇中能够发挥绿道功能的各类自然要素，包括农田、林地、草地、湿地、荒地、水域等。因此，结合线性绿色基础设施进行绿道选线十分必要。绿地系统作为生态系统服务的物质载体，可以提供多种类型的生态系统服务功能，生态系统服务功能是生态学、生态经济学研究的一个重要分支。近年来，众多专家开始将生态系统服务功能及其价值评估研究与区域规划相结合。

因此，本文以哈尔滨市太平镇现行规划为依据，以生态系统服务价值量筛选具有选线潜力线性绿色基础设施，与符合选线条件的道路共同作为下一步绿道选线的基础要素，再结合太平镇的交通、景观资源、人口、土地利用情况来分析绿道选线的适宜性，进而确定绿道线路并分析绿道网络的合理性，从而为今后小城镇绿道选线提出建议和策略。

1 小城镇绿道选线方法

1.1 选线流程

确定小城镇绿地的生态系统服务功能，对各项功能的生态系统价值量进行计算，将生态系统服务价值较高的线性绿色基础设施筛选出来作为下一步选线的基础要素；选取影响小城镇绿道选线的指标因子，评价各项因子与绿道选线的适宜性关系，并给予评分，在Arc GIS中按权重叠加，得出绿道的适宜性分布图，根据此分析结果进行绿道分级；用网络分析法进行选线结果的合理性验证。

1.2 生态系统服务量化评价

1.2.1 生态系统服务价值量化因子的选择

原料生产是指利用太阳能，将无机化合物，如二氧化碳、水等合成有机物质；空气净化是调节服务的一种类型；气候调节价值是指利用植物的光合作用这一过程；景观美学服务是文化服务的一种类型。

1.2.2 生态系统服务价值量计算

（1）计算模型

利用Costanza等提出的生态服务价值分析模型计算昌黎县土地生态系统服务价值，计算公式如下：

$$ESV = \sum(VC_k \times A_k)$$

式中 ESV——土地生态服务价值；

VC_k——第k类土地的生态服务价值系数；

A_k——第k类土地利用类型的面积。

（2）单位面积生态系统服务价值系数的确定

根据Costanza的研究，单个生态服务价值当量因子的经济价值量为54＄/hm²。根据胡瑞法和冷燕研究，中国2005年全国平均粮食生产的单位面积总收益为3629.43元/hm²，单位面积总投入（包括劳动、化肥、机械和其他4项）为930.33元/hm²，估计获得土地用于粮食生产的影子地租约为2250元/hm²，依此计算中国一个生态服务价值当量因子的经济价值量为449.1元/hm²。将此与表中的各生态服务价值当量值相乘，即可获得如表1所示的一个生态系统服务单价表（表1）。

小城镇生态系统单位面积生态服务价值［元/（hm·a）］　　表1

土地类型	原料生产	空气净化	气候调节	景观美学
森林	889.22	1940.11	1827.84	934.13
草地	161.68	673.65	700.60	390.72
农田	624.25	323.35	435.63	76.35
湿地	107.78	1082.33	6085.31	2106.28
河流	157.19	229.04	925.15	1994.00
荒漠	17.96	26.95	58.38	107.78

1.2.3 生态系统价值总量分析

通过ArcGIS软件在绿地人工判断确定线性绿色基础设施线路及其所控制范围内的生态系统类型，并在软件中对线性绿色基础设施控制范围内各类型生态系统分图层逐一识别面积，统计每个图层的面积即可得到每条线性GI控制的各用地类型的面积及其总和。将太平镇各条线性GI控制的土地类型与小城镇生态系统单位面积生态服务价值相对应，可得到太平镇各线性GI生态系统服务价值。

通过对线性GI生态服务价值量的对比，将生态服务价值较小的线性GI筛掉，将剩余线性GI按照生态系统服务价值进行分级，为下一步绿道判定中交通便利度的线路等级影响因子的划分提供依据。

1.3 适宜性评价

1.3.1 评价指标因子的选取与分级

（1）交通便利度

1）线路等级：主干路为1级，分值为3分；次干路为2级，分值为2分；支路为3级，分值为1分。线性GI根据其控制的生态系统服务价值大小分级，一级线性GI为3分，二级线性GI为2分，三级线性GI为1分。

2）离公交站点的距离：$D_1<300$m为1级，分值5分；300m$\leqslant D_1<500$m为2级，分值4分；$500\leqslant D_1<800$m为3级，分值3分；800m$\leqslant D_1<1200$m为4级，分值2分；$D_1\geqslant1200$m为5级，分值1分。其中D_1为到轨道交通站点的距离。

3）离停车场距离：$D_1<200$m为1级，分值5分；200m$\leqslant D_1<400$m为2级，分值4分；400m$\leqslant D_1<600$m为3级，分值3分；600m$\leqslant D_1<800$m为4级，分值2分；$D_1\geqslant800$m为5级，分值1分。其中D_1为到社会停车场的距离。

（2）景点丰富度

1）人文景点：$D_1<150$m为1级，分值5分；150m$\leqslant D_1<300$m为2级，分值4分；300m$\leqslant D_1<500$m为3级，分值3分；500m$\leqslant D_1<800$m为4级，分值2分；$D_1\geqslant800$m为5级，分值1分。其中D_1为到历史文化类景点的距离。

2）自然景点：$D_1<300$m为1级，分值5分；300m$\leqslant D_1<500$m为2级，分值4分；$500\leqslant D_1<800$m为3级，分值3分；800m$\leqslant D_1<1000$m为4级，分值2分；$D_1\geqslant1000$m为5级，分值1分。其中D_1为到自然景点的距离。

（3）土地承载力

1）土地利用类型：将风景园林及特殊用地、河流水面、果园、公路用地、农村道路、有林地、旱地划分为1级，分值5分；水库水面、灌木林地、其他林地、天然牧草地、其他草地划为2级，分值4分；同时，结合居民的使用频率及游憩环境的营造，将建制镇、村庄划为3级，分值3分；考虑绿道与地块的兼容性，将人工牧草地、坑塘水面、水浇地、水田、内陆滩涂划分为4级，分值为2分；其他诸如工业、仓储等用地性质与绿道的选线兼容度不高，如机场用地、水工建筑用地、沟渠、裸地、设施农用地划为5级，分值为1分。

2）人口密集度：以中国村屯现状人口为基本数据，将“人口密集度”的等级划分为：$P\geqslant6000$人/km²划分为1级，分值5分；5500人/km²$\leqslant P<6000$人/km²划分为2级，分值4分；5000人/km²$\leqslant P<5500$人/km²划分为3级，分值3分；4500人/km²$\leqslant P<5000$人/km²划分为4级，分值2分；$P<5000$人/km²划分为5级，分值为1分。其中P代表人口密度（人/km²）。

3）植物种类多样性：$N<10$ 为 5 级，分值 1 分；$10 \leqslant N<20$ 为 4 级，分值 3 分；$20 \leqslant N<30$ 为 3 级，分值 2 分；$30 \leqslant N<40$ 为 2 级，分值 1 分；$N \geqslant 50$ 为 1 级，分值 5 分。其中 N 为植物种类数。

1.3.2 评价指标权重确定

通过向太平镇的居民、高校规划专业教师、规划设计院工程师、规划工作人员等访谈咨询，结合笔者自身的认识，比较矩阵的判断结果如表 2 所示。

指标层权重汇总　　表 2

B	交通便利度 B1	景点丰富度 B2	土地承载力 B3	层次 C 总排序
C	0.6223	0.1707	0.2070	
道路等级（C12）	0.4834			0.3008
公交站点（C11）	0.1638			0.1019
停车点（C13）	0.3528			0.2195
自然景点（C21）		0.6667		0.1138
人文景点（C22）		0.3333		0.0569
土地利用（C31）			0.1479	0.0306
人口密度（C32）			0.2606	0.0539
物种多样性（C33）			0.5915	0.1224

1.4 选线结果与验证

网络分析主要运用图论方法针对网络节点和连接路径等各类网络结构问题研究并优化。通过网络结构分析方法中的指数评价，可对基于不同方法进行的绿道选线结果进行对比。网络结构的评价通常可以用四个指标进行分析，即采用网络闭合度（α 指数）、网络线点率（β 指数）、网络连接度（γ 指数）以及成本比来反映基于传统方法选线的绿道和结合生态系统服务的绿道选线的网络连接度、网络闭合度等状况，针对基于传统方法选线的绿道和结合生态系统服务方法选线的绿道网络，采用上述指数及成本比进行网络结构评价，对比得出结合生态系统服务的绿道选线方法在网络结构上的优越性。

图 1　道路等级分析

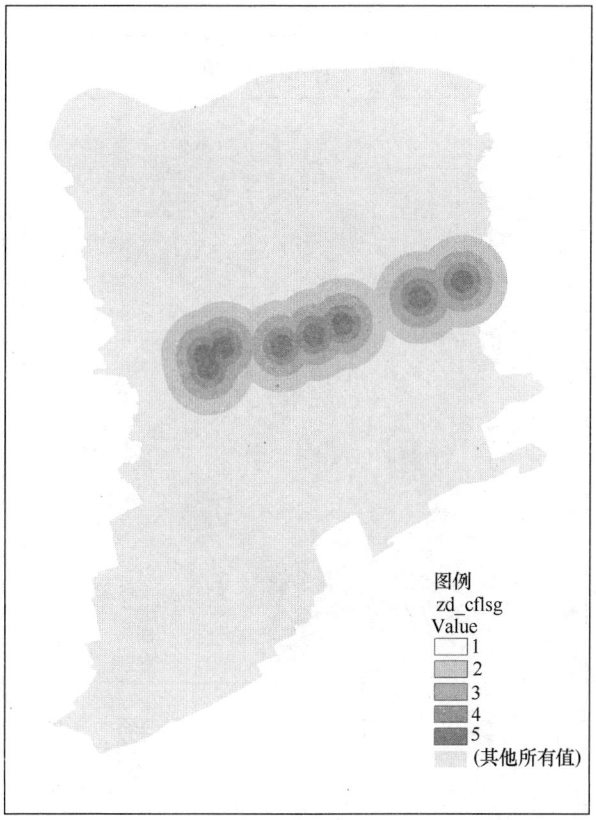

图 2　公交站点分析

2 以太平镇绿道选线为例

2.1 现状分析

2.1.1 交通现状分析

太平镇位于哈尔滨市西南部，与市中心联系并不十分紧密。对其道路等级、公交站点密度以及停车设施分布的分析如图 1～图 3 所示。

2.1.2 景观资源分析

结合《哈尔滨市道里区太平镇总体规划》，将该太平镇可支撑绿道建设的景观资源划分为两类：人文景点（居民宗祠、宗教建筑、遗址遗迹等）和自然景点（风景林地、公园绿地、滨水景观等)，如图 4、图 5 所示。

2.1.3 人口及土地分析

由人口数据与土地面积数据计算可得出太平镇中部和东部的局部位置是人口分布较为密集且得分较高的位置。太平镇土地覆盖类型多样，且大部分的土地类型为旱地，有大面积的水域和湿地，大量的植物群落和绿地斑块构成了线性绿色基础设施，可作为绿道选线对象，土地利用类型、人口密度及物种多样性如图 6～图 8 所示。

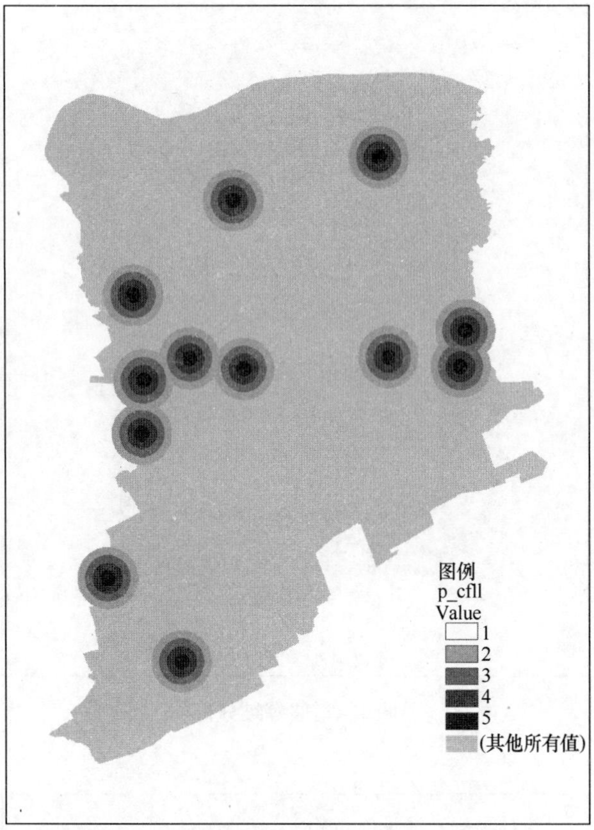

图 3 停车设施分析

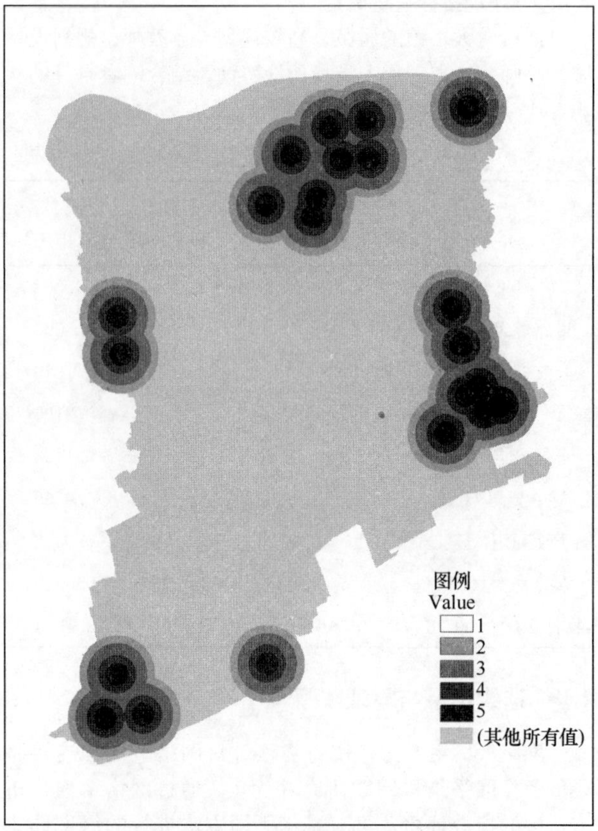

图 4 自然景点分布

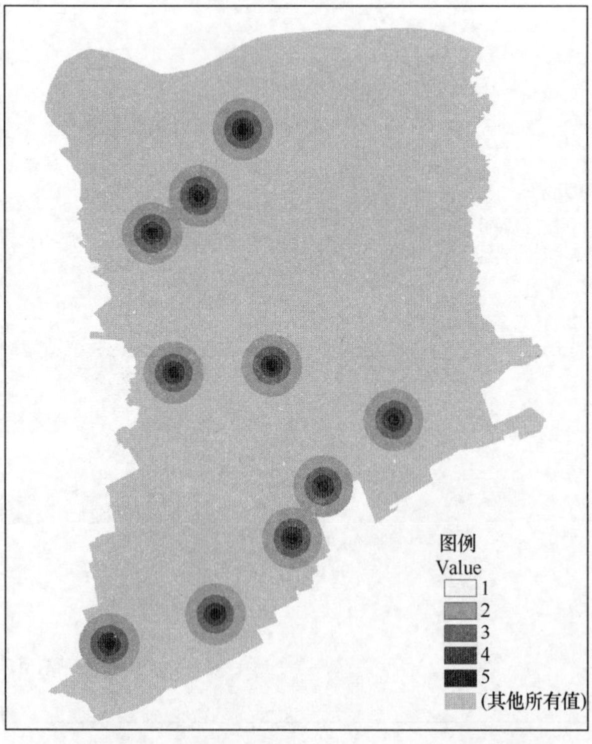

图 5 人文景点分布

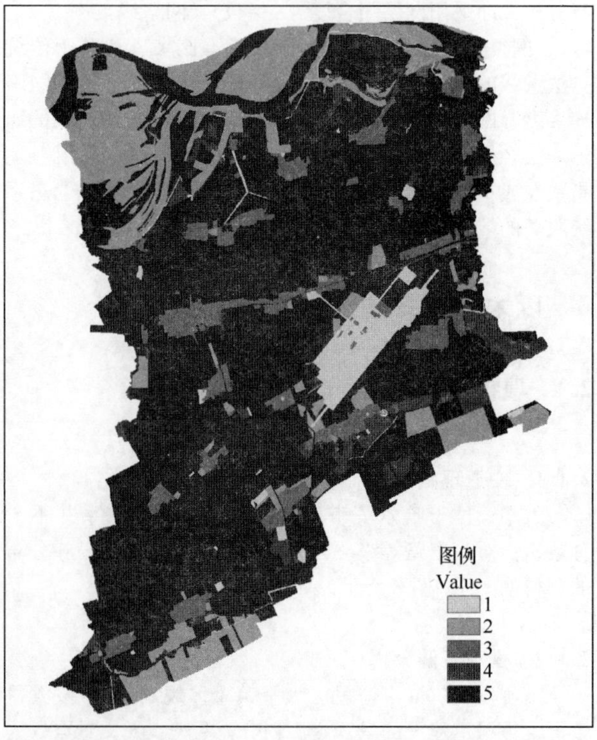

图 6 土地利用类型

2.2 太平镇绿道选线实证

2.2.1 生态系统服务量化评价

生态系统面积计算：

通过 ArcGIS 软件在现有的绿地进行人工判断确定线性 GI 线路及其所控制范围内的生态系统类型，并在软件中对线性 GI 控制范围内各类型生态系统分图层逐一识别面积，统计每个图层的面积即可得每条线性 GI 用地类型的面积及总和。现状绿地分布及拟选线性 GI 线路如图 9、图 10 所示。

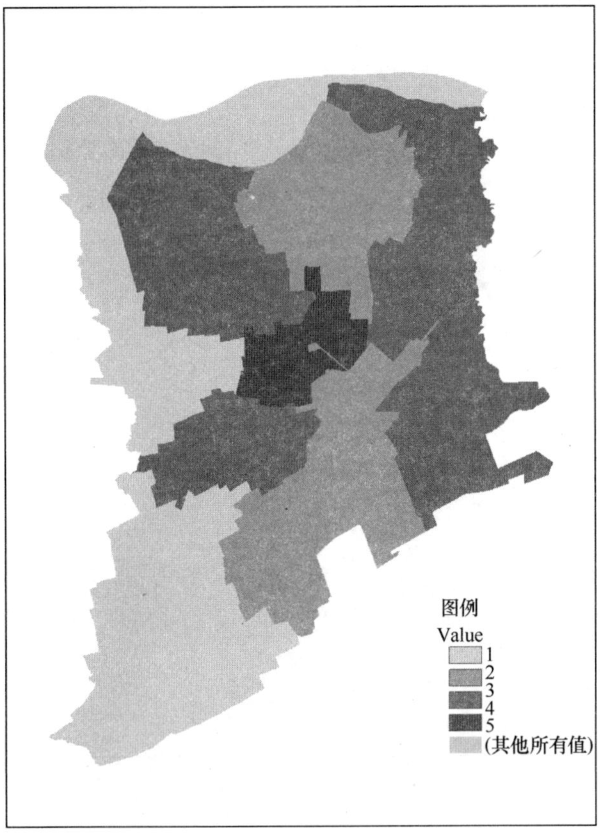

图 7　人口密度

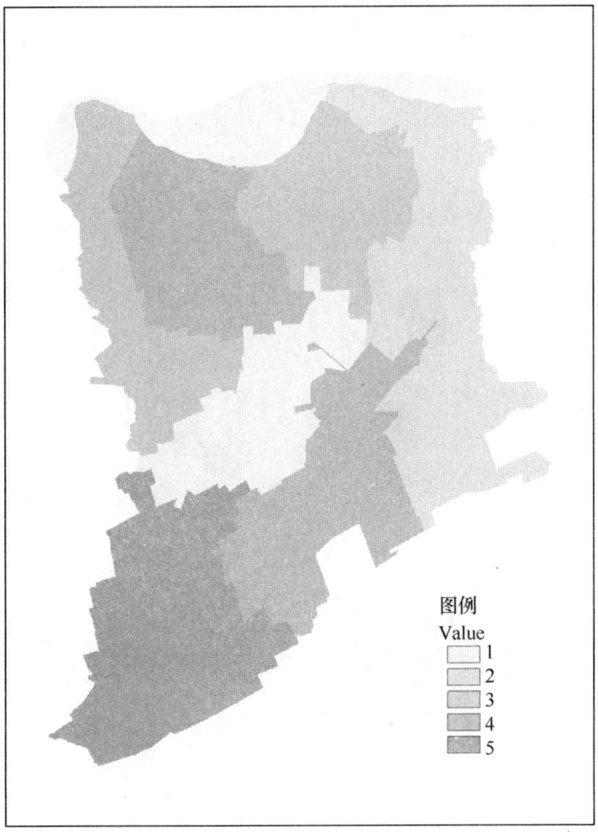

图 8　物种多样性

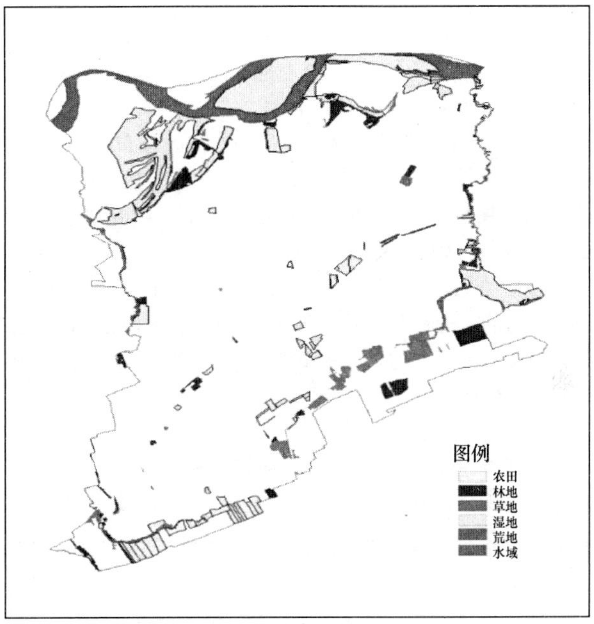

图 9　现状绿地分布

图 10　拟选线性 GI 线路

通过对线性GI生态服务价值量的对比，将生态服务价值较小5、10及24号线性GI去掉，剩余的线性GI则作为太平镇绿道选线的基础要素。按照线性GI的生态系统服务价值将线性GI进行分级，共分为a≥6000000、6000000>a≥5000000、a≤5000000（a为生态系统服务价值）三个等级。

2.2.2 适宜性评价

将准则层（C）的各项指标所获得的分值乘以与其相对应的权重，再利用GIS的“加权叠加”得到各个准则层（B）的分值。其中，从“交通便利度”的分值可以看出，最高分集中在太平镇镇区及哈双路附近。分值最低处依然是太平镇的边缘地带。这与规划中交通设施的覆盖范围是完全吻合的。线性GI交通便利度分值及道路交通便利度分值如图11、图12所示。

“景点丰富度”则因为各类游憩景点的分布较为稀疏，覆盖范围不大，大部分地区都在3分以下，景点丰富度分值及土地承载力分值如图13所示。而太平镇的“土地承载力”的得分则普遍较高，基本高于3分，如图14所示。

最后将三个准则层（B）按前文赋予的权重，利用GIS里面的“加权”工具，得到了绿道适宜性评价的结果如图15、图16所示，太平镇绿道的等级划分结果如图17、图18所示。

（1）一级绿道

一级绿道是太平镇绿道的骨架结构，并且具有上一级绿道的发展衔接作用，是交通便利度较高、连接游憩资

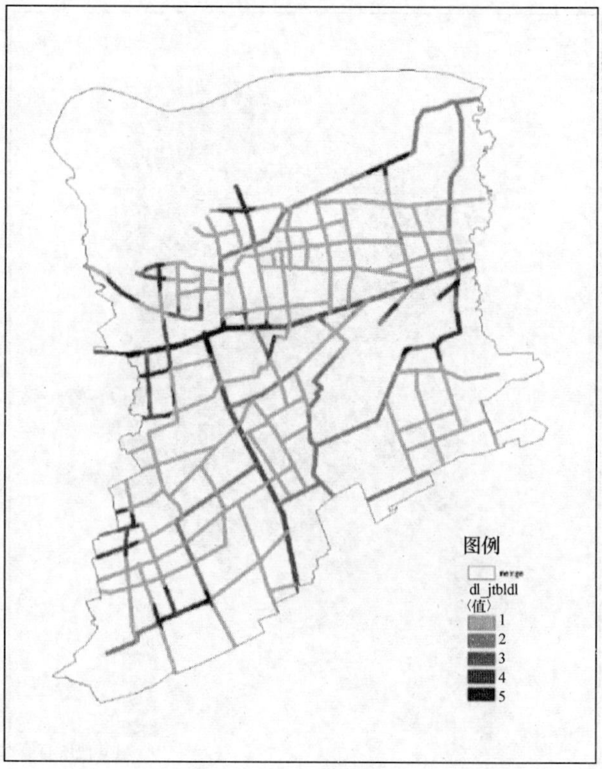

图12 道路交通便利度分值

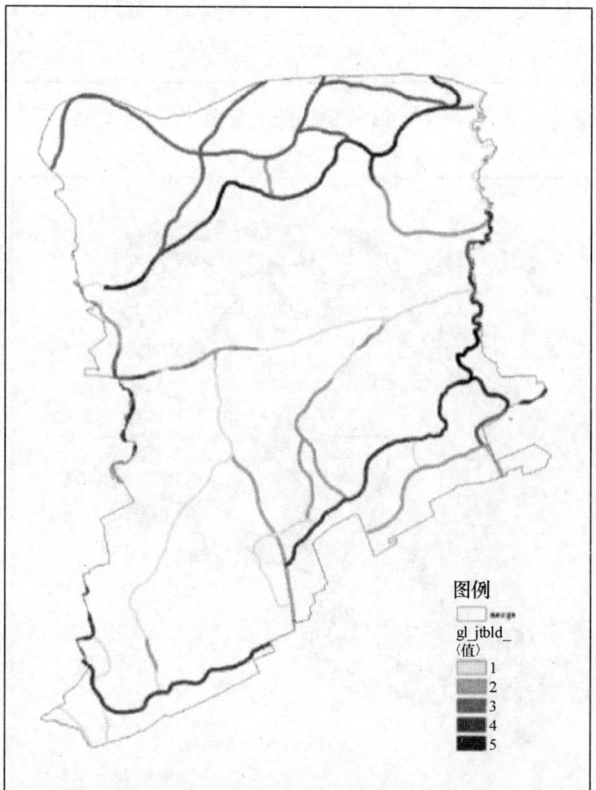

图11 线性GI交通便利度分值

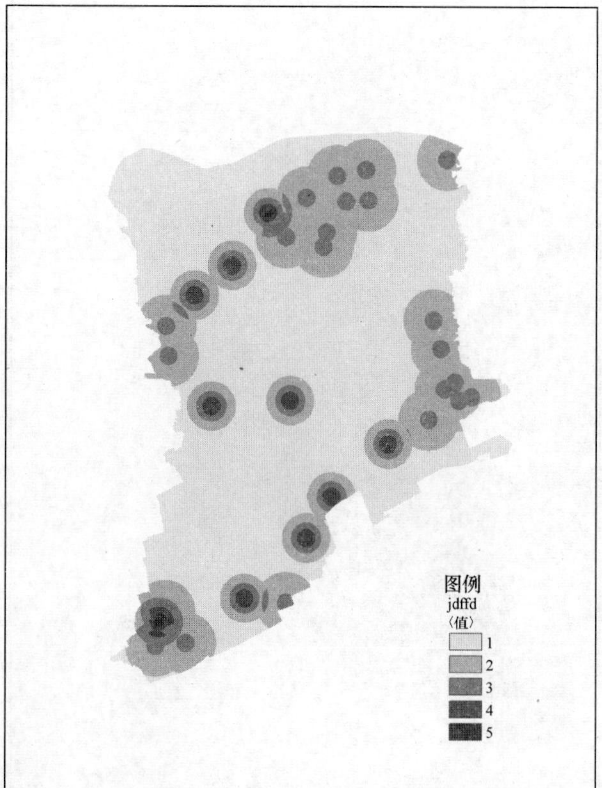

图13 景点丰富度分值

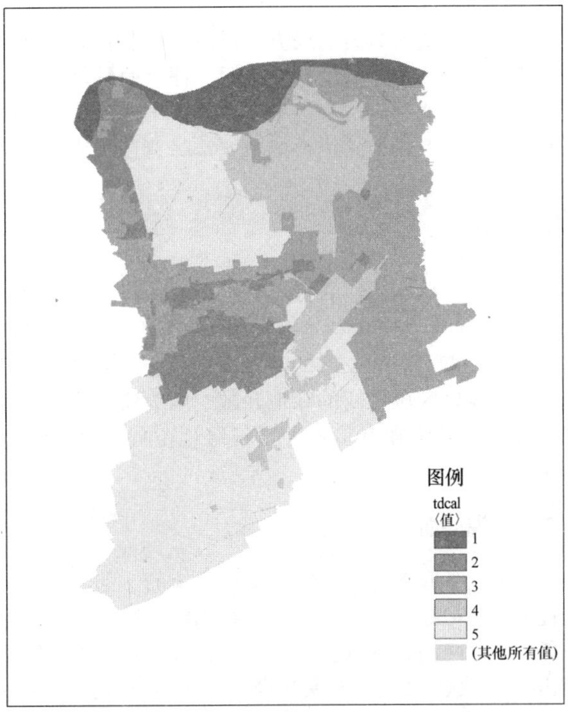

图 14　土地承载力分值

图 16　基于优化方法绿道选线适宜建设等级

图 15　基于传统方法绿道选线适宜建设等级

图 17　基于传统选线方法绿道等级分值

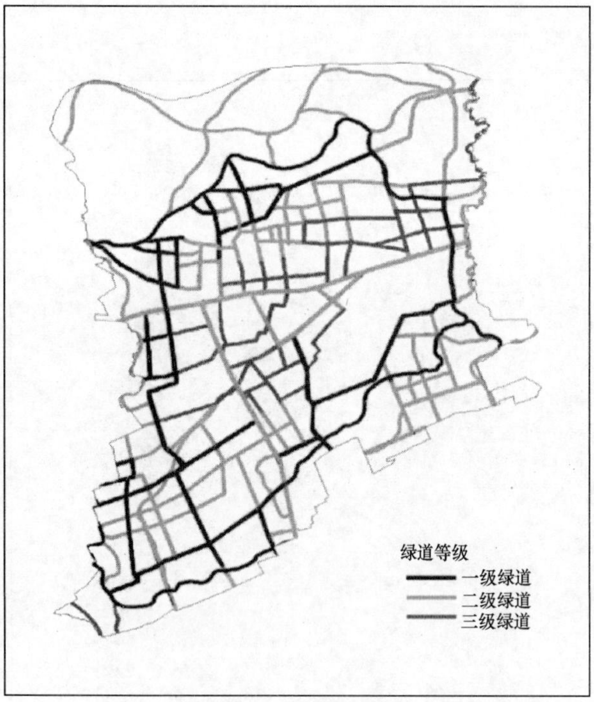

图 18 基于优化选线方法绿道选线等级分值

源丰富、与土地承载能力较为适应且使用率较高的环形网络系统。

(2) 二级绿道

二级绿道主要与县域绿道的下一级乡村级绿道相连通，起到不同绿道等级之间的连通作用，是补充一级绿道的其他绿道体系，使用率相对要低。

(3) 三级绿道

三级绿道是连接一级绿道与一级绿道、一级绿道与二级绿道的连接线，使用率最低。

2.2.3 选线结果与验证

基于传统方法选线的绿道网络节点数为 38 个，廊道数量为 41 个，廊道长度为 56.19km，基于生态系统服务量化评价的选线方法的绿道网络节点数为 53 个，廊道数量为 69 个，廊道长度为 97.75km（表 3）。通过这一类指数的计算和比较，可得出基于生态系统服务量化评价的选线方法的绿道网络比基于传统方法选线的绿道网络有较高的复杂性和连通性，因此用优化方法进行选线的绿道网络在发挥线性生境功能和景观连接度等方面具有一定的优势。

网络结构指数分析 表 3

绿道网络	节点数	廊道数量	廊道长度	α指数	β指数	γ指数	成本比
传统方法	38	41	56.19	0.05	1.08	0.37	0.27
优化方法	53	69	97.75	0.50	1.92	0.65	−0.04

3 结论

本文对小城镇绿岛选线方法进行了初步探索，以哈尔滨市太平镇为例，将生态系统服务评价的量化方法与小城镇绿道选线结合，并进一步丰富了小城镇绿道选线适宜性评价体系，为其他类似小城镇绿道选线从不同尺度层面提供了策略。

3.1 宏观层面

绿道具有高连接性的特点，作为一种起连接作用的线性绿色空间，太平镇绿道有助于缓和城乡割裂的速度，这在当前城市化蓬勃发展的时期表现得尤为明显。太平镇绿道选线以区域广阔的绿地开敞空间为研究背景，以切实可行的线状廊道将各种区域绿地空间串联并予以利用。

3.2 中观层面

太平镇绿道作为城镇慢行交通系统的一部分，为人们提供了一种绿色低碳健康的出行选择，对形成城市绿色低碳交通网络具有重要的意义。绿道还要通过连接城镇边缘区、城镇中心区、城镇居住区和公园广场等居民休闲游憩出行需求较大地区的轨道交通、公交站点，加强绿道慢行交通系统的便利性与可达性。

3.3 微观层面

太平镇绿道选线应结合绿道功能开发地段，完善相应的慢行交通设施，突出以人为本的原则，加强太平镇绿道网与城镇交通系统、慢行交通系统的接驳，完善换乘系统，连接镇区与乡村、各功能组团与组团内部，提高太平镇绿道网络的连接度与可达性。

参考文献

[1] 刘滨谊，王鹏．绿地生态网络规划发展历程与中国研究前沿[J]．中国园林，2010(3)：1-5.

[2] 李艳超，邓楚雄，曹秋平，等．基于生态系统服务功能价值理论的土地利用总体规划环境影响评价探讨：以湘乡市为例[J]．内蒙古农业科技，2011(5)：37-39.

[3] 周嘉，高丹，常琳娜．生态系统服务功能评估在土地利用总体规划环境影响评价中的应用：以黑龙江省大庆市为例[J]．经济地理，2011(6)：1014-1018.

[4] 李娟．西安市城市化与生态系统服务功能耦合关系与影响机制分析[D]．西安：陕西师范大学，2012.

[5] 胡喜生．福州土地生态系统服务价值空间异质性及其与城市化耦合的关系[D]．福州：福建农林大学，2012.

[6] 周亚东．基于景观格局与生态系统服务功能的森林生态安全研究[J]．热带作物学报，2015(4)：768-772.

[7] 胡剑双，戴菲．中国绿道研究进展[J]．中国园林，2010(12)：88-93.

[8] 闫水玉，赵柯，邢忠．都市地区生态廊道规划方法探索：以广州番禺片区生态廊道规划为例[J]．规划师，2010，26(6)：24-29.

[9] 吴佳雨，周晚，杜雁，等．基于文化线路的绿道选线规划研究——以草原丝绸之路元上都至元中都段为例[J]．城市

发展研究，2013，20(4)：28-33.
[10] 苏欣. 哈尔滨25种植物滞留颗粒物及绿地细粒物变化特征研究[D]. 东北林业大学，2015.
[11] Bastian O，Grunewald K，Syrbe RU，etc. Landscape services：the concept and its practical relevance[J]. Landscape Ecology，2014，29(9)：1463-1479.
[12] Costanza R，Arge R，Grot R D，et al. The value of the world's ecosystem services and natural capital[J]. Nature，1997，387：253-260.
[13] 谢高地，甄霖，鲁春霞，等. 一个基于专家知识的生态系统服务价值化方法[J]. 自然资源学报，2008(5)：911-919.
[14] 傅伯杰，张立伟. 土地利用变化与生态系统服务：概念、方法与进展[J]. 地理科学进展，2014，33(4)：441-446.
[15] XIE G D，LUC X，LENG Y F，et al. Ecological assets valuation of the Tibetan Plateau. Journal of Natural Resources，2003，18(2)：189-196.
[16] 付喜娥. 绿色基础设施规划及对我国的启示[J]. 城市发展研究，2015，22(4)：52-58.
[17] 马彦红，袁青，冷红. 生态系统服务视角下的景观美学服务评价研究综述与启示[J]. 中国园林，2017，33(6)：99-103.
[18] 胡剑双，戴菲. 中国绿道研究进展[J]. 中国园林，2010(12)：88-93.
[19] 闫水玉，赵柯，邢忠. 都市地区生态廊道规划方法探索：以广州番禺片区生态廊道规划为例[J]. 规划师，2010，26(6)：24-29.

作者简介：

刘畅，1994年生，女，汉族，黑龙江七台河人，哈尔滨工业大学建筑学院风景园林专业硕士。电子邮箱：751432835@qq. com。

冯瑶，女，汉族，哈尔滨工业大学建筑学院副教授、硕导、博士，哈尔滨工业大学景观与生态规划研究所。

胡俞洁，女，汉族，哈尔滨工业大学建筑学院风景园林专业硕士。

景观场地微环境绩效量化分析研究

——以滁州商业居住景观场地为例

Quantitative analysis of micro-environment performance in landscape sites

—Case study of landscape site of residential area in Chuzhou

季浩宁　毛项杰

摘　要： 在风景园林领域，运用数字量化技术分析景观场地微环境要素已渐成为重要的时代前沿课题。对景观场地微环境进行模拟，分析评价结果可用于检验景观设计的舒适性与合理性。本研究选择某居住区景观场地作为研究基地，通过对场地微环境气候因子数字化模拟，量化分析了景观场地在人们活动时段内的光照条件、太阳辐射、空气温度、风速等因子，梳理出量化分析的流程与评判标准。以此指导和检验了场地景观设计要素布局的合理性、科学性、舒适性。

关键词： 数字化技术；景观场地；场地微环境；太阳辐射；风速；空气温度

Abstract: It is widely adopted micro-environment elements of landscape sites by using digital quantitative techniques in the field of landscape architecture. The aforementioned numerical simulation results may be employed to estimate the comfort and rationality of the landscape design.

In this study, the landscape site of a residential area in Chuzhou is selected as the research subject. The micro-environmental factors such as illumination, solar radiation, air temperature, wind speed and etc. are investigated by means of digital simulation in the active period of human. Quantitative analysis procedures and evaluation criteria are developed, which can be used to guide and testify the landscape design to achieve the scientific, rational and comfortable requirements.

Keyword: Digital Technology; Landscape Site; Site Micro-environment; Solar Radiation; Wind Speed; Air Temperature

在计算机辅助设计软件的飞速发展时代，数据和信息为设计方式的更新和改革提供了技术支持。数字量化技术已在各个行业得到应用与普及。在风景园林领域，数字量化分析也逐渐成为重要的时代前沿技术，其目的是对景观场地微环境要素进行科学量化分析，使景观要素设计更科学、更人性化、更高效化。由于景观场地微环境主要是指场地所处的地理环境（纬度、海拔等）以及场地周边的微气候（土壤、风、光、水等）。它受到的影响因子较多且互相错综交织，对其分析较为困难。数字化技术可使复杂问题简单化、定量化，从而大大提高设计的准确性和科学性。尤其在景观场地微环境要素评价方面，数字化技术的定量化、可视化，更能显示高科技数字化工具的强大作用。

1　景观场地微环境绩效量化分析的基本内容

微环境也称小气候，是指一个特定范围内与周边环境气候有异的现象。在自然环境中，微环境小气候通常出现于自然要素集中的地方，如水体旁边，该处的气温会较其白水体周边低。而在不少城市内，自然要素少，人工环境区域大，特别是大量的高耸建筑物，则会生成另一种微气候，即气温会较其周边高，这种现象被称为热岛现象。

景观场地是自然环境和人工环境集中的区域，为环境的自然要素——主要分为光环境、湿环境和风环境三大要素。以此作为评定活动场地微环境景观绩效量化分析的主要参数，各主要要素的参数意义见表 1。

微环境景观绩效要素及参数意义　　表 1

景观绩效要素	参数名称及单位	定义
光环境	照度（lx）	到达物体表面单位面积的总光通量
	辐射照度（MJ/m^2）	到达物体表面单位面积的总辐射通量
湿环境	相对湿度（Rh）（%）	$1m^3$ 空气中所含水蒸汽量与同温度时空气所含饱和水蒸汽量之比值。由于相对湿度代表一定温度和一定大气压力下，湿空气的绝对湿度与同温同压下的最大饱和蒸汽量的百分比，可以作为评价空气干湿的标准
风环境	风速（m/s）	空气流动速度
	风向（°）	空气流动方向，包括水平流动和垂直流动
温度	空气温度（℃）	即空气温度

2 景观场地微环境绩效量化分析流程

2.1 描绘场地红线及建筑边界

使用 Autocad 软件绘制建筑边界及场地红线。

2.2 绘制建筑模型

场地红线及建筑边界绘制完成后，根据建筑规划图中各建筑高度或楼层说明，在 Sketchup 软件中拉升成 3d 模型，包含住宅楼、设备房及入口大门等，最终将整个场地内的建筑体块以 3d 形式表现。

2.3 导入分析软件建立分析网格

建筑体块绘制完成后，将模型另存为 dxf 格式，随后将包含模型的 dxf 格式文件导入 Ecotect analysis 软件中，并在 Ecotect analysis 软件中以项目场地红线为基础，建立分析网格，分析网格需覆盖整个场地红线。

2.4 加载气象数据

在 Ecotect analysis 附带的 Weather tool 软件中，加载项目所在地的历史气象数据。

2.5 运算参数，得出结论

加载项目所在地的历史气象数据后，通过在 Ecotect analysis 软件中运算，得出冬季、夏季活动时段光照、风力、温度等参数，运算结果会在 Ecotect analysis 软件中以图形化方式展现。随后将图形叠加在一起，并研读叠加后的图形，得出微环境各要素的绩效分析结论。

整个分析流程见图 1。

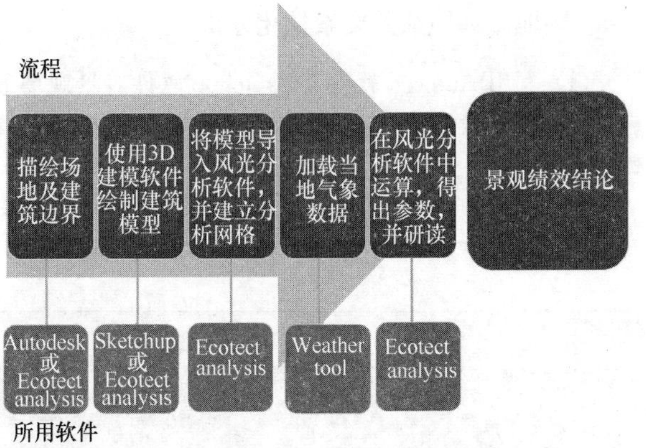

图 1 景观场地微环境绩效量化分析流程

3 景观场地微环境绩效量化及评价方法

3.1 量化方法

（1）空间模拟

利用 Sketchup 软件建模对景观场地空间进行模拟。

（2）光环境模拟

利用 Ecotect analysis 软件对景观场地的光环境进行模拟。

（3）风环境模拟

利用 WinAIR 软件对景观场地的风环境进行模拟。

（4）温、湿度模拟

利用 Weather tool 的历史气候数据对景观场地的温度、湿度进行模拟。

3.2 评价方法

通过软件模拟对微环境各因子进行量化分析得出可视化平面图后，叠加各项因子形成的平面图，比较选定不同景观场地类型内的光照、温度、风速变化，确定其场地条件差异。

根据人体对环境舒适度标准的经验值分析，人体感觉舒适的温度在夏季是 19～24℃，冬季是 17～22℃，温度受当地气候以及光照条件的影响，同时风速也会影响体感温度的高低。让人感觉舒适的湿度是 45%～55%。由于景观场地多位于户外，常规设计手段改变场地的光照及风速条件较为简单，而对湿度的改变则较为困难，因此对景观场地微环境的评价多以光照和风速为主，以此为依据，可以提出一个景观场地微环境舒适的标准——“冬暖夏凉”，其具体表现在：

冬：上午、下午各有 1h 日照，且场地人行区域距地面 1.5m（人体感受高度）高处，风速 0～5m/s（无风到轻风）；

夏：上午、下午各有 1h 的阴影，且场地人行区域距地面 1.5m（人体感受高度）高处，风速 3.4～5m/s（微风到轻风）。详见图 2。

4 景观场地微环境绩效量化实证研究

4.1 项目背景

滁州弘阳 20-1 南谯路与敬梓路东北侧地块景观设计项目为商业住宅项目，位于安徽省滁州城南新区南谯南

场地分级	景观绩效指标					匹配使用对象	适宜放置的场地类型
	活动时段光照条件				风力（1.5m高度）		
	夏季上午阴影	夏季下午阴影	冬季上午日照	冬季下午日照	夏季：3.4~5.5m/s 冬季：0~5m/s		
A类	√	√	√	√	√	1.儿童、2.长者、3.成人	儿童活动场地
A类-	√	√	√	√	×	1.儿童、2.长者、3.成人	1.儿童活动场地、2.长者活动场地
B类	×	×	√	√	√	1.儿童、2.长者、3.成人	阳光草坪
C类	√	√	√	×	√	1.成人、2.长者	短暂停留空间
D类	√	×	×	√	×	1.成人	户外运动
D类-	√	√	×	×	×	1.成人	户外运动

图 2 景观场地微环境绩效评价标准

路与敬梓路东北侧，用地面积 89886m²，景观面积约 61000m²；基地北侧建筑以商业为主，多层分布在基地中心及南侧，高层分布在基地东侧，中高层分布在西侧，幼儿园分布在南侧（图 3）。在方案推敲过程中，对该项目场地内的风、光、温度、太阳辐射能进行了模拟，根据量化的结论优化最终方案。

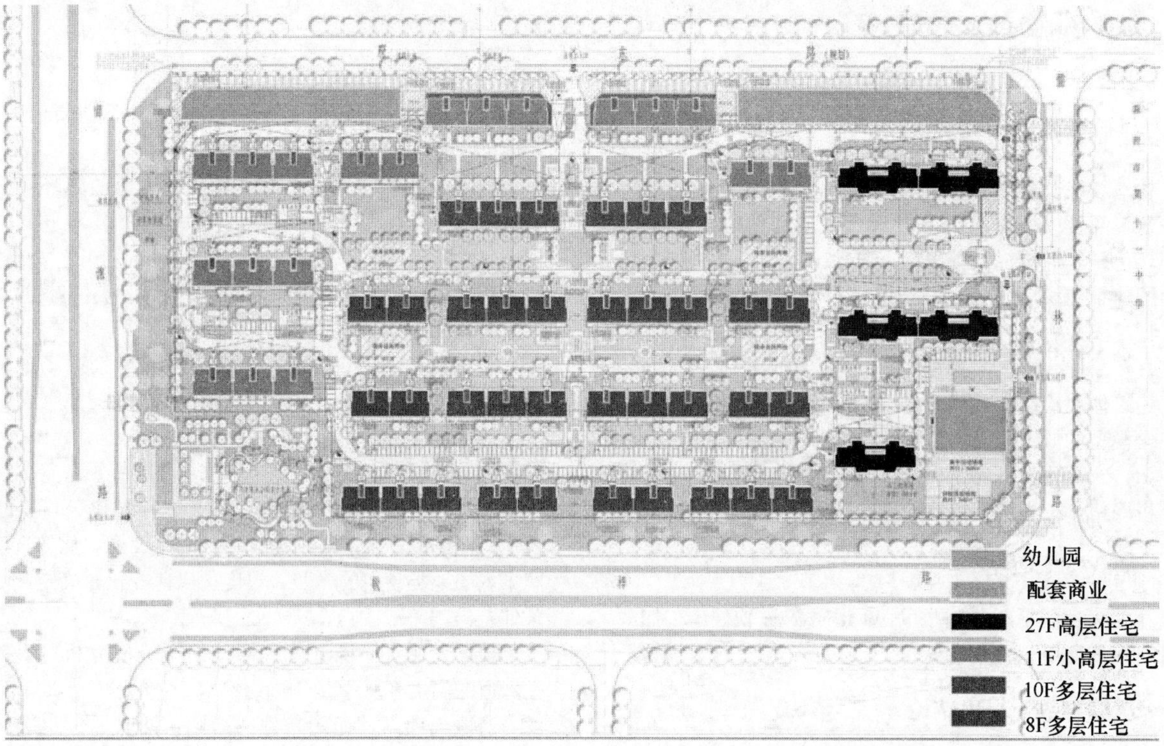

图 3　滁州弘阳 20-1 南谯路与敬梓路东北侧地块景观设计项目建筑平面图

4.2　气候环境

滁州市地处长江中下游平原及江淮之间丘陵地带，为北亚热带湿润季风气候，四季分明，温暖湿润，气候特征可概括为：冬季寒冷少雨，春季冷暖多变，夏季炎热多雨，秋季晴朗气爽。全市年平均气温 15.4℃，年平均最高气温 20.1℃，年平均最低气温 11.4℃，年平均降水量 1035.5mm。梅雨期长 23d。年日照总时数 2073.4h。初霜为 11 月 4 日，终霜为 3 月 30 日，年无霜期 210d。(图 4)。

4.3　分析时段

为了体现以人为本的设计理念，通过大量案例分析，确定了社区内人群主要活动时段为：夏季上午户外活动时段通常为 8：00～10：00，下午活动时段通常为 4：00～5：00；冬季上午活动时段为 9：00～11：00，下午活动时段通常为 3：00～4：00。

4.4　场地微环境绩效要素量化分析

（1）利用 Autocad 软件及 Sketchup 软件对景观场地进行绘制及建模，并导入 Ecotect analysis 软件中建立分析网格（图 5）。

（2）在 Weather tool 中加载滁州地区气象数据并研读空气湿度（图 6～图 9）。

滁州市（琅琊区）气候平均数据													
月份	1月	2月	3月	4月	5月	6月	7月	8月	9月	10月	11月	12月	全年
历史最高温℃（℉）	20.7 (69.3)	26.4 (79.5)	28.7 (83.7)	34.0 (93.2)	36.8 (98.2)	39.4 (102.9)	39.8 (103.6)	41.2 (106.2)	38.6 (101.5)	34.1 (93.4)	28.8 (83.8)	22.1 (71.8)	41.2 (106.2)
平均高温℃（℉）	6.6 (43.9)	8.5 (47.3)	13.1 (55.6)	20.2 (68.4)	25.6 (78.1)	28.7 (83.7)	31.5 (88.7)	31.5 (88.7)	27.1 (80.8)	22.0 (71.6)	15.6 (60.1)	9.6 (49.3)	20 (68.02)
每日平均气温℃（℉）	2.3 (36.1)	4.1 (39.4)	8.6 (47.5)	15.3 (59.5)	20.6 (69.1)	24.4 (75.9)	27.6 (81.7)	27.2 (81)	22.6 (72.7)	17.1 (62.8)	10.5 (50.9)	4.7 (40.5)	15.42 (59.76)
平均低温℃（℉）	−1.2 (29.8)	0.6 (33.1)	4.6 (40.3)	10.7 (51.3)	16.1 (61)	20.7 (69.3)	24.3 (75.7)	23.9 (75)	19.1 (66.4)	13.1 (55.6)	6.4 (43.5)	0.8 (33.4)	11.59 (52.87)
历史最低温℃（℉）	−23.8 (−10.8)	−17.0 (1.4)	−10.0 (14)	−0.3 (31.5)	4.6 (40.3)	11.6 (52.9)	17.1 (62.8)	14.2 (57.6)	9.1 (48.4)	−0.5 (31.1)	−7.3 (18.9)	−12.4 (9.7)	−23.8 (−10.8)
平均降水量 mm（英寸）	35.6 (1.402)	46.5 (1.831)	78.1 (3.075)	71.3 (2.807)	86.3 (3.398)	176.3 (6.941)	207.5 (8.169)	128.4 (5.055)	83.0 (3.268)	61.9 (2.437)	55.4 (2.181)	24.3 (0.957)	1,054.6 (41.521)
平均降水日数（≥ 0.1mm）	7.7	8.3	11.6	9.7	10.1	11.8	13.0	10.9	8.9	8.3	7.0	5.2	112.5

图 4　滁州气象条件

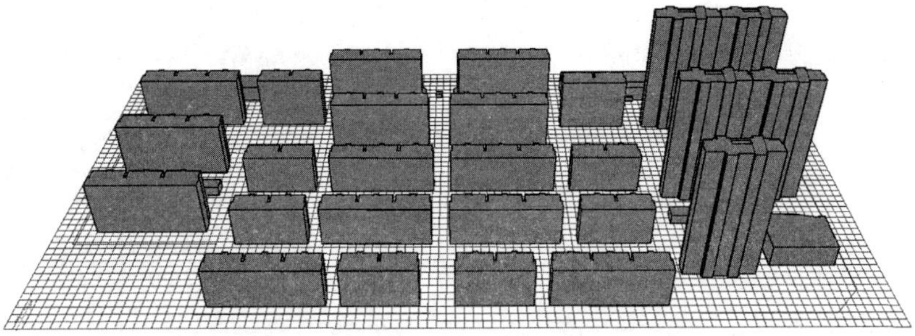

图 5　导入 Ecotect analysis 的景观场地模型

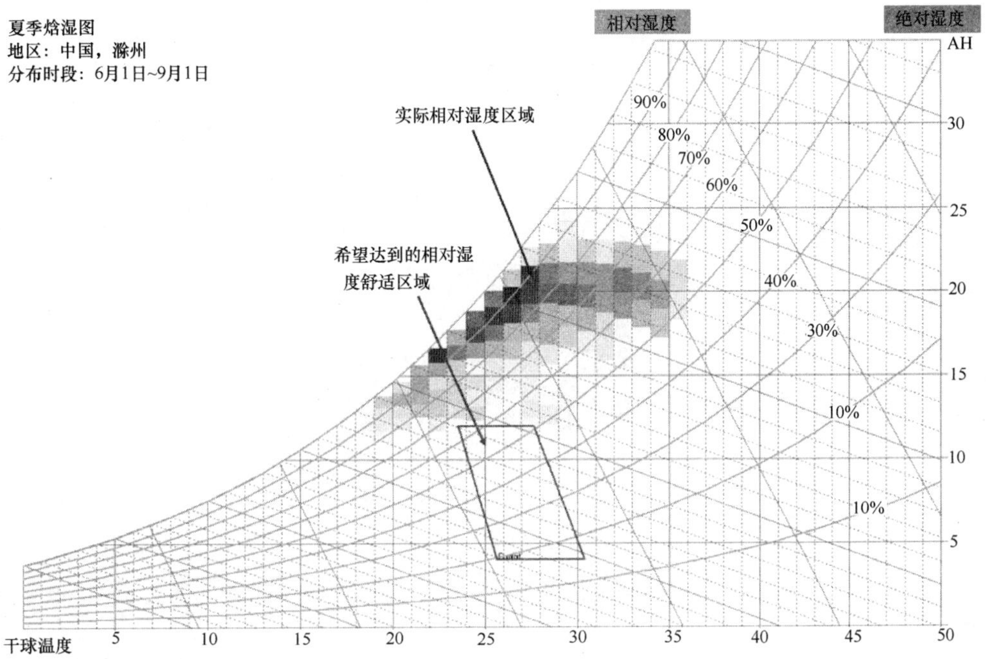

图 6　夏季焓湿图

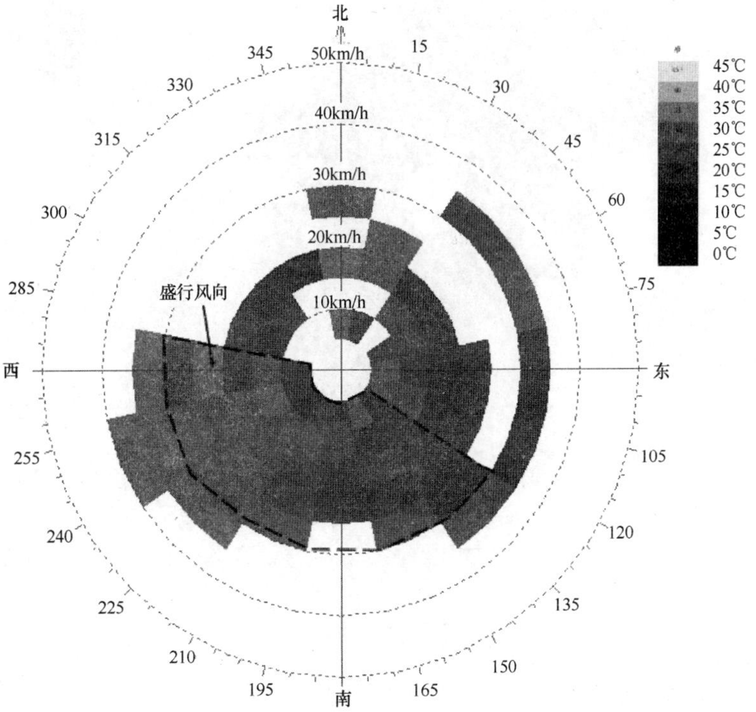

图 7　夏季风图

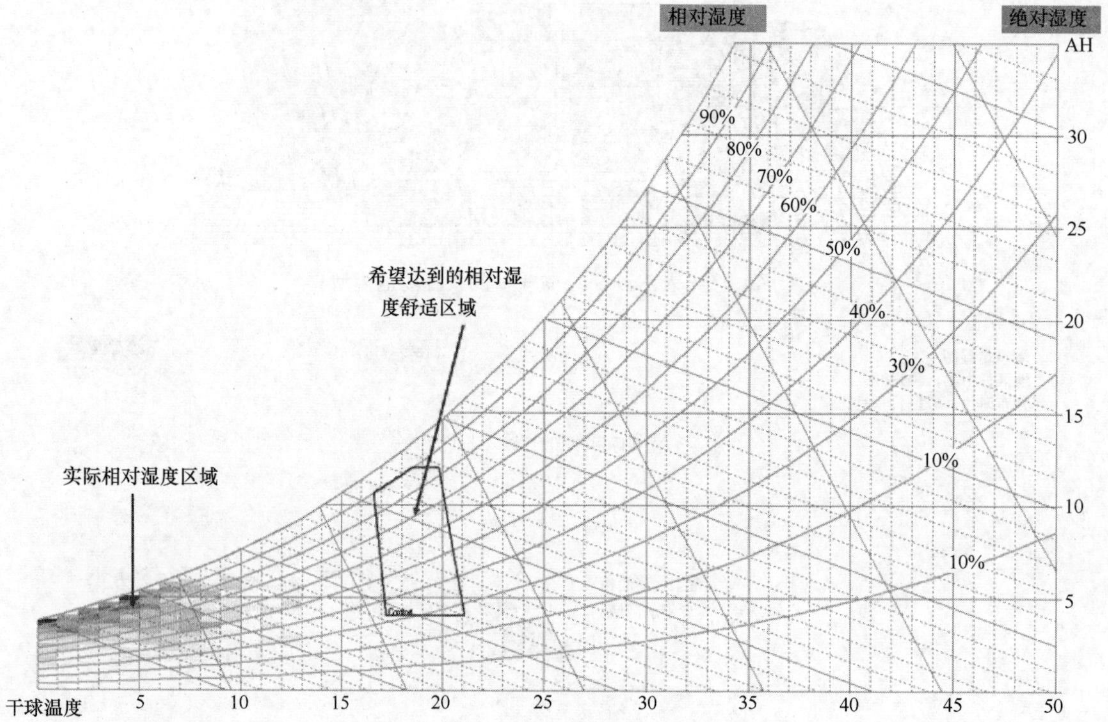

图 8 冬季焓湿图

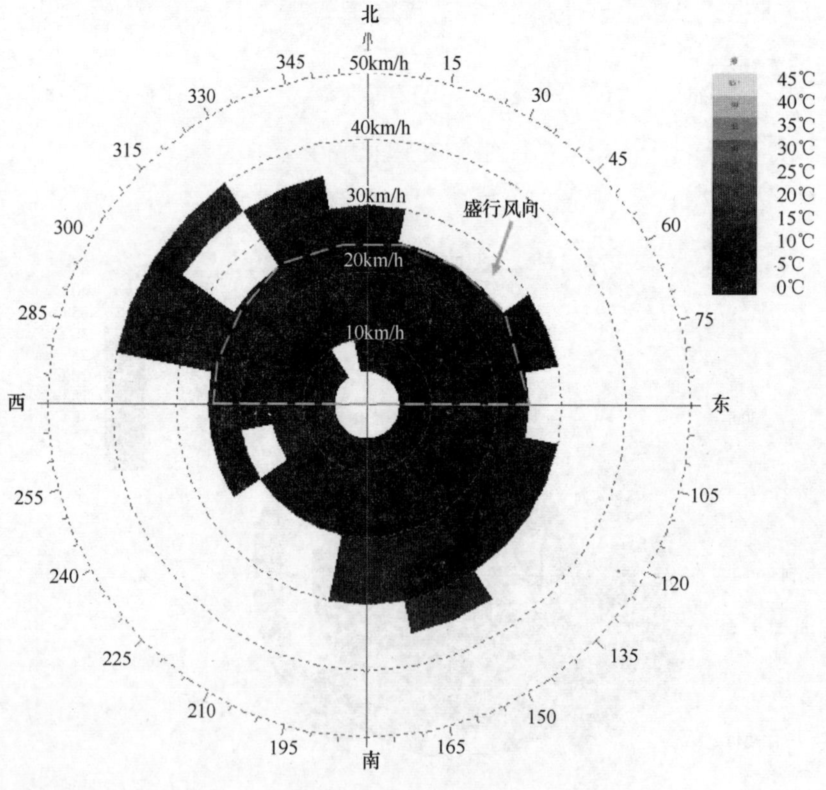

图 9 冬季风图

研读结论：滁州夏季湿度高于人体舒适的数值，夏季平均相对湿度都在 60%以上，这意味着体感温度会比气温高 2 ℃左右，对户外活动会带来一些限制。一般来说，夏季动态活动空间需尽量布置在开敞、通风和遮阴良好、湿度也相对较低的区域，这样人们才会感觉更加舒适。滁州冬季湿度高于人体舒适的数值，冬季平均相对湿度都在70%以上，这意味着体感温度会比气温低3℃左右，对户外活动也会带来一些限制。一般来说，冬季动态活动空间需尽量布置在半围合、少冷风和采光良好、湿度也相对较低的区域，这样可以避免冷风直吹和体感温度下降，人们会感觉更加舒适。充分考虑到这些外部环境因素的影响有利于合理化布置场地。

（3）在 Ecotect analysis 软件中加载滁州地区气象数据，并对其进行冬、夏两季光照要素模拟（图10、图11）。

（4）在 WinAir4 软件中对景观场地的活动时段进行风速、风向的模拟（图12、图13）。

（5）叠加夏季、冬季的光照、风力图并进行分析（图14、图15）。

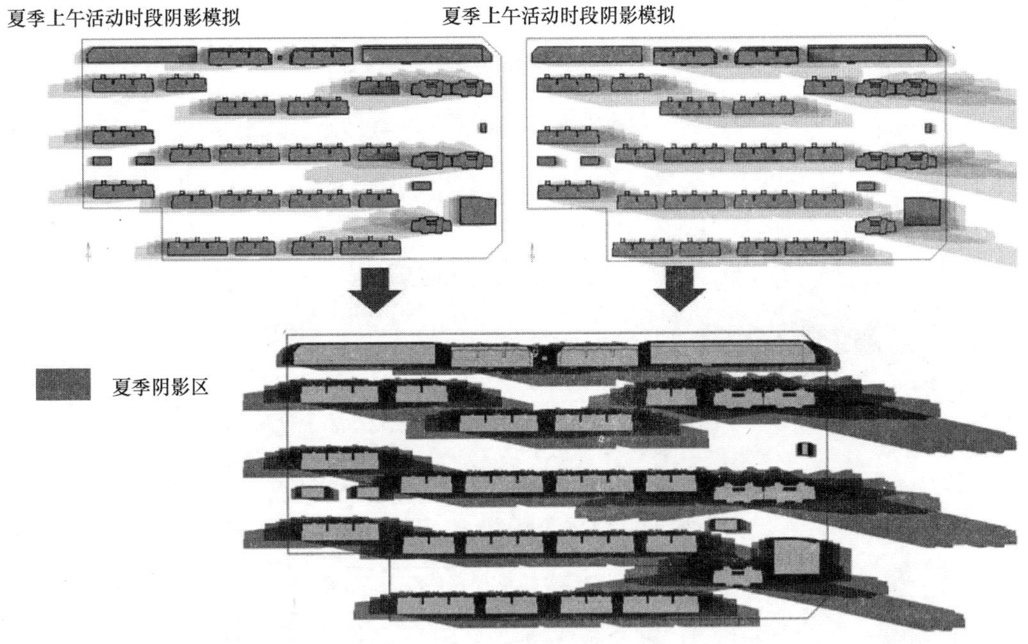

图10　夏季活动时段阴影区域叠加

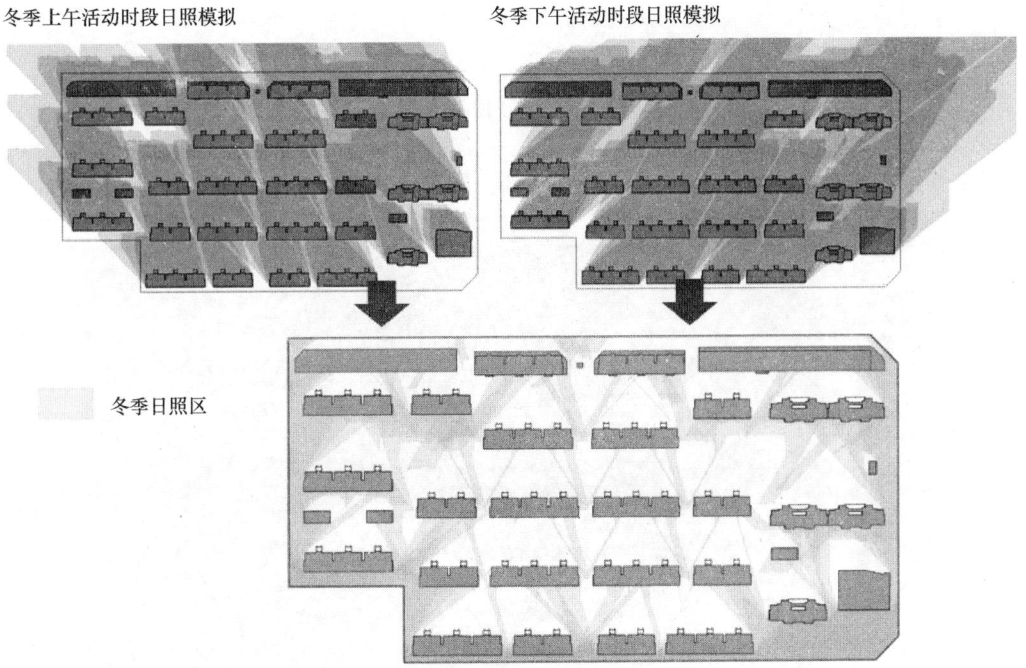

图11　冬季活动时段日照区域叠加

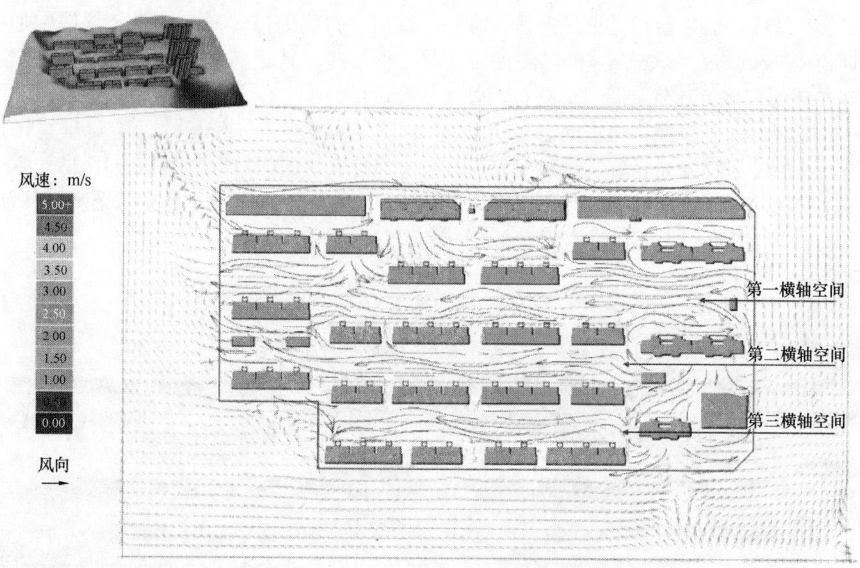

图 12　夏季活动时段风向及风速

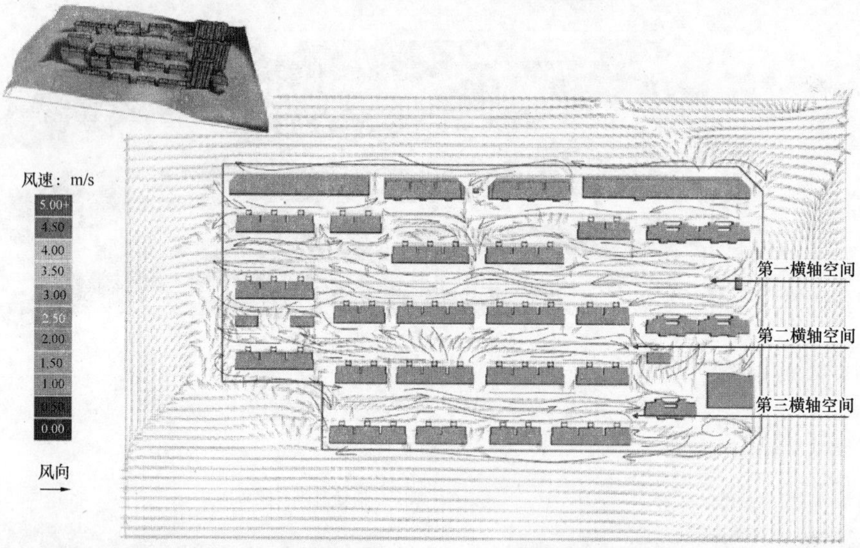

图 13　冬季活动时段风向及风速

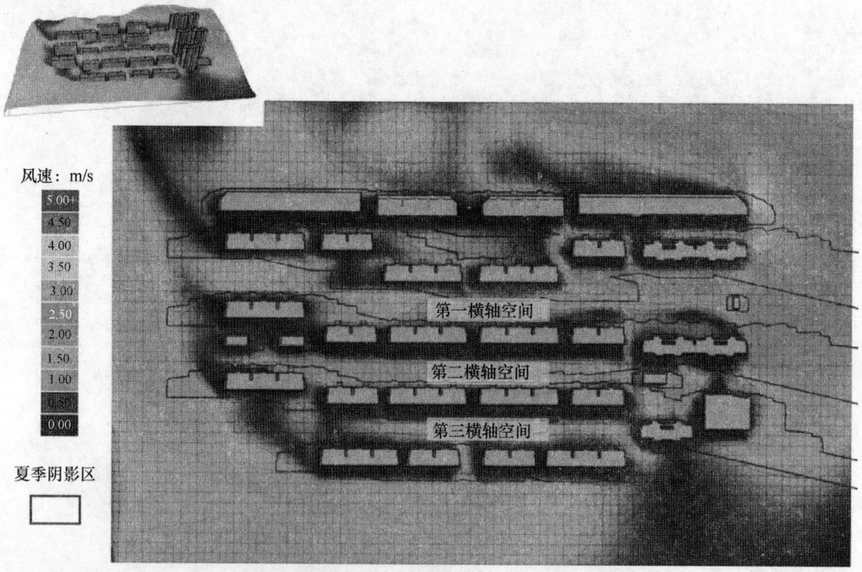

图 14　夏季活动时段阴影区域及风力叠加

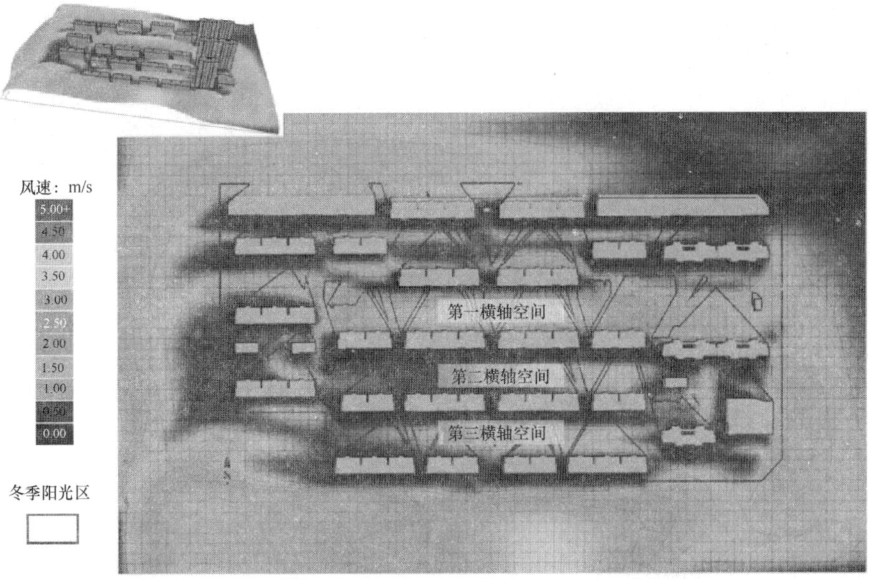

图 15　冬季活动时段光照区域及风力叠加

从上图可以看出，夏季活动时段大部分阴影区域风速在 1～3m/s，基本满足活动场地的需求，需要注意部分区域风速低于 1m/s，设计活动场地时需注意增加导风设计，留出风口。

从上图可以看出，冬季活动时段第一个横轴空间日照区域风速在 3～4m/s 之间，需在活动场地适当增加冬季阻风措施，第二、第三个横轴空间日照区域风速在 0～1.5m/s 之间，无需增加冬季阻风措施（如景墙、中层植物组团等）即可满足活动场地的要求。

（6）将冬夏两季光照、风力分析图叠加（图 16），得出景观场地分级（图 17）。

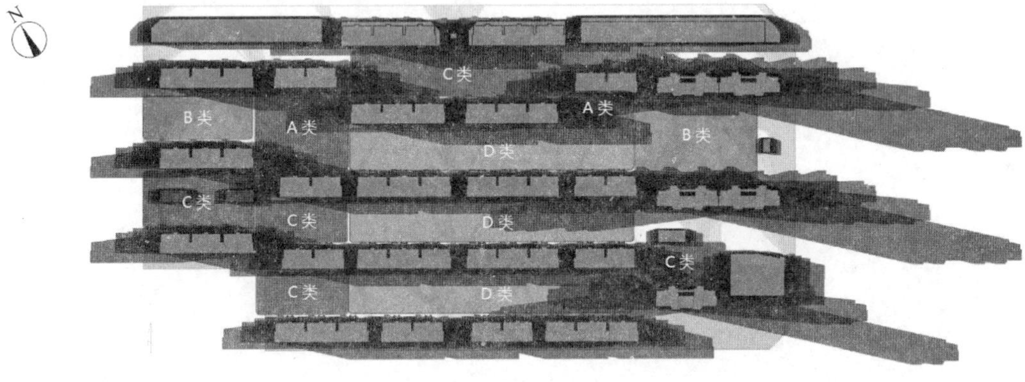

图 16　冬夏两季光照、风力分析图叠加

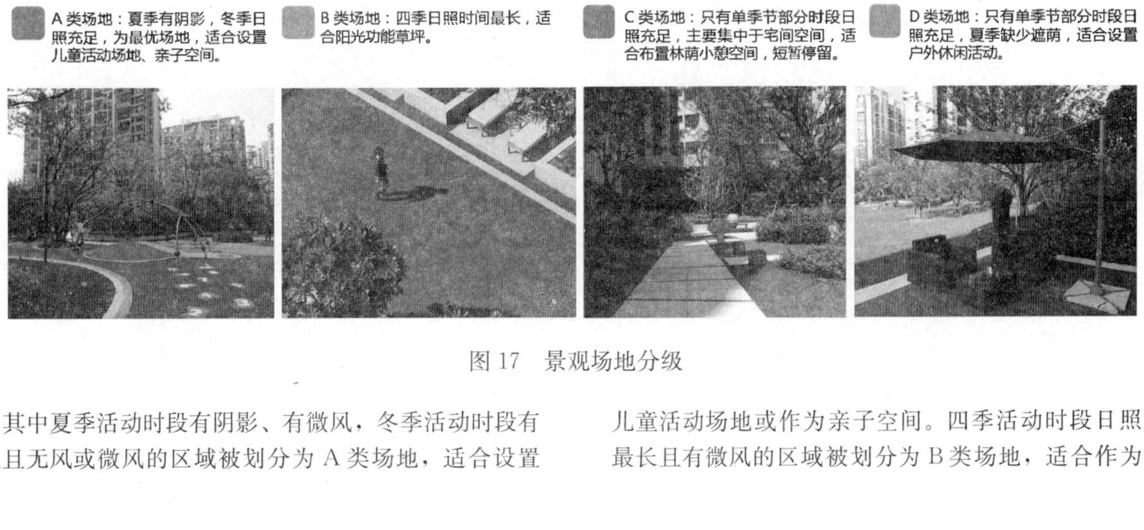

图 17　景观场地分级

其中夏季活动时段有阴影、有微风，冬季活动时段有日照且无风或微风的区域被划分为 A 类场地，适合设置儿童活动场地或作为亲子空间。四季活动时段日照时间最长且有微风的区域被划分为 B 类场地，适合作为阳光草坪。活动时段只有冬季日照充足，夏季缺乏阴影的区域被划为C类场地，这些场地多集中于宅间空间，适合作为短暂停留的小憩空间。冬季活动时段日照不充足，夏季活动时段缺乏遮阴的区域被划分为D类场地，适合作为户外运动或休闲活动场地。

以上的案例是我们对景观场地微环境绩效进行量化分析，并得出相应的场地绩效结论。但同时应注意，在后续的方式设计中，通过对现有问题的优劣条件分析，合理化设置景观廊架、景观亭、景墙及乔木组团，有效进行空间阻隔、转换或遮挡，使设计景观要素更科学化、精细化布置在场地中，达到改善景观场地微环境，实现对景观场地的绩效优化。

5 结语及展望

数字技术为社区景观微环境的研究开启了定量化和可视化的广阔“新天地”。不同的数字化工具有其特定和擅长的领域。作为一个尺度，软件模拟法可以通过计算机模拟取代现场观测勘测，有着成本小、速度快、相对准确的显著优点。以景观场地微环境绩效量化的理性思考，从气候、环境、空间等现有条件出发，以功能为诉求，能对景观设计产生科学指导的作用，其结论具有一定的唯一性，且不增加额外的景观成本。同时，与景观种植模块化设计相结合，对起到事半功倍的作用，也是未来景观技术领域重点发展的方向。

数字化软件模拟将传统的“风水”理论及生态智慧，与现代化的数据分析技术结合，对验证和高效地判断设计空间的合理性、定量化起到了积极的作用，更容易说服实施者和使用者接纳景观的合理性方案。在追求质量和效果的同时从本原本体出发，以景观场地微环境绩效量化分析为真实“卖点”；对后续设计更精准地把握空间、功能圆满地完成设计任务，并有效务实地实现目标打下基础。对于景观设计行业，通过科学化的数据分析，使设计过程更具理性思维，摆脱景观设计的随意性和空间的不确定性。未来的数据定量将从单个案例分析发展到多个案例的分析，逐步使这一套分析流程更标准化和科学化。

作者简介

季浩宁，1983年生，男，汉族，本科，上海林同炎李国豪土建工程咨询有限公司景观一所副所长、植物总监。电子邮箱：jihaoning@live.com。

毛项杰，女，汉族，本科。上海林同炎李国豪土建工程咨询有限公司景观一所所长，高级工程师。电子邮箱：maoxiangjie@shlinli.com。

开源数据环境下传统街坊社区街道空间活力研究

——以济南市商埠区为例①

Research on Street Vitality of Traditional Urban Community Based on Open Source Data Environment: Taking the Old Commercial District of Jinan as Example

安 淇 肖华斌 杨 慧

摘 要：传统街坊社区以旧城老街坊为主，街道空间构成独具地方特色，是重要的城市人文记忆载体。"日常都市主义"强调将历史文化保护置入日常生活语境，从街道空间活力评价提升入手，有助其活态保护，延续充满活力的邻里生活方式。本研究在开源数据环境下，以济南市商埠区为例，通过构建传统街坊社区街道空间活力量化评价体系，对各项指标因子进行空间表达，并对街道空间活力度进行合理测度，发现商埠区街道空间活力度较高的街道主要集中在经四路等路段，活力度较低的街道主要集中在纬一路等路段。结合活力度与关注度匹配关系，划定"高活力—高关注""低活力—高关注""高活力—低关注""低活力—低关注"四类评价类型，分别提出活力改造提升策略，并进一步总结传统街坊社区街道空间活力营造策略，对"日常都市主义"理论的实际应用价值进行补充，为实现城市传统街坊社区日常生活活力重塑提供可能。

关键词：传统街坊社区；街道空间；活力；开源数据环境

Abstract: The traditional urban community is dominated by the old city neighborhoods. Its street space constitutes unique local characteristics and is an important carrier of urban humanistic memory. 'Everyday Urbanism' focus on analyzing the everydayness of cultural heritage. Starting from the evaluation of street vitality helps to protect the living environment and continue the vibrant neighborhood lifestyle. Based on open source data environment, the author constructed the model evaluating the street vitality of traditional urban communities, spatialized every indicators and superimposed calculation of street vitality by taking the old commercial district of Jinan as example and found: Streets with high vitality are mainly concentrated in the roads such as Jingsi Road and the streets with low vitality are mainly concentrated in the roads such as Weiyi Road. Based on the match between the factors of vitality degree and attention degree, the author divided that street space to four categories—'high vitality-high attention', 'low vitality-high attention', 'high vitality-low attention' and 'low vitality-low attention'. For these four types, adopted differentiated transformation strategies to improve the street vitality. And further summarized the strategies to build the street vitality of traditional urban community. In this article, the author supplemented the practical application value of the 'Everyday Urbanism' and provided the possibility of reshaping the vitality of daily lives in traditional urban communities.

Keyword: Traditional Urban Community; Street Space; Vitality; Open Source Data Environment

街道空间作为居民日常生活交往重要场所，是体现人性化设计、实现城市发展自下而上转变的重要空间载体。良好的街道空间具有提升社区居民健康水平、增进居民生活质量、营造和谐邻里关系和促进社会公平等多重社会价值[1]。目前，对于街道活力的概念定义尚不明确，但已有不少国内外学者对街道空间活力内涵表征进行了相关阐述：Mehta 认为，街道特别是社会性活动的街道，大量人的存在与其之间的友好互动，构成了街道的外在活力[2]；郝新华等提出，街道活力主要体现在社会活力上，其核心为街道空间内从事各种活动的人[3]。总的来说，街道作为人、建筑与各种环境要素的空间集合，其活力的构成依赖其自身所具有的各种功能与环境要素，与随之产生的街道空间内人们丰富的社交活动，二者共同构成了街道空间的活力。

传统街坊社区以旧城老街坊为主，社区内部多为旧式传统住宅，街道空间构成多由市政道路围合形成，社区建筑形式与空间形态构成独具地方传统特色，社区原住居民地域归属感较强。然而随着城市化进程加快，大量新型居住小区建设的同时，城市内城传统街坊社区不断消失[4]，大规模的城市更新建设使得传统街坊社区原有城市地位下降。传统公共开放空间的灭失及活力节点的断裂，使以街道空间为代表的社区重要生活单元步行空间缺乏、环境品质下降、空间活力丧失。"日常都市主义"强调地方传统特色街道的保护，主张将历史文化保护置入日常生活语境中，强调采用自下而上的城市发展机制，构建充满活力与多文化融合的社区邻里生活方式[5]。基于"日常都市主义"理论，从街道空间入手，对传统街坊社区进行活力评价提升，有助其活态保护，营造充满活力

① 基金项目：住房城乡建设部建筑节能与科技司北京建筑大学 2017 年开放课题项目（UDC2017011212）资助。

的社区公共生活。

1 研究方法及评价指标

1.1 开源数据环境下的街道空间活力研究

开源数据环境下，城市研究技术革新为街道空间活力研究提供支撑。日益多样的研究数据与完善的数据处理分析平台，为“大尺度、精细化”的研究模型构建创造可能[6]。在此背景下，通过对可获得指标进行判断选取，对传统街坊社区街道空间活力进行测度，并使用ArcGIS10.2等数据量化与空间表达平台，为城市尺度下以传统街坊社区为研究对象的街道空间活力判别提供基础，也为基于评价结果的活力优化提升策略提出提供途径。

1.2 评价指标体系构建

1.2.1 活力度指标选取

针对街道空间活力的研究，实质上是关注人群在街道中活动空间的环境特征。为构建合理的街道空间活力量化评价指标体系，通过对“中国知网”平台2013～2018年街道活力相关研究文献检索与筛选，总结得到45篇文献中所提到的影响街道空间活力的环境影响因素，选取包括街道自身环境特征及其周边环境特征在内的影响街道活力的指标因子。在此基础上，结合街道空间活力内涵表征，选取环境活力、社会活力与文化活力三个研究纬度，总结筛选步行通达性、环境适宜度、功能混合度、功能聚集度与文化设施密度五个指标因子，构建街道空间活力度评价体系（图1）。

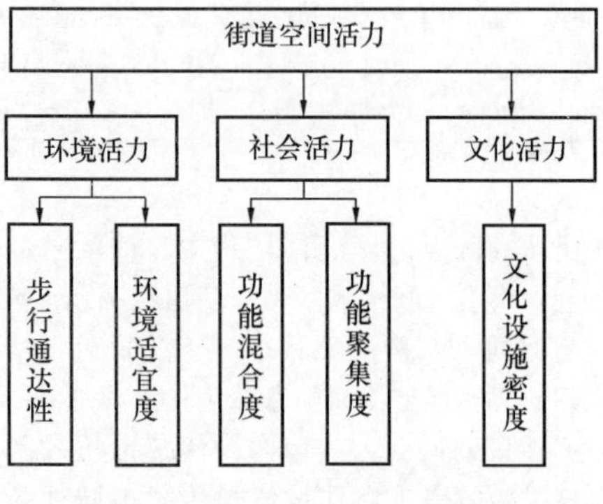

图1 街道空间活力度评价体系

1.2.2 指标权重确定

采用层次分析法，对评价指标因子建立两两比较的判断矩阵，邀请5位专家与15位居民对选取的评价指标因子进行两两判断，得到判断矩阵。使用Yaaph10.3软件平台进行计算，生成评价指标权重（表1）。对计算结果进行一致性检验，当指标数量$n \geqslant 3$时，代入一致性计算公式：

$$CR = (\lambda_{\max} - n)/[RI(n-1)] \quad (1)$$

式中，CR为一致性指标；$\lambda_{\max}$为最大特征根；RI为平均一致性指标，当$n=5$时，取值为1.12。根据计算结果显示，判断矩阵的一致性指标CR值均小于0.1，评价指标不一致性程度在容许范围内，采用其标准化特征向量作为街道空间活力度评价各指标因子权重。

街道空间活力度评价指标权重　　表1

研究纬度	评价指标因子	权重
环境活力	步行通达性	0.25
	环境适宜度	0.13
社会活力	功能混合度	0.21
	功能聚集度	0.16
文化活力	文化设施密度	0.25

2 研究对象与数据获取

2.1 研究对象选取

本文选取济南市商埠区进行研究，自1904年开埠以来，商埠区作为胶济铁路的重要交通枢纽，是济南市近现代民族工商业发展的中心区域。商埠区位于济南古城区西侧，与济南古城直线距离约2km，两者共同构成了济南市以古城区为主的政治文化中心与以商埠区为主的商业经济中心的城市发展格局（图2）。作为济南现存保留较为完整的传统特色地区之一，其社区内部开发强度较低，街道原有棋盘式格局基本保留，是研究济南传统街坊社区与保护城市传统历史风貌的重要节点。但随着城市现代化建设不断加快，商埠区街道界面连续性较20世纪减弱，面临着步行空间狭窄、街道公共空间特色缺失且利用率低等一系列问题。结合济南市规划局划定的商埠区范围及实际路网分布情况，划定研究范围。研究区域整体面积约为5.01km²，东西长约2.4km，南北宽约1.7km，其中商埠区核心区域“一园十二坊”约占其总面积的9.6%（图3）。

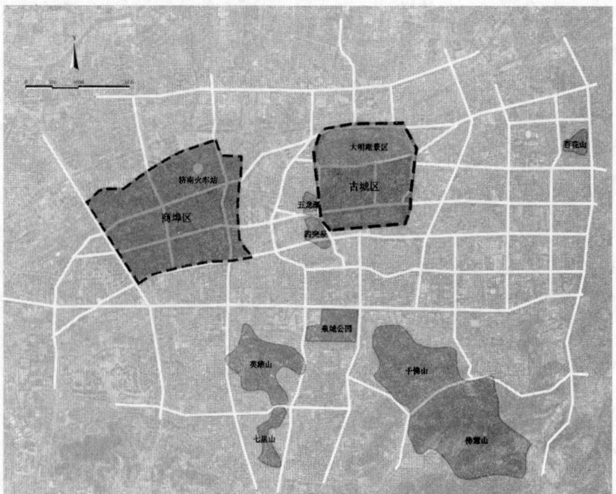

图2 济南市商埠区区位示意图

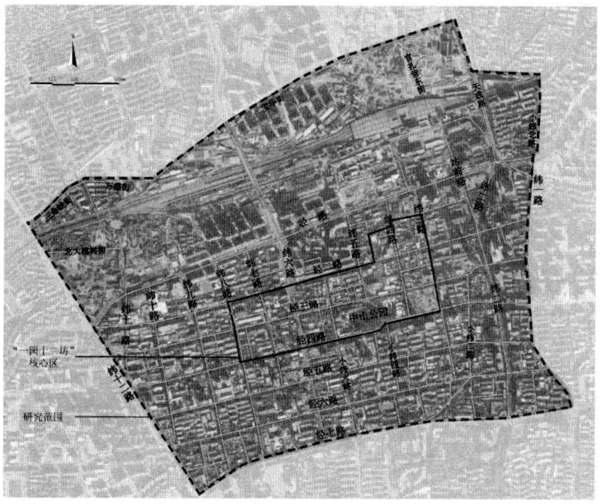

图 3　济南市商埠区街道空间研究范围

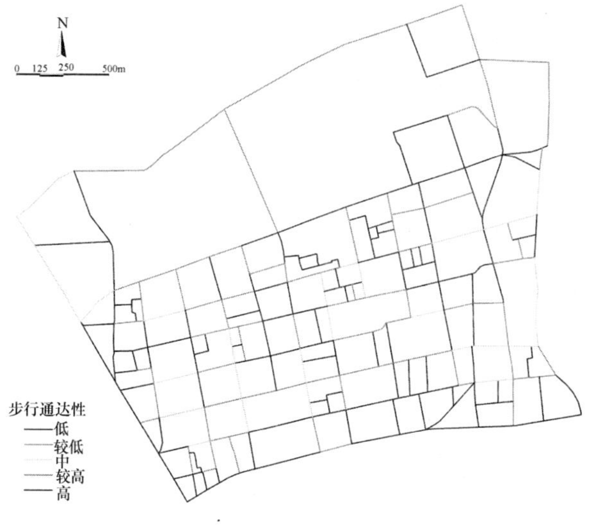

图 4　街道空间步行通达性评价

2.2　研究数据获取

本文的研究数据包括商埠区路网、地图兴趣点（Point of Interest，POI）及商埠区街景图片。其中，街道空间活力研究所需路网数据来源于开放街道地图（Open Street Map，OSM），并对其原始路网数据进行了制图综合与拓扑处理，得到街道共计 268 条，以便后续应用。研究中所使用的地图兴趣点数据街景数据来源于国内知名地图供应商，沿研究区域内道路进行采集，采集日期为 2018 年 8 月 1 日；所使用的 POI 数据来自国内知名地图供应商 2018 年 7 月 10 日数据，获取范围为研究区域最小外接正方形。

3　商埠区街道活力度量化评价

3.1　环境活力相关特征分析

3.1.1　步行通达性

近年来，为打造安全、友好、舒适的社区基本生活平台，广州、上海、济南等多个城市均提出打造“15min 社区生活圈”概念，强调城市居民日常活动核心范围应为 15min 的步行范围，组织配备完善的公共服务于活动空间。在此背景下，计算商埠区街道 15min 步行可达性，用以表征商埠区街道空间步行通达性。量化结果显示（图 4），步行可达性较高的街道分布较为分散，主要分布在经四路、经六路、纬三路及纬九路中段，整体步行通达程度较低，中低等级街道空间占比较高。究其原因，调查发现，商埠区街道存在步行空间局促、汽车占道停车、铺装不完整与破损程度高等问题，整体步行环境舒适度低，日常设施配置与空间组织不合理，造成居民对商埠区街道步行环境安全性与满意度较低。

3.1.2　环境适宜度

绿视率能够衡量城市三维空间绿色资源与景观效果，是研究城市人居环境空间中人与绿色物质感知关系的重要指标[7]。相较其他诸如“绿地率”或“绿地覆盖率”等二维平面评价指标而言，绿视率更能反映城市公共空间的心理感知绿量，能够作为街道空间环境适宜度的评价依据。通过网络爬虫，沿商埠区街道每间隔 100m，获取商埠区各路段 4 个方向共计 1436 张街景图片，选择最适角度筛选得到 359 张代表性街景图片（图 5）。使用“猫眼象限”小程序平台①，根据坐标定位导入各点相对应的街景图像，通过小程序的图像识别技术，统计获取各点绿视率（图 6），通过整理计算得到各点所在街道空间绿地率均值，并将其划分为≤5%、5%～15%、15%～25%、25%～35%、≥35% 5 个等级，分别对应环境适宜度低到高 5 段划分等级（图 7）。结果显示，商埠区各街道中，环境适宜度较高的街道所占比例高，多集中在研究范围东侧，即纬二路、小纬二路、纬三路一带，并在纬十路、纬十一路与经六路东段略微集中。结合调研结果，商埠区街道两侧多种植冠大荫浓的高大阔叶落叶乔木，并在各城市主干道配植紫叶李等彩叶树种，街道整体绿化环境较好，绿化质量较高。

图 5　商埠区街景图像采集内容

① 注释：“猫眼象限”小程序平台由城市象限公司开发，是一款能够创建调研任务，拍摄或导入区域照片，并基于图像识别技术，自动统计视野内绿视率、人流量与车流量的微信小程序。

图 6 “猫眼象限”小程序获取绿视率

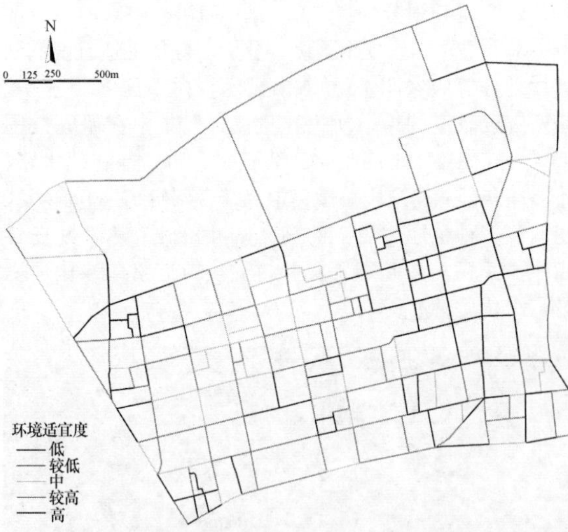

图 7 街道空间环境适宜度评价

3.2 社会活力相关特征分析

3.2.1 功能混合度

根据近年来 POI 分类的相关研究，依据普遍性与一致性原则[8]，选取街道两侧各 55m 缓冲范围内的 POI 数据，将筛选得到的 POI 数据分为住宅、企事业单位、日常服务、汽车服务、金融保险服务、住宿服务、文化休闲娱乐服务、餐饮服务、购物服务、科教文化服务与医疗卫生服务共 11 类，通过信息熵公式进行街道空间功能混合度的计算：

$$Diversity = \text{sum}(pi \times \ln pi), (i = 1, \cdots, n) \quad (2)$$

式中，$Diversity$ 表示街道空间的功能混合度，pi 表示某类 POI 数据所占 POI 总数的百分比，n 表示街道空间 POI 类别总数，依此推算得到商埠区街道功能混合度（图 8）。根据量化分级结果，研究范围内功能混合度较高的街道分布集中，主要分布在经二路、经三路、经四路西段及纬八路、纬九路、纬十路北段，研究范围内整体功能混合度分布较为均匀。

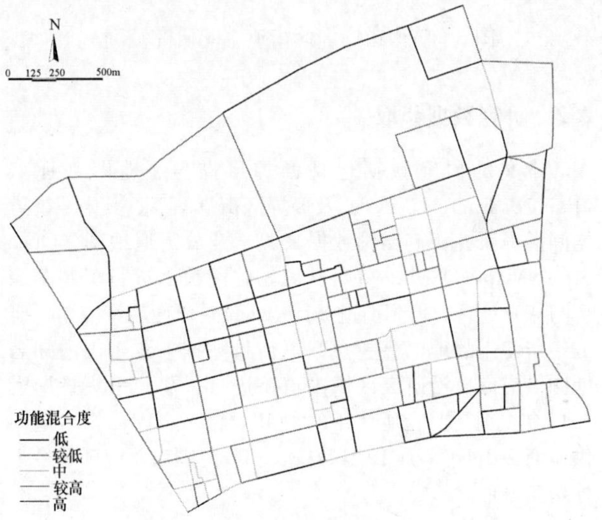

图 8 街道空间功能混合度评价

3.2.2 功能聚集度

通过计算街道两侧各 55m 缓冲范围内 POI 点总数与街道长度的比值，得到 POI 点密度，表征街道空间功能聚集度（图 9）。量化分级结果显示，研究范围内街道空

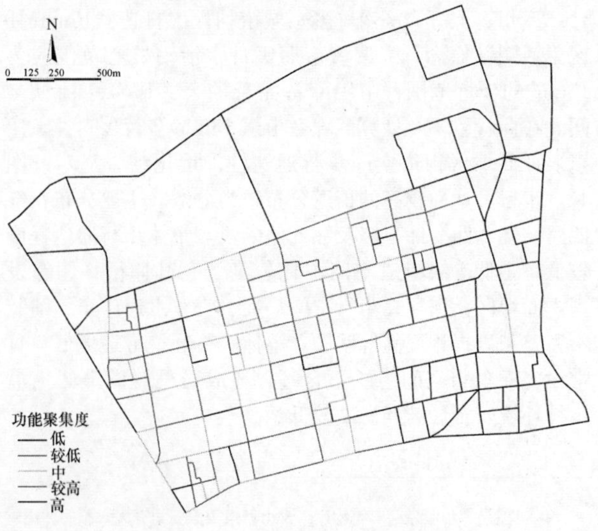

图 9 街道空间功能聚集度评价

间功能聚集度与功能混合度空间分布规律大体一致，以经二路、经三路、经四路西段及纬八路、纬九路、纬十路北段为核心，向外逐渐减弱，但整体集中在研究区域西侧，其余街道空间功能聚集度较低。此外，宝华街、小纬二路及经七路东段功能混合度较高，但为功能聚集度的低洼区。

3.3 文化活力相关特征分析

研究基于步行距离的衰减规律[9]，结合《公共文化体育设施条例》与《中华人民共和国公共文化服务保障法》相关定义、内容，选取区域缓冲范围 200m 以内的表示公共文化设施的 POI 数据，分别对其进行 5min、20min 与 30min 可达域计算，通过衡量公共文化设施在各街道空间分布的服务范围与均衡程度，用以表征街道空间文化设施密度（图 10）。结果显示，商埠区内公共文化设施分布较为分散，结合调研，其内部各类文化设施居民满意度较好，但其服务范围较小，服务水平较低，商埠区街道空间文化活力与传统街坊社区城市历史文化定位不匹配。

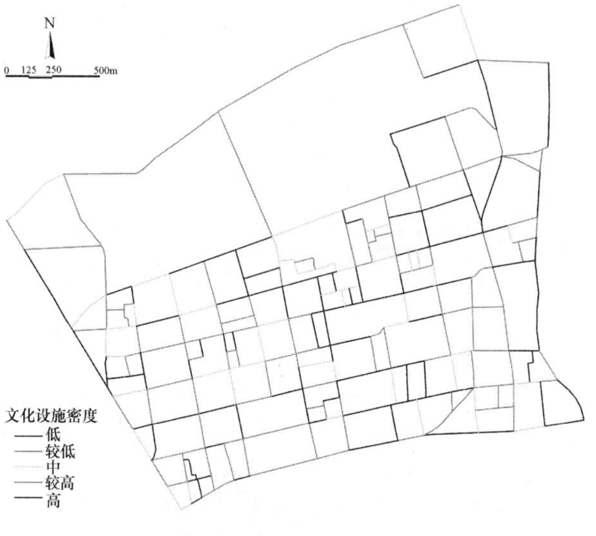

图 10 街道空间文化设施密度评价

3.4 商埠区街道空间活力度综合评价

首先，对各项指标进行线性归一化处理，其公式为：

$$X_{norm} = (X - X_{min})/(X_{max} - X_{min}) \tag{3}$$

式中，X_{min} 为归一化后的数值，X、X_{min} 和 X_{max} 为样本数据的原始值、最小值和最大值。然后，根据对街道空间活力度评价体系指标权重的确定结果，使用 ArcGIS10.2 软件，将各指标结果进行量化并采用自然断裂点分类法进行分级，得到商埠区街道空间活力度评价分布（图 11）。

根据量化结果显示，研究范围内综合活力度高的街道空间占比约 9.7%；活力度较高的占比约 23.5%；活力度中等的占比约 32.1%；活力度较低的占比约 19.8%；

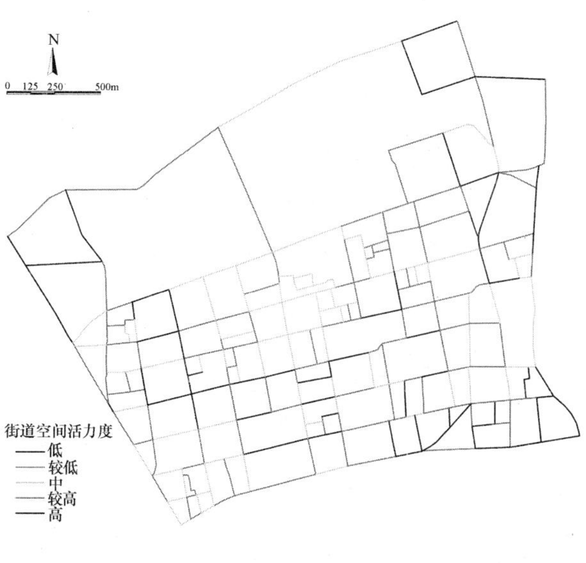

图 11 街道空间活力度评价

活力度低的占比约 14.9%。其中，街道空间活力度较高的街道主要集中在经四路、经五路、经六路东段、纬九路及纬十路，活力度较低的街道主要集中在站前路、纬一路、纬二路北段、纬三路北段、经七路西段及纬十二路北段。根据商埠区街道美誉度调查与济南市规划局提出的对其核心区“一园十二坊”重点规划设计的要求，划定街道空间关注度。综合活力度量化结果，基于活力度与关注度的匹配关系，将商埠区街道空间划分为四类评价类型，分别为以经四路为代表的“高活力-高关注”街道、以纬三路北段为代表的“低活力-高关注”街道、以纬九路为代表的“高活力-低关注”街道与以纬一路为代表的“低活力-低关注”街道。

4 传统街坊社区街道空间活力营造与优化策略

传统街坊社区作为城市历史文化发展传承进程保留下的重要结晶，维护与提升社区居民日常生活水平是城市规划建设至关重要的任务。鉴于城市建设发展的必然性与传统街坊社区历史文化遗产保护的复杂性，对其街道空间活力的营造与优化，必须根植于常态化的公众参与和实践过程之中。“日常都市理论”提出要在日常生活语境中对城市地方传统特色街道进行保护，基于前文的分析结论，提出自下而上的街道空间活力差别化改造策略。

4.1 现有街道空间优化提升

4.1.1 不同评价类型现状街道空间活力特征

在“城市双修”与建设“社区生活圈”的背景下，根据街道空间四类评价类型，分别研究其街道空间各活力指标因子现状，采取差别化的街道空间活力优化策略（表 2）。

各类街道空间活力现状　　　　表 2

街道空间评价类型	代表街景图像	街道空间活力特征
高活力度 高关注度		步行通达性较高 环境适宜度较高 功能混合度较高 功能聚集度适中 文化设施密度较高
低活力度 高关注度		步行通达性较低 环境适宜度较高 功能混合度较低 功能聚集度较低 文化设施密度较低
高活力度 低关注度		步行通达性较高 环境适宜度适中 功能混合度较高 功能聚集度较高 文化设施密度较高
低活力度 低关注度		步行通达性较低 环境适宜度适中 功能混合度适中 功能聚集度较低 文化设施密度较低

4.1.2 不同评价类型街道空间活力优化策略

根据各类街道空间活力现状的总结与整理，针对不同的活力指标因子，结合四类评价类型，分别提出街道空间活力优化策略：

（1）持续提升“高活力度—高关注度”街道空间，加强完善该类街道物质环境与社区管理方式，持续关注与提升各活力指标因子，丰富底商服务类型，统一标识招牌设计，提升街道步行系统安全性与美观度，进一步提高街道空间活力质量与服务水平，打造城市传统街坊社区活力示范性街道（图 12）。

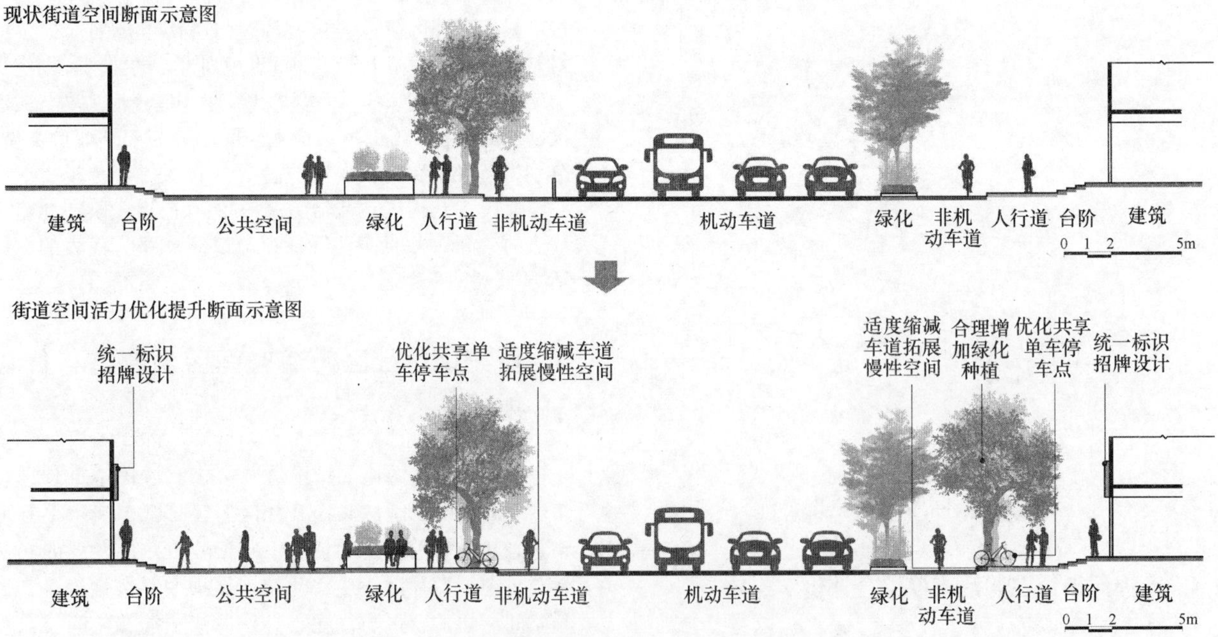

图 12 “高活力度-高关注度”街道空间活力优化

（2）重点关注“低活力度—高关注度”街道空间，积极回应传统街坊社区居民对各活力指标因子的需求，严格控制底商边界，合理进行绿化种植，减少步行空间挤占，创造适宜街道空间尺度，丰富街道服务类型与社会活动，加速传统街坊社区社会关系重建，提升社区整体活力水平，体现人性化设计与社会公平（图 13）。

（3）保持维护“高活力度—低关注度”街道空间，结合活力度指标因子，重视街道空间的维护与管理，合理布置停车场地，丰富街道绿化种植种类，减少无谓改造措施，保持其街道活力空间所带来的社区活力与社会效益（图 14）。

（4）渐进改造“低活力度—低关注度”街道空间，采取渐进式改造方式，结合社区居民意愿，逐步合理改善各项活力度指标因子，适当增加公共服务设施数量，合理布置公共服务设施种类，增加道路绿化种植面积，集约利用道路空间，促进街道与社区融合发展，打造更为适宜的邻里生活方式（图 15）。

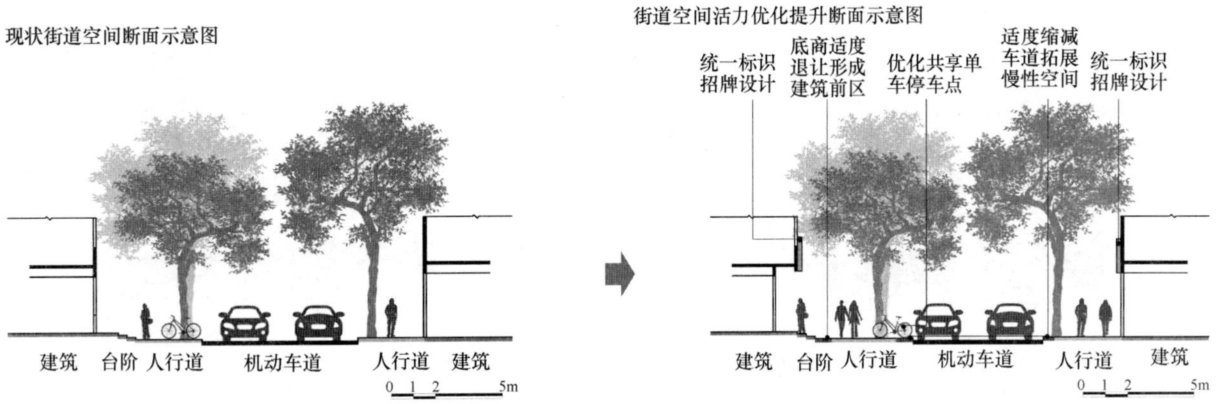

图 13 “低活力度-高关注度”街道空间活力优化

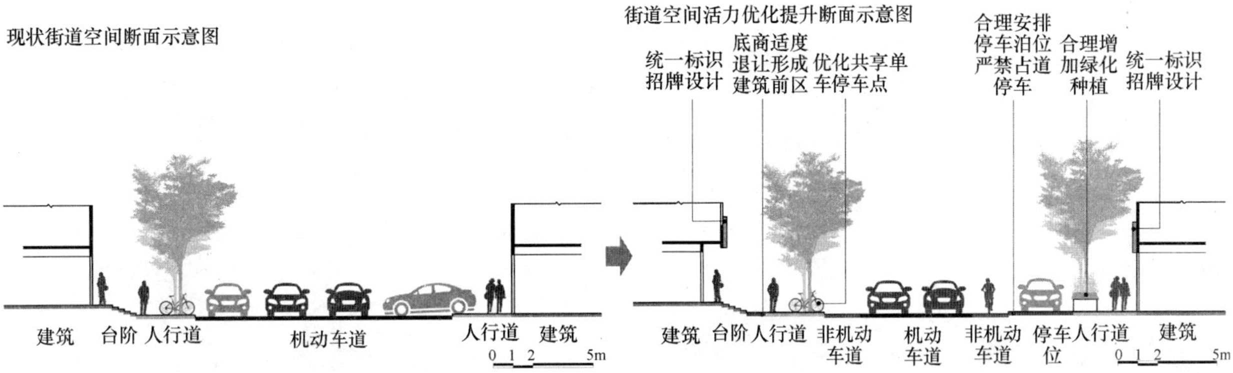

图 14 “高活力度-低关注度”街道空间活力优化

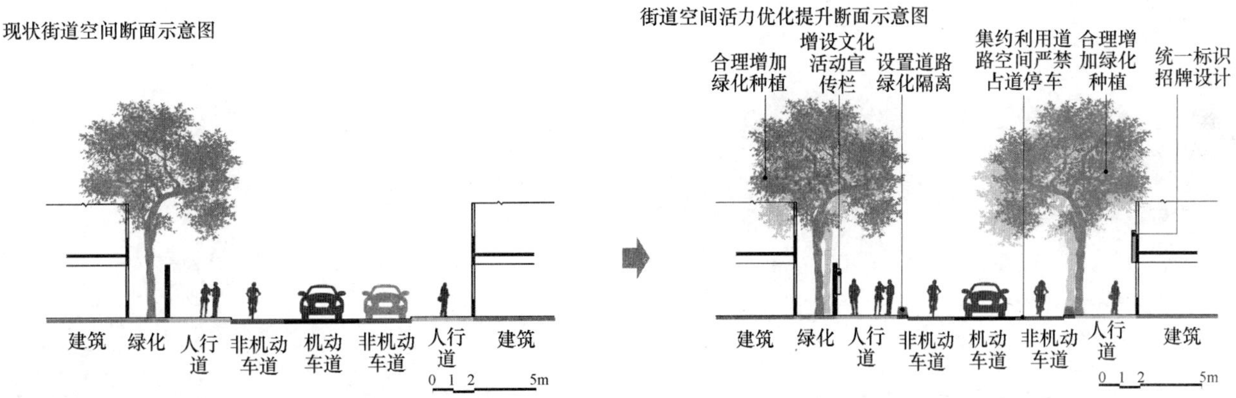

图 15 “低活力度-低关注度”街道空间活力优化

4.2 街道空间活力营造策略

一方面，通过观察分析活力度较高的街道空间发现，其公共服务设施特别是公共文化设施分布较为均匀，步行可达性较高，环境适宜度好，街道尺度较为适宜；另一方面，通过对商埠区调研发现，在传统街坊社区中，活力度较高的街道空间其居民社会关系也更为紧密，社会交往活动频率较高。换而言之，街道空间为社区内原有社会关系提供了一定的存续空间，同时社会交往路径的延续与交往节点的存在，也为街道空间活力的提升产生着潜移默化的影响。这表明在对街道空间进行活力营造时，应在保留原有传统街坊社区生活方式的同时，通过合理分布社区公共服务设施，提升街道建筑立面美观度与绿化品质，设计合理的街道空间尺度，提升步行环境满意度与社区邻里交往的可能性，营造充满活力的街道空间。

4.2.1 协调人车关系，促进步行优先

（1）根据分析与调研结果可知，当街道空间慢性空间不足时，其步行通达性明显降低。通过优化传统街坊社区

内交通组织关系，一方面，适量缩减机动车道数量与宽度，增加人行道与非机动车道等慢性空间；另一方面，在车流量较小的社区街道中，鼓励非机混行，预留更多的步行空间。通过创造适宜的街道步行尺度与慢性速度，提升街道人性化水平（图 16）。

图 16　提供适宜的街道步行尺度
（图片来源：NACTO 官网，https://nacto.org/）

（2）合理增加、设计人行道与安全岛，强化街道空间种植、照明、无障碍设施及公共设施维护管理，提供舒适安全的步行环境（图 17）。

图 17　人行道、安全岛提升步行安全性
（图片来源：NACTO 官网，https://nacto.org/）

4.2.2　集约空间利用，提升绿化品质

（1）传统街坊社区往往土地空间资源紧张，为保持其较高的环境适宜度，应严格管控其建筑红线范围，在合理条件下，临街建筑底商适度退让形成建筑前区，在避免步行活动与沿街商业和社交活动相互干扰的前提下，增加街道绿色空间，通过合理种植行道树、增加沿街垂直或地面绿化、放置可移动种植箱等方式，增加街道绿量，提高街道空间环境适宜度（图 18）。

（2）优先选用环境适应性强、落叶飞絮少、降噪除尘能力强及冠大荫浓的乡土树种，注意植物的多样性选择与分层配置，提升街道绿化品质；同时，结合雨水收集与景观设计，发挥沿街绿地在城市雨洪管理方面的作用，提高城市韧性（图 19）。

图 18　多方式合理提高街道绿量
（图片来源：NACTO 官网，https://nacto.org/）

图 19　发挥沿街绿地的雨洪管理作用
（图片来源：NACTO 官网，https://nacto.org/）

4.2.3　增强功能复合，活跃空间界面

（1）对于传统街坊社区而言，其多数建筑楼层较低，建筑功能多为居住与商业混合。通过在社区步行可达范围内，结合建筑楼层与部位分布，沿街设置丰富的商业、办公、居住、文化与社区公共服务等居民日常使用功能，提升街道在水平与垂直尺度上的功能深度混合，提高街道空间活动强度与居民日常社交活动丰富度（图 20）。

图 20　店面尺度与功能业态混合
（图片来源：NACTO 官网，https://nacto.org/）

（2）鼓励在非交通性街道空间设置一定数量的临时性商业或文化设施，打造多尺度的混合业态，并在不影响正常步行空间的前提下，结合户外座椅与种植绿化，创造街道社会性活动空间，丰富沿街活动，打造相对连续的街道积极界面（图 21）。

图 21　结合树池设置户外座椅
（图片来源：NACTO 官网，https://nacto.org/）

4.2.4　丰富沿街界面，激发居民活动

（1）增强传统街坊社区街道界面连续性，鼓励沿街建筑提供设置丰富的商业、休闲、娱乐及文化等活动设施，丰富沿街建筑首层功能，提升沿街业态密度，加强居民日常空间体验（图 22）。

图 22　丰富建筑首层功能业态
（图片来源：NACTO 官网，https://nacto.org/）

（2）在街道空间允许的前提下，应允许街道沿线设置适量的商业活动区域，增强街道空间活跃度，同时严格规范商业活动区域，控制建筑底商台阶宽度，结合道路宽度，合理布置临时停车场地与商业摊位，严禁占道侵占街道步行空间（图 23）。

4.2.5　提升设施便利，满足文化需求

（1）传统街坊社区常位于城市内城或旧城之中，是城市历史文化保护与发展的重要空间载体。在对其街道活力的营造中，可通过利用街道空间，合理增加临时性艺术展览、街头文化展示、公共艺术演出等临时性文化活动场

图 23　合理布置沿街临时性摊位
（图片来源：NACTO 官网，https://nacto.org/）

地，丰富社区与城市文化（图 24）。

图 24　沿街增设文化展示场地
（图片来源：NACTO 官网，https://nacto.org/）

（2）重视社区居民日常文化需求，完善街道空间公共文化设施布局，合理安排社区文化活动内容、强度与场所，增强居民文化认同感与幸福感（图 25）。

图 25　结合公交站点进行公共文化展示
（图片来源：NACTO 官网，https://nacto.org/）

5　结论与讨论

现代城市设计强调公共空间在日常公共生活及社会

互动中的重要性，通过构建街道空间活力度评价体系，在对街道空间各项活力指标因子进行合理量化的基础上，对济南市商埠区街道空间活力研究发现，商埠区街道空间整体步行通达性与功能聚集度较低，环境适宜度与功能混合度较高，文化设施密度适中，且公共服务设施分布较均，同时，社区居民对文化设施等精神层面的公共服务水平要求较高，商埠区街道步行空间提升空间较大。在对综合活力度进行判别的基础上，结合活力度与关注度匹配关系，根据“日常都市主义”所强调的自下而上的城市发展机制，有针对性地提出街道空间改造优化策略，并结合街道空间活力度评价指标因子，提出五项街道空间活力营造策略，对指导传统街坊社区街道空间活力设计与改造具有普遍意义，有助于“日常都市主义”理论实际应用价值的补充，为实现城市传统街坊社区日常生活活力重塑与社区整体社会性的提升提供可能。

参考文献

[1] Curl A, Thompson C W, Aspinall P. The effectiveness of ‘shared space’ residential street interventions on self-reported activity levels and quality of life for older people[J]. Landscape & Urban Planning, 2015, 139: 117-125.

[2] Mehta, Vikas. Lively streets: Exploring the relationship between built environment and social behavior[J]. Dissertations & Theses-Gradworks, 2006.

[3] 龙瀛，周垠. 街道活力的量化评价及影响因素分析——以成都为例[J]. 新建筑，2016(1).

[4] 张纯，吕斌，郑童. 转型期内城传统街坊社区的城市形态演变——基于北京市内城三个社区的案例研究[J]. 城市规划，2015，39(10)：24-30.

[5] 道格拉斯·凯尔博，钱睿，王茵. 论三种城市主义形态：新城市主义、日常都市主义与后都市主义[J]. 建筑学报，2014(1)：74-81.

[6] 龙瀛，吴康，王江浩，等. 大模型：城市和区域研究的新范式[J]. 城市规划学刊，2014(6).

[7] 肖希，韦怡凯，李敏. 日本城市绿视率计量方法与评价应用[J]. 国际城市规划，2018(2).

[8] 张玲. POI 的分类标准研究[J]. 测绘通报，2012(10)：82-84.

[9] 吴健生，沈楠. 基于步行指数的深圳市福田区公园绿地社会服务功能研究[J]. 生态学报，2017，37(22)：7483-7492.

作者简介

安淇，1994 年生，女，汉族，山东日照人，山东建筑大学建筑城规学院风景园林学硕士研究生。研究方向：地景规划与生态修复。

肖华斌，1980 年生，男，汉族，山东肥城人，博士，山东建筑大学建筑城规学院副教授、硕士研究生导师，山东建筑大学生态规划与景观设计研究所。研究方向：地景规划与生态修复、可持续城市规划设计。电子邮箱：Xiaohuabin@foxmail.com。

杨慧，1983 年生，女，汉族，山东青岛人，硕士，山东建筑大学建筑城规学院讲师。研究方向：城市规划与设计。

新版城市绿地分类标准和公园城市理念对城市公园空间格局影响的研究①

Study on the Influence of New Urban Green Space Classification Standard and Park City Concept on Urban Park Spatial Pattern

赖泓宇　金云峰

摘　要： 新版城市绿地分类标准中将城市用地与绿地进行了全方位有效的衔接，新增了区域绿地分类，对公园绿地重新分类，突出并完善了城市有机更新发展过程中绿地在城市空间格局中的重要作用。而公园城市理念则是在城市可持续发展过程中，对城市绿地的有机渐进认识的深化体现，把城市公园与城市的发展有机结合起来。本文论述了（1）在新版标准中，区域绿地对城市公园空间格局是保障其生态效益的有效体现，便于塑造城市公园空间格局的连续性和整体性，公园绿地的重新分类优化了不同尺度下的城市公园空间格局和形成主导功能不同的城市公园空间格局。（2）公园城市是构成城市绿色生态网络的重要组成部分和营造良好宜居环境的重要保障。两大背景有利于指导城市公园空间格局的规划与建设，也会给城市的生态文明建设提供新的发展途径和重要指导意义。

关键词： 有机更新；绿地分类；公园城市；城市公园；空间格局

Abstract: The new urban green space classification standard has carried on the all directional effective link between the city land and the green space, added the regional green space classification, the park green space classification outstanding and has perfected the urban organic renewal development process the green space in the urban spatial pattern important role. The idea of the Park City is the deepening embodiment of the organic gradual understanding of urban green space in the process of urban sustainable development, combining the urban park with the development of the city organically. This paper discusses ① on the base of the new standard, the spatial pattern of regional green space is an effective embodiment of safeguarding its ecological benefits, it is easy to shape the continuity and entirety of the spatial pattern of urban park, and the re-classification of Park green space optimizes the spatial pattern of urban park under different scales and the spatial pattern of urban park with different leading functions. ② the Park City is an important part of the urban green ecological network and an important guarantee to build a good livable environment. The two backgrounds are helpful to guide the planning and construction of urban park spatial pattern, and also provide a new development way and important guiding significance for the construction of urban ecological civilization.

Keyword: Organic Renewal; Green Classification; Park City; Urban Park; Spatial Framework

1　新版城市绿地分类标准的变化和公园城市理念的提出

1.1　城市绿地分类标准新旧变化

新版《城市绿地分类标准》CJJ/T 85—2017（下称“新版标准”）于2018年6月1日起实施，原标准《城市绿地分类标准》CJJ/T 85—2002（下称“旧版标准”）同时废止，16年间城市绿地在规划实践发展过程中有了新的变化和认知[1]，原标准与《城市用地分类与规划建设用地标准》GB 50137—2011（下称“用地标准”）衔接不够，绿地不能满足当前的城市发展和市民的需求，凸显了诸多矛盾，新版标准的出台应运而生。

（1）与城市用地分类标准的衔接与完善

用地标准对城乡用地中的绿地采取了新标准分类，其中G类名称为“绿地和广场用地”，新版标准与旧版标准相比，多了“广场用地”一类，与用地标准进行了衔接，同时G的分类也相应对接，新增G3广场用地，旧版标准G2生产绿地按实际用途纳入EG区域绿地内。同时突出绿地标准的专业性和准确性，将旧版标准的G4附属绿地和G5其他绿地调整代号和更名为XG附属绿地和EG区域绿地（表1）。

用地标准与新旧标准类别变化与衔接　　表1

用地标准	旧版标准	新版标准
G绿地与广场用地	G绿地	G绿地
G1公园绿地	G1公园绿地	G1公园绿地
G2防护绿地	G2生产绿地	G2防护绿地
G3广场用地	G3防护绿地	G3广场用地
	G4附属绿地	XG附属绿地
	G5其他绿地	EG区域绿地

（2）生态文明建设指导下绿地分类变更的新趋势

十八大提出生态文明五位一体建设以来，《自然生态

①　基金项目：上海市城市更新及其空间优化技术重点实验室开放课题（编号20180303）资助。

空间用途管制办法（试行）》的出台，划定生态红线等一系列措施，都立足于构建国土空间的生态安全格局。在可持续发展的生态文明思想指导下，绿地生态影响的作用和地位得到重视和提高。新版标准中EG区域绿地分类凸显城乡生态安全、生态环境资源的保护和保育、亲近自然科学教育等多种功能，比旧版标准G5其他绿地有了更明确的分类，从“其他”变更为“区域”，也表明该类绿地在生态安全格局构建过程中的重要地位。

（3）城乡统筹下新增区域绿地细分类，完善城市绿地系统

中国城市化进入快速发展阶段，城乡统筹一体化发展的背景下，城乡绿地规划进入到一个新阶段，作为联系城乡协同发展的纽带，新版标准新增EG区域绿地的细分类（表1），不仅完善近年来受到重视的风景游憩、资源保护、生态休闲等绿地功能的影响，同时对城乡绿地整体观发展提供充足的依据，进一步完善城乡绿地系统。

（4）功能属性主导下公园绿地重新分类，突出人的主观使用价值

新版标准对G1公园绿地进行重新分类，取消旧版标准的综合公园、社区公园下的小类，取消了带状公园，以“游园”代替“街旁绿地”等新变化（表2）。不仅从规划实践经验中获得更为准确的有效管理和分类，便于规划统计数据的对应，而且能更好地在以人为本的宗旨下，突出G1公园绿地的功能性主导的定位需求的分类要求，从公园规模和功能上进行引导。同时顺应时代发展的新生事物和规划实践的需求，将旧版标准中的部分小类进行重新梳理归纳，如G131、G135纳入新版的G139其他专类公园中，新增G134遗址公园等。

新旧标准绿地细分类主要变化列表 表2

旧版标准	新版标准	旧版标准	新版标准
G5 其他绿地	EG 区域绿地	G11 综合公园 G111 全市性公园 G112 区域性公园	G11 综合公园
无中类	EG1 风景游憩绿地 EG11 风景名胜区 EG12 森林公园 EG13 湿地公园 EG14 郊野公园 EG19 其他风景游憩绿地	G12 社区公园 G121 居住公园 G122 小区游园	G12 社区公园
无中类	EG2 生态保育绿地	G131 儿童公园 G132 动物园 G133 植物园 G134 历史公园 G135 风景名胜公园 G136 游乐公园 G137 其他专类公园	G131 动物园 G132 植物园 G133 历史名园 G134 遗址公园 G135 游乐公园 G139 其他专类公园
无中类	EG3 区域防护绿地	G14 带状公园	取消
无中类	EG4 生产绿地	G15 街旁绿地	G122 调整为 G14 游园

1.2 公园城市理念的内涵

（1）公园城市的提出背景

2018年初，习近平总书记在考察四川天府新区时指示要把成都建设成为具有“窗含西岭千秋雪”特色的公园城市[2]。当前城市发展模式已经开始进入到符合生态文明思想指导下的发展观，符合并满足中国现阶段城市化发展的需求，满足现阶段人民群众对美好生活愿景的需求，全面提升城市的综合竞争力，构建和谐稳定可持续的城市环境。

（2）公园城市的内涵阐释

目前学者们对公园城市的内涵从不同方面进行了阐释，普遍认为公园城市并非公园与城市的简单叠加，不是专门做公园，而是立足于以人民为中心的价值观，从全域角度出发，从生态、生活、生产三个不同方面出发，正确处理好自然与城市和谐共生的关系，共建共享城市绿色，城市功能在空间上的高度融合和形态提升，合理配置各要素，城市格局更加优化，创造宜居宜业美好生活的城市生命共同体[3−6]。

2 城市公园空间格局的现状

2.1 城市公园空间格局演变特点

（1）新时期下城市公园内涵的变化

随着社会发展多样化，在生态文明和城市有机更新的大格局以及以人为本思潮的影响下，城市公园的内涵也在发生着变化。新时期的城市公园不再仅作为市民游憩的主要场所，还作为改善城市生态环境、提升人居环境品质、促进城市发展活力的场所[4,7]。城市公园是城市绿地的重要组成部分，是城市绿地游憩、防护、生态功能集中体现的重要开放空间[8]。而这新变化也对其空间格局产生如生态、人居和城市发展等方面影响，空间格局主要指空间分布和空间结构，而空间格局分析指数一般有多

样性、优势度、破碎度、均匀度等[9-10]。

(2) 城市公园空间格局的演变机制

城市公园空间格局的演变机制主要受自然环境（资源分布、水系、地形等）、经济发展程度、人口密集程度、道路路网分布、历史因素以及政策和重大事件（如奥运会、世博会）等影响，城市拓展也会影响城市公园空间格局的分布，对不同规模的城市公园空间格局起到一定影响[11-12]。

(3) 城市公园空间格局与其类型和功能的变化与趋势

城市公园的类型已不单单是以综合公园为主，而是出现了诸多类型，从新版标准的细分类可以看出，以综合公园为主、社区公园为辅、专类公园为特色的公园类型，形成空间格局多样化，多层次的发展趋势。游憩功能为主的公园属性也不再是唯一标准，生态保护保育、休闲文化娱乐、科普教育等多功能并驾齐驱、各有侧重，功能性得到全面发展。

2.2 城市公园空间格局现状发展的矛盾与瓶颈

(1) 未能充分提升生态服务功能

城市公园除应满足市民休闲游憩的人本主义的功能需求外，还应作为调节和改善城市生态环境的重要场所。但目前城市公园空间格局还仅仅考虑服务人群的可达范围，并未从生态服务的角度出发考虑其空间格局的特点。一些大型城市公园可作为城市生态斑块，成为城市物种的自然栖息地，而一些较小的城市公园则可以作为其物种交流的踏脚石[10]。城市公园空间格局是否合理对调节城市热环境气候、城市通风廊道等生态服务方面同样起到不可忽视的作用[13]。

(2) 不能与城市化快速发展需求相匹配，脱节于城市建设

近年来城市化发展愈来愈快，城市拓展也越来越广，而城市公园在数量、面积、分布上没有跟上城市发展步伐，结构较为单一，分布不够均匀，破碎化程度严重，新拓展城市区域的公园较少，没有考虑经济发展不平衡、人口分布不平衡的因素[14-15]。这些新建公园多以大型公园为主，而中小公园作为次级支撑数量不够。一个良好的城市公园空间格局应该成为合理引导城市开发、限制城市无序蔓延的摊大饼式发展，从而构建有序的城市空间结构。

(3) 滞后于公众使用需求的发展

目前城市公园空间格局分布上，由于受到旧版标准的公园分布服务半径的影响，导致实际使用功能中，并不能有效覆盖服务范围，全市性公园和区域性公园的等级划分虽在层次上有所区别，但并未起到空间格局上不同辐射范围的作用。另外公众在住区范围内缺乏合适的公园，空间格局的结构上不够完整，数量比较少，分布上还存在盲区，不能满足公众日常休闲和游憩的需求，不能满足市民便捷到达的可达性需求和平等享受的需求。此外，对于公园承担防灾避灾功能的主要场所，其空间格局的分布也较少涉及和考虑。

3 新版城市绿地分类标准对城市公园空间格局的影响

3.1 区域绿地类别对城市公园空间格局的影响

(1) 保障城市公园空间格局生态效益的有效体现

区域绿地虽不参与用地平衡，但其最大的作用是与公园绿地等联合保障城市生态效益的发挥，锚固城市生态服务功能，其中城市公园空间格局的优劣尤为重要。良好的空间格局对城市大气环境的温湿度调节、污染气体疏散等能起到重要作用。区域绿地分类的确定和细分一方面强调提升了区域绿地生态功能的地位，另一方面区域绿地与城市公园共同参与城市生态环境的构建，在更大尺度上形成生态空间格局共同保障城市的生态。

(2) 塑造城市公园空间格局的连续性和整体性

区域绿地与城市公园共同构建形成城乡一体化的生态空间网络，通过绿道网络形成生态廊道连接起来，完善城市绿色空间网络。通过城市公园与区域绿地的有机连接，实现建成区内外的绿色空间联系，提高连接度和连通性，形成完善的绿地系统，以大型城市公园为主体，中小型城市公园为次级支撑，通过绿道廊道的建设，构建城市公园系统，减少绿地的破碎度和分离度，提高城市绿色生态空间整体的稳定性和可持续性。城市公园空间结构的合理性对城市绿地空间乃至整个城市生态系统至关重要。

3.2 公园绿地的重分类对城市公园空间格局的影响

(1) 优化不同尺度下的城市公园空间格局

城市公园由于具有不同功能和不同类型的差别，在不同的城市空间尺度上构建多层次的空间格局，通过城市区域—城市—城市片区的多层级的结构和分布（表3），对应不同类型的城市公园在不同层级上最大程度发挥其游憩、生态、休闲等多种功能，为不同层级的需求对应不同服务的空间格局。城市公园服务的覆盖范围更加科学化，是建立各层级绿色空间网络的重要组成部分。

(2) 形成主导功能不同的城市公园空间格局

同时形成主导功能不同的城市公园空间格局，形成休闲娱乐公园格局、生态保育公园格局、日常游憩公园格局等（表4），城市公园不再单一化，而朝着多元化、多样化发展，增加城市公园的景观异质性，满足市民丰富多彩的游憩需求。

不同空间尺度下城市公园空间格局　　表3

	区域尺度	城市尺度	城市片区尺度
城市公园面积	以大型城市公园为主	以大中型城市公园为主	以中小型城市公园为主
城市公园类型	综合公园	综合公园，专类公园	社区公园，游园
城市公园主导功能	生态保护保育、休闲、游憩为主	休闲娱乐、游憩、科普教育为主	日常游憩休闲、文化交流、社会交往为主

主导功能不同类型的城市公园空间格局 表4

	休闲娱乐公园格局	生态保育公园格局	日常游憩公园格局
空间格局结构特点	中小型网络斑块	大中型网络斑块+绿色廊道	中小型网络斑块为主
空间格局分布特点	均匀度高，多样性高	连通性高，连接度高，破碎度低	连通性高，均匀度高

4 公园城市理念对城市公园空间格局的影响

4.1 构成城市绿色生态网络的重要组成部分

（1）构建全面的城乡一体化的生态安全格局

突破建成区对生态功能人为隔断的藩篱，构建大区域下的城乡一体化的生态安全格局，发挥全面整体的生态作用。共同构建绿地作为城市弹性空间网络，以城市公园为核心，以城市绿道为廊道，以区域绿地为缓冲保障。城乡生态环境得到物质、能量和信息的有效交流传递，提高生态安全格局的稳定性。

（2）强化城市公园绿色生态空间的复合功能

作为城市绿色生态空间，城市公园应当充分发挥对城市温室效应、风环境调节和气候调节、城市物种多样性保护等错综复杂的生态要素等关键性作用。并根据不同类型、不同规模大小发挥其生态主导功能，如大型城市公园应对缓解城市热岛效应和物种多样性保护起到主要作用。城市公园的功能不再以游憩为单一功能主导化，积极发挥其作为生态空间的复合功能，根据城市公园的不同特点，满足多种生态功能，提高生态服务功能[16]。

（3）赋予城市公园可持续的弹性发展空间特性

城市公园还应作为可持续的弹性发展空间，对城市防灾避险等社会安全因素起到积极作用，充分做好其对应的空间特性。依托不同规模城市公园空间格局的分布和结构，支持城市防灾体系。

4.2 营造良好宜居环境的重要保障

（1）打造城市和自然和谐共处有机联系的人居环境

公园城市提倡生态文明引导的发展观，建立人与自然的生命共同体，合理配置城市公园各要素，构建更为丰富和合理的城市公园空间格局，既能满足市民对城市公园游憩的需求，又能符合绿色生态为保障的人居环境，使人与自然在城市和谐共处中共同发展。

（2）形成合理的城市公园空间格局以提升城市价值

合理的城市公园空间格局不仅要求从空间结构上更加稳定和完善，空间分布上更加错落有致层次清晰，更重要的是空间格局的优化从生态和宜居的角度作为出发点，提升城市景观质量美化城市，整体提升城市全面发展的总体目标，提升城市活力和发展动力，提升城市价值。

（3）塑造以人民为核心的个性化需求的城市公园空间格局

城市公园的主要使用者是市民，从市民的出行需求和游憩需求角度出发，城市公园空间格局应满足以人为本的需求。而这种需求不仅体现在城市公园空间格局的分布服务范围，还体现在城市公园空间格局的结构服务类型。以人性化为核心特征的城市公园空间格局要满足更方便市民就近日常游憩需求，满足市民调养身心健康陶冶情操的需求，使市民能平等享受城市公园资源，满足更多样化的市民游憩活动需求。

（4）有机更新共建共享城市公园空间格局的社会公共属性

城市公园的建设不仅仅着眼于公园本身，而是置于整个城市空间的视野下。城市公园有机更新面临着对人性的关怀，对地域文化的维护，对生态环境的新认识等新局面，从整体性上，把握公园的准确定位等方面来进行综合分析，体现城市公园社会服务性[17-19]。城市公园本身的游憩属性在新时代下已经变得更加丰富多彩，成为市民社会交往的开放空间，成为引导周边区域活力提升的开放空间，城市公园的空间结构对周边区域的规划建设起到关键作用，对商业和居住的影响最为明显。而城市公园本身也是文化交流、科普教育的集中场所。把打造城市公园空间格局的过程视为城市发展建设重要的一环，是建设宜居城市过程中重要的组成部分。

5 两大背景下对城市公园空间结构发展的意义

5.1 利于对接不同规划尺度下城市公园综合效益的体现

在新版标准的出台和公园城市理念的提出这两大背景下，对城市公园规划起到指导性作用，便于更好对接不同规划尺度下城市公园应有的积极作用[20]。在城市总体规划层面，城市公园空间结构是组成城市空间结构的主要骨架，支撑城市的发展方向，构建城市生态安全格局，提升城市总体价值的综合表现。在控规层面，城市公园空间结构是城市片区发展的活力要素，是市民开展各项游憩活动和社会交往的主要场所。

5.2 突出城市公园主导功能的塑造和溢出效应

新背景下突出了城市公园日益丰富的功能多样化和社会经济生态功能的复合化，提升城市公园的空间形态，促进社会发展，与城市其他功能高度融合。发挥城市公园的溢出效应，改善周边区域整体环境，城市公园的规划建设与周边区域协同发展，使城市公园成为带动该地区繁荣发展的新动力，带动城市开发面向以公园为导向的新方向。

6 结语

在新版城市绿地分类标准和公园城市理念的影响下，为城市公园的规划建设发展指明了新方向和新思路。城市公园既要放在城市空间大环境格局下有机融合，和谐共生，又能在市民日常活动空间下满足人们的个性化需求，这就对城市公园的空间结构提出了更高的要求，优化其空间格局的结构和分布，发挥整体生态服务和社会功能，创造美好宜居城市的新形态，提升城市价值，共建新时代下的生命共同体。

参考文献

[1] 刘晓光. 城市绿地系统规划评价指标体系的构建与优化[D]. 南京：南京林业大学，2015.

[2] 蒋君芳. 建公园城市，载体是园核心在人 [N]. 四川日报，2018-3-19.

[3] 吴岩，王忠杰. 公园城市理念内涵及天府新区规划建设建议 [J]. 先锋，2018（4）：27-29.

[4] 杨雪锋. 公园城市的理论与实践研究 [J]. 中国名城，2018（5）：36-40.

[5] 袁弘，王琳黎. 探索公园城市建设的“成都模式” [N]. 成都日报，2018-5-14.

[6] 李后强. 关于天府公园城市的认识与建设 [N]. 企业家日报，2018-5-18.

[7] 曹世焕，刘一虹. 风景园林与城市的融合：对未来公园城市的提议 [J]. 中国园林，2010（4）：54-56.

[8] 金云峰，周聪惠. 城市绿地系统规划要素组织架构研究 [J]. 城市规划学刊，2013（3）：86-92.

[9] 赵红霞，汤庚国. 城市绿地空间格局与其功能研究进展 [J]. 山东农业大学学报（自然科学版），2007（1）：155-158.

[10] 张华如. 基于景观生态学的城市绿地空间格局优化——以合肥市为例 [J]. 华中建筑，2008（12）：120-123.

[11] 吴思琦，杨鑫. 北京大型城市公园绿地演变机制研究 [J]. 华中建筑，2017（7）：60-64.

[12] 马聪玲. 从世界主要城市公园看城市公共休闲空间的形成与演变 [J]. 城市，2015（3）：53-56.

[13] 周志翔，邵天一，唐万鹏，等. 城市绿地空间格局及其环境效应——以宜昌市中心城区为例 [J]. 生态学报，2004（2）：186-192.

[14] 蔡彦庭，文雅，程炯，等. 广州中心城区公园绿地空间格局及可达性分析 [J]. 生态环境学报，2011（11）：1647-1652.

[15] 杨俨，沈敬伟，周廷刚. 基于GIS的重庆城市公园绿地空间结构演变研究 [J]. 福建林业科技，2016（2）：95-100.

[16] 张悦文，金云峰. 基于绿地空间优化的城市用地功能复合模式研究 [J]. 中国园林，2016（2）：98-102.

[17] 潘剑峰. 基于上海老公园的指导思想对其他老公园改造的思考 [J]. 现代园艺，2016（14）：112.

[18] 李大鹏，沈守云，陈燕. 城市综合性公园改造与更新规划设计初探 [J]. 山西建筑，2008（12）：11-12.

[19] 李倞，徐析. 浅析城市有机更新理论及其实践意义 [J]. 现代园林，2008（7）：25-27.

[20] 金云峰，蒋祎，汪翼飞. 基于海绵城市实施途径——多规合一背景下市域层面绿地类型探讨 [J]. 广东园林，2016（4）：4-8.

作者简介

赖泓宇，1988年生，男，同济大学景观学系在读博士研究生。研究方向：景观有机更新与开放空间公园绿地。

金云峰，1961年生，男，上海人，同济大学建筑与城市规划学院景观学系副系主任、教授、博士生导师，高密度人居环境生态与节能教育部重点实验室，生态化城市设计国际合作联合实验室，上海市城市更新及其空间优化技术重点实验室，高密度区域智能城镇化协同创新中心特聘教授。研究方向：风景园林规划设计方法与技术、景观有机更新与开放空间公园绿地、自然资源保护与风景旅游空间规划、中外园林与现代景观。电子邮箱：jinyf79@163.com。

数字技术助力新时期城市公园规划设计

Digital Technology Helps Urban Park Planning and Design in the New Era

赖思琪　刘　颂

摘　要：随着许多城市园林绿化的新建和改造工程纷纷出现，公园规划设计面临着场地数据收集、复杂情境分析与精细化设计等方面的困难。要解决上述困难，应用空间数字技术进行精细化与规范化管理是高效的途径之一。首先探讨城市公园规划设计中的数字技术应用研究的特点，可归纳为全面性、精确性、互动性；然后结合研究案例梳理与总结了基于数字技术的城市公园规划设计的主要进展，包括基于社交网络大数据的调查与分析、量化评估获得精确分析结果、互动设计平台3个方面；最后提出2个方面基于数字技术的城市公园规划设计发展趋势。

关键词：城市公园；数字技术；规划设计；数字园林

Abstract: With the emergence of new urban construction and renovation projects, park planning and design faces difficulties in site data collection, complex situation analysis and refined design. To solve the above difficulties, the application of spatial digital technology for refined and standardized management is one of the most efficient ways. Firstly, this paper discusses the characteristics of digital technology application research in urban park planning and design, which can be summarized as comprehensive, accurate and interactive. Then combined with the research case, this paper summarizes the main progress of urban park planning and design based on digital technology, including the investigation and analysis based on social network big data, the quantitative analysis to obtain accurate analysis results, and the interactive design platform. Finally, this paper proposes two development trends in the future.

Keyword: City Park; Digital Technology; Planning and Design; Digital Garden

引言

随着许多城市园林绿化的新建和改造工程纷纷出现，城市绿化数量、密度不断增加，复杂性也越来越大[1]。公园规划设计面临着场地数据收集、复杂情境分析与精细化设计等方面的困难。要解决上述困难，势必要从公园规划设计的基础数据信息开始，应用空间数字技术对公园规划、设计、工程建设、养护维护等进行精细化与规范化管理。因此，系统梳理公园规划设计各阶段、各环节的数字化形式和手段，对合理利用信息技术、切实提高公园规划设计水平十分重要。

数字景观是借助计算机技术，综合运用GIS、遥感、遥测、多媒体、互联网、人工智能、虚拟现实、仿真和多传感应等数字技术，对景观信息进行采集、监测、分析、模拟、创造、再现的过程、方法和技术[2]。随着移动互联网、智慧城市、智能终端等的迅速发展与广泛应用，景观规划设计已经进入时空大数据时代[3]。当今，城市公园规划设计中的数字技术应用与研究可归纳为全面性、精确性和互动性三大特征。全面性是指大数据的出现大幅扩大了公园规划设计主客体的数据量，使全数据分析研究成为可能；精确性意为数字技术有助于大幅降低城市公园规划设计的模糊性与不确定性；互动性，即不断发展的可视化互动技术作为公园规划设计中的媒介，有助于公众对其进行更为深入的了解与认知。

1　城市公园规划设计中数字技术的应用研究进展

1.1　基于社交网络大数据的调查与分析

社交网络大数据具有多维度的信息，对其进行数据挖掘有助于更为全面精确地了解与分析城市公园规划设计场地。Marie L. Donahue等利用Twitter和Flickr应用程序编程接口（API）获取带有地理标记的社交媒体数据，并量化美国明尼苏达州“Twin Cities”大都市区公园系统中城市和城市绿地的访问状况，分析表明：水景、公园内总设施数量、园路长度以及周边社区的人口密度对于公园的访问率有显著的正向影响。此方法可以让城市规划者和公园管理者快速评估公园访问状况，更加深入地理解人们对娱乐服务和公共绿地的需求[4]。Richards D. R. 等人以新加坡沿海红树林栖息地为例，研究构建了基于文化生态系统服务（CES）的场地内文化使用的空间变化研究模型，通过获取Flicker社交网络照片数据，分析了红树林的文化生态功能空间差异。在此基础上，对于具有重要文化意义的生态系统的未来管理和保护提出了建议[5]。蒋鑫等从使用者的角度出发，构建基于网络点评数据的园林展会后利用评价体系，利用网络点评数据对园林展会后利用的各项因素进行分析和评价，并总结出目前园林展会后利用的突出问题[6]。Seiferling I. 等通过利用现在丰富的城市街景（Google街景）的开源图像数据来量化街道层面的城市树木覆盖，提供了一种新的城市树木覆盖的多特征度量方法[7]。沈啸等利用ROST Content Mining软件，对百度、大众点评、携程网等网站上的游记大数据进行挖掘分析，揭示了游客对浙江绍兴镜湖国家城市湿地公园的旅游形象感知，为城市湿地公园的深度旅游开发提供支持[8]。

1.2 量化评估获得精确分析结果

1.2.1 可达性分析

通过地理信息系统进行绿地可达性的测算是公平性研究的核心基础，而测算公平在评价尺度上也有了明显进步，由较大的行政区尺度逐渐缩小到邻里级别，从而使公平性的评价研究更为微观准确[9]。戚荣昊等利用百度POI数据进行福州市城市公园的服务能力、不同城市空间中人群对公园绿地的需求程度研究，分析表明：现有公园绿地存在资源配置不合理及服务能力不足区域，需要新增缺少的某类公园，进而依据评价结果为城市公园绿地布局优化提供建议[10]。刘艳艳等以广州市中心城区为例，通过构建公园供需协调发展模型，采用ArcGIS自然断裂点分类法[11]计算城市公园供需综合评价指数，进一步分析了城市公园供需耦合度、协调发展度、协调发展类型的空间格局[12]。赵兵等通过GIS建立以道路网络为基础的道路矢量数据库和城市公园数据库，对不同的公园类型分别进行了公园服务半径计算，得出4种服务盲点类型。在此基础之上，对未来新增城市公园的选址分析、功能与定位提供指导建议[13]。

1.2.2 避险功能研究

城市综合公园因其场地开阔、可达性好、没有大型高层建筑物，作为灾时紧急安置的重点区域，在城市安全方面发挥着重要作用[14]。在防灾避险工作中运用数字技术，实现智慧管控，对于提升防灾避险功能、解放人力和高效管理均具有重要意义。史莹等基于物联网技术，在常州市红梅公园防灾设施上贴入RFID标签，并将RFID手环下发避难者，从而准确、快速地采集公园防灾设施以及避难者活动情况数据。并建立了物联网技术下有序的公园门票管理系统、灾时避难者疏散数据收集系统、救灾物资智能发放系统，同时制定了防灾设施以及避难者疏散、安置的工作流程，进而完善了城市综合公园防灾避险管理体系[15]。侯庆贺等以福州市井店湖公园为例，利用ArcGIS水文分析模组分析了蓄洪公园不同重现期洪水的淹没范围和水深分布，进而提出相适应的功能分区与消落带景观规划策略，以实现蓄洪公园水利功能与景观功能的协同规划[16]。朱黎青等以美国哈德逊市南湾公园气候变化适应性设计为例，介绍了美国康奈尔大学风景园林系师生根据“美丽哈德逊”（Scenic Hudson）公园选址范围海平面上升与百年一遇洪水预测结果[17]以及现状勘察，为公园确定了相应的工程韧性与生态韧性措施[18]。

1.2.3 公共健康研究

城市公园的建成环境特征和设施状况显著影响使用者的体力活动行为[19-21]。增加与优化城市公共开放空间被认为是促进居民体力活动的有效途径，特别是可达性高、设施完善、免费或低收费的城市公园[22-25]。在城市公园的质量评价研究方法中，融合遥感影像、监测设备测析数据、街景地图等多源数据集远程描述和分析城市公园建成环境特征具有高效便捷的特点，典型的工具模型如西澳大学建成环境和健康中心开发的工具模型POSDAT（Public Open Space Desktop Auditing Tool）[26]等。徐欢等对公园内6处活动空间的$PM_{2.5}$浓度的时空分布特征进行分析，研究结果可为城市公园游憩空间的规划布局和指导市民合理选择活动时间地点提供参考依据[27]。Tang I. 等人通过问卷调查和磁共振成像（functional Magnetic Resonance Imaging，简称fMRI）研究不同环境与大脑区域活动之间的关系，比较了4种景观环境（城市、山区、森林和水）的恢复价值[28]。在城市公园行为制图（behavior mapping）[29]的研究中，Golicnik等利用基于GIS的行为制图方法，通过研究两个欧洲城市公园，在机理层面揭示了使用者行为格局和环境设计间的相互关系[30]。

1.2.4 声景评价

城市公园设计正在打破由视觉主导的局面，从多感官感知的角度研究使用者的体验过程正被逐渐重视，其中听觉感受作为仅次于视觉感受的感知信息途径而受到较多的关注[31]。目前，声景的应用性研究可以分为声景调查、声景评价、声景规划设计以及声景图等几种主要类型[32]。例如，Song X等基于济南市森林公园内14组不同植物空间的声学测量和声景评价，得出结论：人们的声景偏好与年龄、访问频率相关。其中，封闭的、声级较低的自然空间受到更多游客的喜爱[33]。Gasc A. 等基于厦门市5个城市公园的音景信息，提出了“个别声音响度”（PLS）、“感知事件个人声音”（POS）和“音景多样性指数”（SDI）等音景构成参数，并分析了这些参数与某些物理和心理声学参数之间的关系，从而为找到一种更高效的城市公园音景设计方法提供了重要的参考信息[34]。刘晶等以曲江池遗址公园为研究对象，对不同声景观要素频谱特征进行了定量化测试，并获得曲江遗址公园GIS声景观图，研究了遗址公园声景观节点的时间特征、声音频率特征及其相关的影响因素，研究结论为现代城市遗址公园规划设计提供了参考和借鉴[35]。

1.3 互动设计平台

许多新的在线参与工具（online participatory tools，简称OPT）提供了多样的、有效的方式来支持公园规划设计过程中参与性较强的环节。两种主要类型为参与者主导的OPT与规划者主导的OPT[36]。参与者主导的OPT是由社区管理的在线平台，规划者使用这些平台加入自组织的在线社区，讨论规划思路并让公众参与规划过程，并且无需让社区居民参加规划会议[37]。规划者主导的OPT是专门为公众参与而设计的网站或应用程序等技术，主要由各种规划组织管理，用于参与式规划。例如，向公众宣传规划过程、从市民对项目的想法中吸取教训等[38]。Like Jiang 等开发了基于网络在线的 VR 演示工具，供一般公众在个人设备中在线使用，从而进行城市声音环境的参与式评估[39]。Chunming Li 等人在基于参与式声音传感（participatory soundscape sensing，简称 PSS）的全球音景调查和评估项目中，采用手机测量的声压级（sound pressure levels，简称 SPL）校准方法，分析了声音舒适度与各类土地利用、声源和主观评价等之间的关系，为规划设计带来新的视角[40]。

2 未来发展趋势分析

2.1 规划设计精准化

随着规划设计环境逐渐成熟，城市公园规划设计将会趋向于精准化、定制化。同时，根据国家出台的《促进大数据发展行动纲要》可知，大数据发展和应用在未来将会得到更为广泛的应用。流线精准化设计、概念精准化设计、视线精准化设计等均有可能成为未来城市公园精准化规划设计的方向[41]。例如，规划人员可以预测性地使用多元数据来评估公园特征，并利用这些结果作为城市或区域规模的娱乐研究、旅游评估和其他类型的空间城市规划的基础[4]。未来的研究或应用还可以通过将数据从社交媒体分解到比年平均值更精细的时间尺度，从而深入了解公园访问如何随季节或日常变化[4]。

2.2 公众参与设计普及化

社会公正、城市治理和交往性规划已经成为当前城市规划建设领域的研究热点方向，公众参与是关键内容之一[42]。可以预见，在我国未来的城市公园设计中，公众参与设计的发展将会逐渐普及化与成熟化：首先，未来的公众参与设计将从简单的信息反馈转向更加实时、高频的互动与交流，实现真正的“自下而上”的公众参与；其次，随着数据挖掘与智能分析技术的发展革新，海量的公众反馈数据将能够得到更加有效的识别，从而大大提升数据的质量；最后，未来的公众参与设计将大幅度提高公众参与度，实现有效性评价与在线决策。

3 结语

在当前我国城市积极向智慧城市迈进的背景下，毫无疑问，信息技术是提高公园绿地规划设计水平的重要工具。通过一系列相关政策的推动和相关技术的研究探讨，它已被广泛应用于公园绿地规划、设计、工程建设、养护维护等方面，并取得了良好的环境、经济和社会效益。同时，数字规划设计方法仍然在进一步的实践探索中，未来将不仅仅是依靠数据进行严密的逻辑分析，甚至可以以数据为媒介，依托于信息技术的手段，结合场地的历史人文背景，发掘和定义新时代的美学逻辑，创造出更加理想的未来人居环境。但是，信息技术不能代替设计师进行景观设计，它无法具备人对环境感知的敏锐度，也不能解决所有复杂的城市问题，只是帮助分析数据和开拓思路的工具，在合理运用数字技术的同时，应该理性地看待数字规划设计手段，才能科学地探索新时期的公园规划设计方法。

参考文献

[1] 张晓军．城市园林绿化数字化管理体系的构建与实现[J]．中国园林，2013（12）：79-84.

[2] 刘颂，张桐恺，李春晖．数字景观技术研究应用进展［J］．西部人居环境学刊，2016（4）：1-7.

[3] 党安荣，张丹明，李娟，等．基于时空大数据的城乡景观规划设计研究综述［J］．中国园林，2018（3）：5-11.

[4] Donahue M L，Keeler B L，Wood S A，et al. Using social media to understand drivers of urban park visitation in the Twin Cities，MN［J］. Landscape and Urban Planning，2018，175：1-10.

[5] Richards D R，Friess D A. A rapid indicator of cultural ecosystem service usage at a fine spatial scale：Content analysis of social media photographs［J］. Ecological Indicators，2015，53：187-195.

[6] 蒋鑫，吴丹子，王向荣．基于网络点评数据的园林展会后利用评价研究［J］．风景园林，2018（5）：74-80.

[7] Seiferling I，Naik N，Ratti C，et al. Green streets-Quantifying and mapping urban trees with street-level imagery and computer vision［J］. Landscape and Urban Planning，2017，165：93-101.

[8] 沈啸，张建国．基于网络文本分析的绍兴镜湖国家城市湿地公园旅游形象感知［J］．浙江农林大学学报，2018（1）：145-152.

[9] 周兆森，林广思．城市公园绿地使用的公平研究现状及分析［J］．南方建筑，2018（3）：53-59.

[10] 戚荣昊，杨航，王思玲，等．基于百度 POI 数据的城市公园绿地评估与规划研究［J］．中国园林，2018，34（3）：32-37.

[11] 刘盛和，邓羽，胡章．中国流动人口地域类型的划分方法及空间分布特征［J］．地理学报，2010（10）：1187-1197.

[12] 刘艳艳，王泽宏，李钰君．供需视角下的城市公园耦合协调发展度研究——以广州中心城区为例［J］．上海城市管理，2018（2）：71-76.

[13] 赵兵，李露露，曹林．基于 GIS 的城市公园绿地服务范围分析及布局优化研究——以花桥国际商务城为例［J］．中国园林，2015（6）：95-99.

[14] He L X，Xu S N. Urban design strategies of public space based on danger stress response：Advanced Materials Research，2012［C］. Trans Tech Publ.

[15] 史莹，叶洁楠，王梦，等．城市综合公园防灾避险功能设计中物联网技术的应用［J］．南京林业大学学报（自然科学版），2018（4）：187-192.

[16] 侯庆贺，薛璐雅，谢祥财，等．城市蓄洪公园蓄洪安全分析与适应性景观规划策略［J］．生态经济，2017（12）：232-236.

[17] Conservation D O E. New York State Sea Level Rise Task Force：Report to the Legislature［EB/OL］. http：//www. dec. ny. gov/docs/administration _ pdf/slrtffinalrep. pdf.

[18] 朱黎青，彭菲，高翅．气候变化适应性与韧性城市视角下的滨水绿地设计——以美国哈德逊市南湾公园设计研究为例［J］．中国园林，2018，34（4）：41-46.

[19] 朱济远，许婕，赵均．对城市居民公园体育锻炼的调查研究——以镇江六所公园为例［J］．辽宁体育科技，2014，36（1）：28-31.
[20] Brownson R C，Hoehner C M，Day K，et al. Measuring the built environment for physical activity：state of the science［J］. American journal of preventive medicine，2009，36（4）：S99-S123.
[21] Tu H，Liao X，Schuller K，et al. Insights from an observational assessment of park-based physical activity in Nanchang，China［J］. Preventive medicine reports，2015，2：930-934.
[22] 吕和武，吴贻刚．美国建成环境促进公共健康对健康中国建设的启示［J］．体育科学，2017，37（5）：24-31.
[23] Cohen D A，McKenzie T L，Sehgal A，et al. Contribution of public parks to physical activity［J］. American journal of public health，2007，97（3）：509-514.
[24] Evenson K R，Jones S A，Holliday K M，et al. Park characteristics，use，and physical activity：A review of studies using SOPARC（System for Observing Play and Recreation in Communities）［J］. Preventive medicine，2016，86：153-166.
[25] Pleson E，Nieuwendyk L M，Lee K K，et al. Understanding older adults' usage of community green spaces in Taipei，Taiwan［J］. International journal of environmental research and public health，2014，11（2）：1444-1464.
[26] Edwards N，Hooper P，Trapp G S，et al. Development of a public open space desktop auditing tool（POSDAT）：a remote sensing approach［J］. Applied Geography，2013，38：22-30.
[27] 徐欢，李红，姜泰昊．城市公园不同活动空间 PM_（2.5）浓度的不均匀分布特征研究［J］．中国园林，2018，34（3）：117-122.
[28] Tang I，Tsai Y，Lin Y，et al. Using functional Magnetic Resonance Imaging（fMRI）to analyze brain region activity when viewing landscapes［J］. Landscape and Urban Planning，2017，162：137-144.
[29] Moore R C，Cosco N G. Using behaviour mapping to investigate healthy outdoor environments for children and families：Conceptual framework，procedures and applications［J］. Innovative approaches to researching landscape and health：open space：people space，2010，2：33-73.
[30] Goličnik B，Thompson C W. Emerging relationships between design and use of urban park spaces［J］. Landscape and urban planning，2010，94（1）：38-53.
[31] 刘江，郁珊珊，王亚军，等．城市公园景观与声景体验的交互作用研究［J］．中国园林，2017（12）：86-90.
[32] 李竹颖，林琳．声景研究进展与展望［J］．四川建筑，2017（5）：42-44.
[33] Song X，Lv X，Yu D，et al. Spatial-temporal change analysis of plant soundscapes and their design methods［J］. Urban Forestry & Urban Greening，2018，29：96-105.
[34] Gasc A，Gottesman B L，Francomano D，et al. Soundscapes reveal disturbance impacts：biophonic response to wildfire in the Sonoran Desert Sky Islands［J］. Landscape Ecology，2018，33（8）：1399-1415.
[35] 刘晶，闫增峰，尚瑞华，等．西安曲江池遗址公园声景观研究［J］．西安建筑科技大学学报（自然科学版），2018（3）：423-428.
[36] Afzalan N，Muller B. Online Participatory Technologies：Opportunities and Challenges for Enriching Participatory Planning［J］. 2018，84（2）：162-177.
[37] Afzalan N，Muller B. The role of social media in green infrastructure planning：A case study of neighborhood participation in park siting［J］. Journal of Urban Technology，2014，21（3）：67-83.
[38] Saad-Sulonen J. The role of the creation and sharing of digital media content in participatory e-planning［J］. International Journal of E-Planning Research（IJEPR），2012，1（2）：1-22.
[39] Jiang L，Masullo M，Maffei L，et al. A demonstrator tool of web-based virtual reality for participatory evaluation of urban sound environment［J］. Landscape and Urban Planning，2018，170：276-282.
[40] Li C，Liu Y，Haklay M. Participatory soundscape sensing［J］. Landscape and Urban Planning，2018，173：64-69.
[41] 吕圣东．从范式化到精准化的公园设计趋势研究［J］．园林，2017（9）：50-53.
[42] 戴代新，谢民．公众参与地理信息系统在风景园林规划中的应用［J］．风景园林，2016（7）：98-104.

作者简介

赖思琪，1995 年生，女，汉族，江西人，同济大学建筑与城市规划学院硕士研究生。电子邮箱：laisiqi@tongji. edu. cn。

刘颂，1968 年生，女，汉族，山东人，博士，博士生导师，同济大学建筑与城市规划学院景观学系、生态智慧与实践研究中心，高密度人居环境生态与节能教育部重点实验室教授，上海城市困难立地绿化工程技术研究中心副主任。研究方向：景观规划设计及其技术方法、城乡绿地系统规划。电子邮箱：liusong5@tongji. edu. cn。

面向不同年龄社区生活圈的公园绿地服务供需关系评价

——以上海某中心城区为例①

The Demand-supply Relation Analysis of Park Services of a Central District in Shanghai Based on Community Life Circle of Different Age Groups

邱 明 王 敏

摘 要：当前公园绿地服务布局优化研究较少统合服务供需双方，对供需水平匹配状况作出评价，且已有设计规范大多未考量不同年龄人群对于公园绿地服务的需求程度不同。基于此，本文选取上海某中心城区进行实证探索，在两步移动搜索法的基础上，以 ArcGIS 为技术支撑，提出面向不同年龄社区生活圈特征的公园绿地服务供需关系评估方法，并据此提出相应优化策略，以期促进存量规划时代公园绿地资源使用率的提升。

关键词：公园绿地服务；供需关系评价；社区生活圈；两步移动搜索法

Abstract: Nowadays researches on improvement of parks distribution do not focus much on the demand-supply match of park services, and most of the existing design specifications have not considered the differential of different age groups. Taking a central district in Shanghai as example, this paper proposes a method for evaluating the demand-supply relationship of park service for different age groups. This method is based on two-step Floating Catchment Area(2SFCA) and ArcGIS. Thus, promotion strategies are propsed to raise the utilization rate of park resources.

Keywords: Park Services; Demand-supply Relation Analysis; Community Life Circle; Two-step Floating Catchment Area (2SFCA)

1 社区生活圈视角下公园绿地服务评价研究进展

上海市 2035 总体规划提出“15 分钟社区生活圈”作为营造社区生活的基本单元，即在居民步行可达范围内，配备生活所需的基本服务功能与公共活动空间，形成安全、友好、舒适的社区生活平台[1]。在此背景下，学界研究越来越着眼于社区尺度，关注社区生活圈范围内公共空间的优化[2-3]。

公园绿地作为社区公共空间重要组成部分，为人们提供生态调节、景观美化、游憩交往等服务[4]，对其优化提升同样也是构建社区生活圈的重要内容。当前公园绿地服务评价的常用方法是以绿地可达性为评价标准[5-6]，发展出距离法[7]、引力模型法[8]、累计机会法[9]、拓扑法[10]四大类型。这些方法从公园绿地服务的供给角度出发，考量不同等级公园绿地的服务能为人享用的机会。然而从公园绿地服务的需求角度出发的相关研究还较为稀缺，现有相关研究大多关注公园绿地分布的公平性与正义性[11-12]，或是居民整体或单一社会属性（年龄、收入、职业、户籍等）的公园绿地使用行为特征[13]，较少考虑服务供给是否满足了需求，并进一步揭示不同特征人群的需求细分。

基于此，本文在两步移动搜索法的基础上，以 ArcGIS 为技术支撑，提出面向不同年龄社区生活圈特征的公园绿地服务供需关系评估方法。该方法考量不同年龄段生活圈半径及其公园绿地使用频率，提出公园绿地服务消费频次作为衡量服务供给与需求水平的指标。选取上海某中心城区进行实例研究，旨在促进存量规划时代公园绿地资源使用率的提升，为社区生活圈构建提供精细化决策支持。

2 面向不同年龄社区生活圈的公园绿地服务供需关系评价方法

两步移动搜索法指的是先后从供给点与需求点移动搜索两次，计算供需比，第一次搜索计算供给点服务区内的供需比之和作为供给点的繁忙程度，第二次搜索通过所有能为需求方提供服务的多个供给点的供需比之和确定需求方的可达性[14]。该方法如今主要应用于医疗等公共设施的空间可达性度量[15]。但本质上，两步移动搜索法确定的是一个被距离阈值过滤了两次的供需比，结果仍然是供给水平的反映，从需求侧只能够通过横向比较确定受供给水平的高低，难以衡量真实需求是否得到

① 基金项目：国家重点研发计划课题“绿色基础设施生态系统服务功能提升与生态安全格局构建”（编号 2017YFC0505705）、同济大学 2018—2019 年研究生教育改革与研究项目“对标双一流发展要求的研究生培养模式、课程及教学管理改革研究”子项目“风景园林研究生《景观学理论》LAT 模式教学创新”（项目编号 0100106057）共同资助。

满足。

如图1所示，在两步移动搜索法的基础上，本文提出以公园绿地服务消费频次作为衡量服务供给与需求水平的指标，首先通过两步移动搜索确定不同年龄群体社区生活圈内的服务供给水平，再基于问卷调查确定不同年龄群体的服务需求水平，最后叠置分析得到公园绿地服务供需状况。与原方法相比，该方法补充了需求侧的评价，且独立于供给评价，所以能够实现服务供需的整体分析；与此同时，供需过程中均考量了不同年龄群体的公园使用特征，因而该方法能使服务供需关系评价细分到不同年龄人群。具体步骤如下：

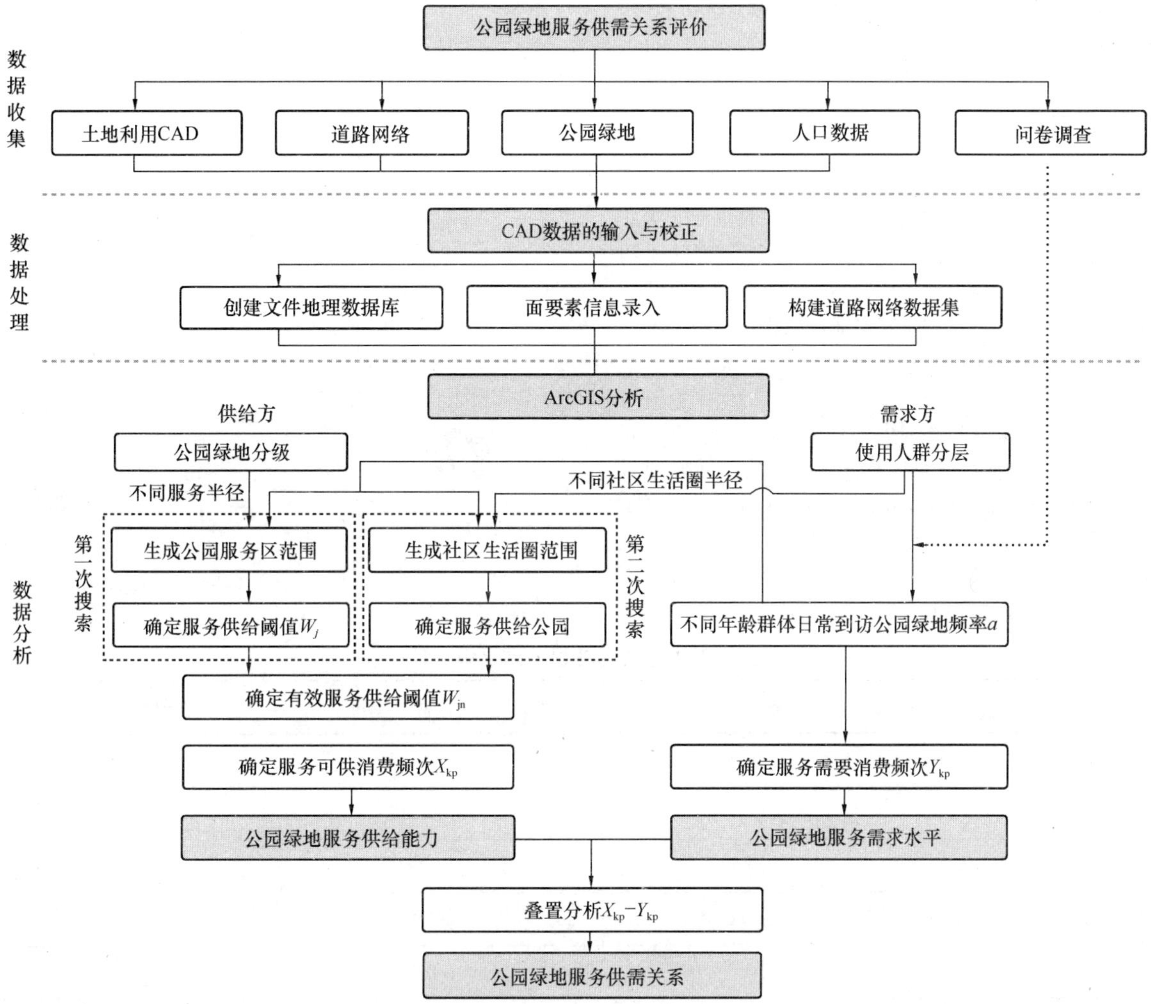

图1 研究技术路线

第一步，确定服务供给阈值。对每处公园绿地j进行分级，确定服务半径r_0，基于ArcGIS网络分析生成公园绿地的服务区，服务区覆盖多个空间统计单元k，进而计算出各公园绿地对于各空间统计单元的服务供给阈值W_j。服务供给阈值的确定考量了公园的规模（规模越大，服务半径越大，涵盖的空间统计单元越多）以及公园服务地均分配原则（空间统计单元面积越大，理应获得更多的服务）。公式中S_{ki}指的是第i个空间单元k位于服务区中的面积：

$$W_j = \frac{S_{ki}}{\sum S_{ki}} \tag{1}$$

第二步，确定供给水平。按年龄特征对各空间统计单元k进行人群分层。各年龄层具有不同的社区生活圈，取15min步行距离作为其社区生活圈半径[1]，通过ArcGIS网络分析生成各年龄层的社区生活圈范围。搜索社区生活圈范围中的公园绿地，统计得出不同年龄层社区生活圈内公园绿地的有效服务供给阈值W_{jn}，进而计算得出服务可供消费频次X_{kp}，反映单元内各年龄层可享受的服务供给水平。其中n指的是社区生活圈范围内的公园绿地数量，M_p指的是单元k中p年龄层的人口数量。

$$X_{kp} = \sum W_{jn} M_p \tag{2}$$

第三步，确定需求水平，如公式（3）所示，以空间统计单元k中p年龄层的公园绿地服务需要消费频次Y_{kp}表征。其中α为不同年龄群体日常到访公园绿地的频率，通过问卷调查确定。研究显示，公园绿地的使用主体是儿童及老年人，他们社区活动时间最长，频率最高；而中青年仅在下班后及周末进行社区活动，且前往公园绿地并非他们主要社区活动[1,16]。

$$Y_{kp} = \sum \alpha \cdot M_p \tag{3}$$

第四步，叠置分析研究区域内各空间统计单元的公园绿地服务供需状况。供需关系以$X_{kp}-Y_{kp}$表达，值大于或等于 0 表明该单元公园绿地服务的供给满足需求，值越大表明供给状况越好；结果小于 0 表明该单元公园绿地服务供给不能满足需求，绝对值越大表明供给状况越不理想，可进一步探讨各单元公园绿地服务相应优化提升策略。

3 上海某中心城区公园绿地服务供需关系评价

3.1 研究区域

本文研究区域位于上海某中心城区，总面积 54.76km^2，户籍人口约 92 万。以居委会作为空间统计单元，共计 304 个居委会。与上海其他中心城区相比，该研究区人均公共绿地水平相对较低，绿地总量不足，亟待优化公园绿地资源空间配置，故选作本研究实证对象。

3.2 数据准备

研究共涉及研究区道路网络、公园绿地、居委会单元人口信息及实地问卷调查四类数据，所有数据经处理后将加载进 ArcGIS 10.3 于 Ggauss Kruger Xian 1980 120E 投影坐标系下进行编辑操作。

其中，道路网络数据是基于研究区 2011 年土地利用现状图，将道路中心线抽取并拓扑校正而生成的。

公园绿地数据来源于土地利用现状图、google earth 及相关资料，包含公园绿地名称、位置（图 2）、面积、入口等信息。在此基础上，参照《上海市公园分类分级管理标准和考评办法》及《上海市控制性详细规划技术准则》对其进行分级，各级对应不同的服务半径（表 1）。由于上海植物园属于专类公园，故不计入本次研究讨论范畴。

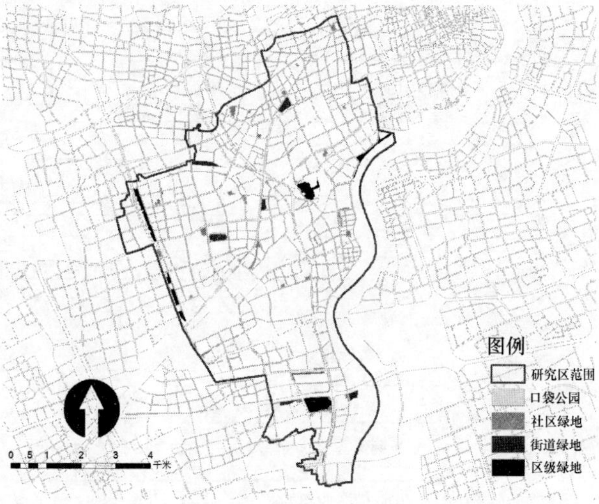

图 2 上海某中心城区各级公园绿地分布

上海某中心城区各级公园绿地统计 **表 1**

绿地级别	面积特征（hm^2）	服务半径（m）	数量（处）	面积累计（hm^2）	占研究区比重
区级绿地	≥10	2000	5	85.88	1.57%
街道绿地	≥4	1000	6	45.77	0.84%
社区绿地	≥0.3	500	97	89.53	1.64%
口袋公园	<0.3	250	82	9.91	0.18%
				总计： 227.49 hm^2	4.23%

资料来源：作者自绘。

人口数据来源于 2010 年全国第六次人口普查资料，按照年龄特征进行累计得到儿童（12 岁以下）、中青年（13～59 岁）、老年（60 岁以上）三个年龄层的常住人口数据，其中儿童占 6.31%，中青年占 73.62%，老年占 20.06%。社区生活圈强调在一般人可承受的 15min 步行范围内可达[1]，因此本研究根据不同年龄人群的步行速度设定了不同的社区生活圈半径，老年与儿童人群为 1200m，中青年人群为 2000m。一般情况下儿童由监护人（大多为老年人）陪同前往公园绿地，为了简化讨论，后续研究将儿童与老年人合并为同一类公园绿地使用人群。

问卷调查于 2017 年夏季的工作日与双休日开展，共实地调研了 13 处公园绿地，覆盖从区级绿地到口袋公园四级，受访对象为公园周边居民。最终共回收有效问卷 280 份，其中中青年受访者 171 份、老年 90 份、儿童 19 份。问卷除基本信息外，还涉及访公园绿地的频率，每天均到访计作 1，每周 3～4 次计作 0.75，每月 2～3 次计作 0.5，每季 2～3 次计作 0.25，更低频率的情况计作 0。分别对中青年、儿童与老年群体取均值，结果显示，该中心城区中青年公园绿地日常到访公园绿地频率 α 为 0.59，儿童与老年群体则为 0.85。

3.3 评价结果

如图 3 所示，研究区各居委会单元中，中青年人群与儿童、老年人群公园绿地服务供给的空间分布大致相同，供给较丰富的居委会集中于研究区中部及滨江区，供给较薄弱的居委会则集中于研究区北部及西部。从供给水平的总体分布上看，儿童与老年人群服务供给水平单元间差异较大，服务供给水平处于中等偏上的较中青年人群更多。

对于公园绿地服务需求而言（图 4），中青年人群对公园绿地服务有较高需求水平的区域集中于研究区中部；与之相比，老人与儿童人群表现出对公园绿地服务的旺盛

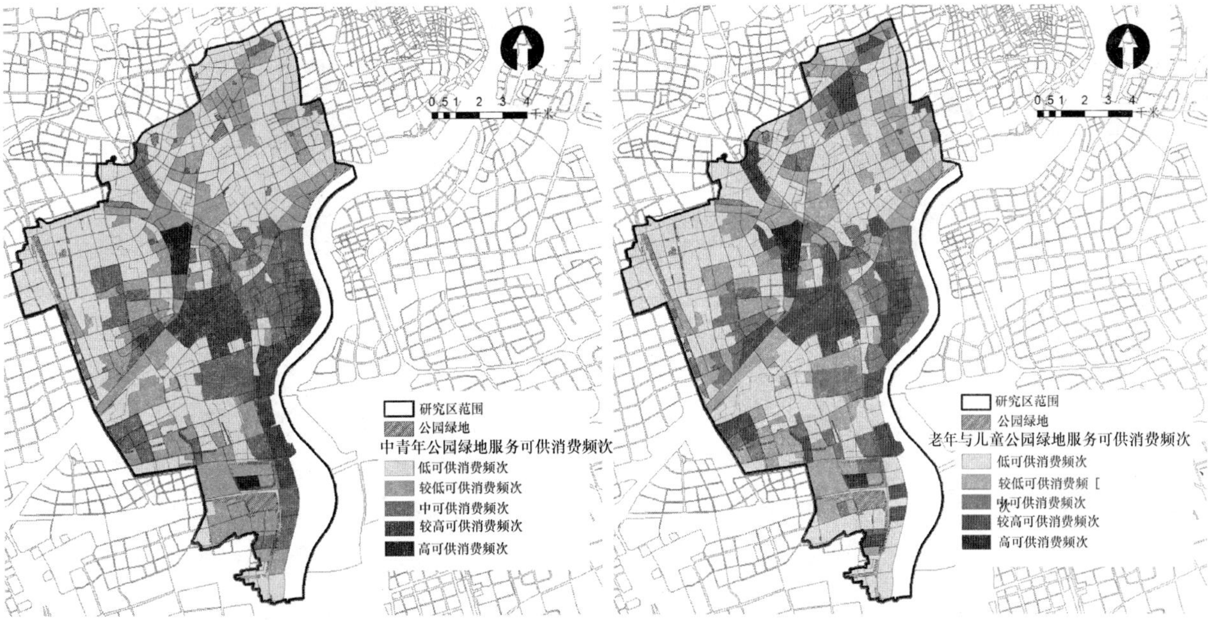

图 3　上海某中心城区各居委会单元不同年龄人群公园绿地服务供给水平

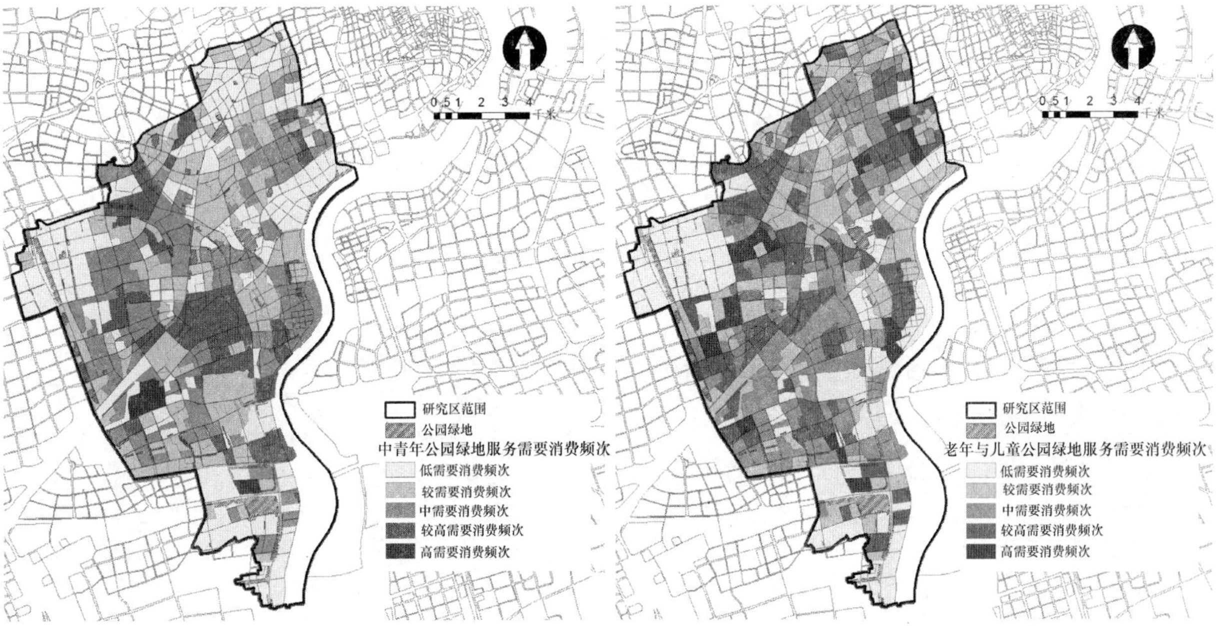

图 4　上海某中心城区各居委会单元不同年龄人群公园绿地服务需求水平

需求，其较高需求水平的单元数量较中青年人群更多，且空间分布更广，分散于研究区中部与北部。综合来看，不同年龄层服务高需求的区域较少重合，如研究区北部儿童与老年人群服务需求水平中等偏上，中青年人群需求水平相反却较低，显示出不同区域公园绿地服务应侧重的目标人群不同。

叠置供给与需求的评价结果得到各单元不同年龄人群服务的供需状况（图 5），图中研究区范围内白色代表该单元公园绿地服务供需基本匹配；浅灰色表达供给富余，颜色越深表明供给状况越良好，远超需求；深灰色表达供不应求，颜色越深表明供给越不足，远未满足需求。结果显示（表 2），该中心城区共 304 个社区中，以老年人与少年儿童为服务对象，其中 177 个社区供需基本匹配或者供大于求，其余 127 个其公园日常游憩到访率需求无法得到满足；相比之下，青年人的公园日常游憩供需状况较好，有超过 2/3 的居委会都达到或超过供需匹配的水平。综合比较，可见不同年龄层公园绿地服务供需关系空间分布有较多吻合，供给富余区集中于研究区中部，供给不足区集中于研究区北部。

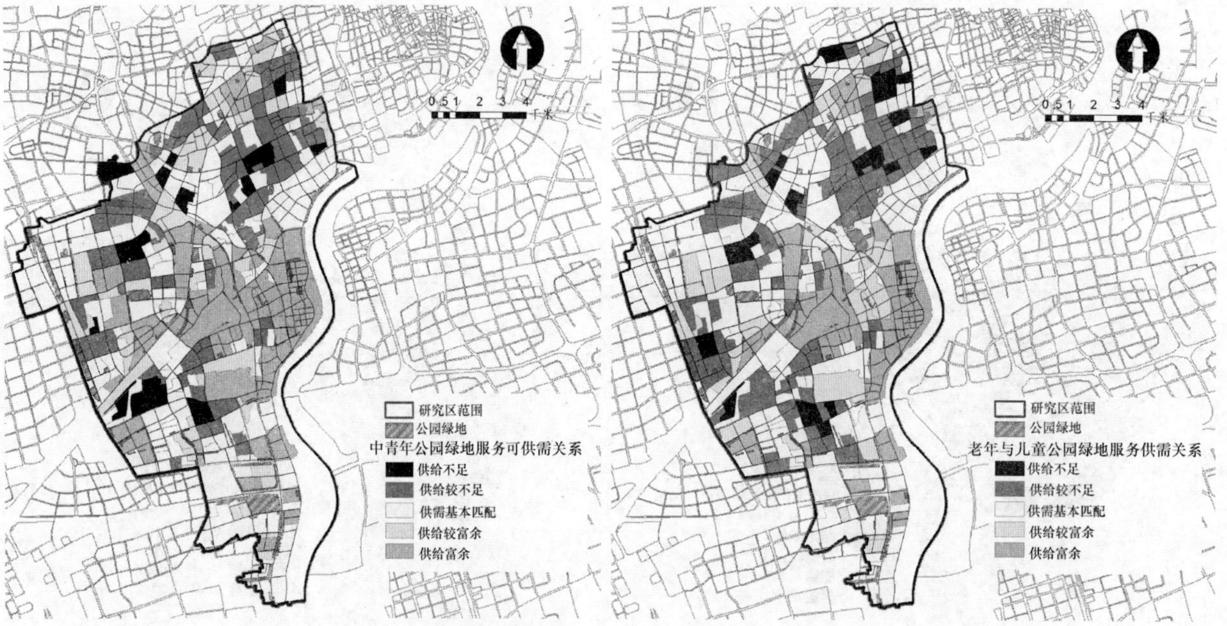

图5 上海某中心城区各居委会单元不同年龄人群公园绿地服务供需关系

各居委会单元不同年龄人群公园绿地服务供需关系统计 **表2**

	中青年使用人群		儿童与老年人群	
	居委会单元数量	占比	居委会单元数量	占比
供给不足	17	6%	21	7%
供给较不足	86	28%	106	35%
供需基本平衡	115	38%	120	39%
供给较富余	38	13%	25	8%
供给富余	48	16%	32	11%
总计	304	100%	304	100%

资料来源：作者自绘。

4 讨论：基于供需关系评价的社区生活圈公园绿地服务优化策略

对不同年龄人群社区生活圈中的公园绿地服务供需进行空间相关性分析，如图6所示，无论是中青年还是老年与儿童人群，其全局自相关性Moran I指数均显示供需关系空间正相关，且在$\alpha=0.01$的水平下显著。该结果表明公园绿地服务的供给关系存在空间集聚，在此基础上通过空间冷热点分析（图7）可识别出供给不足集聚区与供给富余集聚区，并进一步提出针对性的优化提升策略。

1）供给富余，强调特色塑造，引导差异化发展。供给富余仅意味着绿地服务量的达标，在未来社区生活圈构建过程中，应通过问卷调查、数据分析识别生活圈中游憩需求特征，自下而上引导公园体系差异化发展，在质上不断提高公园绿地服务水平。

2）供给不足，提升周边公园服务能级，疏解薄弱区供需矛盾。在存量更新的城市发展阶段，中心城区难以继续通过大规模营建公园满足社区生活圈内营建需求，进而更加凸显现有公园绿地所承担的作用。应抓住城市更新的契机，通过拓展游憩空间、增设游憩设施等手段，优化提升供需不足集聚区周边的现有公园绿地的服务水平，缓解供需不匹配造成的矛盾。

3）供给不足，挖掘城市闲置空间，增加布局口袋公园。口袋公园规模小，可呈斑块状散落在城市结构中服务居民，具有可达性高、居民使用频率高的特点。可通过建设共享型居住区小游园、开放型附属绿地等类型口袋公园，在提高城市闲置空间利用率的同时，以点的方式应对公园绿地服务供给不足的问题。

5 结语与反思

本文提出了面向不同年龄社区生活圈中公园绿地服务供需关系的评价方法，并应用于上海某中心城区，研究结果表明该方法在反映公园绿地服务的供给与不同年龄人群的需求上具有一定的可操作性。本文期望通过该方法促进存量规划时代公园绿地资源使用率的提升。然而现有研究假定了社区生活圈范围内享有服务的可能性均等，无法反映越接近公园绿地居民享受服务可能性越大的实际情况，且仅以可达性衡量公园绿地服务难以进一步指导公园绿地服务的具体优化内容，这些不足均需在接下来的研究中改进与延伸。

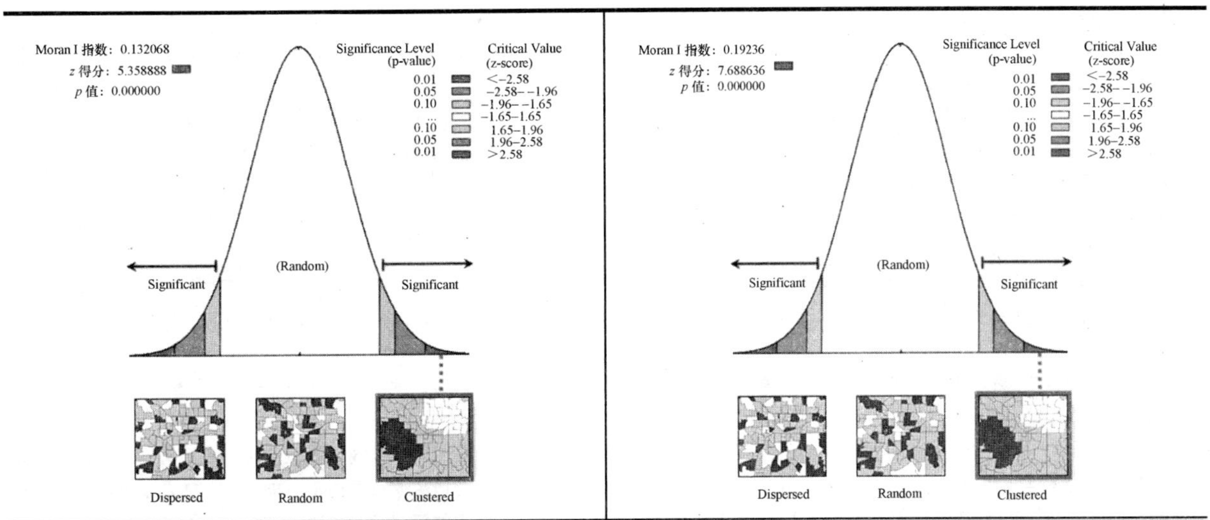

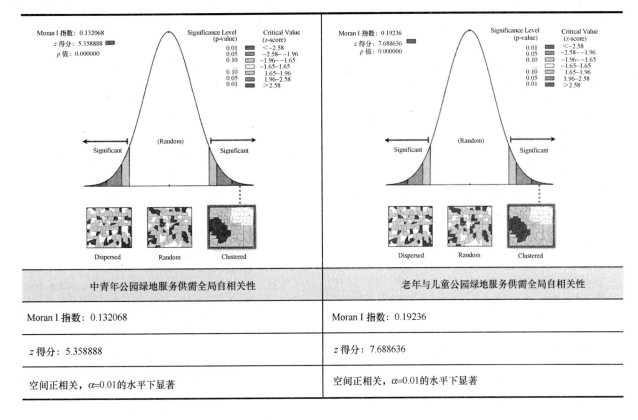

中青年公园绿地服务供需全局自相关性	老年与儿童公园绿地服务供需全局自相关性
Moran I 指数：0.132068	Moran I 指数：0.19236
z 得分：5.358888	z 得分：7.688636
空间正相关，α=0.01的水平下显著	空间正相关，α=0.01的水平下显著

图 6　不同年龄人群公园绿地服务供需空间相关性分析

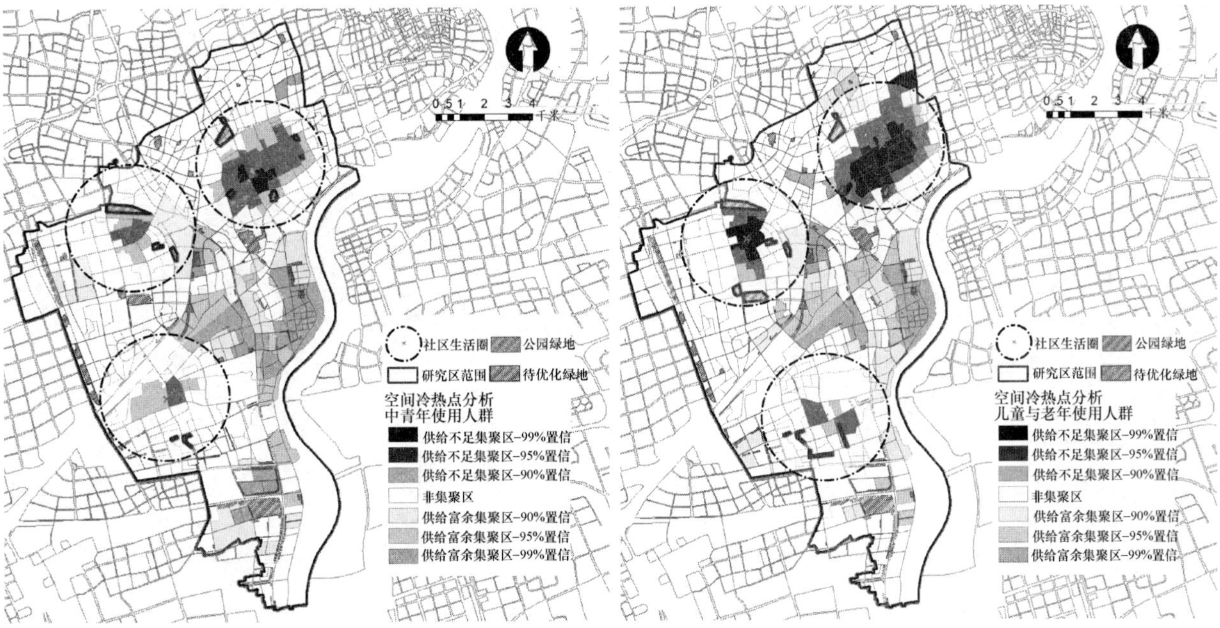

图 7　社区生活圈范围公园绿地服务待优化区
（图片来源：图 1～图 7 均由作者自绘）

参考文献

[1] 李萌．基于居民行为需求特征的"15 分钟社区生活圈"规划对策研究[J]．城市规划学刊，2017(1)：111-118．

[2] 孙道胜，柴彦威．城市社区生活圈体系及公共服务设施空间优化——以北京市清河街道为例[J]．城市发展研究，2017(9)：7-14．

[3] 吴秋晴．宜居生活圈导向下社区公服设施管控体系更新探索[C]//．中国城市规划学会，沈阳市人民政府．规划 60 年：成就与挑战——2016 中国城市规划年会论文集(12 规划实施与管理)，2016：12．

[4] 陈爽，王丹，王进．城市绿地服务功能的居民认知度研究

[J]. 人文地理，2010(4)：55-59.
[5] 陈明，戴菲. 基于GIS江汉区城市公园绿地服务范围及优化布局研究[J]. 中国城市林业，2017(3)：16-20.
[6] 马玉荃. 面向居民的公共绿地服务水平评价方法——对1982年和2015年上海市内环内情况的比较[J]. 上海城市规划，2017(3)：121-128.
[7] 赵兵，李露露，曹林. 基于GIS的城市公园绿地服务范围分析及布局优化研究——以花桥国际商务城为例[J]. 中国园林，2015(6)：95-99.
[8] 袁钟，赵牡丹，刘蕊娟. 基于最小成本距离与改进引力模型的城市绿地网络构建与优化[J]. 陕西师范大学学报(自然科学版)，2017(2)：104-109.
[9] 陈秋晓，侯焱，吴霜. 机会公平视角下绍兴城市公园绿地可达性评价[J]. 地理科学，2016(3)：375-383.
[10] 陈博文. 基于网络分析的城市公园绿地的可达性评价——以广州市海珠区为例[C]//. 中国城市规划学会，东莞市人民政府. 持续发展 理性规划——2017中国城市规划年会论文集(05城市规划新技术应用)，2017：19.
[11] 唐子来，顾姝. 上海市中心城区公共绿地分布的社会绩效评价：从地域公平到社会公平[J]. 城市规划学刊，2015(2)：48-56.
[12] 唐子来，顾姝. 再议上海市中心城区公共绿地分布的社会绩效评价：从社会公平到社会正义[J]. 城市规划学刊，2016(1)：15-21.
[13] 江海燕，肖荣波，周春山. 广州中心城区公园绿地消费的社会分异特征及供给对策[J]. 规划师，2010(2)：66-72.
[14] 宋正娜，陈雯，张桂香，等. 公共服务设施空间可达性及其度量方法[J]. 地理科学进展，2010(10)：1217-1224.
[15] 胡瑞山，董锁成，胡浩. 就医空间可达性分析的两步移动搜索法——以江苏省东海县为例[J]. 地理科学进展，2012(12)：1600-1607.
[16] 王敏，王茜. 基于Q方法的城市公园生态服务使用者感知研究——以上海黄兴公园为例[J]. 中国园林，2016(12)：97-102.

作者简介

邱明，1993年生，男，汉族，海南人，同济大学建筑与城市规划学院风景园林专业在读硕士研究生。研究方向：风景园林规划设计。电子邮箱：378900128@qq. com。

王敏，1975年生，女，汉族，福建人，博士，同济大学建筑与城市规划学院景观学系副教授、博士生导师。研究方向：城市景观与生态规划设计教学、实践与研究。电子邮箱：wmin@tongji. edu. cn。

山地城市立体轮廓景观塑造及评价体系建构

——以重庆巫山县为例①

Construction of Evaluation System in Mountainous City's Three—dimensional Outline Landscape: Taking Wushan, Chongqing as an Example

漆媛媛　毛华松

摘　要：立体轮廓是城市风貌感知的骨架性要素。山地城市因其复杂地貌形成独具特色的立体优势。然而，近年来受快速城市化影响，未能充分尊重自然生态本底、缺乏有效空间管制的破坏性建设使其优势特征日渐减弱。因此，重塑山城立体轮廓景观风貌显得至关重要。本文从生态美、韵律美、个性美三方面解读立体轮廓景观优势特征，通过山水、建筑、植被等轮廓识别，地标建筑、重要节点等轮廓波动，高低、明暗、虚实等轮廓序列组织，自然与人工斑块构建四方面提出山地城市立体轮廓景观体系评价的思路与方法。在此基础上，以巫山立体轮廓景观优化实践为例，建构城市立体轮廓风貌的评价、规划途径，以期为地域性城市风貌保护与培育提供理论与实践借鉴。

关键词：山地城市；立体轮廓；评价指标体系；巫山

Abstract: The three-dimensional outline is the key element of the urban landscape perception. Mountainous cities have unique three-dimensional advantages for their complex landforms. However, in recent years, due to the impact of rapid urbanization, the destructive construction such as failing to respect the ecological substrate and lacking of effective space control has gradually weakened its dominant characteristics. Therefore, it is important to reshape the three-dimensional outline landscape of the mountainous cities. This paper interprets the dominant features of three-dimensional outline landscape from the aspects of ecological beauty, rhythm beauty and personality beauty. Then puts forward the evaluation system of mountainous cities' three-dimensional outline landscape from 4 aspects: the outline recognition of landscapes, buildings and vegetation; the outline undulate of important landmarks; the outline organization of high and low, lights and shades, virtual-real comparison etc. On this basis, taking Wushan three-dimensional outline landscape optimization practice as an example, this paper constructs the evaluation and the planning method of urban three-dimensional outline landscape in order to provide theoretical and practical reference for regional urban landscape protection and cultivation.

Keyword: Mountainous Cities; the Three-dimensional Outline; the Evaluation System; Wushan

引言

优美的城市立体轮廓既是城市整体形象的展示，也是城市良好自然本底和深厚历史积淀的体现[1]。轮廓景观研究是城市空间形态研究中的热点，已有研究主要集中在轮廓景观的沿革、美学和内涵价值分析[2]，动态、静态两种轮廓景观空间模型提取[3]，高层建筑布局与轮廓景观的关系探究[4]及从规划管理层面进行轮廓景观保护控制[5]等方面。而其中也涉及复杂地貌下立体轮廓景观的探讨。例如赵万民通过阐释山地城市轮廓景观特性，把握山地城市空间形态特征，提出了创造富于美感的城市轮廓线应遵循的原则[6]。毕文婷探讨了城市轮廓景观保护的重要性和目前面临的主要问题，并以重庆主城区为例提出山地城市轮廓景观保护与设计方法[7]。邱强则从山地城市轮廓景观特色构成要素入手，分析了在协调市场开发与景观资源的基础上，如何进一步优化山地城市轮廓风貌特色[8]。但对于复杂地貌下城市轮廓评价标准及指标体系建构的讨论仍有待深化。

本文通过总结山地城市轮廓景观的三大优势特征，探寻其评价体系构建的思路与方法。在此基础上，以巫山县高唐组团为例，从轮廓识别、轮廓波动、轮廓序列、景观斑块等四方面进行轮廓景观评价实践研究，并从维育山地自然山水本底、强化人文景观空间管制及凸显轮廓景观地域性与识别性等三方面提出优化建议，以期为当今城市立体轮廓景观的营造与发展提供理论与实践支撑。

1　山地城市立体轮廓营建的理论基础

1.1　立体轮廓

立体轮廓是城市景观中一道不可忽略的风景，是城市地域内人类生活环境在天空背景上的投影[9]。从宏观层面上讲，城市立体轮廓是由自然山水斑块与城市建筑簇群斑块叠合构成的整体与天空的交界形态面。从中微

① 基金项目：中国博士后科学基金面上项目（编号 2016M600723）资助。

观层面上讲，根据人所处的城市位置，通过观察城市天际线可以理解城市中的建筑、构筑物及自然山水等叠合交界的二维景观[5]（表1）。它既展现出了城市完整、独特的形象特征，也映射了城市的经济社会发展、传统文化、生态状况等内容。

立体轮廓概念界定　　表1

范围	层次	概念
广义	宏观	城市立体轮廓是由自然山水斑块与城市建筑簇群斑块叠合构成的整体与天空的交界形态面
狭义	中观、微观	根据人所处的城市位置，通过观察城市天际线可以理解城市中的建筑、构筑物及自然山水等叠合交界的二维景观

1.2 山地城市立体轮廓

丰富多变的自然地貌、山水环境是山地城市珍贵的自然资源[10]，为其充满生机活力的轮廓景观塑造提供了重要物质基础，产生了有别于平原城市的发展形态和总体形象。在山地城市中，由于其特殊的自然地理环境、气候条件、文化传统等因素，山地城市立体轮廓线景观具有独特的个性、内涵和视觉审美规律[6]。山地城市立体轮廓是由城市周边自然山水轮廓与城市不同区域内建（构）筑物轮廓叠合形成的三维景观形态。这种自然景色与人文景色的对比结合控制着整个城市的立体构图，使得空间纵横向对比强烈，并以其巨大的空间进深形成多层次、多变化的轮廓景观，既反映了城市布局与山势的有机联系，也传递着平原城市所不及的独特魅力。

1.3 山地城市立体轮廓保护面临的主要问题

“天造地设之巧，在人善于黠缀耳”。结合自然是中国传统城市规划的显著特点，其深处奥妙则是对人工与自然关系的推敲，自然貌似在人工之外，其实已在设计关照之中。然而，受快速城市化建设影响，中国城市发展经历了一个激进的阶段，大多城市片面追求功能城市的机械式、高密度式发展，产生了一批秩序失衡、自然环境冲突明显的城市轮廓景观[11]。

山地城市的轮廓景观风貌也由以自然山体为背景、以人工构筑形态为图形的簇群状“图底关系”向自然与人工形态间插的方向转变[12]。快节奏、高强度、高密度的山地城市开发带来众多问题：(1) 历史轮廓景观保护与设计的意识不强，忽视了其在延续城市记忆中的重要作用；(2) 简单模仿平原城市规划手法，大拆大建、大填大挖之风盛行，未能充分利用自然条件塑造城市特色空间形态，使得山地城市中人工环境与自然山水环境整体和谐的关系受到严重破坏；(3) 建筑的高度和体量杂乱无序，城市缺乏有效的空间管制。因此，提出一种有效的城市立体轮廓评价方法、对于有效保护自然山水环境、保持城市肌理与自然肌理整体性、延续城市与自然相互依存的历史渊源及个性特征等具有重要意义。

2 山地城市立体轮廓景观评价体系建构

2.1 山地城市立体轮廓景观美学特征

美学问题是人类社会广泛存在的既普通又深奥、既简单又复杂的问题[10]。优美的轮廓景观风貌特征可归纳为人文要素与自然要素二者有机融合的生态美、虚实对比的韵律美、重要地标建筑等的个性美这3方面。

2.1.1 生态美

美学的至高境界是人与自然的默契[13]。受“山水文化”审美观念和“天人合一”哲学理念的深刻影响，中国的山地城市一直孕育在自然山水之中，使得城市人工环境要素（建筑物、构筑物及其他人工设施）与自然环境要素（山体、水体、植被等）有机融合，二者轮廓熔铸形成了蕴含多种要素在内的生动画面。自然与人工和谐共生的美感既是人类心理感知的普遍需要，也是保障轮廓景观整体塑造的内在要求。

2.1.2 韵律美

节奏与韵律是景观构图的重要原则。城市轮廓景观的节奏韵律可以由建筑簇群轮廓线的高低交替排列产生，也可由不同质感的界面对比产生。同时其与城市用地布局密切相关，例如，都市核心区的商务建筑簇群往往是景观轮廓线的波峰，而居住建筑和开敞空间则是构成波谷的重要因素。因此，只有清晰、有序、合理的城市用地布局，才可能形成充满节奏与韵律感的城市轮廓线景观。

2.1.3 个性美

城市中重要标志性建（构）筑物、重要节点等是轮廓景观中最具识别性和感知度的特征要素。形态特征鲜明的标志性建（构）筑物数量虽并不多，但其在轮廓景观中的地位举足轻重。例如，巴黎凯旋门已经成为城市各个角度上的视觉终点与方向定义，不仅强化了人们对于巴黎城市记忆的感知，也丰富了城市特色轮廓景观。此外，优美的轮廓景观应是协调统一的整体，地标性建（构）筑物所具有的独特形态特征应与周边环境协调一致。

2.2 山地城市立体轮廓景观评价指标确定

立体轮廓景观的复杂性决定了评价指标的多元性。按照轮廓景观的美学形式、视觉感受以及人工景观与自然景观的协调程度等方面衡量城市景观品质，选择轮廓识别、轮廓波动、轮廓序列、景观斑块这四大评价指标，通过多要素、多层次的综合评价把握城市景观的整体品质。

2.2.1 轮廓识别

山顶、山脊、滨江地带、地标建筑等最具识别特征的轮廓要素的保护彰显，对于延续城市与环境相互依存的历史渊源及自身个性特征有积极意义。其形体大多呈现为高耸、个性化和可识别特征强烈，分布于城市重要区域。例如巴黎凯旋门已成为城市各角度上的视觉终点与方向定义。

2.2.2 轮廓波动

高层建筑作为城市制高点，在影响城市轮廓景观特色要素中占有主导地位。城市建筑簇群轮廓景观中，标志性高层建筑群形成的景观高度线控制着轮廓景观波动的核心起伏，其与周边建筑群的高度差异越大，在视觉上就越凸显，也更具有景观识别性。例如，南京城市轮廓景观以紫峰大厦（450m）为地标性高层建筑，形成第一层级轮廓线焦点；江苏广电城大楼（240m）、南京电信局多媒体大楼（140m）和城市名人酒店（200m）形成第二层级轮廓线的核心控制；而第三层级的建筑群高度基本100m以下。这三个层次的建筑群构成了跌宕起伏、疏密有致的轮廓景观（图1）。

图1 南京立体轮廓景观分析图

2.2.3 轮廓序列

山脊线、岸线与建筑簇群轮廓线的叠合能够产生以天空为背景的丰富段落特征，形成整齐有序而韵律无限的空间序列。例如，通过观察香港中环天际线轮廓景观立面，可将其划分为起始、发展、高潮、延续4个阶段（图2）。通过港岛建筑群与背景山体高低起伏、疏密相间、虚实有序的协调搭配，形成多元并存、相映成趣的视觉景观。

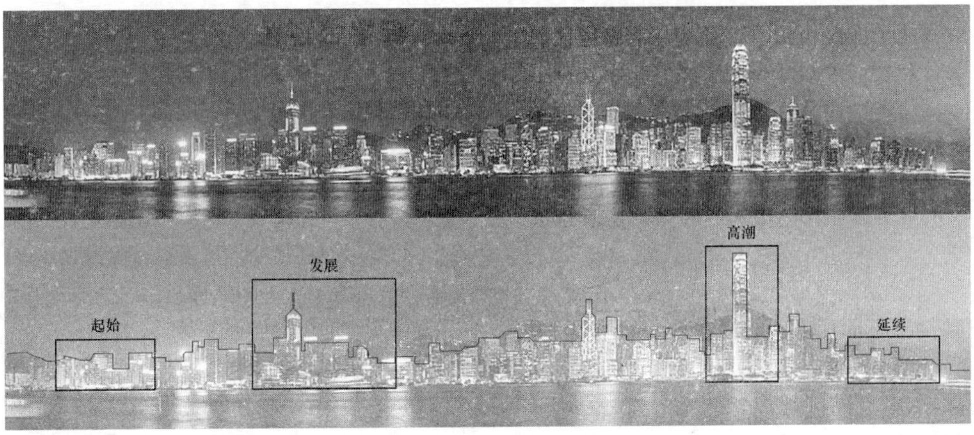

图2 香港立体轮廓景观实景图及分析图

2.2.4 景观斑块

立体轮廓景观由自然斑块（山体、水体、植被等）与人工斑块（建筑物、构筑物及其他人工设施）共同构成，二者之间的比重反映了人工要素与自然要素的穿插关系，体现出人与自然的和谐共生。自然斑块作为城市人工景观风貌的“协调剂”，对于维育城市良好景观生态功能有重要作用。例如，无锡城市背山面水，近景有太湖伸进无锡的蠡湖提供蓝色开敞视觉面，中景以人工化的建筑群景观为主，远景有山体作为背景，建筑轮廓景观的波动与山体轮廓的波动此起彼伏，形成3个景观斑块，人工要素和自然要素相互穿插，在视觉上形成相互映衬的效果。从无锡轮廓景观的立面图中可以看出，正是因为自然斑块所占的比重要远远大于人工要素所占的比重，才产生了协调的景观感受（图3）。

图3 无锡立体轮廓景观分析图

3 巫山城市立体轮廓景观的评价实践

巫山县位于长江上游地区、重庆东北部，地处三峡库区腹心。城区及周边是库区难得的优势山水资源汇聚之地，具有良好的山水构架与资源本底。湖面、不宜建设的低山丘陵、高速公路等因素客观上形成了对建设用地的分隔，将巫山城区划分为 3 个组团：大宁湖西岸高唐组团、湖东岸江东组团和早阳组团（以施家坡为隔）（图 4）。其中高唐组团建设时间最长，建筑呈现出一种明显的“依山”关系，形成层叠依山型的水-城-山景观界面。研究发现，山水等自然资源往往能给城市立体轮廓景观增色，同时山体同城市距离在 10km 以内形成的轮廓景观效果最佳[14]。基于以上分析，本文选取从大宁湖会长江河口东南侧南陵山顶向西北方向眺望所观察到的高唐组团城市天际轮廓景观作为评价对象（图 5）。

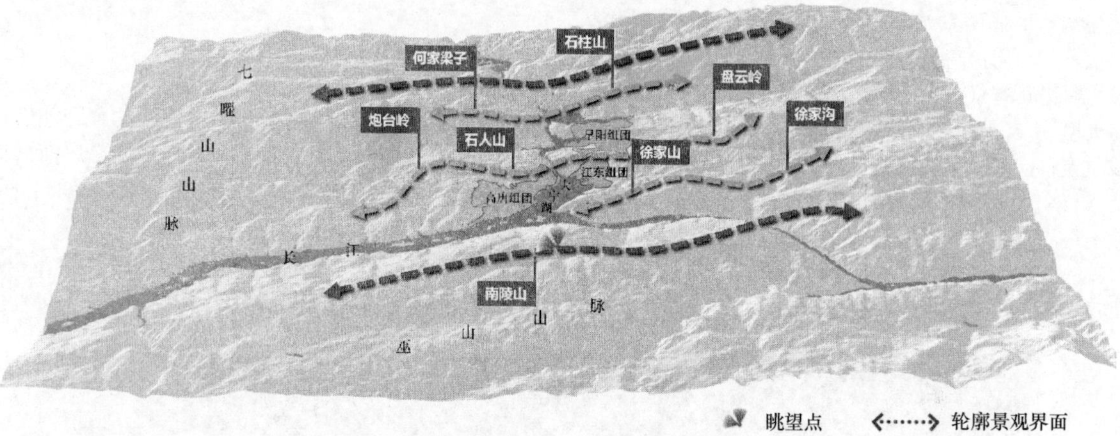

图 4 巫山自然山水构架分析图

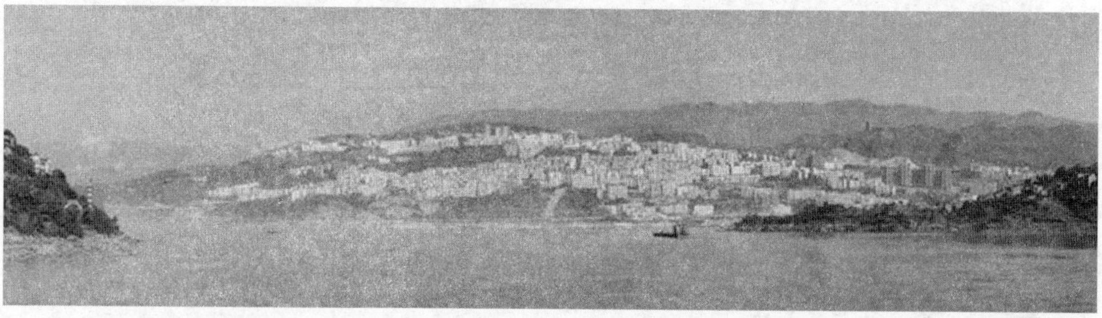

图 5 高唐组团立体轮廓景观实景图

3.1 巫山城市立体轮廓景观评价

3.1.1 轮廓识别

自大宁湖会长江河口顶眺望高唐组团的城市立体轮廓景观，整体轮廓景观由北侧山体山脊线、城市建筑簇群轮廓线及水岸线构成。如图 6 所示，通过提取外轮廓景观进行轮廓识别分析，发现识别度较高自然要素是背景炮台山山脊线、石人山山脊线及开敞的大宁湖水面。而识别度较高的人文要素则为石人山顶高耸的六合亭、建筑群右侧并排的高层建筑及建筑群中部神女大道左侧的几座高层建筑。其中六合亭作为城市地标性重要建筑物，是感知巫山整体城市风貌的关键性要素，但因其距城市组团距离较远，使得实际感知度较不理想。

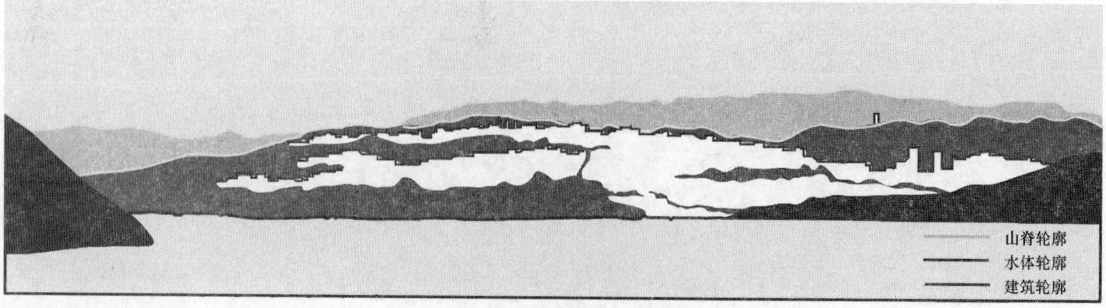

图 6 高唐组团轮廓识别分析图

3.1.2 轮廓波动

高唐组团以炮台岭为主要山体背景，其高度约 544m，画面右侧石人山高度约 580m，呈连绵状。通过图 7 可直观看出，组团内部因自然山体阻隔形成上下半城布局，其中下半城建筑轮廓波动不大，与山体高低起伏较为一致；上半城在画面中部 3 组建筑高耸，形成以山体为背景的凸起，更具有景观识别性。画面右侧石人山顶六合亭作为组团内最具识别性的建筑要素，但因其距离城区较远，未能形成轮廓景观波动的核心控制。

3.1.3 轮廓序列

将高唐组团立体轮廓景观分为 6 段，并将整体轮廓抽象为波动曲线，可以通过波峰、波谷间距直观地看出节奏变化（图 7）：在 A～B 段，自然山体轮廓景观控制整体节奏，人工建筑群服从于山体景观；在 B～D 段，山体渐渐消失，人工建筑比重逐渐增大；D～E 段延续之前建筑序列，在石人山顶形成视觉焦点，成为此段轮廓中的高潮，之后建筑高度逐渐降低，背景山体渐渐突出。整体形成山体-建筑-山体的轮廓节奏韵律，各具节奏的同时又存在互动，配合形成一首立体轮廓协奏曲。

3.1.4 景观斑块

自然斑块的比重越大，景观感受就越协调，越能体现显山露水的立体轮廓效果。从图 8 可看出，高唐组团斑块由水面蓝色斑块、建筑群灰白色斑块和山体绿色斑块组成，视觉对比强烈。其中，绿色斑块和蓝色斑块面积约占 80%，建筑人文要素融入自然山水要素之中，编织出人工与自然交相辉映的生态美。

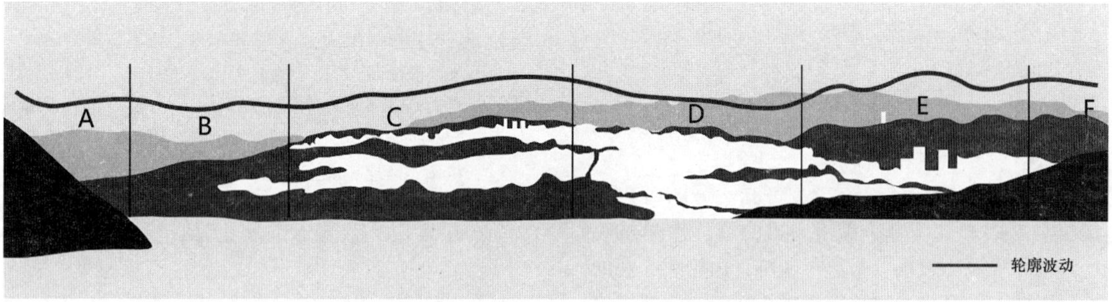

图 7　高唐组团轮廓波动及轮廓序列分析图

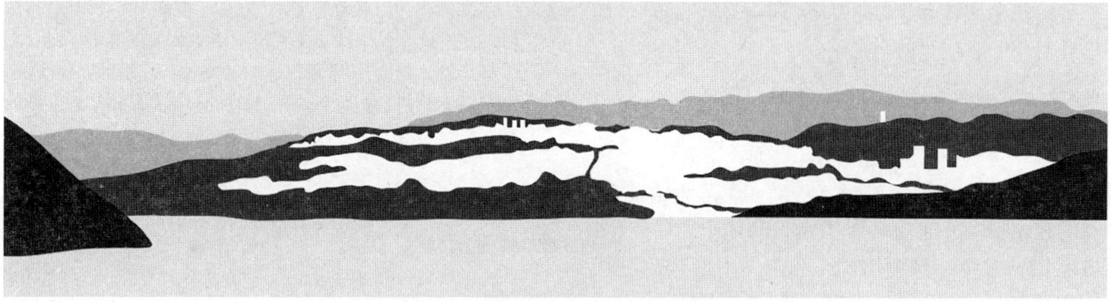

图 8　高唐组团景观斑块分析图

3.2 巫山城市立体轮廓景观优化策略

3.2.1 保护山地自然生态本底，维育立体轮廓生态载体

巫山山水空间格局开合有致，大山大水格局明显：北七曜山山脉，南巫山山脉，两大主脉东西贯穿夹长江于其间，大宁河南北截七曜山汇长江。高唐组团“上下半城”与“中央山脊轮廓线”“背景山脊轮廓线”的独特山地地貌极具控制力和表现力，是塑造巫山立体轮廓景观风貌的重要生态本底。

因此，优化高唐组团立体轮廓应首先依据其地貌特征确定建设区、限建区和禁建区，分片区控制以保护和维育山城立体轮廓的生态载体。同时，利用城市内冲沟、公园绿地、农林绿地、防护绿地等自然形态，构建 3 条与等高线平行的连续绿化带，并与外围两条冲沟保护带结合共同构成高唐的城市生态网络，使得山体和水体在城市景观中不致被中间建筑群完全阻断，从而形成簇群状的山地城市景观格局（图 9）。

3.2.2 强化人文景观空间管制，协调建筑与山水布局关系

立体轮廓景观规划中应突出强调山水资源的公共性，为市民营建宜人的山水环境。可根据背景山脊的走向和高程制定相应建筑高度控制线，对于景观特色突出的背景山体，应将建筑群体的平均高度控制在背景山体高度的 1/2 位置，使山体的自然形态在城市整体景观中占据主导地位。此外，还应以景观均好性为原则，通过控制建筑立面高宽比、前后排建筑垂直于江面布置、“V”形开敞布局等优化方式[9]，提高场地纵深方向的景观视野，以形成良好的视线通廊。

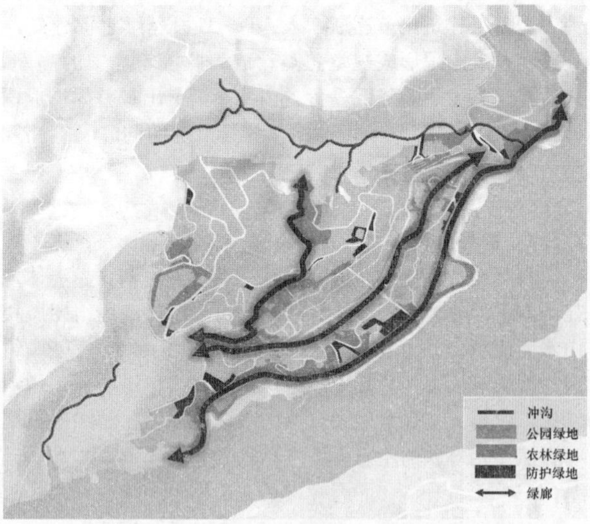

图 9　高唐组团生态网络构建分析图

3.2.3　强化地标建筑统领作用，凸显轮廓景观地域性及识别性

通过分析高唐组团现状城市风貌可知，城区内建筑轮廓起伏较为平缓，六合亭作为最突出的地标性建筑距城区较远，核心控制力较弱，未能形成城区内轮廓景观的视觉焦点。因此，结合山形和城市轮廓线特点，且与城市功能相呼应，考虑在神女大道轴线终点修建地标性建筑，形成下半城以望霞公园为背景的轮廓焦点；而上半城应以亭阁、塔楼等建筑，强化城市轮廓核心起伏，同时也与六合亭形成对望、呼应之势。

4　结语

山地城市立体轮廓景观是城市合拢的视觉形象，既具有潜在的艺术价值，也是城市生命力的体现。近年来，在快速城镇化背景下，城市建设布局中因未能充分利用良好自然生态本底，缺乏有效高度、体量空间管制等对山城优美的轮廓景观造成了严重破坏，使得山城地域轮廓风貌的识别性受到威胁。本文从生态美、韵律美、个性美等三方面解读山城立体轮廓优势特征，并以此为评价原则，通过轮廓识别、轮廓波动、轮廓序列、景观斑块等四大评价指标综合把握城市景观的整体品质。并在此基础上，以巫山高唐组团为例进行实践评价研究，从构建山城生态网络结构、协调建筑与山水关系及强化地标建筑布局等三方面提出优化建议，以期进一步完善巫山城市立体轮廓风貌特色，并为大尺度城市设计实践提供一定的科学借鉴。

参考文献

[1]　刘东昭，杨祖贵．浅析城市天际线控制方法[J]．城市建筑理论研究(电子版)，2012.

[2]　Wayne Attoe. Skylines: understanding and molding urban silhouettes. Hoboken: John Wiley&Sons Inc，1981.

[3]　王笑凯．天际线解读[D]．武汉：华中科技大学，2004.

[4]　朱文元．合肥市高层集中区布局及城市天际轮廓线研究[D]．合肥：合肥工业大学，2009.

[5]　泉州市城乡规划局．城市天际线塑造与管理控制方法研究[M]．上海：同济大学出版社，2009.

[6]　赵万民，王纪武．现代山地都市轮廓线景观研究——以重庆、香港为例[J]．华中建筑，2004(2)：123-124；137.

[7]　毕文婷．城市天际轮廓线的保护与设计——以重庆主城区天际轮廓线为例[J]．重庆建筑，2005(11)：32-35.

[8]　邱强．山地城市竖向轮廓风貌特色塑造研究——以重庆渝中半岛为例[J]．现代城市研究，2009，24(1)：43-47.

[9]　杜春兰．山地城市景观学研究[D]．重庆：重庆大学，2005.

[10]　黄光宇．山地城市学原理[M]．北京：中国建筑工业出版社，2006.

[11]　饶映雪，戴德艺．自然环境约束下的城市天际线景观组织研究——以南安市为例[J]．城市问题，2012(12)：12-16.

[12]　卢峰，徐煜辉．重塑山地滨水城市的景观要素——以重庆市为例[J]．中国园林，2006(6)：61-64.

[13]　余秋雨．文明的碎片[M]．辽宁：春风文艺出版社，1994.

[14]　杨俊宴，孙欣，熊伟婷．都市立面：城市天际轮廓景观及评价体系建构[J]．规划师，2015，31(3)：94-100.

作者简介

漆媛媛，1995 年生，女，重庆人，重庆大学建筑城规学院 2017 级风景园林专业在读硕士研究生。电子邮箱：384652129@qq.com。

毛华松，1976 年生，男，浙江人，博士，重庆大学建筑城规学院、山地城镇建设与新技术教育部重点实验室副教授。研究方向：风景园林历史与理论、风景园林规划与设计。

山地城市梯道空间激活的景观途径探究①

Study on the Landscape Approach of Stair Street Activation in Mountain Cities

毛华松　宋尧佳

摘　要：梯道是山地城市普遍的步行交通空间和日常交流空间，随着山地城市交通的多元化发展，单一步行功能的梯道逐渐失去对人群的吸引力，梯道的空间活力严重衰退。探究激活梯道空间的干预策略和景观途径，是激发梯道活力与复兴梯道空间的基础性研究。通过大数据和实地走访获取资料，从布局、功能和构成要素3个方面解析山地梯道的空间特征，发现梯道建设中存在梯道体系破碎、功能复合性弱、游赏体验性较差的问题，提出构建城市梯道体系、强化梯道功能复合性、改善梯道环境景观品质三大景观应对策略。为激活梯道空间和发挥梯道的潜在价值和作用提供理论指导，以及为完善梯道空间体系和凸显山地城市特色提供新思路。

关键词：山地城市；梯道空间；景观途径；梯道体系

Abstract: Stair street is a common pedestrian traffic space and daily communication space in mountainous cities. With the diversified development of urban traffic in mountainous areas, the single pedestrian function of the stair street gradually loses its attraction to the people, and the space vitality of the stair street seriously declines. Exploring the intervention strategies and landscape approaches to activate the stairway space is the basic research to stimulate the vitality of the stair street and revive the stairway space. Based on large data and field visits, this paper analyzes the spatial characteristics of mountain elevator from three aspects of layout, function and constituent elements. It is found that there are some problems in the construction of mountain elevator, such as fragmentation of the system, weak functional complexities and poor tourist experience. It is proposed to construct urban elevator system, strengthen the functional complexities of the elevator and improve the elevator. The 3 major landscape coping strategies are landscape quality. It provides theoretical guidance for activating stair street and bringing its potential value and function into full play, and provides new ideas for perfecting stair street system and highlighting the characteristics of mountain cities.

Keyword: Mountainous City; Stair Street; Landscape Approach; Stairway System

引言

在山地城市中，为解决地形高差的限制问题，以及满足步行交通的便捷需求，人们顺应地形变化修建山地梯道以建立城市各个部分的快捷步行联系。因此梯道空间几乎遍及山地城市公共空间，延伸进入人们大部分生产、生活空间，与人们的日常必要活动息息相关。梯道不仅是山地城市的主要步行交通空间之一，也是山地城市不可或缺的重要而特殊的公共空间类型。

山地地貌约占我国陆地面积的70%，全国范围内50%以上的城市属于广义的山地城市[1]。改革开放以来，各个城市都经历了政治、经济、社会等方面的快速发展时期，山地城市的交通体系在此过程中日趋完善，车行和轨道交通早已成为城市的主要交通骨架。伴随着交通方式的转变，城市梯道受到长期忽视而变得支离破碎，正经历着前所未有的没落时期。究其原因有三：第一，梯道步行交通的必要性降低；第二，人们生活和生产活动对梯道空间依赖性被削弱；第三，梯道空间破碎，丢失体系完整性。大部分山地梯道空间活力严重衰退，部分梯道被机动车道和高楼大厦拦腰截断或直接拆除，正如重庆机动车道大量切割山地城市梯道的现象。

梯道作为山地城市步行空间的重要组成部分，亟须寻求一条可持续发展的新时代建设途径，既能适应城市快速发展需求，又能凸显山地城市特色，同时能够赋予梯道空间更加多元化的休闲活动。邓明敏剖析了山城梯道的发展历史、特色和传承[2]，黄光宇提出山地城市建筑和步行空间的共生建设理念[3]，李泽新剖析了山地库区城市街道的演变和特点[4]，黄光宇提出山地城市街道意向及景观特色塑造。本文通过分析梯道的特征规律和总结现存问题，提出一系列针对重构城市梯道活力和复兴山地梯道空间的景观策略。

1　城市梯道的内涵及其空间特征解析

1.1　梯道是城市的立体街道

山地城市由于起伏地形作用，形成独特的分台聚居和垂直分异的人居空间环境，使得其街道空间形态也具有三维立体性，以及一定的高差和坡度变化。历史上梯道最初的形成是为满足步行交通的基本功能，随着城市社会的发展，商业贸易、生活交流、军事防御等功能沿着重要的城市交通道路——梯道汇聚与展开，彼时梯道地位突出，经历鼎盛发展时期[2]。在山地城市街道系统中，街

①　基金项目：中国博士后科学基金面上项目（编号：2016M600723）资助。

道按交通性质可分为横向的人车并行街道和纵向的单一人行街道，后者即是联系上下高差关系的竖向“立体街道”——城市梯道，与横向街道一起构成城市纵横交错的步道体系。由此可见，城市梯道本身是一种基本的城市线性开放空间，是山地城市特有的一种街道类型，是在起伏地形上可以连结不同标高的步行道路。

1.2 梯道的空间特征解析

从城市街道的功能特征来讲，街道既是城市道路，也是多功能城市场所[5]。梯道亦是如此，它既要承担步行交通功能，也是具有场所功能的公共活动空间。是多种功能的复合体，融合步行交通功能，以及人们的日常生活、商业、社交、休闲、游憩和健身功能于一体。

从城市街道的物质形态来讲，它集循环路径、公共空间、建筑临界区域三种角色于一身[6]。而梯道也具有常规街道的普遍性特征和地形影响下的个性特征，包括：

（1）线型景观布局特征：呈现明显的空间连续性和灵活多变的线性景观布局特征，其周边要素一定程度上沿梯道发展布局（表1）。

（2）空间构成要素特征：具有街道类型公共空间的侧界面、顶界面和底界面，其构成要素体现出高差地形的特色（表2）。

城市梯道的线型景观布局类型与特征 **表1**

布局类型		布局特征		典型案例
平行于等高线	横向展开型	坡度较缓 多在河州漫滩地段	沿等高线横向展开，拾阶而上，空间向四周开敞	朝天门码头梯道
	环向攀升型	坡度极陡 多在悬崖峭壁地段	沿等高线环向攀升，依靠崖壁临空搭建或凿壁开路，顺势而上，单侧虎头岩悬空步道临空开敞	
垂直于等高线	单向直上型	坡度较陡 多在起伏适中的坡面地段	垂直等高线向上攀升，顺应坡度变化控制踏步和平台数量	巫山神女大道
斜切于等高线	多向折上型	坡度较急，地形起伏灵活多变 多在局促陡急山腰地段	斜切等高线多方向曲折向上攀登，方向十分灵活多变，适应性强、用地局促	重庆十八梯
	螺旋盘山型	坡度较陡 多在坡度有一定起伏变化的山腰地段	斜切等高线往复盘旋而上，方向总体呈现出相对来回的两大方向变化	重庆黄葛古道

城市梯道的空间构成要素特征 **表2**

空间界面		特征解读	构成要素
侧界面	单侧界面	产生一定的空间封闭性 在单侧界面方向限制视线和行为	崖壁、堡坎 建筑、植物 扶手、栏杆
	双侧界面	产生很强的空间封闭性 沿行进方向有很强的连续性和引导性	
顶界面	高界面	高度过高产生疏离感	廊/亭顶、屋檐、树冠
	低界面	高度过低产生压迫感	
底界面	宽敞缓坡界面	宽敞缓坡令人感到舒适，适合漫步缓行	台阶、平台、铺装
	狭窄陡坡界面	狭窄陡坡令人感到压抑，需要快速通过	

2 城市梯道建设中存在的问题

通过大数据调查和实地走访收集资料，总结梯道活力衰退的原因包括：第一，交通方式的转变使得梯道步行交通的必要性降低；第二，人们生活和生产活动对梯道空间依赖性被削弱；第三，梯道空间体系破碎。同时结合梯道本身特征，梳理出城市梯道建设中存在的几类问题。

2.1 梯道系统连通性差，步行交通体系破碎

大多城市梯道来自于历史遗留，随着城市主流交通方式转变和其他建设发展需求，梯道体系持续破碎化，失去网络化梯道的高效利用性和便捷性。具体表现在：梯道连续性被机动车道或高楼大厦拦腰截断，梯道之间竖向联系较强而横向联系较弱，梯道与周围步行街巷环境的联系较弱等。通过对渝中半岛山城梯道的相关资料分析，

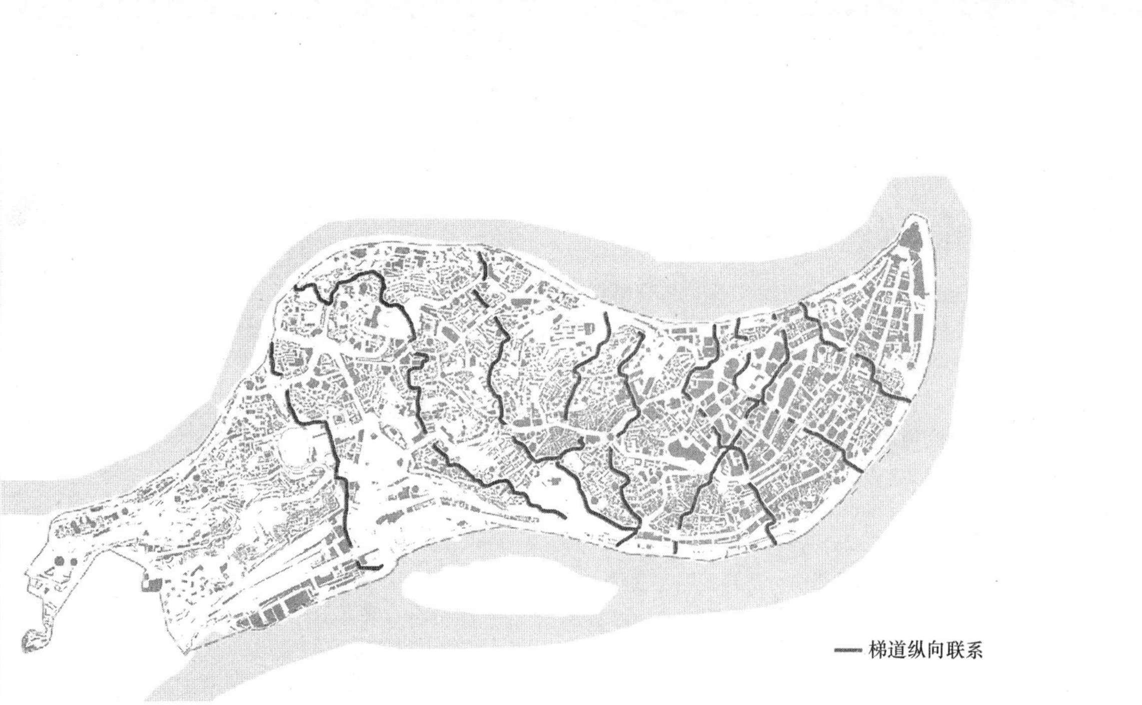

图 1　渝中半岛主要山城梯道分布示意图

发现山城梯道对渝中半岛覆盖较为完整（图 1），但基本建立的是南北走向联系，没有利用东西联系的主要街巷或步道建立梯道之间的联系。同时梯道连续性存在一定程度的断接，使得梯道的系统性有所缺失。

2.2　梯道活动单一，功能复合性弱

随着城市快速发展，梯道步行已无法满足山地城市的建设需求，车行和轨道交通取代步行交通。梯道逐渐变成了步行职能日益衰弱，其他公共职能也日益瓦解的失落空间。单一的步行功能无法支撑梯道空间的活力发展，缺乏多元活动和综合功能对人群吸引力的正向引导，势必导致人们日常步行行为和休闲交往、商业活动等公共活动的减少，同时弱化梯道空间在物质和人文等方面的城市特色。只有赋予多种功能的梯道空间才能更适应现代城市的发展，然而，大部分梯道缺乏对临街建筑和外部空间的利用，没有加入步行交通以外的其他活动与功能，导致部分梯道使用率极低，甚至有沦落为犯罪空间的潜在风险。如重庆某两段梯道对比（图 2），单纯作为步行空间使用的梯道活力极低；而加入商业功能和游览活动的梯道地段，其人群吸引力大幅增强，梯道特色更加凸显。

图 2　重庆某梯道的功能对比 单一功能（左）与复合功能（右）

2.3　游赏体验较差，缺乏景观的延伸与互动

游赏体验是视觉景观和整体服务性等方面的综合体验。梯道的游赏体验较差主要体现在两方面，一是内部环境品质较低，二是缺乏和周边景观的联系，游赏体验直接影响到对游览人群的聚集和吸引力。在梯道内部环境品质方面，梯道内部环境景观缺乏异质性和特色，不同的场地和地形所呈现出的景观较为单一。部分梯道外部环境杂乱，出现土地裸露和地被缺失的情况，完全暴露的变电站等设施影响视觉感官。梯道内部设施残缺，景观设施、照明设施和服务设施等出现分布不均、残破和缺失的情况，降低整体的服务性和安全性。在缺乏和周边景观联系方面，部分梯道有条件却没有建立与周边其他城市景点的联系，包括交通联系和视觉联系两个方面。对梯道空间特征利用不够充分。梯道也较少与周边城市景点建立有效的交通联系，缺少对周边景点潜在活力人群的引导。

3　山地城市梯道空间的干预策略

针对城市梯道发展中存在的问题，结合梯道特征提

出三大梯道空间干预策略，即构建城市梯道体系、加强功能复合性和提升宜居环境品质。

3.1 构建城市梯道体系，接入城市慢行系统

从点、线、面全面架构考虑出发，采取缝合断点、加强横向与纵向线型空间连续性，以及整合梯道街巷网络格局，全面纳入城市慢行系统。

3.1.1 缝合步行交通断点，加强梯道竖向的可达性

随着城市的发展，逐步升级扩张的车行道路和新建的高楼大厦，使行人行步道受到挤压，部分梯道连续性遭到截断，甚至面临直接拆除的命运。针对梯道的断接点，即梯道与城市车行道路的交叉点，提出三种“断点缝补”模式来增强梯道可达性，包括地下车行道、地下人行道和人行天桥三种模式。

(1) 地下车行道（图 3）

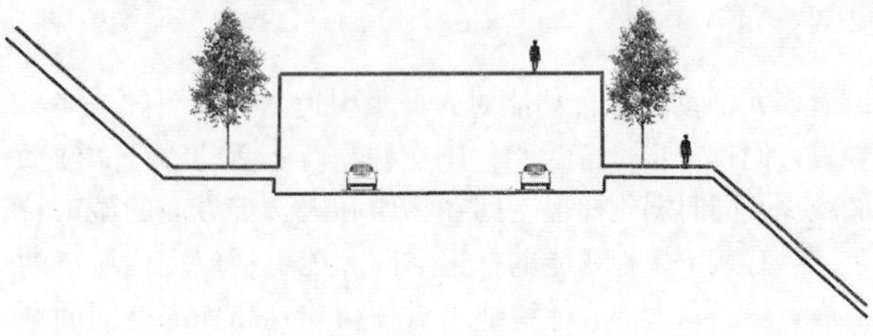

图 3　地下车行道模式

地下车行道是保证梯道的地上连续性，而车行交通以隧道的方式从地下穿越。这种步行优先的模式保证人行的便捷通过，也最大限度地保持梯道可达性，同时减少车行马路障碍对视觉景观的干扰，实现竖向梯道之间的无缝对接。该模式适用于对步道景观要求较高的地段，如历史文化保护地段和重要标志的城市梯道。

(2) 地下人行道（图 4）

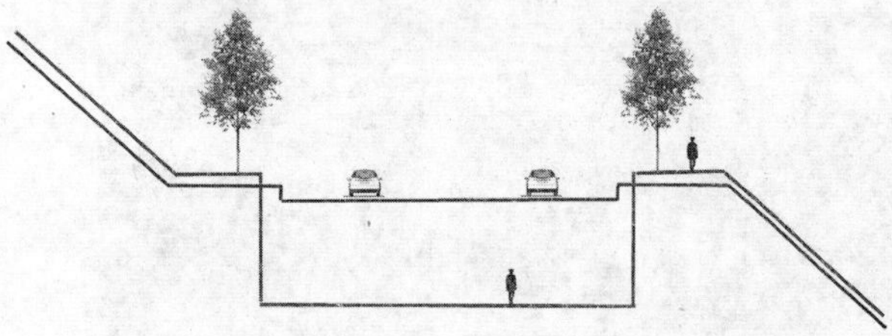

图 4　地下人行道模式

地下人行道是保证地上车行的连续性，将梯道步行交通利用地下通道进行连接。这种车行优先的方式保证了城市车行交通的稳定运行，也保证了梯道的竖向可达性，实现人行梯道与车行道路分隔。同时地下通道空间可以植入地下商业，提升地下人行道空间活力。该模式适用于车行交通压力较大的地段，以及需要建立地下商业的繁华街区地段。

(3) 人行天桥（图 5）

人行天桥是优先保证稳定的车行交通，通过架设人行桥建立梯道连续性，也实现人车立体分流，避免人车冲突。这种方式能较好地满足人行通达，减小对车行道干

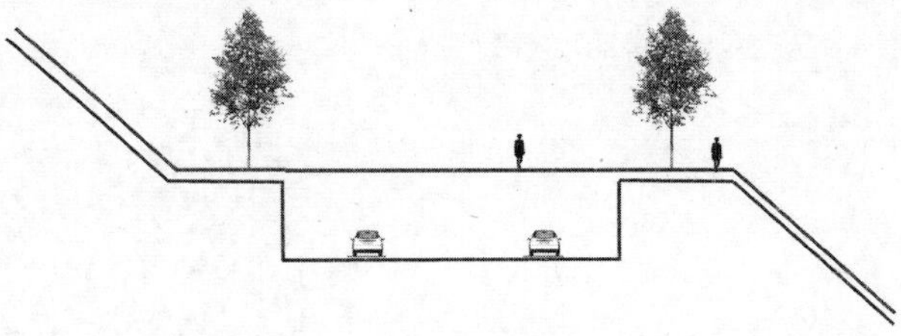

图 5　人行天桥模式

扰，但对周边景观形成一定的视觉干扰。因此，该模式适用于对景观要求不高，而对车行交通稳定要求较高的梯道断点。

3.1.2 建立平行梯道的横向联系，提升步行的通达性

梯道建立的是地形上不同标高的纵向联系，只建立多条梯道的平行纵向交通无法满足通达的步行需求，还需要建立平行梯道之间的横向联系（图 6）。可以利用城市街巷横向串接各梯道节点，建立起梯道的横向通达性。这种横向联系包括城市步行主街、社区内部巷道，甚至能保证横向联系的公园步道也可以参与其中。城市步行主街通常是步行环境友好的城市主次干道，承担城市大量人流穿行，作为跨越街区的平行梯道之间的横向联系。社区内部巷道是指平行步行主街的背街小巷，就近服务于社区或街区内部人群，作为其内部平行梯道的横向穿越联系。能够实现横向联系的公园步道，使部分公园绿地内部或周边外部存在平行梯道，公园内部分游步道也能建立横向联系，提升梯道步行交通的多方向通达性。

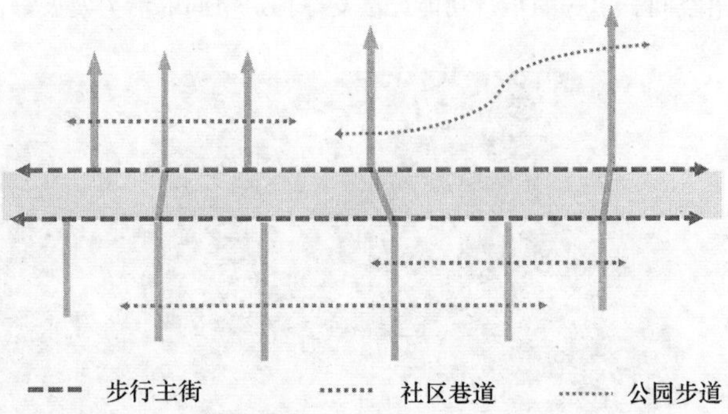

图 6　建立平行梯道的横向联系

3.1.3 构建城市梯道网络格局，全面接入城市慢行系统

通过交通断点的打通和横、纵向线型连续性的缝补，初步可见城市梯道网络格局。梯道形成相互联系的网状空间结构，实现多方向的通达性，能够延伸进入城市各个地段，形成四通八达的步道体系。这有利于居民就近使用梯道，提高梯道的使用率。同时也提高城市梯道的抗风险能力，当某一梯道丧失交通功能时，还有其他路径作为替代，更加强了紧急情况下的人群疏散能力。

网络结构中的步行交通廊道主要有纵向梯道和横向的步行主街、背街小巷及休闲步道等。网络节点包括：步行主街参与网络节点，通常是城市中心地段；以及社区内网络节点，通常是社区内部公共空间中心节点。这样的城

市梯道网络体系尤其适用于人车冲突较大、地块开发强度较大且功能丰富的城市地段，这也是网络密度较大的区域，如在渝中半岛部分区域（图7）。网络结构也需要支状交通廊道的外向延伸，连接外围密度较小的梯道网络结构，呈现出层次渐递变化、结构灵活的梯道网络体系。建成环境下的梯道网络构建，尤其需要注意与城市慢行系统的全面对接，成为城市慢行系统的重要组成部分。

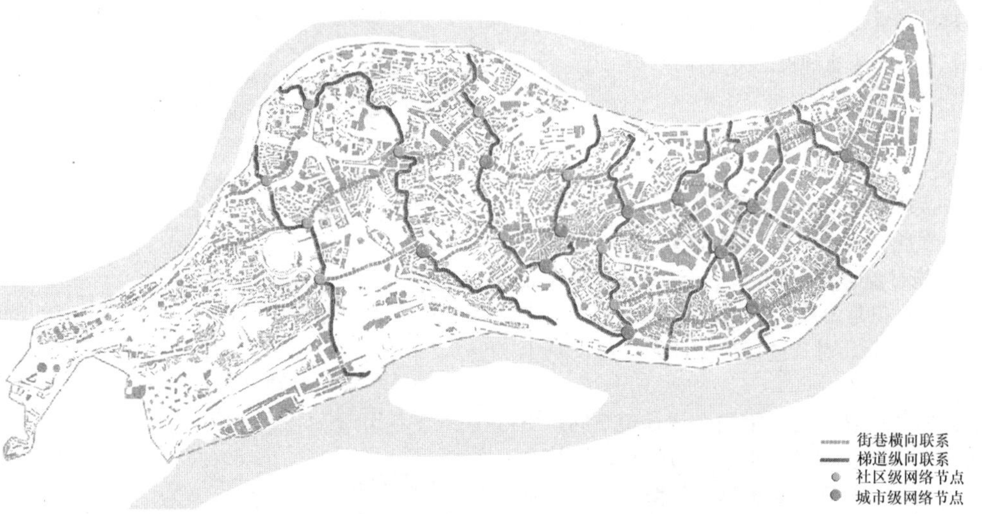

图7　渝中半岛梯道网络结构示意图

3.2　加强梯道功能复合性，提升整体服务水平

城市多元发展和活力保持需要功能和空间的多样性，加强城市梯道的功能复合性是空间激活的关键要义。保持梯道的功能多样性，强调活动与功能的多元化和一定程度的混合。在梯道步行功能的基础上，提出“步行＋”的功能复合模式，将步行交通与日常休憩、商业贸易、生活社交、观赏游览和运动健身等功能相互组合，根据各梯道的周边环境特征，分段布置各组“步行＋”复合功能。向梯道空间内植入多种类型的必要性活动和社会性活动等（图8），如商业买卖、居民交往、运动比赛和风景游览等活动，大幅度提升城市梯道的空间活力和整体服务水平。

图8　“步行＋”复合功能模式下的多元化活动

如在重庆传统的梯道空间中，各类商业店铺与零散摊位分散在梯道两侧，居民棋牌活动分布其中，各类城市功能沿街展开，生活气息浓厚。不同的人会选择不同的功能领域及行为空间，要想使梯道空间成为周边市民日常生活的场所，必须满足不同人群的需求，让人们各得其所，丰富的功能与活动将重新激发梯道的活力。

3.3　改善环境景观品质，丰富梯道游赏体验

作为城市特色街道，梯道还需要把山地城市的自然山体绿化肌理、城市历史景观和城市人文活动组织起来，成为一个融自然、历史和人文景观为一体的观赏性空间，体现城市的文化内涵[7]。以此为原则，提出改善梯道内部景观环境品质和建立与周边城市景观联系两条策略。

3.3.1　改善梯道内部景观环境品质

改善内部景观环境品质包括结合自然山体风貌，对梯道空间进行美化和绿化，整齐梯道界面，重构丰富的序列和空间层次，塑造绿化景观注意随视线流动和植物构成的纵深。关注梯道空间节点的景观打造，利用亭廊、雕塑、灯具等景观设施突显文化特色，同时可植入人文活动，建立标志性的人文景观。完善其他附属设施，提高整体服务水平和安全性。

3.3.2　建立梯道和周边城市景观的联系

梯道与周边城市景观的联系包括交通联系和视觉联系两个方面。视觉联系上需要充分利用梯道本身特征形

成的多类型观景空间，如高处的观景平台、夹道的视线通廊和半开敞的环山梯道等，对周边风景的视线体验十分丰富。通过在适当位置设置良好的观景点，同时考虑结合梯道节点的利用，并设置休憩设施，作为眺望台和逗留休憩的场所。与周边城市景点建立有效的交通联系，需要充分利用周边景点和步行街巷，形成对梯道活力人群的正向引导。通过梯道内外视觉和交通的联系，实现内外景观的延伸与互动，进一步丰富梯道的游赏体验。

4 结语

梯道起源于人们对步行交通的基本需求，兴盛于交通、军事、商业和社交的综合职能突显时期，没落于步行交通连带综合职能日益衰退的今天。这一段演变历程提醒着城市建设者，梯道是山地城市发展的见证者，其本身也是山地城市的一部分，对其进行保护性开发建设是十分必要的。

如何结合新时代的城市发展重新激活梯道空间，历史也给出了答案与启示。曾经是步行交通带动梯道综合职能的发展，如今，步行交通无法承担起城市发展的重担，但依然可以为梯道注入新的综合职能，赋予步行梯道新的意义和活力。提出构建城市梯道网络格局，全面接入城市慢行系统；加强梯道功能复合性，提升整体服务水平；改善环境景观品质，丰富梯道游赏体验三大策略是城市梯道新的发展途径，当城市梯道不再是历史上的经济、军事和民生要道时，它还可以成为城市的休闲之道、购物之道和康养之道等，适应新的城市发展和居民需求，焕发出新的活力。

参考文献

[1] 黄光宇．山地城市空间结构的生态学思考［J］．城市规划，2005（1）：57-63.

[2] 邓明敏．重庆山城梯道发展的历史、特色与传承［C］//规划60年：成就与挑战——2016中国城市规划年会论文集（08城市文化），2016.

[3] 黄光宇，何昕．山地建筑和步行空间的共生［J］．重庆建筑大学学报，2006，卷缺失（4）：20-22；26.

[4] 李泽新，赵万民．长江三峡库区城市街道演变及其建设特点［J］．重庆建筑大学学报，2008（2）：1-6.

[5] Rykwert J. The street：the use of its liistory，in Anderson S.（ed.）On Streets［M］：Cambridge Mass：MIT Press，1978.

[6] Marshall S. Street and patterns［M］：Taylor&Francis Group，2005：页码范围缺失．

[7] 黄光宇，黄莉芸，陈娜．山地城市街道意象及景观特色塑造［J］．山地学报，2005（1）：103-109.

作者简介

毛华松，1976年生，男，汉族，浙江人，博士，重庆大学建筑城规学院副教授、博士生导师，重庆大学山地城镇建设与新技术教育部重点实验室。研究方向：风景园林历史与理论、风景园林规划与设计。

宋尧佳，1993年生，女，汉族，重庆人，硕士，重庆大学建筑城规学院风景园林系。电子邮箱：405170976@qq. com。

新《城市绿地分类标准》区域绿地在“空间规划体系”中的策略研究[①]

Study on Strategies of Regional Green Space in Spatial Planning System under the New 〈Standard for Classification of Urban Green Space〉

王俊祺　金云峰

摘　要：2017 新版的《城市绿地分类标准》开始实施，其中对区域绿地进行了新的诠释和梳理，以顺应新时代发展要求。通过对比新旧绿标，得到（1）“区域绿地”概念上的发展；（2）区域绿地根据功能细分；（3）新绿地统计指标的提出。通过分析新绿标产生背景，发现空间规划体系与区域绿地存在紧密联系。由此提出三条空间规划体系中的区域绿地策略：（1）构建基于功能导向的区域绿地分类体系；（2）建立对各类自然资源的识别和协同管理机制；（3）鼓励区域绿地的多功能叠合。最后根据国土空间规划体系的发展要求，对区域绿地规划进行展望。

关键词：绿地分类新标准；区域绿地；空间规划体系；多规合一

Abstract: The new version of〈Standard for Classification of Urban Green Space〉of 2017 has been implemented, including a new interpretation and classification of regional green space, following the requirements of Ecological Civilization Construction. By comparing the old and new versions of the standard, this paper explores that (1) the conceptual extension from 'Other Green Space' to 'Regional Green Space'; (2) the new classification logic according to functions; (3) new statistical indicators introduced. Through the background analysis of the new standard, it's revealed that regional green space has close relation to spatial planning system. Three main strategies of regional green space in Spatial Planning System are summarized from analysis, including (1)constructing a regional green space classification system based on functional orientation; (2) establishing a mechanism for various natural resources identification; (3)coordinated administration, and achieving 'human oriented' multi-functional overlay. In the end of paper is the prospect of regional green space planning for the development of land spatial planning system.

Keyword: Standard for Classification of Urban Green Space; Regional Green Space; Spatial Planning System; Fusion of Multiple Planning

1　背景

2002 年住房城乡建设部批准了《城市绿地分类标准》CJJ/T 85—2002，作为一项指导绿地规划、设计、建设、管理和统计的行业标准。该标准将城市建设用地内绿地细分成了四个大类，并下设中类和小类；而对城市建设用地外的对城市生态环境、居民休闲、景观风貌有着直接影响的绿地统一概括为“其他绿地”[1]。

2014 年在初版绿标的基础上，历时三年修编成新版《城市绿地分类标准》CJJ/T 85—2017，并于 2018 年 6 月 1 日开始实施，其中一个重点便是加入“区域绿地”大类。“区域绿地”是对旧绿标中“其他绿地”的细化升级，对新时代下我国空间规划体系建设有重要的意义。

2　新绿标在区域绿地上的创新

2.1　从“其他绿地”到“区域绿地”

2002 年的《城市绿地分类标准》CJJ/T 85—2002（下简称“旧绿标”）设置 G5“其他绿地”作为唯一在城市建设用地之外的城市绿地类型。2017 版的《城市绿地分类标准》CJJ/T 85—2017（下简称“新绿标”）中取消原 G5“其他绿地”大类，设立 EG“区域绿地”大类作为替代。新绿标对“区域绿地”的定义为：“‘区域绿地’指位于城市建设用地之外，具有城乡生态环境及自然资源和文化资源保护、游憩健身、安全防护隔离、物种保护、园林苗木生产等功能的绿地[2]。区域绿地不参与城市建设用地汇总，不包括耕地。”

对比两个概念，可以看出新绿标在区域绿地上做出的创新。旧绿标中提出“其他绿地”，为城乡绿地系统统筹奠定了基础，但仅仅是用于描述城市总体规划范围内、城市建设用地范围外的具有绿地功能的空间，只能成为建设用地绿地的补充和辅助，无法积极参与到城乡统筹[3]。新绿标中的“区域绿地”则主动与建设用地内绿地进行区分，并强调城市建设用地外绿地对城乡整体的多重作用，突出区域绿地对城市生态、生产、生活的重要性。

① 基金项目：上海市城市更新及其空间优化技术重点实验室开放课题（编号 201820303）资助。

2.2 对区域绿地的细分

旧绿标中"其他绿地"大类没有进一步细分中小类，对于其内涵的描述，也仅止于对功能的笼统概括和列出其他管理部门辖内的绿地，并不产生实际的规划管理作用。新绿标以功能差异作为主要原则，将"区域绿地"大类根据其在游憩、生态、防护、生产等不同功能细分为四个中类[4]。风景游憩绿地 EG1 主要承担休闲游憩功能，与公园绿地共同组成城市绿地游憩体系；生态保育绿地 EG2、区域设施防护绿地 EG3 和建设用地中的防护绿地共同组成城市生态防护网络（表 1）。

区域绿地分类及城乡绿地功能对应 **表 1**

绿地类型代码	建设用地内绿地	绿地类型代码	区域绿地	区域绿地主要功能
G1	公园绿地	EG1	风景游憩绿地	休闲游憩功能； 共同组成城市绿地游憩体系
/	/	EG2	生态保育绿地	生态保育功能； 保障城乡生态安全
G2	防护绿地	EG3	区域设施防护绿地	防护隔离功能； 保障或隔离区域交通及公用设施
G3	广场用地	/	/	
XG	附属绿地	/	/	
/	/	EG4	生产绿地	生产城市绿化美化苗木、花草、种子

新绿标中的 EG4 生产绿地相当于旧绿标中的 G2"生产绿地"，但取消大类并将其归入建设用地外绿地中。这意味着建设用地内绿地将不再承担生产功能，专注于生活功能与生态功能的提升。生产绿地不再需要参与城市建设用地平衡，在规模和布局上获得更多的自由。

根据管理部门不同，新绿标中将 EG1 风景游憩绿地细分成五个小类，即风景名胜区、森林公园、湿地公园、郊野公园和其他风景游憩绿地。这些绿地类型在旧绿标中的"其他绿地"中被提到，但没有单独细分小类。

2.3 新绿地统计指标的引入

"区域绿地"虽不参与建设用地平衡指标，但仍然承担着重要的游憩服务功能及生态功能。多年来，由于城市建设用地外绿地的管理部门分散，缺少统计指标和路径，为衡量城市绿地建设水平及城市间横向比较带来困难。

旧绿标中，主要统计指标所统计的绿地都是建设用地内绿地，并不涉及建设用地外绿地。新绿标中新增的"城乡绿地率"指标，统计了所有建设用地内绿地与区域绿地的面积总和在城乡用地面积中的占比：相比"绿地率"，在计算的分子上统筹了建设用地内外的绿地，分母上也由原城市建设用地扩展至城市总体规划范围，顺应城乡统筹要求。

3 区域绿地产生的背景

自 2002 年出版的《城市绿地分类标准》实施以来，我国城市绿地系统规划水平不断提高，工作流程日趋规范。在这漫长的过程中，我国的城镇化水平迅猛增长，城市人口激增，建设用地与非建设用地的平衡关系在城乡统筹的趋势下愈发清晰，区域绿地对于城市、人民的重要价值进一步凸显[5]。旧绿标所施行的技术手段和规范与现实背景仍有差距，新绿标正是在一系列社会背景的推动下产生的成果。

经过总结，区域绿地的产生主要受以下方面的影响：生态文明建设战略、城乡统筹发展、自然资源部的成立以及空间规划体系建设的要求。这些背景催生了行业对区域绿地的新探讨，赋予其重要价值和战略意义。

3.1 生态文明建设战略

2012 年，党的十八大做出了"大力推进生态文明建设"的战略决策，综合深刻地论述了生态文明建设的各方面内容。2017 年 10 月，党的十九大报告中更是明确了"必须树立和践行绿水青山就是金山银山的理念"[6]。

我国正处在工业文明向生态文明转型的重要阶段，局限于建设用地中的绿地在控制城市规模、维护城乡生态安全等问题上无法充分发挥作用[7]。区域绿地是协调人工环境与自然环境的主要界面，是生态文明建设的重要载体，对于"三生空间"的划定和市域绿色生态建设起到重要支撑作用。

3.2 城乡统筹发展

1985 年中央 1 号文件正式"允许农民进城提供各种劳务"，从此，城乡社会二元割裂的状况不断改善。如今，我国城市发展模式正从外来动力型转变为内生动力型，城市中的城区带动周边农村发展就变得非常重要，形成城乡统筹发展态势。

区域绿地对于协调城乡关系、落实城乡统筹有重要意义。作为非建设用地中重要的生态空间，区域绿地对于维护城市生态安全、保护生物多样性及缓解各类"城市病"有重大意义。区域绿地参与构成城乡山水空间结构，衔接建设用地内绿地、水体，构筑城乡生态网格，以良好空间发展形态控制城市规模[8]。

除生态功能，区域绿地还分担了城区的部分生活功能。区域绿地中的风景名胜区、郊野公园等为城市居民提供了丰富的生态、乡村旅游产品；这些消费需求刺激了乡村的经济活力，进一步推动城乡统筹发展。

3.3 自然资源部挂牌成立

2018年4月10日，自然资源部正式挂牌，标志着我国自然资源管理体制的里程碑式变革，其根本理念来自生态文明建设要求，"绿水青山就是金山银山"，而抓手则是统筹管理各项自然资源。

在自然资源部之前，由于自然资源的复杂性，我国的矿产、湿地、森林、草原、海洋、荒漠等自然资源分部门专业化管理，这在一定阶段内为我国工业化开发提供了保障，但也表现出了重开发轻保护、重眼前利益轻长远利益的弊端。自然资源部的建立旨在解决资源领域"九龙治水"的问题，统筹"山水林田湖草"系统治理，贯彻落实生态统一保护与修复职责[9]。

大量的草地、林地、河流、湖泊、湿地、岸线、滩涂资源蕴藏在非建设用地，尤其是区域绿地中，这些自然资源会更多地面临保护与开发的协调。加强对自然资源的识别与区域绿地的分类，建立统一高效的管理制度，有利于提升保护和可持续利用自然资源的能力，实现"最高效率开发资源，最大程度保护自然"。

3.4 空间规划体系建设

2013年，《中共中央关于全面深化改革若干重大问题的决定》首次提出建立"空间规划体系"。2018年2月，《中共中央关于深化党和国家机构改革的决定》提出组建自然资源部，"强化国土空间规划对各专项规划的指导约束作用"，推进多规合一，实现土地利用规划、城乡规划等有机融合，通过建立空间规划体系实施国土空间用途管制[10]。

空间规划体系有别于传统的城乡规划或土地利用规划，而是多层级、全功能、全覆盖的国土空间规划体系。当前对城镇开发边界、生态保护红线、永久基本农田保护线，即"三区三线"的划定是空间管制的主要实践抓手。区域绿地是宏观层面"生态空间"的主要组成部分，在中观层面上也面临"三生空间"相互协调的技术问题。从区域绿地出发，探索"生态控制线"的设定与区域"生态空间"的管控。

4 新绿标下区域绿地规划在"空间规划体系"中的战略研究

通过对新绿标提出的背景分析，发现空间规划体系与区域绿地在城市生态环境、自然资源管理与城乡统筹发展上存在紧密联系。因此，需要对新绿标下区域绿地规划在"空间规划体系"中的具体操作战略进行研究（表2）。

空间规划体系与区域绿地的关系　　表2

背景	空间规划体系要求	区域绿地重要性
生态文明建设	实施国土空间用途管制	是重要的"生态空间"载体
城乡统筹发展	多规合一，促进协调发展	促进城乡"三生功能"衔接
自然资源部成立	完善自然资源监管	自然资源集中区域

4.1 建立基于功能导向的区域绿地分类体系

在建立空间规划体系前，应该对区域绿地进行细分。旧绿标中"其他绿地"因为缺少细分，而无法落实进一步的规划和管理。新绿标中将区域绿地根据功能分为四类，从而有利于规划的实践。

对分类体系的构建要体现区域绿地特点，做到一体化、系统化、生态化。在分类的层次上，应与建设用地内绿地保持统一标准，实现中类和小类的全面细化。分类的原则上，以功能性质作为主要依据，并与各类绿地的存在形态和相关专业部门进行结合[11]。各类区域绿地按照功能被分成四个中类，在中类下又根据特征是否突出形成斑块和基质两种小类。在实施的过程中，应当与现行的主要用地分类标准尤其是《土地利用现状分类》对接，与现有的土地利用规划共同形成一个统一的技术平台（表3）。

建立基于功能导向的区域绿地分类　　表3

区域绿地类型	
中类	小类
EG1 风景游憩绿地	EG11 风景名胜区
	EG12 森林公园
	EG13 湿地公园
	EG14 郊野公园
	EG15 其他风景游憩绿地
EG2 生态保育绿地	EG21 水体及湿地保护绿地
	EG22 水土保持林地
	EG23 水源保护绿地
	EG24 生物保育绿地
	EG25 恢复绿地
	EG26 其他生态保育绿地
EG3 区域设施防护绿地	EG31 河道防护绿带
	EG32 道路防护绿带
	EG33 高压防护绿带
	EG34 污染防护绿带
	EG35 其他区域设施防护绿地
EG4 生产绿地	EG41 苗圃
	EG42 花圃
	EG43 草圃
	EG44 其他生产绿地

资料来源：作者自绘。

本次的新绿标中明确“区域绿地”对于空间规划体系的构建有积极作用，为衔接“生态空间”管控奠定基础，但由于管理部门和现有规划体系的制约，区域绿地规划仍然处于被动。在未来的国土空间规划体系中，区域绿地的分类标准可以不被束缚在现有城市绿地分类标准的框架中，丰富内涵并囊括具有潜在生态作用的未利用地如盐碱地、沼泽地、沙地等[12]，避免因为不便利用而缺失规划和管理，实现全域全覆盖的区域绿地规划。

4.2 加强对各类自然资源的识别和协同管理

新成立的自然资源部从规划手段和资源视角两方面，实现了国家规划部门和国家资源管理部门的整合。自然资源部整合了国家发改委的主体功能区规划职责和住房和城乡建设部的原城乡规划管理职责，通过建立空间规划体系，统一行使所有国土空间用途管制职责。从资源视角看，自然资源部集土地、矿产、海域、水、森林、草原等主要自然资源的管理于一体，实现统一的评估调查、确权登记、用途管制、监测监管及整治修复。区域绿地作为自然资源和生态空间的重要载体，需要加强对自然资源的识别和协同管理。

自然资源作为一种需要保护和开发的资产，其价值研判是识别自然资源的基础。从区域绿地的四个主要功能——游憩、保育、防护、生产，针对社会经济、地形地貌、生态评价、水文地质、环境资源承载力、土壤条件等评价要素出发，对区域绿地内的地物资源进行评价[13]。将生态文明放在首位，根据综合价值的高低绘制自然资源分布图，严守底线思维，优先保护、节制开发。

自然资源部的成立改变过去资源领域“九龙治水”的管理局面，改变过去各资源专业部门相互平行、“规划打架”的状况，将管理部门内部的关系转变为相互配合、协调监督。建立统一的调查评价和监管机制，从内部划分自然资源作为资产所有者与管理者的权力，减少部门间利益冲突和管理监督缺位的问题[14]。区域绿地在市域范围内统筹城乡，同时其区域属性又在省域空间中扮演生态基质的更大作用。因此，区域绿地中自然资源的管控应该是系统的、自上而下的，从而协调生态保护与资源开发之间的关系。

在空间规划体系的构建中，区域绿地中的自然资源识别以生态价值观为主要研判依据，但仍然具有相当的被动性。在未来空间规划体系中，城乡的土地利用甄别应该应用一套融合多种价值观的判别模式，将社会经济、生态文明、文化传承等价值放在统一平台进行对比，识别行政区域内的所有广义“自然资源”，从而进一步完善人与自然可持续发展的国土空间规划体系[15]。

4.3 以人为本，鼓励区域绿地的多功能叠合

在空间规划体系中，需要认识到区域绿地在不同尺度会承担不同的“生态空间”职能。如果说建设用地内绿地更多是为了服务城镇居民，那么区域绿地则是要以自然资源保护和生态文明建设为第一要务。从宏观角度看，以区域绿地为代表的非建设用地是城市中主要的生态空间，而中心城区的建设用地内则承担着城市主要的生产功能。但正如城市中的绿地是建设用地内的生态空间，区域绿地中也包含了如郊野公园等在生态基础上叠合了生活和生产功能的空间类型。需要意识到区域绿地和城市建设用地内绿地在不同的规划尺度上的异质化表现，从而更好把握区域绿地的发展方向[16]。

秉承以人为本的原则，要求区域绿地在底线思维的基础上鼓励多功能叠合，将自上而下的资源管制与自下而上的灵活选择相结合。首先通过自上而下的资源管制，将“三生空间”中的三条底线，即城镇开发边界、生态保护红线、永久基本农田保护线严格界定，区域绿地主要以生态空间与生态保护红线的衡量为主[17]。生态保护红线内的自然资源受到严格的自上而下管控，而红线外的自然空间则具有一定的自下而上的灵活性，可根据实际需求，叠合休闲游憩、生态观光、景观生产等功能[18]。

5 结语

新绿标将被动的“其他绿地”类改为“区域绿地”类，按照功能进行了中小类的细分，并提出新的统计指标促进城乡绿地统筹。建立空间规划体系是生态文明建设、实现城乡统筹和自然资源管制的基础措施，而区域绿地则是重要的生态空间、自然资源载体和城乡统筹平台，因此研究区域绿地规划在“空间规划体系”中的策略很有意义。针对区域绿地设立的意义和背景，提出建立基于功能导向的区域绿地分类体系、加强对各类自然资源的识别和协同管理以及鼓励区域绿地的多功能叠合的策略。

未来的区域绿地规划需要进一步拓展概念，完成非建设用地范围中的全覆盖。在未来国土空间规划的框架下，打破建设用地与非建设用地的平衡框架，运用更加全面的价值研判标准对行政范围全域的“三生空间”进行划分，促进区域绿地的生态属性在空间上落实。

参考文献

[1] 金云峰，张悦文．“绿地”与“城市绿地系统规划”[J]．上海城市规划，2013(5)：88-92.

[2] 徐波．城市绿地分类标准：CJJ/T 85—2017[M]．北京：中国建筑工业出版社，2017.

[3] 刘纯青，王浩．城市绿地系统规划中“其他绿地”规划的探讨[J]．中国园林，2009，25(3)：70-73.

[4] 贾俊．关于《城市绿地分类标准》修编工作的若干探讨[J]．中国园林，2014，30(12)：84-86.

[5] 金云峰，蒋祎，汪翼飞．基于海绵城市实施途径——多规合一背景下市域层面绿地类型探讨[J]．广东园林，2016(4)：4-8.

[6] 段雪怡，郝芳敏．党的十八大以来习近平生态文明建设研究文献综述[J]．经济师，2018(3)：39-42.

[7] 金云峰，俞为妍，汪翼飞．基于规划视角的城乡绿地发展模式研究[J]．中国城市林业，2014，12(2)：44-47.

[8] 殷柏慧．城乡一体化视野下的市域绿地系统规划[J]．中国园林，2013，29(11)：76-79.

[9] 自然资源部：掌握巨大职能 统筹各类规划[J]．国土资源，2018(4)：10-12.

[10] 谢英挺，王伟．从“多规合一”到空间规划体系重构[J].

城市规划学刊，2015(3)：15-21.
[11] 刘颂，洪菲．两种用地分类标准协调下对市域绿地分类的思考[J]．中国城市林业，2014，12(6)：1-4；71.
[12] 徐健，周寅康，金晓斌，等．基于生态保护对土地利用分类系统未利用地的探讨[J]．资源科学，2007(2)：137-141.
[13] 黄金川，林浩曦，漆潇潇．面向国土空间优化的三生空间研究进展[J]．地理科学进展，2017，36(3)：378-391.
[14] 严金明，陈昊，夏方舟．"多规合一"与空间规划：认知、导向与路径[J]．中国土地科学，2017，31(1)：21-27；87.
[15] 苏涵，陈皓．"多规合一"的本质及其编制要点探析[J]．规划师，2015，31(2)：57-62.
[16] 扈万泰，王力国，舒沐晖．城乡规划编制中的"三生空间"划定思考[J]．城市规划，2016，40(5)：21-26；53.
[17] 白世强．以"三区三线"为基础统一空间用途管控的探索与思考[J]．资源导刊，2018(2)：18-19.
[18] 张云路．我国相关规划分类标准下的村镇绿地系统规划空间探索[J]．中国园林，2014，30(9)：88-91.

作者简介

王俊祺，1995年生，男，汉族，江苏南京人，同济大学建筑与城市规划学院景观学系硕士研究生。研究方向：风景规划。电子邮箱：samwangjq@hotmail.com。

金云峰，1961年生，男，上海人，同济大学建筑与城市规划学院景观学系副系主任、教授、博士生导师，高密度人居环境生态与节能教育部重点实验室，生态化城市设计国际合作联合实验室，上海市城市更新及其空间优化技术重点实验室，高密度区域智能城镇化协同创新中心特聘教授。研究方向：风景园林规划设计方法与技术、景观有机更新与开放空间公园绿地、自然资源保护与风景旅游空间规划、中外园林与现代景观。电子邮箱：jinyf79@163.com。

新数据与新技术环境下的城市设计途径研究

——人工智能视角①

Research on Urban Design Approach under New Data and New Technology Environment

—Artificial Intelligence Perspective

彭　茜　金云峰　卢　喆

摘　要：文章对新时代城镇化进程中的城市设计途径提出思考，首先通过对城市设计中的传统哲学基础及原有设计途径的反思，分析城市设计途径的典型范式与当前局限，正视现有城市设计中的问题；然后对新唯物主义哲学观和近年来涌现出来的以机器学习为代表的新技术，以及以多源城市数据、时空大数据等所代表的新数据的新设计途径的探索进行分析和点评；从而试图对新数据与新技术环境的潜力发起讨论，分析城市设计研究思维方式的发展演变；最后，在前述路径的基础上，进一步分析当前探索的主要方向，即大数据介入城市设计的可能性和应用场景，以及人工智能在城市设计中的实践方法。作者认为这些新技术与新数据不仅在研究方法上提供了更精确的分析和更直观展望的工具，而且提供了对现有研究范式革新的可能，即应用人工智能技术为城市设计研究服务。

关键词：城市设计；人工智能；思维方式；城市设计途径；大数据

Abstract: This paper puts forward some thoughts on the urban design approach in the process of urbanization in the new era. Firstly, by reflecting on the traditional philosophical basis and the original design approach in urban design, it analyzes the typical paradigm and current limitations of urban design approach, and looks squarely at the existing problems in urban design; secondly, it puts forward the new materialistic philosophy and the recent years. The emergence of new technologies represented by machine learning and the exploration of new design approaches represented by multi-source urban data, spatio-temporal large data are analyzed and commented on. Then, on the basis of the above path, further analysis of the main direction of current exploration, that is, the possibility of large data involved in urban design and application scenarios, and artificial intelligence in urban design practice. The author thinks that these new technologies and data not only provide more accurate analysis and more intuitive prospects for research methods, but also provide the possibility of innovating the existing research paradigm, that is, applying artificial intelligence technology to serve urban design research.

Keyword: Urban Design; Artificial Intelligence; Mode of Thinking; Urban Design Approach; Big Data

引言

联合国经济和社会事务部人口司在2018年修订版的世界城市化前景（World Urbanization Prospects: The 2018 Revision）中指出，在全球范围内，目前城市地区的人口比农村地区的人口要多，在2018年世界人口中55.3%居住在城市地区，到2030年全球预计将有60.4%的城市人口（图1），而到2050年将达到68.4%。中国预计将在2018～2050年期间，城市人口增长2.55亿人。中国的城镇化率在2018年已经达到59.2%，预计2050年为80%，而1978年改革开放时仅为17.9%[1]（图2、图3）。

当前我国还处在新城建设和旧城更新并举的阶段，以城市建设来说，我国正向后期城市化发展。城市要从外延的扩张到内涵品质提升转变，从土地的增量利用到土地的存量转变。城市建设方式也得以粗放型向集约化、精细化和人文化转变，我国城市环境建设正面临着由“速度优先”转变为“品质追求”的新形势[2]。在这种前所未有的城镇化进程中，针对城市中社会、经济、生态所面临的可持续发展问题，创新的技术驱动是城市可持续发展的关键，尊重城市发展和城镇化的基本规律，妥善的城市规划管理与成功的城市设计有助于最大限度地发挥集聚效益，同时最大限度地减少日益增多的城市居民人口带来的环境退化和其他潜在的不利影响，实现我国在新的历史条件下，传统的城市设计亟须通过路径变革实现对新时代的应对。

现代城市设计正是由于时代发展的需要而产生的，城市设计（urban design）一词于20世纪50年代后期出现于北美，它关注从内在、先验的审美需求出发，对建筑实体及其相邻建筑围合形成的空间给予重视，其工作领域通常被认为介于规划与建筑之间[3]。它作为城市规划的补充，是在城市规划的基础上进行多个要素、地块、系统的交叉综合、联结渗透，是一种整合状态的系统设计，

① 基金项目：上海市城市更新及其空间优化技术重点实验室开放课题（编号201820303）资助。

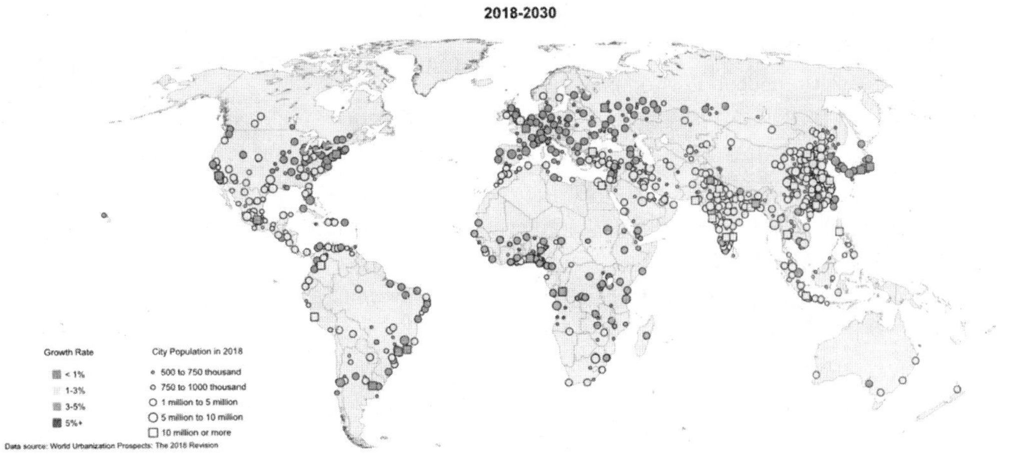

图 1　2018～2030 年世界人口按规模分类的城市群增长率

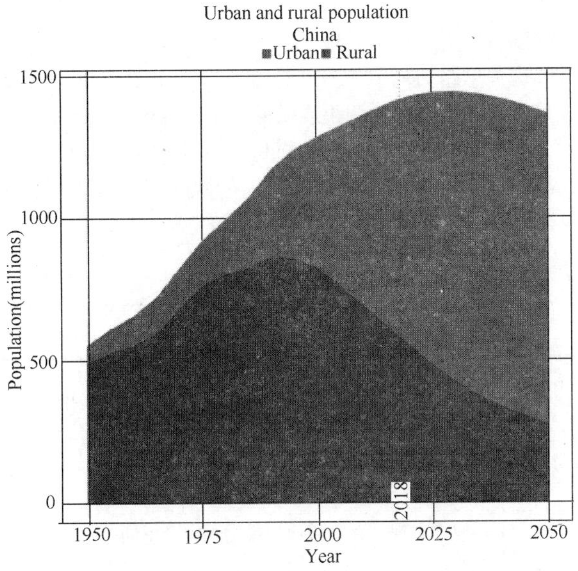

图 2　1950～2050 年中国城乡人口数量

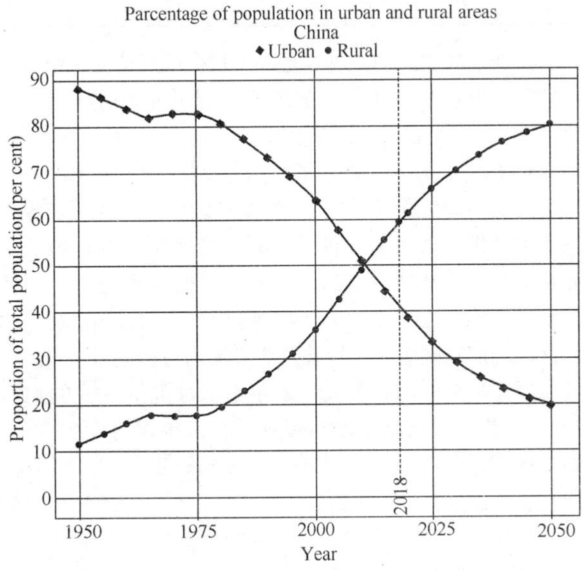

图 3　1950～2050 年中国城乡人口占总人口的百分比
（图片来源：图 1～图 3 均源自
http：//creativecommons. org/licenses/by/3. 0/igo）

它可以更好地处理城市人口增长与可持续发展中经济、社会和环境三个密切相关维度之间的关系。

1　城市设计途径的典型范式与当前局限——对原有城市设计途径的反思

在以往的研究中，学者杰弗里·布罗德本特（Geoffrey Broadbent）将大多数城市设计理论的哲学基础（philosophical bases）归纳为两类：经验主义（empiricism）和理性主义（rationalism）。同时，他还注意到实用主义（pragmatism）哲学对城市设计造成的广泛影响[4]。作者认为经验主义、理性主义和实用主义哲学代表了城市设计理论哲学的主要流派，他们从城市设计的认识体系、价值体系和方法体系三个方面涵盖了当代城市设计理论哲学的主要内容（表 1）。

1.1　经验主义哲学影响下的形式主义设计途径

经验主义是通过实证研究归纳过去和已有的设计经验、城市物质环境的规律和特征，利用研究者的观察分析结果以指导城市设计[5]。在经验主义哲学的影响下，形式主义设计途径重视城市空间形式和特定原型，其研究目的是通过分析总结城市环境景观范例和规律，来解决现存城市物质形态问题和指导将来的设计[6]。因此，强调城市设计的结果特征、注重城市空间的视觉质量和审美经验的视觉美学思维的城市设计是建立在经验主义的哲学基础上，是典型的形式主义设计途径。

总的来说，这一领域的设计途径过于注重空间形式和美学形态的绝对支配地位，忽视了社会、文化、经济、技术和实际的需求。其研究缺乏系统的、客观的、能被普遍认同和重复验证的方法论。换而言之，研究结果很大程度上取决于研究者的主观、直觉和个人因素。

1.2　理性主义哲学影响下的功能主义设计途径和系统主义设计途径

理性主义是基于对未来城市的理性或主观分析推理而提出的[7]。可见，理性主义崇尚对客观世界的分析、判断与推理，强调通过严密的逻辑推理而获得的知识具有可靠性。理性主义哲学在以往的研究中发展出两类经典的设计途径，即强调设计目的是为了满足人类的各种需要的功能主义（the functionalist stance）设计途径和强调城市设计成功的关键在于如何组织基本的系统的系统主义（the systemic stance）设计途径。

功能主义的倡导者勒·柯布西耶（Le Corbusier）认为“只有驴子才会走出曲折的线条”[8]。他立场坚定地鼓吹设计要向前看，传统的装饰和审美应该被抛弃。针对城市中的居住、噪声、交通等现实问题，柯布西耶提出用功能分区来合理安排设计城市[9]。系统主义认为，当今城市最大的问题是缺乏包含性，要解决这个问题，就要大规模的城市交通系统——“城市高速公路”（urban motorway），由改善功能提高到整合功能的高度，完善而流畅的交通系统是系统主义的基本骨架和特征[10]。

可见，在理性主义影响下的这两种设计途径，功能主义过于强调城市环境最重要的因素是它的功能，受功能主义的影响，严格的格网划分造成了开敞空间的匀质性，建筑分布在大尺度的开敞空间中，围合感严重缺失。其次，系统主义设计未顾及小规模、混杂、有益于提升生活意义的各种细节事项，它忽略了现存物质与社会结构的有效性和可行性，虽然系统主义的目的在于改善过去，但实际上却彻底改变甚至消灭了现存的形态，而引进了完全不同的新的结构形态。

1.3 实用主义哲学影响下的人文主义设计途径

在实用主义者看来，真正的哲学是以人为中心的哲学，哲学的任务不是脱离人们的现实生活去探讨世界的本原、认识的本质，也不是去寻求关于宇宙的永恒的法则与真理，而是研究与人生有关的事务和实际问题，使哲学为人的生活所用，为改进和丰富人类的生活服务[11]。因此促发关于城市设计研究的人文主义（the humanist stance）思潮，其倡导以人为本，以解决人的实际问题为行为导向。其主要的研究理论包括简·雅谷布森（Jan Jacobs）的《美国大城市的生与死》，凯文·林奇（Kavin Lynch）的《城市意向》。林奇认为城市设计不是一种精英行为，而更应该是大众经验的集合，他采用观察、访谈和概念性地图等定性研究方法，认为如果城市设计师了解人们如何看待这些要素，并以此加强城市意象的话，就能够创造出更加符合心理需求的城市环境。

这种思路的局限性在于它忽略了城市大规模的问题和整体上的需要，强调小规模的、亲密性的和归属感的设计，其过度专注在表面的事物和人类情感需求，往往忽略经济技术发展带来理智的更深层的要求。其过于民主而复杂的设计方法，可操作性较差（表1）。

传统哲学与的城市设计途径的典型范式 **表1**

传统哲学基础	城市设计途径	具体表现	不足之处
经验主义	形式主义	空间形式和视觉美学占的绝对支配地位	忽视了社会、文化、经济、技术和实际的需求
理性主义	功能主义	用功能分区来合理安排设计城市	围合感严重缺失，城市空间缺乏中心
	系统主义	强调城市设计上的大规模元素，以及为空间寻找一个整体的秩序	经常忽视现存物质而积极引入完全不同的新的形态
实用主义	人文主义	强调社会因素在内的各种元素场所感的塑造	忽略了城市大规模的问题和整体上的需要

2 新技术与新数据的涌现——对新的城市设计途径的探索

2.1 新唯物主义哲学与城市设计

在传统城市设计哲学方法论的影响下，城市设计途径往往是在优先解决视觉审美、功能布置、交通体系、民众需求、大众经验等这种单一的逻辑语境下展开的，虽可能顾此失彼，但这种设计方式在城市人口规模问题不太突出、城市节奏较慢的传统社会中直接有效。然而，面对新时代全球范围内急剧的城镇化进程，这种方式难以满足多元的变化需求和复杂的城市环境。

马克思在《关于费尔巴哈的提纲》（*Theses on Feuerbach*）一文中，创立了区别于旧唯物主义的新唯物主义的哲学思路。他指出，必须把“对象、现实、感性”等一切相关哲学问题，当作感性的人的活动，当作实践去理解，因为，新唯物主义的立脚点是人类社会或社会的人类，从前的哲学家们只是用不同的方式解释世界，而问题在于改变世界[12]。在物质观念方面，曼努埃尔·德兰达（Manuel De Landa）在对吉尔·德勒兹（Gilles Deleuze）哲学的长期研究中提出了新唯物主义哲学，不同于传统唯物主义哲学认为客观世界的物质形式是一种永恒的外在真实性，新唯物主义认为物质形式的出现是一个迭代的生成过程，这个过程受到某种隐形规则的影响，德兰达的这种隐形规则表达了物质内部潜藏的“智能性”[13]。在城市设计研究中，尼格尔·泰勒（Nigel Taylor）曾预见，“所有这些变化都暗示城市规划的技术手段将发生变化，如果规划师试图规划和控制复杂且充满活力的城市系统，这看起来需要特别严谨的科学分析方法”[14]。相比传统的城市设计哲学方法论而言，新唯物主义哲学揭示了在改变世界的实践过程中，物质要素其本身所具有某种虚拟的智能，即把城市各要素的内在“虚拟”特性转化为“真实”智能生成，是新唯物主义哲学在设计方法论层面的一个直观体现（表 2）。

城市设计传统哲学基础与新唯物主义哲学比较　表 2

哲学基础	传统哲学	新唯物主义哲学
城市环境	生活节奏缓慢，城市人口较少，人地问题不突出	城镇化特征显著，人地关系复杂，自然环境恶化
逻辑语境	单一，孤立，刻板，破碎	复杂，多元，丰富，联动
物质观	解释世界	改变世界
设计方法论	围绕单一语境，孤立静止地解决城市问题	迭代的生成过程，内部具有潜在的智能性，把城市各要素的内在"虚拟"特性转化为"真实"智能生成

2.2　城市设计研究思维方式的转向

如果反思原有设计途径并且承认，设计不仅是关于功能与形式的二元关系，而是更多地关乎"背景"（milieu）[15]。应对其复杂的背景进行结构架设、系统设计，以及在此基础上的形式表达，甚至表达不再是端对端难以适应变化的"硬码"（hard-coding），那么传统的设计方式、设计途径、设计工具都不再能满足这些需求[16]。从方法论视角来看，城市设计作为一门强调应用技术手段方法的学科，始终以解决城市空间环境问题作为自身目标，其发展离不开与其他相关领域的紧密联系[17]。此时，城市设计师的任务是通过某些特定的工具与媒介将物质世界的虚拟性进行可视化的模拟呈现，并以此来探索城市设计不同方案的可能性。在这一过程中产生了安托万·皮孔（Antoine Picon）所谓的新物质性，他认为物质性不是原封不动的，而是取决于我们与该事物之间的关系，依赖于我们的科学、技术以及我们的信仰体系。新唯物主义哲学视角下的新物质性体现为，"材料、客体和现象成了真正的参与者，而非被任意摆布的被动元素"[18]。因此，城市设计作为一种整合三维城市空间坐标体系中各种矛盾的一种实践过程，其研究思维应该是建立在新的物质性上的。

2.3　途径"智能"驱动的城市设计

在 21 世纪的第二个十年中，高度加速的计算和信息处理能力，使得以前难以想象的机器学习和模式识别算法的实现成为可能，甚至在移动设备中也同样如此[19]。其中，深度学习（deep learning）是机器学习的分支，是一种试图使用包含复杂结构或由多重非线性变换构成的多个处理层对数据进行高层抽象的算法[20]。换而言之，机器可以绕过分类管理步骤，从而不需要任何形式的程序指令，其会依靠模仿人类大脑形式塑造的"神经网络"，针对某个特定的主题展开自学习，并不断吸取和产生新的海量数据[21]。

如今，以深度学习为代表的数据分析技术已成为城市设计研究的工具。当前在人工智能设计领域中最为成熟的应用实例，是深圳一家专注于人工智能在城市规划和建筑设计领域应用的科技公司"小库科技"（XKool）。小库采用人工智能的城市设计途径，其利用计算机深度学习来简化设计流程，并使之更加高效、更富创造性：计算机在广泛地搜索和学习了以往设计的各种可能性，结合场地的各种要素进行评估后，在训练模型的基础上自动生成新的设计方案，并对当前模型进行验证评估，从而对设计结果进行评定和修正。这种设计途径是对于传统设计途径的一次真正意义上的变革，它将人工智能从结果搜索拓展到了结果生成和评估，体现了城市设计研究思维的"智能"转向。通过小库的探索，我们如今得以瞥见将人工智能应用于设计领域的巨大潜力：其不仅可以作为优化和加速设计过程的有效工具，而且也对设计的本质提出了挑战[21]。

在利用大数据进行城市设计研究时，《城市因何而繁荣》（*Urban Rx-What Makes Urban Districts Thrive*）一书中的研究者，试图通过对城市建成区进行指标评价和量化打分，结合传统实证与大数据思维和工具来揭示城市繁荣之本，并对城市研究和规划设计实践者提供借鉴与启发[22]。研究者通过把传统调研得到的经验数据与大数据工具分析相结合，致力于收集大量的城市信息并对城市进行评价，以确定成功的城市区域所具备的关键共性特征。研究分析了美国 50 个最受欢迎的城区，并评估了其存在的共性和差异。研究者把各区的绩效指标分为三类来分析，包括物理空间设计、社会和经济指标，并为每个区域创建了一个全面的评价因子，共有 65 个评价因子，用于评估每个区域在三个类别中的成功指数，从而得出建成环境、社会环境、财政环境的最优区域。这种把大数据与城市设计、社会科学及经济指标结合在一起来建立的评价图景更加清晰可靠，获得了影响城市繁荣的因素来支持该地区的健康发展，并确保该城市的长期稳定性，它也为城市开发商和市政当局提供了创建具有长期可行性的城市区域的特征和考虑因素。研究数据包括丰富的智能手机数据和全球性公司的销售和配置数据，在这一点上，与传统的通过人力来对信息进行结构化的方法相比，大数据派生的信息更加真实全面（表 3）。

人工智能城市设计实践　表 3

实践案例	小库科技	城市因何而繁荣
大数据	对有优秀城市设计案例的海量数据识别	美国 50 个最受欢迎的城区的数据信息，包括美国国家统计局的数据，以及尺度、城市类型、地形、区域历史等数据

续表

实践案例	小库科技	城市因何而繁荣
使用工具	机器学习中的深度学习	ArcGIS、Google Earth、Google Maps、Facebook、Walk Score、LoopNet
优势	计算机自主学习城市数据与优秀方案，建立模型并验证评估，自动生成最优设计方案，来简化设计流程	研究对象更微观具体，有助于获得更为具体可行的结果，对多种数据库加以挖掘，从而能够对特定城市区域进行稳健可靠的分析并理解此区域中的生活状态
意义	将人工智能从结果搜索拓展到了结果生成和评估	为那些设计与开发城市区域的人提供了有助于城市区域取得成功的明确可行的方法

资料来源：表 1～表 3 均由作者自绘。

3 结论与展望

如今，我国城镇化进入关键发展阶段，大幅度提升国家自主创新能力是促进城镇化从追求数量的“体力型”转型成为质量导向的、创新驱动的“智力型”最为关键的因素。如今的中国城镇化正面临着历史性的关键时期：哪个地区能够从“体力型城镇化”转型成为第二阶段的质量导向的、创新驱动的“智力型城镇化”，哪个地区就会成为创新地区[23]。创新驱动的智能城市设计途径，随着新数据与技术环境兴起而成为可能。新兴网络媒体与社交工具使得每个独立个体每时每刻都在产生大量的数据累积和使用印记，数据利用与社会生活各个方面的联系日渐紧密。人们可以更多依赖数据和统计手段寻找事物背后的潜在逻辑，而不仅限于根据以往的经验和先验假设去解释现实。城市研究者能够把计算机、统计等领域的新工具、新方法与数据结合起来，从而对城市设计中复杂的科学议题有着全新思路拓展和分析，借以推敲、寻找更有效的城市设计方法，以适应新时代发展趋势。显然，新数据与新技术环境正在激发城市研究和城市设计途径的转变。

参考文献

[1] World Urbanization Prospects：The 2018 Revision—Annual Percentage of Population at Mid-Year Residing in Urban Areas by Region，Subregion，Country and Area，1950-2050. United Nations，Department of Economic and Social Affairs.

[2] 卢济威. 新时期城市设计的发展趋势[J]. 上海城市规划，2015(1)：3-4.

[3] Carmona M，Heath T，Tiesdell TOS. 城市设计的维度：公共场所-城市空间. 冯江，袁粤，万谦，等，译. 江苏科学技术出版社，2005.

[4] G Broadbent G. Emerging concept in urban space design. London：E&FN Spon，1990.

[5] 刘生军. 城市设计诠释论[D]. 哈尔滨：哈尔滨工业大学，2008.

[6] 唐燕. “实用主义”哲学影响下的城市设计[C]//. 中国城市规划学会. 和谐城市规划——2007 中国城市规划年会论文集，2007：4.

[7] Lang J. Urban Design：The American Experience. New York：Van Nostrand Reinhold，1994.

[8] 张京祥. 西方城市规划思想史纲[M]. 南京：东南大学出版社，2005：114.

[9] 陈瑾羲. 20 世纪西方城市设计理论的批判性发展回顾[J]. 建筑创作，2015(5)：218-222.

[10] 陈天. 城市设计的整合性思维[D]. 天津：天津大学，2007.

[11] 刘娜，王伟. 美国实用主义哲学与社区学院的发展关系辨析[J]. 石家庄经济学院学报，2007(6)：141-144.

[12] 马克思恩格斯选集：第 1 卷[M]. 北京：人民出版社，1995：54.

[13] 袁烽，柴华. 数字孪生——关于 2017 年上海“数字未来”活动“可视化”与“物质化”主题的讨论[J]. 时代建筑，2018(1)：17-23.

[14] [英]尼格尔·泰勒. 1945 年后西方城市规划理论的流变[M]. 李白玉，陈贞，译. 北京：中国建筑工业出版社，2006.

[15] [法] 米歇尔·福柯. 安全、领土与人口：法兰西学院演讲系列，1977—1978[M]. 钱翰，陈晓径，译. 上海：上海人民出版社，2010.

[16] 何宛余，杨小荻. 人工智能设计，从研究到实践[J]. 时代建筑，2018(1)：38-43.

[17] 金云峰，杜伊. 景观原型设计方法探讨——基于风景园林学途径的城市设计[J]. 中国园林，2017，33(6)：48-52.

[18] [法]安托万·皮孔. 建筑图解. 从抽象化到物质性[J]. 周鸣浩，译. 时代建筑，2016(5)：14-21.

[19] 格哈德·施密特，徐蜀辰，苗彧凡. 人工智能在建筑与城市设计中的第二次机会[J]. 时代建筑，2018(1)：32-37.

[20] Deng L，Yu D. Deep Learning：Methods and Application . Foundations and Trends in Signal Processing，2014，7：3-4.

[21] 尼尔·林奇. 人工智能时代的设计[J]. 景观设计学，2018，4.

[22] 徐蜀辰，相欣奕. 城市因何而繁荣——数据和性能导向的城市设计[J]. 时代建筑，2017(5)：154-157.

[23] 吴志强. 论新时代城市规划及其生态理性内核[J]. 城市规划学刊，2018，3.

作者简介

彭茜，1990 年生，女，汉族，河南人，同济大学建筑与城市规划学院在读博士研究生。研究方向：风景园林规划设计方法与工程技术。电子邮箱：328824249@qq.com。

金云峰，1961 年生，男，上海人，同济大学建筑与城市规划学院景观学系副系主任、教授、博士生导师，高密度人居环境生态与节能教育部重点实验室，生态化城市设计国际合作联合实验室，上海市城市更新及其空间优化技术重点实验室，高密度区域智能城镇化协同创新中心特聘教授。研究方向：风景园林规划设计方法与技术、景观有机更新与开放空间公园绿地、自然资源保护与风景旅游空间规划、中外园林与现代景观。电子邮箱：jinyf79@163.com。

卢喆，1993年生，男，汉族，江苏常州人，同济大学建筑与城市规划学院景观学系在读硕士研究生。电子邮箱：1103943668@qq.com。

杭州市城市绿道游憩设施的调查研究与提升策略

Investigation and Promotion Strategy of Recreation facilities in Urban Greenway in Hangzhou

徐文辉　周扬洋

摘　要：城市绿道是满足城市居民游憩需求的重要载体，而绿道游憩设施科学合理的设置直接关系着城市绿道游憩功能的实现。本文通过对杭州市典型城市绿道游憩设施调查以及使用状况分析，获取了游憩设施使用者社会特征及使用频率，选取了20个评价指标，结合城市绿道设计有关指南建设要求，对杭州市城市绿道游憩设施的总体满意度进行IPA分析。结果发现：交通设施连贯性不足；休憩设施种类较少，空间单一；亲水意愿强烈，而相应设施缺乏；儿童群体被忽视；整体形象不统一；管理维修不及时等问题。并针对以上问题提出相应的设计提升策略：强化线性空间的脉络功能，连接点状空间；加强空间领域感，打造人性化游憩空间；充分挖掘大型活动空间的游憩功能潜力；传统与现代的景观形象整合，提升游憩设施景观文化性和时代性，突出地域特色；运用互联网，打造互动性游憩体验；加强游憩设施的维护管理等。
关键词：游憩设施；城市绿道；调查研究；策略；杭州市

Abstract: Urban greenway is an important carrier to meet the needs of urban residents, and the scientific and rational setting of greenway recreation facilities is directly related to the realization of urban greenway recreation. By way of analyzing the survey and usage status of typical urban greenway recreation facilities in Hangzhou, this paper obtains the social characteristics and frequency of use of recreational facilities users, selects 20 evaluation indicators, combines with the requirements of urban greenway design guidelines for the construction of Hangzhou city, Then, the IPA analysis of the overall satisfaction of urban greenway recreation facilities in Hangzhou was conducted. The results show that the communication facilities are not coherent; the types of rest facilities are few, the space is single; the willingness to be hydrophilic is strong, and the corresponding facilities are lacking; the children's groups are neglected; the overall image is not uniform; the management and maintenance are not timely. According to the above problems, the corresponding design promotion strategy is proposed: strengthen the thread function of linear space, connect the dotted-like space; strengthen the sense of space, create a humanized recreation space; fully exploit the recreational function potential of large activity space; integrate traditional and modern landscape image, enhance the character of cultural and contemporary of recreation facilities, highlight regional characteristics; use the Internet to create an interactive recreation experience; and strengthen the maintenance and management of recreation facilities and so on.
Keyword: Recreational Facilities; Urban Greenway; Research; Strategy; Hangzhou

随着生活水平的提高和空闲时间的增多，城市居民对于游憩活动的需求日益增强。游憩型绿道作为一种新型的城市生活空间，在城市区间提供了良好的步行空间，并具有休闲、健身、游憩等功能，为城市居民提供了一种新型的低碳生活休闲方式[1]。

因此，城市游憩型绿道是满足城市居民游憩需求的重要载体，而游憩的载体是游憩空间和游憩设施，游憩设施的品质直接影响着游憩者的心情与体验。绿道游憩设施建设状况直接关系着市民的休闲游憩活动的便捷性、舒适性，从而也影响城市绿道的使用效果[2]。

1　相关概念

1.1　绿道游憩设施

城市绿道游憩设施是指城市绿道范围内，供使用者进行户外游憩活动而建造的家具、构筑物、系统、场所空间等人工设施[3]，为居民游憩活动开展起到关键作用，是城市绿道建设的重要组成部分。

1.2　分类解析

本文对城市绿道中可能包含的游憩设施进行了搜集、汇总，将城市绿道游憩设施分为以下五大类型（表1）。

游憩设施分类　　表1

游憩设施类型	种类
游憩交通设施	步行道、自行车道和综合慢行道
游憩活动设施	各类场地，包含娱乐设施、健身器材、儿童活动设施
游憩观赏设施	雕塑等构筑小品、装饰水景
游憩休息设施	椅凳、亭廊、花架以及小型休憩空间
游憩标识设施	信息标识、指示标识、规章标识、安全警示标识

1.3　功能作用

绿道游憩设施直接关系着市民的生活品质，对于绿道乃至城市都具有重要的功能。绿道游憩设施既是城市绿道游憩的直接载体，也是城市绿道游憩活动的激发动力；对于城市而言，绿道游憩设施既是城市景观的构成要素，也是城市文化的重要表现元素。

2 调查内容与方法

2.1 具体调查内容

（1）样本绿道游憩设施现状调研。调研依据为《浙江省绿道规划设计技术导则》（以下简称《导则》）。

（2）使用者调研，主要从使用者的社会特征、设施使用频率等方面进行调查分析。

2.2 样地选择

杭州市市区绿道规划以市域规划为基础，形成了省、市级绿道干线为主干，以相关支线以及社区级绿道为补充，“支脉渗透式”的多层次城区绿道网络。杭州市规划出了23条市区绿道主骨架线路。

本次研究选择京杭大运河杭州主城区段绿道、三江两岸杭州主城区段绿道、杭州西湖绿道为调研对象，主要出于以下几点考虑：

（1）典型性：京杭大运河杭州主城区段绿道、三江两岸杭州主城区段绿道、杭州西湖绿道具有较高的知名度，与杭州市其他城市绿道比较而言，其开发建设时间较早，建设完成度较高。其中游憩设施的建设相对较为完善，因此非常具有典型性。

（2）人流量大：京杭大运河杭州主城区段绿道、三江两岸杭州主城区段绿道、杭州西湖绿道位于杭州市区内，绿道周边居住区、办公楼分布数量大，且交通十分便捷，地理位置相当优越，对于杭州本地居民和外地游客的出行都非常方便。因此，来此的人流量较大，游憩设施的使用率较高。

（3）游憩设施数量较多：京杭大运河杭州主城区段绿道、三江两岸杭州主城区段绿道、杭州西湖绿道占地面积较大，线路较长，周边游憩资源较为丰富，建设资金投入较充足，绿道内分布有较多数量和种类的游憩设施，且分布广泛，具有较高的调研价值。

2.3 调查方法

2017年6月20日～8月10日，向样本绿道使用者发放300份问卷，其中有效问卷287份，有效率为95.7%。针对不同年龄、不同学历、不同设施偏好的人群展开调查，从而使调查结果更为真实可靠。野外调研结束后，整理调研文字及问卷数据，用Spass软件对调查数据进行统计处理。

3 调研结果分析

3.1 现状特征与分析

3.1.1 游憩交通设施

（1）布局形式

样本绿道慢行道的布局形式主要为沿江步行道—绿化带—自行车道—绿化带—机动车道的形式（图1）。其中，建设较为完善的路段将慢行道进行了较为细致的划分，设置了独立的慢跑道，依据行驶速度对使用人群进行了人性化区分。

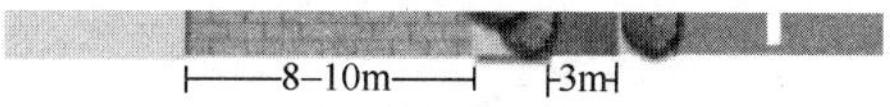

(*a*)

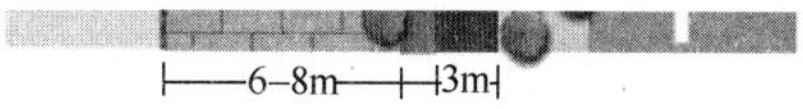

(*b*)

图1 慢行道布局形式

（*a*）一般慢行道；（*b*）人性化慢行道

（2）宽度

《导则》对绿道慢行道的最小宽度制定了相关要求（表2）。

慢行道宽度控制表[4] **表2**

建设要求	城市绿道慢行道分级		
	省级	区域级	县级
步行道	2.5m	2m	1.5m
自行车道	一般情况下总宽度不小于3m		
综合慢行道	4m	3.5m	3m

根据上述要求，本文将三江两岸杭州主城区段绿道、京杭大运河杭州主城区段绿道、杭州西湖绿道的慢行道宽度调研结果总结如表3。

样本绿道宽度 **表3**

类型	三江两岸绿道	京杭大运河	西湖绿道
绿道级别	省级	区域级	区域级
步行道	6～15m	1.5～5m	2～5m
自行车道	3m	3m	2.5～3m
跑步道	2m	—	—
是否达标	达标	部分不达标	部分不达标

由此可知，杭州市城市绿道慢行道宽度基本符合《导则》要求，部分路段受用地限制出现宽度不足的情况，可以结合绿廊进行调整。

（3）路面材质

《导则》对于绿道慢行道的路面材质建议如表4。

慢行道路面材料建议[4] **表4**

路面材料选择	城镇型绿道
总体要求	选择能承受较高使用强度且生态环保的硬质铺装
允许使用	沥青、木材、泥结砂石等

根据实地调研，本文将三江两岸杭州主城区段绿道、京杭大运河杭州主城区段绿道、杭州西湖绿道的慢行道的路面材质汇总如表5。

样本绿道慢行道路面材质　　表5

类型	三江两岸绿道	京杭大运河	西湖绿道
步行道	花岗岩、石块、混凝土	石块、混凝土、卵石	石块、混凝土、卵石、花岗岩
自行车道	红色沥青、普通沥青	普通沥青	普通沥青
跑步道	蓝色沥青	—	—

三江两岸杭州主城区段绿道、京杭大运河杭州主城区段绿道、杭州西湖绿道的自行车道较普遍地使用沥青材质，其中少数采用彩色沥青印刷白色自行车标识的组合方式。步行道最普遍使用的是石块、混凝土材质，部分绿道还少量使用了花岗岩、卵石等装饰性较强的铺装形式。根据上述调研结果分析可知，杭州市城市绿道慢行道的路面材质是《导则》中鼓励和允许使用的，具有较好的环保性。

3.1.2　游憩活动设施

（1）类型与数量

本文参考城市绿道多项实例，归纳总结出城市绿道包含的游憩活动设施类型，主要为四大类：游憩活动场地、游乐设施、运动场地、健身器材。杭州市样本绿道游憩设施的类型与数量总结如表6。

样本绿道游憩活动设施统计结果　　表6

设施类型	三江两岸绿道	京杭运河绿道	西湖绿道
游憩活动场地	231个	269个	198个
游乐设施	无	无	无
运动场地	3个	无	无
健身器材	9件	86件	无

根据数据统计的结果可知，杭州市城市绿道设置的游憩活动设施主要为不同规模的活动场地，其次是健身器材，且多结合居民区设置，而运动场地数量非常少。杭州市城市绿道中未设置游乐设施，这成为游憩活动场地较为空旷的原因之一，也成为儿童绿道参与度较低的主要原因。综上所述，杭州市城市绿道游憩活动设施的种类较单一，较多数量的活动场地存在“空壳”现象。

（2）使用特征

根据调查表7，本文得出杭州市城市绿道游憩活动设施的主要使用者为青年人和中老年人，活动设施的使用时间多集中在傍晚、晚上，而像西湖和运河绿道这样的风景名胜旅游地，上午同样拥有使用的小高峰期。调查发现，杭州城市绿道的使用者中少年儿童较少，究其原因一方面是学业负担较重，休闲时间少，另一方面是缺乏符合其年龄需求的游乐设施。

样本绿道游憩活动设施使用特征　　表7

设施类型	三江两岸绿道	京杭运河绿道	西湖绿道
使用人群	中老年人为主，青年和儿童少数	中老年人为主，青年和儿童少数	青年人、中年人为主，老年人次之，儿童几乎没有
使用时间	傍晚、晚上为主，下午次之，上午较少	下午、傍晚、晚上为主，上午次之	上午、下午、傍晚、晚上

3.1.3　游憩观赏设施

（1）观赏设施类型

根据调查得出，三江两岸杭州主城区段绿道、京杭大运河杭州主城区段绿道、杭州西湖绿道的游憩观赏设施主要包含四种类型：构筑小品、雕塑、石景、水景。其中雕塑是数量最多、分布最广泛的一类，具体类型为纪念性雕塑、主题雕塑、装饰性雕塑、标志性雕塑。

（2）布局模式

经调查总结，本文将三江两岸杭州主城区段绿道、京杭大运河杭州主城区段绿道、杭州西湖绿道的游憩观赏设施的布局模式归为以下三种类型：

1）焦点式布局

景观小品布局在环境的中心位置，起主景作用，在十字路口中间，在道路轴线的尽头，或在广场中央等，成为人们目光的落点。三江两岸绿道中的钱王龙雕像、钱王射潮雕像，置于广场中央，均属于此种类型。

2）自由式布局

自由式布局的景观小品，主要分布于草坪上、树荫下、广场上、水体沿岸等。样本绿道中的大部分装饰性雕塑，置于绿廊内部，成为道路景观的点缀，均属于此布局类型。

3）边缘式布局

边缘式布局的景观小品，本身成为空间的边界要素，常布置于道路边界、广场边界，具有一定的体量，对空间起到一定的围合作用。样本绿道中的景观墙雕均属于此种类型。

3.1.4　游憩休憩设施

（1）空间布局与类型

在杭州市城市绿道中，应用较为广泛的休憩设施布局类型为以下5种：

1）沿慢行道呈“一”字形排列，这种布局类型主要应用于场地面积小的步行道之中。此种类型的休憩设施主要为座椅、凳子。

2）慢行道边缘成组设置，这种布局模式主要应用于步行道宽度较大、场地充足的情况下，多为树池座凳的形式，也有花架和廊子，遮荫效果较好。

3）微型休憩空间，这种布局类型往往沿道路一侧凹陷，具有一定的空间围合感。在微型空间中，既可设置亭廊、花架，也可设置座椅、座凳。

4）树阵广场，这种布局类型往往也在步行道边缘凹陷，但是形成面积较大的、较开敞的空间，其中均匀种植高大冠浓的阔叶乔木并围绕这些乔木设置树池座凳。

5）道路中央，这种布局类型往往在步行道宽度较大、人流量较大的区段，既承担着提供休憩的使用功能，又具有装饰、点缀的观赏效果。因此，这种类型多为体量大、造型现代的景观亭。

（2）样式、材质与使用喜好

杭州市城市绿道的休憩设施应符合公共椅凳的制作要求，应坚固耐用，不易损坏、积水、积尘，有一定的耐腐蚀、耐锈蚀的能力，便于维护。

经调查发现，杭州市城市绿道中的休憩设施分为三种类型：座椅类，常采用木材和金属材质；座凳类，常采用石材、混凝土、陶瓷贴面材质；亭廊花架类，根据风格划分，现代风格常采用金属、合成材料、玻璃材质，古典风格常采用木材、石材、混凝土材质。对于木材表面处理上，除喷漆工艺外，还对木材进行染色、注入添加剂。

在材质多样的休憩设施当中，使用者对于木材座面的设施好感度最高，其中，木质座椅由于具有倚靠功能而优于木质座凳。石材和金属材质受环境影响，温差较大，使用好感度略低。

3.1.5 游憩标识设施

（1）类型

绿道标识设施一般包括信息标识、指示标识、规章标识、安全警示标识等四种基本类型，具有解说、引导、禁止、警示等多种功能。此外，城市绿道还应当具有统一的绿道标识，这对于提升绿道识别性、加强绿道氛围都有重要意义。

调查发现，杭州市城市绿道的标识设施基本涵盖了上述五种标识类型，较为完善。其中，信息标识、指示标识、规章标识、安全警示标识是绿道游憩中具有重要实用功能的必备标识，杭州市城市绿道完全具备这四种类型，满足功能需求。但值得注意的是部分绿道缺乏绿道标识，这成为绿道休闲氛围较弱的重要原因之一。

（2）系统性

绿道中的标识设施应当形成一个完整的系统，应具有统一的设计风格。本文从形状、色彩、材质、位置四方面入手对样本绿道标识设施的系统性进行分析，如表 8。分析可知，杭州市城市绿道标识设施的系统性还有较大的提升空间。

样本绿道标识设施系统性分析　　表 8

绿道	影响因素	分析	是否统一	系统性
三江两岸绿道	形式	矩形	统一	系统性一般
	色彩	古铜色、木色、绿色	不统一	
	材质	耐候钢、木材、PVC、不锈钢	不统一	
	位置	步行道边缘	统一	
京杭大运河绿道	形式	矩形、梯形	统一	系统性较强
	色彩	黑色、银色、白色	统一	
	材质	钢板	统一	
	位置	步行道边缘、景点入口	统一	

续表

绿道	影响因素	分析	是否统一	系统性
西湖绿道	形式	矩形、圆形、弧形	不统一	系统性较差
	色彩	黑色、白色、褐色、绿色、蓝色	不统一	
	材质	钢板、石材、木材、PVC	不统一	
	位置	步行道边缘、景点入口	统一	

3.2 使用特征分析与评价

3.2.1 使用者社会特征

（1）使用者性别分析

在本次调研中，男性有 198 人，女性有 214 人。男性占总体 48.1%，女性占总体 51.9%，女性使用者比男性使用者稍多。然而出现女性比男性多的原因，一方面是女性比较喜欢结伴出游，人数比较多；另一方面是女性比较乐于接受此类街头调查并且比较有耐心。但是，样本的男女比例差别并不是很悬殊，因此不会对本调查的客观性有影响。

通过对男女的行为分析，男性跑步健身的较多，女性多进行散步、遛狗，使用健身器材等休闲性体育活动。在其他使用活动上面男女的表现并无明显差异。

（2）使用者年龄分析

在本次调研中，年龄在 36～60 岁的中年人使用者最多，占到 45.4%，其次是 18～35 岁的青年人和 60 岁以上的老年人，分别占了总体的 30.1%和 18.2%。这类使用者往往在傍晚来绿道进行锻炼。中老年人是绿道比较稳定的使用者，通常每天都会在绿道活动。青年人主要是在下班之后、周末或节假日来绿道活动。

（3）使用者来源分析

使用者中附近居民有 292 人，占总体的 70.8%，其次外地游客有 102 人，占总体的 24.8%，而附近的工作者使用较少。说明绿道中，主要的使用人群以本地居民为主，本地居民的使用频率较高，且在绿道的停留时间较长。外地游客中第一次来杭州绿道游玩的数量比较多，且多集中在节假日到此游玩。

（4）使用者学历分析

使用者学历在大学本科的数量比较多，占 63.8%，超过一半的比率。其次为高中/职高的人数，中小学和大学以上学历所占比率差不多。由此可得，杭州市城市绿道使用者的受教育水平整体较高。

（5）使用者月收入分析

使用者月收入主要集中在 1500～4000 元，占 51.8%，超过一半的比率。其次为月收入 4000～8000 元的人，占比 25.4%，其余两个层次的收入人群所占比率相差不多。由此可见，城市绿道的使用者大多为中等收入人群。

3.2.2 游憩设施使用频率

本文将样本绿道游憩设施的使用频率进行统计（图

2)，综合分析得出：杭州市城市绿道中使用频率最高的游憩设施为步行道、椅凳和亭廊，其次为公园、广场、遮阳遮雨设施。自行车道和健身器材、观景平台也有较多的人使用，使用率处于中上水平。游憩观赏设施的使用率相对较低，但仍然有使用者经常关注雕塑小品、水景等设施。在游憩标识设施中，使用率较高的为指示标识和信息标识，且统计发现使用此设施较多的人为外地游客。

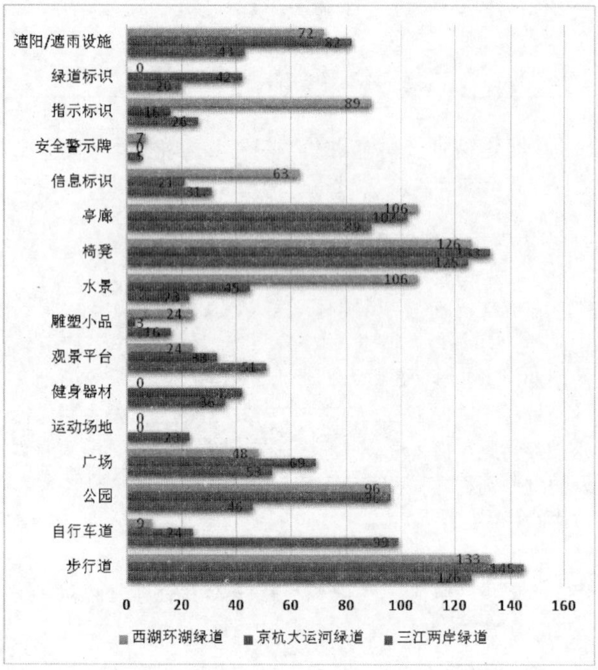

图 2　游憩设施使用频率

杭州市城市绿道游憩设施的使用率与绿道游憩设施的建设情况具有较大的关系，以慢行道为例，样本绿道的步行道建设均较为完善，所以使用率差别不大，而自行车道则不然，三江两岸绿道的自行车道建设较好，所以使用率较高，相对而言，京杭大运河绿道和西湖绿道的自行车道建设不够完善所以使用率较低。因此，加强游憩设施的建设是提升绿道人气的关键。

3.2.3　IPA 分析

本文选取了 20 个关于城市绿道游憩设施的感知要素对其进行 IPA 分析[5]：可及性、间距合理性、设施连接度、功能吻合、类型多样性、设施容量、舒适度、安全性、配套环境舒适、材质触感、协调性、设施造型、设施色彩、地方标志性、本土材料、文化内涵、吸引力、创意性、绿道系统性、维护维修。

如图 3 所示，A 区域为重要性和实际满意度双高区域，为杭州市城市绿道游憩设施情况的主要优势区，主要有可及性（1）、间距合理性（2）、设施容量（6）、设施舒适度（7）、材质触感（8）、安全稳定性（9）、配套环境舒适（10）共 7 项。B 区域为重要程度较高，但满意度较低的主要劣势区域，是绿道建设过程中需要重点改进的区域，其中包括种类完善（5）、造型优美（12）、色彩协调（13）、地方标志性（14）、吸引力（17）、创意性（18）。C 区域为重要程度较低、满意度也较低的次要劣势区域，

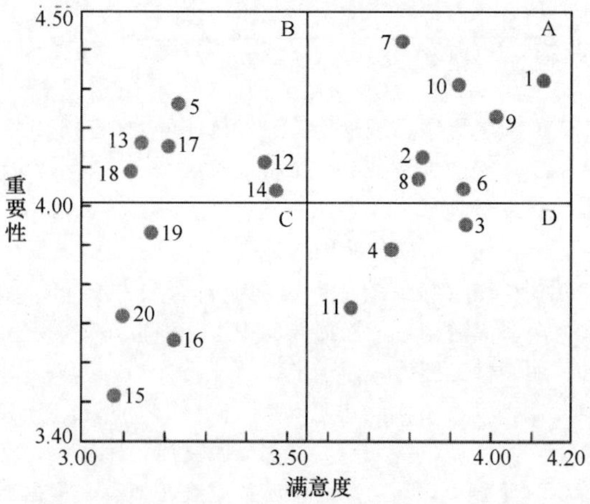

图 3　IPA 分析图

包括本土材料运用（15）、文化内涵（16）、绿道系统性（19）、维护维修（20）。D 区域为重要程度较低，但满意度较高的次要优势区域，为绿道游憩设施建设、管理的机会区，包括设施连接度（3）、功能吻合（4）、环境融合（11）。

4　问题分析与总结

4.1　休憩设施种类较少，游憩空间单一

在杭州市主城区城市绿道中存在休憩设施种类较为单一的情况，多以长凳、树池座凳为主。布置形式多为以下三种：（1）沿道路边缘成排放置；（2）道路边缘向外扩展形成小型休憩空间，其内设置座椅、石凳等器具；（3）树阵广场设置树池座凳，分布于广场中央。其中，第一种形式的利用率最低，几乎没有游憩者在此休息，其余两种形式均有较高的使用率。休憩设施配套的休憩空间也较为单一，缺乏针对不同使用群体、不同使用目的的游憩休息空间。

4.2　儿童群体被忽视，儿童设施严重缺乏

调研的三个城市绿道中，并未发现儿童活动设施的存在。城市绿道作为串联小区、学校等场所的载体，势必会有儿童使用。儿童由于身体、心理的特殊性，区别于成年人，因此进行专项设计十分必要。但是由于沿岸缺乏吸引少年儿童的游憩设施，所以儿童在城市绿道中的参与度极低。因此建议增设少年儿童活动场地并配套对应设施以期完善绿道功能，提升绿道活力。

4.3　整体形象不统一

每一条城市绿道都有其独特的形象与内涵，但同一条绿道由于游憩设施形式的杂乱、风格和材质的冲突使得整体形象不统一。而统一的绿道标识、完整的绿道设施有利于绿道氛围的形成，有利于提高城市绿道的识别性和认同感。现杭州市城市绿道部分路段与其他路段出现了慢行道铺装形式不统一、景观小品风格杂乱、形象差距较大、文化表达无法衔接等不同程度的问题，使得绿道的

整体感不强。

4.4 管理维修不及时

城区绿道新建路段游憩设施较新，相应功能也较为完整。较早建设的路段已出现地面铺装凹陷不平、严重影响骑行，桌椅严重掉漆磨损，树池座凳塌陷、开裂等现象。新旧差异对比明显，致使游憩者对城区段绿道的整体印象有所下降。然而部分游憩设施不能及时进行维护和修葺，影响使用者的正常使用，年久失修的设施就会被遗弃，造成资源的浪费。

5 提升策略

5.1 以人性化为宗旨，健全完善游憩设施

从人性化设计的角度出发，针对不同的使用者，设置不同的游憩设施。本文建议杭州市城市绿道针对青年人，可以加强运动健身设施的建设，增加运动场地的投入；针对儿童，可结合水体和林下空间，开发有趣味的游乐设施，让绿道成为孩子们日常玩耍的天堂，还应充分发挥绿道的教育功能，如设置植物解说牌等；针对老年人，应在林下多设置座椅和活动空地，他们可以在其中练太极拳、下棋、健身，对于老年人经常活动的广场应增设遮阳设施或增加绿化遮挡；针对一个家庭或小群体，可以设置较为围合的游憩小空间，设置容量适宜的游憩设施。

5.2 充分开发大型活动空间的游憩功能

调查发现，杭州市城市绿道的公园、广场等面积较大型的活动场地存在内容空洞、空间浪费的问题，产生“空壳”现象。由于这些大中型游憩空间具有较高的容纳能力，可以承担较多的游憩需求，所以具有较高的游憩开发性。对于中大型的游憩空间，可以从分区入手，将活动空间整合与破碎化处理，增设不同种类的活动设施，完善现有健身器材。对同一游憩空间多样化设计，例如针对儿童进行专项设计，设置儿童活动场地与游乐设施，扩大中大型游憩空间的服务对象，强化游憩功能。

5.3 实用性设施的景观化

根据人们追求美好环境和美好事物的心理需求，杭州市城市绿道可以将座椅、雨棚等实用性设施设置成景观元素，结合周边造景，合理安排空间，在坐、行、动方面提供身体和心理上的便捷。例如将休息座椅与景观墙体结合，将广场树池进行变形处理，提供小坐交谈之处等，这样的实用性游憩设施可以实现功能的集约化和整合化。

5.4 传统与现代的视觉形象整合，突出杭州特色

杭州市城市绿道在进行游憩设施的规划设计时，应该以文化为载体，充分体现富有特色的文化元素。富有传统文化特色的游憩设施可使本地居民产生强烈的归属感，也可使外地游客加深对杭州特色的了解，加深对杭州市绿道的印象。因而，将传统文化的精髓与现代游憩设施的规划方法相结合，是杭州市对城市绿道游憩设施规划应该充分考虑和利用的。

5.5 加强政策法规保障

本文建议杭州市建立行之有效的绿道法律法规保障体系，可结合杭州市地方性法规，制定《杭州市绿道游憩设施建设管理规定》，对城市绿道游憩设施的建设、使用、管理与维护进行制度化管理，使绿道游憩设施的建设与管理系统化、规范化。

参考文献

[1] 徐文辉．杭州市绿道规划建设探索与实践[J]．中国城市林业，2010，8(3)：15-18.
[2] 彭利圆．城市游憩型绿道公共设施研究——以长沙市洋湖垸绿道为例[D]．长沙：中南大学，2013.
[3] 张海林，董雅．城市空间元素公共环境设施设计[M]．北京：中国建筑工业出版社，2007.
[4] 浙江省住房和城乡建设厅．浙江省绿道规划设计技术导则[S]．浙江：中国标准出版社，2012.
[5] 林嘉玲，甘巧林，魏申．广州市绿道功能感知的IPA评价与分析[J]．云南地理环境研究，2012，24(3)：48-54.

作者简介

徐文辉，男，1968年生，浙江义乌人，浙江农林大学风景园林学教授，浙江农林大学风景园林学科专业负责人，浙江农林大学城乡园林规划研究所所长，美国亚利桑那州大学访问学者，浙江省省“151”人才，浙江省景观设计师职业鉴定委员会委员，浙江省景观设计师协会高级顾问。

周扬洋，女，1991年生，河北石家庄人，硕士，毕业于浙江农林大学风景园林专业。

有机更新背景下对城市公园历史重塑的更新改造探索

——以上海醉白池公园为例[①]

Exploration on the Regeneration of Urban Historical Park under the Background of Organic Regeneration: a Case Study of Shanghai Zuibaichi Park

吴钰宾　金云峰　钱　翀

摘　要：在城市公园改造的热潮中，公园建设作为城市建设的一部分，需要在更新实践中实现与现代城市空间和生活之间的平衡。除了功能退化，城市历史公园常常存在着历史信息和线索零散而不成体系的问题，对此提出以有机更新理论为指导的城市历史公园更新模式。城市历史公园改造中可采取局部的、小范围的改造模式，兼顾公园整体、细部更新和更新过程的有机性。以上海醉白池公园为例，进行对城市历史公园的有机更新模式探讨，从而为同类型乃至所有历史公园的改造提供一定方法。

关键词：景观有机更新；历史公园改造；醉白池公园

Abstract: In the upsurge of urban park regeneration, the park construction should keep the balance between modern urban space and life as part of urban construction. In addition to functional degradation, urban historical parks usually have problems of historical information and clues that are fragmented. This paper proposes an urban historical park renewal model guided by organic renewal theory. Local and small-scale reconstruction modes can be adopted in the regeneration of urban historical parks, including the organicity of the park's overall, detailed update and renewal process. Take Shanghai Zuibaichi Park as a case to discuss the organic renewal model of the urban historical park, thus providing a method for the regeneration of the same type and even all historical parks.

Keyword: Landscape Organic Regeneration; Historical Park Regeneration; Zuibaichi Park

随着中国城市的快速发展，城市公园成为城市文明和繁荣的标志之一，伴随着新公园的兴建，许多城市历史公园也正面临着新一轮的改造。上海在2010年世博会前对80余个建于20世纪80年代前的老公园进行了改造，取得了良好的效果和社会反映，同时在全国各地兴起了老公园改造热潮。对历史公园的改造需要大量扎实的前期基础研究和调查资料，同时能保障改造水平的稳步提升，而在短时期内改造大量公园缺乏经验的积累和长效的评估检验，反而容易引发盲目跟风，对历史公园造成破坏。对此，笔者通过引入“有机更新”的理论背景探讨历史公园更新模式及具有可操作性的实践方法。

1　城市历史公园的改造问题

1.1　公园自身发展的限制性

城市历史公园由于建设时间早，其自身问题随着公园的逐渐开放和游人量的增加而不断凸显出来：在与城市的关系上，城市总体规划的变化可能使历史公园不适应于周边环境的发展；在使用上，游人群体的使用需求多元化、出行频率增加都给公园带来了压力，同时游人更关注游憩空间及设施的数量、维护程度和环境品质与功能复合度，而实际上公园内的设施面临着老化、数量不足等问题；在景观上，水体、林相老化，再加上游人不当的游园行为，对公园的美学价值造成影响。

1.2　历史遗存的碎片化

城市历史公园改造需要解决的问题不仅是使用者的需求。历史公园已经形成了特定的历史文化氛围和场所认知感，并具有一定影响力，而在实际游园过程中，公园内的历史遗迹常常没有得到较好的保存或零散不成体系，不能带给游客明晰完整的历史文化体验，其中除了园方缺乏对历史文化遗产的保护意识外，不少游人也并不关注历史公园作为历史遗产的价值，从而导致历史公园缺乏历史气息。但对历史的“保护”不是完全复原公园过去的面貌，而是历史观与现代观的结合，这就需要专业人士通过恰当的设计语言来进行表现。

1.3　更新方式的盲目性

根据公园更新的规模进行分类，国内主要的公园更新模式分为拆旧建新、分区更新和超量扩容三种。

拆旧建新是一种比较少见的更新方式，一般在公园整体上出现较严重的问题时才会将公园整体进行改建，虽然原则上应尊重原有场地，但大面积大幅度的改造不仅消耗大，对公园的原生自然基底和历史记忆都会造成明显破坏。

① 基金项目：上海市城市更新及其空间优化技术重点实验室开放课题（编号：201820303）资助。

分区更新是一种常规的更新方式，多用于局部场地和设施的更新升级，规模小、见效快，但同一公园内分别进行多次分区更新可能会因欠缺整体考虑而使各景区景点之间存在割裂。

超量扩容是为满足日益增长的游人量在公园原有基础上扩大公园面积，例如上海醉白池和古漪园都是古典园林扩建成公园的典型案例，在此情况下，旧园与新园之间可能存在隔离，需要进一步考虑扩建后新与旧的关系。

以上更新模式在一定程度上可以为历史公园改造提供方法，但在更新模式和社会经济还不成熟的时候跟风进行大量公园改造，不考虑公园本身条件而盲目选择更新方式，甚至有些更新只停留在表面效果，无法处理好短期更新与长远规划之间的矛盾，最终反而造成对公园的“建设性破坏”。

2 有机更新理论在城市历史公园中的应用

2.1 “有机更新”理论概述

“有机更新”理论是吴良镛院士在对北京旧城改造的研究基础上提出的城市更新理论，提出旧城更新应尊重现状，按照城市内在的发展规律，区分不同程度进行阶段性的更新。这一理论所提倡的小规模、渐进的改造模式在旧城、旧街区中的改造效果显著，而城市历史公园作为城市有机更新中的重要环节，该理论应用在公园改造中则更具有针对性。“有机更新”理论中包含的三层含义——城市整体的有机性、细部更新的有机性、更新过程的有机性，同样适用于城市历史公园更新改造，可以实现在保留和保护公园生态和历史基底的基础上赋予公园新的活力。

2.2 “有机更新”理念对城市历史公园改造的启示

2.2.1 公园整体的有机性

公园整体的有机性分为两个层面：一是考虑公园与周边地段的有机融合；二是对公园本身规划体系进行有机完善，包括规划理念、设计手法、历史文脉等的延续与融合。

城市历史公园常常处于历史街区或具有多个历史遗产的环境中，这就要求充分考虑历史公园及周边的历史风貌特征，从“保护”的出发点进行规划，尊重城市历史肌理的同时根据规划进行不同的分区控制和阶段性更新，并与历史公园相衔接，而非打断两者之间的联系使其各自独立。

对公园本体的更新同样以“保护”为前提，保护的对象是公园中的历史遗产和仍能继续使用的空间、功能等可以延续公园历史风貌的部分。对此应先建立详实的资料库，包括公园历史谱系、现状调研和人群使用状况，在此基础上构建公园历史遗产价值评价体系，强调“完整性”和“原真性”，对公园在历史和当代背景下的历史遗产价值进行评价，并结合新的城市总体规划为公园寻求新的定位，从而为保护规划和更新改造提供指导。

2.2.2 细部更新的有机性

“有机”是局部与整体的关系，体现在公园与周边环境的关系上时，也体现在公园局部与整体的关系上。基于资料库的价值评价能相对客观地判断出公园各要素的价值高低，基于问卷和访谈的人群使用后评价可以帮助了解游人对公园的场所记忆和情感认同感，从而划定需要保护保留和改造提升的区域，根据轻重缓急采取分类分级的保护更新方式和次序。

在历史公园细部保护和更新的过程中，可以通过基于历史原型的设计方法来创造出具有地方文化特色和场地记忆的再生空间：对于历史遗存实体，在保护的基础上可以加入新的设计元素对其进行转译，将单独的历史遗产转化为历史性空间；对于表达某种风俗、事件、精神的非实体意向，则需要从当地居民的场所记忆和情感中提炼出能转译成空间的部分。在此过程中，应注重设计语言与公园历史风貌的融合，例如使用相同或相近的材料，采用相同的风格和手法，或通过新旧的对比来衬托历史性，使新建或改造的部分促进周边环境氛围的同时与其他景区景点形成整体性。

以方塔园为例，一方面通过还原历史实物宋代方塔，结合现代与传统意向相结合的元素来体现宋代朴素疏朗的风格和精神，另一方面通过旷与奥、收与放的空间营造重构原始意向，表达了“与古为新”的思想和时代精神。

2.2.3 更新过程的有机性

有机体的新陈代谢过程是自然的、连续的，城市历史公园作为“活态遗产”是随着时间而不断变化的，需要建立动态的规划体制、实施管理和公众平台来保证其长效性。这就需要政府制定相关法规政策和合理的上位规划，制定分期计划；管理者为历史公园保护和更新提供有效的维护和管理手段；城市居民也可以参与其中实行公众监督，建立起宣传交流平台，共同推动公园的可持续发展。

公园的有机更新是一个没有终点的过程，一方面是公园周边地段的更新需要循序渐进，另一方面是公园本身的更新也需与时俱进，需要保证每一阶段的合理性，才能使公园的历史价值不断延续下去。

3 对城市历史公园的有机更新模式探索

3.1 醉白池公园的现状与问题

醉白池公园位于上海市松江区人民南路 64 号，全园面积约 5.4hm²，其现存古典园林部分为清顺治七年（1644 年）顾大申在明代旧园遗址上所辟建，于 1959 年扩建成公园对外开放。醉白池公园在空间布局上分为内园和外园（图 1），内园基本延续清末格局，外园为中式自然式园林布局，集中反映了一个古典园林受到现代公园的影响而变成为市民服务的公共开放空间的过程。

图 1　醉白池公园平面图

醉白池因扩建为公园的原因承担了周边居民的日常游憩活动，多次进行了改造，2011 年为解决游憩空间不足、设施老化、绿化衰退等问题修整了盆景园和两个活动空间，引入观赏植物，治理水体，完善设施，一度取得了良好的效果。但随着游客量的增加和游赏观念的变化，醉白池公园又显露出功能退化、历史信息不清晰不完整甚至使用者不关心其历史遗产价值的问题。

根据前期的现状调研、行为活动分析和问卷调查，总结出两大问题：①活动场地存在面积和数量的不足，人群活动容易互相干扰，场地使用率不均（图 2）；②内外园相互隔离，外园历史文化氛围缺失，尤其是公园所打造的书法文化的展现较为零散，不成体系（图 3）。

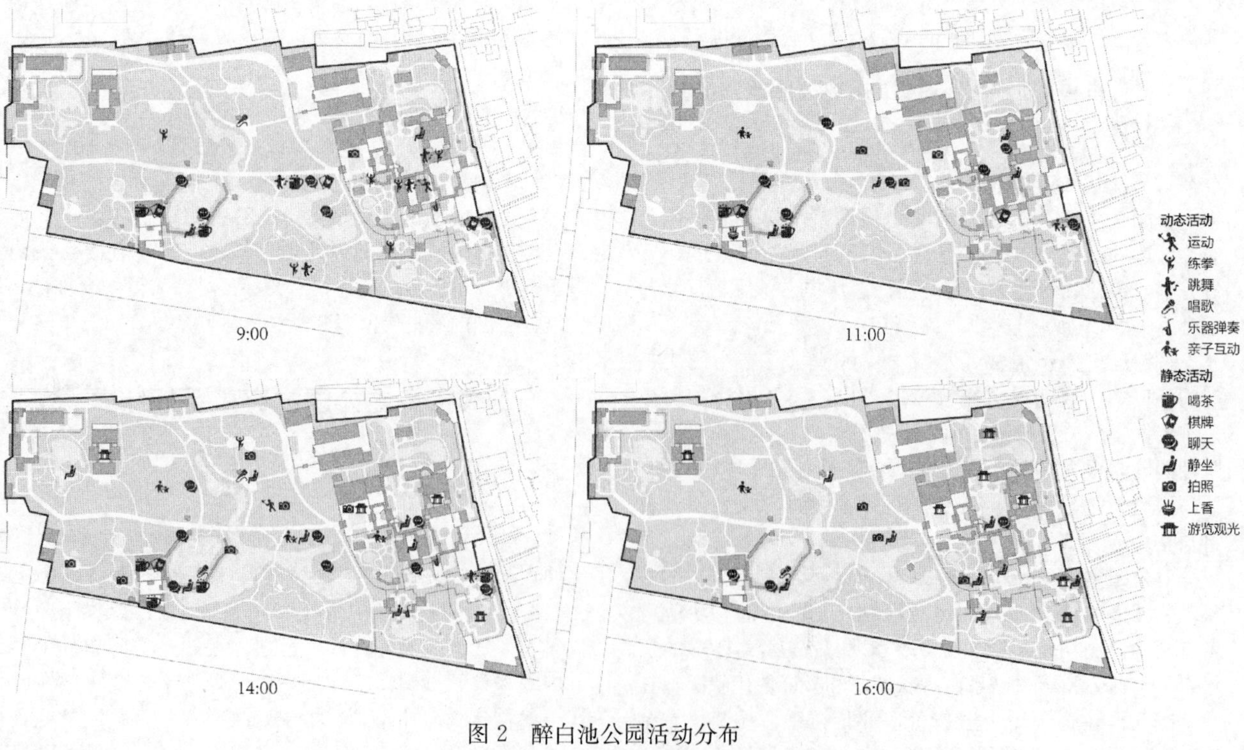

图 2　醉白池公园活动分布

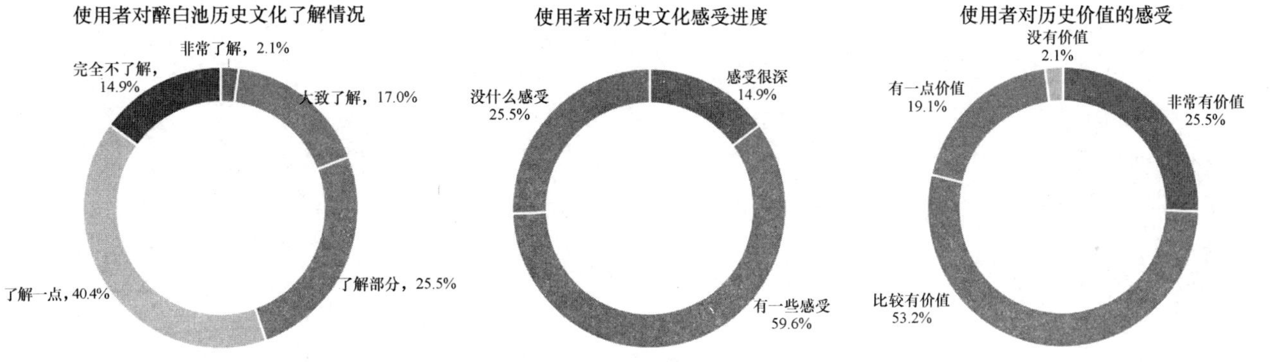

图3　关于历史文化的问卷调查结果

3.2　“有机更新”的应用

3.2.1　整体：醉白池公园整体保护和更新分区

醉白池公园周边地段属于现代城市风貌，并非历史街区，主要为住宅、商业和工业用地，有少量文物古迹如松江清真寺、西林禅寺等，以及另一历史名园方塔园，全园与周边地段的整体关系较弱，显得相对独立。《松江新城总体规划修改（2010—2020）》提出建设“人文松江、宜居新城”的发展目标，新城南片区的规划目标为促进老城区的功能更新，人民路形成公共活动发展带。醉白池公园作为其中一个节点，可以从城市发展的角度探讨公园未来的定位，考虑周边地段的风貌展示，提升公园游憩体验的同时加强历史文化和书法主题文化的展示和输出。

首先对醉白池公园构建历史遗产价值评价体系（表1），对于公园本身，由于内外园存在历史和风貌上的明显差异，在进行价值评价时需分别评价，评价其在历史遗产视角下的科学、生态、美学、文化和社会价值（图4），可得内园具有突出的美学价值和文化价值，外园各价值较平均，其中社会价值和文化价值相对较高。结合原场地使用状况和景观特征进行区域更新等级的划分，将公园划分为原貌保护区、景观营造区和功能提升区（图5），从而为细部更新提出控制要求。原貌保护区以保护和维护现状为主；景观营造区对场地、植被、设施等进行小幅度更新，加强观赏效果和历史氛围；功能提升区对场地或建筑周边进行改造，提供充足活动空间的同时吸引游人探索历史。

醉白池公园历史遗产价值评价框架　　表1

	范围	目标层	工作方法
历史遗产价值评价体系	全园	内园历史遗产价值评价	选择代表性阶段，分别对各阶段的因子进行描述和评分，评价每一个因子在同时代中的代表性、显著性、独特性，判断其历史的延续程度及受影响程度
		外园历史遗产价值评价	
	园内要素	建筑构筑物价值评价	根据现状调研过程中搜集的史料和现状对要素的各项因子进行描述并评分
		小品价值评价	
		古树名木及特色植物群落价值评价	
		道路场地价值评价	
		山水体系价值评价	

3.2.2　细部：基于历史文化原型的空间设计

通过前期调研分析，醉白池公园内园采取“保护”策略，外园作为城市与古典园林之间的过渡空间，既要为城市居民服务，又要与内园形成整体性和对比性，从而为游客带来完整的游览体验。

（1）强化历史实物

内园具有浓厚的明清古典园林氛围，外园的历史遗存主要为两个建筑——雕花厅和读书堂，具有较高历史价值。雕花厅由于位置偏僻、树林荫蔽而易被忽视，为突出其主体地位，可在其周边加入连廊、白墙等传统元素共同形成一个开放式院落，引导游人入内，与内园形成呼应。读书堂临于外园的中心区域，此区域也是游人活动的聚集地，可以结合其周边的牡丹园和滨水空间将读书堂作为茶坊的功能外延，丰富休憩空间类型。

（2）构建原始意向

醉白池的原始意向来源于松江地域文化和建园以来积累的书法主题文化。主路将外园划分为南北两侧，游线序列缺乏变化，通过打造新的游线并将地域文化和书法文化融入游线序列，提高外园的历史文化氛围（图6）。

北侧游线结合雕花厅和董其昌书画艺术博物馆打造展现历史文化的书画主题游线，以传统元素和设计手法为主，赋予文化内涵，与内园相衔接。雕花厅以东的山体增加构筑物，赋以松江九峰之一横山为名，此山有当地居民纪念西晋书法家陆机之弟陆云之意，湖中有为纪念陆机而建的鹤唳亭，也应和了醉白池最早追溯到谷阳园的建设是为纪念陆氏兄弟，从而将公园历史、地域文化和书法文化结合在一起。结合地书广场原有的书法小品作为博物馆的进入空间，强化书画文化意境。

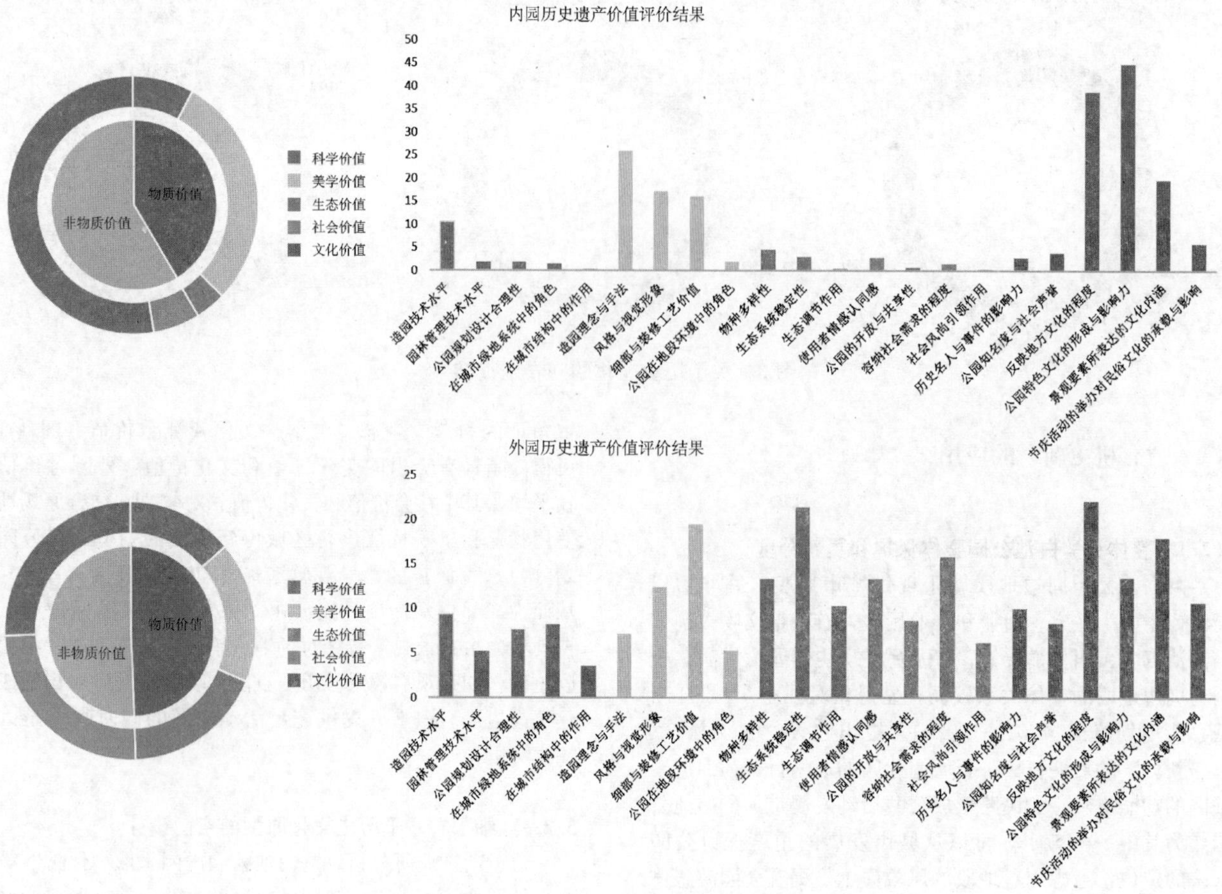

图 4　醉白池公园内外园历史遗产价值评价结果

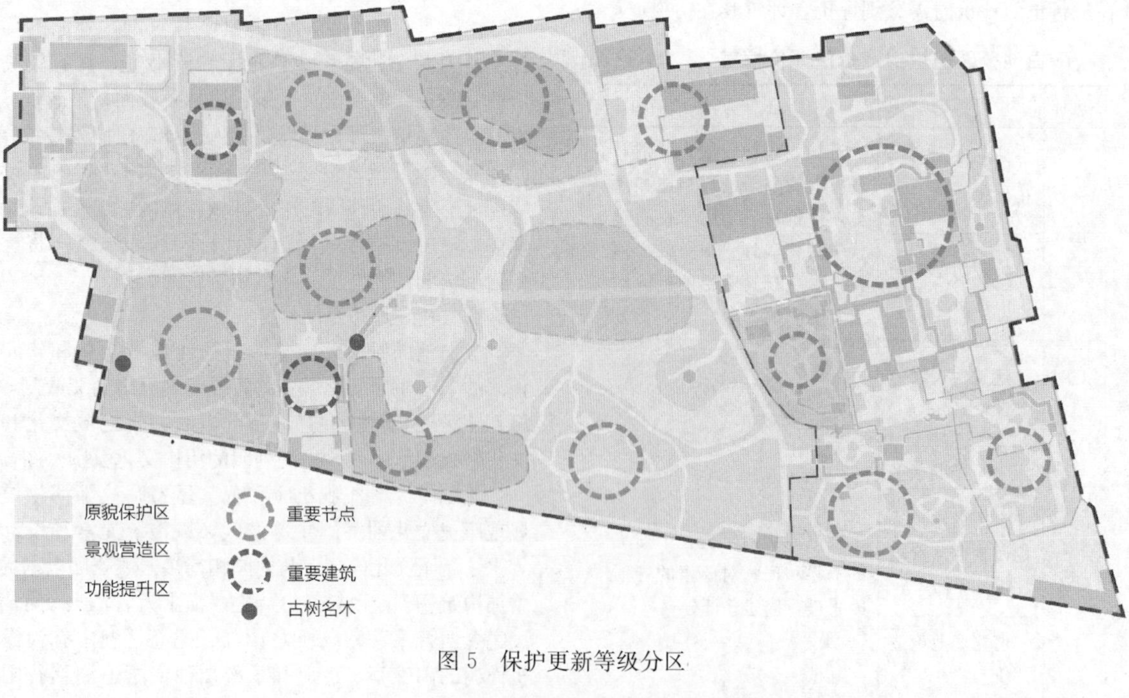

图 5　保护更新等级分区

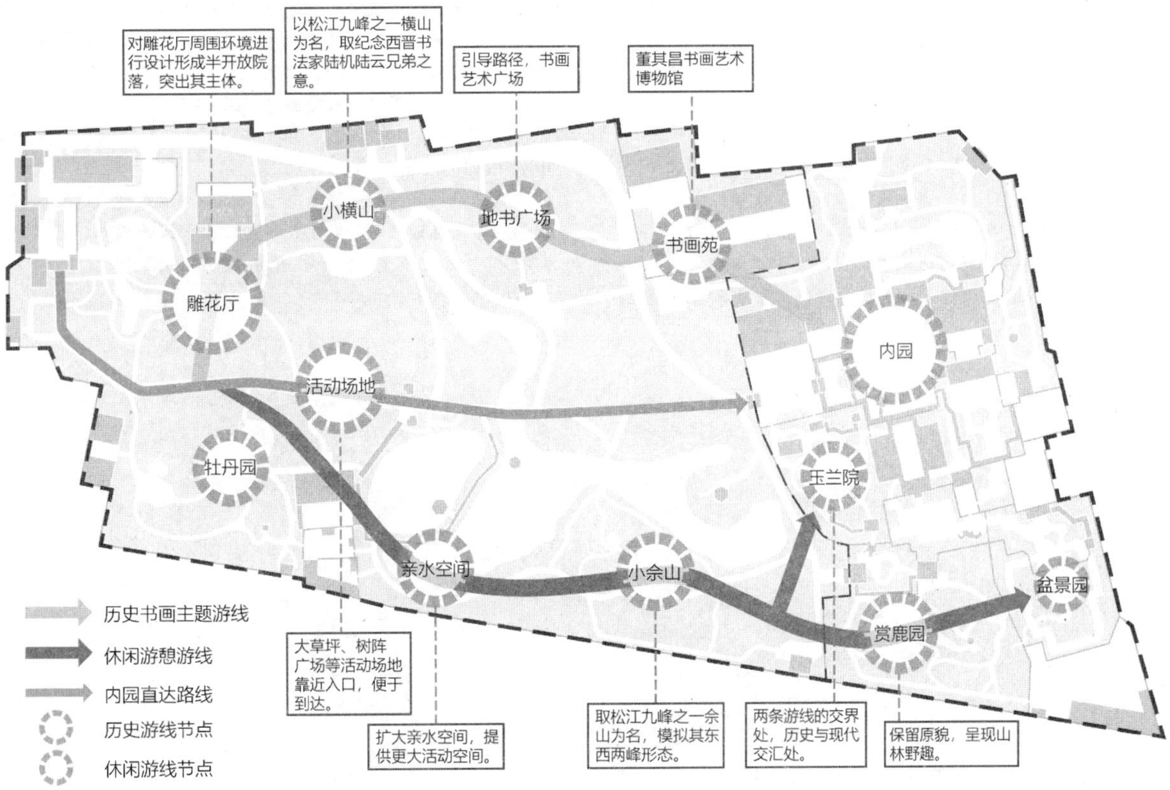

图 6　游线设计

南侧游线可与北侧游线形成对比和呼应，结合牡丹园、茶坊、滨水空间、广场、山体打造以休闲游憩为主的游线，依托场地原有景观特征形成多样化的活动空间，营造从花园、草坪、广场、滨水到山林的丰富体验，也为游人提供更多活动场地。

两条游线在玉兰院汇合，玉兰院建于 1981 年，其历史价值低于原内园，可以考虑进行少量改造使古典和现代元素在此形成对话，并作为进入内园的入口场地之一考虑人的停留。

3.2.3　更新过程：动态的实施观念

醉白池公园作为上海市文物保护单位，其更新改造必须谨慎考虑。在扩建为公园以来的多次改造中，醉白池公园经历过扩建、改建等更新方式，在之后的改造过程中，需要对其保护和更新做出更科学合理的决策，实现政府、专家、公众的多方实施保障。上位规划可将周边地段纳入规划范围，使醉白池公园与周边的关系具有可协调性和可操作性，并制定分期计划；公园管理者和专家，如历史学家、景观设计师等，需要对公园的保护和更新做出直接保障；公众通过政府和公园提供的平台如官方网站等发表观点，提升公众参与度和历史意识。

4　结语

"有机更新"理念应用于城市历史公园更新可从公园整体、细部更新和更新过程的有机性进行探讨，是在"保护"的基础上使历史公园中具有历史价值的部分继续延续，并通过对历史原型的转译设计重塑历史文化氛围，同时保障每一阶段的更新合理性，可以为同类型乃至所有历史公园的改造提供一定方法，但其中存在的设计主观性也需要进一步探讨。

参考文献

[1]　胡玎，王越．上海，是否应放慢改造老公园的脚步[J]．园林，2008(6)：32-33.

[2]　归云斐．上海市民游憩需求偏好研究[J]．上海城市规划，2016(3)：102-108.

[3]　陈荻，邱冰，刘滨谊．基于分层思想的城市公园有机更新模式探讨——以上海黄兴公园改造方案为例[J]．南京林业大学学报(自然科学版)，2014，38(4)：153-157.

[4]　叶登舞．新陈代谢——时代变迁中的福州西湖公园更新研究[D]．福州：福建农林大学，2010.

[5]　刘源，王浩．城市公园绿地有机更新可持续性发展探讨——以美国沃斯堡市公园绿地规划为例[J]．林业科技开发，2013，27(6)：136-139.

[6]　吴良镛．北京旧城与菊儿胡同[M]．北京：中国建筑工业出版社，1994.

[7]　袁满，戴代新．城市历史园林遗产保护登录评价标准研究——以上海历史名园为例[C]//中国风景园林学会．中国风景园林学会 2015 年会论文集，2015：5.

[8]　周向频，王庆．近代公园遗产保护与更新改造策略——以英国伯肯海德公园和美国晨曦公园为借鉴[J]．城市观察，2017(2)：150-164.

[9]　金云峰，项淑萍．原型激活历史——风景园林中的历史性空间设计[J]．中国园林，2012(2)：53-57.

[10]　金云峰，方凌波．基于景观原型的设计方法——探究上海松江方塔园地域原型与历史文化原型设计[J]．广东园林，2015(5)：29-31.

[11] 喻晓蓉."有机更新"视角下顺德清晖园及周边历史地段的规划实践[J]. 广东园林，2018，40(3)：38-42.
[12] 孙晓锋. 江南古典园林游憩功能提升改造探讨——以上海醉白池公园为例[J]. 中国城市林业，2015(2)：30-35.

作者简介

吴钰宾，1996年生，女，浙江人，同济大学建筑与城市规划学院景观学系在读硕士研究生。电子邮箱：419394401@qq.com。

金云峰，1961年生，男，上海人，同济大学建筑与城市规划学院景观学系副系主任、教授、博士生导师，高密度人居环境生态与节能教育部重点实验室，生态化城市设计国际合作联合实验室，上海市城市更新及其空间优化技术重点实验室，高密度区域智能城镇化协同创新中心特聘教授。研究方向：风景园林规划设计方法与技术、景观有机更新与开放空间公园绿地、自然资源保护与风景旅游空间规划、中外园林与现代景观。电子邮箱：jinyf79@163.com。

钱翀，1995年生，女，浙江人，同济大学建筑与城市规划学院景观学系在读硕士研究生。研究方向：风景园林规划设计方法与技术、景观有机更新与开放空间公园绿地。电子邮箱：476760860@qq.com。

重建儿童与自然的联系

——基于感官体验的儿童康复花园研究

Reconstructing the Connection between Children and Nature

—A Research on Children's Rehabilitation Garden Based on Sensory Experience

王秀婷　刘舒怡　吴　焱

摘　要：在当今儿童与自然关系日益疏远的大背景下，理查德·洛夫在《林间最后的小孩：拯救自然缺失症儿童》一书中创造性地提出术语"自然缺失症"。"自然缺失症"揭示了当代社会儿童与自然之间割裂的现状、后果及原因。而儿童康复花园就是一类对儿童生理心理恢复具有康复作用的花园环境。它的功能是主动关联自然与健康，重建儿童与自然的联系。本文从儿童感官及心理特点出发，分析了感官体验和康复花园对儿童的重要性，并探讨了儿童康复花园中视觉、听觉、嗅觉、味觉和触觉五种感官环境设计的方法，并在此基础上指导设计了西安某民办自闭症学校的户外景观设计，以期重构儿童与自然的新型关系，创造一个更加适合儿童感官特点和心理需求的康复环境。
关键词：儿童；自然缺失症；康复花园；感官体验；设计

Abstract: In the context of the increasingly distant relationship between children and nature, Richard Love has creatively proposed the term "natural deficiency" in the book "The Last Child in the Forest: Saving Children with Natural Deficiency". The "natural deficiency syndrome" reveals the current situation, consequences and causes of the separation between children and nature in contemporary society. The Children's Rehabilitation Garden is a kind of garden environment that has a healing effect on children's physiological and psychological recovery. Its function is to actively link nature and health and re—establish the connection between children and nature. Based on the sensory and psychological characteristics of children, this paper analyzes the importance of sensory experience and rehabilitation garden to children, and discusses the methods of visual, auditory, olfactory, gustatory and tactile five sensory environment design in children's rehabilitation garden. The director designed and designed the outdoor landscape design of a private autistic school in Xi'an, in order to reconstruct the new relationship between children and nature, and create a rehabilitation environment that is more suitable for children's sensory characteristics and psychological needs.
Keyword: Child; Natural Deficiency; Rehabilitation Garden; Sensory Experience; Design

1　感官体验与儿童康复花园

1.1　感官体验

人通过全身的感官器官，使客观事物直接作用于人脑，从而让这些感觉器官体会到的感受影响人的心理与生理上的变化，这就叫作感官体验。感官系统一般被分为视觉、听觉、触觉、嗅觉、味觉五大类，这五大类就是人的五种感官，即"五感"，感官系统赋予人类生存和体验的能力；人通过感官体验感受外界事物，它是人与外界交流和沟通的最根本的方式。

1.2　儿童康复花园

儿童康复花园是从儿童使用者的特殊性——儿童特殊的生理、心理以及对环境的认知能力出发，力求营造一种健康的、积极的具有康复作用的园林环境。它的主体定位为存在健康问题的儿童，其景观元素的选择是从儿童使用者特殊的生理和心理角度出发，力求促进使用者的健康。总之，儿童健康花园相对于传统的儿童活动场所具有独特性。

2　感官体验分析

2.1　儿童的感官体验特性分析

2.1.1　儿童的视觉特性分析

人们通过眼睛捕获大量外在信息，视觉感官的认知是人们感受环境空间最直观的一种方式。儿童对于视觉敏感性高于成年人，且容易被色彩鲜艳、造型有趣的景观元素所吸引。同时，儿童认识世界的方式比较直接，视觉感知是其主要认知的开始，也是引起儿童好奇心的重要手段。儿童健康花园针对儿童视觉特性，对景观形象进行设计，可改善儿童使用者的大脑皮层活动和精神状态，进而促进儿童身心健康发展。

2.1.2　儿童的听觉特性分析

人类通过耳朵来感知外界的声音，作用原理就是听觉器官能够感受到细胞的兴奋并且引发听觉神经的冲动，从而导入声音。人类的五种感官中，视觉感官与听觉感官是处于重要位置的，因为人类接收外界信息大部分都是通过这两种器官所获取的。儿童的听觉发展是随着年龄的增长，慢慢发展成熟的。他们与成年人一样，会对悦耳动听的声音产生愉快的反映，也会对刺耳的噪声产生厌恶的情绪。此外，儿童的听力感知也存在着巨大的个体差异，有的儿童敏感性高些，有的对声音则反应比较迟钝，但这种差异通过后天的刻意训练可以改善。所以，康复花园中声景的营造可以通过提供悦耳的声音、摒除嘈杂的声音为儿童听觉的健康发展提供良好的环境，使儿童使用者保持一个较好的生理、心理状态。

2.1.3 儿童的触觉特性分析

人体全身的皮肤上分布着数以百万计的神经细胞，人们通过这些神经细胞与外界产生联系进而来获取外部信息，这样的体验方式被称之为触觉。儿童通过手的触摸、皮肤的感受，使其对事物有一个直观的了解。触觉是儿童不可忽视的感官刺激。所以，在儿童康复花园中，应创造充分接触的机会丰富儿童的触觉感知体验。同时，还应注意儿童在嬉戏玩耍时的安全隐患，创造出既有利于儿童安全，又有利于儿童通过接触去学习和认知的环境。

2.1.4 儿童的嗅觉特性分析

嗅觉感官体验与其他的感官体验不同之处在于很多无法用语言精确描述的东西却可以用气味来说明。实践表明，儿童的嗅觉感知比成年人更灵敏，这是因为胎儿刚出生时视力不佳，只有依靠嗅觉来感知世界，但随年龄增长，儿童的嗅觉感知能力逐步变弱。所以，芳香疗法作为一种园艺疗法。已经被广泛运用到康复花园的设计中。芳香植物是康复花园中不可或缺的因子，它可以从生理和心理两方面帮助患者预防和治疗疾病，在潜移默化中作用和改变患者本身。表1为一些常用的芳香植物及其功效。

常用的芳香植物及其功效　　表1

植物名称	功效
玉兰	清脑、驱散风寒
桂花	抗菌消炎、止咳、平喘、清肺、解郁、避秽之功；对某些狂躁型精神病患者有一定功效
栀子花	清肝利胆，对肝脏疾病有很好的疗效
丁香	镇静止痛，对牙痛等症状有很好的疗效
玫瑰	精神愉悦、心情爽朗，有助于睡眠
菊花	清热祛风，平肝明目，对牙疼、头痛患者具有镇痛、安神的效果；还有降血压的功效
百合	使人兴奋，对治疗糖尿病很有效
薰衣草	有镇静之效，可缓解神经衰弱，宁神作用良好，对神经性心跳有治愈效果
郁金香	排除烦躁情绪，辅助治疗焦虑症和抑郁症
兰花	消除烦闷，使人心情爽朗，对神经衰弱的人有好处
茉莉	缓解头晕、目眩、鼻塞，消除疲劳

2.1.5 儿童的味觉特性分析

处在婴儿期的儿童口腔可以感觉到甜、咸、酸等味觉；儿童的味蕾比成年人的要多，所以儿童的味觉感知比成年人更灵敏。儿童味觉虽然灵敏，但对各种味道的辨别能力差，但会随年龄增人而增强。一些可食用的植物如番茄、八角、草莓、辣椒等，使儿童在享受美食的同时，又可强化味觉感官的灵敏程度。

2.2 构成感官体验的设计要素

表2中简要介绍了构成感官刺激的设计元素，这些自然或人工的设计元素能够运用在康复花园中，更好地指导康复花园的设计。

构成感官刺激的设计元素　　表2

五感	设计元素
视觉	硬质材料石、旧砖、砂石、石板可提供丰富的色彩和质感，简易材料马赛克、壁画、块石路面、鹅卵石、栅栏、松果也能拼贴出有颜色的图形；还有许多由树皮和杂色叶子等随意构成的环境图案，其外观色泽在干或湿时也能呈现丰富的颜色变化
听觉	风吹树叶沙沙作响，踩踏落叶的嘎吱嘎吱声，鸟儿歌唱的声音，水花滴溅，风铃和动力雕塑的声音等
触觉	粗糙的树皮，柔软的青苔、坚硬的石墙和平滑的鹅卵石，叶、花瓣的质感，沙坑里沙的质感，太阳晒热的水与荫凉处的雨水等
嗅觉	气味具有保健作用，芳香疗法广泛运用在园艺疗法中，包括用薰衣草放松精神、用柑橘类植物减少忧虑、用柠檬提神等方式，对忧郁和失眠等进行治疗
味觉	味觉体验是人们放松心情的重要方式，有助于制造富有吸引力的、融洽的生活空间。在与孩子的互动游戏中，味道可以作为演示食品来源以及了解食物之间联系的有效方法

3 感官体验在儿童康复花园中的设计方法

3.1 种植设计

植物是园林中重要的组成部分，也是康复花园中不可或缺的因子。植物在儿童康复花园中的作用主要表现在两个方面，一方面是植物自身发挥的保健作用，使儿童通过视觉、听觉、嗅觉、味觉和触觉等，从植物本身的保健因子中获得调节或恢复身心的效果；另一方面是儿童参与园艺活动，在给植物施肥、灌溉、修剪等一系列的活动过程中，促进儿童身体机能的发展和积极情绪的建立，激发孩子们的热情，使场所充满生机与活力。表3中列举了感官性康复花园常用的一些植物。

感官性康复花园常用植物　　表3

五感	植物
视觉	银杏、水杉、鸡爪槭、火炬树、雏菊、虞美人等
听觉	芭蕉（雨打芭蕉）、杨树、簌竹、荷叶、棕榈等
触觉	毛白杨、构树、仙人掌、毛草、狼尾草、地肤等
嗅觉	桂花、丁香、含笑、栀子花、蜡梅、薰衣草等
味觉	花椒、薄荷、柿子树、旱金莲、八角、山韭等

3.2 水景设计

水体亦动亦可静，水体的流动、变化可产生一些趣味性的效果，引发人们的触觉体验。荷兰哈尔斯特伦的隐形桥（图1）是为了方便穿过防御要塞而设计出来的，人们要想去到对岸必须穿过这个嵌在河流里的桥。人行走在其中伸手就能触摸到水面，可直接与自然进行触碰，这种触觉体验也给人带来了许多乐趣，因此在进行感官性康复花园的水景设计时，可设计从静到动的参与性水景，调动儿童的多感官参与，给儿童一个丰富的水景体验过程。

图1　隐形桥——可触摸的水体

3.3 道路

道路是感官花园最重要的结构骨架，主要道路应便于儿童进行定向、定位及通行；次要道路则可多样曲折，设置较为颠簸的砂石铺面或砌块小径等，丰富儿童的触觉等。

3.4 无障碍设计

通行无障碍是我国目前使用最为普遍的无障碍设计策略，其手法不应仅限于设置盲道、坡道和扶手，而所有的无障碍设计必须引用通用设计原则，如转角处，宜采用更有利于增强视线通透性的弧形或折线形转角（图2）。

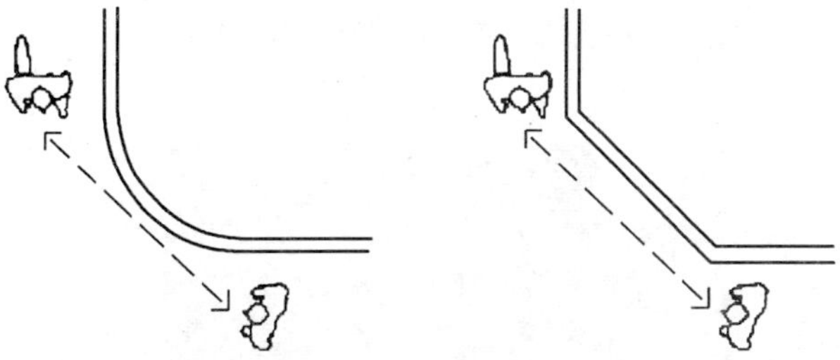

图2　转角设计示意图

4 案例分析——“无间光”能量社区设计

4.1 项目概况

“无间光”能量社区坐落于陕西省西安市秦岭环山路天子峪内，南面倚靠巍峨秀丽的秦岭山脉，用地面积约为0.85hm^2。它是为3～15岁患有孤独症、亚斯伯格症和自闭症儿童打造的一所特殊的学校。项目北接107省道，南邻天子口村，且附近有子峪学校与八一艺校，居民较多，环境优美，交通较为便利，是方便儿童释放天性、亲近自然的最佳地点。

4.2 设计理念

本项目定位为以感官体验为前提的儿童康复性花园，旨在环境设计中充分考虑儿童的视觉、听觉、触觉、嗅觉及味觉感受，创造一个让儿童充满乐趣与幻想的自然乐园。由此重新构建儿童与大自然的紧密联系，从而达到康复治疗的目的。

针对特殊儿童的特性，应该充分利用原始的地形和植物对场地进行规划。区分动静，并加以组织和引导，使整个场地赋予灵活性和趣味性，可以让儿童在日常生活与游戏中自我发掘感兴趣的地方，给儿童提供一个可以随意游戏的空间。

项目整体上有动、静两个分区，既可以保证平时生活教学的安全性，也可以建立特殊儿童与外界的交流，为社会化做准备。具体将场地分为六个部分，分别为落叶步道区、会客展览区、游戏区、种植喂养区、沙坑区及树屋果园区（图3）。

4.3 感官体验与空间设计

4.3.1 视觉感官体验设计

视觉是人最重要的感觉，通过视觉，人可以感知外界

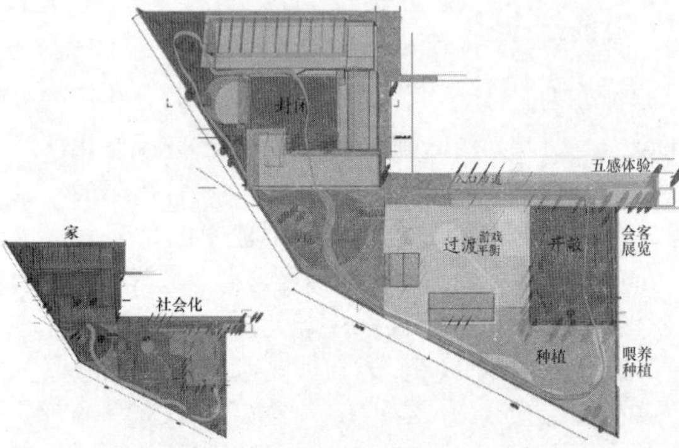

图 3 “无间光”能量社区分区图

物体的大小、明暗、颜色、动静，获得各种信息，至少有80%以上的外界信息经视觉获得，对于儿童来说，色彩则是最直观的视觉体验。在“光能量”社区中除了红砖的颜色，其余的颜色全部都来自于自然界当中，废弃木板围成的栅栏、木桩座椅、碎石铺砖、裸露的泥土地等，与绚丽的花朵相呼应，处处体现着自然的本源。

光线透过建筑上的玻璃和镂空墙体折射出不同的光影效果，让儿童在感受斑斓光影的同时也能感受到光的能量，予以他们心灵的慰藉（图 4）。

图 4 建筑中的光影折射

4.3.2 听觉感官体验设计

悦耳的声音可以使人心情舒缓，特别是对于特殊儿童来说，自然界的声音更有利于他们放下自身的防备，打开自己的心扉，所以本项目就选用了相应的植物来打造不同自然的声音，比如脚踩落叶的声音、风吹动竹叶的声音、雨落在芭蕉叶上的声音等。

4.3.3 触觉感官体验设计

触觉是最真实的感受，项目中设计了小型的跌水来满足儿童的亲水性，还设计了沙坑供儿童游戏，沙子的可塑性也可以锻炼儿童的创造力。整个场地充分利用水、沙、石、木等自然的元素让儿童通过触摸来感知自然。

4.3.4 嗅觉感官体验设计

嗅觉是被动感受，社区内通过种植芳香植物来放松儿童的心灵。通过植物的芳香疗法可以令儿童平静，并且激发他们的求知欲，也可以对整个环境有自己的认知。在芳香植物的选择上也会考虑使用儿童的特殊性，选择柑橘类的花卉减少忧虑，起到安神的作用（图 5）。

图 5 芳香花卉种植

4.3.5 味觉感官体验设计

味觉感官体验体现在可食地景的设计上，社区内分季节种植可以食用的瓜果蔬菜，让儿童自己亲手种植，体验劳作和来年收获的喜悦感，同时也可以满足景观性（图 6）。通过食用自己亲自种出的果蔬，儿童的内心可以获得巨大满足感。值得一提的是可食地景的浇灌是通过建筑的排水满足的，既可以提供灌溉水源，又可以自行消解雨水，缓解市政压力（图 7）。

图 6　可食地景

图 7　雨水浇灌

5　总结

儿童感官康复花园从儿童感官角度出发，运用各种元素营造出多样化的感官体验，为儿童提供身心健康的活动场所。在当今儿童与自然关系日益疏远的大背景下，儿童康复花园就成为能够解决当代儿童心理、生理问题的新的花园艺术。

参考文献

[1]　蒋莹．医疗园林的起源与发展：[D]．北京：北京林业大学，2010.

[2]　梁珊．感官花园设计方法初探[J]．现代园林，2011(10)：2-3.

[3]　董玉萍．儿童健康花园感官体验设计[J]．现代园艺，2016(2)：111-112.

[4]　刘志强．芳香疗法在园林中的应用研究[J]．林业调查规划，2005(6)：91-93.

[5]　陈婷．基于感官体验的儿童公园建设——厦门儿童公园[J]．福建建筑，2016(11)：26-27.

作者简介

王秀婷，1993 年生，女，汉族，山西人，硕士，长安大学建筑学院。主要研究方向：儿童疗愈景观。电子邮箱：954568148@qq.com。

刘舒怡，1994 年生，女，汉族，陕西，硕士，长安大学建筑学院风景园林学专业。电子邮箱：849493789@qq.com。

吴焱，1983 年生，女，汉族，山东人，博士，长安大学建筑学院副教授、硕士生导师。研究方向：城市景观环境设计、可持续景观研究。电子邮箱：458448919@qq.com。

自然资源视角下的风景规划体系建构

——以德国柏林为例[①]

The Construction of Landscape Planning System from the Perspective of Natural Resources

—A Case Study of Berlin，Germany

李宣谕　金云峰　钱　翀

摘　要：自然资源部的组建标志着建立统一的自然资源确权登记系统和保护制度及构建统一的空间规划体系的迫切要求，而完善的风景规划体系的建立，对生态文明背景下资源的保护和开发具有重大意义。柏林风景规划体系以资源的保护利用为目标，前期的通过生境群落制图将包括各类用地和生物群落在内的数据进行空间落地，在横向内容和纵向行政体系两个层面上进行完整完善，并且与土地利用总体规划实现协同搭接。本文认为，我国亟须完善风景规划体系，并通过前期实行基础空间信息调查登记、法律政策完善，内部自身的体系架构以及调整与城市总体规划的关系三个层面来实现这一目标。
关键词：自然资源；风景规划；德国景观；规划体系

Abstract：The formation of the Ministry of Natural Resources marks the urgent need to establish a unified natural resource identification registration system and protection system and to build a unified spatial planning system. The establishment of a perfect landscape planning system is of great significance to the protection and development of resources under the background of ecological civilization. The Berlin landscape planning system aims at the protection and utilization of resources. In the early stage，the habitat community mapping will include data on various types of land and biomes，and will be completed on both the horizontal content and the vertical administrative system. And achieve synergy with the overall land use planning. This paper believes that China urgently needs to improve the landscape planning system，and achieve this goal through the implementation of the basic spatial information survey and registration，the improvement of legal policies，the internal system structure and the relationship between the adjustment and the overall urban planning.
Keyword：Natural Resources；Landscape Planning；German Landscape Planning；Planning System

1　新时代自然资源统一规划管控的内涵要求

2018年3月第十三届全国人大批准通过了自然资源部的组建，针对原先自然资源管理分散在多部委、自然资源开发利用与保护监管缺位、国土空间用途管制散乱、各类规划重叠难以落地的历史遗留问题，新设立的国家自然资源部"主要职责是对自然资源开发利用和保护进行监管，建立空间规划体系并监督实施"。因而对于自然资源部来说，两大最重要的任务即是：①建立统一的自然资源确权登记系统和保护制度；②构建统一的空间规划体系，强调资源配置的空间属性。

风景规划的概念是在2009年《全球风景公约》中被提到的。与涵义较为狭窄、具体且易混为一谈的"绿地""景观""公园""风景区"等相比，"风景规划"概念中的"风景"二字，涵义非常广泛且饱含深意。在《公约》中，"风景规划"被解释为"土地、水系统和（或）海洋区域的总称，其面貌是自然和（或）文化因素单方相互作用的结果"。因而，"风景规划"与针对用地对象具体的"绿地系统规划""风景区规划"等相比，更应被视为对具有实体性的土地或土地上的地物和自然水系进行管理、提升、保护或恢复的过程，具有空间性和全域性。

因而，在强调"资源管理"和"空间管控"的自然资源视角下，风景规划体系的完善对建立提高自然资源利用效率的规划体系具有重要意义。

2　打破城乡界限的柏林风景规划体系

德国由于其在规划建设与发展过程中对于自然环境的重视，将风景规划介入城市总体规划，并通过法律手段保障规划成果的执行，以建立起一套完善的风景规划体系。作为联邦德国的首都，柏林的风景规划以城市生境制图为基础，以自然资源的保护利用为目的，并在实施过程中与土地利用规划相协调。在空间上，德国的风景规划从整个柏林城市尺度制定管理体系，与国内主要着眼于"建成区"的规划体系不同，它打破了"建设用地和非建设用地"的界限，柏林市的风景体系得以在一个法律框架下被保护和管理。

① 基金项目：上海市城市更新及其空间优化技术重点实验室开放课题（编号201820303）资助。

2.1 风景规划目标——以自然资源的保护利用为目的

德国联邦政府颁布的《联邦自然保护法》从法律层面将风景规划确立为一项实现环境保护与可持续发展的工具，从联邦的层面首先为其下的各个联邦州的自然保护发展确立了统一的目标。在《联邦自然保护法》的第一章第1条就表明，风景规划的主要目标就是：（1）维持生物多样性；（2）管理自然环境的效率和功能，提高自然资源的再生和可持续利用的能力；（3）发展自然和景观的多样性、独特性和美学特征，及其娱乐价值。

柏林的风景规划分为两个层级。第一级是景观计划（landschafts programmm 缩写为 LaPro），是根据《柏林自然保护法》的规定，由柏林城市发展和环境保护部（Department of Urban Development and Environmental Protection）编制。在这个承担柏林全域范围风景资源的综合部署和具体安排任务的层级，其要求中将"保护和开创开放空间形式的绿色休闲区"和"保护群落生境和物种"两大目标并置，寻求风景资源保护与风景资源开发的平衡。

2.2 生境群落制图——为规划对象建立明确的空间属性

在柏林的风景规划体系中，分析和评估自然和景观状态的最重要的基础是生境群落制图。生境群落制图（biotope mapping）即通过地图的形式，明确各类景观斑块的空间分布和范围。以对景观斑块进行分析、分类、评价作为信息基础。其包括综合生境群落制图和选择性生境群落制图。综合生境群落制图对所有土地利用类型和生物数据进行普查，并进行图示化表达。普查的内容包括自然绿地区域、居住区、工业区等各类土地利用类型，也包括动物群落和植物群落，最后将所得数据作为生境制图的对象。而选择性生境制图则是根据所得数据，对值得保护的用地进行特殊的制图。

柏林对包括勃兰登堡地区的整个城市州范围内进行了综合生境群落制图。基于自然条件以及土地利用特点，柏林城市生境体系由 12 个生境群落大类和 91 个小类组成。其中 12 个生境群落大类包括：（1）流动水系；（2）大面积水体；（3）原始土壤和人为的土壤表面；（4）沼泽地；（5）草原、多年生草地；（6）矮小的灌木丛和荒地；（7）高大灌木丛及小树林；（8）森林；（9）耕地；（10）活动绿地及开放空间；（11）特殊的巡逻生境；（12）建成区、交通设施和特殊区域。囊括了水体、生物多样性，甚至生产用地在内的各种生态要素，对于其中具有特殊自然价值、人类干扰程度较低、生态或景观价值较高的一部分受到《柏林自然保护法》的管控和保护，另一部分则由欧盟 Natura 2000 保护。而人类活动干扰程度较高的区域则不受法律的特别保护。

需要指出的是，生境制图直接为风景规划落实到空间奠定了基础，因为它不仅指出了需要被保护的自然生境的位置和范围，同时也明确了以人类利用为主的土地与自然用地的空间关系，作为城市发展的基础空间信息而存在。

2.3 风景规划内容框架及其管控内容——基于生境制图的横向和纵向框架

总的来说，柏林的风景规划体系是一种涉及多区域的政策工具，具备横向和纵向两种脉络。纵向由柏林城市州—自治区（镇）自上而下两个空间层级为线索，横向则以柏林城市州尺度的一级为主，针对不同的规划客体(图 1)。

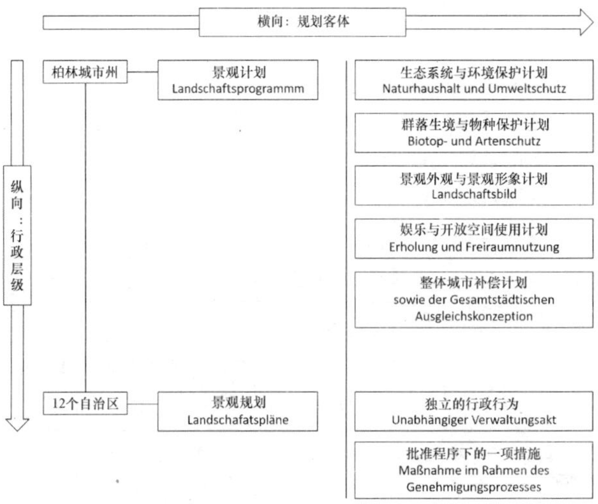

图 1　柏林风景规划内容框架
（图片来源：作者自绘）

2.3.1　纵轴：柏林城市州—自治体（市镇）

在整个柏林的城市州范围内的土地层，针对城市建成区和非建成区设计颁布景观计划，它以 1∶50000 或 1∶25000的尺度制定对自然保护、景观保护、风景游憩的要求和措施。受到《联邦自然保护和景观管理法》以及《柏林自然保护和景观管理法》的保护和管理。

在下一层级，由柏林的自治区（镇）为行政范围内的某些地区编制，称为景观规划（Landschafatspläne 缩写为 LaPläne），景观规划的具体程序和法律效力受到《柏林自然保护和景观管理法》的规定和支撑，具有法律约束力。景观规划在实现保护目标方面具体化了景观计划的发展目标和措施，主要用于解决以下任务：①发展：在郊区农田过渡区发展休闲景观，开发以水为特征的景观元素和景观空间；②保护：改善和恢复城市中心的绿色开放区域，实现城市整体的绿色网络连接，保护市域范围内生态和风景资源良好的地区。另外，在城市建设区域内的景观规划需要实施生境面积因子（Biotopeflächenfaktor）建设法则。地区层面的风景规划则需要遵从景观计划的原则设定，并落实各项目标。

在纵向上，下一行政层级的风景规划成果需落实上一层级风景规划的要求，并为下一层级风景规划的编制提供指导。在横向上，从自治市到各自治区，每个层级的风景规划成果都需要纳入相应的总体规划中。

2.3.2 横轴：针对不同规划客体

基于扎实的环境基础数据与群落生境制图提供的数据，景观计划为柏林设立了自然保护和景观管理目标及原则。在这个层面上，以整个柏林城市州为对象，景观计划的实施由四个子部分组成：(1) 生态系统与环境保护计划；(2) 景观外观与景观形象计划；(3) 群落生境与物种保护计划；(4) 娱乐与开放空间使用计划。这四个主题计划制定了发展目标和措施，其在自然保护和景观利用的目标层面处于平等地位。

值得注意的是，在四个子部分之外，与四者并行的还包括“整体城市补偿”计划（表 1）。整体城市补偿计划是对这些子项的补充，对四个子部分的资源配置进行协调，平衡其在资源保护和资源开发上可能出现的决策失衡，确保自然资源的利用和保护得到并重。

景观计划（Landschaftsprogrammm）的横向内容体系及其空间影响[7]　　表 1

	生态系统与环境保护计划	景观外观与景观形象计划	群落生境与物种保护计划	娱乐与开放空间使用计划	整体城市补偿计划
受保护的内容	+	O	+	+	+
人(包括人类健康)	+	+	+	O	+
动物	+	+	+	O	+
植被	+	+	+	O	+
生物多样性	+	O	O	+	+
土壤	+	+	O	+	+
水体	+	O	O	+	+
空气，气候	+	+	+	+	+
景观	O	O	+	+	O
文化及其他有文化价值的商品	+	+	+	+	+
受保护资源的相互作用	+	O	+	+	+

+：积极影响；O 无积极影响（中性）；-：消极影响

表格来源：根据参考文献［7］改绘。

而各个自治区（镇）的景观规划，针对实施客体的不同也可以通过两种方式得以实施：一方面，作为独立的行政行为（例如在向农田过渡时种植筛选对冲）；另一方面，作为批准程序背景下的一项措施（例如在一批新建筑期间对岸边区域进行复原）。后者在实际操作中占多数，甚至在程序中也可以被视为实现目标的决定性工具。

可见柏林风景规划从城市尺度到地区尺度对资源进行保护和利用的原则一以贯之，在城市尺度的景观计划划定受保护的自然生境，并在五个方面对自然资源进行系统连接、功能设定、保护管理，以便实现总体控制。

3 风景规划与建立在“多规合一”目的上的空间规划体系

3.1 风景规划在空间规划体系内——与土地利用总体规划（Flächennutzungsplan，缩写为 FNP）平行

柏林（包括勃兰登堡地区）的区域规划是融合多个不同规划的空间规划平台。在同一行政层级内，多个不同规划的成果内容最终体现在一个综合规划平台上。景观计划和土地利用总体规划受到各个层级政策法规的管控和保障，一起作为柏林城市发展的基础（表 2）。

德国-柏林各行政层级间风景规划及相对应的总体规划政策法规表　　表 2

行政层级	景观规划	综合空间规划
联邦	《联邦自然保护法》	《联邦总体规划法》
柏林城市州	《柏林自然保护法》 景观计划 Landschaftsprogrammm	《柏林总体规划法》 土地利用总体规划 Fiächennutzungsplan
自治区（镇）	景观规划 Landschafatspläne	开发计划 Bebauungspläne

资料来源：根据参考文献［7］、［10］总结。

由于柏林是自治市，景观计划的深度已达到土地利用性质的层面，因而柏林的景观计划与土地利用总体规划横向对应。并且成为土地利用总体规划的生态基准，完成筹备发展规划定性目标和自然保护及景观设计的原则。土地利用总体规划为开发计划（Bebauungspläne）设定了开发框架，它参与了空间规划系统，履行其空间控制功能，确定了城市规划目标和使命陈述，并形成了制定具有约束力的发展计划的基础。它需要包括城市发展概念和计划、区域发展计划的要求（图 2）。由于景观计划汇集了自然保护和景观规划的基本技术内容，使其可用于整体空间规划的讨论和考虑基准。

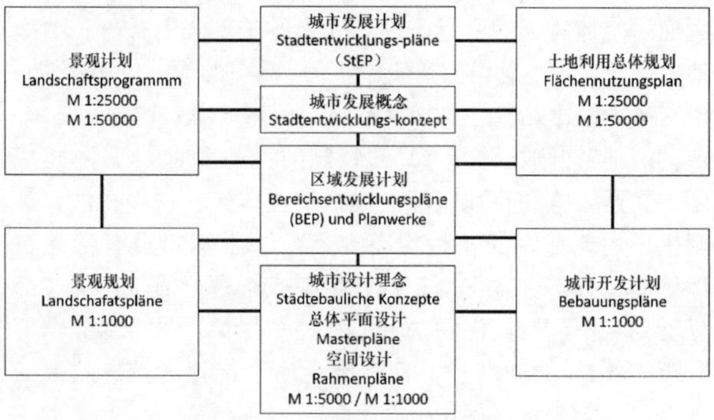

图 2　柏林空间规划体系
（图片来源：根据参考文献［11］总结）

景观计划，包括物种保护计划，与 1994 年土地利用计划同时在整个柏林建立，是城市风景规划的战略规划

工具。它规范并证明了自然保护和景观管理的要求和措施，并将其提交到一个综合计划中，在统一的平台上，为各级空间规划的预防性环境规划做出重要贡献。其包含的目标和要求应在所有空间规划中予以考虑。

在柏林的12个地区范围内与景观规划横向对应的是城市开发计划，并与上位类似，与城市开发计划处于平行的位置。

3.2 风景规划在空间规划体系内——与土地利用总体规划协调

景观规划和土地利用总体规划是相互关联和互补的。景观计划构成了土地利用总体规划的生态基础。柏林的土地利用规划由城市发展和住房部（Senatsverwaltung für Stadtentwicklung und Wohnen）组织编制，是参议院和众议院的中央计划工具。而风景规划是由市环境保护与自然部（Senatsverwaltung für Umwelt，Verkehr und Klimaschutz）组织编制的，两个规划的内容和属性往往不能完全匹配，因此柏林市构建了“二次整合”工作机制，以将风景规划的成果融入城市总体规划的编制内容。

景观计划的保护目标和措施与土地利用总体规划是相互关联、相互补充的。如果改变了土地利用规划中的规划目标或土地性质，土地利用总体规划的部分更改就需要在景观计划中检查相同的子区域，并在必要时更新。如果土地利用计划中的使用类型或区域密度的变化需要调整景观计划的陈述，则保护目标和措施将根据其呈现系统与改变的土地利用相一致。无论个体变化的正式更新如何，景观和城市发展计划的内容始终如一。这种密切的互动可以防止景观计划和土地利用总体规划之间的矛盾。

而在地区层级，景观规划的规定则不得与上位的发展规划或具有约束力的城市土地利用总体规划相抵触。景观规划并不能阻止可能的建设用地，因为它必须考虑具有法律约束力的土地利用总体规划的规定，结合城市指定的土地利用总体规划使用后，即便有过渡建设的领域，也无法对其进行修改。但是，与景观规划相平行的区域开发计划在制定时，在考虑上位土地利用总体规划决策的同时，也必须考虑过程中景观规划的规范。

4 中德风景规划体系比较评述

我国尚未建立完善的风景规划体系，与“风景”规划体系的对象相类似的包括两个纵向层次的内容。一是在城市层面上，有“城市绿地系统规划”；二是在地区层面，则是风景名胜区建设、保护区建设、一般性环境保护法和环境保护标准、环境评价和对于环境的具体实施建设。

4.1 规划客体不同，规划地位迥异

首先，以柏林的风景规划体系为标准，规划客体最为类似且最为宏观的，在我国应是城市绿地系统规划。它作为城市总体规划的专项规划存在，通常在土地利用总体规划确定之后，按照《城市绿地分类标准》，对其中由土地利用总体规划所划归的G类用地进行绿地用途的进一步细化规划和部署，是城市总体规划和土地利用总体规划的下位。《城市绿地系统规划编制纲要》中明确了城市绿地系统规划是针对用地提出的规划。

就在今年将《城市绿地分类标准》中的“G5其他绿地”改为“EG区域绿地”，将建设用地之外的各类风景游憩、生态保育、区域设施防护等绿地纳入“区域绿地”范畴之后，标志着城市绿地系统规划的规划客体得到了相当大的扩展。但与风景规划相比，缺少对生物多样性、空气、水体等生态要素的综合考量。

4.2 与城市总体规划平行的景观规划的缺位

由于我国“绿地”概念的模糊和广泛，以及对城市生态发展与日俱升的要求，城市绿地系统规划发展到现在，在规划过程中通常会将生态规划、游憩规划、生物多样性规划等都纳入到城市绿地系统规划的范畴，造成城市绿地系统规划内容的庞杂和定位的失衡。由于规划地位的限制，使其无法为城市设立行之有效的自然保护与发展目标。因而，要建立完善的风景规划体系，我国亟待设立与城市总体规划相平行的景观规划，作为城市总体规划的生态基础。

4.3 缺少将资源落到空间的评估体系

自然资源部的设立标志着建立统一的自然资源确权登记系统制度的需求迫切。在此背景下，需要建立起跨越“建设用地和非建设用地”的、将自然资源评估落地到空间上的评估体系，并落到空间上，以图纸的形式作为风景规划实现资源保护与资源利用的规划基础。

4.4 政策体系亟待完善

对于风景规划，我国尚未出台政策强调，亦无独立立法。《城乡规划法》中只是对建设活动中环境处理方法的原则性指引。我国的风景规划缺乏类似于德国《联邦自然保护法》的统一、详细的立法基础，极大地制约了我国景观规划的发展。在形成完善的风景规划体系时，必须形成配套完善的立法体系，以对具体的规划内容进行指导管控和文件条例的规范。

参考文献

[1] 尹向东，朱江．面向自然资源统一管理的空间规划指标体系构建[J]．上海城市管理，2018，27(4)：51-55.

[2] 马永欢，吴初国，苏利阳，等．重构自然资源管理制度体系[J]．中国科学院院刊，2017，32(7)：757-765.

[3] 沙洲，金云峰．基于土地利用的风景规划体系研究——以德国为例[C]//中国风景园林学会．中国风景园林学会2016年会论文集，2016：4.

[4] 黄越，刘畅，李树华．基于城市自然保护的柏林景观规划评述及对我国的启示[J]．风景园林，2015(5)：16-24.

[5] Gesetz über Naturschutz und Landschaftspflege (Bundesnaturschutzgesetz — BNatSchG) § 1 Ziele des Naturschutzes und der Landschaftspflege [EB/OL]. http://www.gesetze-im-internet.de/bnatschg_2009/—1.html.

[6] Landschaftsprogramm einschließlich Artenschutzprogramm [EB/OL]. https://www.berlin.de/senuvk/umwelt/landschaftsplanung/lapro/de/einfuehrung.shtml.

[7] Landschaftsprogramm Artenschutzprogramm Begründung

und Erläuterung 2016 [EB/OL]. https: //www. berlin. de/senuvk/umwelt/landschaftsplanung/lapro/download/lapro _ begruendung _ 2016. pdf.

[8] Senate Department for Urban Development and the Environment. Berlin Environmental Atlas. 05. 08 Biotope Types (Edition 2012) [EB/OL]. http: //www. stadtentwicklung. berlin. de/umwelt/umweltatlas/ed508 _ 04. html.

[9] Senatsverwaltung fuer Stadtentwicklung und Umwelt. Biotoptypenliste Berlins [EB/OL]. http: //www. stadtentwi cklung. berlin. de/ natur _ gruen/naturschutz/ biotopschutz/de/biotopkartierung/biotoptypenliste. shtml.

[10] 王志芳，许云飞，蔡扬，等. 德国景观规划对中国"多规合一"的启示[J]. 现代城市研究，2017(8)：64-69.

[11] Flächennutzungsplanung für Berlin FNP − Bericht 2015 [EB/OL]. https: //www. berlin. de/ba-spandau/politik-und-verwaltung/aemter/stadtentwicklungsamt/stadtplanung/artikel. 335486. php.

[12] Senate Department for Urban Development and the Environment. Relationship between Land Use Plan and Landscape Programme [EB/OL]. http: //www. stadtentwicklung. berlin. de/planen/fnp/en/fnp/verhaeltnis _ lapro. shtml.

[13] Flächennutzungsplanung für Berlin FNP-Bericht 2015[EB/OL]. https: //www. berlin. de/ba-spandau/politik-und-verwaltung/aemter/stadtentwicklungsamt/stadtplanung/artikel. 335486. php.

[14] 金云峰，汪妍，刘悦来. 基于环境政策的德国景观规划[J]. 国际城市规划，2014(3)：123-126.

[15] 金云峰，张悦文. "绿地"与"城市绿地系统规划"[J]. 上海城市规划，2013(5)：88-92.

[16] A project celebrates its 25th birthday-The Landscape Programme including Nature Conservation for the City of Berlin [EB/OL]. https: //www. berlin. de/senuvk/umwelt/landschaftsplanung/lapro/download/lapro-25jahre _ englisch. pdf.

[17] Landschaftsplan Verhältnis zum Baurecht[EB/OL]. https: //www. berlin. de/senuvk/umwelt/landschaftsplanung/lplan/de/verhaeltnis _ baurecht. shtml.

[18] 周聪惠，金云峰. 城市绿地系统规划中的等级控制体系框架建构研究[J]. 中国城市林业，2014(3)：30-32.

作者简介

李宣谕，1993年生，女，江苏人，同济大学建筑与城市规划学院景观学硕士研究生。研究方向：风景园林规划设计方法与工程技术、景观有机更新与开放空间公园绿地。电子邮箱：xuanyuli1993@hotmail. com。

金云峰，1961年生，男，上海人，同济大学建筑与城市规划学院景观学系副系主任、教授、博士生导师，高密度人居环境生态与节能教育部重点实验室，生态化城市设计国际合作联合实验室，上海市城市更新及其空间优化技术重点实验室，高密度区域智能城镇化协同创新中心特聘教授。研究方向：风景园林规划设计方法与技术、景观有机更新与开放空间公园绿地、自然资源保护与风景旅游空间规划、中外园林与现代景观。电子邮箱：jinyf79@163. com。

钱翀，1995年生，女，浙江人，同济大学建筑与城市规划学院景观学系在读硕士研究生。研究方向：风景园林规划设计方法与技术、景观有机更新与开放空间公园绿地。电子邮箱：476760860@qq. com。

IP磁极：欠发达地区广域乡村就地城镇化路径

——基于乡村景观的研究①

IP Magnetic Pole: Research on the Urbanization Path of Large—scale Rural Areas In Underdeveloped Areas

陶　楠　金云峰

摘　要：基于当前新常态下城乡关系的变革、传统乡村生活整体价值的提升、传统产业的转型升级等背景，提出在认清自身特征和现实困境的条件下，欠发达地区广域乡村的发展应避免以往城镇化基于城乡等级关系的辐射模式，而是选择差异化的就地城镇化发展路径。以我国西南广域乡村之松山小镇的规划实践为案例，分析探讨就地城镇战略：盘活乡村沉睡资源，以特色产业发展为抓手；塑造特色景观风貌，引导基础设施特色化建设，形成乡村生活圈；构建地区"IP磁极"发展平台，星星点火式地启动后发优势，辐射周边；内外政策联动，协同推进的发展模式。从而，重构新型城乡关系，突破地区的发展瓶颈，实现从"城市偏向"转向"城乡共荣"。
关键词：乡村振兴；就地城镇化；欠发达地区；广域乡村；乡村景观；有机更新

Abstract: Based on the current changes in urban-rural relations, the improvement of the overall value of traditional rural life, the transformation and upgrading of traditional industries, it is proposed that under the conditions of recognizing their own characteristics and real dilemmas, the development of wide-area villages in underdeveloped areas should be Avoid the previous radiation pattern based on urban－rural hierarchical relationship in urbanization, but choosing a differentiated local urbanization development path. This paper takes the planning practice of Songshan Township in the southwestern rural areas of China as a study case, Analyzing and exploring the strategy of local towns: revitalizing the rural sleeping resources and taking the development of characteristic industries as the starting point; shaping the characteristic landscape, guiding the characteristic construction of the infrastructure and forming the village Life circle; the development of the regional "IP magnetic pole" development platform, the star ignition-type launch after the emergence of advantages, then radiation to the periphery; Internal and external policy linkage, coordinated development model. Therefore, the reconstruction of the new urban－rural relationship, breaking through the bottleneck of regional development, Finally, Achieving urban and rural prosperity. In order to provide reference and reference for the development and transformation of underdeveloped regions in the future.
Keyword: Rural Revitalization; Local Urbanization; Underdeveloped Areas; Wide-ranging Rural Areas; Rural Landscape; Organic Update

1　背景

1.1　静悄悄的变革：供给结构侧改革下的城镇化

近年来中央大力推行的供给侧结构性改革与新型城镇化、差异化城镇化道路息息相关。一方面，城镇化将从过去资源要素一味向城市集中的1.0版，与城市病显现的2.0，转向将城镇集中中的功能向周边扩散，城市功能疏解的3.0时代。城镇化不再是农民上楼、入城这一单一手段，而是通过乡村振兴战略、特色小镇等发展平台为主抓手，多政策、多手段实现地域整体发展。另一方面，我国各区域立足自身条件，探索适合自身发展的差异化城镇化模式，在新常态下，更加具有现实意义。

本文将研究就地城镇化背景下欠发达地区广域乡村的规划路径，探讨如何在不利的条件下，发挥其后发优势的发展战略。

1.2　从幕后到前台：乡村振兴背景下的发展机遇

在新常态下，城乡资源呈现双向流动的趋势。城乡关系也随之发生变革，乡村从幕后走向前台，过去广域乡村地带的区位劣势逐步淡去，甚至成为一种后发优势，传统乡村生活的整体价值不断提升，传统产业也逐步转型升级。这些变化是静悄悄发生的，不是政府政策倡导的，但却是一种飞跃的变化。

那么，这些新形势毋庸置疑对欠发达地区广域乡村的发展困局带来了逆转的新机遇与挑战。

2　欠发达地区广域乡村的概念和特征

2.1　概念界定

"欠发达地区"是一个相对概念，指那些与发达地区

①　基金项目：上海市城市更新及其空间优化技术重点实验室开放课题（编号201820303）资助。

有一定差距、生产力发展不平衡、科技水平还不发达的区域。[①]“乡村”在《辞海》中被解释为主要从事农业、人口分布较城镇分散的地方。

在欠发达地区的广大农业地区，由于经济水平低、用地条件受限等原因，不仅是村庄，甚至乡集镇和部分建制镇，人口分布也分散，乡、镇平均规模小。乡、镇多服务于广大农业地区，基本上还处于农垦中心地位，是农耕自然经济下的布局模式，其实际意义也属于广大的乡村范畴。所以，此文中“欠发达地区广域乡村”则泛指欠发达地区的非城镇化[②]（non-urbanization）地区，包括村庄、乡集镇，甚至是一部分规模很小的建制镇。

2.2 特征分析与现实困境

认清欠发达地区广域乡村的特征和现实困境是其发展的基础。欠发达地区由于区位、资源、地形条件、基础设施等方面的限制，往往地处边远、交通不便，工业发展水平较低，农业基础薄弱，一产为主、二三产比重低，产业结构不合理；城镇建设用地紧张，人口分布分散；商品经济发展滞后、吸引力不足，城镇化水平低。

有限的要素资源都向土地集中的优势区位集中，例如首位城市。区域空间结构呈现“中心－外围”分布[1]，区域发展严重不平衡。但首位城市数量有限、容量也有限，不能发挥大范围的辐射带动作用。所以，我国发达地区发展动能层级递减的城－镇－村等级推进城镇化模式，不大适合欠发达地区的实际发展。

3 云南松山小镇[③]就地城镇化规划路径研究

那么这类欠发达地区广域乡村地带，如何在现实差距上改弦易辙，如何在新常态的变革趋势下待势乘时，紧抓乡村振兴发展的机遇，突破发展瓶颈？就地城镇化路径即是一条因地制宜的发展道路。

3.1 以微知著，典型区位环境特征

下文以我国西南地区就地城镇化较为明显的“松山小镇”为研究对象，通过挖潜其文化景观资源、打造特色产业体系、景观风貌协调规划与基础设施的特色化引导等多个方面的规划实施路径研究，为欠发达地区广域乡村规划体系的构建探索普适方法，为这类地区的发展转型提供经验。

3.2 阐幽显微，挖潜差异化的命脉

松山小镇位于云南省保山市龙陵县腊勐镇的西部，紧邻全国重点文物保护单位“松山战役旧址”（图1）。它是以大垭口中心村为核心的乡村集群创建的广域乡村发展平台。其所处的龙陵县[④]是典型的西南地区广域乡村地带。

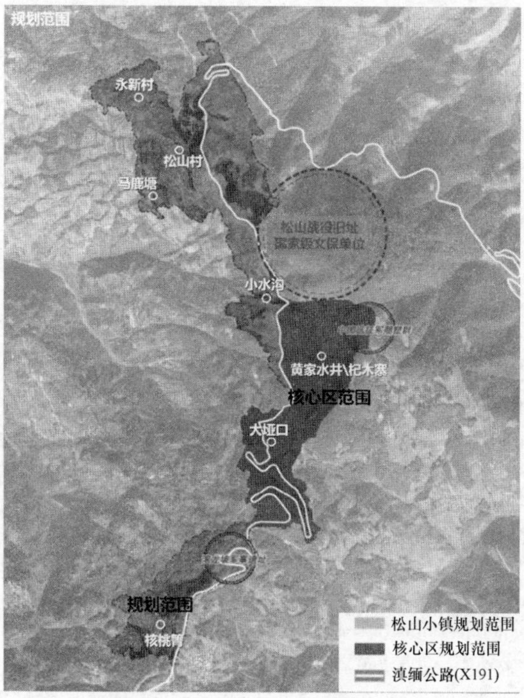

图1 松山小镇规划范围图

但松山抗战文化却是龙陵县的差异化“IP”。松山战役是中国抗日战争战略反攻阶段的“转折点”，对第二次世界大战格局有着重大影响。松山战役旧址是重要的文化景观遗产，不仅被誉为教科书级别的“东方直布罗陀，军事建筑学杰作”，更因具有丰富的历史、军事、景观、教育、纪念、旅游等方面的价值，是西南地区发展红色旅游的重要旅游资源。

近年来，随着松山文化旅游品牌的打响，基于对于自身资源禀赋和特色的清醒认识，松山小镇逐步发展为以抗战文化为核心，依托乡村景观风貌建设的文旅小镇。广域乡村的非农产业比重逐步增加，利用红色旅游和乡村振兴的辐射机遇，大力发展了观光体验等综合旅游业，逐步构建了广域乡村地带的松山遗址文化旅游区[⑤]（图2）。

3.3 精准发力，激活特色产业驱动

引爆差异化“IP”关键在于产业转型升级，打造有特色产业。通过旅游业的集聚辐射与产业耦合效应，驱动当地农业产业链延伸、工业转型升级、文化创意产业发展，

① 百度百科“欠发达地区”概念解释。

② 城镇化是由农业人口占很大比重的传统农业社会向非农业人口占多数的现代文明社会转变的历史过程，是衡量现代化过程的重要标志。

③ 松山小镇，规划面积3.13km²，核心区面积1.00km²，范围包括滇缅公路8.4km沿线的7个自然村。2017年被评为保山市市级特色小镇，作为省级特色小镇的候选者，并入省级ppp文旅小镇建设项目库。

④ 国家级贫困县。

⑤ 松山遗址文化旅游区包括以全国重点文物保护单位“松山战役旧址”为核心，包括松山战役所有历史遗存、怒江、高山峡谷、村落田园等资源要素在内68km²的范围。

产生的“磁极效应”将促进农村富余劳动力的就业和向非农转移，吸引周边高素质的人才就业，优化当地人口结构。

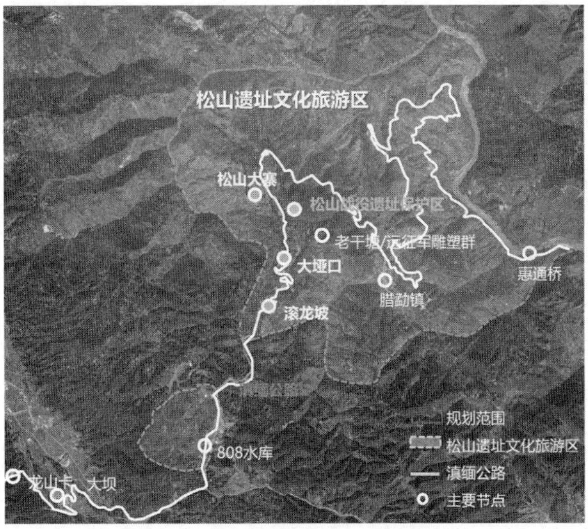

图 2　松山小镇与松山遗址文化旅游区关系图

松山小镇依托优越生态环境景观资源，以抗战文旅产业为核心，整合本土传统农业手工业等资源，形成五大特色产业体系（图 3）。

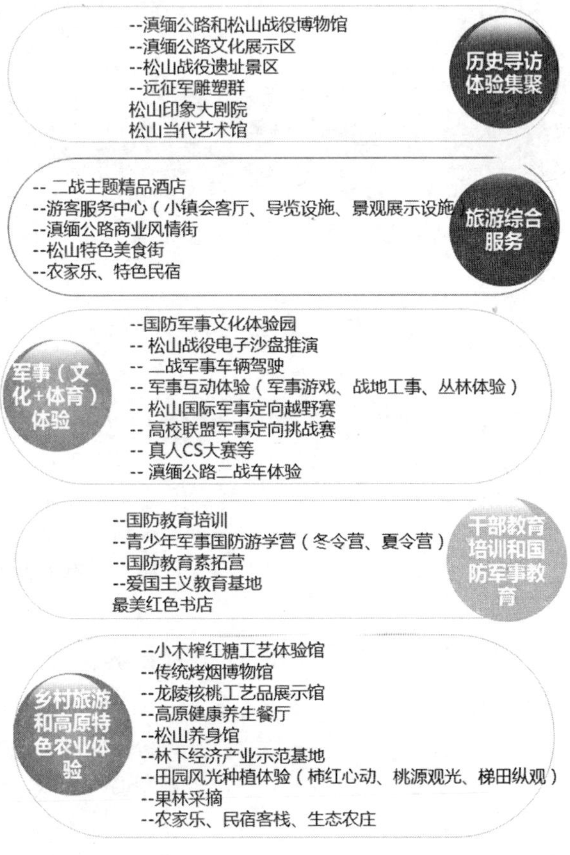

图 3　五大特色产业体系和产品系列策划

（1）服务历史遗址文化旅游区，聚焦历史寻访体验产业

在对松山历史文化景观严格保护的基础上，依托滇缅公路，规划乡村历史寻访景观游览路线，利用景观原型设计手法[2]再现历史场景，发展历史寻访体验产业，形成旅游品牌的核心引爆项目。

（2）立足广域乡村地带，聚焦乡村旅游与高原特色农业体验产业

松山广域乡村整体景观气势恢宏（图 4），峡谷怒涛、峰林棋布、梯田层层跌落，具备发展乡村旅游[3]、打造高原特色农业体验平台（图 5）的自然景观；村庄内的文化景观淳朴灵动，民居土墙黛瓦、倚山而建，修缮后将能建设成为乡村旅游配套服务设施。广域乡村的美在于田、山、村、人的相辅相成形成的自然和谐景观。

图 4　松山小镇自然和人文环境
（图片来源：作者无人机拍摄）

“松山小镇”可作为整个广域乡村区域的展示平台，可以带动腊勐镇甚至龙陵县整个广域乡村地带的发展。（图 6）

（3）借力军事旅游市场蓬勃之势头，聚焦军事（文化＋体育）产业

规划建设军事文化景观主题公园以及军事运动公园等游憩体验项目，突出军事文化景观。

（4）依托省、市发展政策，聚焦国防教育培训产业

联动滇西红色旅游资源，构建滇西文旅和保山国防教育旅游路线（图 7、图 8）。

3.4　内源外联，塑小而美景观风貌

“小”强调“吃、住、行、娱”功能融合与用地集中，基础设施布局的特色化引导（15min 村庄公共服务生活圈、3A 级景区旅游服务设施配置）。

而“美”则指乡村地域景观风貌的差异性带来的美感。村庄风貌建设应遵循现状风貌，民居建筑形式、选材、文化符号应以乡土建筑为主导，保留乡村风貌原有韵味。划分景观风貌分区，协调重点控制要素（村落民居风貌控制、滇缅公路道路景观风貌控制、大垭口商业街区域风貌控制）。总之，建设有辨识性的特色景观风貌(图 9)。

此外，强调市场化运作和专业导向。在松山小镇的建设中政府给予相应的招商优惠政策，采用 ppp 投资模式，专业公司市场化运营。在自身景观风貌保护与文化资源保护的基础上，以内源外联的模式来进行开发。

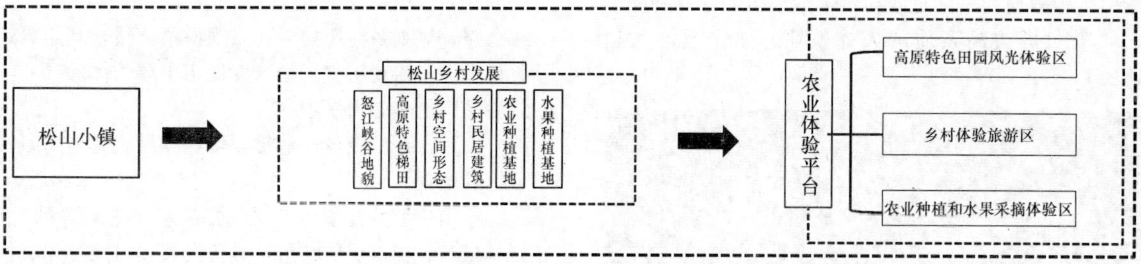

图 5　松山小镇农业体验平台分析图

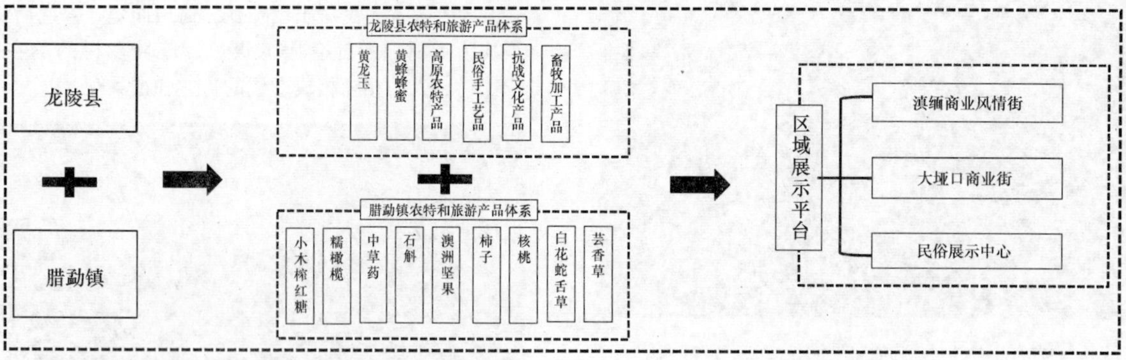

图 6　松山小镇作为龙陵县、腊勐镇区①域展示平台分析图

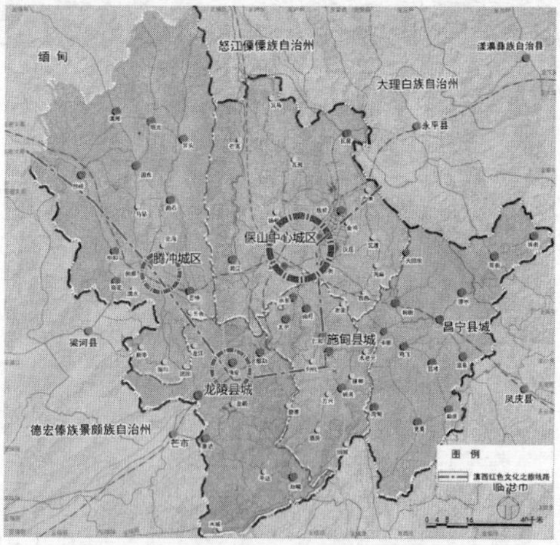

图 7　滇西抗战文化旅游线路规划图

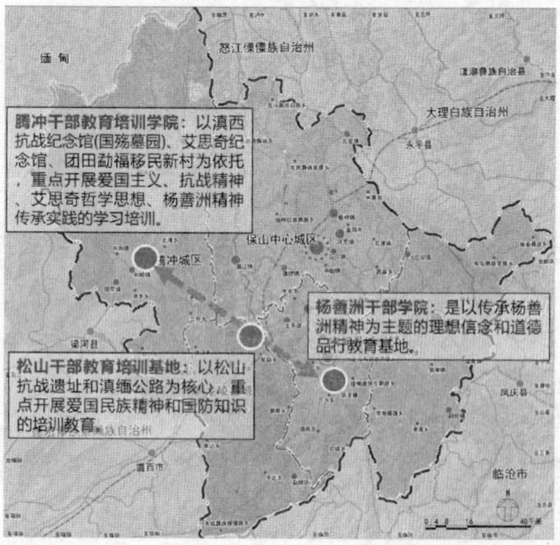

图 8　保山市“三点一线”干部教育环线规划图

图 9　滇缅公路景观风貌效果图

4　“IP 磁极”——就地城镇化发展战略分析

窥一管而知全豹，依据上文案例的规划实施路径研究，探讨欠发达地区广域乡村突破发展瓶颈的就地城镇化战略（图 10）。

4.1　挖潜自身“IP”，构建特色产业体系

“IP 磁极”在这里有两个含义，一是指在“要素禀赋”理论中的以独特资源为支撑，因地制宜走差异化道路。特色是命脉，是当地 IP，是不能复制的发力点，是集中优势与整合资源。

实际上，欠发达地区很多经济发展的潜力在城市之外的广域乡村，例如优质的自然资源、传统文化资源以及与特色资源密切相关的传统产业[4]。在一定的外部条件

① 腊勐镇是松山小镇包含的乡村集群所在的行政建制镇。

下，丰富的资源可以释放出巨大的经济价值，实现社会经济跨越式发展。

那么，盘活广域乡村沉睡资源，构建特色产业体系（表 1），精准发力，能够推动整个产业链的延伸，形成一业带百业、一业举百业兴的联动效应。特色产业体系是驱动欠发达地区发展、实现地方经济发展转型的突破口。所以，挖潜自身资源、打造特色产业是欠发达地区的就地城镇化战略的关键。

4.2 协调景观风貌，塑造特色城镇空间

欠发达地区在经济发展阶段上虽然落后，但在文化资源禀赋上优势明显，尤其一些传统村落、古建筑、非物质文化遗产、文物保护单位等赋予这些区域丰厚的文化底蕴。这些文化资源都是地域文脉的精髓，不仅能吸引外来游客，更有助于增强当地人的文化认同感和心灵归属感，有特色的城镇空间（表 2），是地域的核心竞争力。

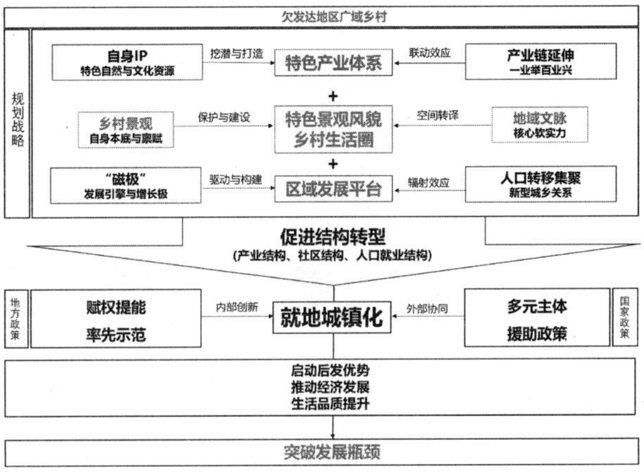

图 10 欠发达地区广域乡村就地城镇化战略分析图

针对现状产业发展问题的战略分析列表 表 1

内容要素	现状特征			规划目标及转型发展战略：目标及策略	规划目标及转型发展战略：战略思想	
产业	核心竞争力弱	一产原产品供应，小家庭生成劳动		形成龙头经济，聚焦特色产业： 以独特资源为依托的特色产业及文化成为核心竞争力	挖潜自身"IP"	提功能
	产业发展： ① 经济运行质量不高 ② 产业结构性矛盾突出 ③ 产业转型动力不足	一产	① 产业门类单一，传统农业为主 ② 结构层次不高 ③ 地均产值低 ④ 产业空间分散	产业转型，产业经济的跳跃式发展： ① 以独特资源支撑特色产业发展 ② 甄别发展传统优势产业 ③ 产业链延伸 ④多元化产品打造 ⑤ 区域联动发展 ⑥ 产业融合文化发展	构建特色产业体系，三次产业融合发展	
		二产	① 二产比重低 ② 生产条件差，产业化程度低 ③ 多数为传统产业，档次低、竞争力弱 ④ 骨干优势企业和高新企业稀少或无			
		三产	① 三产产业集聚尚未形成 ② 粗放型，劳动密集型低级发展阶段 ③ 新趋势形成：农家乐、村庄观光旅游业			

针对现状景观风貌、城镇空间、社区品质问题的战略分析列表 表 2

内容要素	现状特征			规划目标及转型发展战略：目标及策略	规划目标及转型发展战略：战略思想	
景观	景观风貌： ① 景观风貌特色不鲜明 ② 文化景观挖掘不够	自然生态环境	①自然条件恶劣[①] ② 具有差异化自然景观资源 ③ 自然景观资源利用不够 ④ 生态环境保存完好[②]	特色景观风貌塑造，彰显地域特色： ① 景观风貌分区 ② 重点风貌要素控制[5]：包括重点廊道景观以及重要公共空间景观节点 ③ 民居风貌控制：整体组团空间布局引导、民居建设管控、农宅分类整治 ④ 风貌景观融合特色文化	协调风貌特色，空间转译地域文脉	增特色
		人文景观环境	① 文化资源保护保存度高 ② 往往具有独特的民俗文化 ③ 文化资源宣传度不够 ④ 旅游形象不够鲜明			
		村庄景观风貌	①形象特征不够鲜明 ② 缺乏标志性节点（无开发村庄） ③ 风貌拼贴、新旧无衔接（已开发村庄）			

① 欠发达地区多在深山区、高山区、高寒冷区、干旱区等地

② 由于与外界接触少，原始的自然环境未被破坏

续表

内容要素	现状特征			规划目标及转型发展战略		
				目标及策略	战略思想	
空间	城镇空间： ① 城镇建设用地有限 ② 空间结构有待优化	用地	① 城镇建设用地总量小 ② 适建区范围小，增量有限	形成特色空间结构，合理用地功能分区： ① 发展规模进行预测 ② 空间管制规划：四线管控（生态控制线、基本农田控制线、城镇增长边界控制线、产业区块控制线） ③ 因地制宜，整合空间结构，植入公共活力中心，塑造景观文化带 ④ 特色功能分区，差异化发展 ⑤ 存量挖潜，置换更新	塑造城镇特色空间，城镇和自然环境有机融合	优结构
		结构	① 现状村庄空间布局零星分散 ② 产业空间集中度低 ③ 公共活动中心少，联系薄弱 ④ 缺乏整体的结构规划及统筹			
社区	社区品质： 设施有待完善、层级有待提升	村庄公服设施	① 服务半径覆盖不到位 ② 设施陈旧，层次低 ③ 普遍缺乏生活服务性设施	社区综合品质有所提升： ① 完善市政基础设施 ② 公共服务设施对标总规 ③ 全域统筹，社区化管理 ④ 村庄有机更新	提升服务品质，推动完善乡村生活圈	补短板
		乡村旅游服务设施	① 规模不足或无，层次不高 ② 缺乏商业设施			
		市政基础设施	① 配备不齐全 ② 覆盖不到位			

在就地城镇化战略中，应处理好保护与开发的关系，协调好景观风貌（表 3）。风貌景观协调的内容包括整体风貌景观布局的协调以及重要景观风貌要素的控制，重要景观风貌要素一般包括重要的人文要素与自然要素，如标志节点、景观廊道等。其中，在广域乡村村落民居的风貌特色指引[5]尤其重要。以地域文脉为精神，进行地域文化原真性挖掘，景观风貌协调旧与新的关系，景观空间转移地域文脉，延续自然发展格局，避免“千城一面”，打造独特的“IP”，提升吸引力。

广域乡村民居建筑的景观风貌特色指引内容列表 **表 3**

风貌分类	组团空间布局引导	民居风貌引导		
指引内容	聚落格局优化	模块设计	院落格局优化	
			民居建筑营建策略	
	邻里规模控制	分类引导	功能置换民居	客栈、观光体验功能置入，服务设施增加，建筑结构及细部改造提升
			拆除新建或 空地（自留地）新建建筑	依据模块设计进行建设，采用低成本、朴素的统一建筑形式
			改造提升民居	保留原来村民的居住功能，建筑质量评估后，分类进行建筑细部改造提升
			“大师建筑”及“景观建筑”	新建建筑，文脉特征突出的特色建筑，作为村庄的公共中心服务建筑或旅游服务中心

提升基础设施和公共服务设施品质（表 4），推动乡村生活圈的品质提升。解决用地空间布局中存量空间分散的现状问题，建立宜居宜旅的标准，形成社区化管理。

广域乡村生活圈服务设施规划配置引导表　表4

服务设施类型		公共服务设施配置	旅游服务设施	市政基础设施
内容	行政村	村委会、小学、文化活动室、体育活动设施、卫生室、社会福利设施	游客接待中心、医院、购物中心＼购物店、停车场、餐饮服务、住宿服务、休闲室、农家乐、客栈	供水、排水、供电、燃气、供热、通信、环卫、防灾
	自然村	文化活动室		

4.3 激活“磁极”平台，星星之火可以燎原

“IP”磁极的含义二是指其作为整个广域乡村地带的发展引擎，具有支撑、形成区域增长极的作用[6]。它可以发挥其牵引辐射效应，使得当地优势资源与周边地区生产要素的不断聚集和创新，吸引周边农村剩余劳动力的转移，形成地区经济发展支柱的动力源。

“IP磁极”区域发展平台可作为欠发达地区就地城镇化的着力点，在短期内先发展起来，形成小城镇和中心村的生活圈。承担起欠发达地区广域乡村富余劳动力的转移，推进人口集中居住和公共服务均等化[7]（表5）。更重要的是，这种“星星之火”可突破目前城乡等级推进的结构，形成“可以燎原”的发展态势，从而构建新型城乡的形态与关系，促进城乡统筹、区域发展。这毋庸置疑是推进欠发达地区广域乡村就地城镇化发展的一条因地制宜的路径。

所以，“IP磁极”功能平台的空间形态可以是乡村集群（以中心村为核心）、乡集镇、建制镇，甚至是一个“非镇非区”的特色资源抓手。重点是它应该作为区域发展的着力点、地区的合作平台，并成为区域聚集产业的“结”、吸引农民的“点”，甚至是县域经济发展的“极”[7]。

针对人口发展问题的战略分析列表　表5

内容要素	现状特征			规划目标及转型发展战略		
				目标及策略	战略思想	
人口	人口发展： ① 人口集聚度低 ② 农业人口比重大，人口素质偏低	就业人口	以一产主导，产业农民为主	人口聚集，人口就业结构优化： （促进农村剩余劳动力转移、高层次人才集聚，人口总量增加） ① 当地优势资源与周边地区生产要素的不断聚集和创新 ② 优势产业提供新型就业岗位 ③ 发展平台的搭建、优惠政策的实施 ④ 社区环境、公共服务设施的整体提升	激活“磁极”发展平台	提功能
		人口教育程度	人口素质偏低			
		年龄结构	两种极端： ① 青壮年比例较大，年轻化趋势 ② 老龄化，空心村，青年呈“候鸟式务工”			

4.4 内外政策联动，协同推进发展模式

就地城镇化一方面需要地区从内部自主性挖掘发展动力，因地制宜地选择和培育自己的主导产业和特色经济。另一方面，则注重外部系统的资源分配，实施多元主体共同塑造策略。通过外部援助，能够依据国家现行战略，争取一系列自上而下、政府主导的援助政策，加大国家对区域基础设施的投资力度；通过赋权提能，地方各级政府对有特色资源的地区给予优惠政策，降低准入门槛，让市场资本和社会力量可以进入，起到率先发展、发挥示范带头的作用，激发地方行动者的创新精神。

5 结语

在认清欠发达地区发展的基础差距与现实困境的前提下，避免以往城镇化基于城乡等级关系的辐射模式，选择差异化的就地城镇化战略。通过挖掘自身特色资源，发展特色产业，以协同推进的发展模式，以点带面，突破欠发达地区广域乡村的发展瓶颈。从而构建了新型城乡关系，促进城乡统筹持续发展。“就地城镇化”是一种从“城市偏向”转向“城乡共荣”[8]规划价值观的再审视。

参考文献

[1] 龚勤林，陈说．论我国欠发达地区的后发优势转化及赶超路径——以贵州为例[J]．贵州社会科学，2014(04)：62-66.

[2] 金云峰，项淑萍．原型激活历史——风景园林中的历史性空间设计[J]．中国园林，2012(2)：53-57.

[3] 金云峰，梁骏，彭灼．旅游发展规划编制技术——旅游业发展与旅游目标的规划研究[J]．中国城市林业，2016(4)：41-45.

[4] 梁立新．超越外生与内生：民族地区发展的战略转型——以景宁畲族自治县两个村庄为例[J]．浙江社会科学，2015

(07)：88-95；103；158.

[5] 陶楠．上海乡村民居建筑风貌特色研究及提升探索[J]．上海城市规划，2016(增刊)：83-90.

[6] 刘晓鹰，杨建翠．欠发达地区旅游推进型城镇化对增长极理论的贡献——民族地区候鸟型“飞地”性旅游推进型城镇化模式探索[J]．西南民族大学学报(人文社科版)，2005(4)：114-117.

[7] 李幸，黄敏．浅谈城乡统筹背景下的欠发达地区小城镇镇村发展[J]．地下水，2013，35(3)：250-251.

[8] 费孝通．中国士绅———城乡关系论集[M]．北京：外语教学与研究出版社，2011.

作者简介：

陶楠，1988年生，女，汉，昆明人，同济大学建筑与城市规划学院景观学系在读博士研究生。研究方向：中外园林历史、乡村规划与自然资源保护、景观有机更新与开放空间、风景旅游空间规划。电子邮箱：624962104@qq.com。

金云峰，1961年生，男，上海人，同济大学建筑与城市规划学院景观学系副系主任、教授、博士生导师，高密度人居环境生态与节能教育部重点实验室，生态化城市设计国际合作联合实验室，上海市城市更新及其空间优化技术重点实验室，高密度区域智能城镇化协同创新中心特聘教授。研究方向：风景园林规划设计方法与技术、景观有机更新与开放空间公园绿地、自然资源保护与风景旅游空间规划、中外园林与现代景观。电子邮箱：jinyf79@163.com。

从城市公园系统到城乡公园体系构建

Construction of Urban and Rural Park and Recreation System

刘 颂 谌诺君

摘 要：人们日益增长的美好生态环境需要对城市公园提出了更高的要求，本文对西方城市公园系统的发展历程进行了回顾，分析了我国建立城乡公园体系的必要性和可能性，提出了分类体系化、网络层级化、定位精准化、文脉场所化等城乡公园体系的构建策略。
关键词：城市公园系统；城乡公园体系；构建策略；新时代

Abstract: The growing ecological environment of people needs putting forward higher requirements for urban parks. The paper reviews the development process of western urban park systems, analyzes the necessity and possibility of establishing urban and rural park systems in China, and proposes some construction strategies of urban and rural park systems including classification systemization, network stratification, positioning accuracy, and culture contextualization.
Keyword: Park System; Urban and Rural Park and Recreation System; Construction Strategy; New Era

引言

根据十九大报告精神，城市的发展要以人民为中心，其中提供更多优质生态产品以满足人民日益增长的优美生态环境需要是城市建设的目标。城市公园作为城市生态系统的重要组成部分，不仅承担着改善城市生态环境的功能，还是为居民提供休闲游憩、体育健身、教育社交等的活动场所，是绿色宜居环境建设不可或缺的内容。随着人民对生活质量追求的不断提升，打造开放、可达性好、类型丰富的公园体系，用公园体系这一最具吸引力的公共产品营造人人向往的人居环境[1]，将成为未来城市建设的重点，也是增强城市综合竞争力的重要举措。本文通过回顾城乡公园体系化建设的发展历程，探讨进一步优化公园体系的建设策略。

1 溯源：城市公园系统的产生与发展

1.1 城市公园系统的起源

城市公园系统起源于美国，是指由公园（包括公园以外的开放绿地）和公园路（parkway）所组成的系统，具有保护城市生态系统、诱导城市开发向良性发展[2]、增强城市舒适性的作用。

19世纪，随着城市的不断生长与扩张，城市环境迅速恶化。1833年英国议会最先提出把公园建设当作改善城市环境的有效途径[3]，由此开创了城市公园建设的先河。从世界第一个城市公园——利物浦博肯海德公园的建立，到伦敦摄政区城市公园群的形成，英国的城市公园建设渐趋成熟，并对其他国家产生了深刻的影响，掀起了著名的“城市公园运动”，形成许多城市公园群。这些公园群可以看作城市公园系统的雏形[4]。

公园群虽然在一定程度上体现了城市公园的联系，但其实质只是许多公园单体的有意识集合，缺乏整体性与系统性的规划。之后奥姆斯特德在美国的一系列公园规划则确立了公园系统规划的范式，从布法罗公园系统到芝加哥南部公园系统再到波士顿公园系统，由最初的公园路连接到滨水绿色空间的纳入再到所有公园和绿地的有机统一，公园系统逐步走向成熟。其中波士顿城市公园规划中由一系列公园路串联形成的“翡翠项链”公园系统是美国公园系统的典型代表（图1）。

1.2 城市公园系统的发展

城市不断发展与更新也促进了城市公园系统内涵的不断丰富。19世纪后期，查尔斯·埃利奥特扩大了城市公园系统的规模及尺度，将国家公园、州级公园也纳入到系统之中；20世纪中期，“生态城市”成为城市更新的主题，城市公园系统的建设也被赋予了生态的理念，并向城市外围空间延伸，同森林公园、郊野公园连接起来，共同构成城市的绿色开放空间系统；近年来欧美大范围兴起的绿道、绿色网络以及绿色基础设施建设都立足于城市公园系统，延续和发展了城市公园系统的内涵，对城市生态环境的提升及生态空间的塑造做出了重要贡献。

19世纪中叶以来，城市公园建设规划从单一公园转向数个相互联系的公园系统建设，在一定程度上调整了城市形态和内部结构，并将城市公园的功能从过去的绿化美化、延展历史文化及文化表征，发展成为城市人文创新环境的有机组织部分。

城市公园系统规划模式对我国城市绿地系统规划产生了深远的影响，公园均衡分布，沿路、沿河布局带状绿化将公园连接成网，成为大多数城市绿地系统规划的原则之一。但是，笔者认为，公园系统仅仅作为一种规划理念在空间上注重的是点线面构成的网络结构，关注的对象以大型公园绿地或开放空间为主，难以解决人口密集、建筑密度大、城市用地紧张的老城区或高密度城区面临的公园规模小、布局不均衡等问题；难以协调多功能多类型复合、多尺度多层级融合的公共开放空间进行系统化的布局和定位。因此有必要从以空间结构为核心的城市公园系统上升到系统化管理为重点的城乡公园体系。

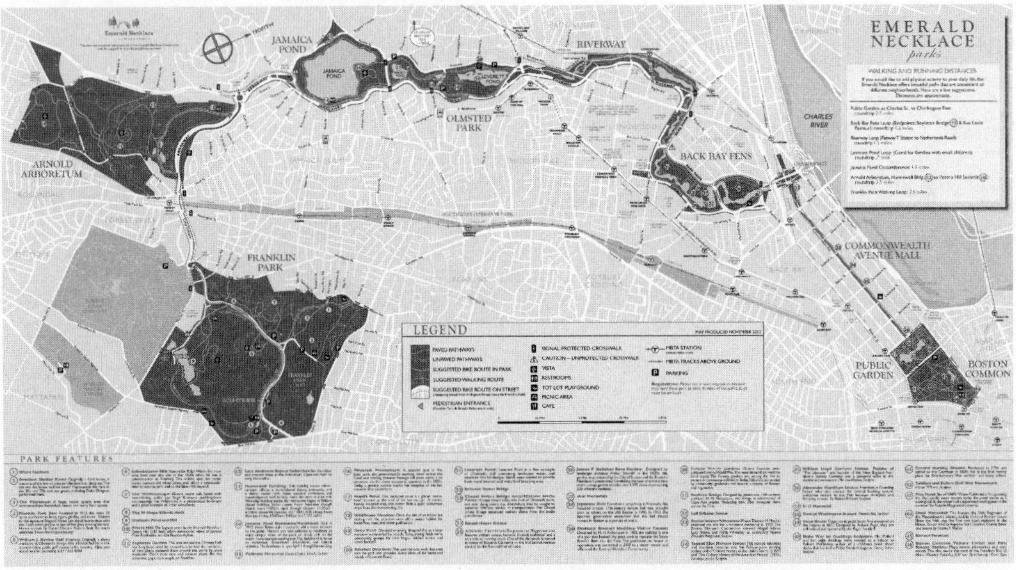

图 1　波士顿公园系统“翡翠项链”

（图片来源：https：//www.emeraldnecklace.org/park-overview/emerald-necklace-map/）

2　我国建设城乡公园体系的可行性和现实需求

城乡公园体系是怎样的？目前并没有统一的界定。笔者认为，城乡公园体系是从全域的视角，以保护区域生态安全、满足市民休闲游憩需求为目标，以城市的山、水、林、田生态环境为基础的开放连通的网络体系，集生态、生活、文化为一体的多元复合的开放空间体系，既包括资源型风景名胜区、森林公园、湿地公园、郊野公园等风景游憩绿地，也包括服务型的都市公园、社区村居公园等。

2.1　自然资源部的组建重塑国土空间规划体系

空间规划是生态文明从理论到实践的重要载体。十九大以后，国务院的机构改革使空间规划管理由一个权威职能机构——自然资源部统一管理。自然资源部的主要职责包括“对自然资源开发利用和保护进行监管，建立空间规划体系并监督实施”。可以预见，未来在自然资源部的统一协调下，过去由众多部门编制的风景名胜区、自然保护区、地质公园、城市公园等各级各类专项空间规划将实现统筹、协调、资源最优配置和使用，为从全域统筹规划城乡公园体系搭建了平台。

2.2　城市绿地外延扩大使城乡公园体系构建成为可能

一直以来，城市绿地因圈囿于建成区而使得城市公园难以跨越建设用地范围而与市域游憩绿地建立空间和管理上的联系。2018 年 6 月 1 日，新版《城市绿地分类标准》CJJ/T 85—2017 正式实施，新标准对原标准中的“其他绿地”改命名为“区域绿地”，其主要目的就是为了适应中国城镇化发展由“城市”向“城乡一体化”转变，加强对城镇周边和外围生态环境的保护与控制，健全城乡生态景观格局；综合统筹利用城乡生态游憩资源，推进生态宜居城市建设；衔接城乡绿地规划建设管理实践，促进城乡生态资源统一管理[5]。其中区域绿地下的中类“风景游憩绿地”指城乡居民可以进入并参与各类休闲游憩活动的城市外围绿地，它同城市建设用地内的“公园绿地”共同构建城乡一体的绿地游憩体系。

与此同时，《城市绿地规划标准》正在制定过程中，为呼应《城市绿地分类标准》，编制全域城乡公园体系将可能成为专业规划之一。

2.3　城乡公园连通成网，提高可达性的需求

长期以来，城市公园在城市快速发展的过程中，一直处于被挤压、被割裂的状态，空间的连通常常被建筑、道路或其他城市空间打断。一方面，城市公园尤其是中小型点状城市公园，大多以孤岛的形式分布于城市环境中，缺乏与周围环境的联系；另一方面，城市公园在城市建成区内是一个系统，缺乏与城市建成区外公园以及城市周边自然环境的联系。这样不仅会造成游人绿色游憩系统的缺失，也会造成动物迁徙廊道的断裂，从而导致生物多样性的缺失。而在城市向外扩张的过程中，及时保护自然空间受到重视，各种类型的郊野公园、地质公园、自然保护区纷纷建成，但由于交通不便、距离偏远，居民的使用率不高。可见，快速城市化和城市更新改造的过程中，城市公园“孤岛化”、城市公园与市域风景游憩绿地“绝缘化”，城郊大型公园可达性、吸引力“弱化”现象严重。亟须改善空间结构，加强公园的连通，建设公园网络体系。

2.4 居民对多功能复合公园体系的需求

随着休闲时代的到来，人们的闲暇时间愈发充裕，人们对公园使用的需求也逐渐多元化。城市公园以游憩为主要功能，也需兼具生态、景观、文教和应急避险等多种复合功能[5]。但是，许多城市公园由于建造时间较早，城市公园基础设施老化或数量及类型不足，在质量和数量上都不能满足使用者的需求；或城市公园空间布局的不合理会给使用者带来不好的观感与体验；或城市公园可提供的活动类型与使用者活动需求不匹配。因此，需要从游憩空间的整体性出发，根据公园的现状自然资源特征和基础，重点考虑公园周边服务对象的多样需求，从空间体系上对公园进行差异化定位，以适应民众对游憩产品的选择需求。同时，考虑区位、规模差异，注重郊野公园、城区公园和绿道在游憩功能上的一致性，凸显城市游憩空间整体功能的连续性，增强市民对游憩空间的认同感和归属感[6]。

2.5 文脉延续需求

文脉是公园绿地的灵魂，城市公园体系的建设中文脉的延续及发展对于彰显城市特色、完善城市风貌具有重要意义。但当前既有的公园开发常见三种现象发生：一是重视景观美感度和游憩功能的实现，忽视地域文化的传承，如老旧公园几经改造历史文化的逐渐消失；二是有些新建公园或受限于资金投入，或受制于工期，只满足于符合相关规范的要求，照搬照抄设计方案，单调乏味甚至出现千园一面的现象，从而导致吸引力匮乏，与整体城市环境格格不入；三是由于片面追求传统文化的表达，追求文化元素的堆砌等，都造成了公园产品吸引力的降低[7]。

3 城乡公园体系构建策略

3.1 分类体系化

城乡公园体系最直观的物质表现是公园的分类体系，合理的分类有助于基础设施配置确定、服务半径划分以及系统管理。新版《城市绿地分类标准》CJJ/T 85—2017虽未提出城乡公园的分类体系，但是将城市公园和风景游憩绿地组成游憩体系作为分类依据。其中前者按照主要功能将公园绿地划分为综合公园、社区公园、专类公园、游园四个层级，后者包括风景名胜区、森林公园、湿地公园、郊野公园及其他游憩绿地[5]，从类型上基本构成了完整的城乡公园体系。

近年来许多城市尝试构建城乡公园体系，提出了各自的分类体系。如上海市在《上海市城市总体规划(2017—2035)》根据公园区位、规模，提出建立国家公园、郊野公园（区域公园）、城市公园、地区公园以及社区公园五个层级的城乡公园体系[8]。深圳市将公园体系划分为“自然公园-城市公园-社区公园”三级体系，为城市公园整体发展奠定了基础。自然公园主要包括拥有良好生态环境的自然山林和海岸建成的森林公园、滨海公园等；城市公园以综合公园为主要组成部分，通过特色化建设彰显城市文化，打造城市名片；社区公园则注重便利度与舒适度的提升，根据需要完善公园设施[9]。绿道、绿廊等带状绿色空间作为不同层级公园之间联系的纽带，形成完整的城市公园体系。

云南省的城市公园体系分类则将结构要素（绿道）、自然要素（山、水、林、田、湖等绿色空间）综合考虑，建立了《云南省公园体系规划标准》，将城市公园体系分为广义绿地、绿道、公园三大部分，其中广义绿地包括山、水、林、田、湖等生态要素，公园则严格按照公园类型划分为区域公园、次区域公园、片区公园、邻里公园、街区公园（图2），并对每一个小类都有严格的保护措施或配套要求[10]。

公园类型	新区公园分级下限配置要求				
	区域公园	次区域公园	片区公园	邻里公园	街区公园
服务用地规模	全市性公园	区域性公园	居住区公园	小区游园	街旁绿地
公园占地面积	≥$20hm^2$	≥$10hm^2$	5～$10hm^2$	≥$1hm^2$	≥$0.06hm^2$
绿地率	≥75%	≥75%	≥75%	≥70%	≥70%
公园服务半径	—	—	800～1000m	400～500m	300m

图2 云南省城市公园分类体系
（来源：http://www.doc88.com/p-6691339633502.html）

3.2 网络层级化

城市公园系统中用于连接公园或开放空间的公园路，如今被认为是绿道的一种。绿道的表现形式如带状公园、滨河绿地、道路绿地、风景道、遗产廊道等。绿道与公园或开放空间构建的生态网络，形成了全民共享、覆盖全域的网络化城乡公园体系，提高了公园的连通性、可达性与参与性。同时，绿道本身也承载了生态涵养、游憩休闲、防灾避险、生物多样性保护等越来越多的功能。

根据空间跨度与连接功能区域的不同，绿道可分为区域-城市-社区三个层级[11]，区域绿道连接不同城市间大型的城乡公园或风景游憩绿地，城市绿道将城市大型公园与城郊风景游憩地联系起来，而社区绿道则是依托河道以及道路两侧的绿地形成的供市民休闲活动的通道，连接建成区内大小公园和开放空间。建立相互衔接、分级管理的绿道体系，着力解决城市公园“孤岛化”、城-乡公园连接的问题，从而形成多层级的公园网络体系。

3.3 定位精准化

“以人为本”是城市公园作为公共生态产品提供服务的原则与宗旨，因此公园的选址、各类服务设施的设置、主导功能的定位皆与使用它们的人群的偏好和需求有关，传统规划中往往根据规划师的经验和调查分析确定，有一定的局限性和主观性，随着互联网、云计算、社交平台等大数据的不断进步，通过大数据挖掘可以精准地获取不同年龄层次、不同性别、不同来源地人群的游憩偏好及其活动的时空规律，进而指导精准化的设计，满足各类人群和各类活动的需要，提高公园的环境吸引力，促进公共参与，提升公园的人气活力。

如王鑫等利用词频分析技术对北京森林公园的网络评价进行了数据采集和分析，精准地获取不同类型森林公园的社会服务价值，为森林公园的进一步规划和改造提供决策依据[12]。方家等利用手机信令数据分析发现了上海大型城市公园分布不均衡的问题，对新建大型公园的选址与建设优先次序提出了建议[13]。腾讯位置服务则联合上海市城市规划设计研究院团队对京沪两地的公园基本情况、公园受欢迎程度以及公园使用情况进行了大数据分析[14]，根据数据化解读公园人群使用情况、公园空间利用效率以及公园服务偏向等，可对公园使用与预期进行判断，及时反馈游人使用需求，并由此进行公园服务设施更新及周边服务设施配套完善，以满足使用人群的需要。

3.4 文脉场所化

公园是地域文化的载体，城市公园体系中的每一个个体城市公园景观都必须脱胎于当地地域文化，汲取其中的精华部分，形成自己的场所特色，以区别于其他城市公园。公园所在的区位、规模、周边服务的人群、历史渊源与文化传统都是公园在规划设计或更新改造中应该考虑的因素。基于文脉资源的梳理、提取和整合的基础上，以城市发展为坐标参照，不断拓展和深化城市公园景观文化内涵，通过设计地域文化与居民诉求的耦合关系满足居民的心理诉求需要[15]。

4 结语

为满足人民对绿色宜居生活环境日益增长的需要，以及对公园公共生态产品多样化的需求，构建生态安全格局，国内外城市公园的发展经历了由单个公园向城市公园系统再向城乡公园体系的发展轨迹。我国现阶段具备了构建城乡公园体系的条件，应该从分类体系化、结构层级化、定位精准化和文脉场所化等方面进行建设，以期更好地构建城乡公园体系。

参考文献

[1] 李雄，张云路．新时代城市绿色发展的新命题——公园城市建设的战略与响应[J]．中国园林，2018，34(5)：38-43.

[2] 许浩．国外城市绿地系统规划[M]．北京：中国建筑工业出版社，2003.

[3] 江俊浩．从国外公园发展历程看我国公园系统化建设[J]．华中建筑，2008，26(11)：159-163.

[4] 赵晶．从风景园到田园城市：18世纪初期到19世纪中叶西方景观规划的发展及影响[M]．北京：中国建筑工业出版社，2016.

[5] 城市绿地分类标准：CJJ/T 85—2017[M]．北京：中国建筑工业出版社，2017.

[6] 高相铎，陈天，胡志良，陈计升．复合功能视角下天津市郊野公园游憩空间规划策略[J]．规划师，2015，31(11)：63-66.

[7] 承钧，张丹．城市公园设计中文脉的体现[J]．中国园林，2010，26(10)：48-50.

[8] 上海市人民政府．上海市城市总体规划(2017—2035)[R].

[9] 布局三级公园体系 打造公园之城[N]．深圳特区报，2016-08-22(A06).

[10] 云南省城乡规划委员会办公室．云南省公园体系规划标准[R]. 2017.

[11] 中华人民共和国住房和城乡建设部．绿道规划设计导则[M]．北京：中国建筑工业出版社，2017.

[12] 王鑫，李雄．基于网络大数据的北京森林公园社会服务价值评价研究[J]．中国园林，2017，33(10)：14-18.

[13] 方家，刘颂，王德，等．基于手机信令数据的上海城市公园供需服务分析[J]．风景园林，2017(11)：35-40.

[14] 《京沪公园使用大数据报告》解读城市公园新机遇，http：//www.360doc.com/content/17/0425/00/32920254_648581765.shtml.

[15] 杨雪澜，陈齐平．城市公园景观重构与地域文化传承[J]．华东交通大学学报，2014，31(6)：119-125.

作者简介

刘颂，1968年生，女，山东人，博士，同济大学建筑与城市规划学院景观学系，博士生导师生态智慧与实践研究中心，高密度人居环境生态与节能教育部重点实验室教授，上海城市困难立地绿化工程技术研究中心副主任。研究方向：景观规划设计及其技术方法、城乡绿地系统规划。电子邮箱：liusong5@tongji.edu.cn。

谌诺君，女，1993年生，同济大学建筑与城市规划学院风景园林学在读硕士研究生。

武汉城市边缘区景观格局动态演变及特征分析[①]

Study on the Dynamic Evolution and Feature of Landscape Pattern in Wuhan Urban Fringe

龙 燕

摘 要：本文以武汉市1989年、2000年、2005年、2010年、2016年五期的遥感影像数据为基础，结合GIS、遥感影像解译、Fragstats景观指数分析等手段，对武汉城市边缘区景观格局相关数据进行提取，分析武汉城市边缘区景观格局的基于景观水平的动态演变及特征变化。结果表明，武汉城市边缘区景观格局的破碎化程度加深，异质性在不断增加，空间结构趋于复杂化。

关键词：GIS；动态演变；特征；景观格局；武汉市

Abstract: In this paper, based on the five remote sensing image data respectively in 1989, 2000, 2005, 2010 and 2016, combined with means such as GIS, remote sensing image interpretations and the analysis on Fragstats landscape index, it makes an extraction on the related data of the landscape pattern in Wuhan city's marginal areas, with an attempt to make an analysis on the dynamic revolutions and the changes in the characteristics of the landscape pattern in Wuhan city's marginal areas which are based on landscape levels. The result shows that: the fragmentation degree of the landscape pattern in Wuhan city's marginal areas is deepening, the heterogeneity is constantly increasing and the space structure tends to become complicated.

Keyword: GIS; Dynamic Evolution; Characteristic; Landscape Pattern; Wuhan City

1 研究区概况

研究区位于江汉平原东部，长江中游两岸，长江与汉水的交汇处。东经113°41′～115°05′，北纬29°58′～31°22′。属华中地区的最大都市，中国大陆七大中心城市之一。改革开放前，武汉城市空间发展不大，城市景观空间拓展方向为：武昌地区向东北即青山方向大幅拓展，向南即武昌火车站方向微弱拓展；汉口地区向西即汉口火车站方向微弱拓展。1978～1990年期间，武汉经济基础薄弱，城市空间注重生态与发展并重，东湖风景区的保护与开发开始，城市景观空间拓展方向为：武昌地区向东及东湖方向小幅拓展。1991～1995年期间，各类开发区及大型项目落汉，城市空间拓展速度迅速增长，城市景观空间拓展方向为：武昌地区向东南即光谷方向大幅拓展；汉口地区向西即东西湖方向大幅拓展；汉阳地区向南即在沌口形成远离老城区的"飞地"大幅拓展。1996～2000年期间，阳逻经济开发区开始建设，城市景观空间拓展方向为：向北跨江发展。2001～2005年期间，都市型工业园和开发区兴起，城市景观空间拓展方向为：武昌地区向南大幅拓展；汉口地区向西、向北微弱拓展；汉阳地区向西、向南微弱拓展。2005年后，城市发展注重土地的高效利用，城市景观空间拓展幅度不大，且基本位于边缘区外围。

因此，从时间轴上来看，空间增长的重心从中心区逐渐向边缘区转移，是城市景观空间拓展的必然趋势。武汉城市景观空间拓展呈现由小到大、由慢至快的规律，这是制度使然，也是城市发展规律使然。

2 景观格局指数选择与计算

本文采用美国LANDSAT TM/ETM＋遥感影像数据，共选取了4个时段（1989年2月11日、2000年9月13日、2005年12月8日、2010年9月17日）的LANDSAT TM/ETM＋影像，空间分辨率为30m。同时，由于本研究进行期间最新LANDSAT遥感影像数据资料仅到2011年，2016年作为现状研究的重要时间点也需要基础数据，因此采用2016年8月7日的谷歌卫星图作为影像数据的补充。遥感影像数据和土地利用类型图等数据均被统一到同一坐标系和投影下，采用的投影为横轴墨卡托投影，采用的椭球体为Krasovsky椭球体。在GIS软件环境下，所有数据都被统一成栅格化为30m×30m的GRID数据。Fragstats软件功能强大，可以计算出59个景观指标，由于许多指标之间具有高度的相关性，只是侧重面不同，因而在全面了解每个指标表征的生态意义及所反映的景观结构侧重面的前提下，可以依据研究目标和数据的来源与精度来选择合适的指标与尺度，这里采用的景观指标包括景观要素特征和景观异质性指数两类，选择景观级别尺度的指标进行计算，主要景观指数计算采用Fragstats 3.3 for ArcView的栅格版本。

考虑到分析对象和目的，共选取以下五个景观指数作为分析的主要基准：斑块面积百分比（PLAND）：本文

① 基金项目：2018年度湖北省教育厅人文社会科学研究项目（项目编号：18D009）资助。

主要用于衡量宏、中观层面不同景观斑块之间的优劣势；斑块密度（PD）：本文主要用于比较宏、中观层面各类景观斑块的破碎度和疏密度；凝聚度指数（CONHESION）：本文主要用于分析宏、中观层面各类景观斑块在不同时期的凝聚度；香农多样性指数（SHDI）：本文主要用于分析宏观层面整体景观不同时期的多样性变化；平均斑块分维数（FRAC _ MN）：本文主要用于比较宏、中观层面各类景观斑块的形状复杂度，以体现人为干扰程度（表1）。

常用景观指数及意义　　表1

序号	景观指数名称	英文缩写	意义
1	斑块面积百分比 *	PLAND	不同景观类型占整个景观的面积比例，在相对意义上给出了每个景观类型对整个景观的贡献率。其值趋于0时，说明景观中此斑块类型变得十分稀少；其值等于100时，说明整个景观只由一类斑块组成。单位：%；0＜PLAND≤100
2	斑块密度 *	PD	单位面积的斑块数目，反映了景观破碎程度，斑块密度越大，则斑块越小，破碎化程度越高。同时也反映斑块分化程度和景观异质性程度。单位：n/100hm^2；范围：PD＞0
3	凝聚度指数 *	COHESION	不同景观类型在景观中的凝聚程度。当类型所占景观比例减少并分割不连接时，指数接近于0，凝聚度越大越接近于1。单位：%；0＜COHESION≤100
4	香农多样性指数 *	SHDI	不同景观类型的多少和各景观类型所占比例的变化，景观的异质性。景观类型越丰富，破碎化程度越高，其不定性的信息含量越大，多样性指数也越高。单位：无；范围：SHDI≥0
5	平均斑块分维数	FRACMN	不同类型斑块边缘的平均褶皱程度，值越趋近1，说明斑块边缘越简单规律，受人为干扰越大

注：上表中带“ * ”的景观指数在下文中已列出其具体表达式。

资料来源：邬建国，景观生态学—格局、过程、尺度与等级，2000

根据研究对象及所需数据特点，对其中14种常用景观指数的具体计算方法描述如下：

（1）斑块面积百分比（PLAND）

类型斑块总面积占斑块总面积的百分比，用于度量景观的组成成分。其表达式为：

$$PLAND=P_i/A\times 100 \tag{1}$$

其中，P_i 表示类型 i 斑块的总面积，A 表示斑块总面积。单位：%；0＜$PLAND$≤100。

（2）斑块密度（PD）

单位面积上的斑块个数，反映景观的破碎化程度。其表达式为：

$$PD=N/A \tag{2}$$

其中，N 为景观 i 的斑块数，A 为景观 i 的面积。单位：n/100hm^2；范围：PD＞0。

（3）聚集度指数（CONTAG）

表明类型斑块的非随机性或聚集程度，斑块类型之间的相邻关系，反映景观空间配置特征。其表达式为：

$$CONT=\left[1+\sum_{i=1}^{m}\sum_{j=1}^{n}\frac{P_0 In(P_{ij})}{2In(m)}\right](100) \tag{3}$$

在比较不同的景观时，相对聚集度更为合理。其表达式为：

$$RC=1-C/C_{\max} \tag{4}$$

其中，$C_{\max}$ 是聚集度指数的最大值，n 是景观中斑块类型总数，P_{ij} 是斑块类型 i 和 j 相邻的概率。单位：%；0＜$CONTAG$≤100。

（4）香农多样性指数（SHDI）

反映斑块类型的复杂程度，主要体现斑块的多样性，特别是对非均衡分布分析比较适宜，能够体现稀有斑块类型对景观的贡献。SHDI＝0表明整个景观仅由一个拼块组成；SHDI增大，说明拼块类型增加或各拼块类型在景观中呈均衡化趋势分布。其表达式为：

$$SHDI=-\sum_{i=1}^{m}P_i In(P_i) \tag{5}$$

其中，m 表示景观斑块类型总数，P_i 表示景观 i 在景观整体中出现的概率（通常以该类型占有的栅格细胞数或像元数占景观栅格细胞总数的比例来估算）。单位：无；范围：$SHDI$≥0。

（5）分维数（FRACT）

度量单一斑块的形状复杂程度，一般来说欧几里得几何形状分维数为1，复杂边界斑块分维数大于1。其表达式为：

$$Fd=2ln\left(\frac{P}{k}\right)In(A) \tag{6}$$

其中，P 表示斑块周长，A 表示斑块面积，Fd 表示分数维，k 为常数。单位：无；范围：1≤$FRACT$≤2。

3　结果与分析

宏观层面景观空间构成只有自然景观斑块与人工景观斑块两种，相对简单。因此，对于宏观层面斑块的分类分析在此不予详述。这部分的分析重点将放在整体景观水平特征分析上，即将武汉城市边缘区景观空间看作一个整体，对不同时段整体景观的特征变化和时间分异进行数据分析和推导。

整体景观水平上，武汉城市边缘区1989～2016年景观空间整体特征变化如图1所示。可以看出，2000年和2010年时景观空间格局特征有较大变化的关键年份，表现为景观指数动态曲线在这两个年份出现拐点。

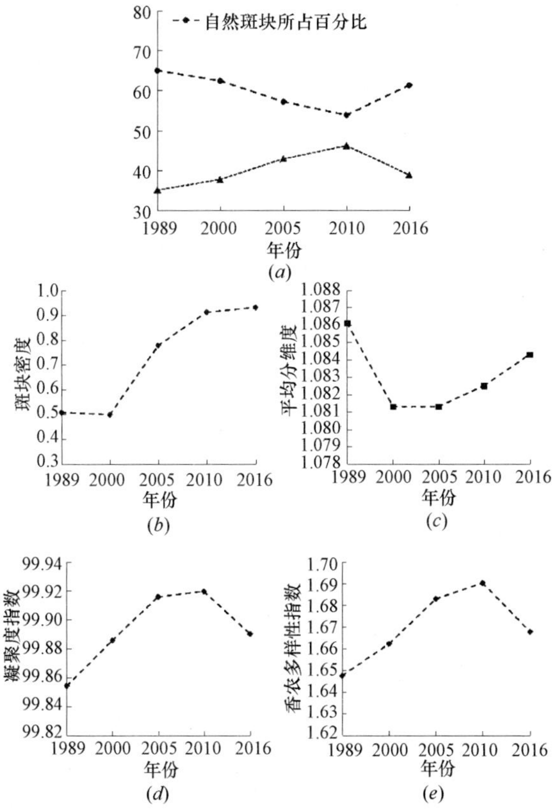

图 1　整体景观空间格局指标曲线（1989—2016）
（来源：空间格局数据，经作者统计分析）

从图 1*a* 可以看出，28 年间，自然斑块较人工斑块而言在城市边缘区所占面积较大，分布范围更广，边缘区自然属性较多。1989～2010 年，边缘区自然景观斑块所占比例逐年减少，人工景观斑块逐年增加，这一时期，城市边缘区处在快速的城镇化进程之中，发展迅速，景观空间变化剧烈。2016 年人工景观斑块比例有所减小，表明近年来城市建设中对于自然景观斑块的保护开始得到重视。

从斑块密度来看（图 1*b*），指数在 2000 年达到最低值后一直稳步上升，尤其在 2000～2010 年变化幅度较大，之后趋于平稳。根据上文中面积比例可以推断，这一时期导致斑块密度变化的原因与边缘区的快速城镇化有密切关系，主要表现为大型自然斑块向小型自然与人工景观混合的斑块进行变化。

从平均分维度来看（图 1*c*），指数变化波动不大。分维度在 2000 年有小幅下降，说明斑块边缘的褶皱程度减小，边缘形状变简单。造成斑块边缘向简单变化的因素主要是受人为干扰增强，即 2000 年后城市建设力度增加，景观斑块向规则型的人工斑块变化，边缘区景观空间受人为影响更大。

从凝聚度指数来看（图 1*d*），1989～2010 年景观斑块凝聚度平稳增加。其后出现拐点略有下降，说明 2010 年后景观斑块聚集程度减弱，城市建设更注重自然景观斑块的发展。

从多样性变化来看（图 1*e*），其走势与凝聚度指数相似，2010 年为曲线变化的拐点。多样性指数在 2010 年前稳步上升，表明从景观空间分布来看，城市边缘区景观空间结构日益复杂，2016 年略有下降，小幅变化，景观空间结构趋于平稳。

4　结语

武汉城市边缘区整体景观水平特征呈现 3 个主要阶段特征。1989～2000 年为初步发展期，此阶段内自然景观斑块开始向人工景观斑块过渡，三大开发区（东湖高新、沌口、吴家山）的成立开启了人工景观快速增长的进程，同时随着长江二桥、白沙洲大桥的建成通车，为城市边缘区向外围拓展奠定了良好的通道，景观空间结构开始呈现大型人工景观斑块入侵、自然景观破碎化的复杂趋势；2000～2010 年为高速发展期，此阶段随着三大开发区的成熟，内中外三大环线贯通，连接起城市内部与边缘区快速的物质信息流动，城镇化进程加快，城市边缘区自然景观斑块向人工景观斑块的转变速度加快，景观空间结构复杂化加深，人工与自然景观斑块破碎化的相互嵌入，使得边缘区原有的空心地带填充式发展，景观空间分布更为紧密；2010 年后为转型发展期，此阶段人们意识到自然景观斑块的重要性，在城市建设的同时开始考虑对自然景观斑块的保留和恢复，除了少数城市内部的都市工业园建设，城市边缘区景观空间结构复杂化趋势得以扭转。

参考文献

[1]　Robert L. Ryan，Juliet T. Hansel Walker. Protecting and managing private farmland and public greenways in the urban fringe [J]. Landscape and urban planning，2004 (68)：183-198.

[2]　Bekessy SA，WhiteM，Gordon A，et al. Transparent planning for biodiversity and development in the urban fringe [J]. Landscape and urban planning，2012(108)：140-149.

[3]　Patrick S. McGovern. San Francisco Bay Area Edge Cities：New Roles for Planners and the General Plan [J]. Journal of Planning Education and Research，1998(17)：246.

[4]　岳文泽．基于遥感影像的城市景观格局及其热环境效应研究[D]. 上海：华东师范大学，2005.

[5]　龚文峰．基于 RS 和 GIS 松潘地区天然林景观动态过程与分类研究[D]. 哈尔滨：东北林业大学，2007.

[6]　蔡琴．可持续发展的城市边缘区环境景观规划研究[D]. 北京：清华大学，2007.

[7]　傅伯杰，陈利项，马克明，等．景观生态学原理及应用[M]. 北京：高等教育出版社，2001.

[8]　李才伟．元胞自动机及复杂系统的时空演化模拟[D]. 武汉：武汉理工大学，1997.

[9]　肖笃宁．景观生态学理论、方法及应用[M]. 北京：中国林业出版社，1991.

[10]　梁长秀．基于 RS 和 GIS 的北京市土地利用/覆被变化研究[D]. 北京：北京林业大学，2009.

[11]　王丽娜．城市人工景观特色分级方法研究[D]. 北京：华中科技大学，2011.

[12]　高静．城市公共空间环境绿化之生态设计与人本思想研究——以浦东部分地区道路广场为例[D]. 南京：南京农业大学，2004.

[13] 陈佑启．试论城乡交错带及其特征与功能[J]．经济地理，1996(3)：27-31.
[14] 陈浮，葛小平，陈刚，等．城市边缘区景观变化与人为影响的空间分异研究[J]．地理科学，2001，21(3)：210—216.
[15] 邬建国．景观生态学——格局、过程、尺度与等级[M]．北京：高等教育出版社，2000.
[16] 徐愫．人类行为与社会环境[M]．北京：社会科学文献出版社，2003.
[17] 郭仁忠．空间分析[M]．武汉：武汉测绘科技大学出版社，1997.
[18] 孙亚杰，王清旭，陆兆华．城市化对北京市景观格局的影响[J]．生态学杂志，2005，16(7).
[19] 方行，方元．基于GIS与Fragstats景观水平的空间格局特征分析——以珠江口两岸为例[J]．湖北农业科学，2012，02.

作者简介：

龙燕，1979年生，女，汉族，武汉人，博士研究生，武汉科技大学城市建设学院副教授。研究方向：人居环境科学。电子邮箱：longyan@wust. edu. cn。

基于UAV/GIS技术的寒地城市公园春季体力活动空间分布差异性研究

——以哈尔滨四个城市公园为例①

Study on the Spatial Distribution of Spring Physical Activity in Cold City Park Based on UAV/GIS Technology

—Taking Four Urban Parks in Harbin as an Example

徐靖然　赵晓龙　卞　晴

摘　要：邻里可达性较高且免费的城市公园是休闲性体力活动发生频繁的空间载体，适应居民体力活动需求及行为特点是提高其服务水平的关键措施。本文以哈尔滨市四个典型城市公园为研究对象，选取体力活动特征突出的过渡季节春季（2018年4月16日～4月30日）共14d、每天6个时间段的无雨晴朗时间，基于SOPARC（体力活动观察系统）观测框架，由表及里探寻体力活动行为与公园空间特征的关系，开展体力活动分布差异性实证研究。使用UAV技术观测得到体力活动主体数量、属性、活动类型及空间位置数据，借助Agisoft PhotoScan无人机测绘图像处理软件得到样本公园空间特征数据，基于GIS技术将所得体力活动行为数据与空间特征数据结合进行空间可视化分析。研究得知体力活动空间分布受多种因素影响，具有类型差异性、群体集聚性、设施选择性、植被水体趋近性和光照偏好性特征。

关键词：风景园林；体力活动；空间分布；UAV；GIS

Abstract: Urban parks with high accessibility and free of charge in the neighborhood are the space carriers for frequent leisure physical activities. Adapting to the physical activity needs and behavior characteristics of residents is the key measure to improve their service level. This paper takes four typical urban parks in Harbin as the research object, and selects the transitional season with prominent physical activity characteristics (April 16-April 30, 2018) for 14 days, 6 days per day, no rain and clear time. Based on the SOPARC (Physical Activity Observation System) observation framework, the relationship between physical activity behavior and park spatial characteristics is explored from the surface and the physical characteristics of the distribution of physical activity. Using UAV technology to observe the number of physical activity subjects, attributes, activity types and spatial location data, using Agisoft PhotoScan UAV mapping image processing software to obtain sample park spatial feature data, based on GIS technology to combine the physical activity data and spatial feature data Perform spatial visualization analysis. The study found that the spatial distribution of physical activity is affected by many factors, such as type difference, population agglomeration, facility selectivity, vegetation water body approach and illumination preference.

Keyword: Landscape Architecture; Physical Activity; Spatial Distribution; UAV; GIS

1　研究背景

邻里可达性较高且免费的城市公园是休闲性体力活动发生频繁的空间载体，体力活动行为的发生和活动场地空间特征和活动者社会属性密切相关，提升体力活动场地空间质量，适应居民体力活动需求及行为特点是提高城市公园服务水平的关键措施。已有研究中，涉及活动场地空间特征与体力活动发生的相关研究成果在近年逐渐增多，多数以样本场地为案例，调查与讨论各项空间特征对体力活动类型、频率、强度的影响[1-2]。研究方法较为单一，大多使用视频记录、GPS跟踪与直接观察结合调查问卷等方式获取数据[3-5]，观测区域面积较小，不易得到公园内完整的体力活动人群数量及空间分布整体规律。因此，进一步了解现有城市公园内体力活动空间分布差异性，对丰富和完善体力活动服务体系具有重要的实践价值。

近年来已有研究借助无人机视频记录的优势调查国外公园使用情况，无人机观测可在空间尺度、数据类型、数据精度上有效填补目前观测方法的薄弱区域，并获得有效可靠的使用者数据[6]。同时，国内已有研究借助无人机获取城市公园绿地高分辨率、高重叠度低空遥感影像，并进行一系列地理信息的量化分析[7]。

本研究以哈尔滨市四个典型城市公园为研究对象，

① 基金项目：国家自然科学基金重点项目“严寒地区城市微气候调节原理与设计方法研究”(51438005)、黑龙江省科技攻关项目“寒地景观特征与运动模式互动模型建构”(编号GZ15A510)、黑龙江省寒地景观科学与技术重点实验室自主课题“寒地绿色空间健身运动功效与微气候舒适度相关性研究”(编号2016HDJG-3101)共同资助。

选取体力活动特征突出的过渡季节春季（2018 年 4 月 16 日～4 月 30 日）共 14d、每天 6 个时间段的无雨晴朗时间，基于 SOPARC（体力活动观察系统）观测框架，采用 UAV 观测和 GIS 分析技术，结合已有研究成果，借助 Agisoft PhotoScan 无人机测绘图像处理软件处理得到样本公园高重叠度、高空间分辨率正射影像，进而得到植被密度、场地分布等公园空间特征数据，使用 UAV 技术观测得到体力活动主体数量、属性、活动类型及空间位置数据，基于 GIS 技术将所得体力活动行为数据与空间特征数据结合进行空间可视化分析，由表及里探寻体力活动行为与公园空间特征的关系，开展体力活动空间分布差异性实证研究。

2 研究方法与技术路线

2.1 样本公园选择

在选择样本公园前，系统调查哈尔滨市公园的活动场地及设施配置情况[8]，结合公园面积、形态和规划主题确定样本公园四处：兆麟公园、斯大林公园（西南区域）、黛秀湖公园、古梨园（表 1）。样本公园均较具有空间形态丰富的多个体力活动场地，适合利用无人机的技术优势进行观测。

预调查样本公园基本特征　　表 1

名称	类型	形态	面积/hm^2	活动场地及设施
兆麟公园	综合公园	面状	8.4	步道、健身器械、草坪、广场、乒乓球台
古梨园	社区公园	面状	9.9	篮球场、散步道、健身器械、乒乓球台、广场、水域
斯大林公园	综合公园	带状	10.5	步道、健身器械、草坪、广场、儿童游戏场、乒乓球台、水域
黛秀湖公园	社区公园	带状	11.6	篮球场、散步道、健身器械、广场、儿童游戏场、乒乓球台

2.2 UAV 观测与数据处理

在 2018 年 4 月 16 日～4 月 30 日的无雨晴朗时间，4 名观察员对每个公园同时观测 6 个时间段（7：00～7：30、8：30～9：00、10：00～10：30、13：00～13：30、14：30～15：00、16：00～16：30）[9]。无人机型号是 DJI "悟" Inspire 2，使用 Zenmuse X5S 云台，遥控器前端搭载 Pix4D capture 软件，可飞行达 27min。无人机飞行遵循安全规定，并获得公园管理部门允许。UAV 观测包括公园特征和使用者两部分。

2.2.1 样本公园空间特征观测

（1）无人机影像获取

以样本公园为研究区域，通过无人机对该地区进行航空摄影测量[7]，获取其完整正射影像，结合 ArcGIS 进行空间量化分析。空间特征具体数据包括活动场地大小、高宽比、设施数量及温度、日照情况等。首次观测获取了影像 421 张，其航向重叠率为 70%，离地飞行高度为 70 m，补测获取无人机影像共 416 张，其航向重叠率为 85%，离地飞行高度仍为 70m。

（2）地面控制点信息采集

选择 GPS 对样本公园实地测量，共采集 11 个地面上具有明显地物特征的控制点，其中 6 个点作为校正点，对公园影像进行配准，并使用所有控制点作为检验点，对无人机拼接影像进行精度验证[10]。地面控制点采用高斯一克吕格投影，北京 1954 地理坐标系。

（3）无人机影像处理

使用 Agisoft PhotoScan 软件进行影像拼接与数据建模，运用多视图三维重建技术，将静态二维图片自动生成密集点云、纹理化的多边形模型，生成具有地理参考信息带有坐标的数字地理模型[11]。将所得数字正射模型放入 ArcGIS 中进行裁剪等空间分析，获取研究区正射模型。最终获取影像精度为：X 方向的平均误差为 0.045m，标准差为 0.039；Y 方向平均误差为 0.060m，标准差为 0.047；Z 方向平均误差为 0.123m，标准差为 0.119。

（4）空间数据量化分析

在 ArcGIS 中对所得样本公园影响进行矢量化处理，在 ENVI 软件中对裁剪后的影像进行训练样区的选取，将整个公园的地类分成水体、绿地、道路、建筑四大类，使用最大似然法进行监督分类处理，从而获取样本公园具体分类影像，与公园使用者数据结合进行体力活动空间分布差异性分析。

2.2.2 公园使用者观测

（1）公园使用者数量及属性数据观测

在进行使用者数据采集时使用系统观测方法 SOPARC，内容如表 2。

无人机使用者属性观测内容　　表 2

记录内容	类别
性别	男性、女性
年龄	儿童（0～12 岁）、青少年（13～18 岁）、青年（18～40 岁）、中年（41～65 岁）、老年（66 岁及以上）
活动类型[12]	走跑类（散步、健行、跑步、遛狗、骑行、独轮车、放风筝）、太极类（太极、健身气功、武术）、毽球类（踢毽子、抽尕、甩鞭）、歌舞类（乐器演奏、唱歌、广场舞、交谊舞、交流集会）、场地器械类（健身器材、篮球、乒乓球、象棋）、游戏玩耍类
活动强度[14]	低、中、高

根据相关文献［12］确定无人机飞行航线、飞行高度

(7～10m)、飞行速度（1～2m/s)、飞行模式（航点飞行)，为了验证无人机观测的可靠性，在无人机观测的同时对地面上同一目标区域进行实地观测，使用已经确认有效的用于评估公园内体力活动的 SOPARC 方法[13]。观测步骤见表 3。

黛秀湖公园飞行步骤 **表 3**

步骤一：设定研究区域

步骤二：航线与航点确定

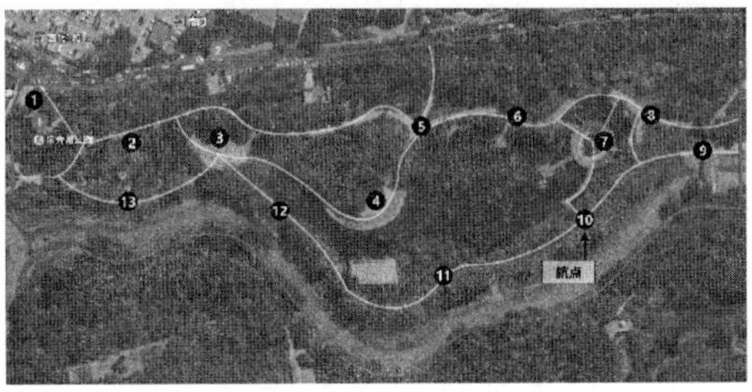

步骤三：采用“航点飞行”模式进行记录

步骤四：飞行同时实地观察

（2）公园使用者空间位置数据获取

借助已有研究“无人机视频数据定位处理系统”[14]获取空间位置数据，视频及照片来自无人机拍摄，无人机定位与姿态测量数据来自于 APP DJI GO4。其原理是基于 GPS/INS 结合的目标定位，将测姿单元采样时刻获取的姿态数据处理成可以直接用于后续摄影测量使用的相机外方位角元素，利用摄影测量的共线条件方程求解图像对应点的大地坐标，将实时获取的视频图像结合待测区域的 DEM（数字高程模型）/DSM（数字表面模型）信息，建立图像与地图之间的关系。

（3）观测方法可靠性核对

本次研究的数据可靠性保证包括观察员培训、观测过程及数据处理、观测数据比较验证三个方面。第一，实际观测前使用 Active Living Research 网站上的协议和培训视频对观察员进行培训，并进行 10 次的测试观察，建立关于公园使用者属性和公园特征的评估者间可靠性（IRR)，测试结果良好（>0.6)[12]。第二，使用者定位时，人工截取合适的无人机视频截图，根据截图记录人群属性数据并进行定位。第三，采用组内相关系数[6]（ICC）作为协调度量，根据外部标准评估测量工具的有效性，将现有的直接观察和无人机观察方法进行比较，确认其可靠性较强（ICC>0.8，p<0.01)。

（4）GIS 空间分析

将观测所得样本公园空间特征与体力活动人群空间分布数据相结合，使用 ArcGIS 的核密度分析，可求得各像元密度值，按照 9 个字段等级分析，其中每 3 个等级形成一个分布密度较为接近的密度梯度，分为高（暗黄色区域)、中（深黄色区域)、低（浅黄色区域）3 个密度梯度，表现体力活动空间分布特征。

3 讨论：体力活动空间分布差异性及影响因素

本次观测四个样本公园使用者数量为：4297、10215、12514、7241，男性占比 58.2%，中老年人共占总人数的 82%，活动强度多为中等。样本公园内体力活动空间分布具有类型差异性、群体集聚性、设施选择性、植被水体趋近性和光照偏好性特征。

使用计数回归模型分析不同性别、年龄的使用者在活动时间与公园内空间类型偏好的数量差异。由于观测中发现了部分无体力活动的空间（空目标区域），因此基于多级 Hurdle 模型[12]确定自变量（公园空间类型）与因变量（使用者数量及属性）的联系，使用 R 3.4.4 版本中的 LME4 软件包（R Studio 2018)。

3.1 类型差异性

总样本的逻辑回归模型（表 4）表明，对于公园内不同场地、不同社会属性的使用者偏好差异较大，体力活动的空间分布呈现较为明显的场地类型差异性。较活动草坪和林地，使用者更偏好于广场和步道进行体力活动。社会属性类别分类显示，女性较男性更偏好使用广场而不是步道进行体力活动，儿童/青少年/青年在四种场地类型中更喜欢林地和活动草坪等软质铺装，而中年/老年更喜欢广场和步道，其中广场中使用者最多。对样本公园使用者年龄特征及活动类型进行分析后可推测其原因，林地、活动草坪等软质铺装场地中多进行游戏玩耍等活动，因此儿童/青少年使用者较多；步道中活动类型较为单一，局限于散步跑步，而样本公园内活动广场可容纳舞蹈、交流集会、健身器械、武术太极等多样性活动，且此类活动中老年群体较儿童/青少年/青年较多；活动类型人数位列第二、三的舞蹈、交流集会等活动，女性参与者明显多于男性（表 5）。

无人机观测公园使用者数量空间分布　　表 4

公园空间类型	总人数				女性				男性			
	Logistic 回归		Poisson 模型		Logistic 回归		Poisson 模型		Logistic 回归		Poisson 模型	
	OR	95%CI	Exp. B	95%CI	OR	95%CI	Exp. B	95%CI	OR	95%CI	Exp. B	95%CI
广场												
步道	6.10***	4.94—9.81	0.98	0.46—1.21	4.57***	3.21—8.39	0.99*	0.51—1.98	0.72	0.52—1.15	0.71*	0.46—1.44
林地	2.21***	1.56—4.72	0.57***	0.42—1.05	3.41***	3.15—6.64	0.52***	0.49—1.02	1.51*	1.23—2.05	0.65***	0.39—2.17
活动草坪	1.32***	0.84—2.43	0.41***	0.23—0.85	3.23***	3.01—5.14	0.40***	0.32—0.71	2.15**	1.99—3.52	0.41***	0.33—1.57

公园空间类型	儿童/青少年/青年				中年/老年			
	Logistic 回归		Poisson 模型		Logistic 回归		Poisson 模型	
	OR	95%CI	Exp. B	95%CI	OR	95%CI	Exp. B	95%CI
广场								
步道	2.38**	1.99—9.71	0.75	0.42—6.34	2.05**	2.01—7.28	0.89*	0.74—1.82
林地	7.28***	5.35—13.98	1.57***	1.08—8.64	6.44***	6.39—9.57	1.57***	1.48—2.84
活动草坪	5.27**	4.68—10.56	1.72***	1.05—7.26	7.61***	7.60—8.19	1.43***	1.39—5.27

注：hurdle 模型分为以下两个步骤：第一，使用 Logistic 回归模型估计自变量与因变量之间的关联；第二，使用 Poisson 模型估计模型中自变量与因变量的比例差异。表格中：*OR*——优势比，*CI*——置信区间，*Exp. B*——B 的指数；* 表示 $\alpha<0.05$，** 表示 $\alpha<0.01$，*** 表示 $\alpha<0.001$。

公园使用者年龄特征及活动类型（日平均值）　　表 5

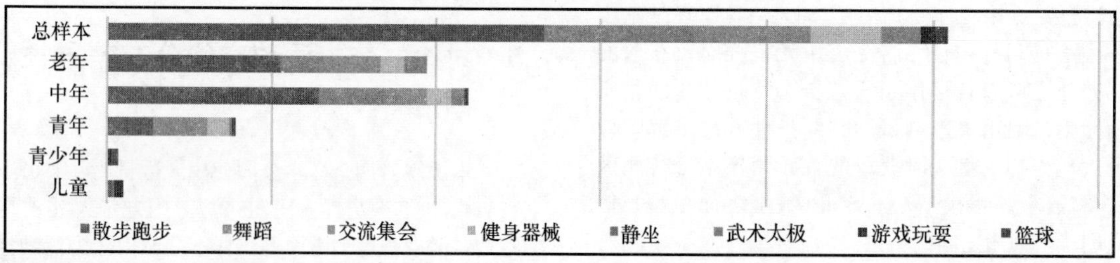

3.2　群体集聚性

由图 1 可知，样本公园内体力活动空间分布呈现明显的群体集聚性特征。体力活动空间使用呈现不均衡的状态，部分空间使用者明显密集，而其他空间利用程度较差。将空间位置数据进行核密度分析后，获得高、中、低密度梯度区域，根据活动场地面积与场地内每次观测平均人数相除计算得知空间平均分布密度（人/m^2），其中，四个样本公园高密度梯度活动区域的空间平均分布密度依次为 0.30、1.71、0.64、0.63 人/m^2，而全公园所有空间的平均分布密度为 0.12、1.27、0.49、0.75 人/m^2，因此高密度区域的体力活动集聚性极为明显。高密度活动空间（6 个）位于广场（G、N、I）、器械类活动场地（D、M），中密度活动空间（12 个）位于主次入口（A、B、P）、广场（C、E、F、K、I、J）、器械类活动场地（H、R）、构筑物（Q）。

3.3　设施选择性

对样本公园重点体力活动项目分类统计后得知（表 6），使用者进行的体力活动类型中，健身器械、乒乓球、篮球等体育设施类、活动器械类活动占比突出，此类体力活动多发生于存在对应体育设施的场地中。设置健身器械（D、H、R、M）、篮球场（H）、乒乓球台（R）、构筑物（G、K、S）等均可于不同程度增加体力活动密度（图 2）。样本公园中健身器械平均使用率达 45%，对于一个公园内有多处健身器械场地的情况，健身器械集中设置的使用率较分散于道路两侧设置高 20%，因其更便于较多中老年群体在聊天同时进行多项体力活动。景观构筑物旁常有桌椅等可便于休憩和形成 5～10 人的群体棋牌活动。

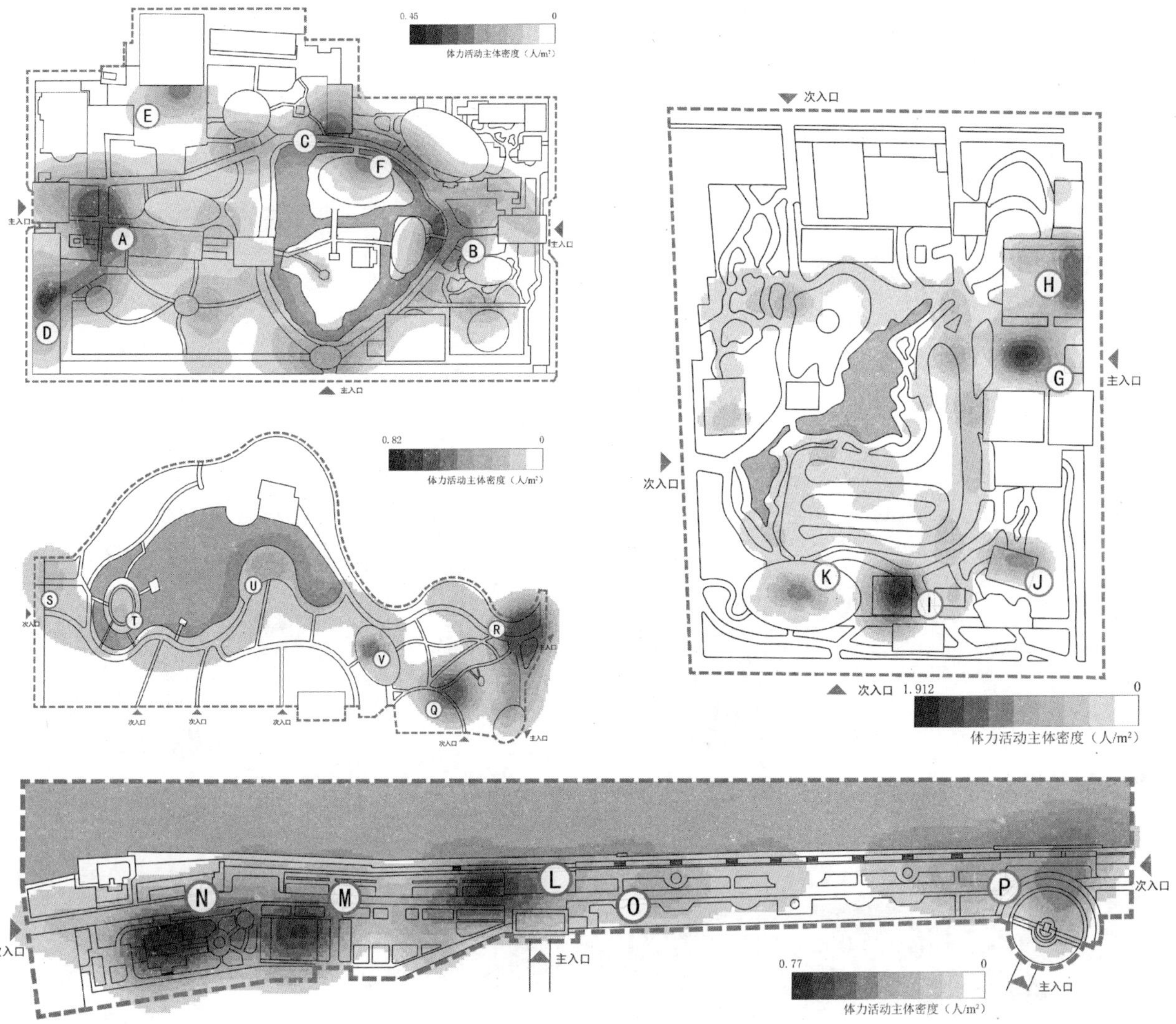

图 1 样本公园体力公园使用者空间分布
（兆麟公园、古梨园、斯大林公园、黛秀湖公园）

样本公园重点体力活动项目分类统计（四个公园总数） **表 6**

	散步跑步	舞蹈	交流集会	健身器械	游戏玩耍	武术太极	乒乓球	静坐	纸牌象棋	抽尕	篮球	遛狗	唱歌
活动强度[14]	中	中	低	中	中	中	中	高	低	高	高	中	中
人数/人	296	79	65.	42	18	22	14	13	12	7	6	6	37
占比	48%	13%	11%	6.9%	3.6%	3.5%	2.3%	2.2%	2.1%	1.2%	0.9%	0.9%	0.6%

3.4 植被水体趋近性

根据无人机观测所得样本正射影像，解译出公园内绿地、铺装、建筑、水域空间分布位置图像，与使用者空间分布密度图进行叠加，得知样本公园中兆麟公园、古梨园、黛秀湖公园的体力活动分布均呈现较为明显的植被水体趋近性特征（图 2），其中兆麟公园表现最为突出，由于其水体中设置岛屿，不仅可围绕水体进行活动，更可通过桥梁在岛屿中穿梭，同时水岸周边设置广场、景观构筑物等多样化设施场地，水体、植被周边的使用者体力活动密度高于其他建筑、铺装环绕区域。

3.5 光照偏好性

由于哈尔滨市位于我国北部区域，春季（4～6 月）时气温在 10～20℃左右，人群更偏好（31%）在有阳光照射的场地或时间进行体力活动。中、高密度活动场地中的 B、D、F、H、I、M、N 均在一天中不同时刻存在阳光照射，若同一活动场地内由常绿植被、设施、地形等遮挡导致其部分区域完全阴暗，则人群易选择阳光可照射区域进行活动。

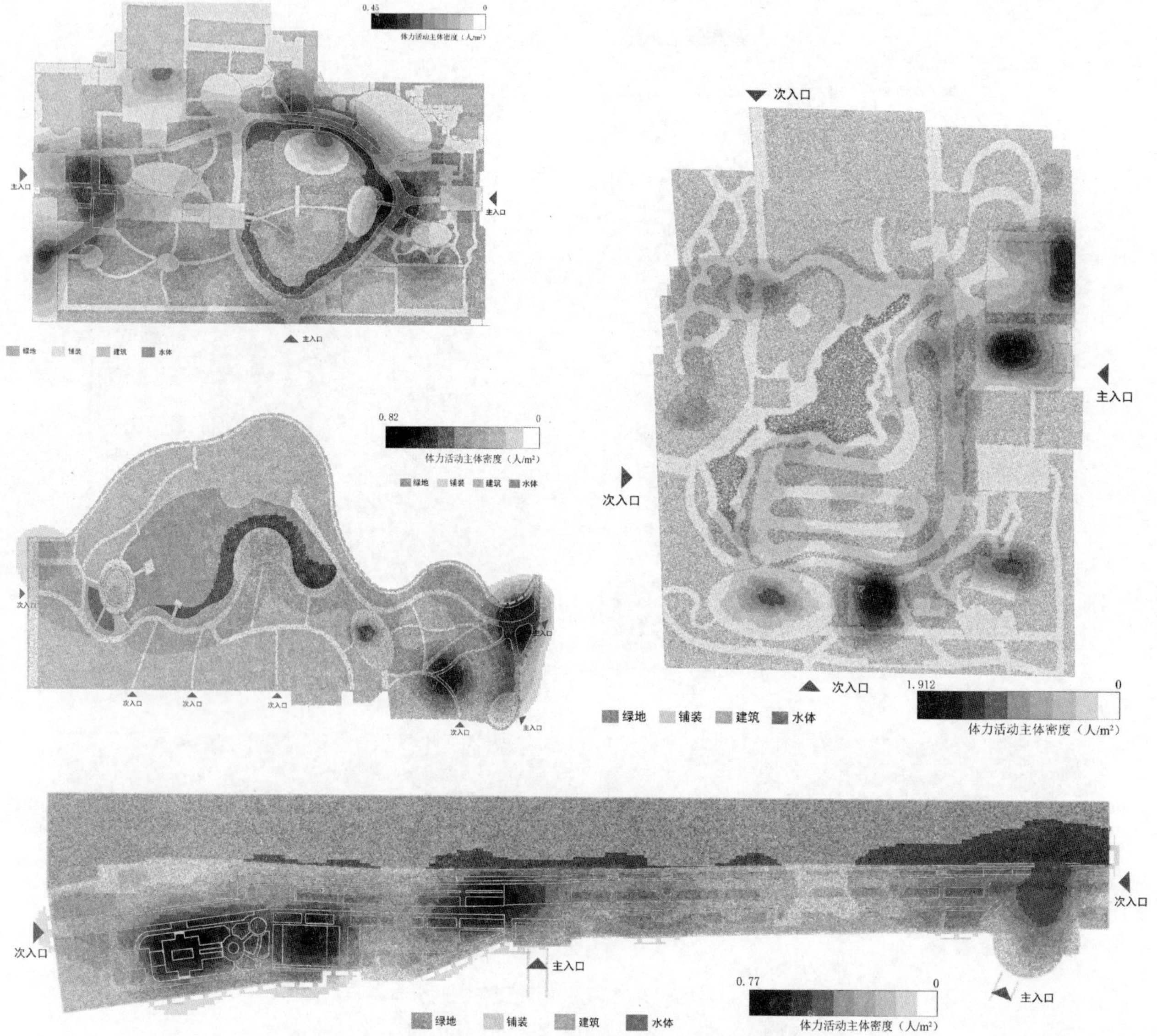

图 2　样本公园体力公园使用者空间分布与空间特征
（兆麟公园、古梨园、斯大林公园、黛秀湖公园）

4　结语

本文以哈尔滨市四个典型城市公园为研究对象，基于 UAV/GIS 技术进行寒地城市公园春季空间特征及使用者体力活动观测，由表及里探寻体力活动行为与公园空间特征的关系，开展体力活动分布差异性实证研究。研究得知体力活动人群分布受多种因素影响，具有类型差异性、群体集聚性、设施选择性、植被水体趋近性和光照偏好性特征。

然而，本研究具有以下限制。首先，样本公园数量有限，虽涵盖大部分体力活动类型与空间种类，但并不足以代表哈尔滨市所有城市公园体力活动情况。其次，调研时间限制于春季，缺乏其他季节城市公园内体力活动空间分布差异性的研究，未来可进行季节性对比等更加深入的研究，解寒地城市公园过渡季节体力活动分布差异性，丰富和完善城市公园体力活动服务体系。

参考文献

[1]　董贺轩，潘欢欢．城市社区大型公共空间老龄健康活动及其空间使用研究——基于武汉“吹笛”公园的实证探索[J]．中国园林，2017，33(2)：27-33.

[2]　赵晓龙，侯韫婧，金虹，等．寒地城市公园健身路径空间运动认知模式研究——以哈尔滨为例[J]．建筑学报，2018(2)：50-54.

[3]　吴承照，刘文倩，李胜华．基于 GPS/GIS 技术的公园游客空间分布差异性研究——以上海市共青森林公园为例[J]．中国园林，2017，33(9)：98-103.

[4]　任斌斌，李延明，卜燕华，等．北京冬季开放性公园使用者游憩行为研究[J]．中国园林，2012，28(4)：58-61.

[5]　戴晓玲，董奇．设计师视线之外的全民健身路径研究——杭州五处健身点的环境行为学调查报告[J]．中国园林，2015，31(3)：101-105.

[6]　Park K，Ewing R. The usability of unmanned aerial vehicles (UAVs) for measuring park-based physical activity[J]. Landscape & Urban Planning，2017，167：157-164.

[7] 代婷婷，马骏，徐雁南．基于 Agisoft PhotoScan 的无人机影像自动拼接在风景园林规划中的应用[J]. 南京林业大学学报(自然科学版)，2018，42(4)：165-170.
[8] 侯韫婧，赵晓龙，张波．集体晨练运动与城市公园空间组织特征显著性研究——以哈尔滨市四个城市公园为例[J]. 风景园林，2017(2)：109-116.
[9] Cohen D A，Setodji C，Evenson K R，et al. How much observation is enough? Refining the administration of SOPARC [J]. Journal of Physical Activity & Health，2011，8(8)：1117.
[10] 刘海娟，张婷，侍昊，等．基于 RF 模型的高分辨率遥感影像分类评价[J]. 南京林业大学学报(自然科学版)，2015，39(1)：99-103.
[11] 王玮，王浩，李卫正，等．基于小型无人机摄影测量的江南景观水资源综合利用分析[J]. 南京林业大学学报(自然科学版)，2018，42(1)：7-14.
[12] Van Hecke L，Van Cauwenberg J，Clarys P，et al. Active Use of Parks in Flanders (Belgium)：An Exploratory Observational Study[J]. International Journal of Environmental Research & Public Health，2017，14(1)：35.
[13] Cohen D A，Setodji C，Evenson K R，et al. How much observation is enough? Refining the administration of SOPARC[J]. Journal of Physical Activity & Health，2011，8(8)：1117.
[14] 谭熊，余旭初，刘景正．无人机视频数据定位处理系统的设计与实现[J]. 测绘通报，2011(4)：26-28；37.

作者简介：

徐靖然，1994 年生，女，汉族，山东省日照人，哈尔滨工业大学建筑学院在读硕士研究生。研究方向：健康景观规划设计。电子邮箱：651822982@qq. com。

赵晓龙，1971 年生，男，汉族，黑龙江哈尔滨人，博士，哈尔滨工业大学建筑学院景观系教授、博士生导师。研究方向：健康景观规划设计、可持续景观规划设计。943439654@qq. com。

卞晴，1992 年生，女，汉族，黑龙江哈尔滨人，哈尔滨工业大学建筑学院在读博士研究，研究方向：气候适应性寒地景观规划设计。电子邮箱：2286234783@qq. com。

游憩机会谱（ROS）在城市森林公园的应用
——以北京奥林匹克森林公园为例

Application of Recreational Opportunity Spectrum (ROS) in Urban Forest Parks
—A Case Study of Beijing Olympic Forest Park

贾一非　张　婷　牟小梅　王沛永

摘　要：城市森林公园是城市游憩的重要载体，并对城市生态维护起着重要作用。因此需借助科学的方法对其优化设计，以平衡自然资源保护和游憩使用之间的关系。本文以北京奥林匹克森林公园为例，研究游憩机会谱（ROS）在城市森林公园中的应用。利用调整后的城市森林公园游憩机会谱指标体系和评分模型，通过实地调查和问卷，探求影响游憩体验的 9 个环境变量“自然风光特征、人文景观特征、场所支持度、游憩活动类型、游憩强度、环境卫生、游客引导和警示、场所保护管理和展示、服务设施”，同游憩者对环境偏好程度之间的关系，并将奥森游憩空间系统性地划分为 4 种不同的游憩机会等级——“自然风光游憩型、生态景观游憩型、一般景观游憩型、功能设施游憩型”。最后针对不同等级的游憩空间，提出科学的优化设计策略。

关键词：游憩机会谱；游憩空间；城市森林公园；奥林匹克森林公园

Abstract: Urban Forest Park is an important carrier of urban recreation and plays an important role in urban ecological maintenance. Therefore, it is necessary to use scientific methods to optimize its design to balance the relationship between natural resources protection and recreational use. Taking Beijing Olympic Forest Park as an example, this paper studies the application of Recreational Opportunity Spectrum (ROS) in urban forest parks. Using the adjusted index system and scoring model of recreational opportunity spectrum of urban forest parks, through field surveys and questionnaires, nine environmental variables affecting recreational experience were explored, including Natural Scenery Characteristic, Human Landscape Characteristic, Site Support, Types of Recreational Activity, Recreational Intensity, Environmental Sanitation, Tourist Guidance and Warning, and Site protection management and Display, Service Facility. Exploring the relationship between the nine environmental variables and the environmental preference of the users. The recreational space is systematically divided into four different recreational opportunities: Natural Scenery Recreation, Ecological Landscape Recreation, General Landscape Recreation, Functional Facilities Recreation. Finally a scientific optimization design strategy is proposed in the space.

Keywords: Recreation Opportunity Spectrum; Recreation Space; Urban Forest Park; Olympic Forest Park

城市森林公园靠近城市区域或位于城中，是融合了多种景观类型的特殊森林公园。它为城市居民提供多样的游憩环境，提升城市生态环境水平，对于城市的发展起着重要的作用。因此，针对城市森林公园的特征，需采取科学合理的设计方式，使城市森林公园朝着积极健康的方向发展。

游憩机会谱系（Recreation Opportunity Spectrum，简称 ROS）是由美国林务局基于 Roger N. Clark 和 George H. Stankey 提出的游憩机会概念所建立的[1]。它是一种科学的游憩资源分类体系，并为使用者提供游憩机会指南[2-3]。游憩机会谱主要应用在沿河湖海区域、城市公园[4-5]、地质公园[6]、森林公园[7-11]等游憩区域的调查、管理、分配及规划等方面[12]。在城市森林公园中，主要矛盾是环境资源保护与旅游开发之间的矛盾，游客差异化需求和游憩产品同质化之间的矛盾[10]，而游憩机会谱恰好是从影响游客需求出发，给使用者提供满意的游憩体验，使管理者对公园实现生态保护、游憩地有效规划和管理，从而有效地解决城市森林公园中的矛盾[13]。因此，在城市森林公园的设计中使用游憩机会谱，将有助于理清自然资源、游客需求以及管理方式之间的关系[14]，为科学管理和优化设计提供理论依据。

1　城市森林公园的定义及面临的困境

1.1　城市森林公园的定义

城市森林公园是以森林植被为主要元素，具有丰富自然景观的游憩场所。其具有可达性高、面积广等基本特点[15]；通过在城市环境中保留、模拟森林景观，形成具有地域性、多样性的城市自然生态系统；提供与自然环境相协调的休闲、娱乐、健身、生态体验等丰富的活动；与丰富城市居民生活、改善居民生活质量和城市生态环境具有密切的关系[16]。

1.2　城市森林公园面临的困境

城市森林公园具有优质的风景资源，随着社会的发展和城市居民生活水平的提高，游憩者在公园中游憩的需求和频率也逐渐提高，森林公园的自然资源保护面临着严峻的挑战[17]；由于前期规划设计的不足和管理水平有限，造成城市森林公园中游憩产品同质化严重、缺乏游客参与、公园设施被破坏、景观养护水平低下等问题[10]。故有必要使用游憩机会谱（ROS）这种科学的理论体系，合理解决生态保护、旅游开发、资源管理等各方面的矛盾，改善管理水平，保护城市自然环境。

2 城市森林公园游憩机会谱（ROS）的构建及应用

2.1 城市森林公园游憩机会谱（ROS）的构建

游憩机会谱的理论思路总结为，游人在自己偏好的空间中实施某项活动，从而获得某种游憩体验，这个过程可以视为一个游憩机会[18]。美国林务局《ROS 使用者指南》根据其国家公园实际情况将游憩环境分为“原始区域、半原始无机动车区域、半原始有机动车区域、有道路的自然区域、乡村区域及城市区域”6 个等级，同时建立“可进入性、偏僻程度、视觉特征、场地管理、游客管理、社会相遇、游客冲击”7 个评价指标[19-20]。

中国实际情况与美国不同。中国森林公园的成立目的是在保护自然环境的前提下开发旅游[21]，其自然状态受到人为干预严重，无人的原始区域较少；其次中国森林公园重视景观资源的质量，质量越高，游人越多，但原有 ROS 指标中缺乏对景观质量的评价；“社会相遇”指标，是美国重视游憩地原始性的体现，在中国的森林公园中此项指标并不明显。根据以上原因，首先将中国森林公园的游憩环境分为“原野、自然、乡村和城市”4 个等级[7]；确定“自然与环境特征、游憩使用质量、管理条件”3 个因子为决定性指标，同时调整原有 7 个指标为“自然环境破坏程度、人文环境建设程度、景观美感度、游憩活动类型、游憩强度、环境卫生、游客引导和警示、资源保护管理和展示，服务设施”作为二级指标，根据每个二级指标特征可更加细化为三级，3 个等级共同构成具有本土化的城市森林公园游憩机会谱系。

2.2 城市森林公园游憩机会谱（ROS）的应用

构建一个城市森林公园的游憩机会谱，首先收集公园场地的现状资料，并实地调查公园自然环境特征、人文环境特征，在图纸上标出公园的主要活动空间等，清查公园的自然环境因子体系并对公园内活动空间进行分类；其次观察并记录在不同空间中的使用者年龄组成、活动类型等，清查出公园的游憩使用因子体系，调查出公园主要活动空间的设施类型、利用程度和管理状态等，清查出管理条件因子体系，整理公园的游憩机会谱指标体系；最后通过问卷调查整理数据并借助游憩机会评分模型，最终得出城市森林公园的游憩机会分级，通过对各等级游憩空间的分析，得出与之对应的优化设计策略，过程如图 1 所示。

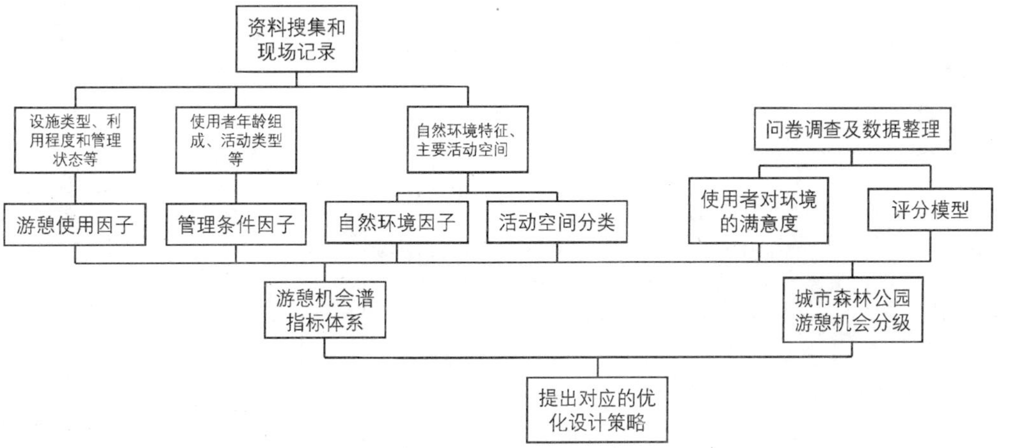

图 1　城市森林公园游憩机会谱（ROS）的应用体系

城市森林公园游憩机会评分模型选择为：

$$S_{ROS}=\sum_{i=1}^{n}s_i\times w_i$$

注：S_{ROS} 为景观单元游憩机会评分值，S_i 分级因子评分值，单项因子满分为 5 分，W_i 为分级因子权重值[22]。

3 游憩机会谱（ROS）在北京奥林匹克森林公园中的运用

3.1 北京奥林匹克森林公园简介

奥林匹克森林公园建于 2008 年，位于北京市北部，处在其中轴线上，奥运会后开放公众免费使用。其占地 680 hm^2，公园水面 67.7 hm^2，绿地面积 478 hm^2。奥森分为南、北两个部分。南园山水园，建有仰山、天镜、奥海、湿地等景区。北园密林野趣园，有花田、雨燕塔、大树园等景区[23]，详细分布如图 2 所示。奥林匹克森林公园是北京最大的城市公园，集文化健身、休闲娱乐、生态保护等多种功能为一体。将游憩机会谱（ROS）运用到奥林匹克森林公园中，以此提高游憩者的观光体验质量。调查在 2018 年 5 月 1～7 日进行，针对奥林匹克森林公园内游人发放问卷 150 份，回收检查后筛除答案漏项、误填的问卷，有效回收 124 份。参考前文 2.3 的游憩机会谱的应用方法，对奥林匹克森林公园进行研究。

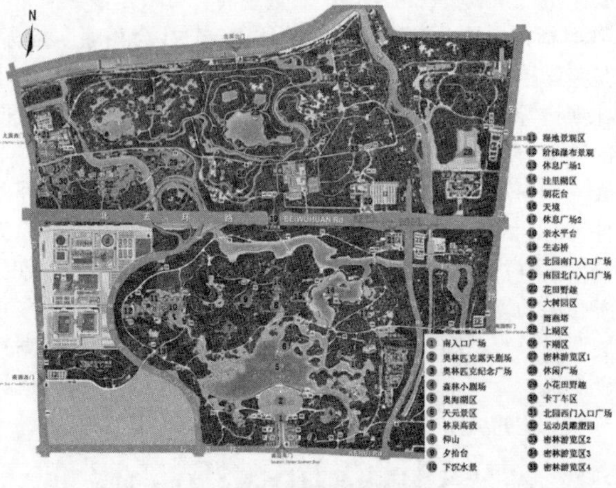

图 2 奥林匹克森林公园景点分布图
（均选取具有典型性景点）

3.2 奥林匹克森林公园空间分类

根据奥林匹克森林公园游憩空间的特性和生态资源保护与利用的程度，并综合考虑游憩空间在人工开发方面的强度，利用“连续轴”的思想并参考已有研究[24-27]，将奥林匹克森林公园的活动空间分为自然风光游憩区、生态景观游憩区、一般景观游憩区、功能设施游憩区四类（开发程度依次由低到高）。

3.3 奥林匹克森林公园游憩机会因子构成

根据上文 2.2 中构建的城市森林公园游憩机会谱系，综合奥林匹克森林公园的现状，确定其游憩机会谱以“自然与环境特征、游憩使用质量、管理条件”三项指标作为一级分支；“自然风光特征、人文景观特征、场所支持度、游憩活动类型、游憩强度、环境卫生、游客引导和警示、场所保护管理和展示、服务设施”9 个指标为二级分支，之后通过个人主观筛选和游憩者问卷结果验证的方式，最后确定相应的 32 个变量三级分支；用因子分析法的主成分得分矩阵作为计算基础确定主要指标权重[24]（表 1）。

3.3.1 自然与环境因子谱系应用

“自然与环境特征”作为一级分支，其相关的二级分支为“自然风光特征、人文景观特征、场所支持度”，并根据实地调查奥林匹克森林公园的环境得出三级分支，整理问卷结果，并列出奥森中各主要景点的自然与环境因子谱系评分过程（表 2）。

游憩机会谱各级因子及权重　　表 1

一级指标	权重	二级指标	权重	三级指标	权重
自然与环境特征	0.475	自然风光特征	0.189	空气质量	0.016
				植物丰富度	0.065
				安静程度	0.025
				自然地形	0.043
		人文景观特征	0.139	娱乐、游憩设施	0.051
				人工构筑物	0.02
				文化特色	0.041
				健身运动设施	0.027
		场所支持程度	0.147	环境污染程度	0.029
				道路通畅性	0.03
				场地尺度	0.031
				景观美感	0.038
				活动空间开放性	0.019
游憩使用质量	0.168	活动类型	0.085	活动项目丰富性	0.041
				活动人群分类	0.044
		活动程度	0.083	活动密度	0.041
				活动持续时间	0.042
管理条件	0.357	环境卫生	0.106	环境卫生管理程度	0.033
				垃圾桶数量	0.021
				地面清洁频率	0.052
		游客引导和警示	0.061	讲解服务	0.014
				标识系统	0.024
				安全警告信息	0.023
		场所维护管理和展示	0.123	植被养护状态	0.057
				设施维护程度	0.051
				管理人员巡视	0.01
				治安状况	0.005
		公共服务	0.067	小卖部和商铺	0.013
				公共厕所	0.033
				夜间照明	0.021

自然与环境因子谱系评分过程　　表 2

景点编号	自然与环境特征												
	自然风光特征				人文景观特征				场所支持度				
	空气质量	植物丰富度	安静程度	自然地形	娱乐、游憩设施	人工构筑物	文化特色	健身运动设施	环境污染程度	道路通畅性	场地尺度	景观美感	活动空间开放性
1	+	+	+	+	+++	+++	+++	++	+++	+++	+++	+	+++
2	+	+	+	+	+++	+++	+	+	++	+++	++	++	+++

景点编号	自然与环境特征												
	自然风光特征				人文景观特征				场所支持度				
	空气质量	植物丰富度	安静程度	自然地形	娱乐、游憩设施	人工构筑物	文化特色	健身运动设施	环境污染程度	道路通畅性	场地尺度	景观美感	活动空间开放性
3	+	+	+	+	+++	+++	+++	+	+	+++	++	++	+++
4	+	++	+	+	++	++	++	+	+	+++	+	++	+
5	+	+	++	++	++	+	+	+	++	++	+++	+	+
6	+	+++	++	++	++	++	++	+	+	++	+++	+	+
7	+++	+++	++	+++	+	+	++	+	+	++	+++	+	+
8	+	+++	+++	+++	+	+	++	+	+	+	++	+	++
9	++	++	++	++	+	++	++	+	+	+	++	+	++
10	+	+	++	+	+	++	+	+	++	+	+++	+	++
11	+	++	++	++	+	+	+	+	++	++	++	+	+++
12	+	+	+	+	+	++	+	+	+	++	+	++	++
13	+	+	+	+	++	+++	+	++	+	+	+	+	+++
14	++	++	+++	++	+	+	+	+	+	+	+	+++	+
15	++	++	++	+	+	++	++	+	+	+	+	+++	++
16	+++	+++	+	+	+	+	+	+	+	+	++	+	+++
17	+	+	+	+	++	+++	+	++	++	++	+	+	++
18	+	+	+	+	+	+++	+	++	+	+	+++	+	++
19	+	++	+	+	+	++	++	+	+	+	+	+	+++
20	+	+	+	+	++	+++	+	++	+	++	+	+	+
21	+	+	+	+	++	+++	++	++	+	++	++	+	+
22	+	+++	+	++	+	+	++	+	+	+	+	+	+++
23	+++	+++	+++	+++	+	+	++	+	+	+++	+	+	++
24	+	++	++	+	+	++	+++	+	++	+	++	+	+
25	+	++	+++	++	+	+	+	+	+	++	++	+	+++
26	+	++	+++	+++	+	+	+	+	+	+	+	+	+++
27	++	+++	++	+++	+	+	+	+	+	++	++	++	+
28	+	+	+	+	+++	+++	+	+++	+	+	+	++	+
29	+	++	++	++	+	++	+	+	++	++	++	+++	+++
30	+	+	+	+	+++	+++	+	+	++	+++	++	+++	+
31	+	+	+	+	++	+++	+	++	+	+++	++	+	+++
32	+	+	+	+	+	++	+++	+	+	+++	+++	+	+++
33	++	++	+++	+++	+	+	+	+	+	++	+++	++	++
34	++	++	++	++	+	+	+	+	+	+	++	+++	++
35	+++	++	+++	++	+	+	+	+	+	++	+++	++	++

注："+、++、+++"分别代表自然与环境特征水平的"低、中、高"，在计算中分别赋值"1、3、5"，下同。

3.3.2 游憩使用因子谱系应用

"游憩使用质量"作为一级分支，其相关的二级分支为游憩活动类型、游憩强度，并根据现场记录和观察得出的活动类型、活动人群、活动强度、干扰范围作为三级分支，将奥林匹克森林公园游人活动分为主题娱乐、休闲活动、观光游览、健身运动四大类，20个小项；将活动人群通过年龄分类；活动持续时间根据实际观测数据分为三个时间等级；详细记录具体使用情况。由于全园数据繁多，选取具有典型性特征的 2 号场地，列出游憩使用因子谱系评分过程（表 3）。

景点 2 游憩使用因子谱系评分过程　　表 3

游憩使用质量										
活动类型					活动强度					
活动项目		活动人群			活动密度			持续时间		
活动类别	活动内容	儿童	青年/中年	老年	低	中	高	＜30min	30min～60min	＞60min
主题娱乐	亲子活动	√	√	√			√			√
	团队拓展		√			√				√
	约会		√		√					√
	摄影	√	√		√			√		
休闲	唱歌、跳舞	√		√	√				√	
	野餐	√	√	√	√				√	
	阅读		√		√					√
	聊天	√	√	√		√				√
	游戏	√	√	√		√		√		
	小憩				√					√
观光游览	赏景		√	√	√				√	
	散步									
	参观									
健身	跑步									
	骑多人自行车									
	踢毽子跳绳	√	√	√	√					√
	球类活动	√	√		√					√
	健身器材									
	跳操	√		√	√				√	
	登山									

3.3.3　管理条件因子谱系应用

“管理条件”作为一级分支，其相关的二级分支为环境卫生、游客引导和警示、资源保护管理和展示、服务设施，并根据实地调查、走访座谈等方式详细列出相关的三级分支，选取 2 号场地数据，列出管理条件因子谱系评分过程（表 4）。

景点 2 管理条件因子谱系评分过程　　表 4

管理条件		
项目		质量
类别	内容	
环境卫生	环境卫生管理程度	＋＋
	垃圾桶数量	＋
	地面清洁频率	＋
游客引导和警示	讲解服务	＋＋
	标识系统	＋＋＋
	安全警告信息	＋＋＋

续表

管理条件		
项目		质量
类别	内容	
场所维护管理和展示	植被养护状态	＋＋＋
	设施维护程度	＋＋
	管理人员巡视	＋＋＋
	治安状况	＋＋
公共服务	小卖部和商铺	＋＋＋
	公共厕所	＋＋
	夜间照明	＋

3.4　奥林匹克森林公园游憩机会分级

将以上研究中三个因子谱系综合起来，依照各因子权重和游憩机会评分模型，计算不同空间游憩机会得分，并判断游憩机会等级（表 5）。由于森林公园中的管理条件水平和游憩质量随着公园建设而提高，管理水平高和游憩质量高的的场地得分较高，这些场地得分均低于

2.5。因此将按平均原则，每 0.5 分差一个等级，其中 Sros 评价总分值介于（0，2.5）为自然风光游憩型，分值介于（2.5，3.0）为生态景观游憩型，分值介于（3.0，3.5）为一般景观游憩型，分值介于（3.5，5.0）为功能设施游憩型[11]，并绘制北京奥林匹克森林公园游憩机会分级图（图 3）。

奥林匹克森林公园游憩机会评分表 **表 5**

景点编号	自然风光特征	人文景观特征	场所支持程度	活动类型	活动强度	环境卫生	游客引导和警示	场所维护管理和展示	公共服务	Sros	游憩类型
1	0.822	0.605	0.639	0.370	0.361	0.461	0.265	0.535	0.291	4.35	功能设施游憩区
2	0.703	0.517	0.547	0.316	0.309	0.394	0.227	0.458	0.249	3.721	功能设施游憩区
3	0.749	0.551	0.583	0.337	0.329	0.420	0.242	0.488	0.266	3.965	功能设施游憩区
4	0.588	0.432	0.457	0.264	0.258	0.330	0.190	0.383	0.208	3.11	一般景观游憩区
5	0.518	0.381	0.403	0.233	0.228	0.291	0.167	0.337	0.184	2.741	生态景观游憩区
6	0.546	0.402	0.425	0.246	0.240	0.306	0.176	0.356	0.194	2.891	生态景观游憩区
7	0.481	0.354	0.374	0.216	0.211	0.270	0.155	0.313	0.170	2.544	生态景观游憩区
8	0.380	0.279	0.295	0.171	0.167	0.213	0.122	0.247	0.135	2.008	自然风光游憩区
9	0.611	0.449	0.475	0.275	0.268	0.343	0.197	0.398	0.217	3.233	一般景观游憩区
10	0.613	0.451	0.477	0.276	0.269	0.344	0.198	0.399	0.217	3.245	一般景观游憩区
11	0.352	0.259	0.274	0.158	0.154	0.197	0.114	0.229	0.125	1.861	生态景观游憩区
12	0.630	0.463	0.490	0.283	0.277	0.353	0.203	0.410	0.223	3.332	一般景观游憩区
13	0.575	0.423	0.447	0.259	0.253	0.323	0.186	0.374	0.204	3.044	一般景观游憩区
14	0.371	0.273	0.289	0.167	0.163	0.208	0.120	0.242	0.132	1.964	生态景观游憩区
15	0.613	0.451	0.477	0.276	0.269	0.344	0.198	0.399	0.217	3.245	一般景观游憩区
16	0.391	0.287	0.304	0.176	0.172	0.219	0.126	0.254	0.138	2.067	生态景观游憩区
17	0.798	0.587	0.620	0.359	0.350	0.447	0.257	0.519	0.283	4.221	功能设施游憩区
18	0.594	0.437	0.462	0.267	0.261	0.333	0.192	0.386	0.210	3.141	一般景观游憩区
19	0.613	0.451	0.477	0.276	0.269	0.344	0.198	0.399	0.217	3.242	一般景观游憩区
20	0.789	0.580	0.613	0.355	0.346	0.442	0.255	0.513	0.280	4.173	功能设施游憩区
21	0.756	0.556	0.588	0.340	0.332	0.424	0.244	0.492	0.268	4.002	功能设施游憩区
22	0.504	0.370	0.392	0.227	0.221	0.282	0.163	0.328	0.179	2.665	生态景观游憩区
23	0.412	0.303	0.321	0.185	0.181	0.231	0.133	0.268	0.146	2.182	自然风光游憩区
24	0.573	0.421	0.446	0.258	0.252	0.321	0.185	0.373	0.203	3.031	一般景观游憩区
25	0.483	0.355	0.376	0.217	0.212	0.271	0.156	0.314	0.171	2.556	生态景观游憩区
26	0.502	0.369	0.390	0.226	0.220	0.281	0.162	0.326	0.178	2.654	生态景观游憩区
27	0.371	0.273	0.289	0.167	0.163	0.208	0.120	0.242	0.132	1.964	自然风光游憩区
28	0.713	0.525	0.555	0.321	0.313	0.400	0.230	0.464	0.253	3.775	功能设施游憩区
29	0.547	0.402	0.425	0.246	0.240	0.307	0.177	0.356	0.194	2.894	生态景观游憩区
30	0.803	0.591	0.625	0.361	0.353	0.451	0.259	0.523	0.285	4.25	功能设施游憩区
31	0.762	0.561	0.593	0.343	0.335	0.427	0.246	0.496	0.270	4.033	功能设施游憩区
32	0.682	0.502	0.531	0.307	0.300	0.383	0.220	0.444	0.242	3.611	功能设施游憩区
33	0.446	0.328	0.347	0.201	0.196	0.250	0.144	0.290	0.158	2.361	自然风光游憩区
34	0.397	0.292	0.309	0.179	0.174	0.223	0.128	0.258	0.141	2.101	自然风光游憩区
35	0.377	0.278	0.294	0.170	0.166	0.212	0.122	0.246	0.134	1.997	自然风光游憩区

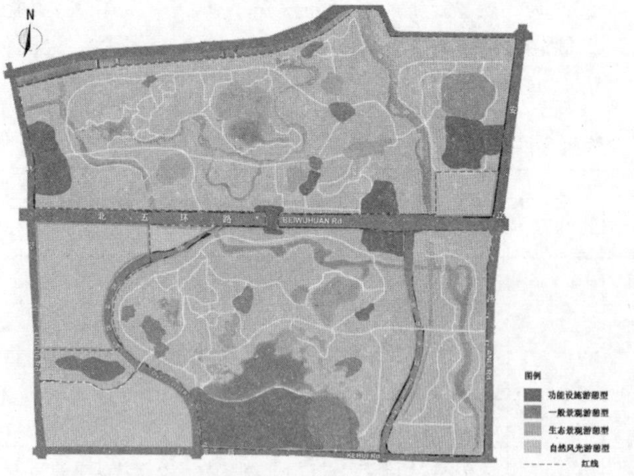

图 3　奥林匹克森林公园游憩机会分级图

3.5　奥林匹克森林公园游憩机会谱等级特征分析

根据上文 3.2 中空间分类，3.4 中游憩机会的分级，总结出北京奥森公园的不同类型环境的特征具体如下：自然风光游憩型，游憩环境以人为改造较少的自然景色为主；占奥林匹克森林公园中的大部分区域，其中游人活动单一、活动密度低、持续时间短、安静程度高、景观美感度高、场地硬化程度低等；活动类型以运动、观景、登山为主；该型区域中管理程度低，管理人员极少出现。

生态景观游憩型，游憩环境以具有一定程度人为改造的自然景观为主；游憩空间具有部分硬质铺装和休息设施；游人活动较自然风光游型多，但不与环境做直接接触；管理程度较低。

一般景观游憩型，游憩环境以自然程度较低的人造景观为主；具有一定的服务设施和人工构筑物，植物人工化养护程度高；游人活动较为丰富，持续时间和密度较大，区域内管理程度较高。

功能设施游憩型，此类空间在奥林匹克公园中主要以出入口的方式存在，承担着游人集散的重要作用；其自然程度极低，植物高度人工化，人工构筑物、设施齐全；游人活动类型多样且密度较大；场所维护较好，游人引导警示系统完善，管理人员巡视频率最高。

3.6　奥林匹克森林公园景观优化设计建议

根据奥林匹克森林公园游憩机会分级，对不同等级游憩空间的自然环境特征、游憩使用质量、管理条件进行详细分析，提出以下优化设计策略：

奥林匹克森林公园中大面积的场地类型为自然风光游憩型场地，其满足“自然轴线”理念中“自然”的定义。该类场地植被覆盖率高，以自然地形为主，如仰山是典型的自然风光型场地，在建成之初树木种植密度大，既造成了树木生长不佳又阻挡了游人视线，加之该型空间中游人活动密度、管理程度均较低，使得其缺乏安全感，因此适当减少种植密度，合理配置植物类型，增强活动场地的视觉性和景观的美感度；同时增强场地管理水平如安全管理、游客引导、卫生环境和场地夜间照明。

生态景观型游憩场地有奥海湖区、天元景区、林泉高致、湿地景区、洼里湖区、天境等。该型区域体现着奥森的生态设计理念，是全园中景观美感较高的区域；区域活动主要以赏景、散步、亲子活动等为主，这些活动对环境质量要求较高，但对自然的影响较小。如天境观景台为典型的生态型场地，但其硬质铺装面积较小，不能满足游人需求，应适当增加天境面积，让游客有较为舒适的活动环境，同时在通向其周围的道路上增加休息设施，供人观赏停留。

一般景观游憩型游憩场地在管理和建设程度上有别于生态型，主要有森林小剧场、夕拾台、下沉水景区、亲水平台等。如位于南园奥海东侧的亲水平台，虽然场地建设程度较高但卫生环境较差、游人使用率较低，应提高场地的设施维护和植物养护状态，加强区域文化展示空间建设，提高场地吸引力，同时湖边可增设木栈道，以满足游人对于亲水的诉求。

功能设施游憩型游憩区域主要位于或靠近奥森主要出入口，具有较多的人工构筑物和服务设施，但分布范围不足，不能满足游人需求，应在园中增加此类场地。除南入口外，其他的功能设施型场地面积有限，活动类型受到限制，且游人在此活动的目的性较弱，停留时间较短，改型场地供游人休息设施较少，故应加强场地的复合性，增加商业服务设施种类和休息设施，满足游人停留休憩的需求；加强场地治安管理，积极响应游人投诉建议，引导游人行为，对不规范的行为要加强管理。

4　结语

奥林匹克森林公园作为北京城市的绿色屏障和综合性游憩空间，对于城市环境和市民生活质量的提升具有重要的作用。本文通过参考各方面研究并实地调查的方法，将游憩机会谱（ROS）运用于城市森林公园中。首先基于中国森林公园现状和奥森实际情况，调整原有 ROS 理论体系，使其适应于本土化的森林公园中；其次确定奥林匹克森林公园游憩空间使用的差异性，并探究不同环境因子同游人环境偏好的平衡关系。根据这种关系，绘制游憩机会谱分级图，明确对不同游憩空间应采取具有针对性的管理举措，为奥森的景观优化提供一定的建议。这次研究只通过调查游人或个人观察获得数据，结果难免具有主观性和误差。在之后的研究中，应加强与 3S、POI 等技术协调研究，建立具有详细数据的动态研究数据网络平台，实时把控公园游憩空间使用状况，为科学优化设计提供可能。

参考文献

[1]　Clark RN，Stankey G H. The Recreation opportunity Spectrum：A Framework for Planning. research［R］. U. S. Department of Agriculture，Forest Service. General Technical Report PNW－98 December 1979.

[2]　VAN LIER H N，TAYLOR P D. New Challenges in Recreation and Tourism Planning［M］. Amsterdam：Elsevier Science Publishers B. V，1993.

[3]　Warzecha C，Manning R，Lime D. Diversity in outdoor recreation：planning and managing a spectrum o1 visitor oppor-

tunities in and among parks[J]. Managing Recreational Use, 2001(7): 26-31.
[4] 吴承照，方家，陶聪．城市公园游憩机会谱(ROS)与可持续性研究——以上海松鹤公园为例[C]//中国风景园林学会．中国风景园林学会2011年会论文集(下册)，2011.
[5] 张成秀，汤晓敏．黄浦江中心段滨江公共绿地游憩机会谱(ROS)构建[J]. 上海交通大学学报，2017(5)：74-82.
[6] 方世明，易平．嵩山世界地质公园游憩机会谱的构建[J]. 湖北农业科学，2014(2)：457-462
[7] 杨会娟，李春友，刘金川．中国森林公园游憩机会谱系(CFROS)构建初探[J]. 中国农学通报，2010(15)：407-410.
[8] 肖随丽，贾黎明，汪平，等．北京城郊山地森林游憩机会谱构建[J]. 地理科学进展，2011(6)：746-752.
[9] 孙盛楠，田国行．基于ROS的森林公园总体规划功能分区研究——以嵩县天池山森林公园为例[J]. 西南林业大学学报，2014(2)：78-83.
[10] 王晖，田国行．游憩机会谱在森林公园游憩中的应用与研究[J]. 北方园艺，2014(2)：85-88.
[11] 刘骏，梅筱，何颖．游憩机会谱(ROS)在城市森林公园中的运用研究——以重庆照母山森林公园为例[J]. 西部人居环境学刊，2018，33(2)：70-76.
[12] 李宏，石金莲．基于游憩机会谱(ROS)的中国国家公园经营模式研究[J]. 环境保护，2017(14)：45-50.
[13] 蔡君．略论游憩机会谱(Recreation Opportunity Spectrum, ROS)框架体系[J]. 中国园林，2006(7)：73-77.
[14] 黄向，保继刚．中国生态旅游机会图谱(CECOS)的构建[J]. 地理科学，2006，266(14)：629-634.
[15] 江洪，等．城市森林公园与山水园林城市建设[J]. 世界科技研究与发展，2000：78-80.
[16] 谢莉，李梅．城市森林公园概念的界定[J]. 四川林勘设计，2010(2)：48-54.
[17] 杨宏伟，等．北京山地森林游憩中游憩者活动特征研究[J]. 北京林业大学学报(社会科学版)，2008(4)：27-32.
[18] CLARK R, STANKEY G. The Recreation Opportunity Spectrum: A framework for planning, managing and research[R]. U.S. Department of Agriculture, Forest Service, Pacific Northwest Forest and Range Experiment Station, 1979: 1-5.
[19] U.S. Department of Agriculture, Forest Service. 15 ROS User Guide[M]. Washington, D.C.: USDA Forest Service, 1982.
[20] USDA: Forest Service. Chapter 60 ROS users guide: project planning[S]. Washington D.C., 1987: 12-27.
[21] 罗芬，黄清麟，张寅，等．森林旅游资源分类与调查及评价研究进展[J]. 世界林业研究，2014，27(6)：8-13.
[22] 王忠君．基于园林生态效益的圆明园公园游憩机会谱构建研究[D]. 北京：北京林业大学，2013.
[23] 崔海兴，徐嘉懿．森林文化建设研究——以北京奥林匹克森林公园为例[J]. 林业经济，2015(8)：41-47.
[24] 张杨，于冰沁，谢长坤，等．基于因子分析的上海城市社区游憩机会谱(CROS)构建[J]. 中国园林，2016，32(6)：52-56.
[25] 李宏，石金莲．基于游憩机会谱(ROS)的中国国家公园经营模式研究[J]. 环境保护，2017(14)：45-50.
[26] 魏芬，王春珊．环巢湖游憩机会谱构建研究[J]. 皖西学院学报，2016(2)：104-107.
[27] 肖随丽．北京城郊山地森林景区游憩承载力研究[D]. 北京：北京林业大学，2011：29-51.

作者简介

贾一非，男，1994年生，汉族，甘肃天水人，北京林业大学硕士研究生。研究方向：园林工程。电子邮箱：jiayifei123@bjfu.edu.com。

张婷，女，1994年生，汉族，北京林业大学硕士研究生。研究方向：自然保护区。电子邮箱：1550376341@qq.com。

牟小梅，女，汉族，甘肃省小陇山林业实验局调查规划设计院工程师。研究方向：林业资源调查规划。电子邮箱：429234236@qq.com。

王沛永，男，1972年生，汉族，河北，北京林业大学园林学院风景园林工程教研室副教授。研究方向：园林工程。电子邮箱：bfupywang@126.com。

论文集

风景园林生态与修复

推动基于自然的解决方案的实施：多类型案例综合研究①

Exploring the Practical Experience of "Nature Based Solutions": A Comprehensive Study of Multiple Types of Cases

陈梦芸　林广思

摘　要：为了解决人类的可持续发展所面临的环境—社会—经济三者耦合的复杂挑战，世界自然保护联盟与欧盟委员会先后提出"基于自然的解决方案"这一概念。本文首先对该术语的研究现状进行梳理，总结该术语的研究存在重理论轻实践的现状。为了提高该理念在实践领域的可操作性，文章根据基于自然的解决方案的三种类型划分，采用多案例研究法，借助 Christopher M. Raymond 等人所制定的实践指南与评估体系，分别分析三者在应对挑战中所采取的措施以及带来的影响。通过分析指出：多角度评估方案产生的效益、构建多元利益主体的跨学科团队、动态的设计思维，是基于自然的解决方案克服发展障碍，进行成功实践的重要经验。
关键词：基于自然的解决方案；可持续发展；社会生态系统；自然资本

Abstract: In order to solve the complex challenges of the environment-social-economic coupling of human sustainable development , the concept of "natural-based solutions" has been proposed in various fields. Firstly, this paper reviews the current research situation of this term, and summarizes the current situation that the research in this field attaches importance to theory and despises practice. In order to improve the operability of the concept in practice, this paper, according to the three types of nature based solutions, selects one case from each, and analyzes the measures taken by the three in dealing with the challenges and their impacts with the help of practice guidelines and evaluation system. Through analysis, it is pointed out that multi-angle evaluation of the benefits generated by the program, the construction of multi-stakeholder interdisciplinary team, dynamic design thinking, are important experiences for nature based solutions to overcome development obstacles and the important experience of successful practice.
Keyword: Nature Based Solutions; Sustainable Development; Social Ecosystems; Natural Capital

随着改造自然能力的不断提高，人类正以前所未有的强度改变着我们的生态系统，从而引发了诸如气候变化、能源与水安全以及公平与正义等一系列问题。因此，联合国提出了可持续发展方式，强调环境、社会与经济三要素的协调发展，以促进社会的进步[1]。但长期以来将环境、社会、经济三者视为孤立个体的固化思维无法应对多维的发展需求，为了寻求应对复合挑战的综合途径，解决人类的可持续发展所面临的环境—社会—经济三者耦合的复杂挑战，世界自然保护联盟与欧盟委员会先后提出"基于自然的解决方案"这一概念：即依托科学技术，在充分了解自然的基础上，利用自然以应对可持续发展挑战，兼具环境、社会及经济效益。

基于自然的解决方案作为新兴概念，从 21 世纪初首次进入主流科学文献至今，学界对该术语的研究主要停留在理论层面。Marion Potschin[2] 等人梳理了基于自然的解决方案从 20 世纪 90 年代首次出现在仿生学领域，到至今成为欧盟委员会及世界自然保护联盟的核心工作领域的概念发展脉络。Joachim Maes[3]，Cohen-Shacham 等人先后阐释了不同利益主体对基于自然的解决方案的定义与其存在的机遇与风险；Cohen-Shacham E 等人在此基础上，还分析了基于自然的解决方案的分类、所蕴含的生态方法、针对特定挑战所建议采取的措施以及相关的经验教训[4]。欧盟委员会在布鲁塞尔的会议上探讨了基于自然的解决方案适用的目标领域[5]。相比而言，对于指导基于自然的解决方案的实践，以及相关的检测评估方法的研究则较少，仅有的较为系统的两篇文章均出自 Christopher M. Raymond[6-7] 等人，阐述了指导基于自然的解决方案实施与评估的流程，但依旧局限于理论层次的探讨，尚未和实践进行较好的结合。总体而言，目前对基于自然的解决方案研究多从概念辨析入手，探讨作为新兴术语的创新性与重要性，以及可能面临的一系列问题。但基于自然的解决方案作为应用型术语，相比关注概念本身，更重要的是要关注如何将这一概念转化为具有可操作性的实践，以应对来自不同领域的挑战。因此，本文从基于自然的解决方案的三种类型选取对应的实践案例，运用 hristopher M. Raymond 等人提出的实施与评估流程，参照评估指南给出的指标与方法，对三个的案例进行梳理，对比总结得出有助于基于自然的解决方案成功实施的实践经验。

1　研究方法

1.1　基于自然的解决方案的分类

由于基于自然的解决方案的发展经历了不同的学科领域，不同群体对该术语有着多样的理解。为了将不同主体对概念的理解置于共同的思维体系当中，创造共同交流的平台，Eggermont、Hild 等人将基于自然的解决方案划分为以下 3 种类型：类型 1——保护现有生态系统的解决方案；类型 2——调整现有生态系统的解决方案；类型 3——创造新的生态系统的解决方案[8]。通过类型的划分，为研究者们以个案演绎的方式，推导适用于不同案例的普适性经验奠定了基础。因此，文章将从每个类型中选取一个案例作为研究对象，以保证通过个案的分析，归纳得到具有普适性的结果。

1.2 实践指南与七阶段实施与评估流程

为了推动基于自然的解决方案从概念转化为实践，Christopher M. Raymond 等人探索了一套实践指南[7]，为提高方案的可操作性提供了重要的参考。指南中将人类所面临的可持续发展的挑战分为十类，针对每种类型的挑战提出了相应的措施、潜在的利弊因素、评估指标以及潜在的影响，并结合指南制定了一套指导实践与评估的流程[6]（图 1），流程包括以下七个阶段：（1）识别问题，判断挑战类型；（2）根据挑战，选择和评估相关措施；（3）设计实施流程；（4）实施解决方案；（5）与利益相关方沟通；（6）调整与拓展解决方案；（7）参考指标评估效益。需要注意的是，以上 7 个步骤是一个循环往复的过程，同时效益评估也并非只对结果进行评估，而是贯穿于方案实施的整个过程的每个阶段（图 2）。

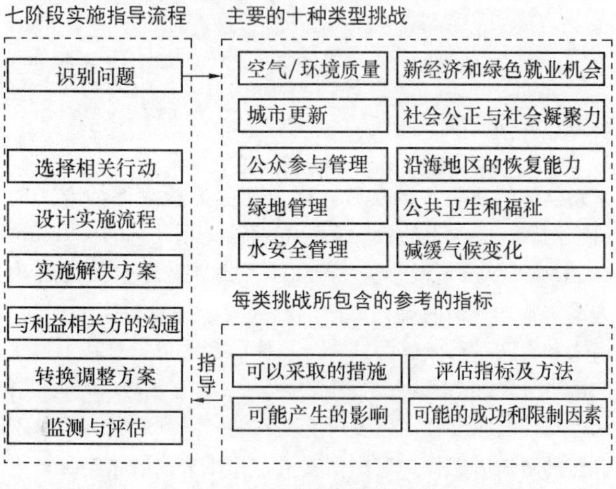

图 1　七阶实施指导流程与实践指南的关系

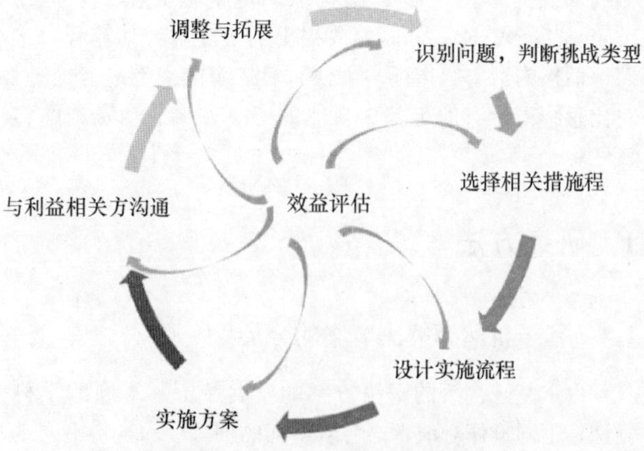

图 2　七阶段实施与评估流程
（图片来源：改绘自参考文献[6]）

2 研究对象

2.1 创造新的生态系统的解决方案：荷兰瓦尔河——还河流以空间

2.1.1 问题识别

瓦尔河是欧洲第一大河莱茵河的分支，河流上游平坦宽阔，流至奈梅亨市河道弯曲，洪泛平原变窄（图 3），根据预测的气候变化，河流流量逐年增加，位于河流"瓶颈"处的奈梅亨市面临着洪水的威胁[9]。为了保护居民免受洪水影响，荷兰政府于 2007 年提出了"还河流以空间"的计划，旨在通过河流扩容来提高城市的防洪能力。奈梅亨的改造是整个项目中规模最大、最具启发性的案例[14]。

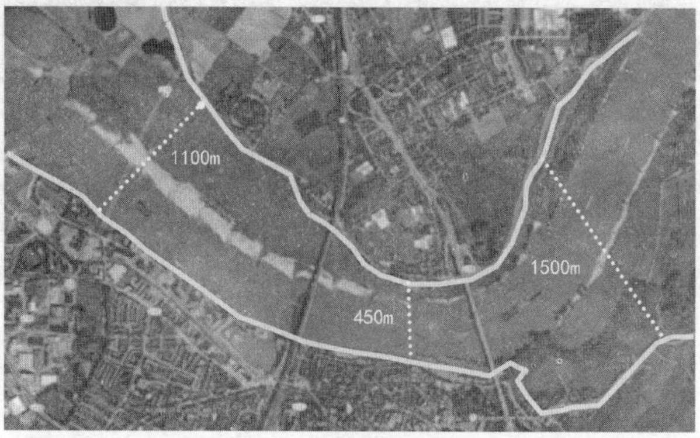

图 3　河流改造前洪泛平原变化情况

2.1.2 措施选择

（1）改造水体：开凿次级河流，分担河流流量（图 4）。

图 4　"还河流以空间"措施之一：改造水体[10]

（2）移动防洪基础设施：内移防洪措施，扩大泛洪区域（图 5）。

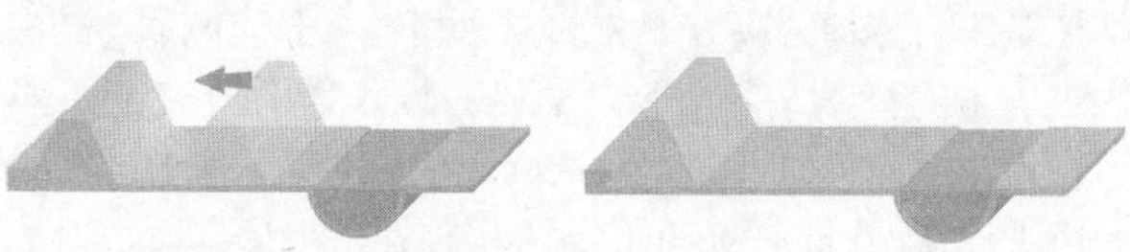

图 5　"还河流以空间"措施之一：
移动防洪基础设施[10]

2.1.3 实施流程

项目的实施由荷兰国家政府主导，将整个项目分散为不同地点的一系列子项目，协调包括地方政府、企业、社区居民等 19 个合作方共同参与完成。

2.1.4 实施方案

在瓦尔河项目中，设计并非简单地扩展河道以增加河流容量。一方面，它根据河流的运动力学，模拟河流流向、水位等各方面因素，挖掘次级河道，并植入了一个防洪和分流的河中洲岛[11]。在水位达到高峰时期，两条河流连同岛屿一起，联合排洪（图6）。露出水面的河心岛屿，则为奈梅亨市中心创造一个集娱乐与自然为一体的绿地空间。另一方面，项目还将原有堤坝向内陆移动350m[12]，以扩大洪泛区，为河流创造了更多的流域面积，从而降低了河水水位（图7）。

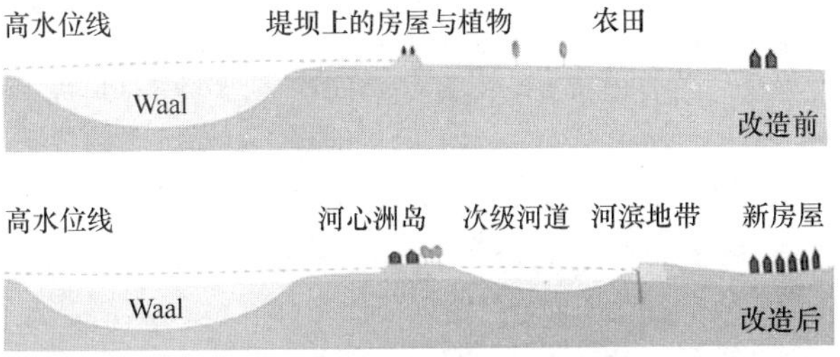

图6 改造前后断面示意图（改绘自参考文献[24]）

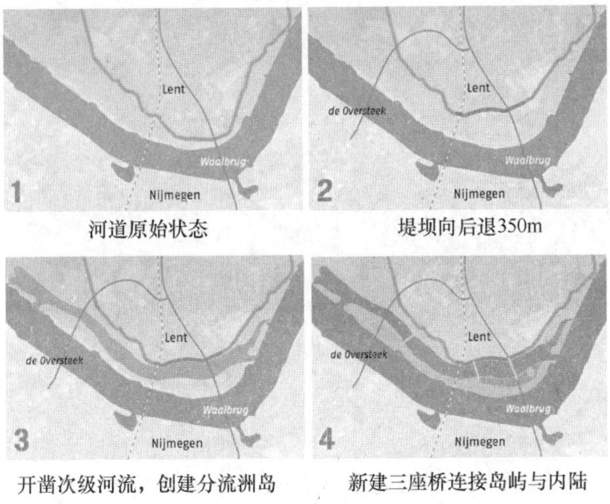

图7 策略图解[13]

2.1.5 利益方沟通

荷兰政府通过新闻通信、信息会议和互动研讨会，让利益相关者参与其中。在互动研讨会上，主持者提出规划，参与者提供他们的意见，规划随着根据研讨会的结果进行调整。在项目的实施过程中，主持者们还通过模型等一系列可视化措施让利益相关者了解方案的实施效果。

2.1.6 调整及拓展

瓦尔河的项目中，方案的调整拓展包括了两方面：一方面，通过社区会议，根据居民需求，在计划外新设桥梁三座，滨水码头一座以满足居民的需求。另一方面瓦尔河作为“还河流以空间”计划的一个试点，其成功的实施，已使得该策略向城市规模拓展，为解决河流洪涝问题提供经验。

2.1.7 效益评估

经过“还河流以空间”的实施，瓦尔河的水位下降了35cm[15]，将满足奈梅根市150年一遇的防洪需求。同时，新增的三座桥与岛屿成为连接南北岸居民的媒介，促进了地区的凝聚力。新的滨水公园（图8），吸引了大量游客，为当地收入提供新的经济增长点。

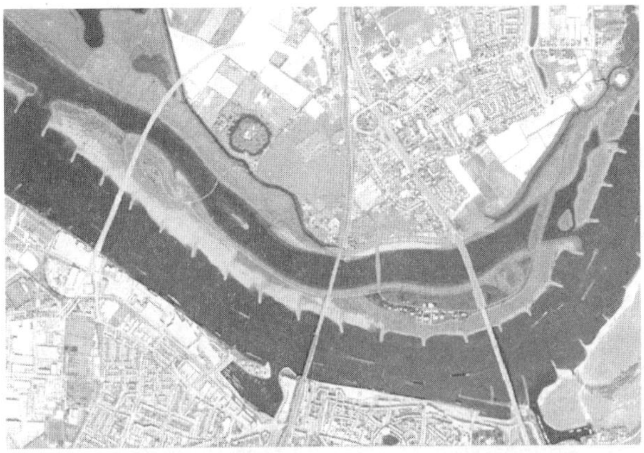

(*a*)

(*b*)

图8 建成后平面及鸟瞰图[16]

（*a*）方案平面图；（*b*）建成后鸟瞰航拍图

2.2 调整现有生态系统的解决方案：美国新泽西州开普梅社区——人工沙丘

2.2.1 问题识别

开普梅社区作为美国新泽西州的一个沿海社区，多年来因受到风暴潮的影响而造成巨额的经济损失。美国陆军工程兵团及政府在内的各个利益相关方致力于制订基于自然的解决方案构筑开普梅社区的韧性海岸。

2.2.2 措施选择

为了建立韧性海岸，项目一方面致力于解决洪涝灾害的问题，另一方面恢复沿海生态系统。具体措施涉及：补充被侵蚀的海滩、建立沙丘、恢复淡水流经湿地、控制侵入性芦苇、在湿地内创造水鸟觅食和休息区域、安装水控制结构[17]。

2.2.3 实施流程

整个项目被划分为两个主要阶段，分别应对风暴潮及生态修复的两个目标，并于2011、2013、2017年完成三期后续的沙丘补给工作[18]。

2.2.4 实施方案

方案在该项目的第一阶段，用将近140万m^3的沙子扩建1英里（1英里＝1.6km）长，18英尺高的沙丘，扩大了2英里的海滩（图9）。在第二阶段，方案则侧重恢复沿海的淡水湿地，增加了排水涵洞，以改善水质和排水情况。还通过移除限制候鸟入侵的芦苇，在湿地内为鸟类创建栖息地[19]。

(*a*)

(*b*)

图9 方案实施前后对比图[19]
（*a*）修复前；（*b*）修复后

2.2.5 利益方沟通

方案的实施几乎没有收到反对的声音，由美国陆军工程兵团、新泽西州环境保护部、大自然保护协会和地方政府在内的利益相关者开会讨论可开展的综合生态恢复项目，协同恢复海滩生态系统。

2.2.6 调整及拓展

从第一阶段到第二阶段，随着风暴潮的减缓，方案将重点从建立沙丘以应对风暴潮转向恢复沿海淡水生态系统。

2.2.7 效益评估

预计，未来50年的开普梅社区的洪水索赔将节省960万美元。此外，鸟类已经涌向恢复的栖息地，吸引了大批的观鸟者的追随。大自然保护协会在2014年进行的一项分析预测，生态旅游将每年为该社区的收入增加3.1亿美元[19]。

2.3 保护现有生态系统的解决方案：希腊阿提卡地区——湿地适应性保护

2.3.1 问题识别

阿提卡是希腊拥有丰富湿地资源的地区（图10），对当地的生态系统和人类福祉保障有着重要的作用。根据气候预测，到2100年，该地区将持续且频繁地发生干旱，由于该湿地的灌溉水源大多来自于雨水灌溉，因此，由于气候条件的变化和人为干预的协同作用，将会对阿提卡湿地造成严重影响[20]。为了保护阿提卡的湿地，阿提卡环境管理局及希腊生物群落湿地中心联合实施了“阿提卡湿地保护计划”，提高湿地应对气候变化的能力，以减少人为干预和气候变化对湿地的影响。

图10 阿提卡湿地[20]

2.3.2 措施的选择

项目的主要措施包括：湿地的可持续管理和恢复；提高湿地斑块的连接度；对所提供服务的评估；维持湿地生物多样性和提高应对气候变化的能力以及提高公民参与环境保护的意识[21]。

2.3.3 实施流程

作为希腊第一个动员气候变化适应战略的地区，战略采用了参与式的方式来提出生态系统管理的方法：由阿提卡地区的环境理事会制定适应性保护计划，鼓励社会团体，环境组织和研究机构通过访谈，信息会议，研讨会和培训研讨会参与湿地的保护。

2.3.4 实施方案

该战略建立在七个子项目上：（1）改善阿提卡湿地的植被和气候变化的影响；（2）保护和恢复阿提卡湿地生态系统及其服务以适应气候变化；（3）水资源的可持续利用；（4）土地利用规划；（5）提高公民环境意识，促进生态旅游发展；（6）提高湿地对保护和管理的适应能力；

（7）促进企业在湿地保护上的力量整合。并在每一个子项目中都确定了具体的优先措施[20]。

2.3.5 利益方沟通

项目开始，阿提卡地区就通过媒体、研讨会开展了培训会和访谈，整个湿地适应战略的制定都以公众参与的方式进行。

2.3.6 调整及拓展

在计划的实施期间，主办方举办了“湿地脆弱指数评估”的培训研讨会和宣传活动。在研讨会期间，约 30 名参与者学习了评估方法，促进了湿地适应性保护计划的推广[20]。

2.3.7 效益评估

项目的实施一方面改善了沿海地区的湿地保护，另一方面还提高了阿提卡湿地对人为干预和气候变化的应对能力，改善湿地生态系统功能。同时，项目进一步提高了公民的环境意识与湿地的经济价值。

3 基于自然的解决方案实施的经验

3.1 多角度评估方案产生的影响

基于自然的解决方案，作为解决可持续发展挑战的综合途径，该理念侧重协调社会、经济、环境三者的关系。因此，基于自然的解决方案在解决核心问题的过程中，往往会在其余九类挑战领域产生一系列协同效益（表1）。同时，除了协同效益以外，也会在其他领域产生一些负面影响。所以，在对解决方案进行效益评估的时候，要避免单一视角的评估方式，应结合不同的利益主体、不同的时空尺度从不同的领域对方案展开全方位的效益评估。

三类案例效益评估分析　　表 1

案例＼不同领域产生的效益	减缓气候变化	水安全管理	韧性海岸建立	绿地管理	环境质量	城市更新	参与式规划和治理	社会公正与社会凝聚力	公共卫生和福祉	新经济机会与绿色就业机会
荷兰奈梅亨市瓦尔河——还河流以空间	•	●		•	•	•		•	•	•
美国新泽西州开普梅社区——人工沙丘		•	●	•	•	•			•	•
希腊阿提卡地区的湿地适应性保护	●	•	•		•		•	•	•	•

注：●——核心效益；•——协同效益。

3.2 多元利益主体的跨学科合作

众所周知，可持续发展是社会、经济与环境三者相互协调与作用的过程，作为应对可持续发展挑战的解决方案，基于自然的解决方案往往涉及不同的领域。因此，为了以专业的水准应对方案在不同领域出现的问题，各自发挥所长，探索基于自然的解决方案在不同领域实现多重效益的策略，基于自然的解决方案需要跨学科团队的合作。

同时，为了保证方案的实施过程能够依托不同的利益群体，获得不同的资源保障，包括资金、土地、知识，从而推动基于自然的解决方案克服发展障碍[22]。因此，多利益主体是基于自然的解决方案的团队构成的常态，往往呈现出一方主导、多方协同的合作形式（表 2）。

三类案例利益主体分析　　表 2

案例＼利益主体	国家机构	地方部门	科研机构	企业	社会团体	公民
荷兰奈梅亨市瓦尔河——还河流以空间	●	•	•	•	•	•
美国新泽西州开普梅社区——人工沙丘	●	•	•		•	•
希腊阿提卡地区的湿地适应性保护		●			•	•

注：●——主导者；•——协同合作方。

3.3 动态的视角推动方案的发展

和灰色基础设施不同，基于自然的解决方案所依托的是具有生命且始终处于动态变化不断发展的自然系统，这就意味着它们不像无生命的基础材料一般可以准确地被预测。因此，以往静态的标准化的思路不再适用于对基于自然的解决方案的推动，在推动方案的发展过程中，需要深入的了解相关的生物特征，以动态的视角规划、建设、监测和调整拓展基于自然的解决方案[23]。

4 结语

文章借由 Christopher M. Raymond 等人提供的七阶段流程的方法，通过对三类基于自然的解决方案的剖析总结，认为想要进一步提高基于自然的解决方案的实践水准，应组建多元利益主体的跨学科合作平台，从多角度评估方案产生的效益，并以动态的思维方式推动方案的发展。我国作为同样面临着环境—社会—经济三者耦合的复杂挑战的国家，虽然还未将基于自然的解决方案应用到可持续发展的实践中，但基于自然的解决方案所蕴含的理论与实践经验，将会带给我国的生态实践一些有益的启发。

参考文献

[1] Brundtland G H. Report of the World Commission on Environment and Development. Environmental Policy & Law, 1987, 14(1): 26-30.

[2] Potschin M, Kretsch C, Haines-Young R, et al. Nature-Based Solutions. 2015 [2018-08-10]. http://www.openness-project.eu/library/reference-book.

[3] Maes J, Jacobs S. Nature-Based Solutions for Europe's Sustainable Development. Conservation Letters, 2017, 10(1): 121-124.

[4] Andrade N, Dudley N, Fischborn M, et al. Nature-based Solutions: From Theory to Practice : Cohen-Shacham E, Walters G, Maginnins S, et al. Nature-based Solutions to address global societal challenges. Gland , Switzerland : IUCN, 2016: 1-33.

[5] European Commission. Towards an EU Research and Innovation policy agenda for nature-based solutions & re-naturing cities : Final Report of the Horizon 2020 Expert Group on Nature-Based Solutions and Re-Naturing Cities. Brussels: European Commission, 2015: 4.

[6] Raymond C, Frantzeskaki N, Kabisch N, et al. A framework for assessing and implementing the co-benefits of nature-based solutions in urban areas. Environmental Science & Policy, 2017, (77): 15-24.

[7] Raymond, C. M. et al. An Impact Evaluation Framework to Support Planning and Evaluation of Nature-based Solutions Projects: Report prepared by the EKLIPSE Expert Working Group on Nature-based Solutions to Promote Climate Resilience in Urban Areas. United Kingdom : Centre for Ecology & Hydrology, 2017.

[8] Eggermont H, Balian E, Azevedo J, et al. Nature-based Solutions: New Influence for Environmental Management and Research in Europe. GAIA-Ecological Perspectives for Science and Society, 2015, 24(4): 243-248.

[9] Ruimtevoorderivier. Room for the River Waal-protecting the city of Nijmegen. Brussels: The European Climate Adaptation Platform, 2014 [2018-08-10]. https://climate-adapt.eea.europa.eu/metadata/case-studies/room-for-the-river-waal-2013-protecting-the-city-of-nijmegen.

[10] Ruimtevoorderivier. Room for Rivers. Nederland: Ruimtevoorderivier, 2016[2018-08-10]. https://www.ruimtevoorderivier.nl/kennisbank/.

[11] H+N+S Landscape Architects. Room for the River Nijmegen. Slovenia: Landezine-Society for Promotion of Landscape Architecture, 2016 [2018-08-10]. http://www.landezine.com/index.php/2016/08/room-for-the-river-nijmegen-by-hns-landscape-architects/.

[12] Letty Reimerink. A Dutch City Makes Room for Its River and a New Identity. Washington: Citylab, 2015[2018-08-10]. https://www.citylab.com/design/2015/05/a-dutch-city-makes-room-for-its-river-and-a-new-identity/393404/.

[13] Municipality of Nijmegen. Room for the river Waal Nijmegen. Nijmegen: Gemeente Nijmegen&i-Lent, 2014 [2018-08-10]. http://www.ruimtevoordewaal.nl/en/more-information.

[14] 张云翠. 还地于河—荷兰奈梅亨的都市再造. 台湾: 荷事生非, 2015[2018-08-10]. https://www.oranjeexpress.com/2015/10/28/还地于河-荷兰奈梅亨市的再造.

[15] Municipality of Nijmegen. Room for the river Waal. Nijmegen: Gemeente Nijmegen&i-Lent, 2014[2018-08-10]. https://www.ruimtevoorderivier.nl/room-for-the-waal/.

[16] H+N+S Landscape Architects. Room for the River. World Landscape Architecture, 2017[2018-08-10]. http://worldlandscapearchitect.com/room-for-the-river-nijmegen-the-netherlands-hns-landscape-architects/#.W4C3CpMzZ0t.

[17] The Nature Conservancy in New Jersey. South Cape May Meadows is a Globally Renowned Birders Paradise. New Jersey: The Nature Conservancy, [2018-08-10]. https://www.nature.org/ourinitiatives/regions/northamerica/unitedstates/newjersey/placesweprotect/south-cape-may-meadows.xml.

[18] The U.S. Army Corps of Engineers. New Jersey Shore Protection, Lower Cape May Meadows-Cape May Point, NJ. Washington: The U.S. Army Corps of Engineers, [2018-08-10]. http://www.nap.usace.army.mil/Missions/Factsheets/Fact-Sheet-ArticleView/Article/490785/new-jersey-shore-protection-lower-cape-may-meadows-cape-may-point-nj/.

[19] Naturally Resilient Communities. South Cape May Meadows. America: Naturally Resilient Communities. [2018-08-10]. http://nrcsolutions.org/south-cape-may-meadows-cape-may-point-new-jersey/.

[20] Argyro Paraskevopoulou. Wetland Adaptation in Attica Region. Attica: The European Climate Adaptation Platform, 2016 [2018-08-10]. https://climate-adapt.eea.europa.eu/metadata/case-studies/wetland-adaptation-in-attica-region-greece-1.

[21] Ecologic Institut Gemeinnützige GmbH. Developing-attica-wetland-action-plan. Berlin: Ecologic Institut Gemeinnützige GmbH, [2018-08-10]. https://www.coastal-management.eu/measure/example-developing-attica-wetland-action-plan-gr.

[22] Apn VDJ, Szaraz LR, Delshammar T, et al. Cultivating nature-based solutions: The Governance of Communal Urban Gardens in the European Union. Environmental Research, 2017, 159: 264-275.

[23] Fernandes J P, Guiomar N. Nature-based solutions: the need to increase the knowledge on their potentialities and limits. Land Degradation & Development, 2018. 29(6): 1929-1935.

［24］ Sijmons D，Feddes Y，Luiten Y. et al. Room for the River：Safe and attractive landscapes. Nederland：Blauwdruk，2017.

作者简介

陈梦芸，1994 年生，女，汉族，福建人，华南理工大学建筑学院风景园林系博士研究生，研究方向为风景园林规划设计及理论。电子邮箱：1195557871@qq. com。

林广思，1977 年生，男，汉族，广东人，博士，华南理工大学建筑学院风景园林系教授，亚热带建筑科学国家重点实验室和广州市景观建筑重点实验室固定研究人员/风景园林规划设计及理论研究，通讯作者：asilin@126. com

城市街区植物绿量及对 $PM_{2.5}$ 的调节效应

——以武汉市为例①

Study on the $PM_{2.5}$ Modification Effect of Urban Block Three-dimensional Green Volume

—A Case Study of Wuhan

陈　明　戴　菲

摘　要：在构成城市肌理的普通街区中，增加城市绿地是调节 $PM_{2.5}$ 最直接有效的方式之一，然而相关研究仅限于绿地的二维空间层面。本文以武汉市 16 个环境空气质量监测点形成的 500m 缓冲区为研究单元，基于 Landsat-8 影像图反演的三维绿量，通过相关分析与回归分析，量化研究单元三维绿量与 $PM_{2.5}$ 浓度之间的关系。结果表明，（1）街区中三维绿量与 $PM_{2.5}$ 浓度之间有着显著的负相关关系，其中乔木三维绿量与 $PM_{2.5}$ 浓度关系更紧密。（2）植物三维绿量的 $PM_{2.5}$ 消减效应非线性关系，低绿量时消减效果随绿量增加尤为显著，当绿量增加至一定程度消减率达到饱和。（3）$PM_{2.5}$ 的消减受环境浓度影响较大，污染程度越高，增加同等三维绿量植物能消减更多的 $PM_{2.5}$。研究弥补二维绿地指标对植物结构、体量等对 $PM_{2.5}$ 消减效应的局限性，为合理进行城市绿地三维空间规划设计提供指引。

关键词：街区尺度；三维绿量；$PM_{2.5}$；绿地设计

Abstract: Increasing urban green space is one of the most effective ways to remove $PM_{2.5}$ in urban blocks. However, the related research is limited to the two-dimensional space of the green space. The 500m buffer zone around by 16 environmental air quality monitoring stations in Wuhan was used as the research unit. The study quantified the relationship between three-dimensional green volume derived from Landsat-8 image and $PM_{2.5}$ concentration by correlation analysis and regression analysis. Firstly, we found that there was a significant negative correlation between three-dimensional green volume and $PM_{2.5}$ concentration and tree three-dimensional green volume was more significantly related to $PM_{2.5}$ concentration. Secondly, the relationship between the $PM_{2.5}$ reduction effect of the plant's three-dimensional green volume was particularly significant in low level, and when the three-dimensional green volume increased to a certain extent, the reduction rate reached saturation. Finally, the reduction of $PM_{2.5}$ was influenced by the environmental concentration. The higher the pollution level, the more the $PM_{2.5}$ could be reduced by adding the same three dimensional green volume. The study made up for the limitations of the $PM_{2.5}$ reduction effect on plant structure and massing. It provided guidance for the planning and design of three-dimensional green space.

Keyword: Block Scale; Three-dimensional Green Volume; $PM_{2.5}$; Green Space Design

快速城市化引起的颗粒物空气污染（尤其细颗粒物 $PM_{2.5}$）是我国大城市面临的普遍问题，构成城市肌理的普通街区的空气质量与人们的日常生活紧密相关，而街区中的绿地是改善空气质量的重要因素，提高绿化覆盖率是最直接有效的方式之一[1-3]。近年来，越来越多的研究关注城市绿地的颗粒物消减效应。实测表明，城市绿地外的 PM 浓度明显高于绿地内[4]，且影响至绿地周围一定范围内的 PM 浓度，绿地规模越大影响范围越远[5]。也有学者通过城市森林效应模型（UFORE）、i-Tree Eco 模型等预测增加城市林木覆盖率降低大气 PM_{10}、$PM_{2.5}$ 浓度的具体量值[6-8]。然而上述研究都仅关注绿地规模、绿地率、覆盖率等的二维绿地指标，而绿地的生态服务功能除了受大小规模影响，还与其结构、空间分布、体量等三维空间形态紧密相关[9]，是目前研究鲜有涉及的。三维绿量的研究在 20 世纪末兴起，它突破传统二维绿地指标的局限性，能有效反映绿地结构与绿化强度，在绿地生态服务方面更具影响力[10]。

本文在前期研究成果的基础上，基于武汉市建成区内的 16 个国家环境空气质量监测点（以下简称监测点），分析了监测点 500m 范围内的三维绿量与其 $PM_{2.5}$ 浓度的关系，并提出三维绿量的合理阈值。研究从改善城市空气质量的角度出发，为合理进行城市绿地三维空间规划设计提供指引。

1　研究方法

1.1　研究区域及样本

以华中地区的武汉市为研究对象，其严重的 $PM_{2.5}$ 污染与高密度的建设空间，是大城市在其快速发展后期城市问题与空间形态的典型代表。据《2017 年武汉市绿化状况公报》统计，建成区绿化覆盖率达 39.55%，绿地率 34.47%。16 个监测点（包括 9 个国控监测点与 7 个市控监测点）较均匀地分布在建成区内（图 1），间距在 3～

① 国家自然科学基金面上项目（51778254）与国家自然科学基金重点项目（51538004）共同资助。

5km。鉴于我国城市街区的划分标准，以两条主干路围合成约 800～1200m 的空间范围[11]，以及既往研究得出的 500m 范围内绿化覆盖率对 $PM_{2.5}$ 浓度的显著影响[1]，研究以监测点 500m 的缓冲区作为研究单元。16 个样本点形成的研究单元较全面地涵盖构成武汉城市肌理的各空间类型，也包含城市公园绿地、防护绿地、附属绿地等多种绿地类型，因此能全面分析其绿量格局与对 $PM_{2.5}$ 的调节效应。

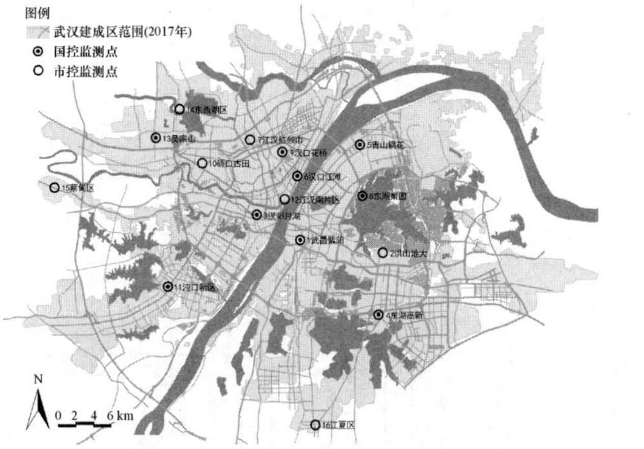

图 1　武汉建成区内 16 处监测点分布

1.2　$PM_{2.5}$浓度获取

建成区内国控点与市控点的 $PM_{2.5}$ 浓度数据来源于武汉市环境保护局（http://hbj.wuhan.gov.cn/viewAirDarlyForestWaterInfo.jspx）的逐日数据。考虑植被的季节变化，研究的时间段集中于 2016 年夏季（6～8 月）植被生长的稳定时期。同时为了避免降雨、刮风等气候因素对研究造成的干扰，采集了数据测量当天及前后 2～3 天均为晴朗无风或微风天气的 $PM_{2.5}$ 数据，共 33 天。取这些数据的平均值用于分析，以减少单日数据的偶然误差。

1.3　三维绿量测算

目前研究主要以植物茎叶占据的体积（m^3）与植物叶片面积总量（m^2）两类指标衡量三维绿量[12-13]，考虑到植物的颗粒物消减效应主要通过叶片的拦截、滞留与吸附等作用，研究以叶面积总量作为衡量植物三维绿量的指标。其中叶面积指数（Leaf Area Index，LAI）是关键指标，该指标通过遥感影像反演得到，数据资料为 2016 年 7 月 23 日拍摄的武汉市 30m 分辨率的 Landsat-8 影像图，反演前通过几何校正、大气校正等影像预处理，保证数据的精度。首先通过比值植被指数（Ratio Vegetation Index，RVI）识别出植物[14]。通过 ENVI 5.3 软件计算发现，当 RVI 大于 2.22 时可为归为绿地。然后建立 LAI 与 RVI 拟合度较高的三次多项式关联模型（$R^2=0.726$）[10]，通过计算 RVI 求得 LAI，间接获得各研究单元的三维绿量（Leaf Area，LA）。计算公式(1)～(3)如下：

$$RVI = NIR/R \tag{1}$$

$$Y = 0.012x^3 - 0.207x^2 + 2.061x - 0.508 \tag{2}$$

$$LA = 900LAI \tag{3}$$

式中，NIR 是近红外波段的反射率；R 是红波段的反射率；Y 是 LAI；x 是 RVI。

为了探索不同植物类型三维绿量对 $PM_{2.5}$ 的消减效果，通过影像识别乔木与灌草，分为乔木三维绿量与灌草三维绿量进行分析。

1.4　数据分析

首先对各研究单元的三维绿量分布格局进行分析；其次分析检验各研究单元 $PM_{2.5}$浓度的差异性，为后续研究的开展奠定基础；最后通过相关分析研究三维绿量与 $PM_{2.5}$浓度的相关强弱，回归分析研究三维绿量对 $PM_{2.5}$ 的影响及其规律，并得到三维绿量的合理阈值。上述数据分析均在 SPSS 19.0 软件中完成，$p<0.05$ 作为数据显著与否的判定依据。

2　结果与讨论

2.1　各研究单元三维绿量格局

反演结果显示，16 个研究单元的三维绿量差异性显著，绿量最高的为吴家山达 76047.354m^2，最低的为江汉南片区仅 1441631.044m^2，16 个研究单元的绿量平均值为 728376.9665m^2（图 2）。其中乔木是主要的植物类型，

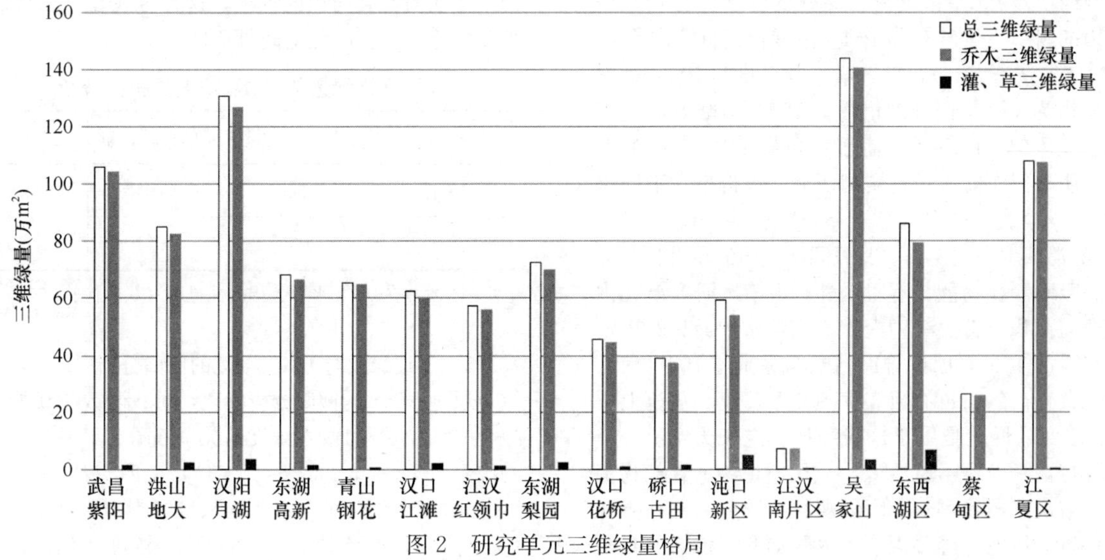

图 2　研究单元三维绿量格局

构成总绿量的 90%左右，平均乔木绿量为 705447.3494m²。而灌、草在各个研究单元中均分布不多，平均灌、草绿量仅 22929.61714m²，不到平均乔木绿量的 1/30。

2.2 各研究单元 $PM_{2.5}$浓度的差异性

各研究单元的 $PM_{2.5}$浓度存在显著差异（图 3）。其中平均 $PM_{2.5}$浓度最高值出现在江汉南片区，最低值出现在汉口江滩。江汉南片区与蔡甸区、梨园、吴家山等 10 个研究单元的 $PM_{2.5}$浓度差异显著，汉口江滩与沌口新区、江汉红领巾、江汉南片区、硚口古田、青山钢花、东西湖区、蔡甸区等 7 个研究单元的 $PM_{2.5}$浓度差异显著。以 2016 年 6～8 月武汉全市的 $PM_{2.5}$浓度（51.8μg/m³）为参照，各研究单元的 $PM_{2.5}$浓度在此基础上上下浮动变化较大，最低值与最高值分别有 8%、18%的浮动。据此，基于街区尺度 $PM_{2.5}$浓度的差异性，研究其与三维绿量之间的关系具有重要意义。

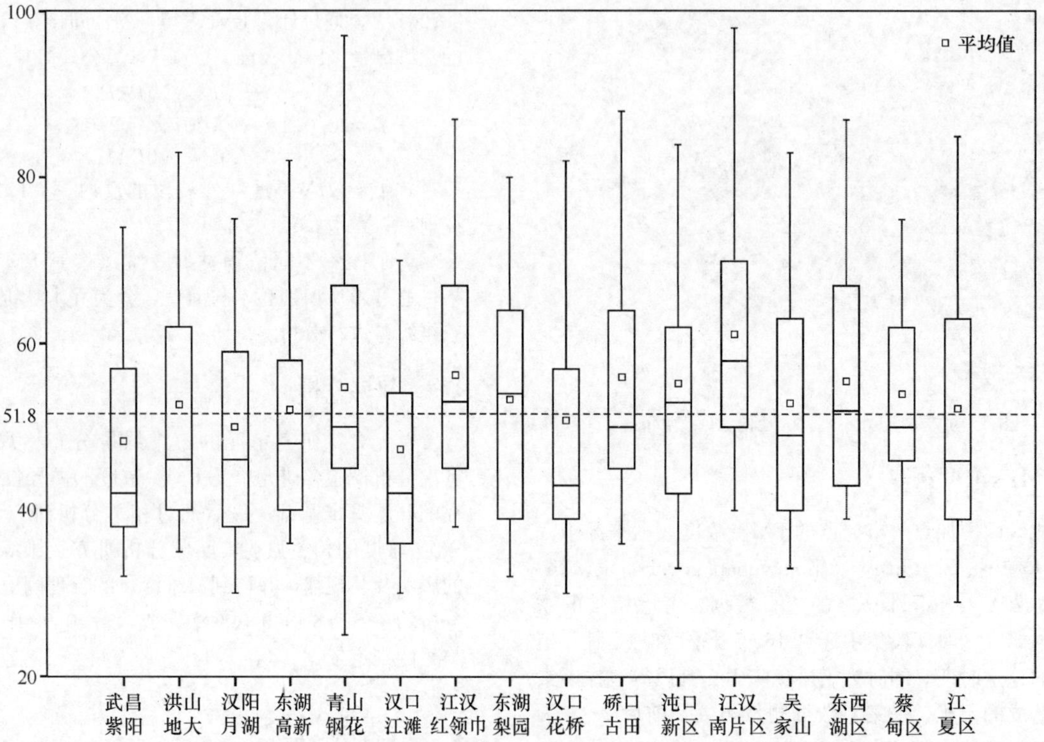

图 3 各研究单元 $PM_{2.5}$浓度比较

2.3 三维绿量与 $PM_{2.5}$浓度关系分析

2.3.1 三维绿量与 $PM_{2.5}$浓度的相关性

三维绿量与 $PM_{2.5}$浓度的相关分析显示（表 1），研究单元内的树木三维绿量与 $PM_{2.5}$浓度值之间呈显著的负相关关系（$p<0.05$），而灌草三维绿量与 $PM_{2.5}$浓度则无明显相关关系。因此，植物的 $PM_{2.5}$消减效应主要依靠叶面积量较多的乔木，而灌木和草地对 $PM_{2.5}$的调节作用不明显。而前人通过实测研究，也得出在不同绿地类型中，草地对不同粒径颗粒物（TSP、PM_{10}、$PM_{2.5}$）的消减率最弱[15-16]。其原因除了与灌草自身叶面积量少、吸附颗粒物能力有限以外，由于本研究单元内的灌草覆盖面积过低，其中灌、草三维绿量最高的也不超过总绿量的 10%，因此难以判断其绿量与 $PM_{2.5}$消减效应的相关性。然而也有研究发现夏季篱草、草地上空的 $PM_{2.5}$浓度最低，是由于这些绿地上空较为空旷，空气对流性好，颗粒物不易聚集[17]。因此植物的颗粒物消减效应低取决于植物类型、大气颗粒物浓度以及外界环境（温湿度、风速）等多因素。尽管如此，植物的吸附作用也相当显著，在实际的街区绿地规划设计中，以乔木为主，搭配一定比例的灌、草，既能有效改善空气质量，也能营造丰富多样的园林景观空间。而通过灌、草要达到与乔木同等 $PM_{2.5}$消减率，由于其自身的植物结构，往往需要大面积的种植，这种方式在高密度城市中难以实施，还会降低空间可达性。

三维绿量与 $PM_{2.5}$浓度的相关分析　　表 1

	乔木三维绿量	灌草三维绿量	总三维绿量
相关性	−0.543*	−0.048	−0.534*
显著性	0.030	0.861	0.033

注：* 表示在 0.05 水平上相关性显著（双侧检验）。

2.3.2 三维绿量与 $PM_{2.5}$浓度的回归分析

通过 SPSS 的回归分析发现，对数函数曲线能最好地拟合三维绿量和 $PM_{2.5}$浓度的关系（图 4）。总三维绿量的判定系数 $R^2=0.430$（$p<0.01$），说明它能解释 43%的 $PM_{2.5}$浓度变化，而乔木三维绿量的判定系数 $R^2=0.441$（$p<0.01$），解释了 44.1%的 $PM_{2.5}$浓度变化，也说明了

乔木绿量是起主要作用。对数函数曲线在这一区间内单调递减，但其减速随着三维绿量的升高而降低，当三维绿量达到一定数值时会接近其 $PM_{2.5}$ 消减能力的极限。因此，要发挥植物的 $PM_{2.5}$ 消减作用，改善空气质量，需要综合考虑一定范围内的植物绿量，而绿量值在小范围内其 $PM_{2.5}$ 消减效应尤为明显，绿量由 76047m^2（江汉南片区）增加至 264946m^2（蔡甸区）时，$PM_{2.5}$ 浓度可降低约 10%。而当绿量值越高时，其消减效应减弱并趋于饱和。这是由于植物叶片对颗粒物的吸纳能力有限[18]。此外从图 4 中还可看出，个别点离回归曲线较远，尤其是汉口江滩，该研究单元的三维绿量处于中等水平，但 $PM_{2.5}$ 浓度却是最低的，这与其内部环境有关。由于该研究单元中还分布着大面积的水域，也有利于 $PM_{2.5}$ 浓度的降低。

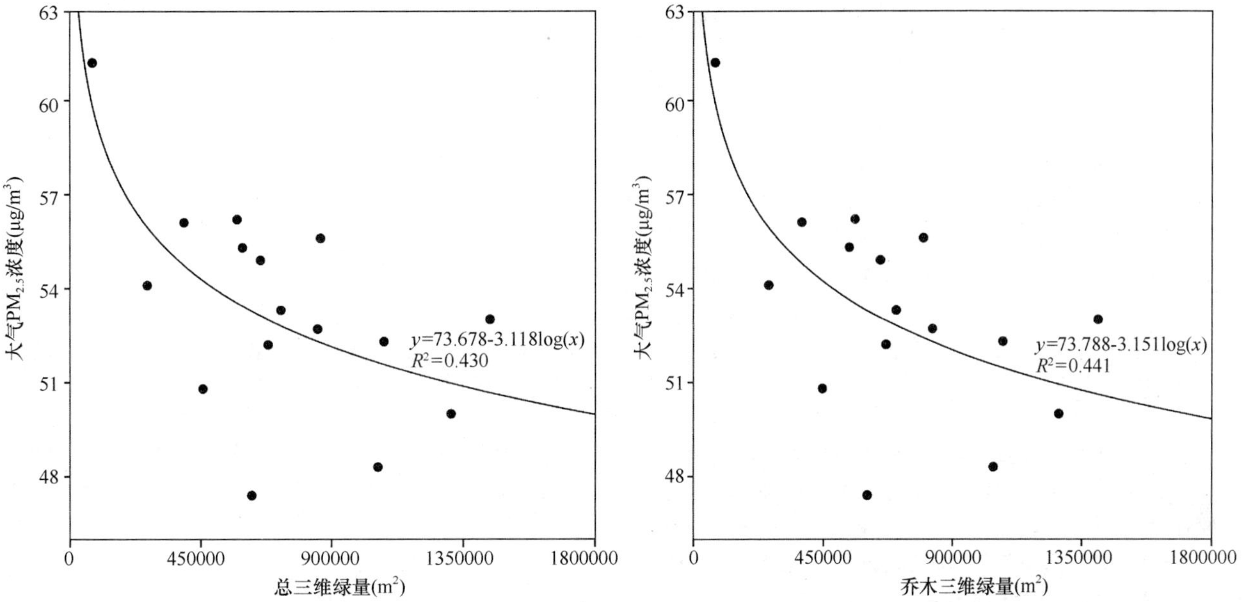

图 4　总三维绿量（左）与乔木三维绿量（右）与 $PM_{2.5}$ 浓度的回归拟合

2.3.3　环境 $PM_{2.5}$ 浓度对三维绿量的消减效应影响

将 $PM_{2.5}$ 浓度按照污染程度分为优（<35$\mu g/m^3$）、良（35～75$\mu g/m^3$）与轻度污染（75～115$\mu g/m^3$），分析表明，不同的环境 $PM_{2.5}$ 浓度下，植物的消减效应也不同。在轻度污染与良时，三维绿量与 $PM_{2.5}$ 浓度均以对数函数曲线拟合度较高（$p<0.01$），而在优时拟合度不高（图 5）。其中相较空气质量为良时的三维绿量 $PM_{2.5}$ 消减效应，在轻度污染时，增加同等的三维绿量能降低更多的 $PM_{2.5}$ 浓度，说明三维绿量对 $PM_{2.5}$ 浓度的消减效应受环境中 $PM_{2.5}$ 浓度的影响较大。同样，乔木三维绿量对 $PM_{2.5}$ 有着相同的影响趋势。

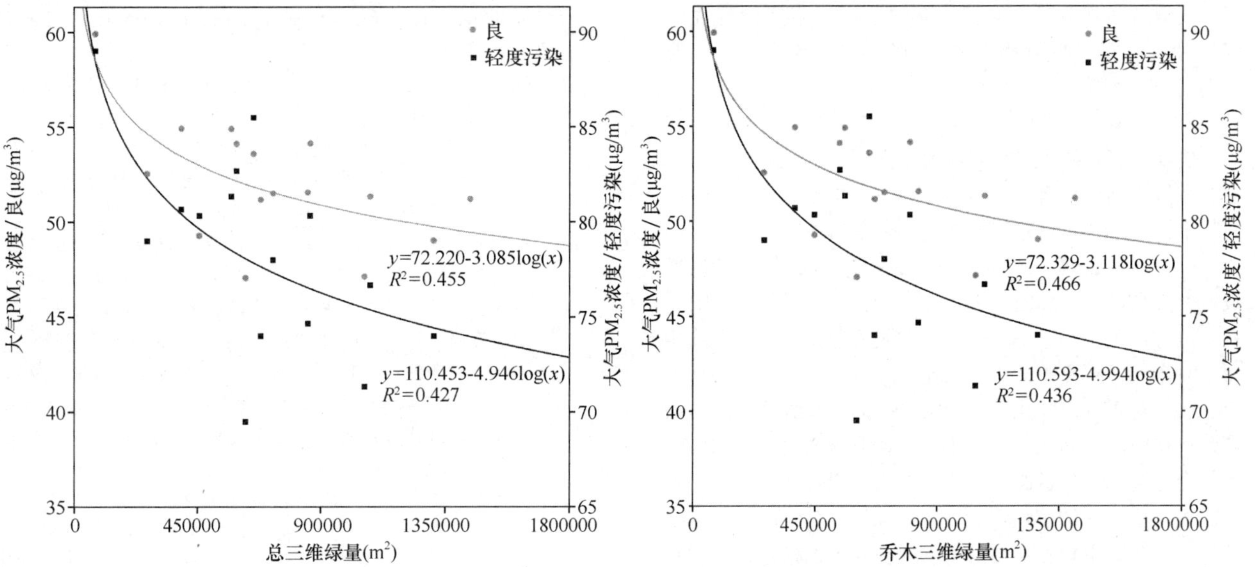

图 5　不同环境浓度下的三维绿量的 $PM_{2.5}$ 消减效应

2.3.4 研究单元三维绿量阈值分析

由上述拟合曲线可知，在不同污染程度时，三维绿量消减 $PM_{2.5}$ 的饱和点也不一致。在空气质量为良时，只要当研究单元内的三维绿量超过 450000m^2（相当于林木覆盖率约 22%）时，其 $PM_{2.5}$ 浓度均能下降最大幅度。而当绿量继续增加时，消减效应明显减弱，随着绿量的增加其 $PM_{2.5}$ 浓度不会再有更大的变化。而在轻度污染时，当绿量值达到 1350000m^2（相当于林木覆盖率约 35%）前均对 $PM_{2.5}$ 有显著的影响，环境中的 $PM_{2.5}$ 浓度较高决定其需要更多的绿量来维持其消减能力。由于研究单元最高的绿量不超过 1500000m^2（相当于林木覆盖率约 45%），无法进一步推断绿量大于此之后的 $PM_{2.5}$ 消减效果。但综合而言，研究单元最高水平的街区绿量（1440900m^2），已能有效地调节 $PM_{2.5}$，改善街区空气质量，该绿量值相当于 40%的林木覆盖率，对实际的规划调控具有现实指导意义。

3 总结与启示

本研究对武汉市建成区 16 个监测点形成的研究单元三维绿量与 $PM_{2.5}$ 浓度进行深入定量分析，弥补二维绿地指标对植物结构、体量等对 $PM_{2.5}$ 消减效应的局限性，对指导园林绿地规划设计以改善其生态服务功能具有重要的实际应用价值。研究初步得出以下结论：

（1）相比传统三大指标而言，林木覆盖率是调节大气颗粒物污染更为重要的规划设计指标。街区中三维绿量与 $PM_{2.5}$ 浓度之间有着显著的负相关关系（$R=-0.534$，$p<0.05$），其中乔木的三维绿量远高于灌草，与 $PM_{2.5}$ 浓度关系更紧密（$R=-0.543$，$p<0.05$），因此构建城市街区绿地的降污格局应首先考虑增加乔木覆盖面积（即林木覆盖率），提高乔木绿量。

（2）植物三维绿量的 $PM_{2.5}$ 消减效应非线性关系，低绿量时消减效果随绿量增加尤为显著，当绿量增加至一定程度消减率达到饱和，要能有效缓解城市不同程度的 $PM_{2.5}$ 污染，这个绿量阈值约 1440900m^2（相当于林木覆盖率约 40%）。

（3）$PM_{2.5}$ 的消减受环境浓度影响较大，污染程度越高，增加同等三维绿量植物能消减更多的 $PM_{2.5}$。

在城市高密度建成区中大幅度增加绿地困难，但提高林木覆盖率还是有途径可循，具体策略如下：

（1）在城市高密度背景下，保护街区现存的绿色植被，尤其是高大乔木往往成为首要工作[19]。高大健康的乔木通过绿色织补、串联成廊，与同等覆盖面积的灌草相比，乔木能发挥更大的生态效益[20]。

（2）对于城市绿化形式较为单一的公园绿地、道路绿带，可从竖向空间上进一步丰富植物群落结构，合理搭配乔、灌、草。建议道路绿带采用（乔＋灌＋草）—乔的配置模式，公园绿地植物配置以 1～2 层的乔林或“乔＋草”结构，群落骨干树种突出且乔木规格较大的搭配结构，有利于消减 $PM_{2.5}$[21]。

（3）城市的旧城区往往建筑密度高、绿化覆盖面积低，适以“见缝插绿”的方式进行绿地布局，相比集中式布局，能产生更大的生态效益[22]。可利用街巷、庭院空间增加树木，创建更多的林荫道，并充分挖掘城市地下空间潜力，建立停车场、商业空间，为地面空间创造更多的绿量提供条件。在旧街区改造时，通过屋顶绿化、阳台绿化等绿化方式，利用建筑的边角空间增加绿量，也是绿色建筑所需要的。在城市新建区中，也应充分利用空地和废弃地，结合停车场、建构筑物、高架桥等空间，融入绿色景观，提高城市绿量。

参考文献

[1] 戴菲，陈明，朱晟伟，等. 街区尺度不同绿化覆盖率对 PM_{10}、$PM_{2.5}$ 的消减研究——以武汉主城区为例[J]. 中国园林，2018(3)：105-110.

[2] Irga P J，Burchett M D，Torpy F R. Does urban forestry have a quantitative effect on ambient air quality in an urban environment ? [J]. Atmospheric Environment，2015，120：173-181.

[3] 孙淑萍，古润泽，张晶. 北京城区不同绿化覆盖率和绿地类型与空气中可吸入颗粒物(PM_{10})[J]. 中国园林，2004(3)：77-79.

[4] Cavanagh J A E，Zawar-Reza P，Wilson J G. Spatial attenuation of ambient particulate matter air pollution within an urbanised native forest patch[J]. Urban Forestry & Urban Greening，2009(8)：21-30.

[5] 佘梓木. 基于遥感和 GIS 的城市颗粒物污染分布初步研究和探讨[D]. 南京：南京气象学院，2004.

[6] Nowak D J，Crane D E，Stevens J C. Air pollution removal by urban trees and shrubs in the United Stats[J]. Urban Forest & Urban Greening，2006，4(3)：115-123.

[7] Yang J，Mcbride J，Zhou J，et al. The urban forest in Beijing and its role in air pollution reduction[J]. Urban Forestry & Urban Greening，2005，3(2)：65-78.

[8] Selmi W，Weber C，Rivière E，et al. Air pollution removal by trees in public green spaces in Strasbourg city，France[J]. Urban Forestry & Urban Greening，2016，17：192-201.

[9] Li F，Wang R. Research advance in ecosystem service of urban green space[J]. Chinese Journal of Applied Ecology，2004，15(3)：527.

[10] 姚崇怀，李德玺. 率容积率及其确定机制[J]. 中国园林，2015(9)：5-11.

[11] GB 50220—95 城市道路交通规划设计规范[S].

[12] 黄晓鸾，张国强. 城市生存环境绿色量值群的研究(1)[J]. 中国园林，1998，14(1)：61-63.

[13] 陈自新，苏雪痕，刘少宗，等. 北京城市园林绿化生态效益的研究(2)[J]. 中国园林，1998，14(2)：51-54.

[14] 陈宇，童俊. 武汉市东湖风景名胜区绿量格局研究[J]. 中国园林，2015(9)：27-30.

[15] 郑少文，邢国明，李军，等. 不同绿地类型的滞尘效应比较[J]. 山西农业科学，2008，36(5)：70-72.

[16] 罗曼. 不同群落结构绿地对大气颗粒物的消减作用研究[D]. 武汉：华中农业大学，2013.

[17] 吴志萍，王成，侯晓静，等. 6 种城市绿地空气 $PM_{2.5}$ 浓度变化规律的研究[J]. 安徽农业大学学报，2008，35(4)：494-498.

[18] Janhäll S. Review on urban vegetation and particle air pollution-Deposition and dispersion[J]. Atmospheric Environ-

ment, 2015, 105: 130-137.

[19] Jin S, Guo J, Wheeler S, et al. Evaluation of impacts of trees on $PM_{2.5}$ dispersion in urban streets[J]. Atmospheric Environment, 2014, 99: 277-287.

[20] Jeanjean A P R, Monks P S, Leigh R J. Modelling the effectiveness of urban trees and grass on $PM_{2.5}$ reduction via dispersion and deposition at a city scale[J]. Atmospheric Environment, 2016, 147: 1-10.

[21] 王国玉，白伟岚，李新宇，等. 北京地区消减$PM_{2.5}$等颗粒物污染的绿地设计技术探析[J]. 中国园林，2014(7)：70-76.

[22] 臧鑫宇，王峤. 基于景观生态思维的绿色街区城市设计策略[J]. 风景园林，2017(4)：21-27.

作者简介

陈明，1991年生，男，汉族，福建福州人，华中科技大学建筑与城市规划学院博士研究生，研究方向为风景园林规划与设计、绿色基础设施。电子邮箱：1551662341@qq.com。

戴菲，1974年生，女，汉族，湖北武汉人，博士，华中科技大学建筑与城市规划学院，教授，研究方向为绿地系统、绿色基础设施。电子邮箱：58801365@qq.com。

城市绿地中草坪与乔木管养对气候变暖影响的对比研究

Comparative Study on the GWP Protentional of Grassland and Woodland Maintenance in Urban Greenspace

刘　洋　杨秋生

摘　要：绿地是城市中重要的绿色基础设施，其管养工作会产生负面环境影响。本文应用生命周期评价方法（Life Cycle Assessment，LCA），以郑州市郑东新区为例，对绿地中的草坪与乔木进行了管养对气候变暖影响（Global Warming Potential，GWP）的对比研究。结果表明：研究区每公顷（hm^2）草坪的年度管养温室气体（Greenhouse Gas，GHG）排放特征值为 27000 kg/CO_2-eq，比乔木管养（－4120kg/CO_2-eq）高 31120kg/CO_2-eq；每 1hm^2 草坪的年度 GWP 潜力为 2000 年全球人均 GWP 的近 4 倍，而每 1hm^2 乔木则能提供约为 2000 年人均 GWP 潜力 40％的 GHG 吸收能力；施肥与灌溉工作是草坪与乔木管养的主要 GHG 排放源；研究区每 1hm^2 草坪管养的 GWP 指数为 0.684，乔木为－0.104。综上，乔木种植可缓解 GWP 效应，而草坪种植则加重了 GWP 效应；考虑更为集约的灌溉与施肥方式，可有效降低管养的 GWP 影响。
关键词：生命周期评价；绿地管养；气候变暖；量化方法

Abstract: Greenspace is the major green infrastructure in the urban area. The greenspace maintenance can lead to the environmental impacts. This is a comparative life cycle assessment of the global warming potential (GWP) impacts on grassland and woodland maintenance in urban greenspace. In result, the greenhouse gas (GHG) emission produced by 1ha grassland maintenance is 27000kg/CO_2-eq, 31120 kg/CO_2-eq more than the woodland maintenance (－4120 kg/CO_2-eq). The normalized correlation shows that the GWP ability occurred by 1ha grassland is about 4 times more than the GWP impact per capita in 2000. However, woodland able to produce about 40％ carbon storage ability than the GWP impact per capita in 2000. Besides, both grassland and woodland maintenance all caused more greenhouse emission than GWP carbon amount per capita in 2000 in the "fertilization" and the "Irrigation" procedure. The 1ha maintenance GWP index in the grassland is 0.684, in the woodland is -0.481. Therefore, even the vegetation maintenance work can contribute to the global warming tendency, the woodland plant still can provide the positive contribution to reducing the global warming progress in research area, but the grassland plant provides negative influence; Moreover, considering the more intensively irrigation and fertilization method can directly save the maintenance GWP influence in urban greenspace.
Keyword: Life Cycle Assessment; Greenspace Maintenance; Global Warming Protentional; Quantitative Method

引言

近年来，我国城市绿地面积快速增长[1]。城市园林绿地存在着工作量大，物资消耗多，伴有污染物排放等特点[2]。绿地中不同植物的生态效益也有所差异[3]：草坪因其较强的管养需求和物资投入被认为是低生态效益园林植物的代表[4]；乔木则以近自然式的形态特征和较低的管养依赖，被认为是典型的高生态效益园林植物[5]。但目前就绿地管养对环境影响的量化研究较少。本文利用生命周期评价方法（Life Cycle Assessment，LCA），在考虑植物正面环境效益的基础上，对城市绿地中草坪和乔木管养的气候变暖潜力（Global Warming Potential，GWP）进行了量化对比，以期为低维护、低碳城市绿地的营造和精细化的绿地管理提供量化参考依据。

生命周期评价（Life Cycle Assessment，LCA）是目前较为常用的评价产品或人类行为对环境影响的量化工具[6]。该方法通过收集其生命周期清单（Life Cycle Inventory，LCI），可全面反映从产品生产或行为发生起始到产品报废回收或行为终止间各个过程的环境影响强度[7]。在环境领域，美国肯塔基大学园艺学院 Ingram L.利用 LCA 对红枫林从育苗到使用直至砍伐期间的 GWP 影响进行了研究，提出 LCI 应建立在考虑植株碳贮能力的基础上进行[8]；德国波恩大学有机农学院 Haas G. 等基于 LCA 对南德地区的集约型、粗放型和有机型三类草场的管养 GWP 进行了对比，发现集约型草场的环境效益最高[9]；天津农学院冀媛媛等从生命周期的角度对城市绿地管养的碳足迹进行了分析，为低碳景观营造提供了理论依据[10]。GWP 是现阶段人类面临的主要环境问题，也是 LCA 的重要环境指标之一[11]，主要成因是温室气体（Greenhouse Gas，GHG）的大量排放[10]。GWP 的量化主要靠收集评价对象的 GHG 排放数据实现，GHG 排放以 CO_2 为主，约占 83％[12]。

1　材料与方法

1.1　研究区概况

研究区为河南省郑州市郑东新区 CBD。郑州市平均气温 15.9℃，平均降水量 689.1mm，为典型温带大陆性气候[1]。研究区绿地覆盖率高，类型多样，管养工作规范[13]。自 2004 年研究区内绿地建成竣工起，园林植物已进入成龄阶段（10 年以上）[14]，具备进行管养周期评价的良好条件。本文 LCI 数据收集工作基于研究区内 4 处主要城市绿地开展（图 1）。

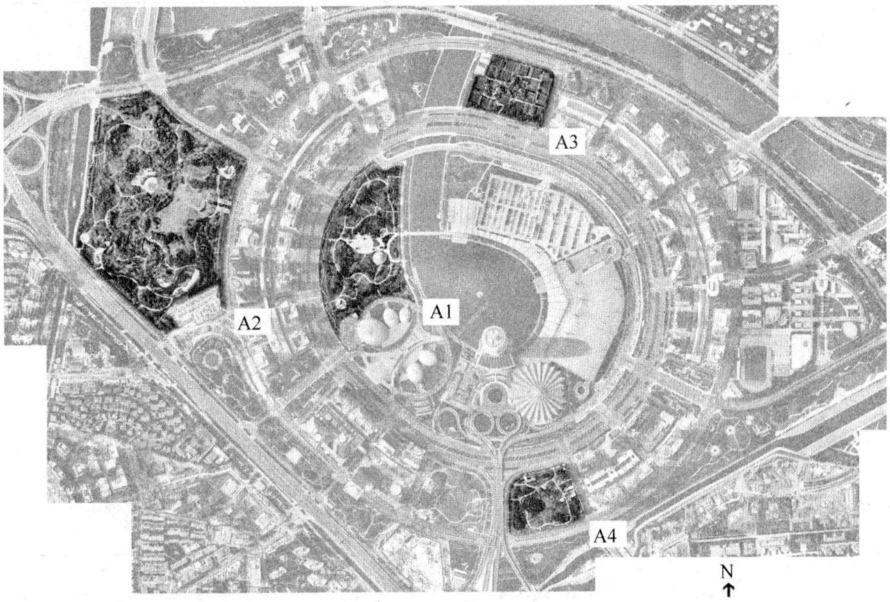

图 1　CBD 研究区样地分布（图片来源：改绘自 http：//map. tianditu. com/[15]）

1.2　研究目标与范围定义

本文主要量化探讨城市绿地中草坪和乔木管养的 GWP 潜值，分别收集每处样地中草坪与乔木的年度管养工作量，以面积（hm^2）作 LCA 功能单位[16]。系统边界（图 2）包含了管养物资生产运输、现场消耗、废弃物排放三个过程[8]，以 CO_2 为 GWP 特征指标 [12]。数据处理借助 eBalance 生命周期软件完成[17]。

1.3　数据调查与处理

研究区植物管养 LCI 清单来源分两个方面：一是郑东新区绿地 2016 年 1～12 月份实地调研，对样地内各类管养工作的人员数量，设备类型，工作效率，年度频次进行调查记录（表 1）；二是对管养工作现场能耗与温室气体排放的测试统计[18-19]（表 2）。

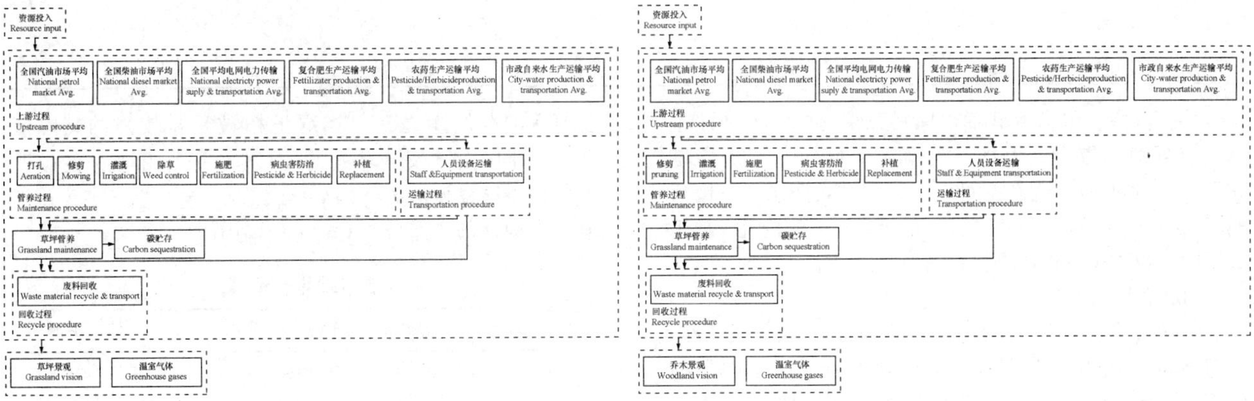

图 2　研究区草坪和乔木管养生命周期流程图

研究区草坪与乔木管养工作统计　　**表 1**

过程	项目	草坪管养			乔木管养		
		设备类型	能耗	工作效率	设备类型	能耗	工作效率
管养过程	打孔	打孔机	汽油 3.2L/h	面积 $300m^2/h$	—	—	—
	修剪	手推式修剪机	汽油 2L/h	面积 $600m^2/h$	油锯	汽油 1.3L/h	面积 $540m^2/h$
		打边机	汽油 1L/h	面积 $500m^2/h$	高空修剪车	柴油 18L/h	面积 $30m^2/h$

续表

过程	项目	草坪管养			乔木管养		
		设备类型	能耗	工作效率	设备类型	能耗	工作效率
管养过程	灌溉	市政自来水	—	体积(单只喷头) $2m^3/h$	市政自来水	—	体积(单只水管) $5m^3/h$
	除草	喷洒车	汽油 2.2L/h	面积 $10000m^2/h$	—	—	—
	施肥	—	—	—	—	—	—
	病虫害防治	喷洒车	汽油 2.2L/h	面积 $10000m^2/h$	水车	柴油 22L/h	面积 $10000m^2/h$
	补植	轻型工具车	汽油 7.2L/100km	里程 20km/h	自吊车	柴油起重 28L/h 移动 18L/100km	面积 $200m^2/h$
					轻型卡车 L.G.V	柴油 15L/100km	里程 20km/h
运输过程	人员设备运输	电动三轮车	电力 1.3kW/h	里程 20km/h	电动三轮车	电力 1.3kW/h	里程 20km/h
		电动自行车	电力 0.2kW/h	里程 20km/h	电动自行车	电力 0.2kW/h	里程 20km/h
回收过程	废料回收运输	轻型卡车	柴油 15L/100km	里程 20km/h	废料回收运输	轻型卡车	柴油 15L/100km

研究区草坪和乔木每 $1hm^2$ 的管养物资投入清单如表2所示。"运输过程"指将工人和设备从管养单位运输至管养场所的过程，单程距离为4.5km[20]，每个工作日时长6小时，人员运输4次，设备运输2次。

研究区管养物资投入清单　　表2

过程	清单物质	物资投入量(每公顷)	
	草坪管养	乔木管养	
管养过程	汽油/kg	9.11×10^2	2.14×10^1
	柴油(kg)	—	6.93×10^2
	市政自来水(kg)	3.81×10^7	2.26×10^6
	复合肥(kg)	4.53×10^3	5×10^3
	农药(kg)	1.61×10^2	1.97×10^1
运输过程	电力(kW·h)	1.54×10^3	1.99×10^1
回收过程	柴油(kg)	1.09×10^2	2.97

"上游过程"包括汽柴油从原料开采到成品油加注至燃油设备油箱期间；电能从发电到并网输送至用户期间[21]；自来水加工运输期间[22]；肥料和农药生产、销售期间的GHG排放[23-24]。数据来自eBalance的内建CLCD数据库，数据类型选用全国市场平均值[25]。

(1)特征值计算

将具备同类环境影响特征的物质以某因子为基准，按照当量系数折算并累加，可得到该影响因素的特征值[26]。GWP的特征化基准物质为 CO_2，特征因子为 CO_2、CH_4 和 N_2O[27]，利用eBalalnce中规定的当量系数进行换算，累加为GWP特征值[17]。计算方法如式(1)所示：

$$E_{P(GW)} = \sum_{i=0}^{n} E_{P(GW)i} = \sum_{i=0}^{n} [Q_{(GW)i} E_{F(GW)}] \quad (1)$$

式中：$E_{P(GW)}$ 为GWP特征值；$E_{P(GW)i}$ 为第 i 种影响因子的GWP贡献值；$Q_{(GW)i}$ 是第 i 种影响因子的产生量/消耗量；$E_{F(GW)}$ 为第 i 种影响因子的GWP当量系数[28]。

绿地是城市环境系统的重要组成部分，也是地球碳循环中的存储库之一[29]，绿地植被具备较强的碳贮能力[30]。因此，本文管养的GHG排放需加和植被的碳贮量，以全面反映植被的GWP潜能[8]。表3显示了单位面积城市绿地中草坪与乔木的碳贮量均值。

城市绿地碳贮量　　表3

植被类型	碳贮量[kg CO_2-eq/(hm^2·年)]	来源
草坪	1300	[31]
乔木	19000	[32]

(2) 归一化加权评估

将特征化结果在统一基准下进行对比即归一化。本文采用2000年世界人均GWP为基准值，由式(2)计算。

$$R_x = \frac{E_{P(GWx)}}{S_{GPA(2000)}} \quad (2)$$

式中：R_x 是第 x 种管养工作的GWP归一化结果；$E_{P(GWx)}$ 为系统中第 x 种管养过程的GWP特征值；

$S_{GPA(2000)}$是 2000 年世界人均 GWP 贡献值，即 6869kg/CO^2-eq[33]。

根据 GWP 在环境变化中的相对严重程度确定权重系数，对归一化结果进行修正即加权评估。依据式（3）可计算出管养 GWP 指数[28]。

$$EI_x = \sum(W_{GW}R_x) \tag{3}$$

式中：EI_x 为研究对象第 x 种管养工作的 GWP 指数；W_{GW}是气候变暖影响的权重系数，取值为 1.74×10^{-1}[17]。R_x是第 x 种管养过程的气候变暖归一化结果。

2　结果与分析

2.1　特征值分析

草坪与乔木管养 GWP 特征值如表 4 所示。其中“碳贮”指正向生态效应以抵消各过程的碳排放，以负值表示。“总计”中“气候变暖特征值”是管养“碳排放总计”值与“碳贮”量之和。各“项目”的碳排放值包含了其上游过程的碳排放。

草坪与乔木管养的 GWP 特征值分析　　　　**表 4**

过程	项目	草坪管养特征量（kg/CO_2-eq）	乔木管养特征量（kg/CO_2-eq）
管养过程	打孔	1.52×10^2	—
	修剪	2.71×10^3	5.21×10^2
	灌溉	1.14×10^4	6.73×10^2
	除草	5.08×10^1	—
	施肥	1.2×10^4	1.33×10^4
	病虫害防治	1.26×10^2	1.37×10^2
	补植	2.99×10^1	2.67×10^2
	碳排放合计	2.64×10^4	1.48×10^4
运输过程	人员设备运输	1.54×10^3	1.99×10^1
	碳排放合计	1.54×10^3	1.99×10^1
回收过程	废料回收运输	3.44×10^2	9.08
	碳排放合计	3.44×10^2	9.08
总计	碳排放总计	2.83×10^4	1.49×10^4
	碳贮	-1.30×10^3	-1.90×10^4
	气候变暖特征值	2.70×10^4	-4.12×10^3

表 4 表明，草坪在各管养过程的碳排放量均明显高于乔木，导致草坪的管养碳排放总量比乔木高出约 90%。在考虑两类植物碳贮效益后，发现草坪管养的 GWP 特征量比乔木高 31120kg。但乔木在“补植”环节的碳排放要明显高于草坪：因需要使用自吊车、轻卡、水车等大型设备，乔木“补植”工作的碳排放是草坪的约 9 倍，这是由于大型设备单位时间排气污染物较重造成的。

2.2　归一化结果分析

图 3 与图 4 分别显示了研究区每 1hm^2 草坪与乔木的管养 GWP 特征值与 2000 年全球人均 GWP 的归一化对比。

分析图 3，草坪与乔木管养碳排放归一值最高的是“施肥”，分别为基准值的 192%（乔木）和 174%（草坪）。因研究区绿地管养规定植物施肥量需达到 0.5kg/m^2，标准化作业流程未考虑不同植物的实际需肥量，故草坪与乔木的施肥碳排放归一值基本相同。其余管养工作的碳排放归一值大于 1 的是草坪“灌溉”，约为基准值的 165%，草坪过高的灌溉需求是主要原因。两类植物归一值最高项均出现在没有明显碳排放的管养工作中，说明与管养上下游过程的碳排放不容忽视。两类植物归一值相差最大项为“人员设备运输”，草坪是乔木的 75 倍。

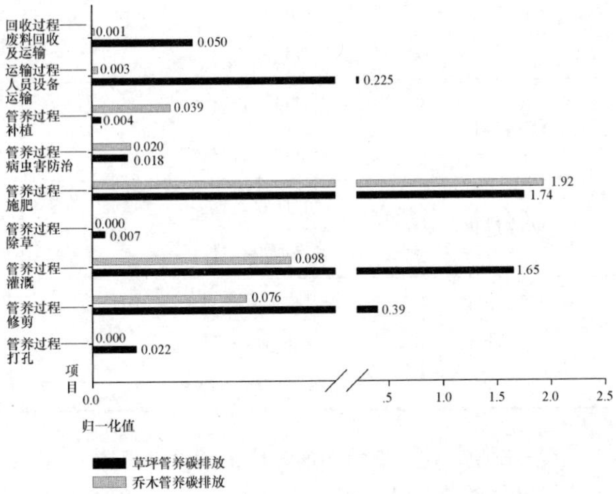

图 3　研究区每 hm^2 草坪与乔木管养工作的归一化结果对比

原因是草坪管养所频繁使用的设备大多无法自行移动（如：手推式草坪修剪机、打边机、打孔机），需额外借助运输设备作为运输平台；“补植、除草”工作人员投入量大，工人通勤工具使用频繁，增加了碳排放。

图 4 显示了两类植物“管养过程”的碳排放归一值均最高，草坪和乔木分别为基准值的 385% 和 216%；而“回收过程”的归一值最低，草坪和乔木在该过程分比仅为基准值的 5% 和 0.1%。

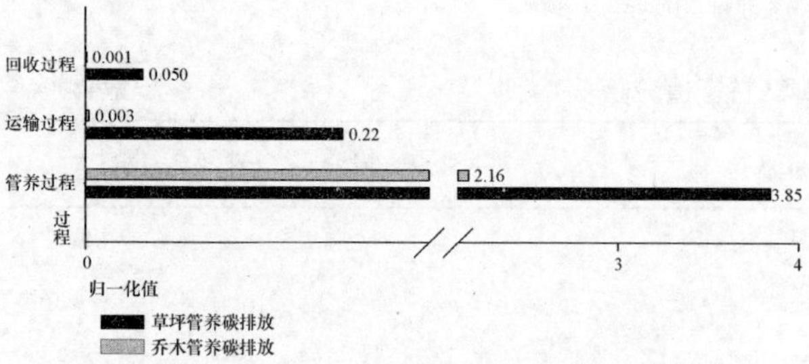

图 4　研究区每 $1hm^2$ 草坪与乔木管养过程的归一化结果对比

分析图 5 可以发现，每 $1hm^2$ 草坪的 GWP 潜力是基准值的近 4 倍。而每 $1hm^2$ 乔木在管养生命周期内所吸收贮存的 CO_2 除了能完全抵消自身管养工作产生的 GHG 外，还能够具备约为 2000 年人均 GWP 40% 的碳固能力，即可以消化约 276kg CO_2/年。

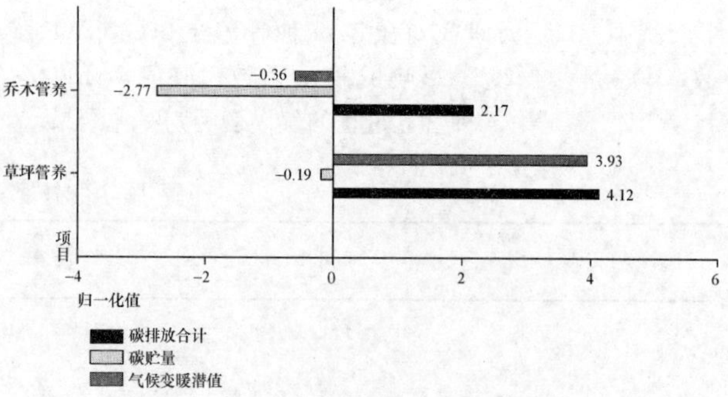

图 5　研究区每公顷草坪与乔木年度管养碳合计特征化指标值与 2000 年全球人均气候变暖影响力的归一化对比

2.3　加权评估结果

研究区草坪与乔木管养生命周期各过程项目气候变暖影响指数　　表 5

过程	项目	草坪气候变暖影响指数（G）	乔木气候变暖影响指数（W）	比值（G/W）
管养过程	打孔	3.85×10^{-3}	—	—
	修剪	6.87×10^{-2}	1.32×10^{-2}	5.20
	灌溉	2.88×10^{-1}	1.70×10^{-2}	16.90
	除草	1.29×10^{-3}	—	—
	施肥	3.04×10^{-1}	3.36×10^{-1}	0.90
	病虫害防治	3.20×10^{-3}	3.46×10^{-3}	0.93
	补植	7.58×10^{-4}	6.75×10^{-3}	0.11
	过程加权合计	6.07×10^{-1}	3.76×10^{-1}	1.61
运输过程	人员设备运输	3.91×10^{-2}	5.05×10^{-4}	77.50
	过程加权合计	3.91×10^{-2}	5.05×10^{-4}	77.50
回收过程	废料回收运输	8.71×10^{-3}	2.30×10^{-4}	37.9
	过程加权合计	8.71×10^{-3}	2.30×10^{-4}	37.9
总计	各过程加权总计	7.17×10^{-1}	3.77×10^{-1}	1.90
	碳贮加权	-3.29×10^{-2}	-4.81×10^{-1}	0.07
	气候变暖总加权	6.84×10^{-1}	-1.04×10^{-1}	—

表 5 反映，在考虑植物的环境正效应后，每 $1hm^2$ 草坪仅能提供约为乔木 7% 的碳贮能力，其 GWP 指数为 0.684，约为乔木的 190%。两类植物管养 GWP 差值较大的项目为“人员设备运输”、“废料回收运输”和“灌溉”，草坪管养分别为乔木管养的 77.5 倍、37.9 倍和 16.9 倍。其余管养项目中草坪与乔木 GWP 基本持平，或乔木略低。

3　结论与讨论

3.1　结论

研究区中草坪与乔木管养对气候变暖影响的量化结果表明：

(1）乔木的管养GWP指数明显低于草坪。乔木的碳贮能力大于管养GHG排放能力，对气候变暖起减缓作用；草坪的碳贮能力小于管养GHG排放能力，加重气候变暖趋势。

(2）管养生命周期流程中，管养过程所造成的环境GWP最强，其中灌溉和施肥的GWP潜力最大。

(3）相较乔木管养，草坪管养在人员设备运输、废料回收运输和灌溉环节的GHG排放较高，造成了较强的环境GWP压力。

3.2 讨论

作为城市生态系统的主要组成部分，绿地是提供生态服务，营造健康人居环境的重要场所[34]。而缺乏管理维护或植物杂乱生长的绿地会带来恐惧、不适感，或可能导致潜在犯罪率提高，为城市社区居民的福祉带来负面影响[35-36]。由于绿地管养工作会不可避免地带来GWP等负面环境压力，LCA可以为了解和掌握绿地环境影响提供量化参考。

乔木在城市绿地中的生态优势已得到普遍认同，多数与景观可持续发展相关的研究都提到乔木在各类植物中有着最小的管养需求和最高的生态效益[37]。本文的量化数据显示草坪管养的GHG排放量不仅比乔木管养高出90%，其自身碳贮能力也远不及乔木，导致草坪管养的GWP指数比乔木高190%，这进一步证明了乔木在植物群落中具备的低消耗、低排放、低维护的特点。

灌溉和施肥是城市绿地中不可或缺的管养工作，GWP潜力明显。采用更为集约的灌溉与施肥手段，节约肥料和水资源用量是降低管养GWP的有效手段。绿地灌溉耗水量较大，采用更为智能的节水灌溉系统，使用非市政自来水灌溉，优化灌溉制度流程是十分必要的。此外，绿地中不同植物的实际肥料需求量存在差异，单一的施肥标准对削减绿地养GWP不利。

参考文献

[1] China S S B O. China Statistical Yearbook//: China Statistics Press, 2015.

[2] Jägerbrand A K, Alatalo J M. Native Roadside Vegetation that Enhances Soil Erosion Control in Boreal Scandinavia. Environments, 2014, 1(1): 31-41.

[3] Barker A V, Prostak R G. Alternative management of roadside vegetation. HORTTECHNOLOGY, 2009, 19 (2): 346-352.

[4] Arsenault A, Velinsky S A, Lasky T A. Autonomous Mowing—Improving Efficiency and Safety of Roadside Vegetation Control. J INFRASTRUCT SYST, 2010, 16 (3): 206-215.

[5] Berg S, Lindholm E L. Energy use and environmental impacts of forest operations in Sweden. J CLEAN PROD, 2005, 13(1): 33-42.

[6] Berg S, Lindholm E L. Energy use and environmental impacts of forest operations in Sweden. J CLEAN PROD, 2005, 13(1): 33-42.

[7] Australia S. Environmental management—life cycle assessment—principles and framework. International Standard Iso, 1998, 14040: 1997(e): 216-220.

[8] Ingram D L. Life cycle assessment of a field-grown red maple tree to estimate its carbon footprint components. INT J LIFE CYCLE ASS, 2012, 17(4): 453-462.

[9] Haas G, Wetterich F, Kopke U. Comparing intensive, extensified and organic grassland farming in southern Germany by process life cycle assessment. AGR ECOSYST ENVIRON, 2001, 83(1): 43-53.

[10] 冀媛媛，罗杰威. 景观全生命周期日常使用和维护阶段碳排放影响因素研究. 风景园林，2016(9)：121-126.

[11] Certificates P O D E. Provision of display energy certificates (DECs), energy performance certificates (EPCs) and energy advisory reports to the Northern Ireland Education and Library Boards. Competitionline.

[12] Mourad A L, Coltro L, Oliveira P A P L, Kletecke R M, Baddini J P O A. A simple methodology for elaborating the life cycle inventory of agricultural products. INT J LIFE CYCLE ASS, 2007, 12(6): 408-413.

[13] 朱丽娟，杨晓娟. 郑东新区道路绿地景观现状调查与分析. 河南科技学院学报（自然科学版），2008，36(2)：39-40.

[14] 江石萍，彭易兰. 居住区绿化养护管理研究. 中国园林，2003，19(3)：29-32.

[15] 国家基础地理信息中心. 天地图——郑州，2018.

[16] Hitchmough J. Plant User Handbook: A Guide to Effective Specifying. 2008: 95-112.

[17] 亿科环境有限公司. eBalance 评测版：亿科环境科技有限公司，2010.

[18] 国家环境保护局. 大气污染物综合排放标准：中国环境科学出版社，1996.

[19] 中华人民共和国国家质量监督检验检疫总局. GB/T 6027.1—2008. 往复式内燃机 性能 第1部分：功率、燃料消耗和机油消耗的标定及试验方法//中国国家标准化管理委员会主编. 北京：中国标准出版社，2008.

[20] Google. Google map Zheng Zhou, 2017: 34-7761442, 113-726719, 17z.

[21] Eriksson M, Ahlgren S. LCAs of petrol and diesel. Energy Systems, 2013.

[22] 环保部宣教中心，美国环保协会，南京大学地理与海洋学院. 2008年社区1000家庭碳排放调查及公众教育项目. www.chinaeol.net/green/download/2008-dpfbgsysb.pdf. ,2009.

[23] 柳杨，程志，王廷宁，黎水宝. 基于生命周期评价的氮肥温室气体排放研究. 环境与可持续发展，2015，40(3)：66-68.

[24] 张令玉. 生物低碳农业：中国经济出版社，2010.

[25] 刘夏璐，王洪涛，陈建，等. 中国生命周期参考数据库的建立方法与基础模型. 环境科学学报，2010，30(10)：2136-2144.

[26] 梁龙，陈源泉，高旺盛. 基于生命周期的循环农业系统评价. 环境科学，2010，31(11)：2795-2803.

[27] Solomon S. IPCC (2007): Climate Change The Physical Science Basis. American Geophysical Union, 2007, 9(1): 123-124.

[28] Xiao-yu P, Xi-hui W, Fa-qi W, et al. Life Cycle Assessment of Winter Wheat-Summer Maize Rotation System in Guanzhong Region of Shaanxi Province. Journal of Agro-Environment Science, 2015(4): 809-816.

[29] 钟美芳，李熙波，黄向华，等. 福州城市片林与草坪生物量及碳贮量. 亚热带资源与环境学报，2013(4)：9-15.

[30] 管东生，陈玉娟. 广州城市绿地系统碳的贮存，分布及其

在碳氧平衡中的作用. 中国环境科学，1998，18(5)：437-441.
[31] Golubiewski N E. Urbanization Increases Grassland Carbon Pools：Effects Of Landscaping In Colorado's Front Range. ECOL APPL，2006，16(2)：555-571.
[32] Annualurban C T C C. CUFR tree carbon calculator. Eighth Symposium on the Urban Environment.
[33] Sleeswijk A W，Oers L F C M，Guinée J B，et al. Normalisation in product life cycle assessment：an LCA of the global and European economic systems in the year 2000. SCI TOTAL ENVIRON，2008，390(1)：227-240.
[34] Tzoulas K，Korpela K，Venn S，et al. Promoting ecosystem and human health in urban areas using Green Infrastructure：A literature review. Landscape & Urban Planning，2007，81(3)：167-178.
[35] Kuo F E. Transforming inner-city landscapes：trees，sense of safety，and preference. Environment & Behavior，1998，30(1)：28-59.
[36] Bixler R D，Floyd M F. Nature is Scary，Disgusting，and Uncomfortable. Environment & Behavior，1997，29(4)：443-467.
[37] Nowak D J，Hirabayashi S，Doyle M，et al. Air Pollution Removal by Urban Forests in Canada and its Effect on Air Quality and Human Health. URBAN FOR URBAN GREE，2018：29.

作者简介

刘洋，1991年生，男，汉族，河南鲁山人，河南农业大学在读博士研究生，研究方向为绿地植物群落与管养环境影响。电子邮箱：kelivnliu@163.com。

杨秋生，1958年生，男，汉族，辽宁阜新人，河南农业大学林学院教授，博士生导师，研究生院院长，研究方向为园林植物与景观生态。邮箱：qsyang@henan.edu.cn。

城市绿心生态修复量化评估研究

——以武汉东湖绿心为例①

The Research of Quantitative Evaluation of Urban Green Heart Ecological Restoration

—A Case Study of Green Heart in East Lake , Wuhan

王运达　陈　明　戴　菲　杨　麟

摘　要： 伴随着城市修补和生态修复的提出，越来越多的城市开始注重绿心的建设和修复。本文以有着显著的山水特征的武汉东湖绿心为例，综合分析并利用《生态环境状况评价技术规范》和《城市生态评估与修复导则》两大规范，构建东湖绿心生态环境评价标准，对东湖绿心生态现状进行定量评估，并依据评价结果对东湖绿心的生态要素提出详细的修复手法和措施。以期通过科学理性的修复手法恢复东湖生态环境。

关键词： 生态修复；城市绿心；武汉东湖绿心；生态环境质量评价

Abstract: Along with the proposal of city betterment and ecological restoration, more and more cities begin to pay attention to the construction and restoration of green hearts. Therefore, this paper takes the green heart of the East Lake of Wuhan as an example, which is characterized by remarkable landscape features , and makes comprehensive analysis and by using the *Ecological Environment Evaluation Specification* and *Guidelines for Urban Ecological Assessment and Restoration* can build green east lake ecological environment evaluation standard, and quantitative evaluate about the present situation of the East Lake ecological green heart, according to the evaluation results of East Lake, the detailed repair methods and measures are put forward. It is expected to restore the ecological environment of East Lake through scientific and rational restoration methods.

Keyword: Ecological Restoration; Urban Green Heart; Wuhan East Lake Green Heart; Ecological Environment Quality Evaluation

我国三十多年来“城市病”问题愈加严重。为此，住房和城乡建设部提出了“城市双修”的发展战略，提出有计划有步骤地修复被破坏的山体、河流、湿地、植被。而在开展生态修复的城市案例中，修复方法与策略因城而异，修复方法是否科学有效往往不得而知。为了避免盲目地制定修复策略，可将生态环境评价等一系列量化评估体系引入其中。

当前常用的生态环境评价方法有图形叠置法、景观生态学法、系统分析法、生物生产力评价法、指数评价法等，其中指数评价法应用最为广泛[1]。但由于该方法需明确建立评价指标体系，且难以赋权重和准确定量，所以其合理性需要前期大量论证。在众多研究中，已有针对区域特有的原则属性并配合相关评价体系对城市生态区、自然保护区、生态脆弱区等区域进行评价体系的重新构建[2-5]；也有众多研究采用《生态环境状况评价技术规范》（HJ 192—2015）（以下简称《规范》）对省域、市域、片区和村落等进行生态环境综合评价并提出宏观的生态环境优化策略[6-11]。但在前者的研究中，自创的体系其科学性往往较难证实，而后者利用《规范》进行评价，虽然评价体系具有较高的权威性，但该体系属于一种综合指标评价体系，只能得出区域整体的环境状况，对于详细规划策略的指引并不明确。为此，本文以武汉东湖绿心生态修复规划为依托，首先依据环境保护部推出的《规范》进行生态环境的整体评价，审视绿心内部环境品质状况，之后结合住建部推出的《城市生态评估与修复导则》（以下简称《导则》），对绿心内各类生态要素现状进行量化评估，并提出详细的的规划措施。以此避免自创评价体系少有的权威性和只有综合评价指标的片面性的尴尬境遇。

1　城市绿心的概念

城市绿心作为城市空间功能有机组成部分，在优化城市空间结构、改善城市环境质量、提升城市生活品质等方面发挥着越来越大的作用[12]。通常来说，城市绿心在空间布局上一般位于城市或城市组团的中心区域，并且具有一定的规模大小，占建成区比例往往超过一定数值，是兼具生态、游憩等多种功能的绿色开放空间。

通过深入研究国内外各绿心空间要素之后发现，仅杭州（西湖绿心）和新加坡（城市中央绿心）等极少数绿心兼具山水要素，而巴黎（东西森林绿心）、纽约（中央

①　国家自然科学基金面上项目（51778254）与武汉市园林和林业局科技计划项目（WHGF2018A14）共同资助。

公园绿心）、伦敦（海德公园绿心）等绿心往往由城市公园构成，只有山体或水体的某一要素[13]。类似于东湖绿心这样山水区域面积占比75%以上的更是少之又少。这使其与传统的城市绿心生态修复工作有所不同，如何利用有效的陆地区域大幅度提升整体生态环境质量，以及如何客观地评判项目策略对生态环境的修复效果，成为生态修复的重点和难点。

2 生态评价标准研究

2.1 评价体系构建

选定科学合理的生态评价标准是项目开始阶段的关键性一步。由于东湖绿心核心区域范围较大、自然资源复杂多变，为此本项目采取指数法中的综合指数法和单因子指数法作为评价方法。依据《规范》和《导则》筛选最有代表性的评价指标构建评价体系（图1）。

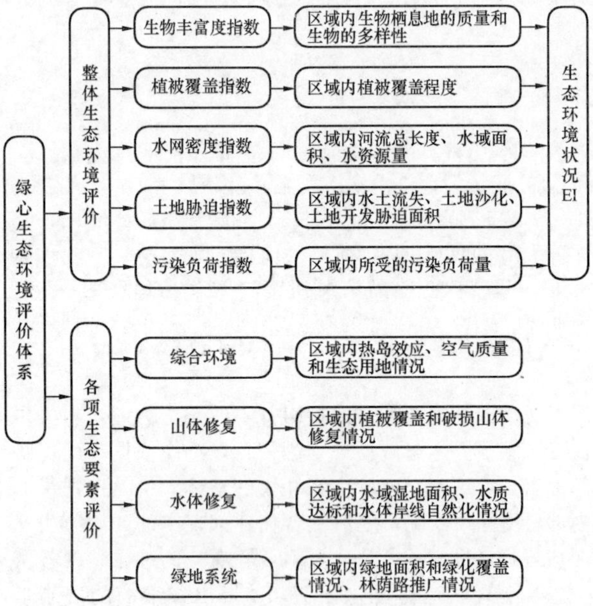

图1 评价体系框架图（图片来源：作者自绘）

在评价体系中《规范》以生态环境状况指数（EI）衡量区域的综合生态质量，有着明确的指标权重和加权总和。通过对多个区域EI的对比，可以较为科学地评判出各区域生态环境的相对好坏。但该评价方法也存在一定局限性，只能得到区域的整体平均值，掩盖了区域内部好中有差、差中有好的事实，不利于对该区域的实际问题提出针对性的解决策略。为此结合《导则》，对东湖绿心进行单因子指标评价，以弥补《规范》的不足，将两者作为东湖绿心生态评价的双重标准。

2.2 整体生态环境评价

《规范》是由环境保护部在2015年3月发布并实施，目的为科学合理地规定生态环境状况评价指标体系和计算方法[14]。具体评价方法如表2所示。

整体生态环境评价指标体系　　表2

指数类型		权重	计算方法	数据来源
生态环境状况指数EI	生物丰富度指数	0.35	A_1×(0.35×林地+0.21×草地+0.28×水域湿地+0.11×耕地+0.04×建设用地+0.01×未利用地)/区域面积	影像
	植被覆盖指数	0.25	区域内NDVI的平均值×A_2	影像
	水网密度指数	0.15	(A_3×河流长度/区域面积+A_4×水域面积/区域面积+A_5×水资源量－区域面积)/3	影像、水利部门
	土地胁迫指数	0.15	A_6×(0.4×重度侵蚀面积+0.2×中度侵蚀面积+0.2×建设用地+0.2×其他土地胁迫)/区域面积	影像、调研
	污染负荷指数	0.10	0.2×(A_7×COD排放量/区域年降水量+A_8×氨氮排放量/区域年降水量+A_9×SO_2排放量/区域面积+A_{10}×氮氧化物排放量/区域面积)+0.1×(A_{11}×烟尘排放量/区域面积+A_{12}×固体废物排放量/区域面积)	环保部门

注：A_n为归一化系数。

资料来源：依据《规范》作者自绘。

根据《规范》所示，对EI影响最大的为生物丰富度指数和植被覆盖指数，占据权重的60%。而在生物丰富度指数的计算标准中，林地、水域湿地和草地三者占据了84%的权重，所以提升该三者的占地比例可以有效地提升生物丰富度指数。在这三者之中，林地权重最高为35%，由此可见林地对提升生物丰富度有着重要的贡献作用，除此之外，植被覆盖指数的高低与林地的占地比例有着直接的关联性，所以林地的提升可大幅度提高EI整体值。故在后续规划中，除了强调降低污染负荷、治理棕地、修复受损山体等措施外，还突出了林地修复的内容。

2.3 各项生态要素评价

《导则》由住房和城乡建设部城市建设司组织在2016年5月编制并实施。其目的为指导各地推进城市生态修复工作，保护和扩大生态空间、修复受损生态系统、恢复生态功能，改善城市生态环境，促进城市可持续发展[15]。《导则》主要针对山体、水体和棕地进行生态修复，并完善城市绿地系统。由于东湖绿心内部没有棕地，也不存在公园绿地服务半径覆盖率的说法，所以根据东湖绿心情况筛选了适宜指标，形成评价体系（表3）。《导则》的指标是根据各个生态要素提出，如山体修复率、水体岸线自然化率、建成区绿地率等等，这些指标没有权重分级，它们的设定进一步为具体的生态修复内容提供支撑。

各项生态要素评价指标体系　　**表 3**

类别	指标	所需数据	数据来源
综合环境	城市热岛效应强度	热岛内外的最高温度差	论文资料
	空气质量达标率	空气质量达标天数	气象局
	生态用地比例	绿地和水域湿地面积	影像
山体修复	植被覆盖指数	单位面积归一化植被指数(NDVI)	影像
	破损山体修复率	规划区内的破损山体修复面积	影像
水体修复	水域湿地面积比	水域湿地面积	影像
	城市水环境功能区水质达标率	水质达标次数	水利部门
	水体岸线自然化率	符合自然岸线要求的水体岸线的长度	影像、调研
绿地系统	建成区绿地率	建成区各类城市绿地面积	影像、调研
	建成区绿化覆盖率	建成区所有植被的垂直投影面积	影像
	林荫路推广率	城市达到林荫路标准的林荫道总长度	影像、调研

资料来源：依据《导则》作者自绘。

3　武汉东湖绿心生态环境评价与修复策略

3.1　东湖绿心现状

武汉市提出开展规划建设东湖城市生态绿心、打造世界一流的城市亮点区块计划。东湖绿心生态保护与修复规划是以传承楚风汉韵、打造世界级城中湖典范为目标开展实施的一个实际项目。东湖绿心地处于湖北省武汉市地理中心，依托于现今全国最大的城中湖—武汉东湖而建设。项目规划面积为 64.74km^2，是国家 5A 级风景名胜区（图 2）。

东湖绿心内部山水资源丰富，其中水域面积 33.60km^2，占总面积的 51.75%；山脉共有 14 座，总面积为 7.01km^2；全区森林面积约 1666.67hm^2，森林覆盖率达 13.61%。东湖绿心内部仍有 2.47km^2 的农田，但多数已经废弃。除此之外绿心内有着丰富的动植物资源，其中鸟类有 16 目 52 科 248 种；鱼类有 4 目 8 科 39 种；爬行类动物 14 种，隶属 2 目 6 科；两栖类动物 8 种，隶属 1 目 4 科；维管植物共 144 科 453 属 819 种。其丰富的自然资源为打造一流的城市绿心奠定了良好的基础。

3.2　东湖绿心生态修复量化评价

《规范》和《导则》涉及了土地利用类型（林地、草地、耕地、建设用地、未利用地）、植被数据、NDVI 指数、水资源数据、环境数据（COD、氨氮、SO_2、烟（粉）尘、氮氧化物、固体废物）、土壤侵蚀数据等。在这些数据中，土地利用类型、植被数据和 NDVI 指数是经过对 0.8m 空间分辨率的卫星遥感数据利用 ENVI 软件解译、分析，并人工矫正计算得到[16]（图 3），而水资源数据、环境数据和土壤侵蚀数据根据相关部门统计整理得到。

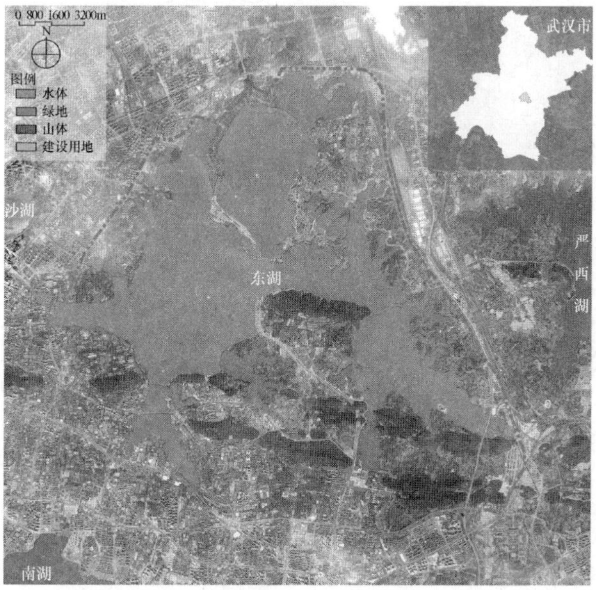

图 2　东湖绿心规划范围图（图片来源：作者自绘）

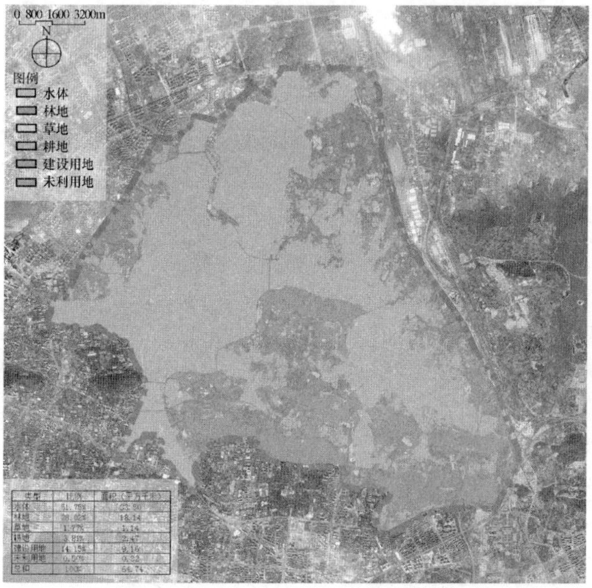

图 3　土地利用现状图（图片来源：作者自绘）

根据《规范》的计算方法，借助卫星遥感影像和户外调查数据，计算得到该区域的生态质量如表 4 所示。

东湖绿心整体生态质量评价　　表 4

指标	生物丰富度指数	植被覆盖指数	水网密度指数	土地胁迫指数	污染负荷指数	生态环境指数（EI）
数值	42.1	38.6	100	9.4	1.0	62.8

来源：作者自绘。

《规范》的生态环境分级标准将 EI 值按照 75/55/35/20 的分值顺序分为优、良、一般、较差、差五个等级。其中将东湖绿心现状值 $EI=62.8$ 与参考标准进行对比，可见东湖绿心生态环境现状指数位于良的等级，表明植物覆盖度较高、生物多样性较丰富，生态内部各系统基本能够协调发展。

根据《导则》的计算方法，借助卫星遥感影像和相关部门统计数据库，计算得到该区域的各项生态环境指标，如表 5 所示。

东湖绿心各项生态要素评价　　表 5

类别	指标	取值
综合环境	城市热岛效应强度	10℃
	空气质量达标率	64.9%
	生态用地比例	79.8%
山体修复	植被覆盖指数	38.6%
	破损山体率	0.7%
水体修复	水域湿地面积比	52.9%
	水体岸线自然化率	56.1%
绿地系统	建成区绿地率	30.2%
	建成区绿化覆盖率	39.2%
	林荫路推广率	29.9%

资料来源：作者自绘。

在各项指标中，一方面，东湖绿心的综合环境较好，具有较高的生态用地比例和较低的山体破损率，而大面积的水域和绿地区域也使得该区域具有较好缓解城市热岛的功能；但另一方面，东湖绿心建成区绿地率较低，水岸线硬化较为严重，林荫路推广率不高。这使得后期规划设计中，应着重考虑增加整体绿化覆盖率尤其是建成区绿化覆盖率并大力推广林荫路建设，以及对现有的一些硬质驳岸提出合理的自然化改造方法。

3.3 修复策略

在《规范》中生物、植被、水体、土地和空气五大要素是制约生态质量的决定性指标，而在《导则》中则由综合环境、山体、水体、棕地和绿地五大类所制约，两者不约而同地以自然要素的类型进行划分。所以在本项目中，根据自然要素的类型提出土地利用、山体修复、水体修复、林相提升和栖息地修复五大措施，并依据自然要素进行划分制定详细的规划方案（图 4）。

（1）整体修复：东湖绿心的生态现状处于良的等级，为了达到世界级城市绿心示范区的标准，可通过建造山脉廊道、修复全部山体、打造水网和绿网廊道、创建棕地修复示范区等方式，提高 EI 值达 75 以上。

（2）土地利用：对土地实施控制性开发和利用，大幅度缩减景区内部耕地和未利用地补偿绿地面积。实行退耕还林、退塘还湖，并着重增加林地和水域湿地面积，局部未利用地可改建成建设用地，最终使耕地占比不超过 11%，建设用地控制在 15%以下。

（3）山体修复：对破损山体实施生态修复，利用挂网喷播、台地续坡、平立面结合种植法和自然修复四种方法修复受损山体，使各山体植被覆盖达 95%以上。

（4）水体修复：加大生态岸线比重、恢复多样水岸形态、完善滨水缓冲绿带、重构湿地植被群落。对重污染水体进行人工修复，种植水生植物修复轻度污染水域。提高水生植被覆盖到 9%以上、自然驳岸占比保持在 75%以上。

（5）林相提升：对林相植被进行植物绿量和覆盖密度的提升、丰富林地层次、依据实际情况退耕还林、耕林结合。控制林地占比 28.02%不变的情况下将林地保持在 30%以上。

（6）在栖息地修复：对人为破坏的生态栖息地开展培育生境植物种植设计，兼顾动物、鸟类等栖居功能，将占

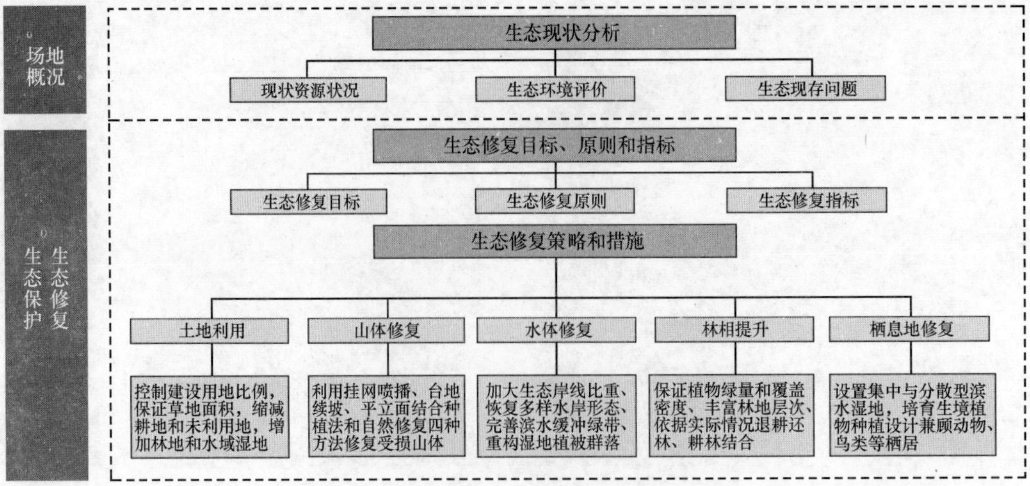

图 4　技术路线图（图片来源：作者自绘）

用良好生态用地的耕地、鱼塘等区域改建为栖息地或湿地，并控制生态用地比不低于85%。

4 结语

本文从城市绿心的整体生态环境品质与各生态要素两方面，量化评估东湖绿心项生态环境状况。《规范》和《导则》分别以总-分的模式将东湖绿心生态现状用数据的形式展现出来。评价体系具有权威性和科学性，评价指标深入场地各要素类型，对详细规划策略的提出具有较高的指导意义。由于该体系针对建成前和建成后项目同样适用，所以在后续研究中，可对项目建成后情况进行追踪调查，再次利用同一体系对建成后项目进行评价，验证规划策略的有效性。以此抛砖引玉，为日后城市绿心生态修复提供一些借鉴和思考。

参考文献

[1] 张林．吉林省西部生态环境现状评价研究[D]．吉林大学，2008.

[2] 胡习英，李海华，陈南祥．城市生态环境评价指标体系与评价模型研究[J]．河南农业大学学报，2006(03)：270-273.

[3] 王金叶，程道品，胡新添，等．广西生态环境评价指标体系及模糊评价[J]．西北林学院学报，2006(04)：5-8.

[4] 金云峰，王小烨．绿地资源及评价体系研究与探讨[J]．城市规划学刊，2014(01)：106-111.

[5] 王学雷．江汉平原湿地生态脆弱性评估与生态恢复[J]．华中师范大学学报(自然科学版)，2001(02)：237-240.

[6] 九次力，周兆叶，张学通，等．GIS表述的生态环境评价体系研究——以青海省为例[J]．草业科学，2010，27(12)：45-52.

[7] 方自力，王蒙，谢强，等．生态环境状况评价方法在四川省的应用及探讨[J]．四川环境，2009，28(03)：50-53.

[8] 李毅，易敏，胡文敏，等．基于RS与GIS的长沙市生态环境状况评价[J]．林业经济，2017，39(09)：100-103.

[9] 耿宜佳．淮南煤矿区生态环境综合评价研究[D]．合肥工业大学，2016.

[10] 曾丽群，单国彬，朱鹏飞．传统村落生态环境评价与保护发展研究——以广西钦州市大芦村为例[J]．环境与可持续发展，2015，40(06)：61-64.

[11] 姚尧，王世新，周艺，等．生态环境状况指数模型在全国生态环境质量评价中的应用[J]．遥感信息，2012.

[12] 王婕纯．如何实现"城市绿心"价值最大化——以北海市"城市绿心"概念规划为例[J]．广西城镇建设，2014.

[13] 戴菲，刘志慧，让余敏，等．国际城市绿心景观生态规划设计策略研究[J]．城市建筑，2017.

[14] HJ 192—2015 生态环境状况评价技术规范[S]．北京：国家环境保护总局，2015.

[15] 城市生态评估与修复导则(试行)(建办规[2015]56号)．北京：住房和城乡建设部城市建设司，2016.

[16] 孙瑞，陈帮乾，吴志祥，等．基于Landsat 8卫星影像的海南岛生态环境质量现状评价[J]．热带作物学报，2017.

作者简介

王运达，1993年生，男，汉族，河北衡水人，华中科技大学建筑与城市规划学院在读硕士研究生，研究方向为绿地系统规划。电子邮箱：854876720@qq. conm。

陈明，1991年生，男，汉族，福建福州人，华中科技大学建筑与城市规划学院，博士研究生，研究方向为风景园林规划与设计、绿色基础设施。电子邮箱：1551662341@qq. com。

戴菲，1974年生，女，汉族，湖北武汉人，博士，华中科技大学建筑与城市规划学院，教授，研究方向为绿地系统、绿色基础设施。电子邮箱：58801365@qq. com。

杨麟，1980年生，男，汉族，湖北武汉人，武汉市园林建筑规划设计院创意所所长，硕士。电子邮箱：282179351@qq. com。

春季北京望京道路附属绿地不同植物群落对于细颗粒物 $PM_{2.5}$浓度的影响

Effect of Different Plant Communities on the $PM_{2.5}$ Concentration of Fine Particles in the Green Space Attached toWangjing Road in Spring in Beijing

王憬帆　彭　历

摘　要：研究城市道路附属绿地不同植物群落对细颗粒物 $PM_{2.5}$浓度的影响，是提高城市绿地大气污染治理功能绿地配置模式优化的重要基础，并且可对植物配置的选择提供优化方案。本文选取位于北京市朝阳区重要商业 CBD 望京地区的一条典型主干道道路为研究对象，选取灌—草、乔—灌、乔—草、乔—灌—草 4 种典型绿地配置模式，在春季，选用 CEM 粒子计数器和 NK4500 手持气象站位于不同植物群落位置，同一点高度 1m 和 2m 处同步测定细颗粒物浓度，分析比较不同植物群落对细颗粒物浓度的影响和削减能力，提出以调节改善细颗粒物 $PM_{2.5}$为导向的道路附属绿地设计优化策略。

关键词：$PM_{2.5}$；植物群落；城市道路附属绿地

Abstract：Studying the influence of different plant communities on the $PM_{2.5}$ concentration of fine particles in urban green space is an important basis for improving the green space allocation model of urban green space air pollution control function，and can provide an optimization plan for plant configuration selection. This paper selects a typical main road in the Wangjing area of the important commercial CBD in Chaoyang District of Beijing as the research object，and selects four typical greenland allocation modes：irrigation-grass，joss-irrigation，jog-grass，and joss-grass-grass. The CEM particle counter and the NK4500 handheld meteorological station were selected at different plant community locations，and the concentration of fine particles was measured simultaneously at the same height of 1 m and 2 m. The influence of different plant communities on the concentration of fine particles and the reduction ability were analyzed and compared to propose to improve the fine particulate matter $PM_{2.5}$-oriented road green design optimization strategy for roads.

Keyword：$PM_{2.5}$；Plant Community；Urban Road Affiliated Green Space

1　城市道路附属绿地植物群落对 $PM_{2.5}$颗粒物的影响

1.1　道路附属绿地概述

道路附属绿地主要作用：

近几年，由于环境污染而造成的生态灾害越来越严重，整个华北地区被笼罩在严重的细颗粒物污染中，严重威胁到了居民的日常生活。$PM_{2.5}$主要来源之一是道路扬尘和汽车尾气排放，汽车在道路行驶的过程中发动机尾气会产生大量的 $PM_{2.5}$细颗粒物，同时在汽车行驶中还会产生大量扬尘，使细颗粒物污染加剧。尤其在北京这种车流量大、交通道路网发达、拥堵严重的大型城市中，机动车和道路产生的 $PM_{2.5}$细颗粒物污染是相当严重的。在布局合理、植物群落搭配完善下的城市道路附属绿地能够有效地降低城市道路上行驶的车辆所造成细颗粒物环境污染问题。

同时道路附属绿地也是城市道路景观的一张名片，是展现城市美丽的舞台，一条美丽的道路所带给游客的第一印象往往会对整个游览的旅程产生重大的影响。同时良好的绿化对于驾驶员驾驶车辆的安全性也有一定的良好影响。

1.2　$PM_{2.5}$的危害

在 20 世纪 70 年代，人们开始注意到颗粒物污染与健康问题之间的联系。$PM_{2.5}$会对人体健康产生非常严重的危害。$PM_{2.5}$对人体健康造成的危害是多方面的，它可以通过引起肺炎症反应以及氧化损伤，引发系统性炎症反应与神经调节改变，从而影响呼吸系统、心血管系统和中枢神经系统等[1]。有人用动物实验研究 $PM_{2.5}$对呼吸系统的毒性作用，结果表明 $PM_{2.5}$可使大鼠肺部组织发生氧化应激损伤和炎性反应。流行病学研究表明心律失常、心肌梗死、心力衰竭、动脉粥样硬化、冠心病等都与 $PM_{2.5}$暴露有关[2]。此外高浓度的 $PM_{2.5}$对孕妇会产生严重的危害，高浓度的颗粒物会影响胚胎的发育，与围产儿、新生儿死亡率的上升、低出生体重、宫内发育迟缓，以及先天性功能缺陷具有相关性。同时 $PM_{2.5}$细颗粒物加重了众多呼吸道疾病患者的病情，尤其威胁老人和孩童的身体健康。

1.3　植物群落与 $PM_{2.5}$颗粒物之间基本关系

相关研究表明，植被叶片因其表面性能（如茸毛和蜡质表皮等）可以截取和固定大气颗粒物，使颗粒物脱离大气环境而成为消减城市大气环境污染的重要过滤体。因此植物叶片滞尘量越大，对大气颗粒物的消减作用越强。不同种类植被的环境效应各有差异[3]。同时，不同类型的植物群落搭配景观效果不同，其生态差异也不同。植物群落对于颗粒物污染有一定的吸附作用，但是其吸附能力、吸附效果与其植物搭配种类、方式以及在不同季度是有所不同的。

2 城市道路附属绿地植物群落对 $PM_{2.5}$ 颗粒物影响关系测定

实验设备：CEM 粒子计数器和 NK4500 手持气象站。测试内容：不同植物群落的温度、湿度、$PM_{2.5}$ 颗粒物指数、PM_{10} 颗粒物指数。实验场地内各监测点高度 1m 和 2m 处同步测定，连续测量 3 天，测量时间为每天 8：00～18：00 机器每 10 分钟测量一次。实验目的：监测城市道路附属绿地不同植物群落（灌—草、乔—灌、乔—草、乔—灌—草）与 $PM_{2.5}$ 颗粒物的影响关系。

2.1 观测点设置及环境特征

实测地点：北京市朝阳区望京地区广顺南大街。该道路为望京主干道之一，早晚车流量大，道路为双向 8 车道，附属绿地位于车道中间，宽度 12m。方便进行测量现状植物：植物群落种类较望京其他道路附属绿地丰富，植物群落种类以灌草结构为主，部分路段为乔灌草结构。附属绿地内地势平坦，植物种类丰富，以北方植物种类为主。

测点选择：测点 1（乔—灌—草结构）、测点 2（乔—灌结构）、测点 3（乔—草结构）、测点 4（灌—草结构）（图 1、表 1）。

图 1 观测点选择

观测点群落类型 **表 1**

测点	植物群落种类	植物种类	测点平面
测点 1	乔—灌—草结构	大叶黄杨 雪松 悬铃木 木槿	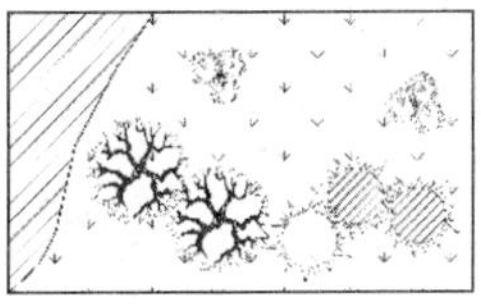
测点 2	乔—灌结构	雪松 油松 大叶黄杨 牡丹	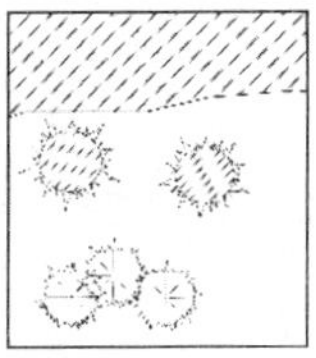
测点 3	乔—草结构	雪松 银杏	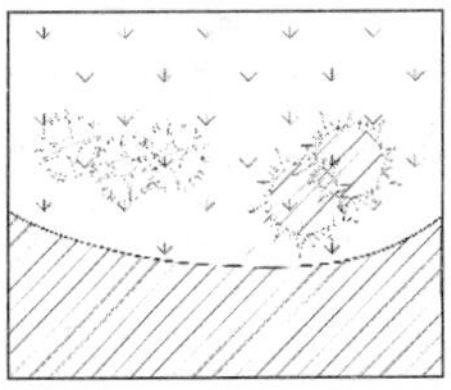
测点 4	灌—草结构	大叶黄杨 金叶女贞 迎春 牡丹	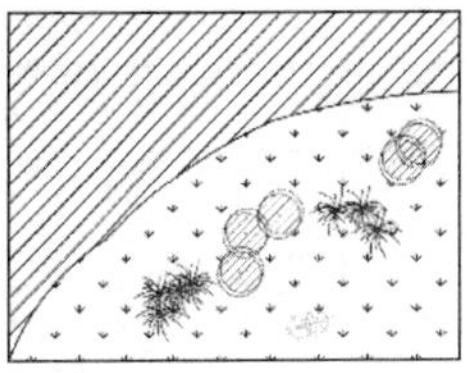

2.2 监测结果与数据分析

2.2.1 城市道路附属绿地不同植物群落对 $PM_{2.5}$ 的影响

将各测点距离地面 1m 和 2m 处每一小时测量的平均 $PM_{2.5}$ 指数进行比较分析（表 2、表 3），可以看出一天中 $PM_{2.5}$ 指数由早晨到中午不断提高，中午时段 11：00～12：00 达到一个高峰，随后有所下降，下午 17：00～18：00 到达最大值。植物群落整体来看 $PM_{2.5}$ 指数较对照组有所下降，其中与对照组 $PM_{2.5}$ 指数差别最大的时段为中午 11：00～12：00，可看出这是道路附属绿地对于减少细颗粒物 $PM_{2.5}$ 指数最有效的时段。在四种植物群落中乔—灌—草结构是 $PM_{2.5}$ 指数最小的，对于细颗粒物的控制最为有效，效果最低的为灌—草，有的数值与对照组几乎一致。从垂直方向来看，含有高大乔木的植物群落，高度越高 $PM_{2.5}$ 指数越小，灌—草结构在 2m 处高度有的颗粒物浓度与对照组几乎持平。

1m 处不同时段不同植物群落 $PM_{2.5}$ 数值（$\mu g/m^3$） 表 2

	8：00～9：00	9：00～10：00	10：00～11：00	11：00～12：00	12：00～13：00
乔—灌—草	48	70	110	143	166
乔—灌	50	78	113	176	170
乔—草	55	88	113	158	168
灌—草	60	80	122	188	176
对照（道路铺装）	65	88	180	239	192
	13：00～14：00	14：00～15：00	15：00～16：00	16：00～17：00	17：00～18：00
乔—灌—草	95	110	173	189	219
乔—灌	107	126	179	199	228
乔—草	104	127	188	213	233
灌—草	110	138	193	220	248
对照（道路铺装）	162	149	207	241	265

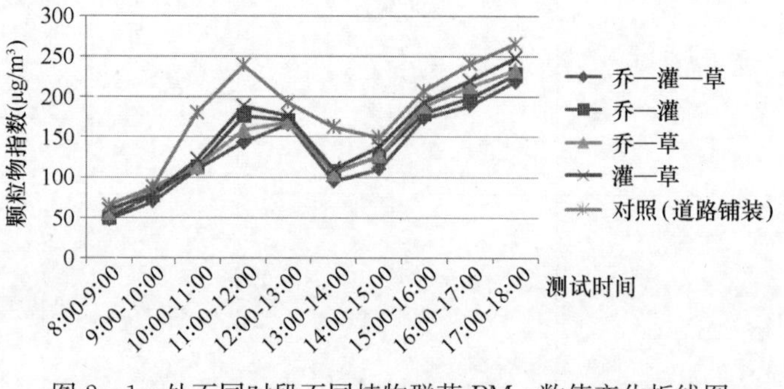

图 2 1m 处不同时段不同植物群落 $PM_{2.5}$ 数值变化折线图

2m 处不同时段不同植物群落 $PM_{2.5}$ 数值（$\mu g/m^3$） 表 3

	8：00～9：00	9：00～10：00	10：00～11：00	11：00～12：00	12：00～13：00
乔—灌—草	39	63	99	137	157
乔—灌	43	69	103	169	168
乔—草	50	70	102	150	163
灌—草	60	83	175	237	194
对照（道路铺装）	65	88	180	239	192
	13：00～14：00	14：00～15：00	15：00～16：00	16：00～17：00	17：00～18：00
乔—灌—草	90	110	173	189	219
乔—灌	98	126	179	199	228
乔—草	101	127	188	213	233
灌—草	159	140	200	238	268
对照（道路铺装）	162	149	207	241	265

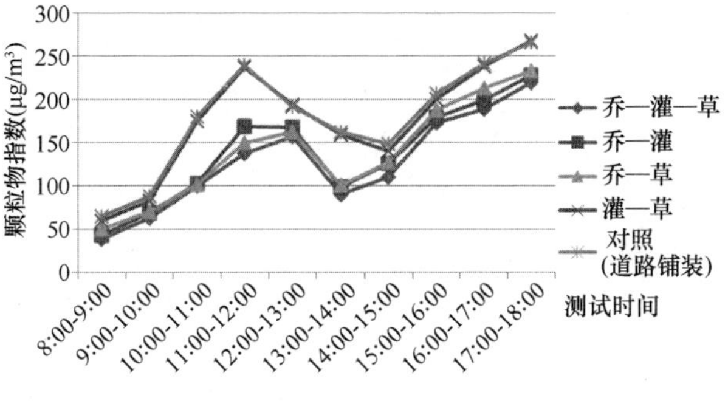

图 3　2m 处不同时段不同植物群落 $PM_{2.5}$ 数值变化折线图

2.2.2　城市道路附属绿地不同植物群落对 PM_{10} 的影响

从整体上来看，PM_{10} 颗粒物指数整体呈上升趋势，早上 8：00～9：00 时段细颗粒物指数为一天中最低，17：00～18：00 达到峰值。植物群落与对照组相比整体细颗粒物指数有所下降，灌—草结构 PM_{10} 指数下降不明显，基本与对照组持平。在测量的植物群落中，乔—灌—草结构为所有群落中对细颗粒物 PM_{10} 指数控制的最优群落，乔—灌、乔—草 PM_{10} 指数相对持平。垂直方向来看，2m 处的 PM_{10} 指数明显整体低于 1m 处，并且含有高大乔木的植物群落对于控制 PM_{10} 指数有很大优势。乔—灌—草、乔—草、灌—草三种植物群落在 2m 处 PM_{10} 指数基本持平。

1m 处不同时段不同植物群落 PM_{10} 数值（$\mu g/m^3$）　　**表 4**

	8：00～9：00	9：00～10：00	10：00～11：00	11：00～12：00	12：00～13：00
乔—灌—草	20	26	30	66	86
乔—灌	18	24	32	66	83
乔—草	19	22	33	68	88
灌—草	26	36	40	74	98
对照（道路铺装）	30	40	49	75	101
	13：00～14：00	14：00～15：00	15：00～16：00	16：00～17：00	17：00～18：00
乔—灌—草	95	108	109	133	149
乔—灌	97	107	108	136	153
乔—草	96	108	109	138	156
灌—草	100	110	114	140	160
对照（道路铺装）	103	114	120	147	163

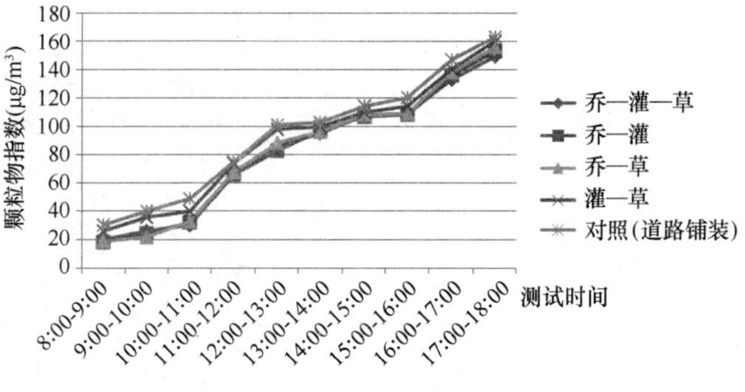

图 4　1m 处不同时段不同植物群落 PM_{10} 数值变化折线图

2m 处不同时段不同植物群落 PM_{10} 数值（$\mu g/m^3$）　　**表 5**

	8：00～9：00	9：00～10：00	10：00～11：00	11：00～12：00	12：00～13：00
乔—灌—草	16	18	27	58	66
乔—灌	17	20	30	60	65
乔—草	16	19	28	59	68
灌—草	26	28	39	69	70
对照（道路铺装）	28	30	45	73	97

续表

	13：00～14：00	14：00～15：00	15：00～16：00	16：00～17：00	17：00～18：00
乔一灌一草	76	81	90	109	127
乔一灌	77	80	93	107	128
乔一草	75	83	92	110	129
灌一草	80	95	103	123	140
对照（道路铺装）	99	103	118	130	150

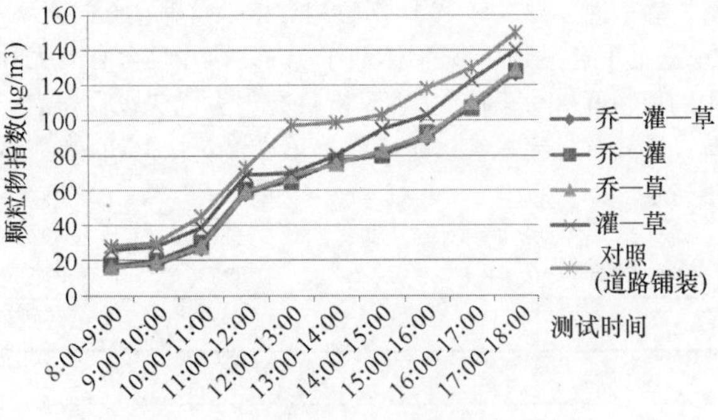

图5　2m处不同时段不同植物群落 PM_{10} 数值变化折线图

2.3　对北京城市道路附属绿地植物种植设计的启示

2.3.1　加强植物群落垂直方向的覆盖程度

在春季北京城市道路附属绿地设计中，加强垂直方向的植物覆盖程度是有利于控制细颗粒物指数的，高大乔木类对于细颗粒物的吸附效果有着明显的优势，同时可在一定程度上对空气中的扬尘起到拦截作用。通过实测点的数据来看，垂直方向覆盖程度大的植物群落内 $PM_{2.5}$ 和 PM_{10} 指数均低于垂直方向覆盖程度小的群落。因此在植物群落种植的时候，多采用大冠幅乔木，丰富垂直方向覆盖程度有利于控制细颗粒物指数。

2.3.2　丰富植物群落植物种类，选取蒸腾作用强的植物

通过实测点的数据来看，乔一灌一草植物群落在所有植物群落中对于细颗粒物指数的控制是最好的。并且 $PM_{2.5}$ 指数在中午11：00～12：00时段出现了与对照组的巨大差距。春季，植物中午时段蒸腾作用最强，植物蒸腾通过作用产生大量水蒸气，使空气相对湿度迅速提高。"相关研究表明，相对湿度值与 $PM_{2.5}$ 值之间呈显著反相关，这说明空气湿度越大，$PM_{2.5}$ 浓度相对越低，空气湿度越小，$PM_{2.5}$ 浓度相对越高。"[4] 由此可见，丰富的植物群落对于控制 $PM_{2.5}$、PM_{10} 等细颗粒物有良好效果。同时在植物种类选择的时候应着重选择蒸腾作用强，增湿性好的植物来进行种植。

3　结语

在全球气候问题愈发严重的今天，城市道路附属绿地建设不仅要关注其景观效果，还要利用更加科学合理的手段，将城市道路附属绿色地形成一种可以有效调节改善小气候环境，局部降低细颗粒物污染的城市绿色空间。绿地植物群落搭配的合理与否对于调节小气候环境，细颗粒物污染有明显作用。本文通过整理所调研植物群落内植物种类、种植方式，并且进行有针对性的实验，获取不同植物群落下1m和2m处细颗粒物 $PM_{2.5}$、PM_{10} 数据指标，总结分析不同植物群落细颗粒物指数和细颗粒物指数整体变化，同时分析对比垂直方向下细颗粒物指数变化，提出了对于城市街道附属绿地种植设计的建议，以提升道路附属绿地对于细颗粒物污染的调节作用。

本试验是对于春季城市道路附属绿地对细颗粒物指数影响的初步测定，之后还会把研究季节扩展至一年四季测量，并且根据不同空间形式、功能需求进一步探究城市道路附属绿地对细颗粒物指数的影响。同时 $PM_{2.5}$、PM_{10} 产生和消减的机制非常复杂，植物群落对其的影响因素也非常复杂值得得进一步深入探讨。空气中的 $PM_{2.5}$、PM_{10} 浓度受环境、气象影响因素众多，应从多角度开展植物群落中 $PM_{2.5}$ 浓度变化的研究，从而探寻植物群落的影响原理。这样才能更加准确地指导城市道路附属绿地的建设。

参考文献

[1]　刘洁岭，蒋文举．$PM_{2.5}$的研究现状及防控对策[J]．广州化工，2012，40(23)：22-24.

[2]　Oberdo rster G，Sharp Z，A tudorei V，et al. Extrapulmonary translocation of ultrafine carbon particles following whole-boby inhalation exposure of rats[J]. J Toxicol Environ Health A，2002，65(20)：1531-1543.

[3]　王赞红，李纪标．城市街道常绿灌木植物叶片滞尘能力及滞尘颗粒物形态[J]．生态环境，2006(02)：327-330.

[4]　徐杰，匡汉祎，王国强，等．$PM_{2.5}$与空气相对湿度间关系浅析[J]．农业与技术，2017，37(09)：148-149+157.

作者简介

王憬帆，1994年生，男，北方工业大学建筑与艺术学院，硕士研究生。

彭历，1983年生，男，汉族，河北石家庄人，北方工业大学建筑与艺术学院副教授。电子邮箱：363811357@qq.com。

杭州市典型城市街谷的热环境实测研究①

Field Study on the Thermal Environment of Typical Street Canyons in Hangzhou

舒 也 马道原 包志毅

摘 要：随着城市化的快速发展，城市局地热环境的改变，严重影响居民健康和热舒适感受。城市街谷作为城市户外空间的基本构成单元，行人步行在很大程度上受到城市街谷热环境的制约，研究影响街谷热环境的因素，有助于改善其热环境质量。本文通过选取夏季高温高湿地区的杭州市 7 条典型城市街谷，在 6 月极端高温且晴朗无风的天气开展连续三日的实测，随后分析街谷热环境的变化规律及影响因素。结果表明不同朝向的街道内存在明显差异，相较于对照点，街谷内的黑球温度和太阳辐射强度明显降低，呈显著负相关。南北走向街谷的热环境要优于东西走向街谷。街谷高宽比也会影响街谷内热环境，但是街谷的走向对热环境的贡献最大，其次是高宽比，在东西走向街谷下，即使街谷高宽比增大，其街谷热环境仍然较差。基于街谷热环境改善目标，在杭州城市未来建设中，首先应尽可能地增加南北走向街谷，其次增大街谷高宽比，种植高大乔木绿化等有效措施。

关键词：热环境；实测；城市街谷；黑球温度；太阳辐射强度

Abstract: With the rapid development of urbanization, the changes in the geothermal environment of urban bureaus have seriously affected residents' health and thermal comfort. Urban street canyon is the basic building block of urban outdoor space. Pedestrian walking is largely restricted by the thermal environment of urban street and valley. Studying the factors affecting the thermal environment of street and valley will help to improve the quality of its thermal environment. This paper selects seven typical urban street valleys in Hangzhou in the high temperature and high humidity area in summer, and conducts three consecutive days of actual measurement in the extremely high temperature and sunny windless weather in June, and then analyzes the variation law and influencing factors of the street valley thermal environment. The results show that there are significant differences in the streets facing different orientations. Compared with the control point, the black ball temperature and the solar radiation intensity in the canyon are significantly reduced, showing a significant negative correlation. The thermal environment from the N-S is better than the E-W street. The H/W ratio of the street canyon will also affect the thermal environment in the valley, but the trend of the canyon will contribute the most to the thermal environment, followed by the aspect ratio. Under the E-W street, even if the H/W ratio of the canyon increases, the thermal environment of the valley is still higher. Based on the improvement goal of the street canyon thermal environment, in the future construction of Hangzhou city, we should first increase the N-S trending street valley as much as possible, and then increase the H/W ratio of the canyon and greening.

Keyword: Thermal Environment; Field Measured; Street Canyon; Black Ball Temperature; Solar Radiation Intensity

引言

随着城市化进程的加快，人类频繁的生产生活加剧了全球气候的变暖，近年来，全球平均气温也在不断上升[1]。今年入夏以来，在 6 月份，南方各地气温就已普遍达到 35℃以上，梅雨季节提前结束。过去的 7 月，我国平均气温 22.9℃，较常年同期偏高 1℃，全国有 94 站发生极端高温事件，省会级城市高温日数重庆最高达 44 天，其次为西安 41 天、杭州 38 天、南昌 37 天[2]。而异常高温事件更是在全球蔓延，据中国气象局国家气候中心监测发布的《2018 年 7 月全球最高气温距平分布图》中可以得到，今年 7 月以来，北半球在欧洲、东亚、北美气温正距平（指某时间段的气温超过若干年或月的平均值）显著，尤以欧洲为甚[3]。北极圈内有气象站观测到气温超过 30℃，并连续 3 天平均最高气温处于历史最高点，其中，挪威和芬兰等地分别出现了 33.5 和 33.4℃高温[4]。英国部分地区今夏以来持续高温干旱，创下半个世纪以来最干旱夏天的纪录；7 月 14 日意大利首都罗马最高温直逼 40℃[5]。多个北非国家也出现热浪，摩洛哥出现 43.4℃高温，阿尔及利亚的撒哈拉沙漠地区最高气温更是达到 51.3℃[6]。逐年升高的全球气温让世界面临挑战。

在城市环境中，城市街谷作为城市户外空间的基本构成单元，行人步行在很大程度上受到城市街谷热环境的制约，其热环境质量直接影响街道内行人的舒适性以及城市区域的物理环境，对于调节区域微气候起到十分重要的作用。而以往的街道设计主要依据城市规划设计相关的法律、法规、标准和个人经验等，缺乏对于街道物理环境进行理性、科学的分析。

Bourbia 等在半干旱地区城市街道，通过阴影模拟和温度测量验证了城市街谷几何形态和街谷微气候的关系，

① 基金项目：国家自然科学基金项目（51508515）；浙江省大学生科技创新活动计划暨新苗人才计划（2018R412040）。

得出街道最佳的朝向与高宽比组合（H/W）依次为：1.0、1.5、2.0的南北朝向街谷；北偏东75°以及东西朝向为最差组合[7]。Ali-Toudert 等在炎热干燥地区，通过ENVI-met模拟城市对称街谷的高宽比和太阳方位变化进行研究，得到东北-西南和西北-东南方向的效果最好，但模拟数值与实际测量的结果存在差距[8]。赵敬源，刘加平通过对西安典型街谷动态模型进行大量数值模拟分析，分析对街谷热环境产生影响的街谷高宽比、街谷走向以及街谷两侧建筑立面形式等因素，得出最佳高宽比范围[9]。

以上针对街谷形态的研究大多在当地特定气候条件下开展，同时针对我国湿热气候条件的研究较少。另外，针对街谷热环境的研究虽然很多，但是采用的评价指标较为单一，没有避免不同指标之间的误差。综上，在以杭州为代表的夏季极端高温高湿的华东地区，本文对比分析了不同街谷朝向、街谷高宽比以及街谷行道树条件下，街谷内的空气温度、相对湿度、地表温度、黑球温度、湿球黑球温度指数（WBGT）以及太阳辐射强度的影响，分析影响街谷热环境的因素以及街谷内一天之中热环境的变化情况。

1 研究方法

1.1 测试地点选择

杭州位于北纬30.27°，东经120.15°，属亚热带季风气候，全年平均气温17.8℃，平均相对湿度70.3%，年降水量1454mm，年日照时数1765小时。夏季气候炎热、湿润，是四大火炉城市之一。

测试地点在杭州城市核心区块的上城区，共选择4条东西走向街道与3条南北走向街道（图1）。此处街谷位于城市繁华地段的林荫道，不同的街道宽度与周边建筑高度组成了不同的街谷高宽比。7条街谷的信息如下表所示，每条街谷的实摄如图2～图8所示。

图1 7条待测街谷的地理位置分布图

7条待测街谷空间形态特征表　　表1

街谷名称	街谷走向	街谷宽度（m）	街谷高度（m）	街谷高宽比（H/W）
解放路	东西走向	21	15	0.7
国货路	东西走向	8	10	1.3
将军路	东西走向	8	13	1.6
开元路	东西走向	10	15	1.5
延安路	南北走向	25	40	1.6
吴山路	南北走向	8	10	1.3
浣纱路	南北走向	25	18	0.7

图2 解放路正午实摄

图3 国货路正午实摄

图 4　将军路正午实摄

图 5　开元路正午实摄

图 6　延安路正午实摄

图 7　吴山路正午实摄

图 8　浣纱路正午实摄

1.2　测试时间与条件

我国现行居住区热环境和绿色建筑标准[10-11]都针对夏季典型气象日，以日间 8：00～18：00 的室外气温变化及平均热岛强度作为室外热环境设计和评价的重要指标。因此，本文选择接近杭州夏季典型气象日的天气条件开展测试，测试时间段定为日间 8：00～18：00。在 6 月底杭州受副热带高压控制，气温升高，故测试选定在天气环境晴朗良好的 6 月 26 日进行，连续进行三天的测试。

1.3　测试方法

由于城市街谷在日常使用中以行人为主，测点均布置在地上 1.5m 处。测试的气象因子包括空气温度、相对湿度、地表温度、黑球温度、湿球黑球温度指数（WBGT）以及太阳辐射强度等，使用便携式气象测试仪器记录街谷气象参数（表 2）。每条街谷各布置 1 个固定测点，各测点逐时记录空气温度、湿度、黑球温度以及太阳辐射强度（图 9）。由杭州市气象局播报的气象数据可知，此三天的主导风向均为西南风，因此在测试街谷的西南方向选择一块平坦开阔的广场地面，且周围无构筑物阴影遮挡（图 10），作为街谷内与街谷边界各项参数对比分析的重要对照点 CK。室外气温采用强制通风的防辐射筒进行测试，也即将温度探头放入直径 10cm 的不锈钢筒中心处，筒外包裹铝箔纸，筒内另一侧放置小风扇连续运转，使筒的空气流通，更加准确的测的空气温度。

测试仪器性能与记录间隔　　**表 2**

测试仪器	测试内容	仪器量程与精度	记录间隔
HOBO Pro V2 U23 温湿度自记仪	空气温度、相对湿度	温度：±0.2℃（0～50℃） 相对湿度：±2.5%（10%～90%）	1min（自动）
衡欣 AZ8778 黑球温度计	黑球温度	±0.6℃（0～50℃）	30min（手动）
TES-1333R 高精度太阳能辐射仪	太阳辐射强度	±10W/m²（0～200 W/m²）	1min（自动）

图 9　测试实景

图 10　对照点广场 CK

2 测试结果与分析

2.1 空气温湿度

取每条街谷固定测点结果，得到 7 条街谷空气温度与湿度的逐时变化（图 11、图 12），以及温湿度与街谷走向的关系（图 13）。

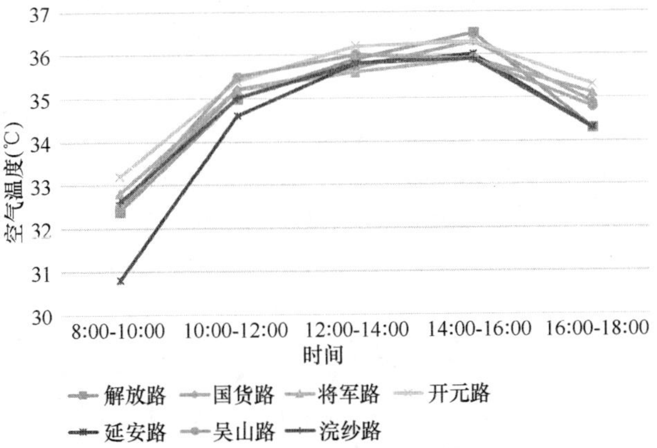

图 11 街谷三日平均温度逐时变化图

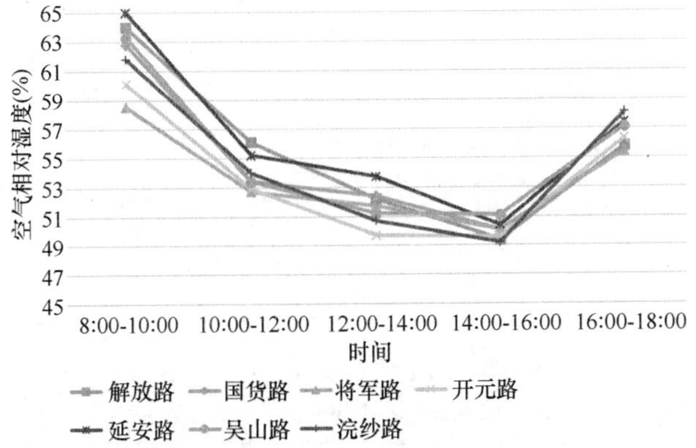

图 12 街谷三日平均湿度逐时变化图

由图 11 与图 12 可知，随着一天内的变化，各街谷内的空气温度先增加后降低，总体呈现倒“U”形趋势，而空气相对湿度先降低后增加，总体呈现“U”形趋势。同时，可以得出，各条街谷内的空气温度与空气相对湿度均在 14：00～16：00 分别达到最大值和最小值。前文中根据已有实测可知，街谷高宽比排序为：将军路＝延安路＞开元路＞国货路＝吴山路＞解放路＝浣纱路。在图 11、图 12 中可以看到，在东西走向街谷中，高宽比由大至小的将军路、开元路、国货路、解放路的空气温度依次递增，而空气相对湿度依次递减；在南北走向街谷中，随着延安路、吴山路、浣纱路高宽比的递减，空气温度也相应增加，而相对湿度减小。但街谷高宽比一致的将军路与延安路、国货路与吴山路、解放路与浣纱路，东西走向的街谷的空气温度则要比南北走向高，相对湿度要比南北走向低。

由图 13 可知，东西走向街谷的空气温度在 8：00 最低(32.7℃)，16：00 最高(36.3℃)，测试时段平均 35℃。南北走向街谷的空气温度同样在 6：00 最低（32℃），16：00最高（35.9℃），测试时段平均 34.7℃。而东西走向街谷的空气相对湿度与气温呈负相关，在 8：00 最高（61.4%），16：00 最低（49.8%），测试时段平均 54.4%。南北走向街谷的空气相对湿度同样在 6：00 最高（63.4%），16：00 最低（50.2%），测试时段平均 55.4%。对比两街谷可知，与东西街谷相比，南北街谷的气温在上午与下午时段略低，在中午时段持平，差值在 0.7℃以内。南北街谷的相对湿度在上午与下午时段略高，在中午时段持平，差值在 2%以内。因此可以得出，南北走向街谷的整体空气温度较东西走向街谷要低，而空气相对湿度要低，但是差异不明显。

杜晓寒[12]等通过实测也发现东西走向街谷比南北向气温要高。Johansson 在研究干热地区街谷高宽比时发现，街谷走向对于街谷热环境的影响要大于街谷高宽比，在干热地区，增加街谷高宽比，既可以在夏季起到良好的遮阳作用，还可以在冬季夜晚起到避风作用[13]。此外也有微气候模拟软件的相关研究[14-15]指出东西向街谷热环境较之南北向要差，且差距显著。上述研究与本文的研究结果基本吻合，但是本文中东西向与南北向街谷的热环境差距不大，这可能与研究所在的气候区差异有关，以往研究天气多干旱、晴热等，而当前研究区域特点为湿热多云天气。测试时段太阳直射由于水汽等问题造成两走向街谷之间空气温度与相对湿度差异的减弱。

2.2 太阳辐射强度

通过 TES-1333R 高精度太阳能辐射仪手持在每条街谷固定测点测量，得到 7 条街谷太阳辐射强度的逐时变化如图 14 所示，以及太阳辐射强度与街谷走向的关系图如图 15 所示。

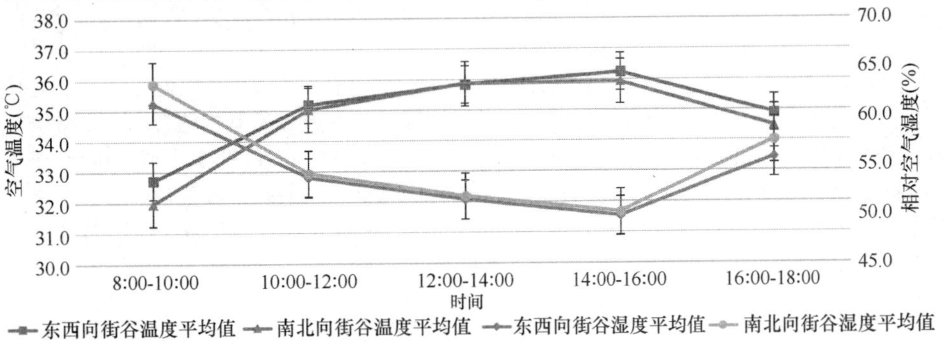

图 13 温湿度与街谷走向关系图

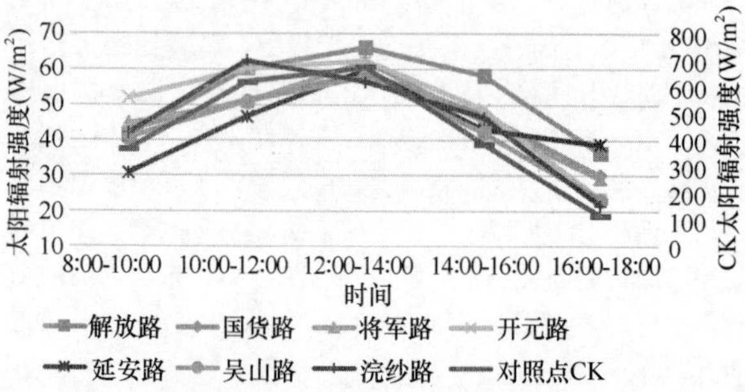

图 14　街谷三日平均太阳辐射强度逐时变化图

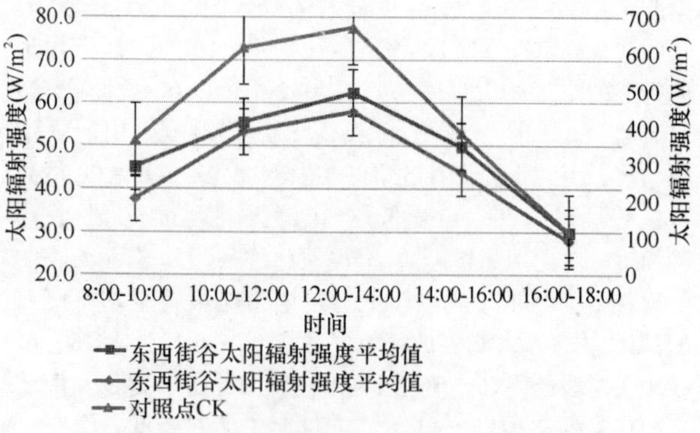

图 15　太阳辐射强度与街谷走向关系图

由图 14 可知，太阳辐射强度在一天内的变化中，各街谷均呈现先增加后降低的“倒 U”形趋势，且在14：00左右的太阳辐射强度达到最大值，街谷高宽比高的街谷其太阳辐射强度也明显小于低高宽比的街谷。而与对照点 CK 相比，各街谷内的太阳辐射强度明显低于对照点，表明街谷内由于周边建筑与行道树的遮荫作用，能够直接阻挡大部分的太阳直射。图 15 中可以得到，东西走向街谷由于接收到更多的阳光直射，一天内的平均太阳辐射强度高于南北走向街谷约 5W/m²。

Fazia[8] 在炎热干燥的城市盖尔达耶对街道高宽比和街道走向在街道热舒适的影响进行了研究，得出街道高宽比 2（$H/W=2$）是街道对于太阳辐射接收的临界值。Bourbia 和 Awbi[16] 用街道阴影系数（Shading Factor）来表示太阳辐射大小，在东西走向的街道，遮荫系数在夏季高，冬季低，高宽比大于 1（$H/W>1$），在冬季街道建筑能遮挡大部分阳光，而在夏季，即使高宽比很高，街道阴影面积也只占很小一部分，基本不受街道高宽比改变带来的影响。在南北走向下，随着街道高宽比的增加，遮荫系数也增加，当高宽比为 1（$H/W=1$）时，遮荫系数为 0.6。Kruger[17] 等人发现东西两侧的建筑对太阳辐射的遮荫作用是南北走向街道在早晨和下午能够明显降低空气温度的主要原因。街道高宽比是调节街道内太阳辐射的主要因素之一，随着街道高宽比的升高，太阳辐射会明显下降。上述学者的研究成果与本文基本吻合，且街谷走向对街谷的影响优于街谷高宽比。

2.3　黑球温度

通过黑球温度计手持在每条街谷固定测点测量，得到 7 条街谷黑球温度的逐时变化如图 16 所示，以及黑球温度与街谷走向的关系图如图 17 所示。

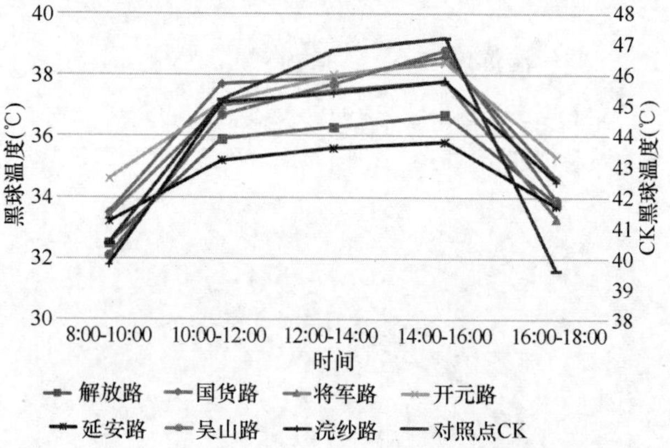

图 16　街谷三日平均黑球温度逐时变化图

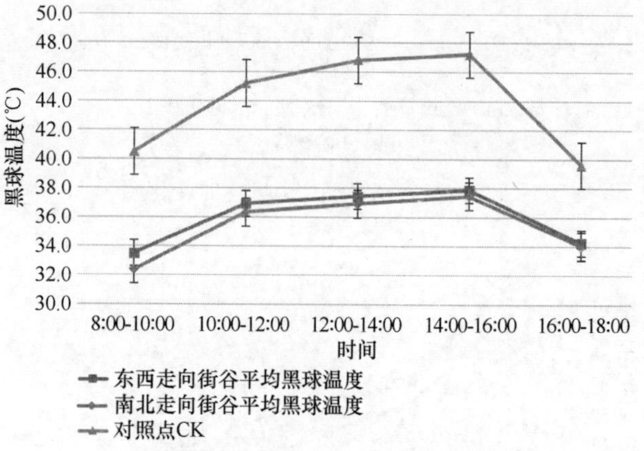

图 17　黑球温度与街谷走向关系图

图 16 表示不同街谷内的黑球温度的日间变化，均呈现出先增加后减少的趋势，各街谷普遍在 14：00～16：00时间段内达到黑球温度的峰值。依据高宽比大小的不同，可以看出，高宽比高的街谷其日间的平均黑球温度较低。图 17 表示了黑球温度与街谷走向的关系，东西走向街谷的日间平均黑球温度要高于南北走向街谷，在早上8：00两街谷的黑球温度差值最大，且随着一天内时间的推移，两街谷之间的差值逐渐缩小，在傍晚 18：00 左右趋于一致。通过对图 11 空气温度逐时变化图的对比，可以发现，虽然两测点的空气温度基本相同，但是高宽比与街谷朝向不同造成的阴影使得阴影下黑球温度要明显小于阳光下，在峰值处，不同朝向街谷内黑球温度的差异要比空气温度的差异更加明显。由于黑球温度受到太阳辐射的影响作用很大，因此黑球温度的日间变化折线图与太阳辐射强度的基本吻合。南北走向街谷的热环境要优于东西走向街谷，且日照时间短于东西走向街谷。与街谷高宽比对街谷内热环境的影响，街谷走向对热环境的贡献更大，其次是高宽比，在东西走向街谷下，即使街谷高宽比增大，其街谷热环境仍然较差。

杜晓寒[18] 在湿热气候的广州，对于生活型性街谷的实测也发现，街谷内黑球温度在日间随太阳辐射强度变化而变化，趋势相似。测点黑球温度在 14：50 之后陆续达到最大值，随太阳辐射变化出现小幅波动，在17：30以后开始降低，黑球温度变化较太阳辐射有一定的延迟。在气候带相似的台湾地区也有学者研究得到了相似的结论[19-20]。上述研究论文与本文测得的街谷黑球温度变化结果基本一致。

3 结论

在夏季高温日对杭州典型城市街谷的热环境实测，得到如下结论：

(1) 在日间（8：00～18：00），东西走向街谷的三日平均值为：空气温度35.0℃，相对湿度54.47%，街谷下太阳辐射强度48.50W/m^2，街谷下的黑球温度36.0℃。南北走向街谷的三日平均值为：空气温度34.6℃，相对湿度55.70%，街谷下太阳辐射强度52.39W/m^2，街谷下的黑球温度35.8℃。对照点广场下太阳辐射强度417.18W/m^2，黑球温度43.8℃。

(2) 街谷空气温度与空气湿度呈现一定的负相关。与东西街谷相比，南北街谷的气温在上午与下午时段略低，在中午时段持平，差值在0.7℃以内。南北街谷的相对湿度在上午与下午时段略高，在中午时段持平，差值在2%以内。不同街谷高宽比与街谷走向下的空气温度有差异，但差值不显著。东西向街谷相较于南北向街谷的空气温度高，空气相对湿度低。

(3) 街谷太阳辐射强度与街谷高宽比之间，高宽比高的街谷由于建筑的遮荫作用，其太阳辐射强度明显小于低高宽比的街谷。东西走向街谷由于接受更多的阳光直射，其太阳辐射强度明显高于南北走向。

(4) 街谷黑球温度受太阳辐射强度的影响，其变化趋势与太阳辐射强度一致。高宽比高的街谷其日间的平均黑球温度较低。东西走向街谷的日间平均黑球温度要高于南北走向街谷，且随着一天内时间的推移，两街谷之间的差值逐渐缩小，在傍晚18：00左右趋于一致。与街谷高宽比对街谷内热环境的影响，街谷走向对热环境的贡献更大，其次是高宽比，在东西走向街谷下，即使街谷高宽比增大，其街谷热环境仍然较差。

(5) 街谷中热环境的改善与街道高宽比及街谷走向紧密相关，同时受当地气候条件的变化和所在地理纬度的不同，不同气候地区的变化规律不一定相同，不能简单类推。在杭州城市的未来建设中，需要从街谷高宽比与街谷走向入手考虑，其次考虑街谷植物的影响，种植高大乔木等手段增加街谷遮荫，从而改善街谷的整体热环境。

4 不足与展望

测试日的天气状况与杭州市夏季典型日有一定的偏差，虽然已达到高温标准，但是在时间上没有选择在7月下旬杭州普遍最高温出现的时间，可能具有误差。同时测试时间较短，在未来的研究中应该增加至一周的室外热环境观测。本文分析了街谷周边建筑的影响，但是街谷后排建筑对测试结果也产生了一定的影响，后续的研究可扩大研究范围，在多排建筑下，研究街谷的热环境变化。街谷行道树是除街谷高宽比与走向之外影响街谷热环境的重要因素，在未来影响街谷热环境的全因素研究中，应当加入行道树对街谷的影响，综合探究行道树与街谷高宽比、走向之间对热环境的影响关系。

参考文献

[1] Zhang Y, Fu T, Fu L, et al. High temperature thermal radiation property measurements on large periodic micro-structured nickel surfaces fabricated using a femtosecond laser source[J]. Applied Surface Science, 2018.

[2] 王美丽. 数据解读:33天超长高温预警下线 今夏有多“火”?[DB/OL]. http://www. cma. gov. cn/2011xwzx/2011xqxxw/2011xqxyw/201808/t20180817 _ 476090. html. 2018-8-17.

[3] 刘佳. 热浪席卷北半球,北极现罕见高温,究竟是谁在炯烧地球?[DB/OL]. http://www. cma. gov. cn/2011xwzx/spxw/201808/t20180804_475250. html. 2018-8-4.

[4] BBC. Europe heatwave: All-time temperature could be broken [DB/OL]. https://www. bbc. co. uk/news/in-pictures-45056991. 2018-8-3.

[5] Reuters. Heatwave boosts British power demand: report [DB/OL]. https://www. reuters. com/article/us-britain-weather-electricity/heatwave-boosts-british-power-demand-report-idUSKBN1KH1MP. 2018-7-27.

[6] BBC. Climate change: What could be wiped out by temperature rise [DB/OL]. https://www. bbc. co. uk/news/newsbeat-45096740. 2018-8-7.

[7] Bourbia F, Boucheriba F. Impact of street design on urban microclimate for semi arid climate (Constantine)[J]. Renewable Energy, 2010, 35(2): 343-347.

[8] Ali-Toudert F, Mayer H. Numerical study on the effects of aspect ratio and orientation of an urban street canyon on outdoor thermal comfort in hot and dry climate[J]. Building & Environment, 2006, 41(2): 94-108.

[9] 赵敬源, 刘加平. 城市街谷热环境数值模拟及规划设计对策[J]. 建筑学报, 2007(3): 37-39.

[10] 华南理工大学. JGJ 286—2013 城市居住区热环境设计标准[S]. 北京:中国建筑工业出版社,2013.

[11] 中国建筑科学研究院. GB/T 50387—2014 绿色建筑评价标准[S]. 北京:中国建筑工业出版社,2014.

[12] 杜晓寒, 石玉蓉, 张宇峰. 广州典型生活性街谷的热环境实测研究[J]. 建筑科学, 2015, 31(12): 8-13.

[13] Johansson E. Influence of urban geometry on outdoor thermal comfort in a hot dry climate: A study in Fez, Morocco [J]. Building & Environment, 2006, 41(10): 1326-1338.

[14] Pearlmutter D, Berliner P, Shaviv E. Physical modeling of pedestrian energy exchange within the urban canopy[J]. Building & Environment, 2006, 41(6):783-795.

[15] 劳钊明, 李颖敏, 邓雪娇, 等. 基于ENVI-met的中山市街区室外热环境数值模拟[J]. 中国环境科学, 2017, 37(9): 3523-3531.

[16] Bourbia F, Awbi H B. Building cluster and shading in urban canyon for hot dry climate: Part 2: Shading simulations [J]. Renewable Energy, 2004, 29(2): 291-301.

[17] E. Krüger, D. Pearlmutter, F. Rasia. Evaluating the im-

pact of canyon geometry and orientation on cooling loads in a high-mass building in a hot dry environment[J]. Applied Energy, 2010, 87(6): 2068-2078.

[18] 杜晓寒. 广州生活性街谷热环境设计策略研究[D]. 华南理工大学, 2014.

[19] 陈恩右. 道路特性与都市局部热岛关系之研究——以台北市主要道路为例[D]. 中国文化大学, 2004。

[20] 壮家梅. 夏季户外空间热舒适性之研究——以台南县市、高雄市户外空间为研究对象[D]. 台湾"成功大学", 2008.

作者简介

舒也,1994年生,男,汉族,浙江温岭人,浙江农林大学硕士研究生在读,研究方向为城市景观微气候/热环境。电子邮箱:hz-sy@outlook.com。

马道原,浙江农林大学,风景园林与建筑学院。

包志毅,1964年生,男,浙江东阳人,博士,浙江农林大学,教授,博士生导师,主要从事植物景观规划设计和园林植物应用研究。电子邮箱:bao99928@188.com。

基于Aquatox的西北地区城市景观水体生态模拟及富营养化控制分析

——以西安为例

Aquatic Ecological Simulation and Eutrophication Control Analysis of Urban Landscape in Northwest China Based on Aquatox

—A Case Study of Xi'an

龚子艺　贾一非　王沛永

摘　要：西北地区城市多为资源型缺水城市，尤其是城市景观水体更为短缺，城市景观水体是城市生态系统的重要组成部分，但城市景观水体流动性差，自净能力弱，水体富营养化日益严重，城市生态受到严重威胁。本文以西安景观水体为研究对象。基于2017年对西安地区景观水体的调查实测，采用Aquatox模型对西安典型城市水体进行生态模拟，研究现状水体水质同浮游藻类的变化规律。同时对城市景观水体进行生态修复模拟，分别改变水体中植物的种类和动物的种类，模拟结果显示在分别加入适当的水生植物和动物之后，水体浮游藻类的生长得到一定的控制，富营养化程度有所降低。因此，通过增加水体植物类型完善水体生物链，对于降低在自然条件受限的西北地区城市景观水体中的富营养化程度具有一定的指导意义。

关键词：景观水体；富营养化；浮游藻类；Aquatox模型

Abstract: Most of the cities in the northwestern region are resource-based water-deficient cities, especially the urban landscape waters are more scarce. Urban landscape water bodies are an important part of urban ecosystems, but urban landscape water bodies have poor mobility, self-purification ability is weak, and water bodies are increasingly eutrophic. Seriously, the urban ecology is seriously threatened. This paper takes Xi'an landscape water body as the research object. Based on the survey of landscape water bodies in Xi'an in 2017, the ecosystem microbial communities and major aquatic plants in landscape lakes were identified. The Aquatox model was used to carry out ecological simulation of typical urban water bodies in Xi'an, and the current changes in water quality and planktonic algae were studied. At the same time, the ecological restoration simulation of the urban landscape water body is carried out, and the species and animal species in the water body are changed respectively. The simulation results show that the growth of the floating algae in the water body is controlled and eutrophication after adding appropriate aquatic plants and animals respectively. The degree has been reduced. Therefore, improving the water body bio-chain by increasing the water body plant type has certain guiding significance for reducing the eutrophication degree in the urban landscape water body with limited natural conditions.

Keyword: Landscape Water Body; Eutrophication; Planktonic Algae; Aquatox Model

1　研究背景

1.1　城市景观水体现状

水作为世界上最重要的自然资源之一，承担着维持人类和其他生物生活的重要责任，如今人们生活质量提高，特别是城市景观的发展使得水又成为承担景观观赏的重要角色。西安是西北地区一座有代表性的缺水城市，缺乏景观用水，这些景观水体作为城市生态系统重要的组成部分分布在各个大小型公园里如兴庆公园的兴庆湖、西安西南的昆明池、未央湖游乐园的未央湖、大明宫遗址公园里历史悠久的太液池等[1]。但是由于缺乏管护，大部分城市景观水体流动性差，自身环境封闭自净能力弱，降雨少，水体蒸发量大使得水体中氮、磷等营养物质富集，这些都促使了藻类的爆发[2]。

1.2　问题成因

由于充足的氮、磷等营养物质在水中积累，给藻类提供了生存环境造成藻类的爆发式繁殖，水体生态平衡遭到破坏，通过大量的研究发现主要归结于以下几个方面的原因。

（1）外源污染：由于工业发展，工厂排出的废气和城市生活中排出的污染气体，其中的氮磷物质经过大气循环，雨水径流把它们带到水里使这些景观水体受到不可抗拒的污染。另外景观水体的水源还来自城市生活的中水，这些中水经过处理但营养成分还是很高。这些水源长期流入作为景观水体水源，化学物质和营养成分得到不断积累，使得水体富营养程度加快[4]。

（2）内源污染：通过大气的循环各种物质流入水里，常年沉积在底泥以及沉积物中，底泥中往往积累了大量植物烂叶和动物尸体，其氮磷营养物质含量很高，当它们溶解和释放就会增加水体的内负荷[3]。

(3) 水力条件：城市景观水体一般水体流动性差，不能增加水体中的溶解氧，生态条件差，为藻类提供了有利的生长环境，进而产生水华，减缓了水体的自净能力。

(4) 气候条件：城市气温升高，水体蒸发量大，当水体温度升高到适宜温度时有利于藻类的生长繁殖。

(5) 人为污染：游人向水里乱扔垃圾，向水中过度投放鱼类打破了水体的生态平衡，以及游船等娱乐设施搅动了水底的沉淀物，引起氮、磷的二次污染[5]。

1.3 研究意义

我国水资源分配不均，50%以上存在不同程度的缺水现象，严重缺水城市110多个[6]。由于西北地区气候原因，水蒸发量大于降水量，据统计，多年以来降雨量不足251mm，但是蒸发量在1000～2600mm[7]。城市景观水体对调节城市小气候，丰富城市生态多样性有着重要作用。目前西北地区对景观水体生态研究大多处在初期阶段，景观水体的富营养化研究对支撑西北城市景观水体水生态环境保护工作可以起到一些参考作用。

2 研究方法和内容

2.1 研究方法

Aquatox是由美国EPA发布，可适用于模拟很多不同的水生生态系统，包括溪流、池塘等一些小型水体模拟，还能模拟大型水域如河流甚至河口区域。此外它之所以运用广泛还在于它可以结合SWAT等模型一起研究复杂的环境[8]。

Auqtox模型主要计算模拟长时间内每天变化的生物能量转化在水中各生物量间的转移。Aquatox建立的水生态系统模型，可以用来预测水生生态系统中大型鱼类、大型水生植物、底栖动物、浮游植物以及各种藻类的长势，还可以精确地计算出水中营养盐在各个生物量间的归宿以及水中化学元素对这些生物的影响[9]。水体透明程度的观察对水体富营养情况的反映是比较直观的，而浮游藻类又是影响水体透明程度的主要原因，水质的标准本文由藻类浓度来反映。

2.2 研究内容

西安的兴庆湖接近城市中心，周围环境复杂，具有很强的地域代表性。所以本文以它作为反映西安景观水体富营养化研究的代表。兴庆湖建于1957年，一直是西安最受欢迎的休闲娱乐景点之一，它还承担着雨水汇集和防洪缓冲的作用，周边一共有5个入水口，每天承受着雨水污水混流。

本研究拟采取水生态AQUATOX模型方法与技术，首先对湖内原始状态进行模拟与评估，模拟时间为5年(5个生命周期)，为了更直观观察鱼类生长效果故模拟时间延长到2033年。其次设计两个对照方案，一组以增加植物生物量另一组以增加动物生物量来构建完善新的湖水生态系统。通过观察藻类的生长情况和自身的生长可持续性，模拟营养物在系统中的转移归宿，来反应水体的富营养化程度的大小。

3 模型建立

在建立生态模型之前需要了解对象的外在地理数据、场地的尺寸大小、气候温度数据，还有本身的水质条件、入水量以及动植物的生物数据等，通过查找西安市和兴庆湖的相关论文获得以下数据。

3.1 环境变量

西安纬度在北纬33.42°与34.45°之间，四季分明，属暖温带半湿润大陆性季风气候。年平均气温13.3℃，降雨量少，年降水量为522.47mm。平均太阳辐射417.136W/m²/h = 394.610656 ly/d，平均年蒸发量39.37in，平均年降雨量600mm，平均风速2.2m/s[10,11]。

兴庆湖总湖面大小为100000.5m²，把整个湖当作一个整体研究，平均水深1.6m，最大水深2m，常规蓄水量17万m³，最大蓄洪量可达27万m³，由于周围有5个入水口每日流入量可达27000m³[12]，承担着城市重要的雨水分洪调蓄功能。因此模型的进水量设为27000m³。兴庆湖平均湖水的pH 8.5，平均水温为19.52℃，变化范围为11℃，水深层温度18.12℃，变化范围10℃。

初始营养盐浓度和入流营养盐载荷量根据查找文献和估算平均降雨量和周围对其有影响的径流系数来确定。TN的初始浓度和入流载荷分别为1.15mg/L、3.53mg/L。TP的初始浓度和入流载荷分别为0.885mg/L、0.95mg/L[13]。

3.2 生物变量

兴庆湖的藻类以绿藻和硅藻为主[3]，所以选择了绿藻和高营养硅藻、尖针杆藻、隐藻、蓝藻。浮游动物为水蚤、摇蚊幼虫、轮虫。大型沉水植物为伊乐藻、黑藻，初始干重均为5g/m²。水面浮生植物浮萍，初始干重为1g/m²。鱼类选择2种湖内观赏鲤鱼，分别为7g/m²、9g/m²。

3.3 建立模型

以查找到的数据为基础建立模型1作为参照，模型2为改变植物变量组加入观赏性的挺水植物荷花，初始干重1g/m²，增加植物多样性。模型3为改变动物变量组，加入底栖动物青虾、螺蛳，初始干重均为1g/m²，为鲤鱼提供更加丰富的食物，也让营养物在系统中的转移更加丰富。

4 模拟结果与分析

4.1 兴庆湖原有生态系统模拟结果

根据所查数据建立原有湖水生态模型，植物的生长情况如图1所示：伊乐藻第一年长势较强，生长期在春季，生长高峰期在 5～7 月，6 月中旬达到最高值干重（215.25g/m²）。之后的 4 年，随着黑藻长势较好，伊乐藻逐年递减至 78.7g/m²。黑藻作为大型沉水植物与伊乐藻争夺生物资源，每年生长高峰在 6～7 月，7 月左右达到峰值，时间与伊乐藻非常接近，虽然在第二年有所减少但是之后逐年递增最后达到 123.38g/m²。另外黑藻在 10 月又会出现一次小的生长高峰，峰值也是逐年递增最后达到 57.75g/m²。浮萍在 5 年内长势大致不变。每年 7～10 月出现两次峰值，分别在 7 月和 10 月左右，峰值维持在 125g/m² 左右。

鲤鱼初始干重分别为 7g/m²、9g/m²。如图 2 所示，第一年鱼量就剧减至 3.85g/m²、4.9g/m²，之后每年维持在 4g/m² 左右。每年在春季繁殖，秋冬减少，最后生物量接近 3g/m²。

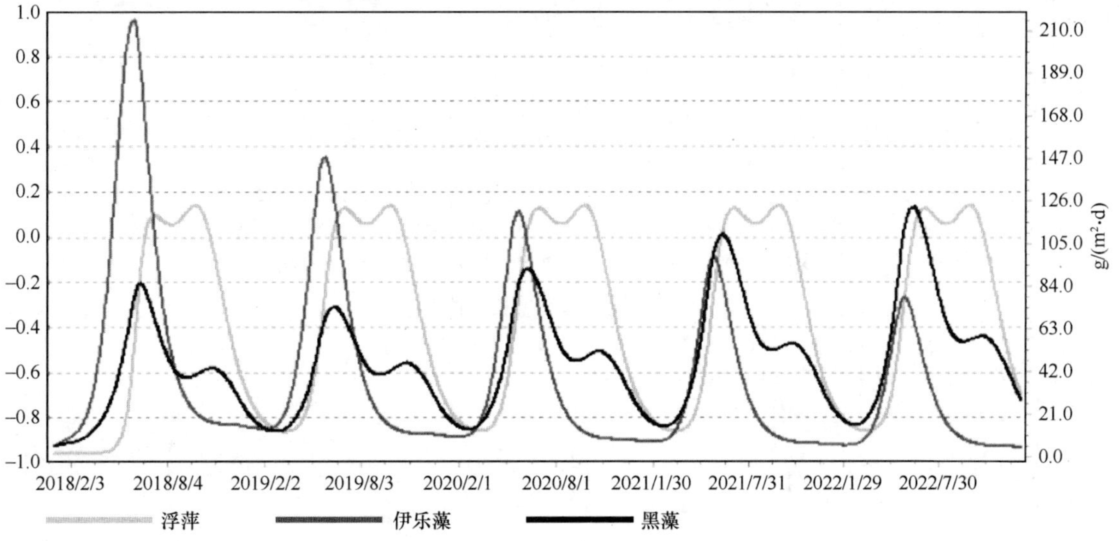

图 1　原有植物生长规律图

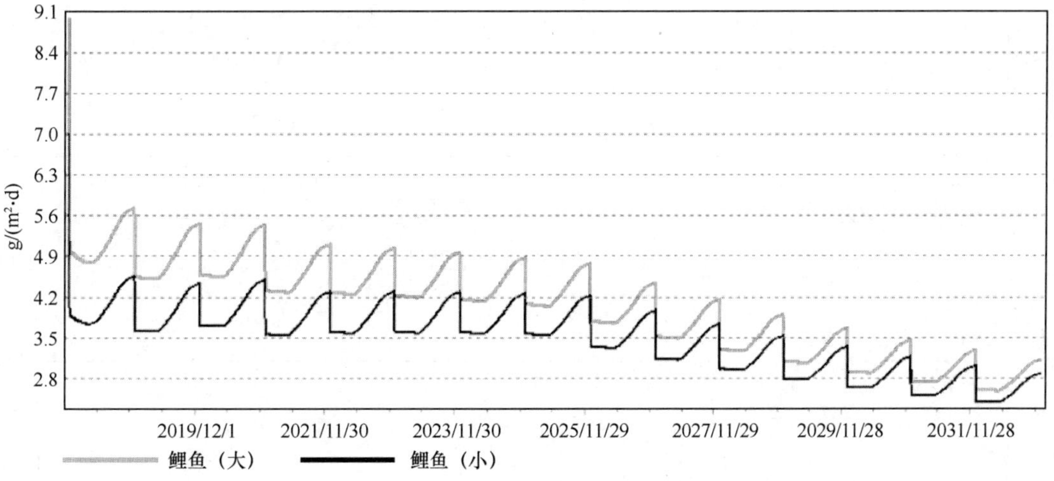

图 2　原有鲤鱼生长规律图

浮游藻类和叶绿素 a 浓度分别如图 3、图 4 所示。绿藻和硅藻在 6～11 月一直处于爆发期属于优势藻类，7～8 月绿藻达到高峰期，最高为 1.2g/m²，此时硅藻（尖针杆藻）也达到生物量最高峰（0.8g/m² 左右）。隐藻爆发期在 4～5 月，生物量为 5mg/L，之后有逐年降低的趋势但变化不大。蓝藻也是在夏季爆发，前 3 年在 8 月爆发，之后爆发出现在 7 月份，生物量为 1.9mg/L。高营养硅藻第一年就没有了生命迹象，说明它在原有的湖中不适宜生存，在之后的模型中不再赘述。叶绿素 a 浓度高峰出现在 4 月和 8 月，分别为 97ug/L 与 22ug/L。

4.2　增加植物类型的模型模拟结果

模型 2 中加入了挺水植物荷花，如图 5 所示，初始干重为 1g/m²。第一年荷花的峰值（7 月）到达 16.7g/m²，在之后四年里生物量在 14.5g/m² 有所减少，峰值都维持在 8 月。沉水植物伊乐藻第一年涨势也较好，峰值出现在 3～4 月，秋冬过后递减，第二年以后生物量就为零了。同样的黑藻从第一年开始就一直减少，第二年以后也灭绝了。浮萍每年生长高峰依旧是在 7～10 月，但是与模型 1 相比生物量峰值减少了 4g/m² 左右，大约为 121g/m²。

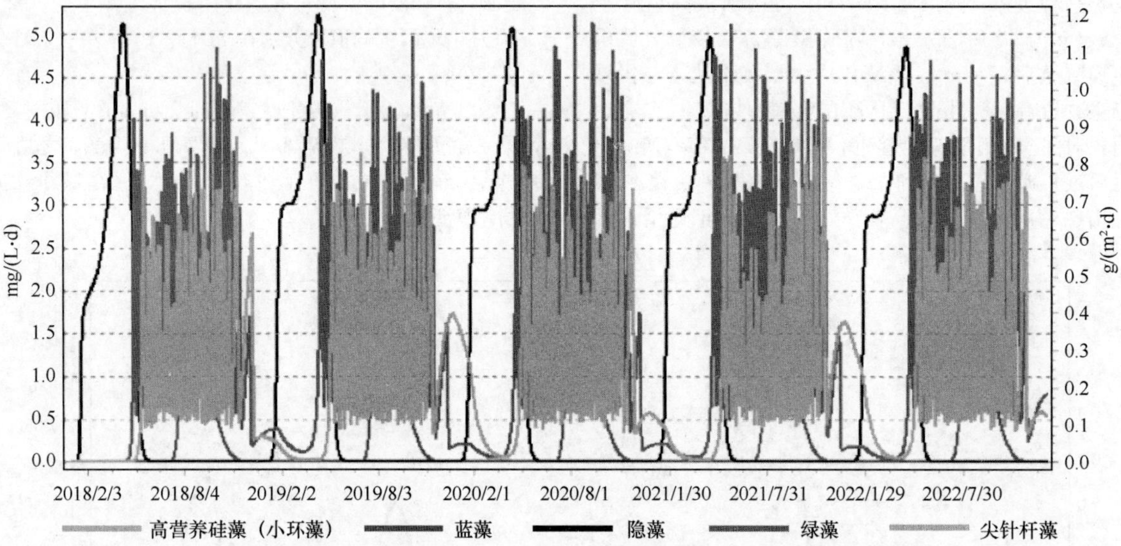

图3　原有藻类生长规律图

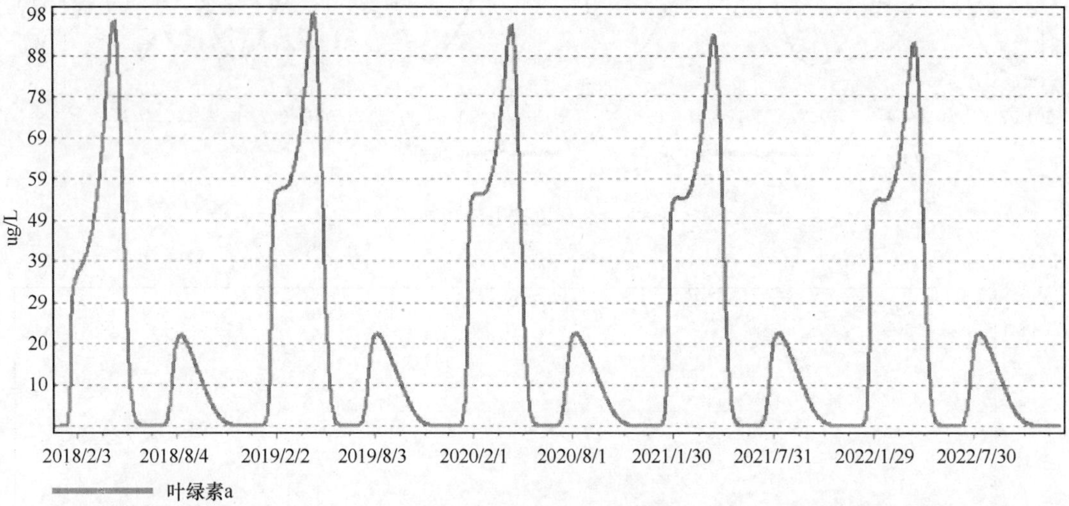

图4　原有叶绿素变化规律图

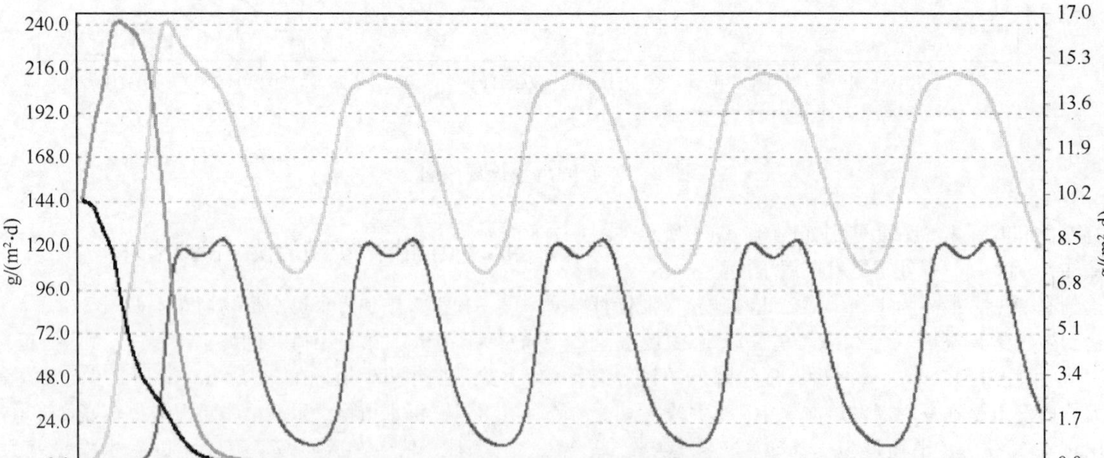

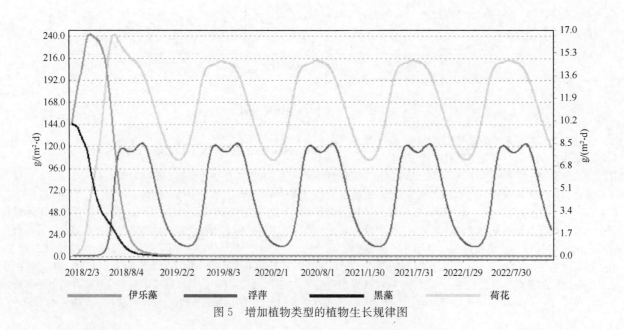

图5　增加植物类型的植物生长规律图

模型 2 中鲤鱼初始干重增加如图 6 所示，分别为 8g/m²、10g/m²，第一年中生物量分别急剧下降到 4.3g/m²、5.6g/m²，之后每年逐年递增，最后都接近 12g/m²。相比模型 1 鱼类生物量的承载能有所提升。

藻类的变化如图 7 所示，在第一年隐藻于 4 月出现生长峰值（6.48mg/L），与模型 1 比较有所增加，但是 6 月开始一直减少至夏季生物量为零，之后也没有增加。蓝藻较之模型 1 有所减少，前三年生长峰值出现在 7～8 月，为 1.7mg/L。绿藻和硅藻（尖针杆藻）爆发期延长，从 4 月一直到 11 月，绿藻高峰期生物量为 0.9～1.1g/m²，硅藻高峰期生物量为 0.7～0.8g/m²，8 月份两种藻类生物量与模型 1 比较都有被抑制的趋势。叶绿素 a 浓度变化如图 8 所示。叶绿素的浓度也随着藻类的减少而变少。

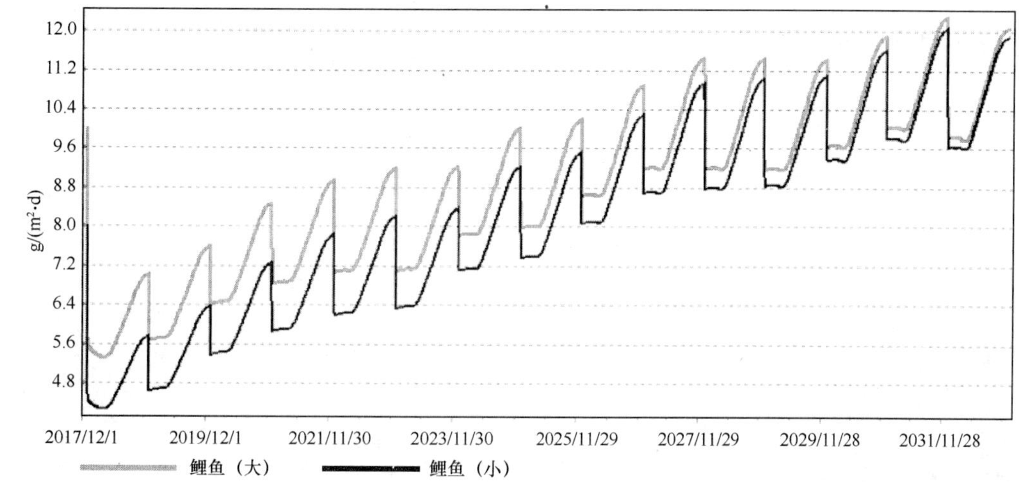

图 6　增加植物类型的鲤鱼生长规律图

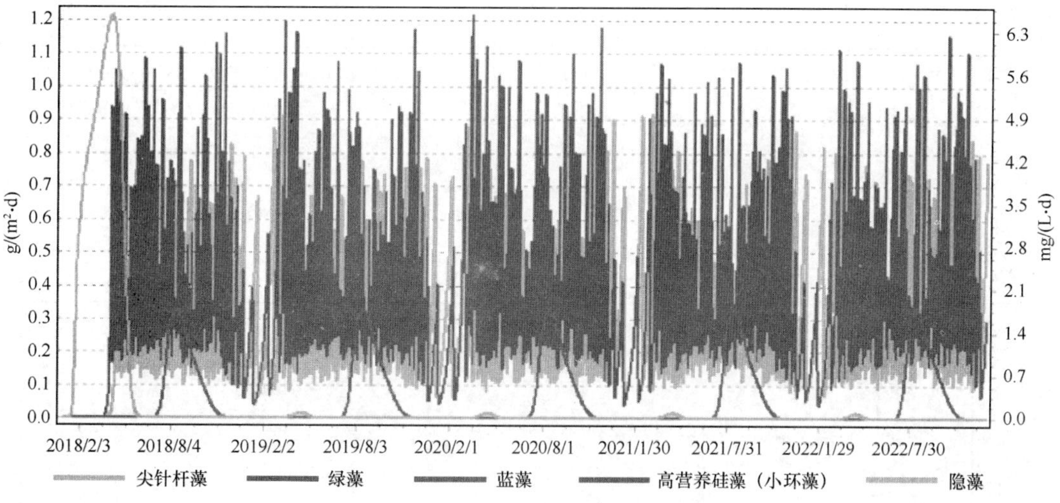

图 7　增加植物类型的藻类生长规律图

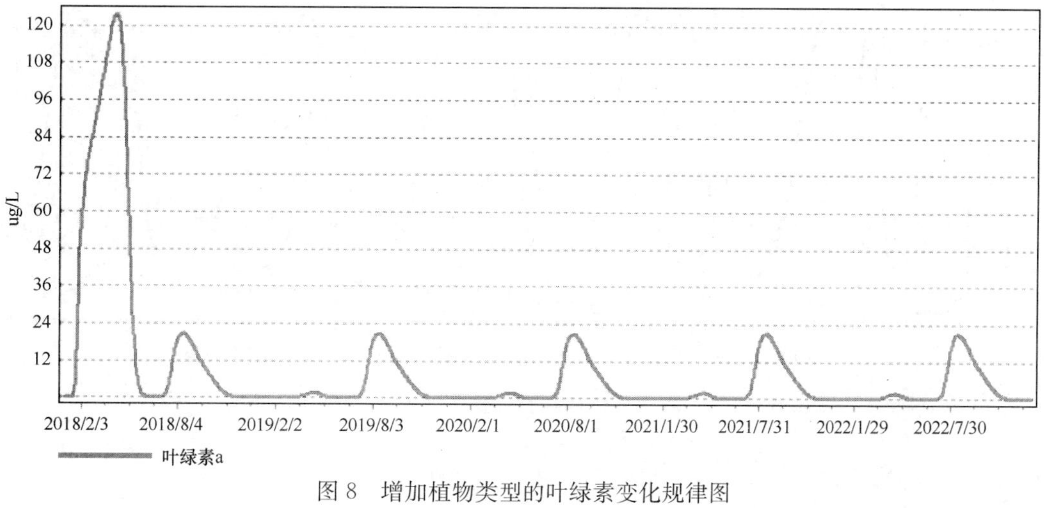

图 8　增加植物类型的叶绿素变化规律图

4.3 增加底栖动物的模型模拟结果

模型 3 加大了动物的初始生物量，鲤鱼初始干重分别为 10g/m²、15g/m²。还加入了底栖动物青虾和螺蛳，初始干重均为 1g/m²。经过 15 个生命周期的模拟，如图 9 所示，鲤鱼的生物量依然在第一年里骤降，分别下降到 5.7g/m²、8.6g/m²，最后生物量均接近 3.6g/m²，较模型 1 还是有所提高。

植物生长模拟情况如图 10 所示，伊乐藻也是逐年减少，第一年峰值为 220.3g/m²，比模型 1 第一年峰值有所提高。黑藻逐年增加，最后生物量峰值为 112g/m²，比模型 1 减少了 11g/m² 左右。浮萍涨势基本不变维持在 125g/m²。浮游藻类如图 11 所示，绿藻和硅藻（尖针杆藻）虽然峰值较模型 1 没有太大变化，但是在爆发期（6～11月）生物量有所降低，绿藻大部分在 0.7～0.9g/m²，硅藻大部分在 0.58～0.7g/m²。叶绿素 a 的变化如图 12 所示。

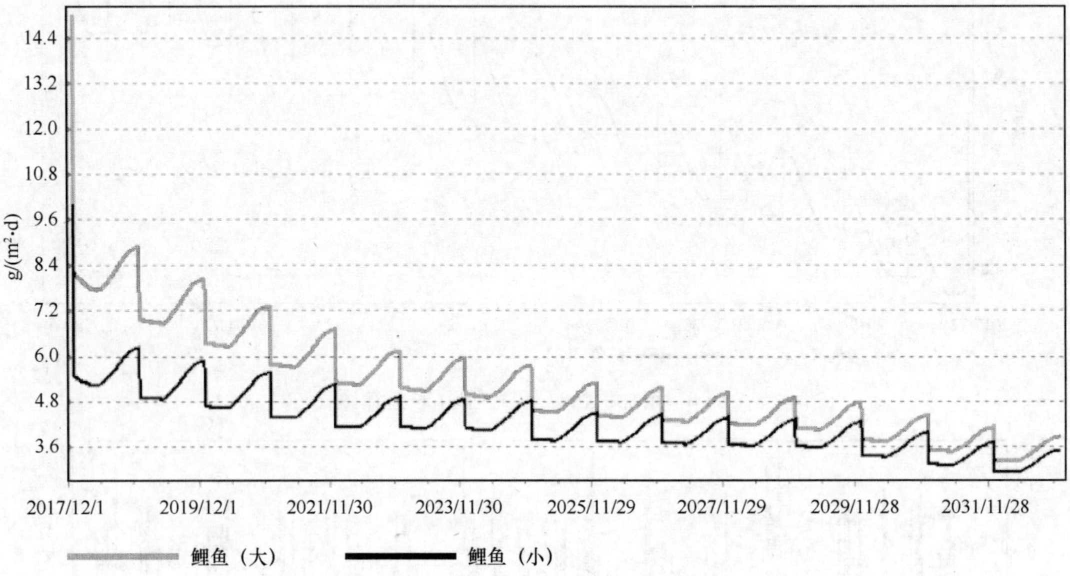

图 9 增加底栖动物的鲤鱼生长规律图

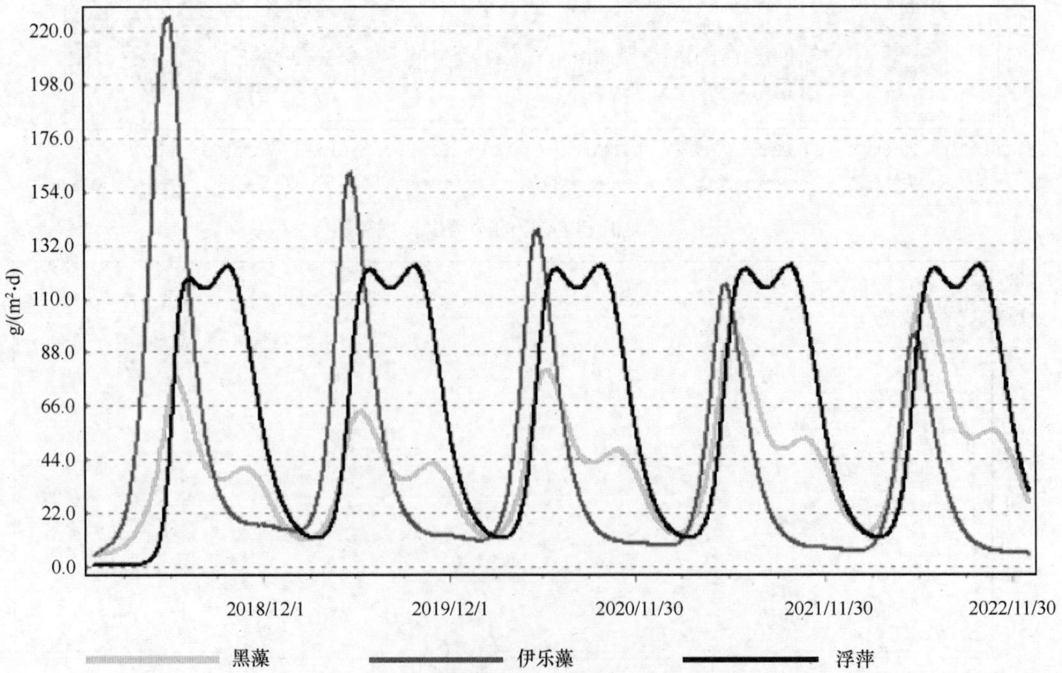

图 10 增加底栖动物的植物生长规律图

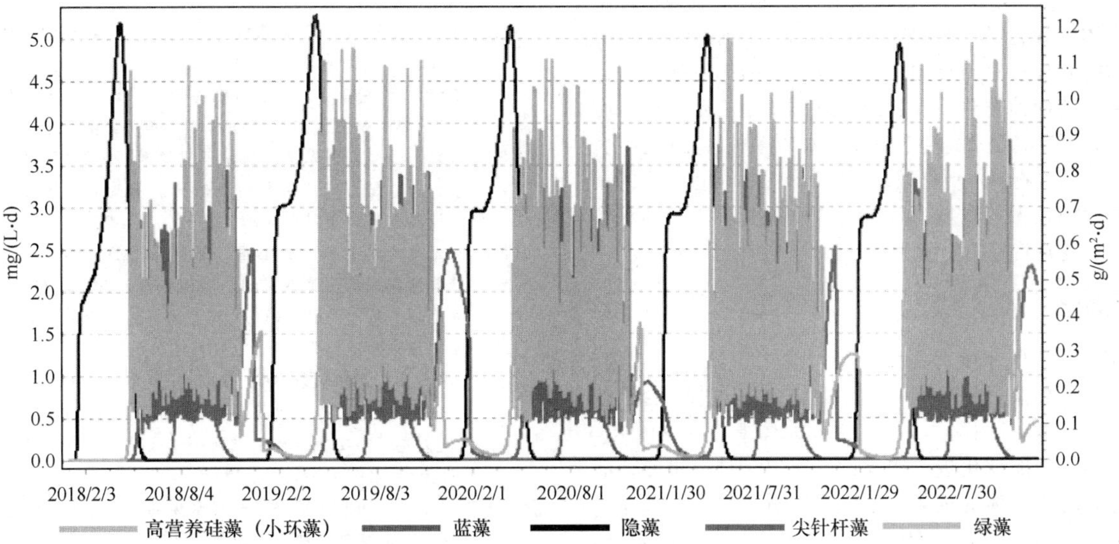

图 11　增加底栖动物的藻类生长规律图

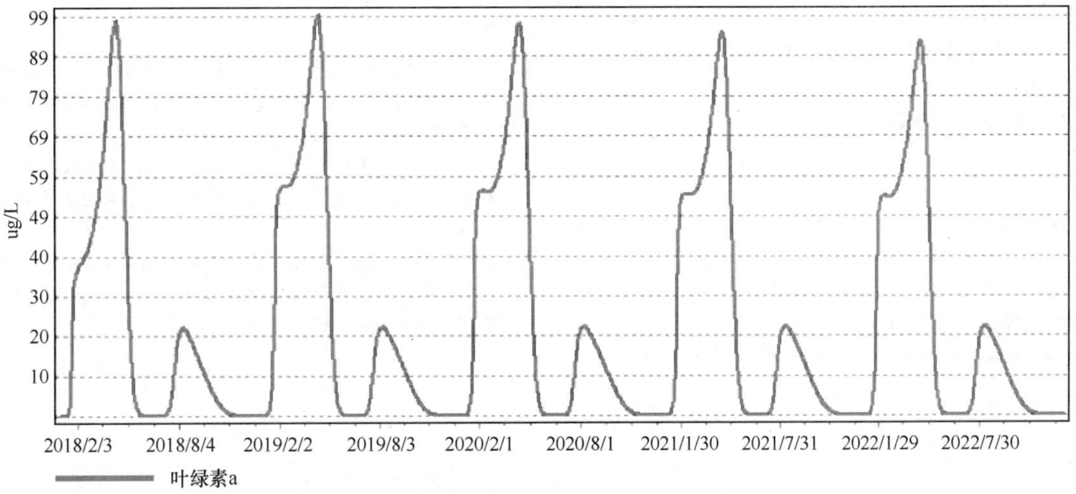

图 12　增加底栖动物的叶绿素变化规律图

5　结论与讨论

5.1　稳定性比较

从模型 1 可以看出，水中动物的生长受到抑制，藻类在 6～11 月间不断地爆发，每年重复，原有的景观水体系统富营养化严重，仅通过原有植物和鱼类系统不能有效地维持和改善水质。

模型 2 和模型 1 相比较可以看出，在实现对象中加入大型挺水植物荷花，配合原有的植物系统（沉水植物和挺水植物），可以对绿藻、硅藻和隐藻的生长起到有效的抑制，鱼类的生物承载量也较模型 1 有所提升，但整体对于藻类生长的控制能力还是有限。挺水植物荷花和浮萍在 7～8 月达到生长峰值，使得藻类的生物量降低，水中叶绿素含量明显回落，对于富营养化起到一定的控制作用。同时挺水植物的生长遮挡住了部分进入水底的阳光，降低了沉水植物的光合作用，在相互竞争中处在优势位置，抑制了伊乐藻和黑藻的生长。值得注意的是荷花秋冬季节枯萎，凋落腐烂荷叶在水中会引起第二次污染，也会促使藻类的爆发。

模型 3 和模型 1 相比可以看出，加入了底栖动物后并未对水体中的浮游藻类的生长造成过大的影响，且动物的生长受到抑制，但生物量较模型 1 中有所增加，水体中藻类暴发频繁，富营养化现象依旧严重。在原有的水体生态系统中，藻类生长处在优势地位，加入动物虽然构成了一条完备的食物链，但未能促进生物量在藻类和植物之间的传递，藻类的大量爆发，降低了水中的溶氧量，阻挡了光线的射入，故动植物生长受到抑制，未能有效地解决水体问题。

5.2　对西北景观水体生态修复的建议

在生态净化水体的策略中，采用多种生物相互搭配，全方位抑制藻类生长；同时构建完备的水体生态系统，构建多条完备的食物链，加快生物量的转移，起到良好的水质净化作用。

西北地区降雨量少、蒸发量大，在这样的气候情况下景观水体更新缓慢，水体富营养化严重，使用增加大型挺水植物的方法可对藻类的爆发起到一定的抑制作用，但贸然加入动物种类并不能起到很好的作用，需等水质有所改善，可以满足动物生长时，再加入多种类型的生物，构成稳定的食物链，更好地抑制藻类暴发。但应注意的是在水体面积较大的区域，需构建多种深度水体为挺水植物的生长构建良好的生境。

5.3 展望

ARUATOX水生态系统模型，运用于溪流、池塘、湖泊、模拟实验围格等多种水生系统，对其进行综合性的风险评估。本文利用建立的模型，对水体中动植物的生长和各营养元素的变化进行实验性的模拟，对不同种类的生物组合对于水体的进化作用做出判断，对景观水体管理具有一定的预见性。但研究中数据具有时间上的限制，缺乏完善的数据平台的支持，无法动态地掌握景观水体的水质变化，从而无法精确地对各种生物的生长做出预测，因此需要加强多方面技术合作，构建景观水质数据系统，为更加科学地管理西安景观水体提供可靠的理论依据和数据支持。

注：本文中所有图为作者自绘。

参考文献

[1] 胡世龙. 西安城市景观水体富营养化主成因分析及营养物基准研究. 西安建筑科技大学学报，2016(02)：7.
[2] 曾冠军，马满英. 城市景观水体富营养化成因及治理的研究展望. 绿色科技，2016(12)：99.
[3] 岳自恒. 西安市人工水体富营养化研究. 长安大学，2014(02)：13.
[4] 徐晶，朱民. 城市景观水体富营养化及其控制. 环境科学与管理，2010(07)：150-151.
[5] 朱健，李捍东，王平. 环境因子对底泥释放COD、TN和TP的影响研究. 水处理技术，2009(08)：45.
[6] 吕睿. 浅谈我国水资源保护. 黑河学刊，2017(01)：1.
[7] 李香云，杨力行. 从水的载体功能看西北地区经济发展与水资源配置. 干旱区地理，2007(06)：947.
[8] 陈无歧，李小平，陈小华，等. 基于Aquatox模型的泙海营养物投入响应关系模拟. 湖泊科学，2012(03)：363.
[9] 陈无歧. 基于AQUATOX模型的泙海富营养化控制应用研究. 华东师范大学，2012(12)：11.
[10] 李冬至. 太阳辐射影响下的西安城市广场和街道空间小气候分析研究. 西安建筑科技大学，2016(02)：27-34.
[11] 段文嘉. 西安城市公园绿地小气候实测分析. 西安建筑科技大学，2016(02)：13-14.
[12] 宋李桐. 西北地区城市景观水体的水质净化和生态修复研究. 西安建筑科技大学，2007(03)：19.
[13] 崔芳. 利用水平潜流人工湿地净化城市湖泊污水——以西安市兴庆湖为例. 湿地科学，2015(02)：208-209.

作者简介

龚子艺，1995年生，女，壮族，广西柳州人，北京林业大学硕士研究生，研究方向园林工程和园林规划。电子邮件：243710575@qq. com。

贾一非，1994年生，男，汉族，甘肃天水人，北京林业大学硕士研究生，研究方向园林工程。电子邮件：jiayifei123@bjfu. edu. com。

王沛永，1972年生，男，汉族，河北人，北京林业大学园林学院风景园林工程教研室副教授，研究方向园林工程。电子邮件：bfupywang@126. com。

基于触媒—生长模式的川西林盘复兴设计策略①

Design Strategies for Renaissance of Western Sichuan Lin Pan Based on Catalyst-Growth Concept

马博轩

摘　要：如今在城乡统筹的影响下，林盘景观异质性降低，面临空心化的趋势。川西林盘是一个自然-社会复合系统，保护发展林盘有助于守护乡土景观，延续乡土文化。而林盘的演进与发展是一个人与自然共同参与的适应性过程，组织内部可以在一定程度内自我调节。基于过程研究川西林盘，给予适当的生态与人工干预，可以积极引导生态修复。本文首先根据林盘的现状，选取了关键触媒，并找到对应的触媒载体，最后结合触媒载体提出相关设计策略，将产生新的水-田-林-宅融合的效应。
关键词：林盘；乡村复兴；触媒理论；生态修复

Abstract: Nowadays, under the influence of urban and rural integration, the heterogeneity of Lin Pan is reduced and it faces a hollowing out trend. The Lin Pan is a natural-society composite system. Protecting and developing Lin Pan helps to protect the local landscape and pass on the local culture. The evolution and development of the Lin Pan is an adaptive process that people and nature participate together, and this organization can self-regulate to some extent. Based on the process of researching the western Sichuan Lin Pan, appropriate ecological and artificial interventions can lead ecological restoration. Firstly, according to the current situation of Lin Pan, this paper selects the key catalyst and finds the corresponding catalyst carrier. Finally, the relevant design strategies are proposed with the catalyst carrier, which will produce a new water-field-forest-house fusion effect.
Keyword: Lin Pan; Rural Revival ; Catalyst Theory ; Ecological Restoration

1　川西林盘是自然—社会复合系统

川西林盘将水—田—林—宅高度融合，不但是一种古老的“田园综合体模式”，也是川西特有的乡村田园风貌。林盘对自然环境高度适应，可以看作一个自然—社会复合系统，若该社会生态系统处在平衡状态，则该系统下子系统之间会体现适应与共生关系。[1]林盘以林木包围，散布局在农田之中，形成圈层的结构，一种盘状的空间形态。核心层是宅院，其次是由树木和竹组成的次外层，最外层是农田-水网结构。能量循环方面，每个林盘半径 30～50m，恰好符合该林盘居住人口地劳动量，容纳其生活生产的需要[2]。如果人口增加，此林盘的能量平衡系统破坏，将会分离到另一区域组建新的林盘。从风水学来讲，林盘聚落位于都江堰自流灌溉区，采用水利社会单元的自治管理模式，因此天然水网与人工灌溉沟渠交织，水绕宅或穿宅而过；而林盘周围的林木则象征着山，“负阴抱阳，背山面水”是理想的传统聚落的最佳风水模式[3]（图 1）。

而川西林盘作为一个自然—社会复合系统，其演进与发展是一个人与自然共同参与的适应性过程，也受到社会文化因子的影响，有其无形的复杂体系与结构，组织内部可以在一定程度内自我调节。基于过程研究川西林盘，给予适当的人工干预，可以积极引导生态修复。生态兴，则林盘兴。

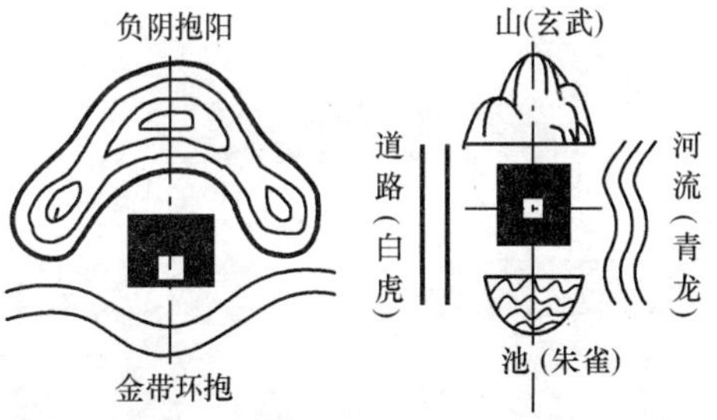

图 1　传统聚落风水研究（图片来源：王其亨）

2　触媒—生长模式的概念

触媒媒介是化学反应中的一个概念，触媒相当于反应中的催化剂。触媒效应是指具有活性的原始触媒载体与触媒媒介相关作用的过程。[4]其中，导入的触媒媒介如同催化剂一样，可以激发原始触媒载体内在潜力。“城市触媒”的建设思想由美国学者韦恩·奥图（Wayne Attoe）与唐·洛干（Donn Logan）于 1989 年首次提出，并发表了后来具有深远影响的《美国都市建筑—城市设计的触媒》（*American Urban Architecture-Catalysts in the Design of Cities*）一书，将触媒概念引入城市规划中。

镇列评等人在基于触媒理论的传统村落复兴策略研究中，将实体触媒和虚体触媒结合[6]，从经济和文化上全

① 农业部华中都市农业重点实验室。

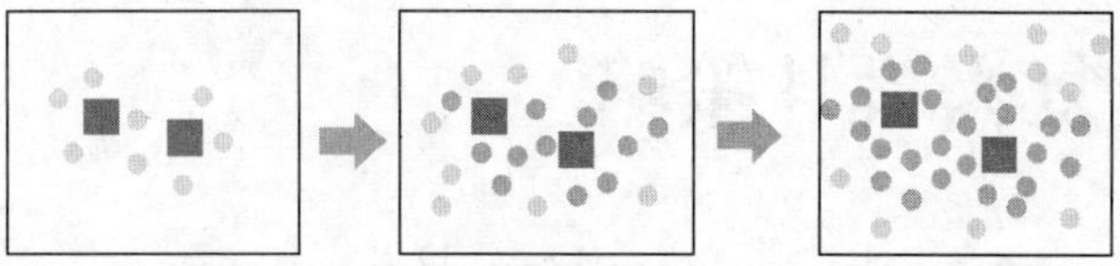

图 2 触媒—生长模式概念图（图片来源：作者自绘）

面带动培田村可持续发展。邹锦在基于过程的山地城市滨水区景观设计方法研究中提出了“触媒—生长”模式，[7]该模式是指在空间中加入的某些实体变量，以此为媒介触发相应的过程，促进景观向期望的方向生长、发展和变化的设计策略（图 2）。该策略包含两个方面：首先是触媒的选择，其次是景观产生变化的驱动力是否能在该系统中推进触媒产生反应，以促进预期的过程。川西林盘演进历史跨度大，相对应触媒参与反应所需要的时间相对较长，因此如何使触媒准确作用于此系统十分重要。

3 触媒引导下的林盘复兴流程

3.1 川西林盘演进驱动力的分析

川西林盘是典型的自然—社会复合的人文生态系统，经过分析，本文从众多影响因子中筛选出主要影响此自然—社会复合系统生态平衡的影响因子，分为自然动力和社会动力两大类（图 3）。影响川西林盘生态系统变化的自然驱动力为：水文循环、水文化学、植物群落演替、动物栖息等；社会驱动力为产业结构、土地规划、生态文化、血缘地缘关系等。

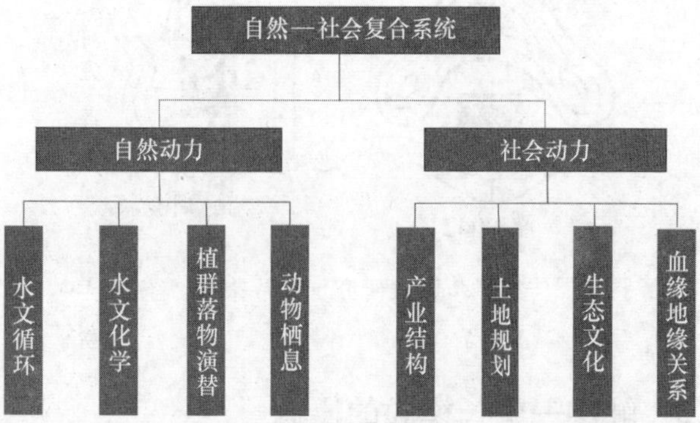

图 3 自然—社会复合系统演进驱动力分析
（图片来源：作者自绘）

对于林盘外部而言，川西林盘位于都江堰灌溉自流区，为了免受洪水威胁，聚落逐渐迁徙至都江堰—郫县—成都的中脊线上的平原中心区域[8]。都江堰灌溉自流区顺水而为的聚落布局方式体现了早期以自然引导为主的空间发展模式。这种扇形人工水网由干渠、支渠、斗渠、农渠、毛渠等多个层级组成，正是支流与灌溉沟渠的产生川西林盘不同于其他聚落的空间形态，而是“远河近渠”的状态，成为促进林盘演进的自然动力。

对林盘内部而言，居民的生产生活也围绕着林盘大大小小的沟渠展开，沟渠不仅满足灌溉需要，同时也是居民洗衣，养殖的来源。水承担林盘物质交流与能量交流的载体。社会驱动力，如血缘地缘的纽带导致林盘的内向性质，这也使林盘的文化是内敛的。围绕住宅的多种树木和竹类提供一定的荫蔽，不同于传统风水林的地方是，为林盘内部提供柴薪和生产生活材料，更成为一种生态文化，是林盘聚落隐形的围墙。正是这种软性的边界，使林盘聚落在空间上没有固定的形态，使林盘内部外部有机结合，有利与林盘内部和外部的生态循环与能量交换，生物多样性提高。

3.2 触媒载体的选择

川西林盘复兴，最关键的是筛选出对新农村发展具有发展前景的载体，并考虑其是否有转化为触媒载体的可能。水网—农田格局是林盘的基质，自然过程中的水文循环无疑是林盘物质循环与能量循环的载体。川西林盘中存在的健康生态模式依赖林盘中的坑塘与沟渠。以传统的生产模式为例：沟渠的水平日灌溉稻田、菜地和果园[9]，喂养牲畜，生活用水使用之后排放至沟渠里完成林盘内部的水循环。因此水作为生态触媒能恢复林盘的生境。

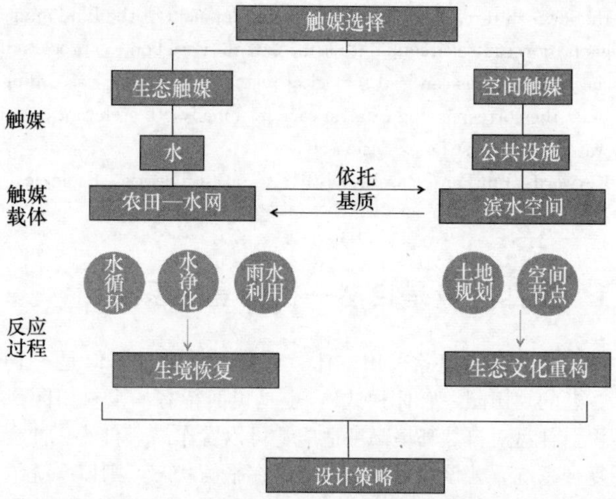

图 4 触媒引导下的林盘复兴流程
（图片来源：作者自绘）

林盘作为自然与社会复杂因素相互影响的产物，其中居民的行为也影响着整体系统的发展，改变原有的空间会诱发新行为，将会产生更为积极的影响。林盘内的桥、水车、水井、洗刷台、晒坝作为公共设施的载体是滨水空间，在水网复兴的基础上优化滨水空间，能极大提升居民的生活质量，延续生态文化[10]。良好的生态环境激发林盘内部居民的生态文化自觉性，宜人的滨水空间也在一定程度上减缓林盘空心化趋势。在水触媒和空间触媒的交互影响下，林盘脱出围城，进入了新的自然—社会系统的平衡。

4 基于触媒—生长模式的复兴设计策略

自然与社会等驱动力因子的影响下，林盘自然—社会复合系统失去原有平衡，人水逐渐分离，如今林盘面临的更多生态问题。本文以农田—水网格局与滨水空间为触媒载体提出如下策略。

4.1 农田—水网格局恢复策略

要想使自然—社会复合系统重新建立平衡，需要保护支撑自然过程的空间结构。建立完整的水循环体系是恢复农田—水网格局的首要步骤恢复健康的水网模式。尽量保留原有的水网肌理；疏通沟渠与堰塘，连接沟渠、鱼池、荷塘、将生活用水与排污沟分离；防止河道和沟渠的硬化，避免直线化天然溪流，重新建立自然的水循环（图 5）。其次将人工污水净化系统与自然水系统连接起来，林盘中生活污水可以经过人工湿地和污水净化沼气池等设施，可以改善污染，恢复林盘植物生长所需要的生境。生活用水使用之后变为污水，排放至沟渠里，经过人工湿地和沼气池净化后[11]，再进入自然水系统，完成水循环。

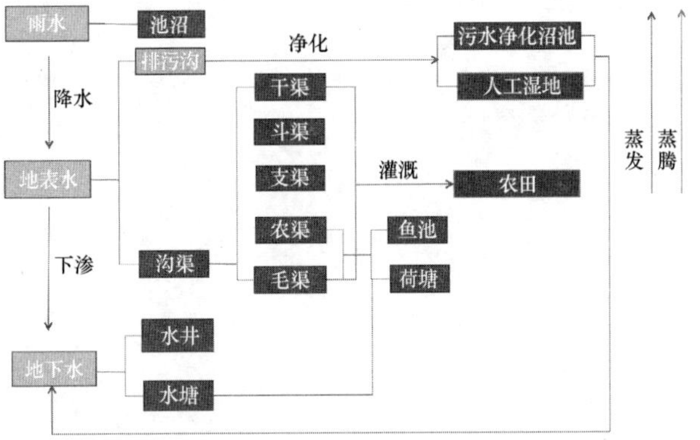

图 5 健康的林盘水循环模式（图片来源：作者自绘）

4.2 可持续雨水利用策略

合理利用雨水能防止地表径流，补偿地下水。农田是最大的雨水接收和渗透的场所，沟渠则起到毛细血管的作用，引导林盘的微循环。引导可持续的雨水利用应当从农田和沟渠着手。首先，减少工业化肥的使用，推广传统模式中的有机种植养殖策略，循环种植技术，如“以农养猪，养猪积肥，以肥养田”，“荷塘养鱼，稻田养鱼”等。其次，针对季节性的降水，可以在河塘、湿地等地设置活动坝，拦截枯水期的雨洪径流，进行雨洪调蓄。[12]最后，对于硬化的沟渠，适当进行生态型改造，形成湿地植被浅沟，增加沟渠的景观效果。

4.3 土地利用优化策略

林盘中水体形态多样，大部分绿地与水交织而存在，如天然溪流、沟渠、池塘周围的林带、竹林，对宅院是一种软性隔离。这些与水、林、田、宅交织的复合空间以血缘地缘脉络为凝聚力，体现林盘特有的生态文化。目前这些住宅之间的组团绿地并未纳入绿地系统，有的甚至还在建设用地内计算，因此对绿地进行重新划分尤为必要。[13]

其次，农田—水网是林盘的骨架，在水网构成的情况下，结合适宜性评价对土地利用布局进行调整。对于生态敏感度高地生态核心区，如永久性农田与林地，进行隔离保育，减少人工干预；溪流、沟渠、林地周围的空间可以建立一定的缓冲区，适当进行人为干预。对于保育区和缓冲区之外的游憩地，也是人活动频繁的场所，则重点进行滨水空间建设，提升景观质量（图 6）。

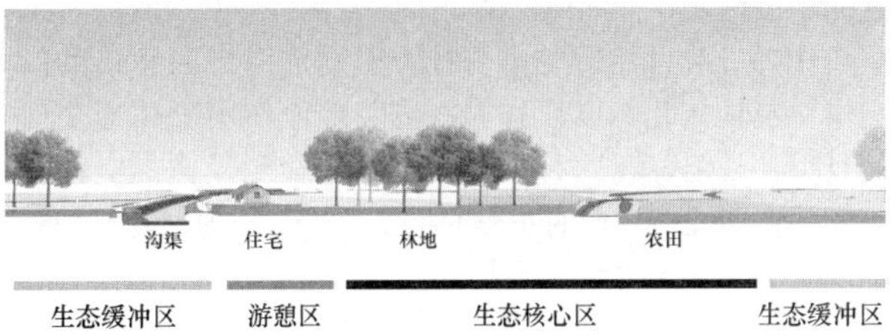

图 6 土地利用优化策略（图片来源：作者自绘）

4.4 滨水空间节点设计策略

传统林盘中的桥、水车、水井、杩槎、古树、祠堂和晒坝等基础设施承担着林盘居民的乡土文化记忆。[14]因为空间形态改变，现代化的农村聚落从分散走向聚集，生态文化也淡出视野。滨水空间节点设计目的是在社会层面上促进居民交流，体现川西文化特色，避免趋同化，再现乡土记忆。现代化的林盘空间节点在传承川西林盘生态智慧的同时，进一步丰富基础设施的功能，不仅仅满足于生产，还应满足居民的现代生活，体现对老人与儿童的人文关怀，提升居民的生活质量（图 7）。传统林盘滨水空间具有生产、生活、祭祖、集会等复合功能。现代化滨水空间，除了满足垂钓、休闲等偏静态活动，更多要满足动态活动，如运动、戏水、节庆等集体活动。

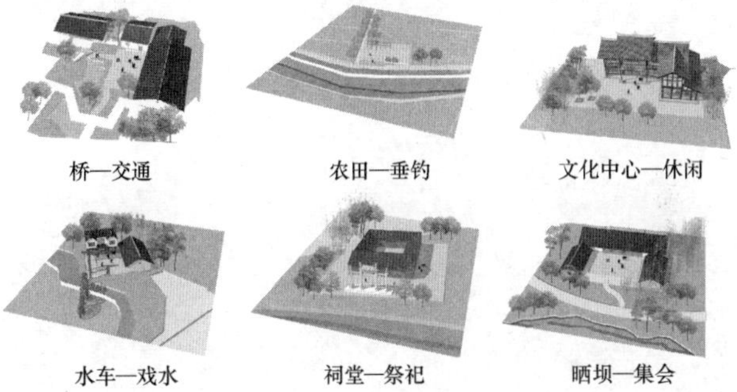

图 7 川西林盘节点（图片来源：作者自绘）

5 结论

川西林盘自古以来就是一个独特的自然—社会复合系统，是出于动态变化的。林盘与自然环境高度适应，顺应自然动力，以都江堰灌溉自流区为基质，结合防洪的需要，形成了的“远河近渠，随田散居”的空间特点。利用自然动力中的水作为触媒，可以合理地改善林盘的形态和水污染的状况，是引导林盘生态复兴的第一步。其次，川西林盘保存下来的桥、水车、古木、古井是场所精神的象征，这些设施在空间触媒的引导下，以滨水空间为载体，增进林盘居民的日常交流，并重新连接人与水的关系。林盘因水而生，因水而活，因此处理好人与水的关系是林盘生态复兴的第二步。

本文将触媒—生长模式的理论转化为具体的设计策略，也为其他传统乡村景观生态修复与修补提供新思路。但是实际中，自然驱动力和社会驱动力的影响是复杂的耦合关系，本文简化了这个过程；其次，本文侧重于对林盘的生态修复，预期以空间要素的发展引导林盘复兴。下一步作者将对自然驱动力与社会驱动力对川西林盘的影响量化与具体化，以便触媒能更精准地作用于林盘全面的复兴。延续林盘这种人类传统聚落显示了自然—社会系统的协同发展；同时也表明，乡村景观的规划设计始终是动态的，永无终结。

参考文献

[1] 肖娟，杨永清．基于生态适应性理论的川东民居传统聚落景观分析[J]．生态学报，2017(13).

[2] 王小翔．成都市林盘聚落有机更新规划研究[D]．清华大学，2012.

[3] 王其亨．风水理论研究［M］．天津：天津大学出版社，1992.

[4] 文闻，李铌，曹文．城市触媒理论在城市发展中的运用[J].《规划师》论丛，2011(第 0 期)：186-188.

[5] 韦恩奥图，唐洛干．美国都市建筑：城市设计的触媒[M]．王劭方译．台北：创兴出版社，1995.

[6] 镇列评，兰菁，蔡佳琪．基于触媒理论的传统村落复兴策略研究——以福建省培田村为例[J]．福建建筑，2017(8)：1-4.

[7] 朱捷，汪子茗．景观触媒效应下的山地城市设计研究[J]．中国园林，2017(2).

[8] 颜文涛，象伟宁，袁琳．探究传统人类聚居的生态智慧——以世界文化遗产都江堰灌区为例[J]．中国园林，2017(13).

[9] Hao Liang，Toward a Resilient Landscape：The Eco-Cultural Redevelopment in Rural Chengdu Plain[D]．University of Washington，2015.

[10] 方志戎．川西林盘文化要义[D]．重庆大学，2012.

[11] 王俞薇，顾科菲，朱筱洁．沼气池与人工湿地净化农村生活污水的效果[J]．浙江农业科学，2010(05)：164-166.

[12] 张帅军．基于农田—水网格局的城郊游憩景观设计研究-以成都方桥村为例[D]．西南交通大学，2016.

[13] 陈明坤．人居环境科学视域下的川西林盘聚落保护与发展研究[D]．清华大学，2013.

[14] 徐萌．川西林盘社会变迁中的乡土记忆与启示[J]．四川建筑，2016(4).

基于鸟类生境营造的城市湿地公园规划设计植物空间营造研究

——以北京莲石湖公园为例

Study on the Construction of Urban Wetland Plant Space Based on Bird Habitat

—A Case Study of Beijing Lianshi lake Park

高　宇　张云路

摘　要： 近年来，随着我国快速城市化的脚步，人类活动的干扰，导致城市湿地空间被不断地吞噬、侵蚀，湿地功能逐步退化，湿地中的鸟类栖息地急剧减少，在城市中利用湿地资源因地制宜地建立起各种鸟类栖息地，保护自然环境及生物多样性迫在眉睫。

本研究通过对北京市常见的涉禽、游禽、鸣禽生活习性以及生存生境偏好的基础研究，以北京市莲石湖公园为例，以湿地植物空间营造为切入点，从空间类型、规模、植物色彩、植物种类选择、群落搭配等角度提出基于鸟类生境营造的城市湿地公园植物空间营造策略，将莲石湖湿地公园打造成人与自然和谐共生的绿色空间。

关键词： 湿地；鸟类生境；植物空间；莲石湖

Abstract: In recent years, with the rapid urbanization of China, the disturbance of human activities has caused the urban wetland space to be continuously swallowed and eroded, and the functions of wetlands have gradually degraded. The habitat of birds in wetlands has been drastically reduced, and wetland resources have been utilized in cities. It is extremely urgent to establish a variety of bird habitats to protect the natural environment and biodiversity.

This study, based on the basic research on the common habits of poultry, poultry, songbirds and living habitats in Beijing, takesLianshi Lake Park in Beijing as an example, taking the space creation of wetland plants as the entry point, from space type, scale, plant From the perspectives of color, plant species selection and community collocation, the urban wetland park plant space construction strategy based on bird habitat was proposed, and the Lianshi Lake Wetland Park was built into a green space where adults and nature live in harmony.

Keyword: Wetlands; Bird Habitat; The Space of Plants; Lianshi Lake.

1　绪论

1.1　研究背景

1.1.1　城市环境的恶化

中国的生物多样性位居世界前列，但近 30 年中国城市化进程迅猛发展，自然资源衰竭和城市环境恶化的速度日趋加快，尤其是城市水资源、城市水环境的严重恶化，使生物多样性，尤其是城市区域内生物多样性面临着巨大威胁[1]。城市建设、人类活动造成鸟类栖息地破碎化，导致城市中鸟类的种类和数量都有明显的下降[2]。

1.1.2　城市环境与鸟类栖息地的矛盾

随着工业化的不断发展，越来越多的相对自然土地向城市用地转化。人造景观尤其是高大建筑和硬化路面逐渐取代了自然景观。研究表明，在高度城市化的区域，鸟类的丰富性与城市的地理位置、气候特征等自然因素无关。城市中的绿地空间是维持鸟类多样性的重要因素。然而，现在部分绿地以视觉效果为重，单纯按照平面构图的原则运作建设，忽视了其内在的系统结构和景观模式，只能使绿地成为城市的装饰和点缀，而孤立于城市生态系统之外，也就丧失了为鸟类提供生存空间的价值。

1.2　研究目的与意义

本研究将城市湿地的景观规划设计与鸟类栖息地保护结合，通过研究植物空间的营造构建适宜鸟类生存与繁衍的生境，最大程度地为鸟类留下适宜的栖息环境，把该湿地公园打造成为城市中人与自然和谐共生的绿色载体和美好家园。

总结出相对完善、统一体系的规划方法，为以后的鸟类栖息地保护的规划或研究提供有参考价值的方法和数据，在这同时能为国家湿地公园区域中的鸟类栖息地保护和恢复提供借鉴意义，希望大众加强对鸟类的认识，了解湿地公园相关知识。

2 鸟类生境与湿地公园相关概念

2.1 鸟类生境概念

生境（Habitat），是指能为物种生存或繁殖使用的所有环境因素总和，鸟类栖息地能够提供充足的食物资源、适宜的繁殖地点、躲避天敌和不良气候的保护条件等，从而保证鸟类的生存和繁衍[3]。

鸟类生境是指鸟类进行各种生命活动的场所，即鸟类个体、种群或群落在生活某一阶段所需的环境类型。鸟类的栖息地中充足的水分和食物资源、适宜的繁殖场所及躲避天敌和不良气候的空间是其最基本的条件，是鸟类的生存和繁衍的保障。栖息地的质量好坏可直接影响到鸟类分布、种群密度、繁殖成功率等[4]。

2.2 湿地相关概念

2.2.1 湿地概念

湿地是位于陆生生态系统和水生生态系统之间的过渡性地带，在土壤浸泡在水中的特定环境下，生长着很多湿地的特征植物。湿地广泛分布于世界各地，拥有众多野生动植物资源，是重要的生态系统。很多珍稀水禽的繁殖和迁徙离不开湿地，因此湿地被称为“鸟类的乐园”。湿地强大的的生态净化作用，因而又有“地球之肾”的美名。

2.2.2 湿地公园概念及规划要求

城市湿地公园，是指利用纳入城市绿地系统规划的适宜作为公园的天然湿地类型，通过合理的保护利用，形成保护、科普、休闲等功能于一体的公园。具备下列条件的湿地，可以申请设立国家城市湿地公园：能供人们观赏、游览，开展科普教育和进行科学文化活动，并具有较高保护、观赏、文化和科学价值的湿地；纳入城市绿地系统规划范围的湿地；占地500亩以上能够作为公园的湿地；具有天然湿地类型的，或具有一定的影响及代表性的。

城市湿地公园规划应以湿地的自然复兴、恢复湿地的领土特征为指导思想，以形成开敞的自然空间和湿地公园、接纳大量的动植物类、形成新的群落生境为主要目的，同时为游人提供生机盎然的、多样性的游憩空间。因此，规划应加强整个湿地水域及其周边用地的综合治理。其重点内容在于恢复湿地的自然生态系统并促进湿地的生态系统发育，提高其生物多样性水平，实现湿地景观的自然化。规划的核心任务在于提高湿地环境中土壤与水体的质量，协调水与动植物的关系[3]。

3 北京莲石湖湿地公园鸟类生境营造及科普宣教的相关策略探讨

3.1 林地生境营造策略

3.1.1 优化栖息地植物群落结构

鸟类栖息地植物生境中乔—灌—草的结构与层次对鸟类群落多样性有一定影响。在植物群落垂直结构上，增加小乔木及灌木的应用，保持植物生境中乔木平均高度为10m，能够进一步提高植物生境中的鸟类多样性水平。同时在景观季相变化以及林冠线层次上丰富的观赏效果。在植物群落水平结构上，常绿与落叶树种相搭配，多采用不同株型种类，以吸引多种类型的鸟类栖息。

3.1.2 丰富栖息地植物群落类型

通过乔—灌—草结构、乔—草结构与灌—草结构相互搭配，增加植物生境与周围环境交流的多种可能，使植物群落单体之间相互影响，形成综合的鸟类栖息地植物生境集团与植物景观异质性。

3.1.3 增加食源树种应用比例

丰富鸟类栖息地的食物链结构，使得多种食性的鸟类都能利用栖息地植物生境作食物补充。同时还有利于增加栖息地植物景观的趣味和变化，提高栖息地植物景观的观赏性。

3.2 湖泊湿地生境营造策略

3.2.1 部分硬质驳岸改造成软质驳岸

当水域面积在1～5hm^{2}时，人类的交通线可局部靠近水体，局部远离水体，在靠近水体时，尽量使用软质驳岸，增加绿地覆盖面积，灌丛覆盖是对鸟类群落产生重要影响的因子 。尽量提供连续生境会为鸟类提供更多样更大量的必要生存资源。除了直接影响之外，生境面积也通过地被和昆虫群落的丰富度对鸟类群落产生间接的积极显著影响。

3.2.2 补植湿生植物

滩涂和湿生草甸区域，因其是游禽在陆地岸边休息清理羽毛的场所；水生态系统季节性维护的主要工作是在秋末收割浅水湿地生境中的挺水植物。

3.2.3 增加湖心岛

当水域面积大于5hm^2，则可在水中设置岛屿，供鸟类栖息。与外界完全隔离，可吸引水鸟筑巢繁殖。避免人为活动对鸟类干扰严重。

3.3 科普宣教策略

3.3.1 利用种植打造自然观鸟视线通廊

在种植的过程中，在植物群落中留出只种植草本，或者只种植乔木和草本的地块，保留较为空旷的通道，让人能够观看到林中、草地上、湖面上的鸟类，在景观上满足步移景异、与鸟类栖息地融为一体又互不干扰的要求，形成观鸟的视线通廊。

3.3.2 观鸟设施（观鸟塔、观鸟廊道）实现低干扰观察与科普

在公园中重要的节点设置观鸟塔，这样可以在不干

扰鸟类的情况下最大限度地观测到鸟类的栖息情况，给人们提供科普鸟类、游憩休闲的场地。

3.3.3 科普解说系统贯穿全园

在公园内设置科普解说牌，让人们在游览的过程当中学习知识，丰富游览体验。

4 北京莲石湖湿地公园的鸟类生境景观改造实例

4.1 项目概况

区位分析：

莲石湖公园位于北京石景山、门头沟和丰台河西交界之地，于原永定河河滩上修建而成，也位于京西浅山、永定河绿色生态廊道及长安街绿色发展轴交汇的重要节点。

（1）地理区位

永定河流经石景山区13.8km，莲石湖为平原城市段与长安街西延的交汇点，是最宝贵的“黄金水岸”。莲石湖公园位于石景山路以北，碧霞元君庙以南，临近京九铁路线。随着首钢工业遗址公园的改造开发，地段周边逐渐形成了以工业遗址公园和永定河滨河公园为主体的都市休闲区，并可辐射部分石景山区的居住社区。

（2）生态区位

北京地区位于东亚—澳大利亚候鸟迁徙通道内。北京地区共记录有530余种陆栖脊椎野生动物，其中，鸟类有456种（截至2014年），是北京市陆栖脊椎野生动物最重要的组成部分。在全球9条主要的候鸟迁徙通道中，北京地区位于东亚—澳大利亚候鸟迁徙通道内。据估计，每年仅水鸟就有约500万只迁徙经过该通道。在456种鸟类中，候鸟约占75%，北京为这些候鸟提供了临时停歇地，对众多迁徙的候鸟具有重要意义。

莲石湖处于北京地区鸟类迁徙骨干大走廊西线B线上，是北京地区候鸟迁徙路径的重要节点，因而莲石湖的栖息地规划能够依托现有湿地、森林保护区、自然保护区，规划迁徙骨干大走廊，包括东西两线，将相邻的重要栖息地联系起来，实现廊道连续性的加强。

4.2 规划总则

4.2.1 规划定位

立足于永定河生态绿廊建设，以保障水安全、防治水污染为基础，打造集生物多样性保育、湿地资源修复、科普教育、绿色体验于一体的区域绿色新核心，提升京西生态系统质量与稳定性，打造新时代人与自然和谐共生的城市湿地公园。

4.2.2 规划基本要求

（1）基本要求

公园应结合不同的湿地类型与现状条件进行栖息地设计，可通过地形设计、水域设计、驳岸设计、种植设计为园中野生动植物营造栖息场所，根据野生动物活动路径，考虑栖息地之间联通性。

（2）保护对象

适宜湿地生境的各种鸟类、鱼类、两栖类、爬行类、甲壳类以及小型哺乳动物等野生动物和湿生、水生植物群落。

（3）栖息地系统

满足湿地生物食物链的草滩、泥滩、石滩、沼泽、林地、灌丛、水域等不同的生境类型，增加湿地生态系统的生物多样性，丰富公园景观类型、层次和季相等。

4.3 基址分析

4.3.1 现状鸟类生境质量分析

（1）湖泊湿地生境

湖泊湿地生境为公园内主要的生境类型，以开阔水面为主。北区水面较为狭窄，具有较多的湖心岛，湖岸植被较为完整，但没有泥滩地。中区具有最开阔的水面，具有唯一的一片泥滩地，但没有完全隔离的湖心岛，且其北部具有较多可通行的道路，人为干扰严重。南区具有多个湖心岛，湖岸植被结构完整，但整体水面较小。

（2）林地生境

公园整体植被覆盖率约为45%，以栽培植物为主，记载有栽培植物共计约31科47属65种，其中乔木20种，灌木19种，草本26种。蔷薇科植物最多，共11种，占总种数的16.9%。栽培植物中多为中国本土植物，约占总种数的90%。

公园内植被整体呈块状分布，由单一物种构成的斑块状植物群落组成，林地整体较为稀疏。

4.3.2 现状非自然环境因子分析

（1）人群密度

场地人群密度中部最高，其次为北部和南部。游人在空间上对鸟类的空间分布产生较大影响。人群流量方向集中于中部地区西北与东南两处，中部区域密度相对较高。人群夏季出行活动频度较高，多为健步、垂钓等休闲亲水性活动。规划设计需结合人群流量及方向同步考虑（图1）。

（2）游览路径

北部、中部园路密度较高，游览强度相对较大。规划需控制人群活动路线与动物活动空间上的干扰距离。

游览路线较为丰富多样，场地内部分为一级两岸巡河路、二级滩地内环形旅游路、三级人行园路栈道、四级汀步与水中廊道共四级游览路线，人行出入口共21个。其中北部、中部园路密度较大，与外部道路紧密连接（图2）。

（3）游憩设施

服务设施多为硬质铺装场地，对动物活动空间有一定影响；且场地内部缺乏科普宣教等深度游览体验场所。场地主要为大面积硬质停车场、广场、亲水平台、主题餐厅等休闲游憩场地，缺乏科普教育等体验活动，缺乏特色

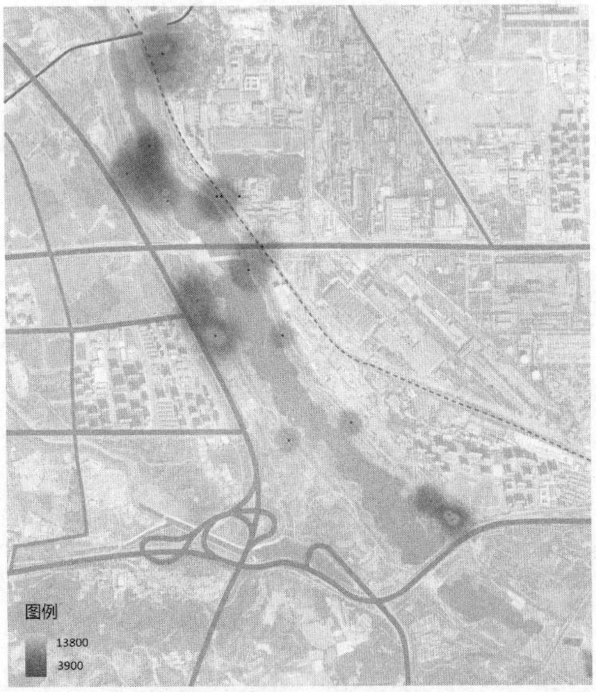

图 1　莲石湖公园人流密度分析图

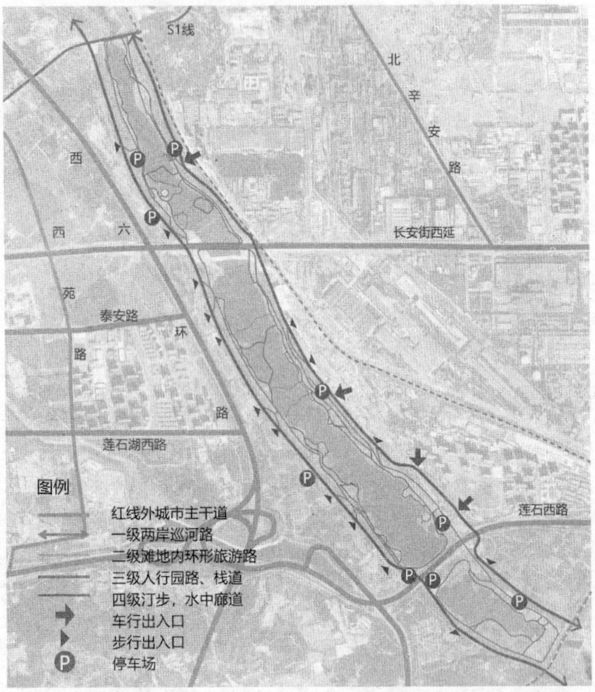

图 2　莲石湖公园游览路径分析图

导览路线及设施设置（图 3）。

4.4　总体规划设计

4.4.1　功能分区

湿地公园应依据基址属性、特征和管理需要科学合理分区，至少包括生态保育区、生态缓冲区及综合服务与管理区。根据莲石湖的具体情况，增设科普宣教区，向居

图 3　莲石湖公园现状游憩设施

民和游客科普动物、植物的知识。

（1）生态保育区

对场地内具有特殊保护价值，需要保护和恢复的，或生态系统较为完整、生物多样性丰富、生态环境敏感性高的湿地区域及其他自然群落栖息地，应设置生态保育区。

（2）生态缓冲区

为保护生态保育区的自然生态过程，在其外围应设立一定的生态缓冲区。

（3）科普宣教区

利用现状的自然资源和改造后的动物资源向市民科普生态、植物、动物知识，在公园内设置科普宣教区。

（4）综合管理与服务区

在场地生态敏感性相对较低的区域，设立与湿地相关的休闲、娱乐、游赏等服务功能，以及园务管理、科研服务等区域。

4.4.2　基于鸟类生境营造的植物景观改造

不同的现状鸟类生境类型，对每一类型的生境都选取节点进行植物景观的改造，在原有的自然植物基底上，进行植物的补植或重新规划。

（1）湖泊湿地生境

节点 1（图 4）：

植物选择：狐尾藻、黑藻、荇菜、马蹄莲、香蒲、慈姑、荷花。

吸引物种：黑水鸡、绿头鸭、普通秋沙鸭、鹊鸭、普通翠鸟等。

图 4　节点 1 剖面图

（2）林地生境

节点 2（图 5、图 6）：

植物群落模式推荐：建群种（金银木—早熟禾）+伴生种（黄栌、山楂叶悬钩子—车前、狗尾草、地黄、黄堇、碎米荠、独行菜、马唐、早开堇菜、紫花地丁、二月蓝、鸭跖草、蛇莓、朝天委陵菜、圆叶牵牛、米口袋、酢浆草、老鹳草、附地菜、夏至草）。

吸引物种：红隼、金翅雀、黄腰柳莺、红尾鸫、斑鸫等。

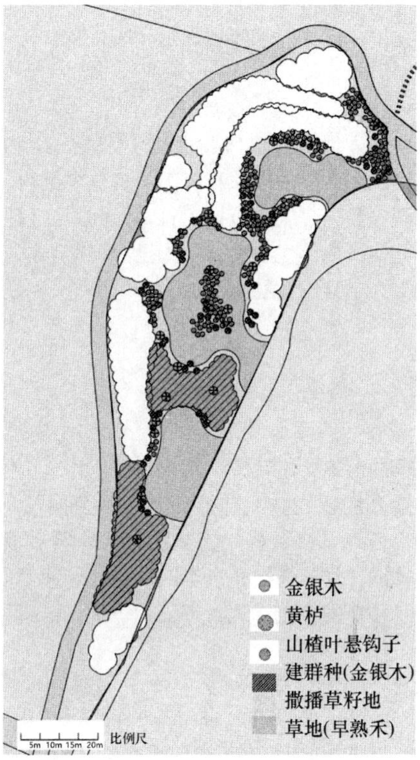

图 5　节点 2 平面图

图 6　节点 2 剖面图

节点 3（图 7、图 8）：

植物群落模式推荐：建群种（国槐、圆柏—金银木—早熟禾）+ 伴生种（毛白杨、油松、旱柳、垂柳、柿树—黄栌、山楂叶悬钩子—车前、狗尾草、地黄、黄堇、碎米荠、独行菜、马唐、早开堇菜、紫花地丁、二月蓝、鸭跖草、蛇莓、朝天委陵菜、圆叶牵牛、米口袋、酢浆草、老鹳草、附地菜、夏至草）。

吸引物种：红隼、金翅雀、黄腰柳莺、红尾鸫、斑鸫等。

节点 4（图 9、图 10）：

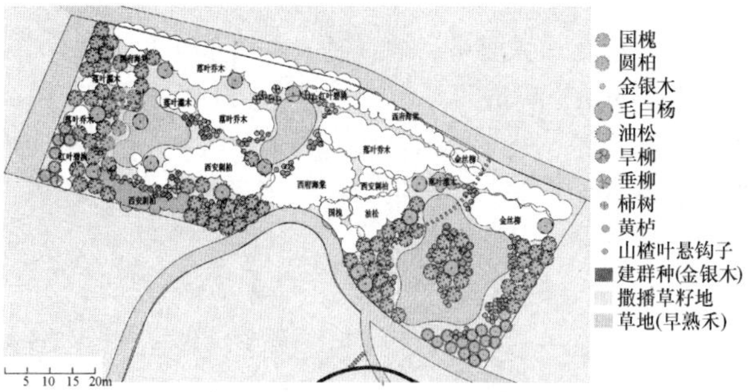

图 7　节点 3 平面图

图 8　节点 3 剖面图

植物群落模式推荐：油松、垂柳、柿树—金银木、黄栌大叶黄杨、山楂叶悬钩子—车前、狗尾草、碎米荠、独行菜、马唐、早开堇菜、紫花地丁、蛇莓、白花车轴草、酢浆草、老鹳草、附地菜、夏至草）。

吸引物种：白头鹎、黄腹山雀、黄腰柳莺、小鸦等。

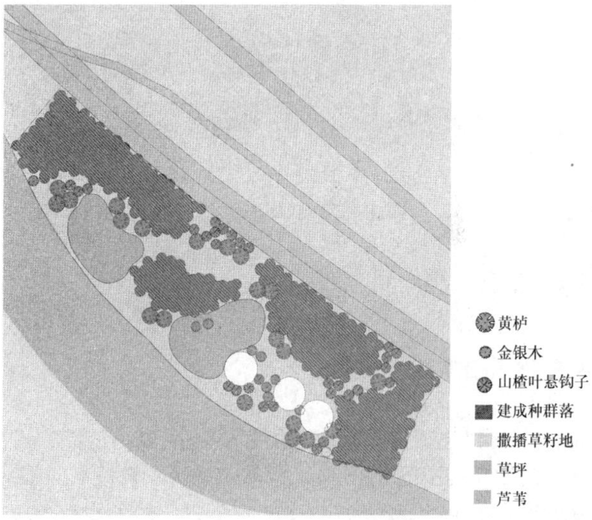

图 9　节点 4 平面图

图 10　节点 4 剖面图

节点 5（图 11、图 12）：

植物群落模式推荐：建群种（金银木—牛筋草）＋伴生种（黄栌、山楂叶悬钩子—车前、狗尾草、碎米荠、独行菜、马唐、早开堇菜、紫花地丁、蛇莓、白花车轴草、酢浆草、老鹳草、附地菜、夏至草）。

吸引物种：小鸮、戴菊、斑鸫、白头鹎等。

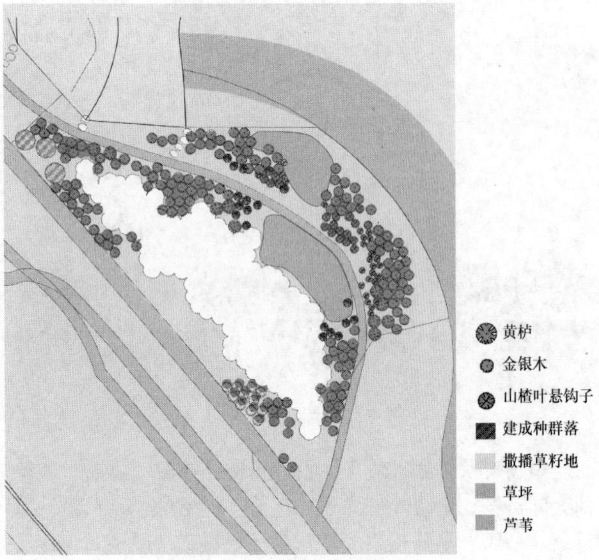

图 11　节点 5 平面图

图 12　节点 5 剖面图

4.5　招鸟设施规划

4.5.1　人工巢箱

人工巢箱可被一些雀形目小鸟或水鸟等用于繁殖，比如麻雀、鸳鸯等。生态保育区的每个鸟岛边缘可设置 1～2 个人工巢箱，用于招引鸳鸯；科普宣教区可设置供麻雀、灰椋鸟等使用的人工巢箱 3～5 个，同时可用于科普教育。

4.5.2　人工栖架

在宽阔的水面中设置一些供鸟类栖息的人工栖架，可招引一些鹭类、鸥类、鸭类和猛禽，比如苍鹭、大白鹭、红嘴鸥、鸳鸯、赤麻鸭、绿头鸭和鹗等。人工栖架由圆形木棍和方形木板相结合搭成，圆形木棍直径 5～10cm，方形木板宽 10～15cm，长 5～10m，离水面 0.5～1m，可高低结合，注意考虑木料质量；此外可单独设置鹰蹲（木桩），高 1m 左右，直径 15～20cm。

4.5.3　喂食器

在林地里挂喂食器可为一些林鸟特别是山雀类提供食物，可起到招引鸟的作用，也可用于科普教育。

4.6　生境管理建议

4.6.1　水体生境

水体生境管理主要涉及水位控制和水生态系统季节性维护两个方面。水位控制需保证丰水期水位不淹没水岸区域露出水面的石块、滩涂和湿生草甸区域，因其是游禽在陆地岸边休息清理羽毛的场所；水生态系统季节性维护的主要工作是在秋末收割浅水湿地生境中的挺水植物，以防止植株体掉入水体增加水体有机物。

4.6.2　林地生境

在生物多样性保育区维持林地野化状态，保持草本地被的野生状态、不清理灌丛、不清理枯木倒树、不在夏初季节喷洒农药，夏末季节推迟打草时间[5]，以提升林地生境保育其他较低等生物类群（如昆虫群落）的能力，为鸟类提供更为丰富的食物来源[6]。

5　结语

城市湿地公园作为城市中难得的自然生境，拥有独特的、完整的湿地生态系统，这也是城市湿地公园与其他城市公园重要的差别。唯有寻找到湿地公园与鸟类栖息地之间的平衡点，协调好生态旅游与湿地资源保育之间的关系，才能在保障鸟类栖息空间的同时，使其成为居民游览、教育科普的绿色天地。

参考文献

[1]　Hostetler M，Knowles-Yanez K. Land usescale，and bird distribu-tions in the Phoenixmetropolitan area[J]. Land-scape and Urban Plan-ning，2003，62(2)：55-68.

[2]　邓文洪．栖息地破碎化与鸟类生存[J]．生态学报，2009，29(6)：3181-3187.

[3]　张强．城市湿地公园在鸟类保护中发挥的作用——以翠湖国家城市湿地公园为例[A]．中国公园协会 2010 年论文集[C]．2010：3.

[4]　张皖清．北京奥林匹克森林公园鸟类栖息地植物景观研究[D]．北京林业大学，2015.

[5]　Norbert Müller. Biotope Mapping and Nature Conservation in Cities-Part1：Background and Methods as Basis for a Pilot Study in the Urban Agglomeration of Tokyo（Yokohama City)[J]. Bulletin of the Institute of Environmental Science and Technology，Yokohama National University，Vol. 23，No. 1：47-62.

[6]　黄越．北京城市绿地鸟类生境规划与营造方法研究[D]．清华大学，2015.

作者简介

高宇，1995 年生，女，汉族，重庆人，北京林业大学硕士研究生在读，研究方向为风景园林规划与设计。电子邮箱：something iwanna@gmail.com，18310545374。

张云路，1986 年生，男，重庆人，风景园林博士，北京林业大学园林学院副教授，城乡生态环境北京实验室，研究方向为风景园林规划设计理论与实践、城乡绿地系统规划。电子邮箱：zhangyunlu1986829@163. com /18610990877。

基于碳汇理念的城市绿地布局优化

——以日照市主城区为例①

Optimization of Urban Green Space Layout Under the Concept of Carbon Sink

—Take the "Main City of Rizhao City in Shandong Province" as an Example

尹沛卓　李端杰

摘　要：随着中国城市化进程加快，城市中碳排放量也逐年增加，从而导致温室气体浓度上升。目前，怎样通过增强城市中绿地的碳汇能力使其达到碳氧平衡已成亟待解决的生态问题。本研究从城市绿地固碳的角度出发，通过查阅日照市 2012 年以来的年鉴并且结合相关的计算模型，得出城市的碳排放量和绿地的碳吸收量，分析日照市整体的碳平衡缺口概况；采用功能兴趣点（POI）分布可视化分析的技术手段，从城市中各功能兴趣点的密度以及分布的角度，分析日照市主城区各片区的碳排放情况；运用 Arcgis 软件提取日照市主城区中的绿地，根据现状的绿地面积以及绿地分布，提出通过控制主城区东北侧和东南侧氧源地段、加强主城区西侧的碳源地的林带宽度以及"大分散，小集中"布局的近源绿地，提升日照市主城区绿地的碳汇能力。

关键词：城市碳汇；绿地固碳；碳氧平衡；构建方法

Abstract: As China's urbanization process accelerates, carbon emissions in cities also increase year by year, leading to an increase in greenhouse gas concentrations. At present, how to achieve the carbon-oxygen balance has become an urgent ecological problem by enhancing the carbon sink capacity of green spaces in cities. From the perspective of urban green space carbon sequestration, this paper analyzes Rizhao City's yearbook since 2012 and combines relevant calculation models to obtain the city's carbon emissions and the carbon uptake of green space, and analyze the overall carbon balance gap of Rizhao City. Using the technical means of visual interest point (POI) distribution visualization analysis, from the perspective of the density and distribution of various functional points of interest in the city, analyze the carbon emissions of the various districts of Rizhao City's main urban area; use Arcgis software to extract the main urban area of Rizhao City The green space, according to the current green area and green space distribution, proposes to control the width of the forest belt in the northeast and southeast side of the main urban area, strengthen the carbon source land on the west side of the main urban area, and the layout of the "large dispersion, small concentration" layout. Source green space to enhance the carbon sink capacity of the green area of the main urban area of Rizhao City.

Keyword: Urban Carbon Sequestration; Green Carbon Sequestration; Carbon and Oxygen Balance; Construction Method

引言

由城市中碳排放量逐年增加而引起城市气候变化、热岛效应等生态问题正深刻地影响着人们的生存和发展。如今，越来越多的学者开始关注碳汇并提出了相关的理念，比如低碳城市理念、低碳森林城市理念以及碳氧平衡城市理念等，通过运用减少碳排放源、降低碳排放量和增加碳汇量等措施来构建低碳的城市。在城市碳汇方面，绿地是城市中唯一具有自净功能及自动调节能力的子系统，在调节空气碳氧平衡、改善城市环境质量等方面发挥着重要的作用，城市生态绿地系统建设也是生态城市建设的核心内容之一。但大部分城市没有意识到绿地对于碳汇的重要性，存在两个共同问题：（1）在做前期规划时忽视了绿地的生态服务功能，没有预留出足够发挥生态效益的绿地，导致城市绿地面积严重缺失；（2）随着人们生态意识加强，部分城市开始盲目的见缝插绿，导致城市绿地出现破碎度高、分布不均以及可达性差等问题。因此，根据城市碳排和碳汇的现状情况，合理的增加城市绿地面积以及优化城市绿地布局，使城市达到碳氧平衡。

1　城市碳氧平衡原理

碳氧平衡是人类活动排碳吸氧与植物吸碳放氧的总量相平衡的理论，即大气中碳排放量与碳吸收量保持在一定的平衡范围，以维持生态安全。本研究采用城市中排放的二氧化碳、吸收的二氧化碳的相差数与碳排放的比值来衡量，即用城市二氧化碳吸收的缺口指标来判断。

城市碳缺口比表示为：城市碳缺口比＝(碳排放－碳吸收)/碳排放×100％。

其中，碳排放的计算公式为：CO_2 年排放量 $= P \times (GDP/P) \times (E/GDP) \times K$

① 国家自然科学基金（51808320）。

式中：P 为城市人口数；K 分为人均 GDP 指标、单位 GDP 产值能耗量；E 为不同类型能源消耗量，可按标准统一折算为标准煤；K 为碳排排放强度，当前中国采用较多的“能源燃料折算标准煤后 CO_2 排放系数”为 2.42～2.72，本文采用燃烧 1 吨标准煤排放 2.45 吨二氧化碳。

碳排放的计算公式为：

$$CO_2 \text{ 年吸收量} = \text{绿地总面积} \times K$$

式中：根据平均每公顷绿地日平均吸收 CO_2 1.767 吨（年可吸收 CO_2 644.96 吨），因此，K 值为 644.96。

2 日照市城市碳平衡概况

日照市为山东省东南部的地级城市，位于黄海之滨，属暖温带季风区大陆性气候。总的地势背山面海，中部高四周低，略向东南倾斜，山地、丘陵、平原相间分布。其南北长约 82km，东西宽约 90km，总面积 5358.57km^2，主要分为主城区和岚山区，总人口数 290 万人。城市三产比例为 8.4∶48.7∶42.9，是港口工业城市（城市性质）。

2.1 城市碳排放量

2012～2016 年日照市 CO_2 排放量　　表 1

年份	人口数（万人）	人均 GDP（万元/人）	单位 GDP 能耗（t 标准煤/万元）	K 值（CO_2/E）	CO_2 排放量（万 t）
2012	288.10	4.79	0.51	2.45	1724.31
2013	290.13	5.28	0.47	2.45	1763.97
2014	293.92	5.63	0.46	2.45	1864.93
2015	295.95	5.81	0.51	2.45	2148.48
2016	290.11	6.24	0.54	2.45	2395.01

资料来源：根据《日照市统计年鉴》（2012～2016 年）整理、计算得出。

通过查阅并整理日照市统计年鉴，对碳排放量进行详细对比，分别测算获得日照市 2012～2016 年碳排放情况（表 1）。日照市在 2012～2016 年公司企业数量以及生产结构变化不大，因此，单位 GDP 能耗差距不大。但二氧化碳排放总量却仍然保持上升趋势，原因是人均二氧化碳排放量随着人口数量以及人均 GDP 增长也在不断上升。

2.2 城市碳吸收量

2012～2016 年日照市 CO_2 吸收量　　表 2

年份	绿地面积（hm^2）	吸收能力 [t/(hm^2·年)]	CO_2 吸收量（万 t）
2012	7292	644.96	470.30
2013	7707	644.96	497.07
2014	8028.00	644.96	517.77
2015	8345.98	644.96	538.28
2016	9069.99	644.96	584.98

数据来源：根据《日照市统计年鉴》（2012～2016 年）整理、计算得出。

整理日照 2012～2016 年绿地总面积，计算出日照 2012 年以来绿地的二氧化碳吸收能力（表 2）。随着日照市绿地面积逐渐增大，CO_2 吸收量不断增多。

2.3 碳缺口情况

2012～2016 年日照市碳缺口情况　　表 3

年份	CO_2 排放量（万 t）	CO_2 吸收量（万 t）	碳盈余量（万 t）	碳盈余比（%）
2012	1724.31	470.30	1254.01	72.73
2013	1763.97	497.07	1266.9	71.82
2014	1864.93	517.77	1347.16	72.24
2015	2148.48	538.28	1610.2	74.95
2016	2395.01	584.98	1810.03	75.58

数据来源：根据《日照市统计年鉴》（2012～2016 年）整理、计算得出。

日照 2012 年以来碳缺口量逐年拉大，碳缺口比整体上升（表 3）。其中，2016 年以前碳缺口比低于 75%，而 2016 年以来碳缺口比均高于 75%。2016 年碳缺口量为 1810.03 万吨，碳缺口比达到 75.58%。

2.4 日照市绿地缺口

2012～2016 年日照市绿地情况　　表 4

年份	碳盈余量（万 t）	绿地吸收能力 [t/(hm^2·年)]	绿地缺口量（万 hm^2）
2012	1254.01	644.96	1.94
2013	1266.9	644.96	1.96
2014	1347.16	644.96	2.09
2015	1610.2	644.96	2.50
2016	1810.03	644.96	2.81

数据来源：根据《日照市统计年鉴》（2012～2016 年）整理、计算得出。

日照 2012～2016 年绿地缺口总量呈整体上升的趋势（表 4）。其中，2012 年绿地缺口量为 1.94 万 hm^2，2016

年缺口达到 2.81 万 hm^2。日照市整体碳平衡比例严重失调，需要的绿地面积也是逐年上涨。从全国经济发展的角度而言，不同的城市所担当的职责均不相同，仅仅通过一个城市大面积增加绿地面积，从而使城市达到碳氧平衡是十分不现实的。因此，如何根据城市实际情况，合理增加绿地面积且构建可以充分发挥出城市绿地碳汇能力的绿地布局，是降低城市碳排放污染、增强城市绿地碳汇功能的关键。

3　日照市主城区各功能区密度及碳排放分析

日照市主城区包括老城区、新市区、石臼区、大学城、高新区、开发区、山海天南片区，总面积为 129.09km^2。本研究在对主城区各类功能点进行识别和提取的基础上，对其分布密度进行分析。根据相关资料统计，由建筑排放的二氧化碳约占 39%，工业排放的二氧化碳约占 28%，交通工具排放的二氧化碳约占 33%。因此，各类功能点的选取与人类的活动密切相关，主要选取小区、工业、对外交通等碳排放大的功能点。

3.1　功能点识别及密度分析

结合现状，参考百度地图 POI 分类，从居住、商业服务、医疗卫生、文体休闲、公司企业和对外交通六方面对区域内 POI 进行提取并可视化表达，生成日照市主城区各类功能点热力图（表 5、图 1）。

日照市主城区 POI 提取分类　　表 5

功能点	POI 分类
居住	公寓、小区
商业服务	银行、通讯营业厅、便利店、餐饮
医疗卫生	综合医院、诊所、药店
文体休闲	影剧院、图书馆、中小学、大学、体育场
公司企业	公司、写字楼
对外交通	汽车站、火车站

图 1 中各类热力图中功能点的范围和密度，发现各区功能点密度相差悬殊。日照市主城区主要以老城区、石臼区和新市区三个核心功能区为主，这三个片区除新市区缺乏对外交通功能点之外，其他各类功能点多且齐全、分布均匀且密度高。其他片区因为不同的功能导向，因此，会出现某类功能点偏高的情况。山海天南片区由于东侧靠海，景色优美，为充分利用这一自然优势条件，该片区主要以居住功能为主；大学城为满足学生们的日常生活需求，建设了大量的商业服务和文体休闲场所；高新区是日照市各种公司、产业的聚集地，因此，该区以公司企业功能点为主。开发区片区是七个片区中功能点最少的片区，存在功能点缺失且分布零散的现象。

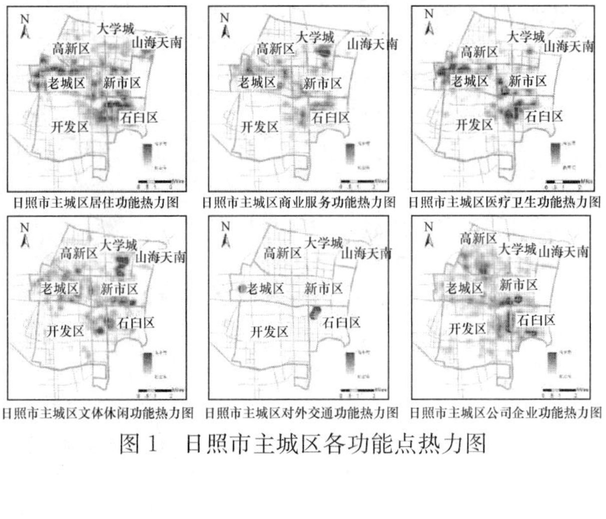

图 1　日照市主城区各功能点热力图

3.2　日照市主城区各片区碳排放分析

由图 2 可见，老城区、新市区和石臼区的碳排放源与其他片区相比相对较多且覆盖面积大，人为活动与各类建筑所产生的碳排放量大，新市区的居民为满足对外交通需求还会有较长距离的出行，增加汽车尾气的排放；大学城碳排放源主要集中在片区中部，高新区和山海天南片区的碳排放源密度低，且分布不均；开发区的碳排放量与其他片区相比较低，但该片区的使用者为满足其他功能的需求会进行长距离的出行，增加了日照市主城区交通工具的碳排放量。

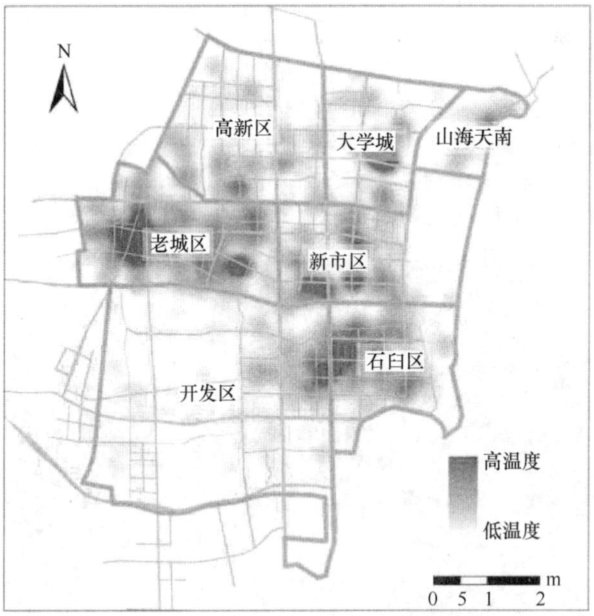

图 2　日照市主城区功能叠加热力图

总体来看，日照市主城区各片区的碳排强度为：老城区>石臼区>新市区>大学城>高新区>山海天南>开发区。

4　日照市主城区碳汇绿地布局优化

通过以上对各区的碳排放分析，对日照市主城区的绿地进行合理的布局。本研究根据“三源绿地”的布局理论，为充分发挥绿地的碳汇功能，将日照市主城区中的绿地分为氧源绿地、碳源绿地和近源绿地进行布局。

4.1 日照市主城区氧源绿地的构建

“氧源绿地”模式是指主要为城市碳源提供释氧固碳、滞尘等功能的大型绿地分布模式，特点是主要分布在城市中心区周边，处于城市上风向，绿地面积均为 0.5hm^2 以上的大型绿地，集中布局（图 3）。

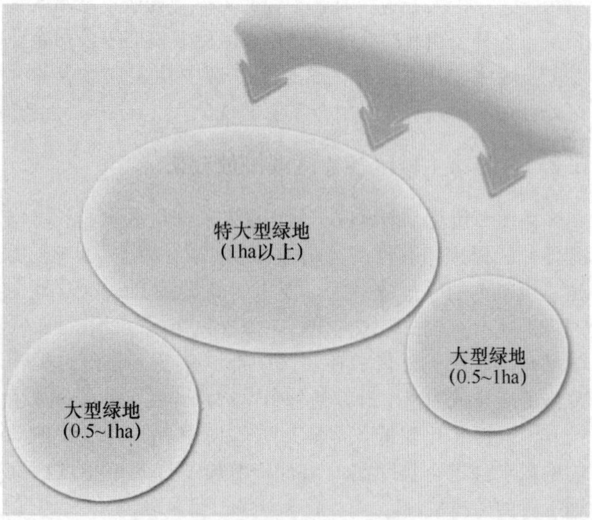

图 3　氧源绿地分布示意图

日照市 4～8 月盛行南到东南风，9～翌年 5 月盛行北到东北风，位于城市周边且处于城市上风向的位置为高新区、大学城、山海天南、新市区、石臼片区以及开发区的东北和东南侧边缘（图 4），由图 2 可知，该位置的边缘的 POI 兴趣点以居住和文体娱乐为主。碳排放源少且

图 4　日照市主城区氧源绿地分布结构图

碳排放强度低，因此，将其区域的绿地划分为日照市主城区的氧源绿地。

结合现状条件，将大学城和新市区的三块 1.24hm^2 和、4.26hm^2、90.57hm^2 的公园绿地以及开发区片区 306.57hm^2 的其他绿地（图 4），共计 4 处特大型绿地设置为氧源的核心绿地，以释氧能力强的基调树种种植为主，调整氧源核心绿地的边缘形态，引入楔形斑块，促进城市空气与外界的交流，为日照市主城区引入更多的氧气；将主城区东北和东南侧边缘的道路附属绿地以及防护绿地等带状绿地相互连接，形成边缘绿化控制带。再结合氧源核心绿地，使其边缘形成一个“一廊四心”的氧源绿地结构。该模式将城市环境与自然环境有机地结合在一起，有效地促进城市空气与外界的交流。

4.2 日照市主城区碳源绿地的构建

“碳源绿地”即城市工业区等碳排放量大的区域中的绿地，其模式主要是指在靠近碳排放较大的功能区分布固碳能力强的植被的布局模式，其特点是紧邻城市功能区下风向，集中布置，林带宽度为 500～1000m（图 5）。

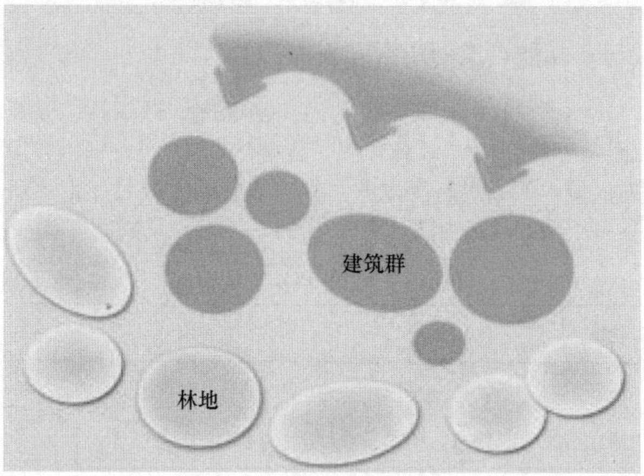

图 5　碳源绿地分布示意图

碳排放源集中、碳排量大且处于城市的下风向的区域，主要位于日照市主城区中高新区、老城区、石臼片区的西侧区域（图 2、图 6）。因此，将其区域的绿地划分为碳源绿地。该区域整体的绿地面积小且分布零散。根据现状所示（图 6），该段的绿地主要由道路附属绿地以及防护绿地构成，防护绿地共有 9 块，分布于老城区和开发区，斑块大小不均，以中小型斑块为主，宽度约为 75～150m，远低于所要求的宽度。道路附属绿地分布于老城和高新区，以小型斑块为主，分布零散，破碎度高，虽然高新段的道路附属绿地宽度达到 7m，但与生产绿地的连接度低。

综上所述，由于日照市主城区西侧绿化现状差。因此，应优先修补西侧边缘中氧源绿地缺失地段。但西侧由于以对外交通功能为主，仅靠道路附属绿地不足以形成碳源绿地。傅河和沙墩河呈带状，其南北于贯穿日照市主城区西侧，仅在北段设有两处公园绿地，南段河道整体目前属于荒地，部分被人们占用为耕地，整体河道宽度约为 120～350m，是日照市主城区中最宽的两条带状绿地。应

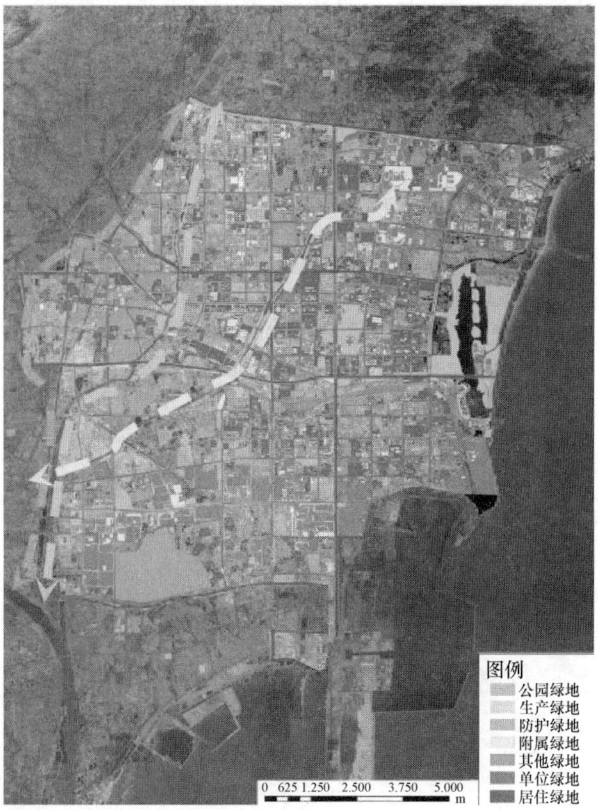

图6 日照市主城区碳源绿地分布结构图

退耕还林，提升河道植被现状且增加河道宽度，打通南段生态廊道，修复河道生态系统，提高河道的净化能力，增强碳汇功能，与西侧的碳源绿地相结合，构成一级碳汇网络，将产生碳排放量较大的建筑空间与其下风向碳汇能力极强的森林碳汇空间相互结合（图6）。

4.3 日照市主城区近源绿地的构建

“近源绿地”模式主要指分布在城市建成区范围内对于居民可达性高的绿地，采取点状与带状相结合的方式来布置绿地，其分布特点是“大范围分散，小范围集聚”，规模大小依照城市中心区变化而变化（图7）。

近源绿地主要是依靠城市道路中的道路附属绿地，

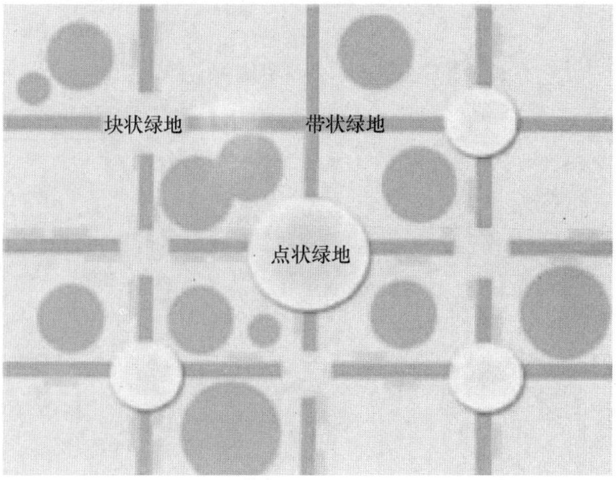

图7 近源绿地分布示意图

通过满足物质能量流通的绿带宽度，连接城市中的点或者块状绿地。根据前文所述的，日照市主城区道路附属绿地不满足碳汇宽度的要求，在对道路规划初期，在红线宽度内没有预留出足够宽的绿化带，把碳汇功能以及生态效益忽略掉了，只是注意美观效果。路网是绿化带的根基，部分路网的缺失也影响了整个生态网络的连接性。

日照市主城区中部由于居住功能点、商业功能点以及文体娱乐功能点等多且密集（图2），碳排放量大。因此，该区域为近源绿地的重要建设部分。中部的三处综合公园虽然均属于特大型绿地斑块，但其连接性较差，围绕三处综合性公园设置7～12m的绿色生态廊道，将其连接成为“城市绿心”。从生态学角度讲，这种适宜生境之间设置物种交流廊道；增加了三个特大型绿色斑块的连通性，提升了中心区域的碳汇能力；在特大型绿地斑块周围设置街头绿地、社区公园等中小型绿地斑块，优化城市景观关键节点，可增加景观异质性，提升碳累积速率，可起到局部降低气温且减缓热岛相应的作用；完善主要的路网结构，将各个中小型绿色斑块与“绿心”相连接，构筑二级碳汇网络，强化城市空间的整体性和完整性，促使城市空间形成完整的低碳生态体系（图8）。

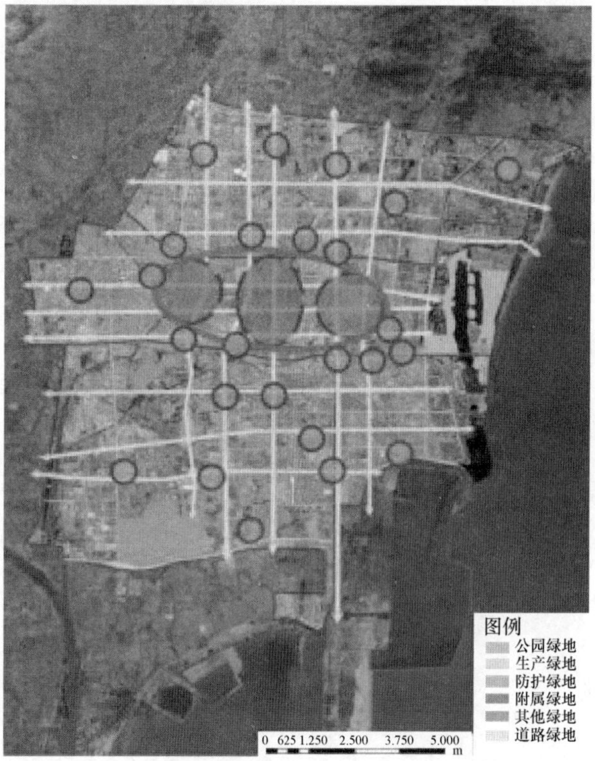

图8 日照市主城区近源绿地分布结构图

5 结论

本文以山东省日照市为绿地碳汇研究的对象，在无法通过增加绿地面积使城市达到碳氧平衡的情况下，分区对日照市主城区的各类功能点的碳排放强度进行对比与分析，并结合日照市主城区现状绿地面积和绿地分布，提出“三源绿地”理论，将城市中的绿地划分为氧源绿地、碳源绿地以及近源绿地，并在此基础上提出重点打造的策略，最大限度的减少碳排放污染且增强城市绿地的固碳释氧能力，为今后城市绿地建设提供了新的思路与方法。

城市绿地碳汇功能是维护城市碳氧平衡和城市生态平衡的基础，日后应在“国家园林城市系列标准”、“国家生态园林城市系列标准”等城市建设指标中增加对城市绿地碳汇功能的考虑，并设置相应的考核标准，使其建设工作更具有针对性，从而达到城市碳氧平衡的目标。

参考文献

[1] 付士磊，宫琪. 基于碳汇理论的沈阳城市“三源绿地”构建方法[D]. 辽宁：辽宁林业科技大学城乡规划学，2016.

[2] 郭瓅，吴保建，张玲等. 中原天府丹水明珠——邓州市创建国家园林城市纪实[J]. 城乡建设，2014，5(1)：10-12.

[3] 黄霏，相西如. “双城”模式城市绿地系统规划研究[D]. 南京：南京林业大学城乡规划学，2008

[4] 鲁敏，秦碧莲. 城市植物与绿地固碳释氧能力研究进展[J]. 山东建筑大学学报，2015，10(1)：5-6.

[5] 李庆. 中国低碳城市规划研究进展分析[J]. 城市建设理论研究，2012，8(2)：12-14.

[6] 廖建军，王志远. 基于碳氧平衡的城市绿地系统生态规划研究——以长沙城区为例[J]. 中外建筑，2013，17(2)：61-64.

[7] 陆化普. 城市绿色交通的实现途径[J]. 城市交通，2009，7(6)：23-26.

[8] 盛硕，肖华斌，刘佳. 低碳导向的城市用地紧凑度—交通可达性研究——以济南市西部新城为例[R]. 中国城市规划年会，2016.

[9] 王志远，郑伯红. 低碳城市空间形态规划研究[D]. 湖南：中南大学风景园林学，2010.

[10] 郑伯红，王志远. 我国城市发展低碳之路探讨——以长株潭城市群为例[R]. 王志远. 第八届全国建筑与规划研究生年会，2010.

[11] 赵丽可，胡宗义. 基于DEA模型的碳排放效率区域差异性研究[D]. 湖南：湖南大学，2014.

作者简介

尹沛卓，1994年生，男，汉族，江苏扬州人，硕士，山东建筑大学，研究方向为风景园林规划设计。电子邮箱：386323285@qq.com。

基于棕地再生背景下的植物选择及配置模式初探

Preliminary Exploration on Plant Selection and Configuration based on the Background of Brownfield Regeneration

李　璐

摘　要：“城市双修”是治理“城市病”、改善人居环境、转变城市发展方式的有效手段。棕地再生是我国多个地区开展生态修复工作，让城市再现绿水青山的一种重要方法。近年来，棕地再生问题在风景园林行业备受瞩目，关于通过植物对土壤有机污染物的修复作用实现土地更新和棕地植物景观设计的研究也迅速发展。本文在总结前人观点的基础上，从植物对土壤有机污染物的修复作用、棕地景观设计中的植物选择及配置模式两方面对国内外研究现状进行评述，尝试将适用于我国棕地再生项目中的植物品种及配置模式进行归纳总结，并提出利用基因工程技术构建高效去污的植物和科学合理的植物配置模式能为棕地再生营造良好的景观效果，达到可期的生态效益。本文的研究成果可以为今后的废弃地修复与棕地再生中的植物景观设计提供借鉴与参考。
关键词：棕地再生；植物修复；植物选择；植物配置模式；生态效益

Abstract: "Rehabilitation and city reparation" is an effective means to control urban diseases, improve the living environment and transform the urban development mode. The regeneration of brown land is an important method for ecological restoration in many areas of China. In recent years, the problem of brownfield regeneration has been attracting attention in landscape architecture industry, and the research on the restoration of soil organic pollutants through plants and the plant landscape design of the brownfield has also been developed rapidly. On the basis of summarizing the previous views, this paper reviews the current research status of the domestic and overseas studies from the aspects of the restoration of organic pollutants in the soil, the plant selection and configuration modes in the landscape design of brownfield, and attempts to summarize the plant varieties and configuration modes applied in the brownfield regeneration projects in China, and proposes the utilization of genetic engineering technology to construct a plant that can effectively remove pollutants and scientific and reasonable plant configuration pattern to create a good landscape effect for the brownfield regeneration and achieve the ecological benefits of the period. The research results of this paper can be used as reference for the plant landscape design in brown land regeneration and restoration of wasteland.
Keyword: Brownfield Regeneration; Phytoremediation; Plant Selection; Plant Configuration Mode; Ecological Benefits

我国近年来经济发展迅速，许多城市和地区已进入快速城市化过程，在这样的背景下，棕地的再生和利用成为一个敏感和热门的话题，对棕地的治理与开发也逐渐成为景观设计的重点之一。国内不少学者从不同的角度出发研究分析了我国特定地区的棕地治理情况、植物选择及配置模式。本文对国内有关棕地再生植物景观设计的研究进行了系统总结，探讨了目前我国在棕地治理方面植物景观设计上所存在的科学问题，以期找到最科学、最合理、最生态、最经济的植物配置模式，促进我国棕地再生植物景观研究的进一步发展。

1　棕地的界定

西方发达国家对棕地的关注比较早，在20世纪60年代就已开始。“棕地”一词的出现有两个主要起源：一是棕地作为与绿地相对应的规划术语，最早出现在英国的规划文献中。用“棕地”一词来描述已经开发利用了的土地[1]。第二个来源是美国1980年颁布的《环境反应、赔偿与责任综合法》，也是棕地最早的正式界定，该法案将棕地定义为“废弃及未充分利用的工业用地，或已经或疑为受到污染的用地”。[2]

我国棕地的研究起步较晚，目前对于棕地的概念还没有形成一个全面、权威的界定。此外，我国对棕地的理解与国外相比，不仅包括城市内部，也包括农业利用过程中产生的各种棕地[3]以及改革开放后军工企业为成功转型成民工企业形成的“山区棕地”。[4]现阶段，我国对于棕地的研究，主要是对不同种类的棕地的进行单独研究论述，比较多的有垃圾填埋场、矿山、采石场等。

纵观国内外有关废弃地概念的起源和发展，结合目前我国棕地的特点，笔者将棕地的内涵在广义上界定为：（1）在各种类型的土地利用过程中所产生；（2）已经使用或开发过的土地或建筑物；（3）目前处于闲置、被遗弃或未被完全利用的各类用地（包括工业、农业、建设用地和交通用地等）；（4）存在污染或者潜在的污染威胁；（5）需经过一定的治理才能进行再次利用；（6）其他目前仍在使用但还有再开发潜能的土地。

2　植物对土壤有机污染物的修复作用

由于化石燃料的燃烧、石油开采、农药施用、污水灌溉、污泥农用等，致使邻苯二甲酸酯、多环芳烃、有机氯和有机磷农药等有机污染物直接或间接进入土壤环境，并因脂溶性易被土壤颗粒吸附而长时间残留于土壤中。这些有机污染物日积月累，逐渐改变场地土壤的理化性质，形成完全不利于植物生长的恶劣环境。

一般来说，植物对土壤中的有机污染物都有不同程度的吸收、挥发和降解等修复作用，有的植物甚至同时具有上述几种作用。[5]有机污染物的植物修复是利用植物在生长过程中，吸收、降解、钝化有机污染物的一种原位处理污染土壤的方法。土壤有机污染物的植物修复方式主要有 4 种：[6-7]（1）植物提取：植物直接吸收有机污染物并在体内蓄积[8]；（2）植物挥发：植物挥发是与植物吸收相连的，它是利用植物的吸取、积累、挥发而减少土壤有机污染物；（3）植物固定：植物通过改变土壤的化学、生物、物理条件来抑制其中的有机污染物，使其发生沉淀或被束缚在腐殖质上，减少其对生物和环境的危害；（4）植物降解：植物本身及其相关微生物和各种酶系将有机污染物降解为小分子的 CO_2 和 H_2O，或转化为无毒性的中间产物。

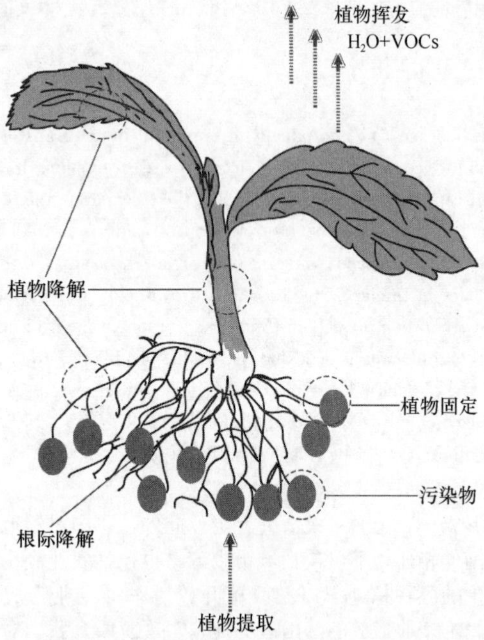

图 1　土壤有机污染物的植物修复方式

在具体的有机污染物的植物修复应用实践中，有机污染物的理化性质、环境条件、植物种类等等都影响着修复效果。植物对土壤有机污染物的修复原理主要有 3 种。[9-11]

（1）植物对有机污染物的直接吸收、分解、挥发与蒸腾作用。植物从土壤中直接吸收有机物，然后将没有毒性的代谢中间体储存在植物组织中，这是植物去除环境中中等亲水性有机污染物（辛醇－水分配系数为 $\log K_{ow}=0.5\sim3$）的一个重要机制。[12-14]大多数单环芳香化合物（BTEX），含氯溶剂和短链的脂肪化合物都是通过挥发、代谢或矿化作用使其转化成 CO_2 和 H_2O 或无毒性的中间代谢物储存在细胞中这一途径去除的。[15]值得注意的是利用挥发作用应以不构成生态危险为限，避免“二次污染”[16]；还有的是通过植物叶子的蒸腾作用释放到大气中去。研究表明，土壤中有机污染物的种类、浓度，植物种类、叶面积、根结构、土壤养分、水分、风力、相对湿度等均影响着土壤中有机污染物的直接吸收。[11]

（2）植物释放的分泌物和酶对有机污染物的直接或催化降解作用。研究表明，植物根系释放到土壤中的酶也可以直接降解有机污染物。此外，植物死亡后释放到环境中的酶也可继续发挥分解作用。[17]植物根系中的硝基还原酶能降解含硝基的有机污染物[18]，植物根系中的脱卤素酶和漆酶，可被用来降解含氯有机污染物。[17]董社琴等人发现在单子叶植物的根圈内，存在着许多对有机污染物具有特异降解功能的氧化酶体系，如酚氧化酶、抗坏血酸氧化酶、过氧化酶等[16]。美国 EPA 实验室从淡水沉积物中鉴定出来自植物的 5 种可以分解相关有机污染物的酶：脱卤酶、硝酸还原酶、过氧化物酶、漆酶和腈水解酶。[17]因此，在筛选新的降解植物品种时需要关注这些酶系，并且注意发现新酶系。

（3）根际—微生物的联合代谢作用。1904 年，Hiltner 提出根际（rhizosphere）的概念。根际是受植物根系影响的根－土界面的一个微区，也是植物－土壤－微生物与其 pH、EH 等环境条件相互作用的场所，[19-20]微生物在根际区和根系土壤中的差别很大，一般为 5～20 倍，有的高达 100 倍。[21-22]由于根系生长的穿插作用，使根际的通气状况、水分含量和温度均比根际外的土壤更利于微生物的生长；[23]另一方面，植物的存在增加了土壤通气性，根际周围形成富氧的微环境，刺激好氧微生物对多环芳烃（PAHs）等有机污染物的分解。[24]植物根际是一个能降解土壤中污染物的生物活跃区，根际可以加速许多农药以及三氯乙烯的降解。[25]植物根系分泌物在增强根际微生物活性的同时，微生物的活动也促进了根系分泌物的释放，两者相互作用共同加速了根际有机污染物的降解，植物根际微生物的降解作用被认为是植物修复土壤有机污染物的主要途径。[26-28]

植物修复是以植物忍耐和超量积累某种或某些化学元素的理论为基础，利用其共存微生物体系，清除土壤污染物的一种环境污染治理的技术，是当前生物修复研究领域中的热点。利用植物修复技术实现土地更新，有着许多优点，如成本低、对环境影响小、能使地表长期稳定，有利于改善生态环境等等。[29]但由于该技术仍处于起步阶段，在理论体系、修复机理及技术上还有待进一步研究。[30-32]

3　棕地景观设计中的植物选择及配置模式

目前，国内外不乏利用植物种植设计进行棕地生态修复的成功案例。加拿大布查德花园（Butchart Gardens）原为废弃的采石场，布查德夫妇有技巧地将罕见的奇花异木糅合起来，巧妙地处理采石过程中形成的崖壁，创造出了享誉全球的低洼花园[33]；美国纽约高线公园（High Line Park）筛选应用了近 210 种植物将废弃铁轨区域改建成城市公园；美国华盛顿西雅图奥林匹克雕塑公园（Olympic Sculpture Park）在基于场地地形之上利用本土植被进行改造，让原来的工业棕地成为西雅图滨水区上唯一的三文鱼栖息地；杭州天子岭垃圾填埋场通过分期种植达到了植被修复与景观改造的目的，使场地景观性得到了很大的提升，现为集生态、教育、游憩为一体的综合公园。北京首云国家矿山公园通过自然修复植被和人工修复植被相结合的方式，现已成为集生产、科普、休闲娱乐、观光于一体的国家级矿山公园。上海世博后滩公园原为钢铁厂和后滩船舶修理厂，设计选用适应于江滩的乡土物种来改善场地中黄浦边的原有 $4hm^2$ 江滩湿地，并在江滩的自然基底上，运用梯田营造和灌溉技术解决高差和满足蓄水净化之功效，整个场地现在成为一个运行的水净化系统。显然，从以上棕地生态修复的成功案例中不难看出，作为棕地绿化的主体，植物种类的选择尤为关键。[34]

对于有机污染土壤类型，有研究表明，植物—微生物联合修复体系对多环芳烃、石油烃等有机污染土壤的修复最高效，也有研究发现，很多野生观赏植物以其较强抗性在石油烃污染土壤修复中显现出非常大的市场潜力。[35]笔者通过查阅文献、实践项目资料搜集等方式列举了适用于不同类型有机污染物的修复植物（表1）、适宜在不同类型棕地场地栽植的植物（表2）、固氮植物（表3）。

适用于不同类型有机污染物的修复植物一览表 **表1**

各类有机污染物	常用修复植物
多环芳烃（PAHs）	凤眼莲、黑麦草、高羊茅、美人蕉、苜蓿、蓝茎草、柳树
多硝基芳香化合物（TNT）	曼陀罗、茄科植物
四氯乙烯（TCE）	松树、杨树、柳树
有机氯农药（DDT）	凤眼莲、黑麦草、高羊茅、早熟禾、鹦鹉毛、浮萍、伊乐藻、美人蕉、柳树、水稻
五氯苯酚（PCP）	凤眼莲、冰草、柳树
单环芳香化合物（BTEX）	杨树、柳树、水稻
阿特拉津除草剂	凤眼莲、松树、黑麦草、美人蕉、柳树、水稻
甲基叔丁基醚（MTBE）	杨树、柳树
有机磷农药	凤眼莲、杨树、美人蕉、柳树、水稻

适宜在不同类型棕地场地栽植的植物一览表 **表2**

	垃圾填埋场	矿山	采石场
乔木	棕榈、构树、桃、香樟、桑、朴树、枫杨、鹅掌楸、玉兰、合欢、三角槭、槐树、无患子、梧桐、重阳木、三球悬铃木、罗汉松、苦楝、刺槐、白蜡树、榆树、柳树、银白杨、广玉兰、榉树、臭椿、冬青、龙柏、黄连木、红花槐	侧柏、油松、栾树、刺槐、榆树、白蜡、臭椿、火炬树、杨树、旱柳、核桃、山楂、桑树、山杨、杉木、蜀桧、棕榈、悬铃木、乌桕、三角枫、五角枫、合欢、雪松、马褂木、红叶李、龙柏、意杨、银白杨、香樟、构树、野桐、盐肤木、大叶女贞、黄连木、青冈栎、木麻黄、舟山新木姜子、榔榆、栓皮栎、辽东栎、国槐、白榆、杜梨、山桃、山杏	华山松、滇朴、藏柏、旱冬瓜、滇青冈、核桃、山槐、臭椿、黑松、马尾松、乌冈栎、枫香、木荷、青冈、石砾、野桐、侧柏、龙柏、黄连木、泡桐、五角枫、苦楝、构树、桑、乌桕、臭椿、梓树、朴树、榆树、槐树、刺槐、皂荚、枫杨、旱柳
灌木	女贞、紫穗槐、海桐、金银木、接骨木、枸杞、连翘、迎春、柽柳、红花槐、阔叶十大功劳、桃叶珊瑚、八角金盘、蜡梅、木芙蓉、金丝桃、柽柳、夹竹桃、枸杞、南天竹	紫穗槐、沙地柏、绣线菊、荆条、胡枝子、金合欢、沙棘、银合欢、山刺玫、珍珠梅、夹竹桃、木槿、珊瑚树、连翘、胡枝子、海滨木槿、马棘、小叶女贞、伞房决明、野山楂、海桐、冻绿、多花木兰、算盘子、野蔷薇、杭子梢、云实、小槐花、云南黄馨、锦鸡儿、柠条、黄刺玫、胡颓子、丁香、黄栌、蒙古莸、枸杞、酸枣、柽柳、杞柳、杜鹃、多花木蓝、四季桂、迎春花、毛条、花棒、沙冬青、沙柳、黄柳、白刺	印度木豆、算盘子、盐肤木、栀子、窄基红褐柃、黄荆、山矾、夹竹桃、女贞、海桐、紫穗槐、胡枝子、野蔷薇、君迁子、火炬树、杜梨、黄荆
草本	苜蓿、画眉草、牛筋草、知风草、芦苇、苜蓿、白车轴草、麦冬、鸢尾、紫茉莉、苘麻、鬼针草、马尼拉草、中华结缕草	紫花苜蓿、白车轴草、野牛草、鸢尾、萱草、双穗雀稗、香根草、百喜草、沙打旺、白花草木樨、黄花稔、鸭跖草、东南景天、商陆、节节草、狗牙根、白茅、假酸浆、大籽蒿、苍耳、虎尾草、波斯菊、田菁、五节芒、弯叶画眉草、高羊茅、狼尾草、野古草、大吴风草、野菊花、金鸡菊、芒萁、香根草、无芒雀麦、碱茅、山野豌豆、小冠花、结缕草、二月兰、马蔺、冰草、多年生黑麦草、苇状羊茅、披碱草	白茅、五节芒、红毛草、类芦、金发草、狗牙根、狗尾草、紫花苜蓿、野菊花、二月兰、酢浆草、牛筋草、蒲公英、委陵菜、金发草
藤本	常春藤、乌蔹莓	五叶地锦、葛藤、爬山虎、络石、常春油麻藤、西番莲、金银花、凌霄、常春藤、山荞麦、杠柳	爬山虎、常春藤、扶芳藤、常春油麻藤、凌霄、山荞麦、葛藤、乌蔹莓、鸡血藤

固氮植物一览表　　表 3

共生类型	植物种类
与根瘤菌共生的植物	刺槐属、合欢属、紫穗槐属、锦鸡儿属、金合欢属、胡枝子属、大豆属、豌豆属、菜豆属、苜蓿属
与弗兰克氏菌共生的植物	杨梅属、沙棘属、胡颓子属、赤杨属、马桑属、木麻黄属、山麻黄属
与蓝藻类共生的植物	苏铁属及少数古老物种

垃圾填埋场环境条件恶劣，但其场地条件会随时间而变化，比如垃圾发酵完成后，是很好的植物堆肥，有利于植物生长。[36]所以垃圾填埋场植物修复需分阶段进行，各个阶段需要培养和占优势的植物品种也各不相同。[37]第1阶段为整形覆土，对场地进行初步绿化改造，改善填埋场周边环境；第2阶段为园林造景，精心挑选适宜植物，在垃圾堆体稳定后进行园林种植和景观重建。[38]垃圾填埋场植被修复第一、第二阶段主要可选植物见表4。垃圾填埋场场地早期自然植被以草本植物为主，菊科、禾本科和蓼科等广布型植物占优势，[39]在植被修复群体配置上也主要利用场地原有优势植物，结合先锋植物，实行乔灌草复层混交模式。如“苦楝+紫穗槐+画眉草”，“女贞+紫花苜蓿”，“湿地松+女贞+夹竹桃+黄连木+羊茅”，“交让木+夹竹桃+三叶草+羊茅”，“珊瑚朴+湿地松+红叶石楠+黄连木+苜蓿+羊茅”，“构树+女贞+湿地松+红叶石楠+紫穗槐+羊茅”，“毛竹+羊茅”等群落模式。[40-48]

垃圾填埋场前期、中期主要可选植物　　表 4

分期	主要乔木	主要灌木	主要草本花卉
前期	龙柏、乌桕、珊瑚朴、湿地松、女贞、构树、交让木、黄连木、毛竹	夹竹桃、红叶石楠、紫穗槐、木槿	羊茅、美洲商路、三叶草、紫花苜蓿、狗牙根、类芦、加拿大飞篷、胜红蓟、丝兰
中期	青冈、乌冈、木荷、天师栗、紫荆、油茶、苦楝	夹竹桃、黄馨、田菁	黑麦草、三叶草、紫花苜蓿、蟛蜞菊

大量研究表明固氮树种能适应矿山废弃地严峻的立地条件，豆科、菊科、禾本科植物是其生态修复的优良先锋物种[49-51]。一般矿地恢复过程中采用将豆科与非豆科植物进行间种，这样非豆科植物被促进生长的效果十分明显。[52]草本植物在矿山废弃地表现出更强的适应性。[51]我国不同地区矿山类型棕地再生可选乔灌树种见表5。目前矿地植被修复方式为保护和利用相结合，以乡土树种及根系发达的乔灌木为主，采用乔、灌、花草混植的手法，随坡就势。如“马尾松+胡枝子+类芦/斑茅/混合草籽”，“杉木+胡枝子+混合草籽”，“油松+臭椿—连翘+荆条—紫花苜蓿+大籽蒿”，“银白杨+红花刺槐—连翘+紫丁香—萱草+黄花蒿”，“臭椿+榆树—连翘+紫丁香—鸢尾+狗尾草”，“紫穗槐+荆条—紫花苜蓿+地被菊”，“五叶地锦+狗尾草”，“湿地松+胡枝子”，“榆树+臭椿—榆树+臭椿—狗尾草”等群落模式。[53-57]

我国不同地区矿山类型棕地绿化可选乔灌树种　　表 5

	东北地区	华北地区	西北地区	华中及华东地区	华南地区	西南地区
适宜乔灌树种	刺槐、小叶杨、旱柳、大黄柳、落叶松、樟子松、家榆、小黑杨、橡、垂柳、锦新杨、皂角、沙棘、胡枝子、紫穗槐等	臭椿、法桐、刺槐、柳、柏树、银杏、丁香、苹果、山楂、桃、榆树、麻栎、紫穗槐、胡枝子等	刺槐、黄刺梅、家榆、榆叶梅、桃叶卫茅、小叶丁香、银杏、沙棘、臭椿等	桤木、马尾松、刺槐、加拿大杨、泡桐、旱柳、毛白杨、火炬树、紫穗槐、臭椿、白榆、秀丽四照花等	圆柏、藏柏、华东松、栎树、圣诞树、黑荆、蓝桉、赤桉、直杆桉等	山玉兰、滇润楠、毛叶合欢、干香柏、滇朴、马桑、芒种花、西南子、青刺尖、火棘、化香、小雀花、苦刺花、老虎刺、巴豆藤、胡枝子等

开采后形成的采石场废弃地由岩石斜坡、悬崖、台地、采矿坑、废石堆放场及排土场等地形组成，[58-59]且大部分岩石斜坡未形成规则的阶梯状开采面，坡度一般在40°～90°，甚至存在反倾石壁，岩石斜坡表面遍布着开采留下的不规则凹陷和缝隙，部分采石场废弃地上层有遗留的土壤层。[60]采石场恢复中应用的草本、灌木和藤本居多，[61-62]因为采石场的土壤结构差，水分和养分含量低，大部分都是早期演替或R-对策种，如耐干旱、繁殖能力强的禾本科。[63-65]在采石场植被恢复的演替前期种植R物种（依靠发芽更新的物种）能促进S物种（依靠种子更新的物种）的引入。[61]目前采石场废弃地的植被修复是根据不同立地条件来设置不同的树、草、藤组合和种植方式。如在岩土坡面上，选择树与草结合，等高带状种植；在陡峭岩土坡，草藤覆盖；在岩石坡上，藤本着生攀缘；在岩土坡切沟，草与树混种；在岩土坡底部，多树种混交。[66]采石场植被恢复种植方案见表6。

采石场植被恢复种植方案　　表 6

种植方案		植物选择
前期处理	对坡面进行清理，清除松动、不稳定的破碎岩石，消除滚石隐患，削方减载，清运坡脚处崩落岩块及人工堆积的废渣，并在坡脚处设置挡土墙稳定坡体	

续表

种植方案			植物选择
采石场坡面	坡度低于45°	客土喷播技术	乔灌木：女贞、塔柏、夹竹桃、海桐、构树、盐肤木、紫穗槐、多花木兰、胡枝子 、火棘 、云南黄馨； 草本：狗牙根、高羊茅、百喜草 、弯叶画眉草、白三叶、紫花苜蓿； 藤本：云实
	坡度在45°～70°	喷混植生技术	乔灌木：塔柏、夹竹桃、海桐、构树、盐肤木、木槿、紫穗槐； 草本：多花木兰、胡枝子、火棘、狗牙根、高羊茅、紫花苜蓿； 藤本：云实
	坡度大于70°	因地制宜采取鱼鳞穴、筑巢、飘台、上爬下挂等技术相结合	乔灌木：香樟、女贞 、龙柏、海桐、夹竹桃、毛泡桐、盐肤木、刺槐 、云南黄馨
	坡度在80°（含）以上		灌木：火棘、紫穗 槐 、胡枝子 、云实、云南黄馨、多花木兰； 藤本植物：常春油麻藤、爬山虎、凌霄、藤本月季 、葛藤
	坑口迹地	平整场地，理顺迹地水系，回填表土层	乔灌木：香樟、女贞、毛泡桐、意杨、构树、紫叶李、木槿、红枫、胡枝子、火棘、紫穗槐、多花木兰； 草本：狗牙根、高羊茅、白三叶 、紫花苜蓿； 藤本：云实

4 讨论

随着群众环境意识的提高，棕地的生态恢复问题日益得到社会各界的重视，棕地再生与生态修复成为21世纪健康城市建设的重要议题之一。众所周知，棕地基地环境条件极端恶劣，其受损生态系统自我恢复将难以实现，或实现过程漫长。如果采用生态恢复措施，受破坏的生态系统可在相对较短的时间内得以恢复，而植被重建是棕地生态恢复的首要工作。[67]国内许多学者的研究中都得出了野生草本植物、豆科植物在抗逆性、适应性等表现出显著优势，并且也都对适宜各地区的植物配置模式进行了相应的试验与探讨，但对乡土树种、观赏价值较高的野生草本植物的筛选、棕地植物景观的动态研究和后期植物养护与管理的跟踪调查研究还有待深入。

植物修复是一个动态过程，在植物修复初期的植物选择上可以选用地上部分较矮、根系发达、生长较快且在短期可实现植被覆盖的草本植物和灌木为主。棕地植被群落演替的一般趋势是次生裸地—草丛—灌丛—森林，[68]在植物群落的构建上应当因地制宜地模拟自然植物群落模式，以更高演替阶段的植物群落作为参照来选配植被修复初期的物种，通过乔、灌、藤本和草本植物多层次有机结合，构建多样性水平较高的植物群落，并且采用自然修复植被与人工修复措施相结合的方式促进棕地植被修复，实现棕地土地资源优化配置的更高目标。

棕地景观设计项目需要不同学科，不同领域专业的人一起来合作，需要植物景观设计师与环境工程师、规划师、生态学专家、植物基因技术专家等一起齐心协力。在筛选先锋植物的同时，可以利用基因工程技术，构建高效去除污染物的植物，结合科学有效的植物配置模式，加快棕地植被演替进程，形成稳定的植物群落，充分发挥棕地的潜在价值，达到地域生态效益最大化。

参考文献

[1] Parliamentary Office of Science and Technology (POST). A brown and pleasant land (London, POST 117)[EB/OL]. http://www.parliament.uk/post/home.htm, 1998.

[2] 曹康，金涛．国外"棕地再开发" 土地利用策略及对我国的启示[J]．中国人口资源与环境，2007，17(6)：124-129.

[3] 张丽芳，濮励杰，涂小松．废弃地的内涵、分类及成因探析[J]．长江流域资源与环境，2010，19(02)：180-185.

[4] 张华，郭鹏，王丽琴．"棕地"现象及其治理对策[J]．环境保护科学，2008(04)：48-50+57.

[5] 曲向荣，孙约兵，周启星．污染土壤植物修复技术及尚待解决的问题[J]．环境保护，2008(12)：45-47.

[6] 刘世亮，骆永明，丁克强，等．土壤中有机污染物的植物修复研究进展[J]．土壤，2003(03)：187-192+210.

[7] 刘辉，刘忠珍，杨少海．有机物污染的植物修复研究进展[J]．广东农业科学，2010，37(04)：214-216.

[8] Cunningham SD. Remediation of contaminated soils, Trend in biotechnology[J], 1995, 13 (9): 393-397.

[9] HATHAWAY D E. 1989. Molecular mechanisms of herbicide selectivity[M]. Oxford: Oxford university Press.

[10] WHICKER F W, HINTON T G, MACDONELL M M, et al. 2004. Avoiding Destructive Remediation at DOE Sites [J]. Science, 303(5664): 1615-1616.

[11] 桑伟莲，孔繁翔．1999．植物修复研究进展[J]．环境科学进展，7(3)：40-44.

[12] Jerald L, Schnoor LA. Licht SC. Phytoremediation of organic and nutrient contaminants[J]. Environ. Sc. & Technol., 1995, 29(7): 318A-323A.

[13] 赵志强，牛军峰，全燮．全氯代有机化合物污染土壤的修复技术．土壤，2000，6：288-309.

[14] 瞿福平，张晓健，吕昕，等．氯代芳香化合物的生物降解性研究进展．环境科学，1997，18 (2)：74-78.

[15] Jones KC. Contaminant trends in soil and crops[J]. Environ. Pollut, 1991, 69: 311-325.

[16] 董社琴，李冰雯，周健．植物修复有机污染土壤机理的分析[J]．科技情报开发与经济，2004(03)：189-190.

[17] 周际海，袁颖红，朱志保，等．土壤有机污染物生物修复技术研究进展[J]．生态环境学报，2015，24(02)：343-351.

[18] MACEK T, MACKOVA M, KAS J. 2000. Exploitation of plants for the removal of organics in environmental remediation[J]. Biotechnology Advances, 18(1): 23-34.

[19] 张福锁，曹一平．根际动态过程与植物营养[J]．土壤学报，1992(03)：239-250.

[20] 王书锦，胡江春，张宪武．新世纪中国土壤微生物学的展望[J]．微生物学杂志，2002(01)：36-39.
[21] 刘芷宇．土壤-根系微区养分环境的研究概况[J]．土壤学进展，1980(03)：1-11.
[22] Banks MK，Lee E and Schwab AP. Evaluation of dissipation mechanisms for benzo (a) pyrene in the rhizosphere of tall fescue[J]. J. Environ. Qual.，1999，28：294-298.
[23] 程树培．1994. 环境生物技术[M]. 南京：南京大学出版社．
[24] 程国玲，李培军，王凤友，等．多环芳烃污染土壤的植物与微生物修复研究进展[J]．环境污染治理技术与设备，2003(06)：30-36.
[25] HENNER P，SCHIAVON M，MOREL J L，et al. 1997. Polycyclic aromatic hydrocarbon (PAH) occurrence and remediation methods[J]. Analysis，25(9/10)：M56-M59.
[26] AFZAL M，YOUSAF S，REICHENAUER T G，et al. 2011. Soil type affects plant colonization，activity and catabolic gene expression of inoculated bacterial strains during phytoremediation of diesel[J]. Journal of Hazardous Materials，186：1568-1575.
[27] GLICK BR. Using soil bacteria to facilitate phytoremediation[J]. Biotechnology Advances，2010，28：367-374.
[28] LIU R，XIAO N，WEI S，et al. Rhizosphere effects of PAH-contaminated soil phytoremediation using a special plant named Fire Phoenix[J]. Science of the Total Environment，2014，473-474：350-358.
[29] 唐世荣，黄昌永，朱祖祥．利用植物修复污染土壤研究进展[J]．环境科学进展，1996，4(6)：10-17.
[30] BAUDDH K，SINGH R P. Cadmium tolerance and its phytoremediation by two oil yielding plants Ricinus communis (L.) from the contaminated soil[J]. International Journal of Phytoremediation，2012，14(8)：772-785.
[31] HOU M，HU C J，XIONG L，et al. Tissue accumulation and subcellular distribution of vanadium in Brassica juncea and Brassica chinensis[J]. Microchemical Journal，2013，110：575-578.
[32] 杨卫东，李廷强，丁哲利，等．旱柳幼苗抗坏血酸-谷胱甘肽循环及谷胱甘肽代谢对镉胁迫的响应[J]．浙江大学学报：农业与生命科学版，2014，40(5)：551-558.
[33] 陈亚萍．中美城市棕地生态恢复和景观重构的对比研究[D]．苏州：苏州大学，2016.
[34] 权亚玲．欧洲城市棕地重建的最新实践经验：以 BERI 项目为例[J]．国际城市规划，2010，25(4)：56-61.
[35] 周德春．植物生态修复技术的研究[D]．沈阳：东北师范大学，2006.
[36] 李胜，张万荣，茹雷鸣，等．天子岭垃圾填埋场生态恢复中的植被重建研究[J]．西北林学院学报，2009，24(03)：17-19.
[37] 刘艳辉，魏天兴，孙毅．城市垃圾填埋场植被恢复研究进展[J]．水土保持研究，2007(02)：108-111.
[38] 钟震．生活垃圾填埋场改造工程——以嘉兴市东栅天德圩生活垃圾填埋场为例[J]．绿色科技，2011(03)：96-97.
[39] 郑思俊，王肖刚，张庆费，等．上海市垃圾填埋场植被特征分析[J]．南京林业大学学报(自然科学版)，2013，37(01)：142-146.
[40] 茹雷鸣，李胜，张燕雯．垃圾填埋场生态恢复中的植被重建研究[J]．安徽农业科学，2008(06)：2504-2505.
[41] 肖琨，彭重华．湖南武冈市垃圾填埋场生态修复及景观绿化[J]．价值工程，2012，31(04)：53-54.
[42] 姚万军，刘哲，王岩松，等．晋江市铜锣山垃圾填埋场的植被重建[J]．环境科学与技术，2006(S1)：120-122.
[43] 杨旭．昆明市垃圾填埋场废弃地景观修复设计[J]．林业调查规划，2015，40(02)：162-164.
[44] 敦婉如，岳喜连，赵大民．垃圾填埋场营造人工植被的研究[J]．环境科学，1994(02)：53-58+94.
[45] 林学瑞，廖文波，蓝崇钰，等．垃圾填埋场植被恢复及其环境影响因子的研究[J]．应用与环境生物学报，2002(06)：571-577.
[46] 孙向辉，周丽贞．垃圾填埋场植被恢复技术研究进展[J]．安徽农业科学，2016，44(09)：100-102.
[47] 张浪，曹福亮，张冬梅．城市棕地绿化植物物种优选方法研究——以上海市为例[J]．现代城市研究，2017(09)：119-123.
[48] Berdusco RJ，O'Brien B. Reclamation of coal mine waste dumps at high elevations in British Columbia：25 years of success[J]. CIM Bull，1999，92：47-50.
[49] Luken JO. Directing Ecological Succession[M]. London：Chapman & Hall，1990.
[50] 关军洪，曹钰，吴天煜，等．北京首云铁矿山废弃地植被修复调查研究[J]．中国园林，2017，33(11)：13-18.
[51] 张鸿龄，孙丽娜，孙铁珩，等．矿山废弃地生态修复过程中基质改良与植被重建研究进展[J]．生态学杂志，2012，31(02)：460-467.
[52] 梁红．矿区植被修复研究进展[J]．仲恺农业工程学院学报，2009，22(04)：56-60.
[53] 都兰，萌来，邢立运．内蒙古金属矿区植被修复研究进展[J]．环境与发展，2015，27(06)：108-111.
[54] 何志华，柏明娥，高立旦，等．浙江海宁鼠尾山露采废弃矿山植被修复的群落结构和持水效应研究[J]．林业科学研究，2008(04)：576-581.
[55] 黄福才．紫金山金铜矿废弃地植被修复及其效果评价[J]．福建林业科技，2015，42(03)：74-80+93.
[56] 王曙光，曾若婉，颜小红，等．乔灌草结合在矿区弃渣地植被修复中的应用[J]．中国水土保持，2015(10)：18-20.
[57] Zhu D D，Song Y S，Le L. Study on sustainable landscape design of abandoned quarries：an example：Zhushan ecological park in Xuzhou[J]. Procedia Earth and Planetary Science，2009，1(1)：1107-1113.
[58] Gao G J，Yuan J G，Han R H，Xin G R，Yang Z Y. Characteristics of the optimum combination of synthetic soils by plant and soil properties used for rock slope restoration[J]. Ecological Engineering，2007，30(4)：303-311.
[59] 杨振意，薛立，许建新．采石场废弃地的生态重建研究进展[J]．生态学报，2012，32(16)：5264-5274.
[60] Beikircher B，Florineth F，Mayr S. Restoration of rocky slopes based on planted gabions and use of drought-preconditioned woody species[J]. Ecological Engineering，2010，36(4)：421-426.
[61] Marando G，Jiménez P，Hereter A，et al，Effects of thermally dried and composted sewage sludges on the fertility of residual soils from limestone quarries[J]. Applied Soil Ecology，2011，49(49)：234-241.
[62] Duan W J，Ren H，Fu S L，et al. Natural recovery of different areas of a deserted quarry in South China[J]. Journal of Environmental Sciences，2008，20(4)：476-481.
[63] Yuan J G，Zhou X Y，Chen Y，et al. Natural vegetation and edaphic conditions on the cliff of abandoned quarries in early restoration[J]. Acta Ecologica Sinica，2005，25(6)：1517-1522.

[64] Han F, Li C R, Sun M G, et al. Plant community structure at an early ecological restoration stage on an abandoned quarry in Sibao Mount[J]. Journal of Central South University of Forestry and Technology, 2008, 28(2): 35-39, 49-49.
[65] Jochimsen M E. Vegetation development and species assemblages in a long-term reclamation project on mine spoil[J]. Ecological Engineering, 2001, 17(2 /3): 187-198.
[66] 梁启英，林建平，梁杰明．采石、取土场植被恢复技术[J]. 林业实用技术，2004(10)：13. 包志毅，陈波．工业废弃地生态恢复中的植被重建技术[J]. 水土保持学报，2004(03)：160-163+199.
[68] 王伯荪．植物群落学[M]. 北京：高等教育出版社，1987.
[69] 宋书巧，周永章．矿业废弃地及其生态恢复与重建[J]. 矿产保护与利用，2001(5)：43-49.
[70] 王肖刚．上海市垃圾填埋场植被与土壤特性研究[D]. 华东师范大学，2011.
[71] 李勇．生态园林城市建设实践与探索[M]. 中国建筑工业出版社，2016.
[72] 陈志阳，田小梅．废弃采石场植物群落结构特征的研究[J]. 安徽农业科学，2009，37(08)：3690-3692.
[73] 张起风，石章胜，祝劲，等．资源枯竭型城市废弃采石场植被恢复与再利用探讨——以黄石市黄荆山北麓废弃采石场复绿工程为例[J]. 林业资源管理，2015(02)：145-149.
[74] 周连碧，王琮，代宏文，等．矿山废弃地生态修复研究与实践[M]. 北京：中国环境科学出版社，2010.

作者简介

李璐，1996年生，女，湖南岳阳人，浙江农林大学风景园林与建筑学院风景园林专业在读研究生，研究方向为植物景观规划设计。

论雨水花园在多种场地类型中的应用

——以台北地区为例

Application of Rain Gardens in Different Sites

— A Case Study of Taipei Area

张迎霞

摘　要：近些年，雨水花园因其在景观营造、雨洪管理、调节小气候等多方面的作用而备受欢迎，台湾北部地区终年多雨，雨水花园得到了大力的推广并取得显著成效。本文以台北地区四个代表性的雨水花园为调研对象，研究了雨水花园在校园庭院、道路两侧绿地、居住区绿地、科学主题公园等四类不同场地中的应用目的、方式及效益，并对案例中场地属性、下垫面形式、雨水引导方式、植被类型、雨水花园形态特征以及创新之处等加以总结和比较。总结出适用于校园庭院、道路两侧绿地、居住区绿地、科学主题公园四类场地的雨水花园的设计策略，为今后雨水花园的建设提供良好的思路。

关键词：风景园林；雨水花园；设计策略；台北；景观营造；低影响开发

Abstract: Rain garden has been widely accepted because of its important role in landscape construction、storm water management and microclimate adjustment in recent years, and has been vigorously promoted in rainy Taipei area with excellent achievement. Based on some projects in Taipei area, the paper analyzed the application and benefits of rain gardens in four different typical sites, including campus roadside green space residential green area theme parks. It summarized and compared the properties of site, the underlying surface, rainwater diversion approach, vegetation form, characteristics and innovation etc. Summarized the design strategy for rain garden of different sites and provide good ideas for the construction of rainwater garden in the future.

Keyword: Landscape Architecture; Rain Garden; Design Strategy; Taipei; Landscape Construction; Low Impact Development

中国是水资源短缺的国家，加之水资源时空分布不均，水资源与人口、耕地的分布不相匹配，水资源长久以来就是制约中国社会经济可持续发展的重要瓶颈因素之一。[1]雨水是一种优质的自然资源，是大自然水循环的一部分，其收集使用方便且污染少，如何有效利用雨水资源成为我国急需解决的问题之一。近年来，我国台湾地区针对雨洪管理大力推广雨水花园理念，并取得了良好的效果，值得我们深入研究。

1　雨水花园概述

1.1　雨水花园概念

雨水花园的应用实践始于20世纪90年代，拉里·霍夫曼及其团队提出“生物滞留池”的想法，创造了“雨水花园”这一术语[2]。雨水花园也被称为生物滞留区域(Bioretention Area)，是指在园林绿地中种有树木或灌木的低洼区域，由树皮或地被植物作为覆盖。它通过将雨水滞留下渗来补充地下水并降低暴雨地表径流的洪峰，还可以通过吸附、降解、离子交换和挥发等过程减少污染。[3]

1.2　雨水花园功能

经济功能：雨水花园通过短暂滞留雨水、降低雨水径流速度和径流量缓解市政排水管道的压力，最终削减了市政支出；另外其不仅减少了城市内涝现象还补充了日益枯竭的地下水。

生态功能：在雨水渗透的过程中，雨水花园能够有效过滤、沉淀、吸收雨水中的颗粒及污染物，净化水体；还能为野生动物提供天然栖息地，丰富生物种类，维护生物多样性。

景观功能：雨水花园可以结合不同种类的植物、石材、小品等景观元素进行景观功能的完善，创造具有吸引力的景观环境，为人们提供不同的视觉感受。

2　案例研究

台湾年平均降雨量高达2500mm以上，是全球平均年雨量的2.6倍，但80%的降雨量集中于5～10月的梅雨季及台风季节，时空分布不均，加上地势陡峭，80%以上的降雨流进大海，雨水收集不易。这使得台湾在全球缺水排行榜中名列18名，只要不下雨，台湾就立刻出现旱灾，但下起大雨就又传出水灾。为解决旱涝不均问题台北地区大力推行雨水滞洪贮留办法，其中雨水花园得到了大力的推广，本文选取台湾北部地区具代表性且取得良好效益的四个雨水花园进行研究，见表1。

台北地区具代表性雨水花园一览表　　表1

案例名称	区位	场地类型	项目性质
台湾海大雨水公园	基隆市海洋大学	校园庭院	基隆首座环境教育设施场所

续表

案例名称	区位	场地类型	项目性质
罗斯福路雨水花园	台北市罗斯福路	道路两侧绿地	配合 2010 台北国际花卉博览会所推动的“北市环境更新、减少废建物”专案所呈现的成果
油杉社区雨水公园	台北市大安区	居住区绿地	全台首座雨水回收示范公园
美仑公园雨水花园	台北市士林区	科学主题公园	台北大型科学主题公园

2.1 台湾海洋大学雨水公园

该项目是经核定的生态城市绿建筑推动方案，是一个由海大河工馆围合的中型庭院。为推广资源再利用的观念，在此设立雨水公园，并设置雨水利用博物馆展示雨水再利用及风力发电等再生能源设施。每年会有大批学生与民众到此进行实习参观，是基隆首座环境教育设施场所。

2.1.1 项目目标

更新雨水排水管路，结合现有的风力发电系统进行雨水的收集应用以减少自来水以及市电的用量，并结合植物造景进行绿化改造以达到绿化教育宣传的效果。

2.1.2 应用方式

收集屋顶雨水水源，经过沉淀、过滤处理后应用于冲厕浇灌及景观上，最终形成景观用水系统、立面收集和雨水冲厕三大系统。并搭接现有的风力发电系统提供给回收系统的电力所需。

此项目分为三个区：屋顶集雨示范区、立面集雨示范区、雨水花园区（图 1）。

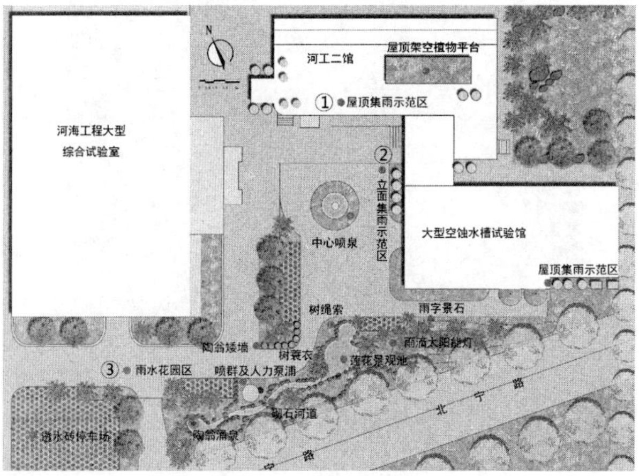

图 1　海大雨水公园平面图
（图片来源：作者实测后自绘）

（1）屋顶集雨示范区

在屋顶设置多个屋顶雨水回收系统，并利用屋顶上由空心砖架空的植物平台进行简单的过滤，再经过收集、沉淀、过滤、消毒后最终储存于集雨樽中。

（2）立面集雨示范区

在墙体周围及角落处设置开口的水扑满，直接承接天上水，最终流入集雨樽以备用。

（3）雨水花园区

通过对庭院空间的重新组织，利用回收的雨水造成一个创新性的雨水花园。

① 中心景观：庭院中间建造一个由砌石河道相连的莲花景观池与陶翁涌泉跌水槽，莲花池地势偏低，通过地势及沟渠将周围地面的雨水收集到景观池中以达到雨水滞留、下渗的效果；并且利用雨水回收系统实现景观池、跌水槽之间的水循环。此系列景观不仅起到雨水收集的作用，更起到美化装点的作用，另外植栽绿化及生态池水循环系统也能降低周边环境的气温，降低建筑能源消耗（图 2、图 3）。

图 2　海大雨水回收利用系统流程图
（图片来源：作者自绘）

图 3　陶翁涌泉
（图片来源：作者自摄）

② 周边景观：中心景观周围零星散布着雨扑满、人力帮浦、树蓑衣、树绳索、景观喷泉、陶翁矮墙等各式景观化雨水收集设施（图 4～图 6）。其中“雨”字景石及雨

图 4　树绳索
（图片来源：作者自摄）

图 5　人力帮浦
（图片来源：作者自摄）

图 6　陶翁矮墙
（图片来源：作者自摄）

图 7　雨字景观石
（图片来源：作者自摄）

滴形状的太阳能景观灯以不同形态分布于各处，不仅美化了公园而且加大了雨水收集的宣传力度（图 7）。

③ 其他设施：园中置有一台小型风力发电机，可产生 3000W 的电力，足够雨水公园的照明及景观喷泉、生态池抽水马达的使用。三个停车场均采用透水砖的铺设，实现了有效的雨水下渗。

2.1.3　效益分析

（1）经济与学术效益：海大除了将收集的雨水资源用于景观及浇灌上，也将雨水回收利用的技术应用在学生宿舍的冲厕系统上，每年可减少 3000t 以上的自来水用量，降低了水资源及能源的消耗。雨水回收系统中的雨水也可开放提供雨水调查之用。

（2）教育效益：海大雨水公园以雨水利用为中心导

向，强化水资源贮存与回收利用的技术及器具，并透过教育的方式提升全校师生与大众的参与，提供一处户外环境教育教学活动及宣导示范的场所。

(3) 体验效益：人力帮浦的设置带给大众亲身取水的乐趣，雨水利用博物馆中展示有古今中外雨水收集设备及模型，并教导大众如何自己动手 DIY 简易集水设备。

(4) 美观效益：设置砌石景观池、雨朴满、人力帮浦等各式雨水收集利用的景观设施，形成不一样的庭院景观。

2.1.4 小结

对于中面积内向型场地的雨水管理，一般采用集中处理的方式，在场地中结合雨水花园设置雨水循环系统。[4]一方面通过管道等设施将屋顶的雨水引入集雨樽中，其次通过地势、沟渠将地面雨水引入雨水池中，最终连接集雨樽与雨水池以及雨水景观设施达到水循环的效果。植物选择以耐湿的多年生乡土植物为主，以适应雨季多水的条件。因为场地位于学校这类人流活动集中的场所，设计还应考虑雨水花园对交通的影响。其次高校作为城市生态系统的一个子系统，具有很强的开放性，其对于资源的利用方式与利用效率会对社会其他系统产生巨大的影响。因此要结合学校的教育功能提供户外教育参观活动，最后还要尽可能利用学校已有的高新科研技术。

2.2 罗斯福路雨水花园

基地原为面积 410m² 的日式老旧房舍，位于台北罗斯福路 3 段，紧邻马路，周边为居民区，因常年无人居住而年久失修，屋顶坍陷，影响市容，内部有椰子树、自然生长的蔓草及灌木，具生态潜力。

2.2.1 项目目标

拆除低度利用、颓败的角落，采用雨水花园的概念，保留基地原有植物及部分建筑材料，融合旧与新的元素设计绿地。图 8 是配合 2010 台北国际花卉博览会所推动的“北市环境更新、减少废建物”专案所呈现的成果。

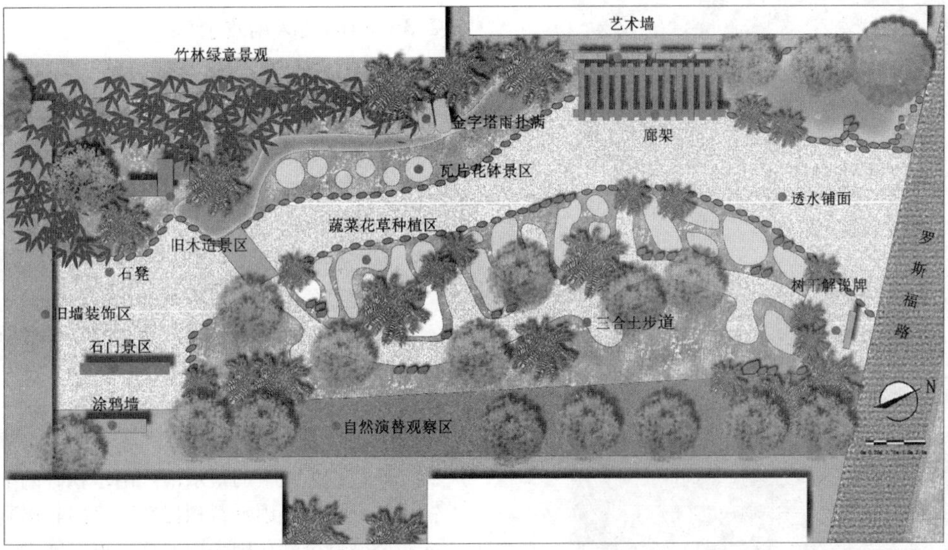

图 8 罗斯福路雨水花园平面图
（图片来源：作者实测后自绘）

2.2.2 应用方式

绿地建设经过了拆除、再生、传承的过程，每个过程都包含了不一样的意义。旧屋本可一夕摧毁，但考虑旧屋的历史与再利用价值，最后决定号召市民共同参与接力，以集体记忆的方式见证老屋的拆除与再生。拆除过程中，由老师傅将屋瓦一片片卸下，再以人力接龙的方式把瓦片送到另一处安放，最终作为雨水花园材料，达到传承的目的（图 9）。再生过程中变废为宝，利用居住区内废弃的油铁桶做成金字塔状的雨扑满，通过天沟把屋顶的雨水接到桶中，装满时能蓄 3t 的水量，可以提供小区居民浇花种菜两个星期（图 10、图 11）。将废弃的瓦片用作雨水花园波浪形的收边，雨水装满雨扑满后沿波浪收边流入雨水花园中，且边界曲折蜿蜒延长了雨水暂存时间

图 9 全民瓦片接力
（图片来源：网络）

(图 12)。将旧建筑敲下的碎水泥做成休息的座椅；旧木材做成行人休憩的景观廊架；枯树干做成的解说牌，更具自然气息；斑驳的水泥墙面脱落露出窑烧的红砖别有一番古朴怀旧的味道；园中的运动器械及涂鸦墙也满足了大众的娱乐健身需求。

图 10　金字塔雨扑满
(图片来源：作者自摄)

图 11　波浪形雨水花园收边
(图片来源：作者自摄)

对路过的行人来说，这个角落有构树、榕树、石凳，也就是在鳞次栉比的高楼之间，有了一个驻足小歇的绿点；而这块土地会呼吸，会涵养水，益显珍贵。

2.2.3　效益分析

(1) 美观与经济效益：替代旧房屋的是清新自然的雨水花园，不仅能收集雨水减轻市政压力而且还美化了街道风貌，为来往的行人注入一股沁凉绿意。

(2) 体验与传承效益："百人接力传瓦片"活动增添了市民对土地的认识和情感，活动后，罗斯福路上其他雨水景观也接二连三地冒出新芽，并传承着共同的目标与理念，成为市民学习效仿的范例。

2.2.4　小结

对于道路旁小面积的雨水管理，一般采用开放管理及市民集体参与建设的方式，结合场地设置简易雨水花园，选取居民周边易得的材料，植物保留原有场地中的乡土种类。因为场地位于道路两侧这类人流活动集中的场所，设计还应考虑雨水花园对交通的影响；其次考虑服务对象，要满足周围居民以及过路行人的休闲娱乐，并积极鼓励居民参与建设与维护管理；最终还要结合教育功能开展宣传与实践活动。

2.3　油杉社区雨水公园

此公园是全台首座雨水回收示范公园，坐落于台北市大安区，是基于低影响开发（LID）理念而设计。公园具储留暴雨、洪水的功能，并将所收集到的雨水充分再利用，达到都市防灾及环境教育的目的。

2.3.1　应用方式

此雨水公园总面积不足 300m²，包括三部分：(1) 透水砖基地，(2) 雨水花园基地，(3) 雨水积砖（地下水扑满）基地（图 12)。从布局上来看公园分为 4 个雨点形状的绿地，分别布置不同的雨水回收设施——雨水花园集雨设施以及雨水积砖设施。"地下水扑满"是以"雨水积砖"连接成为地下的蓄水池，雨水积砖的下面及四周围均铺设防水层，将雨水蓄积保存，可回收再利用于喷灌等功能。公园剩余部分则采用嵌草砖进行铺设。公园设计充分利用原有的微地形，上高下低，右高左低，在降雨来临的时候雨水从高处流到低处，并在低洼处缓慢下渗，一方面实现了有效的雨水收集，另一方面也防止了雨量过大而导致嵌草砖铺地的积水现象。

2.3.2　效益分析

此公园最大的特点就是示范作用，公园虽小但雨水收集方式全面，且有详细的施工解说及雨水收集原理解说牌。另一方面公园中每一棵植物都有自己的"名片"，名片详细讲述了植物的习性等。公园的详细解说使行走的路人对雨水花园、雨水积砖以及透水砖的集雨过程有了一个更深刻的认识，真正达到示范的作用。

2.3.3　小结

对于示范性的雨水花园要做到内容全面、集雨设施丰富、解说详细等特点以达到对市民的教育功能，另一方面要结合艺术达到景观上的美化，最后也要增加此类小

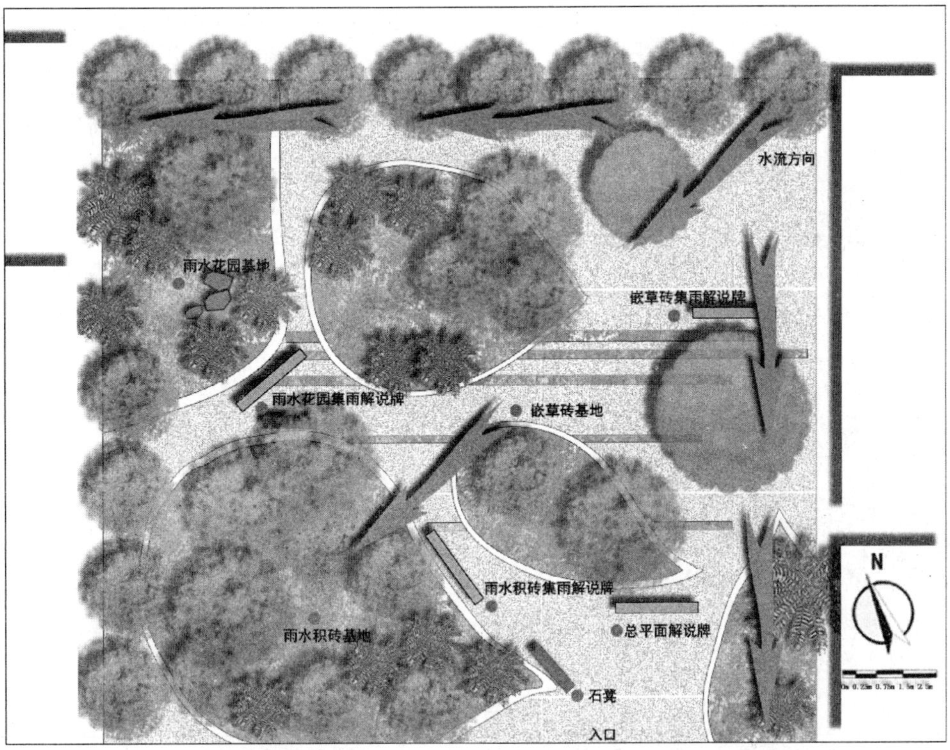

图 12　油杉社区雨水公园平面图（图片来源：作者自绘）

型示范园的数量，增加示范园与大众的接触，见缝插针已达到知识的普及。

2.4　美仑公园雨水花园

美仑公园坐落于台北市士林区，面积约为 6hm²，附近设有台北市天文科学教育馆，是以科学为主题的公园，其中以水主题、数理主题以及波主题为主。

2.4.1　应用方式

公园中有大量以水为主题的科学游憩设施，包含天上水、水跷跷板、输水轮、螺旋输水管、水漩涡、潜水艇以及水波运河等各式供观察的科学原理设施，如观察水车输水过程及原理，利用螺旋管将水由低处往上送，体验运用帕斯卡尔流体压力定律，观察流水波形等等，好玩又科学的水原理是小朋友夏日的最爱（图 13、图 14）。

图 13　各种水设施（图片来源：作者自摄）

图 14　水设施原理解说牌
（图片来源：作者自摄）

除了这些教学设施，一些流水假山，水喷泉等水景观也为此公园增添了不少艺术色彩，而所有这些水设施背后都是雨水花园在默默的奉献，为其提供了有力的水资源支撑。公园中广场、道路、游乐场、停车场两侧均设置了大量的雨水花园，雨水通过地势及管道流入，经过停留、过滤、下渗最终储存在地下储水设施中以备公园多方面用水所需（图 15）。

2.4.2　效益分析

科学教育效益：将收集到的雨水充分应用到科学游憩设施的运作展示上，让大众在体验学习的过程中了解雨水收集与利用的过程。

图15 整修中的雨水花园
（图片来源：作者自摄）

经济效益：此做法不仅为公园节省了大量的水资源，还有效地减轻了市政排水压力及开支。

美化与生态效益：此做法在营造美丽植物景观的同时还起到了净化空气、调节小气候、维持生物多样性的作用。

2.4.3 小结

在科学主题公园中建造雨水花园，要加强与公园中相似主题的联系，如“水主题区”，深入了解两者之间的相互促进关系，从而建造一个完整的科学普及系统；另一方面要加强与周边环境的融合，注意景观艺术性的完善；最后注意将其工作原理以恰当的方式展示给大众，以彰显科学主题公园的意义所在。

2.5 案例横向比较

根据实践及资料对以上4个案例进行场地属性、形态、下垫面、雨水引导方式、雨水花园形式、植被特征及项目创新等方面的总结和比较，结果见表2。

案例横向比较　　表2

名称	台湾海大雨水公园	罗斯福路雨水花园	油杉社区雨水公园	美仑公园雨水花园
场地属性	学校庭院	街道旁绿地	居住区绿地	科学主题公园
场地形态	中面积内向型	小面积外向型	小面积外向型	大面积外向型
下垫面	不透水停车场、屋顶	道路、屋顶	屋顶、道路	不透水广场、停车场、游乐场、道路
雨水引导方式	管道、水扑满、微地形	天沟、管道、水扑满、	微地形、管道	微地形、管道
雨水花园形式	庭院中心	道路及建筑边	建筑周边	环绕式分布在广场、停车场周围
植被特征	乡土耐湿多年生植物	原地植物保留	耐湿耐旱乔灌木，种类丰富	乡土耐湿多年生植物，植物单一
创新之处	利用校园已有的风力发电进行雨水收集与展示并结合植物造景建造具有宣传与教育意义的雨水花园	除旧布新，利用老房屋的旧材料进行雨水花园的建设及美化，并动员市民集体参与创建与管理	示范的作用明显，公园雨水收集设施丰富，解说系统完整	充分利用雨水花园收集的雨水打造“水主题”的科技与娱乐活动，实现教育娱乐一体化
注意事项	注意对校园交通的影响	注意以人为本满足市民的休闲娱乐	加强示范性雨水花园的宣传，增加数量使其更具普及性与应用性	注意与科学技术结合的同时实现艺术功能的完善

3 结语

雨水花园具有建造费用低、效能高、管理简单、生态美观、易与环境结合等优点，是低影响开发技术体系中的重要措施，有广阔的应用前景。但雨水花园的建设涉及多方面知识，因此需要相关专业、部门和市民的共同努力。作为LID体系的组成部分，零散的雨水花园发挥的作用是有限的，景观设计师需要建设更多真正发挥效益的雨水花园来完善LID理念，使其更具普及性及应用性。

参考文献

[1] 李九一，李丽娟．中国水资源对区域社会经济发展的支撑能力[J]．地理学报，2012，67(3)：410-419.

[2] 万映伶，王美仙．国内外雨水花园研究综述[J]．建筑与文化，2015，10(7).

[3] Prince George's County. Design Manual for Use of Bioretention in Stormwater Management [M]. Landover, MD: Prince Georges County (MD) Government, Department of Environmental Protection. Watershed Protection Branch, 1993.

[4] 洪泉，唐慧超．从美国风景园林师协会获奖项目看雨水花园在多种场地类型中的应用[J]．园林规划，2012，01：109.

作者简介

张迎霞，1990年生，女，汉族，山东潍坊人，上海市政工程设计研究总院集团第七设计院有限公司。电子邮箱：1191842762@qq.com。

中国屋顶绿化滞蓄效应研究进展及其对海绵城市建设贡献展望①

A Literature review of Green roof's Detention Effect and Its Contribution to Spongy City Construction in China①

黄 胤 骆天庆

摘 要：归纳总结中国"屋顶绿化滞蓄"领域的发展情况并提出未来研究方向。目前该领域研究集中在影响滞蓄效应的相关因素方面。无论针对屋顶绿化结构层的影响因素，还是针对整体滞蓄效应情况的研究，基本采用滞蓄率（ϕ）、削减量（mm）以及延缓峰现时间（t）三个数据作为评价滞蓄优劣的核心参数。具体研究因素包括植被层、基质层和其他构造层三大类型。试验采用实验室实验法和自然实验法两类，自然实验法较为少见。目前该研究领域相对薄弱，以下三个方向是未来需要改善和推进的：（1）进一步优化基质层的组成要素。（2）增加自然实验法的滞蓄效应研究。③增加屋面坡度这一外部要素的滞蓄效应研究。

关键词：屋顶绿化；滞蓄效应；研究现状；研究方向

Abstract: This paper summarizes the literature of "roof greening storage" in China and discusses the further studies in this field. At present, the research in this field focuses on the factors that affect the hysteretic storage effect. Three indices, i. e. , hysteresis ratio (φ), reduced precipitation (mm) and delayed peak time (t), are adopted as the core parameters to evaluate hysteretic storage in studies on the influences of green roof structure layers and the whole hysteretic storage effect. The specific influence factors include vegetation layer, substrate layer and other structural layers. Lab experiments and field experiments are applied, while field experiments are seldom used. Existing research on this field is relatively weak, and the following three directions should be further studied: (1) optimizing the substrate composition, (2) operating more field experiments and (3) exploring the hysteresis effect on pitched roofs.

Keyword: Green Roof; Detention Effect; Research Status and Prospect

引言

近年来中国的海绵城市建设如火如荼，建设的核心点在于如何最大程度地把雨洪有效地滞留并存蓄起来，达到对城市径流控制、净化与利用的目的，使城市的环境条件接近原有的自然生态本底和水文特征。针对城市建设失当而引发的洪涝灾害、水资源循环不良的突出问题，海绵城市不失为可增强城市在遭受降雨引发的环境改变时所具有的"弹性"的一种新型的建设管理模式。

为了对海绵城市的相关建设进行有效指导，2014 年 10 月住房和城乡建设部借鉴国外的先进雨洪管理技术[包括美国 SWMM（storm water management model，暴雨洪水管理模型）、英国 SUDS（sustainable urban drainage system，可持续城市排水系统）、澳洲 WSUD（Water Sensitive Urban Design，水敏感城市设计）、新西兰 LIUDD（low impact urban design and development，低影响城市设计与开发）、日本水循环体系等]，颁布了《海绵城市建设技术指南——低影响开发雨水系统构建（试行）》（以下简称《指南》），对于海绵城市滞蓄建设的实施途径和技术手段都提出了较为详细的指导意见，明确了以建筑与住宅小区、城市道路、城市绿地与广场以及城市水系作为主要的实施途径，以透水铺装、屋顶绿化、下沉式绿地、雨水湿地以及各类滞蓄设施为核心的技术手段。但随着近年来各地海绵城市建设工作的开展，面对实施途径与技术手段的多样性以及各城市气候特征、地理环境和城市现状均存在差异性的情况，《指南》中所提供的技术手段直接照搬他国的现有模式，而忽略了对自身情况的实际适用性分析，在实施层面对绿色雨水基础设施的生态功能、景观效果及环境和社会综合效益等认识也还不足[1]，已经无法解决地方层面所遇到的一些具体问题。

屋顶绿化不仅能够优化城市生态系统、提高城市绿化水平，还可降低建筑能耗、美化城市景观环境，给整个城市带来巨大的经济效益和社会效益[2]。对于海绵城市建设而言，屋顶绿化能够有效地对降水进行滞蓄、调峰、延长产流时间，从而缓解城市内涝、减少径流污染[3]。并且，纵观国内城市发展现状，随着城市化的不断推进，城市普遍面临着下垫面过度硬质化、自然绿地严重欠缺以及城市建设用地紧张等一系列尖锐的矛盾和问题，对采用海绵城市的多种实施途径和技术手段造成了很大的限制。面对当前城市"楼多、地少、绿缺"的现状，许多专家和学者都不约而同地把目光聚焦到了屋顶绿化这一技

① 基金项目：高密度人居环境生态与节能教育部重点实验室自主与开放课题资助。

术手段。

本文拟基于对中国屋顶绿化建设发展现状的认识，通过对屋顶绿化滞蓄效应的相关研究进行分析与总结，评述其现状研究进展和后续研究动态，探讨展望其未来对海绵城市建设的贡献。

1 中国屋顶绿化建设发展现状

2011年，来自北京、上海、重庆等11个省市的园林建设部门相关人员聚集在住房和城乡建设部，成立了城市科学研究会绿色建筑与节能委员会立体绿化学组。会上指出我国现有裸露屋顶面积为100亿m^2，在未来30年内还将建400亿m^2的新建筑，同时增加的屋顶面积达到100亿m^2，未来200亿m^2的屋顶面积为屋顶绿化的实施路径提供了充足的保证。由此可见中国屋顶绿化的发展前景可期。

近年来，北京、上海、重庆、成都、深圳等城市加快了屋顶绿化的建设脚步，政府部门对该领域高度重视并从政策与资金两方面提供了不同程度的支持。由北京市园林科学研究院牵头，北京市于2015年出台了《屋顶绿化规范》地方标准作为进一步指导北京城市屋顶绿化发展的技术性文件，同类文件还包括上海的《上海市屋顶绿化技术规范（试行）》、成都的《成都市屋顶绿化及垂直绿化技术导则》、重庆的《重庆市建设项目配套绿地管理技术规定》等，由政府引导的屋顶绿化建设正在全国各地不断展开。

据相关数据统计，目前北京市全市屋顶绿化面积仅为2%，累积屋顶绿化建设面积超过200万m^2，未来以10%的屋顶进行绿化作为建设目标，将会增加700万m^2的绿化覆盖率；成都全市的立体绿化面积目前为260万m^2，计划至2022年绿化面积增加到330万m^2；上海目前拥有2亿m^2的屋顶面积，但只有12万m^2的屋顶进行了绿化建造[4]。越来越多的城市开始重视屋顶绿化建设。

2 中国屋顶绿化滞蓄效应研究现状

通过CNKI中国知网平台以“屋顶绿化滞蓄”为主题词对文献进行搜索，搜索结果显示自2015年开始才出现该主题的研究，相关文献共7篇，数量极为欠缺。现有研究表明，屋顶绿化滞蓄效应的影响机制极为复杂，不仅受到自身系统要素（即屋顶绿化的各个组成部分）的影响，同时还要考虑外部条件（如建筑屋面坡度、降雨强度等）的干预。目前针对屋顶绿化滞蓄效应，国外已开展对于外部要素的研究①，但国内的研究主要集中在自身系统要素方面，通过研究植被层、基质层和其他构造层对滞蓄效应的影响，分析屋顶绿化的滞蓄能力。由于屋顶绿化滞蓄效应的复杂性，具体研究需要确定衡量屋顶绿化滞蓄效应优劣的相关评价参数，通过不同的试验研究方法进行分析论证。

2.1 植被层研究

植被层是屋顶绿化产生滞蓄效应的第一层级，植物的叶片会对部分雨水起到拦截作用。但屋顶给植物提供的生长环境是极为有限的，选择适合的植物种类是实现滞蓄效应的前提。现阶段研究表明屋顶绿化植物类型筛选的关键因素是以其在高低温、潮湿干旱环境下的抗耐性作为主要核心依据，同时综合考虑植物的生长状况来确定适合的屋顶绿化植被。以最基础的简单式屋顶绿化为例，通过对多种植物的试验观察对比，确定了以佛甲草为代表的景天科植物是适合的物种，也是未来实现屋顶绿化滞蓄的首选物种②。此外，植物的盖度也会影响屋顶绿化的滞蓄能力，两者之间成正比关系③。

2.2 基质层研究

基质层是屋顶绿化产生滞蓄效应的第二层级。当植被层吸收了部分雨水后，未被吸收的雨水直接与基质层接触，通过基质成分中的土粒和水分子之间的吸附力来达到吸收水分的作用，产生二次滞蓄效应。目前对于屋顶绿化基质层的滞蓄研究主要集中在基质的组成要素配比、基质层厚度、保水剂含量和基质层含水量4个方面。其中，基质层厚度对滞蓄作用的影响最大，其次为基质层含水量和保水剂浓度，最后为基质组成要素与要素配比。

基质层的厚度与滞蓄能力成正比关系，基质层越厚，滞蓄能力越强。通过对基质层厚度的控制，针对50～300mm的基质厚度范围，当基质层厚度达到300mm时，对雨水的平均滞蓄率最高可达57.52%，产流时间可推迟80min[13]（表1）。

基质厚度对雨水滞蓄率及推迟产流时间表 表1

水平厚度（mm）	雨水滞蓄率均值	最高推迟初始产流时间（min）
100	21.737	67
200	32.250	68
300	49.673	80

资料来源：根据张彦婷对上海地区拓展屋顶绿化的基质厚度研究[5]。

土壤的含水量是指土壤中所含水分子的数量，含水量越高，能吸收的水分就越少，滞蓄能力就越差，但为了维持植物正常生长所需的水分，需对土壤保持一定的湿润。

① Getter、Villarreal等人[5,6]对屋顶坡度的研究表明滞蓄效果与屋面坡度成反比关系；Carter等人[7]通过对实验降雨强度和降雨持续时间的控制，论证了屋顶绿化滞蓄效应与两者成反比关系。

② 汤聪、刘爱荣、赵定国、叶建军、黄伟昌等人[8-11]对屋顶绿化的物种筛选进行了较为详细的研究，通过干旱胁迫试验、高温胁迫试验、低温胁迫试验等方式，以植物面对极端条件时的敏感程度、SOD活性的变化以及日照影响条件下Pnd与PAR的相关系数等方面表现作为适生植物的选择依据，综合比较出了佛甲草的应用优势。

③ 唐立鸿[12]对10种草本植物的种植效果进行了对比，通过控制单位面积内的种植密度，以植物的生长盖度和成坪质量作为研究因素，论证了盖度、成坪质量与种植密度成正比的关系，通过增加植物的种植密度，提高单位面积内的植物盖度，增加了植被层的覆盖率，提高植物的滞蓄效能。

保水剂是一种交联型高分子电解质，通过电解产生的离子之间的相互作用使得自身树胶溶胀，从而与外部溶液之间的离子形成浓度差而产生反渗透，使得水进入内部，从而达到吸水作用①。与基质层混合能够提升基质的滞蓄能力，降低渗透速率，在一些研究当中，把保水剂的使用情况作为影响滞蓄效应的因素之一，在其他要素相同的情况下，4g/L的保水剂（聚丙烯酸钠）使用浓度对雨水的滞蓄作用最强[13]；李淑英的研究表明 1.5%与3%的保水剂浓度在基质层深 70mm 的情况下使用时，能够使渗透速度达到最小值[15]；由于保水剂使用情况的多样性，目前仍未能确定保水剂的最佳使用值。

对于基质组成要素配比的影响研究，主要是结合“土壤理化分析”方法，通过观察土壤水分的渗透速率、对雨水的滞蓄力和对产流的推迟时间，以此作为衡量滞蓄能力的评价参数（表 2）。

基质配比对雨水滞蓄率及推迟产流时间表　表 2

组成要素	成分配比	效用
壤土：珍珠岩：椰糠	1：2：1	初始产流时间推迟最久，100mm 基质厚度延迟时间达 61min
壤土：珍珠岩：椰糠	1：1：2	雨水滞蓄率最高，100mm 基质厚度滞蓄率达到 25.7%

注：本研究基质配比参考张彦婷对上海地区拓展型屋顶绿化的基质配比研究[13]。

2.3 其他构造层研究

通常在建筑屋顶结构层之上，植被层和基质层之下，一套完整的屋顶绿化系统包括隔离过滤层、排（蓄）水层、防水（防穿刺）保护层。目前国内屋顶绿化滞蓄效应的研究主要针对简单式屋顶绿化展开。对于简单式屋顶绿化，种植容器是区别于传统要素的其他构造层，也是影响屋顶绿化滞蓄效应的要素之一，图 1 是目前较为适合的种植容器类型。②

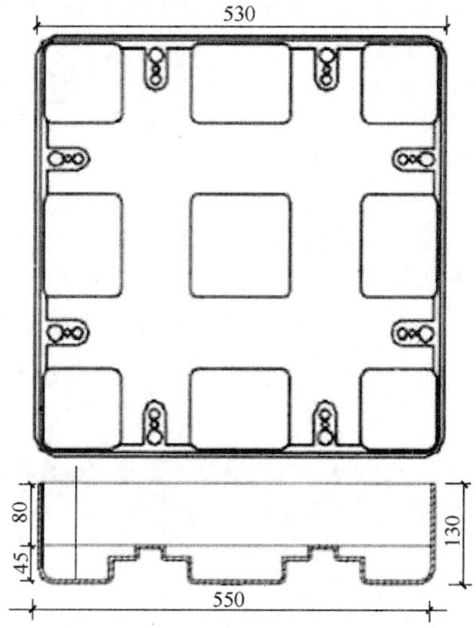

图 1　种植容器

2.4 核心评价参数

反映屋顶绿化滞蓄效应优劣的关键评价参数主要针对降水的滞蓄能力、削减峰值、延缓峰现时间三大方面，分别借助滞蓄率（ϕ）、削减量（mm）以及延缓峰现时间（t）这 3 个测量参数加以衡量。无论是针对屋顶绿化种植层、基质层或其他构造层的单一影响因素，还是针对整体滞蓄效应情况的研究，基本都采用了上述试验数据作为评价屋顶绿化滞蓄效应优劣的核心参数。通过极差分析、方差数据分析等多种方式，结合各类制图软件，能够清晰地反映出目前滞蓄效应的详细研究成果。

2.5 实验研究方法

目前的实验方法主要分为实验室实验法和自然实验法两大类。实验室实验法具有实验周期短，获取实验参数速度快、可可控地模拟任何降雨条件等特点，操作较为简单，占据了主流地位，是当前较为普遍的研究方法。相比之下，自然实验法，由于降水的不可预见性和不确定性，实验周期长，增加了实验难度，往往降雨情况不够完整或不具备代表性，使得研究结果具有一定的局限性。

3 屋顶绿化滞蓄效应研究的发展动态

由于当下城市存量建筑屋面类型复杂多样，人们已经开始意识到简单式屋顶绿化将会是未来屋顶绿化形式的最佳选择，能够更广泛地进行推广，目前针对屋顶绿化滞蓄的研究基本都采用了简单式屋顶绿化作为实验的载体。简单式屋顶绿化不仅经济实用、易于管理，同时相比传统型屋顶绿化具有重量轻便、安装简易等特点，对屋面条件要求相对较低，前期建设费用与后期维护成本较少，能够最大程度地适用于我国现阶段城市屋面情况的建设推广，拥有巨大的市场前景，将会成为未来海绵城市建设核心技术手段之一。

目前，屋顶绿化滞蓄效应领域的研究相对较为薄弱，不仅文献数量较少，同时受到屋顶建设条件和自然条件的双重制约，涉及的研究因素有一定的局限性，较多集中在基质成分和基质厚度对滞蓄效应的影响两方面，在未来仍有很多需要补充与完善的地方。

通过对现阶段研究内容的梳理并结合实际工程情况，以下三点是需要改善和推进的：

（1）基质层是屋顶绿化滞蓄的核心影响因素之一，应进一步优化基质层的组成要素。

由于基质组成要素具有多样性，各要素之间的配比也有多种变化，无法进行穷举。对于现有的研究结果只能作为相关参考进行借鉴，未来仍需要进一步探索筛选出吸水性更强，更适合植物生长的基质成分。在现有研究中普遍加入了保水剂这一要素。保水剂具有很强的吸水性能，在极端的降水环境中，能够吸收大量的水分，有利于

① 李寿强、关菁[14]对保水剂发展历史、吸水原理和基本特性进行研究，阐述了保水剂的应用方法和效果。

② 唐立鸿[12]针对目前常见的 8 种种植容器，从设计形式、制作材料、蓄排水特点以及施工难易程度等方面对其蓄水能力进行了对比分析，提出了适宜的容器选择。

提高土壤基质层的滞蓄能力。但实际应用中发现，其吸水能力可能影响植物根系吸收土壤中的水分，不利于植物自身的生长；且保水剂的有效期限为3个月，持续作用较短，因此对保水剂的使用应该保持谨慎态度。

(2) 增加采用自然实验法进行的滞蓄效应研究，获取自然条件下的试验数据。

自然实验法由于人为控制少，真实性强，能够直接反映实际环境下的滞蓄情况，但由于周期长，难度系数较大，因此采用该方法进行的研究还较少。目前国内仅有孙挺等人①涉及该方面的滞蓄研究，其他研究均以实验室实验法为主。仅仅通过以人工模拟降雨的实验结论作为支撑屋顶绿化发展的依据，尚不能提供较为全面的实证依据，不利于未来屋顶绿化的推广应用。

(3) 增加屋面坡度这一外部要素变化对滞蓄效应影响的研究，便于全面了解不同屋面的滞蓄效应情况。

建筑屋面具有多样性，坡屋面也是最为常见的形式之一，且屋面坡度直接影响雨水排放。而目前国内研究的实验平台是基于《屋面工程技术规范》下的屋顶形式，基本采用平屋面作为实验载体，结合坡屋面的研究还较为欠缺，而国外学者对不同屋面坡度的滞蓄情况已经进行了研究。针对我国城市现状应增加对坡屋面的研究，通过研究了解不同屋面坡度滞蓄效应情况，将有助于屋顶绿化在海绵城市建设发展中的应用，同时推动国内研究与国际接轨。

4 屋顶绿化滞蓄效应研究对中国海绵城市建设的贡献展望

如今，选择适合的海绵措施成为推动海绵城市建设发展的核心点。针对现有技术，以透水铺装、下沉式绿地为代表，通过改变地面情况而修复被改变的地表自然生态本底和水文特征的构建方式是当前最为普遍的措施，在水平空间上增加“城市海绵”数量来提升城市的滞蓄力。但由于城市地面建设情况的复杂性和建设用地的有限性，以地面作为载体的海绵措施常受到制约，“城市海绵”的增加数量极为有限，城市滞蓄力的提升幅度较小。而屋顶绿化则以城市建筑屋面作为建设载体，通过增加垂直空间“城市海绵”数量来提升城市滞蓄能力，突破地面条件的限制，有效地解决了因“楼多、地少、绿缺”而产生的城市建设问题。

结合卫星地图软件俯瞰城市面貌，由数量庞大的建筑物所形成的空间肌理是城市风貌最直观的体现，大量的屋顶面积和丰富的建筑屋面形式为屋顶绿化这一海绵措施提供了广阔的建设载体。通过建设屋顶绿化，不仅能够发挥存量建筑作用，同时削弱了水平空间建设条件的制约，增加了城市绿化覆盖率，间接地修复了地表自然生态本底和水文特征，大幅度地提升了城市滞蓄能力。未来，屋顶绿化将会成为市场占有率最大、最具竞争力和推广价值的海绵城市建设措施，对城市美学和城市生态两方面都将产生巨大效益。为了能够更好地匹配不同建设条件，跟上海绵城市发展的步伐，充分发挥屋顶绿化的优势，针对屋顶绿化滞蓄效应的相关研究急需补充与完善，进而全面了解其滞蓄情况，通过对该技术关键点的掌握与控制来提高“屋顶海绵”的质量，进一步体现海绵城市的特点。

5 结语

如今，针对屋顶绿化的滞蓄效应研究已经有了一定的成果，对影响滞蓄效应的相关因素以及核心评价参数都已经有了明确的认识，给未来的实验研究提供了宝贵的参考。但对现有研究的自身系统要素和外部条件两方面仍存在需要改善和提升的地方，使屋顶绿化的滞蓄效应研究能够更为全面，以此来推动海绵城市的发展。

参考文献

[1] 陈晓菲．基于生物多样性的海绵城市景观途径探讨[J]．生态经济，2015，31(10)：194-199.

[2] 赵晓英，胡希军，马永俊，等．屋顶绿化的优点及国外政策借鉴[J]．北方园艺，2008(02)：109-112.

[3] 杨洁莹，戚智勇．屋顶绿化在海绵城市中推广策略研究[J]．华中建筑，2016，34(10)：98-101.

[4] 万静．上海市屋顶绿化发展现状、潜力与对策研究[J]．中国城市林业，2009，7(04)：16-18.

[5] Edgar L. Villarreal，Lars Bengtsson. Response of a Sedum green-roof to individual rain events[J]. Ecological Engineering，2005，25 (1)：1-7.

[6] Kristin L.，Getter D.，Bradley Rowe，et al. Andresen. Quantifying the effect of slope on extensive green roof stormwater retention[J]. Ecological Engineering，2007，31(4).

[7] Timothy L. Carter，Todd C. Rasmussen. HYDROLOGIC BEHAVIOR OF VEGETATED ROOFS[J]. JAWRA Journal of the American Water Resources Association，2006，42(5).

[8] 汤聪，郭微，蔡桂芬，等．高温高湿环境佛甲草栽培基质的研制[J]．草业科学，2013，30(03)：334-340.

[9] 刘爱荣，张远兵，谭志静，等．模拟干旱对佛甲草生长和渗透调节物质积累的影响[J]．草业学报，2012，21(03)：156-162.

[10] 黄卫昌，秦俊，胡永红，赵玉婷．屋顶绿化植物的选择——景天类植物在上海地区的应用[J]．安徽农业科学，2005，(06)：1041-1043.

[11] 赵定国，李桥，艾侠，等．平顶屋面绿化的好材料——佛甲草初考[J]．上海农业学报，2001，(04)：58-59.

[12] 唐立鸿．简单式屋顶绿化关键技术研究[D]．华南农业大学，2016.

[13] 张彦婷．上海市拓展型屋顶绿化基质层对雨水的滞蓄及净化作用研究[D]．上海交通大学，2015.

[14] 李寿强，关菁．保水剂吸水原理和施用技术[J]．现代农业，2012(06)：34-35

[15] 李淑英．草坪式绿化屋顶滞蓄雨水效果试验研究[D]．西南石油大学，2015.

① 孙挺、倪广恒等人[16]结合北京城市气候，通过9场实际降雨情况和2次人工降雨模拟，研究分析了屋顶绿化的雨洪滞蓄能力，试验表明屋顶绿化具有较好的雨水持蓄、延滞洪峰到达时间和削减洪峰流量的能力，并归纳出了产流模式的三个阶段。

[16]孙挺，倪广恒，唐莉华，等．绿化屋顶雨水滞蓄能力试验研究[J]. 水力发电学报，2012，31(03)：44-48.

作者简介

黄胤，1989 年生，男，壮族，广西柳州人，硕士，同济大学建筑与城市规划学院景观学系，研究方向为生态规划与设计。电子邮箱：623347514@qq. com。

骆天庆，1970 年生，女，汉族，浙江杭州人，博士，同济大学建筑与城市规划学院景观学系，副教授，研究方向为生态规划与设计。电子邮箱：luotq@tongji. edu. cn。

基于土壤修复的城市边缘区腾退地更新设计
——以北京市朝阳区黑庄户四合地区为例

Renewal Design of Architectural Retreat Land in Urban Edge Area Based on Soil Rehabilitation
—A Case Study of Sihe Area，Heizhuanghu，Chaoyang Distric，Beijing

樊柏青　贺琪琳　刘东云

摘　要：在当前北京非首都功能疏解的背景下，对北京市城市边缘区建筑腾退地的土壤修复与更新研究具有重要的理论和实践意义。本文立足于北京市朝阳区黑庄户四合地区的建筑腾退地更新设计，分析其自1997年至2017年近20年以来的土地利用与覆被变化（LUCC）情况，基于其土壤情况对土地进行分区研究，并分别对不同分区地点、不同深度的土壤取样，根据相关数据总结分析其土壤理化性质。结合植物与工程修复手段，同时基于景观设计手法对建筑腾退地进行更新设计。以期为相关规划提供借鉴。
关键词：土壤修复；建筑腾退；LUCC；建筑垃圾；更新设计

Abstract：Under the background of civic metropolis of Beijing，this study is an important academic and applied significance to soil reclamation and overhauling the urban fringe of Beijing. Based on the renewal design of architectural retreat of Heizhuanghu Sihe area，Chaoyang District，Beijing. This paper analyzes the land use and land cover change（LUCC）situation in the past 2 decades from 1997 to 2017. Based on the soil conditions，the area is divided into various zones and different soil samples with a particular depth are taken. Pertinent data were summarized to analyze soil physio-chemical properties. By the adjoining techniques of physical and bioremediation with landscape design based techniques to renovate the urban ecological design. In order to provide a recommendation for associated planning tactics.
Keyword：Soil Restoration；Architectural Retreat；LUCC；Construction Waste；Updated Design

在城市化发展进程中，随着城市空间向四周持续扩张，城市边缘区作为受到快速城市化发展进程影响的特殊空间之一，景观生态规划理念在其绿色空间的规划设计中尤其关键。土壤修复设计成为建筑腾退区域亟待解决的问题。本文以黑庄户四合地区为例，在风景园林设计语境中探讨对城市边缘区的土壤修复及其更新设计。研究框架如图1所示。

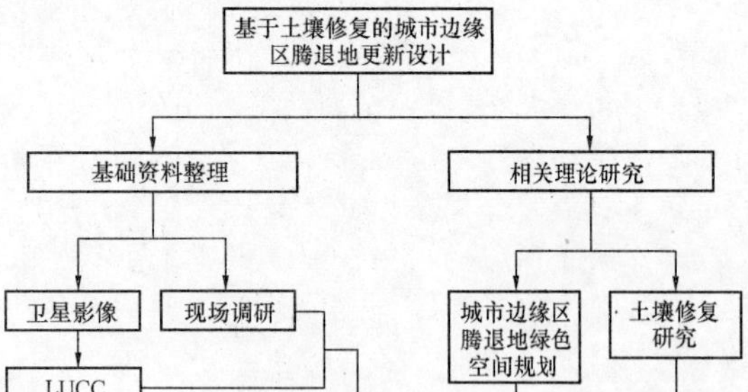

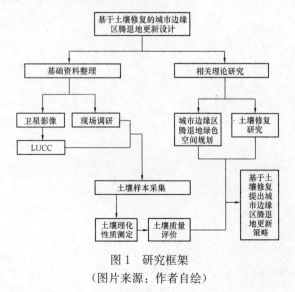

图1　研究框架
（图片来源：作者自绘）

1　研究背景

1.1　场地解读

城市边缘区是介于城市与乡村之间独立的地域单元，是城市建成区延伸至周边广大农业用地融合渐变的区域。[1]北京市朝阳区黑庄户乡位于朝阳区东南部，作为北京城市边缘区，紧邻通州副中心。在当前北京非首都功能疏解的背景下，黑庄户乡对北京市城市边缘区建筑腾退地的土壤修复与更新设计研究具有重要的理论和实践意义。根据《北京市朝阳区国民经济和社会发展第十三个五年规划纲要》，北京市黑庄户地区承载着完善首都功能核心区与市行政副中心之间的生态保护带建设的重要功能，同时在京津冀协同发展中起到重要作用。

黑庄户的更新设计应立足于京津冀协同发展战略和《北京城市总体规划（2016～2035年）》，目标为对接北京城市副中心、落实"留白增绿"工程、实现"规划绿地疏解腾退建绿"和朝阳区生态保护和经济发展的需求。

1.2　场地区位

研究地位于北京市朝阳区黑庄户乡，西起万子营东村，南至通马路，东临通马路，北至定辛西村南，总面积922917m^2，是通州副中心通往北京市中心城区的必经之地、感知通州副中心生态建设成果的第一窗口（图 2）。亟须建设一个高标准的、城市休闲公园标准的综合性公园。

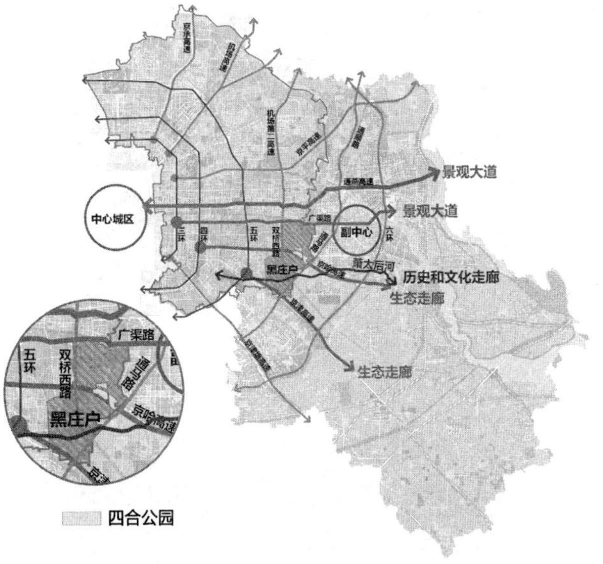

图 2　研究地区位（图片来源：作者自绘）

2　理论研究

2.1　城市边缘区腾退地绿色空间规划

城市边缘区作为城市与其周边城市空间的过渡区域，其规划设计需要遵循生态优先的原则。随着城市建筑腾退地的出现，这些空间影响着城市边缘区的规划设计，设计者应因地制宜，以充足的前期工作对基址进行调查分析，为建设集约型园林与生态友好型绿地打好基础。

2.2　国内外土壤修复研究现状

土壤修复按修复位置可分为原位修复和异位修复[2]，原位修复即不变动土壤的位置，直接在其污染处进行修复的土壤修复技术，异位修复是指将受污染的土壤以工程方法转移至他处，再进行修复的技术。按照修复方法主要可分为工程修复技术、生物（动物、植物、微生物）修复技术，物理修复技术、化学修复技术、联合修复技术[3]。近数十年来，国外对土壤修复的风景园林设计已有一些探索和实践，如 2002 年德国北杜伊斯堡景观公园是综合运用了原位修复与异位修复的技术并结合景观设计手法打造的公共绿地[4]。

在新时期背景下，我国开始意识到土壤修复的重要性，并出台了一系列相关政策，如 2016 年 5 月颁布的"土十条"，对今后一段时期我国土壤污染防治及土壤改良工作做出了全面战略部署。土壤修复是一个十分复杂的工作，需要多学科交叉配合进行。但目前我国土壤修复行业基本处于初级阶段，我国土壤修复产业的产值较发达国家相差甚远，因此有很大的发展空间。基于土壤修复的景观营造实践与更新设计更是国内土壤修复行业重要的发展趋势。

3　研究问题

随着城市的不断发展以及北京市的环境综合整治和产业迁移与转型，建筑腾退地逐渐增多。而建筑腾退对生态环境可能造成一定影响，其中土壤属于被直接影响的部分，城市建设与人类活动产生的不同类型的废弃物均可能会带来土壤成分的改变，如生活垃圾、仓储物流废料、农业化肥等。本文的研究问题主要归为以下几点：

（1）四合地区土壤的重金属元素含量以及建筑腾退地对土壤重金属含量的影响。

（2）对四合地区土壤进行综合养分指数评级，分析结果并提出相应改良策略。

（3）为满足集约型园林与生态友好型绿地的建设目标，探讨运用景观手法处理腾退地残留建筑垃圾的策略。

4　研究方法

通过卫星影像及土地利用、覆被变化（LUCC）分析土地利用的历史变化，选取土壤取样点，并通过实验分析、测定土壤理化性质。根据试验数据对照国家标准得出相应评价，结合对建筑腾退地的现场调研，并综合结论与具体设计得出四合地区的土壤修复策略，以科学合理地整合现状土地资源、实现其规划建绿和城市边缘区绿色空间的更新设计。

4.1　土地利用、覆被变化（LUCC）分析

近年来研究表明，土壤环境受土地利用、覆被变化（LUCC）变化影响较大，土地利用方式的变化过程可造成土壤理化性质发生变化、土壤的重金属污染以及土壤养分的变化等[5]。分别选取 1997、2002、2007、2012、2017 年 5 个时间节点，对比黑庄户四合地区 1997～2017 年近 20 年以来历史卫星影像资料（图 3）。可得出 1997～2017 年四合地区土地利用变化的几点趋势：

图 3　1997～2017 年谷歌卫星影像图（图片来源：作者自绘）

（1）林地在20年间总体呈上升趋势。自2012年平原造林以来，场地内新增平原造林面积共计520亩（约为34.67公顷）。

（2）由于城镇化进程发展，黑庄户乡曾是朝阳区重要的物流集散区，四合地区物流仓储用地面积在1997～2015年呈上升趋势。2015年后由于非首都功能疏解的政策要求开始下降。

（3）四合地区积极响应退耕还林和平原造林政策，因此1997～2017年耕地面积一直在减少，至2017年全部转变为林地。

（4）场地内水体分散，主要为水渠以及少量水面和鱼塘。

（5）由于城镇化进程发展，位于城市边缘区的四合地区，城市建设用地从1997年开始逐年缓慢增加，并于2013年趋于平稳。

4.2 研究场地现状调研

场地内现状用地性质主要有5类：林业用地、宅基地、水面、交通用地和其他用地。其中林业用地面积为34.67hm²，物流仓储用地面积为34.36hm²，宅基地面积为12.02hm²，水域（以鱼塘为主）面积为3.33hm²，道路用地面积为0.9hm²（图4）。

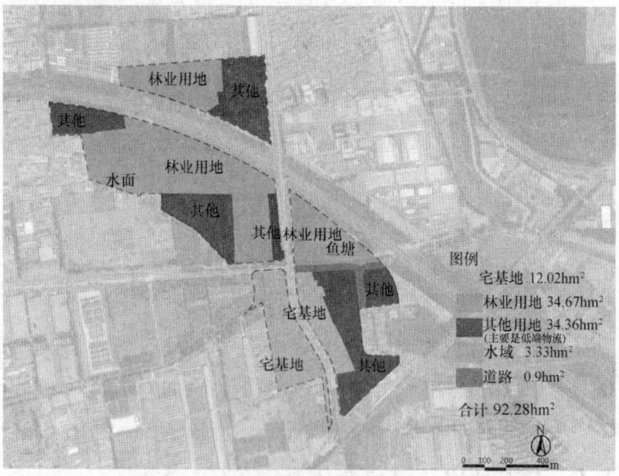

图4　现状用地图
（图片来源：作者自绘）

根据现场调研，研究场地现状地形较为平坦，原场地建筑大部分由于建筑腾退已被拆除，拆除的建筑垃圾未清除，裸露在地表（图5）。拟建场地现有建筑多为违章建筑。

图5　场地现状建筑腾退地
（图片来源：作者摄）

4.3 土壤样本采集及测定

根据对四合地区1997～2017年近20年以来的LUCC变化与历史卫星影像资料的分析，在场地内选取了30个土壤取样点点位，均匀分布于场地内（图6），其中林业用地12个取样点，宅基地5个取样点，其他用地（主要为物流仓储用地）12个取样点，水域附近1个取样点。

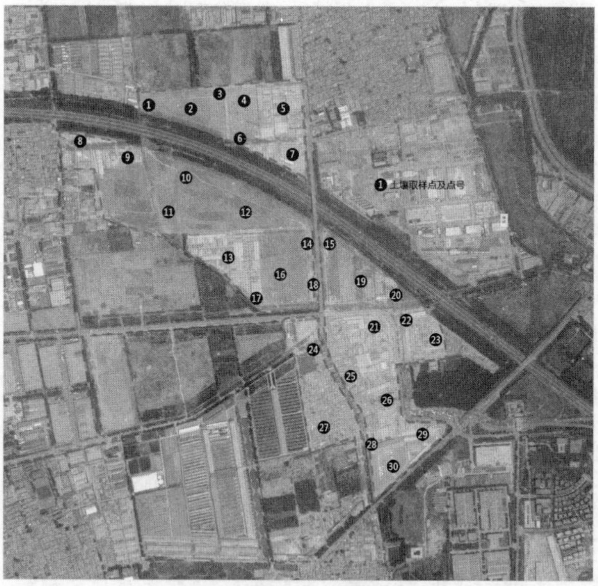

图6　土壤样本点分布图
（图片来源：作者自绘）

本研究勘察部分主要采用野外地质调查、钻探、原位测试、取样、室内土工试验等方法，测取并分析土壤的理化性质（图7）。根据设计点位，按深度0.8～1m、1.8～2m分层采集土样，共采样60件。根据我国《土壤环境质量标准》GB 15618—95和《农田土壤环境质量监测技术规范》（NY/T 395—2000），选择必测项目和选测项目包括有效磷、总硼、铅、全盐量、氟化物、有机质、总氮、总磷、总砷、总钾、总钠、铁、锰、铜、锌、镉、铬、土壤含水量等18项指标，综合分析研究场地土壤状况。

图 7　土壤采样工作图

（来源：作者摄）

5　结论与分析

5.1　土壤污染评价

按照《土壤环境质量标准》（GB 15618—95）（表 1），并根据北京地区土壤偏碱性和农田以旱地为主的特点，元素环境质量评价标准采用旱地以及二级标准中 pH>7.5 的标准值进行评价。评价结果显示（附表 1），本区土壤质量主要是一级和二级。采样 0.80～1.00m 深度的土样中，一级质量为 21 个，二级质量为 9 个；采样 1.80～2.00m 深度的土样中，一级质量为 19 个，二级质量为 11 个；按采样点统计，一级质量点为 17 个，二级质量点为 13 个（表 2）。

土壤元素环境质量评价表　　　　**附表 1**

原始编号	测试号	铅（mg/kg）	级别	总砷（mg/kg）	级别	铜（mg/kg）	级别	锌（mg/kg）	级别	镉（μg/kg）	级别	铬（mg/kg）	级别	总体级别	二级指标
1#-1	31	24.4	一级	8.68	一级	36.81	二级	66.19	一级	146.49	一级	53.47	一级	二级	铜
2#-1	32	25.1	一级	9.05	一级	17.16	一级	52.19	一级	137.74	一级	44.87	一级		
3#-1	33	27.7	一级	9.06	一级	27.81	一级	70.61	一级	165.49	一级	54.61	一级		
4#-1	34	21.4	一级	6.12	一级	13.09	一级	40.46	一级	96.54	一级	29.5	一级		
5#-1	35	19.2	一级	6.92	一级	10.26	一级	39.31	一级	105.16	一级	34	一级		
6#-1	36	24.6	一级	12.1	一级	34.31	一级	77.99	一级	154.84	一级	55.29	一级		
7#-1	37	23	一级	8.31	一级	77.81	一级	59.69	一级	202.89	一级	73.8	一级	二级	铜、镉
8#-1	38	27.6	一级	9	一级	27.56	一级	63.61	一级	173.29	一级	53.52	一级		
9#-1	39	22.6	一级	5.93	一级	16.54	一级	46.09	一级	202.19	一级	40.3	一级	二级	镉
10#-1	40	26.6	一级	11	一级	17.19	一级	66.96	一级	136.86	一级	37.41	一级		
11#-1	41	27.8	一级	8.06	一级	22.64	一级	59.81	一级	167.71	一级	32.16	一级		
12#-1	42	28.5	一级	8.22	一级	18.39	一级	53.84	一级	195.16	一级	58.26	一级		
13#-1	43	54.6	一级	6.71	一级	40.06	一级	133.46	一级	206.36	一级	35.87	一级	二级	铅、铜、锌、镉
14#-1	44	45	一级	7.49	一级	49.86	一级	85.44	一级	115.64	一级	33.61	一级	二级	铅、铜
15#-1	45	20.6	一级	5.81	一级	18.01	一级	36.39	一级	142.86	一级	46.02	一级		
16#-1	46	86.8	一级	6.08	一级	39.81	一级	97.01	一级	393.34	一级	45.62	一级	二级	铅、铜、镉
17#-1	47	51.5	一级	9.15	一级	34.21	一级	85.39	一级	163.76	一级	34.2	一级	二级	铅
18#-1	48	27.9	一级	5.57	一级	24.24	一级	57.21	一级	193.49	一级	35.32	一级		
19#-1	49	22.9	一级	5.38	一级	18.24	一级	70.86	一级	174.11	一级	37.32	一级		
20#-1	50	26.8	一级	7.5	一级	22.44	一级	60.31	一级	140.76	一级	34.95	一级		

续表

原始编号	测试号	铅(mg/kg)	级别	总砷(mg/kg)	级别	铜(mg/kg)	级别	锌(mg/kg)	级别	镉(μg/kg)	级别	铬(mg/kg)	级别	总体级别	二级指标
21#-1	51	26.9	一级	6.18	一级	28.18	一级	32.5	一级	94.88	一级	36.4	一级		
22#-1	52	27.3	一级	6.72	一级	20.19	一级	74.49	一级	149.79	一级	97.3	一级	二级	铬
23#-1	53	41.4	二级	6.18	一级	27.21	一级	90.69	一级	252.04	一级	38.58	一级	二级	铅、镉
24#-1	54	29.5	一级	5.17	一级	22.89	一级	33.41	一级	100.16	一级	42.5	一级		
25#-1	55	21.8	一级	5.5	一级	14.61	一级	69.16	一级	117.41	一级	34.65	一级		
26#-1	56	21.4	一级	7.35	一级	15.34	一级	40.84	一级	134.81	一级	34.81	一级		
27#-1	57	21.3	一级	6.82	一级	20.56	一级	56.81	一级	125.34	一级	39.54	一级		
28#-1	58	26.6	一级	10.5	一级	27.59	一级	67.21	一级	101.71	一级	28.43	一级		
29#-1	59	20.3	一级	10.4	一级	26.21	一级	65.59	一级	163.01	一级	55.46	一级		
30#-1	60	24.3	一级	9.8	一级	20.54	一级	64.36	一级	145.71	一级	41.22	一级		
1#-2	1	23.4	一级	8.48	一级	34.81	一级	81.89	一级	179.66	一级	43.3	一级		
2#-2	2	22.9	一级	8.65	一级	19.16	一级	44.39	一级	130.56	一级	40.5	一级		
3#-2	3	25.8	一级	8.36	一级	30.81	一级	60.84	一级	176.56	一级	36.71	一级		
4#-2	4	19.4	一级	5.72	一级	11.29	一级	63.46	一级	101.01	一级	30.36	一级		
5#-2	5	18.2	一级	6.52	一级	12.16	一级	35.06	一级	80.14	一级	32.2	一级		
6#-2	6	22.6	一级	11.6	一级	31.11	一级	57.59	一级	114.54	一级	41.54	一级		
7#-2	7	20.9	一级	7.51	一级	74.91	一级	84.99	一级	140.84	一级	55.06	一级	二级	铜
8#-2	8	25	一级	8	一级	25.56	一级	69.01	一级	160.99	一级	51.47	一级		
9#-2	9	21.6	一级	5.73	一级	18.54	一级	40.5	一级	112.18	一级	33.5	一级		
10#-2	10	24.4	一级	10.6	一级	20.19	一级	127.76	一级	192.36	一级	42.42	一级	二级	锌
11#-2	11	25.9	一级	7.36	一级	20.84	一级	56.31	一级	151.31	一级	44.22	一级		
12#-2	12	26.5	一级	8.62	一级	20.29	一级	69.09	级	137.49	一级	33.32	一级		
13#-2	13	53.6	一级	7.11	一级	36.86	一级	71.36	一级	122.51	一级	99.3	二级	二级	铜、铬
14#-2	14	43	一级	7.99	一级	46.96	一级	61.81	一级	119.01	一级	51.71	一级	二级	铅、铜
15#-2	15	18.5	一级	6.61	一级	16.01	一级	64.21	一级	177.09	一级	43.07	一级		
16#-2	16	84.2	一级	7.08	一级	41.81	一级	62.09	一级	150.71	一级	53.29	一级	二级	铅、铜
17#-2	17	50.5	一级	9.35	一级	37.21	一级	61.56	一级	152.76	一级	37.2	一级	二级	铅、铜
18#-2	18	25.7	一级	5.97	一级	22.44	一级	53.99	一级	220.19	一级	32.05	一级	二级	镉
19#-2	19	21	一级	6.08	一级	20.14	一级	91.61	一级	370.14	一级	40.58	一级	二级	镉
20#-2	20	24.8	一级	7.9	一级	19.24	一级	87.19	一级	228.84	一级	37.87	一级	二级	镉
21#-2	21	25.9	一级	6.58	一级	25.28	一级	90.84	一级	132.94	一级	70.9	一级		
22#-2	22	25.3	一级	7.22	一级	18.19	一级	35.81	一级	86.56	一级	30.33	一级		
23#-2	23	39.3	一级	6.98	一级	29.21	一级	60.49	一级	134.19	一级	53.46	一级	二级	铅
24#-2	24	26.9	一级	6.17	一级	25.89	一级	78.61	一级	181.39	一级	56.52	一级		
25#-2	25	20.8	一级	5.7	一级	12.81	一级	54.69	一级	178.99	一级	36.65	一级		
26#-2	26	19.2	一级	7.75	一级	17.24	一级	65.16	一级	155.51	一级	39.22	一级		
27#-2	27	19.4	一级	7.52	一级	17.36	一级	40.41	一级	116.06	一级	32.5	一级		

续表

原始编号	测试号	铅(mg/kg)	级别	总砷(mg/kg)	级别	铜(mg/kg)	级别	锌(mg/kg)	级别	镉(μg/kg)	级别	铬(mg/kg)	级别	总体级别	二级指标
28#-2	28	24.6	一级	10.9	一级	24.69	一级	65.71	一级	126.76	一级	38.02	一级		
29#-2	29	19.3	一级	10.8	一级	24.21	一级	46.24	一级	116.21	一级	35.51	一级		
30#-2	30	22.3	一级	10.3	一级	22.54	一级	64.81	一级	111.34	一级	34.21	一级		

注：#-1为1m深度土样，#-2为2m深度土样。

土壤环境质量标准值表　　表1

项目 \ 级别			一级	二级			三级
项目 \ 土壤pH值			自然背景	＜6.5	6.5～7.5	＞7.5	＞6.5
镉		≤	0.20	0.30	0.30	0.60	1.00
汞		≤	0.15	0.30	0.50	1.00	1.50
砷	水田	≤	15	30	25	20	30
	旱地	≤	15	40	30	25	40
铜	农田等	≤	35	50	100	100	400
	果园	≤	—	150	200	200	400
铅		≤	35	250	300	350	500
铬	水田等	≤	90	250	300	350	400
	旱地	≤	90	150	200	250	300
锌		≤	100	200	250	300	500
镍		≤	40	40	50	60	200

土壤质量评价结果统计表（mg/L）　　表2

类别	Ⅰ类	Ⅱ类	Ⅲ类
级别	一级	二级	三级
数量（1m深）	21	9	0
百分比（%）	70	30	0
数量（2m深）	19	11	0
百分比（%）	63.33	36.67	0
总数量	40	20	0
百分比（%）	66.67	33.33	0
点数	17	13	0
百分比（%）	56.67	43.33	0

采用二级标准作为土壤环境质量优良的上限值，试验数据表明，评价6项重金属元素均未超标。同时发现土壤质量评价为二级的采样点主要集中于宅基地和其他用地（主要为物流仓储用地），这些土壤采样点中的重金属含量明显高于其他土壤采样点，尤其是土壤中铜、铅、镉的含量。试验数据证实，建筑腾退地对土壤会造成一定的污染，其污染程度取决于场地中腾退建筑的类型、产业类型、人类活动、污染排放等等因素。而农田或林地的污染则较少。所以在城市边缘区腾退地的更新设计中，土壤污染是不可忽视的一个重要因素。

5.2　土壤养分评价

依照试验数据（附表2），根据北京市土壤养分指标评分规则，对四合地区的土壤养分定级评价，选择土壤有机质（g/kg）、全氮（g/kg）、有效磷（mg/kg）和速效钾（mg/kg）4个指标，按照土壤有机质0.3、全氮0.25、有效磷0.2、速效钾0.25赋予权重，对每个样本进行土壤综合养分指数计算：使用公式 $I=\sum F_i \times W_i (i=1,2,3,\cdots,n)$。式中：$I$ 代表单个样本养分综合指数，F_i = 第 i 个样本指标评分值，W_i = 第 i 个样本指标的权重。按照北京市土壤养分等级划分规则，其中综合指数在0～30，土壤养分等级为"极低"的样本有52份；综合指数在30～50，土壤养分等级为"低"的样本有8份（表3）。

土壤元素检测成果表　　附表2

原始编号	测试号	有效磷(mg/kg)	总硼(mg/kg)	铅(mg/kg)	全盐量(%)	氟离子(mg/kg)	有机质(mg/kg)	总氮(%)	总磷(%)	总砷(mg/kg)	总钾(g/kg)	总钠(mg/kg)	铁(g/kg)	锰(mg/kg)	铜(mg/kg)	锌(mg/kg)	镉(μg/kg)	铬(mg/kg)	土壤含水量(%)
1#-1	1	12.7	266	24.4	0.297	9.11	4.81	0.03	0.053	8.68	7	609.13	26.9	562.5	36.81	66.19	146.49	53.47	23.55
2#-1	2	11.6	239	25.1	0.612		5.55	0.025	0.047	9.05	6.01	422.38	19.86	399.95	17.16	52.19	137.74	44.87	18.11
3#-1	3	17.9	204	27.7	0.577	8.74	7.63	0.045	0.059	9.06	10.08	597.13	27.24	583.48	27.81	70.61	165.49	54.61	16.63
4#-1	4	4.78	295	21.4	0.229		2.07	0.009	0.044	6.12	5.17	254.88	18.88	413.65	13.09	40.46	96.54	29.5	19.82
5#-1	5	6.62	307	19.2	0.322	6.02	1.87	0.007	0.039	6.92	4.77	243.38	15.75	337.65	10.26	39.31	105.16	34	10.82
6#-1	6	3.18	289	24.6	0.29		2.48	0.024	0.043	12.1	10.12	483.88	36.76	614.73	34.31	77.99	154.84	55.29	23.07
7#-1	7	5.48	277	23	0.234	7.28	4.8	0.026	0.051	8.31	5.69	290.88	22.16	462	77.81	59.69	202.89	73.8	13.63
8#-1	8	15.1	234	27.6	0.892		6.76	0.029	0.048	9	10.69	664.63	29.81	546.4	27.56	63.61	173.29	53.52	24.28
9#-1	9	9.82	253	22.6	0.292	6.43	3.11	0.019	0.053	5.93	5.61	412.88	19.46	370.5	16.54	46.69	202.19	40.3	16.39
10#-1	10	6.7	247	26.6	0.271		3.25	0.015	0.048	11	6.72	459.88	18.54	479.58	17.19	66.96	136.86	37.41	22.04
11#-1	11	8.8	261	27.8	0.31	6.84	4.4	0.015	0.049	8.06	7.4	506.88	24.91	481.58	22.64	59.81	167.71	32.16	10.35
12#-1	12	5.68	263	28.5	0.133		4.12	0.021	0.05	8.22	5.35	377.88	18.09	430.05	18.39	53.84	195.16	58.26	22.53
13#-1	13	24.3	276	54.6	0.283	5.31	14.2	0.055	0.07	6.71	6.18	549.88	23.65	472.1	40.06	133.46	206.36	35.87	18.72

续表

原始编号	测试号	有效磷(mg/kg)	总硼(mg/kg)	铅(mg/kg)	全盐量(%)	氟离子(mg/kg)	有机质(mg/kg)	总氮(%)	总磷(%)	总砷(mg/kg)	总钾(g/kg)	总钠(mg/kg)	铁(g/kg)	锰(mg/kg)	铜(mg/kg)	锌(mg/kg)	镉(μg/kg)	铬(mg/kg)	土壤含水量(%)
14#-1	14	23.4	246	45	0.196		10.6	0.034	0.038	7.49	5.3	629.38	22.6	393.55	49.86	85.44	115.64	33.61	16.12
15#-1	15	3.36	285	20.6	0.212	22.3	3.12	0.014	0.085	5.81	5.04	578.88	21.47	355.38	18.01	36.39	142.86	46.02	8.76
16#-1	16	27.1	302	86.8	0.135		16.7	0.049	0.08	6.08	7.73	596.38	18.93	571.58	39.81	97.01	393.34	45.62	19.11
17#-1	17	19.4	278	51.5	0.142	5.53	7.8	0.025	0.074	9.15	6.96	556.63	19.88	516.83	34.21	85.39	163.76	34.2	7.28
18#-1	18	7.86	309	27.9	0.14		3.51	0.019	0.051	5.57	6.86	358.63	23.96	467.4	24.24	57.21	193.49	35.32	18.27
19#-1	19	6.38	298	22.9	0.128	7.05	3.25	0.018	0.048	5.38	6.09	471.13	19.59	522.85	18.24	70.86	174.11	37.32	10.44
20#-1	20	4.07	198	26.8	0.19		5.44	0.033	0.048	7.5	4.88	582.63	25.23	404.05	22.44	60.31	140.76	34.95	13.83
21#-1	21	4.2	287	26.9	0.157		3.3	0.019	0.061	6.18	4.55	280.28	21.6	280.5	28.18	32.5	94.88	36.4	14.47
22#-1	22	6.2	262	27.3	0.174	9.6	6.01	0.028	0.053	6.72	5.25	378.38	20.53	407.8	20.19	74.49	149.79	97.3	21.28
23#-1	23	20.6	293	41.4	0.159		15.7	0.067	0.074	6.18	6.31	552.88	17.55	425.75	27.21	90.69	252.04	38.58	19.66
24#-1	24	4.74	307	29.5	0.116	7.1	3.85	0.018	0.048	5.17	4.49	305.63	15.36	341.5	22.89	33.41	100.16	42.5	14.33
25#-1	25	7.9	299	21.8	0.128		3.06	0.019	0.063	5.5	4.34	305.88	18	360.88	14.61	69.16	117.41	34.65	11.83
26#-1	26	4.24	265	21.4	0.188	7	2.95	0.027	0.05	7.35	4.13	416.88	18.09	305.25	15.34	40.84	134.81	34.81	8.82
27#-1	27	5.34	255	21.3	0.206		4.69	0.023	0.073	6.82	4.09	272.13	23.08	357.48	20.56	56.81	125.34	39.54	21.06
28#-1	28	4.56	252	26.6	0.168	7.6	7.36	0.043	0.092	10.5	6.92	325.63	31.46	592.3	27.59	67.21	101.71	28.43	17.44
29#-1	29	3.78	221	20.3	0.153		5.57	0.036	0.086	10.4	6.86	319.88	31.05	818.08	26.21	65.69	163.01	55.46	20.21
30#-1	30	4.4	276	24.3	0.15	7.78	7.26	0.044	0.075	9.8	6.6	245.88	50.11	429	20.54	64.36	145.71	41.22	12.62
1#-2	31	12.5	254	23.4	0.287	9.31	4.61	0.031	0.054	8.48	6.8	569.13	24.9	522.5	34.81	60.49	134.19	53.46	18.98
2#-2	32	11.2	225	22.9	0.562		5.15	0.03	0.052	8.65	5.61	452.38	21.86	429.95	19.16	57.59	114.54	41.54	18.74
3#-2	33	17.2	192	25.8	0.527	9.44	6.93	0.048	0.062	8.36	9.38	667.13	30.24	653.48	30.81	78.61	181.39	56.52	25.87
4#-2	34	4.38	278	19.4	0.209		1.67	0.011	0.046	5.72	4.77	224.88	17.08	383.65	11.29	35.06	80.14	32.2	9.18
5#-2	35	6.22	292	18.2	0.292	6.42	1.47	0.013	0.045	6.52	4.37	223.38	17.65	317.65	12.16	35.81	86.56	30.33	15.58
6#-2	36	2.68	267	22.6	0.28		1.98	0.025	0.044	11.6	9.62	523.88	33.56	654.73	31.11	84.99	140.84	55.06	21.13
7#-2	37	4.68	259	20.9	0.224	8.08	4	0.027	0.052	7.51	4.89	250.88	19.26	422	74.91	53.99	220.19	32.05	15.56
8#-2	38	14.1	219	25	0.842		5.76	0.034	0.053	8	9.69	694.63	27.81	576.4	25.56	69.01	160.99	51.47	22.32
9#-2	39	9.62	241	21.6	0.242	6.63	2.91	0.022	0.056	5.73	5.41	482.88	21.46	440.5	18.54	54.69	178.99	36.65	9.51
10#-2	40	6.3	233	24.4	0.251		2.85	0.017	0.05	10.6	6.32	429.88	21.54	449.58	20.19	61.56	152.76	37.2	8.87
11#-2	41	8.1	249	25.9	0.28	7.54	3.7	0.021	0.055	7.36	6.7	486.88	23.11	461.58	20.84	56.31	151.31	44.22	7.12
12#-2	42	5.28	246	26.5	0.123		3.72	0.022	0.051	8.62	4.95	417.88	19.99	470.05	20.29	60.84	176.56	36.71	6.96
13#-2	43	23.9	261	53.6	0.273	5.71	13.8	0.056	0.071	7.11	5.78	609.88	20.45	432.1	36.86	127.76	192.36	42.42	17.71
14#-2	44	22.9	224	43	0.146		10.1	0.039	0.043	7.99	4.8	659.38	19.7	423.55	46.96	90.84	132.94	70.9	15.36
15#-2	45	2.56	267	18.5	0.162	23.1	2.32	0.017	0.088	6.61	4.24	648.88	19.47	425.38	16.01	44.39	130.56	40.5	13.1
16#-2	46	26.1	287	84.2	0.115		15.7	0.051	0.078	7.08	6.73	566.38	20.93	541.58	41.81	91.61	370.14	40.58	17.34
17#-2	47	19.2	266	50.5	0.112	5.73	7.6	0.031	0.068	9.35	6.76	536.63	22.88	496.83	37.21	81.89	179.66	43.3	17.98
18#-2	48	7.46	295	25.7	0.13		3.11	0.02	0.05	5.97	6.46	398.63	22.16	507.4	22.44	64.21	177.09	43.07	16.47
19#-2	49	5.68	286	21	0.118	7.75	2.55	0.019	0.047	6.08	5.39	431.13	21.49	482.85	20.14	65.16	155.51	39.22	8.58
20#-2	50	3.67	181	24.8	0.14		5.04	0.038	0.043	7.9	4.48	612.63	22.03	434.05	19.24	65.71	126.76	38.02	11.22
21#-2	51	3.8	272	25.9	0.107		2.9	0.022	0.058	6.58	4.15	350.28	18.7	350.5	25.28	40.5	112.18	33.5	16.2
22#-2	52	5.7	240	25.3	0.154	10.1	5.51	0.03	0.051	7.22	4.75	348.38	18.53	377.8	18.19	69.09	137.49	33.32	17.04
23#-2	53	19.8	275	39.3	0.129		14.9	0.073	0.068	6.98	5.51	532.88	19.55	405.75	29.21	87.19	228.84	37.87	16.4

续表

原始编号	测试号	有效磷(mg/kg)	总硼(mg/kg)	铅(mg/kg)	全盐量(%)	氟离子(mg/kg)	有机质(mg/kg)	总氮(%)	总磷(%)	总砷(mg/kg)	总钾(g/kg)	总钠(mg/kg)	铁(g/kg)	锰(mg/kg)	铜(mg/kg)	锌(mg/kg)	镉(μg/kg)	铬(mg/kg)	土壤含水量(%)
24#-2	54	3.74	292	26.9	0.106	8.1	2.85	0.019	0.047	6.17	3.49	345.63	18.36	381.5	25.89	40.41	116.06	32.5	21.41
25#-2	55	7.7	287	20.8	0.118		2.86	0.02	0.062	5.7	4.14	265.88	16.2	320.88	12.81	63.46	101.01	30.36	8.71
26#-2	56	3.84	251	19.2	0.138	7.4	2.55	0.032	0.045	7.75	3.73	446.88	19.99	335.25	17.24	46.24	116.21	35.51	14.26
27#-2	57	4.64	2.43	19.4	0.156		3.99	0.026	0.07	7.52	3.39	342.13	19.88	427.48	17.36	64.81	111.34	34.21	20.64
28#-2	58	4.16	235	24.6	0.148	8	6.96	0.045	0.09	10.9	6.52	295.63	28.56	562.3	24.69	61.81	119.01	51.71	18.36
29#-2	59	3.38	206	19.3	0.123		5.17	0.042	0.08	10.8	6.46	299.88	29.05	798.08	24.21	62.09	150.71	53.29	21.84
30#-2	60	3.9	254	22.3	0.14	8.28	6.76	0.045	0.074	10.3	6.1	285.88	52.11	469	22.54	71.36	122.51	99.3	18.96

注：#-1 为 1m 深度土样；#-2 为 2m 深度土样。

土壤养分评价表　　表 3

土壤养分综合指数评级	极低(30)	低(30～50)	中(50～75)	高(75～95)	高(75～95)
数量(1m 深)	26	4	0	0	0
百分比(%)	86.67	13.33	0	0	0
数量(2m 深)	26	4	0	0	0
百分比(%)	86.67	13.33	0	0	0
总数量	52	8	0.00	0.00	0.00
百分比(%)	86.67	13.33	0.00	0.00	0.00
点数	25	5	0	0	0
百分比(%)	83.33	16.67	0	0	0

土壤养分指标评分结果表明，区域内土壤养分综合指数极低，尤其是宅基地与其他用地（主要为物流仓储用地），现有土壤状况不利于园林植物的健康生长，后期腾退地更新设计需要增加土壤养分，改良土壤，并选栽适宜的具有固氮能力的植物，改善土壤的低氮状况。

5.3 其他结论

现状建筑腾退后的残留建筑垃圾量大且尚未清除；部分林地基质为原废弃物堆砌，并在表面覆土绿化，现作为平原造林绿地。

6 四合地区腾退地更新设计

四合地区的建筑腾退地的更新设计应结合其具体情况及试验分析结果，根据上述试验结论，提出以下腾退地土壤修复与改良策略（图 8）。

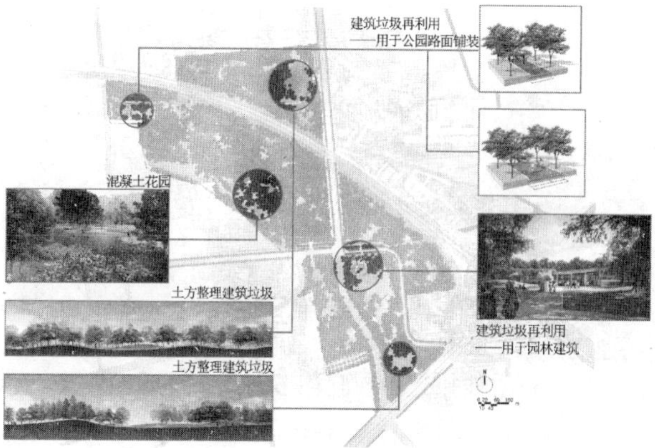

图 8　更新设计示意图
（图片来源：作者自绘）

6.1 利用土方整理处理建筑垃圾

由于研究地现存大量建筑垃圾未清除，影响到后续施工及土壤质量。因此将可直接利用部分回收，并将剩余部分进行填挖方处理，将建筑垃圾下方土壤覆于表面，做到建筑垃圾就地解决。建筑垃圾上方土壤要与设计地形结合且保证其土壤深度能满足设计植物生长需求（图 9）。局部标高低于设计标高时，也可使用回填的方式处理建筑垃圾（图 10）。

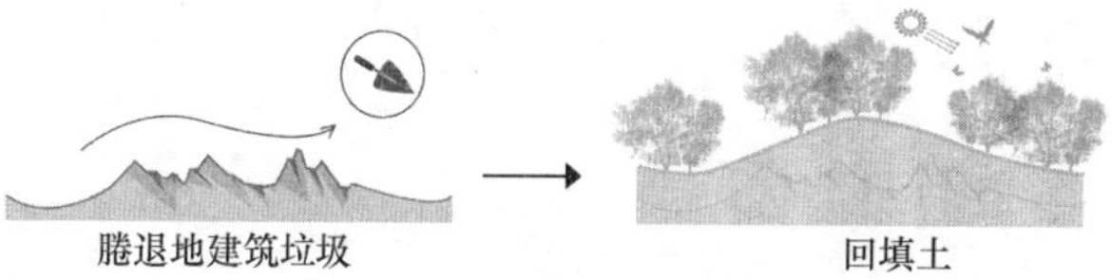

图 9　土方整理策略示意图 1
（图片来源：作者自绘）

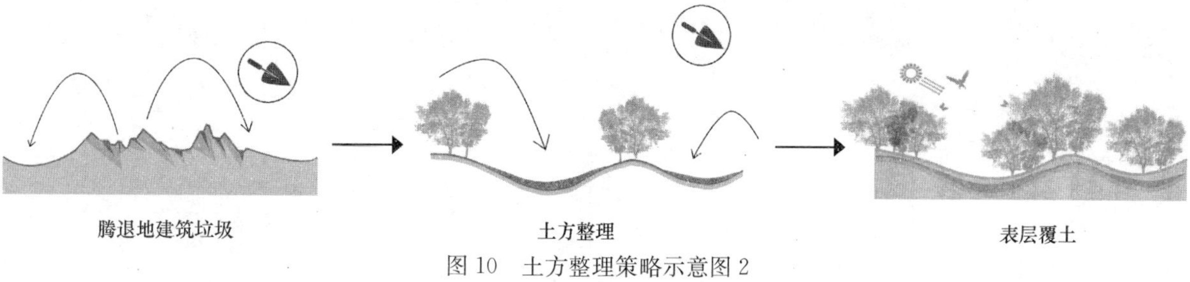

图 10　土方整理策略示意图 2
（图片来源：作者自绘）

6.2 建筑垃圾再利用

建筑垃圾中的废砖瓦及混凝土可用于制造再生砖和砌块，选择适合的建筑垃圾进行粉碎、碾压成型，可结合具体设计作为公园路面与场地铺装。就地取材制造再生材料同样可用于园林建筑与景观构筑的建设。

6.3 “混凝土花园”设计

场所记忆的保留是风景园林设计中的手法之一，研究场地大量的建筑地腾退后的建筑垃圾可结合植物种植，利用其现有形态，进行艺术化处理，从而形成独特景观。

6.4 改善土壤养分

土壤养分评价结果表明，现状土壤养分等级普遍较低，应结合具体设计，在对养分要求较高的植物生长区可应用堆肥、选栽固氮植物等方法，使土壤肥力得到提升，增加土壤的持水量，提高土壤微生物含量及养分。

7 结语

在当前北京非首都功能疏解的背景下，城市边缘区的建筑腾退地逐渐增多，腾退地因其复杂的现状条件，在之后的绿色空间规划中面临许多问题与挑战。腾退地绿色空间规划设计需要立足新时代的政策方针，深入研究场地现状，因地制宜地结合植物与工程修复手段，并运用景观设计手法对建筑腾退地进行更新设计，笔者希望通过北京市朝阳区黑庄户四合公园项目为相关规划提供借鉴。

参考文献

[1] 蔡琴．可持续发展的城市边缘区环境景观规划研究[D]．清华大学，2007.

[2] 杨勇，何艳明，栾景丽，等．国际污染场地土壤修复技术综合分析[J]．环境科学与技术，2012，35(10)：92-98.

[3] 周际海，黄荣霞，樊后保，等．污染土壤修复技术研究进展[J]．水土保持研究，2016，23(03)：366-372.

[4] 郑晓笛．基于“棕色土方”视角解读德国北杜伊斯堡景观公园[J]．景观设计学，2015，3(06)：20-29.

[5] 张新荣，刘林萍，方石，等．土地利用、覆被变化(LUCC)与环境变化关系研究进展[J]．生态环境学报，2014，23(12)：2013-2021.

作者简介

樊柏青，1994年生，女，汉族，宁夏人，北京林业大学园林学院风景园林学硕士在读，研究方向为风景园林规划与设计，电子邮箱：491793254@qq.com。

贺琪琳，1994年生，男，汉族，重庆人，北京林业大学园林学院风景园林专业硕士在读，研究方向为风景园林规划与设计，电子邮箱：906454049@qq.com。

刘东云，1976年生，男，湖北人，博士，北京林业大学园林学院副教授，研究方向为生态规划、城市景观规划设计、可持续环境设计。电子邮箱：laurstudio@sina.com。

基于压力恢复作用的城市自然环境视听特征研究进展①

Research Progress on Audio-visual Characteristics of Urban Natural Environment Based on Pressure Recovery

朱晓玥 金 凯 余 洋

摘 要： 城市自然环境对人们身心健康的积极影响已经被大量研究所证实，同时环境对人的影响体现在视觉、听觉等多重感知维度。在恢复性环境的实证研究方面，以往的研究集中在视觉体验方面，对声音体验及视听交互体验的关注较少，目前的研究具有从单一视觉体验转向多维感知体验的研究趋势。本文以压力恢复为着眼点，通过对大量实证研究的述评，从视觉与听觉及视听交互作用角度总结归纳了具有压力恢复作用的城市自然环境要素的特征。其中视觉角度包括围合度特征、植被覆盖率特征、绿视率特征等；听觉角度包括声压级特征、声喜好特征等。从目前的研究现状来看，对于环境视听要素与压力恢复的关系研究尚处于初步阶段，未来还需借助更多方法和技术进行进一步的定量研究，以此为旨在提高促进压力恢复的城市自然环境设计提供证据支持。
关键词： 风景园林；压力恢复；视听特征；城市自然环境

Abstract: The positive impact of urban natural environment on people's physical and mental health has been confirmed by a large number of research institutes. At the same time, the impact of environment on people is reflected in multiple perception dimensions such as sight and hearing. In the empirical research of restorative environment, the previous research focused on a single visual experience, and paid less attention to the sound experience and audio-visual interactive experience. The current research has a research trend from a single visual experience to a multi-dimensional perception experience. Focusing on stress recovery, this paper summarizes the characteristics of urban natural environment elements with pressure recovery from the perspective of visual and auditory and audio-visual interaction through a review of a large number of empirical studies. The visual angle includes the degree of enclosure, vegetation coverage, and green visibility. The auditory angle includes sound pressure level characteristics and sound characteristics. From the current research status, the research on the relationship between environmental audio-visual elements and stress recovery is still in its infancy, and further methods and techniques are needed for further quantitative research in the future, as a city that aims to improve the pressure recovery. Environmental design provides evidence support.
Keyword: Landscape Architecture; Stress Recovery; Audio-visual Characteristics; Urban Natural Environment

当今城市生活的典型特征是人口拥挤、刺激过多、信息过剩、节奏紧张、竞争激烈，由此人们的内心往往失去平静，不良情绪增多，城市居民在其中体验到持续的压力。据世界卫生组织（WHO）研究表明，到2020年，精神疾病和心血管疾病将成为全球范围内最主要的两大疾病 []，而长期的压力对包括心脏和血管在内的所有重要体器官都有严重伤害。许多精神疾病与长期不当的压力反应密切相关，包括精神分裂症、焦虑综合征，尤其是抑郁、疲劳综合征[2-3]。

在过去的几十年里，有关自然环境与恢复性影响的研究正在迅速发展，并且正在快速走向成熟。该领域的研究在初期是由基于视觉体验的研究所证实的，但之后由于单一视觉体验与真实环境感受的差异使其应用价值有待进一步的探讨。真实环境的感知包含了视觉、嗅觉、听觉等多维感觉通道的信息输入，也暗含社会交往、体力活动等影响因素，这些均对压力恢复产生影响。近些年，随着实验技术的进步，视一听交互的研究方法与以往单一的视觉体验相比，具有更显著的恢复效果。越来越多的学者从多个感知维度强化了研究的效度，对视觉与听觉双重刺激与压力恢复的关系展开了研究，这种方法正逐步成为自然环境恢复性效应研究方法的新趋势。因此，本文将基于自然环境的压力恢复作用，通过对大量实证研究的述评，从视觉、听觉及视听交互作用的角度总结归纳具有压力恢复作用的城市自然环境要素的特征。

1 “恢复性环境”理论与相关研究

恢复性环境是一个古老而新兴的命题。近年来，相关实证研究所依托的理论假说，主要有“减压理论”（stress reduction theory, SRT）和“注意恢复理论”（attention restorativetheory, ART）。Ulrich基于心理进化立场提出的SRT，从情绪（包括偏好）和生理反应方面解释了自然减压的原理[4]。该理论认为在漫长的进化过程中人类应对压力时对某些自然特征的依赖，使其在遗传上形成了偏好这些自然的机制。这种进化适应机制从根本上决定了人对大自然的开敞空间、特定植被结构和水体等具有先天的积极反应。另一理论ART由Kaplan夫妇提出[5]。他们认为“定向注意”资源的补充是人—自然交互

① 基金项目：国家自然科学基金面上项目（编号51578173）。

过程中压力恢复的主要原因之一。定向注意是服从于预定目的并需要努力和大量精力才能保持的认知资源。所有有意识的信息处理都会动用此类注意，强烈而持续地运用会使其疲劳，进而因无法有效处理信息而导致压力。与其相对的是无须努力也不需要投入大量精力的“自发注意”。自然景观的特定属性能使个体从定向注意转换为自发注意，从而使前者得以补充。

国内学者在恢复性环境这一领域的研究起步较晚。北京师范大学的研究者们从心理学层面，对恢复性环境进行了理论、方法与进展较为系统的综述和探索研究[6]，研究结果涉及恢复结果、影响恢复的因素、恢复和偏好的关系、恢复性环境的眼动特征以及临床应用。北京林业大学人文学院心理系的研究者们，就环境心理学中复愈性环境的研究进行整理，介绍“复愈性环境”的理论发展和评估方法，揭示了环境与人类身心健康的关系，为该领域的本土化研究和应用提供思路[7]。

在人居环境科学方面，谭少华等人基于城市公共绿地为主体的自然环境对人们身心健康产生积极的影响，利用恢复性环境的两大经典理论，及自然环境对健康影响的主要成果，通过实证研究，在我国也同样证实了注意力恢复理论和减压理论的主要论点[8]，梳理了城市自然环境缓解精神压力和疲劳恢复研究进展[9]；徐磊青对社区绿地、康复花园和建筑环境进行了减压和注意力恢复方面的分析，并与社会交往相联系[10]，进而探索了建筑界面与绿视率对街道迷人性的关系[11]。陈筝对恢复性自然环境对于健康的影响做了量化荟萃分析[12]，指出人们主观上认为短时自然体验具有恢复性，自然的恢复性主要体现在对情绪的有效调节和对压力的有效减低，但对以注意力为主认知能力改善的文献证据，目前尚不明显，且仍存在一定矛盾，需要进一步研究。姚亚男、李树华对基于公共健康的城市绿色空间相关研究现状进行了综述性研究[13]。郭庭鸿、舒波、董靓[14]等人通过对国内外文献的梳理，发现视—听交互体验与单一的视觉体验相比，减压作用具有显著差异，一致的自然视—听信息对于压力恢复尤为重要。

从目前已有的研究来看，研究对象方面，大部分的自然环境与压力恢复的相关性分析是围绕着居住环境展开的。研究内容方面，主要集中于对国外相关研究和发展的综述，且以视觉研究为主。以及少量对比性的实验研究。研究方法方面，目前公共卫生领域的学者多采用队列研究、抽样问卷调查、横断面调查等方法；建筑环境、风景园林等领域同样也有学者利用抽样问卷调查、纵向对比等方法开展相关研究，并已有学者开始利用控制实验法进行定量化的研究。本文依据当前国内外已公开发表的学术成果，从视觉、听觉及视听交互作用的角度，试图总结归纳出具有压力恢复作用的城市自然环境的特征，以期为进一步的定量研究提供支持。

2 视听特征实证研究进展

2.1 基于视觉体验的实证研究进展

Grahn 和 Stigsdotter 基于大量问卷调查对不同环境要素的偏好评价，识别出 8 种感知层面上的自然空间属性[15]，分别是自然性、文化、视野开阔、社会交往、空间宽敞、物种丰富、围合感和宁静。其中居民最喜欢的维度是宁静，其次是空间宽敞、自然性、物种丰富、围合感、文化、视野开阔，最后是社会交往。

在高密度城市的发展趋势中，作为恢复性环境的小型绿地，例如口袋公园的存在可能会变得愈加重要。设计精良的小型公园可以具有良好的恢复性能力。Nordh 等人对城市小型绿地（0.3hm^2 以下）的恢复作用进行了评估[16]，对公园的多种构成要素进行了恢复性效果的预测，包括硬质景观、草地、低矮植被、开花植物、灌木、树木、水以及规模。结果表明，恢复性效果的首要环境特征是草地覆盖的面积，视野内可见的乔木和灌木的数量，以及可明显感知到的公园尺度。关于多种环境特征的组合影响，研究发现，小型公园中如果仅具备一种较高恢复性作用的环境特征（例如水），其恢复性效果与仅包括一种环境特征的中型公园相当。这一结果表明，即使公园的面积较小，也可以达到很高的恢复性效果。公园的恢复性效果不仅取决于规模，还取决于其设计和构成它的环境特征。

在绿视率特征方面，姜斌等人发现，压力恢复效果与绿视率之间呈现倒 U 形的关系：随着绿视率从 1.7%逐渐增加到 24%，压力恢复效果逐渐增强；绿视率在 24%与 34%之间时，压力恢复效果达到最高且无明显变化；绿视率高于 34%时，压力恢复逐渐变慢[17]。压力恢复效果最佳的绿视率是中等的 24%～34%。这一结论的出现并非难以理解，因为当树木过于浓密就会遮挡人的视线，空间封闭感增强，导致人会感到不舒服甚至引起恐惧。当树木密度增加会导致视觉开敞性的减少。因为人们既偏好绿色景观，也偏好开敞的视野。所以中等覆盖率的树木植被对于城市自然环境的而言是最好的。

除了绿色空间，水体应该也是一个重要的恢复性环境。增加城市自然环境中的绿量并非是提高城市环境恢复潜力的唯一途径。Karmanov 和 Hamel 的研究发现，城市环境中水体的存在对恢复的影响可能更加明显[18]。人类偏爱绿色也偏爱水体，这是有进化缘由的。林颖萱等在台湾的调研也提到，水体的恢复性潜力要高于绿色山体[19]，因为水流的声音也是有恢复性效果的。Ulrich[20] 认为水体的存在是环境具有高恢复潜力的指标。公园、花园结合水体应该是提升城市环境恢复性潜力的重要途径。

2.2 基于听觉体验的实证研究进展

在喧嚣的城市生活中，声音刺激也被认为是一种强效的压力源，尤其是高声压级的声音[21-22]，往往会引起不愉快的感觉和生理应激反应。有关声景观方面的研究表明，自然声通常被视为令人愉悦的声音，而非令人不快的环境噪声。因此，合理的声环境可能对压力恢复具有与视觉环境类似的效果。Jesper J. Alvarsson, Stefan Wiens 等人在一项单独检验声环境生理反应的研究中，让被试在进行可以引起压力紧张心算测试后，随机接受 4min 不同的听觉刺激，包括 50dB 的自然声（喷泉和鸟鸣的混合声）、80dB 的高声压级交通噪音、50dB 的低声压级交通噪声、40dB的低声压级环境噪声。期间以皮肤导电性指示交感神经兴奋（交感神经兴奋增强会使人体排汗增加，进而皮肤导电性变大，反之相反），高频心率变异性指示副交感神经兴奋（高频增加表示交感神经兴奋减弱，压力反应平稳）[23]。结果显示，相对于噪声，自然声对皮肤导电性的降低速度最快，而高频心率变异性则没有显著变化，表明在接受心理压力刺激之后，自然声与无论较低、相同还是较高声压级的噪声相比，都具有更好的压力恢复效果。康健等发现生物声和自然物理声对人的情绪有积极影响，而交通声则有消极影响[24]。

目前，国内外在定量研究声环境的恢复性效果方面的实证研究尚属探索阶段，相关研究数量不多。S. R. Payne及其研究团队进行了一系列关于环境恢复性的研究，关注到声景观对环境恢复性的影响。研究者采用现场调查和主观评价相结合的方法，关注被试在声景影响下的主观体验，在城市公园内，针对来访者进行现场访谈，同时测量和记录环境中的声压级。结果发现人们对自然声的偏好超过对人声和机械声的偏好，结论认为应该通过精心的规划和设计来提升城市自然环境的生态品质，为居民提供安静自然的恢复性环境[25]。张圆根据声景恢复性效应主观评价实验，研究了不同类型环境声音的恢复性效果[26]，发现了自然声，如"鸟叫声"和"流水声"对个体恢复具有"显著正效应"，沉浸其中将对人的压力恢复产生积极的促进作用，其中鸟叫声最能带给人美好的体验。其次是和谐的背景音乐，同样具有显著的恢复性效果，并且在声环境设计中具有容易添加的特性，因而可以成为声环境品质提升的有效手段。休闲活动声的恢复性效应各异，以交通声和施工声为主的机械声与商业活动等喧嚣声对环境恢复效果呈现"显著负效应"，加剧了居民心理上的不良感受，使人产生紧张或烦躁的情绪。

从以上一系列研究可以看出，自然声在环境恢复性效果上具有显著的优势，其中的水声不仅可以提高人们安静的感觉[27]，还可以增加人们心情的愉悦度[28]。同样，鸟类的歌声、动物和一些昆虫的声音以及音乐的声音都有助于减少人为的嘈杂声[29]

2.3 基于视听交互体验的实证研究进展

当下已有越来越多的学者对声音和视觉共同影响空间感知展开了研究。Carles等在严格控制的实验室中评估了视—听刺激对愉悦情绪的交互作用[30]。他们以6个不同自然程度的图片和对应的音频为刺激材料。刺激方式为先单独展示图片和音频，然后每播放一个音频期间依次展示6张图片，利用愉悦情绪量表依次对它们作出评价。结果显示，当组合中的图片和音频一致时得分显著高于对应单独的图片或音频；当不一致时，含有自然声音的组合普遍比对应的图片得分更高，而含有噪声的组合则普遍导致更低的得分，尤其是照片的自然程度越高噪声的不利影响越显著。

除了主观感受，有人探索了视—听交互体验的客观生理反应表现。Anna Conniff，Tony Craig提出了一种兼顾视觉和听觉的理论研究方法，即眼球追踪法[31]，其优点在于不忽略声音对空间感知的影响，通过生理测定证实了恢复性环境的恢复效果。也有研究利用VR技术模拟了一处森林环境，并在此基础上设置了有声组、无声组和控制组（空白处理）[32]，结果显示，刺激过程中仅有声组的高频心率变异性显著变大，表明声音和景象的组合能使副交感神经兴奋增强，进而带来恢复效应。

2.4 总结分析

当前实证研究的主要方向是识别出对压力恢复具有正向作用的几种视听环境要素，以及各要素对于压力恢复较为粗放的影响程度的比较。在视觉特征方面，环境中的绿量是影响压力恢复的首要特征，中等程度的绿视率和植物覆盖率可以提供更好的恢复性效果；水体从视觉和听觉上都能带来良好的压力恢复效果，同样是恢复性环境中的重要因子；从空间围合度来看，较为开敞的空间可以为人们提供良好的视野，避免封闭环境带来的恐惧感；此外，较高的物种多样性也可以促进压力恢复。在听觉特征方面，自然声对压力恢复的作用最为显著，优美的音乐同样可以带来相似的效果，而机械声、交通声等人工噪声则具有负向的作用。从声压级特征来看，较低声压级的自然声即可带来较好的恢复性效果，安静的自然环境可以提供更好的减压体验。视听交互的实证方法与单一视觉体验相比具有更好的效度，一致的视听组合信息对压力恢复作用具有显著的效果。

3 研究启示

从既有研究的环境特征对象来看，无论是基于视觉体验的压力恢复作用，还是基于听觉体验或是视听交互体验的压力恢复作用，大部分研究处于将自然景观与人工景观进行宏观对比的阶段，没能更加深入的讨论不同自然要素、配置或空间与压力恢复的具体关系，以及对恢复性环境设计的指导建议。由于自然环境的压力恢复作用实质上是通过各种感觉通道获取自然信息的过程，因此研究难点主要在于不同环境特征与压力恢复之间未知的因果关系、单因子研究的困难及研究对象的多样性带来的不确定性。

基于视—听交互的研究方法探究环境特征与压力恢复的定量关系将是研究的趋势，随着实验技术的发展，我们能够更好地测量并描述不同环境对人的情绪和认知的影响。目前已有多种技术有助于进行视听交互体验的实证研究，"眼动追踪技术"[33]可用于揭示不同自然要素的眼动特征和对应减压效益的定量关系，并由此识别出高效益要素，还可用于区别不同环境声音的影响机制。"虚拟现实技术"可以实现视觉、听觉等感官与空间环境的交互，虚拟场景模型的建立能够模拟空间环境的多维要素，有助于利用控制实验法进行影响恢复性环境效益的单因子研究。因此，未来还需针对研究实际并借助更多的方法技术，结合医学、心理学等进行学科交融，研究微观的城市自然环境特征及宏观的城市街道、城市绿地系统空间组织对压力恢复的作用，以此为健康城市的设计提供证据支持。

参考文献

[1] WHO. Depression, Programmes and Projects, Mental Health [EB/OL]. World Health Organization[2008-07-16]. http: // www. who. int/mental health/management/depression/definition/en/.

[2] C. M. Aldwin Stress, Coping, and Development: An Integrative Approach Guilford, New York, 2007.

[3] C. Tsigos, G. P. Chrousos Stress, the endoplasmic reticulum, and insulin resistance J. Psychosom. Res., 53 (2002), pp. 865-871.

[4] Ulrich R S, Simons R F, Losito B D, et al. Stress recovery during exposure to natural and urban environments[J]. Journal of Environmental Psychology, 1991, 11(3): 201-230.

[5] Kaplan S. The restorative benefits of nature: Toward an integrative framework[J]. Journal of Environmental Psychology, 1995, 15(3): 169-182.

[6] 苏谦，辛自强. 恢复性环境研究：理论、方法与进展[J]. 心理科学进展，2010，18(01)：177-184.

[7] 赵欢，吴建平. 复愈性环境的理论与评估研究[J]. 中国健康心理学杂志，2010，18(1)：117-121.

[8] 谭少华，李进. 城市公共绿地的压力释放与精力恢复功能[J]. 中国园林，2009，25(06)：79-82.

[9] 谭少华，郭剑锋，赵万民. 城市自然环境缓解精神压力和疲劳恢复研究进展[J]. 地域研究与开发，2010，29(04)：55-60.

[10] 徐磊青. 恢复性环境、健康和绿色城市主义[J]. 南方建筑，2016(03)：101-107.

[11] 徐磊青，孟若希，陈筝. 迷人的街道：建筑界面与绿视率的影响[J]. 风景园林，2017(10)：27-33.

[12] 陈筝，翟雪倩，叶诗韵，等. 恢复性自然环境对城市居民心智健康影响的荟萃分析及规划启示[J]. 国际城市规划，2016，31(04)：16-26+43.

[13] 姚亚男，李树华. 基于公共健康的城市绿色空间相关研究现状[J]. 中国园林，2018，34(01)：118-124.

[14] 郭庭鸿，舒波，董靓. 自然与健康——自然景观应对压力危机的实证进展及启示[J]. 中国园林，2018，34(05)：52-56.

[15] Grahn P, Stigsdotter U K. The relation between perceived sensory dimensions of urban green space and stress restoration[J]. Landscape & Urban Planning, 2010, 94(3): 264-275.

[16] Nordh H., Hartig T., Hagerhalla, et al. Components of small urban parks that predict the possibility for restoration [J]. Urban Forestry & Urban Greening, 2009 (8): 225-235.

[17] Jiang B., Chang C., Sullivan W.. A dose of nature: Tree cover, stress reduction, and gender differences. [J]. Landscape and Urban Planning, 2014(132): 26-36.

[18] Karmanov D., Hamel R.. Assessing the restorative potential of contemporary urban environment(s): Beyond the nature versus urban dichotomy[J]. Landscape and Urban Planning, 2008 (86): 115-125.

[19] 林颖萱，彭淑芳，張俊彥. 不只是绿：比较观看山景或海景的效果[J]. 建筑学报，2014(87)：175-186.

[20] S. R. Ulrich Biophilia, biophobia, and natural landscapes S. R. Kellert, E. O. Wilson (Eds.), The Biophilia Hypothesis, Island/Shearwater Press, Washington, DC, 1993: 73-137.

[21] Ising, H; Kruppa, B. Health effects caused by noise: evidence in the literature from the past 25 years. Noise Health 2004, 6, 5-13.

[22] Lusk SL, Gillespie B, Hagerty BM, et al. Acute effects of noise on blood pressure and heart rate. Arch. Environ. Health 2004, 59, 392-399.

[23] Alvarsson J J, Wiens S, Nilsson M E. Stress recovery during exposure to nature sound and environmental noise[J]. International Journal of Environmental Research and Public Health, 2010, 7: 1036-1046.

[24] Liu J, Kang J, Behm H, et al. Effects of landscape on soundscape perception: sound walks in city parks[J]. Landscape & Urban Planning, 2014, 123(1): 30-40.

[25] Katherine N. Irvine, Patrick Devine Wright S. R. Payne et al. Greenspace, soundscape and urban sustainability: an Interdisciplinary Empirical Study [J]. Local Environment, 2009, 14(2): 155-172.

[26] 张圆. 城市公共开放空间声景的恢复性效应研究[D]. 哈尔滨工业大学，2016.

[27] Watts G R, Horoshenkov K V, Pheasant R J, et al. Measurement and subjective assessment of water generated sounds [J]. Acta Acustica united with Acustica, 2009: 95, 1032-1039.

[28] Germán P. M, et al. Soundscape assessment of a monumental place: A methodology based on the perception of dominant sounds. Landscape and Urban Planning 169 (2018) 12-21.

[29] Watts G R, Pheasant R J, Horoshenkov K V. Validation of tranquility rating method [J]. Proceedings of the Institute of Acoustics and Belgium Acoustical Society: Noise in the Built Environment, Ghent, 2010: 32(3).

[30] Carles J L, Barrio I L, de-Lucio J V. Sound influence on landscape values[J]. Landscape & Urban Planning, 1999, 43(4): 191-200.

[31] Anna Conniff, Tony Craig. A methodological approach to understanding the wellbeing and restorative benefits associated with greenspace[J]. Urban Forestry & Urban Greening, 2016, 19(1): 103-109.

[32] Annerstedt M, Jönsson P, Wallergård M, et al. Inducing physiological stress recovery with sounds of nature in a virtual realityNE. Ref forest: results from a pilot study[J]. Physiology & Behavior, 2013, 118(11): 240-250.

[33] Nordh H. Quantitative methods of measuring restorative components in urban public parks[J]. Journal of Landscape Architecture, 2012, 7(1): 46-53.

作者简介

朱晓玥，1995年生，女，汉族，河南人，哈尔滨工业大学建筑学院景观系在读硕士，黑龙江省寒地景观科学与技术重点实验室，研究方向为风景园林规划与设计。电子邮箱：947141981@qq.com。

金凯，1958年生，男，硕士，哈尔滨工业大学建筑学院景观系副教授，黑龙江省寒地景观科学与技术重点实验室，研究方向为城市景观形态设计研究。

余洋，1976年生，女，黑龙江人，博士，哈尔滨工业大学建筑学院景观系副教授，黑龙江省寒地景观科学与技术重点实验室，研究方向为风景园林规划与设计，环境与健康。

论文集

风景园林资源与文化遗产

"复述"与"互文"
——论闽台地区古典园林中的"空间扭曲"

"Retelling" and "Intertextuality"
—On "Space Distortion" in Classical Gardens in Fujian and Taiwan

汪耀龙　雷　燚

摘　要：我国闽台地区有着为数不少的古代庭院案例中存在"空间扭曲"或"视觉空间扁平化"的现象。与我国传统文人画、文人造园所追求的"可行、可望、可游、可居"这一基本准则背道而驰。这一手法的运用或许可以被看作是基于造园者对传统绘画、戏曲舞台布置乃至闽台地区部分建筑装饰手法的转译与利用。是基于中国古人的自然观与对客观世界、自然山水的认识与反应。本文旨在探讨闽台古典园林与自然及其衍生艺术作品间"往复转译"的"互文"关系。
关键词：闽台园林；空间扭曲；传统绘画；转译

Abstract: There are a lot of ancient courtyard cases in Fujian and Taiwan areas in China, which have the phenomenon of "space distortion" or "visual space flattening". It runs counter to the basic principle of "feasible, hopeful, travelable and livable" pursued by Chinese traditional literati paintings and literary gardens. The use of this technique may be seen as based on the translations and utilization of traditional paintings, stage arrangements of operas and even some architectural decorations in Fujian and Taiwan. It is based on the ancient Chinese view of nature and the understanding and response to the objective world and natural landscape. The purpose of this paper is to explore the intertextual relationship between the classical gardens of Fujian and Taiwan, nature and their derivative works of art.
Keyword: Fujian and Taiwan Gardens; Space Distortion; Traditional Painting; Translation

中国古典园林作为世界三大园林体系之一，最为人称道之处便是对空间的巧妙处理。其中佳构往往能通过对庭院的布置将自然的山水情趣进行个人化的表达，可以说兼顾了观赏与实用两方面的高度追求。用郭河阳《林泉高致》中对山水"可行、可望、可游、可居"的论断作为优秀中国古典园林的评价标准可以说是贴切的。普遍来看，江南的私家园林抑或北方皇家园林中的杰出案例，莫不如是。

但我国幅员辽阔、风物各异，也并非所有地区古典园墅都能完美与上述标准完全契合。园林空间背后所体现的审美情趣、模范对象乃至对空间与视觉效果的处理也往往不尽相同。那么是否可以认定，凡是不符合上述标准的园林作品就是水平相对低下、欠缺深远内涵的呢？或许并不应如此，对于差异现象的存在不可一味否定，简单地进行价值判断，而应找出其产生的内在缘由，分辨其背后的合理性与价值。

1　古典园林中的视觉扁平化现象

我国闽台地区的部分园林就表现出与其他区域相异的特征，存在空间扭曲或视觉空间扁平化的明显倾向。

1.1　园林空间的视觉扁平化

在台湾最负盛名的板桥林家花园中漫步的游人会很容易就会感觉到，园中的多数游廊窄小得让人几乎有些不适，且与我国多数园林都不同的是，这些游廊只具有穿越的功能，并没有安排停歇坐下的空间，再加上尺度的狭窄，自然也就没有了我国传统园林步移景异的景观效果。

花园中为数众多的凉亭不仅又占地偏小、形状不适合停留的特点，造型极其多变与自由，计有方形、圆形、三角形、梅花形、八角形、平行四边形，林林总总不一而足，可以说完全无视古典建筑的规则。《园冶》兴造论虽云："假如基地偏缺，邻嵌何必欲求其齐，其屋架何必拘三、五间，为进多少？半间一广，自然雅称。"[1]但林家花园中园亭的情况却又不同，使用起来并不舒适，不具备计氏"得体合宜"的诉求，例如方鉴斋部分假山旁的斜亭就具有非常扁平的平行四边形平面，并不具有停留的功能。而与该凉亭所匹配的"隐龟桥"也被压扁成了几乎无法通行的可怜过道（图 1）。

图 1　"隐龟桥"与"斜亭"

1.2 假山塑石的平面化

闽台古典园林对于假山这一园林重要因素的操作方式也与其他地区的经典案例存在着较大的差别。其中一个比较有代表性的做法就是通过类似于浅浮雕的方式，在有限的园林空间中塑造关于山体的想象。

譬如漳州城东新行街98号古藤仙馆（施荫棠故居）中的灰塑壁山，以糖水灰泥塑成，完全贴合于墙面，再施以刀工划出各类纹样，用类似于国画皴法的技法表现山势。有如一副中堂，良好的视觉感受专为特定的视角服务，而完全没有空间体验可言（图2）。

图2 古藤仙馆壁山（翻拍自《南传统营造史研究》）

该园所使用的手法并非孤例，此法古已有之，宋代《营造法式》卷28《诸作等第·泥作》中就有关于"垒假山（壁隐山子同）"、"泥假山"的记载；同书卷27《诸作料例二·泥作》也记有"沙泥画壁"、"泥假山"、"壁隐假山"及"盆山"等等的做法。但这样的做法在江南与北方园林中只是偶一为之，并不多见。[2]在闽南乃至闽东地区庭院中却有许多塑泥成山的类似做法，例如福州三坊七巷之王麒故居、泉州皇家花园，漳州可园，以及板桥林家花园榕荫部分中的屏风假山，都可以看作是此种手法应用的佳例。

这类手法的使用常场景虽然不尽相同但都使用了类似混凝土的材料，来表现假山山体，而非我国传统的岩石素材。手法虽然各异，但均表现出"重视觉轻体验"的倾向。几乎与主人生活无关的微弱背景，而不再是可以在其中穿行享乐的园林空间。

由此看来，似乎在闽台古典园林一些重要案例中，空间的使用于体验似乎并非。造园者所关心的重点或至少是唯一的重点，相比于亲身进入园林所带来的是空间感受，游园者所看到的似乎才是造园者所期望进行特别的关照的。

2 扁平化成因分析

2.1 字画一般的使用动机

一般而言，中国古代私家庭园的修建者，多为满腹诗书的文人或者致仕官吏，造园行为所追求的是归隐山林的清净与适意，讲究庭园空间的幽微变化与诗画意境，有一种低调从容的美感。

闽台地区的园林修建者却多半并非这样典型的文人，一方面他们带有闽南人的务实精神，也承袭了闽南地区更加世俗与平民的审美，对于园林空间的理解也似乎不像江南造园家那样明确地用于私人的享乐与精神修为，反而更多地在意他人的目光与赞誉。庭园的修建不可避免的带有了展示主人身份品味、炫耀富贵的目的，正因如此，"被看到"的重要性就自然远大于"被使用"。而在相对狭小的空间中，展示尽量多的内容，就成为造园者巧思的所在，恰如画家在绘卷中的位置经营。

此外，多数园林体量较小，难以施展传统园林表达山水境界的常规手段，不得不更多地向其他艺术表达方式借镜，或许也是不能避免的。

2.2 观画一般的特定视点

反观园中那些造型奇特的凉亭带来的是视觉上的新奇体验，由于其特殊的平面形式，真正让人能获得良好视觉体验的角度，是极有限的，可见在交通系统中流动性的观看，并不是林家花园游园体验的重点，相反，林家花园的主要景观面都是事先预设好的有限的几个。

花园空间中被明确地分为了"看"与"被看"两部分，这两种空间区分明显，尤其用作"被看"的空间，是相对消极的，游人的动线也基本不会涉及这部分区域，园林空间中的每一个特定的景物。似乎都有了一个与之相匹配的"最佳观赏点"。这种特定某一视点对观察对象进行审视的空间的使用方式在园林空间中并不多见，反而经常出现在对美术作品的欣赏中。

2.3 如画一般的扭曲形体

国人造园模范的多是真山真水，故有"虽由人作，宛自天开"的说法。可以说，以园林造景体现名山大川之趣为最高境界，江南园林多有杰出案例，但考究古代，交通成本极高而效率相对低下，在当时相对偏远的所谓蛮夷之地，例如闽台者，有幸遍历名山大川者当是极少数，而对山水的认知往往更多来自于其他媒介，例如画卷与图册。

往往在造园时，原主人要表现的山水，心目中的美好景象，就可能并不是他们亲身游历与体验的山水空间，而是来自于，所谓的"画中山水"。

能证明上述观点的证据，其实并不难寻找，最直观的当属壁山所使用的类似于国画皴法的造型方式。更有甚者，在古藤仙馆假山之上甚至还"朝暾东上"的题跋，十足的古画风采。

而闽台园林中屡见不鲜的，各色形态扭曲的亭子所表现出不同程度的扁平化趋势也可以看出绘画的影响。其平面间间并非相对规整的矩形，而或多或少地进行了扭曲压缩。这种平面的构成不利于使用的同时也或多或少的表现出了一种空间透视关系的“怪异”。如前文所列举的林家花园方鉴斋斜亭，在视觉效果上就非常神似五代卫贤《高士图》（梁伯鸾图一）（图 3）中所表现建筑的形态。

图 3 《高士图》（梁伯鸾图一）

或许我们可以由此推断，闽台园林中的空间扭曲现象，正是源于我国绘画所独有的空间表现手段。

3 传统艺术中的空间表达

3.1 传统绘画中的空间表达

我国古代绘画并无西画中基于“射影几何学”所产生的“透视法”（perspective），对于前后远近空间的表达迥异于现代人的认知。往往通过对不同事物位置的经营来表达空间的前后关系。在中国古典绘画中，出现平行四边形往往意味着对于空间的暗示，例如，张萱《捣练图》中四位侍女站位（图 4）和《八达游春图》中的人物布置

图 4 《捣练图》空间示意

（图 5）都使用了类似的空间表达手法。推广到物品乃至建筑中也是同一个道理。方形物品往往表现为类似于今天轴测图中的没有透视关系的平行四边形的形状（图 6）。建筑也同样因为类似的空间表达方式，而显得略带扭曲。这种扭曲在之后被各类的相关艺术形式广泛地模仿与使用。

图 5 《八达游春图》空间示意

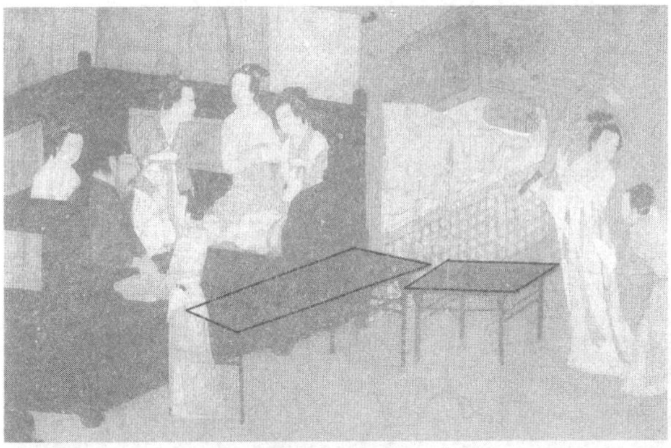

图 6 古画中的器物（韩熙载夜宴图）

3.2 国画技法对民间艺术的影响

与古典园林一样，我国的古典主义绘画同样属于一种相对“雅”的文化。在平民审美盛行的闽台地区或许并不那么的被广泛认知与传播。闽台地区多数人们，对于类似空间处理的认识或许是来自于由传统绘画派生而出的其他艺术形式，如小说插图、宫殿中的壁画、宫殿建筑屋脊上的装饰等。此类艺术形式，往往更注重叙事，多有地点变动，故而对于空间的区隔转换要求也更多更丰富。

小说插画自不必说，剧情故事发生的载体十之八九都与建筑相关，故而对建筑场景的转向与移位在所难免。空间表现展现出一种所谓的“平行视觉逻辑框架。”[3] 为了便于故事的叙述，进一步强化了空间的扭曲使用效果。

类似的表达效果并不只存在于二维纸本绘画当中。在闽南地区三维空间的建筑装饰手段中也进行了二维平面表达空间所特有的平行构图、构筑物压缩。

受限于实际可操作空间的狭窄，交趾陶、剪瓷雕等装饰手段，无法处理真正的三维空间。又不同于绘画所表现出的完全的二维平面。这类建筑装饰手段往往使用出 2.5 维的浅浮雕形式。对空间的表达手段自然而然的带有了二维与三维的双重属性。为照顾视觉而生成的空间扁平化现象，就变成了一种非常普遍高效的表达形式。这种半立体与半平面相结合的，装饰手法在闽台地区的园林建筑中，并不少见。例如台湾神冈筱云山庄的半立体交趾陶山水作品（图 7）或北港朝天宫类似戏剧场景中的扁平化亭子（图 8）都是具有一定代表性的。

图 7　神冈筱云山庄交趾陶山水作品
（翻拍自《传统建筑手册》）

图 8　北港朝天宫剪粘作品（图片来源李振强）

3.3　园林对其他艺术形式的再“转译”

综上所述，我们可以轻易地发现，在闽台地区包括宫庙壁画、剪瓷雕、交趾陶等于建筑相关的场景装饰物中大量地存在上文所提到的扭曲压缩变形的空间表现手法。这种手法自高雅的传统绘画而起。借由大量的日常生活中随处可见的平民装饰艺术，影响了造园者的认知，最终进入到了建成的园林空间中。

这样的表达方式在绘画艺术中可以看作是由于平面无法表达空间的纵深而选择的权宜之计，固然精妙非凡回味无穷。但同样可以看作是绘画作品，难以表达实际空间的一种权宜之计。这种技法的产生是受限于特有载体的局限性的。

而对于园林景观作品，三维空间的属性是天然的，也是无法摒弃的。类似于板桥林家花园这种，平行四边形平面斜亭的建造也就自然不会是出于实际的使用考量而完全来自于对绘画技法的套用。这一方面印证林家花园与绘画作品相一致的被看的功能诉求。同时也反映出造园行为所模拟的范本并非真正的山水。而是来源于绘画作品等一系列的其他媒介“复述”的山水。

结论

我国古代绘画对于空间的表达方式起于对客观真实空间限于二维载体局限性所采用的权宜之计，可以说是对自然的被动“人化”，而这样做的结果又经由其他媒介进而影响了园林景观的营造。影响到园林中各类建物所表达的外部世界所呈现面貌。可见。风景园林作品对于自然的模仿与表达或许并不只是点对点、单向的，也可能是经过了各类不同媒介往复转译而成的。

同时，不同地域的园林艺术有各自独特的自然条件与人的历史土壤。其中优秀的庭园作品是基于所在地独有场所精神的。各有特色，但无绝对的高下之分。

通过对造园手法产生根源的分析。为我们提供了另外一种阅读研究园林空间的方法。而这种思考的模式对于造园的实践者来说有一定的参考价值和意义。

参考文献

[1]　(明)计成．园冶注释(第二版)[M]．北京：中国建筑工业出版社，1988.

[2]　曹春平．闽台私家园林[M]．北京：清华大学出版社，2013. 65-67.

[3]　金秋野，王一同．明代小说插画空间语言探析[J]．建筑学报，2016(04)：112-117.

作者简介

汪耀龙，1990 年生，男，汉族，甘肃天水人，硕士，厦门大学嘉庚学院艺术设计教师，研究方向为古典园林史、风景园林规划设计研究。电子邮箱：715467756@qq. com。

雷燚，1985 年生，男，汉族，山东德州人，硕士，厦门大学嘉庚学院艺术设计教师，研究方向为风景园林规划设计研究。电子邮箱：15100200@qq. com。

澳大利亚基于价值认识的遗产保护理论溯源与发展研究[①]

Research on the Origin and Development of Australian Values-based Heritage Preservation Theory

彭　琳　孔明亮　杜春兰

摘　要： 基于价值认识的保护（Values-based Preservation）理论产生于澳大利亚殖民建筑遗产保护领域，如今已在美国、加拿大、英国的保护机构以及联合教科文组织得到广泛应用，是目前国际上比较前沿且受欢迎的遗产价值识别与保护理论。本研究从产生背景、核心内容、发展趋势共3个方面深入地剖析该理论，并初步探讨这一理论应用于我国自然文化遗产保护的适用性和局限性，有利于国内遗产价值识别、保护与管理理论的进一步完善。

关键词： 遗产保护；价值认识；价值识别

Abstract: The Values-based Preservation theory, as a relatively advanced and popular heritage value identification and protection theory in the world, originated in the field of Australian colonial architectural heritage protection and is now widely used by conservation agencies in the United States, Canada, and the United Kingdom, as well as in UNESCO. This study analyzes the Values-based Preservation theory from three aspects of origin, core content and development trend, and preliminarily discusses the applicability and limitations of this theory in application of the protection of natural and cultural heritage in China, so as to complement existing theories of domestic heritage value identification, protection and management.

Keyword: Heritage protection; Values; Value identification

引言

在世界遗产突出普遍价值保护理念影响下，我国自然文化遗产保护工作已经开始走向对价值的探究。尤其是国际古迹遗址理事会（ICOMOS）于2004年、2008年先后发布了《填补空白——未来行动计划》与《什么是突出普遍价值?》，标志着世界遗产保护的共识：一切基于遗产价值，即所有的遗产保护、管理、利用、研究和监测措施都应当以遗产价值为核心。[1]这一理念对国内自然文化遗产领域产生了重要的影响。不少学者已经认识到价值识别作为自然文化遗产保护管理基础的重要性，因此对世界遗产突出普遍价值保护体系的发展与演变展开了深入研究，并积极实践。但已有研究多是局限于世界遗产突出普遍价值保护体系本身[2-3]，对于这一思想的源头缺乏深入探究。事实上，基于价值认识的保护（Values-based Preservation）理论[②]，产生于澳大利亚殖民建筑遗产保护领域。该理论是澳大利亚本土对欧洲传统的纪念物式保护实践的反思，用于解决多元主体下的价值挖掘和识别问题。这一理论随后被美国盖蒂研究所进一步发展和推广，出版了一系列研究成果。如今，已在美国、加拿大、英国的保护机构以及联合教科文组织得到应用，成为目前国际上比较前沿、受欢迎的遗产价值识别与保护理论[4]。

本研究从产生背景、核心内容、发展趋势共3个方面深入地剖析该理论，并初步探讨这一理论应用于我国自然文化遗产保护的适用性和局限性，有利于国内遗产价值识别、保护与管理理论的进一步完善。

1 基于价值认识的遗产保护理论的产生

1.1　思想土壤：欧洲“纪念物（Monuments）”价值认识传统

基于价值认识的遗产保护理论是澳大利亚ICOMOS在欧洲纪念物价值认识传统基础上改良而成。18世纪，欧洲已经开始了对纪念物价值的研究。到了19世纪，如何促进国家主义、民族国家体制、国民性、国民认同感等是欧洲“国家”建设时期的重要议题。传统——尤其是那些伟大的、著名的、有着悠久历史的建筑作为当地和国家共同认同感的重要来源，被有选择性地运用和保护[5-6]。与此同时，欧洲工业化的负面影响已经显现，人们愈发将目光投向理想化的“过去”[7]。因而在这一时期，欧洲许多国家都建立了法律体制和官方的国家遗产保护地。在此背景下，出现了一批有影响力的研究纪念物价值的学者，对国家纪念物进行理性地挑选。其中，奥地利著名艺术史家阿洛依斯·李格尔（Alois Riegl，1858-1905）是纪

①　基金项目：国家自然科学基金青年基金项目（编号51708053）、中央高校基本科研业务费专项基金（编号106112017CDJXY190003）和国家自然科学基金青年基金项目（编号51508045）共同资助。

②　亦有学者翻译为“以价值认识为中心的（Values-centered）”的保护理论。

念物价值分类研究方面具有里程碑意义的人物，开启了精英视角下的遗产保护价值细分的先河。李格尔将纪念物的价值分为两大类：纪念价值和现今价值。纪念价值包括年代价值、历史价值和人为的纪念价值。现今价值包括使用价值和新生价值[8]。这一价值认识体系对诸多致力于研究基于价值认识的遗产保护理论的学者产生了深远影响[9-10]。

综上，早期的欧洲纪念物价值识别强调纪念物对国家、地方认同感建设的重要意义，这一点在基于价值认识的遗产保护理论中依然有所延续。

1.2 形成关键：澳大利亚本土对欧洲纪念物价值认识方式的反思与突破

在澳大利亚，尽管原住民考古遗址可以追溯到4万年以前，但现代殖民历史只有200余年，几乎没有如万神庙似的欧洲传统意义上的纪念物建筑。因而，最初澳大利亚本土的殖民文化遗产是不被认为具有历史重要意义的。到了20世纪70年代中期，这些殖民文化遗产开始面临被人们永久忽视甚至遗忘的危险[6]。澳大利亚一些建筑保护学者开始认识到，殖民文化遗产的价值并非是如同欧洲那些伟大的艺术品一样不证自明，需要重新发掘和认识。

在澳大利亚既需要国家认同感又不能采用欧洲纪念物模式的背景下，1979年澳大利亚ICOMOS发布了《巴拉宪章》，开始强调价值认识（Values）在澳大利亚殖民遗产保护中的重要作用。《巴拉宪章》沿用了《威尼斯宪章》中的“文化重要意义（Cultural significance）”这一概念，并将应用范围从“纪念物”拓展到了“场所（Places）”。20世纪80年代，后过程主义考古学的发展进一步促使了以价值认识为中心的保护管理方法的产生[4]。后过程主义考古学鼓励保护专业人士超越学术界，强调对社会价值认识、各界声音和视角的关注。他们认为只有协调社会各方力量，才能真正解决保护面临的挑战。1999年澳大利亚ICOMOS修订了《巴拉宪章》，明确提出了基于价值认识的保护思想（图1）。

图1 基于价值认识的遗产保护理论形成过程
（图片来源：图中照片1引自 http：//baike.baidu.com/subview/83819/6032303.htm；照片2、3引自参考文献［9］）

2 基于价值认识的遗产保护理论核心

基于价值认识的遗产保护是指，“遗产组织、协调、管理工作的首要目的是保护场所的重要意义，这一重要意义是通过分析所有存在的价值认识（Values）而所得到的”[4]。其中，价值认识是指对某一文化群体而言具有重要意义的一些观念，通常包括但不局限于政治、宗教和精神以及道德观念。这些价值认识是由不同利益相关者组成的社会赋予在对象或场地之上的。每一类价值认识都对应一组对象或场地的特征或品质，并且这些特征或品质是有积极意义的[11]。

根据2013版最新修订的《巴拉宪章》，基于价值认识的遗产保护管理包括7个主要步骤：（1）理解场地；（2）评估文化重要意义；（3）识别影响因子与问题；（4）制定政策；（5）编制管理规划；（6）实施管理规划；（7）监测结果与规划回顾。也有学者进一步深化提出更为详细的步骤，如图2所示。

基于价值认识的遗产保护强调价值识别的重要性，并要求使用有关标准评估所有价值，编制重要性陈述。在澳大利亚，对于一项开发项目，大多数州政府和当地政府都要求对当地的文化重要意义的影响进行评估。与目前世界遗产突出普遍价值体系不同之处在于，该理论特别强调对遗产所具有的精神价值的认可和挖掘。如表1所示，1999年修订的《巴拉宪章》中文化重要意义的定义中明确提出了包含精神价值这一类价值。此外，其思想更加强调超越学术界，将非专业人士的视角纳入对遗产价值的认知和发掘。基于价值认识的遗产保护把价值识别本身作为“文化过程”，更多体现出主体性和主观性。这也是为何在其保护管理步骤中有“确定义务”等明确反映利益相关者参与的环节。

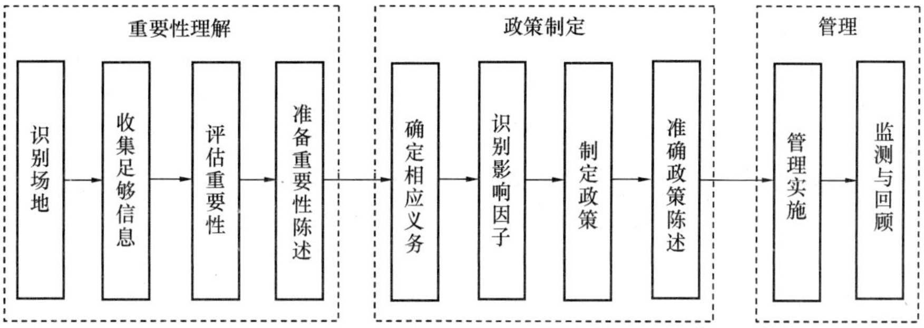

图 2　基于价值认识的遗产保护管理步骤
（图片来源：改绘自参考文献 [9]）

《巴拉宪章》中的价值分类演变　　表 1

年份	修订次数	“文化重要意义（Cultural significance）”定义中提及的价值类别				
		美学价值	历史价值	社会价值	科学价值	精神价值
1979	最初版	○	○	○	—	—
1981	第 1 次修订	○	○	○	○	—
1988	第 2 次修订	○	○	○	○	—
1999	第 3 次修订	○	○	○	○	○
2013	第 4 次修订	○	○	○	○	○

资料来源：根据《巴拉宪章》历次版本进行整理，历次版本来自澳大利亚 ICOMOS 官方网站，http://australia.icomos.org/publications/charters/。

3　基于价值认识的遗产保护理论发展前沿问题

3.1　价值认识的多元化与权威性的兼顾

从官方、权威、精英认识走向民主、多元的价值认识是目前遗产价值识别的总体趋势。不少学者认为遗产价值是建构的，有条件的，而不是固有的；离开持有价值认识的人，遗产价值将不复存在[12]。在《巴拉宪章》中，文化重要意义的评价不仅需要建筑、考古方面的专家，还依赖于当地人的记忆和经验[7]。此外，由于以价值为中心的保护方法不完全依赖于技术手段和专家知识，尤其适用于一些政治性强、价值不清的遗产的保护，如非裔美国人相关的历史遗产[13]。这种多元化趋势也反过来影响了欧洲的遗产保护。英国遗产署亦声明了价值的多元化趋势，认为遗产地管理政策应有包容性，处理遗产问题时需要吸收非专业的观点[14]。欧洲的 Faro 公约也将遗产价值普遍性和多元性结合起来，鼓励每个人“参与文化遗产的识别、研究、阐释、保护、保育和展示”，“对遗产面临的机会和挑战进行集体反思和辩论”，以降低遗产保护面临的风险，并更好地保护遗产。

当然，也有学者对遗产价值认识的完全多元化提出质疑，认为完全强调多元、个人、自由的价值，将导致“国家意象（National Vision）”的弱化和保护理念的破碎化，让遗产保护陷入困境[15]。并且遗产应当有着传播特定价值观的功能，完全强调大众多元的价值认识难以发挥遗产对大众的启发、教育功能[7]。事实上，尽管《巴拉宪章》鼓励公众参与遗产价值识别，但实际上仍然是专家为主。甚至有学者提出多元价值和普遍价值二者是无法调和的，应当回归精英式的价值识别[16]。也有学者持相对折中的观点，提出利益相关者可以参与对价值的共同识别，但最终仍需要一个强而有力的保护当局、精英、专家或权威人士来进行综合协调[17]。还有学者提出“保持一定距离（Detached Distancing）的公众和个人参与价值识别”[18]。这些研究均反映出了遗产价值认识逐渐走向多元化与权威性二者的兼顾，也是未来进一步探索的重点。

3.2　价值类别的不断细分及批判

价值分类一直是遗产价值识别关注的重点内容。如在《巴拉宪章》的多次修编中，文化重要意义始终围绕价值类别进行定义。1979 年的《巴拉宪章》中，文化重要意义的定义是“对于过去、现在或将来的人们而言具有的美学、历史和社会价值”。1981 年修订后，增加了科学价值。1999 年修订后，又增加了精神价值。整个修订过程反映出价值类别的不断细化。在其他关于基于价值认识的遗产保护研究中，常提及的价值类别还有文化价值、教育价值、经济价值、资源价值等。价值类别的不断细分有助于加深对遗产价值的局部细节的理解。

也有学者对价值的过于细分表示担忧，认为这种不断还原、拆分价值的思路带来了新的问题，可能会使我们陷入不断细分的局面[10]，甚至导致遗产价值的“割裂（Discontinuity）”，不适合于活态遗产的保护[4]。事实上，基于价值认识的遗产保护方法在传统的欧洲纪念物价值识别思路的基础上有所改进，但其中的价值认识始终是重分类轻系统，重还原轻整体。如何避免由于价值过度细分带来的遗产价值认识破碎化的问题也是目前关注的重点。

3.3　适用遗产对象的局限与拓展

一直以来，基于价值认识的保护理论主要应用于历史建筑、历史考古遗产、历史环境等遗产对象。近年来适用对象开始逐渐拓展，如文化景观领域原住民视角的价值认识研究[19]，以及自然遗产保护规划中对环境、经济与社会因子相互作用关系的分析[20]。在应用拓展时亦发现存在若干问题。因为物质性的建筑遗产更多是作为结果而非过程存在，所以基于价值认识的保护理论对于纪念物、历史遗迹等十分适用。但应用于文化景观至少有三个方面的局限：第一，重视物质性，忽视了文化和场所之间的相互作用的重要意义，而这种作用对于文化景观是至关重要的；第二，忽视了文化景观与社会环境之间的联系；第三，忽视了文化景观的动态性[19]。在自然遗产中的应用也存在同样的局限。目前，相较于基于价值认识的保护方法，自然遗产保护更多采用的是基于系统的（System-based）保护方法[21]。如有地质保护学家指出，地质保护关心的问题应该是地貌和土壤过程整体是否得到保护，而非价值的特征是否得到保护[22]。综上，目前基于价值认识的保护过于重视物质性，忽视系统和联系。这一缺陷限制了其推广应用到建筑遗产之外的遗产对象。未来应当将会在这一问题上开展更多深入的研究与实践。

4 结论与讨论

基于价值认识的保护理论起源于20世纪60年代的澳大利亚殖民遗产保护领域。其产生是对欧洲传统纪念物价值认识与保护方式的反思，强调价值挖掘和价值共识的重要性及其对保护管理的支撑作用。目前，遗产价值认识逐渐走向多元，并且不断细分；同时也开始重视权威性的价值统筹与对遗产对象整体的保护。但本质上，由于该理论延续了重视物质性的传统纪念物价值认识与保护方式，主要应用于建筑遗产保护领域。在“活”的自然系统，乃至更为复杂的自然人文系统中的应用仍然存在局限性。我国的自然文化遗产中，不乏自然与人文高度融合的遗产类型（如风景名胜区），往往并不是单纯的纪念物。因此，尝试运用基于价值认识的保护方法时，需要注意到该方法存在的局限性，并致力于如何改进这一问题，方能更好地适应我国自然文化遗产的特点，促进我国自然文化遗产的保护。

参考文献

[1] 陈同滨．基于价值的文化遗产保护——从世界文化遗产核心理念看中国历史文化名街保护[N/OL]．中国文化报，2011[2018-8-10]．http：//www.chla.com.cn/htm/2011/1014/101840.html

[2] 吕舟．基于价值认识的世界遗产事业发展趋势[N/OL]．中国文物报，2012-02-10(005).

[3] 史晨暄．世界遗产“突出的普遍价值”评价标准的演变：[D].清华大学，2008.

[4] Poulios，L. Moving Beyond a Values-Based Approach to Heritage Conservation[J]. Conservation and Management of Archaeological Sites，2010，12(2)：170-185.

[5] Jokilehto，J. A History of Architectural Conservation：the Contribution of English，French，German and Italian Thought towards an International Approach to the Conservation of Cultural Property[M]. The University of York，England，1986.

[6] Brooks，G. The Burra Charter：Australia's Methodology for Conserving Cultural Heritage . Places[J]. 1992，8(1)：84-88.

[7] Gibson L.，Pendlebury L. Valuing Historic Environments [M]. Farnham，Surrey，United Kingdom：Ashgate，2009.

[8] Riegl A. The Modern Cult of Monuments：Its Essence and Its Development(1903)[M]. Nicholas Price，M. Kirby Talley Jr.，Alessandra Melucco Vaccaro. Historical and Philosophical Issues in the Conservation of Cultural Heritage. Los Angeles，CA：Getty Conservation Institute，1996.

[9] Mason R. Theoretical and Practical Arguments for Values-Centered Preservation[J]. CRM：The Journal of Heritage Stewardship，2006，3(2)：21-48.

[10] Avrami E.，Mason R.，Marta de la Torre. Values and Heritage Conservation[M]. Los Angeles，CA：The Getty Conservation Institute，2000.

[11] Australia ICOMOS. Code on the Ethics of Co-existence in Conserving Significant Places. 1998[2016-2-7]. http：//australia.icomos.org/wp-content/uploads/Code-on-the-Ethics-of-Co-existence.pdf.

[12] Mason R. Fixing Historic Preservation：A Constructive Critique of “Significance”[J]. Places，2004，16(1)：64-71.

[13] Duvall-Gabriel N. Values-Centered Preservation Theory and the Preservation Planning of African-American Historic Resources in Prince George's County，MARYLAND. University of Maryland，2008.

[14] English Heritage. Sustaining the Historic Environment：New Perspectives on the Future. London：English Heritage，1997.

[15] Goodwin P. The End of Consensus? The Impact of Participatory Initiatives on Conceptions of Conservation and the Countryside in the United Kingdom. Environment and Planning D：Society and Space. 1999，(17)：383.

[16] Waterton E.，Smith L.，et al. The Utility of Discourse Analysis to Heritage Studies：The Burra Charter and Social Inclusion[J]. International Journal of Heritage Studies，2006，12(4)：339-355.

[17] Worthing D.，Bond S. Managing Built Heritage：The Role of Cultural Significance[M]. London，UK：Blackwell Publishing Ltd，2008.

[18] Shore N. Whose Heritage? The Construction of Cultural Built Heritage in a Pluralist，Multicultural England. Newcastle university，2007.

[19] Prosper L. Wherein Lies the Heritage Value? Rethinking the Heritage Value of Cultural Landscapes from an Aboriginal Perspective. The George Wright Forum. 2007，24(2)：117-124.

[20] Wise J.，Wynia M.，Bell A. Best Practices Guide to Natural Heritage Systems Planning. Ontario Nature. 2014 [2016-01-11]. http：//www.ontarionature.org/discover/resources/PDFs/reports/nhs-guide-web.pdf.

[21] Pediaditi K.，Buono F.，Pompigna F. A decision support system-based procedure for evaluation and monitoring of protected areas sustainability for the Mediterranean region. J. Earth Syst. Sci. 2011，120(5)：949-961.

[22] Sharples，C. Concepts and Principles of Geocon- servation (Version 3). Tasmanian Parks and Wildlife Service. 2002 [2016-02-05]. http：//dpipwe.tas.gov.au/Documents/geoconservation.pdf.

作者简介

彭琳，1987年生，女，汉族，重庆人，博士，重庆大学建筑城规学院，山地城镇建设与新技术教育部实验室，讲师，硕士生导师，研究方向为风景区与自然保护地保护、规划与管理。电子邮箱：317302723@qq.com。

孔明亮，1985年生，男，汉族，重庆人，博士，重庆大学建筑城规学院，山地城镇建设与新技术教育部实验室，副教授，硕士生导师，重庆大学风景园林学在站博士后，研究方向为风景园林历史与理论。电子邮箱：kong@cqu.edu.cn。

杜春兰，1975年生，女，汉族，河南洛阳，博士，重庆大学建筑城规学院，山地城镇建设与新技术教育部实验室，院长，教授，博士生导师，研究方向为风景园林历史与理论、风景园林规划与设计。电子邮箱：cldu@163.com。

城市遗产保护的景观方法

——城市历史景观（HUL）发展回顾与反思①

Landscape Approach for Urban Heritage Conservation

—Review and Reflection of the Historic Urban Landscape（HUL）

张文卓

摘　要：进入21世纪，快速的城市化过程带来了日益显著的城市问题，城市遗产保护面临新的挑战。在这一背景下，“景观方法”和“可持续发展”成为遗产保护领域的热点议题，两者的关联性则促成了城市历史景观（HUL）的问世。自2005年这一概念首次提出以来，HUL经历了从物质实体到实践方法的含义扩展与深化，并通过分布在全球不同地区、国家的多个试点城市进行了有针对性的实践探索。文章在简要回顾HUL发展脉络的基础上，讨论了HUL概念的中文翻译分歧问题、辨析了“城市历史景观”与“景观”、“文化景观”的关系，并总结了其中4个试点城市的实践情况。在看到HUL探索可喜成果的同时，也应注意到国内外学者共同争论的一些问题。文章重在批判性地探讨与HUL方法相关的三个焦点问题，包括“层次”与“层积”、“文化地图绘制”与价值认定及阐释、真实性与变化管理，希望以此引发学界更加多角度、多层面的批判性思考。

关键词：城市历史景观；景观方法；城市遗产保护；可持续发展

Abstract：In the 21st century，rapid urbanization has been bringing about increasingly serious urban problems，making urban heritage conservation face new challenges. In this context，‘landscape approach’ and ‘sustainable development’ have become widely-concerned topics in the field of heritage conservation，while their interconnection has promoted a new concept of the Historic Urban Landscape（HUL）. Since 2005 when the concept was first put forward，HUL has got meanings from merely physical being to a new practical approach. Pilot cities were chosen from different countries and regions，which offer a variety of platforms for the application and exploration of the HUL approach. This paper reviews the historical development of HUL，looks into the divergence between different Chinese translations of this term，analyses the relationship between ‘historic urban landscape’，‘landscape’ and ‘cultural landscape’，and summarizes the current situations of 4 HUL pilot practices. With all the fruitful achievements of the HUL approach recognised，we must also realise some relevant controversial topics concerned by scholars in China and abroad. This paper then focuses on three of such topics，including ‘layers’ and ‘layering’，‘cultural mapping’ and value identification & interpretation，authenticity and management of change. These critical discussions will hopefully stimulate more critical thinking concerning the HUL approach from different perspectives and at different levels.

Keyword：Historic Urban Landscape；Landscape Approach；Urban Heritage Conservation；Sustainable Development

1　一大问题，两大议题

进入21世纪以来，世界各地的城市以前所未有的速度迅猛发展，全球化和城市化的浪潮使城市开始在世界发展框架中扮演重要角色。当前全球有超过一半的人口生活在城市环境或城市之中，到2050年，城市人口预计将达到全球总人口的2/3[1]。在快速城市化的过程中，一些城市问题也日渐凸显：建筑物密度过大、建筑物样式的趋同和单调、公共场所和福利设施缺乏、基础设施不足、严重的贫困现象、社会隔离以及与气候有关的灾害风险加大等，使得社会结构和空间被打碎、城市及周边乡村地区环境急剧恶化[2]。在遗产保护领域，人们开始意识到传统城市遗产保护中对于建筑单体和历史街区的关注已不足以应对新的城市变化及其带来的问题。例如，不少历史街区保护、整治后的结果是城市历史景观碎片化现象明显，很多城市“在炫耀其市中心那几个被修复的街区时，市中心的其他部分却陷入被推平与重建的梦魇”[3]。

在这一背景下，“景观方法”和“可持续发展”逐渐成为遗产保护领域的热点议题并被广泛传播。1992年，“文化景观”被纳入《实施〈世界遗产公约〉操作指南》，成为文化遗产的一个亚类——这是一次重要的遗产扩大化举措，使得“景观”正式进入国际遗产保护领域。同年《里约宣言》的通过标志着国际社会就“可持续发展”问题达成进一步共识[4]，“可持续发展”概念逐步被发展为包含四大支柱（社会、经济、环境、文化），四个核心维度（社会整体发展、经济整体发展、环境可持续、和平与安全）以及三项基本原则（人权、平等、可持续）的理论框架[5，6]。2015年UNESCO发布的WHC-15/39.COM/5D文件则正式将可持续发展议题集成到世界遗产保护的流程中，提出以可持续发展的眼光看待世界遗产保护：不仅要保护遗产的突出普遍价值（OUV），还要关注今世后

① 国家留学基金（留金发［2018］3101-201806260266）资助。

代人的福祉。[7]

在“景观方法”和“可持续发展”议题各自深化的同时，两者在遗产保护领域近年来日益加强的联系更将这两大热点发展成为一场新的思想变革，而“城市历史景观”（Historic Urban Landscape，HUL）概念及方法正是这场思想变革中最重要的产物——可持续发展原则规定了保护现有资源、积极保护城市遗产以及城市遗产的可持续管理是发展的一个必要条件[2]；而景观方法作为一类具有整体性、动态性的方法，为不同学科交叉甚至融合提供了机会和空间[8]，以良好的适应力迎合了城市遗产可持续管理的需求。

2 城市历史景观：从概念到方法

2.1 定义：从物质实体到实践方法

2005年发布的《维也纳备忘录》（以下简称《备忘录》）首次将“HUL”概念定义为“自然和生态环境中的任何建筑群、结构和空地的集合体，包括考古和古生物遗址，它们是在相关的一个时期内人类在城市环境中的居住地，其聚合力和价值从考古、建筑、史前、历史、科学、美学、社会文化或生态角度得到承认”，并强调“这种景观塑造了现代社会，并对于我们了解今天的生活方式具有极大价值”[9]，体现了城市遗产保护中“发展”的理念。不难看出，在这一定义中，HUL仍然被看作物质实体。

同年在《备忘录》的基础上通过了《关于保护城市历史景观的宣言》，并随即于2006～2010年先后召开了9次专家会议①，就HUL的概念、定义和方法进行讨论，为新的建议书的颁布做准备[10, 11]。其中，2009年于巴西里约热内卢召开的区域性专家会议上形成的《将城市历史景观纳入〈操作指南〉的报告》，首次提出“城市历史景观方法”（the historic urban landscape approach，the HUL approach）[12]，使HUL概念第一次兼有了方法/方法论的内涵。在2011年颁布的最终文件《关于城市历史景观的建议书》（以下简称《建议书》）中，HUL被最终定义为“文化和自然价值及属性在历史上层层积淀而产生的城市区域，其超越了‘历史中心’或‘整体’的概念，包括更广泛的城市背景及其地理环境。上述更广泛的背景主要包括遗址的地形、地貌、水文和自然特征；其建成环境，不论是历史上的还是当代的；其地上地下的基础设施；其空地和花园、其土地使用模式和空间安排；感觉和视觉联系；以及城市结构的所有其他要素。背景还包括社会和文化方面的做法和价值观、经济进程以及与多样性和特性有关的遗产的无形方面”[2]。

在此HUL作为物质实体的概念较之《备忘录》定义有所扩大——其采纳了2004年欧盟《通过城镇内部的积极整合实现城市历史地区的可持续发展》报告中有关城市遗产扩展对象的构成[13]，并将“城市背景”和“地理环境”一并纳入考虑，后者也与2005年《西安宣言》中所提出的“背景环境”（setting）概念不谋而合。这一方面反映了城市遗产从“历史纪念物”到“社会综合体”再到“活的遗产”[14]的重大转变的时代背景，另一方面也开启了城市遗产保护对于“文化”概念两极[15]的同等关注：至此，城市遗产不仅包含代表“高贵而特别（elevated & special）”的文化的那些雄伟壮丽的建筑、遗址和街区，也包含代表“平凡而日常（ordinary & everyday）”的文化的那些街道、住区、自然环境和市井生活。

《建议书》在上述定义之外，其第11～13条也提出HUL作为一个方法的定义，强调遗产保护目标应与经济发展目标相结合，并取得城市环境与自然环境、当代干预与历史背景、地方传统与国内及国际社会价值之间的平衡[2]。这是对HUL作为“方法”的进一步确认和定位。随后于2013年发布的《历史名城焕发新生：城市历史景观保护方法详述》通过案例研究对《建议书》中提出的四个工具②进行了进一步阐释[16]，并特别强调了城市的“层次”与“层积”概念，深化了HUL方法的内涵[17]；同年在里约热内卢通过的《关于“将〈建议书〉中提及的具有方法论价值的方法纳入〈操作指南〉”的世界遗产专家国际会议报告》进一步提出建议，希望修订《操作指南》以将HUL方法纳入其中[18]。

在对HUL不断深化阐释和应用的过程中，HUL的定位也逐渐得到明确。HUL不是一种新的遗产类别，因而不对既有的遗产保护国际文件构成冲突，这一点业已达成共识[19-22]；就概念本身来说，无论是西方还是中国，都同意HUL并非全新的理念，其相关思想在以往的实践中已经有所表达[21, 23]。事实上，当前对于HUL的认知已越来越侧重将其看作一种“方法”或“方法论”。后文将对这一点加以详述。

2.2 “城市历史景观”还是“历史性城市景观”?

就HUL的中文翻译而言，目前在国内学术界较为广泛流传的主要有三种：“城市历史景观”、“历史性城市景观”和“历史性城镇景观”。其中，“城市历史景观”是联合国教科文组织（UNESCO）的官方中文翻译，而“历史性城市景观”则在较多中文文献中被使用。虽然对同一术语缺乏一致的翻译基本不影响学术圈内对问题本身的理解与讨论，对不同的翻译进行分析和论证，仍然有助于中国学者从语义学的角度更好地把握HUL概念的核心要义。

就目前的三种翻译的情况来看，产生分歧的地方主要在“historic”和“urban”这两个单词上。“historic”在剑桥词典中被释义为“历史上著名（或重要）的，有历

① 这9次专家会议包括在UNESCO巴黎总部举行的3次计划会议（分别在2006年9月，2008年11月，2010年2月），以及另外6次区域性专家会议，这些区域性会议分别在耶路撒冷（2006.06.04-07）、圣彼得堡（2007.01.29-02.02）、奥林达（2007.11.12-14）、昌迪加尔（2007.12.18-21）、桑给巴尔（2009.11.30-12.03）、里约热内卢（2009.12.07-09）举行。

② 即：公众参与工具（civic engagement tools）、知识和规划工具（knowledge and planning tools）、监管制度体系（regulatory systems）、财务工具（financial tools）。

史意义的"①，从翻译的准确性来讲，译为"历史性的"更为合理。但另一方面，正如前文所述，HUL 概念和方法实际上都在强调城市之中"平凡"、"日常"的部分，甚至也将新建筑、现代环境纳入考量。在这一背景下，HUL 所表述的"城市景观"虽然有"历史性"的组成部分，但同时也应包含"现代性"的组成部分——"城市景观"含有历史性要素，但其本身不应被描述为是"历史性的"。倘若译为"历史性城市景观"，则难免产生歧义，导致认为 HUL 相关的城市景观必须整体具有历史价值，并由此排除了一些相对晚近且平凡的城市。基于上述考虑，简单地译为"历史（的）"反而使得 HUL 概念及其应用对象的涵盖面更广，并更接近于 HUL 概念提出的本意。此外，也有学者指出，HUL 相关文件的法语文本所采用的"historique"一词，即更接近于英语中的"historical"，意为"历史的、有关历史的、历史上有记载的"[12]，这也可以作为理解 HUL 语义的又一切入点。至于"urban"究竟翻译为"城市的"还是"城镇的"比较合适，笔者认为后者是一种适应中国国情的翻译方法，考虑到了我国当前小城镇在城市化进程中的重要地位。但从学术概念本身的角度来说，遵照文本原意翻译为"城市（的）"更加合理。由此认为，"城市历史景观"这一官方翻译从语义学的角度来说可能更加有助于对概念本身的理解。

虽然各方翻译对"landscape"翻译为"景观"这一项达成了一致，笔者却认为，相对于另外两个单词，"landscape"在中文语境下的含义及其阐释更加应当引起重视。通常认为，德语单词"Landschaft"是英语单词"landscape"的词源[24]，而德语"Landschaft"同时也包含"地区、区域"的意涵；从"landscape"一词的文化地理学背景来看，则具有方法论的意涵，表达地区内各种因素相互作用的进程和机制，体现各地理要素的地区分异规律：例如，克朗在其相关著作中就提到了"声音景观"、"金融景观"、"种族景观"等[25]，这显然并非指代中文语境下我们通常理解的建成环境层面的"景观"，更不是狭义的"风景园林"。对西方语境下"景观"一词多重含义进行深入理解，有助于我们更好地认识"城市历史景观"的广泛内涵。

2.3 "景观"、"文化景观"与"城市历史景观"

当前普遍认为遗产景观是一种社会文化建构[26, 27]，因而并非一成不变。这也是文化景观、特别是城市景观具有动态性的重要理论基础。有学者进一步提出，"文化景观（cultural landscape）"概念是"城市历史景观"的哲学基础：文化景观的概念提出随着时间推移，不同的层次叠加赋予景观以社会意义，而城市历史景观的"层次"和"层积"概念即与此有密切联系[28]。并由此认为城市历史景观是文化景观的一种类型。[29]但另外的学者则从 HUL 作为一种方法的角度加以反驳，认为考虑到文化景观主要是一种遗产类别，而 HUL 则倾向于一种景观方法，将 HUL 看作文化景观的一种类型或历史城区（historic urb）的一部分都是有局限的[22]。此外，也有学者从景观方法的角度进一步指出，虽然社会建构主义（social constructivism）为研究景观的主观和文化层面提供了重要的视角，它并未为景观作为自然和文化、地方社区及其物质环境的结合提供完整的蓝图[8]。

"景观"、"文化景观"与"城市历史景观"三者之间的关系问题，自 HUL 概念诞生之始就在学界有所讨论，但从当前争论情况来看，尚不能下定论。笔者认为，一种折中的观点或可在这一争论背景下得到采纳：(1)"景观"兼有物质和方法的双重意涵。(2)"文化景观"侧重于景观的物质意涵，可以被看作是物质性"景观"作为社会文化建构的集中体现。(3)"城市历史景观"亦兼有物质和方法双重意涵，但倾向于作为一种方法论；其物质意涵是"文化景观"向城市遗产领域的延伸形式，而作为方法或方法论则是"景观"方法在城市区域的综合性应用。

3 城市历史景观方法：从工具箱到试点城市实践

城市历史景观方法是一种整体的、综合的、跨学科的城市遗产保护方法，强调城市遗产及其环境的整体性、动态性和特异性[17]。该方法关注任何一座城市的层积过程和内在关联性，同时考虑其自然和文化、物质要素和非物质要素、国际价值和地方价值[30]，进而试图在代与代之间、地方之间以及保护和发展之间取得平衡[22]。

3.1 HUL 方法的实施：六大关键步骤与四大工具

在《建议书》发布时，国际相关专家就已经对 HUL 方法实施的关键步骤达成共识，这 6 个关键步骤包括：(1) 对历史城市的自然、文化和人文资源进行普查并绘制分布地图；(2) 通过公众参与的规划和向利益相关者进行咨询的方式，就哪些价值应该被保护并流传后世的问题达成一致意见，并查明承载这些价值的特征；(3) 评估这些特征面对社会经济压力和气候变化影响的脆弱性；(4) 将城市遗产价值及其脆弱性状况整合进城市发展的大框架之中，这一框架应标明在规划、设计和开发项目时需要特别注意的遗产敏感区域；(5) 将保护和发展的相关行动按优先顺序排列；(6) 为每个保护和发展项目确立合适的合作参与者以及地方管理框架，为公共和私营部门不同主体间的各种活动制定协调机制。[31]在此基础上形成了 4 类 HUL 工具：公众参与工具、知识和规划工具、监管制度体系、财务工具。这 4 类工具作为 HUL 工具箱的 4 大组成部分，在 2016 年发布的《HUL 指南》中得到了细化（表 1）。

为城市而设计的 HUL 工具箱[30]　　表 1

公众参与工具	知识和规划工具	监管制度体系	财务工具
公示宣传	城市规划	法律法规	经济学研究
对话和咨询	地理信息系统（GIS）	传统习俗	政府补贴
社区赋权	大数据	政策和计划	公私合作
文化地图绘制	形态与结构研究	……	……

① 英文释义：important or likely to be important in history。参见：https://dictionary.cambridge.org/dictionary/english-chinese-simplified/historic。

续表

公众参与工具	知识和规划工具	监管制度体系	财务工具
……	影响评估/脆弱性评估 政策评估 ……		

资料来源：作者根据《HUL 指南》翻译和整理。

3.2 HUL 试点城市实践

到目前为止，已有位于非洲地区、欧洲和北美地区、拉美和加勒比地区以及亚太地区的 10 余座城市加入 HUL 国际试点项目并作为 HUL 研究案例获得 UNESCO 等遗产相关组织的持续关注。这些城市包括世界遗产城市桑给巴尔石头城（坦桑尼亚，2000 年）、莫桑比克岛（莫桑比克，1991 年）、拉穆古镇（肯尼亚，2001 年）[32]、昆卡（厄瓜多尔，1999 年）[33]、威廉斯塔德（荷属安的列斯，1997 年）①，以及非世界遗产城市的巴拉瑞特（澳大利亚）、拉瓦尔品第（巴基斯坦）、上海、苏州等②。这些试点城市在其相关项目里部分或全部应用了 HUL 方法。作为对前述 HUL 关键步骤和工具箱的具体应用，这些项目的实践情况值得总结、借鉴和反思。

表 2 选取了昆卡、桑给巴尔、巴拉瑞特、苏州 4 座试点城市，对其 HUL 实践进行总结和比较[30, 33, 34]。

部分 HUL 试点城市实践总结 **表 2**

国家	厄瓜多尔	坦桑尼亚	澳大利亚	中国
城市	昆卡	桑给巴尔	巴拉瑞特	苏州
世界遗产地	是	是	否	否
HUL 应用范围	历史中心及周边	Ng'ambo 地区	巴拉瑞特市域	吴江区双湾村
主要挑战	·过度的城市开发； ·绅士化； ·出入境移民； ·遗产建筑受威胁； ·旅游业； ·埃莱希多地区被废弃的现代遗产； ·房地产投资； ·人员流动和交通； ·低品质当代建筑的扩张	·世界遗产地与更广泛的区域缺乏联系； ·人口增长； ·缓冲区失控开发； ·缺少合适的导则	·人口增长； ·历史城区扩张； ·气候变化（更加炎热、干燥）	·自上而下指令性农业用地变更； ·传统纺织业衰落； ·公共空间衰落； ·老房子被废弃
HUL 工具的应用				
公众参与工具	·从不同学科出发的文化地图绘制； ·市民参与的讨论会	·文化地图绘制； ·故事搜集（非物质遗产地图绘制）； ·社区参与； ·利益相关者参与； ·愿景会议； ·"人民决定规划"； ·建立合作伙伴关系	·文化地图绘制与社区地图； ·地方参与； ·线上工具、资源及互动网站，如巴拉瑞特 HUL 门户网； ·社交媒体； ·顾问委员会； ·信息包； ·工作营和研讨会； ·巴拉瑞特遗产奖	·文化地图绘制； ·居民研讨； ·公众参与环节
知识和规划工具	·昆卡历史中心保护规划； ·背景研究和详细研究； ·基本信息表； ·联合数据./数据库； ·建议书	·地方规划（LAP）； ·规划政策指南（PPG）的 HUL 分析； ·基于研究的设计与基于设计的研究； ·遗产清单	·"可视化巴拉瑞特"项目； ·巴拉瑞特遗产数据库	·城市规划； ·公众参与的城市设计
监管制度体系	·分级保护； ·优秀实践案例手册	·国家空间发展战略（NSDS）； ·桑给巴尔结构规划（Zans-Plan）	·巴拉瑞特战略； ·巴拉瑞特规划计划； ·法定规划和实施； ·遗产附加机制； ·社区参与政策	·战略规划； ·发展计划
财务工具	·基金	·荷兰政府补贴	·共同保护我们的遗产——补贴项目； ·巴拉推特遗产修复基金——补贴项目	·中国美丽乡村——吴江区项目资金

① 参见：https://go-hul.com/2017/05/29/willemstad-curacao/

② 参见：http://www.historicurbanlandscape.com/index.php?classid=6043&id=38&t=show http://www.historicurbanlandscape.com/index.php?classid=6043&id=40&t=show [2017-12-10]

从表2可以看出，这4座城市在应用HUL方法的过程中都相对均衡地考虑了4类工具的运用。从具体方法应用的普及性情况来看，在公众参与维度，4个项目都应用了文化地图绘制方法，并特别设置了公众参与环节；在知识和规划维度，规划及与规划相关的研究、相关数据库的建立是常用手段；在监管制度维度，多个城市发展了自己的全局战略和整体计划；在财务维度，基金和政府补贴仍是主要资金来源。除此之外，不同的项目也都发展了各自有创新价值的方法，例如巴拉瑞特的互动式网站、昆卡的优秀实践案例手册等。对这些新方法进行跟踪评估并对收效优良者进行积极推广，将帮助后续的HUL方法相关实践有效开展。但在看到HUL试点实践可喜成果的同时，我们也必须注意到目前实践中尚且存在的问题及其背后的学术争论。

4 HUL聚焦：问题、争论与反思

在城市遗产保护领域，对于与HUL有关的一些核心问题的探讨与争论从未间断，这些议题有时也会作为问题反映在HUL实践上。结合上文对部分试点城市当前实践状况的梳理，在此对这些问题及其背后的争论进行进一步论述和反思，以便为未来的相关实践提供引导和启示。

4.1 “层次”与“层积”

HUL方法的动态性特征要求更加灵活的遗产保护工具，其中之一就是通过城市层次信息描述和文化地图绘制来记录城市[22]。这里提到的两种方法虽有所不同，但其核心思想是一致的，因而存在内在关联性。后文将对此加以详述。

2013年《历史名城焕发新生》手册列举(但并非穷举)了城市的一些层次，包括地形、地貌、水文、建成环境、开放空间、城市结构、基础设施、经济进程、社会价值、文化实践等[16]。其中既有自然的部分(如水文)，也有人文的部分(如社会价值)；既有物质性的维度(如地形、建成环境)，也有非物质性的维度(如经济进程、文化实践)——由此可以大略反映HUL的整体性思想。但显而易见，这种粗略的分层既没有展现“层次”之间的内在关联性，更没有表述“层积”的机制，因而整体上仍停留在思想框架的层面，并不能实际引导相关实践操作。

除此之外，我们也应该意识到，“层积”并不是一个新的概念，在其他学科背景下，很早就有了类似的认识。1923年历史学家顾颉刚先生提出“层累地造成的中国古史”学说，从史学角度提出中国传说古史是随着时间推移而逐层建构的，进而认为研究古史的切入点“不在它的真相而在它的变化”[35]。这与将城市历史景观看成是一种社会文化建构、认为它是不同“层次”进行“层积”的结果，具有同样的哲学基础。在建构主义视角下，HUL方法的应用重点即在于认知各个“层次”在时间序列和空间分布上的内在关联性，因而保护城市历史景观不仅要保护各个单独的层次，更要保护层次之间的关系——保护历史“层积”过程的指征以及未来“层积”过程的机制。保护的手段也因此由静态转向动态、由单体保护转向系统保护。

在当前HUL研究和实践中，谈到“层积”，特别是城市的自然层次与人文层次的叠加关系(即自然与人的互动)，最容易被意识到的就是水系、地形对人类活动和建成环境生成的影响——国内外很多研究和实践都对这一层面的“层积”有所关注[30, 36, 37]。然而事实上，自然与人的互动关系中有很多实例都是更加微小却富有特色的。举例来说，在有关上海的HUL研究与实践中，都没有提及过传统的伸出式晾衣杆。这些晾衣杆与上海潮湿的气候和高密度的城市建设等原因息息相关，是自然条件、社会条件与地方文化长期作用的结果，也构成了老上海独特的风景线。然而当前保护规划显然没有保护类似景观的举措，相反，还试图通过新的设计来消灭它，以使城市更加“整洁和美观”。在这样的情形下，此种历史景观很可能会被渐渐淡化而最终不复存在。在对“层次”与“层积”问题的探讨中，我们需要放宽视野、从不同角度进行思考，避免拘泥于地理、规划的大尺度，而应当关注到日常生活中相对细微的物质和非物质要素——它们可能同样是城市历史景观中重要层次的体现。

4.2 “文化地图绘制”与价值认定及阐释

HUL方法中一个重要的且被广泛使用的公众参与工具就是“文化地图绘制(cultural mapping)”，但研究者和实践者很少注意到这一概念中“地图绘制”所对应的英文“mapping”在英语语境下其实有多层次的含义。在“cultural mapping”这一概念中，mapping更倾向于“数据记录”之意，而非“地图绘制”的字面意思。这类记录与文化有关的数据的形式并不限于地图，也可以是影片、视频、记录遗产线路的小册子、旅游策略、戏剧和歌曲、编织和工艺品、环境规划等等[38]。事实上，很多非英语国家的学者都倾向于将mapping误读为地理层面的地图绘制方法。例如，试点城市昆卡就将“mapping”视作运用《建议书》的“关键图解工具”，在其HUL实践中也确实将这一工具的应用反映在具体的“地图”上[33]。考虑到该概念的中文翻译业已形成惯例，本文依然采纳了这一常用翻译，但在此仍然强调该概念的实际内涵要远远超越其中文翻译的字面意义。

涉及文化地图绘制的另一个问题是，无论是有失偏颇的单纯绘制地图，还是更为综合的记录文化数据，相关研究和实践普遍将研究对象作为一个群体样本对待。这使得得出的“文化地图”丧失了很多细节。文化地图绘制的关键目标是发掘不同层次的价值和意义以及它们在层积过程中展现的关联性。这实际上是一个非常复杂的问题：它包含物质和非物质两个维度。在物质维度上，作为价值和意义载体的物质性要素随时间层层积淀，形成当前的有形景观，这往往显而易见而较少引发争论。但在非物质维度上，不仅涉及对于具有不同文化和宗教背景的不同社会群体而言，同一物质性要素可能承载了不同的意义和价值，更涉及具有相似背景的同一社会群体内部对这些意义和价值也可能做出的不同的解读——所谓“公众参与”中的“公众”，不一定是一个群体，而可能是很多群体的集合体，每个群体又或可细分出多个亚群体——这在拥有大量移民的城市格外突出。事实上，有时群体内部由于不同的价值阐释而造成的紧张要比群体间由于价值不同造成的紧张更甚[39]。回到文化地图绘制的话题上，这意味着：首先，文化地图绘制不能通过简单的度量和观察，而要通过体验[40]；第二，不同群体/亚群体可能会对同一地方有不同的体验，因而同一地方的强调公众参与的文化地图也因此会有群体性差异。

"历史绝不是单一的叙事，而是同时有着成千上万种不同的叙事。我们选择讲述其中一种叙事，就等于选择让其他叙事失声"[41]。在文化地图绘制以及其他公众参与工具的使用过程中，注意到物质层积与非物质层积的差异性(即，物质层积是相对简单而线性的过程，而非物质的意义和价值的层积则是多方建构而千丝万缕的，不同群体建构的"集体记忆"以及基于此的意义和价值的认定及阐释与各群体的背景和偏好密切相关[42])，进而在公众参与进行遗产阐释的过程中对不同群体和亚群体保持敏感，有助于获得更加丰富的信息并取得更为全面的遗产价值保护。

4.3 真实性保护与变化管理

考虑到历史是建构的，顾颉刚先生研究古史"不在它的真相而在它的变化"，面对同样是建构而来的遗产价值，遗产保护的基本原则却要求我们不能仅只考虑变化而忽视了历史城市的真实性。国际古迹遗址理事会(ICOMOS)主席阿罗兹(Araoz)就曾指出，"轻信变化过程就是历史城市值得保护的价值，将导致危险的后果，最终成为反遗产"；ICOMOS 秘书长班巴鲁(Bumbaru)也曾表示"如果简单地接受变化既是必然的，也是必需的、有时还应得到鼓励的观点，将会引起推卸保护责任的争论"[14]。在这种情形下，如何看待城市遗产、特别是动态的城市历史景观的真实性问题，便尤其值得探讨。

独立的、静态的遗产地可以以其被认定的遗产价值来判断其真实性。相对而言，活态城市，即便是列入世界遗产名录的城市历史中心，也很难以单一标准对其真实性加以判断。何为真实取决于个人所处的立场——事实上，真实性的概念本身就是基于外界视角的，对于当地人来说，城市无论怎样变迁都有切实存在的社会、经济、文化等层面的利益进行驱动，因而都很真实；在当地人眼里，每个时段都必然有属于这一时段的真实状态。正如不同人群对于城市历史景观的价值及其阐释会有不同的见解，从不同的视角看待城市历史景观的真实性，也很容易得到不同的结论。而另一方面，即使从单一视角检视真实性问题，仍然会发现"真实性"存在不同的层次。王宁从文化旅游者的视角即提出了三个层次的真实性：客观的真实性(objective authenticity)、建构的真实性(constructive authenticity)、回溯自身的真实性(existential authenticity)[43]。由于对真实性的判断从不同视角、不同层次出发会存在较大偏差，遗产保护领域对于真实性问题的争论始终存在，在 HUL 方法的讨论中也不例外。

一些学者认为 HUL 方法有为旅游业和创意产业的利益效忠的嫌疑。举例来说，拉拉纳·索托(Lalana Soto)认为，《建议书》中缺乏对社会问题的批判性反思，例如如何在避免绅士化的前提下进行历史城市复兴等都是几十年来一直存在的问题，却始终没有得到解决；另外 HUL 方法把所有问题都归到"景观"下面，使得其定义不明确，方法难以实施，而且很容易被曲解[44]。冈萨雷斯·马丁内斯(González Martínez)更进一步认为，从旅游业和创意经济的角度阐释真实性问题直接造成了主题公园化和绅士化现象的产生，是对遗产保护真实性概念的曲解[45]；绅士化过程实际上是外来者将真实性作为一种文化权利工具，并在真实性阐释之争中战胜当地常住民的结果[46]。对于这些指责，也有学者站在当地人的角度提出，虽然专家和学者都批判绅士化，当地社区却可能从不同角度看待这一过程并欢迎这种可以带来经济机会的改变[29]；在一些环境变化的情形中，当地人可能并不认为传统改变了或者习俗消失了，也并不为一些外国专家或游客所怀有乡愁的地方的消失而感到悔恨[47]。

HUL 方法强调动态性保护的过程是否造成了对真实性保护的妥协尚未有定论，但这无疑反映了 HUL 方法实践中一个值得思考且亟须解决的问题，即对于历史城市这一类"活的遗产"，可接受的变化的范围是什么？又将如何具体制定规则来合理地引导和管理变化？在这一问题上适当制定规范和准则，明确可接受的变化的"底线"，将有助于确保 HUL 方法所肯定的"变化"真正服务于"保护"和"可持续"的目的，也促使城市遗产真实性保护问题在遗产保护领域更加明确而具有可操作性。

5 展望

本文简要回顾了从 HUL 提出之始，这一概念和方法在十余年间的发展和探索，并重点讨论了几个相关争论的焦点。不难看出，对于 HUL 的研究和实践始终处于摸索阶段，一些关键的步骤尚不完善、一些重要的理念仍存争议。HUL 方法的提出在城市遗产保护领域是一个重要的思想进步，它强化了城市保护与发展之间的关联、新城和老城之间的关联，无论对遗产学、城市规划学还是社会学等学科，都具有现实意义。2016 年人居三大会通过的《新城市议程》提出要"保障各种有形和无形文化遗产和景观，并保护其免受城市发展潜在的破坏性影响"，同时"支持利用文化遗产促进城市可持续发展，肯定文化遗产在提高参与度和责任感方面的作用"[48]，HUL 方法的实践也无疑成为对这些议程内容的最佳响应。但另一方面，我们也必须意识到，对于复杂的城市问题，不存在普适的方法，也没有万能的工具——在此 HUL 探索阶段全面赞扬其实效或大力推广其应用都为时过早。事实上，在实践探索的过程中，我们应该更多地进行批判性思考和探讨，在明确其优势的同时也发现和积极处理其尚不完善之处，特别应当将之与既有保护、规划方法进行联系并加以总结，以此对 HUL 方法进行补足和强化。HUL 方法的成效仍有待进一步观察，但无论结果如何，这一过程都促进了城市遗产保护领域的视角转换和思想更新，并帮助推进了相关学科的发展和范式转型。

参考文献

[1] Kassim A, Jaidka A, Kanyinda A, et al. UN-HABITAT

Global Activities Report 2015: Increasing Synergy for Greater National Ownership. Nairobi: United Nations Human Settlements Programme (UN-Habitat), 2015.
[2] UNESCO. Recommendation on the Historic Urban Landscape. Paris: UNESCO, 2011.
[3] 张松．城市历史环境的可持续保护．国际城市规划，2017，(2)：1-5.
[4] UNCED. The Rio Declaration on Environment and Development. Rio de Janeiro: UN, 1992.
[5] UCLG. Culture: Fourth Pillar of Sustainable Development. the City of Mexico: UCLG, 2010.
[6] UN. Realizing the Future We Want for All: Report to the Secretary-General. New York: UN, 2012.
[7] UNESCO. WHC-15/39. COM/5D: World Heritage and Sustainable Development. Bonn: the WHC Thirty-Ninth Session, 2015-6-28-2015-7-8.
[8] Arts B, Buizer M, Horlings L, et al. Landscape Approaches: A State-of-the-Art Review. Annual Review of Environment and Resources, 2017, 42(1): 439-463.
[9] UNESCO. Vienna Memorandum. Paris: UNESCO World Heritage Centre, 2005.
[10] UNESCO. A New International Instrument: The Proposed UNESCO Recommendation on the Historic Urban Landscape (HUL) —Preliminary Report. Paris: UNESCO World Heritage Centre, 2010.
[11] UNESCO. Proposals Concerning the Desirability of a Standard-Setting Instrument on Historic Urban Landscapes. Paris: the General Conference: 36th Session, 2011-10-25 - 2011-11-10.
[12] 罗婧．城市历史景观(HUL)的历史脉络及概念分析［D］. 上海：同济大学，2015.
[13] 张松，镇雪锋．从历史风貌保护到城市景观管理——基于城市历史景观(HUL)理念的思考．风景园林，2017，(6)：14-21.
[14] 张松，镇雪锋．历史性城市景观——一条通向城市保护的新路径．同济大学学报(社会科学版)，2011，(3)：29-34.
[15] Robinson M, Smith M. Politics, Power and Play: The Shifting Contexts of Cultural Tourism. See: Smith M, Robinson M (eds). Cultural Tourism in a Changing World: Politics, Participation and (Re) presentation. Clevedon: CHANNEL VIEW PUBLICATIONS, 2006: 1-17.
[16] UNESCO. New life for historic cities: The historic urban landscape approach explained. Paris: UNESCO, 2013.
[17] 张文卓，韩锋．城市历史景观理论与实践探究述要．风景园林，2017，(6)：22-28.
[18] UNESCO. Report on the International World Heritage Expert Meeting on the Mainstreaming of the methodological approach related to the Recommendation on the Historic Urban Landscape in the Operational Guidelines. Rio de Janeiro: UNESCO World Heritage Centre, 2013.
[19] Bandarin F, van Oers R. The Historic Urban Landscape: Managing heritage in an urban century. Chichester: JOHN WILEY & SONS, LTD., 2012.
[20] 韩锋．探索前行中的文化景观．中国园林，2012，(5)：5-9.
[21] Jokilehto J. Evolution of the Normative Framework. See: Bandarin F, van Oers R (eds). Reconnecting the City: The Historic Urban Landscape Approach and the Future of Urban Heritage. Chichester: JOHN WILEY & SONS, LTD., 2015: 205-219.
[22] Turner M. UNESCO Recommendation on the Historic Urban Landscape. See: Albert M-T, Bernecker R, Rudolff B. Understanding Heritage: Perspectives in Heritage Studies. Berlin: WALTER DE GRUYTER GMBH, 2013: 77-87.
[23] 张兵．历史城镇整体保护中的"关联性"与"系统方法"——对"历史性城市景观"概念的观察和思考．城市规划，2014，(S2)：42-48+113.
[24] 徐青，韩锋．西方文化景观理论谱系研究．中国园林，2016，(12)：68-75.
[25] Crang M. Cultural Geography. Abingdon: ROUTLEDGE, 1998.
[26] Smith L. Uses of Heritage. Abingdon: ROUTLEDGE, 2006.
[27] 罗·范·奥尔斯．城市历史景观的概念及其与文化景观的联系．韩锋，王溪译．中国园林，2012，(5)：16-18.
[28] Jokilehto J. Reflection on Historic Urban Landscapes as a Tool for Conservation. See: van Oers R, Haraguchi S (eds). World Heritage Papers 27: Managing Historic Cities. Paris: UNESCO World Heritage Centre, 2010: 53-63.
[29] Taylor K. The Historic Urban Landscape paradigm and cities as cultural landscapes. Challenging orthodoxy in urban conservation. Landscape Research, 2016, 41(4): 471-480.
[30] WHITRAP. The HUL Guidebook: Managing heritage in dynamic and constantly changing urban environments. A practical guide to UNESCO's Recommendation on the Historic Urban Landscape. Shanghai: World Heritage Institute of Training and Research for the Asia and the Pacific Region under the auspices of UNESCO (WHITRAP), 2016.
[31] UNESCO. The Records of the 36th session of the General Conference: Resolutions. Paris: the General Conference: 36th Session, 2011-10-25 - 2011-11-10.
[32] van Oers R, Haraguchi S. Swahili Historic Urban Landscapes: Report on the Historic Urban Landscape Workshops and Field Activities on the Swahili Coast in East Africa 2011-2012. Paris: UNESCO, 2013.
[33] Pérez J R. The Application of the Recommendation on Historic Urban Landscape (HUL) in Cuenca - Ecuador. A New Approach to Cultural and Natural Heritage. Lo ja: Universidad de Cuenca. 2017.
[34] Murphy A, Ollerenshaw A, Taylor M, et al. Historic Urban Landscape and Visualising Ballarat Impact Analysis. Ballarat: Centre for eResearch and Digital Innovation, 2015.
[35] 顾颉刚．古史辨自序．石家庄：河北教育出版社，2000.
[36] de Rosa F, di Palma M. Historic Urban Landscape Approach and Port Cities Regeneration: Naples between Identity and Outlook. Sustainability, 2013, 5(10): 4268-4287.
[37] 张杰，贺鼎．景德镇瓷业历史景观研究．风景园林，2017，(6)：36-41.
[38] Taylor K. Cultural Mapping: Intangible Values and Engaging with Communities with Some Reference to Asia. The Historic Environment: Policy & Practice, 2013, 4(1): 50-61.
[39] Turner M. Social Sustainability of the Historic Urban Landscape. See: Albert M-T (ed). Perceptions of Sustainability in Heritage Studies. Berlin: WALTER DE GRUYTER GMBH, 2015: 99-111.
[40] Smith J. Applying a Cultural Landscape Approach to the Urban Context. See: Taylor K, St Clair A, Mitchell N J (eds). Conserving Cultural Landscapes: Challenges and

New Directions. New York & Abingdon: Routledge, 2015: 182-197.
[41] Harari Y N. Homo Deus: A Brief History of Tomorrow. Beijing: CITIC PRESS CORPORATION, 2017.
[42] 李凡，朱竑，黄维．从地理学视角看城市历史文化景观集体记忆的研究．人文地理，2010，(4)：60-66.
[43] Wang N. Rethinking authenticity in tourism experience. Annals of Tourism Research, 1999, 26(2): 349-370.
[44] Lalana Soto J L. El Paisaje Urbano Histórico: Modas, paradigmas y olvidos. Ciudades, 2011, 14(1): 15-38.
[45] González Martínez P. Authenticity as a challenge in the transformation of Beijing's urban heritage: The commercial gentrification of the Guozijian historic area. Cities, 2016, 59 (Supplement C): 48-56.
[46] Zukin S. Naked City: The Death and Life of Authentic Urban Places. New York: OXFORD UNIVERSITY PRESS, INC., 2010.
[47] Berliner D. Multiple nostalgias: the fabric of heritage in Luang Prabang (Lao PDR). Journal of the Royal Anthropological Institute, 2012, 18(4): 769-786.
[48] UN. New Urban Agenda. Quito: the United Nations Conference on Housing and Sustainable Urban Development (HabitatIII), 2016-10-17-2016-10-20.

作者简介

张文卓，1992年生，女，汉族，黑龙江哈尔滨人，澳大利亚国立大学人文科学与艺术研究院遗产与博物馆学中心博士研究生，研究方向为城市历史景观与文化遗产。电子邮箱：philosophie_26@foxmail.com。

慈城传统城镇结构与山水形势分析

Analysis of Cicheng's Traditional Urban Form and Landscape Pattern

常 媛 郭 巍

摘 要：慈城被誉为中国江南第一古县城，是我国江南地区目前保存最完整的古县城。本文首先从风景园林的角度梳理慈城传统城镇结构的演变，然后从选址、朝向、轭关等三个方面分析慈城传统城镇结构与周围山系的关系。接着从区域尺度和城镇尺度两个方面，分析了慈城传统城镇与水系的关系。这样的分析对于研究和保护我国江南地区传统村镇有着一定的意义。
关键词：风景园林；慈城；山水形式；城镇结构；形态分析

Abstract: Cicheng is regarded as the first ancient county in Jiangnan, China, and it is the most complete ancient county seat in this region. Firstly, the article combs the evolution of the traditional town structure of Cicheng from the perspective of landscape architecture. Then, this paper analyzes the relationship between Cicheng's traditional town structure and its surrounding mountain system from three aspects: location, orientation, and border. Then, from the two dimensions of the area and the town, the relationship between traditional towns and water systems in Cicheng is analyzed. Such analysis has certain significance for the study and protection of traditional towns in the Jiangnan region of China.
Keyword: Landscape Architecture; Cicheng; Mountain and Water System; Traditional Town Structure; Formal Analysis

慈城位于宁绍平原北部，地处宁波市江北区西部，东连镇海区，西接余姚市，北临慈溪市，南临鄞州区[1]，是宁波老三区唯一保留的建制镇。慈城自唐开元制县至今已有2000余年的历史，依然保留着较为完整的骨架结构，被称为“中国古县城标本”。

本文将从慈城的山水形势出发，通过各时期地方志和专业志、历史地图、舆图和历史影像分析慈城古县城与山水自然系统的结合方式，这对于探讨我国南方传统城镇结构有一定意义[2]。

1 慈城形态演变与发展历史

慈城位于姚江平原达蓬山以南，东、北、西三面环山，“苍翠回环，俨若圆障”[3]，南面为开阔的姚江平原，余姚江自丈亭分流，“大江（即前江，又称姚江）”和“小江（即后江，又称慈江）”流经其中，古县城处于典型的河谷盆地地势之中（图1）。本章将主要从风景园林角度梳理慈城的形态演变和发展过程以及不同历史时期的主要特点。

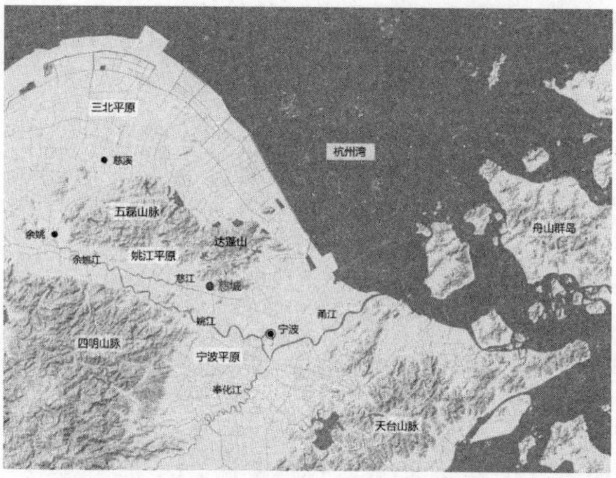

图1 慈城镇地理位置图（图片来源：作者自绘）

1.1 唐开元以前

根据河姆渡遗址出土文物推测，早在新石器时期这一带便有先民活动。春秋时期宁绍平原地区海侵初退，沼泽遍布，因此早期聚落多形成于靠近山麓的孤丘平原地区，东周元王三年（公元前473年）越并吴，依托四明山建句章城于城山。秦时置句章县，属会稽郡，县治在城山渡。历两汉、三国不变，后句章城为晋孙恩起义军所残破，县治迁至小溪，后建制几经变更，至唐武德四年（621年）废句章。句章自秦始皇二十六年（公元前221年）置县至唐武德四年（621年）废，凡842年，今慈城地域归其所属[4]。

1.2 唐代

唐开元二十六年（738年）置慈溪县，房琯为县令，设治于德润湖（今慈湖）之南，浮碧山之下，官兵阻山而居，藩篱不设[4]，此为慈溪置县之始，县治便是今天的慈城。

因姚江是潮汐江，行船不便，小江成为县城主要对外通路，对外联系的皂矶驿均分布在小江沿岸。唐代期间县城兴修水利，其中与城市发展密切相关的普济湖、永明湖（已湮）开凿于唐肃宗年间，两湖汇集县域北部、西部山区水源，向南流经县城、汇入小江[5]。这样，县城南北水源贯通，成为慈城水网体系的基础。

唐代慈城实行里坊制，通过坊间道划分街廓，以中街为轴线，呈规整的井字形布局。五条主要道路，除中街是“一街两河”，其余均为“一街一河”的形式，形成“三横五纵”的路网水网结构。“列五街（中街，东、西街，上、下横街），左右三十巷，井井若枰然。又东西街傍开两直河，南北开三横河。……中街阔七丈，东西上下街阔三丈。……余两旁开市河，阔八尺，深八尺，东西河旁作廊房，廊前植槐柳[3]”，古县城的基本格局的雏形已形成（图 2）。

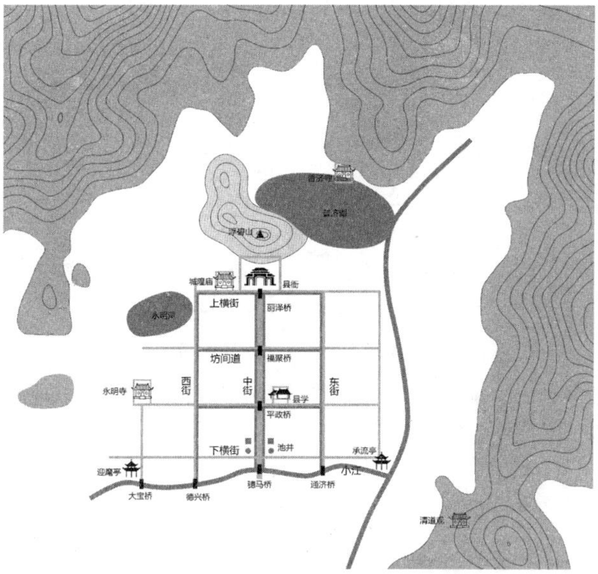

图 2　唐代慈溪县治（今慈城）复原示意图
（图片来源：作者自绘）

1.3　宋元时期

宋代里坊制瓦解，坊墙被拆除，沿街商业开始发展，城镇得以扩张。此时道路向东北、东南及西部的永明寺区域有不同程度的延伸，中街两侧的市河可能由于侵街占道的原因被填埋而消失，下横街已发展成为城市商业和市民生活最繁荣的区域，普济湖（慈湖）周围已形成完整环路，普济寺僧在湖心筑堤路，与东街相接，慈城城镇结构进一步发展（图 3）。

宋时小江受民田阻塞，旱涝无常，“夹田桥外水道不利，故江潮鲜入，山水难出，易盈易涸[3]”。宝祐五年（1257 年），制使吴潜开管山江，“市民田，垦河五里，长七百丈有奇，阔三丈六尺，深一丈六尺……水由是达茅针，鄞、慈、定三邑皆蒙利焉[6]”。又于夹田桥以南开凿刹子浦（刹子港），沟通管山江和姚江。管山江的开凿从根本上改变了县城的水网结构：小江逐渐淤积变窄而成为真正的城市内河，后多称其为骢马河，普济湖水南下，从城东流入骢马河，南通姚江，东连海潮，县城内各处河道皆可通潮汛，并且辅以闸门来调节水位涨落[5]；此后过往船舶多由管山江、刹子浦通行，代替了丈亭以东姚江自然段，避免了海潮对航运的影响。

1.4　明清时期

明初“信国公汤和至县，谓市人曰：‘此小县，安用此大街，何不令民作居室[3]’，遂市民皆占街营室，慈城街道变窄。明嘉靖三十五年（1556 年），倭寇入县治，朝廷命胡宗宪等营建慈溪县城垣，翌年秋竣工，‘城后负石刺峰，前面重江，左山蜿蜒，右山兀耸。……辟为四门，东曰镇海，南曰景明，西曰望京，北曰环山。东西各为小门（小西门、小东门）又穴水门于东西，以通潮汐。门各有楼，罗以月城，外为濠九里五步[4]’”。这是慈城历史上第一次修筑城垣和护城河，此时慈城已经开始向骢马河以南地区发展，初期只有中街延伸至南城门，后来街巷逐渐增多；筑城期间，慈城城外多处河道被包入城垣之中，增设了一系列的水门、水闸，慈城水系得以进一步连通（图 3）。清代慈城骢马河以北的区域变化较小，以南地区继续发展完善，到清朝后期慈城城镇结构已完全发育成熟。

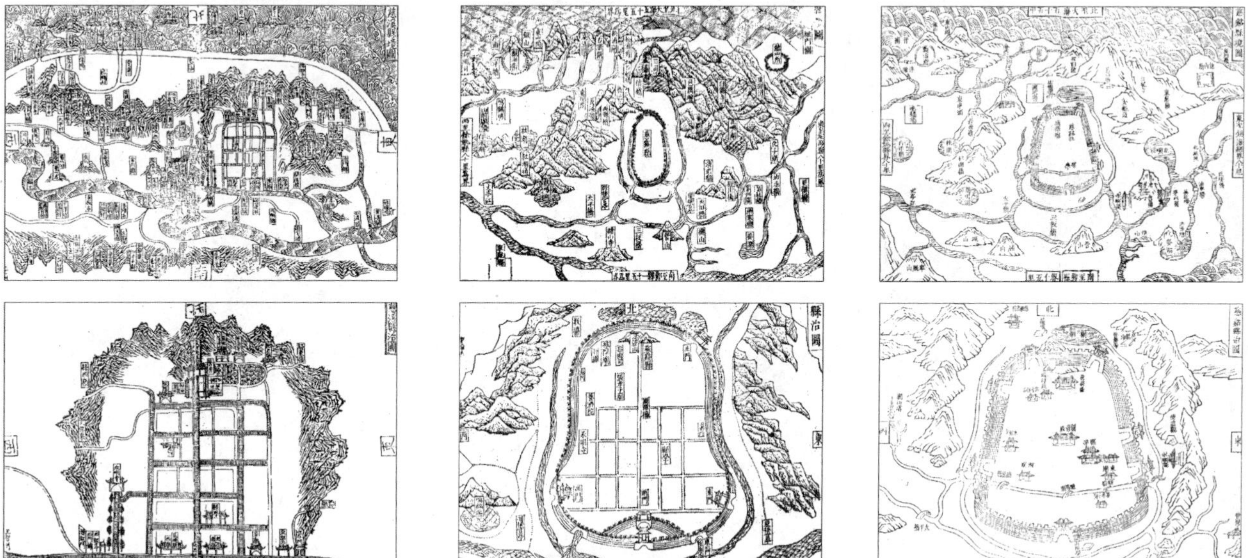

图 3　宋至清慈溪县境及县治（今慈城）变迁图

1.5 清末民国时期

清末列强势力侵入东部沿海地区，受到新兴的铁路等交通方式的冲击，加之战乱、维护不利等诸多因素，慈城传统的水路双棋盘结构受到威胁。清末时，慈城河道侵占的现象非常严重，多处闸门已废弃不用，“潮水已仅通大河，支河曲折，悉淤塞不能到[9]”。到了民国时期，城市河道已几乎不与城外河流连通，河道淤塞，或成为断头河，水路交通基本废弃，慈湖水域面积也大大收缩。与水路的衰退相反，慈城陆上交通在此时获得较大发展，形成很多次级城市道路和入户巷道，民国时期县城内既保留了传统商业街道如下横街，又出现了新兴的商业街[5]，城镇结构呈现出新的面貌（图 4）。

由此可见，慈城古县城的基本结构雏形源于唐置县之始的规划布局，在以后的发展过程中，县城结构与形态的重大变迁大多与水利以及城墙兴建有关。唐代的规划为县城结构奠定了基础，宋代人工水利的兴建，尤其是管山江的开凿对慈城的水网结构及城市形态产生了重要影响，明清时期城墙的营建、水系的调整和骢马河以南城市的发展使慈城传统城镇形态最终形成（图 5）。

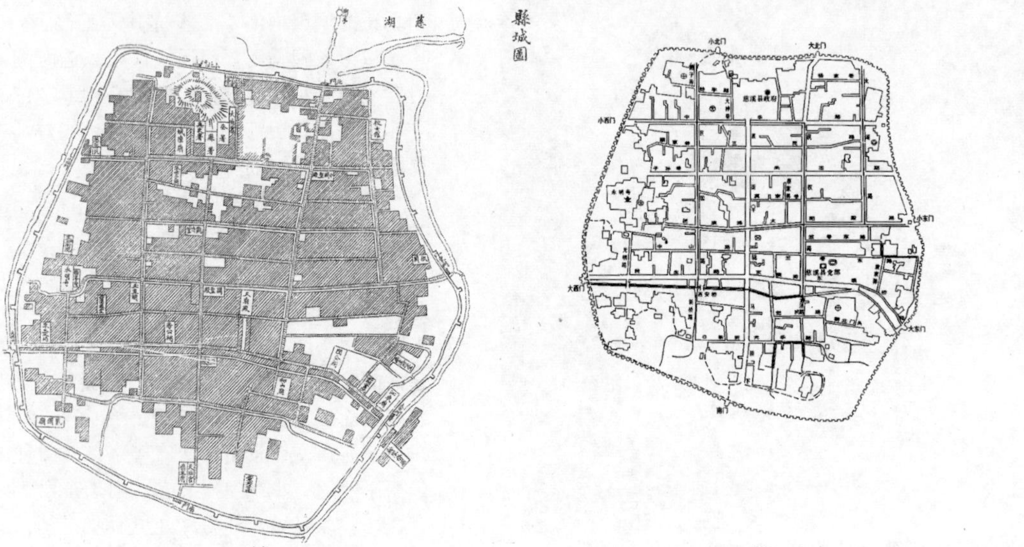
(a) (b)

图 4　清光绪年间、民国 36 年慈溪县城（今慈城）平面图

(a) 清末慈溪县治图[9]；(b) 民国 36 年慈溪县城图[4]

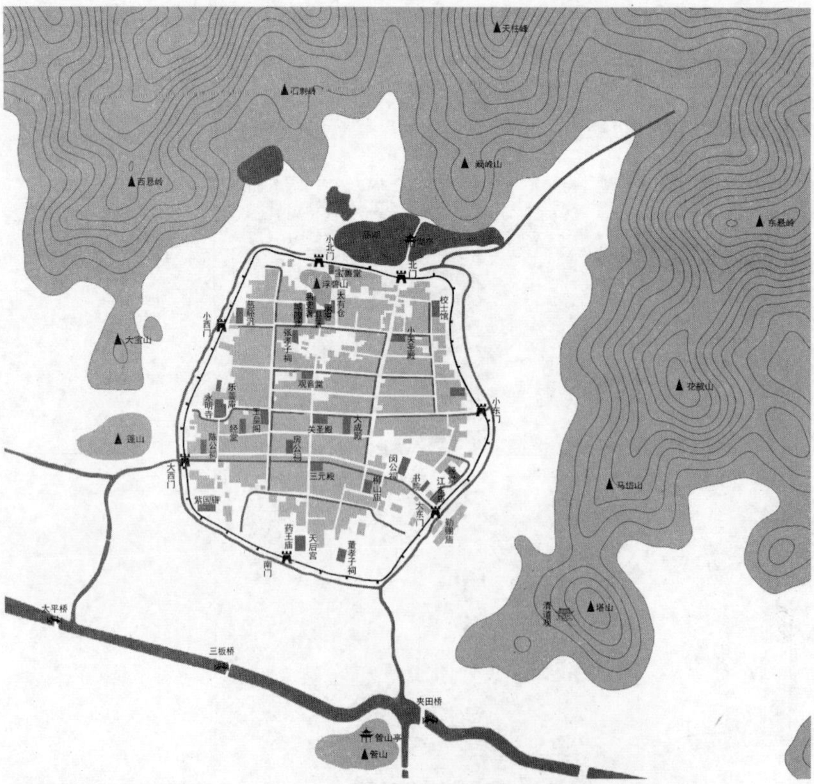

图 5　清末慈溪县城平面图（图片来源：以《光绪慈溪县志》慈溪县治图为根据，作者自绘）

2 山势与传统城镇结构

慈城传统城市形态与其周围山水形势关系密切，很大程度上受到传统风水堪舆理论的影响，可以总结为“选址、朝向、轭关”三个方面。

2.1 选址：定位与占边

“县负山而治。山始于艮，为天柱峰，高耸天际，层冈连亘翔舞，而南至乾隅，再立为石刺峰，斗绝直下为支脉，从中蜿蜒如游龙许里，昂首左盼为浮鳖山（浮碧山），县治于此[10]”。唐开元设治于此，“凭高原，面广野，九岭腾骧，二江吞吐，东据鸥鹚之浦，北枕黄牛之山[11]”，县城三面环山，中间地势平坦，处于典型的河谷盆地之中，如端坐于太师椅中，呈现出“九龙戏珠”之势（图6）。

达蓬山绵向南延数十里，一直到古县城衙署之后的浮碧山，此为慈城古县城的“主山”。北面的石刺岭，东面的东悬岭、马岙山、塔山，西面的西悬岭、大宝山，与南面的慈江共同形成内层围合，总面积约5.40km^2；外围由北面的天柱山、东南面的狮子山、西面的五磊山以及姚江实现围合，并和南面的四明山余脉相呼应、面积约46km^2。内外双重围合形成了慈城古县城的边界，层次分明，但是，这在空间界定的同时也成为慈城只宜置为县治，而难得到进一步发展成为州府群治的原因之一。

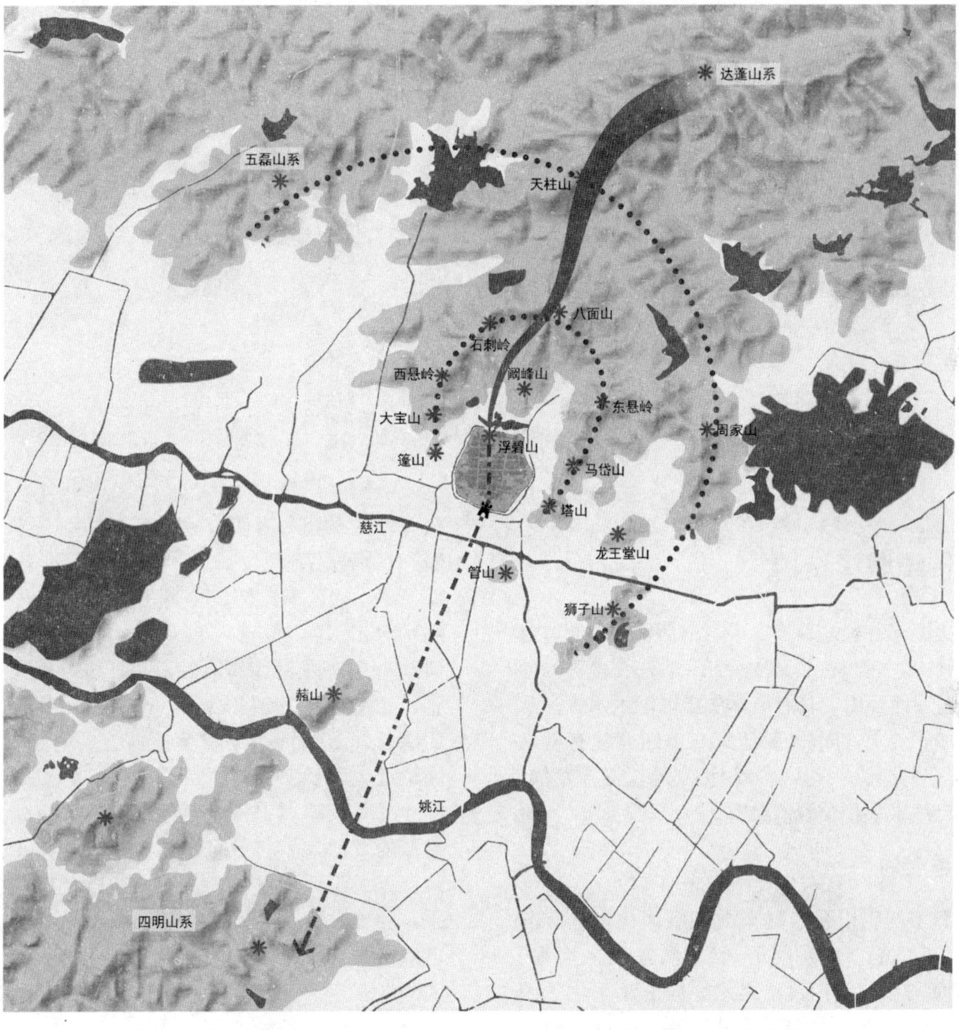

图6 慈城传统城镇结构与周围山势关系图（图片来源：作者自绘）

2.2 朝向：轴线与秩序

传统堪舆理论中的朝向很大程度上取决于聚落与山水对位关系的处理。慈城城镇形态经过几千年的演变，到明清时期形成的主要轴线是自然景观与人工干预相结合的结果[2]。

县城主轴线源于祖山达蓬山，向南随山势延伸入县城、至主山浮碧山。县城制高点上置为县衙，轴线沿中街向南延伸，在与东西向主要道路相交处，由北向南分别设有观音堂、关圣殿、三元殿、天后宫、药王庙等公共性建筑。中街左（西）、右（东）两侧的建筑与路网布局大致对称，成规整井字形，以东多为文教类建筑，西多布置祠堂庙宇。唐开元设治，慈城以中街为轴线，朝向为正南北方向，宋管山江挖掘以后，慈城开始向骢马河以南发展，直到清光绪年间重修城墙，南城门改建为朝向西南方向，使得轴线延伸至中街南端时出现了一个向西的偏角。这是通过人工营建，将中街南端及南城门西偏，以使轴线正对姚江凹处，同时对应近案山管山，远案山赭山，并结束在远处朝山四明山（图 6）。

2.3　轭关：守边与水口经营

“夫水口者，一方众水所总出处也[12]”，传统堪舆理论中极为重视水口的景观评价和景观营建，以通过控制边界来强调对领域的占有。

慈城主要水口位于县城东南方向管山与塔山之间，这是县城水总出口、与管山江交汇处。水口以东建有夹田桥，因管山与塔山体量相对较小、距离较远，关锁之势不够严密，人们还在管山、塔山之上修亭建塔，以壮水口、兴风水[1]。

《光绪慈溪县志》中记载：“慈溪邑东之有管山亭，有关文运而作也。”管山亦称作文笔峰，管山亭也被称为“文昌阁”。管山最初与文运相关，是当地文人的朝圣集会之地，后来更成为往来于此商贾客旅的地标（图 7）。当地人为纪念开凿管山江的宋丞相吴潜所修建的讴思庙（吴公祠），也在管山。通过在水口砂山之上建筑的修筑，进一步增强对水口的封锁、对县城空间的控制。

(*a*)

(*b*)

图 7　管山兴修建筑加强水口的关锁之势

（图片来源：http：//blog. sina. com. cn/s/blog _ 4423cedf0100kpz7. html）

（*a*）管山亭；（*b*）讴思庙

3　水系与传统城镇结构

慈城位于典型河谷盆地地势之中，南面姚江平原，姚江和慈江贯流其中，慈江在北又称后江，姚江在南称为前江；西、北、东三面环山，具有丰富的山区汇水水源。慈城发展过程中城市结构的重大变迁都与水网营建有密切关系，慈城水网结构自唐置县以来因势利导，逐步发展，是人工水利与自然水系相结合的典范。

3.1　区域水系连通

姚江，发源于四明山夏家岭东北的眠冈山，在宁波三江口与奉化江交汇，始称“甬江”，向东汇入大海。慈江发源于镇海桃花岭，汇汶溪之水，向南流至化子闸转而向西[13]，至丈亭汇入姚江，形成丈亭三江口，旧时在此设丈亭渡和南渡以通往来。姚江是潮汐江，不宜行船，“乘潮多风险，故舟行每由小江，小江即后江（慈江）也[14]”，小江便成为慈城重要的对外通道。南宋时期小江淤塞，通行不畅，洪涝频发。南宋宝祐五年（1257 年），吴潜组织百姓对小江进行疏通整修、截弯取直，修建了管山江（以后一般将由丈亭到太平桥一段称为慈江，太平桥经夹田桥抵西渡叫管山江），并逐步发展形成太平桥、三板桥、夹田桥三处重要交通节点（图 8）。另外又于夹田桥以西挖通了一条直接沟通管山江和姚江的直河——刹子浦，并在其南端建小西坝，隔江与姚江上的大西坝对接，进行水位的调节和控制。这样一来，往来余姚、慈溪和鄞县、镇海之间的船只，大多走已经基本人工化的慈江、刹子港和中大河，这一段河道成为浙东运河（宁波段）的重要部分（图 9），即浙东运河（宁波段）乙线。

(*a*)

(*b*)

(*c*)

图 8　慈江上三处重要桥梁节点

（图片来源：http：//blog. sina. com. cn/s/blog _ 4423cedf0100m8yj. html）

（*a*）太平桥；（*b*）三板桥；（*c*）夹田桥

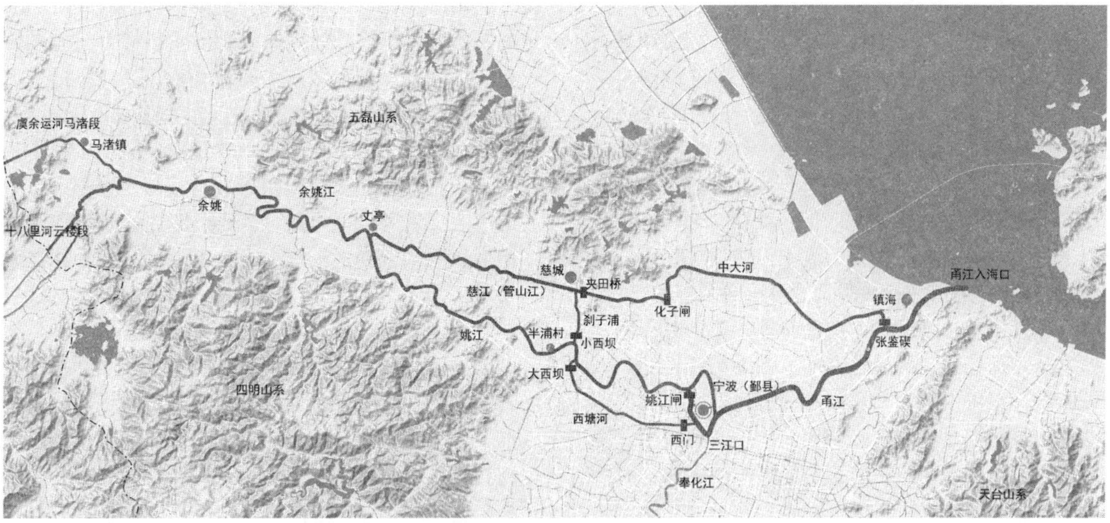

图 9　浙东运河（宁波段）航线及节点示意图（图片来源：作者自绘）

浙东运河（宁波段）长 100 余公里，是自然河道与人工运河的有机结合，在运河过坝、候潮或转运的位置，逐渐发展形成一些聚落节点，为过往船只提供休憩、物资补给、货物储存和转运的场所，它们随运河的兴起而繁荣，彼此之间通过运河联系密切[15]。慈城便是浙东运河姚江段的重要节点、宁波的重要门户，运河漕运的畅通以及与出海口的连接，为当地带来了经济与文化的繁荣，“浙东及姚江多慷慨之士和思想巨子”，慈城便是其中重要的一环。

3.2　县城水网营建

慈城三面环山，山谷汇水是慈城古县城重要的水源。慈湖位于县城北部，汇集北部山区水源，是慈城最重要的水域和标志（图 10）。慈城“城为梯形，四个城角为圆弧状态，全城七个城门，南城门一个，北、东、西城门各开二个[17]”，形似龟，似从慈湖汲水，共同构成“浮龟饮水”的意象。慈湖在三国时期为纪念东吴太傅阚泽在阚峰建室讲学而得名阚湖。到唐朝初兴水利多以湖泊营建为主，“北郊外，唐令房琯凿，以溉田，广袤一百五十亩[16]”，房琯背山面城凿湖，蓄水灌溉，抗旱防涝，因其邻近普济寺而更名为普济湖，此后对慈湖的营建和疏浚一直伴随着慈城的发展。南宋普济寺僧在湖中筑堤直贯南北，以通往来，慈湖与县城联系更为紧密，并且成为百姓游赏的重要公共空间，“（普济湖）内立两洲，洲上建亭，亭四面皆花洲，外红白芙蕖，环堤皆柳，每值良天，邑人争租船以游，歌笑之声溢于四境[3]”。“国初（清初）王绣复募民浚之，观澜下车即规画此事。工竣，盖小亭于湖上，颜曰‘师古’，志非妄作也[9]”。清乾隆年间，知县胡观澜重浚慈湖，重修湖亭并最终得名“师古亭”（图 11）。

“慈湖”得名于南宋杨简，杨简被人称为“慈湖先

图 10　清光绪慈湖图[9]

图 11　师古亭旧影[18]

生”，晚年在慈湖湖畔讲学，是上承陆象山，下启王阳明的著名心学家。在程朱理学盛行之时，浙东一带却深受心学的影响，慈城更是如此。杨简认为人心自明、心即是理，强调对本心的追求，这对慈城文化产生了深远的影响，使慈城形成慈孝为先、忠于内心、淳厚务实的文化氛围。

慈城县城为水陆双棋盘格局，除中街为一街两河外，其余主街皆为一街一河的布局，形成“三横五纵”的“井”字形水、陆交通网络，成为县城内水网结构的基础；慈城城外引水开渠，护河绕城，这些河道大多是对自然溪水河流加以利用而修筑：县城东北的上岙洞与谈秒涧，在城东合二为一，最终发展为如今的东护城河；城西北的黄夹岙，也有山涧水向东南流入永明湖，后永明湖湮灭，溪水被整修为西护城河[1]，这些河道与城内水网相通，起到排水、泄洪的作用。

由于慈城这样的城镇结构，桥和埠头成为县城重要的节点。中街上从北向南横跨四座桥梁——丽泽桥、福聚桥、平政桥以及骢马河上的骢马桥，这四座桥均为桥上建亭的形式，既是交通空间，又能够让人们在桥上休息眺望。横跨骢马河的除骢马桥外还有西侧的德兴桥和东侧的通济桥，随着慈城向南扩展，它们成为联系慈城南北区的重要交通节点。另外，由于县城内建筑大多沿河，因而产生了很多入户的石板桥[16]。埠头是县城水陆交通的联系点，慈城主要的埠头有学前埠和骢马桥埠头（图 12）。学宫朝南面向东横街，这一带被称作“学前”，学前埠最初是官用码头，后来逐渐成为各类货船停靠装卸的地方，各类人群在此聚集，商业逐渐兴起于附近，成为一处重要的城市公共空间；骢马桥埠头位于骢马河，是慈城及周边地区货物运输的重要转运集散地，对慈城商业的繁荣起着极大作用。

(*a*)

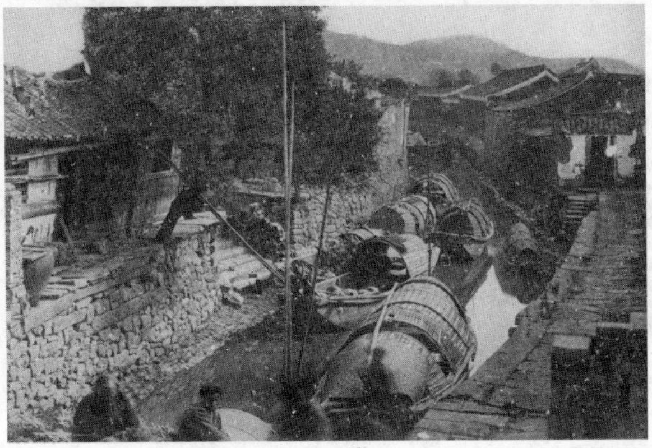

(*b*)

图 12　桥和埠头是慈城重要的节点

（图片来源：http：//blog. sina. com. cn/s/blog _ 8a0081840102zfnr. html）

（*a*）骢马桥；（*b*）学前埠

4　结语

慈城传统城镇形态的演变，从选址、规划，到一步步发展、成熟，在选址定位、朝向秩序、水口经营等方面，区域水系和县城水网等尺度上，体现了城市与山水环境的完美整合，是我国江南河谷盆地传统城镇规划的典范，这对于今天城市化发展和传统城镇保护依然有着重要意义。

参考文献

[1]　牟俊．基于风水学说的宁波慈城古县城山水格局研究[D]．华中科技大学，2015．

[2]　郭巍，侯晓蕾．双城、三山和河网——福州山水形势与传统城市结构分析[J]．风景园林，2017(05)：94-100．

[3]　(明)李逢申．天启慈溪县志[M]．明天启四年刊本．台北：成文出版社，1983．

[4]　慈溪市地方志编纂委员会编．慈城县志[M]．浙江人民出版社，1992．

[5]　徐敏．水利因素影响下的城市形态变迁研究——以慈城为例[J]．城市规划，2011，35(08)：37-43．

[6]　(宋)梅应发，刘锡．开庆四明续志[M]．宋开庆元年刊本．北京：北京图书馆出版社，2004．

[7]　(宋)罗浚．宝庆四明志[M]．清光绪五年刊本．清咸丰四年刊本．台北：成文出版社，1983．

[8]　(清)曹秉仁．雍正宁波府志[M]．清乾隆六年刊本．上海：上海书店，1993．

[9]　(清)杨泰亨，冯可镛．光绪慈溪县志[M]．清光绪二十五年刊本，德润书院刻本影印(1899 年)．台北：成文出版社，1975．

[10]　(明)张时彻，周希哲．嘉靖宁波府志[M]．明嘉靖三十九年刊本．台北：成文出版社，1966．

[11]　(清)嵇曾筠等．浙江通志[M]．清雍正十三年刊本．上海：上海古籍出版社，1987．

[12]　(明)缪希雍．葬经翼[M]．康熙三十四年刊本，中国国家图书馆藏．

[13]　干凤苗．姚江志[M]．北京：中国水利水电出版社，2003．

[14]　(元)袁桷．延祐四明志[M]．清咸丰四年刊本．台北：成文出版社，1983．

[15]　张延，周海军．大运河宁波段聚落文化遗产保护措施研究[J]．中国文物科学研究，2014(03)：30-32．

[16]　(清)杨正笋修，(清)冯鸿模纂．雍正慈谿县志[M]．清雍正八年刊本．台北：成文出版社，1975．

[17]　张驭寰．中国城池史[M]．北京：中国友谊出版公司，2009．

[18] 常盘大定，关野贞．中国文化史迹[M]. 浙江：浙江人民美术出版社，2017.
[19] 武苗苗．慈城公共空间浅论[D]. 南京大学，2015.

作者简介

常媛，1993年生，女，汉族，山东人，北京林业大学风景园林硕士研究生，研究方向为乡土景观。电子邮箱：398093891@qq.com。

郭巍，1976年生，男，汉族，浙江人，博士，北京林业大学园林学院副教授，荷兰代尔伏特理工大学(TUD)访问学者，研究方向为乡土景观。电子邮箱：gwei1024@126.com。

从地产景观看中国传统园林的继承与发展

Viewing the Inheritance and Development of Chinese Traditional Gardens from the Perspective of Real Estate Landscape

王静煜　薛晓飞

摘　要： 中国传统园林，从其历史进程可以看出，每个时代的园林都有其时代特色。传统园林反映了其所处时代的科学技术水平、社会需求等，是当时社会文明的产物。不能否认，随着时代的发展和社会结构的改变，中国传统园林形式和现代社会的要求有一定的差异。本文以两个有中国传统园林特色的新中式地产景观——姑苏雅集和中航樾园为切入点，通过对设计手法和表现形式的解析，追根溯源，梳理总结出现代园林设计中，传统设计思想和要素转译线索，进而管中窥豹寻找能够推而广之的中国传统园林的继承与发展方向。

关键词： 传统园林；地产景观；继承；发展

Abstract: Chinese traditional gardens, as can be seen from its historical process, the gardens of each era have their own characteristics of the times. Traditional gardens reflect the scientific and technological level and social needs of the era in which they lived, and were the products of social civilization at that time. It cannot be denied that with the development of the times and the changes in the social structure, there are certain differences between the traditional Chinese garden forms and the requirements of modern society. This paper takes two new Chinese real estate landscapes with Chinese traditional garden characteristics - Gusu Aristo Villa and Yueyuan Courtyard as the breakthrough point, traces back to the origin through the analysis of design techniques and forms of expression, combs and summarizes the clues of traditional design ideas and elements translation in modern garden design, and then looks for the leopard to find the inheritance and development direction of Chinese traditional gardens that can be extended.

Keyword: Traditional Garden; Real Estate Landscape; Inheritance; Development

引言

中国传统园林，作为中华文化的艺术瑰宝，经历了百年沉浮后又重新得到了世人的关注[1]。从传统园林发展的历史进程中可以看出，每个时代的园林都有其时代特色，在一定程度上反映了所处时代的科学技术水平、社会需求、地理环境和物质条件，是当时社会文明的产物。但不能否认，随着时代的发展和社会结构的改变，中国传统园林形式和现代社会的要求有一定的差异，于是新中式景观应运而生。新中式景观在地产景观中尤为常见，是对传统园林继承与发展的一种有益探索。本文将以两个具有中国传统园林特色的新中式地产景观——姑苏雅集和中航樾园为切入点，通过对设计手法和表现形式的解析，追根溯源，梳理总结出现代园林设计中，传统设计思想和要素转译线索，进而管中窥豹寻找能够推而广之的中国传统园林的继承与发展方向。

1　新中式景观

新中式一词最早可追溯至1958年讨论国庆“十大工程”会上梁思成先生提出的“中而新”，即既要在设计中体现中国文化的特色，又要表达新时代的精神，这在本质上反应的是“传统”与“现代”的对话、互动与融合[2]。梁先生“中而新”的观点开启了新中式建筑和景观风格探索的源头。新中式景观的概念有狭义和广义的两种，广义指我国近现代所兴建的园林景观，从狭义看，新中式景观是20世纪末、21世纪初中国园林最新的发展动态和方向，是以现代时尚元素表达中国传统文化的新景观，是对中国传统园林的继承、衍变与追求[3,4]。纵观中国景观的发展史，每一阶段都与特定的社会发展需求相适应，新中式景观的产生与发展并不是偶然事件，而是中国景观发展的必然[5]。本文所说的新中式景观即是其狭义的概念。

2　案例分析

2.1　苏州绿都姑苏雅集示范区景观

姑苏雅集是苏州绿都人民路项目，地块位于苏州核心老城区，和沧浪亭仅有几个街区之邻，是罕有的老城区放地①（图1）。景观设计是朱育帆老师的作品，朱老师曾说“我需要我的作品具有实验性，既符合现代审美又不失文化的本真”，这既是朱老师对景观对园林的执着追求，同时也是对“新中式景观”最好的阐述。朱老师做设计的根本来源是挖掘场地的历史文脉并从中获得灵感赋予设计方案以灵魂，从而做出本土化的设计。

① 三研堂 青手．三研堂践行：绝对干货，景观看不见的故事之“姑苏雅集”——景观管理的价值和勇气．2018.3.20（https://mp.weixin.qq.com/s/99mk_D4jHkNsbnYuEVMMlA）。

图 1　姑苏雅集区位图
（图片来源：引自 https：//mp. weixin. qq. com/s/99mk _ D4jHkNsbnYuEVMMlA）

2.1.1　项目解读

项目之初，朱老师团队花了大量的时间做场地的文脉梳理，试图从周边现状环境找到一些与历史发生关联的场所，并分析与场地的关系。之后梳理了古代苏州城的城市演变过程（图 2），以期找到场地原本的性质与定位。最后得出的结论是：该地块为历史上的城隙地，以农田为主；周边主要的历史文脉有文庙、南园和沧浪亭景区，但是和场地的交接关系均较弱；场地西侧人民路先前称为卧龙路、龙头文庙、龙尾北寺塔等；场地北街名为“东二巷”，暂无历史典故。从场地文脉的挖掘来看，方案并不能从历史文脉里找到直接的概念来源。于是反过来研究地块自身的属性。整个地块由大的南北和东西轴线分割成若干个部分，示范区位于场地西侧①（图 3），由此设计师联想到了历史上三大著名雅集②之一的西园雅集（图 4）。

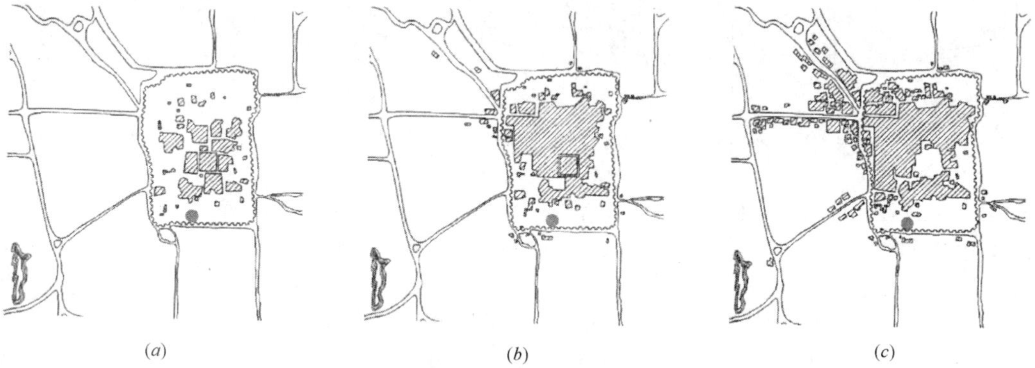

图 2　古代苏州城形态演变示意图
（*a*）前期；（*b*）中期；（*c*）后期
（图片来源：引自 https：//mp. weixin. qq. com/s/99mk _ D4jHkNsbnYuEVMMlA）

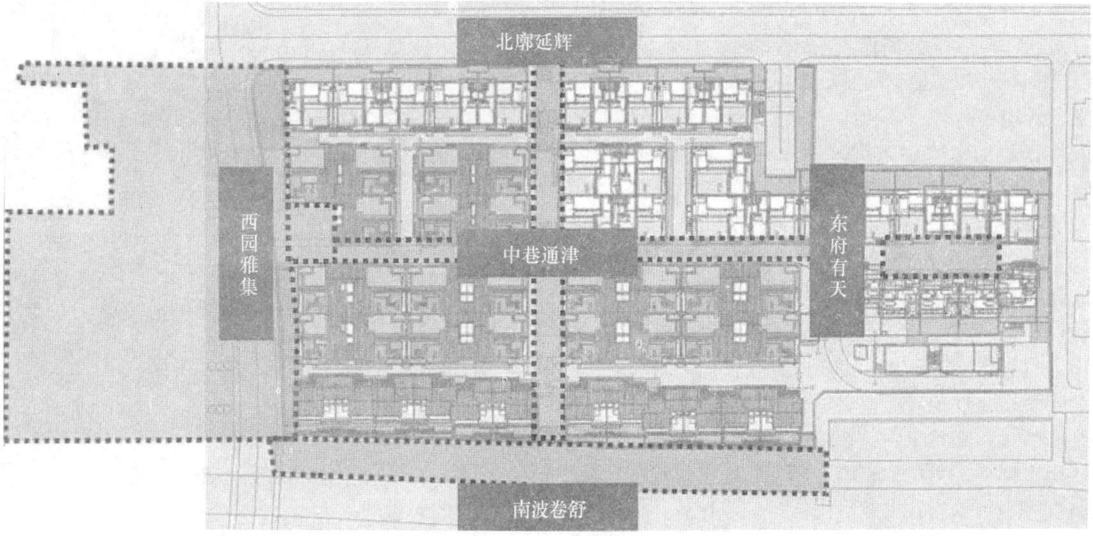

图 3　轴线关系图
（图片来源：引自 https：//mp. weixin. qq. com/s/99mk _ D4jHkNsbnYuEVMMlA）

① 三研堂 青手．三研堂践行：绝对干货，景观看不见的故事之“姑苏雅集”——景观管理的价值和勇气．2018. 3. 20（https：//mp. weixin. qq. com/s/99mk _ D4jHkNsbnYuEVMMlA）。

② ②三大著名雅集为：兰亭雅集、西园雅集和玉山雅集。

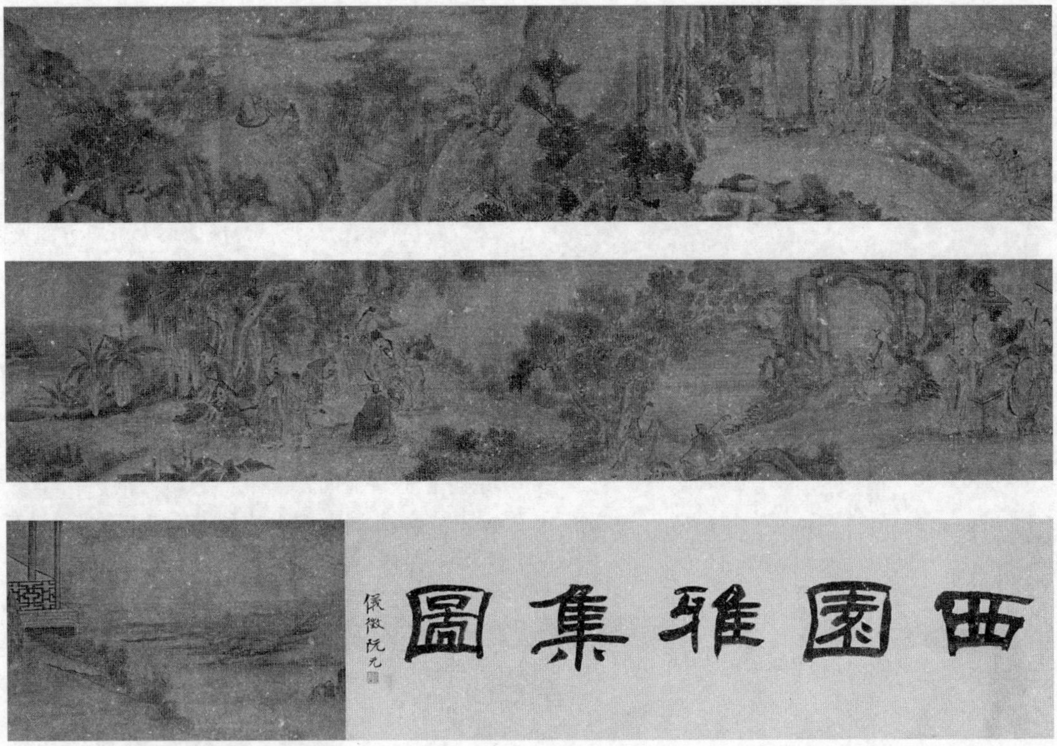

图 4　西园雅集图

（图片来源：https：//cn. bing. com/images/search? view = detailV2&ccid = WMNxKw% 2fS&id = 23199981D0F0B938783AD7EB7EA14F3A1FD0E65A&thid = OIP. WMNxKw _ SgX55b0nbggHBbQHaFD&mediaurl = http% 3a% 2f% 2fwww. rb139. com%2fimage%2fbig%2f20040620 _ 458. jpg&exph=1229&expw=1800&q=%E8%A5%BF%E5%9B%AD%E9%9B%85%E9%9B%86%E5%9B%BE&simid=608005614599472738&selectedIndex=3&ajaxhist=0）

西园是宋代驸马王诜的宅邸花园，苏轼常常参加在此处举办的集会。雅集，是指文人雅士吟咏诗文，议论学问的集会。由于集会活动参与主体的文人特质，使集会上升到了“雅”化的层次[6]。西园雅集，是以苏轼为盟主地位形成的雅集核心在王诜西园举办的集会，参会众人皆与苏轼有来往，会后李公麟作《西园雅集图》，米芾写了《西园雅集图记》。其实根据历史记载，西园雅集发生在北宋的汴京，即现在的开封，和苏州是没有任何关系的，但依然可以将雅集的概念引入到方案设计中来，这完全符合设计学的两种智慧之一的无中生有①，在某种意义上说这是借景的一种手法。《园冶》说“夫借景，林园之最要者也”。孟兆祯先生曾对此做过解释，“借同藉”，凭借什么借景才是借景的本意，而借景的最高境界是“臆绝灵奇”，通过思考、构思、想到绝处，以达到灵动奇绝的艺术效果[7]。姑苏雅集不仅在立意之初就为景观融入了传统文化的理念，在景观设计上更是将这种理念进行到底。

李公麟的《西园雅集图》运用连环画的叙事方式，以白描入画将事件分成书法、绘画、题石、抚琴和修法五部分，示范区景观方案将这五幕故事赋予五个场景，将雅集文化场景化，依次对应为豪谈间、筠杪间、墨石间、漱玉间和庐云间。售楼处和样板间庭院的景观概念则是提取了雅集的核心人物苏轼的《后赤壁赋图》中的故事进行演绎，赋予每个庭院以匹配《后赤壁赋图》的概念场景，最终形成了堂雪庭、赤壁庭和临皋庭等院落（图 5）。

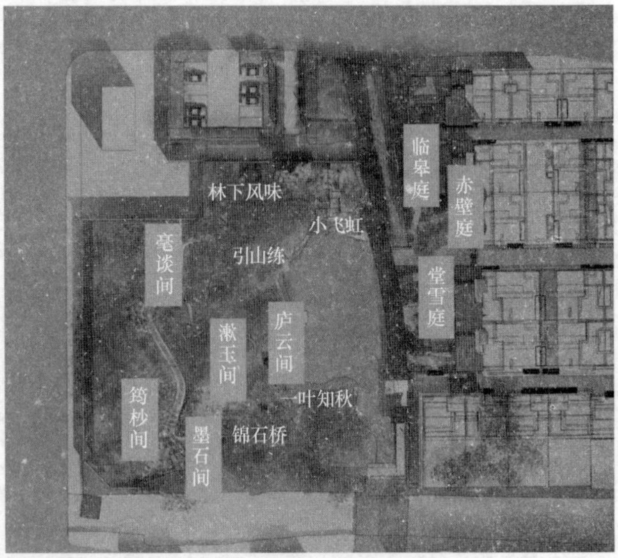

图 5　景观概念平面图

（图片来源：引自 https：//mp. weixin. qq. com/s/99mk _ D4jHkNsbnYuEVMMlA）

从入口（图 6）向右此次是豪谈间、筠杪间、墨石间、漱玉间和庐云间，然后是中央水景，对面依次是临皋

① 朱育帆老师的讲座，设计学的智慧即是无中生有和借题发挥。

庭、赤壁庭（图 7）和堂雪庭等多重院落，自院落向北看，长廊尽头有一飞虹桥横跨水面，将水景收尾，便至园区的出口。飞虹桥横跨水面，闻名便不由得想起拙政园的小飞虹。

图 6　入口景观
（图片来源：引自 https：//mp. weixin. qq. com/s/99mk _ D4jHkNsbnYuEVMMlA）

图 7　赤壁庭
（图片来源：引自 https：//www. meipian. cn/1a0o6oq3？ share _ depth=4）

（1）豪谈间

豪谈间（图 8）通过花草树木与竹林的交织以及现代科技手段的雾森系统，营造曲径通幽，山林气十足的景观效果，让人居于繁市亦仿佛置身于世外桃源，路径幽曲，转身移步，豁然开朗。流水、茶盘顺石而出，缓缓流淌，渲染了静谧的山林，隔绝了喧嚣的气氛。泰山松与石的结合，配以苏轼的《春中贴》，提笔落墨，挥毫成书，更是续写了文士的高阶品位①。此处景虽小但意境悠远，作为景观序列的开始也很好地营造了山林气的氛围，为后面景观的展开奠定了基调。

（2）�间

春红缀景，茂林掩映，运用现代定制金属艺术装置营造“结庐在仙境”的意境。筠秒间（图 9）的穹庐上网帘

图 8　豪谈间
（图片来源：引自 https：//mp. weixin. qq. com/s/fiCc1R0G1cfIvnOS92Zicg）

犹如一幅幅画卷在空中飘曳，轻盈背后的难度超乎想象。现代技术的采用解决了一些传统园林不能解决的问题，同时也尝试了用新材料去演绎传统园林的文化意境。在金属装置围合出的空间里，有一不锈钢板水池，钢板上刻有米芾的书法“雅集”二字，流水划过，粼粼波纹，花境、景石、古器装点，身处其间作画，浅墨清韵，虚实缥缈，如诗如①。

图 9　筠秒间
（图片来源：引自 https：//mp. weixin. qq. com/s/fiCc1R0G1cfIvnOS92Zicg）

（3）墨石间（图 10）

匠石整置，巧夺天工，形态肆意而又自然天成，清晨

图 10　墨石间
（图片来源：引自 https：//mp. weixin. qq. com/s/fiCc1R0G1cfIvnOS92Zicg）

① 绿都地产．朱育帆｜在绿都·姑蘇雅集邂逅传统与现代的完美融合．2018. 5. 11（https：//mp. weixin. qq. com/s/fiCc1R0G1cfIvnOS92Zicg）。

的微光透过树枝洒向地面，颇有“长松筛月”的意境。题有米芾的石刻，呼应了“题石”的主题，延续故事的完整性。石若大山半掩，以松相伴，营造幽深林茂的氛围，绕石而过，柳暗花明，空间一收一缩，忽明忽暗，不失为一种禅意①。

（4）漱玉间

漱玉间（图 11）位于墨石间的左侧，层层叠叠的曲水流觞，内凹式的生态叠石墙营造出回音效果①，与右侧的墨石间一起，一“山”一“水”，泉水叮咚，独坐抚琴，听松涛鸟韵，天人合一，和谐相处。景观有虚有实，观者在观山听水时，主动加上了自己的联想，有松涛，有鸟韵，使得景成为活景，人与景产生共鸣。

图 11 漱玉间

（图片来源：引自 https：//mp. weixin. qq. com/s/fiCc1R0G1cfIvnOS92Zicg）

（5）庐云间（图 12）

图 12 庐云间

（图片来源：引自 https：//mp. weixin. qq. com/s/fiCc1R0G1cfIvnOS92Zicg）

以画为底，棋与茗茶，佛龛禅修，黑松陪客①，与堂雪庭、临皋亭隔水相望，相互致意。龛的特殊结构将光影变化展现得淋漓尽致，品茶、博弈、观景，此谓雅集之乐。景观需有人的参与才会更有意义，龛的存在也为观者留下了停留的空间与契机，感悟喧嚣闹市中的宁静，回味雅集修法之禅意。

豪谈间、筠枢间、墨石间、漱玉间以流水贯穿，最终归于园区的中央水景。临水长廊，恰到好处，将数栋零散的建筑完美地整合在一起，形成一幅和谐优美的中式画卷①。

沿路前行，便是以苏东坡《后赤壁赋图》为主题的住宅体验区，堂雪庭、赤壁庭、临皋庭等多重院落次第展开，与临水长廊互为穿插呼应，坐观对岸葱翠的自然山林和淙淙流水，山林之意境立显。

2.1.2 小结

从地块的区位与属性出发，引入西园雅集的概念，自成逻辑，然后以此为线索又引入了常参加雅集的苏轼，从《后赤壁赋图》中引出多个故事成为售楼处和样板间的主题。两条故事线以苏轼为联系，各说各话，各讲各事，既保证了故事的复杂性，也对功能进行了分区，将私密小空间和公共大空间以一条长廊分隔开。花园中的景点叫“间”，售楼处和样板间的院落叫“庭”。

一条路径串联起所有的故事，如《西园雅集图》般，次序展开。该项目继承了传统园林中空间的划分手法，从这个角度去挖掘传统园林的精髓，再结合传统园林中的借景、夹景、对景等，将整个院子的意境凸显了出来。园子采用的是现代材料、现代技术和现代设计手法，但置身其中却无时无刻不感受到传统园林的意境与氛围。究其原因，一是该园对传统园林的临摹与仿写并未停留在对表面的塑造，而是对传统园林的精髓进行了深入的挖掘；二是设计师纯熟地运用了传统园林的空间营造手法，继承了传统园林的空间营造意境。

2.2 中航樾园内庭院景观

中航樾园项目位于苏州市木渎镇以北，西邻天平山风景区，售楼处内庭院面积仅为 980m²，景观由张唐景观负责设计。樾园在设计之初便确定了要走的是源于苏州园林但并不直接抄袭苏州园林的路子，希望通过探索，创造一个既现代又具有苏州文脉的当代苏州园林[8]。看完整个项目，不得不说设计师确实做到了。

2.2.1 项目解读

樾园（图 13）的建筑设计提出了“蚀”的概念，建筑（图 14）就像一个太湖石的片段，被时光腐蚀出一个个的空间。景观设计延续了建筑的概念，同时又做了更深层次的思考，以便建筑和景观能完美地融合在一起。设计师根据太湖石的成因，提取了时间和水的概念，“逝者如斯夫，不舍昼夜”，时间像水一样不停流逝，一去不复返，但却依然会留下独特的印记。苏州园林的标志性元素太湖石，即是水和时间留下的印记。考虑到场地独特的地理位置，景观设计最终确定在内庭院通过水景来表达时间

① 绿都地产．朱育帆｜在绿都·姑蘇雅集邂逅传统与现代的完美融合．2018. 5. 11（https：//mp. weixin. qq. com/s/fiCc1R0G1cfIvnOS92Zicg）。

的主题：泉水从石台上安静地溢出，汇成一条小溪，小溪蜿蜒流过庭院，时浅时深，时宽时窄，最终汇入一个池塘。小溪独特的印记可让人感受到时光在石材上雕刻的印记[8]。

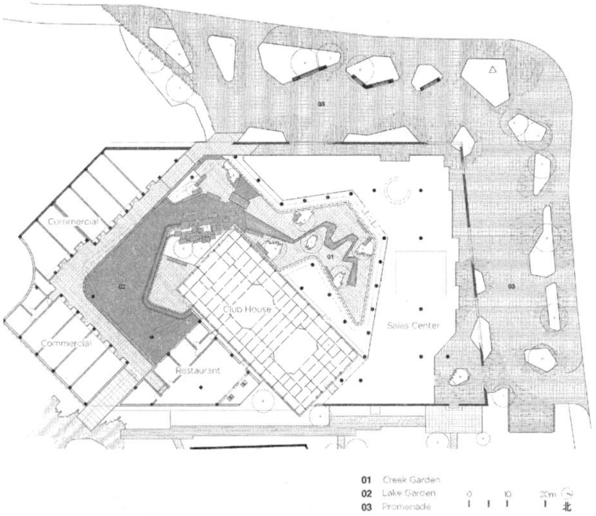

图 13　樾园平面图
（图片来源：引自 https：//www.gooood.cn/yueyuan-courtyard-suzhou-china-by-z-t-studio.htm）

图 14　中心建筑
（图片来源：引自 www.ztsla.com）

整个庭院分为溪院和水院两部分。溪院以一条水溪贯穿其中，模拟自然河流侵蚀地面的形态（图 15）。水溪的源头为取义于宋代瓷器的“碗”状的水台涌泉，经过“侵蚀”曲水流觞注入水院中（图 16）。水院以水为主，大约 35m×15m 见方。

泉水注入曲水流觞，形成明亮可鉴的“水带”，明亮的水带穿梭在五棵紫薇中，水面的明亮与树影的斑驳形成强烈的明暗对比，同时还伴有泉水的叮咚声。位于溪流下游的叠石如被溪流冲刷般与植物交错在一起形成入口的对景雕塑（图 17）。水院中的池塘在高大香樟的映衬下既不显得过于空旷还能将蓝天、白云、建筑与树影融为一体[8]。一座小拱桥将水院与溪院连接在一起（图 18），似有似无，既不失各自的特色又能完美地融合在一起。

总的来说，溪院以简洁的浅灰色硬质铺装为主，溪流、泉水、树影、泉声共同营造出场地的静谧氛围；水院

图 15　溪水蜿蜒
（图片来源：引自 https：//www.gooood.cn/yueyuan-courtyard-suzhou-china-by-z-t-studio.htm）

图 16　溪流源头
（图片来源：引自 https：//www.gooood.cn/yueyuan-courtyard-suzhou-china-by-z-t-studio.htm）

图 17　对景雕塑
（图片来源：引自 www.ztsla.com）

以池塘为主，在高大香樟的映衬下，将周围环境融为一体，宁静而美好。

2.2.2　小结

樾园在空间上，以一桥为隔，溪院的紧凑和水院的放松形成了收与放的对比，使得空间张弛有度；在材料上，浅灰色石材铺装与池底的深灰色砾石形成了色彩上的对比，同时，叠石立面粗糙的质感与地面的细腻烧面也形成

图 18　小拱桥

（图片来源：引自 www.ztsla.com）

了强烈的对比[8]。自然河流侵蚀地面的模拟将“曲水流觞”这一符号化的元素完美地融合在了景观里。

3　总结与展望

通过以上对姑苏雅集和中航樾园的分析可知，姑苏雅集对传统文化的切入点更多的是意境，以现代手法、现代材料营造传统的空间体验，从而将所要表达的精神与意境表达出来，人与景产生共鸣是很重要的内容；中航樾园则运用了一种符号化的元素——“曲水流觞”进行现代演绎，以期在对自然本质的探索中表达人文关怀，将人与自然结合在一起[8]。

在项目之初，两个设计团队都谈到了对于文脉、理念的寻找，其实文脉与理念的找寻就是寻“根”的过程，寻找场地本身的文化内涵，只有从场地本身的文化内涵与特征出发才能创造出只属于场地本身的景观与精神内涵。当下，有些设计师不注重场地本身的精神内含，天马行空，设计出的作品也有所谓的“文化”，所谓的“精神”，但却并不被大家认可，究其原因还是这些作品没有“根”，不具有场地的独特属性。对于传统园林的模仿如果只一味从“形”的模仿出发，而不去深入发掘其内涵与精髓，那作品必不易被大众所接受，新中式景观强调的也不仅仅是形，而是对精髓的传承与发展。

中国传统园林是先人留下的文化瑰宝，它体现了古人对人与自然辩证关系的理解与演绎，是一门博大精深的学问，对中国传统园林继承与发展的探讨永不会过时，年轻设计师任重道远！

参考文献

[1]　宋珊．中国古典园林在现代园林设计中的继承与发展[D]．西北农林科技大学，2009.

[2]　陈谋德．“中而新”、“新而中”辨——关于我国建筑创作方向的探讨[J]．建筑学报，1994，03：27-33.

[3]　丁雅岚．传统与现代的交融—论“新中式”居住区景观设计[D]．南京林业大学，2012.

[4]　王雅乾．基于批判性地域主义的苏州新中式居住区景观设计研究[D]．苏州大学，2016.

[5]　周晖晖，徐世超．当下新中式景观所面临的挑战与机遇[J]．名作欣赏，2014(17)：67-69.

[6]　裴丽曼．西园雅集研究[D]．河北大学，2009.

[7]　孟兆祯．借景浅论[J]．中国园林，2012，28(12)：19-29.

[8]　张东，唐子颖，杜强，等．时光雕刻 苏州中航樾园内庭院设计[J]．风景园林，2016(12)：64-73.

作者简介

王静煜，1991 年生，女，汉族，河北唐山人，北京林业大学园林学院硕士在读，研究方向为风景园林历史与理论。电子邮箱：putixin2006@126.com。

薛晓飞，1974 年生，男，汉族，山东莱阳人，博士，北京林业大学园林学院，副教授，研究方向为风景园林历史与理论。电子邮箱：xuexiaofei@bjfu.edu.cn。

广西地区壮族文化影响下的水口园林研究

——以靖西旧州古镇为例

The Study of Shuikou Garden Under the Influence of Zhuang Culture in Guangxi area

—Taking Jiuzhou Town of Jingxi as an example

黄嘉瑶　赵　晶　林晗芷

摘　要：广西是壮族的主要分布区，水口园林是壮族村落中的一个重要组成部分，是联系广西传统园林与地方民族文化的纽带，具有重要的研究价值。本文以广西靖西旧州古镇为研究对象，对靖西旧州古镇水口园林的基本概况、实体构建、造景手法、空间布局、功能价值及利用模式进行研究，发现壮族水口园林的现状以及存在的问题，提出更好的继承与发展壮族水口园林的策略，让更多人理解壮族村落水口园林的人文历史价值，传承广西民族文化，为广西少数民族古村落水口园林的保护和可持续发展提供参考。

关键词：广西；壮族；古村落；水口园林

Abstract: Guangxi is the main distribution area of the Zhuang nationality. Shuikou garden is an important part of the Zhuang village. It is the link between the traditional garden of Guangxi and the local national culture, which has important research value. Taking the Jiuzhou town of Jingxi in Guangxi as the research object, this paper studies the basic situation, physical construction, landscape manipulation, spatial layout, functional value and utilization mode of the Jiuzhou town, in order to find the present situation and existing problems of the Zhuang Shuikou garden, put forward a better strategy to inherit and develop the gardening of the Zhuang nationality, let more people understand the cultural and historical value of the estuary garden of Zhuang village, inherit the national culture of Guangxi, and provide reference for the protection and sustainable development of the estuary garden of Guangxi minority ancient village.

Keyword: Guangxi; Zhuang Nationality; Ancient Village; Shuikou Garden

"水口"一词来源于古代风水学，是指一定地域范围内（大如州县、小如村落）的水流进出口。水口园林，即在村落水口地带原有的山水基础上，广植乔木，适当构景，点缀凉亭、水榭、楼阁、廊桥、塔庙，供村民共享的游览、休憩、交往的公共园林[1]。水口园林是中国传统园林中风景构筑与风水理论结合的最好的一种园林类别，盛行于江南地区，其中，城市水口园林是以杭州西湖为代表，村落水口园林是以徽州水口为代表[2]。

自古以来，广西多山，村落多被群山环抱，后有靠山前有流水，朝案齐备，自然风景秀丽。且广西地区存在着许多少数民族聚居村落，在那里，水口园林与村落环境、民族民俗相结合，形成了不同于江南地区的、具有明显的民族特色的水口园林。

1　概况

1.1　旧州概况

旧州建于宋末年，位于作为壮族文化发源腹地的桂西南，是一个山水如画、田园似锦、古迹众多的壮族聚居县。壮族是广西的世居民族，聚落选址多在依山傍水之处，在风水思想和民族审美意识的双重影响下，广西壮族村落普遍存在水口园林，并且水口园林具有民族独特性。旧州位于壮族起源的腹地——左右江流域，是壮族活的博物馆，因交通闭塞，受到外来文化影响较小，传统民族文化得到了很好的保留，水口园林也得以保存完整是壮族水口园林的典型代表。

旧州位于广西百色市靖西县，靖西县位于中国的南疆边陲，县境地域西宽东狭，南与越南交界，西与那坡县毗邻，北与百色市和云南省富宁县相连，东与天等、大新县接壤，东北紧靠德保县，是御侮卫国之边关。靖西地形呈一个三角形，东西最大横距离 99km，南北最大纵距 75km，面积为 3331km^2。全县耕地面积占总面积的 10.83%，山地面积占 73.18%[3]。由于石灰岩长期溶蚀的结果，靖西石山林立，峰丛相连如屏，使靖西素有"小桂林"之称。

1.2　村落山水结构

村落正处于山水环抱的盆地中，背山面水，西南面的靠山阻挡了大部分来自印度洋和西太平洋的季风，远山与蜿蜒的河流相结合，使得一村之水鹅泉河流入与流出的地方隐没其中，加之主山与江山两座水口山形成了旧州的天然门阙，让水去之口不再直去无收，而是关闭紧密，使得旧州拥有一个相对独立的堂局，与外界独立，环境优雅，水流弯曲，关锁重重，富有重重洞天之感，可谓"天门开，地户闭"，加之村北部有鹅泉河流经，且水流自西北向东南，和“进水之口在西北，出水之口在东南”的理想风水格局吻合，是个朝案齐备的吉利风水模式，为水口园林的营造提供了良好的基础。

图 1　旧州山水结构（图片来源：作者自绘，底图资料来源于 Google Earth）

1.3　村落空间演变

旧州的村落空间格局呈半封闭状，西南部以羊刀山和主山为靠，北邻河流，跨河而过的东北部非常开敞，朝向大片良田。从图中可以看出旧州村落空间随着社会的发展不断扩大，但扩建的部分仍在河流西南侧，并没有跨越河流，可以看出旧州的村落选址一直受到传统风水思想的影响，以背山面水为最佳，并且在这个风水思想的指导下，一步步完善村落建设，逐渐形成了现在的村落空间。

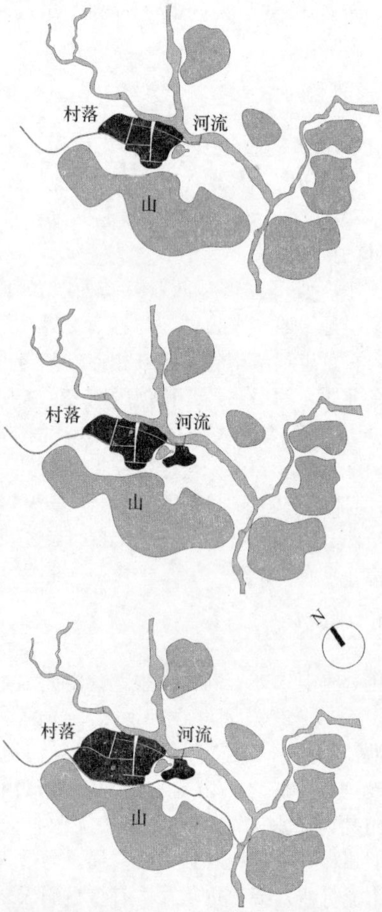

图 2　旧州村落空间演变（图片来源：作者自绘）

1.4　水口园林范围界定

在古代中国，每一个聚落：村、镇、城、都，无论大小，都要有一个有水流经的门户，在风水上称为“水口”，从两水汇流处到两山对峙的地方，就是“水口区域”，在水口区域营建的园林称为“水口园林”。但不同的是，旧州古镇的水口园林的建设范围不同于大部分传统水口园林“从两水汇流处到两山对峙”的水口处，而是从排金沟进入村落处至水口两山对峙的地方，水口园林紧邻村镇，随河流呈线性延伸，汇集了旧州最重要的景观要素。

图 3　旧州水口园林范围（图片来源：作者自绘，底图资料来源于 google 地图）

1.5　水口园林与村落内部要素的关系

1.5.1　道路

因旧州大片农田都位于河流东北部，村民们需要跨越河流上的桥才可以进入农田进行劳作，河流水流方向是自西北向东南，所以跨河向北行这一主要交通路线促成了旧州村落内部形态的形成，故有旧州内部主街——南北向的绣球街。旧州整体街道走向依然以南北向为主，以垂直于河岸指向水口园林为主。

1.5.2　建筑

旧州的建筑随街巷走势排布紧密，除了南北向主街绣球街和主街西侧另一条南北向街道两侧的建筑为东西朝向外，整体建筑朝向东北部，基本保持与河岸垂直的肌理，指向水口园林。

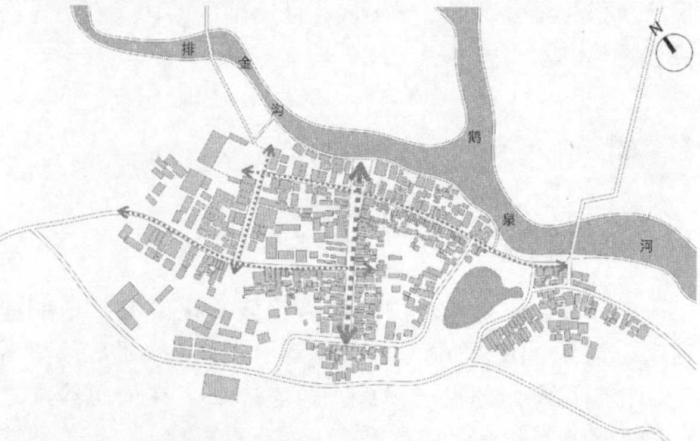

图 4　旧州内部主要街道（图片来源：作者自绘）

旧州水口园林作为村落一个重要的组成部分，和村落各组成要素之间有着不可分割的密切关系，村落中的建筑和道路皆基本保持与河岸垂直的肌理，指向水口园林，对于需跨河而耕的旧州人民而言，水口园林成为一个必经之地。

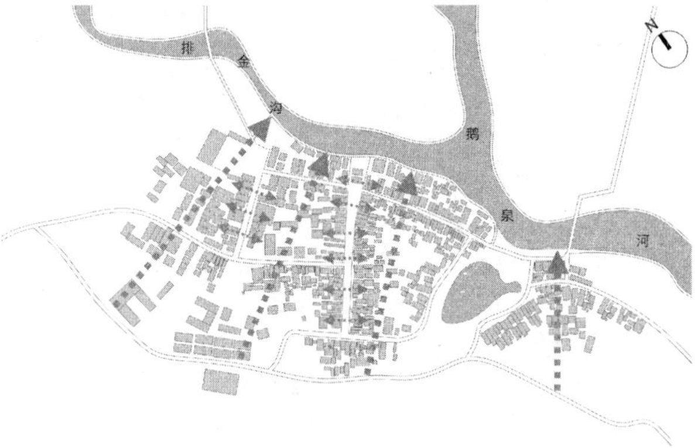

图 5　旧州建筑朝向（图片来源：作者自绘）

2　实体要素

旧州水口园林从西至东贯穿全村，在有利的自然山水环境下，利用人工建筑对水口的营造，以此构成具有特点和气质的民族乡村园林。

图 6　旧州水口园林内部实体要素

2.1　水口山

对于水口园林而言最重要的山是水口山，水口山指

图 7　水口山——江山与主山（图片来源：作者自摄）

众水汇流出口处两岸之山，又称为水口砂。风水家认为，水主财源，要有藏蓄之势。因此，水口之山，其势宜重叠关锁，犹如两扇欲掩之柴门，将生气财源牢牢关住。旧州两座水口山相当于天然门阙，一方面关锁水流，使得村中财气不外流，另一方面使得旧州水口园林拥有一个相对独立的堂局。

2.2　水口池

民国时期，旧州村民们在村镇的东南部，引鹅泉河水开挖了一个池塘，是鹅泉河水体的延续和补充，由于受到固有地形和环境的限制，外形轮廓为不规则形。旧州水口池的存在对雨水的汇集和污水的自净起到不可替代的作用。有了水口池，村镇内的排水就有了两个方向，排入水口池和排入鹅泉河，多途径的排水保证了旧州内部建筑的干爽。水口池除了实用功能外，还用水口池完善村镇风水，以求纳福趋吉避凶，使得村民能长期安居[4]。

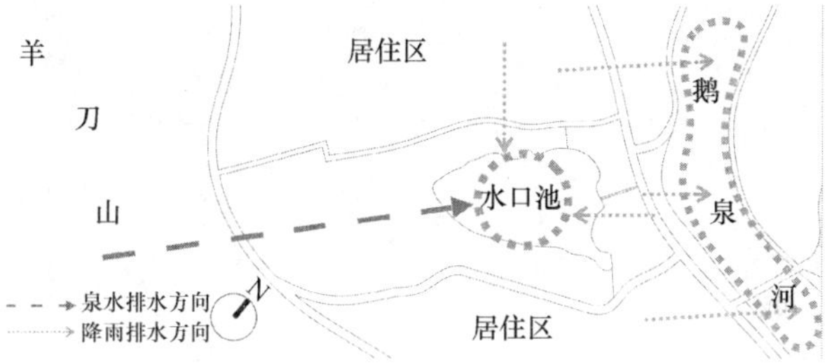

图 8　旧州水口池平面图、剖面图
（图片来源：作者自绘）

2.3　水口植物

所谓："村庄林茂，烟雾团结，吉气所钟，林木尽伐，风吹气散，未有不败[5]。"古村落营建的"水口林"和"水口树"具有涵养水源、吸附尘砂、净化空气、挡风聚气等实用功能。

2.3.1　水口林——瓦氏夫人点将台

旧州属于亚热带季风气候，主要受西南季风和东南季风的双重影响[6]，其中西南季风影响略大于东南季风，故旧州南部的高山在一定程度上阻挡了大部分来自印度洋和西太平洋的季风，所以水口林没有位于上、下水口，而是出现在水口园林的中部，结合瓦氏夫人点将台营造了水口林。水口林由三层台地组成，古榕位于第三层台地—水口林的制高点，水口林围绕其展开，其后以瓦氏林—马尾松林为背景。旧州水口林在树种选择上多用乡土树种，充分考虑到了乡土植物对于营造植物景观的重要性。因地制宜地选择当地的乡土树种，不仅保证了植物的正常生长，节约了造林成本，而且营造出了富有当地特色的植物景观，反映了当地的文化特色[7]。主要起到涵养水源、吸附尘砂、净化空气、风水信仰和歌圩活动的作用，每年"三月三"山歌节时，也会在此以歌会友，以歌传情，因而挡风聚气的功能相对弱化了。

2.3.2　水口树——榕树

相对于水口林中"林"的概念，还有一种是树木孤植于水口当中，称为水口树，是水口中的植被地标[8]，又因其位于村镇入口处，进入村镇首先映入眼帘的就是水口树，所以说水口树在一定程度上限定了水口园林的地界性。壮族的树木崇拜中尤以榕树崇拜最为典型，几乎每个村落的村头都有一颗高大繁茂的榕树[9]。旧州也不例外，水口树是两棵榕树，榕树主干粗壮，枝繁叶茂，盘根错节，一大一小相互映衬，被视为村寨的标志，旧州壮民们将其视为精神生活的一部分，时常在此乘凉和进行山歌对唱，是村民交流活动的公共场所。

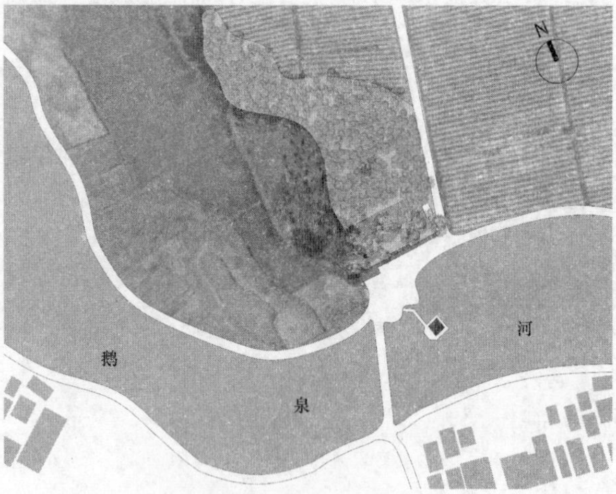

图 9　水口林（瓦氏夫人点将台）平面图（图片来源：作者自绘）

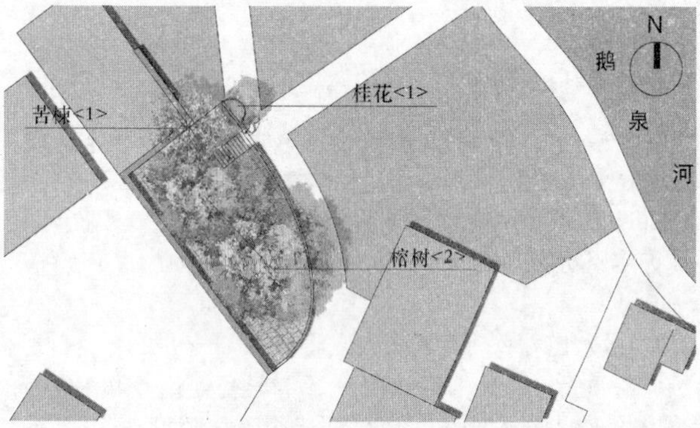

图 10　水口树平面图（图片来源：作者自绘）

2.4　水口桥

水口桥除了具有连接两岸的交通，组织水景的功能之外，还丰富了景观层次等作用。抛去风水吉凶观，桥无论在组织村落的外部入口序列的空间上还是在景观层次上，都起到良好的作用[10]。

在壮族水口园林中，桥是必不可少的实体要素之一，旧州水口园林中共修三座桥，一座位于鹅泉河之水来天门处，一座位于水去地门处，一座位于鹅泉河中段的水口园林中部。相对于建造在天门处的桥，建于地门和中部的桥更为重要，故而天门之桥无名，地门之桥名为文昌桥，水口园林中部之桥名为旧州桥。

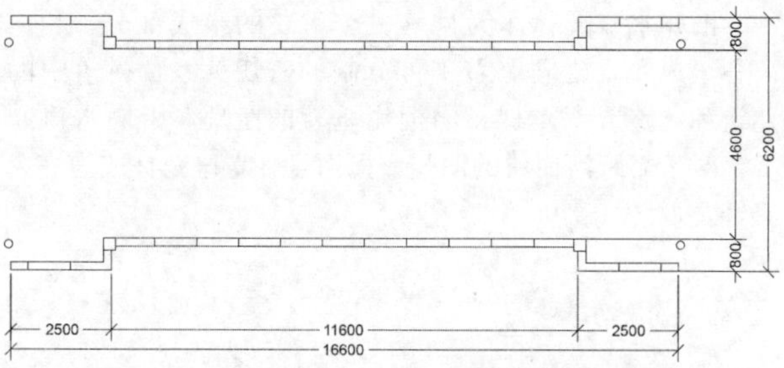

(a) 天门桥平面图

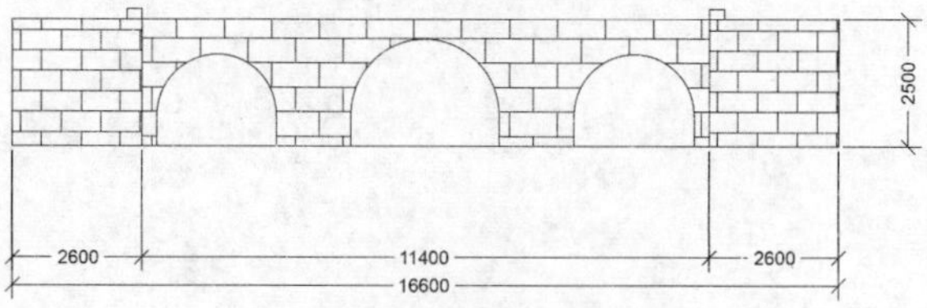

(b) 天门桥立面图

图 11　天门桥平面图、立面图
（图片来源：作者自绘）

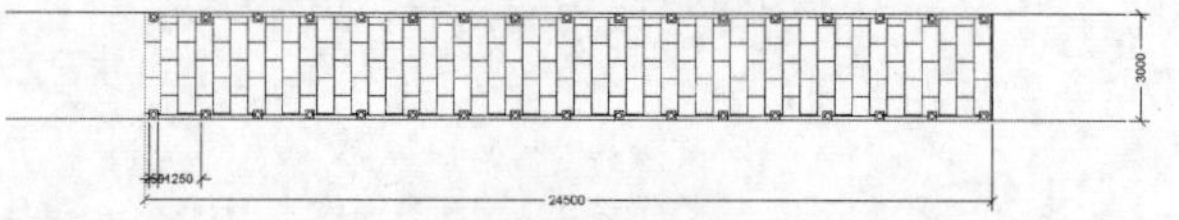

(a) 旧州桥平面图

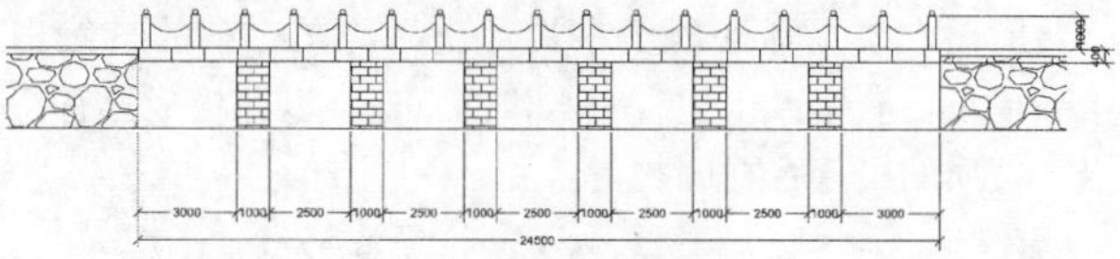

(b) 旧州桥立面图

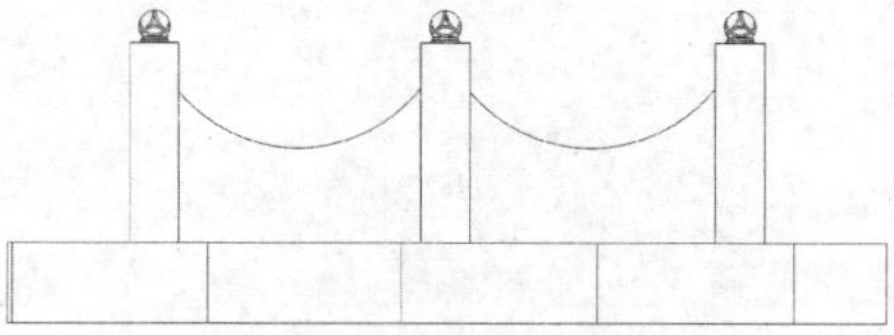

(c) 旧州桥细部图

图 12　旧州桥平面图、立面图、细部图
（图片来源：作者自绘）

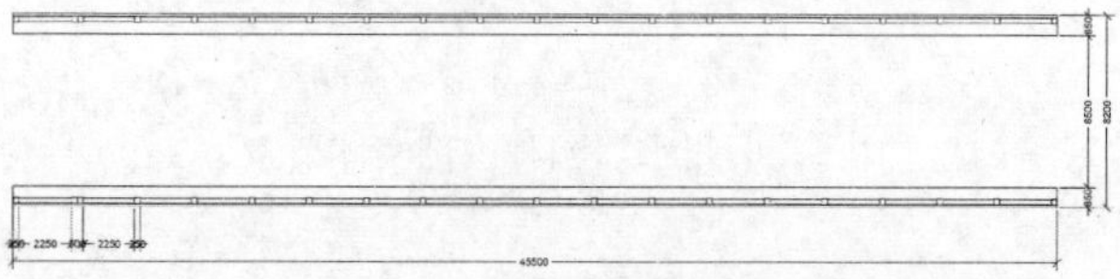

(a) 文昌桥平面图

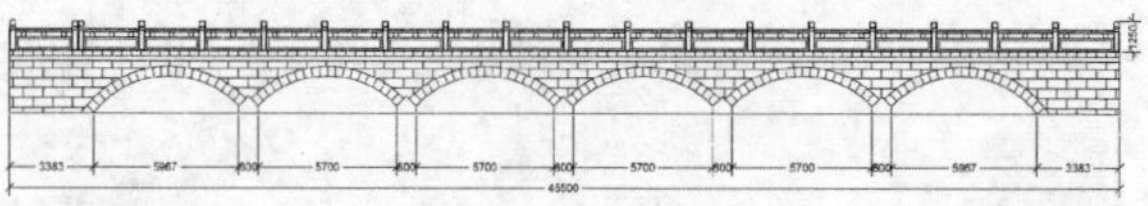

(b) 文昌桥立面图

(c) 文昌桥细部图

图 13　文昌桥平面图、立面图、细部图
（图片来源：作者自绘）

2.5 水口坦

坦，就是广场，旧州水口坦指的是水口园林中的祭祀场所。

2.5.1 岑主庙

旧州街过去有一座供奉岑主的岑主庙，是旧州街民众早年建起的砖木结构瓦房，但年久失修，已遭到严重损坏。现如今的岑主庙是由 2016 年村民们自发捐款重建的，外广场为不规则四边形，三株桂花，一株侧柏，一株朴树栽于沿路的广场一侧，以作遮挡。建筑长约 10m，宽 6m，内塑有岑主公像、紫微大帝、瓦氏夫人、真武大帝，墙壁上镶嵌着归顺州岑氏土司历史简介，村民们经常会去岑主庙上香祭祀，纪念对旧州发展作出卓越贡献的岑氏家族。

2.5.2 张天宗墓

张天宗是江西人，曾率众从军参加文天祥部抗元，兵败后越山迷道入顺安峒地贡峒（今旧州）休整。他与当地的壮族先民一起开辟中国的西南边疆，后人感其功德于地方，修墓建祠永留纪念。

张天宗墓园呈正方形，长宽约 20m，背山面水，幽雅肃穆。墓群中有一高 3m 的张天宗像，其后是主墓，墓前有一块巨碑，呈现四方形，在碑上记载着张天宗开辟旧州的历史，其他大小墓冢按次序排列在张天宗墓后方两旁。自清代以来，每逢清明，旧州村民都会到墓园内清理杂草，修剪树枝，并对这位开辟疆土的先人进行祭拜。

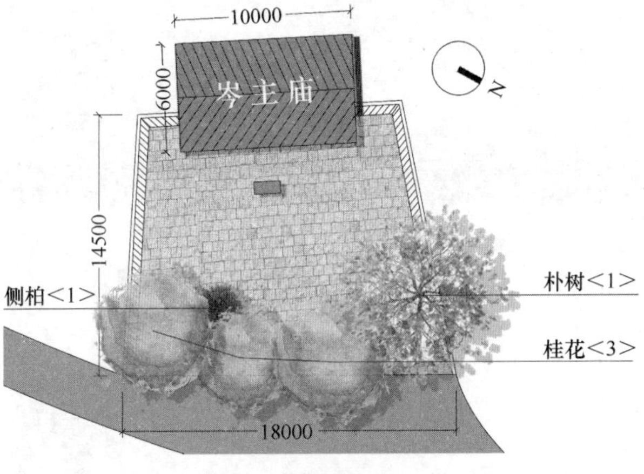

图 14　岑主庙平面图（图片来源：作者自绘）

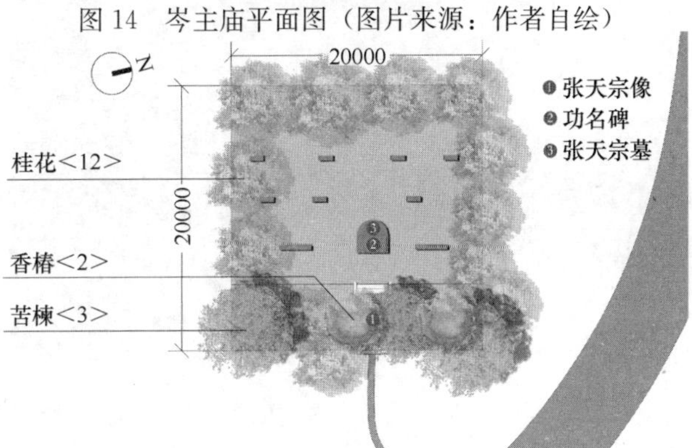

图 15　张天宗墓平面图（图片来源：作者自绘）

2.6 水口建筑

旧州的水口建筑均为阁，反映了不同时期的壮族人民的审美艺术和建造水平，是水口园林的精华所在。

2.6.1 壮音阁

壮音阁长约 13m，宽约 6m，戏台两边分别是传播中原的先进文化技术的张天宗的壁雕和抗倭民族巾帼英雄瓦氏夫人的壁雕，屋顶则采用了重檐歇山顶的形式，顶上嵌了一个旧州标志性文化的圆雕绣球。壮音阁的屋顶采用重檐歇山顶的形式，表明壮音阁在旧州村民中的地位之重，它是村民最主要的文化活动展演场地，是南路壮剧、木偶戏和壮族民俗表演的最佳举办位置。

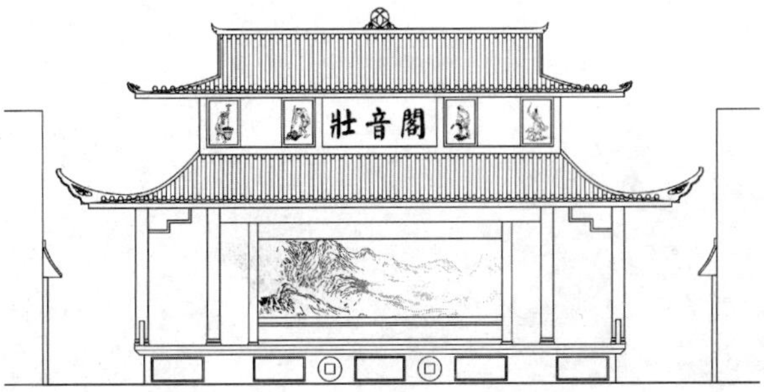

图 16　壮音阁平面图、立面图（图片来源：作者自绘）

2.6.2 文昌阁

文昌阁也是水口中常出现的建筑类型之一，是一种传统的祭祀建筑，为村中族人祈求文运昌盛而建，是村落文化层次的象征[11]。

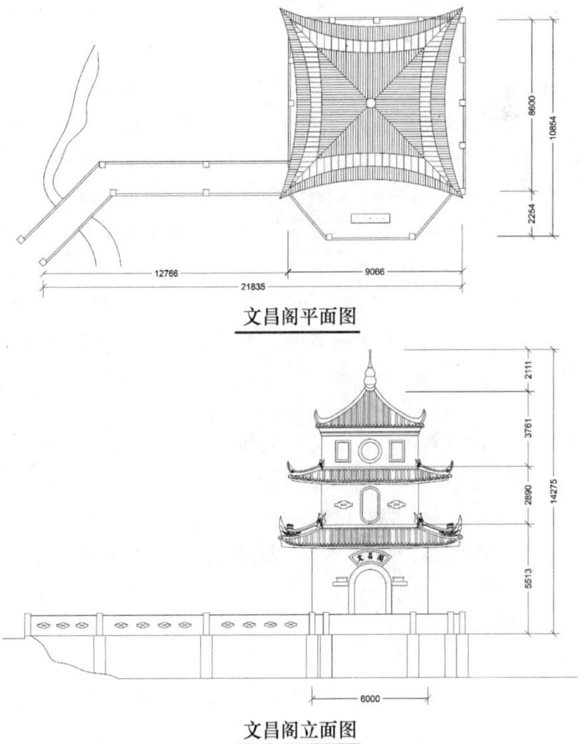

图 17　文昌阁平面图、立面图

（图片来源：作者自绘）

旧州文昌阁建在鹅泉河的一座小岛之上，通过一座桥廊连接水口林的前广场，古阁原建于乾隆年间，在嘉庆年间加以修缮，文昌阁是一座四角形三层高的古阁，高15m，主体呈正方形，其基础为料石，墙体为青砖，四条主柱与通往上层的爬梯皆由铁木制成，四个角处为飞檐状，顶端有一个葫芦，侧墙有或圆形或扇形的观景窗口，体现了壮族人民极高的建筑工艺水平，是壮族砖木结构建筑较有代表性的实物之一。文昌阁旧时为归顺州文人吟诗作对之所，对月临流琴棋书咏之处，如今不仅兴盛了旧州的文风，还成为村民进行祭祀活动的主要文化空间之一，每年春节旧州村民们都在此祭祀和进行舞龙开光等民俗活动。

图 18　旧州水车（图片来源：作者自摄）

2.7　水口构筑物

水车在以“那文化”著称的壮族村落出现的频率非常高，从隋唐时期屯田制的推行开始，几乎每一壮族村寨都有水车，主要有两大作用，一是利用其进行农业灌溉，二是在村寨水口处建水车，意在使得村民财运不断。

旧州的水车不作为水利灌溉的实用功能和作用，仅作为风水功能存在，水轮运所形成的源源不断的水势，意味着川流不息、连绵不绝，催财转运。旧州水车安置在水口园林中，也是壮族“那文化”的一种体现，使得旧州水口园林更具壮民族特色。

通过对构成旧州水口园林实体要素的调查研究，可以发现旧州水口园林的实体要素有水口山、水口池、水口桥、水口林、水口树、阁、塔、庙、墓，壮民们在旧州原有的良好山水风水格局基础之上，进一步营造了水口园林。旧州村民对这些占领型的实体要素的构建，使得旧州水口园林地点明确，边界模糊。旧州村民还在这些实体要素上融入了壮族元素，例如铜鼓、绣球、历史人文故事等，使得旧州水口园林具有壮族民族特色，体现了壮族人民在尊重自然的前提下，对生产、生活、社交、娱乐、文化等多方面因素进行综合考虑，将园林融入生活，随山采势，就水取形，自然景观为主，辅以人工建筑，配植植物，使山川、田野和人工建筑融合成自然和谐的有机整体[12]，赋予了旧州水口园林浓浓的人文气息和壮文化色彩，向人们展示了南国边陲的美丽风光。

3　造景手法

随着社会生活水平的提高和崇拜自然的旧州民间信仰下，旧州壮民的审美意识和环境意识的相互渗透作用更加强化，促进了旧州水口园林的营造。下面对借景、框景、对景、分景、点景等组景方法进行分析，来说明旧州水口景观的景色之美与取景形式多样。

3.1　借景

水口园林得自然山水之利，形成山环水绕的空间效果，常常远借水口山、水口塔、水口桥、民居、远处的田野、林木形成多层次的景观效果。旧州的文昌阁远借东山之景作为背景，使得文昌阁后有倚靠，前临河水；鹅泉河邻借水边山色与河岸民居及在水中倒影，使景色更加绚丽，景观更具魅力；同时应时借四时之景，景随时节而变，同样的地方，不同时节都能欣赏到不一样的景色，还借了田园景色之美，每年3～4月份油菜花开，7～8月向日葵花开，花海与近处的民居、河流、树林融为一体。

图 19　远借东山
（图片来源：图 19～图 26 均为作者自摄）

图 20　邻借山的倒影

图 21　应时借花海

3.2　框景

在水口园林中，常以亭、廊桥的门窗洞口及水口建筑文昌阁、塔的漏窗、拱门等作为景框，旧州文昌阁是座三层的青砖木架结构的古阁，二层和三层的侧墙有圆形或扇形的观景窗口，各个形态各异的观景窗口将旧州各个方向的山水植物“框”住。

图 22　文昌阁圆形观景窗口

图 23　文昌阁扇形观景窗口

3.3　障景

从整个村落水口园林构成的角度来说，水口山、水口林等是村落景观的手法上的障景而在水口园林内部常以岛、建筑、植物等阻挡视线，使得景观层次更为丰富。旧州水口园林中利用植物来分隔视线，在文昌阁东面的石桥入口两旁栽植了竹子，欲扬先抑，具有一定的指引性，同时使文昌阁的立面更丰富。

图 24　文昌阁前的竹子

3.4　点景

在水口园林中，常以亭、塔、阁、水口树和典型构筑物来进行点景，以少胜多，以简胜繁，是水口园林的地标。旧州中用文昌阁和水口树进行点景。两个古榕树位于村口，以此来作为村落入口标识。文昌阁位于鹅泉河河中心，高 16 米的古阁屹立于水中，是水口园林中一个不可忽视的存在，是旧州的地标建筑，成为旧州的标志。

旧州水口园林的造景手法并不是单一的而往往是复合的，例如文昌阁在水口园林中既起到了点景的作用，也使用了框景和障景的造景手法，这些有刻意人为营造的，也有由于特殊的地理、气候、文化、民俗等多方面的影响，人们在不经意间形成的景观效果。在旧州这边山水独佳的地域内，通过各种造景手法的组合，使水口园林的景色不再局限于一个范围内，视线所到之处皆成景，同时还使得水口园林的空间不再单调，层层叠叠，空间丰富而有趣。

图 25　水口树

图 26　文昌阁

4　空间布局

旧州水口园林的空间布局不是单一的，从整体布局来看，水口园林实体要素随河流呈线状分布，像一轴画卷缓缓展开，但是河流上的三座桥梁将空间划分为前、中、后三部分，在水口园林中部，其空间布局又是团聚式。

4.1　整体线状布局

从图 27 中可以看出，在旧州水口园林中景观实体要素的分布，是随着河流的曲折变化的，因旧州地形西北略高于东南，故河流走向以及实体要素分布的大体走向也为西北至东南，各个实体要素之间没有严格的轴线与对称关系，这与广西地区多山、河湾的自然因素以及旧州村民的传统审美意识有关。

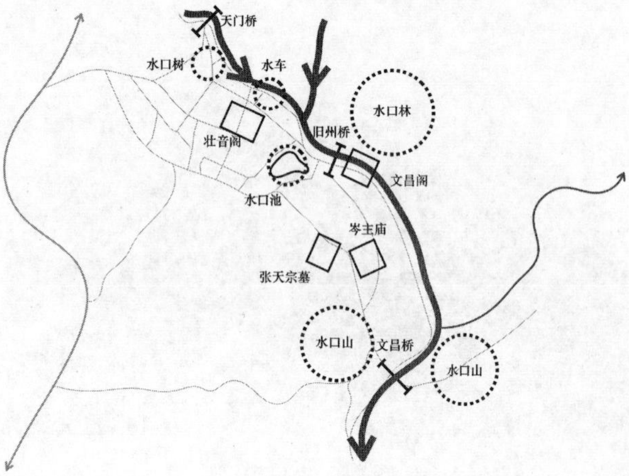

图 27　旧州水口园林整体线状空间布局
（图片来源：作者自绘）

河流在水口园林实体要素的空间布局中起到了组织的作用，引导着旧州水口园林的各个点状实体要素有秩序的组织到空间中来，形成了一条景观长廊。

4.2　局部团聚式布局

旧州水口园林河流上的三座桥梁将线状空间划分为前、中、后三部分。第一部分位于村头，实体要素有天门桥和水口树，二者皆是作为村落入口的标志而存在；第二部分位于村落核心部分，实体要素为水口林、水口池和所有人工建筑，这个部分由于两河汇流，加之引河水于岸边开凿了一个人工水口池，使得空间视野扩大了，由线状空间转而变为面状空间，所以这个部分是水口园林中实体要素分布密度最大的地方，同时作为村落最主要的交流活动空间；第三部分位于村尾，实体要素为水口山和文昌桥，起到关锁水口，使水不见去处的作用。水口园林划分的三个部分功能各不相同，空间布局也不尽相同，作为水口园林中最开阔以及最核心的中部，其空间布局为团聚式。

团聚式布局是指同一类型的要素聚集在一起，有很强的表现力和空间范围的领域感。旧州水口园林的中部人为要素多集中于此，阁、台、林、构筑物、人工水口池、庙、墓、桥皆具。中心部分又以水口池、旧州桥、文昌阁和水口林为核心，水口池意在汇聚财气，旧州桥和文昌阁的存在，在一定程度上阻挡了财气，作为第一道关锁，大片水口林与水口池对岸而立，其枝叶扶苏，郁郁葱葱，有效地阻挡了来自北方的寒冷气流，使得水口池拥有一个独立封闭的空间，能更好形藏风聚气，还使村落掩映于绿树黛碧、青山四合之中，起到了涵养水源，吸附尘砂和净化空气的作用。水口池与水口林一开一合的空间布局，完善了旧州的风水，使得旧州成为真正意义上的风水宝地。

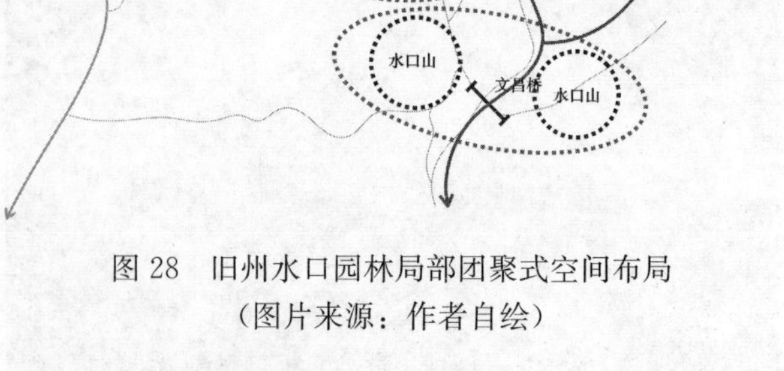

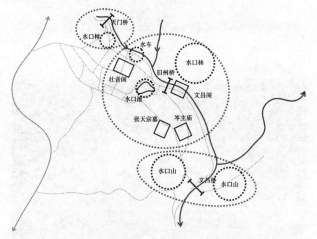

图 28　旧州水口园林局部团聚式空间布局
（图片来源：作者自绘）

旧州水口园林的空间布局不是单一的而是复合的，整体呈现线状布局，而局部为团聚式布局，既给人以方向感和运动感，又有很强的表现力和空间范围的领域感。各个要素之间联系紧密，例如水口池与水口林的对景关系与开合关系。旧州水口园林在空间布局方面很好地继承了中国传统园林的精髓，营造了具有民族独特性的水口园林景观。

5 旧州水口园林的利用模式

旧州水口园林具有的功能价值是多样的，有标识、实用、风水、人文空间、满足景观生态需求等，它的利用模式也是多样的，水口园林有祭祀场所、文化活动、休闲空间、山歌歌圩以及交通通道等多重利用模式，甚至一个实体要素也具有不同的利用模式。

旧州水口园林利用模式 表1

利用模式	实体要素
祭祀场所	文昌阁、张天宗墓、岑主庙
文化活动	壮音阁
休闲空间	水口树、水口林
山歌歌圩	水口树、水口林、壮音阁
交通通道	天门桥、旧州桥、文昌桥

5.1 祭祀场所

由于壮族的祖先崇拜和多神信仰对旧州人民的影响，旧州水口园林的主要祭祀场所集中在文昌阁、张天宗墓和岑主庙。文昌阁本就是各地水口园林中常出现的建筑类型之一，是一种传统的祭祀建筑，为村中族人祈求文运昌盛而建，是村落文化层次的象征。旧州文昌阁也不例外，每年年春节旧州村民们都在此祭祀和进行舞龙开光等民俗活动。岑主庙也是祭祀场所之一，村民们经常会去岑主庙上香祭祀，纪念对旧州发展作出卓越贡献的岑氏家族。张天宗与壮族群众共同开辟边疆，把边辟之乡治理得井井有条，故自清代以来，每年清明前后扫墓，旧州村民都会自发到园内清理杂草，进行祭拜，缅怀这位开疆辟土的先人。

5.2 文化活动

壮音阁是旧州最主要的文化活动空间，它是村民最主要的文化活动展演场地，是南路壮剧、木偶戏和壮族民俗表演的最佳举办位置。每年的正月初四和三月初三是旧州的传统歌圩日，每年的歌圩日壮音阁都无比热闹，下午有山歌对唱比赛和抛绣球活动，晚上有木偶戏和南路壮剧的演出，是上旧州最大的庆典活动。不是歌圩日的时候，壮音阁也会时常上演民俗表演，是村民最主要的娱乐活动场所。

5.3 休闲空间

旧州村民最主要的休闲空间是水口树下与水口林里。水口树主要的使用人群为老人，村中老人常在晚饭后聚于水口树下乘凉、聊天和下棋。水口林郁郁葱葱，环境优美，小气候良好，主要使用人群是孩子们，三层台地式的水口林和多样的空间，是孩子们的天然游乐园。

5.4 山歌歌圩

正月初四和三月三的传统歌圩日是壮族自古以来便有的盛典，男女老少汇集于歌圩来对唱山歌。旧时，壮族男女定情便是靠山歌对唱，虽如今已不再如此，但男女之间仍会以歌传情，或是以歌会友，甚至进行山歌对唱的比赛。歌圩均在水口园林中，男女传情喜在水口林中，以歌会友多在水口树下，而山歌比拼则在壮音阁里，每个歌圩的主题都不尽相同。

5.5 交通通道

水口桥是水口园林中利用率最高的实体要素，旧州水口园林共有桥三座，分别是天门桥、旧州桥以及文昌桥，以耕田为生的旧州村民均需跨河劳作，而通往农田的唯一途径就是经过这三座水口桥，故水口桥是旧州村民进行农业活动的交通要道。

旧州水口园林的这些利用模式随着历史的推移，正在逐步转变甚至消失，但是，在过去特定的历史、文化空间内，水口园林在壮族人民的生产生活的实践当中，还是具有十分重要的价值和意义的。

6 结语

旧州水口园林的空间是由占领型的实体要素限定的，水口园林没有明显的围合物构成边界，其作为村落一个重要的组成部分，和村落各组成要素之间有着不可分割的密切关系，对于需跨河而耕的旧州人民而言，水口园林成为一个必经之地。园林中的实体要素有水口山、水口池、水口桥、水口林、水口树、阁、塔、庙、墓，每个要素都有各自对应的风水和实用双重功能，且有祭祀场所、文化活动、休闲空间、山歌歌圩以及交通通道多重利用模式，并且运用了借景、框景、障景和点景的造景手法使得水口园林的空间丰富有趣。旧州水口园林的空间布局是复合的，整体呈现线状布局，而局部为团聚式布局。壮族水口园林既具有传统水口园林的特性，又带有民族特性，所以壮族水口园林将民族文化与传统园林紧密联系在一起，是珍贵的历史文化财富，需要保护和传承。

参考文献

[1] 张燕．从新安书画到徽州水口园林的意境创造[D]．合肥工业大学，2013.

[2] 陈相强．关于中国园林与生态园林的新思维与实践研究[D]．浙江大学，2008.

[3] 靖西县县志编纂委员会编．《靖西县志》[Z]．南宁：广西人民出版社，2000：145，769-770.

[4] 林卫新，李建军．潮汕地区村落风水池的应用探讨[J]．广州大学学报(自然科学版)，2017，16(04)：60-64.

[5] 邓中敏．基于海绵城市理念的徽州水口园林水环境探析[J]．安徽农业大学学报(社会科学版)，2016，25(05)：34-38.

[6] 陆耀凡．靖西旅游气候资源评价及其利用[J]．广西气象，1999(02)：29-31.

[7] 臧毅，蔡建国，徐明，胡本林．郭洞水口林植物景观研究

[J]. 西北林学院学报，2014，29(04)：266-271.
[8] 阚陈劲. 徽州古村落地理景观特性与村落水口研究[D]. 安徽农业大学，2009.
[9] 邱璇. 壮族的榕树崇拜[J]. 广西民族研究，1992(02)：77-79.
[10] 胡善风，李伟. 徽州古建筑的风水文化解析[J]. 中国矿业大学学报，社会科学版，2002(3).
[11] 陈晓东. 浅析徽商对传统徽州村落营建的影响[J]. 小城镇建设，2004(01)：54-58.
[12] 陈晖. 徽州水口园林的建筑特色——兼与苏州园林比较[J]. 黄山学院学报，2007(06)：13-14.
[13] 唐铀钧，秦华."框景"在当今国外景观中的运用[J]. 西南师范大学学报(自然科版)，2014，39(02)：143-146.

作者简介

黄嘉瑶，1996 年生，女，壮族，广西南宁人，北京林业大学园林学院本科生。电子邮箱：601734027@qq.com。

通讯作者

赵晶，1985 年生，女，山东潍坊人，北京林业大学园林学院副教授。电子邮箱：zhaojing850120@163.com。

第三作者

林晗芷，1995 年生，福建霞浦人，北京林业大学园林学院研究生。电子邮箱：anlatu@sina.com。

基于空间句法的中国古典园林借景手法研究

——以嘉兴南湖烟雨楼、承德避暑山庄烟雨楼为例

The Analysis of Borrowing Scene Method based on Space Syntax

—The Case of two Yanyu Pavilions in Jiaxing South Lake and Chengde Mountain Resort

陈 为 李 雄

摘 要： 计成《园冶·兴造论》中"园林巧于因借，精在体宜"的论断奠定了中国古典园林中借景的重要地位，而因地制宜、因借场地内外条件造园的原则、方法也影响着如今的园林师们。本文通过对中国古典园林借景手法的论述，从空间句法视角切入，以嘉兴南湖烟雨楼（南烟雨楼）、承德避暑山庄烟雨楼（北烟雨楼）这两座姊妹园中园为研究对象，结合实地调查与资料收集，在向外借景、由内生景这两个方向上进行观察、猜想与验证，得出了南北烟雨楼的异同及各自设计上的独到之处；并尝试总结出古代造园，尤其是园中园营造中借景手法的一些要点，以期能够拓展空间句法这一理论利器的用武之地，并对当今的风景园林实践有所裨益。

关键词： 中国古典园林；借景手法；空间句法

Abstract: The quote "Chinese Gardening is skillful for its scene borrowing, and extraordinary for its appropriacy." in Ji Cheng's Yuan Ye shows that the borrowing scene method is crucial to traditional Chinese Gardening, as well as a universal principle obeyed by current landscape architects. This essay tries to identify the essence of the borrowing scene method used in Chinese traditional gardening by analyzing historical materials as well as studying two highly relevant gardens: both named Yan Yu Mansion, one sited in South Lake of Jiaxing, the other in Chengde Mountain Resort. With the help of Space Syntax analysis, this essay concludes the differences and commons in their design and specifies their flash points. Ultimately, the conclusion of this essay may expand the utilization of space syntax as well as contribute to landscape architecture itself.

Keyword: Chinese Traditional Gardening; Borrowing Scene Method; Space Syntax

1 研究概述

1.1 基本概念

1.1.1 借景

一般认为，中国古典园林中的"借景"概念可以分为广义和狭义两个范畴：广义的借景主要包含三个层次：其一，"巧于因借，精在体宜"，因借园址的自然和人文等确定要素造景；其二，"借景随机"，因借季相、时相、气象等变动要素造景；其三，"借景无由，触情俱是"，不拘一格，以打动人的思想情感为核心造景。三者中的第一层理论，即因地制宜地利用园址的自然人文等条件，从人的感官尤其是视觉上出发，将周边环境的有利因素纳入园林的观赏体验之中的造园手法，即为狭义的"借景"，或称"实借"。

本文研究的"借景手法"即指代狭义的、以视觉要素为核心的借景。

1.1.2 园中园

在传统造园以至当代风景园林设计中，都存在一种具有相当特殊性的园林形式：园中园，也即范围明确，自成体系，具有一定空间围合感且相对独立于主园林空间的较小尺度园林空间。以主园林本身为"周边环境"，也作为主园林整体构图一部分的园中园，设计时必将考虑对主园林内外进行借景，以及被主园林借景两层借景关系，可以说是研究借景手法的天然对象。

1.1.3 南北烟雨楼

嘉兴南湖烟雨楼（下文称"南烟雨楼"）和承德避暑山庄烟雨楼（下文称"北烟雨楼"）作为同名的"姊妹"园中园，虽立意相似，却在借景关系、空间布局、造景要素的处理上有着种种差异，最终形成了迥异的景观效果。通过分析这对优良的园中园"对照样本"各方面的差异及差异产生的内在逻辑，本文希望能更科学、客观地研究园中园营造中的借景手法。

1.1.4 空间句法

空间句法是一种能够将空间的内在关系相对精确、客观地反映出来的理论工具。通过抽象化研究对象的空间，并计算视域、视距、连接度、整合度等相关参数，能够更准确地定位园中园与主园林景物之间的视觉关系，分析出园中园内部空间之间的相互关系，从而一窥设计者的取舍定夺，最终挖掘出借景手法在园中园营造中的应用与要点。

1.2 研究目的、对象、方法

本研究致力于探究中国古典园林，尤其是园中园营造中借景手法的思想与要点。通过对南北烟雨楼先以传统空间分析方法得出一些初步的分析、猜想，再将南北烟雨楼的空间布局导入DepthmapX软件中进行分析，以相对客观、科学的手段将模糊的概念清晰化，并对主观的猜想进行验证，从而得出最终的结论。

2 初步研究

笔者在实地调查、资料收集的基础上，对南北烟雨楼的空间布局与设计进行了初步对比研究。

2.1 立地条件

北烟雨楼选址于避暑山庄湖区中心青莲岛上，岛面积约2400m²，东面澄湖而望小金山，西临如意湖，南接如意洲，北隔水而瞰万树园，其立地条件基本可以概括为“借景条件优越的湖心岛”（图1）。因此，北烟雨楼的造景重点也立足于此：向外借景、并成为湖区构图的中心（被借景）。

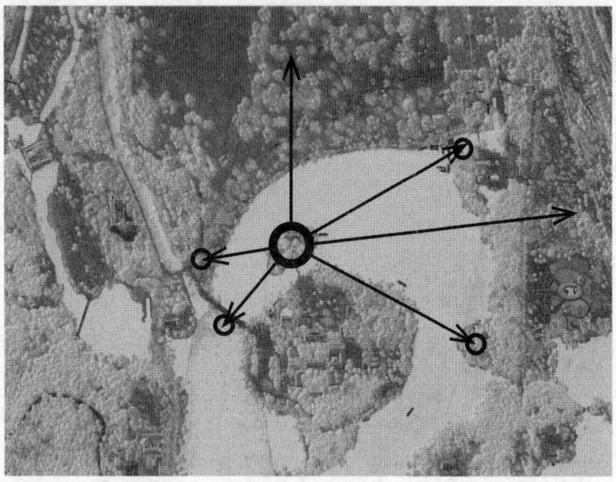

图1 北烟雨楼立地条件（图片来源：作者自绘）

南烟雨楼选址于嘉兴南湖湖心岛上，岛面积约12000m²，西借壕股塔，北望小瀛洲，东南面还有望湖楼台、烟雨桥、月印亭等景可借，但岛本身不与周边陆地交接（图2）。其立地条件类似于北烟雨楼，而又有两个特

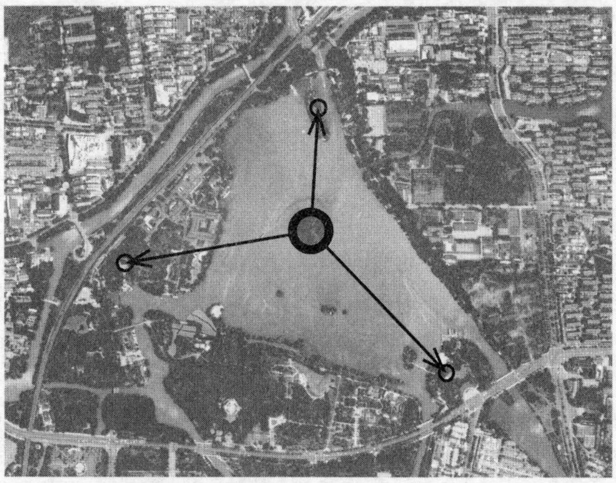

图2 南烟雨楼立地条件（图片来源：作者自绘）

点：基址面积相对较大，因此可营造更丰富的内部庭院空间；不与陆地交接，因此园中园游线的设计可以少考虑与外界的交接。

2.2 空间布局

园中园的空间布局决定了游人在其内部的游赏体验，及其向外借景的可能性与方式；同时，在内部空间布局基础上形成的各外立面也决定了被借景的效果。

2.2.1 北烟雨楼

北烟雨楼作为主园林湖区北面构图的中心，在营造庭院空间的同时，对布局的外向性格外强调，因此也更侧重向外借景。

整个园中园以建筑统摄全局（图3），主体建筑烟雨楼与连廊围合的庭院形成主空间，北侧以一段栏杆直凌水面，仰眺万树园之广阔无垠，俯瞰如意湖之碧波浩渺；主空间的东西各连接一组次空间：青阳书屋、四方亭、八方亭三者东面澄湖，向东北可眺望香远益清、热河泉的不尽之意，向东南可赏小金山之高耸，甚至可借园外磬锤峰之景，形成外向性的滨水空间；西侧的对山斋庭院则由院墙围合，相对内聚。

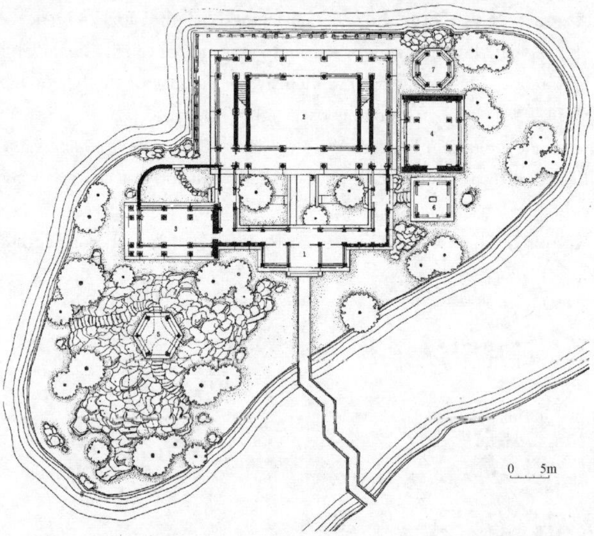

图3 北烟雨楼平面图（图片来源：引自《承德古建筑》）

图4 北烟雨楼西南立面效果（图片来源：作者自摄）

同时，体量惊人的假山耸立于庭院西南，同庭院空间形成阴一阳对仗，与对山斋形成高—下呼应，又辅以古木交柯，有些烟雨靡靡之感（图4）；轻巧的翼亭稳坐山巅，六面开阔，同时借庭院、古松、叠石、湖面、远山之景（图5）。

从立面效果看，北烟雨楼庭院各立面性格各异，西、南立面有假山、古木、院墙的掩映，颇有些内敛朦胧之意（图7）；而东、北立面则让建筑立面直抵水面，气魄非凡而含蓄不足（图4）。

图5　翼亭（图片来源：作者自绘）

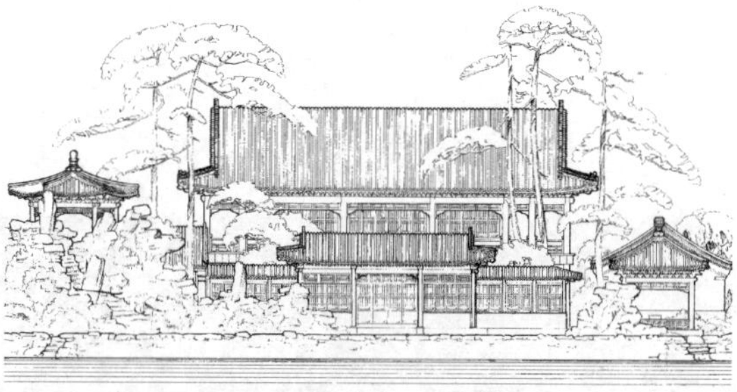

图6　北烟雨楼南立面(图片来源:引自《承德古建筑》)

图7　北烟雨楼北立面效果（图片来源：作者自摄）

2.2.2　南烟雨楼

南烟雨楼着眼于空间布局的层次感、内聚性，关注庭院内部的借景关系，亦通过竖向、种植、建筑的处理平衡了向外借景的需求。

湖心岛本为疏浚南湖产生的淤泥堆积而成，其高程本已高于水面不少；而前人塑造了两个台层强调这一的竖向变化，组织种植的疏密，形成了一个亲水带状空间环绕中心高起的庭院空间的布局（如图8、图9）。带状空间四方开阔面水，可近观池中游鱼，远观湖光山色。高起的建筑则平行或垂直于西北—东南的方向摆布，形成一定的对位借景关系。四个庭院以院墙或建筑立面界定空间关系，分别以建筑、假山、植物等为景观特色，以游廊或微地形虚隔，四者均统摄于烟雨楼的巨大体量；同时，庭院边界设置若干外向、高起的观景点，如宝梅亭、孤云篌、小蓬莱、碑亭等，配合着整个建筑群东北—西南的布局，与湖东南建筑群、壕股塔、小瀛洲均形成了一定的借景关系。

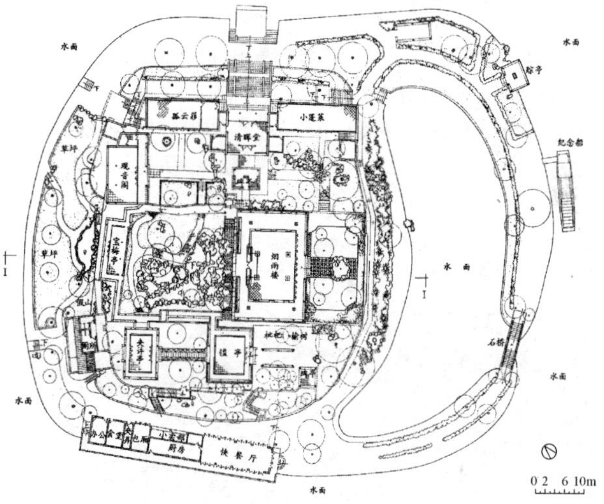

图8　南烟雨楼平面图（图片来源：引自《江南理景艺术》）

图9　南烟雨楼西北—东南剖面图
（图片来源：引自《江南理景艺术》）

南烟雨楼各个立面效果基本相近，呈现岸—台—植物—建筑四个层次的进深关系（图10），层层叠叠的空间

图10　南烟雨楼东南立面效果（图片来源网络）

含蓄之极，非常成功地凸显了“烟雨”的立意。

2.3 小结

北烟雨楼庭院之建筑、假山多以借远近之景为基点布局，其游线亦内外组织起几个借景点位，形成了紧密的内外空间联系和丰富多样的向外借景关系。总而言之，北烟雨楼的设计核心思路是基于向外借景需求的开放式庭院空间布局。

南烟雨楼的设计策略相对传统，也因为充裕的用地面积能够组织复杂的庭院空间以及竖向变化。其营造策略主要有二：其一，通过地形塑造、墙体界定亲水/庭院空间，两者泾渭分明；其二，通过传统园林造园手法的应用，以墙垣窗门界定出若干小庭院，不同的庭院具有不同的向外借景强度，并赋予不同的景观特征（假山、植物、亭台），进一步营造空间氛围。

3 空间句法分析

为了进一步探究南北烟雨楼设计中对于借景手法的应用和其空间布局的特殊性，笔者利用 UCL Barlett 开发的空间句法软件 DepthmapX，对北烟雨楼的两层平面布局进行了连接度、视域、视距、空间整合度等分析，以探究南北烟雨楼在向外借景、由内生景两个层面上的独到之处（图 11～图 19，北烟雨楼；图 20～图 28，南烟雨楼。图中的上指向东北方向。均由笔者自绘）。

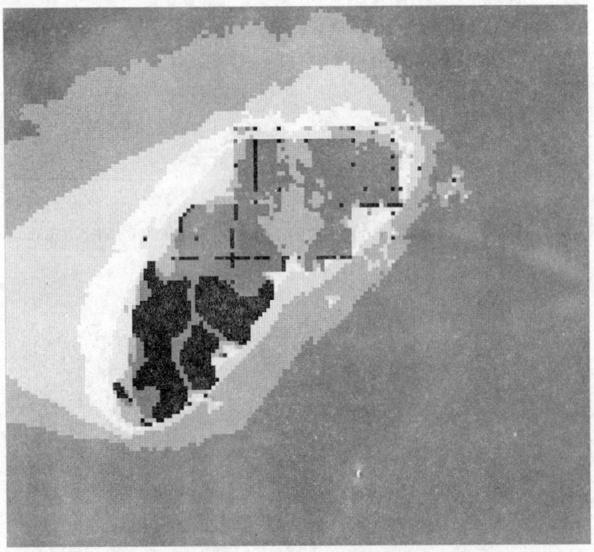

图 11 北烟雨楼一层空间连接度

3.1 北烟雨楼

3.1.1 向外借景

首先从北烟雨楼一层、二层的空间整合度判断（图 12、图 18），北烟雨楼空间整合度最大的部分集中在庭院的边界上（红色），庭院虽小，却与主园林空间有较可观的独立性。

同时，四方亭、八方亭和翼亭所在区域均具有较高的

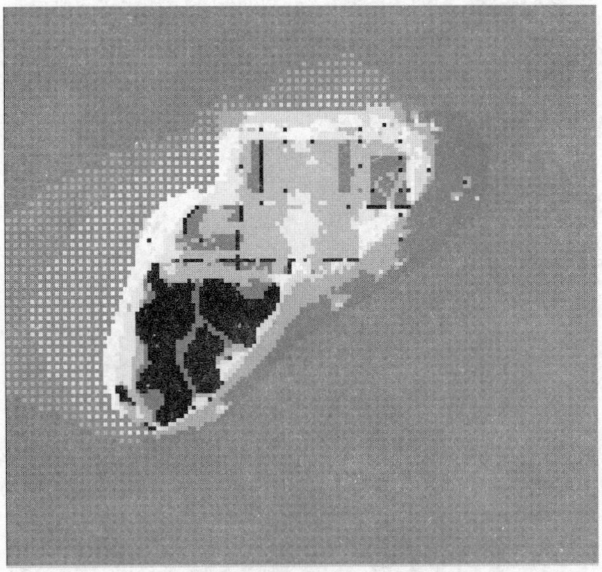

图 12 北烟雨楼一层空间整合度

空间整合度，也即三者与主园林空间的关系相对园中园的其他部分更为密切；三者均具有可观的视域直径和视域面积（图 14、图 15、图 16），这也意味着三个亭子的借景条件相对优越（可视范围、距离都更大）；

再考虑到三者的视域范围（图 16）和边界可视性（图 13、图 19），显然四方亭、八方亭向东敞开，主要借东、东南两方向的小金山、香远益清、磬锤峰之景，而翼亭除了俯瞰烟雨楼、对山斋庭院之外，主要借南、南方向的如意洲、环碧之景，三者的借景范围基本覆盖了湖区的大部。

此外，对山斋、青阳书屋、烟雨楼三个带门窗墙体、尺度不一的建筑分别面向西、东、北，在满足多样功能性的同时，进一步完善形成了 360°覆盖、主要面向东南（小金山）的向外借景体系（图 13、图 19）。

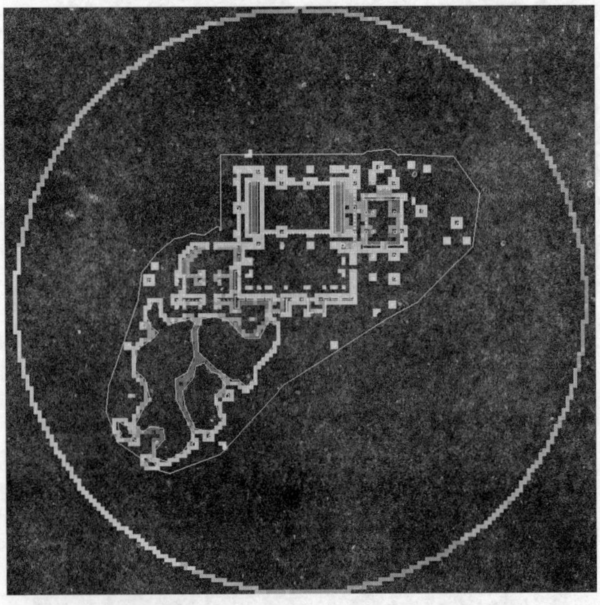

图 13 北烟雨楼一层边界可视性

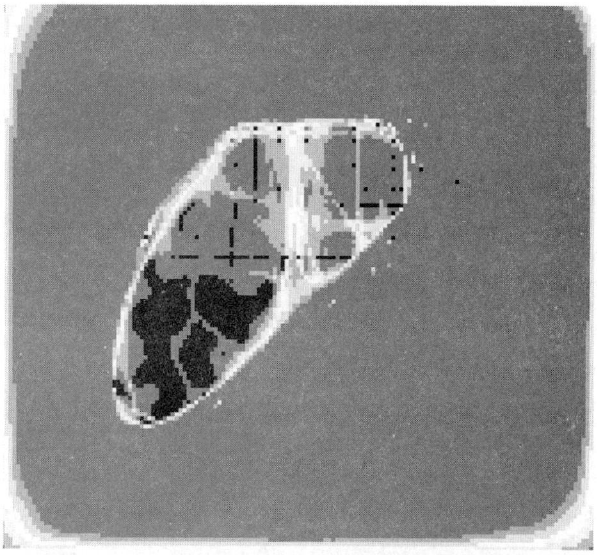

图 14　北烟雨楼一层视域直径

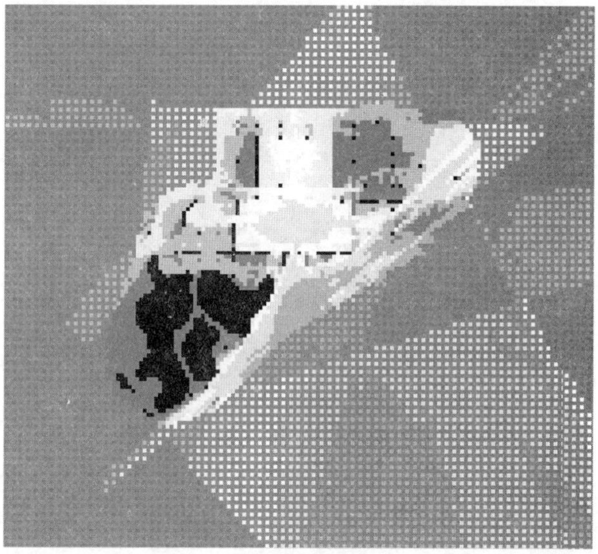

图 15　北烟雨楼一层视域面积

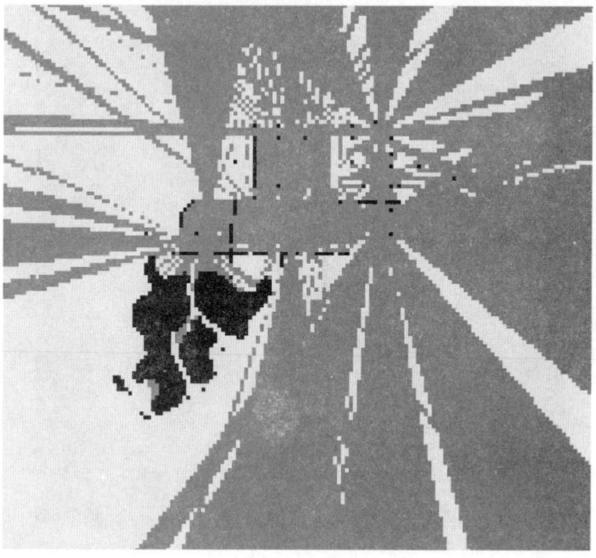

图 16　北烟雨楼一层特殊点视域

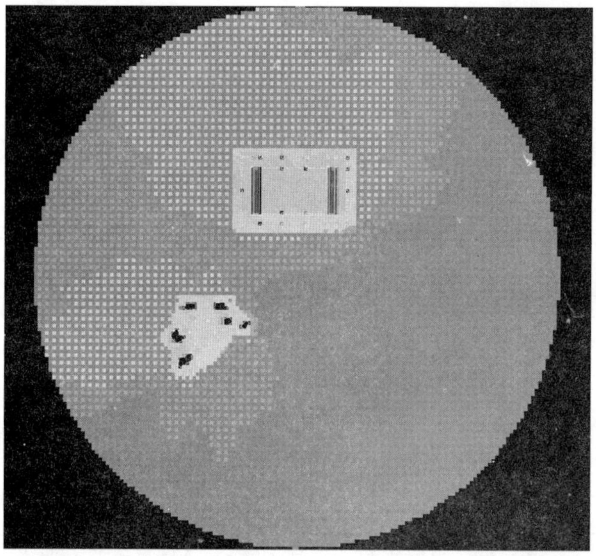

图 17　北烟雨楼二层视域面积

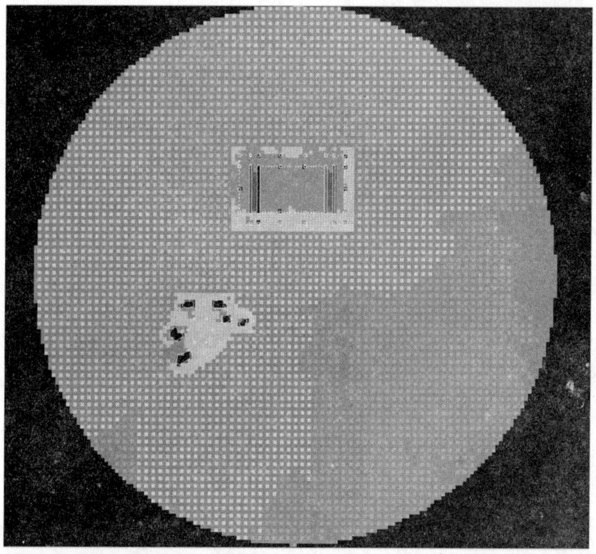

图 18　北烟雨楼二层空间整合度

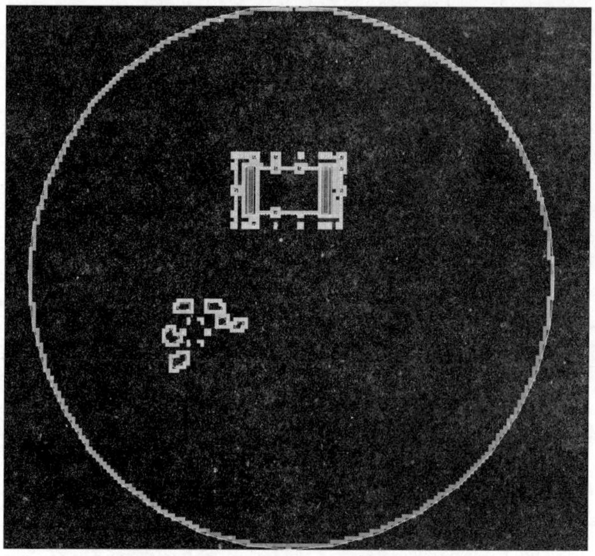

图 19　北烟雨楼二层边界可视性

经过梳理，可以看出北烟雨楼的向外借景体系构建思路：主体功能建筑立面均向庭院外打开，向外借景的同时围合出内聚的庭院空间；同时在角点（东北、东南、西南）结合置石假山布置景观建筑，形成高低错落、形态不一的三个向外借景（同时被借景）的窗口；最后通过游线设计将几个借景点巧妙串联，借此将主园林空间的美景尽收眼底，并形成湖区构图的中心控制点。

3.1.2 由内生景

乍看上去，北烟雨楼的庭院部分构成简单：烟雨楼统摄的主庭院空间、对山斋与院墙围合的次庭院空间、假山内部的“山洞”空间以及顶部的“山顶”空间。实际上，简单的构成中也蕴含着前人的匠心巧思。

通过连接度、整合度、视域直径、视域面积（图 11、图 12、图 14、图 15）4 张分析图的对比，我们可以看出：

其一，入口—主院落—烟雨楼形成的中轴强烈地控制着整个空间体系（在所有图中都被凸显出来），在这个多朝向的体系中明确了坐北朝南的主轴；

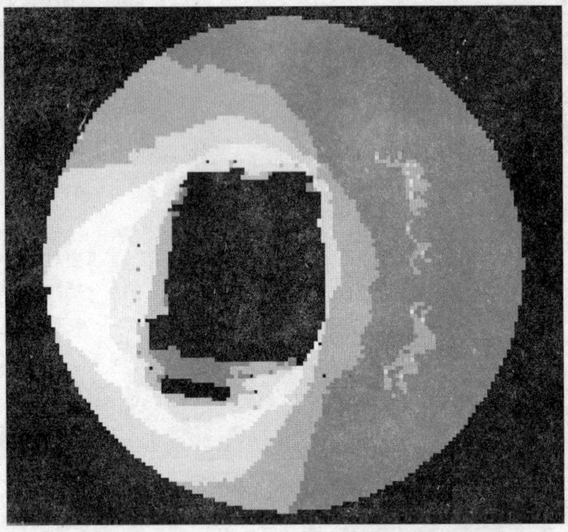

图 20 南烟雨楼亲水层连接度

其二，主庭院、次庭院、山洞的尺度、中心性、可视范围均依次递减（面积、整合度、连接度、视域面积均递减），三者的空间氛围、开放程度有明确的划分；再加上 4m 高的“山顶”带来的视点变化，前人在 2400m² 中塑造了层次分明、氛围迥异的四个户外空间。

经过分析，我们可以看出北烟雨楼在用地面积有限的条件下，通过轴线控制、尺度分配和具体氛围营造上的处理，形成了紧凑而精致的庭院空间，达到了以小搏大的效果。

3.2 南烟雨楼

3.2.1 向外借景

从上下两层的边界可视性、点视域、视域面积、整合度等（图 21～图 23、图 25～图 28）数据可以看出，南烟雨楼的主要向外借景方向为西北、东北、东南三个方向，而向西南方向偏向障景而非借景。

亲水层方面，设计者在东北、东南两个方向设置了亭

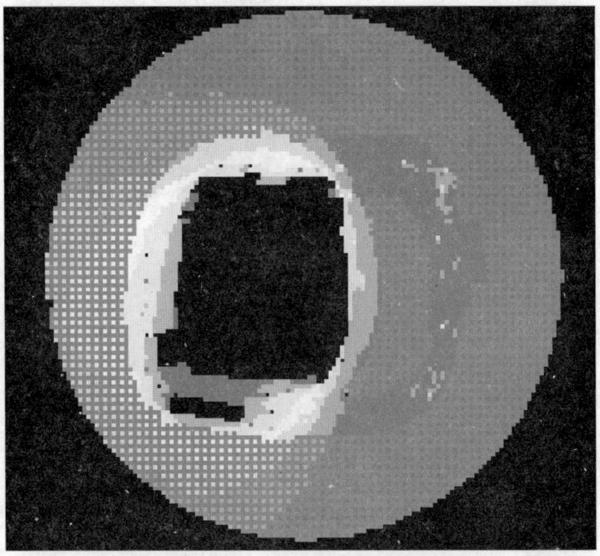

图 21 南烟雨楼亲水层视域面积

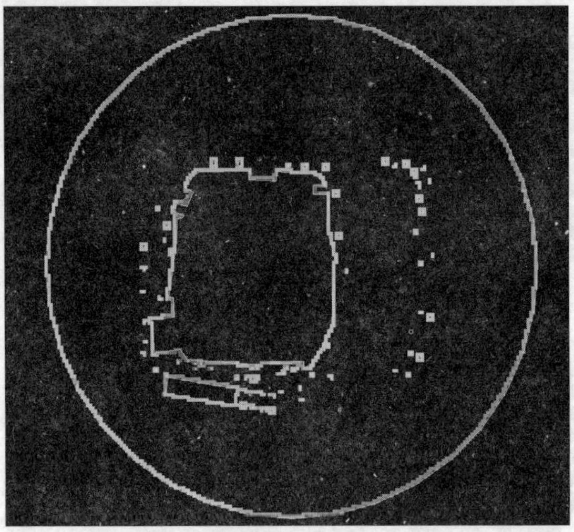

图 22 南烟雨楼亲水层边界可视性

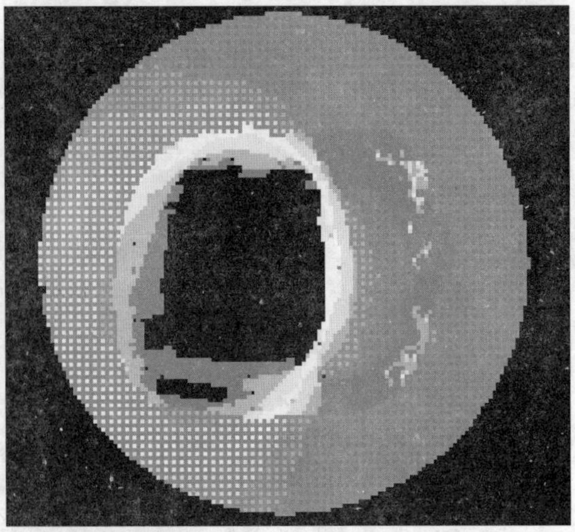

图 23 南烟雨楼亲水层整合度

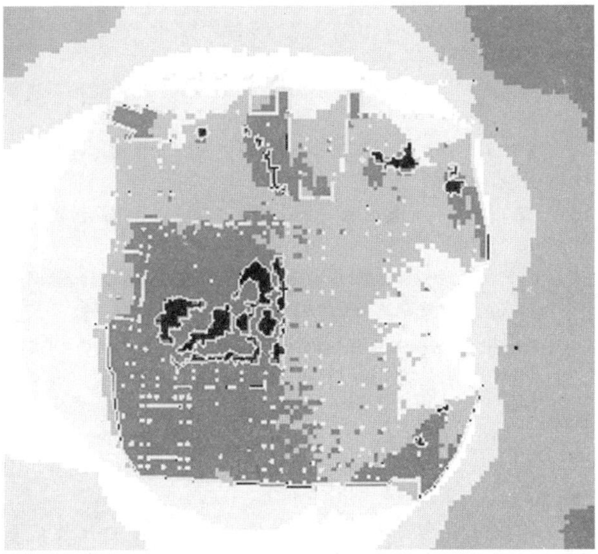

图 24　南烟雨楼庭院层连接度

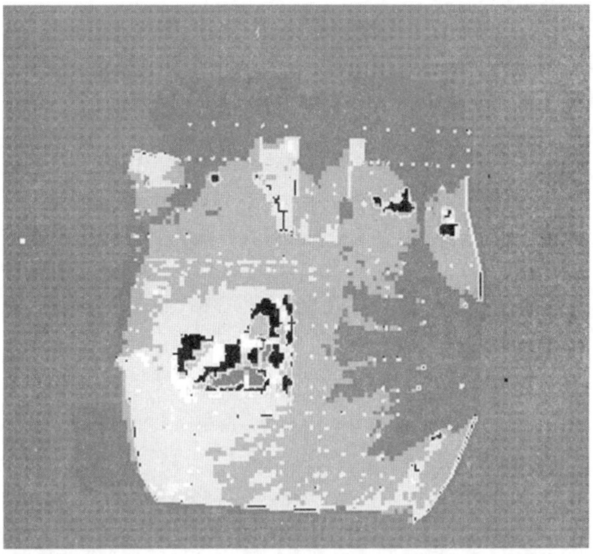

图 27　南烟雨楼庭院层整合度

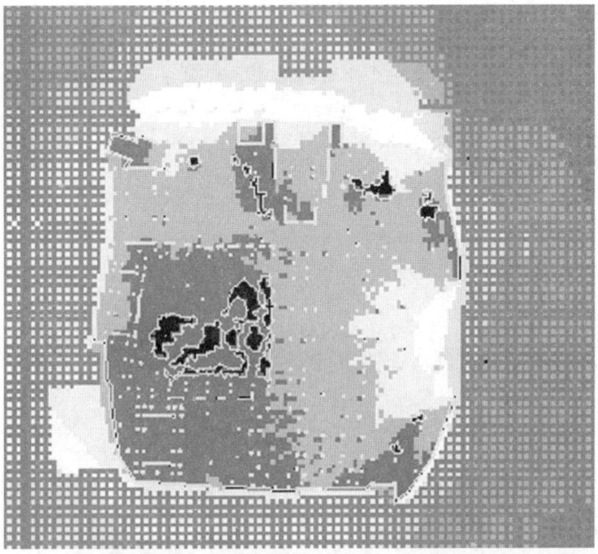

图 25　南烟雨楼庭院层视域面积

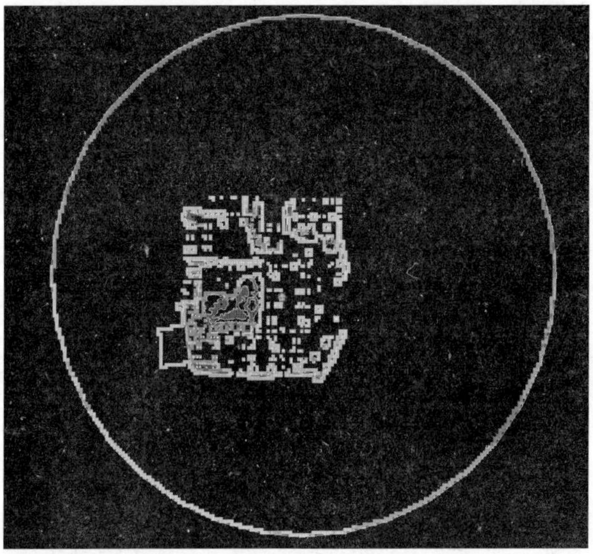

图 28　南烟雨楼庭院层边界可视性

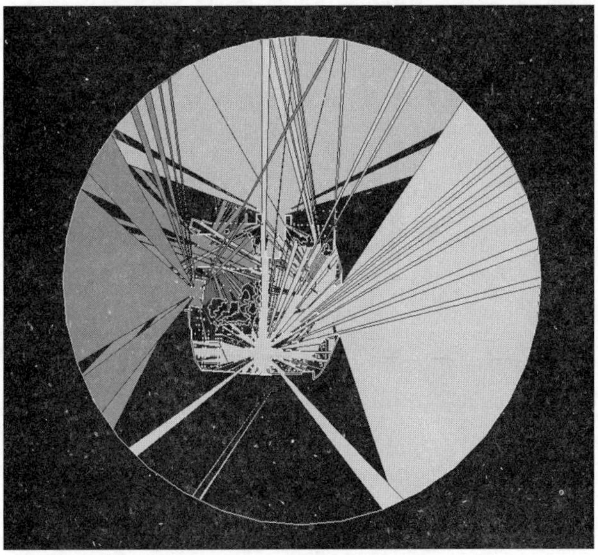

图 26　南烟雨楼庭院层点视域

子和曲桥，为向外借景的重点。

而在庭院层方面，可以看到四个庭院的整合度泾渭分明：

东南方向（27 中全深红）的庭院没有院墙分隔，不设置构筑与置石，与嘉兴南湖空间的联系最为紧密，同时作为烟雨楼建筑的前院，呼应其巨大的体量。

东北方向的庭院空间（27 中全浅红）承接东北入口，在西北面以观音阁界定边界，东北面则对称地布置了孤云簃、小蓬莱两座建筑，明确界定空间的同时，开敞的底层又能将两个方向的景致收入院中，可谓精妙。

西北方向的庭院空间（27 中带有蓝色，主要是黄色的部分）由宝梅亭、院墙和烟雨楼界定，庭院空间相对独立但不影响东北方向的借景。

西南方向的庭院空间（27 中基本全黄色）几乎完全由院墙围合，中置亭台，形成了相对独立的一片庭院。

总而言之，前人通过对各个庭院边界处理的差异形成了不同的空间整合度，不同的整合度也意味着不同的借景条件，并使之与外部湖区景观节点相契合，形成了完美的景观的对仗。

3.2.2 由内生景

如前所述，四个庭院之间的不同程度的分隔塑造了四个尺度相似，但整合度各异、视域面积不同的空间；此外，设计者还通过局部山石的布置、植物的种植对游人的游线做出了巧妙地引导，根据图24连接度的分布，从东北入口进入的游人显然会由于置石的摆放向南走（置石形成了一片深蓝的低连接度区域，游人倾向于向高连接度方向走），进入烟雨楼前开阔的主庭院，而后才会到达相对私密、封闭的庭院，对于游人游赏体验的控制十分巧妙。

3.3 对比小结

南北烟雨楼均为园中湖面的构图中心，而同以“烟雨”为立意；然而两者立地条件的差异使得他们的营造策略同中有异。南烟雨楼基址尺度更大、独立性强，空间也得以层次丰富而自成一体；其“烟雨”既有登楼观湖上烟雨之意，亦有庭院空间本身如烟雨般朦胧梦幻之意。相对于向外借景，南烟雨楼更侧重被借景的效果。而北烟雨楼场地供发挥的余地不大，有自身向外借景的意欲，又有游径的交接需求，空间组织也由此偏向于外向；故而，北烟雨楼少了一些空间的层次感与丰富性，难于营造如烟似雨的境界，有名不副实之嫌。

4 研究结论

总而言之，南北烟雨楼建筑群神似而形殊，两者各有高下：前者内敛而朦胧，以层次丰富的内部空间辅以点式的外部借景；后者外显而大气，以点面结合的外部借景搭配线性组织的内外游线；却又共通于中国古典造园的精髓：因借。从这对同名“姐妹”的分析之中，可以一窥借景的要旨：其一，尊重场地的“异宜”，也即立地条件，并将场地内外潜在的造景可能性发挥到极致；其二，在园内外、园内各部分之间建立有机的联系，让设计锚固于场地之中。正如郑元勋在《园冶·题词》中所云：“园有异宜而无成法”，园林设计确有一定之规律可循，然实际仍应因地制宜、因人制宜地决策定夺、权衡取舍，当量体裁衣一般让设计锚定于场地之中，方为造园之正道。

参考文献

[1] 计成著．陈植注释．园冶注释[M]．北京：中国建筑工业出版社，1988.

[2] 天津大学建筑系．承德古建筑[M]．北京：中国建筑工业出版社，1982.

[3] 潘谷西．江南理景艺术[M]．南京：东南大学出版社，2001.

[4] 魏民．风景园林专业综合实习指导书——规划设计篇[M]．北京：中国建筑工业出版社，2007.

[5] BillHiller. Space is the Machine[M]. London, United Kingdom: Press Syndicate of the University of Cambridge. 1999.

[6] 薛晓飞．论中国风景园林设计“借景”理法[D]．北京林业大学，2007.

[7] 李凤桐．谈避暑山庄烟雨楼[J]．文物春秋，1992(04)：83—84.

[8] 孙云娟．嘉兴传统园林调查与研究[D]．浙江农林大学，2012.

[9] 孙鹏．空间句法理论与传统空间分析方法对中国古典园林的对比解读——承德避暑山庄空间环境研究[D]．北京林业大学，2012.

[10] 张愚．基于可见性的空间及其构形分析[D]．东南大学，2004.

[11] 于跃．基于可见性的留园空间构形分析[D]．北京林业大学，2012.

[12] 陈茸．中国传统园林空间句法浅析及其对当代地域性重构的意义[D]．清华大学，2012.

[13] 杨忆妍．皇家园林园中园理法研究[D]．北京林业大学，2013.

[14] 王静文．传统庭院空间的句法释义[C]//中国风景园林学会．中国风景园林学会2011年会论文集(上册)，2011：4.

[15] 王静文．空间句法研究现状及其发展趋势[J]．华中建筑，2010，28(06)：5-7.

[16] 蔡凌豪．浅论视域分析理论在中国古典园林研究中的应用——以留园入口空间序列为例[C]//中国风景园林学会．中国风景园林学会2009年会论文集，2009：7.

[17] 王晓博，窦维静．比较分析中法“园中园”的差异[J]．中国园林，2006(08)：71-76.

作者简介

陈为，1994年生，男，汉族，福建福州人，北京林业大学园林学院硕士研究生，研究方向风景园林规划设计。电子邮箱：775256327@qq.com。

李雄，1964年生，男，汉族，山西太原人，北京林业大学副校长、教授、博士生导师。电子邮箱：bearlixiong@163.com。

基于文化景观视角的浅山区绿色空间格局构建研究

Research on the Construction of Green Space Pattern in Suburban Hilly Area Based on the Perspective of Cultural Landscape

严　妮

摘　要： 北京市浅山区作为山区与城区之间的过渡地带，具有极高的生态敏感性，同时拥有大量的文化景观遗产。如何在保护遗产资源的同时合理开发浅山区成为新时代风景园林所面临的挑战。本文从文化景观的视角切入，以北京市五里坨浅山区为例，依据“宏观定位—中观网络—微观设计”相结合的规划策略，对其绿色空间网络构建进行深入研究，在传承历史文化、保护生态环境的同时促进区域发展。

关键词： 浅山区；绿色空间；文化景观；五里坨

Abstract: The suburban hilly area of western Beijing as a transitional zone between the mountainous area and the urban area, has extremely high ecological sensitivity and a large amount of landscape heritage resources. To rationally develop suburban hilly areas while protecting heritage resources has become a challenge for new-era landscape architecture. The article takes the suburban hilly area of Wulituo in Beijing as the research area from the perspective of cultural landscape. According to the planning strategy of “macro-positioning, medium-view network-micro-design”, the green space network construction is thoroughly studied to promote the development, inherit culture and protect the ecological environment.

Keyword: Suburban Hilly Area, Green Space, Cultural Landscape, Wulituo

引言

随着中国的经济腾飞，北京进入了高速的城市扩张阶段，城区已逐渐逼近西北部山地。然而山区一直以来都是北京市的重要生态涵养地带，约占据北京市面积的2/3。而浅山区则是位于山区与城区之间的过渡地带，其一方面具有极高的生态敏感性，另一方面也面临着日益扩张的城市发展需求。同时，京西以其优质的天然山水格局，是历代皇家园林、寺观园林的经营之地，其间分布着大量的景观遗产资源点，具有极高的文化历史价值。因此，如何在保护生态环境的底线之上，合理开发建设浅山区，同时传承历史文脉是现阶段亟须解决的城市难题，也是新时代风景园林所面临的挑战。

这项议题引起了各界学者的关注，近年来，对于浅山区的研究日益增多。尽管目前已有多位学者分别从浅山区森林资源、生态承载力、可持续发展和利用战略等角度对此区域展开研究，但是从文化景观视角切入的专类研究还不多见。然而浅山区的重要特质及价值之一正在于其独特的文化景观价值。因此本文旨在对于这一领域探索，从文化景观的角度出发，以绿色空间网络作为主要研究对象，在明晰浅山区等相关概念及北京市的浅山区概况后，依据“宏观定位—中观网络—微观设计”[1]规划策略，以北京市五里坨浅山区为例，总结其文化景观价值，结合实际，进行浅山区绿色空间格局构建的实践探索。

1　相关概念解析

1.1　浅山区

据《北京城市总体规划（2004～2020年）》将市域内海拔100～300m的区域划定为浅山区[2]，认为该区域是连接山地生境环境和平原生境环境的过渡区域。

1.2　绿色空间

绿色空间的广义定义即绿色空间不仅局限于城市，还包括广大的乡村：不仅包括传统的城市绿地，还包括区域的自然环境；不仅是单纯的绿化游憩用途，还是整个城市的绿色基础设施[1]。

1.3　文化景观

在1992年第16届世界遗产委员会会议上，“文化景观（cultural landscape）”被正式列入世界遗产，其定义为“自然与人类的共同作品”，展示了在特定物质条件影响下，以及（或）其特定自然环境及长期社会、经济、文化的内外因素作用下，人类社会与其居住地的历史演进情况[3]。

2　北京市浅山区概况

北京市作为千年古都，其环境是自然与人类活动的共同产物。而浅山区作为山区与平原的过渡地带，风景秀美，资源丰富，古迹众多，承载着接受平原发展辐射和带动山区城镇化的双重职能。但随着城市高速扩张，浅山区的城市化进程加速，同时缺乏合理保护开发，导致目前北京市浅山区存在生态环境脆弱、自然灾害频发、人为破坏严重、整体经济落后、产业转型困难及城乡二元结构没有根本改变等一系列问题[4]。

3 基于文化景观视角的浅山区绿色空间构建策略

文化景观的特殊之处就在于它是自然与人类相互依赖、相互影响的作品，能够流传至今的大都经过历史的考验，是传统智慧的结晶。因此，新时代的风景园林规划设计应该尊重历史文脉，并分析研究其现象背后的营建原因及目的。在此基础上，采用“宏观定位—中观网络—微观设计”相结合的体系。宏观层面明确地区长期规划及相关政策法规。中观层面，首先分析整个区域的点线面遗产资源，明确其遗产廊道网络体系，进而对于该体系范围内的生态安全格局、水文安全格局以及地质灾害安全格局进行深入研究，最终在此基础上提出合理的规划结构，以此为依托构建绿色空间。微观层面，选取规划结构中的节点地块考证梳理其历史空间格局及文化机制，提取其文化景观结构，并与现实功能进行对接协调，提出详细的规划策略。

4 浅山区绿色空间构建的实践探索——以北京市五里坨地区为例

4.1 五里坨浅山区概况

本次研究聚焦的五里坨地区位于北京市中心城区西缘，占地约 25km²，区位如图 1、图 2 所示。该区域属于浅山区和受浅山区影响的平原地带，大部分区域海拔在 100～300m，城区坡度基本处于 7%以下，山地坡度在 25%～40%。本文选择五里坨作为研究对象是因为就城市发展而言，五里坨地区是山林、乡村、城市之间的过渡带，从生态环境角度看，它是山区和平原的缓冲敏感区。同时该区域还蕴含丰富的文化历史资源。因此，如何平衡城市快速发展的需求与该区域珍贵文化遗产、脆弱生态环境之间的矛盾是新时代风景园林所面临的挑战之一。

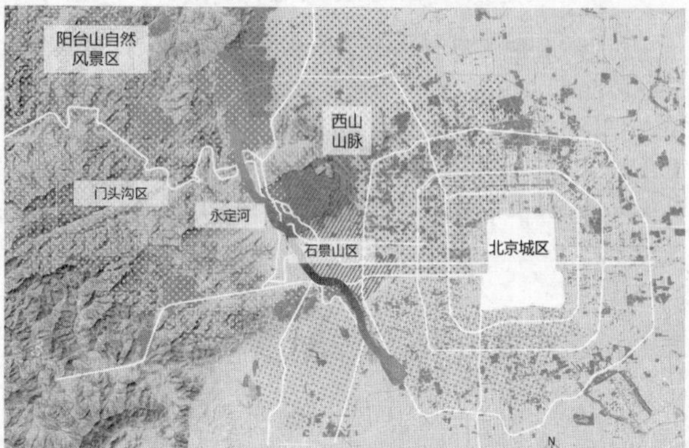

图 1 五里坨大区位图

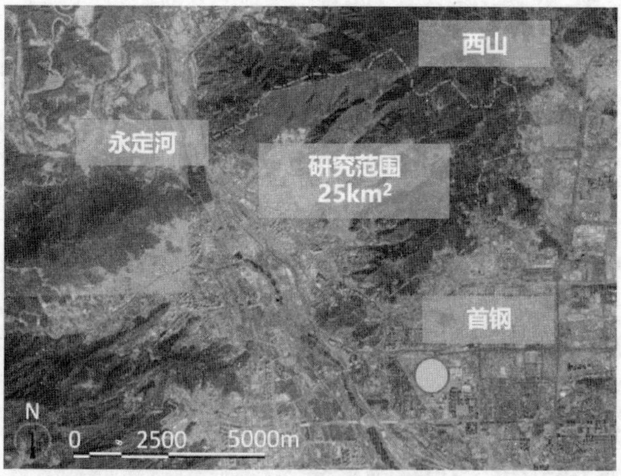

图 2 五里坨小区位图

4.2 五里坨浅山区文化景观价值

本次研究的范围主要为由小西山和永定河围合所形成的碗状区域，其遗产资源点如表 1 所示，由南向北可以分为三带：南侧为由永定河冲积所形成的农业带。中部为因京西古道而兴起的商业带，三家店村便是其中重要关口。北线——风水带，是历史上修建寺庙和皇室贵胄安坟立墓的风水之地，如慈善寺等，还有大量因此而兴的村庄。其文化景观价值总结如下：

五里坨遗产资源点 表 1

传统民居类	五里坨民居
寺观类	慈善寺、双泉寺、翠云庵、兴隆寺、龙王庙
古桥及节点类	万善桥、隆恩寺冰川擦痕
传统村落类	三家店村
工业遗址类	高井热电厂

4.2.1 北方山地人居典范

五里坨地区北部山区因寺观园林、皇室墓葬而繁衍出了许多村庄，如双泉村、陈家沟村等等。村落整体分布因地就势，形成了以合院为主的民居肌理。村庄选址大都背阴向阳，依山面水，具有良好的采光通风条件。北方传统民居结合地形地势不仅创造了舒适的人居环境，同时也形成了独特的山地合院聚落模式。

4.2.2 京西商贸历史见证

五里坨地区是古代商贸路线——京西古道的途经之地，其中的三家店村更是京西商贸重要关卡。京西古道对外沟通北京与山西、内蒙古高原，担负着北京内外交通、物产交换、宗教活动和军事防御的功能；对内维系京东平原暨京城与京西山地[5]。区域内不同时期沿线兴起的建筑物和村落等相关物质遗产如琉璃渠等也是这段历史的重要见证。更有因此而流传的非物质遗产，马致远《天净沙·秋思》就是其中代表。

4.2.3 信仰文化的载体

小西山山麓自古以来便是皇家园林和寺观的兴盛之地，据实地调研，五里坨地区共有古寺庙5座，分别为慈善寺、双泉寺、翠云庵、兴隆寺、龙王庙。还有一条东起青龙山东麓的昌化寺，西达天泰山的慈善寺的古香道，据《燕京岁时记》载：“每岁三月十八日开庙，香火甚繁。”至今香火旺盛，游人如织，串联起众多遗产资源，人们可以在自然中凭吊古迹，进香祈福。

4.3 五里坨现状浅山区绿色空间概况

五里坨浅山区拥有得天独厚的山水关系和历史文脉，绿地分类如图3所示，可以发现农林用地为其绿色空间的主要组成部分，绿色空间基础条件较好。近代以来由于不合理的用地规划，导致现在存在以下三方面的问题：(1) 山水层面：大量的工业用地、军事用地以及快速交通割裂了山水之间的联系，廊道失去生态效益；(2) 文化层面，遗产资源点缺乏合理的保护开发，导致文脉断层，部分优质资源点可达性较差；(3) 产业方面，本地工业没落，本地就业机会少，亟需整体性的绿色空间规划更新。

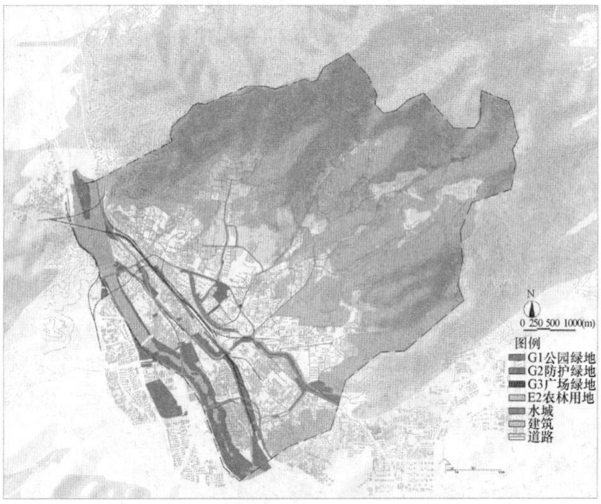

图3 五里坨浅山区绿地分类图

4.4 五里坨浅山区绿色空间构建策略

4.4.1 宏观定位

在北京市市域风貌分区结构中，五里坨地区位于风貌引导区，并且紧邻山区风貌区。在北京市历史文化名城保护规划结构中，研究地块位于西山永定河文化带内，并且紧邻三山五园地区和模式口及三家店历史文化保护区，是历史文化的衔接与传承重要地段。结合北京市总体规划，对此区域应精明保护、合理开发，形成山水交织、古今相逢、城景合一的特色风貌。

4.4.2 中观网络

根据实地调研，将其点状、线状、面状文化景观资源总结如下，分布如图4～图6。研究范围内点状遗产资源丰富，但相互之间联系性较差。现存两条遗产路线，分别

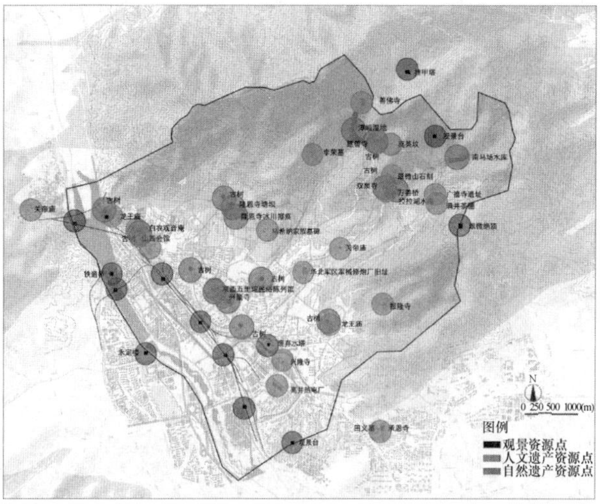

图4 五里坨浅山区点状遗产资源

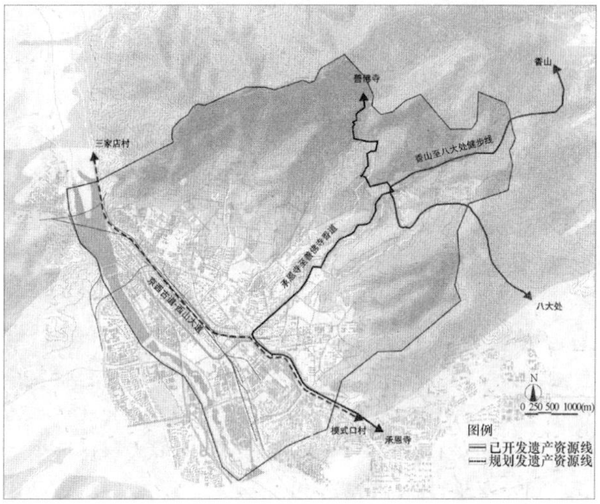

图5 五里坨浅山区线状遗产资源

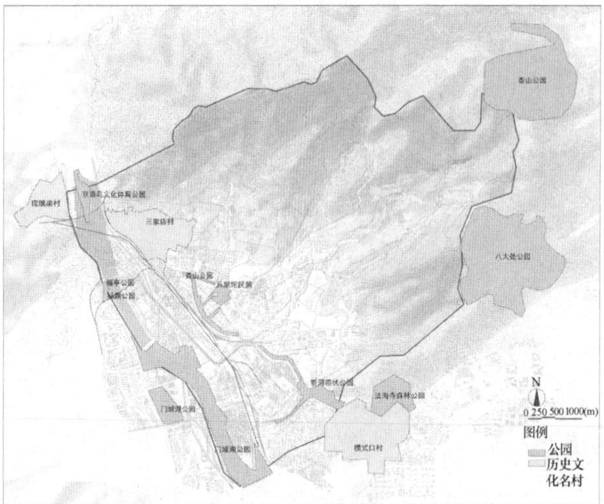

图6 五里坨浅山区面状遗产资源

为古香道线和京西古道。古香道使用人群较少，开发强度低。京西古道是阜成门至王平关的重要运输线路，沿线景观资源丰富，是门头沟区计划修建的重要游憩线。研究范

围内部与外围都分布了大量的村落与公园绿地。其中模式口村、三家店村、琉璃渠村都是著名的历史文化名村。五里坨范围外的香山公园、八大处公园、法海寺公园可以与内部的门城湖公园等绿色空间整合成区域绿色网络。

中观层面，将点线面三种遗产资源互相整合，以面引线，以线串点，形成完整的遗产资源体系，并在此基础上对其生态安全格局、水文安全格局和地质灾害安全格局进行分析，进一步调整体系范围，形成最终的绿色网络结构，如图 7 所示。

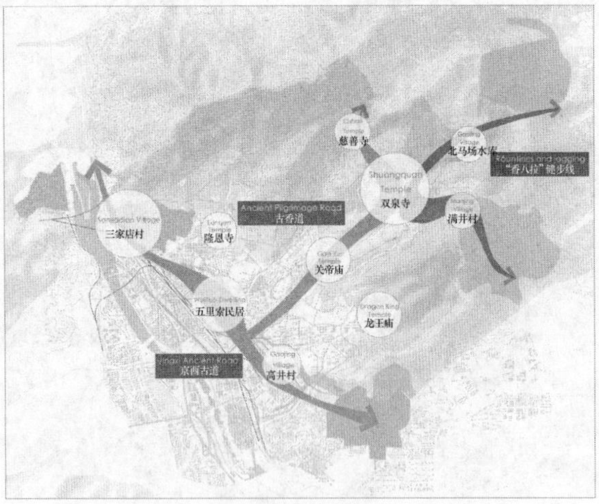

图 7 五里坨浅山区绿色空间结构

4.4.3 微观设计

微观层面，选取了双泉村节点作为研究对象，研究其历史文脉，考证历史空间，结合现状选择性重建其重要的遗址性空间——双水院，以此促进产业优化及区域振兴。

(1) 双泉村概况

双泉村位于五里坨浅山区东北部，因村内的双泉寺而兴，区位如图 8 所示，海拔在 200m 与 270m 之间。其周边分布着丰富的景观资源，包括双泉寺、万善桥，“香八拉”健步线和古香道线，如图 9 所示，是五里坨遗产廊道体系中的重要节点。

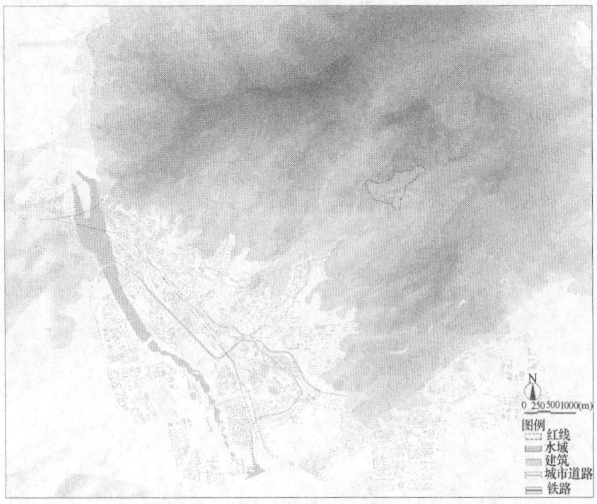

图 8 双泉村区位图

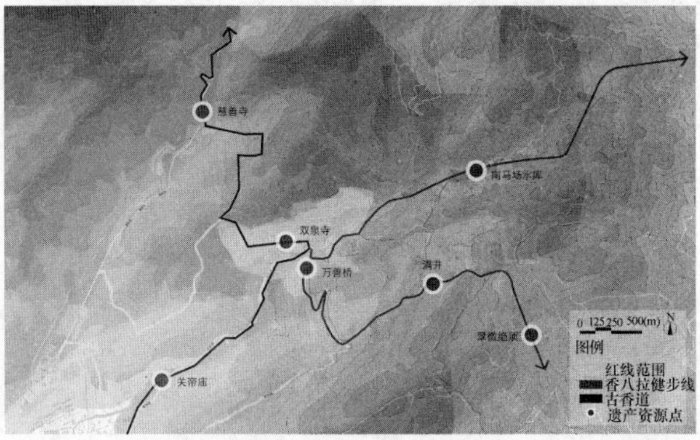

图 9 双泉村周边景观资源分布

(2) 历史空间考证

《日下旧闻考一百四卷载明人香盘禅寺碑略》：金章宗明昌五年（1194 年），诣其寺潜暑。寺有双泉，因而得名。即建祈福宝塔于寺北。至明成化五年十月（1469 年），赐名香盘禅林。[6]，由此可知，双泉寺至迟在金代中期便已建成，当时名为双水院，是金章宗避暑之地，因寺右有双泉，故名。《日下旧闻考一百四卷》：“距寺数百武为双泉桥，明翰林院修撰云间钱福撰记，弘治七年立。”[6]万善桥原名双泉桥，与双泉院一同建造，因黑石头沟水势湍急，故造桥造福民众。清《重修翠微山双泉寺记》：以地有双泉，故又名双泉山，寺称双泉寺。山之西，旧有香盘寺。明成化间建二碑，尚屹立庙址，久圮，双泉在其左。①基于以上文献资料，可知金朝时的八大水院之一——双水院为双泉寺旧址，位于今双泉寺西侧，两泉交汇之处。同时结合现场调研，村民采访以及地形建模验证，推测双泉院遗址空间位置如图 10 所示。西侧山泉仍有水，为私人占领，可饮用。东侧泉水早已枯竭，目前被垃圾掩埋。曾经双泉交汇处的池塘，现已变成停车场，地上已完全硬质化，地下仍有水，且有石碑为证。故而推测，原先的双水院位置应在今双泉寺及停车场附近。

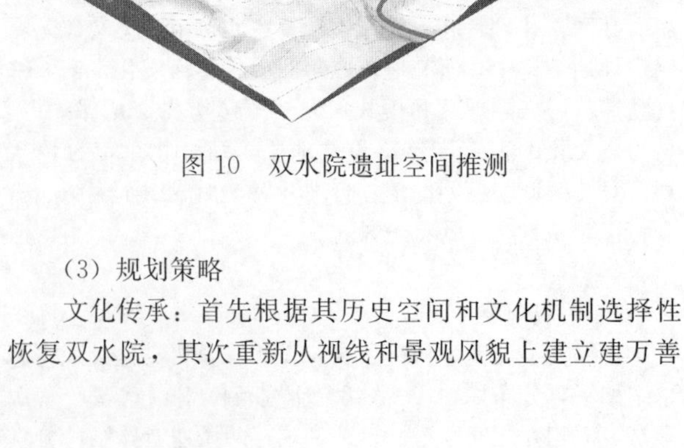

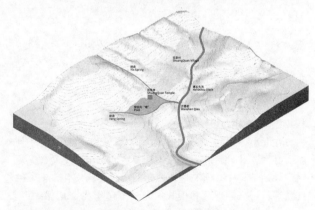

图 10 双水院遗址空间推测

(3) 规划策略

文化传承：首先根据其历史空间和文化机制选择性恢复双水院，其次重新从视线和景观风貌上建立建万善

① 见双泉寺存，立于光绪年间的《重修翠微山双泉寺记》碑。

桥与双泉寺之间的联系；对于目前仍有水的山泉，设置安全距离，保护水源水质；对于已经干涸的山泉，清理垃圾，作为旱溪展示历史。同时可结合健步线及古香道策划双泉踏青日或古道进香等类似的本土活动，在传承文脉的同时对其进行弘扬。

景观优化：基于现状丰富的地形条件，结合调研所发现的景观资源点与视线点设计峰、台、沟、壑、池等不同类型的空间节点，组织多样化的游线，丰富游客体验，结合优质的自然条件，打造文化品牌，树立形象。

产业升级：通过构建游览体系完善村内基础设施，通过遗产资源点的改造更新进一步推动新产业形成，最终形成村民的自发更新，增加本地就业机会，激发区域活力。

5 结论与展望

新时代的风景园林所面临的挑战之一是在城市高速扩张的背景下，妥善处理人与自然的关系，并且在此过程中保持本土特色，传承历史文化。因此本文从文化景观视角切入，以北京市五里坨地区为研究对象，依据“宏观定位—中观网络—微观设计”的策略，发掘其文化景观价值，构建其浅山区绿色空间网络，此举对于北京市其他地区乃至其他山前城市的建设开发具有一定的借鉴意义。

参考文献

[1] 冯艺佳．风景园林视角下的北京市浅山区绿色空间理想格局构建策略研究[D]. 北京林业大学，2016.

[2] 北京市人民政府．北京城市总体规划（2004～2020年）. 2005

[3] UNESCO. Convention Concerning the Protection of the World Cultural and Natural Heritage [Z]. 1972.

[4] 北京市城市规划设计研究院. 北京市浅山区协调发展规划（2010～2020年）. 2011.

[5] 阙维民，宋天颖．京西古道的遗产价值与保护规划建议[J]. 中国园林，2012，28(03)：84-88.

[6] (清)于敏中等．日下旧闻考·卷104. 郊垌西十四[M]. 北京古籍出版社，2001：1733-1736，1724.

作者简介

严妮，1995年生，女，汉族，湖南长沙人，北京林业大学在读硕士研究生，研究方向为风景园林。电子邮箱：yanni@bjfu.edu.cn。

基于遗产价值评估的近代公园保护更新策略探析

——以上海漕溪公园为例

Preservation and Regeneration Strategy for Shanghai Modern Park based on Heritage Evaluation

—A Case Study of Shanghai Caoxi Park

李振燊　周向频

摘　要：近代公园是我国园林发展史上从传统园林向现代园林过渡的产物，有强烈的时代特征和中外交流碰撞的印记。不同城市保留下来的近代公园经过历史上各个时期的发展演变而积淀了丰富、独特的遗产属性，也面临着因当代使用需求变化而带来的改造压力。全面、准确、量化的遗产价值评估能大大提高近代历史公园保护更新策略制定的合理性和有效性。本文以上海漕溪公园为例，挖掘其在历史变迁过程中的社会文化背景和物质空间要素，通过对其现状的实地调研、信息辨析，提炼体现其遗产特性的基本价值构成因子。在此基础上综合运用“德尔菲法”（Delphi）、“层次分析法”（AHP）等建立多指标综合体系，对其遗产价值进行定性与定量结合的评估。再结合公园的现状提出基于遗产价值评估结论和新使用功能的公园保护更新策略。

关键词：遗产价值；评估；近代公园；保护更新

Abstract: Modern park is the transition from classical garden to contemporary garden in Chinese garden history with strong epoch and Chinese－foreign communication characteristics. The existing modern parks in different cities accumulate rich and unique heritage value through history and face the pressure of regeneration driven by use demands nowadays. Comprehensive, accurate and quantized evaluation on heritage value ensures the rationality and effectiveness of preservation and regeneration strategy. Taking Shanghai Caoxi Park as an example, the article summarizes the heritage value factors by researching the sociocultural background, spatial element and status quo. In combination with “Delphi Method” and “Analytic Hierarchy Process”, a multi-index system is built to evaluate the heritage value both qualitatively and quantitatively. Next, taking the status quo into consideration, preservation and regeneration strategy based on heritage evaluation and new use demands is developed.

Keyword: Heritage Value; Evaluation; Modern Park; Preservation and Regeneration

1　研究背景

近代公园一般指建于1840年至1949年，作为城市公共空间对公众开放的园林。上海自1843年正式开埠以来，经营性开放私园、地方政府及私人所建公园以及租界内的公园呈现显著的发展势头。在近代社会演进过程中，公园与近代城市发展互动密切、持续时间长、扮演着重要的社会角色。

如今，大部分上海遗存的近代公园的功能得到了延续，仍作为城市公共空间供市民使用。但近些年来城市的快速开发建设使得公园外部的城市环境发生了诸如功能转变、空间尺度调整、人口结构变化等一系列过程，同时，现代社会生活的形态与观念也在不断变化并对近代公园提出新的要求，而且因为建设年代的久远，公园本身也面临着基础设施老化、历史遗迹损坏、空间活力不足等问题，面临着迫切的改造需求。

国内外公园更新改造理念与实践层出不穷，与它们相比，近代公园的改造更新有其特殊的语境，一方面要着眼于当代社会的使用需求，另一方面则要注重保护其遗产价值、彰显其历史文脉。遗产价值评估立足于客观数据，定性研究和定量研究相结合且强调评估过程的多元复合，是近代公园保护更新中的基础性工作和重要依据，在遗产价值评估基础上制定保护规划和管理策略能大大提高公园保护更新的合理性和有效性。

2　上海近代公园遗产价值评估体系构建

2.1　遗产价值认知与提炼

上海近代公园价值认知面临的问题有：如何认定出研究对象的所有价值类型；如何精确地描述这些价值；如何区分和整合不同的价值类型，以使它们能够为保护更新中的不同议题提供不同的参照。近代公园遗产价值认知的基础性研究有两方面。一方面，通过挖掘和考证地方志、档案、报刊、著作等文字史料，定性总结出上海近代公园百余年的发展历程中与近代社会、城市空间密切互动关系，外来影响与地域特征。另一方面，通过对近代公园进行实地调研，通过观察记录、访谈、问卷调查，考察其在当代快速城市化中的境遇，包括园林在城市空间中的角色转变、园林使用者及其使用方式的转变、空间功能的变化、外部环境的转变、内部自然环境的变化和人工设施的使用状况、不同时期不同层面改造的影响等。

长期以来，国内学术界对于文化景观、历史文化名城（名镇、名村）、历史建筑遗产价值的表述或多或少地沿用了以2000年国际古迹遗址理事会中国国家委员会与美国盖蒂保护所、澳大利亚遗产委员会合作编制的《中国文物古迹保护准则》为核心的文化遗产保护文件的提法：即“历史价值”、“艺术价值”、“科学价值”三大价值体系。随着对遗产价值的认识水平的提高，2014年修订后的《中国文物古迹保护准则》在其基础上进一步提出了“社会价值”和“文化价值”。以上的五大价值体系大体上能囊括上海近代公园的价值类型，然而近代公园仍有一些独特的价值特性。首先，由于公园本身是一个具有生命力的事物，在其每一个历史发展阶段都具有与当时时代相对应的艺术、科学、社会、文化价值，历史价值不是静态的而是动态变化的概念，应将其复合到其他价值中来考察。其次，不同于文物，近代公园在当代社会仍然被人们使用，其使用属性方面的各种价值不容忽视。再次，不同于历史建筑，近代公园还有动植物、水体等体现自然演进过程的组成要素，即具有生态方面的价值。最后，近代公园的开放性强，其空间承载了近代社会诸多重大的历史事件和人物活动，社会价值和文化价值的重要程度应该进一步提升。

基于以上分析探讨，本文将上海近代公园的遗产价值类型归纳为“艺术价值”、“科学价值”、“生态价值”、“社会价值”和“文化价值”。艺术价值即公园因设计体现某种艺术风格，运用某种造园理念或手法而呈现出的美学特质，包括但不限于与周边环境风貌的关系、公园整体风格感受、局部景观视觉形象、细部与工艺质量等；科学价值即公园在规划设计、建造和管理中的技术水平，在城市绿地系统和城市结构中起到的作用；生态价值即物种的丰富程度，对自然与人为干扰的自我调节能力，对周边城市空间的生态调节作用；社会价值即是否满足社会发展需求，与社会风尚、社会事件的联系；文化价值，即传达、影响、引导地方文化和时代价值取向的程度。

在此认知基础上将遗产价值的因素层细分，提炼出遗产价值的因子层，建立起上海近代公园遗产价值认知的层次结构（图1）。

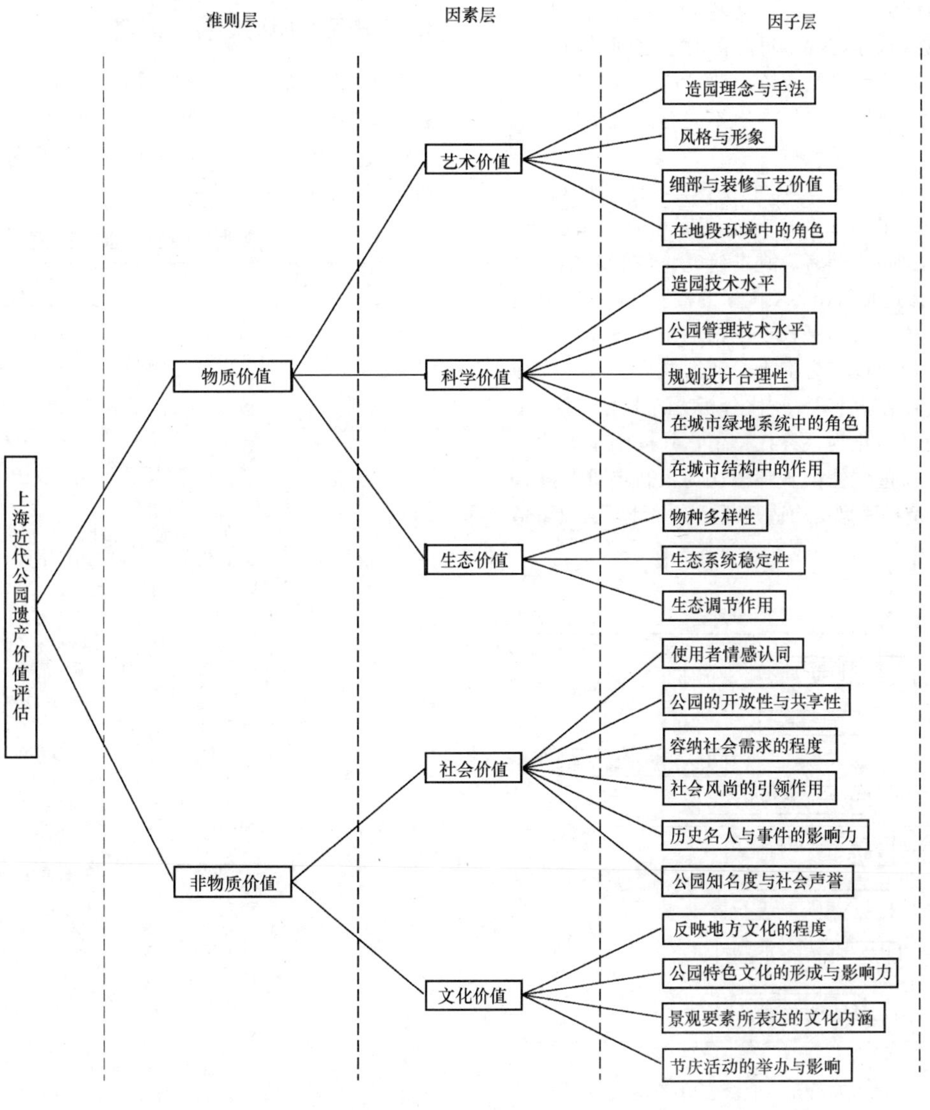

图1　上海近代公园遗产价值评估层次结构

2.2 遗产价值量化评估

2.2.1 评估因子权重的确定

近代公园遗产价值评估精确严谨的量化结果，并实现多个遗产价值因子的评估值综合分析，是一个多层次、多因子的评估体系。对于每个近代公园而言，各项遗产价值因子在总的价值体系中的重要程度不一，因此，量化评估的前提是确定因子的权重。

目前在评估研究中最常用因子权重赋值法是德尔菲法（Delphi Method）和层次分析法（analytic hierarchy process，简称 AHP）。德尔菲法诞生于20世纪50年代初由美国兰德公司开展的“德尔菲项目”，经过不断发展完善，现已成为预测及评价研究领域最常用的方法之一。研究者首先拟定调查表，按照设定的程序原则咨询若干专家的意见，专家之间通过研究者的反馈匿名交流意见，经过若干轮的咨询、反馈、归纳后，获得较为客观、可信的具有统计意义的判断结果。层次分析法是由美国运筹学家萨蒂在20世纪70年代初应用网络系统理论和多目标综合评价方法提出的层次权重决策分析方法，适合于具有分层交错评价指标的目标系统，其基本思路是划分出各对象间相互联系的有序层次，对两两对象之间的重要程度做出比较判断后建立判断矩阵，通过计算判断矩阵的最大特征值和对应的特征向量得出不同对象重要性程度的权重。

德尔菲法和层次分析法均可用于确定因子的权重，在专家对各项因子的重要程度判定精度相同的情况下，后者的赋值精度要高于前者，故本研究将两者叠加。其中，德尔菲法的作用是得出各项因子的权值咨询值，其运用于近代公园遗产价值因子权重赋值的步骤依次为：制定遗产价值评估指标权值咨询表、征询专家意见并完成评分、权值咨询值结果计算。层次分析法的作用是将各项因子的权值咨询值转化为最终权重值，其运用于近代公园遗产价值因子权重赋值的步骤依次为：制定重要度判断表、建立层次结构模型、构造判断矩阵并计算、权重值结果计算。

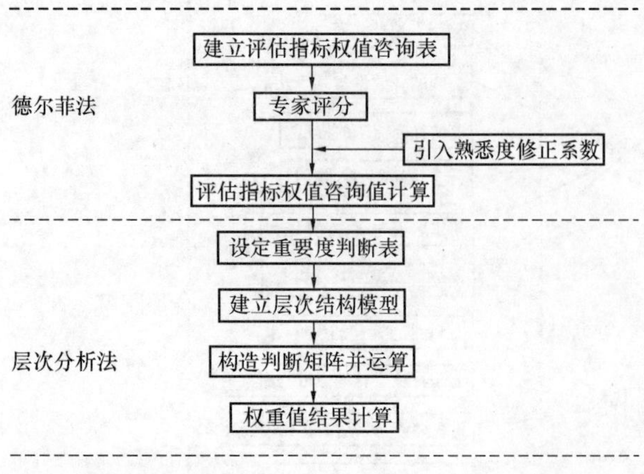

图2 遗产价值评估因子权重计算流程

2.2.2 评分标准的制定

评分标准即对各项因子量化打分高低的依据、原则，主要是指近代公园的原真性和完整性程度。判断近代公园的原真性和完整性程度需要通过挖掘其在历史上的社会文化背景、物质空间要素，以及对其现状进行实地调研，明晰以往的改造对公园造成的影响、整体空间形态的完整与延续情况、重要景观或构筑物的保存情况等。需要着重说明的是，对近代公园原真性和完整性的判断应该充分考虑到公园是一个具有生命力的、动态变化的事实，以此与历史文物、历史建筑等进行一定程度的区分。

2.2.3 评估因子的评分

首先将各项遗产价值进行等级划分，可按照遗产价值的突出程度划分为5个等级，分值按4、3、2、1、0的顺序逐级递减。再将每项遗产价值以分值的形式呈现，再乘以其相应的权重，就得到了最终的得分。

3 上海漕溪公园遗产价值评估

3.1 漕溪公园历史背景梳理

漕溪公园的前身是20世纪30年代上海棉布商曹钟煌家族兴建的私家墓园，历经80余年的历史发展至今成为一座区域性综合公园。通过总结文献资料将其发展脉络划分为5个时期（表1）。

漕溪公园历史演变分期　　表1

历史演变分期	建设概况
始建期（1931～1958年）	自1925年起的10年间，上海徐家汇一带兴起私家花园建设热潮，曹氏私家墓园也将墓地与园林结合在一起。《上海名园志》记载当时该园属曹氏家祠，面积1.88hm²。《上海胜迹略》记载其精巧亭池及瑰丽祠宇。抗日战争和解放战争期间，园内景物遭到较大程度破坏
第一次改造期（1958～1982年）	在“大地园林化”的号召下，1958年6月上海市规划局对其动工整修，面积增至2.6hm²，同年10月对公众开放，定名为漕溪公园
第一次扩建期（1982～1996年）	根据1984年总体规划，虹梅路以东地区的桂林公园、康健园、漕溪公园、龙华烈士陵园等共同组成上海市西南龙华、漕河泾风景游览线。由此对漕溪公园进行大规模扩建改造，再征购东北1.89hm² 土地并入公园。上海市园林设计院柳绿华、秦启宪两位设计师主持设计，扩建了北部的仿古园林，公园的南北格局自此确定下来
第二次改造期（1996～2002年）	1996年因沪闵路漕溪路建设高架，向公园征地0.47hm²，公园面积缩减为3.28hm²。园内天香厅门楼与元宝池和赑屃亭的轴线关系不再完整。此时公园的管理方针是创收，提倡以园养园，曾计划结合公园东南侧宠物市场，将公园改造成为宠物公园，但未果
第二次扩建期（2002年至今）	上海隧道股份有限公司腾出临时用地0.67hm² 划入公园。经过再次改造，公园面积扩大至3.95hm²，形成了现有格局

3.2　漕溪公园遗产价值评估因子权重计算

3.2.1　德尔菲法计算因子权值咨询值

（1）制定遗产价值评估指标权值咨询表

权值咨询表的结构分为准则层、因素层、因子层3个层次。

（2）专家评分

向8位领域内的专家①咨询漕溪公园遗产价值因子的权值，专家就漕溪公园的5个历史发展阶段，按照从因子层到准则层的逆序对每一项进行百分制赋值。由于各专家主要研究领域和从业时间的差异导致对各项因子了解程度不一，还需引入熟悉度修正系数，专家对每一项因子的熟悉程度分为“熟悉”、“较熟悉”、“一般”、“不熟悉”4个等级，其修正系数分别为1、0.75、0.5、0.25。

（3）权值咨询值计算

计算得到漕溪公园各项遗产价值因子的权值咨询值②。

上海漕溪公园遗产价值评估指标权值咨询表

评估人:__________　工作单位:__________　职业:__________　专业:__________　从事本专业时间:__________　填表时间:__________

目标层	准则层	权重	熟悉度	因素层	权重	熟悉度	因子层	权重	熟悉度	熟悉度对象说明
上海漕溪公园遗产价值评估	物质价值	100%		艺术价值（A）	100%		造园理念与手法（A-1）	100%		对上海近代公园的造园理念手法
							风格与形象（A-2）			对上海近代公园的风格与形象
							细部与装修工艺价值（A-3）			对上海近代公园的细部与装修工艺
							在地段环境中的角色（A-4）			对上海近代公园与地段环境关系
				科学价值（SC）			造园技术水平（SC-1）	100%		对上海近代公园的造园技术水平
							公园管理技术水平（SC-2）			对上海近代公园的管理技术水平
							规划设计合理性（SC-3）			对上海近代公园的规划设计合理性
							在城市绿地系统中的角色（SC-4）			对上海近代城市的绿地系统规划
							在城市结构中的作用（SC-5）			对上海近代城市结构的发展
				生态价值（E）			物种多样性（E-1）	100%		对物种多样性
							生态系统稳定性（E-2）			对生态学中生态系统稳定性
							生态调节作用（E-3）			对生态学中生态调节作用
	非物质价值			社会价值（SO）	100%		使用者情感认同（SO-1）	100%		对上海近代居民情感归属
							公园的开放与共享性（SO-2）			对上海近代公共空间
							容纳社会需求的程度（SO-3）			对上海近代居民生活
							社会风尚的引领作用（SO-4）			对上海近代社会群体生活方式
							历史名人与事件的影响力（SO-5）			对上海近代社会
							公园知名度与社会声誉（SO-6）			对上海近代公园
				文化价值（C）			反映地方文化的程度（C-1）	100%		对上海近代市民生活文化
							公园特色文化的形成与影响力（C-2）			对上海近代公园文化
							景观要素所表达的文化内涵（C-3）			对上海近代公园文化
							节庆活动的举办与影响（C-4）			对上海近代市民生活文化

图3　上海漕溪公园遗产价值评估指标权值咨询表

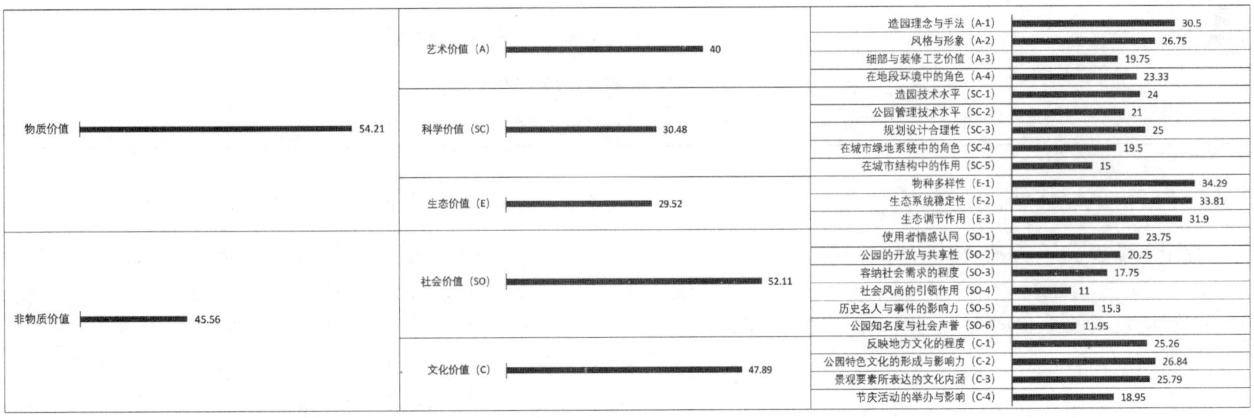

图4　漕溪公园遗产价值因子权值咨询值

① 专家包括同济大学从事历史园林方向、景观规划设计方向的4位教授与在上海市各大园林单位从业多年、曾负责上海历史公园改造的4位校外专家。

② 对于每一项遗产价值因子的权值咨询值，其计算公式为：（专家1评分×专家1熟悉度修正系数+专家2评分×专家2熟悉度修正系数+专家3评分×专家3熟悉度修正系数+专家4评分×专家4熟悉度修正系数+专家5评分×专家5熟悉度修正系数+专家6评分×专家6熟悉度修正系数+专家7评分×专家7熟悉度修正系数+专家8评分×专家8熟悉度修正系数+）×（专家1熟悉度修正系数+专家2熟悉度修正系数+专家3熟悉度修正系数+专家4熟悉度修正系数+专家5熟悉度修正系数+专家6熟悉度修正系数+专家7熟悉度修正系数+专家8熟悉度修正系数+）$^{-1}$。

3.2.2 层次分析法计算因子权重

(1) 设定重要度判断表

根据各个因子权值咨询值的大小差值，按照0、1～5、6～11、12～17、18以上5个梯度设定重要度判断表，对应的相对重要标度值分别为1、3、5、7、9。

(2) 建立层次结构模型

使用层次分析法辅助软件yaahp，在操作界面中建立起目标层—准则层—因素层—因子层4个层次的结构模型

(3) 构造判断矩阵并运算结果

将权值咨询值与输入到yaahp软件中，软件将结合相对重要标度值进行矩阵计算，整理数据得到最终的权重（表2）。

澧溪公园遗产价值因子权重　　表2

准则层	权重	因素层	权重	因子层	权重
物质价值	54%	艺术价值（A）	40%	造园理念与手法（A-1）	19.30%
				风格与形象（A-2）	9.81%
				细部与装修工艺价值（A-3）	2.23%
				在地段环境中的角色（A-4）	4.38%
		科学价值（SC）	30%	造园技术水平（SC-1）	1.84%
				公园管理技术水平（SC-2）	1.19%
				规划设计合理性（SC-3）	3.16%
				在城市绿地系统中的角色（SC-4）	0.62%
				在城市结构中的作用（SC-5）	0.33%
		生态价值（E）	30%	物种多样性（E-1）	3.06%
				生态系统稳定性（E-2）	3.06%
				生态调节作用（E-3）	1.02%
非物质价值	46%	社会价值（SO）	52%	使用者情感认同（SO-1）	5.61%
				公园的开放与共享性（SO-2）	2.93%
				容纳社会需求的程度（SO-3）	1.87%
				社会风尚的引领作用（SO-4）	0.50%
				历史名人与事件的影响力（SO-5）	1.09%
				公园知名度与社会声誉（SO-6）	0.50%
		文化价值（C）	48%	反映地方文化的程度（C-1）	8.70%
				公园特色文化的形成与影响力（C-2）	15.07%
				景观要素所表达的文化内涵（C-3）	11.45%
				节庆活动的举办与影响（C-4）	2.29%

3.3 遗产价值评估结果

综合对澧溪公园历史资料的研读和对现状的调查，以4、3、2、1、0的分值梯度给每一项遗产价值因子赋值，与相应权重的乘积即为该项因子的遗产价值最终分值。评估结果见图5。

4 遗产价值评估结果与保护更新策略

4.1 遗产价值评估结果分析

澧溪公园遗产价值中的物质层面和非物质层面所占权重大致相同，因素层的遗产价值重要程度排序为文化价值（37.51%）、艺术价值（35.72%）、社会价值（12.50%）、科学价值（7.14%）、生态价值（7.14%）。

结合澧溪公园的历史发展脉络与现状情况，对评估结果的逐条分析如表3所示。

澧溪公园遗产价值评估结果分析　　表3

遗产价值因子	评估结果分析
造园理念与手法（A-1）	从中正规整的私家墓园，到南北区各具特色的中式园林，最终成为以现代造园手法连接南北空间的完整公园，造园理念与手法变化较大，但基本做到了良性的融合发展
风格与形象（A-2）	从规整紧凑的中式传统祠堂风格，到南园方正、北园自然的混合型中式园林风格，最终成为西式规整开敞空间整合南北中式园林的中西混合式风格，变化有序，延续性较好

续表

遗产价值因子	评估结果分析
细部与装修工艺价值（A-3）	历史遗留或重建的园林要素工艺价值较高，铺装方面出现较多使用性问题，如北部园林铺装不平坦、无法满足无障碍通行的需求
在地段环境中的角色（A-4）	始建之初便是周边地段中的重要节点，自始至终其对周边地段风貌都起到积极作用
造园技术水平（SC-1）	早期建造技术精巧，但第二次改造期技术水平大大降低，第二次扩建得到了及时补救
公园管理技术水平（SC-2）	管理技术水平逐渐提高
规划设计合理性（SC-3）	历次改扩建中的规模扩大、分区拼凑虽然优化了功能，但也导致流线合理性降低
在城市绿地系统中的角色（SC-4）	20 世纪 80 年代后期由于漕溪公园成为龙漕区域的重要节点，在城市绿地系统中承担越来越重要的角色
在城市结构中的作用（SC-5）	始建之初就成为周边地段的功能、交通节点；近年来这一作用有所削弱
物种多样性（E-1）	现状的植物配置较多样化
生态系统稳定性（E-2）	现状情况较不显著
生态调节作用（E-3）	现状情况较不显著
使用者情感认同（SO-1）	现状的使用者情感认同度较高
公园的开放与共享性（SO-2）	开放性逐步增强，与周边社区的联系日益紧密
容纳社会需求的程度（SO-3）	从私人墓园到公共园林，容纳的社会需求逐渐扩大；目前能较好地满足居民的体育锻炼需求
社会风尚的引领作用（SO-4）	现状情况较不显著
历史名人与事件的影响力（SO-5）	目前对于 1947“五二〇”运动历史遗迹缺乏说明与宣传
公园知名度与社会声誉（SO-6）	现状情况较不显著
反映地方文化的程度（C-1）	因曹氏家族的祭奠与游赏需求而建，渐渐转型为大众休闲娱乐场所，同时保留了私家花园的特点
公园特色文化的形成与影响力（C-2）	目前，创立超过 10 年的牡丹文化节已成公园特色，公园现为上海市民观赏牡丹的胜地
景观要素所表达的文化内涵（C-3）	园内从始建保存至今的 2 棵重阳木、赑屃亭、倚望亭的文化内涵得到较好的延续
节庆活动的举办与影响（C-4）	举办了超过 20 年的书画室活动成为周边社区内传播书画文化的载体

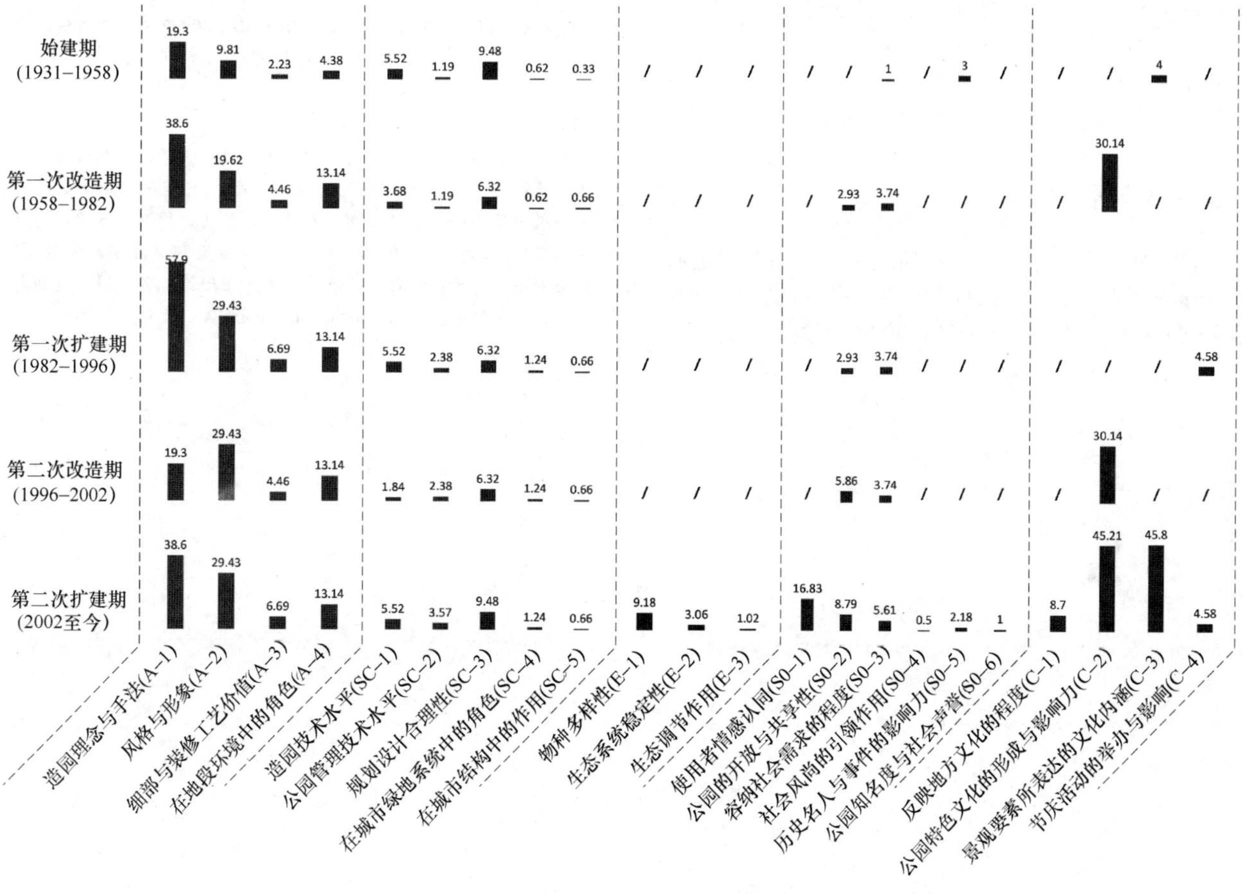

图 5　漕溪公园遗产价值评估结果

4.2 保护更新策略

4.2.1 均衡性发展策略

得益于早期造园理念与手法在历史演进过程中得到较好的传承，中西合璧的园林风格延续性强，以及历史和现状文化要素叠加等原因，目前漕溪公园的艺术价值和文化价值较高，但科学价值、生态价值、社会价值相对较薄弱，影响了漕溪公园整体价值的提升，改造更新时应注重价值的均衡性。首先，提升规划设计、施工管理的水平，例如在出入口的设置上考虑与周边城市功能联动，优化园内功能布局，合理设计流线，其次，采用生态规划理念和技术，加强公园与城市周边绿地、水体等自然要素的有机联系，融入城市生态廊道和雨洪系统，再次，大胆探索公园功能使用和运营管理的新模式。

4.2.2 精致化提升策略

保护更新应依托漕溪公园原有的优势，结合当代使用者的特点，创造精致化的园林体验。首先，可大力推广与宣传已有的牡丹文化节与书画室活动，不断探索丰富其形式。公园建设之初曾作为家族墓园，可强化其中所承载的“家族文化”，以此为出发点丰富公园的主题。其次，对于园内遗产价值较高的空间要素，要坚持以保护为主，同时通过微更新的介入优化空间品质。例如元宝池周边假山石处现状植被茂密，有多处断头路，空间较为闭塞，可将局部小径打通并增加坐憩设施；睡莲池周边土山现状坡度缓和，可通过丰富植物搭配的方式控制景观视线，达到旷奥兼备的效果；古重阳木、赑屃亭、倚望亭等节点现处于轴线上，可适当扩大场地面积以强调轴线，还可以通过灯光照明设计强化景观视觉品质提供夜晚体验空间。

5 结语与展望

漕溪公园的案例表明系统、量化的遗产价值评估有助于多维度理解近代公园的精神、物质内涵，进而发现其保护更新中的关键问题，为保护更新策略的制定提供方向。目前，越来越多的新评估方法如 DIVE（Describe, Interpret, Valuate, Enable）等开始运用于遗产价值评估，与此同时，随着公众参与在遗产价值的评估与保护更新中发挥着越来越重要的作用，出现了一种基于社区的、自下而上的遗产管理方式。这些方法与途径为我国近代公园的遗产价值评估与保护更新提供了新的参考。

参考文献

[1] 周向频．20世纪遗产视角下的中国近现代城市公园保护与发展[J]．中国园林，2013，29(12)：67-70.

[2] 周向频，刘曦婷．遗产保护视角下的中国近代公共园林谱系研究：方法与应用[J]．风景园林，2014(04)：60-65.

[3] 刘曦婷，周向频．近现代历史园林遗产价值评价研究[J]．城市规划学刊，2014(04)：104-110.

[4] 张松．历史城市保护学导论：文化遗产和历史环境保护的一种整体性方法 [M]．上海：同济大学出版社，2008.

[5] 屠颖星．基于遗产价值与使用行为的上海近代历史公园保护与更新研究——以上海复兴公园为例[C]//中国风景园林学会．中国风景园林学会2016年会论文集，2016：5.

[6] 宋刚，杨昌鸣．近现代建筑遗产价值评估体系再研究[J]．建筑学报，2013(S2)：198-201.

[7] 袁勤俭，宗乾进，沈洪洲．德尔菲法在我国的发展及应用研究——南京大学知识图谱研究组系列论文[J]．现代情报，2011，31(05)：3-7.

[8] 符全胜，盛昭瀚．中国文化自然遗产管理评价的指标体系初探[J]．人文地理，2004(05)：50-54.

[9] 张天洁，张晶晶，夏成艳．近代公园遗产的保护与更新探析——以天津中心公园为例[J]．风景园林，2017(10)：101-109.

[10] 庄优波，杨锐．北京社稷坛（中山公园）价值识别与保护管理研究[J]．中国园林，2011，27(04)：26-30.

作者简介

李振燊，1993年生，男，广西人，同济大学建筑与城市规划学院风景园林在读硕士研究生。电子邮箱：451776032@qq.com。

周向频，1967年生，男，福建人，博士，同济大学建筑与城市规划学院高密度人居环境生态与节能教育部重点实验室教授，博士生导师，研究方向为风景园林历史与理论、风景园林规划与设计。电子邮箱：zhouxpmail@sina.com。

变迁中的风景

——近现代经济发展与产业变化对岷江上游藏羌聚落景观特征的影响研究

Study on the Influence of Modern Economic Development and Industrial Change on the Landscape Characteristics of Tibetan and Qiang's Settlements in the Upper Minjiang River

孙松林

摘　要：岷江上游位于四川西北部，是汉藏之间的过渡地带，保留着多民族杂居的文化现象和独特神奇的聚落景观。而近现代以来一系列的社会变革，特别是改革开放与西部大开发以来当地的资源条件、生产力水平、产业结构与经济发展等发生了极大的变化，对当地的区域景观格局与传统聚落景观特征产生了巨大的影响。本研究基于大量的田野调查与地理信息数据统计，首先分析了近现代以来岷江上游地区的资源条件、产业与经济结构所发生的变化，然后分析了经济发展与产业变化对本区域藏羌聚落的空间分布格局、聚落空间结构、景观形式与景观元素等方面产生的影响，最后对流域内景观特征在海拔高度、水系方向、空间布局、景观形态上的演变规律进行了归纳总结，以期从产业与经济发展的源头上解决实现地区发展的同时弘扬民族文化、传承地域性景观特征的问题。

关键词：岷江上游；聚落景观；景观特征；景观变迁

Abstract: The upper reaches of the Minjiang River is located in the northwestern part of Sichuan, connecting the Chengdu Plain and the Qinghai-Tibet Plateau. It is a transitional zone between the Han and the Tibetan. Due to the geographical environment of the deep valleys and the remote and congested traffic conditions, it preserves the cultural phenomenon of multi-ethnic mixed living, and the unique and magical settlement landscape. A series of social changes since modern times, especially since the Reform and Opening and the Development of the Western Region, the local resource conditions, productivity levels, industrial structure and economic development have undergone great changes, and the local regional landscape pattern and traditional settlement landscape features have had a huge impact. Based on a series of field surveys and geographic information statistics, this study first analyzes the variation of the resource conditions, industrial and economic structure since the modern times. Then it analyzes the influence of the change on the spatial distribution pattern, settlement space structure, landscape form and landscape elements. Finally, it summarizes the evolvement rule of the landscape characteristics from altitude, river system, spatial arrangement and landscape pattern. In order to promote the national culture and inherit the characteristics of the regional landscape while realizes the development of the region from the sight of industrial and economic.

Keyword: Upper Reaches of Minjiang River; Settlement Landscape; Landscape Features; Landscape change

引言

岷江上游是指都江堰以上的岷江及其支流所覆盖的区域，包括阿坝州的汶川、理县、茂县、黑水县和松潘县的大部分地区[1]。它位于青藏高原东南部，横断山区东北缘，是四川盆周丘陵与青藏高原的过渡地带。经过历史上复杂而激烈的民族斗争与民族迁徙[2]，形成了藏、羌、汉、回相互杂居的现象，是藏羌文化与汉文化的叠合交汇区域。由于该地生态环境脆弱，当地人民不断地与自然环境及其他民族作斗争，形成了丰富多彩的聚落文化和各具特色的聚落景观，成为我国西南地区一条重要的民族迁徙廊道与自然文化景观带。而近现代以来一系列的社会变革，特别是改革开放及西部大开发以来当地的资源条件、生产力水平、产业结构与经济发展等发生了极大的变化，对当地的区域景观格局与传统聚落景观特征产生了巨大的影响。

1　传统的产业经济与聚落景观概况

1.1　传统的产业构成

岷江上游地区山高坡陡、沟壑纵横，平坡与缓坡仅占3.81%和8.86%，大部分地形坡度为15°～85°，适宜做耕种的农田占总资源不足12%，绝大部分土地资源为宜林地和宜草地[3]。而且农业开发较晚，生产力落后，生产方式为广种薄收，仅在河谷及向阳的平缓半山种植玉米、荞麦、青稞、豌豆、萝卜、白菜等作物。在黑水以西、松潘以北的草地区域以畜牧业为主，其他区域则以农业生产为主[4]，也兼营采集药材、蘑菇，进山狩猎等，以补充粮食、增加收入，农闲时男人也外出打工或在本地“找副业”，形成多元化的经济生产方式。其中畜牧业是藏羌同胞的传统产业，直到清代仍以放牧为生，如今则以圈养与高山放牧相结合的方式饲养山羊、牦牛、犏牛与马匹，作为高半山村民重要的收入来源，低半山与河谷地带则以农业为主。而农业生产对农田具有绝对的依赖性，农田的多寡直接影响了粮食的产出，粮食产出又决定着区域所能养活的人口数量，因此对耕地、牧场资源极为珍惜。由于本地区潜在耕地仅分布在河谷两岸及半山、高半山的平缓台地上，耕地斑块零散，面积大小不一，故聚落多以“小聚居”的方式散布在高山峡谷间，总体上具有沿深谷水系、道路线性分布的趋势，其聚落点数量与斑块面积还具有沿海拔高度垂直变化的规律。同时各民族所依赖的主要生产资料（农田、森林、草地等）各不相同，因此不同民族的聚落点在海拔高度、地形地貌、坡度、坡向上也有明显的区分和分布规律。总体来说，汉族回族聚落主要分布于河谷沿线的城镇与冲积扇；藏族聚落分布在气候条件较好、坡度较为平坦、坡向更好的高海拔区域；而羌族除了占有较多的耕地以外，在海拔高度、地形地貌、坡度坡向、资源环境等方面所处的生态位均最差[3]。

1.2 闭塞的道路交通

身处深山峡谷之间，地理空间上的分割与沟中居民对外在世界的无知与恐惧，造成传统村寨的各自孤立，也导致各沟在语言与文化上的分歧。经常邻近两条沟的村民互不沟通，与外界城镇的交流则更少，只在换取盐巴、铁器、布匹等生活资源的时候才会走出沟去。这种绝对封闭、相对交流的状态导致了各沟、各村寨的宗教习俗、穿着服饰以及聚落景观都互有差异，形成了“十里不同风，五里不同俗”的独特景观。而且由于地势险峻、缺乏交往意愿，区域中对外交通设施相对薄弱，道路等级和道路密度都相对较低，历史上仅有“松茂古道”、“威保大路”两条茶马古道作为汉藏之间贸易与军事征伐的交通要道。

1.3 初级的商贸市场

藏羌民族世代生活在封闭的高山峡谷和高寒的高山草原地带，以农牧业为主，手工业和制造业不发达，为了在恶劣的自然条件下生存繁衍，酥油、糌粑和猪膘等高热量的食物成为他们必不可缺的食物，长期食用糌粑和酥油需要汉地出产的盐巴和茶叶作为调剂和补充维生素，因此山民们常用多余的毛皮、干肉、酥油、菌菇、药材、马匹等去沟外的集市上换回粮食、盐巴、铁具和生活工艺品[5]，由此产生了历史上著名的“茶马贸易”。民国初年，内地木材市场需求量大增，区内的木材成为大宗商品，山民在军阀、袍哥等势力的夹带下与外界展开了广泛的木材贸易，推动了区域市场体系的发育与成形。

2 近年来产业与经济结构的变化

岷江上游传统的生产方式是以农业、畜牧业、狩猎采集业为主的，随着技术手段与开放程度的逐渐革新，出现了许多新的产业，如运输业、旅游业、经济作物种植等。

2.1 农业种植的变化

出于对长江上游生态环境的保护，1998年以来，国家开始在此地区大力推行“退耕还林”，原来的伐木产业全部停止，森林砍伐全面取缔，并禁止猎杀野生动物，也不准再耕作24°以上的坡耕地。各家只能在相对平缓的田地上种植蔬菜、杂粮与果树。近年来在政府的扶持下，开始大面积推广覆地膜和大棚以种植无公害蔬菜，销往成都、都江堰等城市；同时在靠近岷江大道交通较便利的河谷地区推广种植花椒、苹果、清脆李、樱桃、琵琶等经济作物，为当地人民带来不少财富。这直接改变了当地的经济结构与生态景观。

2.2 矿产与水电的产生

岷江上游水系落差较大，流量充沛，水能资源丰富，因此在岷江干流和支流建设有数十座水电站，这些电站为当地创造了大量财政收入，但也严重破坏了区域的生物链条与生态环境。同时，区内矿产资源丰富，近年来开发了多处煤矿、石灰岩、锂矿等矿厂，破坏了山体的自然安息角及植被覆盖，成为诱发滑坡、泥石流等地质灾害的重要因素。但另一方面，广修电站、道路及开发矿产为沿线居民带来了许多新的工作机会，并促使传统村落的生活与聚落景观发生了巨大变化。

2.3 旅游业的发展

旅游业成为近年来的主导产业，也是未来几十年经济持续发展的重要方向。岷江上游拥有丰富的旅游资源，有九寨沟、黄龙、卧龙大熊猫自然保护区等世界著名景区，及米亚罗、毕棚沟、古尔沟、松坪沟、卡龙沟、牟尼沟、达古冰川等国内知名景点，每年吸引着大批游客。这些旅游观光产业带动了沿途城镇的商业发展，住宿、餐饮、娱乐等空前繁荣，也带动了当地的水果、药材、手工艺品、采摘体验、度假等产业的发展。提高了居民的生活水平，促进了当地的村镇建设。

2.4 道路交通的变化

中华人民共和国成立后，川藏公路从该区域经过，后逐渐增添了由南向北纵贯全境通往九寨沟、黄龙景区的G213国道，经汶川、理县到州府马尔康的G317国道，以及经汶川映秀、卧龙、四姑娘山到小金的G350国道。随着四川省“村村通”工程的实施，各个村寨目前都已通有公路，加强了村民和外界的经济与信息交流。当前区内已建成都江堰到汶川的“都汶高速”，正在建设由汶川到马尔康的“汶马高速”，同时国家近年在本地区开展“精准扶贫”，进一步改变了以前闭门自守的交通状态，生活方式和聚落景观都产生了巨大的变化。

3 经济发展与产业变化对聚落景观特征的影响

传统聚落的景观形态是建立在一定的产业结构与社会组织之上的，产业结构的变化及生产生活方式的转变势必会引起聚落空间形态的变化，而且还会撼动聚落人群的思想意识与价值观念，引导人口流动与聚落空间分布，进一步导致聚落景观的演变与跳跃式革新。

3.1 对聚落分布的影响

随着生产力发展、技术进步以及资源利用方式的转变，岷江上游的聚落分布格局也产生了相应的变化。藏羌先民从西北草原进入岷江上游的高山峡谷地区时，只有简单的游牧经验，故他们多在草源丰富、适合放牧的高山草甸安居扎寨，因此古老的聚落大多位于海拔 3200m 以上的高半山区。随着先民从当地土著和汉人手中学到农耕技术之后转向农牧结合的生产方式[6]，河谷平地和半山缓坡拥有富饶的耕地资源，开始成为他们生存的主要空间。后来唐蕃战争爆发，此地成为历代王朝不断争夺的边疆之地；茶马古道的贯通及土司制度的建立，则让河谷地区成为战略要地及商贸资源富集之地，也成为战乱频繁的是非之地，故藏羌居民逐渐向地势险要的二半山、高半山迁徙。中华人民共和国成立后，随着地区治安的稳定及区域交通的进一步优化，高半山聚落的防御性需求减弱，而交通不便、就业不足、信息与经济交流薄弱等问题突出，部分山民又逐渐向河谷及交通沿线迁徙，以分享便捷交通所带来的商业、就业、教育、旅游等各方面的资源，而且所有的政府单位、办公机构、中小学也都设置在河谷及 G213/317 国道沿线，对居民产生了较强的吸附与集聚作用，导致河谷聚落数量增多，规模逐渐扩大。而“退耕还林”实施之后，原本居住在山上的许多居民失去了可供耕作的土地，政府也借此在条件较好的低海拔地区集中修建新村，鼓励高山居民进行生态移民，并提供农业技术支持，引导村民进行集中化、精细化的耕作。这使得原来分散的居民点进一步聚集到河谷地区，河谷聚落愈发壮大，而原有高山、高半山的传统聚落则逐步废弃、减少甚至消失。

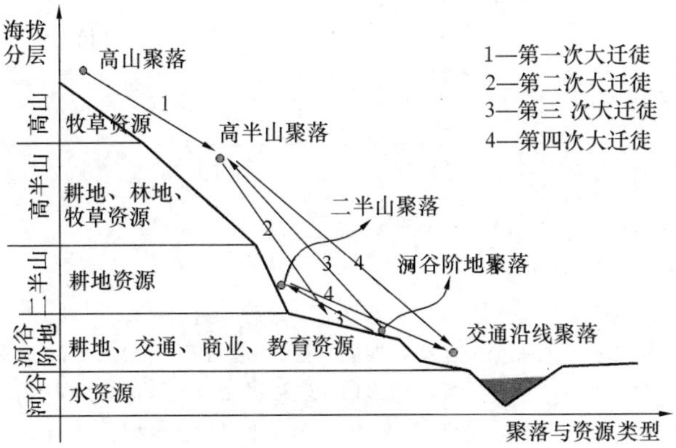

图 1 聚落分布演变示意图

3.2 对聚落内空间格局的影响

聚落的立地环境和人们生产生活的空间需求决定了聚落用地布局的组织形式[7]。对岷江上游而言，高山深谷的立地环境是基本不变的，但随着经济的发展、交通的发达以及生产技术的提高，人们所能获取的生存资源与土地利用方式逐步改变，并促进了聚落空间格局的调整变化。过去本地区的主要资源类型只有耕地、林地、牧草地三类，这些资源限制了聚落的分布格局与发展规模。随着生产水平的提高，人们有能力也有需求开发、获取更多的水资源、矿产资源、商业资源、旅游资源及农林生产资源，并由此导致了居民生产生活范围、聚落规模、聚落密度与聚落建造方式的改变。

一是聚落规模扩大。受制于匮乏的资源条件和较低的生产力，藏羌聚落的人口规模一直维持在较低的水平，因此该地区聚落普遍以中小型聚落为主，有些聚落甚至仅有数户人家。近年来随着生产力水平的提高及人民生活逐渐富裕，岷江上游的聚落规模呈现爆发式增长，远远超过延续了数千年的聚落规模。

二是建筑密度变小。原有聚落出于节约耕地、增强防御的需要，建筑紧密聚合，建筑间道路十分狭窄。而随着社会环境的稳定与土地生产力的提高，聚落的防御功能消失，普遍呈现出离散化、低密度的趋势。

三是聚落形态的变化。原有聚落多结合自然地形紧密聚合并分层错落布置，以节约耕地、减少开挖。而大部分新寨则依托交通道路沿线布置，并呈现出单体面积变大、组团规模变小、分布多而散、无序蔓延的特征。

四是聚落空间组成的变化。传统聚落受空间的限制，将寺庙、墓地、宗教祭祀、活动广场等次要功能设施布置在聚落外围或地势陡峭、条件较差的地方，以最大程度节约生产空间；而随着人们生活富裕无忧、对精神需求的提高，活动广场、议事坪等公共空间都转移到聚落中间，而且道路、街巷空间明显变宽、变密，使聚落空间结构趋于复杂化。

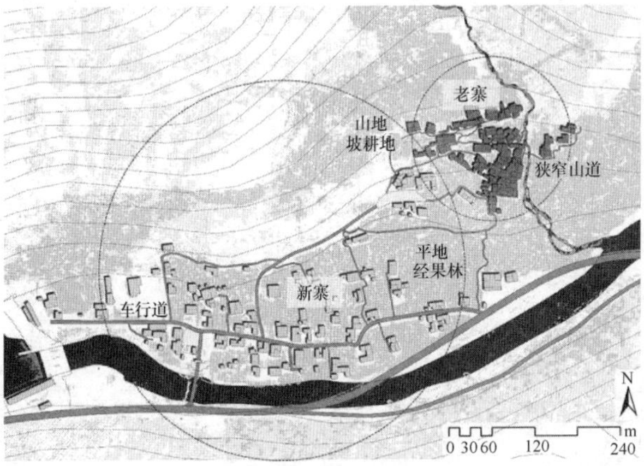

图 2 木卡寨新寨与老寨空间对比

3.3 对景观形式的影响

原有传统民居的建筑材料多以石木为主，随着 1980 年代末封山育林政策的实施，伐木建屋已不再合法，而从外面购买木材又成本太高，且随着人工成本价格的上涨，原来需要数年时间才能修筑完成的片石砌筑方式也显得不合时宜。因此大部分民居逐渐将杉板与石板屋面改成了汉式小青瓦屋面或者红色机制瓦，石砌墙体也逐渐改成了标准化黏土砖。2008 年汶川大地震对传统民居的破坏更是让藏羌人民和当地政府认识到传统建筑结构上的不足，因此砖混结构成为震后普遍推广的建造方式。新建建筑多由水泥、混凝土块砌成，单体尺度明显变大，屋顶为现浇混凝土上覆盖大尺寸红色机制瓦或彩钢瓦，大门为新式的木质成品门或铁皮门，窗户则统一为铝合金玻璃窗，门窗尺寸明显变大，但没有了精致的细部装饰。也有些旅游开发较好的村寨在外墙上包裹一层石材贴面，以模仿传统石碉房的肌理；门窗等部位也包有一层木质外壳，且装饰上各种藏羌图案，但与原风貌仍相去甚远。

同时，农业生产技术的提高和产业结构的变化也改变了原有人口与耕地的关系。大量人口不再从事农业生产，转投其他产业，使大量耕地荒废；在耕的交通条件较好的地区也普遍发展水果、蔬菜等经济作物，区域内的耕地、林地、灌木林、草地等景观格局得到调整。这些都改变了聚落外围的生产景观，也促进了生态环境的恢复。

3.4 景观特征的地域性渐变与跳跃式革新

生产生活方式的转变、经济条件的提高与文化价值观的改变，使聚落景观的总体形态、空间布局、建筑材料、细部节点等都出现相同的现代化趋势。这种变化既有平缓的演变也有跳跃式的突变。

不同时代不同产业下聚落景观特征的演变内容 表1

时间	产业变化	演变内容							
		布局方式	元素组成	尺度	细部装饰	材料	色彩	基础设施	外部环境
改革开放后	以农业为主	紧密聚合的布局方式逐步向离散化发展	底层牲畜圈、厕所等移出建筑主体而单独设置	建筑尺寸变大、开间增加		建筑材料仍以石材木材为主			种植范围扩大，森林减少
1990年代之后	出现矿产、水电、交通运输等产业	民居更加独立分散，不再靠近水源地分布，出现单独的小院和停车场	聚落中出现学校、商店、硬质活动场等公共服务设施，牲畜圈被改成农机仓库或杂物间	建筑体更加宽敞明亮，门窗尺寸逐渐增长，街道与道路比传统街巷更为宽阔	传统建筑细节被遗弃或被现代的结构构件所代替	钢筋水泥与工业建筑构件开始应用，屋顶杉板改成彩钢瓦，在罩楼前加建彩钢棚		交通车辆被广泛使用，乡间土路逐渐变成水泥路，部分村寨开通自来水	
2008年汶川地震后	工农业受挫，旅游业逐步发展	空间布局愈加现代化，和汉族建筑布局类似	标准化的建造使火塘、角角神、中柱、杉板、石砌外墙等传统元素被淘汰	更大的建筑空间跨度与门窗尺寸	室内装修朝着现代化的趋势发展，原有手工工艺装饰基本消失	新材料、新技术在灾后重建中得到推广与普及	统规统建失去传统地方特色，刷白色、黄色外墙	借灾后重建契机实现“村村通”工程	大力还林还草，推广经济作物种植
近年来	旅游业成为特色优势产业	增加露台和花园，增设家庭餐馆或民宿旅馆，形成旅游接待空间。	将院坝或屋顶扩展为茶室、棋牌室等，形成羌家乐、藏家乐；新建白石、白塔、观景平台、廊桥等旅游景点	扩大建筑面积，传统防御型小开窗改为大玻璃窗	重视对居住环境的装饰，将具有代表性的云纹、八角、羊头骨、羊角花、八宝、六字真言等纹饰图案装饰在聚落的寨门、路边、桥头、建筑外墙上		竞相翻修住宅，外墙统一刷为白色或黄泥色，或粘贴石片	修通并拓宽水泥路，改造民居风貌，新建停车场等旅游服务设施	将农田改成采摘果园，以吸引游客前来消遣、娱乐

其中旅游业的发展有赖于独特的景观资源及便捷的交通条件，这两种影响因子相叠加，共同导致了区域内聚落景观在地理区位上的跳跃式革新。这种革新以道路交通为轴线，以特色观光点或政府所在地为核心点，逐渐改变着周边区域的聚落景观风貌。一般来说离岷江干道越近的聚落，越容易吸引路过的游客到聚落中参观，也更容易销售樱桃、枇杷、猕猴桃等特色水果，因此村民们更有激情改造其民居以服务于旅游接待，或种植经济作物以增加收入。在此基础上，旅游开发越早、开发越充分的聚落要比其他聚落更为现代化，而且以此为圆心影响周边

区域的聚落景观逐步发生改变。以孟屯沟的聚落景观为例：沟口的薛城镇紧邻317国道，其聚落景观和汉族场镇差别无异；沟内的四马村附近，则开始出现明显的藏式风格，但仍为现代建筑的样式；继续往沟内深入，则传统藏式风格越明显，到萨门村、班达村附近时则可以看见传统风貌的古村落景观；但再往里深入，到达最深处的日波村（现为旅游景点——吉祥谷）时，传统景观风貌又突然消失，出现了明显的现代化趋势（稀疏的、紧邻道路沿线的布局，钢混结构的大尺度楼房，白色的墙面装饰，大面积的经果林等），而且影响到了周边聚落的景观风貌。

图3　孟屯沟渐变与突变的聚落景观风貌

3.5　传统聚落景观的边缘没落

随着社会治安环境稳定，聚落的防御需求逐步淡化，高半山聚落和悬崖陡坡聚落由于交通不便，人们需要花费大量时间和精力往返于住所、耕地和街市之间，造成居民生产生活上的极不方便，因此人们逐渐迁往交通更为方便的河谷地区，或者外出务工进入城市定居。而气候寒冷、亩产较低的高半山，在“退耕还林”之后难以从土地中获得足够的收入，因此高山聚落成为条件差的代名词，男青年找不到对象，女青年也极力往低海拔的河谷地带婚嫁。由此导致高山聚落逐渐失去生机与活力，而那些曾经作为防御工事的高碉与碉房，也由于失去其生存的社会环境而成为村民眼中的无用之物。他们一部分在村民建设新宅的过程中被拆毁以获取建筑材料，一部分被遗弃在大山深处，任其荒芜、垮塌、消失，仅有很少一部分被当成了文化遗产和旅游资源被开发、保护起来。

总体来说，无数曾经高耸的藏羌聚落大部分成了被时代遗弃的牺牲品，并逐渐消失。而且消失的范围越来越大，边界越来越模糊，最后只剩下岷江大道沿途的，具有开发潜质的，被人们维修、翻新、改造过的碉房聚落仍保持着活力。

图4　景观革新中的传统聚落与新式景观

4 藏羌聚落景观特征的演变规律

4.1 空间方向的演变规律

藏羌聚落景观在与自然、社会、历史的互动影响中，不断地发生着变异与创新，这种变化有着一定的方向性与规律性。

4.1.1 在海拔高度上的演变

根据调查与统计分析[3]发现，随着时间推移，岷江上游的聚落分布在海拔高度上呈现出“降低——升高——降低”的趋势。藏羌先民从青藏高原迁入岷江上游初期，为满足放牧需求及避免流行疾病等原因而多生活在高山之上；后为了发展农业的需要，往下迁徙到地势平缓，水热条件更好的高半山地带，并逐渐下迁到土地肥沃的河谷地带；而随着部落间为争夺土地资源爆发的械斗逐渐频繁，部分聚落又被迫迁徙到海拔更高、地形陡峭的山麓、山脊及二半山地带以增强防御；自20世纪末以来，经济发展使高半山聚落交通不便、就业不足等问题突出，因此大量山民又下迁到河谷地带甚至大城市居住；近年来受经济发展、交通条件、国家政策（扶贫、生态环境保护、新农村建设等）的影响，聚落空间分布的重心继续下移，多数高半山聚落出现“空心化”趋势，而且历史上藏、羌、汉、回分居于不同海拔高度的民族聚落分布特征也正在改变，多民族杂居状态日趋明显[8]。

4.1.2 在水系方向上的演变

匮乏的资源环境使人们逐渐搬迁到河谷或在河坝进行耕作，以利用各种边缘资源。刚开始，由于干流河水湍急，在当时的治水技术下不适合居住，而支流中水流较缓，两岸及河口多有平地，更适合定居繁衍，因此支流的聚落分布明显多于干流聚落，并在河口形成母寨，沿河流两岸扩展衍生出子聚落。而当生产力发展、治水技术革新及交通优势进一步凸显后，紧邻岷江大道的干流两岸聚落开始增多，而原来河口的母寨则发展成较大型的聚落群或重要城镇。

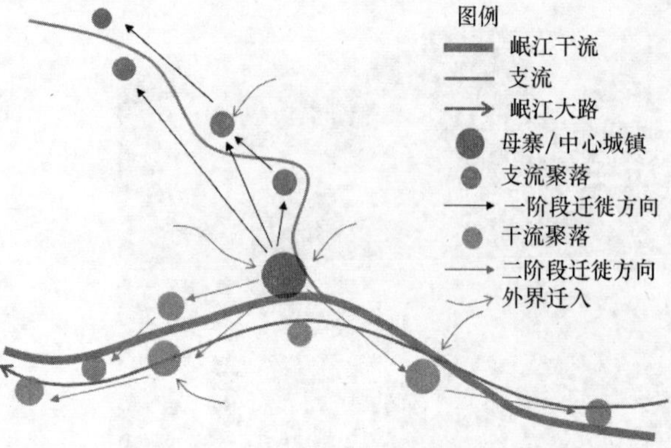

图5 水系方向上的聚落空间演替模式图

4.1.3 在空间布局上的演变

聚落的初始形态多由一到三户母宅与周边耕地组成，随着时间推移，人丁不断繁衍，以母宅或寨心石为中心向四周发展形成十几户具有血缘关系的宗族聚落。这种出于对“母宅原型”模仿与积累的聚落中的住居具有高度的相似性，而且族群内部成员间血缘关系紧密，在生产生活上互帮互助、融为一体，聚落形态具有较强的封闭性。随着人口增长，建设用地与耕地不断增加，聚落的边界不断向周围扩展，对自然环境的改造与影响也愈发强烈。当人口发展到一定阶段，无限增长的聚落边界不再利于提高生产效率，并与自然资源的矛盾日益突出，簇族而居的模式变为分族聚居，演化成多个有血缘或拟血缘关系的聚落组团，这种血缘组团之间常以森林、溪涧等作为分隔，但聚落之间在道路上或视线上仍保持着紧密的联系，形成互帮互助的聚落组团。在此期间，一些外姓的居民也会迁徙到组团范围内，由此，原有的血缘关系扩大成具有地缘关系的聚落团体，他们共同分享与保护区域内的生存资源。随着社会、政治、经济的发展，部分基础条件较好的聚落不断发展壮大，最终形成城镇与区域中心，控制着商贸、政治等高级资源。

4.2 形态方向的演变规律

岷江上游早期的原住民（蜀山氏、蚕丛氏）以种植、蚕桑为业，居岷山下石穴中。秦汉以来，西北的羌人受中原王朝的逼迫，赶着牛羊到岷江上游的高山草甸以游牧为主要生产方式栖身，其居住形式仍为西北高原的夯土民居，聚落环境仍以自然为主，人为营建痕迹十分薄弱。随着生产力发展，藏羌先民掌握了农耕技术，使聚落往下迁徙到光照水源充足的平缓台地，出现了大量生产性的农耕景观，同时他们打败了原著“戈基人”，掌握了石材筑屋的技术，将半地穴民居改成了两三层的石砌建筑。唐宋以来，藏传佛教进入岷江上游，宗教文化景观逐渐凸显，并对聚落景观的发展演变产生影响。元朝推行土司制度之后，聚落安全、军事防御等需求凸显，碉楼等防御性聚落景观受到重视。晚清以来，岷江上游开始了大规模的伐木贸易，促使穿斗式木构建筑大量发展，也导致了如今童山濯濯的荒凉景象。改革开放后，岷江上游的经济、交通、生产、宗教、文化等发生了重大变化，聚落景观朝复杂化、多元化、现代化的方向发展。汶川地震对岷江上游的传统聚落造成了毁灭性的破坏，灾后重建大量采用新的建筑材料和空间结构，改写了传统聚落的景观风貌，也丢弃了传统聚落的宗教文化内涵，创造了符合时代的全新空间形态[9]。而旅游业的发展激发了当地政府与民众进行聚落包装的热情，使人们自发进行文化景观、图腾符号的发掘、改造与展演，以迎合市场的需要，从而催生了当今独特的藏羌聚落景观特征。

岷江上游聚落景观特征发展简表　表2

历史时期	主要生产方式	主要生态位	主要生存资源	新增住居类型	建筑材料与构筑方法
商周时期	蚕桑、种植	半山、高半山	森林、耕地	石穴	片石与生土结合

续表

历史时期	主要生产方式	主要生态位	主要生存资源	新增住居类型	建筑材料与构筑方法
秦汉时期	游牧	高山	草地	夯土建筑	黄泥和树枝交错夯筑
汉唐时期	农业+牧业	高半山	耕地、草地	半地穴片石建筑	挖掘土壤地穴，上以片石筑屋
唐宋时期	农业+牧业	高半山、河谷	耕地、草地	石砌碉楼、木质板屋	以石材垒砌高碉，以木材围合成板屋
元代时期	农业、畜牧业、商业	高半山、河谷	耕地、草地	土坯式建筑	使用生土、草秆作土坯砌筑
明清时期	农业、畜牧业、商业、林业	高半山、二半山	耕地、森林	穿斗式	以木材做木构架承重
近现代	农业、旅游业	河谷、二半山	耕地、经济作物	砖混新式民居	钢筋混凝土结构，砖墙围护

资料来源：根据参考文献［10］整理。

5 结语

岷江上游的产业经济经历了由传统农业、畜牧业与采集、狩猎逐渐向经济作物种植、旅游观光、交通运输等产业的转变，在此期间生产力水平、技术手段与资源利用方式也发生了极大的变化，由此导致藏羌聚落呈现出从高山—河谷—二半山—河谷的分布变化，在空间格局上表现出聚落规模变大、建筑密度变小、聚落形态变直变散、空间组成更为复杂的变化，在景观形式上则呈现出更为现代新式、尺度更大、装饰简洁的变化，同时在地域上呈现出沿道路与景点逐渐演变与跳跃式革新的变化，这种变化规律主要体现在海拔高度、水系方向、空间布局与景观形态几个方面。本研究从产业与经济的角度解释了景观演变的深层次原因与内在驱动力，可为岷江上游聚落景观的保护传承与继承发展提供更深层次、更本源的思考方式与行动策略，以破解当前由政府强行推进的空洞乏味、缺乏生机活力与可持续发展支撑的民族景观风貌建设之困境。

参考文献

［1］ 吴宁，晏兆丽，罗鹏，等．“涵化”与岷江上游民族文化多样性［J］．山地学报，2003，21(1)：16-23.

［2］ 王明珂．羌在汉藏之间：川西羌族的历史人类学研究［M］．北京：中华书局，2008.

［3］ 孙松林．岷江上游地区藏羌聚落景观特征的比较研究［D］．北京林业大学，2018.

［4］ 李虎杰，岷江上游生态环境建设与经济可持续发展［J］．四川环境，2001．20（4）：51-56.

［5］ 谢珂珩．四川羌族传统聚落研究［D］．北京：清华大学，2003：9.

［6］ 刘虹敏．川西北传统羌族聚落景观研究［D］．成都：西南交通大学．2016.

［7］ 范少言．乡村聚落空间结构的演变机制［J］．西北大学学报（自然科学版），1994，24(4)：295-304.

［8］ 沈茂英．山区聚落发展理论与实践研究［M］．成都：巴蜀书社，2006：158-164.

［9］ 谭斯颖．汶川地震羌族古村落的景观变迁研究——以萝卜寨民居的演变为例［J］．四川戏剧，2016（12）：70-74.

［10］ 李林卉．羌族建筑形态适应性研究［D］．绵阳：西南科技大学，2016.

作者简介

孙松林，1989 年生，男，汉族，四川达州人，风景园林学博士，西南大学讲师，研究方向为地域性景观、景观生态工程。电子邮箱：sungle214@foxmail. com。

口述历史研究方法在岭南传统园林技艺研究中的应用①

Research on the Application of Oral History Method in Lingnan Traditional Garden Craftsmanship

李晓雪　陈绍涛　李自若

摘　要：本文以华南农业大学岭南民艺平台在岭南传统园林技艺研究中运用口述历史研究方法口述访谈目前从事岭南传统园林技艺的地方工匠应用为例，梳理口述历史研究方法在岭南传统园林技艺研究中的具体实施过程、实施步骤和应用过程的关键技术要点，总结口述历史研究方法在传统技艺研究之中所能发挥作用的优劣之处，进一步思考口述历史研究方法在传统园林技艺研究中应用的具体目标以及能够解决的实际问题。

关键词：口述历史；岭南传统园林技艺；应用；华南农业大学岭南民艺平台

Abstract: This paper takes LNCP in SCAU as an example which use oral history method into the studies through interview Lingnan traditional garden craftsmen, and summarize the specific implementation process of oral history method, the principle of skill type and interviewee selection, interview skills and key technical points and so on. The paper try to summarize the advantages and disadvantages of oral history method in the study of traditional craftsmanship, and further consider the specific objectives of oral history methods application in traditional garden craftsmanship research and the practical problems that can be solved.

Keyword: Oral History; Lingnan Traditional Garden Craftsmanship; Application; LNCP in SCAU

岭南传统园林技艺是承载岭南传统园林特色最为直观的表现载体，是岭南地域匠师身手合一发挥创作力的产物，是岭南地域自然气候环境与文化传统的物质与非物质遗产的集中体现。岭南园林技艺由于岭南地区的园林历史沿袭相对缺乏延续性，传统园林遗产实物留存相对较少，历史文献记录留存相对片断化，加之受到中国传统“重艺轻技”的价值观念影响，使得关于岭南传统造园技艺特征与营造原则的相关记录与总结基本属于空白状态，而岭南园林发展历史上关于工匠及匠作谱系的记录更为欠缺，这使得岭南园林遗产保护与传承面临着地域传统技艺特色流失、保护技术与手段相对匮乏、技艺保护与修复缺乏相应的标准、岭南传统园林技艺传承面临后继无人的情况。

1　岭南传统技艺研究与口述历史研究方法

岭南传统园林技艺作为一种非物质文化遗产（以下简称“非遗”），体现的是人类创造的不以物质为载体形式呈现的成果，是经验知识与理性知识的结合，因此具有共享性、活态性等特点，其“以人为载体，以人为主体，以人的观念、知识、技能、行为作为它的表现形态”[1]。传统园林技艺研究的核心内容就是着重在于人与自然、人与物、人与环境在时间历程中相互作用的动态关系。在这个背景之下，岭南传统造园技艺虽处于中国匠作传统之中，但由于岭南地域一直缺乏对匠作谱系与技艺的历史文献记录，加上技艺传承多经由工匠口传身授不入“正史”之眼，使得相关系统研究一直处于相对空白的状态。

口述历史研究方法是以搜集和使用口头史料研究历史的一种方法。相较于传统上历史来源必须取自文字的限制，“口述历史”将历史的取材与资料来源扩展至相关人员的叙述，并将“历史的诠释权”回归于广大的群众。每一个人在口述的过程中，她或者他都是时间的参与者与解释者[2]。口述历史研究方法通过口述访谈收集历史文献中少有记载的、迄今尚未得到却具有保存价值的一手原始资料，正是将历史研究的关注点聚焦于人的身上，弥补历史文献文本记录的不足，从多元视角重新认识与理解历史语境及其局限性。这种历史学研究方法对于历史文献记载相对缺失、传统技艺与匠作谱系记录尚属空白的岭南传统园林技艺研究来说，能够及时对岭南传统造园技艺的匠作谱系与技艺进行抢救式记录，特别是能对岭南传统技艺随时代发展发生的历程变化采取跟踪记录，是对岭南园林历史与遗产研究极为有益的补充。

华南农业大学风景园林学科面对岭南传统园林技艺的研究现状，近几年就应用口述历史研究方法展开相关研究，依托学校“岭南风景园林传统技艺教学与实验平台”建设（以下简称“岭南民艺平台”），自 2016 年开始走访广东省内目前仍从事岭南传统园林技艺的非遗传承人、普通工匠，用口述历史研究方法针对岭南相关造园技艺历史发展、技艺特征、传承与发展等内容进行研究，真实记录当下岭南园林技艺的保护传承现状。经过三年多

① 项目资助：2017 广东省哲学社会科学规划学科共建项目《岭南英石叠山技艺的传承发展研究》（编号 GD17XYS10），国家自然科学基金青年科学基金项目（编号 31600575）。

的研究摸索，截至2018年，已累计采访近90位广东地区传统工匠，累计开展8种工艺类型研究。本文通过梳理岭南民艺平台运用口述历史研究方法开展传统园林技艺研究的具体实施过程，总结经验，反思操作过程中的关键技术问题，并通过分析口述历史研究方法在传统园林技艺研究应用中的问题，为口述历史研究方法在相关领域的研究应用提供经验借鉴。

图1 岭南民艺平台师生开展口述访谈

2 口述历史研究方法在园林技艺研究中的具体实施过程

2.1 前期准备

2.1.1 选取工艺类型

岭南传统园林技艺类型按照园林要素大致可以分为：建筑、叠山置石、理水、植物配置四大类。如参照苏州香山帮的当代工种分类[3]，目前岭南造园技艺涉及的工种可涵盖瓦作、土作、石作、木作、彩画作、油漆作、塑像、假山技艺、选址、理水技术、植物种植、盆景园艺、古建筑电器安装等十三大项之多。

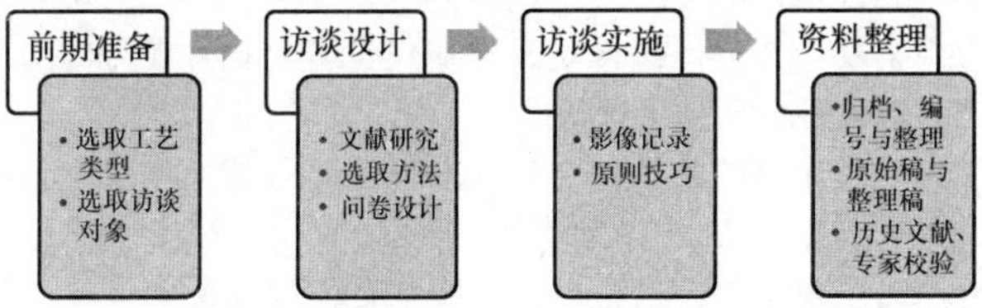

图2 口述历史研究方法在研究中的具体实施过程

但如按照当代工种分类开展传统园林技艺研究，将面临较为复杂的操作问题，这主要是因为中国传统园林营造往往是一个全系统与全周期的时间历程，涉及不同技艺也就是今天所说的各个工种之间协同历时性推进，因此很难拆分开某一工种类型作为专项研究内容。另外，传统园林营造往往要求营造者是艺术与技术兼备的通才，即使是普通的技艺工匠也是掌握多项技术的通才，兼通不同工种类型，如叠山匠师除了掌握假山技艺之外，既要懂得选址立基，也要懂得理水和植物种植，即使现在仍从事假山技艺的一线匠师在营造过程中也多是多种工种协同操作的通才。因此，岭南民艺平台对于工艺类型的选取标准主要按照园林要素分类以及与园林营造紧密相关的技艺内容，共分为建筑（大木作、小木作、建筑装饰、泥瓦作）、山水要素（叠山置石与理水）、园林植物造景（包含盆景、插花）、杂项（装折、铺装等）等四大类，能够相对最大程度地尊重传统造园技艺的匠作传统。

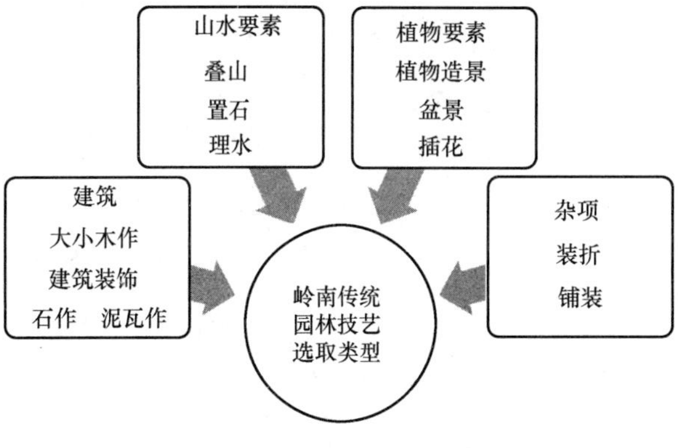

图3 岭南民艺平台开展研究选取的工艺类型

2.1.2 选取口述访谈对象

选取了工艺类型分类就涉及如何选择访谈对象的问题。岭南地区关于传统园林匠作谱系与匠人记录基本上属于空白状态，历史文献之中并未像江南地区一样留下具体的家族谱系或匠师个体记录。因此，岭南民艺平台在研究初期主要从国家及地方非遗传承人的“传统技艺”项目评选体系、当代园林实际工程项目两条线索，并通过地方行业协会、非遗机构等方式寻找适合的访谈对象。

由于传统大小木作技艺、传统建筑装饰工艺（如砖雕、木雕、灰塑、石湾陶塑、嵌瓷、彩画）等领域的艺术性、技术性较高，因此广东地区“传统技艺”项目的非遗传承人也多集中在这几个领域，平台早期的口述访谈对象也多集中在这几个领域。但随着研究的深入，我们发现传统木作与建筑装饰工艺在大建筑学科背景之下，已经在建筑史学领域有较好的研究资源与基础，而真正属于风景园林学科之下关于传统造园技艺的研究，特别是传统建筑史学领域较少涉及的叠山置石、理水、植物造景等技艺的系统研究与地方匠作谱系梳理在岭南地区仍属于空白状态。因此，在近两年的研究中，岭南民艺平台逐渐将研究对象的选择范围侧重于山水与植物要素造景技艺上，重点对于岭南地区造园的叠山置石、理水、植物要素（包含盆景、插花）等类型的技艺传承人、普通匠师及地方传承谱系展开研究。同时，重点关注园林建筑的营造技艺以及与园林意境营造相关的泥瓦作、铺装等技艺类型。

2.2 访谈设计

口述历史研究方法通过口述访谈获取资料，因此在访谈之前要先做好相关历史文献工作的研究与梳理工作，并在对访谈对象的背景资料收集整理之后选取适当的访谈方法。访谈方法的选择对于技艺研究极为重要，目前主要选择两种：

一种是结构式访谈，针对技艺流程及技术要点等内容，参考日本、中国台湾等地技艺研究记录与描述的操作范式，设计技艺记录的结构化表格，访谈现场按照结构化表格及时记录，或请工匠现场实操分解记录详细的技艺流程、工具及技术要点、工作场地等内容，必要时配以简图图示说明。

第二种是半结构式访谈，针对匠师个人基础资料信息、个人成长历程、学艺历程、对于技艺传承与生存现状的看法等问题预先进行半结构式问卷设计，基础资料信息及时记录，访谈提问的问题及方向根据现场情况随时调整。

同时，一些技艺由于涉及大型施工协作，往往无法在访谈中呈现，因此必要时还需要采用田野访谈深入到实际营造现场进行深度地观察与记录。岭南民艺平台的早期研究曾深入广州市重点文化建设项目粤剧艺术博物馆当代园林营造工程现场，通过跟随工程在工地近三年的实际观察记录，并与一线工匠建立起深入持久的良好关系，才能展开后续的研究。

图4　口述访谈现场记录工艺流程

图5　深入施工现场进行田野访谈

2.3　访谈实施

口述访谈具体实施之前，需征得受访者同意借助摄像、摄影、录音设备进行记录，全程要对工艺流程细节、工匠访谈进行详细的影音记录。在口述访谈操作过程中，始终要遵循口述访谈的基本价值原则，如受访者自愿原则、保护受访者的隐私权，尊重受访者的地方习俗等。

除此之外，在对岭南传统园林技艺工匠访谈的过程中，我们发现应该针对不同文化水平、技艺层次的工匠选择不同的访谈方式。如受访者是非遗传承人等具有一定的文化水平与社会地位的匠师群体，他们往往社会交际能力较强，能够自由应对媒体及相关机构的访谈，因此按照事前准备访谈相对比较顺利。但如果受访者是一线操作的普通工匠，往往会由于方言、个人性格、语言表达能力等原因比较难访谈，特别是许多工匠认为访谈者多是高校老师、大学生，文化水平层次高，自认为没有文化、“只是普通工人，没什么好访问”的心态。面对这种情况，访谈者首先不能以优越感心理状态强行访谈，要对工匠以尊重、平等、友好的态度相处，在进入正式话题访谈前，可以先以“聊家常”的方式切入话题，从匠师的家乡、家庭或个人兴趣等话题入手，切忌不能打探匠师隐私，从匠师个人生活的话题自然转换到关于技艺的描述往往相对比较操作。当遇到较难沟通的匠师时，在现场条件允许的情况下，可以直接请师傅进行工具的介绍或者进行技艺流程的操作，在问答中逐渐引导话题。

访谈的提问方式尤为重要，特别是在对普通工匠进行访谈时，注意要用开放式问题或半开放式问题进行提问，多借助现场工具与实物，并尽量减少书面语言或者专业语言的提问方式。比如多用“为什么?”、“您能为我们具体介绍一下吗?”、“……是什么样子的?”、“这两个工具是使用在哪个步骤的，您可以为我们操作演示一下吗?”等提问方式，而不要用“这个工具是用来……，是吗?”、“具体操作是这样的，是吗?”这类带有预设性的提问方式。再比如，在对假山工匠进行访谈时，就不能用“您觉得园林假山与中国传统绘画有什么关系”这一类学术性较强的问题，如果想要了解一线工匠是否有绘画基础或者是否具有艺术修养与理解能力，可以以“师傅，您在施工前会自己先画张草图设计一下假山的造型吗? 您在设计时有参考的画或者作品吗?”等方式进行提问。

2.4　资料整理

口述访谈的资料整理尤为重要，每次访谈之后必须及时对文字资料、图像及影音资料进行归档、编号与整理，并对原始文件进行备份。

口述访谈的原始稿与整理稿都需要对访谈场景进行记录，包括几次访谈的具体时间、地点、采访人以及情景记录等。对于技艺的记录与整理往往需要在原始文字稿的基础上提取有效信息，对工具、技术流程和要点进行精练提取，还要辅以图示说明，对于其中技术细节不清的部分还需要通过查询文献资料、多次回访匠师等方式进行反复确认。涉及受访者的方言问题或者技术俗语的问题，应予以相应的注释转译成标准用语或者对应的技术专业用语，并与匠师、相关学者进行语义核实与商榷。

在岭南传统园林技艺研究过程中，口述访谈资料中涉及的历史信息由于相对缺乏地方史料文献印证，在整理与核实过程中还需要借助国内其他地区的文献研究成果、与岭南地方文史专家的相关研究成果进行取证，并咨询相关专家，从而对收集的口述信息进行辨识。

3 口述历史研究方法在传统园林技艺研究应用中面临的问题

经过三年多的研究探索，口述历史研究方法对于岭南传统园林技艺匠作谱系的挖掘、技术经验与特征的总结与梳理、匠作传承发展现状的调查等方面具有一定的优势。这种研究方法的运用已经初见成效，如在对岭南地区英石叠山技艺研究中，通过口述历史研究与地方史志相结合的研究发现，英石假山技艺匠作传统可追至清代，并集中出现在广东英德望埠镇，目前逐渐梳理出地方匠作谱系，已陆续整理出具体的匠师名录。而对于历史文献记载更为缺乏的岭南盆景与插花，也正在通过口述历史研究方法进行历史发展与传承谱系的抢救式研究。除了对相关技艺历史与现状的追溯、描述与记录之外，更为重要的是通过口述历史研究方法能够及时追踪岭南园林技艺在时代发展历程中发生的变化，关注匠师群体的发展动态，在三年多跟踪访谈过程中，我们也见证了一些匠师从普通工匠到被认证为传承人的过程，也记录了一些技艺传承人在传承与发展过程中的成长与困惑，真实记录了技艺传承与发展过程中遇到的困难与挑战，这些素材都为推动岭南传统园林技艺的保护与传承提供了重要的记录基础。

然而，口述历史方法在园林技艺研究中的应用落实在具体操作过程中也面临一系列的问题，需要在实践中不断摸索经验。比如关于道德伦理问题，目前采访的工匠多基于良好的人情关系配合采访，涉及一些研究成果发表多将材料发给工匠核查或口头告知等方式获得同意。但未来研究成果出版发行会涉及受访者的隐私权问题、采访者与受访者的伦理问题、成果的著作版权等许多实际利益问题。虽然国家非遗传承人记录工作已经给出了相应的文件如采访者与受访者的伦理声明、著作权授权书样本，但在现实人情社会之中，让工匠以法律契约的方式签署文件，容易让匠师产生抵触心理。

在岭南传统园林技艺缺乏传承谱系历史记录的情况下，如何筛选访谈对象也是一大难点。在工作中，我们发现，一些地方认证的传承人并不是行业之中受到广泛认可的匠师代表，而一些民间认可的匠师往往由于文化水平、地位层次等方面的关系无法进入官方认证体系。在对工匠访谈信息的识别与处理方面，一些经验丰富的匠师由于受过的采访较多，基本形成了访谈套路，难于辨别真实性。而一些普通工匠关于技术经验的总结容易由于受到书本知识、媒体传播内容等影响，加上文化水平与语言表达能力的局限，在技术总结方面由于多为身体感受的记录难于描述，或是借用书本用语或传媒语言，这些问题都值得在今后的应用之中予以关注。

参考文献

[1] 国家图书馆中国记忆项目中心．国家级非物质文化遗产代表性传承人抢救性记录十讲[M]. 北京：国家图书馆出版社，2017.

[2] 江文瑜，胡幼慧．质性研究：理论、方法、本土女性研究实例[M]. 台北：巨流，1996：249.

[3] 冯晓东．承香录：香山帮营造技艺实录[M]. 北京：中国建筑工业出版社，2012.

[4] 张倩楠．江南古典园林及其学术历史研究中的口述史方法初探 [D]. 天津：天津大学，2014.

作者简介

李晓雪，1980 年生，女，汉族，吉林长春人，博士，华南农业大学林学与风景园林学院，华南农业大学岭南民艺平台负责人，讲师，研究方向为风景园林遗产保护、岭南传统造园技艺保护传承研究。电子邮箱：1455193005@qq. com。

陈绍涛，1979 年生，男，汉族，福建福州人，硕士，华南农业大学林学与风景园林学院，副教授，研究方向为风景园林规划与设计、历史环境保护与更新。电子邮箱：4505421@qq. com。

李自若，1985 年生，女，汉族，江西九江人，博士，华南农业大学林学与风景园林学院，讲师，研究方向为风景园林遗产保护、乡土景观与教育。电子邮箱：45777864@qq. com。

美丽乡村视角下基于“山水—湖田—聚落”体系的诸暨地区乡村景观保护与营建探究

Study on Rural Landscape Protection and Construction from Beautiful Village Perspective Based on System of “Landscape-Polder-Village” in Zhuji District

蒋　鑫　谭敏洁　王向荣

摘　要： 美丽乡村作为近年来乡村建设领域的热点话题备受关注，而乡村景观是美丽乡村建设的重要组成部分。本文选取浙江省北部诸暨地区的湖田乡村景观作为研究对象，旨在美丽乡村的视角下，通过对传统乡村“山水－湖田－聚落”体系景观特征的梳理，并借助 ENVI 软件对四个年份的卫星影像图提取分析，剖析快速城镇化下面临的主要问题，从而对诸暨地区的乡村景观保护和营建提出针对性的可持续发展策略，以期为其他同类乡村提供借鉴和思路。

关键词： 风景园林；美丽乡村；湖田；乡村景观保护

Abstract: Beautiful village have attracted much attention as a hot topic in the field of rural construction in recent years, and rural landscape construction is an important part of beautiful village construction. This paper takes the rural landscape in Zhuji area of northern Zhejiang Province as a case, from the perspective of beautiful village, through combing the landscape features of the traditional rural “Landscape-Polder-Village” system, and using the ENVI software to extract the four-years satellite image. The analysis reveals the main problems faced by rapid urbanization, and then proposes targeted sustainable development strategies for rural landscape protection and construction in Zhuji, so as to providing reference and ideas for other similar villages.

Keyword: Landscape Architecture; Beautiful Village; Polder; Rural Landscape Protection

1　研究背景

中国作为一个农业文明大国，乡村承载着广袤土地上厚重的地域文化与独特的乡土记忆。随着快速城镇化的推进，乡村的生态环境和传统景观风貌受到极大的破坏，乡村的可持续发展势在必行。自 2013 年中央明确提出建设美丽乡村的宏伟目标以来，“建设怎样的乡村景观”成为近年来乡村建设领域的热门话题。“美丽乡村”作为建设“美丽中国”的重要组成部分和村镇化规划布局当中重要的领域，特别强调生态文明建设：保护乡村的生态环境，重点发展生态经济、生态科技和生态文化[1]。综合来看，美丽乡村视角下的乡村景观建设是基于乡村生态环境保护（主要指山水自然环境和生产生活环境）的基础上，通过乡村景观的整治来促进乡村产业设施的更新，提升村民的生活水平，借助景观的手段将乡村地域文化与生活风貌相融合，最终实现乡村的生态、经济、文化多方面的和谐发展。

美丽乡村建设中，各个村庄的自身发展条件和资源禀赋不尽相同，以浙江省为例，既有如安吉、永嘉、龙溪等自然资源与历史文化特色突出的古村落，也有发展水平一般、特色并不突出的村庄，对不同类型的村庄需要进行分类研究与讨论。本文选取的诸暨地区中北部的湖田乡村聚落，其具有一定的景观地域特色，但是在发展过程与大部分村庄一样由于缺乏保护意识和转化思维，经济发展与生态环境和历史文脉保护的矛盾十分尖锐，因此选择其作为研究对象对广大乡村的景观保护与营建具有普遍借鉴意义。

2　诸暨乡村地区“山水—湖田—聚落”体系的景观特征

2.1　诸暨乡村地区的自然地理环境与湖田水利体系

诸暨盆地作为浦阳江中游一个相对独立的地理单元，由于地势开阔低洼加之浦阳江下游排水不畅及改道频繁，历史上水患频发，形成了湖荡纵横的局面[2]。在漫长的与水患对抗的历史过程中，人们不断积累治水经验并付诸实践，最终形成了独特的以“湖田”为核心的农业水利景观体系。由明代《绍兴府境全图记》碑刻（图 1）不难看出，古代诸暨盆地中北部湖区广布，主要沿浦阳江两岸分布，面积较大的有的白塔湖、大侣湖、高湖、泌湖等，人们将这些原始湖泊逐渐改造为水田，在水利建设上，一般以湖泊为单元，形成相对独立的各湖区（图 2、图 3）。沿江筑堤防止浦阳江水进入，在湖内筑圩分离农田与湖水，同时利用涵闸和排水渠使得湖区内的水位由人工控制，堤埂、水网、涵闸设施等是湖区水利体系的要素[3]。

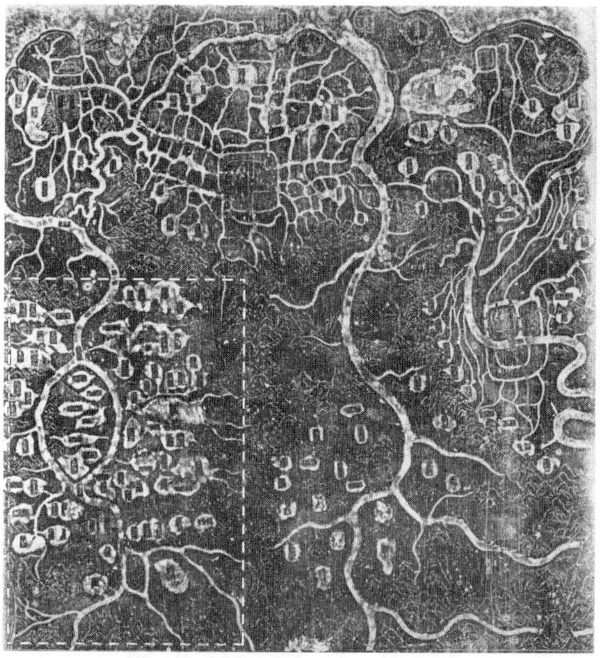

图 1　明代绍兴知府戴琥《绍兴府境全图记》碑刻局部（红线内为今诸暨境内）

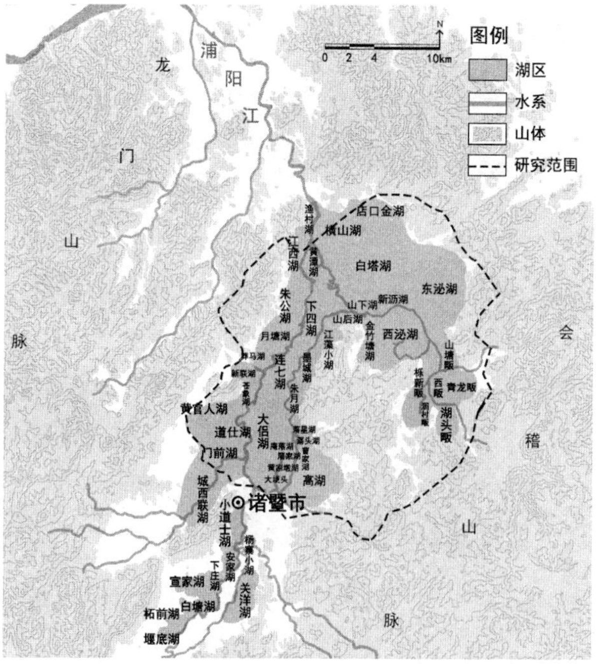

图 2　诸暨湖区研究范围

图 3　今日湖区航拍图（图片来源：作者自摄）

2.2　乡村景观特征

独特的湖田耕作模式决定了诸暨地区的乡村整体布局和结构特征，以典型的白塔湖区为例分析可以看出，村庄一般分布在地势高亢的湖区沿岸山麓处，并且呈现出与山体走势一致的环绕式带状布局，构成了“山水一湖田一聚落”的基本景观模式（图 4）。通过对湖区沿线六个村落的实地走访和调研，并绘制形态分析图示（图 5），本文将诸暨地区乡村的景观特征归结为以下三点。

2.2.1　自然系统——以山水境域为基底

诸暨盆地虽然地势低平，河流纵横，但是不乏低矮山丘的出现，早期村庄就大多选址于湖区沿岸的山丘脚下，这是因为湖区沿岸地势较高的山丘不仅可以防止浦阳江的冲刷，沿坡地布局还利于排水不易内涝。村庄外部多有河流水系经过，既满足村庄的取水用水，也方便了村庄对河流进行水利管理。村庄靠山面水，外部环境充分借用了山水之利，使得村庄处于较好的自然生态环境之中，同时获得了极佳的景观视线。

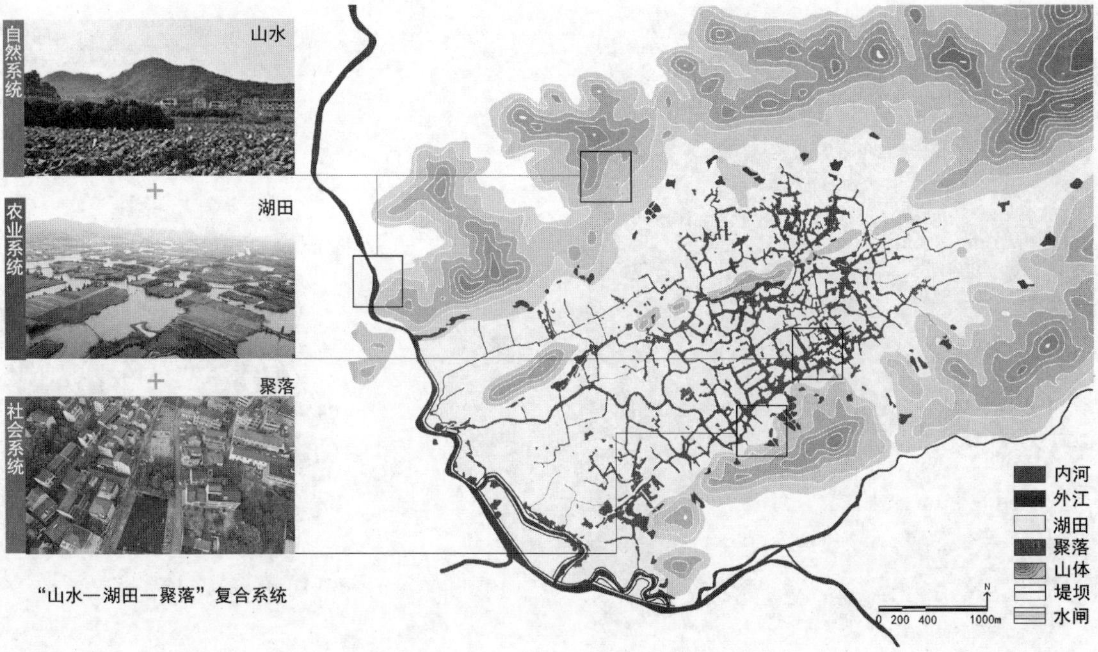

图4 诸暨白塔湖区“山水—湖田—聚落”乡村景观模式图解

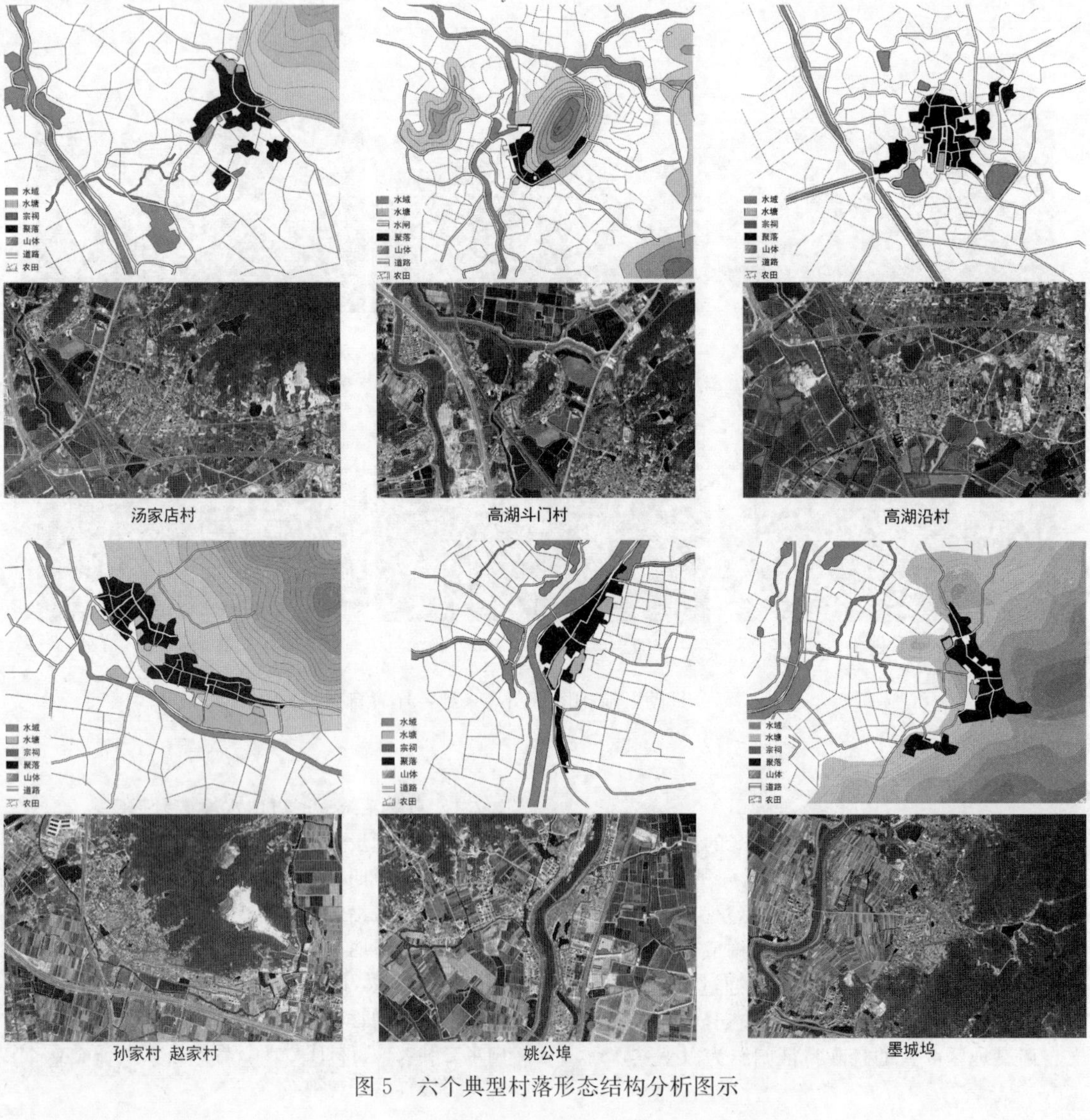

图5 六个典型村落形态结构分析图示

2.2.2　农业系统——以湖田水利为核心

湖田作为该地区最具有特色的农业景观，其开发最早始于隋唐，河水淤塞形成的大小湖泊被农民围垦形成湖中的洲岛——圩子。南宋以后开始将圩田开垦与水利建设进行统一的空间规划，沿河流沿岸筑堤设置闸口以控制湖区水量，湖区内部由河网划分形成形态各异的圩子，圩子四周筑有圩堤，上有呈鱼骨状布局的灌溉沟渠和用于取水的溇沼，有些圩田上村民还会建设农业用房以方便管理，一个个圩子构成的农业单元就是圩田，当地惯称湖田。湖田作为诸暨中北部乡村地区最核心的农业形式，是乡村景观不可分割的组成部分，围绕着湖田修建的水利设施如闸坝、圩堤、灌溉渠等也具有一定的景观价值。

2.2.3　社会系统——以宗族文化为纽带

作为传统农业聚落，诸暨乡村地区的村庄建设很大程度上受到宗族思想的影响，呈现出以宗族为纽带的血缘构成特点。通过分析6个典型村落的形态不难发现：村庄基本呈现“十字”形或“T”字形布局，由主街和沿主街发散的支路划分村庄空间，而村头或者中心交口处一般作为村庄的中心广场，宗祠和水塘便位于此[4]。宗祠作为村庄的“精神中心”，极大程度上维系着村落的团结和谐，起着教化乡人、凝聚家族力量的作用；而水塘一般正对宗祠布置，不仅强化了宗祠的仪式感和秩序感，还具有取水、洗菜、洗衣等多种实用功能，优美的水塘美化了村口空间，也成为村民闲谈聚会的场所，是村庄的景观中心。

3　快速城镇化影响下的传统景观体系瓦解

诸暨乡村地区历史上形成了深厚的农业文化和优美的景观风貌，但是随着快速城镇化的影响，诸暨乡村地区的传统景观体系濒临瓦解，最直接的表现就是土地使用方式的重新分配，自然、农田、村庄的图底关系发生了彻底反转。通过利用ENVI软件对1984年、1996年、2008年、2018年四个年份的地理卫星影像图提取分析并加以计算（图6、图7），可以总结出诸暨乡村地区面临的主要问题。

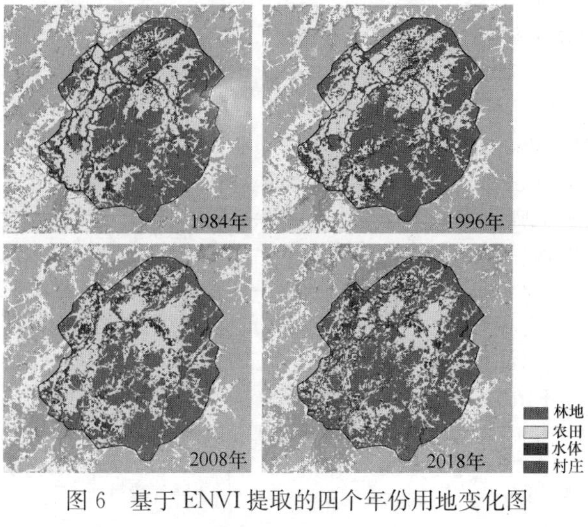

图6　基于ENVI提取的四个年份用地变化图

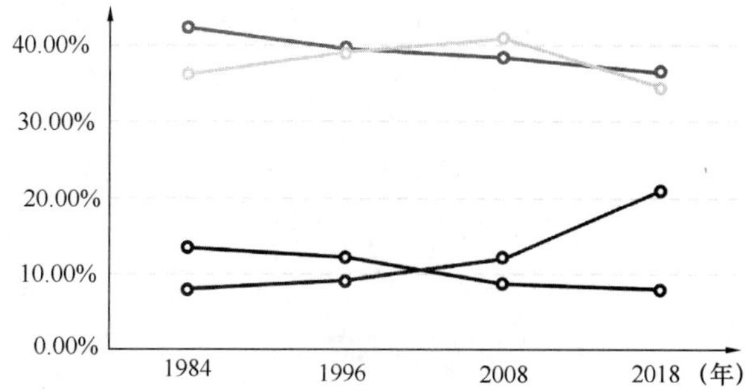

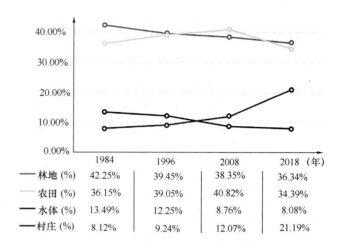

	1984	1996	2008	2018
林地 (%)	42.25%	39.45%	38.35%	36.34%
农田 (%)	36.15%	39.05%	40.82%	34.39%
水体 (%)	13.49%	12.25%	8.76%	8.08%
村庄 (%)	8.12%	9.24%	12.07%	21.19%

图7　四个年份用地比例变化表

3.1　山水基底破坏，生态环境恶化

从表中可以看出，从1984年到2018年的30余年间，林地面积下降5.91%，水系面积下降5.41%，而农田和村庄面积都有大幅度的提高，反映出在快速城镇化发展过程中山水环境受到破坏，生态环境恶化的趋势。造成山林面积减少的原因主要包括山体采伐、山地开荒种田、露天采矿等，山体植被的破坏不仅加速了水土流失，失去植被覆盖的土壤保水能力大大下降，造成源头水量的减少；而水体面积减少的原因包括乡村无序扩张引起的侵占河道、围湖造田、围网养鱼等，另外，由于大量乡镇企业产生的工业废水和居民生活用水的排放，造成的水质污染也加速了水环境的恶化[5]。外部山水基底的破坏不仅造成乡村生态系统的失衡，还使得原有清晰的山水景观结构逐渐弱化。

3.2　湖田水利崩解，水乡风貌消弭

对比四个年份的用地分析图，除了水体面积在大幅减少，可以明显发现水网密度也在不断降低，且呈现出从有机到混乱的形态组织变化，这实质上反映出诸暨乡村地区湖田水利体系的崩解：生产方式的改变和大规模机械化工具的应用使得自然－水利系统的关系不断疏解，堤埂、涵闸等原始湖田水利设施被工程化、硬质化的河堤、水坝所替代，原本宽阔疏通的水网转化为细小通直的灌溉渠，不断扩张的农田侵占着水网空间。今天除了白塔湖还留存有较为清晰的湖区水网特征，其他大多数湖区已经难觅水乡风貌，景观同平畈地区趋同（图8）。

3.3　村庄无序扩张，景观文脉断裂

从表中可以看出，近三十年间变化最大的用地是村庄用地，增幅达到13.07%。对比四个年份的用地变化分析图，村庄用地从最开始的分散式点状布局逐渐扩大至面状，且相互之间连接成片发展，村庄用地的无序扩张很大程度上侵占了林地、水体和农田用地，致使乡村景观破碎化和硬质化问题严重。

村庄用地主要包括村舍、街巷广场、乡镇企业厂房、

桥、埠等各类建筑物在内的场所。近三十年间村舍建筑私搭乱建现象十分严重，村民低级的审美使得与传统建筑风格迥异的“洋楼”频频出现，且建筑布局并未遵循原有机理，村庄的形态逻辑逐渐模糊。另外，古桥、宗祠、船埠、水塘等独具特色的景观节点大多年久失修，新建过程中也未曾考虑到传统风格和材质的继承和延续（图9）。随着村庄风貌的改变和农业人口的流失，传统的生活方式和习俗濒临消失，积淀深厚的乡村历史文化面临断裂的威胁。

图8　1968年三个湖区水网对比（均为 $1km^2$）

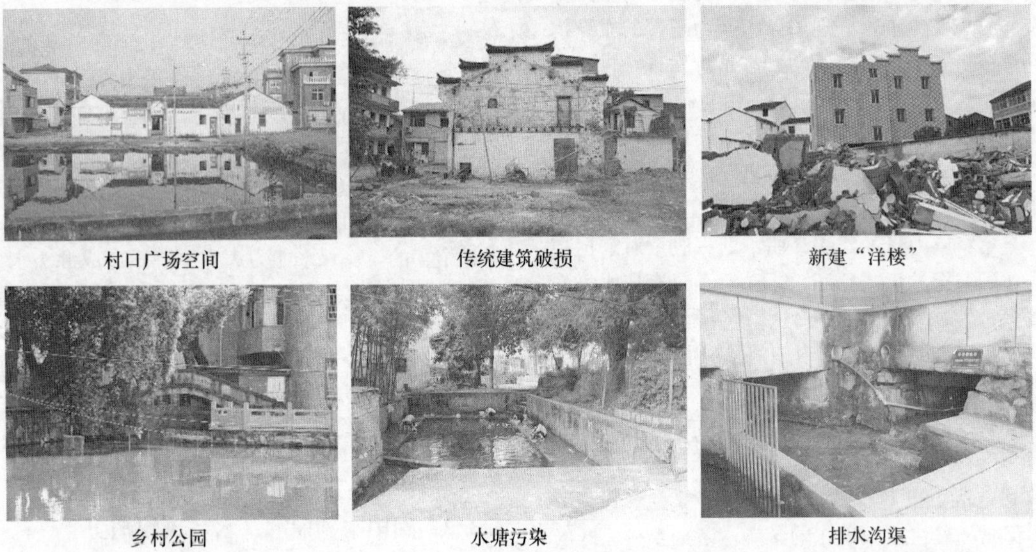

图9　村庄现状风貌

4　诸暨地区乡村景观保护与营建策略

4.1　全域管控，强化山水景观特征

作为浦阳江流域的一部分，诸暨地区的乡村景观保护应该放眼于全流域尺度进行考虑：源头通过山林水土涵养和植被修复，形成上游生态保育屏障；中下游推广生态肥、有机肥，设立生态缓冲净化带，改造禽畜养殖设施，降解农田面源污染和养殖污染；同时，对部分硬质化的河道，通过多种生态护坡手段对河道断面进行优化，如台阶式边坡、木桩式护脚、石笼挡墙等充满乡土意趣的工程做法，实现水利防护与景观游憩功能的融合[6]。

4.2　还地于湖，重塑水乡风貌

湖区面临最突出的矛盾在于农田、村庄的无节制争地，湖体作为天然的调蓄池，不仅起到滞洪防涝、取水灌溉的作用，还能调节局部小气候，维持乡村的生态平衡。因此，未来要逐步还地于湖，给河湖以空间，以下通过两个典型湖区案例来探讨湖区生态滞洪、水利灌溉及湿地观光功能的实现途径。

4.2.1　高湖滞洪区——合理规划，提高生态滞洪能力

高湖滞洪区位于诸暨市东，由于地势平洼，历史上曾作为浦阳江中游重要的滞洪水库。近年来，随着城乡建设的推进，这里的湖畈不再是昔日传统意义上农业种植的田畈，遍布了居民住宅、生产企业等。由于缺乏科学合理的规划，滞洪区承受一次分洪的淹没损失巨大，给村民的生产生活带来极大的威胁。

在未来的规划中，高湖滞洪区被定位成融合滞洪调蓄、生态观光、休闲旅游为一体的综合性湖泊湿地。通过对洪水量和洪水频率的计算，将在现有2.2万亩高湖滞洪区内划出1/3建设周长16.7km的湖泊，蓄水区面积约7000亩[7]，实现分级滞洪的功能。并根据乡村和城市的建设需要，融入与城乡规划有机结合的理念，周边配套建设生态景观、休闲娱乐设施等（图10）。

图 10　诸暨高湖滞洪区规划设想图（图片来源：诸暨网 www.zjrb.cn）

4.2.2　白塔湖湿地公园——保护水利遗产，构建特色湿地

白塔湖湿地公园作为诸暨地区风貌保存最好的农耕式河网湖泊湿地，湖区汇水面积达 $64km^2$，湿地面积约 $3.33\ km^2$，呈现出“湖中有田、田中有湖、人湖共居”的景象[8]。现今生态环境良好的白塔湖湿地也曾受到土地无序开发和水体污染的影响，自 2000 年以来，政府对湖区以填湖建房、侵占湖面为主要内容进行了专项治理，并实施了清淤工程。湿地保护强调景观生态格局构建，恢复具有丰富物种的生态环境，同时注重具有历史价值的涵闸、桥梁、船埠等农田水利设施的留存与保护，规划设计了以湖田农业文化为特色的湿地体验岛，尽一切可能体现湿地的野趣、野生和野味（图 11）。在政府和村民的协同努力下，白塔湖湿地公园已经成为诸暨乡村观光旅游的一张名片。

图 11　白塔湖国家湿地公园鸟瞰（图片来源：作者自摄）

4.3　延续风貌格局，实现有机更新

对于村庄的风貌要进行严格把控，控制村庄的无序蔓延和私搭乱建。新建村舍建筑要与村庄整体布局和传统建筑风格协调统一，要加强对村民的审美的积极引导，从而对建筑的色彩、机理和材质进行有效控制[9]。对于村内的广场、医疗、商业等公共服务设施要进行分阶段、分层级的整改和提升，充分考虑到村民的生活生产需求，结合现有公共空间提高乡村公共绿地的建设水平，形成“宜农、宜居、宜游”的村庄环境。

4.4 激活产业发展，留存文脉记忆

产业的升级整合是村庄发展的驱动器，现有村庄主要以农作物种植和渔业养殖等第一产业为主，缺乏产业融合发展的意识。在未来发展中要充分挖掘和利用湖田农业系统的景观优势和资源优势，大力发展以生态农业、休闲渔业、湿地观光等二三产业为代表的高附加值产业，并结合村庄的历史文化资源探索文化创意产业，实现经济产业促进和村庄文脉留存的双赢。

5 结语

乡村景观的保护和建设是一项漫长且艰难的任务，尤其对于具有深厚历史文化底蕴和特色的村庄来说，保护还是发展的问题显得更加尖锐。基于"山水—湖田—聚落"体系下的乡村景观保护是将乡村景观视为自然—农业—社会复合系统的研究和探索，在诸暨地区湖田农业景观消失殆尽的今天，乡村景观的保护不应只着眼于村庄内部，更应该放眼包含自然系统、农业系统和聚落系统在内的乡村大区域景观[10]，唯有将这些因素综合考虑，乡村的发展才能永续。

参考文献

[1] 柳兰芳．从"美丽乡村"到"美丽中国"——解析"美丽乡村"的生态意蕴[J]．理论月刊(09)，2013：165-168.

[2] 耿金．明中后期浙东河谷平原的湖田水患与水利维持——以诸暨为中心[J]．中国农史(02)，2016：96-107.

[3] 郭巍，侯晓蕾．筑塘、围垦和定居——萧绍圩区圩田景观分析[J]．中国园林(07)，2016：41-48.

[4] 蒋健．浙江山水型历史文化村镇外部空间研究[D]．浙江农林大学，2010.

[5] 黄耀志，楼琦峰，徐珏燕．湿地乡村地区生态景观格局危机及其对策研究——以诸暨白塔湖为例[J]．生态经济(12)，2009：169-172.

[6] 王冬梅，刘劲松，戴小琳，等．退圩(田)还湖(湿)长效机制研究——以江苏省固城湖为例[J]．人民长江(18)，2017：23-26.

[7] 周长海，俞建东．科学利用高湖滞洪水库 实现人水和谐相处．水利发展研究(10)，2004：42-45.

[8] 孟鸿飞．诸暨白塔湖建设方兴未艾．诸暨：白塔湖湿地办，2008.

[9] 邓双力，史津．美丽乡村视角下村庄整治初探——以天津市宝坻区口东镇安乐庄村为例[J]．天津城建大学学报(03)，2015：157-162.

[10] 王向荣．自然与文化视野下的中国国土景观多样性[J]．中国园林(09)，2016：33-42.

作者简介

蒋鑫，1994年生，男，汉族，山东人，北京林业大学园林学院硕士生，研究方向为乡土景观。电子邮箱：947809848@qq.com。

谭敏洁，1994年生，男，汉族，湖南人，硕士，中国城市规划设计研究院，研究方向为乡土景观。

王向荣，1963年生，男，汉族，北京林业大学园林学院院长、教授、博士生导师。

明清江南园林鹤景理法分析

Analysis of Methods of Crane Landscape in the Jiangnan Garden of the Ming and Qing Dynasties

史庄昱　孙歆韵

摘　要：鹤文化有着悠久的历史和广泛的认知基础，其美学价值和象征意义合乎文人的审美观和创作观，因此鹤景在古典园林中应用广泛，从王族宫苑到文人草堂，饲鹤、赏鹤、咏鹤系列活动成为园居生活特有的文化符号和身份象征。论文聚焦于鹤景这一中国园林特有的文化现象，总结中国古代园林鹤景的发展历程，以明清江南园林为例系统梳理明清江南园林中相关鹤景及其意境，重点阐述因鹤借景的理论和方法，以期为传统园林文化的保护和传承提供借鉴。
关键词：江南园林；鹤景；鹤文化

Abstract: Crane culture has a long history and a wide range of cognitive foundations. Its aesthetic value and symbolic meaning are in line with the literati's aesthetic and creative view. Therefore, Crane landscape is widely used in classical garden. From the royal garden to the literati's cottage, the series of activities of the crane have become the particular cultural symbols and status symbols of the garden life, such as feeding cranes、watching cranes and praising cranes. The paper focuses on crane landscape which is a particular cultural phenomenon in Chinese garden, and summarizes the development of crane landscape in Chinese classical garden. Taking the Jiangnan Garden in Ming and Qing Dynasties as an example, this paper systematically untangles related crane landscape and its artistic conception in the Jiangnan garden of the Ming and Qing Dynasties, and focus on the theory and method of landscaping by crane in order to provide reference for the protection and inheritance of traditional garden culture.
Keyword: Jiangnan Garden; Crane Landscape; Crane Culture

1　中国古代园林鹤景发展

鹤的艺术形象在历史的提炼加工中广泛渗透于哲学、宗教、文学艺术等领域，古代贵族、文人对鹤的推崇使其在园居生活中成为身份的象征和重要的景物。鹤“仙寿”、“祥瑞”、“君子”、“情义”等象征意义寄托了古人的美好意愿和人生理想，与鹤关联的“冲淡”、“高古”、“典雅”、“疏野”、“飘逸”等意境更合乎文人的审美观和创作观，这令鹤在园林中有着长足发展，鹤逐渐从王族宫苑渗透到文人草堂，由鹤本身发展到以鹤展开的图案、文字和模拟鹤状中。

先秦时期，关于鹤的文字出现，但尚未有明显鹤景记述。《诗经》有云“有鹤在林维彼硕人实劳我心”①，鹤主要出现于野外山林，还没有被人工蓄养。春秋时有蓄鹤的记载，鹤的观赏价值逐渐显露，园林鹤景开始发展。“惠成王十七年，有一鹤三翔于郢市”②，《史记》有懿公好鹤的记载，虽然这时未有卫懿公养鹤的具体描述，但《括地志》云：“故鹤城在滑州匡城县西南十五里”，“俗传懿公养鹤于此城，因名也”③。

汉时鹤出现在王族宫苑中。《汉书》记载“宣帝即位”“有白鹤集后庭，以立世宗庙告祠孝昭寝”④，《西京杂记》记有汉景帝之弟梁孝王有园名梁园“好宫室苑囿之乐，作曜华之宫”，“又有雁池，其间有鹤洲、凫渚”⑤，这时的鹤已经成为典型的园林动物作为造景要素用于园林中。魏晋南北朝时著有《相鹤经》，古人对鹤开始有较细致的观察，逐渐积累驯鹤经验，贵族园林普遍有鹤出现。北周诗人庾信作《鹤赞》赞飞于上林园的一双白鹤，《西京杂记》记“太液池中有鸣鹤舟、容与舟、清旷舟、采菱舟、越女舟”⑥。魏晋南北朝时，鹤常在士族宴会中出现，“良友招我游，高会宴中闱。玄鹤浮清泉，绮树焕青蕤”⑦。

唐宋时期，养鹤之风扩展，鹤景已不局限于贵族园林中。鹤文化的发展促使文人对其推崇，文人养鹤已不稀奇，白居易在《池上篇》中提到“每至池风春，池月秋，水香莲开之旦，露清鹤唳之夕，拂杨石、举陈酒、援崔

① 引自《诗经小雅·鱼藻之什》。
② 引自（先秦）《古本竹书纪年辑校》敦煌唐写本·修文殿御览残卷。
③ （唐）李泰，《括地志辑校》，中华书局，北京，1980，卷三。
④ （汉）班固，《汉书》，中华书局，北京，1962，卷八。
⑤ （晋）葛洪，《西京杂记》，中华书局，北京，1985，卷二。
⑥ （晋）葛洪，《西京杂记》，中华书局，北京，1985，卷六。
⑦ 引自（东汉）陈琳《宴会诗》。

琴、弹姜《秋思》，颓然自适，不知其他”[①]，其在洛阳居所中还为鹤修建了“无尘坊”“有水宅”。沈括《梦溪笔谈》云“林逋隐居杭州孤山，常畜两鹤，纵之则飞入云霄，盘旋久之，复入笼中”[②]。苏轼的《放鹤亭记》更是记载了其友张天骥在云龙山驯鹤，建放鹤亭之事。

元明清时期，鹤景营造上升到另一个高度。“紫气清霞，鹤声送来枕上”“送涛声而郁郁，起鹤舞而翩翩”[③]已成为《园冶》中的名句，鹤声、鹤舞已经成为明清文人园林重要的意境和追求营造的手段。王世贞的《灵洞山房记》有“兴至则逍遥泉石间，鹤舞莺歌，不减孔稚圭、戴仲若家乐”[④]。这一时期不仅养鹤，更注重鹤景意境的营造，用植物、山石仿鹤状或与鹤有关的题字来营造鹤景等，如江苏南园“现存一老梅，名瘦鹤”[⑤⑥]，浙江涉园“奇峰崒嵂，怪石硆砑，龙蟠虎攫，鸾翔鹤翥”[⑦]。

2 明清江南园林鹤景耙疏

在查阅明清文人园记、笔记小品以及园林绘画、园林匾额楹联等史料及实地调研的基础上，发现明清江南园林中与鹤有关的景点多处（见附表），如留园“鹤所”、艺圃“鹤柴”、休园“琴啸”以活体的鹤造景，或如网师园“琴室”、淳朴园“渡鹤矼”“睡鹤峰”借助于额题、匾额、楹联、摩崖石刻等方式表达，以人文美融于自然美中。

将鹤这一形象放于园林中，通过选址和景素配置凸显鹤文化的某种内涵，体现鹤景意境，寄情于景，进而烘托园林整体立意。鹤冲淡、高古、典雅、疏野、飘逸的内涵是鹤景立意的依据，而鹤景意境的转述依赖于园林实体景物及匾额、楹联的承载和引发。无论是活体的鹤还是文字图案表达的鹤意象，达意时都根据园林立意明确鹤景，既可单凭其形式表达鹤意，又可作为点睛之笔点缀园林环境，凸显鹤意。如以“隐逸情怀”为主的江村草堂，“昼则飞翔薮泽，夜则归宿阑槛；有时月明，顾影自舞，举止耸秀”[⑧]，园中因鹤的来去富有变化，更彰显园主安闲自适的随性态度。

鹤作为园居生活特有的文化符号和身份象征，常与特定的景素、园居活动搭配营造鹤景，寄托园主志向。如鹤与松、竹、梅搭配，一人或约三五好友品茗、抚琴、读书，临松径，隐竹丛，观清风，闻鹤唳，更显主人高雅意趣。

3 明清江南园林鹤景理法分析

园林鹤景绵延更多依靠鹤蕴含的文化内涵，因此立意是鹤景营造的关键。鹤文化内涵丰富，鹤景营造根据主人营园的立意体现鹤文化的某一或某些方面。如休园“琴啸”，以鹤为主题的景点，王云《休园图》上可见数只仙鹤环飞或立于屋檐，昂首高吟，似要为主人的琴弦伴唱，高雅之态犹如主人之清高淡然，这正符合园主营园的立意——“葺休园以娱志悠游泉石”[⑨]。

鹤景相地灵活多变，选址可于松柏林间、岸边一屿、堂前花下、亭槛琴旁，关键在于以情驭景，若求高雅脱俗，则选址亭阑水岸；若求隐逸闲适，则选址草坡田间；若求延年长寿，则选址奇石松柏。如留园鹤所在五峰仙馆旁，黑松、奇石配之，有悟道延年之意；艺圃鹤柴以林木为主，有小的丘岗、地面起伏变化，竹林松柳、鹤鸣其间，营造的是山野之趣。

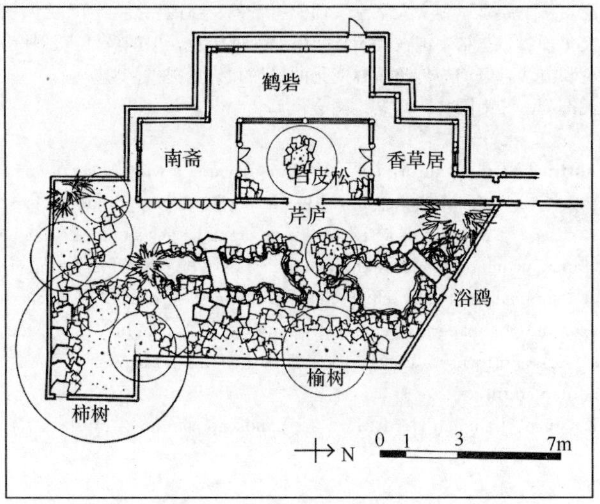

图 1 艺圃鹤砦平面图（图片来源：作者自绘）

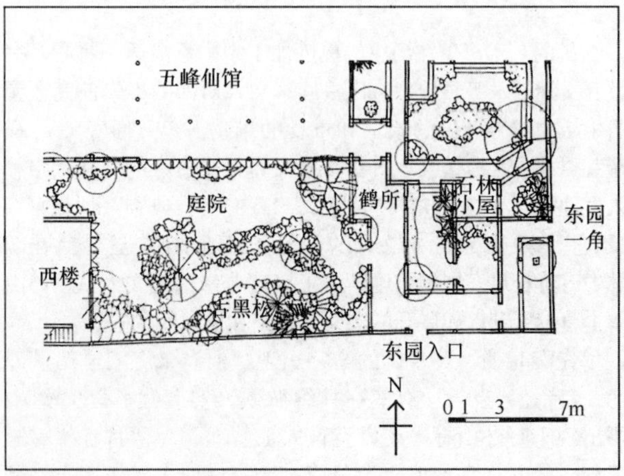

图 2 留园鹤所平面图（图片来源：作者自绘）

① 引自（唐）白居易《池上篇》。
② （宋）沈括：《梦溪笔谈》，中华书局，北京，2016，卷十。
③ （明）计成：《园冶注释》，中国建筑工业出版社，北京，1981，相地篇。
④ 引自（明）王世贞，《灵洞山房记》。
⑤ 引自（清冶注释》，中国建筑工业出版社，北京，1981，相地篇。
⑥ 引自（明）王钱泳，《履园丛话》记南园。
⑦ 引自（清）张英，《涉园图记》。
⑧ 引自（清）高士奇，《江村草堂记》。
⑨ 引自（清）方象瑛，《重葺休园记》。

图 3　王云《休园图》(图片来源：旅顺博物馆藏)

图 4　柳遇《兰雪堂图》(图片来源：南京博物院藏)

图 5　沈周《东庄图册》中的鹤洞
(图片来源：南京博物院藏)

古典园林景物讲究自然美与人文美水乳交融，既要有形式美感还要有思想内涵，由此景名便可体现物我交融和托物言志。水绘园洗钵池中心有一座小岛，“曰‘鹤屿’，旧时常有鹤巢于此”①，清时已无鹤，可想当年主人，或坐于寒碧堂中观鹤，或饮于悬雷峰听鹤，或坐于涩浪坡待鹤，是怎样一番画面。孤山放鹤亭有联云“我忆家风负梅鹤，天教处士领湖山”②，不禁让人追忆林逋“梅妻鹤子”之说。

鹤景布局可分为养鹤和赏鹤空间，养鹤空间如艺圃鹤柴、留园鹤所，因鹤足迹遍布全园，所以赏鹤空间不定，可于堂前亭下，如兰雪堂，或于山林洞间，如东庄鹤洞。大多数鹤景并不是园林中只观赏鹤的景点，鹤景在原布局的基础上添加活体的鹤及与鹤有关的文字图案等景素，可以说鹤景是园中的点缀，鹤景布局依从主景布局。

鹤景不论虚实，都讲求意境美。鹤景由鹤的自然美上升到内涵美，这是将社会美融入自然美从而产生的艺术美，是园林鹤景主要加以表现的内容。随园“渡鹤桥”，跨石桥，见“风清月朗，老鹤立桥上，昂颈长鸣，游鱼跳

① 引自（清）陈维崧，《水绘园记》。
② 引自（清）林则徐，《放鹤亭联》。

浪，跋刺相应”[①]，鹤鸣鱼跃皆在眼前，生机顿显，疏野意境自现，园主隐逸淡然品性自知。鹤景借景理法不局限于借用园林中的某个景致，还凭藉语言、图案表达鹤景内涵意义，日涉园借“来鹤”之名，仿双鹤自天而来之况；个园“鹤亭”借“立如倚岸雪，飞似向泉池”一联，拟鹤高雅之姿；更有留园借鹤纹样铺地，以鹤多样之态，表达不同寓意。鹤景理法巧借自然之“造化”和人文之“精巧”，做到“借景随机”，创造出“得体合宜”、“情景交融”的景致。

4 结语

传统文化以何种机制根植于当代，是迫切需要研究的问题和难题，古典园林遗产的保护不仅仅在于其物质空间要素，园林意境和园林文化同样是其真实性和完整性的一部分，对鹤景研究的意义并不仅仅在于传承鹤文化，更重要的是对鹤景成因背后所折射出的传统设计思维的理解和继承。

明清江南园林鹤景　　附表 1

地点	序号	园名	景名	原文	出处	朝代、作者
江苏	1	东庄	鹤峒	又南为鹤峒	《东庄记》	（明）李东阳
	2	静庵公山园		屈松柏为左右屏已，又屈松柏为鹤鹿者各二	《先伯父静庵公山园记》	（明）王世贞
	3	玉山草堂	放鹤亭	“放鹤亭”，亦仲瑛筑	《玉山佳处记》	（明）杨维桢
	4	西园	来鹤亭	堂之背，修竹数千挺，“来鹤亭”踞之	《游金陵诸园记》	（明）王世贞
	5	梅花墅	鹤蘽	渡北为楼以藏书。稍入，为“鹤蘽”，为“蝶寝”，君子攸宁，非幕中人或不得至矣	《梅花墅记》	（明）钟惺
	6	朴园	饮鹤涧	得十六景，有“梅花岭”、“芳草坨”、“含晖洞”、“饮鹤涧”	《履园丛话》记朴园	（清）钱泳
	7	来鹤庄		吾乡明中叶以后，颇有园榭之盛，如吴氏之“来鹤庄”、“蒹葭庄”、“青山庄”	《陶氏复园记》	（清）李兆洛
	8	孤山	放鹤亭	而北渚之“历下亭”，孤山之“放鹤亭”，迄今如故	《重修沧浪亭记》	（清）梁章钜
	9	艺圃	鹤柴	桥之南，则“南枝”，“鹤柴”皆聚焉	《艺圃后记》	（清）汪琬
	10	逸园	饮鹤涧	国“引鹤涧”。古梅数本，皆叉牙入画	《逸圆纪略》	（清）蒋恭棐
	11	依绿园	鹤屿	其前则“桂花坪”、“芙蓉坡”、“鹤屿”、“藤桥”相望焉	《依绿园记》	（清）徐乾学
	12	五柳园	鹤寿山堂	楼北，曰“鹤寿山堂”，则予先世“云留书屋”故地矣	《城南老屋记》	（清）石韫玉
	13	灵岩山馆		又一联云；“莲嶂千重，此日已成云出岫；松风十里，他年应待鹤归巢”	《履园丛话》节选	（清）钱泳
	14	文园		畜二鹤其中，微风吹拂，远籁自生，与鸣皋声时相应	《文园绿净两园图记》	（清）汪承镛
	15		鹤径	两园分鹤径，一水跨虹梁	《履园丛话》节选	（清）钱泳
	16	邓尉山庄	鹤步徛	潭水折而北流，有石梁横卧其上，曰：“鹤步徛”，石窄而长，仅容人趾也	《邓尉山庄记》	（清）张问陶
	17	水绘园	鹤屿	由庐而西，竹梁可通“鹤屿”	《水绘园记》	（清）陈维崧
	18			鸟则白鹤、黄雀、翡翠、鹭鸶、鸂鶒，时至或焉		
	19	休园		时闻竹中鹤唳声，寂绝似非人境	《重葺休园记》	（清）方象瑛
	20	纵棹园		瀹茗焚香，扪松抚鹤，婆娑久之而后去	《纵棹园记》	（清）潘耒
	21	半茧园		才充鱼鸭之租，仅足鹤猿之料	《半茧园赋》	（清）陈维崧
	22	随园	渡鹤桥	出亭而再之西，跨堤杠石桥，风清月朗，老鹤立桥上，昂颈长鸣，游鱼跳浪，跋刺相应，天机活泼，皆成诗境，名曰：“渡鹤桥”	《随园图说》	（清）袁起
	23			群玉山头旁悬一联云“放鹤去寻三岛客，任人来看四时花”	《随园琐记》节选	（清）袁祖志
	24		小香雪海	夕阳既西，残雪在树，寒鸦争噪，独鹤归来，此际徘徊，实为仙境		
	25	愚园		时有清鹤数声，起于梅崦之下	《愚园记》	（清）邓嘉辑
	26	凤池园		左则虹梁横渡，鹤浦偃卧，桃浪夹岸而涌纹，兰窝藏密而芽拙	《凤池园记》	（清）郭泝
			鹤坡	后有“鹤坡”焉，鹤，仙禽也，桥引仙，坡栖鹤，志不凡也	《凤池园记》	（清）蒋元益

① 引自（清）袁起《随园图说》

续表

地点	序号	园名	景名	原文	出处	朝代、作者
江苏	28	东园	鹤厂	有修廊架阴，亘乎沼沚之中，则曰“鹤厂”，以其为放鹤招鹤之所	《扬州东园记》	（清）张云章
	29	南园		至今尚存老梅一株，曰：“瘦鹤”	《履园丛话》记南园	（清）钱泳
	30	归园田居	兰雪堂		《兰雪堂图》	（清）柳遇
浙江	31	借园		至于雨时月夕，以短萧老鹤助之，相与酣歌长啸，或箕踞嘲谑其下，居士不知自身在空青冷翠中也	《借园记》	（明）黄汝亨
	32	灵洞山房		兴至则逍遥泉石间，鹤舞莺歌，不减孔稚圭、戴仲若家乐	《灵洞山房记》	（明）王世贞
	33	淳朴园	渡鹤矼	泉上布石通行，曰“渡鹤矼”	《自记淳朴园状》	（明）沈祐
	34		睡鹤峰	西则“振衣岗”、“睡鹤峰”、“云牙石”、“滴露岩”		
	35	梓阴轩	鹤轩	轩之前有“清省堂”，后有“鹤轩”	《越中园亭记》	（明）祁彪佳
	36	桑苎园		逍遥者其堂，鸣鹤者其亭，乐度者其梁	《桑苎园记》	（明）吴文企
	37		鹤鹳	而先生鹤鹳名堂，若豫为兆合，取其异同也	《桑苎园述》	（明）朱国桢
	38	江村草堂	鹤巢	墅有二鹤，昼则飞翔薮泽，夜则归宿阑槛	《江村草堂记》	（清）高士奇
	39	涉园		奇峰崒嵂，怪石硲砑，龙蟠虎攫，鸾翔鹤翥，空庭曲径，林下水边，最为宜称	《涉园图记》	（清）张英
	40	白鹤园		日携书讽咏其中，二鹤翩翩舞弄甚适，因以名园，而自称白鹤园主人云	《白鹤园自记》	（清）冯牟谟
上海	41	吾园		桃林中筑一亭，二鹤居之，每岁生雏，畜之可爱	《履园丛话》节选	（清）钱泳
	42	古猗园		其外数椽，则园丁、鹤、鹿之所栖也	《古猗园记》	（清）沈元禄
	43	西园	鹤间亭	东北隅曰鹤间亭	《西园记》	（清）乔钟吴
	44	日涉园	来鹤	山上层楼，颜曰：“来鹤”，昔有双鹤自天而下，故云	《日涉园记》	（明）陈所蕴

参考文献

[1] 莫容．中国的鹤文化．北京：中国林业出版社，1994.
[2] 陈从周．园综．蒋启霆．上海：同济大学出版社，2005.
[3] (明)计成．园冶注释．北京：中国建筑工业出版社，1981.
[4] 翁经方．中国历代园林图文精选·第二辑．翁经馥．上海：同济大学出版社，2005.
[5] 鲁晨海．中国历代园林图文精选·第五辑．上海：同济大学出版社，2006.
[6] 董寿琪．苏州园林山水画选．上海：三联书店，2007.
[7] 周维权．中国古典园林史．第3版．北京：清华大学出版社，2011.
[8] 沈志权．中国古代文学中的鹤意象．浙江学刊，2011，3：122-127.
[9] 臧廷秋．鹤文化现象演变述论．理论观察，2011，3：23.
[10] 陈阳阳．唐宋鹤诗词研究．南京师范大学，2011.

作者简介

史庄昱，1996年生，女，汉族，山西晋城人，华中农业大学园艺林学学院风景园林系，在读硕士研究生，研究方向为风景园林历史与理论。电子邮箱：576025732@qq.com。

孙歆韵，1990年生，女，傣族，云南昆明人，华中农业大学园艺林学学院，在读博士研究生，研究方向为风景园林历史与理论。电子邮箱：sunxinyun9999@163.com。

宁波平原地域性景观研究

Research on Regional Landscape in Ningbo Plain

姜雪琳　郭　巍

摘　要：宁波平原早期的水环境极为恶劣。长期以来，水利成为宁波经济社会发展的先决条件。先民经过数千年的漫长开垦，将这片草甸茂密的海涂湿地逐步转化为以"甬江模式"这一平原水网模型为主体的具有浓厚地域特色的人居环境，彻底使宁波平原变盐碱地为典型的江南水乡。本文从风景园林学科的角度，将宁波平原独特的地域性景观分解为一个自然、水利、农业和聚落系统的叠加，阐述的是在平原河网水系开发过程中人与环境的互动关系，以及各层系统之间的相互作用。

关键词：宁波平原；风景园林；地域性景观；圩田景观

Abstract: The water environment in the early days of the Ningbo Plain was extremely harsh. For a long time, water conservancy has become a prerequisite for Ningbo's economic and social development. After thousands of years of long-term reclamation, the ancestors gradually transformed this dense coastal wetland into a human settlement with a grumous regional character, which is based on the "the Yongjiang River model". It thoroughly made the Saline-alkali land in Ningbo plain become a typical Jiangnan water town. From the perspective of landscape architecture, this paper decomposes the unique regional landscape of Ningbo Plain into a superposition of natural, water, agriculture and settlement systems. It expounds the interaction between people and the environment in the development of the plain river network, and the interaction between the layer systems.

Keyword: Ningbo Plain; Landscape Architecture; Regional landscape; Polder landscape

1　宁波平原概况

本文研究的宁波平原西南高东北低，面积约1200km^2，夹于鄞东、鄞西山地之间，其西、南部是四明山东麓的低山丘陵，东南部是天台山东北余脉，溪流沿着幽深的峭谷向东、向北淙淙而下，注入奉化江与姚江，两江相汇于海拔相对较低的平原中部，融成甬江并向北汇入杭州湾（图1）。

图1　宁波平原概况及研究范围（图片来源：作者自绘）

由海积、湖积以及江河冲积的共同作用形成的宁波平原依山枕海，既拥有丰富的水源条件，又面临着多重水患的威胁[1]。天然的阶梯状走向和丰富的河网水资源是该地区发展的动力源泉。再加之先民在此处数千年的开垦，这片草甸茂密的海涂湿地逐步转化为呈现江南水乡典型特征的人居环境。

2　宁波平原水环境变迁与平原开发

早期，"倚山、濒海、枕江"的地理特征使得宁波平原深受海潮倒灌的困扰。受海湾小高地的阻挡，海水很难排出，江河流域土地容易盐碱化。从气候条件看，年降雨量大且季节分布不均。在多雨季节，因排水不畅，易造成洪涝灾害；在久旱不雨时，又因没有足够的蓄水能力而造成干旱。可谓"水难蓄而善泄，岁小旱则池井皆竭"[2]。此时，宁波平原的水环境实属恶劣。

水与农耕的关系十分密切，如何治水和有效规避旱涝灾害是历朝历代发展农业的根本。聚落定居也是以淡水资源和稳定的食物来源为前提的。古人从抵御洪涝咸潮海侵到开渠引水灌溉抵御干旱，皆是为了发展农业，兴国安邦。在与水患斗争的过程中，聪慧的古人兴建了各种防洪、灌溉、航运、海塘等工程并加以整修、管理，农人得以安心耕作，聚落、村镇、城市等由此产生并发展。长期以来，水利也是宁波平原经济社会发展的先决条件，而蓄淡防潮、泄洪排涝是宁波水利治理的主要方向[3]。

宁波最终形成一种典型的水利开发进程模式，被日本学者斯波义信称为"甬江模式"，即多条人工塘河与自然江河（姚江、奉化江、甬江等）相配，以此巧妙解决咸潮对土地碱渍的影响，以及潮汐、水位对航运的影响，最终形成了灌溉蓄泄、通航水运一体发展的河网格局[4]。这是一种成功处理人与自然关系的典型模型，具有典型性和地域性。

至明清平原开发完成，宁波平原的水环境变迁与平原开发大致分为以下四个阶段：

2.1 唐以前——萌芽起步时期

全新世末海侵后的海退开始于距今4000年左右，大约在原始社会末期，宁波平原的海岸线离开山麓地带，泻湖转化成淡水湖[5]。这为该地区人类早期的繁衍和发展提供了基础条件。历史时期宁波平原湖泊群随着岸线的后退自山麓地带逐步向沿海地带发展，平原开发也随之推进。

早期耕地开拓就是以潮汐不能被波及的山麓冲积扇为发源地，逐渐在三江地带利用孤丘建立聚落，开拓平原，最后推进至平原中建立聚居点。宁波平原最早出现的是依托天台、四明等山脉建立的鄮、鄞及句章3个早期聚落[6]。

受社会发展及区域自然条件的限制，宁波平原早期的水利建设以自然水环境中平原小规模水利开发为主，数量少且分布不均。重返平原的先人对水利水网开发进行了初步探索，为了在潮汐出没的沼泽地上营生，必须选择有利的地形，围堤筑塘，拒咸蓄淡，建设早期的灌溉运河的雏形，发展农业生产。

2.2 唐代——繁荣建设时期

宁波平原的大规模开发始于唐代。随着人口的增加，交通的改善以及宁波府城建置的最后确立，宁波平原的水利事业得到了巨大的发展，为宁波平原水利的基本格局奠定了基础。

唐代宁波平原的水利建设以大型节点式水利设施为主，而且多为新建工程，其水利工程大多是以“大规模新开地的营造作为目标的新型水利工程”。一些后世影响较大的水利工程如广德湖、东钱湖、它山堰等均在唐代开始兴建。

宁波平原中南部地区被奉化江南北分割，所以平原东西部需要分设不同的水源系统，形成分散式湖泊水利布局。鄞东平原一带，“山高于田，田高于海，水有所泄，每岁不苦水而苦旱”；而鄞西平原则为潮汐出没之地，“田不可稼，人渴于饮”，故“资水利者于鄞为急”[7]。为了抗御咸潮，防止水旱灾害，便修筑了这几大水利工程：

唐代天宝三年（744年）鄮县县令陆南金修筑东钱湖，“周回八十里，溉田八百顷”；开凿于南朝齐梁之际的广德湖，湖广50里，大历八年鄮县县令储仙舟加以修治。贞元九年（793年）刺史任桐“因故迹增修”，“溉田四百顷”[8]；大和七年（833年）由鄮县令王元暐主持修筑的位于鄮县西南50里的它山堰则是唐代鄞西平原上最重要的蓄淡拒咸的大型水利灌溉工程。

得益于此类大型的湖泊修浚以及堰闸修筑，大大促进了周边地区农业的发展，聚落也必然首先在接近湖堤及堰闸旁便于垦殖的地带建立。

2.3 宋代——转型调整时期

宁波平原的开发逐渐从以陂湖为水源的坡地向濒江沿海低湿地带移动，其中水利灌溉事业的发达在这一过程中起着决定性的作用。到宋代，宁波平原各县内部分布一般均有一两个中心水利工程，其周围则有大小不一的众多配套工程，“所隶州县，各有潴泄之源，随处见之”，奠定了宁波平原灌溉蓄泄的基本河网格局。

一方面，在奉化江、余姚江和甬江等河网湖泊沿岸广修堰埭碶闸以拦蓄洪水是宋人的一大水利事业，这类小型水利工程费工小、收益快，极大地促进了农业发展；另一方面，在唐以后的人类围垦中，平原湖泊逐渐湮没，围湖造田现象严重。其中，宁波平原最大的湖泊广德湖被废垦于北宋政和七年（1117年），整个宁波平原同时期有一大批湖泊被废垦。

宁波平原的“湖田”，是入宋以后大规模出现的一种耕田形式。围湖为田是与水争地的结果。到宋以后，随着人口的聚积，宁波平原已经无田可耕，人们便向湖要田。人们在湖区内培修土埂，莳稻其中，大片的湖泊逐渐被筑埂分隔成为众多大大小小的水域，并且这些水域在后来的围垦中继续被压缩。南宋时仅广德湖周围圩田就扩大农田800顷。

耕地面积的增多，是宁波宋代农业发展的一项突出成就，这使得广阔的平原土地有了垦殖营生的条件，于是平原聚落大量形成，迅速发展。

2.4 明清时期——完善发展时期

明清时期进一步完善河网体系，兴建了一大批堰、埭、碶、闸、浦等小型水利工程，以控制涝旱，补充完善宁波平原水利系统。这类水利工程有阻挡江潮、护卫河流之效。如东钱湖7堰4闸，“水入则蓄，雨不时，则启闸而放之”。河网上的堰闸除蓄泄有时外，还能截断倒灌海潮与内河的关系，“得淡水，迎而用之；得咸水，牐坝遏之，以留上源之淡水”[9]。

清代宁波平原舆图可看出，整个平原湖泊已所剩无几，东钱湖尚存，广德湖和小江湖早已转为湖田（图2）。

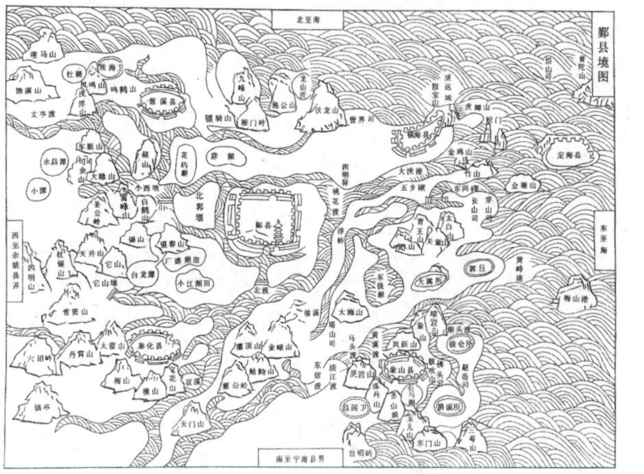

图2 清代宁波平原舆图

（图片来源：选自《鄞县志》1996年版）

宁波平原已形成河网水系指导下的平原水系格局。

明清时期宁波平原聚落和人口大幅度增长，其原因一是农耕技术水平的提高，二是商品经济的迅速发展。宁波平原上的耕地至此时已基本开发完毕，伴随着的是作为居民定居点的平原村落也全部形成[10]。这些聚落都是缘水而建、聚族而居，具有典型的圩田聚落表现。

3　宁波平原景观体系分层剖析

圩田景观作为一种自然、生产、生活叠加影响的产物，地质上底层土壤的差异、水与土的动态变化以及人类的干预过程都对其圩田形式的划分有着重要的作用[11]。宁波平原是典型的圩田景观区域，地域单元独立且区域内独立调控水位，水文状况与外部隔绝。将这种圩田景观体系解析为由水利系统、圩田系统和聚落系统构成的分层体系。其中，水利系统不仅仅用于满足生产生活的用水需求，更是划分、影响区域社会单元的标志；由河网水系划分产生的“圩”是平原最基础的乡土社会单元；聚落则反映了人类活动与地理环境之间的综合关系。

3.1　水利系统特征

宁波平原沿用至今的水利格局——“甬江模式”，将自然江河与人工塘河相联系，通过挡水、导水、控制水量，甚至包括保证枯水期水量的技术环环相扣，共同发挥着关键的作用。具体设施包括堤坝、沟渠和运河、涵闸、以及人工兴建的陂塘湖泊等。沿海、沿江、沿湖筑堤筑塘防止泛滥，平原筑圩分离农田与河网，同时利用涵闸和排水渠使得平原内的水位由人工控制，这是一个成功治水的典型案例。

整个平原河渠纵横，碶闸林立，蓄泄方便。三江结合水利设施的建设，将宁波平原分隔成三片相对独立的水环境：鄞西水利区、鄞东南水利区和江北水利区（图3）。

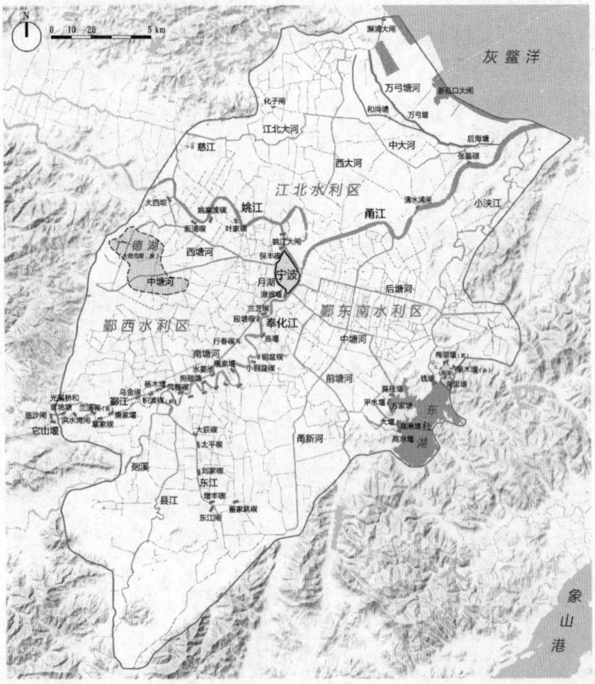

图3　宁波平原水利分区图（图片来源：作者自绘）

“三江六塘河”为框架的河网哺育了宁波平原人民在这里生活，劳动和繁衍。

3.1.1　鄞西水利区

鄞西水利区位于宁波平原西部，主要包括现在的海曙区和鄞西平原，承接四明山的来水，主要河流有南塘河、中塘河等。

唐宋早期广德湖位于州城西部四明山麓前，以湖泊蓄水的方式通过西塘河向州城供水，广德湖废后该区域的核心工程便唯有它山堰。它山堰渠首工程建成后，淳祐年间（1241～1252年）又在其上游建回沙闸，以解决泥沙淤积的问题。附近又建有乌金、积渎、行春三碶，以泄过多的江水。下游在江河之间设大量塘、碶、堰、坝，与塘河相接，至清末民初，已有九碶、五堰、十三塘。到之后的水网灌渠规整为三塘河系统，并置日月二湖以供城内用水，随着历朝历代的不断完善，形成了如今“二水注城，漕河纵横，日月承平，三喉治水”的整体水利结构。这个系统的完善使得鄞江镇及其下的鄞西平原地区形成了稠密整齐的网络，水量得以相对均匀地分布进入各个渠道。在鄞西平原上形成水网密布的肌理，用于农业灌溉及生产生活。

3.1.2　鄞东南水利区

鄞东南水利区位于宁波平原东南部，包括现在的江东和鄞东平原，承接天台山的来水，主要河流有甬新河、前塘河、中塘河、后塘河等。

东钱湖是鄞东南水利区重要的水利工程。明州城的快速发展，对土地开垦的需求量增高，为了将鄞东南平原的沼泽滩地开凿为农田，沿江沿湖开始筑塘置闸。东钱湖位于宁波城东，群山西麓。当淡水来时迎而蓄之，城市干旱时开闸放水，淡水经过前、中、后三条干渠塘河沿途灌溉农田，并最终到达宁波城，作为城市用水。

3.1.3　江北水利区

江北水利区位于宁波平原北部，老城区以北，水资源较差，在姚江大闸建成阻咸蓄淡后，水源多依靠姚江供给，主要河流有中大河、慈江和万弓塘河等。

在滨海地区修筑海塘抵御东海巨潮的侵袭，并一再加固更新，在滩涂围塘造田，这是江北水利区的典型特征。在唐代以前便有相关海塘的修筑，南宋后海塘始建，后海塘以西部分，自宋代以后陆续建设和尚塘与万弓塘，最终形成宁波平原滨海完整海塘体系。其后滩涂外移，新塘建立，和尚塘与万弓塘便成为备塘，在城市中主要承担交通的作用。同时，沿甬江沿岸也修筑江塘闸坝以防洪抗涝。

水利系统影响着农业景观的面貌，水利系统的建设为农田、聚落的发展提供了基础，是将自然基底层、农田和聚落体系联系起来的枢纽。为了农业开发与社会发展，人们充分发挥水利工程的优势，筑堤坝挡水，防水之害；存塘堰蓄水，兴水之利，为农业和聚落开拓创造了良好的条件。

3.2 圩田系统特征

圩田景观是宁波平原典型的农业景观，是先人兴修水利、开垦土地，对水土资源进行合理开发管理的土地利用模式。具体而言，即是在河渠纵横、草荡积水的地带修筑堤埂，围裹田亩，以防潮水冲荡、雨水霖涝湮没之患的一种水利田。田有圩岸，可障御水势，保护田亩；岸有闸门，可启闭，调节水旱；圩内水沟纵横相通，可排泄田内积水，亦可引水灌溉[12]。北宋范仲淹赞其“旱涝不及，为农美利”。

在农耕活动与土地开发的过程中，“圩田”这种人们对土地进行控制的方式，反映了人的尺度和人力、畜力生产条件下，人居环境单元中传统的土地开垦模式，以及耕地——水渠系统产能最大化地划分土地。在开垦圩田的同时，也就将河湖滩地中自由散漫的水流整理成层级分明，运作有序的多级水网。因此，圩田格局是以第一级水网为基础，伴随着次级水网的整理而完善的，圩田格局与水网格局紧密地联系在一起，互为不可分割的组成部分。

圩田景观由于地质上底层土壤、水与土的动态变化以及人类干预过程的差异，其形式实极为多变的，它是人类与自然因素相互作用的结果。整个宁波平原可以依据水利分区亦可划分为江北、鄞东南、鄞西三大圩区，开垦时间集中在 8 世纪。基本上都是发育在冲积平原、河流低阶地的地貌之上，以江塘为主干的河流网络是主要的圩田水利表现方式。

圩田肌理的分隔是多层级的。圩田肌理与自然环境相联系的灌区干渠和溪流河网组成了大的框架，框架之中的圩田肌理单元按照一定的形式和形态排列，形成有秩序的分割网络。圩田单元中水利设施的分布与聚落的发生位置也体现一定的规则。总体来说，宁波平原的圩田体系中，河涌逐渐延伸至聚落和圩田，具有层级性的河涌划分了土地利用单元，田埂又划分了农田单元。

在三大圩区分别选取了 4 个面积 $3km^2$ 的典型区片进行圩田特征分析（图 4）。

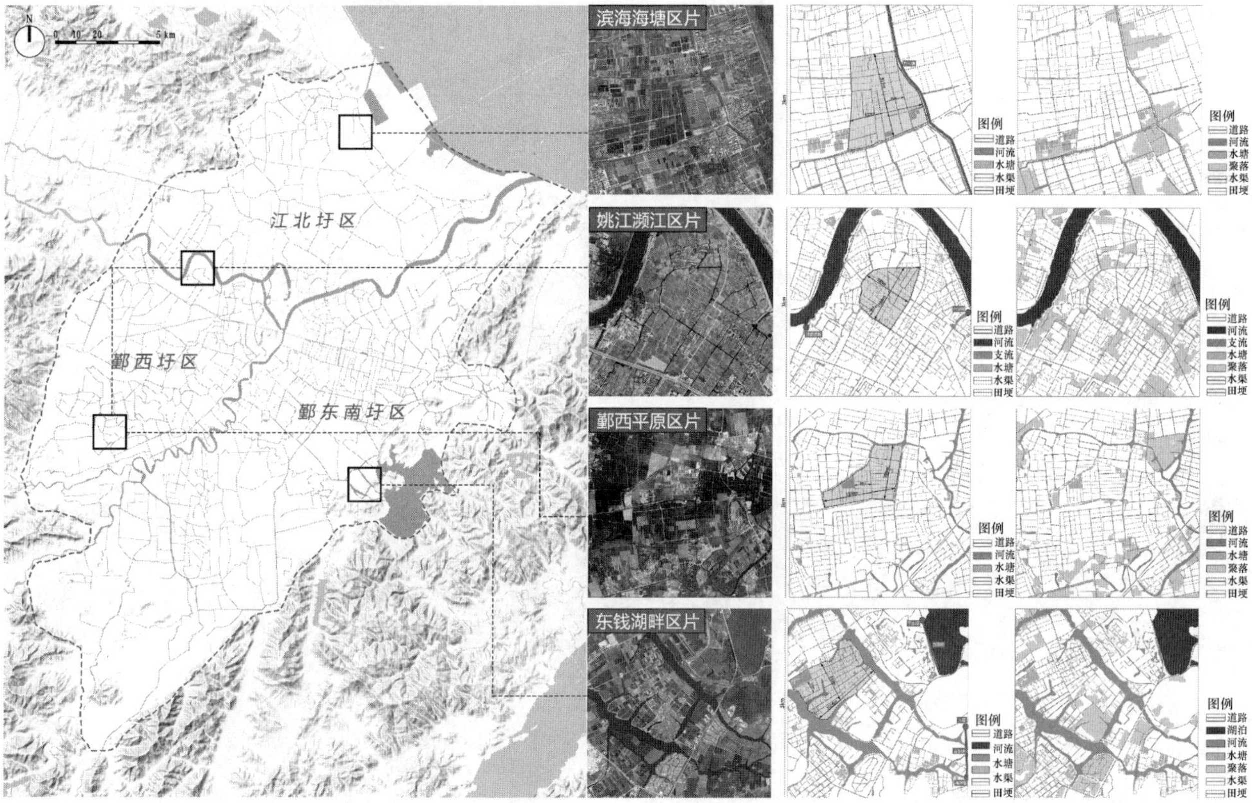

图 4 宁波平原圩田类型（图片来源：作者自绘）

3.2.1 鄞西圩区

鄞西圩区的平原区片是典型的水网圩田，也是宁波平原存在最为广泛的一种类型。这类圩田分布于平原密布的河网结构之中，随着河流的自然走向，圩田方向也呈现相对自由的变化。再加上平原的开阔特点，使得圩田斑块分布均匀、规模均等。聚落发生仍旧以靠近稳定的淡水资源为前提，紧挨河网分布，大多分布在河湾拐角处。

鄞西圩区的姚江濒江区片是以江塘、堰闸作为圩田水利的圩田类型。这类圩田起决定性作用的是江河干流，河流支渠顺着地形方向汇流于江中，设置碶、坝与江河相连。作为河流冲积平原的土地十分平整，其上形成较为规整的圩田网络结构。早期聚落依附于碶、坝等水利设施节点发生。

3.2.2 鄞东南圩区

鄞东南圩区的东钱湖畔区片是以塘河、塘堰作为圩田水利的圩田类型。典型特点是作为主干的塘河与东钱湖以堰、塘、碶等水利设施相接。塘河主干分流出一些支流向四周延伸，并顺着延伸方向扩展出众多支渠以灌溉圩田。因此这一类型的圩田形态上受主干塘河和支流的影响明显，基本上垂直于主干塘河、平行于支流分布。而靠近堰、塘、碶等水利设施的节点是形成聚落的主要区域。

3.2.3 江北圩区

江北圩区的滨海区片则是以海塘作为圩田水利的圩田类型。这类圩田顺着海塘延伸方向发展聚落，垂直方向发展圩田。由于滨海片区土地广阔平坦，河网规整，划分出的土地利用空间也相对规整，区别于内陆平原被曲折河网划分出的较为自由有机的圩田形态。

3.3 聚落系统特征

聚落、河渠与农田的分布有典型的空间聚集特征。河渠对农田的分布、形态与尺度有显著的引导作用，聚落和农田则表现出“核心—外围”的特征。人们在规划利用水土资源的时候，河渠的供水量能够决定农田灌溉面积的大小，而农田面积的多少与产出的比例则决定了农田的产出量，进而决定了人口的承载能力。这体现了“水—土—人”系统的高度依存和共生的和谐关系。

宁波平原的聚落在空间分布上至民国时期已十分密集，方圆十里之内甚至有五六个村落结聚在一起。按照圩田聚落的形态发生来看，可以将宁波平原的聚落划分成孤丘聚落、闸坝聚落、堤塘聚落和溇港聚落等主要类型（图5）。

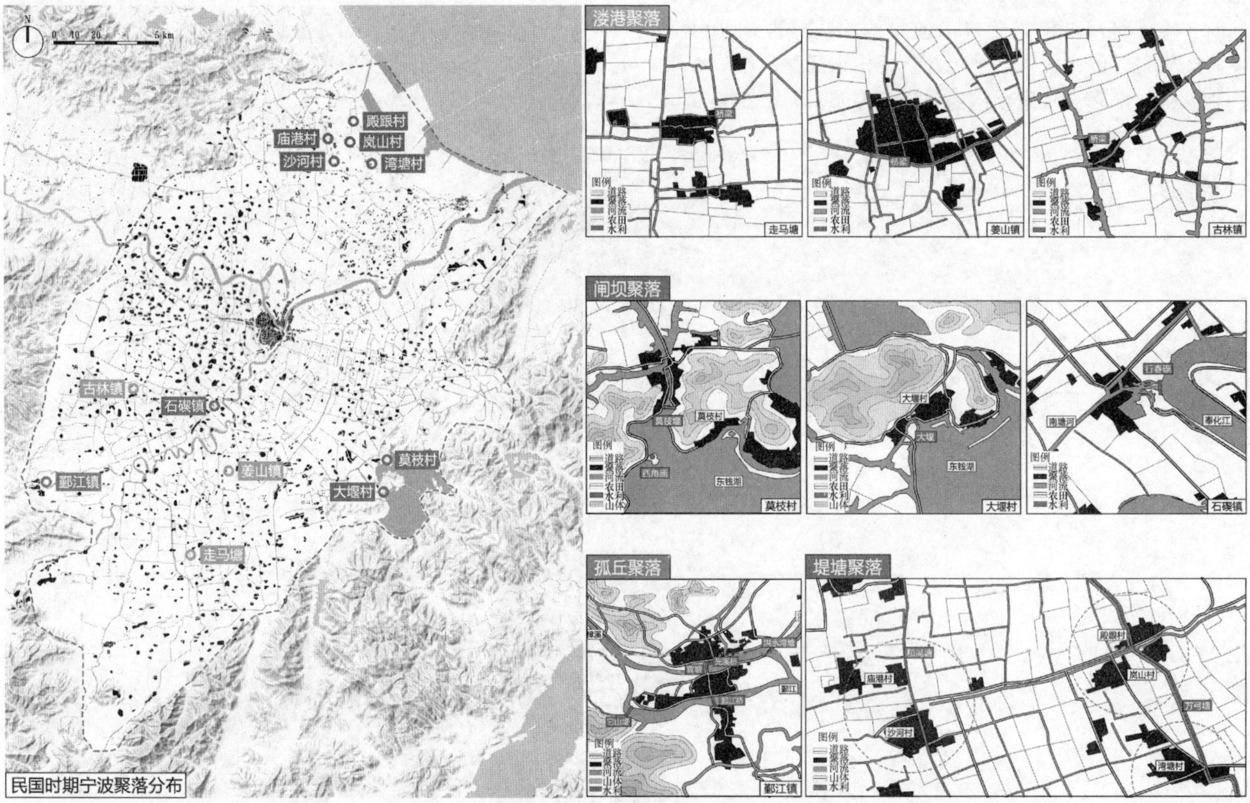

图5 宁波平原聚落分布（民国时期）及类型

（图片来源：作者自绘，左图底图为民国时期地图；右图底图为1960年代地图）

整体来说，宁波平原传统聚落的基本形态特征：以山为屏、以田为底、依水而形。分布规律是：围绕宁波平原“甬江模式”的水网系统，聚落的整体布局由偏狭山麓地带的孤丘聚落逐渐蔓延至广阔平原河网地带的溇港聚落，在水利节点分布闸坝聚落，在江塘海塘处分布堤塘聚落。

3.3.1 孤丘聚落

平原地区的孤丘山地与山区的山前坡地，是早期人们不断拓殖生产的跳板。这些孤丘具有“支点”的作用。其上形成的孤丘聚落是宁波平原较早出现的聚落类型，土地高燥，用水便利，因此很多历史较为久远的城镇皆发源于此，典型者如鄞江镇。鄞江镇位于宁波平原西南四明山山前坡地，是宁波平原首先脱离海水的地带，适宜营居。鄞西圩区重要的水利设施它山堰渠首工程即位于鄞江镇。

3.3.2 闸坝聚落

闸坝聚落通常位于人工运河与潮汐河流的交汇之处、陂塘主要泄水处，其布局模式通常围绕着埭坝堰闸等水利设施。水利设施需要一定的人力维护和管理，同时，这些地区兼有农业、水产业和内河运输业的功能，因此聚落聚集于此。宁波平原闸坝聚落的典型者有如环绕东钱湖畔的一系列村落以及濒江沿线的一系列村落。环绕东钱湖重要水利节点如莫枝村的莫枝堰、大堰村的大堰；它山堰下游江河分流后，也有一系列配套工程，如乌金、积渎、行春三碶以启闭蓄泄，涝则酾暴流以出江，旱则取淡潮以入河，平时则为河港之积。其中行春碶又名石碶，位于石碶镇南塘河与奉化江交接之处。

3.3.3 堤塘聚落

堤塘聚落通常位于海塘、塘河和陂塘沿线，呈现明显的沿着堤塘线性分布的特点，堤岸经常会演变为聚落主街，这类聚落在宁波平原上集中分布于镇海区片的海塘沿线。万弓塘沿线有如殿跟村、岚山村、湾塘村等村落；和尚塘沿线有如庙港村、沙河村等村落。

3.3.4 溇港聚落

宁波平原密集的河网之下，溇港聚落成为宁波平原最为普遍、数量较为庞大的类型，其模式通常围绕着溇沼和圩岸布局，典型者如宁波走马塘、姜山镇和古林镇等，如圩溇演变为内河，则沿河街道成为聚落的主街，跨河桥梁成为必备的交通设施。

4 总结

对宁波平原地域性景观分层解析后，总结其典型特征如下：

4.1 水网交织，地域典型

水网格局是地质条件塑造过程和土地使用共同作用的结果。宁波平原由早期不适宜开发的环境条件，经过自然的发展与人工的介入，形成了沿用至今的“甬江模式”的水利网络格局，成为典型的江南水乡风貌。这项成就十分具有典型性和地域性。水网格局有着鲜明的视觉形象，河涌划分出不同大小的圩田区域，同时这样的水网系统也承担着圩田系统中物质、能量和水循环的功能。

4.2 圩田密布，肌理独特

农业景观虽然占有着宁波平原的绝大部分面积，更大程度上决定着整个区域的风貌。圩田是宁波平原最典型的农业生产模式，形成了本地区特有的网络肌理。圩田肌理与自然环境相联系的灌区干渠和溪流河网组成了大的框架，层级性的河涌逐渐延伸至聚落和圩田，划分了土地利用单元，田埂又划分了农田单元。这种独特的划分方式、尺度模数及形态特征构成了宁波平原非常具有视觉识别特性的肌理网络。

4.3 聚落散布，有机结合

聚落格局的研究对象是一个地区单元的聚落组群，是把聚落建筑、基础社会、农田布局、自然格局当作一个整体进行研究。宁波平原的传统聚落基本形态特征是以山为屏、以田为底、依水而形。聚落的发生与发展总是随着水利发展和农业开发而进行的，是人居的单元，在整个宁波平原之上与水利网络、圩田系统相互交融，有机结合。

参考文献

[1] 张诗阳，王向荣．区域水系影响下的宁波州城空间特征研究[J]．中国园林，2017，33(11)：47-52.

[2] 张津等．乾道四明图经(影印本)[M]．台北：台北成文出版社，1970.

[3] 陈利权等．宁波水利文化[M]．浙江：浙江大学出版社，2017.

[4] (日)斯波义信．宁波及其腹地[M]//(美)施坚雅．中华帝国晚期的城市．叶光庭，等译．北京：中华书局，2000.

[5] 陈桥驿，吕以春，乐祖谋．论历史时期宁绍平原的湖泊演变[J]．地理研究，1984(03)：29-43.

[6] 俞福海．宁波市志[M]．北京：中华书局，1995.

[7] 陈勇．论唐代长江下游农田水利的修治及其特点[J]．上海大学学报(社会科学版)，2006(02)：108-114.

[8] 欧阳修，宋祁．新唐书[M]．北京：中华书局，1975.

[9] 陈子龙，徐孚远，宋征璧．皇明经世文编[M]．上海：上海古籍出版社，1996.

[10] 邱枫．宁波古村落史研究[M]．浙江：浙江大学出版社，2011.

[11] 斯蒂芬·奈豪斯，韩冰．圩田景观：荷兰低地的风景园林[J]．风景园林，2016(08)：38-57.

[12] 吉敦论．何谓圩田·其分布地区与生产情况怎样？[J]．历史教学，1964(08)：54-55.

作者简介

姜雪琳，1993年生，女，汉族，山东人，北京林业大学园林学院硕士研究生，研究方向为风景园林规划与设计。电子邮箱：1013262936@qq.com。

郭巍，1976年生，男，汉族，浙江人，博士，北京林业大学园林学院副教授，荷兰代尔伕特理工大学（TUD）访问学者，研究方向为乡土景观。

谱系学在近代历史公园遗产价值研究中的应用

——演变价值的概念引入

Application of Genealogy in the Research of Heritage Value of Modern Historical Parks

—Introduction of the Evolution of Value

张耀之

摘　要：对近代历史公园遗产价值的评价，近十年英美澳等国都相继明确了其在遗产保护体系中的地位，并出台了相应的评价标准及导则。目前，对中国近代历史公园（1840—1949）的遗产价值的评价，有系统的层次分析法、强调物质空间价值、与城市发展的关系价值、及公众认知价值等方法，但这些方法均产生社会价值遗失的问题。本文对上海市昆山公园自 1897 年至 2016 年的历史管理资料进行翻译整理，挖掘出基于"时段—社群—事件—空间特征"的谱系演进。借由交互分析原理，得出昆山公园历史全期的六大社群主体的"CAP"成分分析结果，发现昆山公园空间特征与社群价值的改变，在时间上具有一致性，事件是社群对空间产生影响的潜在核心因子。由此引入"演变价值"的概念，减少对公园的个体性和外部性价值遗失，可以对公园价值的历史全期进行描述，同时为同源公园价值评价提供基础。
关键词：近代历史公园；昆山公园；遗产价值；谱系学；演变价值

Abstract: For the evaluation of the heritage value of modern historical parks, there are clear definitions in the heritage protection system in the UK, USA, and Australia in the past decades. These countries have rolled out evaluation standards and guidelines. However, the evaluation of the heritage value of Chinese modern historical parks (1840—1949) has methods such as systematic analytic hierarchy process, material space value, relationship value with urban development, and public cognitive value, but these methods remain the problem of losing social value. This paper translates the historical management data of Shanghai Quinsan Park from 1897 to 2016, and presents the evolution of 'time-community—event—space characteristics' based on genealogy. According to the principle of interaction analysis, the results of the 'CAP' component analysis of the six major communities in the history are obtained. It is found that the spatial characteristics and community value of Quinsan Park are changed consistently and events are potential core factors to make community be related to space. And it introduces the concept of the Evolution of Value and reduces the loss of individuality and external value of the park. It can describe the whole period of park value and provide the basis for the evaluation of parks in the same culture.
Keyword: Modern Historical Parks; Quinsan Park; Heritage Value; Genealogy; The Evolution of Value

1　历史公园遗产价值

中国近代历史公园（1840～1949 年）是中西文化交流在城市变迁中的物化表现，反映了多元文化下的园林风格尝试及本土语言探索，也是中国近代城市建设的重要组成部分；同时作为许多历史重大事件的承载场所，有重要的历史纪念意义，近代历史公园拥有的遗产价值已得到越来越广泛的认知[1]。张松在 20 世纪遗产的研究中，将中国近代遗产文化保护作为重要课题提出，并指出价值观念是整个城市文化的核心，观念的更新和转变是保护近代文化遗产的关键[2]。

2　近代历史公园遗产价值评价的研究

2.1　评价方法

对历史公园遗产价值的评价，联合国教科文组织目前依照《保护世界和自然遗产公约》，采用"突出普遍价值"作为评判依据[3]。英国用"注册历史公园与园林"将公园分为三个等级进行保护；美国将历史园林归类于文化景观体系中的为"历史设计景观"类型，国家公园机构颁布《历史景观鉴定评价导则》（2008 年）成为主要的评价标准；澳大利亚通过维多利亚遗产注册制度保护管理文化遗产，颁布《文化景观遗产重要价值评价纲要》（2009 年）是评价景观遗产价值的标准。苏格兰采用"花园和设计类景观遗产清单"制保护历史园林，《苏格兰历史环境法（修订本）》（2011 年）颁布，规定了评价花园是否能人选清单的一般过程和原则，并制订了详细的评价标准[4]。

目前国内对于近代历史公园遗产价值的评价研究主要有 Delphi-广泛适用的直观评价方法，和 AHP 层次分析法。这是一种能够较完整地体现遗产价值的方法，对保护管理行动有着较强的指导意义。周向频[5]认为总体来讲，我国近现代园林在遗产类型上应归人世界文化景观遗产体系中的"设计类文化景观"，该研究建立的价值标准分为艺术价值、社会价值、历史价值、精神价值四类，其中社会价值细分为五类，与重大历史事件、艺术作品、珍贵植物、项目工程及设计师相关联。

除此之外，对于近代历史公园的研究还有不同的视角，强调了不同方面的遗产价值。譬如张安[6,7]利用空间图式研究的方法，梳理了复兴公园、中山公园、鲁迅公园三个重要的租界公园的空间变迁历史，强调历史公园的物质空间的价值。杨乐等[8]，从上海、天津两个城市背景下，对租界公园这一类型进行研究，强调近代历史公园与城市发展的关系价值。马来西亚太平湖公园（2015 年）作为近代英式公园，非常强调公众对于东西方融合风格的公园历史价值的当下认识的价值[9]。

2.2 分级评价标准的可能性问题

常用的分级评价标准可能产生两方面问题，即遗产价值的遗失和难以评分。

遗产价值遗失原因可能有，遗产价值评价标准中的被动性；缺少以微观视角下对空间演变过程的外部因子分析。难以评分的原因可能有，近代公园的同源分类的视角差异；遗产价值评价中宏观地域文脉比较的缺失。

以“时段—社群—事件—空间特征”的谱系学研究方法分析上海市昆山公园演变过程的遗产价值，是以微观视角研究个体的外部流变产生的价值。本文试图通过昆山公园的案例探讨引入演变价值概念的可能性，以发掘在时间流中，公园个体价值分析的全面性，并讨论社会、历史、精神价值中关于人群与事件的部分是否可能进行整合重组。

2.3 应用谱系学的遗产价值评价

谱系学的研究方法，打破编年研究方法的弊端，对某类型历史公园建立多层次的文脉分析体系，以搭建园林理论研究到实践遗产保护的桥梁。

周向频[10]提出了对于中国近代公共园林“时段—地域—类型—风格—思想”的五维谱系框架，形成宏观上结合政治、社会、文化背景的整体层面、中观上地域—时间—类型—风格—思想等层面、微观上个体案例相结合的系统分析。并以此对上海近代公园进行了风格谱系及“中山公园现象”谱系的梳理，呈现了近代公共园林的整体图景与不同维度下的复杂流变与交织关系，在该研究下，可以清晰地定位各个近代历史公园的历史源流及变迁影响。其中，起源于租界自然式公共园林的外滩公园、昆山公园、中山公园、衡山公园（今名称）是上海近代公园史的源头（图 1）。

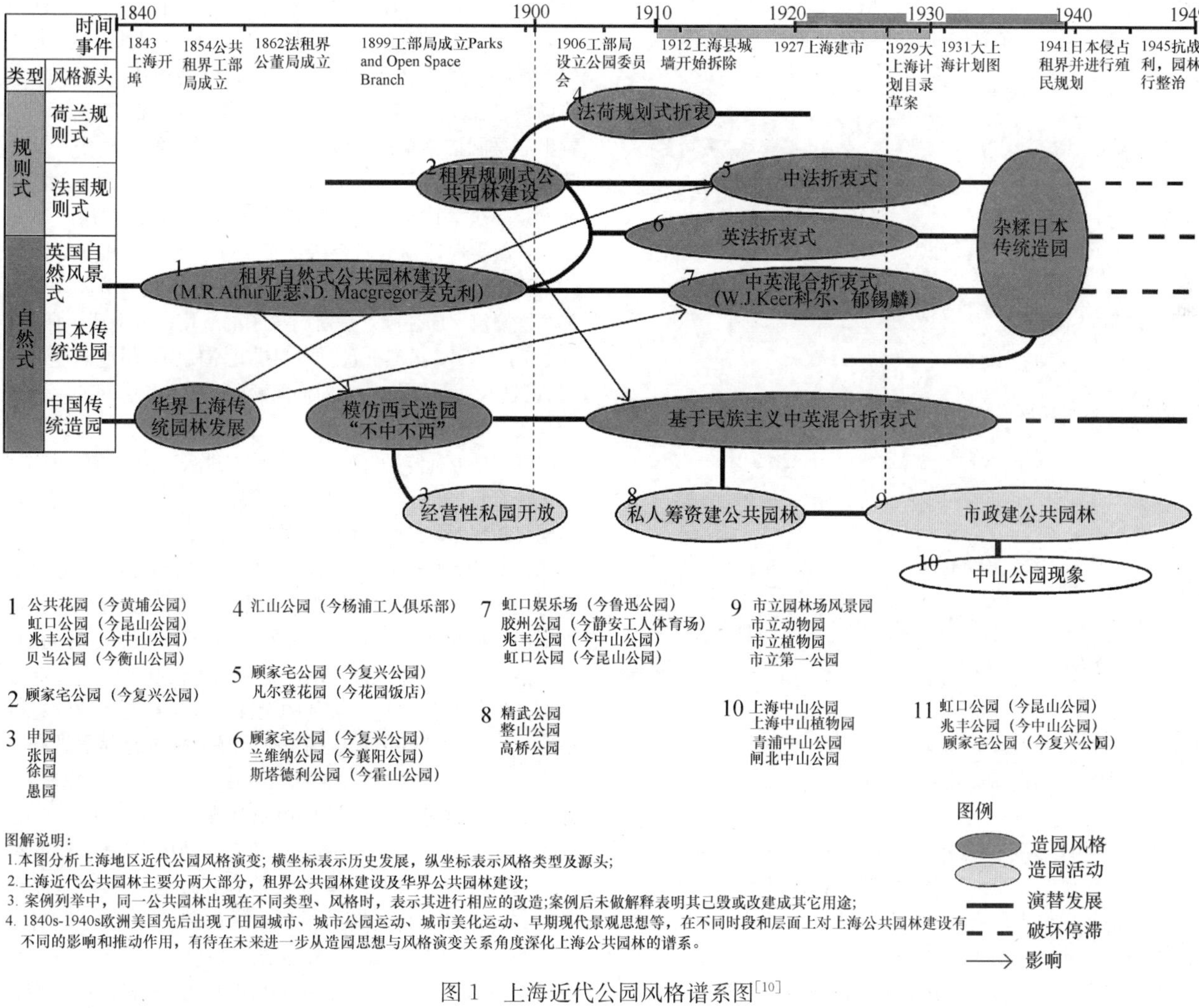

图 1 上海近代公园风格谱系图[10]

谱系学的研究方法，注重史实，强调的是近代历史公园在演变过程中，由外部作用产生的价值，这种分析方法在比较中强调了公园的个体性，在时间流中强调了公园的外部性价值。

3　上海市昆山公园的谱系研究[11]

3.1　背景与时段

昆山公园在上海近代公园历史上具有独特的地位，是现在遗存的上海近代公园中，存在时间仅次于外滩公园（今名称）的租界公园。在基于谱系学方法研究上海近代历史公园风格谱系中，在 19 世纪末期至 20 世纪上半叶，昆山公园作为公共租界的代表，风格是从租界英国自然风景式建设起，经过历年演替，变成中英混合折中式的过程。它与外滩公园有着相同的起点，但却是不同的终点。

昆山公园如今位于上海市虹口区乍浦路街道昆山路 13 号，坐东朝西，西临百官街，北界昆山路，西南与虹口区图书馆区少年宫为邻，总面积 3024m²，属于小型社区公园。

开放于 1897 年的昆山公园，直到 1943 年，位于上海（英美）公共租界北区中部偏东（图 2），在虹江与苏州河之间，临近北火车站，是位于公共租界中心区域的开放空间，由英国上海公共租界工部局建设并管理。

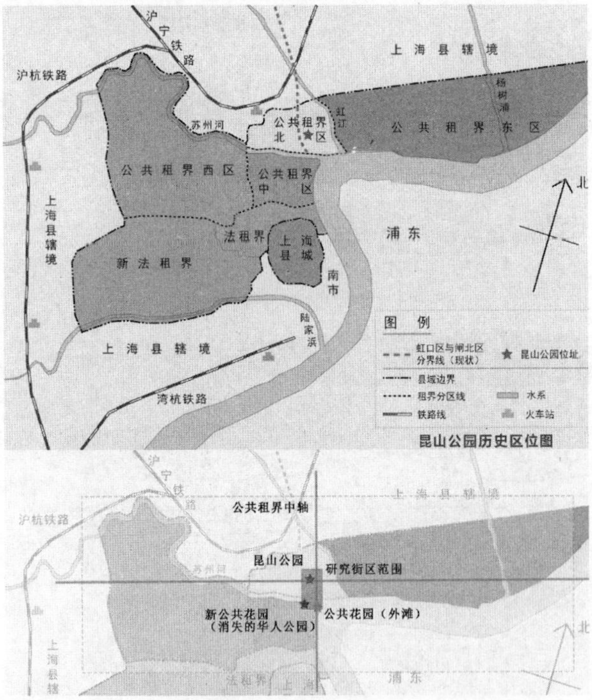

图 2　昆山公园历史区位图（图片来源：作者自绘）

自 1987 年作为公园开放，至 1902 年虹口娱乐场（今鲁迅公园）建设前，是上海公共租界北区内唯一的公共开放空间，公共租界内仅有的三个公园之一，另外两个是今天的外滩公园和已经消失的“Chinese Garden”。但在长久的历史发展中，昆山公园的社会价值遭到不断地贬值，主要是从 1937 年，第二次世界大战发生前夕，英国疲于本土安全，疏于管理时开始，而后上海社会的不稳定，及战争的毁坏，昆山公园原貌尽失，时至今日，其历史价值遭到严重毁坏，并且不能够获得公众对其历史意义应有的尊重，对其历史价值的研究及强调是重要的。

从当权者与管理机构角度，昆山公园的历史阶段大致分为 6 个历史时期：

（1）1892～1941 年英国上海工部局管理时期。

（2）1942～1945 年日伪上海特别市第一区公署管理时期。

（3）1946～1948 年国民党上海市工务局管理时期。

（4）1949～1966 年解放初期上海市工务局管理时期。

（5）1967～1976 年文革时期。

（6）1977 年至今，上海市公园管理处/绿化和市容管理局。

3.2　时段—事件—空间特征

在可考据的历史信息中，昆山公园历史中共有 4 次完全的重建，包括新建（图 3）。由于“文革”，昆山公园遭受过完全的毁坏；由于政府更迭后的政治原因及炮火攻击，昆山公园遭受过四次较大的改建修整，在社会相对稳定的时期，也有短暂持续的进步。

1928 年 9 月 7 日公示的管理计划图，可以推断在昆山公园早期，在 4 个路口各有出入口，在内部有一个直径为 5.5m 的圆形场地，其 3 边有 3 个凉亭，此时在昆山路乍浦路路口处的入口就已经建设有公共厕所。图片所示的场景是在 1920 年公园将木栅栏换成铁栅栏之后，可以看出凉亭圆形茅草顶，园路的两边是通透的大草坪，沿着园路稀疏地种植了高大的乔木，孩子是主要的活动者，有些人是不被允许进入的，周边的建筑不会超过两层。

这次管理计划的内容是：成人可以到西部和南部区域（A 区域）。东北角入口仍有警察巡逻，在午夜时关闭。东北部的竹篱笆（B 区域）是留给孩子的专用，可由成人陪同，晚上 7 点关闭。虽然 B 部分专门供儿童使用，但他们也可以用 A 区域，原因是，由于对面的酒店下午有长时间的阴影在 A 区域，B 区域的阴凉处太少了。但有很多着装不体面的人，他们可能是带有传染病的，也被允许进入这个只有 6 亩（A 区域）的公共部分，这样很容易威胁孩子，所以提议还是延续现行的制度，只允许有特权的成人进入。

1928 年的方案是在纳税西人会议后，工部局特地请公司设计的。在这次设计中，除了小食部，所有永久建筑被保留。简单来说，是为儿童公园布局首要考虑的问题。对于昆山广场，主入口、厕所、凉亭等构筑，以及大部分植被是被保留的。这次翻新的设计有：（1）安装的竹篱笆 6 英尺高（1.8288m），包围整个区域，在东北部仅设有一个出入口。（2）在边界内种植合适的树篱。（3）立即评价毗邻边界的区域，而后种植树木和灌木。（4）提供一个 30 英尺宽（9.144m）的灰化小路；遮荫树种植间隔 15 英尺（4.572m）。（5）现有排水检查并在必要时翻新或延长。（6）对两个中心部分的区域做出高差，种植遮荫树。（7）布局的中心区域是一个花园，使整个区域明朗起来。（8）安装秋千、跷跷板等等；在图纸上还没有显示这些的位置，这是为了之后在不同位置单独安装。（9）草皮铺设在草坪区域需要的部分上，可以发现与原计划相比这些区域已经大大减少了。（10）在执行上计划，严格的经济计划要开始，因为有必要购买大量的树木和灌木。

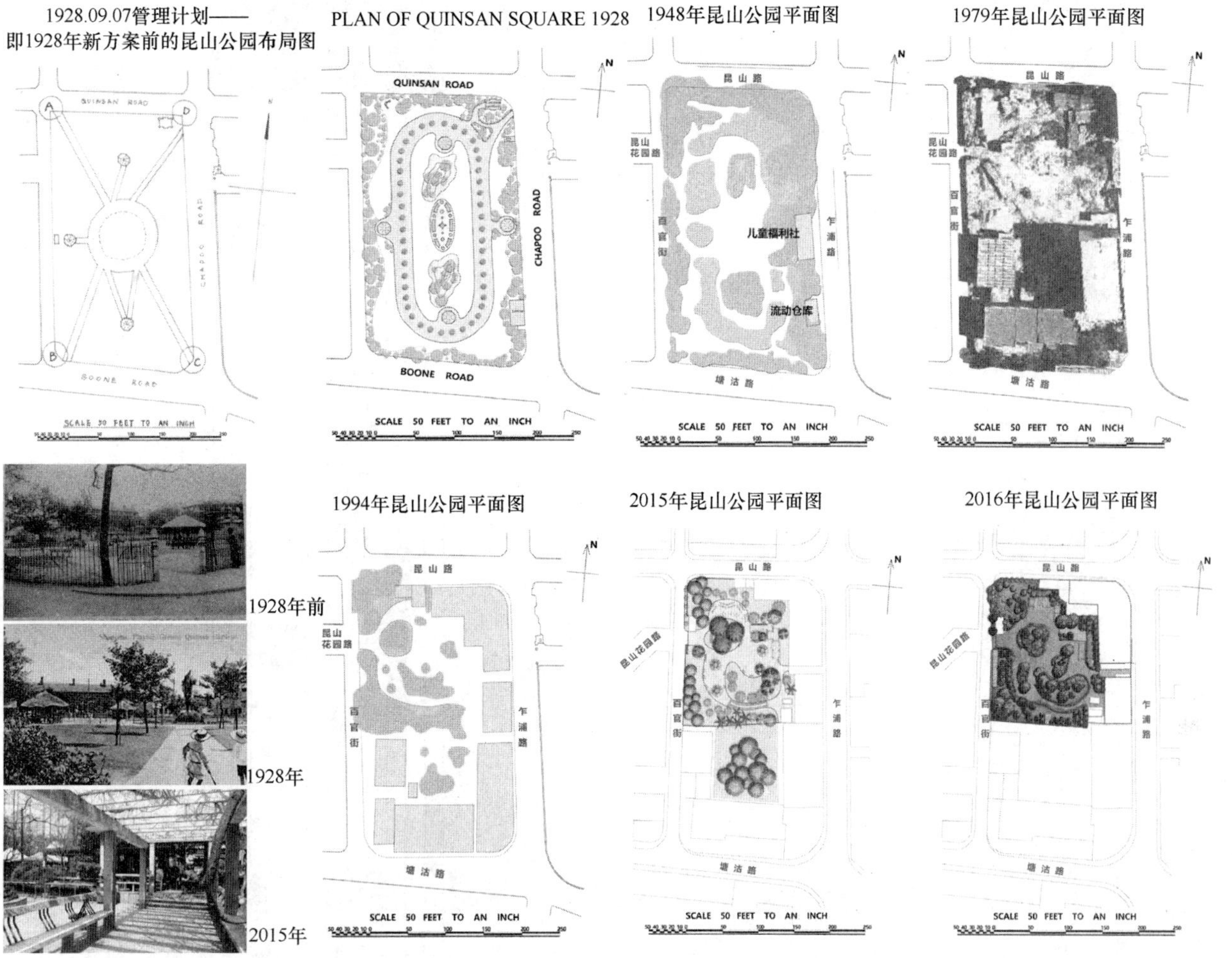

图 3　昆山公园不同时间的场景和历史平面（图片来源：作者自绘）

1948 年的昆山公园已经经历了日本军队在其内挖防空洞，建蓄水池，关押中国人，国民政府又填平水池，改用停车场等等事情，可以说已经不再能够保留任何构筑物，甚至公园结构。根据申报记载，可以推断位于乍浦路上的两座建筑，分别是儿童福利社和流动仓库。

儿童福利社是当时非常重要的，它为儿童提供了饮食和医疗，虽然不能够确定它的建造年份，但是根据 1935 年 8 月 1 日至 1936 年 7 月 31 日的中国儿童年情况，以及国民政府 1945～1948 年的关于昆山公园的文件中对于学校占用公园作为儿童活动场地的争论，可以得知这个时期的儿童在读书和运动上都是十分困难的，而昆山公园作为曾经的儿童公园，在此时仍旧发挥着重要作用，可以认为对于昆山公园而言，对“儿童”的价值是非常重要的。流动仓库的出现是作为北苏州路仓库的辅助用地，它的存在也是为了能够帮助更多流离失所的贫困人群，因此可见即使在昆山公园遭受巨大破坏的时期，也承担过重要的社会服务作用。

在“文革”之后的昆山公园是与之前完全不同的，新的发展契机，也给昆山公园带来了新的危机，三栋建筑——虹口图书馆、海南中学被建起，分别是 7 层、4 层、3 层的建筑，对昆山公园来说是从未有过的巨大体积的遮挡。此时公园的入口也向着昆山花园路开放了，在乍浦路、昆山路成为城市的道路的过程中，公园的开放向着安静的百官街和昆山花园路。

1994 年的昆山公园在经历了 1980 年代“乍浦路美食街”计划后，已经形成如今被建筑包围的情势，其内部结构也与今天相似。1999 年的翻新，主要是构筑物——廊道、花架、棚架及设施上的改建，其平面布局和种植基本保持了 1990 年代的状态。

在 6 个历史时期中，对公园名称、开放条例、管理时间及公园空间特征变化予以总结，并由原因进行事件溯源（图 4）。

3.3　时段—社群—事件

在对昆山公园的社群分析中，笔者以社会心理学上的 TA 交互分析理论的思考方式分析昆山公园。该理论的核心是将一个人的外在表现，由其改时间情境中孩童（child）、父母（parent）、成人（adult）即理性模式，三者间的相互影响来与外界平衡的关系进行分析的。如果认为昆山公园是有一个历史记忆的体系模型，那么从它的角度，在每一个时间段里，受与其相关的权利体的影响，而产生了事件及物质空间的变化。

管理时期	英国公共租界工部局									日伪上海特别市第一区公署（1938-1945）	国民党上海市工务局（1945-1948）	解放初期市工务局设园场管理处			改革开放后上海市公园管理处		虹口园林管理所/绿化和市容管理局	
	1898年	1899年	1905年	1907年	1920.11.4	1928-1929.11.29	1937年	1939年	1940.09.06~12.05			1949年	1953年	1968年	1982年	1989年	1999年	2015.12-2016.06
改造修补事件	小径---砖、金属、草皮，38棵树种在边界。1120英尺的木栅栏，5英尺高，建了4个大门把场地围合。4个凉亭（凉棚）围合了直径18英尺的范围，6个铁框架的座椅被布置在场地上。	四个凉亭的地面是用砖和柏油碎石铺的。小路在修复中。	布置了花床，使它更明朗。	外围墙被修补、涂漆。有一段用来收集水的被升高了6英尺，并且重铺了草皮。正式开始引入专业园艺工作，对土壤进行检测，引进许多新的植物品种，并且开始建造温室等。	木栅栏更换为铁的。已有每年的修复费用省了，但需要支付涂漆费用。	成人入园事件 1)安装的竹篱笆6英尺高（1.8288米），包围整个区域，在东北部仅设有一个出入口。 2)在边界内种植合适的树篱。 3)立即评价毗邻边界的区域，而后种植树木和灌木。 4)提供一个30英尺宽（9.144米）的灰化小路；遮荫树种植间隔15英尺（4.572米）。 5)现有排水检查并在必要时翻新或延长。 6)对两个中心部分的区域做出高差，种植遮荫树。 7)布局的中心区域是一个花园，使整个区域明朗起来 8)安装秋千、跷跷板、等等；在图纸上还没有显示这些的位置，这是为了之后在不同位置单独安装。 9)草皮铺设在草坪区域需要的部分上，可以发现与原计划相比这些区域已经大大减少了。	栅栏等改造及管理事件提议 公园已经被彻底的清理了，草被修建了，道路清扫了，树种了新的，花床挖过了，炮坑也被填了。	将栅栏做成铁丝网状	市民提议在天气变凉前通过乔灌木修整公园。	各公园内贩售饮食物，设有防空蓄水池，拆除凉亭	拆除土堆、填平水池，修复桥洞	种植和移植树木636株，铺草皮929平方米。	树坮2114.56 花坮73.255 树棵数101棵	园内建窑烧砖继而开挖地下防空工事，树木破坏殆尽，被迫闭园。	建造亭廊、棚架、地坪、围栏，园门迎面栽雪松、棕榈、红叶李、腊梅、罗汉松等，左右两侧小花坛中月季花、茶花、黄馨、迎春争相斗艳，公园四周栽种杉树、梧桐。公园东部有亭廊组合建筑。	高1.8米青铜质地的小萝卜头塑像 全园有树木35种共489株	完全翻新重建，拆除小萝卜头塑像和假山	改建地形，去除棚，增建凉亭，改建树池
改建程度	新建	稍微修整	稍微修整	稍微修整	稍微修整	完全重建	较大修整	稍微修整	稍微修整	较大修整	较大修整	较大修整	稍微修整	完全毁坏	完全重建	稍微修整	完全重建	稍微修整

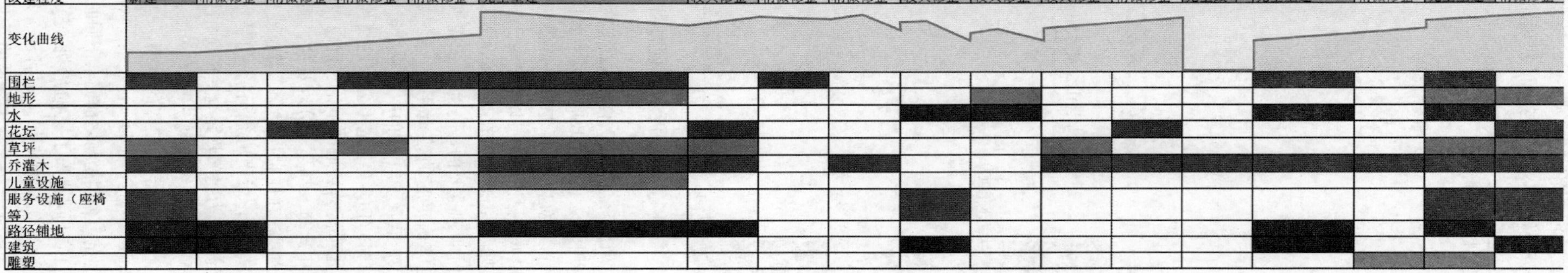

变化曲线
围栏
地形
水
花坛
草坪
乔灌木
儿童设施
服务设施（座椅等）
路径铺地
建筑
雕塑

图 4　昆山公园“时段—事件—空间特征”谱系（图片来源：作者自绘）

通过历史资料的分析，将权利体及其对昆山公园产生影响的事件主体，归为六类：（1）当局指令、（2）管理机构、（3）战争军事、（4）公司/施工方、（5）社会团体、（6）普通市民。以其六类对昆山公园产生影响的方式的交织，昆山公园的改变总结为三种情形：C—社会自然影响，包括（4）、（5）、（6）的情形；A—多重人群影响，包括以上所有情形；P－政治管理与军事影响，包括（1）、（2）、（3）的情形。值得注意的是，在不同的情形下，这样的方式影响的结果优差，不能够表现完全的一致性。

通过对资料获得的事件进行C、A、P三种情形的成分分析，将昆山公园的社群历史时段分为三类9个阶段（表1）。

在昆山公园成长的每个时期里都有其对应的价值关键词、主要的发生的活动或事件以及主要服务的人群（表2）。

昆山公园的社群历史时段　　表1

CAP	C1	A1	A2	C2	P1	P2	A3	C3	A4
时间（年）	（1855—1894）	（1895—1928）	（1928—1937）	（1938—1939）	（1940—1945）	（1946—1948）	（1950—1967）	（1968—1978）	（1978—）
时期	初期	英	英	二战	日、汪	国民	解放	文革	开放

昆山公园的时段—社群特征　　表2

时期	社会价值关键词	活动	服务人群
C1	生产、土地财	狩猎、贵族活动	上海居民
A1	卫生、安静、花坛、种族矛盾	散步、儿童、社团	西方人、日本人
A2	卫生、儿童安全	散步、儿童、社团、商业	华人贵族
C2	自身退化、慌乱、战火	避难	日本军队
P1	军人、卫生	慰军、社团、关押中国人	日本军队
P2	军人、卫生、伟人、政治、儿童、食品及仓储、社会福利	慰军表演、献校祝寿、借地、福利社、流动仓库	贫困儿童、流离失所的人群

续表

时期	社会价值关键词	活动	服务人群
A3	苗木、卫生、生产	重建	街区居民
A4	纪念、和平、红色精神、环境、苗木	劳动	街区居民
20世纪末A5	植物、安静、环境	献花、儿童劳动	街区居民
现A6	自身历史、卫生、休闲、舒适的居住环境	社团（鸟）、棋牌休闲	街区居民

3.4　社群时段—事件—空间特征

将“时段—事件—空间特征”与“时段—社群—事件”以时段和事件进行整合（图5），结果发现，在昆山公园的历史演变时间流中，受到外部性影响而产生空间流变的程度很高，由事件作为连接，昆山公园的空间特征与社群价值的改变，在时间上具有一致性，说明社群通过事件对空间的潜在影响力，因此社群时段，一方面与客观的管理时期一样，具有编年性，另一方面比后者更具有演变研究价值。

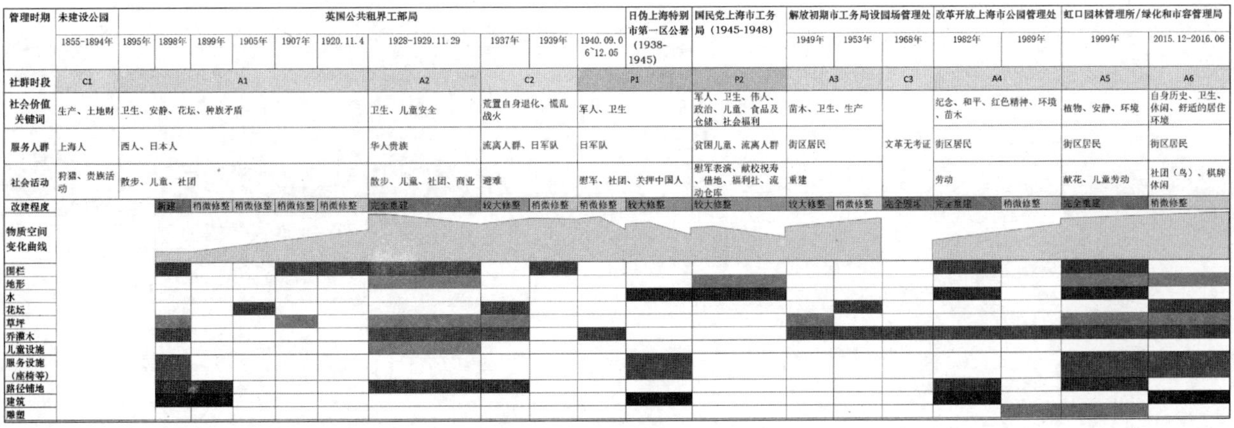

图5　昆山公园“社群时段—事件—空间特征”谱系（图片来源：作者自绘）

4 演变价值的概念引入

中国近代历史公园（1840～1949 年）遗产价值评价标准中增加“演变价值”，以减少对公园的个体性和外部性价值遗失。演变价值是指在公园的演变时间流中，受到外部性影响而产生空间流变的程度，考察其所融合地外部元素丰富度，反映公园记录历史、包罗万象的能力。具体标准有：

(1) 在其存在全期或某个时期，与其空间流变产生直接关联的人物/社会群体丰富。

(2) 在其存在的全期，是可以由社群时段替代管理时期或空间风格时段，对公园的空间演变进行描述的。

(3) 具有比同源历史公园，明显地更长的时间流，并且在此时间段内，有特殊的社会群体通过事件对其空间流变产生直接影响。

5 结论

造成现有分级评价标准在使用时的产生价值遗失及难以评分失问题的原因是缺少以微观视角下对空间演变过程的外部因子分析，因此可以通过更多公园的空间事件背后的社会机制的研究来避免。

同时缺少以微观视角下对空间演变过程的外部因子分析，缺乏同源公园的类型定义和比较，也是可能造成价值遗失的原因。谱系学作为社会学的研究方法，在对历史公园价值研究中的作用和应用工具，需要更多对于公园价值的思考和研究实践。

参考文献

[1] 周向频．20 世纪遗产视角下的中国近现代城市公园保护与发展[J]．中国园林，2013，(12)：67-70.

[2] 张松．历史城市保护学导论——文化遗产和历史环境保护的一种整体性方法[M]．上海：同济大学出版社，2008：185-202.

[3] 史晨暄．世界文化遗产“突出的普遍价值”评价标准的演变[J]．风景园林，2012，(01)：58-62.

[4] 周向频，刘曦婷．历史公园保护与发展策略[J]．中国园林，2014 (2)：33-38.

[5] 刘曦婷，周向频．近现代历史园林遗产价值研究[J]．城市规划学刊，2014 (4)：104-110.

[6] 张安．上海鲁迅公园空间构成变迁及其特征研究[J]．中国园林，2012 (11)：86-100.

[7] 张安．上海复兴公园与中山公园空间变迁的比较研究[J]．中国园林，2013 (05)：70-75.

[8] 杨乐，朱建宁，熊融．浅析中国近代租界花园——以津、沪两地为例[J]．北京林业大学学报，2003，2 (1)：17-21.

[9] Sharifah Khalizah Syed Othman Thani，Nur Kamilah Ibrahima，Nik Hanita Nik Mohamad，et al. Public Awareness towards Conservation of English Landscape at Taiping Lake Garden，Malaysia [J]. Procedia Social and Behavioral Sciences. 2015：168，181 - 190.

[10] 周向频，刘曦婷．遗产保护视角下的中国近代公共园林谱系研究：方法与应用[J]．风景园林，2014 (4)：60-65.

[11] 昆山公园历史档案．上海市档案馆．

日本富士见场所传统构建特征研究①

Study on the Traditional Construction Features of Fujimi Place in Japan

石 渠 李 雄

摘 要：本文详细阐述了日本山岳信仰背景下富士见文化的发展概况，提出了基于风景园林视角的富士见场所的定义，并从国家特征、区域特征、城市特征、个体特征四个方面介绍了富士见场所不同层面的特征。以东京都为例，在山水格局、城市设计、人文景观三个方面深入探讨富士见场所传统构建的个体特征。从我国生态文明建设的要求出发，秉持人类命运共同体的价值观，总结了富士见场所的现代风景价值对新时代中国风景园林建设具有的现实意义。

关键词：山岳信仰；富士山；富士见场所；构建特征

Abstract: This study introduces the development of Fujimi culture under the background of Japanese sacred mountains, and proposes the definition of Fujimi Place based on the landscape architecture. This paper introduces four features of Fujimi Place: national feature, regional feature, urban feature, and individual feature. Taking Tokyo as an example, the individual feature of the traditional construction features of Fujimi Place were studied in three aspects: landscape pattern, urban design and cultural landscape. Starting from the requirements of the construction of ecological civilization, and upholding the values of a Community of Shared Future for Mankind, this paper sums up the practical significance of the modern landscape value of Fujimi Place to the construction of Chinese landscape architecture in the new era.

Keyword: Sacred Mountains; Mount Fuji; Fujimi Place; Construction Feature

引言

从2013年中央城镇化工作会议文件提出“望得见山，看得见水，记得住乡愁”到党的十九大报告谈到生态文明建设时再次提出“绿水青山就是金山银山”的发展理念，山水一直以来都被认为是关系人民福祉、关乎民族未来的希望。如何构建新时代中国风景园林的山水，我们可以秉持人类命运共同体这一价值观去寻求答案。

与我国一衣带水的邻邦，有着两千多年的友好往来和文化交流历史的日本，却对“望得见山”有着自己独特的理解与思考。日本有着独特的山岳信仰文化，更是对富士山有着深深的感情羁绊与精神崇拜。在日本特殊的地理环境背景下，孕育、形成并发展出了一种名为“富士见”的文化。[1]对于富士见的研究，已有的成果主要集中在日本国内地理学、历史学、美术学、建筑学、都市设计学等相关学科的研究范畴之内，并且已经拥有了许多不同研究为背景下所提出的多方位的研究结果。但是对于一个城市乃至一个区域的富士见场所进行系统梳理和研究的，目前日本国内的成果较为匮乏甚至几乎没有。

因此，本文将从风景园林视角，将场所理论引入到富士见文化的研究中，总结富士见场所传统构建特征，认知富士见场所现代风景价值，为我国新时代的中国风景园林建设提供灵感与启示。

1 日本山岳信仰及富士见发展概况

1.1 富士信仰—山岳信仰的典型代表

2001年9月5日～10日，日本和歌山市，由联合国教科文组织牵头，中国、日本等11个国家及文化财保护修复研究国际中心等6个组织一同，举行了一场关于亚太地区山岳信仰所形成的文化景观的专家会议。会议上将信仰的山按照不同的情况分成了以下4种可能：

（1）山体本身被视为神圣崇拜的对象。

（2）山体存在着与神圣相关联的事情。

（3）山体存在着与神圣相关联的地域、场所及对象物。

（4）山体被作为神圣的仪式、习俗等发生的场所。

此次会议不仅推动着“纪伊山地的灵场及参拜道”于2004年被认定为世界文化遗产，更是为日后的富士山申遗奠定了坚实的基础。[2]

富士山作为被信仰的山的一种，存在着以上提到的4种可能。日本人将富士山本身视为神，并将富士山作为信仰与崇拜的对象。自8世纪《万叶集》中将富士山形容为“大和国日本坐镇的山”开始，几乎每个时代都留下了无数富士信仰下的产物。2013年，富士山更是以“信仰的对象与艺术的源泉”为名，被联合国教科文组织认定为世界文化遗产。其中，最负盛名且影响力颇高的就是一系列以富士山为题材的浮世绘。这一系列浮世绘，主要是描绘由日

① 基金项目：国家自然科学基金（31670704）：“基于森林城市构建的北京市生态绿地格局演变机制及预测预警研究”和北京市共建项目专项资助

本关东地区各地眺望富士山时的景色，也可以称得上是富士信仰的产物。而世界上曝光率最高的，无非葛饰北斋《富岳三十六景》之中的“神奈川冲浪里”。除了葛饰北斋创作的《富岳三十六景》(1823年)，日本历史上另一位著名的浮世绘画师歌川广重也在《东海道五十三次》(1832年)、《名所江户百景》(1856年)、《富士三十六景》(1859年)中，对富士山有着令人印象深刻的描绘。[3]

1.2 富士见—富士信仰的特殊产物

富士见，即眺望富士山，是关东地区特殊地理环境为背景下孕育的一种独具特色的富士信仰文化，同时也是一门从“看”的视觉角度形成的一种富士山学。

天保13年(1842)，著名画师秋山永年就根据能见到富士山的13个令制国(武藏、安房、上总、下总、常陆、上野、下野、相模、骏河、甲斐、伊豆、信浓、远江)，绘制出了一份《富士见十三州舆地全图》(图1)。图中的富士山以平面图的形式出现，这在江户时代创作的地图中实属少见。

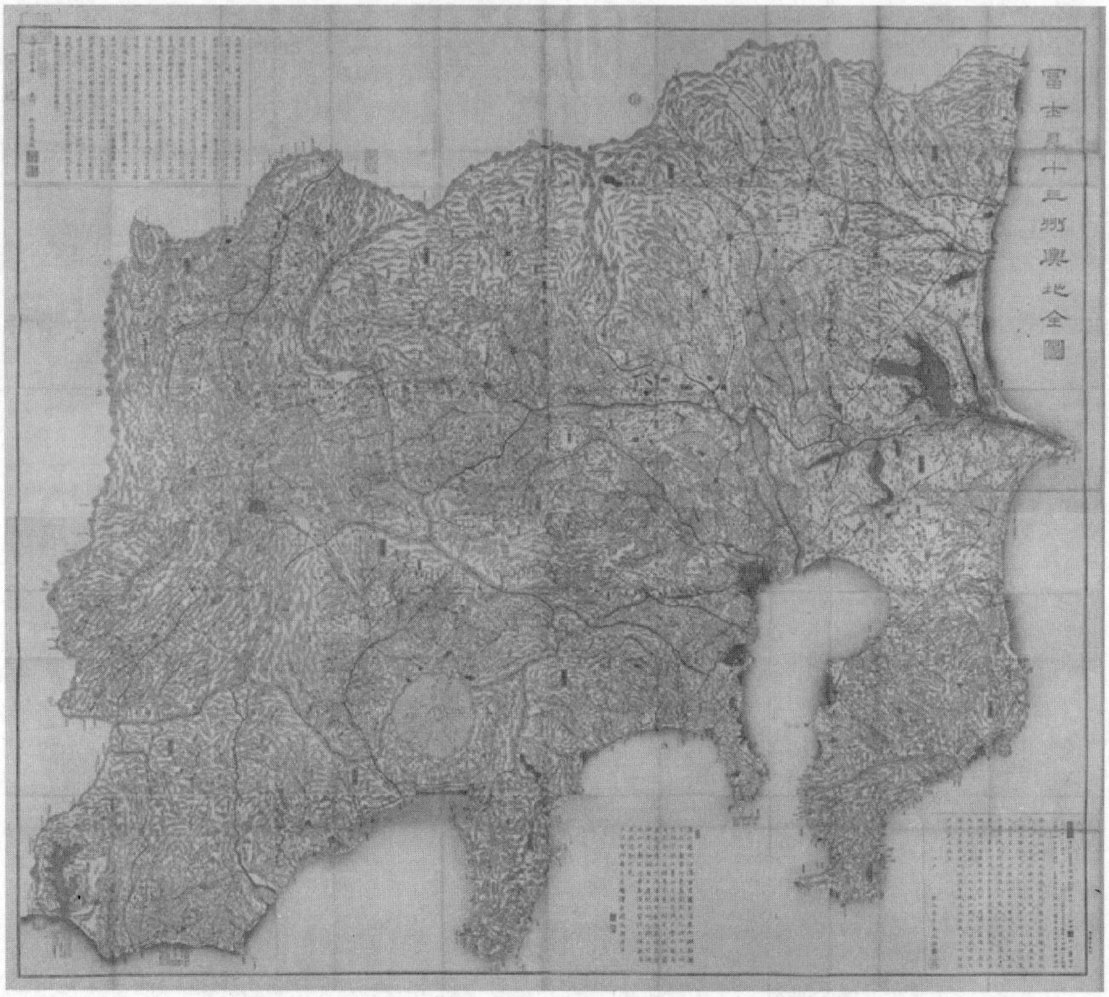

图1 富士见十三州舆地全图
(图片来源：引自日本国立国会图书馆)

日本著名的地理学者田代博先生，一生致力于“富士见”的研究，并早在1986年4月就于日本《岳人》杂志中发表了“富士山可视地图”，首次完成了日本国土范围内，富士山可视状态的理论性图示化表达。[4]不仅如此，为了选定富士山的良好眺望地点、保护及利用周边的景观、促进及实现美好的地域环境，由日本国土交通省关东地方整备局发起，于2004年2月至2005年10月进行了关东富士见百景的评选，从景观评价及活动评价两大方面，选定出了关东地区富士见128景及233个观赏地点。

2 富士见场所的定义及不同层面的特征

2.1 富士见场所的定义

富士见场所是在自然地理环境及人文艺术领域的双重推动下，历经近世、近代、现代三个不同的历史时期构建形成的。因此本文试图立足于风景园林视角，在已有的研究基础上，首次提出富士见场所的正式定义：即受到富士信仰影响下，为了眺望富士山而人为特定营造的一系列空间特征与精神信仰高度融合的场所的总称。

2.2 富士见场所不同层面的特征

通过既往研究以及所提出的富士见场所的定义，可以清楚地认识到富士见场所并非简单的景观单元设计，它更是融入到了整个日本国家范畴之中。一个城市抑或者是一个区域，都可以称之为是富士见场所的一种。因此，根据场所的不同尺度，我们可以将富士见场所的特征区分为：国家特征、区域特征、城市特征、个体特征（图 2）。

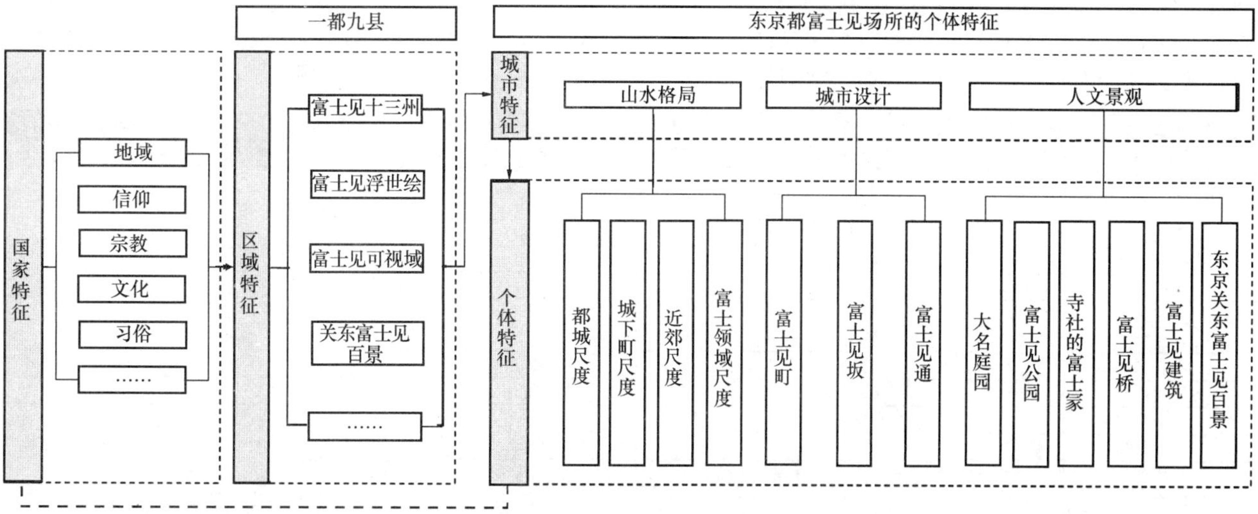

图 2　富士见场所不同层面的特征（图片来源：作者自绘）

2.2.1 国家特征

较之其他三个特征，富士见场所所表现出来的国家特征，往往是具有象征意义的。当我们把整个日本国土视为富士见场所的时候，它所表现出来的国家特征包括：地域、信仰、宗教、文化、习俗、政治等。

2.2.2 区域特征

区域特征实现了富士见场所从具有象征意义的抽象表现形式转变为与精神信仰相匹配的实际空间场所。《富士见十三州舆地全图》中，将十三州视为一个整体的区域，在笔者看来这个区域也可以称之为富士见场所。明治维新变迁之后，日本的行政区域进行了重新的划分，十三州形成如今的一都九县：东京都、山梨县、静冈县、埼玉县、神奈川县、千叶县、茨城县、长野县、群马县、枥木县等，而这张地图则成为区域特征的具体表现形式之一。除此之外，富士见浮世绘、关东富士见百景以及笔者根据“富士山可视地图”为了验证十三州富士山可视域范围而重新绘制的“一都九县富士山可视域”等（图 3），都可以称之为是富士见场所的区域特征。

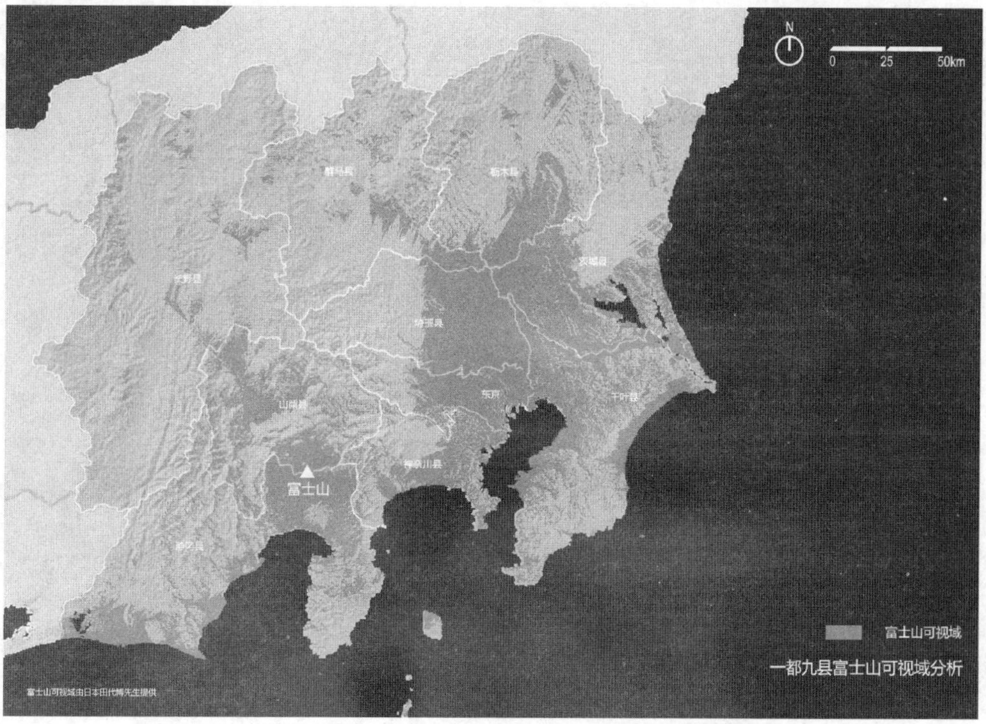

图 3　一都九县富士山可视域分析（图片来源：作者自绘）

2.2.3 城市特征及个体特征

对于富士见场所的城市特征研究，则是基于风景园林视角将富士山、富士见和城市这三者进行系统性研究。对富岳三十六景、东海道五十三次、名所江户百景、富士三十六景等具有代表性的富士山浮世绘，以及关东富士见百景，从历史联系、文化形成等方面进行统计和分类整理，形成基础数据库（图4）。利用GIS的空间、计算和可视化能力，将富士山浮世绘及关东富士见百景中描绘的富士见场所地理坐标导入地图软件进行空间的可视化处理。以日本的行政区划作为根据，借助富士见文化的空间分布特征，以每个含有富士见文化的地方自治体为基本单元，对一都九县范围内的具有富士见文化的城市进行空间分布的图示化表达（图5）。

东京都	
地方自治体	富士见文化
中央区	12
文京区	4
台东区	3
墨田区	6
江东区	4
涉谷区	5
目黑区	3
足立区	3
品川区	1
府中市	1
千代田区	4
新宿区	1
国立市	1
北区	1
豊岛区	1
小金井市	1
日野市	1
数量总和	52

埼玉县	
地方自治体	富士见文化
富士见野市	1
越谷市	1
数量总和	2

千叶县	
地方自治体	富士见文化
千叶市	1
木更津市	2
君津市	1
锯南町	3
市川市	2
浦安市	1
館山市	1
我孙子市	1
松户市	1
数量总和	13

栃木县	
地方自治体	富士见文化
宇都宫市	1
小山市	1
数量总和	2

长野县	
地方自治体	富士见文化
下取访郡	1
冈谷市	2
小诸市	1
取访郡	2
数量总和	6

神奈川县	
地方自治体	富士见文化
横滨市	4
镰仓市	3
藤沢市	2
平塚市	2
二宫町	1
足柄下郡	1
川崎市	1
箱根町	2
横须贺市	1
小田原市	1
茅崎市	1
三浦市	1
海老名市	1
数量总和	21

茨城县	
地方自治体	富士见文化
太田市	2
数量总和	2

群马县	
地方自治体	富士见文化
潮来市	1
数量总和	1

静冈县	
地方自治体	富士见文化
小山町	1
富士市	4
富士宫	1
静冈市	5
滨松市	1
伊豆市	1
岛田市	1
数量总和	14

山梨县	
地方自治体	富士见文化
富士吉田市	3
上野原市	3
富士河口湖町	3
笛吹市	2
富士川町	3
甲府市	1
山梨市	1
大月市	2
数量总和	18

一都九县地方自治体富士见文化数量统计

图4　一都九县地方自治体富士见文化数量统计（图片来源：作者自绘）

图5　具有富士见文化的城市分布空间特征（图片来源：作者自绘）

通过对日本的城市发展史进行一定了解，可以清楚地认识到目前日本大多数城市，都是在受山岳文化信仰影响下的近世城下町的基础上演进形成的，而这正是构建日本现代城市规划理论的历史依据。结合野中胜利所提出的近世城下町规划原理[5]及佐藤滋所提出的近世城下町城市设计手法[6]，并在图 4 中挖掘在城市建设方面与富士山具有很强关联性的城市，提出富士见场所城市特征主要体现在以下三个方面：山水格局、城市设计、人文景观。

富士见场所的个体特征是包含在城市特征之中的。他们之间似乎并没有着如国家、区域、城市三者那样清晰又完整的界限，甚至我们可以把某一单一城市特征称之为许多相同个体特征的集合总称，因此对于个体特征的研究则是要基于特定城市进行研究。

3 以东京都为例探讨富士见场所传统构建的个体特征

3.1 山水格局方面的富士见场所个体特征

结合对古代文献、历史地图、历史影像及实际研究发现，日本古城山水格局具有以都城为核心，圈层式分布的空间特征。按照人与山水格局的空间尺度不同，可将其归纳为三个具体的个体特征：都城尺度、城下町尺度、近郊尺度。而以东京都为代表的一系列具有富士见文化的城市，在城市山水格局的空间层次方面，有着与一般日本古城不同的特征，其对于自然山水的观察，并非局限于城市周边近郊山水的范围，而是会跨越不同尺度层级，以都城尺度、城下町尺度为基础，超越近郊尺度将富士山与城市相联系，形成独具特色的山水格局空间的第四个个体特征：富士领域尺度（图 6）。根据距离富士山的距离的不同，在 25km，50km，100km 这三个范围之内，各选取一个典型的城市，并研究他们各自的演变特征中可以发现，富士见城市群较之一般城市群相比，具有以富士山为核心的特征（图 7）。而东京都就是以德川幕府将军所居住的江户城（现皇居所在地）作为城市的核心，受富士见文化影响而形成的一个独具特色的富士见城市之一（表 1）。

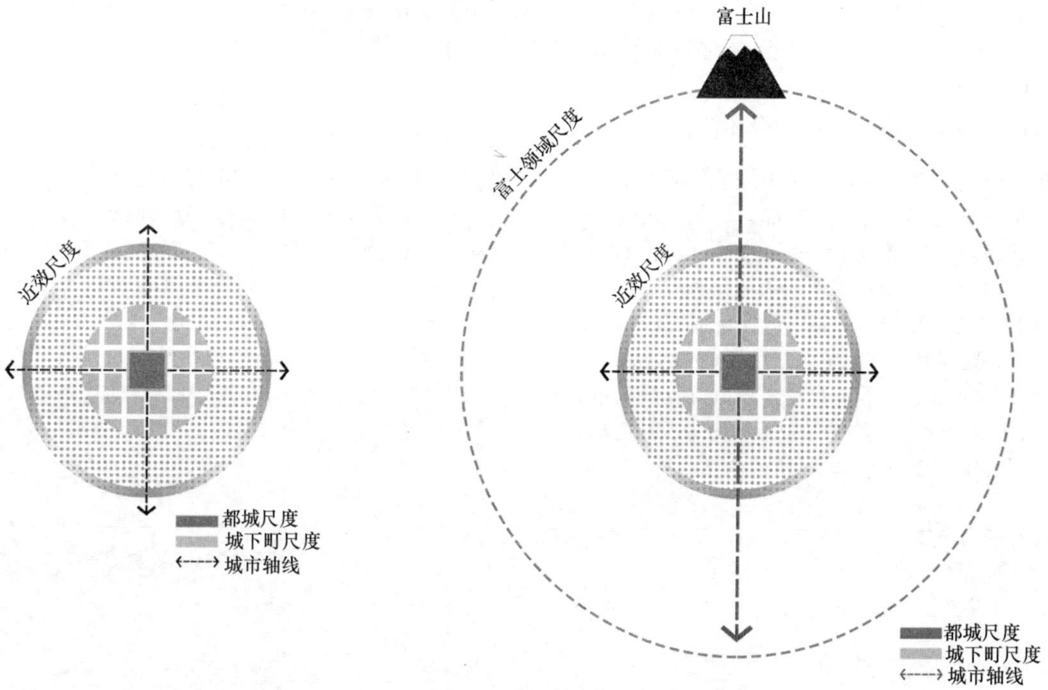

图 6　一般城市与富士见城市圈层发展模式对比（图片来源：作者自绘）

东京都与其他富士见城市在山水格局方面个体特征对比　表 1

城市		富士吉田市	静冈市	东京市
与富士山的距离		＜25km	25～50km	50～100km
山水格局	都城尺度	北口本宫富士浅间神社	骏河城	江户城（现皇居）
	城下町尺度	御师町	骏河城下町	江户城下町
	近郊尺度	富士山北麓	南阿尔卑斯山	关东地区
	富士领域尺度	富士山	富士山	富士山

续表

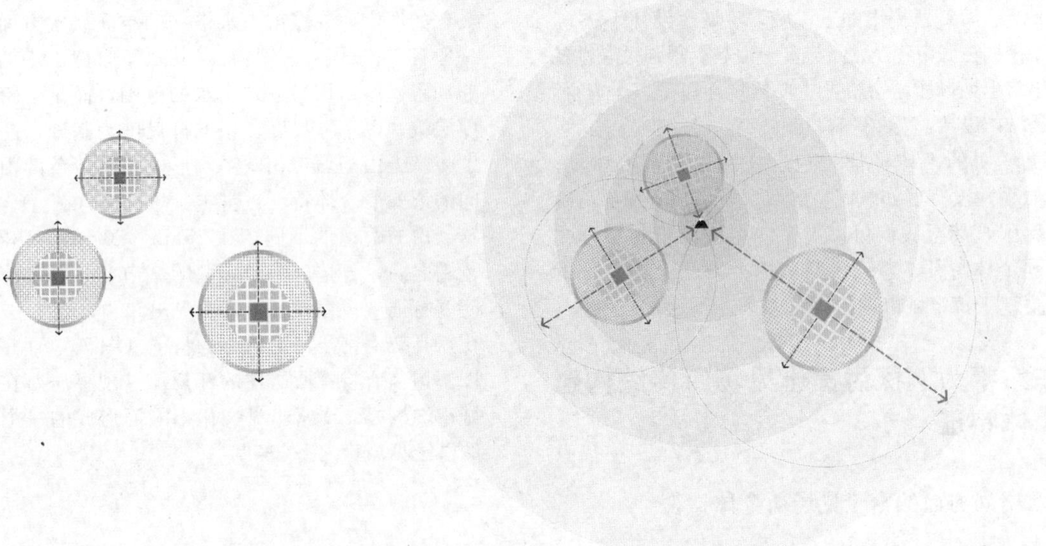

图 7　一般城市群与以富士山为中心的富士见
城市群对比（图片来源：作者自绘）

3.2　城市设计方面的富士见场所个体特征

日本近世时期以来城市设计对于风景的认知上，有着自己独到的一面。日本古城并非都运用无变化的城市设计手法，而是在适应自然的环境的同时，运用 YAMA－ATE 的设计手法，将城市周围的山体作为城市道路规划或水网规划的基准轴和借景轴，以此将周围的山水环境纳入城中来创造景观。作为孕育东京都的古江户城，跳出了传统城市山水格局，虽不及富士吉田市及静冈市将城市的主轴线的中心线与富士山进行呼应[7]，但是却在局部的城市设计中完成了富士见场所的构建。

围绕在东京皇居周围，有两处较为典型的以富士山为轴线完成的局部城市设计（图 8）。第一处在如今东京都千代田区九段，明治初期将此地称为招魂社。明治 18 年（1885 年），在市区改造审查会的决议案中，招魂社作为“九个大型游园”之一，改称为“靖国神社”。之后，在明治 22 年（1889 年）5 月的市区改造委员会的告示中，它又被称作“富士见公园”。[8] 现如今富士见公园这一称呼早已不复存在。由于靖国神社及其附属参道将富士山作为主轴线的中心线来建造，因此目前这一以靖国神社为中心的区域被称之为“富士见町”。

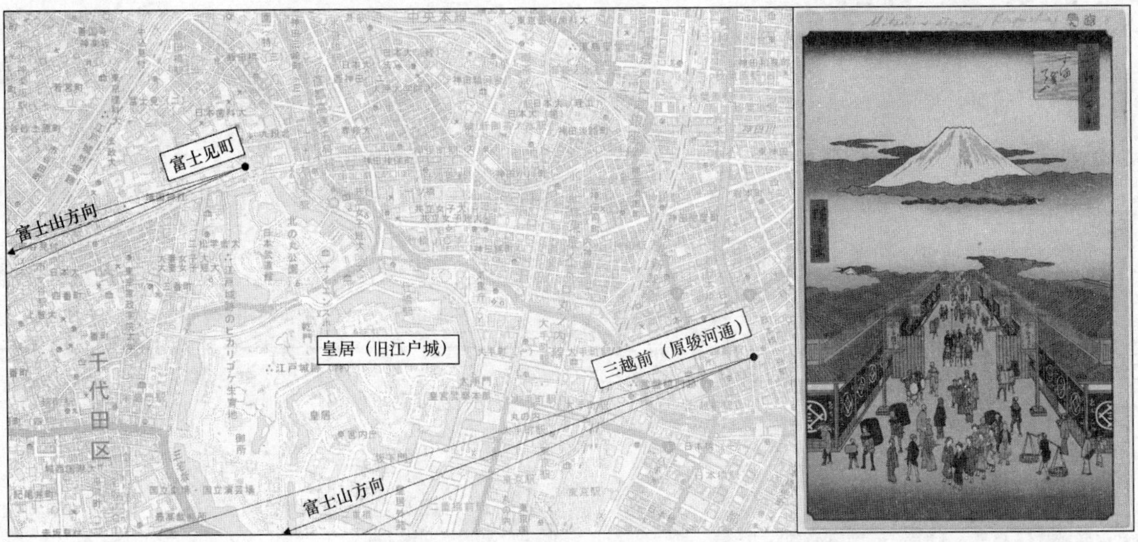

图 8　东京都城市设计方面富士见场所个体特征及骏河
通浮世绘（图片来源：作者自绘）

另一处则是在浮世绘中极负盛名的三越前，江户时代称之为“骏河通”。骏河通因靠近东海道五十三宿场的起点日本桥，早在江户时代就成为著名的商业街。骏河通的道路中心线，受富士见的影响下，与富士山顶的中央保持在同一直线上。“骏河”这个名字则是源自静冈市的旧称——骏河城，因为骏河城就是以富士山的山顶中央作为城市主轴线。[9]目前东京都内被以“骏河”命名的场所不计其数，另一处较为有名的则是“御茶水骏河台”，是将富士山作为借景轴完成了区域水网规划。

第二次世界大战结束之后，日本进入了快速发展时期。一系列东京都的卫星城在东京都西部崛地而起，而这其中，国立市、东久留米市、多摩新城等，都继续了日本传统的城市设计手法，将远在百公里之外的富士山纳入城市中，完成了将富士山与城市主轴线“富士见通”相结合的整体城市设计（图 9）。

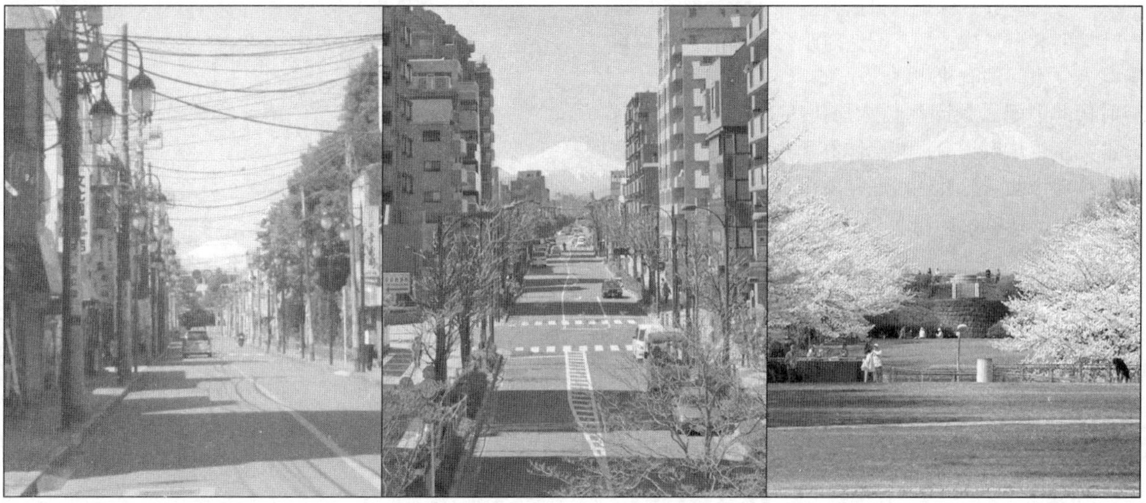

图 9　国立市“富士见通”主轴、东久留米市“富士见通”主轴，多摩新城中心绿地（图片来源：引自 Google 图像）

3.3　人文景观方面的富士见场所个体特征

东京都在有意识地以富士山为信仰对象进行规划建设的同时，更多的是将富士山与城市的人文景观紧密联系在一起。日语中，“富士见”与“不死身”同音，因此在现如今的皇居中，依旧可以发现江户时代遗留下来的以“富士见”命名的建筑，如富士见橹、富士见多阁等，由此可以看出德川幕府将军从另一个侧面表达了对于不尽权力的渴望与追求。

东京都内的大名庭园中都有富士见场所的存在。如滨离宫恩赐庭园、六义园中的富士见山，小石川后乐园的富士见亭，都是为了眺望富士山而特定营造的场所。而在清澄庭园中，更是结合周围环境及植物景观建造出了一个园主人心目中的富士山。除此之外，富士冢更是作为近代亲身体验富士信仰的富士见场所，大小不一形式不同地分布于东京都近百座神社之中。

从浮世绘中的富士见场所（图 10）到庭园中的富士山，再到神社中的富士冢，现代日本人对于富士见场所构建的热情并没有因此消失，2006 年的关东富士见百景的评选便是最好的证明。富士见山、富士冢和富士见百景等并非孤立存在的，而是按照一定的组织原则、城市秩序等与富士山相融合，在人文景观方面充分体现出了富士见场所的个体特征。

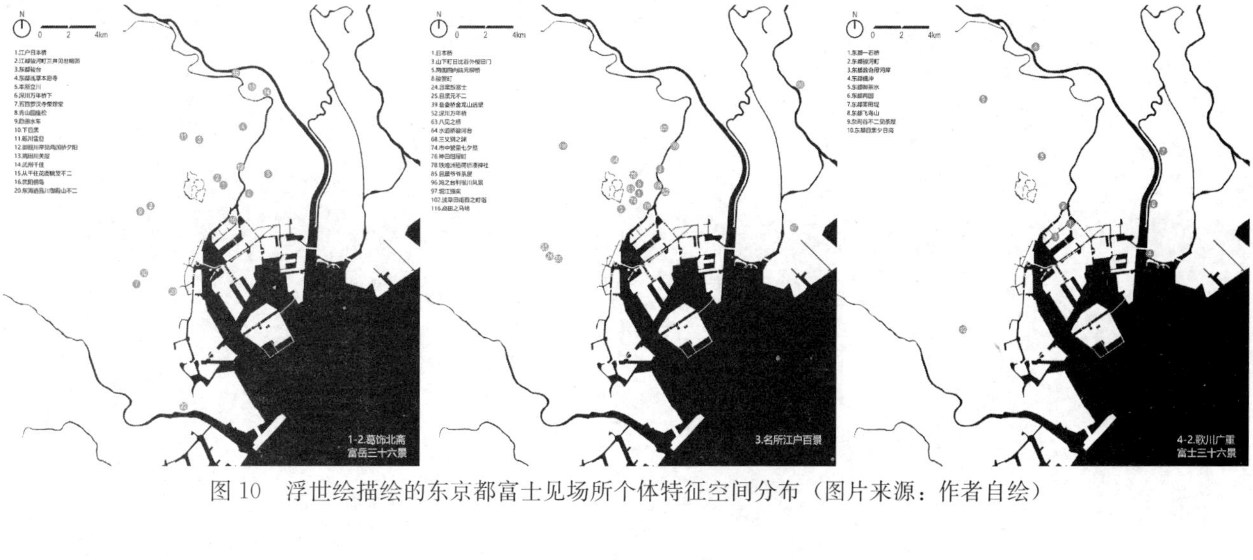

图 10　浮世绘描绘的东京都富士见场所个体特征空间分布（图片来源：作者自绘）

4 结论与讨论

本文定义了富士见场所，并梳理出了不同层面的特征，借由东京都为例深入探讨了富士见场所个体特征的多种可能性，填补了风景园林学视角下的富士见研究的漏洞。综合多方面研究试图讨论三点富士见场所的现代风景价值：(1) 传承风景可持续的理念，怀揣从经济角度出发的风景意识；(2) 保护与自然共生的环境，促进城市与周边环境的和谐发展；(3) 创造对步行友好的景观，重塑历史与人文空间的有机串联。

新时代的中国风景园林必然是扎根于中国文化传统之上。本文希望从人类命运共同体的视角出发，将日本富士见文化作为借鉴，以此探讨超越城市市域范围边界，寻求地理视角上的区域范围内的新时代中国“望得见青山”的可能性。

参考文献

[1] 田代博．富士見：组合之美[J]．知日，2015，(33)：70-75.

[2] 木村良樹．世界遺産紀伊山地の霊場と参詣道[M]．日本：世界遺産登録推進三県協議会，2005：139-143.

[3] 佐々木守俊．歌川広重保永堂版東海道五十三次[M]．日本：二玄社，2017：126-127.

[4] 田代博．富士見の謎[M]．日本：祥伝社，2011：12-17.

[5] 佐藤滋十城下町都市研究体．新版図説城下町都市[M]．日本：鹿島出版会，2015：8-9.

[6] 佐藤滋．まちづくり図解[M]．日本：鹿島出版会，2017：48-53.

[7] 東京大学都市デザイン研究室．図説都市空間の構想力[M]．日本：学芸出版社，2015：121-123.

[8] 白幡洋三郎．近代都市公园史：欧化的源流[M]．中国：新星出版社，2014：203-209.

[9] 遠藤新．静岡市街の特性を活かすアーバンデザイン[C]．日本：朝倉書店，2017：78-81.

作者简介

石渠，1992年生，男，汉族，河北沧州人，北京林业大学、日本千叶大学风景园林学双学位硕士研究生在读，研究方向为风景园林规划与设计。电子邮箱：287413491@qq.com。

李雄，1964年生，男，汉族，山西太原人，博士，北京林业大学副校长，教授，博士生导师，研究方向为风景园林规划设计理论与实践。电子邮箱：bearlixiong@163.com。

山地型传统村落雨洪管理景观化措施及其生态智慧研究①

——以济南市朱家峪传统村落核心区（古村落）为例

Study on Landscape Measures and Ecological Wisdom of Rain and Flood Management in Mountainous Traditional Villages

—Taking Ji'nan Zhujiayu Traditional Village Core Area "Ancient Village" as the Example

解淑方　宋　凤

摘　要：我国传统村落在地雨洪管理经验及措施，属于典型的低技术范畴。且融入文化与视觉审美需求，兼备景观效果。本研究以朱家峪传统村落核心区（古村落）为研究对象，运用文献查阅法、现场调研法和图示语言法，从村落空间布局、建筑、道路、水系引导等方面对核心区雨洪管理景观化措施进行分析，归纳总结雨洪管理景观化措施的类型和特征。运用GIS空间模型与SCS-CN水文模型联合模拟不同重现期极端日降雨量下的淹没区域及水流特征。与雨洪管理景观化措施对比叠合，定量系统地认知其类型、尺度与特征等，分析其合理性与蕴含的生态智慧，为新型城镇化建设中雨洪管理提供借鉴，以期传统村落雨洪管理生态智慧能更好地传承和发展。

关键词：山地型传统村落；雨洪管理；景观化措施；生态智慧；朱家峪

Abstract: The experience and measures of land and stormwater management in traditional villages in China belong to the typical low technology category. And integrate into cultural and visual aesthetic needs, both landscape effects. Taking the core area of Zhujiayu traditional villages "ancient villages" as the research object, this paper analyzes the landscape measures of rain and flood management in the core area from the aspects of village spatial layout, architecture, road, water system guidance, and summarizes the types of landscape measures of rain and flood management by using the methods of literature consulting, field investigation and graphic language. Type and characteristics. GIS spatial model and SCS—CN hydrological model were used to simulate the submerged area and flow characteristics under extreme daily rainfall in different recurrence periods. Comparing with the landscape measures of rainwater and flood management, this paper quantitatively and systematically cognizes its types, scales and characteristics, analyzes its rationality and ecological wisdom, and provides reference for rainwater and flood management in new urbanization construction, so as to better inherit and develop the ecological wisdom of traditional village rainwater and flood management.

Keyword: Mountain Traditional Village; Rainwater Management; Landscape Measures; Ecological Wisdom; Zhujiayu

前言

在生态文明建设背景下，"海绵城市"、"低影响开发"等雨洪管理理念和模式的应用在一定程度上缓解了城乡内涝问题，但模式化和标准化措施并没有从根本上解决雨洪问题。反观我国传统村落在地雨洪管理经验及措施，不仅具有因地制宜特征，而且属于低技术范畴。其中山地型传统村落因气候及地形变化的复杂性面临着更为严峻的雨洪问题，村民在村落择址、建筑构筑、环境营造等方面积累了大量雨洪管理经验，形成了日臻完善并蕴含朴素生态智慧的雨洪管理措施，且融入文化与视觉审美需求，兼备景观效果。在当今生态文明建设和乡村复兴战略背景下，这些传统雨洪管理景观化措施对营造微气候环境、塑造在地景观、传承在地文脉、实现乡村可持续发展等方面具有重要意义。

1　基本概念释义

1.1　山地型传统村落与雨洪问题

传统村落是在历史长河里生存下来并且保留着较为完整生产生活方式、自然环境和人文环境的村落，蕴含了丰富的文化、自然宝藏，具有较高的历史、文化、科学、艺术、社会和经济价值[1]，是中华民族传统"根性"所在。山地型传统村落是指所处地理环境为山地区域的传统村落，因气候及地形变化的复杂性其面临着更为严峻的雨洪问题。

1.2　雨洪管理景观化措施与生态智慧

雨洪管理措施是人们由与水为敌的被动地位发展到与水为友的主动管控及利用所形成的，以工程和非工程

① 山东省自然科学基金资助项目（ZR2017BEE075）；山东建筑大学校内博士基金项目（XNBS1012）；山东建筑大学博士基金资助项目（XNBS1616）；教育部人文社会科学研究青年项目资助（18YJCZH066）。

的方式存在。其景观化是利用景观要素进行综合统筹设计，在满足雨洪防控利用的同时，融入观赏、游憩、交通等多种功能。根植于我国传统村落的雨洪管理方法和措施，是劳动人民为了适应旱涝不均水环境积累的宝贵经验，具有因地制宜性、人与自然和谐性、经济性、人文性特征，属于典型的低技术范畴。且与塑造公共空间相结合，具有直观可视化的特征。这些雨洪管理景观化措施是传统理水手法的精髓，是中国特有的具"生态智慧"的雨洪管理方法[2]。

2 研究对象与研究方法

2.1 朱家峪核心区自然环境概况

济南市朱家峪传统村落（村域总面积 5km²）地处暖温带半湿润大陆性季风气候区，年平均降水量 614mm[3]，雨热同季，夏季降雨集中，极端降雨天气频发。本文研究对象核心区古村落面积 32hm²[4]，东、南、西三面青山环绕，北面为平原，南北最大高差约 50m。气候及地形变化的复杂性使得研究范围内雨水径流量大，极易形成雨洪。村民在与雨洪的长期对抗过程中，通过不断试错创造出蕴含生态、文化、美学思想的雨洪管理景观化措施历经时间考验依旧发挥功能。

2.2 本文拟定研究方法

应对研究对象和研究内容的基本特征，本研究主要采用田野调查法、图示语言法、数字分析法和对比分析法四种研究方法。

通过田野调查法与图示语言法，结合入渗、排放、滞留、存储雨洪运动路径，从村落空间布局、建筑、道路、水系引导等方面对朱家峪传统村落核心区雨洪管理景观化措施进行分析，归纳总结雨洪管理景观化措施的类型和特征。

通过 GIS 空间模型与 SCS-CN 水文模型联合的现代化数字分析方法，对朱家峪传统村落核心区的雨洪管理景观化措施进行探究分析，与雨洪管理景观化措施布局位置进行对比，更好地理解传统雨洪管理措施的作用机理及生态智慧。

3 核心区雨洪管理景观化措施

3.1 雨洪路径及景观化措施类型

通过田野调查可知核心区雨洪路径沿路布置，呈树丫状，地表径流由南自北顺势汇流。共有四条汇流分支（图 1、图 2）：一是源自文峰山的长寿泉支流，经由坛井七折、康熙双桥；二是笔架山文峰山间的东井西井支流，与支流一在砚湖处汇集，合流下行；三是西侧源自白虎岭的长流泉径流水系，经由曲径通幽与前两者在北头井处合流下行；四是由笔架山、青龙山发源的泉水，进入西园水库存储，再向东与前述水系合流于汇泉桥。四条径流路线合流后经由旱溪河道向北汇入村北低地的蓄水池—文昌湖，再由溢水口与村外泄洪河道相连。

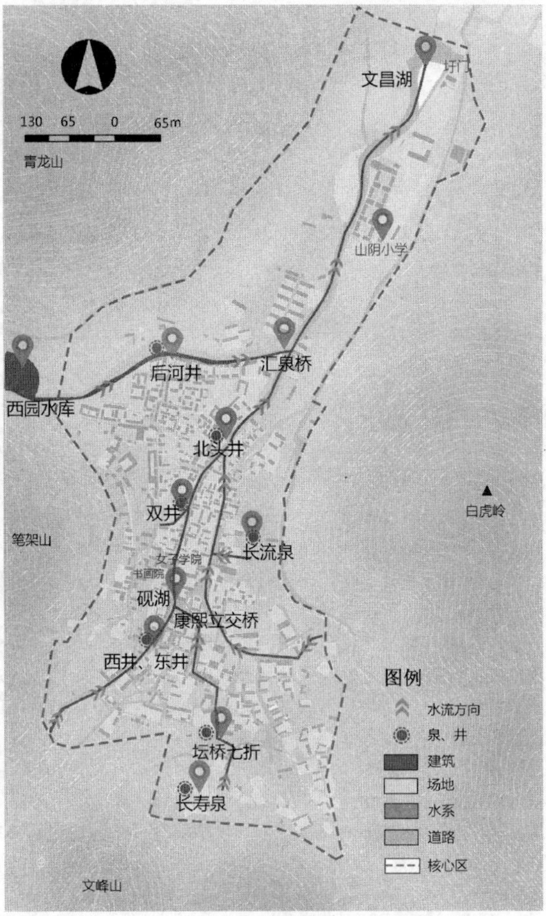

图 1 朱家峪现状水系图

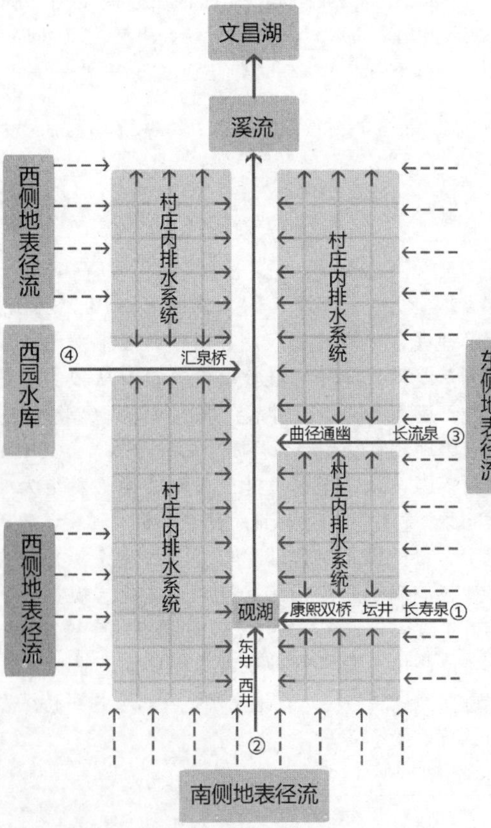

图 2 朱家峪排水系统组织示意图

依据雨洪路径下垫面特征不同，核心区雨洪管理景观化措施可以概括为三种基本类型，分别为：以井、泉、塘、湖等拦蓄设施为主的面状空间雨洪管理景观化措施，以道路、桥梁、沟渠等引导设施为主的线状空间雨洪管理景观化措施，以建筑周边环境为主的雨洪收集、引导景观化措施。

3.2 面状空间雨洪管理景观化措施

根据实地调研，按照水源不同，面状空间雨洪管理景观化措施可以概括为水源性蓄水景观化措施和客水汇集蓄水景观化措施。

3.2.1 水源性蓄水景观化措施

水源性蓄水景观化措施主要指泉水、井水出露空间的蓄水景观化措施。泉水、井水出露空间是古村落中的重要公共空间，具有重要的社会效应和生态效应。社会效应体现在该类空间是村民聚集、交流、交往的重要公共开放空间节点。生态效应表现在泉水、井水汇聚地湿度较大，植被相对丰富，利于营造凉爽舒适的小气候条件。结合泉、井塑造的水塘空间为雨季山水行洪提供缓冲，并起到雨水暂存作用。经典案例如长寿泉广场和坛桥七折。

长寿泉广场（图3、图4）位于村落南部高点处，水池承接长寿泉出露的泉水，并作为小型蓄水设施承接南侧山体的地表径流。水池池岸由卵石围合，呈月牙状，石墨盘汀步点缀池间，水浅质清，塑造尺度宜人的亲水空间。

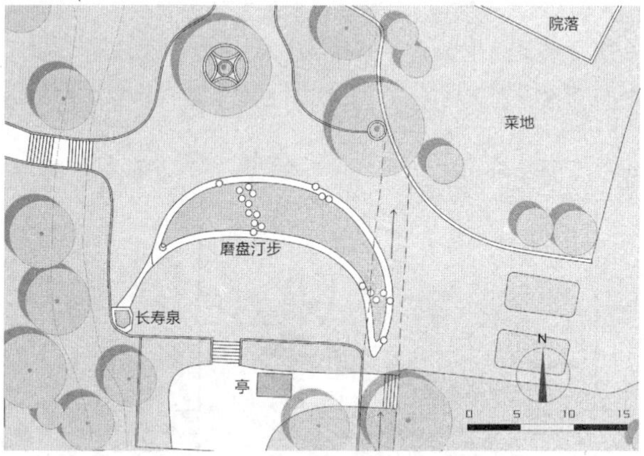

图3 长寿泉广场平面图

图4 长寿泉广场

“坛桥七折”（图5、图6）位于长寿泉下游道路转角放大处，兼具交通、景观、行洪、蓄水功能。坛井周围布置青石板平台，东、南、北三面分布着曲折相连、纵横交错的7座石桥（今存6座）。周边沟渠系统承接南面山坡集中下泄的客水，再由曲折的行洪通道分段连接向北导流。导流路径的转折处空间略有放大，平时作为村落公共节点使用，汛期起到滞洪减灾的作用[4]。水域沿线搭配置石、石槽、坐凳，形成村落中重要公共空间，具有浓厚的生活气息。

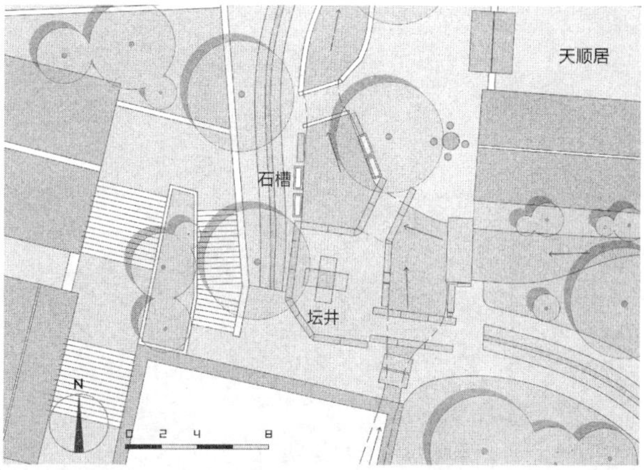

图5 坛桥七折平面图

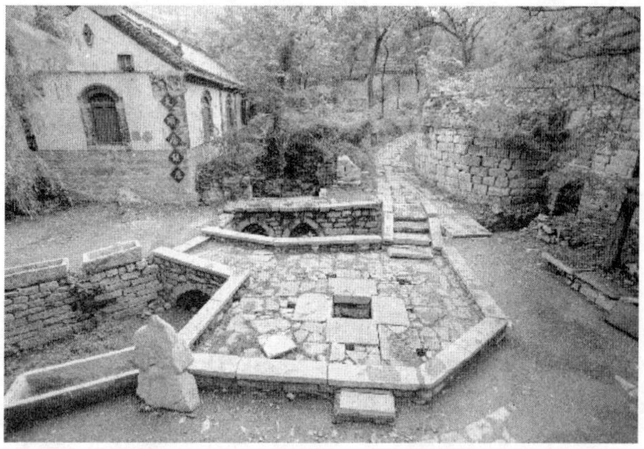

图6 坛桥七折（图片来源：网络）

3.2.2 客水汇集蓄水景观化措施

客水汇集蓄水景观化措施，指集蓄经由行洪路径客水的措施，主要作用在于分段分时拦蓄雨洪。另外该类蓄水措施在缓冲洪峰的同时，调整了村落空间布局节奏，丰富了村落景观内容。主要节点有文昌湖、砚湖、西园水库三处。

文昌湖（图7、图8）位于村落北入口处，地势较为低洼，主要拦蓄村落由南顺势而来的客水。丰水期，村落中沿南部山地至文昌湖的汇流路段尽显“古村老街清泉石上流，潺潺泉水汇聚文昌湖”的意境。汇入文昌湖的导流沟渠为自然山石驳岸，搭配水生植物，安置仿古水车。文昌湖是朱家峪古村落整个行洪排水系统中的水流汇集终点，又借宽阔的水面布置营建了亭、桥、榭等景观要素，是传统村落应对雨洪进行水利工程梳理兼造如画风景的典型案例。

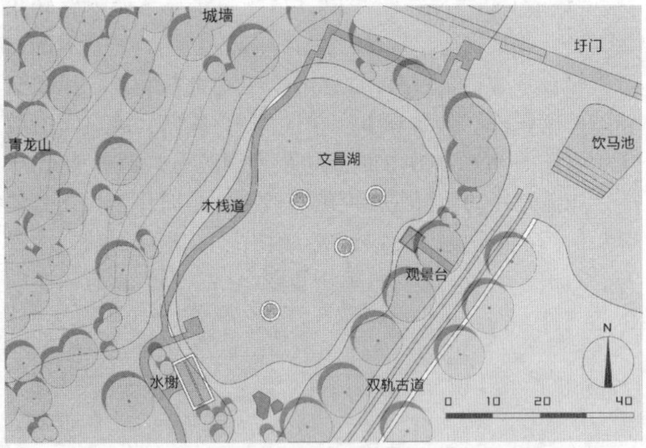

图 7　文昌湖平面图

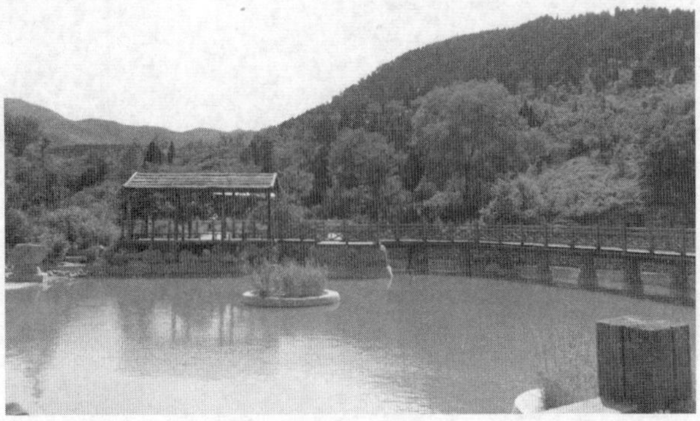

图 8　文昌湖

砚湖（图 9、图 10）不仅是交通动线的枢纽空间，也是南侧长寿泉、坛井、东井汇水支流和西南侧西井汇水支流的交汇空间。汇流点放大为蓄水景观池，池中种植具有净化水质功能的睡莲、再力花等水生植物，池壁由块石垒砌为具有坐憩功能的护栏。水池的进水口留在池南侧，承接南侧道路地表径流。水池周围设置了石磨、石槽等生产设施，是近旁村民日常休闲的公共开放空间。

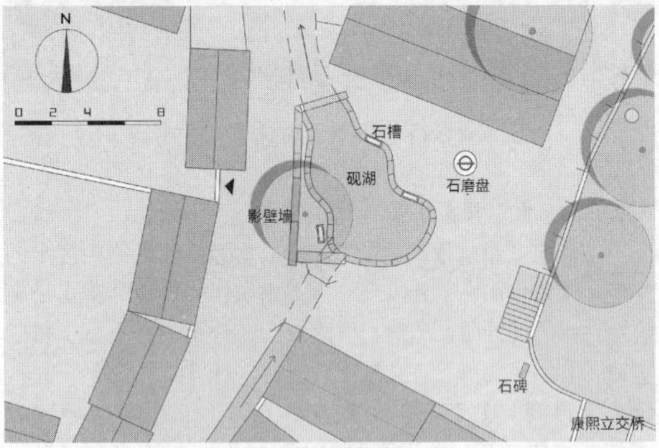

图 9　砚湖平面图

村落西侧山峪汇流地带有三处井泉池。丰水期，水自北壁溢水口流出，汇入西园水库。西园水库同时承接了青龙山、笔架山等地表径流雨水，成为村内较大规模水库型蓄水设施，蓄水量可达 4 万 m^{3}[5]，蓄水主要用于周边环境微气候调节和绿化灌溉。

图 10　砚湖南侧进水口

3.3　线状空间雨洪管理景观化措施

经过实地调研发现村内主要道路伴行汇水线，兼具交通组织和行洪功能，因地段、地势不同，沿路雨洪应对措施亦有差别，体现了行洪路线雨洪应对措施因地制宜布置的特点。

3.3.1　单向径流道路

南部高地多数路段具有一定纵向坡度，个别路段纵向坡度达到 12%左右。路面多由就地取材的青石铺成，减缓了山地雨洪对路面的冲蚀，同时雨季陡坡处路面的雨水随势而下呈现出“清泉石上流”的景象。为了应对丰水期泉水溢流现象，道路边侧根据坡度和水流量设置了不同形式的导流通道（图 11～图 13）。如坡度较小路段设

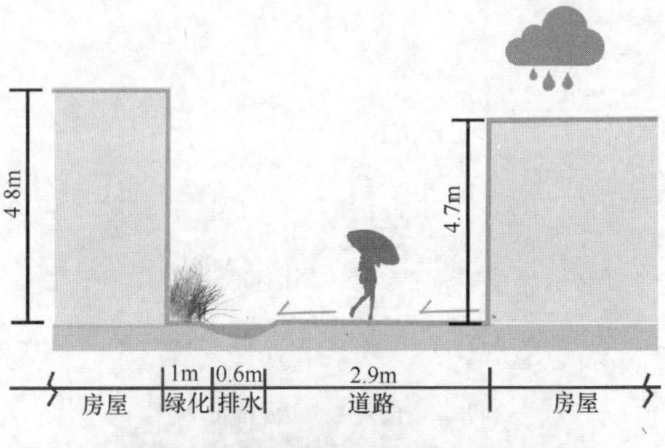

图 11　单侧浅排水通道

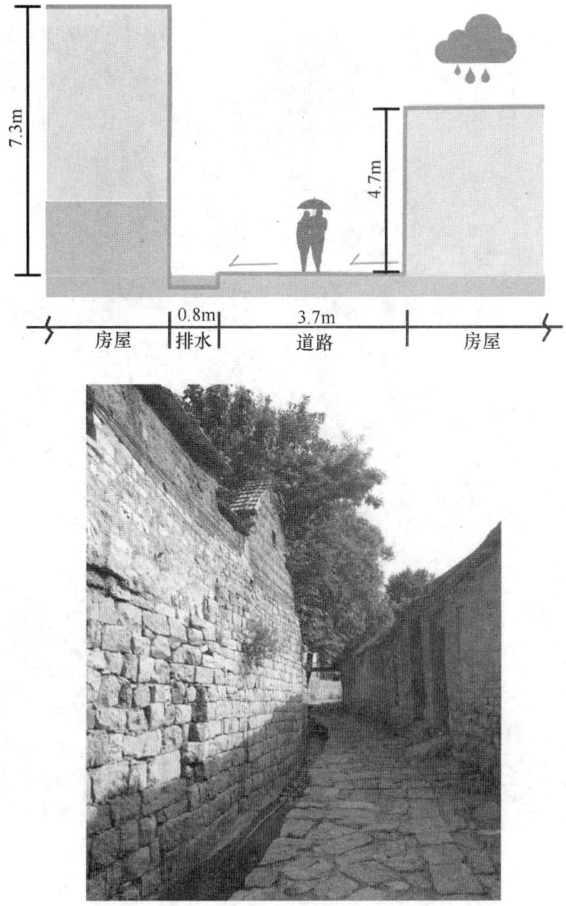

图 12　单侧明沟通道

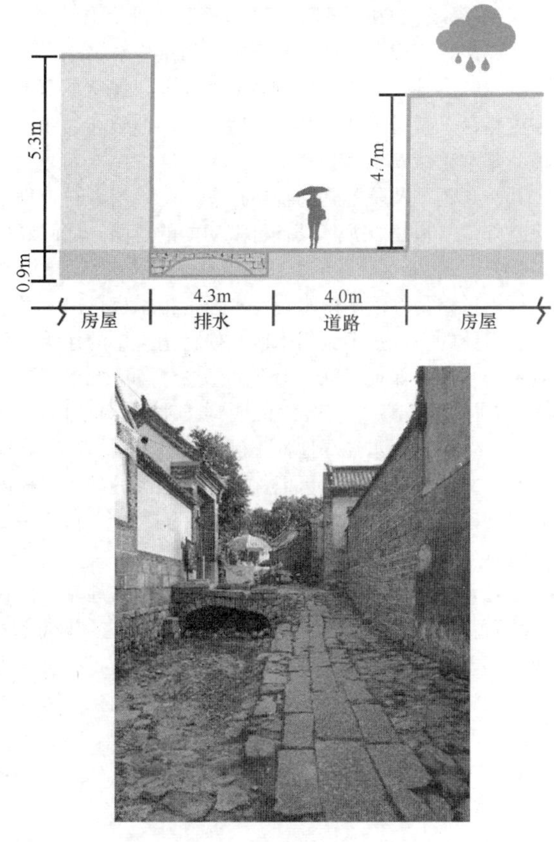

图 13　单侧暗渠通道

置单侧浅排水通道，坡度较大路段设置单侧明沟或暗渠收集疏导地表径流。另外多数路段采用了曲线型的路径，在降低地表径流速度的同时减缓了其对地面的冲蚀。部分路段地面采用了具有较好透水效果的卵石铺地，是沿路微气候环境形成的重要保障措施之一。

3.3.2　交汇径流道路

村落南段坡度较大的行洪通道密集交汇区，为了应对雨季量大势急的地表径流，采用了兼具交通和泄洪功能的特殊立体交通形式—康熙立交桥（图 14）。康熙立交桥，共有两座，相距约 10m，因桥建于清代康熙年间并有上下行交通而得名。桥洞尖拱券形，桥身由青石垒砌，历经三百余年的风雨洗礼依旧坚固，桥高约 3m，桥洞高约 2.3m，宽约 2m。两桥顺应道路曲线呈非平行布置状态，交通组织应时而变。平时，下行交通作为村落内主要人行通道，上行交通为桥上几户居民入户次要道路，上下交通互不干扰。雨季，山体客水形成的瞬时湍急地表径流可由下行通道通过，桥上交通不受干扰，以便保护村民住宅财产和生命安全（图 16）。这一项基础设施，能够满足不同情境下的功能需求，是雨洪管理中平灾结合、应时而变的典型范例。

图 14　康熙立交桥 · 东桥

村北侧地势平缓区，是南部高地地表径流导流后的汇集区，路侧沿汇水线方向设置了距离地面深约 2m，宽约 5m 的旱溪（图 17、图 18），足够的雨洪积蓄容量可使周边道路、建筑免受雨水的侵扰。旱溪中布置石头、植物等景观要素并配以曲折水形，既能减缓雨水径流速度，又能蓄渗雨水调节周边环境的微气候。

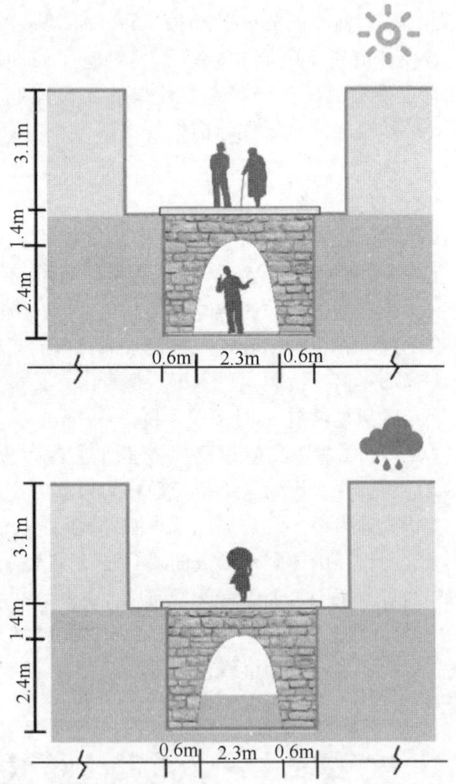

图 15　康熙立交桥交通与行洪示意图

图 16　旱溪

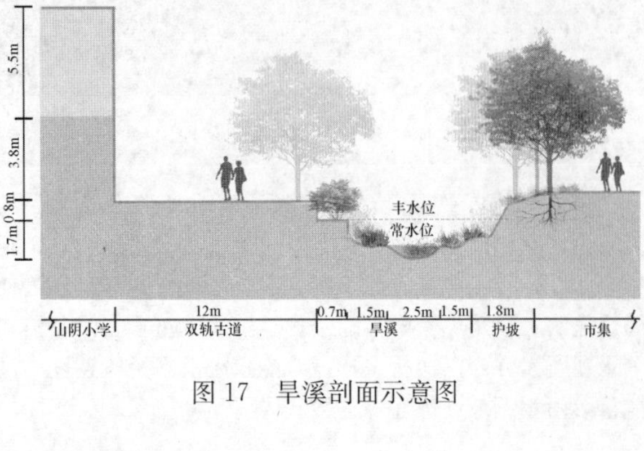

图 17　旱溪剖面示意图

图 18　建筑排水口

3.4　建筑周边雨洪管理景观化措施

朱家峪水资源相对丰沛，村落建筑伴水、伴泉而生。其营造亦能提炼出科学合理的低技术雨洪应对措施。

首先，房基选址在海拔较高的坡地上，规避了雨洪地表径流路径，减缓了地表径流对屋基的冲蚀破坏，保证了居民的基本生活安全。

其次，建筑及院落基础整体抬升（基础用青石堆砌），建筑及院落与道路（尤其具备行洪功能的道路）之间竖向标高相差 0.5～3m 不等，而且基础墙体有排水口（图 18）通向村内道路。院落中雨水、污水通过排水口排出，经由明沟、暗渠的引导汇聚到集水区，使得雨季中的建筑和院落避免于水患，保证了居住环境的安全。如女子学院内，地面布置了 10cm 宽、5cm 深的明沟排水渠（图 19），承接的房顶、院内雨水经绿地汇集后由排水渠引出院外，即使在暴雨时节，院内依旧可以保持相对干爽的环境（村内主要公共建筑院内的地面铺装材料多为透水性能良好的青砖）。

再者，地势低洼处的建筑多采用了高台式地基，高台以大块石料砌垒以防止雨水侵扰。院落与主要道路之间形成了高差，势必带来更强猛的地表径流。为了减缓地表径流的破坏力，高差以石质坡道、台阶进行消化以减少雨洪对房基和路基的冲蚀，延长其使用寿命（图 20）。

归纳总结朱家峪古村落雨洪管理景观化措施的类型、尺度和特征如表 1 所示。

图 19 女子学院院内排水渠

图 20 建筑与道路的沟通方式

朱家峪古村落雨洪管理景观化措施一览表　表 1

所处空间	雨洪设施名称	蓄水尺度（m^3）	功能类型	景观要素
面状空间（泉井等）	长寿泉广场	6.5	蓄水、行洪	泉水、植被、铺装
	坛桥七折	75	蓄水、行洪	泉水、植被、桥梁
	文昌湖	5000	蓄水、行洪	湖水、植被、亭廊、置石
	砚湖	75	蓄水、行洪	水系、植被、构筑
	西园水库	40000	蓄水	水系、植被、构筑
线状空间（道路）	单侧浅排水通道	0.3	行洪	铺装
	单侧明沟通道单侧	0.6	行洪	铺装
	暗渠通道	1.2	行洪	构筑
	康熙立交桥	—	交通、行洪	桥梁
	旱溪	600	蓄水、行洪	水系、植被、置石
建筑空间	建筑排水渠	0.05	行洪	构筑

4 核心区雨洪淹没区模拟及对比分析

4.1 核心区 SCS-CN 水文模型构建

SCS-CN 是美国常用水文径流模型，主要研究土壤类型、土地利用、土质湿润等因素对雨水径流的影响[6]。可利用 SCS-CN 水文模型，在确定极端日降雨量和地表径流系数等变量因子的基础上，计算出单位面积汇流生成的体积[7]，与 GIS 空间模型的联合分析（图 21），运算出暴雨淹没区的空间位置[8]。

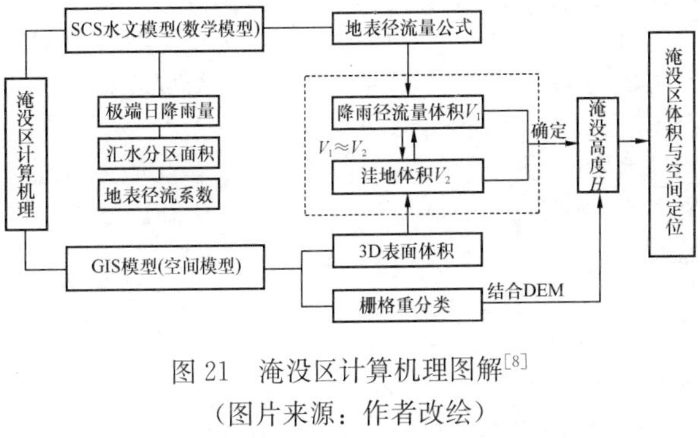

图 21 淹没区计算机理图解[8]
（图片来源：作者改绘）

4.1.1 计算公式

$$\begin{cases} Q=\dfrac{(P-0.2S)^2}{P+0.8S} & P\geqslant 0.2S \\ Q=0 & P<0.2S \end{cases}$$

与值的经验转换关系如下：

$$S=\frac{25400}{CN}-254$$

式中：P 为月降雨总量，mm；Q 为月径流量，mm；S 为可能最大滞留量，mm。

4.1.2 变量计算

（1）极端日降雨量计算

利用山东省济南市章丘区 1957～2017 年共 50 年内全部日降水量数据（数据来源于中国气象局气象数据中心国家级气象站章丘站，站号 54727），筛选整理出汛期日最大降水量，其中日降水量前三位分别为 166.7mm（1975-9-1）、152.5mm（2005-7-24）、145.7mm（1964-7-28）。采用陈兴旺[9]提出重现期计算方法，对章丘区汛期最大降水量进行了广义极值分布拟合，参数估计采用 Matlab 提供的相关函数完成。计算出了重现期 10 年一遇、50 年一遇、100 年一遇的极端日降雨量（表 2）。

济南市章丘区极端日降雨量统计表　　表 2

重现期	10 年一遇	50 年一遇	100 年一遇
极端日降雨量（mm）	118.5	153.2	166.8

（2）地表径流系数确定

依据现场实地调研的下垫面类型在总图上进行分类，分别得到以下径流系数值：山体 0.35、砖 0.40、土路 0.3、混凝土 0.85、水 1、沥青 0.95、青石 0.55、房顶 0.90。

（3）极端日径流量结果

根据地形数据构建 GIS 空间模型，生成了 12 个汇水区域，依据每个汇水区域的面积和相应的径流系数值加权平均得到每个汇水区域的综合径流系数，进而得到 CN 值。将所有数据根据 SCS-CN 水文模型计算每个汇水区域的极端日径流量 Q。

4.2 核心区雨洪淹没区生成

4.2.1 淹没区高度确定

由上述利用 SCS 径流公式计算出的径流量 Q，乘以每一汇流区域面积，得到淹没区体积 V_1，同时利用 GIS 技术的 3D 表面积公式计算出洼地体积 V_2。设 $V_1=V_2$ 时，即洼地体积原则上为淹没区体积，获取垂直高度 H 值，在 DEM 数据中提取汇水区域最低点至 H 值范围内的高程数据，并分别计算暴雨重现期 10 年一遇、50 年一遇、100 年一遇求的分布情况。

4.2.2 淹没区可视化

将各个重现期淹没高度重分类后获得朱家峪古村落雨洪淹没区分布区域。

4.3 对比分析雨洪管理景观化措施生态智慧

将计算得到的雨洪淹没区分布图（图 22）与调研得到的现状雨洪管理措施（图 23）进行叠加对比，定量系统地认知其类型、尺度与特征等，以分析其合理性与蕴含的生态智慧。

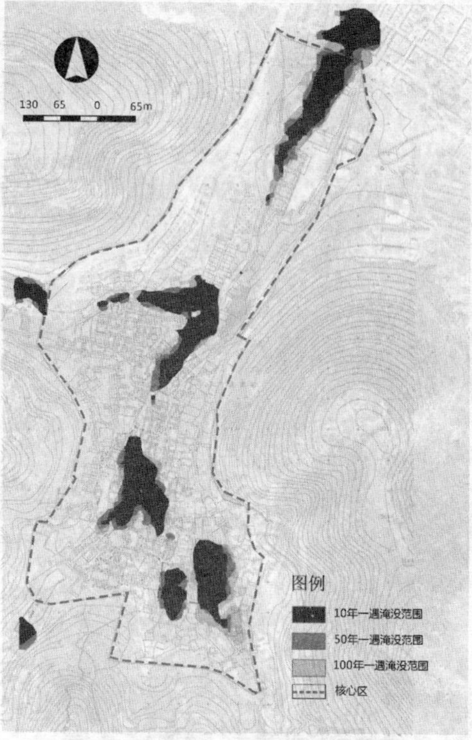

图 22　古村落雨洪淹没区分布模拟图

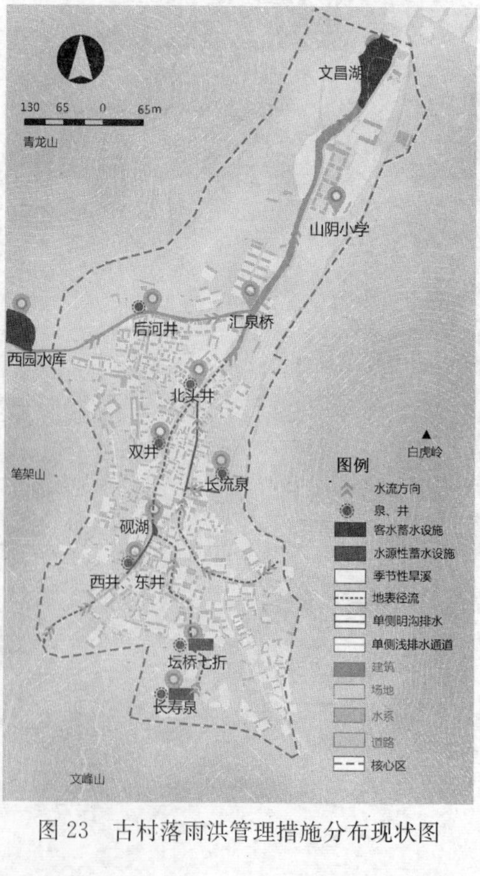

图 23　古村落雨洪管理措施分布现状图

村庄雨水管理整体布局顺应了自然地形、地势及雨水自然行洪路线，将外部山体产生的大量地表径流与内部村庄产生的地表径流统一考虑，南、东、西三面分步多点多支流对其进行削减及存储利用，点、线、面雨洪管理景观化措施形成整体，最后将统一汇集的地表径流进行存储外排。

面状雨洪管理景观化措施的布置选点主要位于淹没区域——西园水库、坛桥七折、砚湖、康熙立交桥、汇泉桥、文昌湖。这些区域处于汇流且低洼处，水量较大，人们在这些区域的主要雨洪管理措施为向下挖池滞留雨水，向上抬高建筑标高。在房屋密集处受空间条件的制约，开小池，主要抬高建筑底标高，如康熙立交桥处建筑院落与道路标高相差约 3m；周边最大相差 4～5m 的地段，为防洪充分预留地面空间。其他一些区域，如西园水库、文昌湖附近，降雨径流量、客水汇集量较大，空间开阔，开大池蓄水，并将建筑远离其布置。这样不仅在极端雨水天气时，减缓了地表径流的破坏，又可滞蓄以备旱时取水浇灌，降低了水资源的流失浪费比率，而且对村落微气候环境的调节起到了关键作用。

线状雨洪管理景观化措施的布置主要通过道路径流及道路旁明沟、暗渠、季节性旱溪将易涝区域沟通起来，达到雨水快排的目的，避免了特殊年份极端降雨条件下雨洪对村落的威胁，形成了独特的季节性景观。其中处于淹没区域的线状雨洪管理措施以明沟、大型暗渠、旱溪为主，行洪蓄滞能力较强；其他区域以道路地表径流为主。

建筑周边雨洪管理景观化措施亦能做到因地制宜。处在淹没区域的建筑与行洪道路之间具有垂直高差，以保证免受洪水侵扰。其余远离淹没及行洪区域的建筑，沿地形坡度布置，形成了村落建筑高大、错落层叠的独特景观。在建筑院落内部排水上，处于淹没区域以公共建筑居多，内部绿化空间布置导流、排蓄设施以承接雨水，再由排水明暗渠通过围墙排水口排向道路。

5 结语

朱家峪的雨洪管理经验是传统人民在与雨洪长期对抗过程中形成的，这其中包含了很多看不见的伤与痛，才形成了今天我们所见的智慧营造。这些融入文化与视觉审美需求的雨洪管理景观化措施，承载着本土文化观和生态观，是传统中华民族的宝贵财富。以现代数字方法分析其作用机理，能更好地学习其构建的精髓，古为今用，为现代乡村振兴建设提供设计思维和工程技术的借鉴。

参考文献

[1] 张琳，张佳琪，刘滨谊．基于游客行为偏好的传统村落景观情境感知价值研究[J]．中国园林，2017，33(08)：92-96.

[2] 赵兵，毛钦艺，韦薇，唐健．融入理水理念的江南水乡道路雨洪管理研究[J]．现代城市研究，2017(02)：76-83.

[3] 袁传芳．章丘市城区水资源开发利用现状及对策[J]．山东水利，2001(10)：19.

[4] 张建华，张玺，刘建军．朱家峪传统村落环境之中的生态智慧与文化内涵解析[J]．青岛理工大学学报，2014，35(01)：1-6.

[5] 刘媛媛．朱家峪勇闯 AAAA 级景区[N/OL]．http：//jnrb. e23. cn/shtml/jinrb/20140122/1244845. shtml.

[6] 崔莹．径流曲线数模型在城市低影响开发景观生态设计中的应用[A]//中国风景园林学会．中国风景园林学会 2015 年会论文集，2015：4.

[7] 蔡凯臻．缓解雨洪内涝灾害的城市设计策略——基于街区层面的暴雨径流过程调控[J]．建筑学报，2015 (10)：73-78.

[8] 丁锶湲，曾穗平，田健．基于内涝灾害防控的厦门雨洪安全格局模拟与设计策略研究[J]．城市建筑，2017(33)：118-122.

[9] 陈兴旺．广义极值分布理论在重现期计算的应用[J]．气象与减灾研究，2008，31(04)：52-54.

作者简介

解淑方，1994 年生，女，汉族，山东省沂水人，山东建筑大学建筑城规学院风景园林硕士研究生在读，研究方向为风景园林规划与设计。电子邮箱：565256326@qq. com.

宋凤，1976 年生，女，汉族，山东省招远人，北京林业大学博士，山东建筑大学建筑城规学院，副教授，风景园林教研室主任，硕士研究生导师，研究方向为风景园林规划与设计、乡村景观、生态智慧。电子邮箱：songf@sdjzu. edu. cn。

宋画纳凉图与园林理水

Na Liang Tu (Whiling Away the Summer Paintings) of Song Dynasty and Water Layout of Gardens

耿　菲　董　璁

摘　要："纳凉"是古代书画中常被描绘的园林景象主题。该主题常通过水体、亭榭和茂林等构景元素的结合来营建，形成"纳凉观瀑"、"荷亭消夏"等一系列诗意情景。在这些情景的营造过程中，园林理水是实现"纳凉"意境表达的重要途径。针对绘画中水景营建的分析，对园林理水艺术的创新有着重要的借鉴作用。本文通过对多幅"纳凉"主题宋画进行分析，归纳该主题宋画的元素、构图及情景特征，继而总结其园林理水的手法及范式，借此为宋代园林的研究与当代体现意境特征的园林营建提供参考。

关键词：纳凉图；园林理水；意境营建；造景元素；宋画

Abstract: The scene of "Na Liang (Whiling Away the Summer)" in Chinese Classical gardens often embodied in landscape paintings. The poetic scenes such as "Na Liang Guan Pu (Enjoy the Cool While Viewing Waterfall)" and "He Ting Xiao Xia (Enjoy the Cool While Seeing Lotus Sight)" often contains elements such as water features, waterfront buildings and flourishing woods. As an important landscaping and painting technique, water layout reflects the unique nature and aesthetics in Chinese gardens and landscape paintings. To analysis the waterscape features in Song paintings has important reference to the water layout method. The paper takes a series of Song paintings with water layout methods as research objects. The paper has two goals, 1. to summarize water layout construction paradigm through analyze the elements in Song paintings and poems. 2. to provide reference to contemporary landscape design which reflects cultural characteristics and natural ecology.

Keyword: Na Liang Tu (Whiling Away the Summer Paintings); Water Layout of Gardens; Construction of Artistic Conception; Landscape Elements; Song Dynasty Paintings

引言

李长之在《中国画论体系及其批评》一书中提到，艺术总是包括着主观、对象、用具三个方面的问题[1]，而山水画与园林在主观——即创作者、对象——即自然景物、用具——即营造方法的三个方面都体现出了互通性。在两宋时期，山水画的发展达到了高峰，并呈现出写实性描绘的特征，因此，在两宋园林遗迹几乎不存的前提下，以两宋山水画及相关文献为材料对此时园林营建要素及空间布局进行研究具有一定的意义。两宋山水画往往呈现出较为直观且能表达园林造景的视觉景观，这种视觉景观对于揭示园林的营建方式和具体结构具有重要参考意义。此外，透过画中人物与园林环境的关系，还可探析园林在彼时日常生活当中的作用和意义，并在一定程度上为了解宋人对园林的认知提供依据。

1　"纳凉"主题的滥觞与发展

随着两宋时期山水画的逐渐成熟与发展，画家对传统程式符号的运用不断进步，山水画的题材开始关注到现实生活[2]，其造境构思也日臻细致，出现了主题式的塑造，且由于画家的相互影响借鉴，逐渐形成了常见的景物范式。"纳凉"是该时期最具代表性的主题之一。

纳凉图是对以纳凉、消夏为主题的宋画的总称，在本文的研究中也涵盖了含有纳凉意境的宋画。选择"纳凉"主题两宋山水画为研究对象有如下原因：首先，与其他主题画作相比，"纳凉"更贴近日常生活，在各类文献和图像中的相关描述也较多；其次，纳凉图在宋代已形成基本范式，比对目前可查的十余幅以纳凉为主题或含有纳凉意境的宋画，可发现其具有高度一致的元素运用与意境相近的布局特征；再者，"纳凉"因其与自然环境的密切关系，还可为当下研究宋代夏景主题的园林营建提供大量的资料。

2　纳凉图中的园林理水艺术解析

园林理水作为中国造园的传统手法之一，历来备受重视，被众多典籍所载。据《武林旧事》卷三所述："禁中避暑，多御复古，选德等殿又翠寒堂纳凉。长松修竹，浓翠蔽日，层峦奇岫，静窈萦深。寒瀑飞空，下注大地可十亩。池中红白菡萏万柄，盖园丁以瓦盎别种，分列水底，时易新者，庶几美观。又置茉莉、素馨、建兰、麝香藤、朱槿、玉桂、红蕉、阇婆、檐卜等南花数百盆于广庭，鼓以风轮，清芬满殿。"[3]可见宋人生活中避暑降温有理水、植树、建阁等多种方法，同时还形成了供人观看、消遣的园林小景，这些也都体现在宋画纳凉意境的营造中。

本文选取两宋画家所绘的纳凉图10幅以及包含消夏元素的宋画8幅共计18幅为样本进行分析。其中直接以理水营造消夏意境的有17幅，余下的一幅《槐荫消夏图》虽未有直接的理水，但仍通过山水屏风，间接地表达了理水元素的存在（图1），具有异曲同工之妙，可见水元素在纳凉意境营造中的重要性。

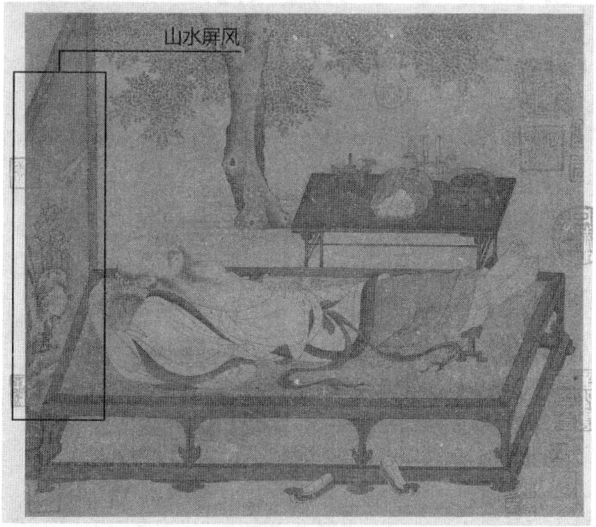

图1　《槐荫消夏图》中的山水屏风

纳凉图中的水元素一方面起到了避暑降温的作用，另一方面可以承载观景的需要，以瀑布、溪流、湖水等多种形态出现，为园林环境营造充满意趣的动静景致，兼具功能性与景观性，有着不可替代的作用。以理水为出发点研究宋画纳凉图，并借此对元素的使用方式与位置布局进行分析，可以窥探传统园林营造与自然结合的智慧。

据包瑞清等人的整理，前人描述水形态的词汇大概有：岛、沼、塘、洼、泽、洲、岸、泷、矶、池、潭、渊、山溪、泉、河、海、滩、汀、瀑、湖、滨、源、渠、岬、津等。[4]对含有水元素的17幅宋画纳凉图按照水的形态进行分类，主要有湖、塘（或池）、溪（或渠）、瀑等。其中湖、塘的形态分别占58.82%、29.41%，溪的形态占23.53%，瀑的形态占11.76%。

纳凉图中的理水形式类型　　表1

续表

	图名 \ 水的形态	湖	塘或池	溪	瀑
纳凉图	佚名《纳凉观瀑图》			√	√
	佚名《荷亭消夏图》	√			
	佚名《柳院消暑图》	√			
	佚名《水阁风凉图》	√			√
	佚名《草堂消夏图》			√	
	马麟《荷香清夏图》	√			
	佚名《水阁纳凉图》	√			
	李唐（款）《消夏图》		√		
	郭忠恕（传）《明皇避暑宫图》	√		√	
含有夏日纳凉元素的图	佚名《莲塘泛艇图》		√		
	刘松年《四景山水图·夏》	√			
	刘松年（传）《十八学士图》		√		
	李结《西塞渔社图》		√		
	马远《山水图》	√			
	佚名《荷塘按乐图》		√		
	佚名《荷亭婴戏图》	√			
	赵令穰《湖庄清夏图》	√		√	

3 “纳凉”主题下的园林理水类型归纳与分析

3.1 滨湖型（图2）

滨湖型理水的主要特征是主体水域面积较大，在画面中没有完整的边界，以湖泊的形式存在于画中。此类宋画纳凉图构景较为完整的有佚名《荷亭消夏图》、《柳院消暑图》、《水阁风凉图》、《水阁纳凉图》，马麟《荷香清夏图》，马远《山水图》及刘松年《四景山水图》中的夏景部分。

以纳凉部分为画面表现的核心，对构图进行分析，主景多为纳凉者闲憩在滨水建筑中，旁边配有庭院或平台，整体位于画面的一侧。前景多为造型独特的树与山石的搭配形成一部分遮挡，为画面增加层次，远景则是若隐若现的远山，呈现流水不断、画面悠远的氛围。

在纳凉意境的营造中，多使用滨水建筑、荷花、假山、浓荫树、亭、桥、远山、曲折驳岸等元素。其中浓荫树提供纳凉的功能，滨水建筑、桥、亭是纳凉的场所，荷花承载观景的需要，远山增添画面的层次，而湖水就是串联这些元素的核心部分。以此主题下较为典型且写实的《荷亭消夏图》为例进行理水布局分析：此情境表现的是静态的水面，水的形态较为曲折，表达着寂静深远的境界，通过一座短桥将长堤与左岸相接，进一步划分水面增加层次。岸边有面向湖的水榭，通过长廊连接凉亭，凉亭探入水中，水在其下流动，周围环绕大片荷花。此外有山石、树木掩映湖岸，既增加了空间的竖向变化，又起到丰富环境的作用。“静态的水面——曲折的水岸——滨水建筑——探入水的凉亭/殿——岸边山石、浓荫树”这一系列的布局形成了滨湖型纳凉意境营造的主要范式，在《四景山水图》、《山水图》、《水阁纳凉图》中也可以见到相似的描绘。除此范式外，纳凉的场所也可能是不再探出水面而立于平台上的亭（如《水阁风凉图》、《荷香清夏图》），或是在临水庭院中的堂（如《柳院消暑图》）。

3.2 临塘型（图3）

临塘型与滨湖型的主体相似，都为面积较大的静水面，

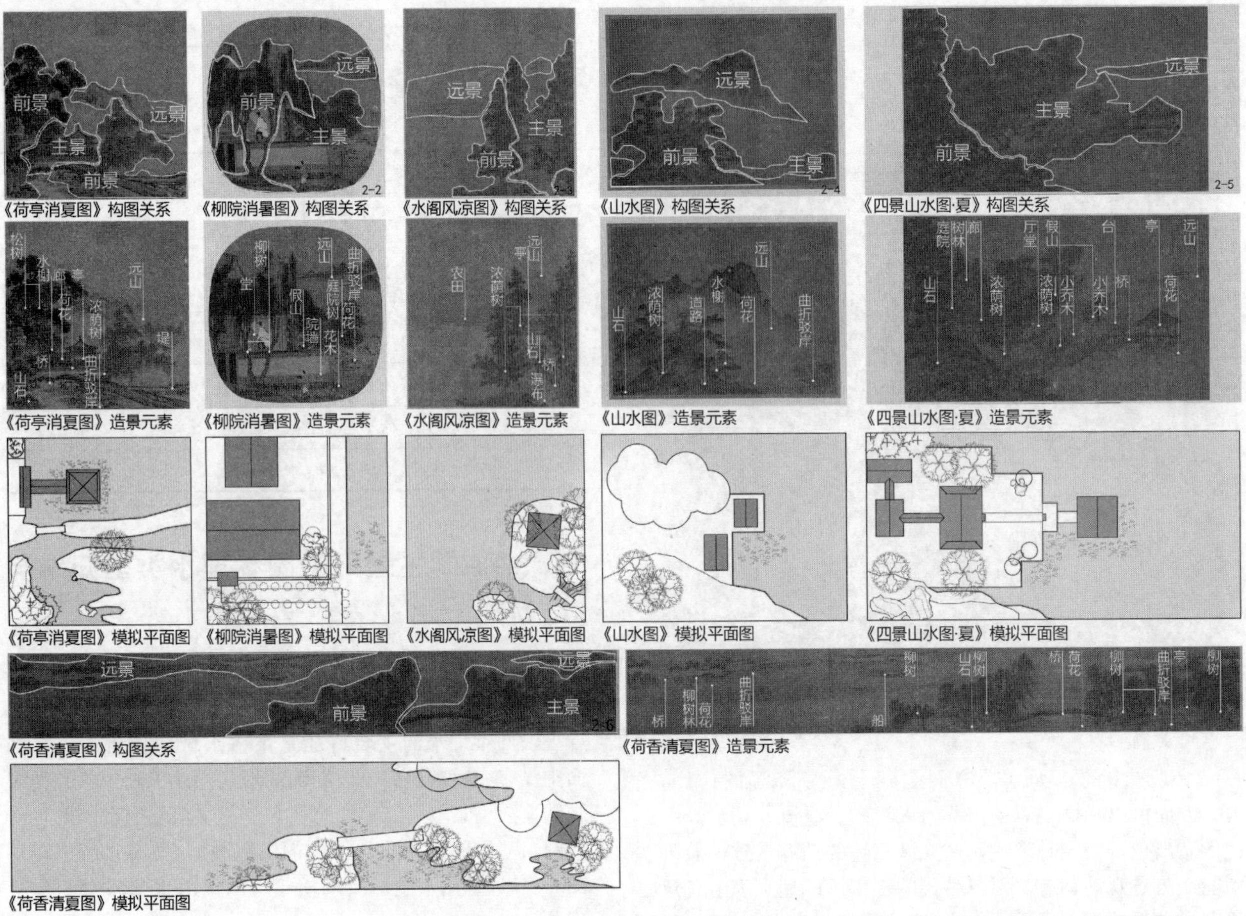

图 2　滨湖型纳凉图中的造景与园林理水分析

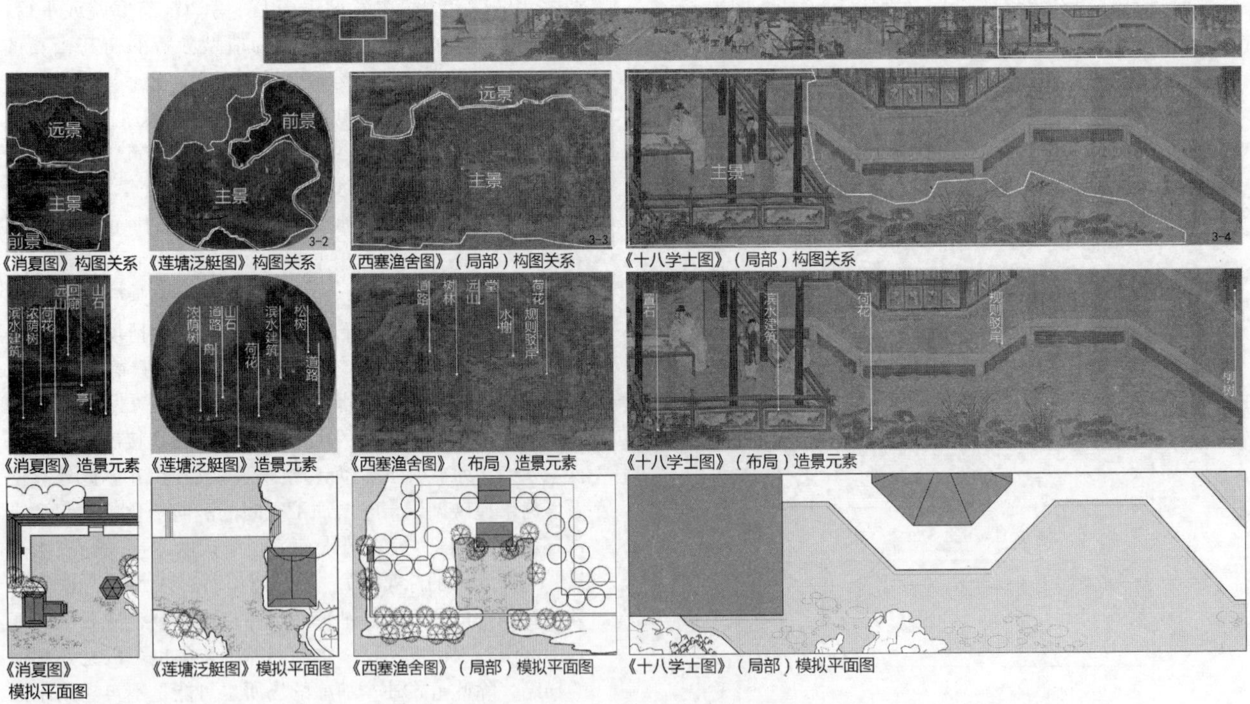

图 3　临塘型纳凉图中的造景与园林理水分析

不同点在于画面中水体有较为明确的边界，以池或塘的形式存在，此类宋画有李唐（款）《消夏图》及含有夏景元素的佚名《莲塘泛艇图》、《荷塘按乐图》、李结《西塞渔舍图》、刘松年（传）《十八学士图》。这些宋画没有较为统一的构图形式，根据表现的主题不同而有区别，但通常都将池或塘绘于画面中央，配以建筑、回廊、植物等元素丰富画面。此类型纳凉图对水景及周边环境的重点表现与细致的刻画，为分析其意境营造提供了可靠的材料。

滨水建筑、荷花、浓荫树、山石、人工驳岸等是临塘纳凉意境营造常出现的元素，这些元素的功能与滨湖型具有极大的相似性，而池塘既是串联这些元素的核心，又是画面表现的主体，使水元素在此情境的营造中显得更加重要。以此主题下刻画较为完整的《西塞渔舍图》（局部）为对象进行理水布局分析：此意境的主体是方形水塘，塘中种满荷花，水塘北边及东西两侧有环绕的道路，水池北部设有水榭，水榭前部架空挑于水面之上，沿岸栽植垂柳。《荷塘按乐图》虽未完整绘出池塘，其周围元素布局却与之基本一致（图 4）。《消夏图》的方形水池、半探出的滨水建筑都与之相似，虽以回廊环绕水面而非道路，但空间关系仍是一致的，不同在于《消夏图》似乎更关注视线与对景关系，在水榭的对岸布置了一座涉水凉亭。可推测“方形的水池—半探出的水榭—周围回廊/道路—岸边浓荫树”这一系列的布局在临塘型纳凉意境营造中较为常见，根据功能或观景的需要可能增加假山或凉亭。相较前两者，《莲塘泛艇图》布局较为特殊，水榭建于山石之上，可俯瞰水塘，水塘以乱石为岸，内则布满莲花，周边环植形态各异的浓荫树，别有一番野趣。

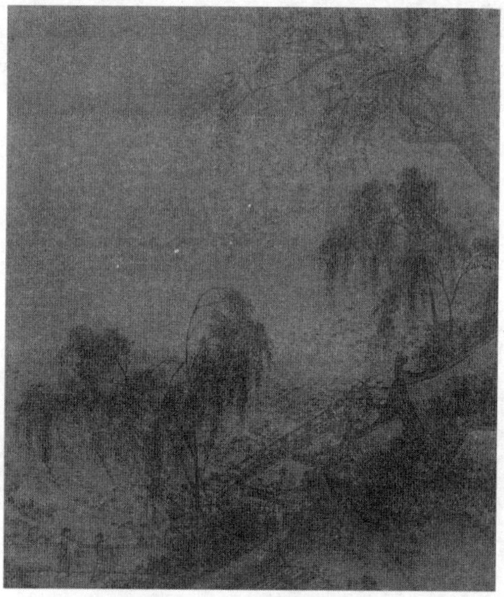

图 4 佚名，《荷塘按乐图》

3.3 傍溪型（图 5）

在画面中水以溪流形式存在的纳凉图有佚名《草堂消夏图》、《纳凉观瀑图》，此类宋画的纳凉意境可分为临流曲水与潜引流水两类，前者常发生于雅集或会友之时，后者则多为纳凉者独自赏景纳凉。

临流曲水重点表现画面中的故事性，溪流、人物及周边的环境构成了画面的主体，前景或远景用山石丰富画面。此类意境主要利用邻水建筑、竹林、山石等元素的搭配来营造曲幽雅致的氛围，而理水布局则较为简单，多为“溪流——沿溪竹林——滨水建筑——山石”的布局关系。由于情景的互通，此类纳凉图也开始与兰亭雅集相结合，如《御定佩文斋书画普》记载的《兰亭并纳凉图》，并且在明

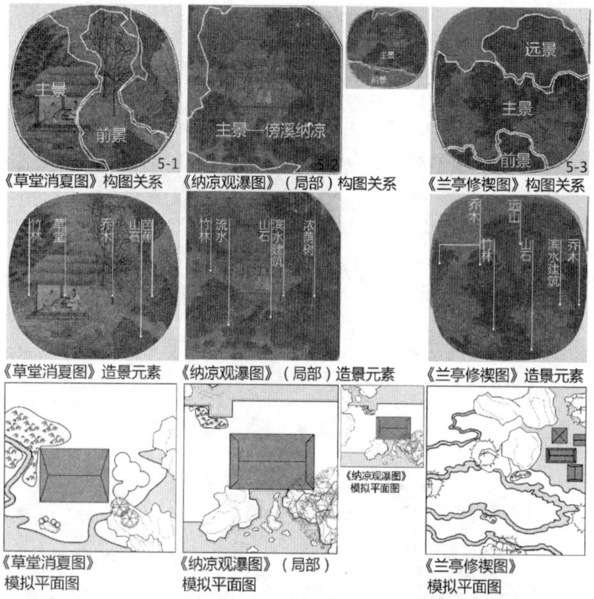

图 5 傍溪型纳凉图中的造景与园林理水分析

清佚名《兰亭修褉图》中也沿用了这一范式（图 5-3）。

表现潜引流水意境的宋画较少，但据《林泉高致》记述“睿思殿：宋用臣修所谓凉殿者也，前后修竹茂林阴森，当暑而寒。其殿中皆凿青石作海兽鱼龙，玲珑相通透，潜引流水，潄鸣其下。而上设御榻，真所谓凉殿也。上曰：‘非郭熙画不足以称。’于是命宋用臣传旨，令先子作四面屏风，盖绕殿之屏皆是。闻其景皆松石平远，山水秀丽之景，见之令人森竦。”[5]可见纳凉观瀑图主景虽为瀑布，却也在画面前部，基本呼应了文字中对凉殿周围景观的描述，是非常典型的傍溪型纳凉意境。对这一局部进行分析，可发现该意境中的元素有滨水建筑、浓荫树、山石、流水、竹林，其中滨水建筑为纳凉场所，浓荫树、流水、竹林提供纳凉的功能，布局与文字基本一致，为“前后竹林/浓荫树——周围置石——潜引流水——上设建筑”的关系，可见这种理水布局当在宋代已成为一种范式，元代《山居纳凉图》中相同的布局也可证明这一点（图 6）。

3.4 观瀑型

描绘观瀑型纳凉意境的宋画有《纳凉观瀑图》，此外还有出现瀑布元素的《水阁风凉图》。在《纳凉观瀑图》中，瀑布在画面的后部，纳凉者在前部，二者各占画面一侧，形成了视线上的呼应关系（图 7）。就目前的材料尚无法推断观瀑型纳凉意境的具体范式，但据《武林旧事》中“寒瀑飞空，下注大地可十亩”等的记述可知，确有观瀑纳凉景观的存在。

以资料较多的宋画观瀑图为材料进行观瀑意境的布局分析（图 8），典型观瀑位置有二：一是于瀑布上端或中段一侧设台俯观，旁边常配有姿态雅致的树；二是与瀑布落水处相隔一段距离，设置平台或水榭静观水的动态，在旁边地面或山石上种植树木。可见这两类理水布局与《纳凉观瀑图》、《水阁风凉图》中的一致，可为纳凉观瀑意境提供理水布局的参考。

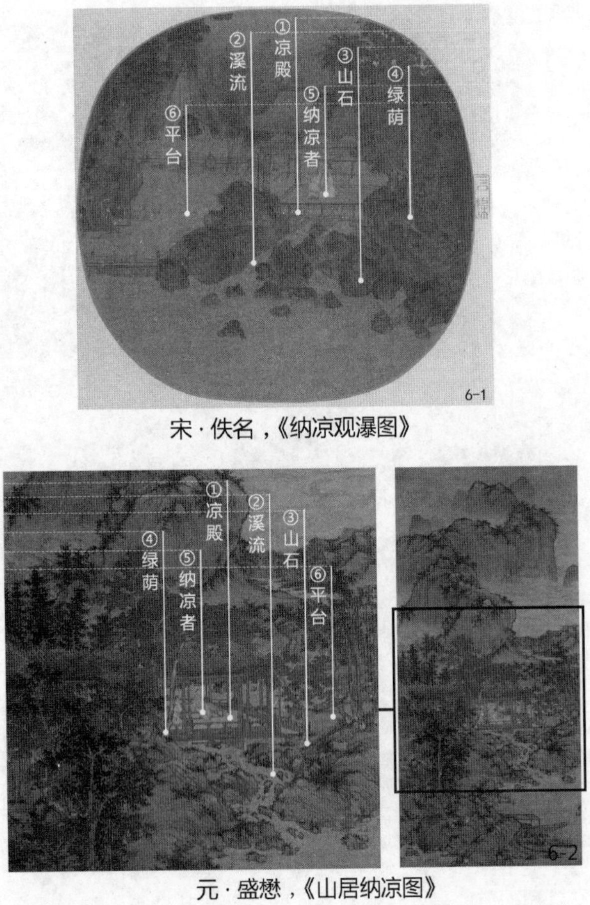

图 6 宋《纳凉观瀑图》与元《山居纳凉图》造景元素对比

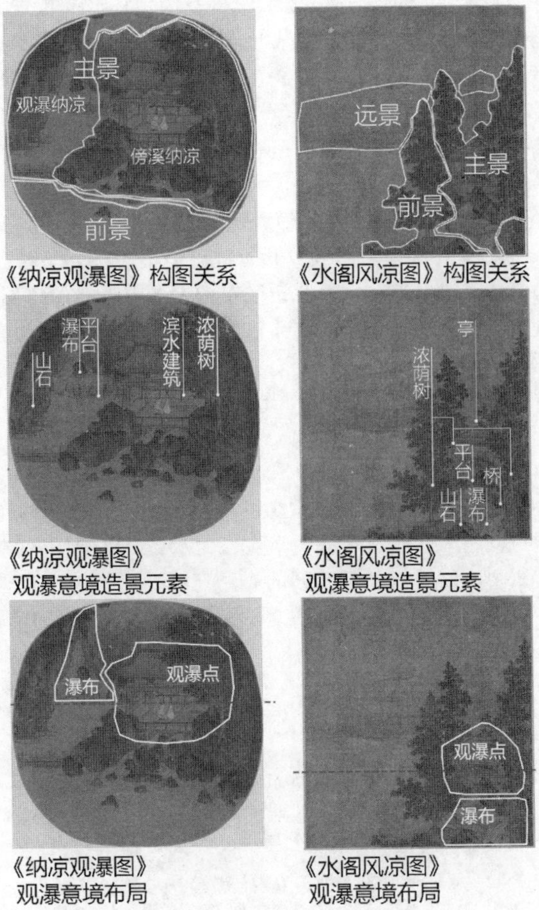

图 7 《纳凉观瀑图》与《水阁风凉图》中的观瀑纳凉意境造景分析

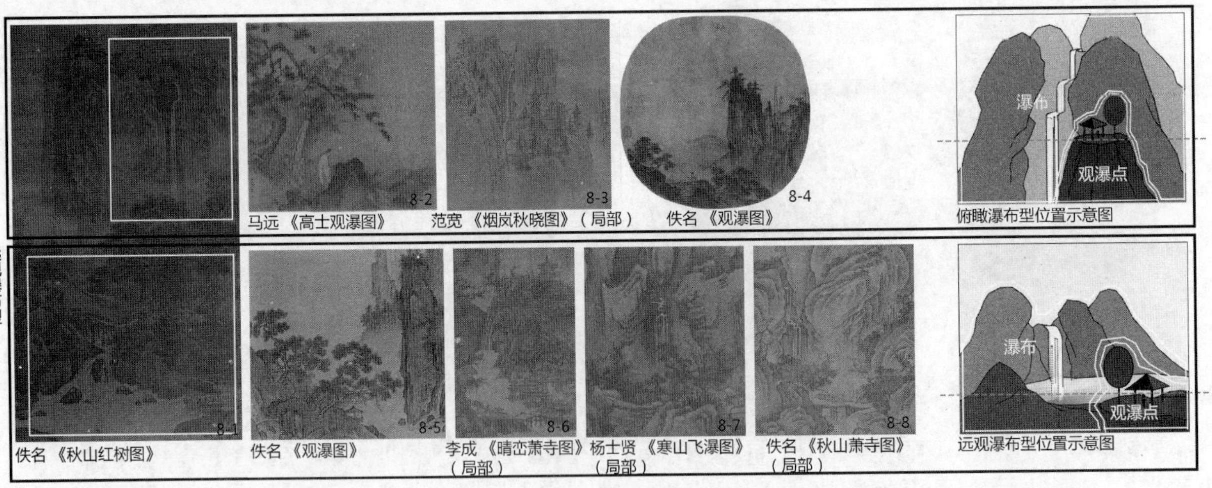

图 8 宋画观瀑图中的位置布局分析

4 结语

在纳凉图中，园林理水对纳凉意境营造具有重要意义，也是发掘园林艺术手法的重要途径。本文通过对18幅宋画的园林理水的构景要素特征和布局特征做比较分析，概括出其常见的四种类型，并以图示的形式进行阐述，借以探寻对应主题下园林的营建方式和具体结构。

园林理水体现了传统园林的生态观与自然观，蕴含着古人的造园智慧。宋代是我国文化发展的繁荣期，借助宋画对园林进行研究具有极大的意义。以纳凉为主题的山水画作为研究对象，可以揭示相应主题园林的营建方式和具体结构。

在二者的关系研究中可以看出，水兼有功能性与景观性，且宜动宜静，皆有多变的景致，可传达不同的情景意趣。

在当代园林提倡文化特征、技术手段逐渐发展的背景下，如何充分地实现古人对理想园林的描绘成为热门议题。譬如在古代由于技术限制尚无法大量营造瀑布，在现代可以较为容易得实现并使之成为纳凉的手段。我们可以运用现代技术与造园思想，结合传统园林的描绘，营建体现文化意境的园林。

注释

1. 图 1、图 2-2、图 2-3、图 2-5、图 3-2、图 5-2、图 8-1，原作现藏于故宫博物院，引自：浙江大学中国古代书画研究中心．宋画全集．第一卷［M］．浙江大学出版社．2010。

2. 图 2-1，原作现藏于“台北故宫博物院”。

3. 图 2-4、图 8-3、图 8-7，原作现存不详，引自：金墨．宋画大系・山水卷［M］．北京：中信出版社，2016。

4. 图 2-6，原作现藏于辽宁省博物馆，引自：浙江大学中国古代书画研究中心．宋画全集．第三卷［M］．浙江大学出版社．2009。

5. 图 3-1，原作私人所藏，引自网络。

6. 图 3-4，原作现存不详，引自：张子康．中国美术史・大师原典系列：刘松年・十八学士图［M］．北京：中信出版社．2016。

7. 图 4、图 8-8，原作现藏于上海博物馆，引自：浙江大学中国古代书画研究中心．宋画全集．第二卷［M］．浙江大学出版社．2009。

8. 图 5-1，原作现藏于克里夫兰艺术博物馆，引自：浙江大学中国古代书画研究中心．宋画全集．第六卷［M］．浙江大学出版社．2008。

9. 图 5-3，原作现存不详，引自网络。

10. 图 6-2，原作现藏于美国纳尔逊-阿特金斯艺术博物馆，引自网络。

11. 图 3-3、图 8-2 现藏于美国大都会博物馆，引自：浙江大学中国古代书画研究中心．宋画全集．第六卷［M］．浙江大学出版社．2008。

12. 图 8-5、图 8-6，原作现藏于美国纳尔逊-阿特金斯艺术博物馆，引自：浙江大学中国古代书画研究中心．宋画全集．第六卷［M］．浙江大学出版社．2008。

13. 图 8-4，原作现藏于大阪市立美术馆，引自：浙江大学中国古代书画研究中心．宋画全集．第七卷［M］．浙江大学出版社．2008。

参考文献

［1］ 李长之．中国画论体系及其批评［M］．北京：北京出版社，2017.

［2］ 丘挺．宋代山水画造境研究［D］．清华大学，2003.

［3］ （宋）孟元老．东京梦华录 都城纪胜 西湖老人繁胜录 梦粱录 武林旧事［M］．中国商业出版社，1982.

［4］ 包瑞清，刘静，胡浩．从《江山秋色图》试论宋代文人写意山水园创作要素［J］．中国园林，2013(6)：92-96.

［5］ 郭熙．林泉高致［M］．江苏凤凰文艺出版社，2015.

作者简介

耿菲，1994 年生，女，山东人，北京林业大学园林学院风景园林学 2016 级学术硕士研究生，研究方向为风景园林建筑。电子邮箱：gengfei43@163. com。

董璁，通讯作者，1968 年生，男，辽宁沈阳人，工学博士，北京林业大学园林学院教授、博士生导师，研究方向为园林建筑设计。电子邮箱：dongcong@bjfu. edu. cn。

图像视角下的西湖传统园林研究初探①

A Preliminary Study of the Traditional Garden in the West Lake from the Perspective of Image

洪 泉

摘 要：图像的存史、证史作用越来越受到园林研究者的关注。以杭州西湖地区的历代园林图像为例，分析这类图像的发展脉络、类型和价值，总结在研究中利用图像的基本方法，探讨图像在园林史研究中所能发挥的作用并结合实例进行说明，以期拓展当代园林研究的视角和方法。

关键词：园林；西湖；图像；绘画

Abstract：The role of image history and evidence history has attracted more and more attention from garden history researchers. Taking the image of the past generations in the West Lake area of Hangzhou as an example，this paper analyzes the development context，type and value of such images，summarizes the basic methods of using images in research，and explores the role that images can play in the study of garden history. In order to expand the perspectives and methods of contemporary garden research.

Keyword：Garden；West Lake；Image；Painting

图像的存史、证史作用越来越受到园林研究者关注。本研究以西湖园林为对象，梳理西湖园林图像的发展脉络，分析其史料价值，探讨图像在园林历史研究中所能发挥的作用。之所以用“图像”，而不是“绘画”来进行描述，是因为本研究并不只讨论绘画这一种形式，还包括地图、版画、照片、测绘图等。

图像产生的原因有许多种，存史证史并不是图像产生的唯一目的，换言之，不是所有的图像都有存史证史的作用。就传统绘画而言，分写实与写意两大类，也就是说有些带有园林面貌的古代西湖绘画并不是写实的，而且在写实画作中还有详略和技法上的差别，受绘制者的主观影响大，这也是绘画与照片的一个重要区别。但这些原因并不能抹杀通过图像进行园林研究的可能性，而应该具体情况具体分析。首先需要对图像产生的原因、创作背景有一定了解。

1 西湖园林图像的产生与发展脉络

在历代反映西湖景物的图像中，有一些以园林为题材或能够体现园林面貌的，本研究称之为“西湖园林图像”。从这个角度来看，目前现存最早的西湖园林图像始于南宋，多以“西湖十景”为题。“西湖十景”这一景观集称的产生与当时的西湖诗画创作关系密切，且自南宋起，历代都有描绘“西湖十景”的画作产生。

尽管南宋时产生过许多西湖十景图，但目前仅存叶肖岩所绘的《西湖十景图册》（图 1）。该套图册景物刻画简练，以山水为主，注重结构、层次和留白，建筑和园林体量较小，这也反映了当时人工景观的营造比例。

除表现西湖十景外，还有一类西湖全景图。南宋李嵩（1166～1243 年）的《西湖图卷》是目前留存最早的展现西湖全景的绘画（图 2）。此图自东向西取景，西湖占据图面中心，湖中分布大小船舫，孤山、白堤、苏堤、雷峰塔等景观清晰可辨，可见当时西湖的景观资源已得到相当程度的开发，游赏活动丰富。

这一时期“西湖图”的繁荣与南宋画院的设立密不可分，宋高宗绍兴年间（1131～1162 年）于临安（今杭州）重设画院，吸引了全国各地的画家。画家们的艺术活动多在杭州进行，因此以西湖为主题的画作也随之涌现，如马麟的《西湖图》、夏圭的《西湖柳艇图》、陈清波的《西湖全景图》等，彼时的西湖绘画创作迎来了第一个高峰。有学者认为南宋画家刘松年（约 1155～1218 年）的《四景山水图》描绘的就是西湖一年四季的景象[1]，如《四景山水图》中的夏景图（图 3）反映的就是一处夏日水边园林，画面中有露台栏杆、假山花木，一座伸入荷叶丛中的水阁颇具时代特征，园主人则在岸边的厅堂中乘凉，这俨然是一座精心设计过的园林。这些南宋画作尚不能断定是否对应历史上真实存在过的场景，但是能够一定程度反映当时的园林建造技艺和建造手法。

近年来，一副藏于美国华盛顿福瑞尔美术馆（Freer Gallery of Art）的《西湖清趣图》引起了学界的广泛关注，该画卷主体高 32.9cm，长 1581.1cm，以西湖为核心，自钱塘门始，逆时针绕湖一周，最后回到钱塘门结束。描绘细致生动，经考证许多细节与南宋时的记录相吻合，可信度高，普遍认为是南宋时期的绘画作品[2]。据《梦粱录》记

① 基金项目：教育部人文社会科学研究青年基金“基于图像的明清杭州西湖园林变迁与传承研究”，项目编号：16YJC760014。

载，南宋时“贵宅宦舍，列亭馆于水堤；梵刹琳宫，布殿阁于湖山”，从《西湖清趣图》中也可见沿湖密布的建筑馆舍（图4）。如果该画作的创作年代能得以确定，那将对西湖研究，包括宋代的西湖园林研究提供极大的帮助。

图1　（南宋）叶肖岩《西湖十景图册》
（图片来源：现藏于台北“故宫博物院”）

图2　（南宋）李嵩《西湖图卷》
（图片来源：现藏于上海博物馆）

图3　（南宋）刘松年《四景山水图》之夏景图

图 4 《西湖清趣图》局部

除绘画外，现存最早的西湖全景版画也出现在南宋，即《咸淳临安志》中所附的《西湖图》（图 5），该图自东向西取景，表明城湖关系，图中地名、景名均有文字标注，玉壶园、庆乐园等园林的位置清晰可辨。

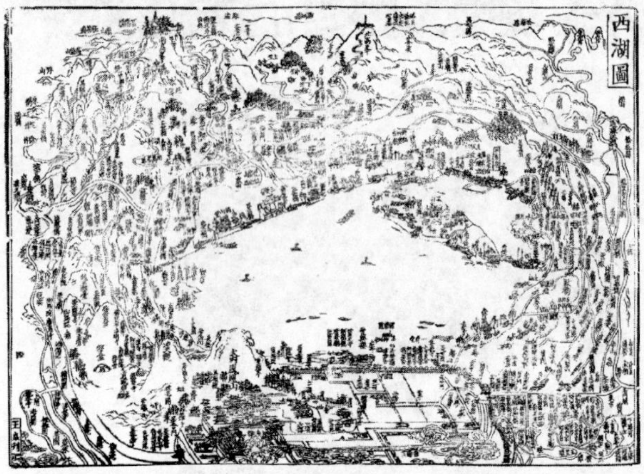

图 5 （南宋）咸淳本《咸淳临安志》中的《西湖图》

南宋之后，元代统治者对西湖始终采取废而不治的政策，西湖水面逐渐缩小，名胜景点走向衰败，同时期的西湖绘画数量也大幅减少。目前存世的仅有夏永的《丰乐楼》、钱选的《西湖吟趣图卷》和《孤山图卷》等。

明代，随着西湖景观的修复，又开始大量出现反映西湖风景的绘画和版画。绘画方面重新出现以“西湖十景”为题的画作，如齐民的《西湖十景图册》等。齐民的这套《西湖十景图册》作于万历三十一年（1603 年），内容较为写实，可与同期的文字记载相印证，笔者曾利用其画作对明代的望湖亭、湖心亭等景观进行过考证[3-4]。此外，还有一类画家在西湖行游时绘制的画作，如周龙的《西湖全景图》、沈周的《西湖岳坟图》、《飞来峰图》，孙枝的《西湖纪胜图册》（图 6）等。这些画作类似写生，能够反映当时的景物关系，因此也具有相当程度的写实性。

图 6 （明）孙枝《西湖纪胜图》之《柳洲亭》，右下角为柳洲亭

版画多作为书籍插图出现，特别是明中后期，随着西湖景物的修复和西湖旅游的兴盛，许多书商开始制作与游览相关的书籍，在这些书籍中穿插版画，增加实用性和可读性，如《西湖游览志》、《西湖志类钞》、《海内奇观》等。这些书中的版画大多是按实景绘制，并标有地名、景名。如《西湖游览志》中的《今朝西湖图》（图 7），反映的就是明嘉靖年间西湖的全貌。再如通过观察万历年间出版的《海内奇观》中的《孤山六桥图》（图 8），可以发现当时湖心亭的建设情况，甚至连亭上的“太虚一点”匾额都可以清晰辨识。

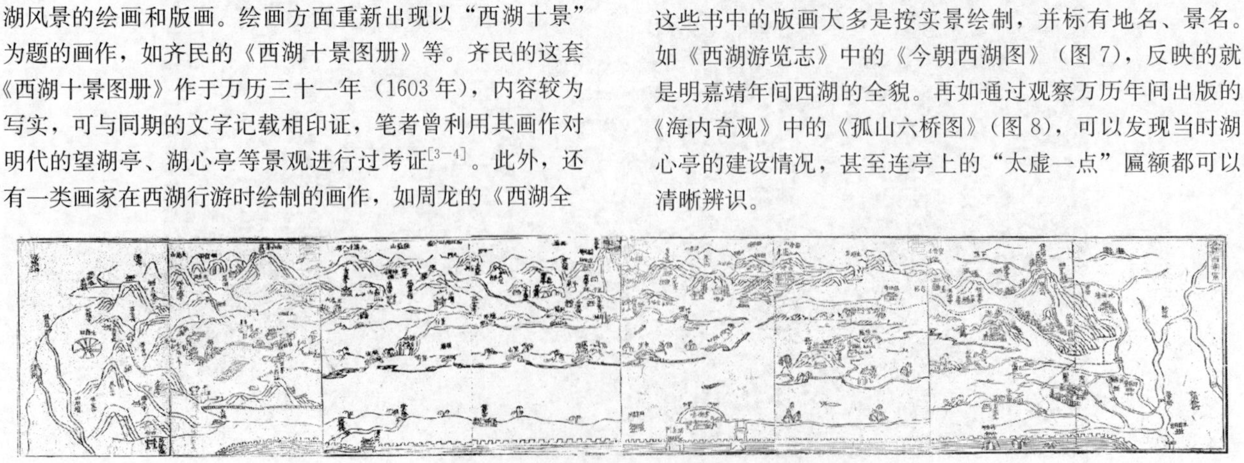

图 7 （明）田汝成《西湖游览志》中的《今朝西湖图》，由八幅图拼接而成

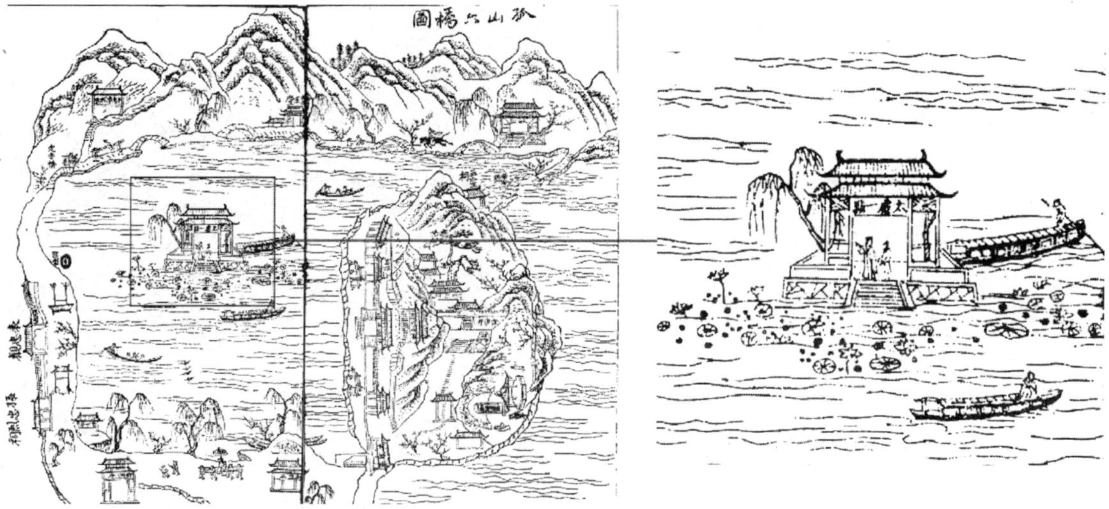

图 8　（明）万历三十七年（1609 年）《海内奇观》之《孤山六桥图》局部，线框内为湖心亭

清代康乾时期，西湖绘画又引来一个新的高潮。为配合帝王南巡，由官方绘制了大量西湖图，包括山水画和版画。这些西湖图一般绘制于南巡前或回銮之后，出行前作为导游图，回銮之后绘制的作为南巡的路线记录，都具有极高的史料价值。如在乾隆第一次南巡前，董邦达曾敬献一套《西湖四十景》册页，南巡后乾隆对这本册页的题跋称："董邦达所画西湖诸景，辛未南巡携之行笥，遇景辄相印证，信能曲尽其胜，因以十景汇为一册，各题绝句志之。"董邦达在原图基础上又奉旨绘制《西湖十景》图卷（图 9），这一图册被完整地保留至今。

图 9　（清）董邦达《西湖十景》图卷之《曲院风荷》局部

清代官方出版的《西湖志》、《西湖志纂》、《南巡盛典》等书籍，不仅文字记载详实可靠，而且所附插图精美，图中亭台楼阁和景点大多标注名称，具有极强的实用性。乾隆三十六年（1771 年）刊刻的《南巡盛典》共 120 卷，由高晋等人编纂，是一部典礼文献，记录乾隆四次南巡的情况。书中河防、阅武、名胜三部分各附图版，这些插画由著名画家上官周绘制，刻画繁丽、明净，是清代版画中的上品。其中"名胜"部分北起卢沟桥，南至浙江绍兴兰亭，有图 160 幅，涉及杭州地区的 40 余幅，包括西湖行宫、西湖十景、湖心亭、湖山春社等。值得一提的是，该书还将当时杭州著名的私家园林小有天园、留余山居（图 10）、漪园、吟香别业等描绘下来，留下了珍贵的图像信息，这对研究这些已经消失的私家园林具有重要意义。

图 10　（清）《南巡盛典》卷一百零五之《留余山居》图

随着摄影技术的发明，清末民初出现了一批极为珍贵的西湖照片（图 11）、西湖明信片，如实地反映了一些景点的园林面貌，而且没有失真的担忧。目前这些老照片、老明信片也得到较好的保存，并集结成书得以再次传播。

图 11　文澜阁老照片，摄于 1910 年代

至近代，童寯先生曾在1930年代通过照片和手绘平面图等现代方式记录了杭州当时汾阳别业（郭庄）、皋园、红栎山庄、金溪别业等私家宅园的情况[5]，其中红栎山庄（图12）、金溪别业的平面图绘制较为详细，可算是杭州地区最早的园林测绘图。

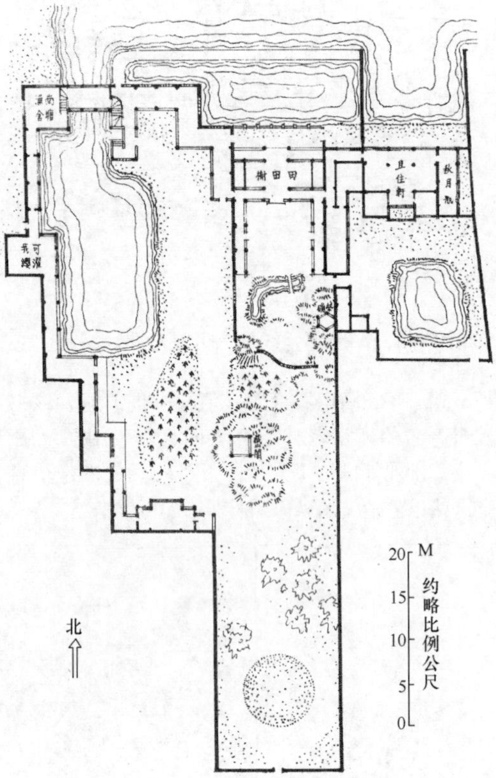

图12　红栎山庄平面测绘图
（图片来源：引自《江南园林志》）

中华人民共和国成立以后，传统西湖景点、园林相继得到修复，而记录园林的方式也日趋多样和准确。

纵览西湖园林图像的发展历程，我们发现，园林图像的丰富程度与西湖园林的兴衰是同步的。西湖园林初始于唐，兴于南宋，历元代及明初的衰退又于明后期至清前期达到高峰，而西湖图像也遵循这样的发展脉络。可以说图像是园林的忠实记录者，是摄影技术发明以前，人们记录园林的一种重要方式。

2　西湖园林图像的类型和特点

笔者就目前搜集的图像及其附带的园林史料价值，认为西湖园林图像可以分为5类，为地图类、全景图类、景点图类、照片类、测绘图类。不同类型的图像有各自的特点和作用。

2.1　地图类

古代地图的比例未必准确，但绘有山川河流、地形地貌，附加文字标注地名、景名等信息，能够表达地理位置关系、宏观的景物结构、游览线路等内容（图13）。需要注意的是，在一些制作严谨的地图中，文字的大小代表了景物的等级关系。

图13　（明）《海内奇观》中的《湖山一览图》

2.2　全景图类

全景图类似现在的鸟瞰图，视点较高，能够反映整体面貌，同时也能表达景物的远近、高低、前后关系等。例如前文提到的南宋李嵩《西湖图》及历代以《西湖图》、《西湖全图》等名称命名的图像（图14）。

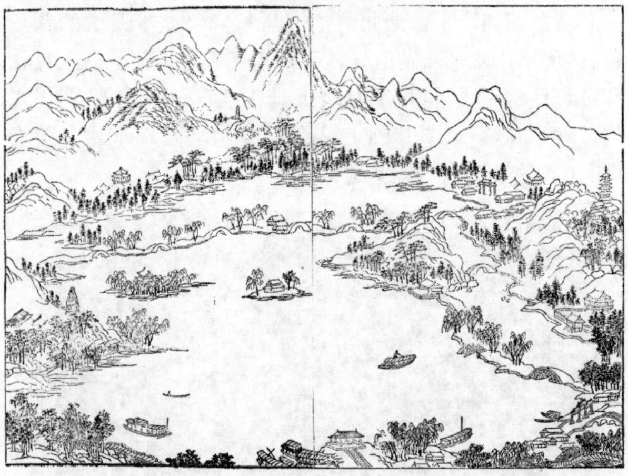

图14　（明）《天下名山胜概记》中的《西湖图》

2.3　景点图类

景点图即针对某一景点或园林绘制的图像，这类图对于研究园林个案具有重要帮助，如历代的《西湖十景图》。它们不再是概括示意性质的绘图，而能较为详细地反映园林格局。通过读图，能够看出建筑的数量、形式，假山、水系、花木等具体情况，并可根据一些图像进行平面图的转译。笔者曾在平湖秋月的变迁研究中根据景点图进行平面图的绘制（图15、图16）。

2.4　照片类

摄影技术诞生于19世纪40年代，至19世纪末开始出现西湖风景照片，在这些照片中有一些以园林场景或园林建筑为对象，真实地反映了当时的园林面貌。这类图像资料不在少数，而且多围绕西湖著名景点进行拍摄，借由同一景点的多张照片，可以帮助我们建立起较为完整的景点全貌。

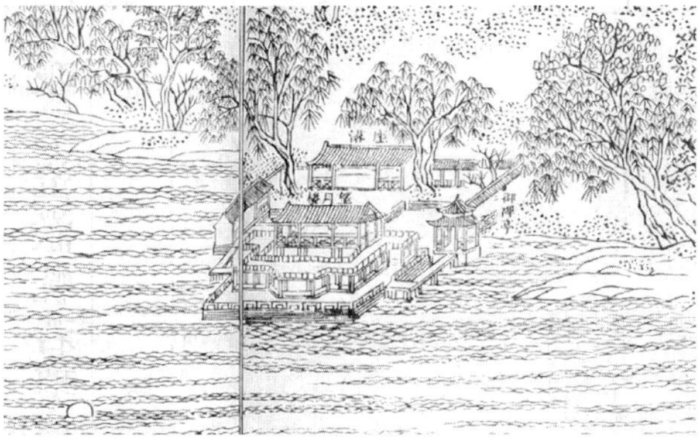

图 15 （清）《南巡盛典》卷一百零二
《平湖秋月》图局部

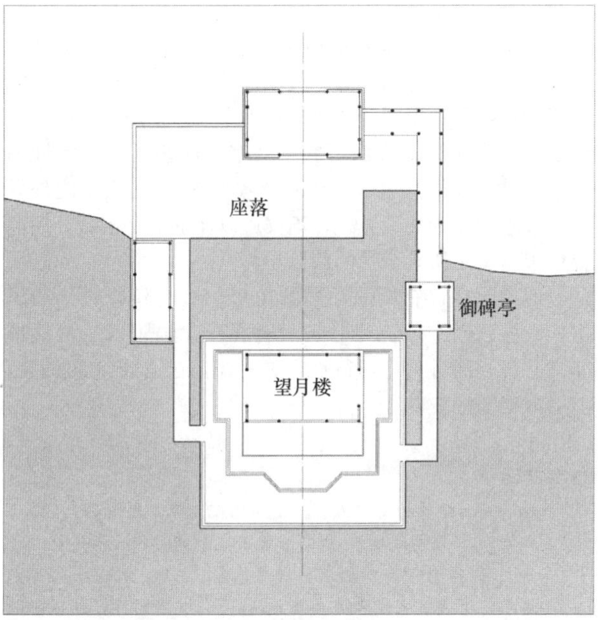

图 16 《南巡盛典》中的“平湖秋月”
平面复原图

2.5 测绘图类

测绘图是具有比例、尺度的较为严谨的图像类型，能够准确地反映园林平面布局。这类图在西湖园林历史上出现地较晚，数量也较少。除前文提及的 1930 年代童寯先生测绘的私家园林平面图外，还有新中国成立后杭州当地园林部分测绘的部分景点平面图，1980 年代同济大学建筑系师生测绘的西湖园林图等[6]。

综上，不同类型的图像能够发挥宏观和微观层面的作用，在研究中要根据图像的具体情况进行利用，切不可一概而论。

3 西湖园林图像的研究价值

对于园林这类以形态为特征的艺术而言，研究其历史面貌，图像资料显得格外重要，其价值甚至超过文字。笔者认为西湖园林图像对于今天的研究来说具有多重价值。

3.1 快速建立整体印象

通过地图和全景图这类宏观尺度的图像资料，可以帮助我们建立不同时期西湖园林发展的整体印象。尽管文字史料的描述也能起到类似的作用，但图像的出现可以使我们对园林发展的时代特征得到更为具体形象的认识，并与文字相互印证。

3.2 还原园林形态

今日所见西湖历史园林并非建造之初的物质形态，往往经历了一系列改建、修复或重建，有些历史名园甚至已经消失湮灭。而要了解历史中园林的面貌不仅需要借由文字，更需要图像。通过景点图可以看出园林布局、空间形态、园林建筑、园林要素等情况，同时还可以还原成符合学术研究需求的平面图，为进一步探讨造园理法、造园特征提供基础。

3.3 反映园林变迁过程

通过分析同一地点不同时期的园林图像，可以发现园林的变迁过程。从变迁角度考察历史园林可以避免静态单一的视角，获得一个相对整体、客观的认识。例如“西湖十景”中的“双峰插云”，其景观核心是南北高峰上的双塔。双塔在历史上时有损毁，又屡次复建，这屡建屡毁的过程在历代图像中多有体现，学者沈洁通过图像考据，使得这段历史与绘画得以互相印证[7]。笔者也曾借助图像对平湖秋月、三潭印月、曲院风荷等景点的园林变迁进行过考析，展现了景物演变的过程[8]。

3.4 反映园林生活

图像除了能增加我们对园林物质形态的认识外，还能表达园林中人的活动，反映彼时园林的使用情况，如表现文人雅集、文会、戏曲等场景。生活形态与园林形态是相互影响、相辅相成的，通过对园林生活的了解，可以帮助我们更好地理解造园的意图。

3.5 反推图像的创作年代

大量古代佚名的西湖绘画，无款识，其年代难以判断，如能将其内容与园林记载相对照，则能反推其绘制时间，这对绘画断代来说具有实际意义。例如西湖博物馆藏的一组《西湖风景图册》（图 17），为佚名作品，大致年代判断为清代，但通过内容研读发现，其所绘正是雍正年间李卫所增修的“西湖十八景”，因此该组图册的绘制年代可进一步判断在清雍正九年（1731 年）左右。

4 图像利用的基本技术方法

笔者根据自身经验，就如何利用图像展开研究总结了以下几点基本的技术方法。

4.1 广泛搜集

园林史的研究很大程度上取决于史料的收集程度，而图像收集的丰富程度也会对后续分析产生直接影响，因此

图 17 （清）佚名《西湖风景图册》之《湖山春社》图

尽可能多地搜集园林图像是研究的基础工作。如今大量博物馆绘画藏品的电子化和网络化，为图像的获得提供了便利。对于版画来说，需要从古代地方志、水利志、图志等书籍中寻找，今天我们可以借助古籍的当代影印本、古籍电子版、图像合集等途径进行搜集。在图像搜集过程中需注意同步收集图像的说明文字，因为大部分图像原本是作为文字的配图出现的，文字与图像是互为补充的关系。

4.2 逐一辨识

在得到图像后，研究者至少需要确定以下内容：图像的出处、产生时间、作者、创作背景，并判断内容是否具有史料价值。

图像的出处对于版画来说即确定版画所属的书籍，这样版画的绘制时间、作者和创作背景即可得知。需要注意的是某些书籍存在不同年代的版本，例如前文所说的《咸淳临安志》，在清代出过四库本、道光本、碧萝本、同治本等若干版本，且图纸内容均有一定差异，而它们的源头均来自南宋咸淳本。

图像的产生时间对于研究非常重要，它是内容分析的前提，如在园林变迁分析中，图像是按时间排序的，如果时间判断错误会直接影响结果。

确定图像的作者可以进一步找到与图像创作相关的信息，同时也可以借鉴绘画史、艺术史等领域对该作者的研究辅助图像的解读。

创作背景指的是图像产生的缘由、时代背景等客观因素，例如有因为纪游产生的，有因为南巡产生的，有根据回忆绘制的等等。这对判断内容的真实性具有参考价值。

4.3 扫描拼接

通过高清扫描仪对图像进行扫描，获得高分辨率电子图像，电子化以后不仅便于整理和调用，而且可以结合图像处理软件进行分析，实现放大缩小、层叠、修复等操作。

古代书籍中的版画因为幅面所限，长卷图需要分段裁剪，无形中破坏了图像的完整性，而且在研究中图纸分段或跳页之后对读图造成不便，因此需要做拼接工作。古代版画多为对幅画，即两页合为一幅，但也不乏长卷，如《西湖游览志》中的两幅《西湖图》（图 7）。拼接之后原图的画意才能得到真实地体现，如学者都铭在对《平山堂图志》研究时发现原画作是一幅整体的图，后由于出版的需要而人为地切割成单幅图片，便将 128 幅图片进行拼接，最后形成 10 幅长卷图，最长的一张有 4.23m 长，进而理清了当时的绘画逻辑[9]。

4.4 分类整理

根据图像绘制的年代进行整理，各朝代亦可进一步细分为前、中、后期。分类整理之后亦可通过数量看出各时期图像的创作趋势。此外，也可以根据图像内容进行分类，这对园林个案的研究非常有帮助。

5 结语

在摄影技术尚未发明以前，人工绘制的图像也许是保存园林形象最好的方法。就保存的难易程度而言，文字胜于图像，但如果图像能够保存到今天，则图像的园林史学研究价值在某些方面要胜于文字。这些具有写实性的古代园林图像作为当时的“园林效果图”，是文字之外另一种接近真实的记录方式，不仅可以印证文字记载，还能提供很多文字所未表达的信息。

西湖园林曾有辉煌灿烂的历史，然而随着时代的演进，大多已经不存，因此通过图像研究西湖传统园林显得非常必要，而且具有可行性，是对当前已有研究的拓展，能够取得新的发现。

参考文献

[1] 陈燮君. 经典的文化力量[J]. 上海艺术家，2006(1)：29.
[2] 郑嘉励.《西湖清趣图》所绘为宋末之西湖[M]//张建庭. 杭州文博(第十四辑). 北京：中国书店，2014：12-21.
[3] 洪泉，董璁. 平湖秋月变迁图考[J]. 中国园林，2012，28(08)：93-98.
[4] 洪泉，唐慧超. 三潭印月变迁图考[J]. 中国园林，2014，30(01)：110-115.
[5] 童寯. 江南园林志(第二版)[M]. 北京：中国建筑工业出版社，2014.
[6] 安怀起，孙骊. 杭州园林[M]. 上海：同济大学出版社，2009.
[7] 沈洁. 从历代书画解读“双峰插云”之双塔的毁圮[J]. 杭州文博，2015(01)：96-102.
[8] 洪泉，唐慧超. 曲院风荷变迁图考[J]. 北京林业大学学报(社会科学版)，2015，14(03)：34-41.
[9] 都铭. 扬州园林变迁研究[M]. 上海：同济大学出版社，2014：68-70.

作者简介

洪泉，1984 年生，男，汉族，浙江淳安人，博士，浙江农林大学风景园林与建筑学院，讲师，研究方向为园林历史与理论、风景园林规划与设计。电子邮箱：hongquan@zafu. edu. cn。

微更新视角下的青岛市市南区樱花特色景观提升策略研究

Study on the Promotion Strategy of Cherry Blossom Characteristic Landscape in Shinan District of Qingdao from the Perspective of Micro-Update

王彦卜　张　安

摘　要：城市微更新是“存量规划”形势下的新对策，是推进我国城市化新常态的重要举措。本文以樱花特色景观为触媒介入青岛市市南区的微更新，在对其十个街道进行实地勘察的基础上，归纳整理了市南区樱花景观现状，针对空间分布零散、游客量激增、赏樱模式单一、樱文化欠缺、养护管理不足等问题，从规划、设计、管理三个方面探讨了樱花特色景观的提升策略。以期在市民需求侧不断提高的当下，用持续性城市微更新手法对供给侧的优化提供一些借鉴。

关键词：风景园林；城市微更新；樱花景观；青岛市市南区

Abstract: Urban micro-renew is a new countermeasure under the situation of “stock planning” and an important measure to promote the new normal of urbanization in China. Based on the micro-renewal of the characteristic area of cherry blossoms in the southern part of Qingdao, this paper summarizes the current situation of the cherry blossom landscape in the southern part of the city on the basis of on-the-spot investigation of ten streets. The spatial distribution is scattered and the number of tourists is increasing. The cherry blossom model is single, the cherry culture is lacking, and the maintenance management is insufficient. The promotion strategy of the cherry blossom characteristic landscape is discussed from three aspects: planning, design and management. In the current situation of increasing demand on the side of the public, the use of continuous urban micro-update methods to provide some reference for the optimization of the supply side.

Keyword: Landscape Architecture; Urban Micro-Update; The Cherry Blossom Landscape; Shinan District, Qingdao City

在中国特色社会主义进入了新的历史方位的背景下，城市扩张速度减缓，现阶段城市发展从“增量开发”变为“存量挖潜”。可见，城市更新已成为我国城市在高速发展后的又一途径[1]。在城市更新逐渐成文城市发展的“新常态”时，如何对城市中存量土地进行优化更新和品质提升？针对新时代下城市空间的更新问题提出具体适宜的策略，其可能的模式、路径、效应与积极意义对城市发展应有重要启示[2]。

青岛是国内樱花种植最密集的城市，其樱花最早在1898年由德国从日本引进，种植在当时的植物试验场（现中山公园）内[3]。民国时期形成的赏樱会现已成为岛城人民春季必不可少的活动之一。青岛市市南区作为青岛最早种植樱花的地区，在樱花的文化传承和景观形象方面都具有得天独厚的优势。以樱花为媒介的市南区空间微更新，对青岛的形象和居民的生活都有着巨大的意义。

1　研究定位

随着城市人口结构日趋复杂，居民对生活标准要求趋高、精神诉求多元，大量城市空间亟待通过“微更新”实现空间品质提升[4]。如何利用已有的城市公共空间基础，提供多元化、创新化的物质空间，为市民提供具有归属感、体验感的城市公共空间是本文研究的重点。本研究以樱花特色景观为触媒来介入青岛的城市微更新，旨在整合、梳理樱花景观空间的同时，提升青岛市春季赏樱的文化内涵，从而提升游人的赏樱体验，延长青岛市的旅游季，进而激发都市活力。通过对市南区十个街道进行实地的勘察和调研，定位樱花的空间位置及苗木的品种、规格，结合统计数据总结现阶段樱花景观存在的问题，分析出其成因，从规划、设计、管理三个方面提出改善策略。以微更新的方式优化城市空间，提高居民生活品质。

2　樱花景观微更新的必要性

地域性是城市文化的集中体现，城市的历史底蕴、城市的自然环境状况与人文环境及丰富多彩的市民生活形态造就了各个城市独特的地域性特色[5]。悠久的种植历史和丰富的种质资源使樱花景观位列青岛十景之一，每年吸引大量游客前来观赏（图1）。

图1　中山公园樱花路
（图片来源：作者自摄）

然而在进行实地勘察和调研走访中，整理分析数据得出目前赏樱活动存在着五个主要问题。一是樱花在空间上分布零散，空间零碎，不能形成连续的景观序列；二是著名樱花观赏景点人流量远超最佳观赏人数（图 2），影响游人赏樱心情，破坏生态环境，存在安全隐患；三是现存的以视觉为主的赏樱模式较为单一，绝大多数游客拍照即走，不能形成良好的浸入式体验；四是樱文化内涵挖掘不足，大多数游客不了解青岛樱花的历史，不能在樱花空间里形成对场所的认知；五是对樱花的养护管理不足，樱花病虫害严重，很多地方出现“有坑无树”的现象。

图 2　游人与环境容量不对等示意图（图片来源：作者自绘）

针对以上问题，对青岛市市南区的樱花景观进行微更新，不但提升城市公共空间品质，满足人们对樱花景观的高需求，还能延长青岛的旅游季，为打造青岛市的“第二名片”做出一定的尝试。

3　青岛市市南区樱花景观现状的调查评价

3.1　对象地概述

青岛市市南区面积 30.01km^2，是青岛的政治、文化、金融中心，以“红瓦绿树”、“欧陆风情”成为著名的海滨旅游胜地，下设 10 个街道，每个街道均有樱花种植，最多有 2000 余株，最少有 40 余株。

市南区樱花种植种类繁多，主要有染井吉野、关山樱、普贤象、郁金樱、大岛樱等 19 个樱花品种[6]。单樱主要以染井吉野为主，花单瓣，淡粉红色，花期 3 月下旬至 4 月初，多种植于街道内部。双樱主要以关山樱为主，瓣约 30 枚，花浓红色，花期 4 月初到 4 中旬[7]。

3.2　樱花特色景观空间类型

为客观了解市南区樱花分布状况，将市南区按照街道区域（图 3）划分。经过 2016 年 11 月至 2018 年 5 月的实地调研，归纳整理了青岛市市南区樱花空间分布图（图 4）。八大关街道、云南路街道和金门路街道樱花分布密集，江苏路街道、湛山街道和珠海路街道等分布较为零散。

以樱花分布地为分类对象，对樱花景观空间进行分类（表 1）。由图可知，市南区的樱花分广泛，分布地类型多样，呈现景观多元化态势。樱花种类最多的地方是公园，且种植位置多样，是吸引游客最多的樱花景点；只有不到三成的空间类型存在大面积的樱花，不能带来整体的、华丽的视觉效果[8]；大量的樱花分布在公园和某些社区内，建筑周边的樱花数量反而较少；作为观赏主体出现的樱花景观占了五成的空间类型，可见其作为景观树种的优势。

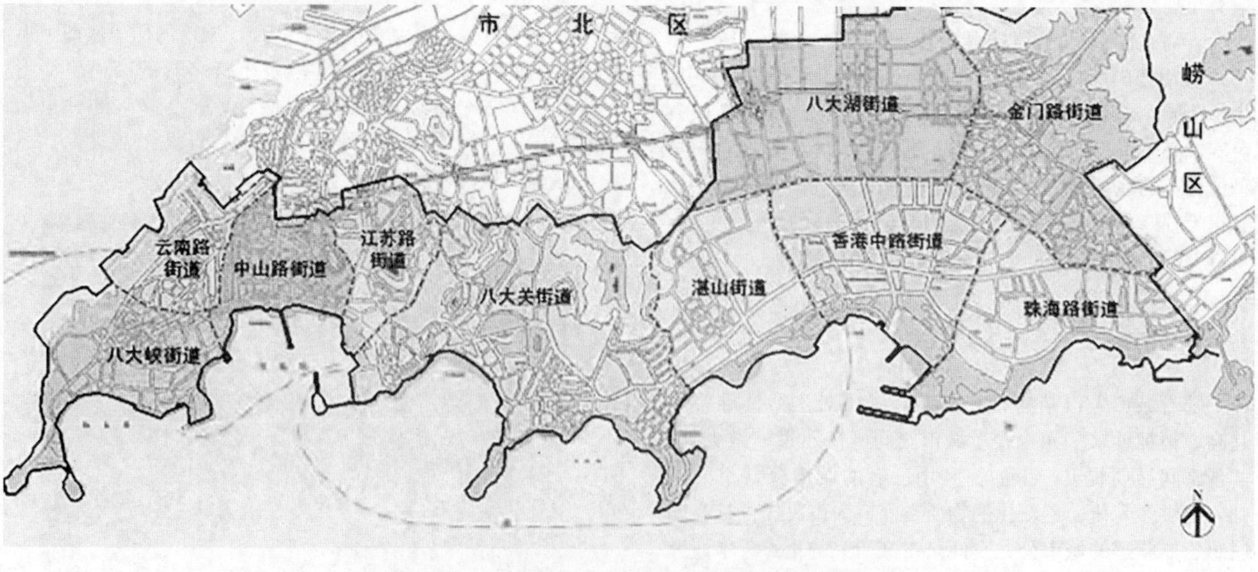

图 3　市南区街道范围图（图片来源：作者自绘）

图 4　市南区樱花空间分布图（图片来源：作者自绘）

市南区樱花空间类型表　　　　表 1

空间类型	分布范围	分布品种	种植位置	分布形态	分布数量	作用
海滨	西陵峡路、太平路及其滨海木栈道、鱼山路、东海路、五四广场	○○	△△	⊡▤■	Ⅰ	☆
山地/山头	小鱼山公园、辛家庄北山公园	○○	△▲	⊡▤■	Ⅲ	☆
道路	香港西路、东海路	○	△	▤	Ⅲ	★
交通设施周边	香港西路沿线地铁站、南京路南段公车站	○○	△	⊡	Ⅰ	☆
居住社区	天台路、宁国路、大尧路、三明路	○○	△△	⊡▤	ⅢⅠ	★
居住小区	湛山寺周围小区	○	△▲	⊡	Ⅰ	☆
公园	中山公园	○○◎◎	△△▲◬◬	⊡▤■	ⅢⅠ	☆★
小游园	西陵峡路、香港中路、福林小学南侧、五四广场（南）	○○	△△	⊡▤	Ⅱ	☆
学校	中国海洋大学鱼山校区、二中分校、五十七中	○○	△	⊡▤	Ⅱ	☆
医院	市立医院（东院）	○○	△△	⊡▤	Ⅱ	☆
标志性建筑	万象城、东泰佳世客、福山路故居	○	▲	⊡	Ⅰ	☆
寺庙	湛山寺	○○	△△	⊡▤	Ⅰ	☆

注：○：染井吉野；○：关山樱；◎：普贤象；◎：郁金樱；△：道路两侧；△：绿化区域；▲：建筑构筑旁；◬：广场周边；◬：山林地；⊡：点状；▤：线状；■：面状；Ⅰ：较少；Ⅱ：一般；Ⅲ：较多；ⅢⅠ大量；☆：美化；☆：观赏；★：点缀；☆：行道树。

资料来源：作者自绘。

3.3 樱花特色景观分布特征

3.3.1 八大峡街道

樱花主要分布在沿海边的区域，以晚樱关山樱为主要品种。株高 1.5～3m，胸径 5～10cm，冠幅 1.5～4m。

樱花分布松散，不能形成良好的景观带；观赏背景较差，部分樱花安插在高大乔木林内，没有良好的欣赏背景。

3.3.2 云南路街道

樱花主要分布在居民居住区内，以晚樱为主。株高 2～4m，胸径 7～15cm，冠幅 1.5～4.5m。

分布在居住区内的樱花景观植物配置丰富，但封闭式的环境仅供居住在小区内的居民观赏。

3.3.3 中山路街道

樱花主要分布在栈桥海水浴场北侧的居住区和老舍公园内，以晚樱为主。晚樱为关山樱。株高 1.5～2.5m，胸径 5～8cm，冠幅 1.5～3m。

居住区楼房呈围合式将樱花围在其中，空间开敞度较差。老舍公园内樱花文化挖掘不足。

3.3.4 江苏路街道

樱花主要分布在滨海木栈道一侧，以晚樱关山樱为主要品种。株高 1.5～3m，胸径 6～12cm，冠幅 1.5～3m。

该处临海滨木栈道，其景观效果尚可，空间较为错落。但种植数量较少，未能形成良好的观赏效果。

3.3.5 八大关街道

八大关街道为市南区樱花分布最多的街道，主要分布在海洋大学小鱼山校区、中山公园内、香港西路、文登路、鱼山路等。以晚樱为主，有少量早樱。晚樱多为关山樱和普贤象，早樱多为染井吉野和郁金樱。株高 3～7m，胸径 12～30cm，冠幅 3～8m。

小鱼山校区樱海路景观效果尚可，但不够贯通。篮球场处樱花混植于杂乱无章的绿化内，景观效果大大降低。香港西路沿线樱花不连续，不能形成连贯的视线。文登路樱花植于高大乔木林内，景观视线较差。福山路樱花多植于故居和小区内，并没有给公众亲近樱花的机会。

3.3.6 湛山街道

樱花主要分布在湛山寺内和周围小区、山东路西侧、东海路北侧，以晚樱关山樱为多。株高 2～6m，胸径10～22cm，冠幅 2～6m。

湛山寺周围社区街道樱花分布较散，不能形成良好的景观。东海路北侧沿路分布不连续，空间散乱无章。

3.3.7 八大湖街道

樱花主要分布在胶宁高架桥口下、天台路社区和南京路南段，多为晚樱关山樱，少数早樱染井吉野。株高 2～6m，胸径 12～25cm，冠幅 2～7m。

天台路社区樱花为 1992 年栽植，管理养护不足，多虫害，已补植的樱花跟原先的樱花大小不一，且仍有未补植的区域。

3.3.8 香港中路街道

樱花主要分布于五四广场（南）周围、东海路沿线、东泰佳世客周围，早晚樱参半，为关山樱和染井吉野。株高 2～5m，胸径 10～22cm，冠幅 2～5m。

东海路沿线樱花种植不连续，不能形成良好的景观带。

3.3.9 金门路街道

樱花主要分布于宁国路社区、银川路、大尧路社区、三明路社区、辛家庄北山公园，以晚樱关山樱为主，少数染井吉野。株高 1.5～6m，胸径 10～28cm，冠幅 2～8m。

宁国路社区补植樱花树龄较小，不能跟同地区樱花形成统一景观。银川路樱花景观不连续，分布较散。

3.3.10 珠海路街道

樱花主要分布于东海路沿线，市立医院（东院区），以晚樱关山樱为主，少数染井吉野。株高 2～5m，胸径 10～20cm，冠幅 2～5m。

东海路沿线樱花种植点较少，不能跟现有的种植点形成呼应，连续性较差。

总体来说，染井吉野和关山樱是市南区樱花景观的骨干树种，各个街道均有种植。从每个街道的樱花都有其各自的特点，依据其规格不同可推断出栽植的时间不同，并非统一规划栽植。除中山公园外，其他地方的樱花景观并无专人维护，病虫害现象严重，也是造成景观序列不连续的原因之一，此种现象越向北越明显。

4 提升优化策略

4.1 规划层面

4.1.1 空间与旅游

对于景观空间零散、樱花分布不均等问题，从场地现状出发，通过增植、补植的方法对樱花景观空间进行整合，在打造优质的樱花景观空间同时，结合樱花景观空间位置，规划出合理的赏樱路线，形成完整的樱花景观空间序列，进一步集约利用存量土地，以期带动城市公共空间的提升，对樱花旅游产业的发展提供助力。

4.1.2 互联网功能

通过“互联网＋”的形式，以微信公众号宣传市南区赏樱景点的分布，合理引导游人的赏樱活动，在提高游人的赏樱体验的同时，还能降低游人对生态环境的破坏，消除集会的安全隐患；提供实时人流量监控服务，使游客能够清晰、直观的了解到各个赏樱景点的人数，避免造成拥挤。

4.2 设计层面

4.2.1 文化活动

通过开展“樱文化主题活动”、“樱花美食”等活动，增加人们和樱花的互动，科普青岛樱花的历史，体验樱花带给人们多重的感官享受，重启场地记忆，将樱花空间发展成融入文化的樱花场所，提升居民的归属感；通过营造樱花的城市精神来推动旅游业的发展。

4.2.2 社会性与体验性

通过改变樱花景点的铺装材质、设置座椅、增加林下空间等方式设计多元化的樱花游憩空间，软化原本硬质场地，增加游人在景观空间的停留、聚集，实现人与樱、人与人之间的互动交流，体现樱花景观的社会功能；改变以视觉为主的赏樱模式，完善游客的浸入式体验，从单一的感官享受向精神层面多角度延伸。

4.3 管理层面

通过公众参与管理的方式，市民可扫描每株樱花树上设置的二维码向管理部门反映樱花病虫害的情况，对樱花进行及时的除虫、养护、移植、补植，降低了种植樱花的经济成本，提高樱花景观的可持续性。同时，居民的建议反馈，赋予了更新场地新的价值和意义[9]。

5 结语

城市更新大框架下的樱花景观空间微更新是以问题导向为主体的提升规划设计，在清楚调查青岛市市南区樱花景观现状的基础上，对空间分布零散、游客量激增、赏樱模式单一、樱文化欠缺、养护管理不足等问题提出了对应的解决方案和优化策略。在调研的同时，也让笔者学会了用居民的视角去思考、感知现阶段樱花景观所存在的问题[10]。在城市更新实践中，单一依靠行政力量独立决策的传统模式逐渐被更加丰富和多样化的治理模式所取代[11]。政府是否可以通过调节企业的税收来促进市场对公共空间更新的运作，从而实现城市公共空间的自循环。城市居民作为城市的主人，有责任也有义务参与到城市公共空间的更新中，然而如何参与，以何种方式参与进来，都是我们需要进一步探究的问题。在公共空间承载越来越多社会和城市功能的今天，随着市民需求侧的不断提高，满足市民对空间品质的高需求，进行持续性的城市微更新和有效的供给侧优化，是新时代下城市工作者的职责。

参考文献

[1] 匡晓明．社区微更新中的规划编研挑战[J]．城市中国，2018(1)：20-21.

[2] 叶原源，刘玉亭，黄幸．“在地文化”导向下的社区多元与自主微更新[J]．规划师，2018(2)：31-36.

[3] 马树华．“中心”与“边缘”：青岛的文化空间与城市生活(1898～1937年)[D]．武汉：华中师范大学，2011.

[4] 陈敏．行走上海-社区微更新项目难点与经验回顾[J]．城市中国，2018(1)：30-37.

[5] 徐蕾．文化视野下的城市公共空间地域性特色设计表现[D]．武汉：武汉理工大学，2013.

[6] 陈雨婷．樱花品种分类及园林应用研究[D]．南京：南京林业大学，2016.

[7] 张艳芳．樱花品种鉴赏[J]．中国花卉园艺，2016(4)：26-29.

[8] 谢茉晗，铃木诚，服部勉．现代中国の桜と花见スポットに関する調査研究[J]．ランドスケープ研究，2015.

[9] 徐磊青．社会治理视角下的塘桥社区规划实践[J]．城市中国，2018(1)：56-63.

[10] 袁祖社．“公共性”的价值信念及其文化理想[J]．中国人民大学学报，2007(1)：78-84.

[11] 张磊．“新常态”下城市更新治理模式比较与转型路径[J]．城乡更新，2015(12)：57-62.

作者简介

王彦卜，1990年生，男，汉族，山东省青岛人，本科，青岛理工大学建筑与城乡规划学院研究生，研究方向为风景园林规划与设计，电子信箱：578844161@qq.com。

张安，1975年生，男，汉族，上海人，博士，青岛理工大学建筑与城乡规划学院副教授、硕士生导师，研究方向为风景园林规划设计及其理论。电子信箱：983611238@qq.com。

桐城张英府五亩园营造艺术研究

A study on the Construction Art of Zhang's Five Acres Garden in Tong City

谢明洋 崔亚楠 汪艺泽

摘　要：清代名臣世家张氏之祖张英于康熙二十六（1687年）年在其家乡今安徽桐城营造退息之所五亩园，构笃素堂。今日园虽损圮，而遗址尚存且图文记载颇丰，故在此基础上展开复原设计并初步探讨桐城文化背景下的文人园林营造艺术特色。桐城派文学表意简明通畅，抵制过度堆砌修辞，践行"清、真、雅、正"的原则，与五亩园造园艺术有内在的精神气质关联。园名取自唐白居易《池上篇》而园林格局意境模仿其私园履道坊，不求华丽瑰奇之堆砌只爱天然山水之情境。复原设计根据《笃素堂文集》等及张氏后人回忆推演出五亩园原貌并提炼"五亩园八景"，从空间布局、叠山理水、建筑花木等方面分析其自然主义造园思想，尤其是园居生活情致场景等，并与杭州芝园、苏州网师园等同期私家园林营造艺术手法等展开比较。
关键词：桐城；张英；文人园林；五亩园

Abstract: Zhang Ying, the ancestor of the famous prime minister family of Qing Dynasty, started built the five-acre garden in his hometown in Anhui Tong City from 1867. Although today's garden is damaged, but the site remains and the historical records are quite rich. Base on these, the restoration design is carried out and the artistic features of the literary garden under the background of Tong City culture are preliminarily explored. Tong City School's literary and artistic expressions are concise and unobstructed, resisting excessive piles of rhetoric, practicing the principles of pure, true, elegant, and proper which have an intrinsic spiritual temperament associated with the art of gardening in the five acres garden. The name of the garden is taken from Tang Baijuyi's Chishang Pian and the garden's layout imitated his private garden lv Dao Fang. The restoration design analyzes the original appearance of the five-acre garden and refines the Eight scenes of five acres gardens according to the Du Sutang Collection and Zhang's progeny's memories. The article analyzes the naturalistic gardening theory from the aspects of space prototype, stacking mountains and water, plants, way of living in the garden etc, and compares it with other private gardens such as Zhi Garden and Wangshi Garden in the same time.
Keyword: Tong City; ZhangYing; Literator Landscape Garden; Five Acres Garden

1　张氏宰相府

1.1　项目概述

安徽桐城位于大别山东麓，长江北岸，因盛产油桐古称"桐国"，明清时期课读之风兴盛，学者官员辈出。永乐至清末时期共中进士234人，举人793人，文坛具有广泛影响的散文"桐城派"即发源于此。浓郁的文人氛围培养了齐之鸾、胡瓒、何如宠、左光斗、姚文然、张英、张廷玉、胡宗绪、方观承等名仕，持续近五百年的盛世亦孕育出独具桐城文化特色的文人园林。其中最具有代表性的当推清代中兴名臣世家张氏之祖张英自建的退息之所"五亩园"。据记载，"张英在城里所居之室笃素堂，其南为五亩园，因其中有五亩塘得名。城中有塘仅此。"现省文保单位"宰相府"遗存仅有园中水池、皂荚古树、部分院墙和民国时增建的秋白堂等，秋水轩、六经堂等建筑仅存部分地基，山水地形依稀可辨。

根据2013年安徽桐城市政府拟定的《"三街一巷"保护、整治与利用详细规划设计》，提出了把城中心文保单位集中的三街一巷整体塑造为全面传承与展示桐城文化，集多种功能为一体的文化遗产特色片区的主题定位，五亩园所在的张英父子宰相府片区为其中重点。清华同衡遗产中心作为项目主管方，交由风景园林一所于2017年底完成了五亩园的全部复原研究与设计工作。

1.2　历史变迁

园主人张英（1637～1708年），字敦复，号乐圃。他与其二子张廷玉为清中期著名的"父子宰相"。张氏家族科举成绩优异，一门出了六翰林，皆入朝为高官，廷玉更是有清一代唯一配享太庙的汉族官员。张英在中年仕途得意时即着手谋构新居为退隐所备，他获知新第动工的消息以后，难掩心中欣喜，挥笔写下"新营阳和坊宅"一诗："新结幽居瞰碧塘，绿杨深处水芝香。烟霞漫拟期仙蹬，竹石聊同履道坊。南郭花村连绮陌，西山翠巘入斜阳。扁舟更泊芙蓉岸，稳置鱼竿与笔床。"诗中尽情描绘了在建宅邸中碧塘、绿杨、竹石、兰香的幽美景色，也具体刻画了新宅地近南郭、西山，风景如画的周边环境。

据张泽国撰《张氏相府吴府六尺巷考略》记载，相府始建于康熙二十六年（1687年），至雍正末年（1735年）相府北宅南园的基本格局形成。乾隆初年因张英子辈张廷璐、张廷瑑、张廷玉相继告老还乡，相府扩建，全盛期一度总面积近全城1/10。咸丰三年（1853年），桐城被太平天国起义军攻占，战乱中张家大伤元气，相府因战火牵连损毁大半，张氏子孙齐心合力，经三四十年方才逐渐修复。光绪三十四年（1908年）修复竣工后，其格局基本延续“笃素堂”时期旧貌。据张氏后人张泽士、张先畴回忆，住宅建筑整体坐北朝南，砖木结构，青砖小瓦，用材朴素。“抗日战争时期家族人口多有离散，相府部分房屋被军队征用，五亩园东部院落租与伊姓人家开过一酒家名为‘百花村’，名噪一时。时至中华人民共和国后，六尺巷南北历史片区逐渐面临消亡，张氏后裔所剩无几，住宅充公，自1950年代起陆续开始遭拆除改建，1990年代中期府中仅第一路及第四路部分建筑仍侥幸留存。”

2　再现五亩园

2.1　营造意匠探析

园林为园主人精神世界的物化体现，园主人张英自称生平最为钦慕白居易、苏东坡和陆游，其私园五亩园即是写仿白居易的履道坊。《池上篇》描绘了履道坊的基本面貌：“十亩之宅，五亩之园。有水一池，有竹千竿。勿谓土狭，勿谓地偏。足以容膝，足以息肩。有堂有庭，有桥有船。有书有酒，有歌有弦。有叟在中，白须飘然。识分知足，外无求焉。……优哉游哉，吾将终老乎其间。”

张英素怀山林之志，不慕荣华，与人为善，令举朝官员钦慕。细味张英的山林之志，实有三重境界：其一是画境。张英在《山居杂诗》中云：“浅深浓澹各成奇，如见公麟老画师”“造物年来差解事，置予百幅画图中”。他觉得双溪园林兼有高峰、奇石、幽潭、曲水、古树、新花六胜，仿若天地也善解人意，将自己置身于李公麟绘出般的画境中，令人陶醉。他对山景有独到的鉴赏心得，认为“山太远则旷，太近则逼，太卑则岩岫不奇，太高则阳景不达”，择地建屋要山势蜿蜒、奇峰遥出、不旷不逼，才能美景尽收。他也善于因势就形，营构美景：在数十株古梅中建屋三楹，取名“香雪草堂”，梅花绕屋，弥望如雪，香气袭人，尤为妙绝；在菊圃旁广植枫、柏、橙、榴、柿、栗等树种，每到秋季，红紫赭黄相间，居于此处“秋妍馆”中，真可谓人在画中矣，正能洗尽铅华、褪去俗气。其二是乐境。面对如此山色溪光，张英以高洁的志趣，体验到的是一派悠然之乐、清和之乐。风雨寒暑时他掩门读书，天气晴暖就外出在田垄间散步、吟咏。他在家训《聪训斋语》中说：“人生不能无所适以寄其意，予无嗜好，惟酷好看山种树”，又说：“阅耕是人生最乐”。在他看来，人生如果没有寄托，就会忧扰不堪，失去灵气。因此，他虽然体弱多病，“不能躬事耕获”，但仍坚持做些培植、锄草、灌溉之事，“用力省而事易办”，春观欣欣向荣，秋睹端肃退藏，得养生之要。园中有缓流一里多路，他便制一小舟，取名“桃花流水扁舟”，携琴一张、书数卷，在微风中徐行，或高咏“青箬笠，绿蓑衣，斜风细雨不须归”，或枕书而眠，“纵然一夜风吹去，只在芦花浅水边”。纵观张英在双溪园林中的行止，所谓耕读之乐，便是如此吧！其三是真境。张英不以珍贵之物为重，觉得是“多费而耗物力”，却一直推崇山水花木，认为流连在灵气结聚的幽寂之境，不必破费、纵欲，不被他人妒忌、争夺，正可以避世延年。因此，他的双溪园林简素而朴拙，无丹漆之饰，无台榭之观，有些房子只是将古屋稍加修葺，石阶土壁，门可触额，径不容轨，足以避风雨而已。他不愿与名利中人往来，认为“大约门下奔走之客，有损无益”，却很亲近平民百姓，他的园子没有围墙、栅栏等物，“任樵者取径”，以方便过路乡民。他甚至写下“他年松树下，不生刺人草”的诗句，寄托了百年之后栖身松林、与世无争、与人无碍的心愿。正是这种恬淡平和的心境，让他参透了人世的真，也让他在纷扰的政坛中如一缕清风，进退得体，全始全终，得以在晚年如愿以偿，尽享山林清福。

张英之妻姚含章为浙江大儒姚孙森小女，自幼饱读诗书，为人朴素慷慨，亲自督导八个子女在家中读书学习，而五亩园便也具有浓郁的文艺氛围。张英晚年家训写道：“读书者不贱，守田者不饥，积德者不倾，择交者不败”。园主人虽世代深居高位，却深信克己复礼之道，崇尚真简从容的生活。这与桐城派提倡行文之“清”与“俭”的思想一脉相承。明确了这些，故将五亩园复原设计主旨定位为“自然舒朗，功能多样，古朴雅洁，还原生活。”

2.2　山水空间布局

宰相府总体占地约2.8hm^2，五亩园约0.7hm^2，与住宅有一街之隔，空间完整，独自成园，可能与购置基地原有条件有关。张英为人克己恭谦，与人为善，对待乡邻效仿司马光，时常开放五亩园供邻里随意进出游玩。张府内部另有大小花园、梅园和船厅三处更为私密的庭院为家人活动（图1）。

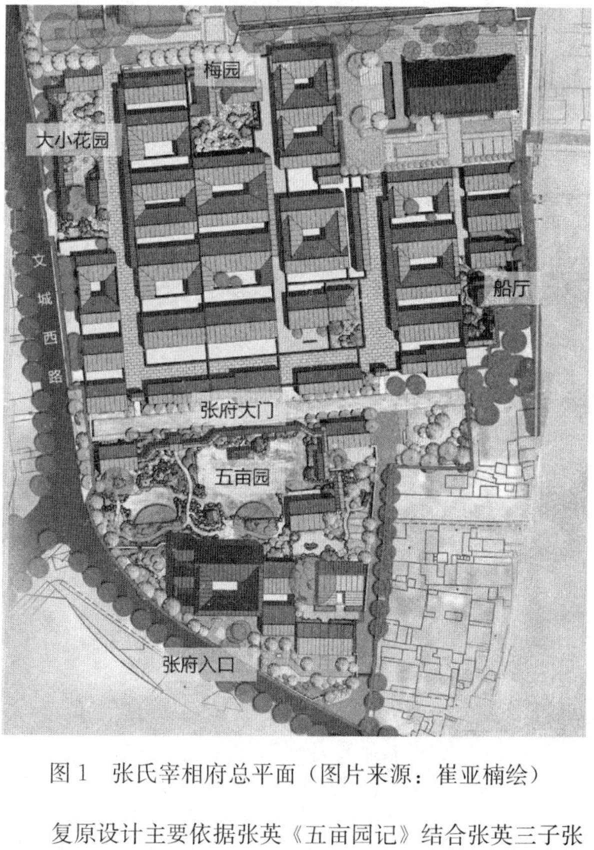

图1　张氏宰相府总平面（图片来源：崔亚楠绘）

复原设计主要依据张英《五亩园记》结合张英三子张廷璐著《咏花轩诗集》中部分文段，及张氏后人张泽士提供民国时期相府平面图作为补充。园记载：“予所居之室在城西南隅，曰笃素堂……堂之后有梅十馀株，曰咏花轩……居室之南为五亩园。有二方池相接，可二亩许。临小池搆屋三楹。曰六经堂。予有六男子，各习一经……其临大池，则有亭翼然，清波涟漪，环以高柳。秋水轩三字则驾幸金陵时特御书以赐之。其池之南与此亭相对，则有楼三楹，曰日涉轩。有小亭曰兰丛……予园最称僻野，惟有高柳数十株，竹数千箇。其桃杏兰桂梧桐紫薇石榴之属，则周乎两池而分植之……”。另有《安庆地名掌故》中记载“塘西有皂角古树一株……塘畔有小楼，额曰‘柳阴小艇’，为张英三女张令仪之书屋，令仪自名其室名‘蠹窗’……”等。

总体布局依园中两座池塘为主要参照物定夺建筑景物位置，大致呈现以水体为中心，建筑景物环列周边的格局。六经堂面阔三间，硬山顶，位于小方塘北，为张英六子读书处。六经指孔子《诗》《书》《礼》《乐》《易》《春秋》，体现出园主人崇儒尊儒的心态。塘畔“柳荫小艇”由于历史原因基地变动，致使园内现状面积不足而无法复原，故于将基地西南园中园辟为张令仪纪念园“柳荫小驻”。大方塘北侧为秋水轩，根据其描述“翼然”之势可断其形式应为水榭，周围植数株高大柳树，塘里遍植荷花。依原记载，大方塘南岸与秋水轩相对之处，有一座三间阁楼名为日涉轩，但从基地现状来看，方塘南岸为一座大屋式民居，为相府扩展期遗存建筑，由此推测日涉轩应位于秋水轩轴线偏东，为主厅堂。全园北部、东部主要建筑由长廊串联，以满足阴雨天气交通需要。兰从亭位于大方塘西南，体量小巧。张廷璐《家园杂忆诗》记载：“双塘跨一桥，小径入修竹”，可得证实兰从亭隐匿于石桥附近的竹林中，通过林间小径方可到达（图 2～图 4）。

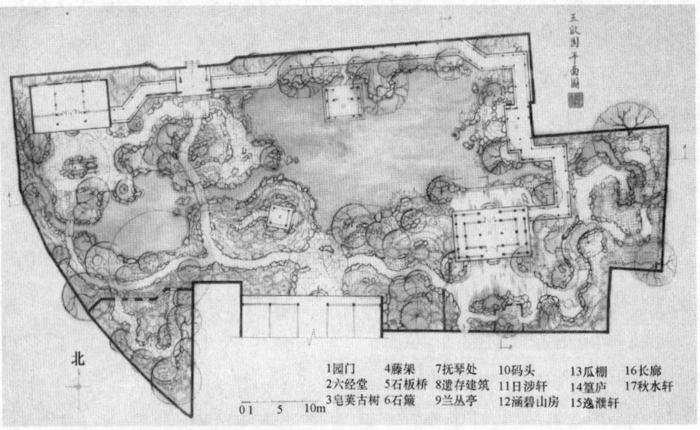

图 2　五亩园总平面（图片来源：汪艺泽绘）

图 3　五亩园总体鸟瞰图
（图片来源：清华同衡风景园林设计一所）

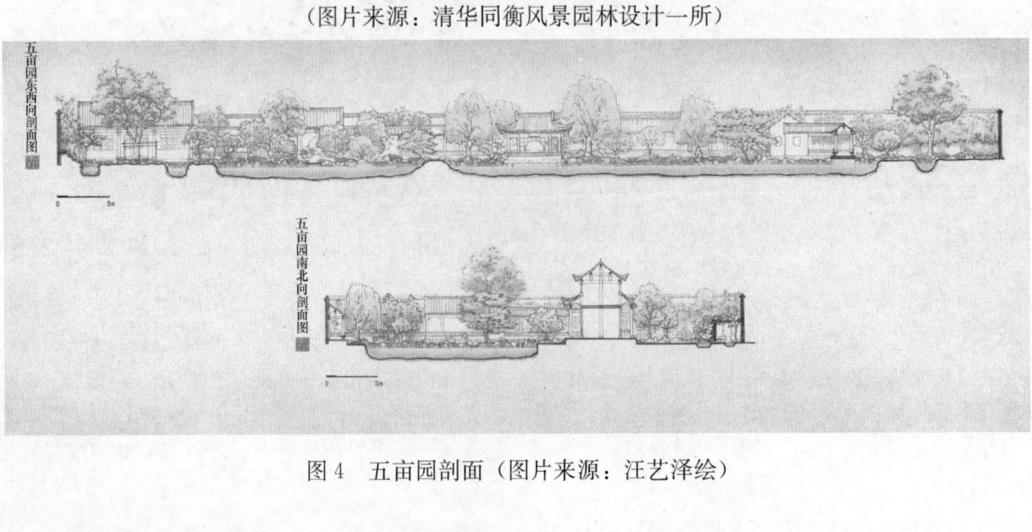

图 4　五亩园剖面（图片来源：汪艺泽绘）

五亩园山水脉络清晰，结构完整，集丘、峦、谷等多种自然地形于一园，提供丰富多变的空间体验。并且建筑舒朗而植栽丰富，使得小园很有山居氛围，与张南垣和计成提倡的造园理念一致。全园以土带石山为主堆叠地形，局部做贴壁假山，散石较多，用石量简省，且选用本省常见的黄石，偶尔在水岸点置湖石若干。《园冶·选石》中写道："块虽顽夯，峻更嶙峋"。黄石纹理古拙，蕴含山野之气。自西北墙隅集中堆土，拟造成山脚的一部分，设置水口，假引西北城郊龙眠山的余脉入园。园中部堆小丘为全园制高点，将大小方池隔为东西两园，增加了空间的层次。方塘东南水域突然收束，形成溪涧由日涉轩与望山廊之间逶迤流入东侧菜圃，藏匿水尾成绵绵不绝之势。挖池所得土方堆叠于园南，形成幽谷，既隔离了园外城市喧嚣，又营造出园林中扬抑变化的空间节奏。日涉轩前庭以黄石叠一座高约 4 米楼山，实为一山房，中段留有植穴，山顶覆土种植黄馨、凌霄等垂枝类植物。全园以廊、植物、贴壁山等消隐了围墙边界，从视觉扩大了空间感（图 5）。

五亩园植物选择不求名贵花卉，皆为常见草木。以杨柳、翠竹等为骨干树种，搭配桃杏紫薇桂花石榴等四季花卉点缀四季时令，庭前以皂荚、梧桐等冠大荫浓的阔叶高大乔木形成有庇护感的活动空间。张廷璐诗《五亩园即事》写道："蠹叶离枝蔓草删，经旬闭户苔藓斑。秋添豆荚瓜棚上，人在兰风桂雨间。"诗中提到"蠹叶"、"离枝"、"蔓草"、"苔藓"等意向，仿佛庭园长年缺乏打理，任由草木肆意生长，实则园主有意为之。除文献提及的植物品种外，复原方案也选取了一些其他常见花木对园景进行补充，如逸濮轩旁孤植红枫点秋景，"柳荫小驻"造梅、梨林喻女诗人性情；六经堂窗外植芭蕉以听雨，种青松以落霜等。地面以书带草修饰园路两侧，林荫墙隅补植玉簪；池中除莲荷花外配以芦苇、菖蒲等增添野趣（图 6）。

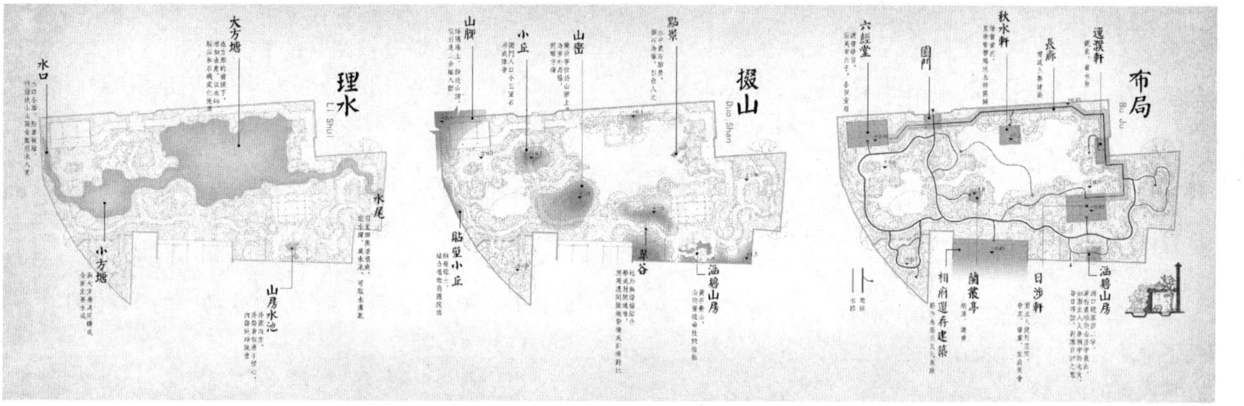

图 5　五亩园空间分析（图片来源：汪艺泽绘）

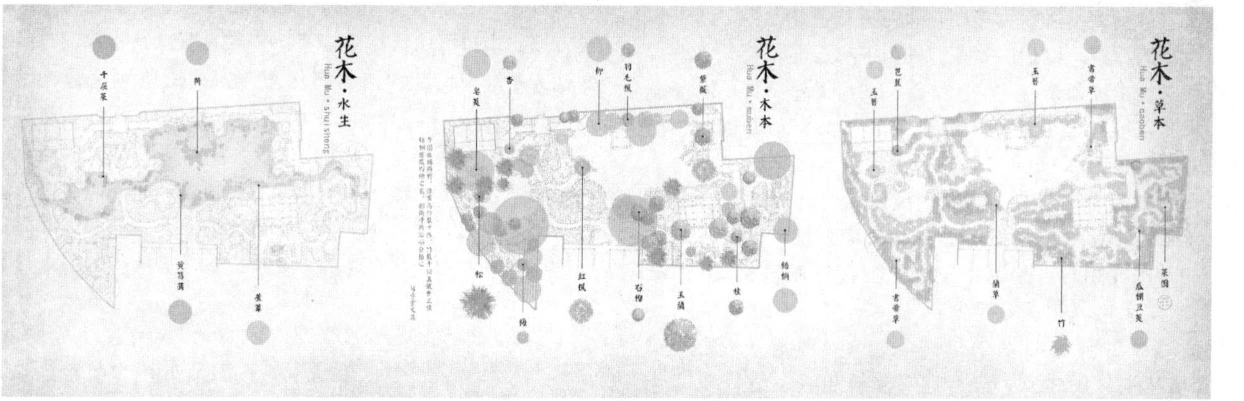

图 6　五亩园植物分布图（图片来源：汪艺泽绘）

2.3　五亩园八景略

根据史料结合现存遗迹梳理，五亩园造景有崇古之风，意象大多来自典故范本，并无自创的浪漫想象，而在空间的具体表达手法方面体现出别致匠心。各景观节点立意以空间布局为基础，结合得宜的原型意象，构成紧凑饱满的园景空间。计成认为造园如作文，那么五亩园正是桐城派散文风格的叙事与情境了。依山水关系可将全园提炼为"五亩园八景"（图 7）。

西北水口空间为六经堂前约 200m² 的书斋庭院，取明代吴门四家园林绘画中常见的"清泉石上流"的意境，为第一景"松竹映卷"。西墙贴壁假山由建筑西侧与园墙的夹缝逶迤东南，给人山脚溪畔，而大山在后的宏大空间想象。泉水横卧，水面由窄及宽，其间卧石数棵，参考了

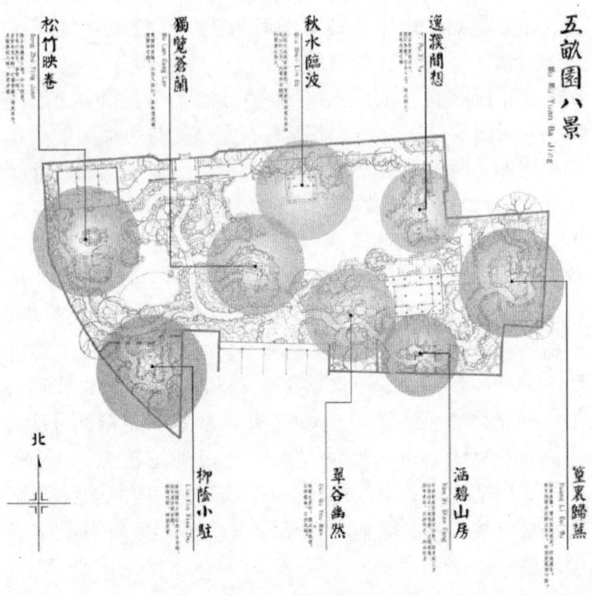

图 7　五亩园八景位置示意
（图片来源：汪艺泽绘）

沈周绘画和白居易的庐山草堂中描绘的“堂东有瀑布，水悬三尺，泻阶隅，落石渠，昏晓如练色，夜中如环佩琴筑声”景象。皂荚古树下设置的藤架石榻形式来自曹夔音画作，朴淡天真，使人身心得以与环境互融。围绕场地配植六株青松，呼应“六经”，以清泉小石松竹明月伴六公子勤勉课读。

由堂前小路南行至园林西南角，有一处约 160m^2 的三角形地块为第二景“柳荫小驻”。明清私宅园中常有专为女眷设置的活动空间，以避讳访客。张家教女有方，三女张令仪为著名桐城诗人，有《蠹窗诗馀》存世，风格婉丽典雅。小园复原设计结合今日公众游览需求，写意地还原了旧时闺秀才媛日常生活场景。园四周环以翠竹芭蕉，南端一棵高大旱柳婀娜多姿，园中央丛植梨、梅，设有收集雪水的石簸，以扫雪煎茶。柳荫下有石屏琴台，姿态古雅天真，不加雕饰。北侧园墙置一对徽派建筑特色的玉壶春宝瓶式地穴，西为“柳荫”，东曰“小驻”，并以竹石梅花漏窗点缀粉墙。

由小筑北行至大小方塘连接处有一石板桥，桥东南堆土带石山，为全园地形最高点，其上置一小亭，与北侧的秋水轩相对，是为第三景“独揽苍阑”。根据张英《笃素堂文集》记载，亭匾额“兰丛”为当时太子随康熙南巡经过金陵时亲书御赐，取自《楚辞·招隐士》“桂树丛生兮山之幽，偃蹇连蜷兮枝相缭。山气巃嵸兮石嵯峨，谿谷崭岩兮水曾波。”情境。该诗行文神秘奇特，后世解读不一，有召唤贤能隐士出山入仕之说，有蛊惑皇族争位之说，更有劝导主人远离权力旋涡隐退之说，因而成为后世文人园林反复再现的主体，如苏州网师园小山丛桂轩等。小山占地约 190m^2，欲登亭远眺，需经石桥，穿过竹林，由曲折蹬道辗转到达。由张廷璐《家园杂忆诗》云：“双塘跨一桥，小径入修竹。晨起凭危栏，兰露香可掬。”可知，兰草与危栏共同构成一处清静幽深而又可总览全园的停留空间，供主人享受片刻的孤独。

沿园路西行即可进入一段约 50m 长的山谷，两侧土山由挖池土方堆叠，高 1m 有余，其上遍植翠竹，营造出浓荫蔽日幽深曲折的空间感受。穿过幽谷尽头的石拱券则视野豁然开朗，到达园林主厅堂日涉轩。此为第四景“翠谷悠然”。

《笃素堂文集》中记载“……其池之南与此亭相对，则有楼三楹，曰日涉轩。”对照遗址基础，主厅堂应是一座三开间五架梁带回廊歇山顶的二层小楼，为园主人日常待客读书的最主要空间。“日涉轩”名源自陶渊明《归去来辞》中“园日涉以成趣”，意为天天到园里行走，而每次体验都不同，各有乐趣可以品味。五亩园建筑依规制习俗建成，并无特殊，如何“日涉以成趣”呢？盖因园景空间丰富，可赏可品。楼南有黄石堆叠贴壁假山，中空外奇。山洞内粉墙透窗，设石桌石凳，顶部山石留出圆形空洞，可坐洞观天。山房内有浅水池可倒映天光，池畔植坛有一株油松探出洞顶，因而得名为第五景“涵碧山房”。

第六景“篁里归芜”位于五亩园东侧的狭长地块，170 余 m^2。张英中年仕途顺遂时就表达过回乡退隐的强烈愿望，自称“山野鄙人”，向往晴耕雨读，与瓜棚豆架相伴的生活。司马光的独乐园成为后代文人官僚阶层反复想象品味的中隐生活理想，不仅有诗文引用，更有画家以此为主题的创作，如清代仇英《独乐园》图等。菜圃结竹为庐，四周环绕数块田畦，栽种蔬菜草药，引入塘水蜿蜒其中，既方便灌溉，又能临溪小憩，正是农耕社会中典型的诗意栖居场景。

出菜圃北行即进入环绕整个园林北部的长廊。大方塘东岸的长廊向水面突出一进空间，成为一处敞轩般的停留空间，称为望山廊。由此处西望可见全园最为深远的景观视线，开阔的大方塘、秋水轩、日涉轩等构成舒朗的前景，兰丛小丘与石桥成为收束的中景，框画出园西的小方塘、水口假山等远景。程小镆在《张漱菡与我父母的交往关系》中记载台湾著名作家张家后人张漱菡曾在相府晚红轩读书，并泛舟五亩园内，因此此处可能是系舟码头。廊前又突出约 50m^2 的平台，以石矶石濑叠驳岸，圈出树池、浅水鱼池，水中种湖石三五株，其孔洞可供鱼群嬉戏。庄周钓于濮水的典故深入人心，皇家园林如北海琼华岛也有一处“濠濮涧”，此第七景“逸濮间想”十分契合园主人饲鹤放鱼的田园归隐愿景。

第八景“秋水临波”是全园主景，位于大方塘北岸。秋水轩是一座三开间五架梁带美人靠的四面敞轩，四周环水，北侧由一座三折石板桥连接入长廊，廊轩之间有浅堤相隔，堤上遍植垂柳，疏影摇曳，与轩南侧的大片荷花相映成趣。秋水轩匾额由康熙南巡时亲笔御赐，源自《庄子·秋水》，象征着无限广阔的世界与想象，而水上方亭的空间意象也呼应了神话中仙山“方壶”，这种题名与空间共同营造意境的手法耐人品味，更是借景手法在人想象力中的应用。坐卧于轩中仿佛进入一个脱俗的世界，周围莲荷高柳清风明月相伴，仅有五亩的园林物质空间的意境得到了无限的延伸（图 8）。

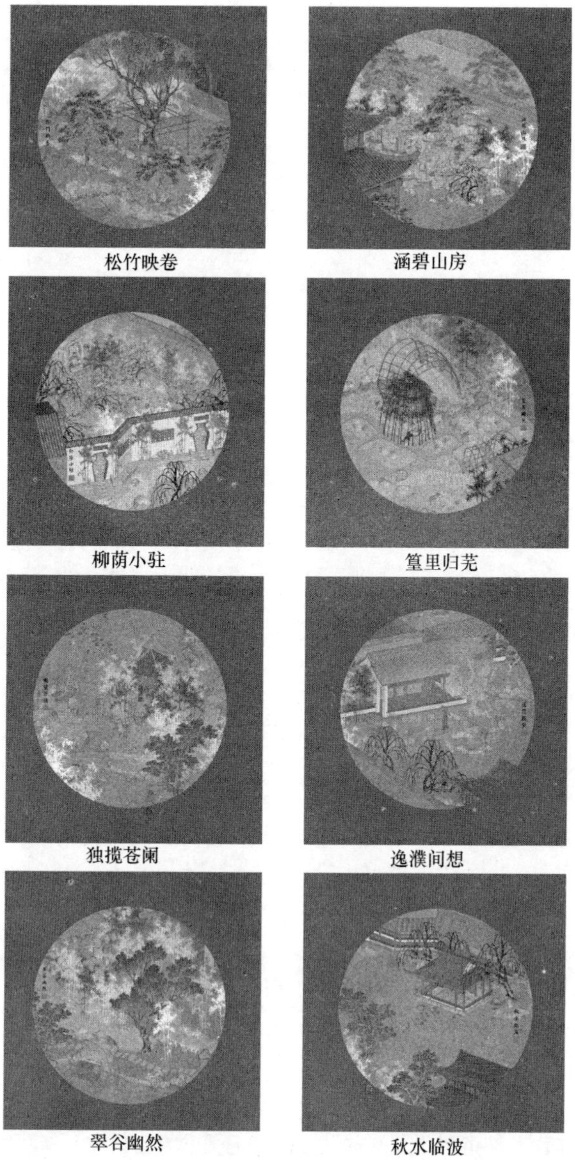

松竹映卷
涵碧山房
柳荫小驻
篁里归芜
独揽苍阑
逸濮间想
翠谷幽然
秋水临波

图 8　五亩园八景图（图片来源：汪艺泽绘）

3　总结与讨论

桐城地处江淮文化圈，其园林形式与皖南及江南地区具有明显差异。现存皖中园林可考的园林及建筑风格资源较少，通过在本案研究过程中收集整理的遗存实物和张家后人口述等材料，初步形成了对于皖中桐城地区园林风格的认知，并应用项目之中，以资探讨。

与桐城派散文简明清雅、不重堆砌辞藻的风格一致，五亩园体现出中唐以来以白居易为代表的儒家造园的精神气质，即中隐之道。园主人向往“好言山林农圃耕凿”的园居生活，介于文人园林追求出世隐逸与商人造园的入世华美之间。以拙政园为代表的文人园林更多浪漫清高气质，如荷风四面亭、与谁同坐轩等，园中复杂的叠石洞穴、蹬道等营造出远离现实的理想山水仙境，给退隐文人以寄情山水的身心慰藉。而扬州的盐商园林和浙江的财阀园林则是依附于皇权和官僚权力的商人造园，如晚清芝园中华丽堆砌的山石，雕绘满眼的建筑等，意在彰显园主实力，结交权贵。具体而言，五亩园造园艺术特征主要体现在：一，园林空间舒朗，以植物、土丘、山石等自然造景元素分隔空间、营造景观，较少人工雕琢痕迹。建筑体量较小，布局分离，植物品种普通而疏密得宜，花木苔藓自然生长，砖石片瓦自然风化，具乡野阑珊之气；二，园林建筑形式融合江南私园风格及皖中本土特征，用材质朴，装折等细部选用简约抽象且有自然主题的柳条式、梅花纹、冰裂纹等，不施丹漆彩画，清淡雅致。三，园林空间功能以耕读为主，充满现实生活气息，空间意境营造多来自经典原型，充满崇古情怀，耐人品味。

计成的《园冶》中将造园的标准定为“精在体宜”，全书“宜”字出现了 77 次，远多于“美”“嘉”“雅”等。《仓颉篇》所言“宜：得其所也”，指合理，得当，就造园而言，“宜”字评价的是关系而非个体，即人与环境互动的综合体验反馈，包括场地和材料的合理利用、自然与人工的融合，使用功能与情感体验的协调等等。桐城五亩园的“中隐”思想在造园艺术手法上体现为“中庸”的理念，重视整体空间关系的平衡和意境的营造，园景看似平淡无奇而意味深远，在清代造园鼎盛时期普遍的追求奇特精致华美之风中显得独树一帜，古雅天真。

参考文献

[1]　宁丁．皖中清代大屋民居研究[D]．北京：北方工业大学，2015.

[2]　(清)张英，(清)张廷玉著．江小角，陈玉莲点注．父子宰相家训[M]．合肥：安徽大学出版社，2015.

[3]　(清)张英．笃素堂文集[M]．清．

[4]　章建文．论张英对桐城派的贡献[J]．北京：北京社会科学，2016(8)：29-41.

[5]　吴美霞，廖嵘．从庐山草堂与履道坊宅园的建造看白居易的造园理念[J]．广州：广东园林，2008 (3)：12-14.

[6]　(清)康熙御定；丁远，鲁越校正．全唐诗[M]．北京：国际文化出版公司，1994.

[7]　陈从周．说园[M]．上海：同济大学出版社，1994.

[8]　张泽国．张氏相府吴府六尺巷考略[DB/OL].

[9]　http：//zhang. itongcheng. cc/Culture/Research/2017020470. html. 2017.

[10]　(明)计成著．王绍增注释．园冶读本[M]．北京：中国建筑工业出版社，2012.

[11]　张廷璐：咏花轩诗集[M]．清．

[12]　汪艺泽．桐城派园林营造艺术初探——以安徽桐城张英府五亩园复原设计为例[D]．北京：首都师范大学，2017：11.

作者简介

谢明洋，江苏南京人，北京林业大学风景园林学博士，首都师范大学副教授，硕士生导师。

崔亚楠，山东聊城人，毕业于清华大学美术学院环境艺术设计专业，现任北京清华同衡规划设计研究院有限公司，风景园林一所副所长，高级工程师。

汪艺泽，北京人，2017 年毕业于首都师范大学美术学院环境设计系，现为首都师范大学美术学院设计学在读硕士研究生。研究方向为中国古典园林营造艺术。

用户生成内容（UGC）支撑下的文化景观遗产数字档案系统适用性研究

Research on the Digital Recording of Cultural Landscape through User Generated Content（UGC）

林铁南 吕智慧 宋凡桢 封茗君 卞筱洁

摘 要：目前，文化景观遗产普遍采用摄影、摄像、三维扫描等数字化方法进行遗产档案的记录，记录过程主要由专业人员完成。随着Web 2.0技术的发展，非专业人员主导的“用户生成内容”（UGC）已经成为信息的重要来源之一。UGC不仅为文化景观遗产档案的资料搜集、记录和更新提供了新渠道，还使公众参与建设数字遗产档案成为可能。本文以澳大利亚的CSMS、Getty开发的Arches与国内的“福州老建筑百科”等遗产档案系统为研究对象，从系统框架、数据结构、应用场景和公众参与情况等方面进行分析，探讨此类系统在文化景观遗产数字档案记录方面的适用性，并进一步研究了UGC在实际运用中的效果和困境。

关键词：文化景观；公众参与；UGC；Web 2.0；地理信息系统

Abstract：The traditional way of recording of cultural landscape is mostly completed by experts. User-generated content(UGC) became an important source of information with the development of Web 2.0，simultaneously it provides a new way for the public to collect the information of cultural landscap. Four aspects，including the framework，data structure，application and public participation，were discussed in this paper，for analyzing the recording of cultural landscape. Its features，advantages and disadvantages were concluded as well. Taking the Web 2.0 + WebGIS site fzcuo. com as an example，this paper expounds the achievements and difficulties during the application of UGC.

Keyword：Cultural Landscape；Public Participation；UGC；Web 2.0；GIS

引言

文化遗产的记录和建档是实现文化遗产保护的基础。国际古迹遗址理事会（ICOMOS）在《记录古迹、建筑组群和遗址的准则》中明确指出：适时采集关于古迹、建筑组群和遗址本体的构成、现状和使用情况的信息，是保护程序必不可少的组成部分[1]。

传统的文化遗产记录工作主要由专业人员完成，技术手段包括摄影、摄像、三维扫描、航测等。在面对建筑、构筑物等具有明确形态、范围的文化遗产时，以上手段便捷、有效，能够快速掌握文化遗产的表征。但是，当研究对象转变为文化景观时，遗产的动态性（如植物的生长、景观格局的变化）和非物质性（如信仰、风俗、认识论等）就会带来繁重的工作量。因此，有必要拓展传统的文化遗产记录手段，通过多方面信源的补充，形成完善的遗产档案。

1 用户生成内容（UGC）：文化景观数字化记录的补充手段

用户生成内容（User Generated Content，以下简称为UGC）是Web 2.0环境下一种新兴的网络信息资源创作与组织模式。它的发布平台包括微博、博客、视频分享网站、维基、在线问答、SNS等社会化媒体[2]。世界经济合作与发展组织（OECD）归纳了UGC的三个特征：（1）以网络出版为前提；（2）内容具有一定程度的创新性；（3）非专业人员或权威组织创作[2]。与传统记录手段相比，UGC至少在如下几方面具有优势：

搜集“信息碎片”，完善文化景观的基础信息。“信息碎片”是指那些没有被官方档案记载的零散信息。这些信息往往来自于公众的回忆或口述，是对宏观历史的补充和旁证。囿于工作量，专业人员很难对文化景观社群中的每个人都进行深入调研，只能依靠知情者的自述。荷兰的“国家档案”（national archives）于2006年在开放了评论功能，根据Seth van Hooland对评论数据进行的研究，其中45.58%的留言者试图纠正官方档案中错误的信息（如拼写、时间、注释）；31.09%的留言者提供了与官方档案图片相关的要素；8.95%的留言者分享了个人的回忆[3]。这些高水平的评论极大提升了官方档案的质量。

强化地方感（sense of place），重建因阻隔、变迁或静态保护而疏远的社区关系。EmmaWaterton指出，文化景观是（社区成员）身份认知、归属感和地方感的重要来源，但文化遗产的管理手段（例如静态保护）往往切断景观和社区的联系[4]。英国在2009年建设了数个以社区为基本单位的互联网平台，其手段都是引导社区公众向平台上传个人的回忆，实现社区关系的重建。如威尔士数字社区档案（Community Archives Wales，CAW），引导当地11个团体创建自己的数字档案，内容包罗万象，既有照片，也有书、明信片和口述史。居民不断提供资料，网站成为居民追寻回忆的场所，拉近了威尔士社区居民的关系。

基于共同兴趣或利益形成“公众合力”，直接介入保护事业。UGC 的本质，是通过网络为那些对特定事务具有共同兴趣或利益的公众提供交流的平台。这种平台不仅能够快速传播信息，更能以很高的效率将同类人群聚集在一起，形成“公众合力”。文化景观的利益相关者（stakeholders）因此拥有提出诉求和参与决策的直接渠道。

2 基于 UGC 的文化景观遗产数字化记录方式

2.1 系统框架

在系统框架建设方面，基于网络的地理信息系统（WebGIS）和公众参与的平台是最重要的两个核心。公众参与的平台是前端，主要通过简单、友好的界面，帮助用户将数据录入到系统中；WebGIS 平台是后端，提供了格式化的存储数据库，主要将用户录入的数据分类筛选，转化为可视内容（例如文化遗产分布图）。典型的例子有澳大利亚针对世界遗产文化景观——乌卢鲁-卡塔曲塔国家公园（Uluru-Kata Tjuta National Park）专门开发并在 2005 年启用的“文化遗产管理系统”（Cultural Site Management System，CSMS；图 1），以及英国在诸多郡县使用的“历史景观特征评估系统”（Historic Landscape Character Assessment，HLC）等。

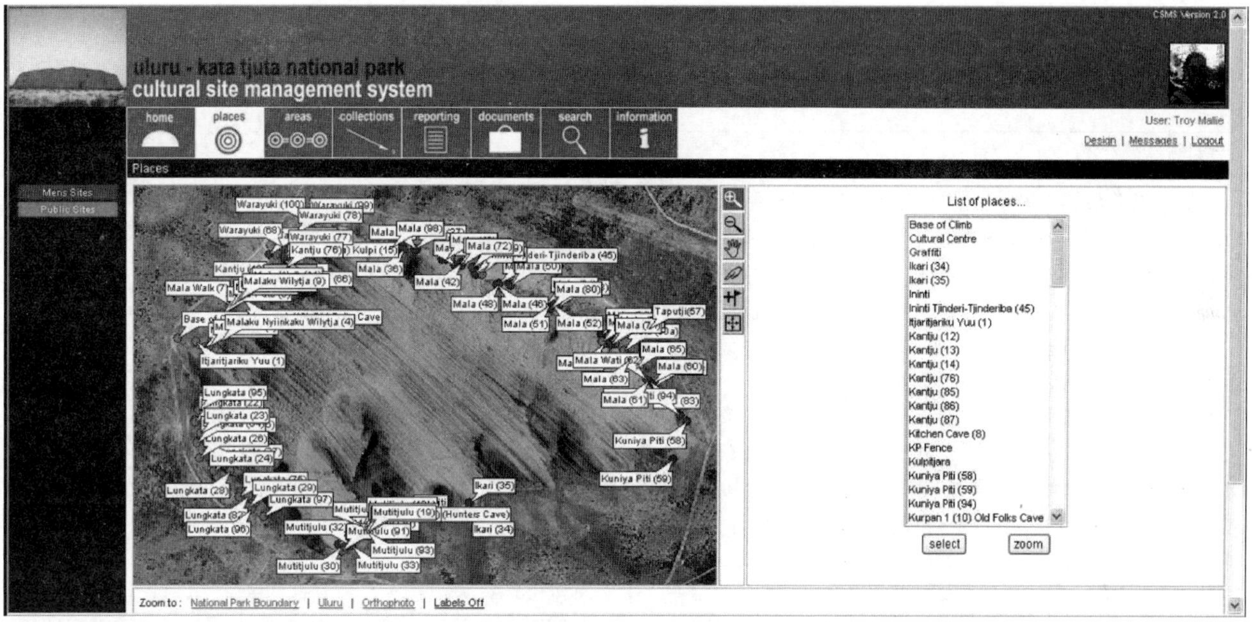

图 1 澳大利亚乌卢鲁国家公园采用的 CSMS 系统界面（图片来源：Parks Australia）

2.2 数据结构

文化景观是一种较为复杂的遗产类型，其遗产价值不仅体现在组成文化景观的各种要素（elements，如建筑、地形、植物等），还体现在景观的格局（pattern，如某区域建筑和植物形成的“固定搭配”）和特征（character）上。针对“有机演进的景观”和“关联性文化景观”，还必须考虑其非物质性要素（如民俗、神山崇拜等）。从计算机科学的角度，这些遗产数据具有不同的格式，需要对数据结构进行专门设计。

从 CSMS、Arches 等现有平台来看，存储数据内容通常包括区域地理信息（如地形图、卫片、自然地物的分布情况、遗产范围坐标、海拔等）、遗产形态信息（如测绘图纸、三维模型、点云数据等）和描述信息（如年代、故事、传说、人物传记等）等；在数据结构设计中，大体可分为应用和地理信息两个数据集，并细分为多个子项（表 1）。

文化景观数字化记录平台的数据结构　　表 1

数据集	序号	内容	数据格式	可由 UGC 提供数据
应用数据集	1	口述历史、民俗传说、传统歌舞戏剧、信仰和仪式活动等非物质性要素	图像、视频、音频、文档等多媒体格式	是
	2	带有坐标或范围的历史建筑、构筑物、古树名木等物质要素的遗产信息	点标、多边形、点云等空间数据	是
	3	景观特征分布图	以多边形形式存储的空间数据	是

续表

数据集	序号	内容	数据格式	可由UGC提供数据
地理信息数据集	4	历史地图、地形图、政区图	经过坐标校准的静态图像、数字DEM或地形图、遥感影像等二维或三维空间数据	是
	5	生态功能区、土地利用等相关图纸		否
	6	植被、水体等自然地物的分布情况		否
	7	遥感影像、数字DEM、地形图等		否

资料来源：作者自绘。

基于以上数据结构，大部分平台都采用权限来控制UGC的范围和内容。如澳大利亚的CSMS系统主要面向管理人员，其开放的UGC部分集中在第1层，用户可以录入岩画信息，岩画的变化情况，原住民举办仪式的照片、视频等，并与遗产点相关联；英国的HLC系统向普通公众开放了1～2层、向管理人员开放了3～4层，公众录入、管理人员整理。开放度最高的是盖蒂保护研究所（Getty Conservation Institute）和世界遗产基金会（World Monument Fund）共同开发的开源系统Arches，其UGC部分囊括了1～4层，用户既可以录入遗产的坐标信息、四至范围，又可以补充相关文字说明、上传照片和视频，权限较高的用户还可以手动校准历史地图。这些系统都具有相似的特点：越接近底层，数据采集对专业要求越高。因此，将简单的信息录入开放给所有公众，公众中具有较高知识水平者，则通过赋予较高权限，以实现不同层面的遗产信息采集和整理。

2.3 应用场景

在文化景观中，具有活态遗产性质的“持续演进的景观”（如乡村文化景观），原住民的生活本就是遗产的组成部分；具有强烈非物质性的关联性文化景观，承载的信仰、原始世界观等等，只有通过原住民之口才能真正表达和记录。原住民是UGC的主要用户，因此在应用场景的设计方面，必须要理解和尊重原住民。一个典型的例子是乌卢鲁－卡塔曲塔国家公园：该公园的有两处岩洞，分别是Wati（男性原住民）和Minyma（女性原住民）举办重要秘密仪式的场所。根据原住民的习俗，这两处岩洞严禁异性进入，举办的仪式也严禁异性观看。在CSMS系统的开发过程中，开发者针对“异性不能观看”的先决条件，通过权限控制，使该系统的男性用户不能浏览、编辑属于女性原住民的Minyma岩洞的数据；反之亦然[5]。这虽然是很小的一个细节，但充分体现了开发者对原住民禁忌的尊重，也体现了对文化景观遗产价值的理解。

3 效果与困境：“福州老建筑百科网”的实践①

近年来国内已经尝试在文化遗产领域采用UGC搜集遗产数据。清华同衡在独克宗古城火灾后，开发了WebGIS“香格里拉——记忆中的老城风貌网站”，采用微信搜集灾前照片和档案资料，得到了当地社群的积极参与和支持[6]。北京的“钟鼓楼片儿区关注平台”、武汉的“武汉城市记忆地图”也做出了相应的努力。遗憾的是，此类尝试在我国的文化景观遗产中难得一见，只有杭州西湖较早建设了基于GIS的档案库和数据库，但并未向公众开放[7]。

有鉴于此，笔者于2011年创办了“福州老建筑百科”（fzcuo.com）网站，尝试通过UGC搜集、整理福州的文化遗产资料。该平台采用类维基百科（WIKI）的形式建站，具有权限控制功能，并向公众完全开放。

3.1 系统设计

准确性问题是UGC的先天缺陷。“福州老建筑百科”采用了“公众录入数据、专业人士校审”的模式，在一定程度上缓解了这个问题。从目前的统计数据来看，每一处文化遗产的词条平均要经过3.77次修改才能成型，修改最多的一处遗产——“陶园大院”，前后修改多达85次，甚至出现专家意见相左而反复“拉锯”的情况。

此外，“福州老建筑百科”还在系统设计阶段考虑了几个关键问题：首先，通过版本存档防止UGC过程中的恶意破坏行为；其次，控制存档的遗产区域尺度，将记录范围限制在市域范围内，实际运作证明，类似的记录系统宜小不宜大，以街区尺度最为恰当，超出“熟人社会”范畴，调动公众的积极性就十分困难；第三，利用WIKI系统的“内链”（inner link）为尚未建立的遗产预留链接，既便于检索和修正，又便于数据的可视化。

3.2 内容建设与公众组织

“福州老建筑百科”的内容建设主要采取如下几种方式：

志愿者协助录入基础数据。在平台建设初期，大部分词条内容来源于官方公示的规划材料，通过志愿者录入，形成了最初的一批词条。

利益相关者（stakeholders）自行录入数据。在网站建成后，志愿者们深入社区，开展了一系列活动。许多生活在历史街区、历史村落中的普通人加入志愿者的行列；由于网站是开放的，他们可以很方便地将自己掌握的各类信息录入到网站上。

专家学者的考证和校审。随着数据量的提升，网站吸

① “福州老建筑百科”网站搜集的遗产数据并不限于建筑（建筑仅被视为区域遗产中的一种“要素”），同时也包括历史园林、传统村落、农业景观等各种类型的遗产。

引了一批专家和学者。他们一方面将网站汇总的信息作为学术研究的资料，另一方面也将考证的成果反馈到网站。专家和学者录入的资料具有一定的专业性，提升了词条的质量。

通过以上的模式建设，“福州老建筑百科”逐渐形成了一种整合多方信息的机制。截止撰稿，平台已搜集了2394处文化遗产资料、37张历史地图、6025张各时期照片，并相继开发了WebGIS平台“地图上的福州老建筑百科”（图2）、微信公众号“福州老建筑”（图3）和GIS平台的“福州老建筑地理信息系统”（图4）。通过这些系统，公众可以快速录入、查询和分享遗产信息，研究者也可以通过平台分析、处理遗产信息数据。

图2　“地图上的福州老建筑百科”应用场景，实现了词条存储数据与地理信息的整合
（图片来源：自行开发）

图3　“福州老建筑”微信平台的检索功能
（图片来源：自行开发）

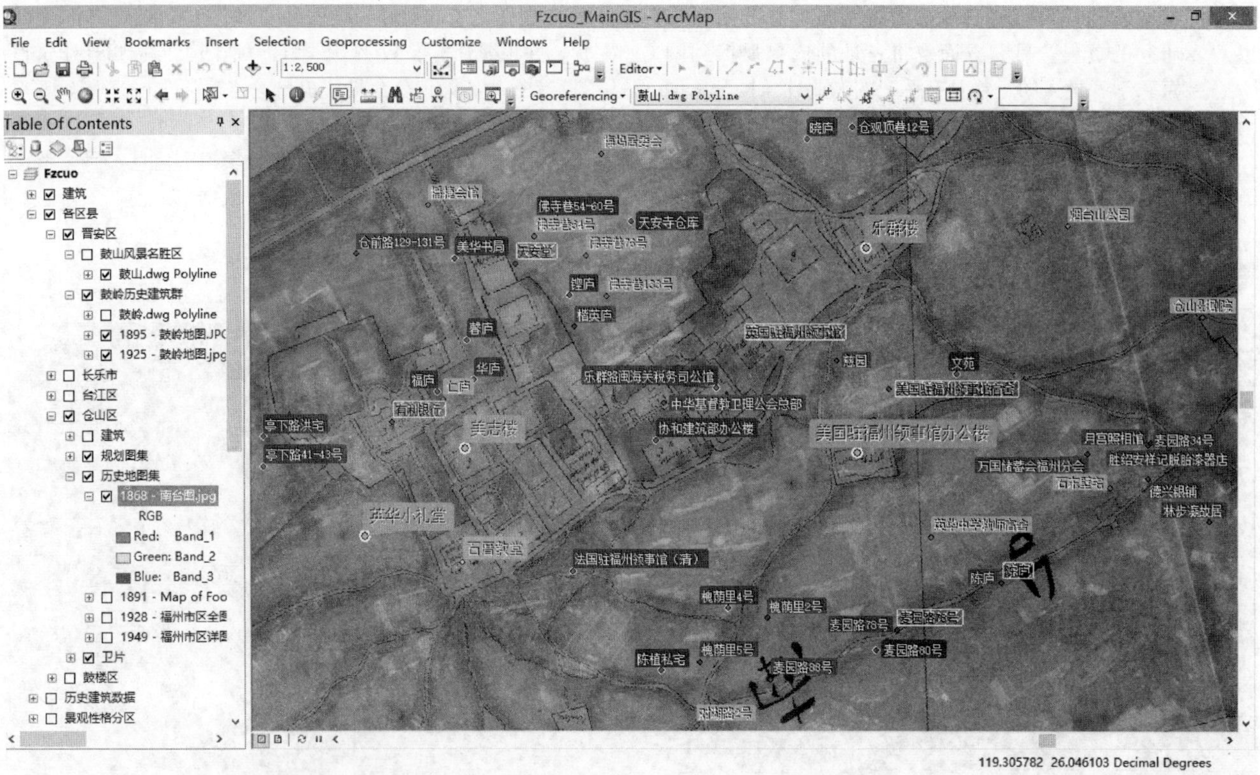

图 4　通过 ArcGIS 读取网站数据，实现历史地图与现状遗产资源叠合（图片来源：自行开发）

3.3　“福州老建筑百科”的困境

与政府或相关机构建设的专类网站不同，“福州老建筑百科”是一个依靠用户生成内容（UGC）来记录文化遗产的平台，UGC 的一些缺陷也不可避免的影响到网站。总的来说，“福州老建筑百科”在几个方面还存在着问题：

对数据录入者专业性的要求阻碍了用户数量和内容的增加。与自媒体平台不同，“福州老建筑百科”是一个相对严肃的知识分享型网站。为了确保内容的准确，网站引入了“校审”机制，由志愿者中的专家学者对词条进行审核。校审机制剔除了许多明显错误的信息和不符合词条标准的描述，却在一定程度上影响了用户（尤其是不具有专业知识的爱好者和“利益相关者”）录入数据的积极性。

平台的易用性和数据的标准性存在着矛盾。作为一个面向公众的平台，“福州老建筑百科”在建站伊始就希望创造一个简单、友好的界面，以确保公众可以无门槛的使用。但随着对数据分类整理标准的提高、“词条撰写导则”的出台，平台的易用性和数据的标准性需求产生了矛盾。公众虽然有分享记忆的热情，却不愿意在“撰写词条”这样没有回报的事情上付出精力；更何况撰写的行为还要受到规范的限制。2016～2017 年，笔者对志愿者录入数据的意愿进行了调查，统计结果显示，“界面太复杂”、“怕自己写的不专业”和“太麻烦”是阻碍他们录入数据的三大原因。

4　结语

随着互联网技术的发展，用户生成内容（UGC）逐渐成为当今社会内容生产的主要方式之一，UGC 和 LBS（基于位置的服务）等技术的结合更是大势所趋。文化景观是一种需要“强公众参与”的遗产类型，CSMS、HLC、Arches 等系统的应用已经证明，UGC 可以在文化景观的遗产信息记录过程中发挥重要作用，成为传统遗产信息记录方式的良好补充。“福州老建筑百科”的实践也为 UGC 在国内的应用作出了初步探索，只有当公众能够关注文化景观的核心精神、理解文化景观的意义，并主动参与遗产信息的挖掘和生成，文化景观的保护才能成为“有本之木、有源之水”。

参考文献

[1]　ICOMOS. Guide to Recording Historic Building [M]. Butterworth Architecture，1990.

[2]　OECD. Participative Web and User－Created Content：Web 2.0，Wikis and Social Networking [Z]. 2007. https：//www.oecd.org/sti/38393115.pdf.

[3]　VanHool S，De Bruxelles U L. From Spectator to Annotator：Possibilities offered by User-Generated Metadata for Digital Cultural Heritage Collections [Z]. 2006. http：//homepages.ulb.ac.be/～svhoolan/Usergeneratedmetadata.pdf.

[4]　Waterton E. Whose Sense of Place? Reconciling Archaeological Perspectives with Community Values：Cultural Landscapes in England[J]. International Journal of Heritage Studies，2005，11(4)：309-325.

[5]　Tjukurpa Katutja Ngarantja. Uluru － Kata Tjuta National Park Management Plan 2010 － 2020 [Z]. 2010. https：//www.environment.gov.au/system/files/resources/f7d3c167-8bd1-470a-a502-ba222067e1ac/files/management-plan.pdf.

[6]　齐晓瑾，张弓．文化遗产保护规划编制过程中的公众参与

[J]. 北京规划建设，2016(01)：90-94.
[7] 施敏洁. 基于GIS的西湖世界文化遗产监测系统设计与实现[D]. 浙江工业大学，2015.

作者简介

林轶南，1983年生，男，汉族，福建福州人，博士，华东理工大学艺术学院景观系讲师，主要研究方向为文化景观、文化遗产。电子邮箱：lynmon@163.com。

吕智慧，1997年生，女，汉族，浙江杭州人，华东理工大学艺术学院景观系本科生。

宋凡桢，1997年生，女，汉族，上海市人，华东理工大学艺术学院景观系本科生。

封茗君，1997年生，女，汉族，上海市人，华东理工大学艺术学院景观系本科生。

卞筱洁，1997年生，女，汉族，江苏镇江人，华东理工大学艺术学院景观系本科生。

探索由惠山园到谐趣园、霁清轩的时代变迁与改变

Exploring the Changes and Changes of the Times from Huishan Park to the Garden of Harmonious Interests

孙 姝

摘 要：惠山园仿照无锡寄畅园建造，是北京现存的仿文人园林中仅有遗存的仿造蓝本的实例，是颐和园著名的园中园。从建成至今二百多年里，惠山园（谐趣园）历经多番改动损毁重建。笔者通过相关资料研究与现场调研，按照时间顺序，通过山水结构、建筑等来竖向研究对比各个时代谐趣园的变化，不仅学习如何继承与发扬的中国古典园林，更在新时代的风景园林建设热潮中学习到如何达到人与自然和谐共生，在顺应自然、保护自然的同时营造良好的景观。

关键词：山水格局；寄畅园；惠山园；霁清轩；谐趣园

Abstract: Huishan Garden is modeled after Wuxi Jichang Garden. It is an example of the only imitation blueprint in Beijing's existing imitational garden. It is the famous garden in the Summer Palace. In the two hundred years since its establishment, Huishan Garden (Garden of Harmonious Interest) has undergone many changes and reconstruction. Through relevant research and on-the-spot investigation, the author analyzes and compares the changes of the various interesting gardens in the chronological order through the landscape structure and architecture. It not only learns how to inherit and carry forward the Chinese classical gardens, but also in the new era of landscape gardens. In the construction boom, we learned how to achieve harmony between man and nature, and create a good landscape while conforming to nature and protecting nature.

Keyword: Landscape Pattern; Jichang Garden; Huishan Garden; Garden of Harmonious Interest

引言

乾隆十六（1751年）年，于清漪园内修建园中园惠山园，仿照无锡寄畅园所作，后改名谐趣园。它既有北方皇家园林特点，又有江南文人园林的气质，是颐和园中著名的园中园。颐和园是中国古典园林成熟后期的集大成者，而惠山园（现谐趣园与霁清轩）又是颐和园的园中园之最，与清漪园（现颐和园）同期设计并建成。从建成至今二百多年里，随着历史发展，历经多番改动损毁重建，现在的面貌与设计之初的立意与景观大不相同，与颐和园景观结构的整体性与联系性也大幅减少。笔者研究它跟随历史的变迁与改变，按照时间顺序，通过山水结构、建筑等来竖向研究其变化，对中国古典园林的传承与研究有重要意义。

1 惠山园（谐趣园）各个年代的变迁

1.1 各年代主要变化

清乾隆十六年（1751年），乾隆皇帝下江南时对无锡寄畅园大为赞赏，命人描摹图纸以归，在清漪园建造的同时建造了惠山园。

嘉庆十六年（1811年），大幅增加建筑比例，将山水园分开成两部分，并更名为谐趣园。

咸丰十年（1860年）英法联军入侵，谐趣园与霁清轩被烧毁。

光绪十八年（1892年），慈禧太后挪军费重建颐和园，谐趣园得以重修，霁清轩只部分重修。

2009～2011年颐和园管理处对谐趣园与霁清轩进行重修，成为现在的大体风貌。

1.2 各个年代竖向对比

对于谐趣园与霁清轩，光绪十八年（1892年）至近代的改动不大，皆沿袭嘉庆十六年（1811年）的总体规划布局，只是在那基础上增加了部分建筑围墙与少量建筑。所以在下文对比研究时将嘉庆十六年及之后的改动统称作谐趣园，而将嘉庆十六年改动之前的称为惠山园来区分。详细分析对比见下页表格。

2 各个时期具体变化

2.1 清乾隆十六年（1751年）——始建

2.1.1 建园由来——寄畅园与乾隆下江南

无锡的寄畅园始建于明代，是著名的江南私家园林与文人园林。《寄畅园记》中描述其“高台曲池，长廊复室，美石佳树，经迷花，亭醉月者，靡不呈祥献秀，泄秘露奇。”清朝康熙、雍正、乾隆等几位皇帝南巡曾停驻此地。乾隆十六年（1751年），乾隆皇帝南巡后，喜爱其清幽雅致，命画师临摹带回北京，仿照寄畅园在万寿山的东麓造园，名为惠山园。

表 1

惠山园（谐趣园）各项变化列表

时间	事件	布局	轴线关系	山水格局	建筑	植物	面积	特点	类型
	无锡寄畅园（仿照蓝本）	主景集中池东狭长地带，近处面水，远借景惠山、锡山		突出山水，以山引水，以水衬山，山水紧密结合	矮小且朴实，点缀园中，散点式布局	朴实疏落	共 15 亩。土山 3.5 亩，水面 2.5 亩，分别占总面积的 23%、17%	疏朗，幽雅，自然。突出山林野趣	江南文人园林
乾隆十六年（1751 年）	仿无锡寄畅园建造惠山园	北以山林为主，南以水池为主，建筑分布水岸两侧	南北轴线：水乐亭、霁清轩。 东西轴线：宫门、水乐亭	山为重点，水为中心，山水呼应，紧密结合。南北交接处地形变化丰富	体量小且低矮，数量少而朴实	朴实疏落。保留原有大树，顺应山水地形自然配置	山体 50%，水 40%，建筑 10%	以自然山水、林泉为主的山水园	江南文人园林
嘉庆十六年（1811 年）	1. 大幅增建建筑； 2. 改名谐趣园； 3. 分为谐趣园与霁清轩	大体量建筑将园分成两部分，水景园与山景园	南北轴线：涵远堂、饮绿。 东西轴线：宫门、洗秋。 轴线两侧不对称，构图产生动势	以水为中心，建筑紧密环绕水池，山水视线连接被阻断涵光洞、寻诗经损毁	建筑体量大，且数量过多。 水池北部建筑遮挡了南北水山视线			分隔成为谐趣园的水景园与霁清轩的山景园	皇家园林气氛增加
咸丰十年（1860 年）	英法联军烧毁谐趣园与霁清轩			山水格局保留	建筑烧毁	遭到破坏			
光绪十八年（1892 年）	依照嘉庆时代模样重修		增建环湖一圈游廊与春亭、引镜	霁清轩独立围墙，使得山水结构分离	霁清轩增建独立围墙与酪膳房		谐趣园 $0.8hm^2$，霁清轩 $0.4hm^2$	人工气氛进一步增加	
中华人民共和国成立后（2011 年）	依照光绪时代修缮	封闭霁清轩不对外开放			霁清轩新增餐厅、厨房等建筑				

2.1.2 选址

惠山园是清漪园的早期工程，位于万寿山后山清幽的环境中，处于万寿山的余脉，可从西面引后溪河泉水入湖。向西可借景万寿山，向北远眺田野麦田与远处山峰。

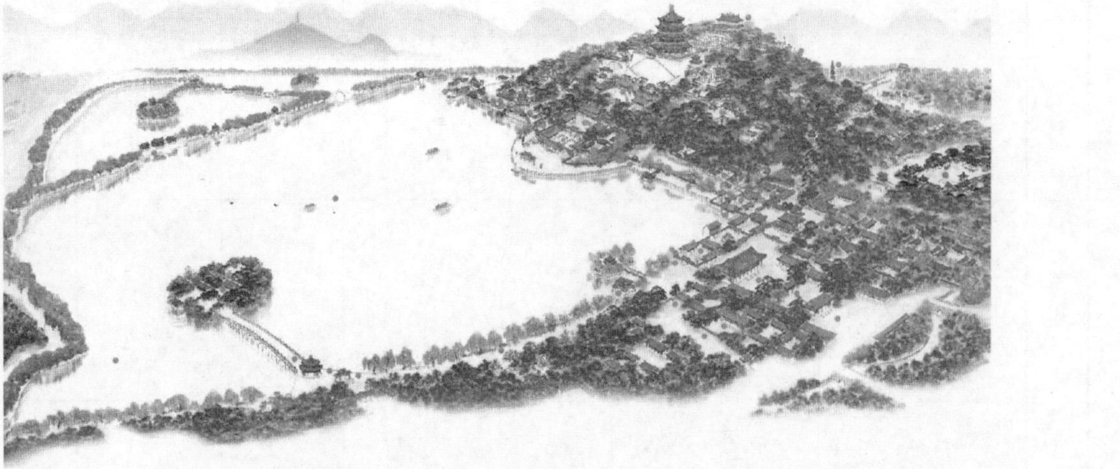

图 1　惠山园在清漪园中的位置（图片来源：根据网络图片改绘）

图 2　惠山园在清漪园后山中的位置（图片来源：根据网络图片改绘）

2.1.3 总体规划布局——山水格局，因势利导，巧借天然山势地貌，人为修改，巧夺天工

山水作为中国古典园林的骨架，占有十分重要的地位，山水构架是密不可分的。惠山园在整体布局上效仿无锡寄畅园，“略师其意，就其天然之势，不舍己之所长”。当时霁清轩未单独划出，也属于惠山园的一部分。园子南部以水为中心，西南边是园入口。

（1）惠山园

惠山园的水面呈曲池形，成为南边园子的中心。水池北侧与山石相接处是全园假山石堆叠最精妙的地方，有玉琴峡溪流、寻诗经、涵光洞，通过斩山、叠石、搜土、引泉、种植，营造出清净幽深，变化丰富的地方。乾隆的《惠山园八景诗》中描述涵光洞“径侧多奇石，为昌为窦，深入线天，层折而出，窈窕神仙府，嵌奇零九峰。……灵径绕而曲，云林秀以重”。

同时仿照寄畅园的“八音涧”创造的“寻诗经”，乾隆《惠山园八景诗》云，“岩壑有奇趣，烟霞无尽藏。石栏遮曲径，春水漾方塘”，“寻诗经”就是用变化多样的黄石叠石营造出“苔经缭曲”的石洞水塘。还有如寄畅园中“八音涧”般的跌落溪流，能从远处听到流水叮咚之音。诗云，“石泉真可听，丝竹不须多。声是八音会，征为六合和。”可见初建叠石水流之精妙。

乾隆时期惠山园中水池北侧建筑极少，只有墨妙轩一栋主体建筑，建筑以点缀为主，分布在水池周边。根据最早记录清漪园的文字资料《日下旧闻考》记载，“惠山园门西向，门内池数亩，池东为载时堂，其北为墨妙轩，园池之西为就云楼，稍南为澹碧斋，池南折而东为水乐亭、北为知鱼桥，就云楼之东为寻诗径，径侧为涵光洞。”

（2）霁清轩

北边的霁清轩以山石为主景，主建筑在人工雕刻的天然石峡上，引后溪河水入园。天然石峡名清音峡。其上是西殿也叫清琴峡。原有巨石土坡高出地面五米，其地势与后湖有约两米的高差。借原有地形裸露巨石，就势劈山

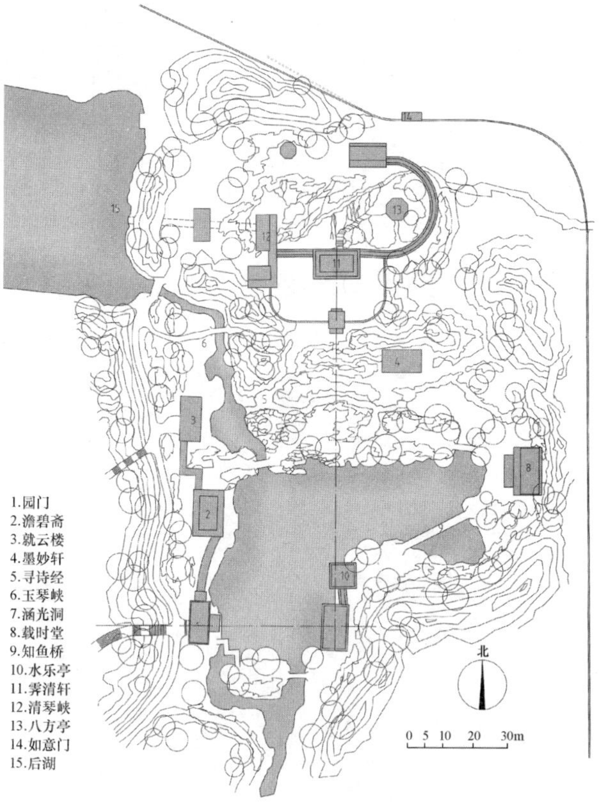

图 3　乾隆年间的惠山园示意图（图片来源：笔者自绘）

削土以约 45°角嵌入原地势低洼的池潭中。

引园外西边的后溪河水分成两股，一股向南，经玉琴峡流向谐趣园；一股向东，经过地下暗渠从清琴峡而出，巨石池潭一路向东流入圆明园。两股水流虽同源，但水流音色各不相同。玉琴峡从后溪河向东南引入，经过地势上的巨大高差，水流跌宕起伏，经过天然岩石层层跌落形成水瀑。清琴峡潺潺细流，水流涓涓，似古琴清音；玉琴峡高低错落，曲折蜿蜒，水声浩荡，如玉琴奏响。

图 4　《清漪园万寿山后山全图》中谐趣园霁清轩部分平面图（嘉庆年间）

巨石山体东侧是人工堆叠的土石山，更加丰富了园林景观层次，堆叠的土石山与低洼的巨石沟堑相望，更显沟堑之深，土石山之高，加强了“深远”的感受。土石山顶有八角重檐景观亭可俯瞰玉琴峡，向北远眺远处村庄农田。

水池北侧叠石与霁清轩内土石山虽为人作，但是根据颐和园万寿山的走势、脉向进行东西向而布局的，宛如万寿山的余脉。北侧山石与南侧的水池形成整个园子北山南水的、一虚一实相对的人工山水园。

2.2　嘉庆十六年（1811 年）——改建更名

对惠山园进行改造，小体量的敞轩墨妙轩改建湛清轩，就云楼改名瞩新楼，澹碧斋改名澄爽斋，添建五进开间涵远堂，载时堂更名知春堂，水乐亭更名饮绿与洗秋，增建澹碧敞厅，增建东北角“小有天”圆亭，更名“谐趣园”。霁清轩内增建了军机处建筑。

由于增建的面阔五间的涵远堂正好处于园中水池的北岸正中的位置破坏了原有的精妙叠石水景涵光洞与寻诗经，也将整个园林风格面貌改变。涵远堂变成谐趣园的中心建筑，居中且体量巨大。涵远堂加强了南北轴线关系，增加了谐趣园的皇家气派，也破坏了最初的江南文人园林的典雅韵味。

1860 年，英法联军烧毁颐和园的谐趣园与霁清轩。

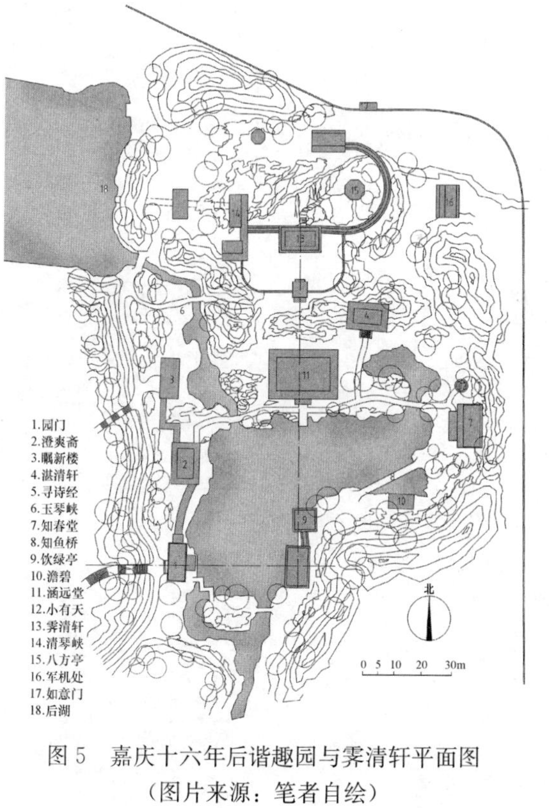

图 5　嘉庆十六年后谐趣园与霁清轩平面图（图片来源：笔者自绘）

2.3　光绪十八年（1892 年）——毁后修缮

为庆慈禧太后六十大寿，光绪皇帝重建谐趣园，增建知春亭和亭子东边的小轩“引镜”，并在环湖周边增建长廊，将建筑轩堂亭榭连为一体。最终形成现状——以水池为中心，百间游廊，7座亭榭环绕水边，5处轩堂，共13座不同形式的建筑（不含霁清轩），并由曲折蜿蜒的游廊相连，布局精巧，并将池岸改为规则形态。霁清轩内东南角增加酪膳房，将霁清轩假山顶部的八方重檐亭改为四方攒尖观景亭。

由于涵远堂变成谐趣园的中心建筑，与新增的洗秋、饮绿亭呈南北轴线，洗秋与宫门呈东西轴线。此时，水池北岸增加的廊亭与大体量的涵远堂完全遮挡了南部水景与北部山石景观的视线，将原来的山水园分割成为两个分离开的水景园与山石园。同时，北部的山景区单独剥离出来，用围墙格挡，名曰“霁清轩”。从此山水格局被打破，从人工山水园变成了人工水景园。

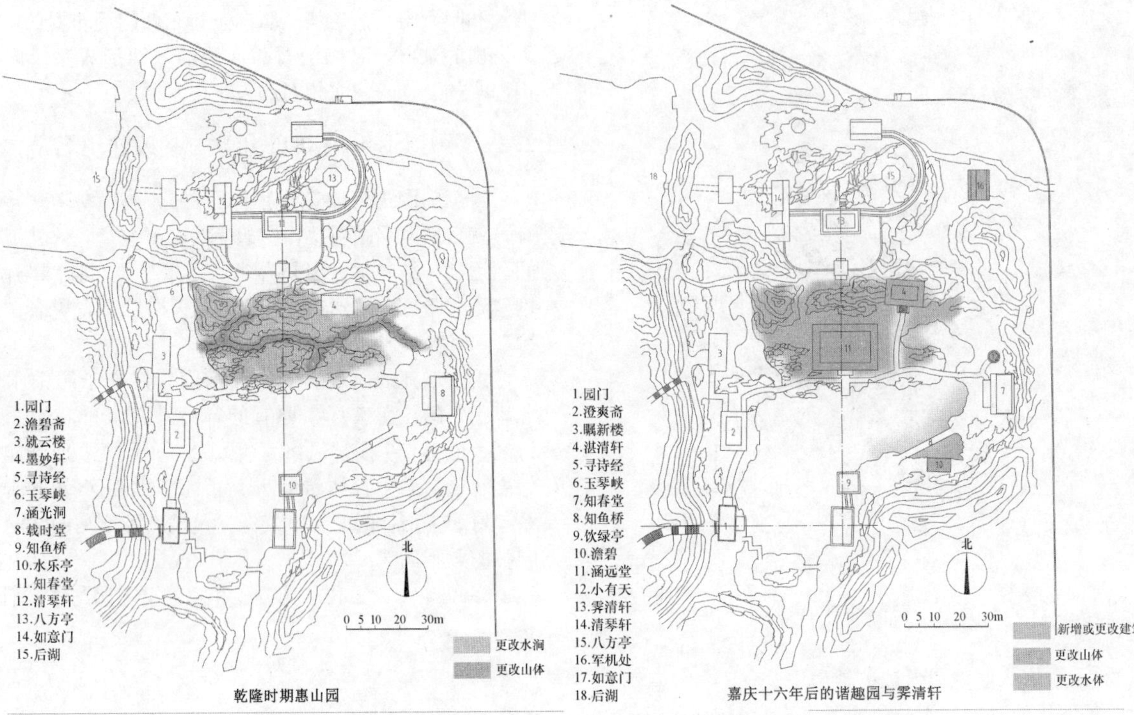

图6 乾隆年间与嘉庆十六年改造前后对比图（图片来源：笔者自绘）

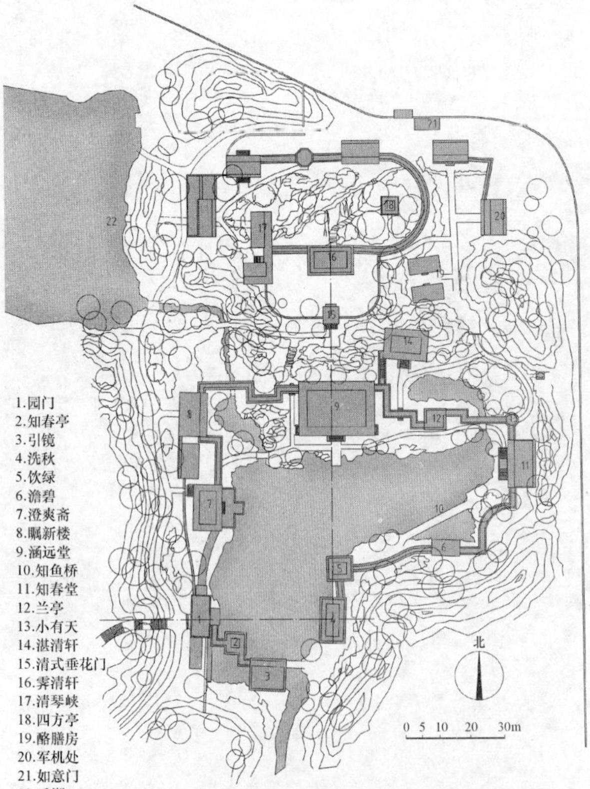

图7 光绪十八年后谐趣园与霁清轩平面图（图片来源：笔者自绘）

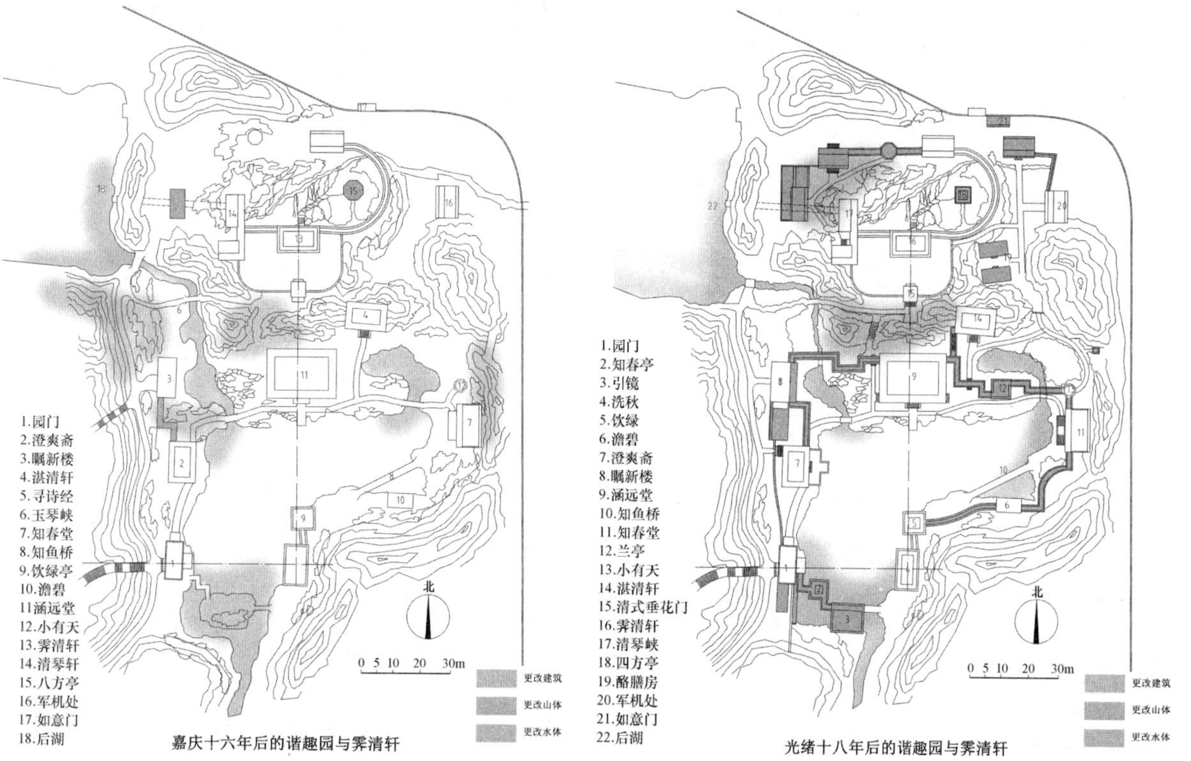

图8 嘉庆十六年与光绪十八年改造前后对比图（图片来源：笔者自绘）

2.4 近代（民国至今）——仿照旧制

霁清轩在民国时期作为北平政府内部招待所，沈从文曾居住并写《霁清轩杂记》。“文革”前一直市委租用（彭真居住），现为颐和园内部招待所，不对外开放。

2009～2011年颐和园管理处对谐趣园与霁清轩进行重修，仿照光绪十八年的风貌修缮，成为现在的大体风貌。

笔者通过探访谐趣园与霁清轩现状发现，谐趣园恢复现状良好，是颐和园中广受欢迎、人流量大的园中园，但存在着植被过少，建筑过多的问题。霁清轩大门紧闭，不对外开放。

最遗憾的是从后溪河引入霁清轩的两条石峡－玉琴峡与清琴峡，因霁清轩关闭而少有人知。玉琴峡因霁清轩素土围墙与谐趣园的铁艺围墙被分成了四个部分，因围墙等遮挡，溪流断断续续，难以欣赏到当初潺潺流水与胜过丝竹的水声。

3 结语

对比从嘉庆十六年（1811年）到光绪十八年（1892年）的几次修缮发现，谐趣园、霁清轩的面貌与意境与当初设计之初已经背道而驰，越来越远。建筑数量明显增多，当初多是点缀式观赏性小品建筑，后来增加了许多功能性建筑，建筑数量体量在园林中也逐渐居于了主导性地位，几乎取代了山水成为园林的骨架。山水格局被围墙建筑等分割开来，形成独立的两部分，也遭到相当大的破坏。植物林木清幽秀丽的气氛也有所减损。整体风格从“虽由人作，宛自天开”的自然环境，转变成为建筑密度过大，人工气氛浓厚的建筑封闭院落。

这整体的变化，也是明清中叶到清末园林风格的转变整体趋势。不仅仅是几代统治者在审美观艺术鉴赏水平的高低问题，也是统治者心理状态和社会的强盛衰败的变化。

初建惠山园和清漪园时，国力强盛，乾隆只将此处作为游览观赏的景点，将喜爱的寄畅园景观搬到清漪园中满足自己的观赏需求。所以整体设计是以追求整体景观效果为主，具有山水相通、道法自然的格局。嘉庆年间，嘉庆时常在谐趣园办公、处理政务，同时嘉庆没有乾隆多次下江南的经历和同样的艺术审美水平，对园林与山水整体观的理解也未达到乾隆的高度。所以将点缀性建筑扩大成实用性建筑，建筑体量与数量都大为增加。光绪年间重建，在经历英法联军烧毁颐和园后，正值内外交困，从军费中挪用出部分修建颐和园。无论从经济预算还是心理状态都颇为局促，只求恢复如旧，没有精力再追求过多的艺术审美与景观整体性等，自然也不会像乾隆时期当作艺术创造来对待。慈禧太后也只是想找一个可以安度晚年，居住以自娱的场所，所以增建霁清轩围墙，增加安全防卫也在情理之中。

通过梳理由惠山园到谐趣园、霁清轩的变化，笔者发现在古典园林的改建修缮中，不能一味地重建恢复原来的旧貌，而是要追溯园林设计之初的设计思想与意境，从整体的布局来看整个园林的恢复与修缮。如霁清轩中玉琴峡的溪流，一条溪流被重重围墙分的支离破碎十分令人遗憾。因为管理需要增设围墙可以理解，但围墙栅栏的位置要从园林整体观赏效果，宏观的去考虑。同时，霁清轩自嘉庆十六年后修缮较少，除增加围墙外少有改动，其山石高差处理十分精妙，一直封闭不对外开放十分遗憾。这样束之高阁只作为小部分人的消遣场所更不利于中国古典园林的文化传播与发扬。

尤其是在轰轰烈烈地学习西方造园风潮中，更应该挖掘中国古典园林的优点，让大众多接触优秀的文化遗产，在认识和普及中提高普遍审美与共情，又能反过来更加促进古典园林的保护与传承。

参考文献

[1] 清华大学建筑学院．颐和园．北京：建筑工业出版社，2000.

[2] 天津大学建筑系．清代御苑撷英．天津：天津大学出版社，1991.

[3] 于敏中．日下旧闻考(卷八十四)．北京：北京古籍出版社，1981.

[4] 胡洁，孙筱祥．移天缩地，清代皇家园林分析．北京：中国建筑工业出版社出版，2011.

[5] 傅凡．山水诗画对中国园林艺术的影响．北京：中央民族大学出版社，2009.

[6] 周维权．中国古典园林史(第二版)．北京：清华大学出版社，1999.

[7] 冯钟平．谐趣园与寄畅园//清华大学建筑系．清华大学建筑史论文集(第五辑)．北京：清华大学出版社，1983.

[8] 付克诚．颐和园霁清轩．//清华大学建筑系．建筑史论文集(第四辑)．北京：清华大学出版社，1980.

[9] 王劲韬．中国皇家园林叠山理论与技法．北京：中国建筑工业出版社，2011.

[10] 周维权主编．清漪园史略．//北京市园林局颐和园管理处．颐和园建园250周年纪念文集．北京：中国建筑工业出版社，2000.

作者简介

孙姝，1990年生，女，汉族，山东人，北京林业大学园林学院风景园林专业研究生，现就职于宝佳丰（北京）国际建筑景观规划设计有限公司，景观设计师，风景园林方向。电子邮箱：1053621659@qq. com。

寓意于形，融情于景

——李正造园思想研究

Implication in Form and Emotion in Scenery

—Recearch on Li Zheng's Theory of Landscape Architecture

杜　安

摘　要：李正先生从事造园艺术近 70 年，其设计实践作品主要在太湖之畔的无锡完成。江南吴地悠久深厚的园林艺术积淀，紧凑多变的自然山水格局，为其潜心创作提供了丰富的素材和不竭的养分。综观其一生的代表作品如中国杜鹃园、无锡吟园、无锡梅园、惠山寄畅园和愚公谷修复工程、蠡园、鼋头渚风景区园林建筑等，无不立意明确，布局凝练，气脉贯通，匠心独具，回味隽永。究其奥义，乃在于深谙传统造园理法精髓，即将师法自然，巧于因借，组景入画，精在体宜的造园思想融会于每一处江南园林的营建构筑中，并在反复雕琢揣摩中因地制宜地加以创新，方能真正臻于寓意于形，融情于景的造园艺术之化境。
关键词：李正；造园思想；江南园林；理法；借景

Abstract: Li Zheng has been engaged in gardening art for nearly 70 years, and his design practice is mainly completed in Wuxi on the bank of Tai Lake. Jiangnan's long and deep garden art accumulation and compact and changeable natural landscape pattern provide abundant materials and inexhaustible nutrients for its creative work. In his representative works such as China azalea garden, Wuxi Yin Park, Wuxi plum Park, Huishan Jichang Garden and Yugong valley restoration, Liyuan Park, and landscape architectures in Yuantouzhu Park, we can feel a clear conception, concise layout, unobstructed vein, originality, pleasant aftertaste. The profound meaning lies in the understanding of the essence of the traditional garden. It is to integrate the idea of gardening such as "learning from nature, artful following and borrowing, suitable for a painting and refining on appropriate body" into the construction of Jiangnan gardens. And innovating in accordance with local conditions in repeated sculpting and figurine. So as to truly become the artistic conception of the gardening art, which implies the form and the emotion.
Keyword: Li Zheng; Theory of Landscape Architecture; Jiangnan Garden; Garden Method; Borrow Scenery

1　李正先生生平

李正（1926～2017 年），字勉之，江苏无锡人。我国著名园林设计大师，国家一级注册建筑师，高级工程师，教授（图 1）。李正出生于无锡一个书香世家，其父李柏森先生是无锡近代报业先驱；其兄李慎之先生，则是我国当代著名哲学家、社会学家和国际问题专家、原中国社会科学院副院长。李正 1949 年毕业于杭州之江大学建筑系，历任浙江大学、同济大学、苏南工专等校教职。1958 年调回家乡无锡工作，之后长期在市城建系统从事风景园林规划设计工作。

1958 年，32 岁的李正受命主持无锡惠山映山湖·愚公谷修复设计，后又主持荣氏家族梅园东扩设计，并负责编制无锡、苏州太湖风景区规划草案（图 2、图 3）。

"文化大革命"期间，作为"反动学术权威"遭到批判，设计工作终止。改革开放后，年过半百的李正迎来了其园林艺术创作生涯的高峰。

1978 年，李正开始了惠山中国杜鹃园的设计创作，1981 年建成。该项目获建设部优秀园林设计奖、国家优秀设计奖、国家科技进步三等奖，并受到杨廷宝、朱有玠等前辈专家，以及国际同行的高度评价，认为其是新时期江南园林以少胜多，以简蕴繁，因地制宜的典范之作。中国杜鹃园由此成为李正先生的代表作品而名动海内（图 4～图 8）。

图 1　李正（1926～2017 年）
（图片来源：引自：http：//news.jnwb.net/2017/0217/116309.shtml）

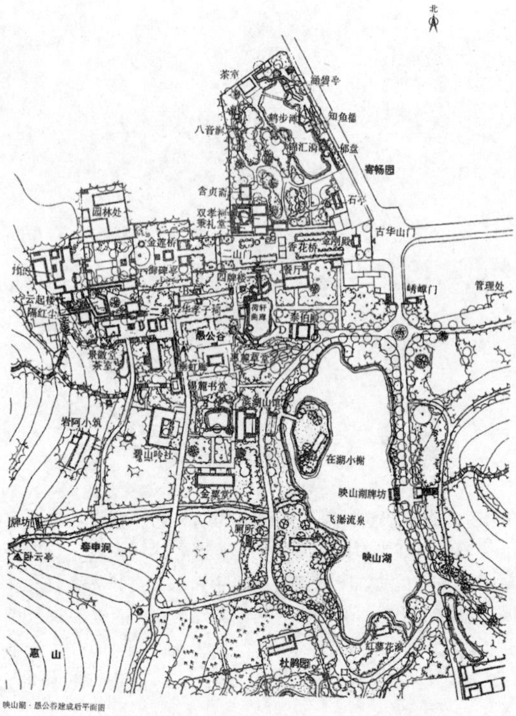

图 2　惠山映山湖·愚公谷建成后平面图[2]

图 3　修复后的历史园林——愚公谷

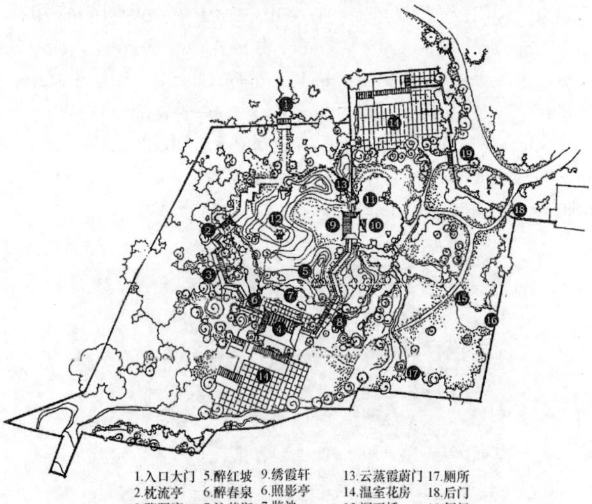

图 4　中国杜鹃园平面图[2]

图 5　中国杜鹃园鸟瞰图[2]

图 6　中国杜鹃园（一）

图 6　中国杜鹃园（二）

图 7　中国杜鹃园借景锡山

图 8　中国杜鹃园内湿塘

此后，李正创作热情高涨，20 世纪八九十年代，以耳顺之年接连完成了太湖鼋头渚风景区系列园林建筑、太湖仙岛、无锡吟园、中日友好园的创作，无锡蠡园（图9）、无锡公花园扩建设计以及寄畅园、黄埠墩、薛福成故居、东林书院等历史园林遗产的修复设计，还曾受邀赴海外多国创作中国古典园林。有媒体曾报道说，李正先生一人，参与设计完成了无锡 80% 的新时期园林作品；当代无锡最重要的 18 处城市园林均出自他之手，足见其晚年产量之丰，创作精力之盛。

图 9　蠡园层波叠影景区鸟瞰图[2]

2013 年夏，李正携夫人赴澳大利亚定居。2017 年 2 月 14 日，李正先生在墨尔本的一家医院逝世，享年 90 岁。据无锡媒体报道，李正移居海外后依然宝刀不老，去世前还在为当地一个寺庙设计担任顾问。

2　李正造园理法析要

李正先生是我国当代园林界为数不多的，长期耕耘于工程实践第一线，产量丰硕而又形成自己完整理论体系的设计大师。进入 21 世纪，在学术界、出版界带有抢救性质的挖掘和鼓励下，他于耄耋之年重返书桌，潜心著述，集毕生之所学，先后完成《造园意匠》、《造园图录》两部皇皇巨著，阐述了其完整的造园思想体系，总结了一生全部重要作品的构思过程、艺术特点、经验教训和心得体会，为后人研究新时期江南地区传统风格的园林创作留下了宝贵的思想财富。

李正的造园理论，在《造园意匠》的“意匠篇”中，用“意之立”和“匠之营”两个篇章作了详尽的论述，本文仅作析要。

2.1　意之立

造园又名构园，重在“构”字，含义深刻；深在意境，妙在诗情画意。园林意境源于自然与人文之美，“犹如源头活水，让人进入灵性飞动的清新境界”。造园活动不是山水、建筑、花木等的简单组合，而是遵循一定自然法则和艺术规律所创造的符合人们审美情趣的可游赏、休憩、可感悟的人工环境。造园之意匠，即是艺术与技术的有机结合，完美统一。李正将意境形象地比喻为融入水中之盐，无形而有味。“意立而情出。融情于景，景情相生。”

李正先生一生的设计实践作品主要是在太湖之畔的无锡完成的。江南吴地悠久深厚的园林艺术积淀，紧凑多变的自然山水格局，为其潜心创作提供了丰富的素材和不竭的养分。他自己用了 32 字概括出造园理法的精髓，即：师法自然，巧用环境，以人为本，融情于景，突出主题，寓意于形，以古鉴今，贵在创新。

中国园林的主体架构是山水，在江南传统园林中即能体悟到太湖山水的神韵。换言之，江南园林的立意构景，是建立在对太湖自然风景资源的详尽透彻的分析基础之上的。造园活动唯有师法自然，方能彰显天趣。在此基础上，根据“因地制宜”、“得景随行”之原则，顺应自然，克服困难，尽量利用场地环境进行创作，以至“化腐朽为神奇”，达到“药人巧于自然之中，役自然为人巧增色”的境地。而另一方面，园林又必须有实用功能，园林中的人性化设计体现了造园活动“以人为本”的立意，又赋予其某种审美价值。

李正对家乡无锡的园林瑰宝——惠山秦氏寄畅园的理法艺术推崇备至，认为在江南园林中，“依托自然山水，又能延山引水，使人工山水与自然山水融洽有情，浑然一体者，首推寄畅园”。作为愚公谷、寄畅园修复工程的亲历者，李正对于惠山之麓的历史园林遗存有着透彻的艺术体悟（图 10、图 11）。其代表作品中国杜鹃园，同处惠

图 10　李正设计复原的寄畅园凌霄阁

图 11　修复后的历史园林——寄畅园

山风景名胜区，可谓以古鉴今，却又不拘泥于古法，而是在继承传统风格的基础上大胆地寻找新路子，运用新办法，探讨新形式，体现出李老在山麓园林创作中兼容并蓄，博采众长，古今相济，殊途出新的稳健功力。

2.2　匠之营

造园“有法无式”，初学者如何入手？李正结合具体案例深入剖析，从总体规划、掇山理水、空间组织、借景手法、景点建筑、导游路线、植物造景、文脉提炼、楹联匾额、意境营造等十个方面娓娓道来，起承转合，独成一体。在实践中，李正对园址的考察尤其投入了心力，认为造园家要有强烈的场地环境意识，深入勘察地理形势、地形地貌，“疏源之去由，察水之来历”，懂得扬长避短，在尊重环境、善待环境的基础上，运用科学的态度和艺术的眼光去美化环境，优化环境，营造环境，即所谓“大胆落墨，小心收拾”，以此达到造园活动的理想境界。他进而将师法自然，巧于因借，组景入画，精在体宜的造园思想融会于每一处江南园林的营建构筑中，并在反复雕琢揣摩中因地制宜地加以创新，方真正臻于寓意于形，融情于景的造园艺术之化境。通览咀嚼李正先生的“意之立”，“匠之营”两章，可领略一代设计大家信手拈来的成熟智慧。

除了园林总体规划布局与空间营造，建筑师出身的李正在景点建筑营建中所下的功夫尤为精到。《造园图录》详尽收录了其在国内外造园活动中，创作完成的传统风格建（构）筑单体共计 18 个门类，168 个子项，具体包括：塔 6 处，楼 9 处，阁 8 处，厅 4 处，堂 9 处，馆 5 处，斋 4 处，轩 7 处，榭 10 处，亭 29 处，廊 7 处，花架 5 处，桥 15 处，台 6 处，坊 8 处，门 23 处，景窗 6 处，墙 7 处，其中绝大部分为建成作品。李正先生的建筑实践几乎涉猎了传统园林建筑领域的所有类别，但其设计活动始终贯穿着一条明确的主线，就是注重考察建筑单体在园林总体布局中所处的地理地形环境与位置朝向，由此确定各单体的立题用意与造型依据。《造园图录》通过图文实例展示了其博大精深的建筑思想，本文不再赘述。

3　李正造园艺术特色

3.1　立意明确

清代无锡籍诗人、书法家钱泳有言：“造园如作诗文。”李正先生的造园作品，或为地方政府点名委托，或为海内外高端客户邀请创作，大都为“命题作文”，因此，营建之初就有明确的主题。荣氏梅园以梅为题，在李正主持下拓展老园，点缀新景，延伸文脉，充实内涵，总面积从早期的 81 亩扩至现今的 800 多亩，依山植梅，以梅饰山，香雪海景蔚为壮观；杜鹃园以无锡市花杜鹃花点题，又以满铺杜鹃的“醉红坡”为全园的视觉高潮，陈从周题诗：“塔影沉潭轻点笔，醉红题壁映山红”，认为其实现了“虽由人作，宛自天开”的艺术境界。

3.2　布局凝练

李正造园作品构图洗练，看似一气呵成，从不拖泥带水，但细细推敲，却又有着深可探寻的艺术魅力，这主要得益于他对园内园外场地特征的精准把控。无锡吟园东临运河，周边被马路包围，嘈杂无序，立地条件极差，惟邻近锡山，满山绿意可资因借，于是大胆开挖水面，将山容塔影映入池中，又以挖湖之土围园四周堆叠坡冈，绵延起伏，变化丰富，有效隔离了外界喧闹，从而实现了园内山水相依，园外遥借山景，“山在园中，园在山中”的旷奥真趣（图 12）。

图 12　吟园鸟瞰图[2]

3.3　气脉贯通

山水是园林的骨架，山为脉，水有源，源脉畅通，方能呈现盎然生机。杜鹃园“沁芳涧”本无水源，“醉红坡”更是杂树丛生，为了突出山林意趣，李正因地制宜地堆叠土石，“涧以旱涧水做，坡脚疏泉拓池”，从而涧有活态，坡显生机，使得“苔痕鲜润，花木华滋”。

3.4　匠心独具

中国传统造园理法中，以借景最能体现造园家之匠心独具。借景手法多样，看似机缘巧合，不经意间偶得妙境，实则蕴藏着设计师厚积薄发的强大底蕴。通过借景手法一二例，即可以领略李正先生高超的造园技巧。杜鹃园秀霞轩前的“照影亭”，因其后壁位于暗部，难免黯然无趣，设计时特在壁面正中镶嵌一面圆镜，将亭外风景返照入境，既扩大了空间感，又丰富了景观效果，提亮了光线，可谓一举三得；后乐园中的“草圣亭”亦采用了同样的手法，结合建筑造型，将圆镜改为六角镜，许多初到的游人误以为这是一个镂空窗框，窗后还有妙境，足见其达到以假乱真的艺术效果。

3.5 回味隽永

中国诗画同源，传统园林艺术又深受中国画论的影响，无不充盈着诗情画意，让人留恋。李正先生的园林、建筑作品，大都品格高雅，意境悠远，充满了人文主义色彩，回荡着隽永的艺术气息。2007 年，无锡市领导委托李正先生在梁溪河与古运河交汇处设计建造一座地标性高塔，彰显城市形象。因当时场地周边已经建起高层住宅建筑，李正反复推敲，并试放氢气球以目测核定塔的体量，认为其与已建高楼不协调，建议改建为有着半地下稳重基座，层层出挑逐级收放的“梁韵阁”，以稳健雍容的楼阁来抗衡压制现代住宅楼的高峻，形成一组新的平衡。建成后的梁韵阁采用钢混结构，二、三层周围有室外围廊环通，屋面采用蓝灰亚光琉璃瓦铺盖，飞檐翘角，呈现出灵动飘逸之姿，可谓赏心悦目，回味无穷，起到了“出奇制胜”的效果。

4 结语

李正先生早年接受建筑学系统教育，初衷是在大都市设计高楼大厦。然而造化弄人，大学毕业在上海同济大学工作不久后，因要照顾高龄患病的父母而调回家乡无锡工作。当时的中小城市建设任务不多，却反而成就了他在园林艺术世界中驰骋纵横，潜心探索，终有所成的历史机缘。

李正先生刻有一枚闲章：“岂能尽如人意，但求无愧我心”，他在造园艺术上取得的丰硕成果，固然与其创作天赋不无关系，但与他认真自律的敬业精神和严谨负责的工作态度更是密不可分，值得新时期的园林工作者学习。

参考文献

[1] 李正. 造园意匠[M]. 北京：中国建筑工业出版社，2010.
[2] 李正. 造园图录[M]. 北京：中国建筑工业出版社，2013.
[3] 汪自力，王俊. 李正治园[M]. 北京：中国建筑工业出版社，2013.
[4] 高飞."匠人"李正[N]. 无锡日报，2010-05-23(P01).

作者简介

杜安，1982 年生，男，汉族，江苏无锡人，风景园林学硕士，上海市园林设计研究总院高级工程师，副主任设计师，研究方向为风景园林历史理论与设计实践。

岳滋村传统生态治水措施与智慧研究①

Study on Traditional Ecological Water Control Measures and Wisdom in Yuezi Village

林 静 宋 凤

摘 要："逐水而居"是人类生存法则，旱涝频发的自然灾害使劳动人民总结出了一系列传统生态治水措施，其中蕴含着丰富的生态智慧，时至今日仍值得挖掘与学习。本文以岳滋村村域为研究范围，运用ArcGIS技术划分汇水区域，并对汇流情况进行模拟，计算出各沟峪干湿两季汇水量以及极端降雨量。以此为参照，结合田野调查与图示语言概括各沟峪汇流及泉水分布情况，分析各沟峪内传统生态治水方式，总结该方式的雨水适应性及环境营建特征，探讨其背后蕴含的治水生态智慧。以此为启发，指导山地型乡村聚落生态、科学地解决旱涝问题，为乡建过程中的风景园林规划设计提供借鉴。

关键词：山地型乡村聚落；传统治水措施；生态智慧；岳滋村

Abstract: "Living by water"is the nature of human beings. Frequent natural disasters caused by drought and waterlogging have led the working people to summarize a series of traditional ecological water control measures, which contain abundant ecological wisdom. This paper takes Yuezi village area as the research area, uses ArcGIS technology to divide the catchment area, and simulates the confluence situation, and calculates the water amount and extreme rainfall of each valley in dry and wet seasons. Taking this as a reference, combining with field investigation and pictorial language, this paper summarizes the confluence and spring distribution of each valley, analyzes the traditional ecological water control mode in each valley, summarizes the adaptability of rainwater and the characteristics of environmental construction, and discusses the wisdom of water control ecology behind it. Based on this, it guides the settlement ecology of mountainous countryside, solves the problem of drought and waterlogging scientifically, and provides a reference for the planning and design of landscape architecture in the process of rural construction.

Keyword: Mountain Country Settlement; Traditional Measures for Water Control; Ecological Wisdom; Yuezi Village

引言

在中国传统乡村聚落持续发展中，为适应旱涝灾害频发的自然条件，劳动人民通过长期的生产、生活实践积累了一系列在地传统治水经验[1]，经过反复验证，其中蕴含传统生态智慧的科学性经验得以传承至今[2]。传统生态治水智慧具有低影响开发特征，以维持和保护自然状态下的水文机制为前提，以对生态环境产生最低负面影响为目的，通过一系列低耗能、低技术手段创造与自然状态下功能相当的水文景观，为人类解决生活、生产等方面水资源需求问题[3-5]。乡村振兴战略背景下，乡村建设快速推进，传统治水在地经验未得到全面梳理与总结，城市模式便在乡村建设中迅速推广。人们试图通过寻求高科技、新材料来解决乡村建设的旱涝问题，缓解人与自然之间日益严重的矛盾。然现状并不乐观，问题非但没有得到根本性解决，形式反而愈加严峻，如2013年济南南部山区洪水下泄淹没村庄[6]；2016年济南严重干旱致东南部山区吃水困难[7]……反观历史，人类在逐水而居的生产、生活过程中形成的低技、有效的生态治水经验反映了农耕文明背景下人与自然和谐相处的态度，具有"天人合一"的核心思想[10]，蕴含着丰富的生态智慧，对当前乡村建设延续在地文脉，寻求可持续发展仍然具有重要作用[8-10]。该类生态智慧在泉水村落普遍存在，山东省济南市岳滋村便是典型案例。

1 研究区域与对象

1.1 岳滋村概况

岳滋村隶属于济南市章丘区垛庄镇，约200年历史。村落选址南部山区，是典型的山地型乡村聚落。村域面积656.5hm²，村落生活空间面积约22.33hm²，其中住宅用地面积约5.23hm²、道路用地面积约0.91hm²、水域面积约1.44hm²、其他用地面积约14.66hm²[11]。村落呈掌状分布在沟峪中。

岳滋村属于暖温带半湿润大陆性季风气候，四季分明，雨热同季，降水时空分布不均，夏季降雨量约424.2mm，占全年降雨量的66.1%，冬季最少，降雨约25.1mm，仅占3.9%，多年平均降雨量为679.5mm；百

① 山东省自然科学基金资助项目（ZR2017BEE075）；山东建筑大学校内博士基金项目（XNBS1012）；山东建筑大学博士基金资助项目（XNBS1616）；教育部人文社会科学研究青年项目资助（18YJCZH066）。

年一遇极端日降雨量为1975年9月1日的166.7mm[12]。年均日照2647.6小时，平均气温12.8℃，无霜期192天。年蒸发量可达586.7mm，夏季蒸发量最大为271.6mm，约占全年蒸发量的46.3%，秋冬最少分别占17.9%、6.9%[13-14]。村域环境内分布着200多处泉水喷涌点，被誉为“百泉村”，在丰水期泉涌量约为8640m^3/天，蓄水总量可达11041 m^3，枯水期蓄水总量约1841 m^3（表1）[11]。岳滋村沟壑纵横，峡谷效应致使风速增大，光照强烈，春冬季蒸发量大于降水量，秋季蒸发量与降水量基本持平，仅在夏季降雨量略大于蒸发量，纵观多年平均降雨量也略高于蒸发量。

如此环境下，该村不仅能实现常年自然灌溉，而且形成了百泉喷涌的景象，这得益于村内优秀的传统生态治水措施。这些措施经过“人适应水”、“水适应人”、“人与水和谐相处”三个阶段的不断验证与调整，时至今日依旧是村民生产、生活和村域环境可持续发展的基础保障[1]。

岳滋村泉水喷涌量及储量一览表　　表1

时期	泉涌量（m^3/天）	蓄水总量（m^3）
丰水期	8640	11041
枯水期	1723	1842

岳滋村降雨量、蒸发量一览表　　表2

类别		降雨量（mm）	所占比例（%）	蒸发量（mm）	所占比例（%）
按季节分类	春季（3～5月）	81.6	12.7	169.6	28.9
	夏季（6～8月）	424.2	66.1	271.6	46.3
	秋季（9～11月）	111.2	17.3	105.0	17.9
	冬季（12～2月）	25.1	3.9	40.47	6.9
多年平均降雨		679.5	100	586.7	100
极端天气日降雨		166.7（1975.9.1）			

1.2　研究区域与对象

岳滋村自七星台入口顺时针方向依次分布着栗子沟、北峪、村北沟、东峪、南峪、西岭峪六条沟峪（图1）。

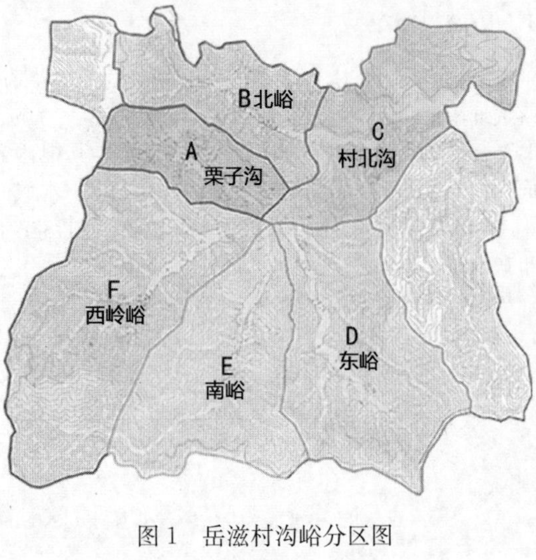

图1　岳滋村沟峪分区图

其中南峪面积最大，约占村域面积19.26%；栗子沟面积最小，约占7.72%。通过田野调查可知村内显著性泉水喷涌点主要分布在沟峪中（图2）。本文以村域范围内汇水沟峪中的生产、生态空间为研究对象，向村域外汇流区域不予考虑。

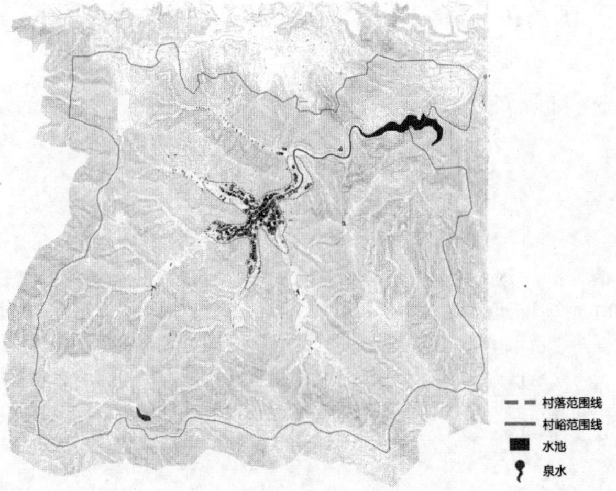

图2　岳滋村泉水分布图

2　研究方法与数据来源

2.1　研究方法

为了直观、深入地梳理岳滋村传统生态治水措施与智慧，本文采用定量与定性相结合的研究方法[15]。

定量分析法，运用ArcGIS对村域水环境的主要构成要素进行定量分析，避免定性分析的主观性。通过ArcGIS对各沟峪坡度、坡向、山体阴影以及土地覆被等情况进行可视化分析，减少工作强度且更为直观。

定性分析法，在定量分析基础上，结合田野调查和图示语言概括各沟峪汇流及泉水分布情况，分析各沟峪内传统生态治水方式，总结该方式的雨水适应性及环境营建特征，探讨其背后蕴含的治水生态智慧，弥补可视化分析工具的局限性。

2.2　数据来源

考虑数据获取的难易程度及时序性，结合岳滋村自身情况，本次研究选择LANDSAT 8 OLI－TIRS卫星遥感影像为数据来源，结合地形图进行处理与分析。

3　岳滋村村域内汇流计算

3.1　计算步骤

岳滋村的空间环境有三大类型：生活空间、生产空间、生态空间。各类空间下垫面环境的径流系数差异较大。人工环境所占面积比例为3.18%，水域所占面积比例为0.24%，可忽略不计。根据各沟峪内土地覆被类型，通过对下垫面种类、地形变化、土壤类型及当地蒸发量等因素综合考虑，将各沟峪的径流系数进行权衡取值（表 3）[16－17]。

划分该区域内汇水分区（图 3），与图 1 边界重合。将不同时节降雨量与每条沟峪面积之积，乘以径流系数，得出各沟峪干湿两季汇水量及极端降雨量（表 3）。计算公式如下：

$$Q=\psi q f$$

式中：Q 为汇水量（L）；ψ 为径流系数（表 3）；q 是降雨量（mm）；f 汇水面积（m^2）。

岳滋村沟峪汇水量一览表 **表 3**

沟域名称	面积（$\times10^4 m^2$）	所占比例（%）	径流系数（ψ）	春季汇水量（m^3）	夏季汇水量（m^3）	秋季汇水量（m^3）	冬季汇水量（m^3）	多年平均汇水量（m^3）	极端天气汇水量（m^3）
A 栗子沟	50.68	7.72	0.6～0.7	24812.928～28948.416	128990.736～150489.192	33813.696～39449.312	7632.408～8904.476	206622.360～241059.420	50690.136～59138.492
B 北峪	61.57	9.38	0.7～0.8	35168.784～40192.896	182825.958～208943.952	47926.088～54772.672	10817.849～12363.256	292857.705～334694.520	71846.033～82109.752
C 村北沟	89.75	13.67	0.7～0.8	51265.200～58588.800	266503.650～304575.600	69861.400～79841.600	15769.075～18021.800	426895.875～487881.000	104729.275～119690.600
D 东峪	111.37	16.96	0.6～0.8	54526.752～72702.336	283458.924～377945.232	74306.064～99074.752	16772.322～22363.096	454055.490～605407.320	111392.274～148523.032
E 南峪	127.79	19.47	0.5～0.6	52138.320～62565.984	271042.590～325251.108	71051.240～85261.488	16037.645～19245.174	434166.525～520999.830	106512.965～127815.558
F 西岭峪	126.45	19.26	0.6～0.7	61909.920～72228.240	321840.540～375480.630	84367.440～98428.680	19043.370～22217.265	515536.650～601459.425	126475.290～147554.505

3.2 计算结果

岳滋村总体地势中间低，四周高。沟峪汇水至村内主河道，水流向东北方下游汇集为大拇寨水库；东峪、北峪及南峪的南侧坡度变化较大；北峪、栗子沟呈东西走向，山体阴影遮盖比例较大，其他沟峪大致为南北走向，阴影遮盖比例偏小（图 9～图 11）。

表 4 多年平均汇水量与极端天气汇水量变化图

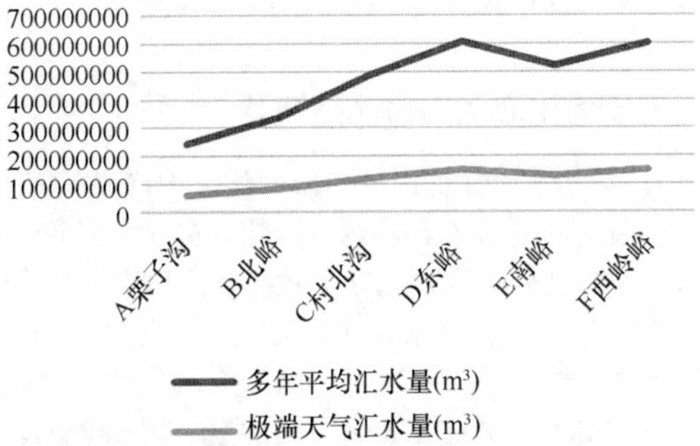

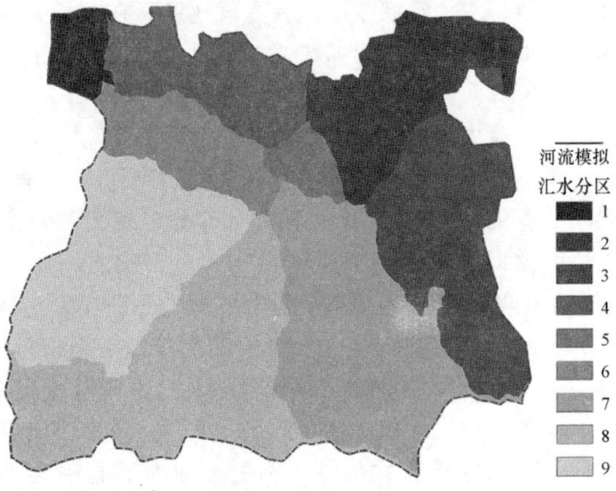

图 3 汇流分区图

将岳滋村划分为 9 个汇水分区（图 3）。就全年平均汇水而言，栗子沟汇水量最小，西岭峪最高，各沟峪汇水量差别较大；极端天气情况下汇水量整体变化较小（表 4）。其中对岳滋村环境影响较大的有 7 个汇水分区，对应岳滋村的 6 条沟峪（图 4～图 8）。

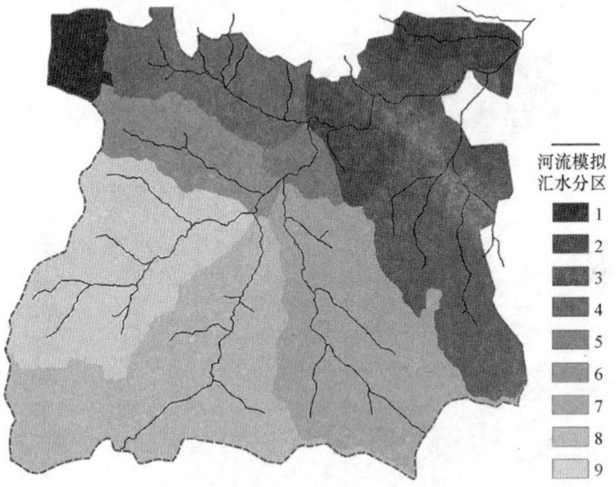

图 4 极端降雨情况汇流模拟图

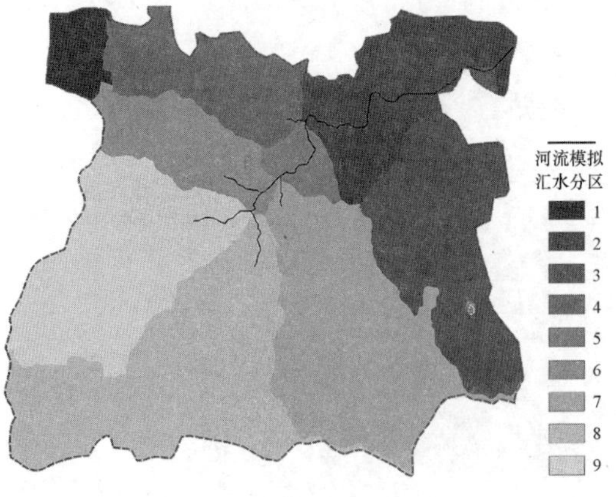

图 5 春季汇流模拟图

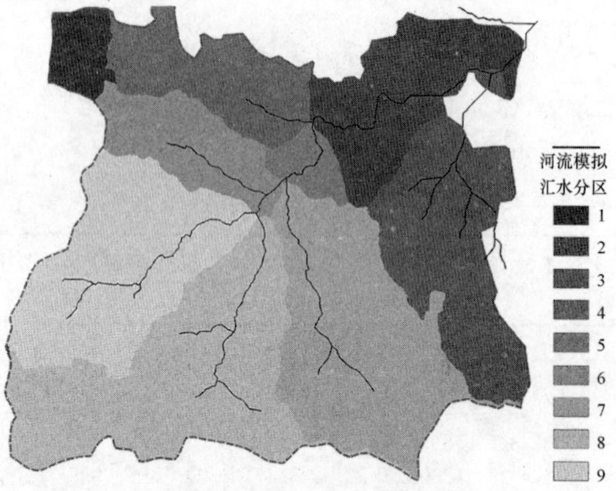

图 6　夏季汇流模拟图

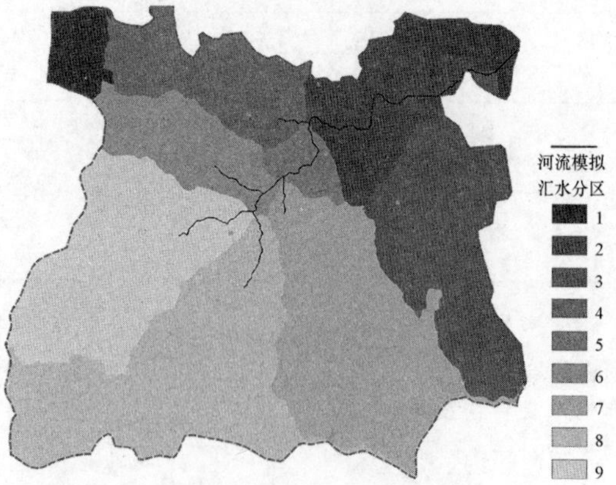

图 7　秋季汇流模拟图

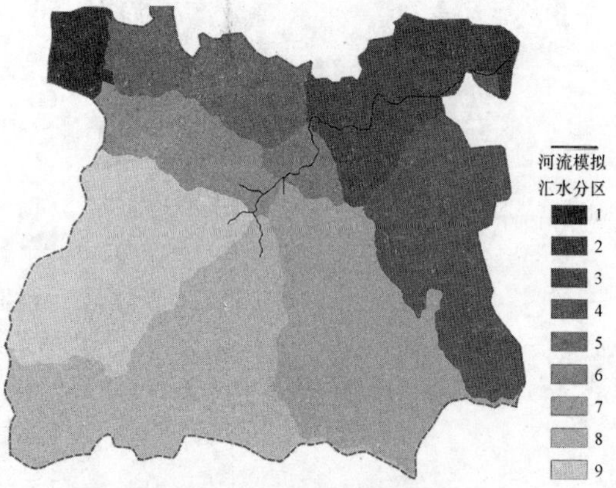

图 8　冬季汇流模拟图

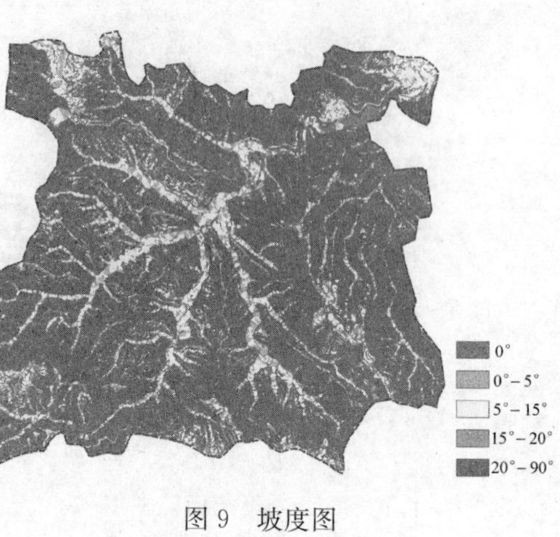

图 9　坡度图

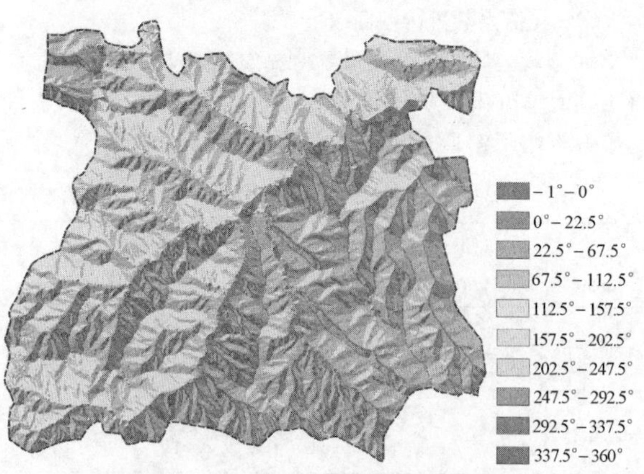

图 10　坡向图

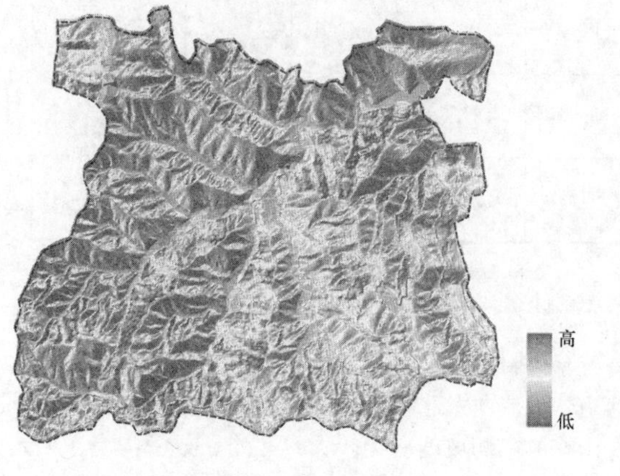

图 11　山体阴影图

4　岳滋村传统生态治水措施与智慧分析

4.1　栗子沟生态治水措施与智慧

栗子沟为村域内面积最小的沟峪，沟底平均宽度约为 50m，泉水喷涌点在沟峪内呈线状排布，多年平均汇水量最少（图 2、表 4）。结合地形地势，该沟峪主要采用了“长藤结瓜”式生态治水措施，各泉水喷涌点与水坑为“瓜”，明渠与暗渠发挥了“藤”的作用，将“瓜”连接起来，充分利用渠道水、瓜水，提高灌溉、供水保证率[18]。在干旱季节，水流经暗渠，减缓蒸发速度；在雨量充沛的夏季，明渠与暗渠相结合将洪水快速排走，泉井、水坑留存部分水资源，既减少了山洪对耕地造成的冲刷，又避免水资源完全流失（图 12、图 13）。

为了尽可能储存水，使之得到最大效率利用，村民在该沟峪开垦的梯田顺应了泉水喷涌点分布规律，基本保障了每层梯田上有一处泉井或蓄水池。干砌式石质暗渠具有一定的透水性，周边壤土具有典型的毛细现象。暗渠外渗的水通过壤土的孔隙向上蒸发使土壤始终保持湿润。根据暗渠深度选择农作物，较深地块种植深根性农作物，较浅地段种植浅根性农作物（图 14、图 15）。梯田地段农作物种类以粮食类作物为主，两侧坡地因灌溉困难种植深根性果类作物。

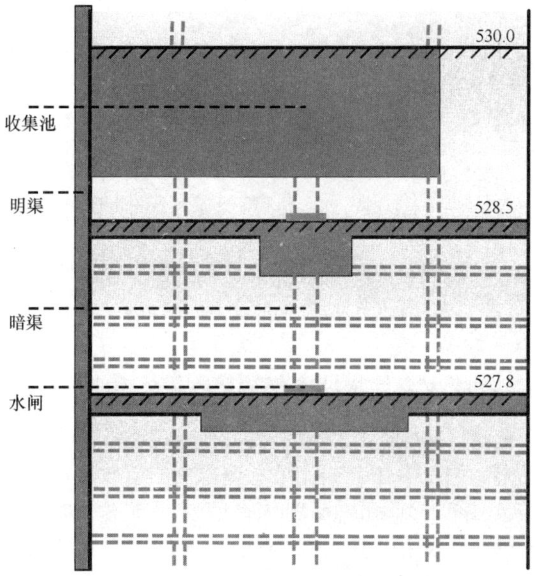

图 12 “长藤结瓜”治水措施平面示意图

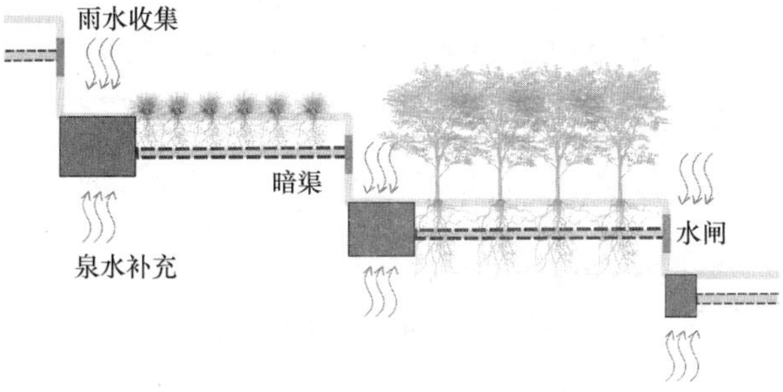

图 13 “长藤结瓜”治水措施纵向剖面示意图

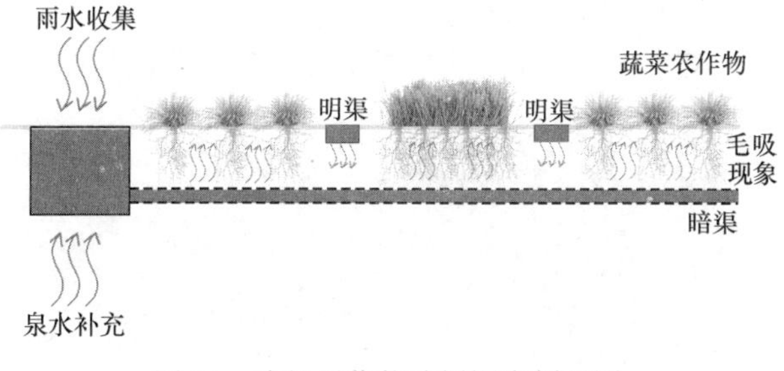

图 14 浅根系作物暗渠深度剖面图

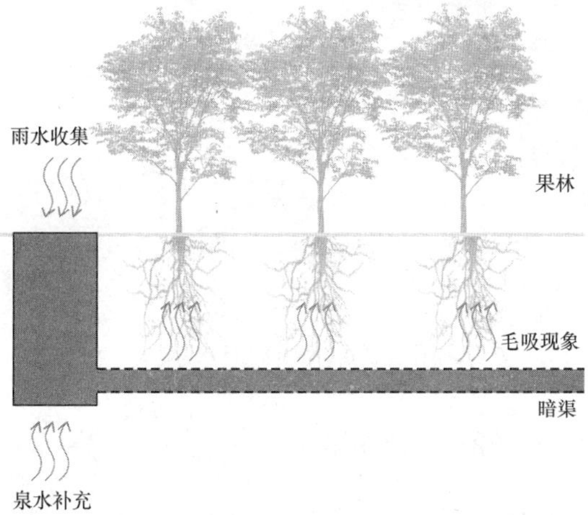

图 15 深根系作物暗渠深度剖面图

4.2 南峪生态治水措施与智慧

南峪纵深最长，自南向北地形地势变化丰富。峪南端修建水坝拦截局部汇水形成水库——瑶池，南段上游地势坡度大，地表为粗砾石，下垫面类型为火成岩，瑶池溢水于石下穿流；中段地势稍缓，地表为粗砂石，汇水于地表形成山涧，村民沿溪涧修建梯田种植果类作物；北段下游地势最缓，下垫面为壤土，村民依水修建蔬圃（图 16）。峪内泉水喷涌点较少（图 2），各段依靠瑶池进行水源补给。

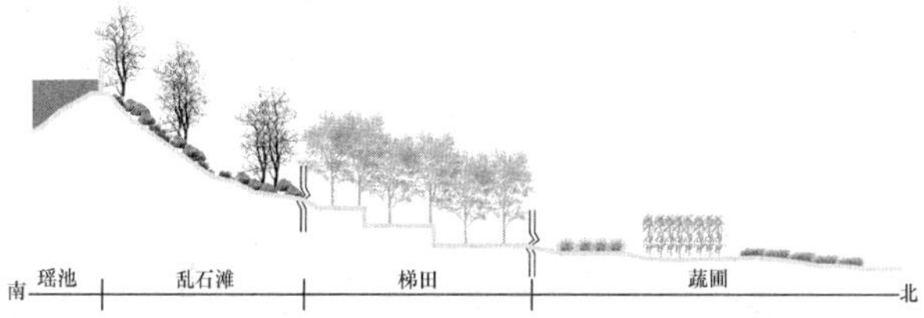

图 16 南峪纵剖面示意图

上游地表径流冲刷力强，村民抛置自然山石形成乱石滩，分布着大量根系发达的野生乔木，如刺槐（*Robinia pseudoacacia*）。强降雨时，山石、乔木可减缓水流速度，减弱地表径流侵蚀；旱季时，山石间保存的大量空隙增加了蓄水容量，同时水在乱石滩下的潜流降低了蒸发强度，减少了旱季水损失（图 17）。

图 17 乱石滩减缓雨水冲刷示意图

中下游溪涧得益于上游乱石滩治水措施保持常年流水不断，周边耕地充分发挥水走低势的特性完成灌溉，如下游蔬圃地段。村民于地势最高处溪涧凿引出主灌溉沟入圃地，溪涧和主灌溉沟过水面分设主、次简易水闸；主灌溉沟进入圃地依地势高低分出支和毛细灌溉沟，以“井”字形式布置于圃地；地势最低处各级灌溉沟合一于主灌溉沟，水自流回溪涧。灌溉时打开次闸，关闭主闸，水依地势由各级灌溉沟引入圃地，该过程通过搬动石块、刨土等措施引导水流方向。灌溉完成，主闸打开，次闸关闭。多余水顺沟流回低处溪涧，避免洼涝（图 18、图 19）。

4.3 东峪、西岭峪治水措施与智慧

东峪与西岭峪相似，沟底宽度均约 60m，面积最大、汇水量最多，泉水分布集中，梯田落差大（图 2、表 4）。泉水集中分布地段修建大型蓄水池，雨季对雨水进行拦蓄，旱季泉水可进行水源补充，汇水通过暗渠引导，再对下游蓄水池进行补充。大落差梯田消减了沟峪自然坡度，避免雨季地表径流的强劲冲刷（图 20～图 22），减少地表径流对土壤的侵蚀。由于大型蓄水池上游水资源匮乏，多种植抗旱性强的果类农作物；蓄水池下游水资源丰沛，多种植粮食类作物。

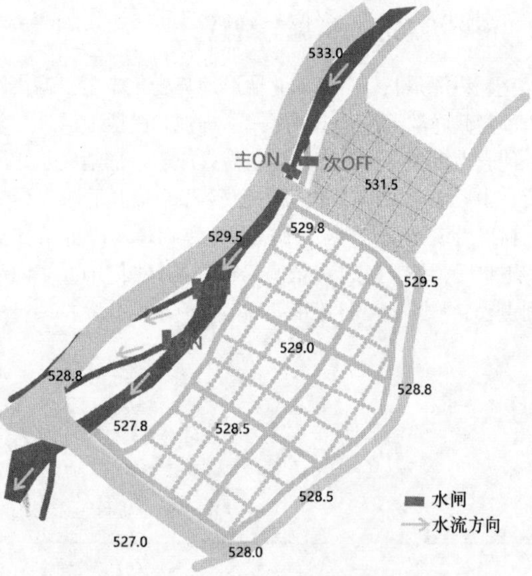

图 18　水闸关闭未进行灌溉示意图

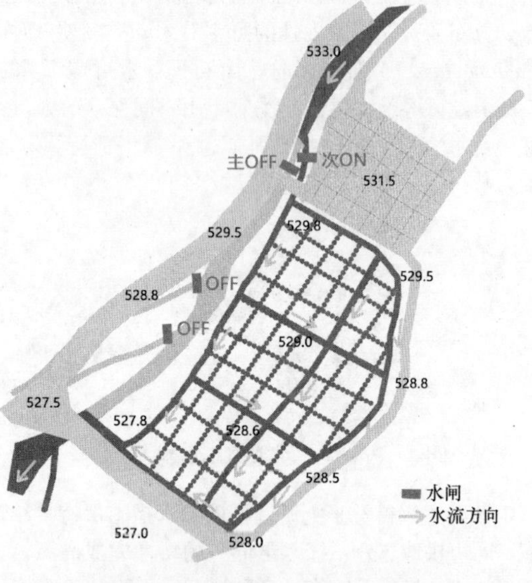

图 19　水闸打开引水灌溉示意图

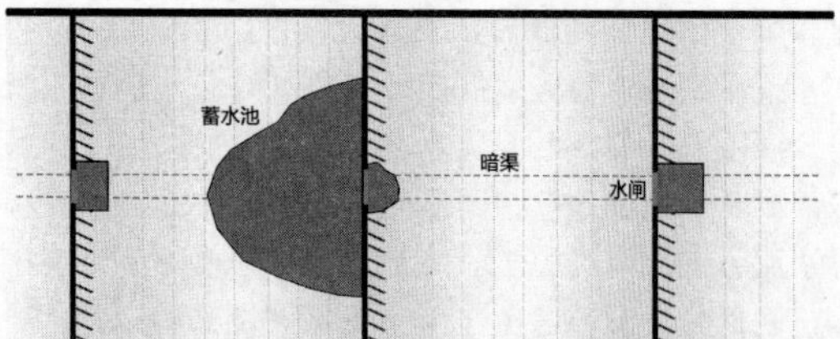

图 20　大型蓄水池平面示意图

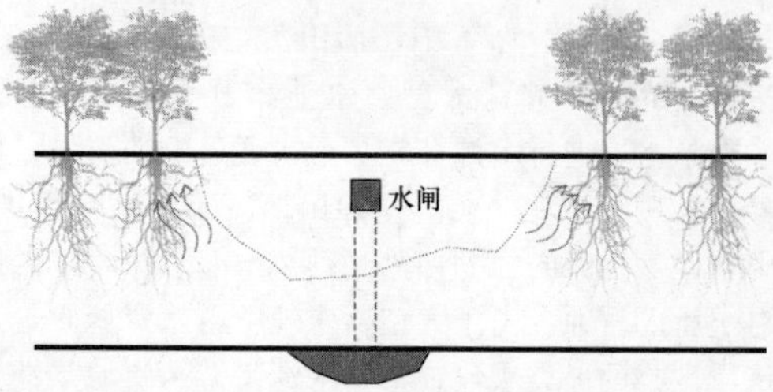

图 21　大型蓄水池横向剖面示意图

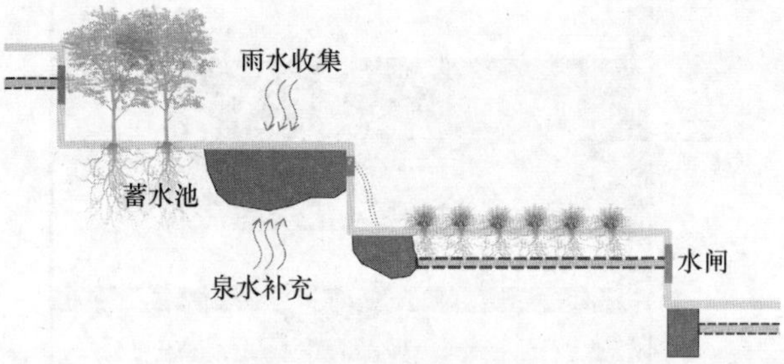

图 22　大型蓄水池纵向剖面示意图

4.4　北峪生态治水措施与智慧

北峪，峪底宽度最窄，平均宽度约 30m，泉水喷涌点分布最均匀（图 2）。沟峪呈东西走向，山体遮挡阴影面积较大（图 11），峪内可耕作面积最少，汇流量较小（表 4），梯田修筑采用了“因泉筑井，依井修田”的模式。

泉井形态为正梯形，井口覆盖石板，减少蒸发；井下空间逐渐增大，保证了一定蓄水量（图 23～图 25）。干砌式石质泉井内壁向周边自然渗水，依靠壤土毛细现象完成农作物自然灌溉，大量灌溉时节需要人工提水。

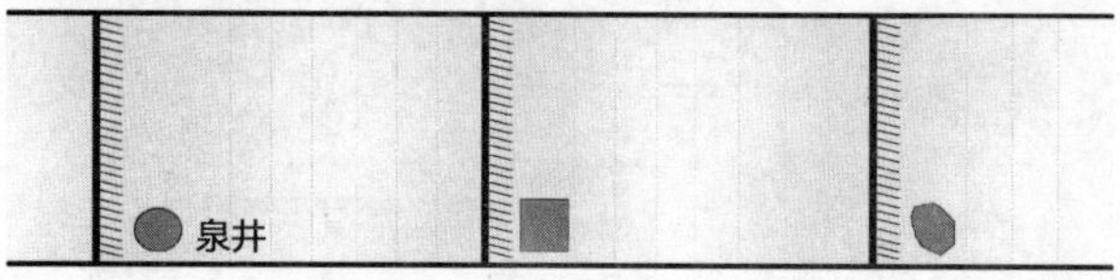

图 23　北峪平面示意图

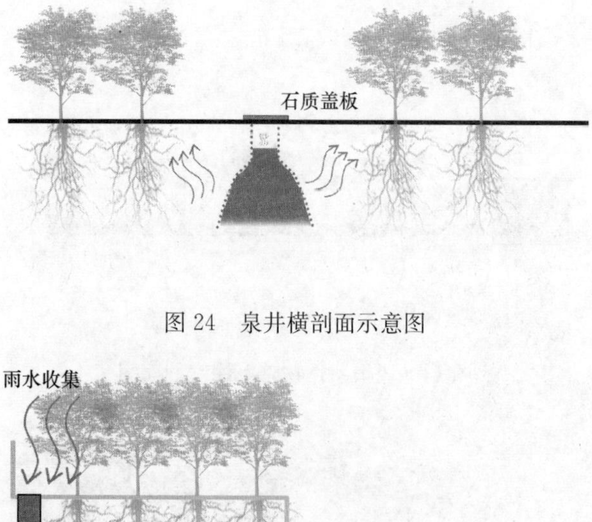

图 24　泉井横剖面示意图

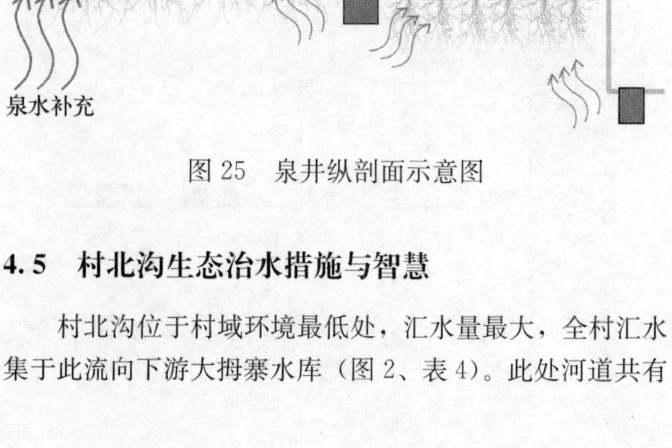

图 25　泉井纵剖面示意图

4.5　村北沟生态治水措施与智慧

村北沟位于村域环境最低处，汇水量最大，全村汇水集于此流向下游大拇寨水库（图 2、表 4）。此处河道共有

4 处小于 90°的大弯道，多处小弯道，河道内遍布山石。顺应自然地形改造的曲折河道及山石减缓了地表径流速度，减弱了雨洪冲击（图 26）。

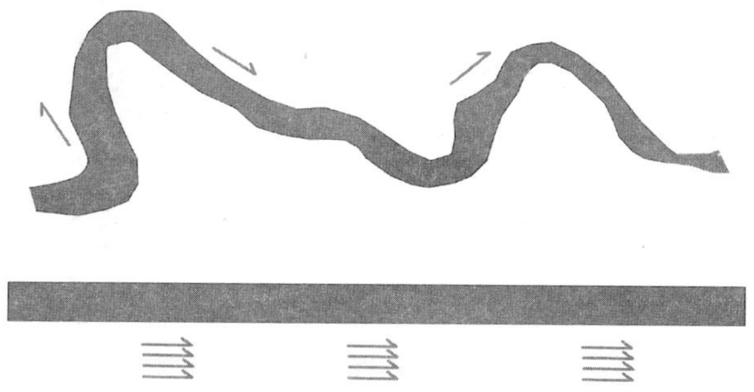

图 26　村北沟河道弯曲示意图

沟峪自然河道宽度最大，约 30～40m，四季均有汇流，水位随着汇水量多寡有充足的弹性空间。村民充分利用弹性空间开垦田地，水位较低时耕种短季作物，充足的水资源保障了作物灌溉（图 27）。

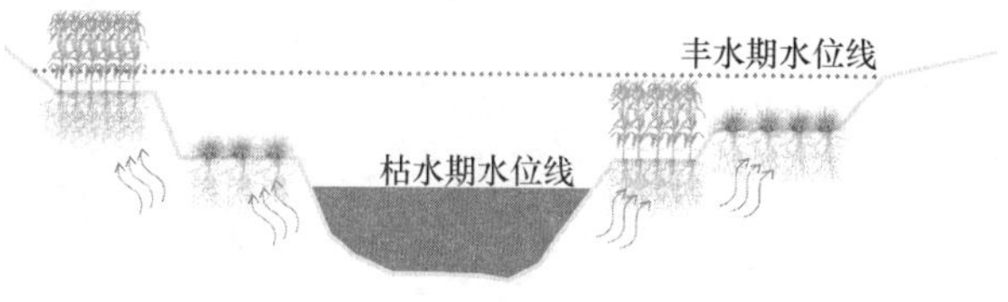

图 27　村北沟剖面示意图

5　结语

岳滋村村民在与自然环境相互适应过程中于蓄水排洪方面总结的优秀生态治水经验、措施及蕴含的生态智慧不仅使村落规避了旱涝自然灾害，且便利了村民生产、生活等方面用水，更使岳滋村发展成为著名的泉水村落。希冀今后的乡村聚落环境规划设计与建设管理实践过程能够传承上述优秀的在地生态智慧，科学指导山地型乡村聚落水环境建设，有效引导现代风景园林规划设计中水治理问题，减少乡村聚落环境建设对于高技术、高材料、高学历人才的依赖，因地制宜践行低技术、低影响、低开发、低能耗的生态型水资源调控模式。

参考文献

[1]　刘文荣，肖华斌，刘嘉．济南市泉水村落保护与传承中的传统水利设施的再应用研究[A]．中国风景园林学会．城市·生态·园林·人民[C]．北京：中国建筑工业出版社，2016.9.

[2]　王忙忙，王瑞．传统村落的理水生态智慧[J]．井冈山大学学报，2016，37(6)：71-77.

[3]　张细兵．中国古代治水理念对现代治水的启示[J]．人民长江，2015，46(18)：29-33.

[4]　赵宏宇，陈用越，解文龙，邱微，张成龙．于家古村生态治水智慧的探究及其当代启示[J]．现代城市研究，2018，2：40-45.

[5]　戚海军．低影响开发雨水管理措施的设计及效能模拟研究[D]．北京：北京建筑大学，2013.

[6]　陈心如．济南南部山区洪水下泄淹没村庄，冲走近百船[N]．山东商报，2013，7(24).

[7]　周青先．严重干旱致济南东南部山区吃水困难[N]．齐鲁晚报，2016，4(16).

[8]　俞孔坚，许涛，李迪华，王春连．城市水系统弹性研究进展[J]．城市规划．2015，1：75-83.

[9]　俞孔坚，李迪华，袁弘，傅微，乔青，王思思．"海绵城市"理论与实践[J]．城市规划，2015(6)：26-31.

[10]　莫琳，俞孔坚．构建城市绿色海绵—生态雨洪调蓄系统规划研究[J]．城市发展研究，2012，19(5)：4-8.

[11]　赵继龙．岳滋村泉水景观的可持续更新设计[J]．建筑与文化，2016，11：18-20.

[12]　中国气象局气象数据中心国家级气象站章丘站[DB/OL] http：//data.cma.cn/data/index/6d1b5efbdcbf9a58.html.

[13]　张国华．山东省陆面实际蒸发量估算及变化特征分析[J]．人民黄河，2014，36(10)：26-32.

[14]　吕相娟，王凤兰，张民凯，潘国荣．山东省 1971-2008 年蒸发量气候特征分析[J]．山东气象，2010，30(1)：20-23.

[15]　李伯华，刘沛林，窦银娣，曾灿，陈驰．中国传统村落人居环境转型发展及其研究进展[J]．地理研究，2017，36(10)：1886-1900.

[16]　DB 11/685—2013 雨水控制与利用工程设计规范[S]．北京：北京市规划委员会，北京市质量技术监督局，2013.

[17]　GB 50014—2006 室外排水规范[S]．北京：中华人民共和国建设部，2006.

[18]　陆列寰，温进化．长藤结瓜式水利系统配水过程优化研究[J]．南水北调与水利科技，2011，9(3)：46-48.

作者简介

林静，1992 年生，女，汉族，山东招远人，硕士研究生在读，山东建筑大学建筑城规学院，研究方向为风景园林规划与设计。电子邮箱：linj1992@hotmail.com。

宋凤，1976 年生，女，汉族，山东招远人，北京林业大学博士，山东建筑大学建筑城规学院，副教授，风景园林教研室主任，硕士研究生导师，研究方向为风景园林规划与设计、乡村景观、生态智慧。电子邮箱：songf@sdjzu.edu.cn。

浙江丽水古堰灌区乡土景观的现代化转译
——以通济堰灌区为例

Modern Translation of Vernacular Landscape in Ancient Weir Irrigation Area of Zhejiang Lishui
—A Case Study of Tongji Weir Irrigation Area

李 帅 韩 冰 郭 巍

摘 要：灌区是农耕时期的基本人居环境单元。本文试图从风景园林的视角，将古堰灌区理解为自然基底景观、水利系统景观、农业肌理以及聚落景观的生态、生产和生活复合系统。采用现场调研法、文献综合法、数据统计分析法、图解分析法等分析总结丽水市古堰灌区在水利工程建设中适应自然环境、营造和谐人居环境的规律。最后以通济堰灌区为例，研究堰以及因堰而生的农业及聚落景观，试图解析古堰灌区乡土景观要素的构成模式和空间格局特征，总结其人工干预的方式，为丽水市内以及周边地区的景观本土化发展提供依据。从对象研究和规律总结的过程中，尝试对保护古堰灌区的乡土景观、历史风貌以及文化底蕴提出可以参考借鉴的意见。

关键词：乡土景观；古堰灌区；通济渠；景观要素；聚落形态

Abstract: Irrigated area is the basic unit of human settlements during the farming period. This paper tries to understand the ancient irrigation area as a ecological productive and living complex composed of the natural basis landscape, the landscape of water conservancy system, the agricultural texture and the settlement landscape. We summarize the law of Lishui ancient irrigation area to adapt to the natural environment and build a harmonious living environment in the construction of water conservancy projects by field investigation, literature comprehensive method, data statistical analysis and graphical analysis. At last, taking the irrigation area of the Tongji weir as an example, we study the weirs and agricultural and settlement landscape of weirs, and try to analyze the composition pattern and spatial pattern characteristics of the vernacular landscape elements in the ancien irrigated area. We summarize the way of artificial intervention to provide the basis for the landscape localization in Lishui and its surrounding areas. In the course of the study and the summary of the laws, we try to put forward some suggestions for the protection of the vernacular landscape, historical features and cultural details of the ancient irrigation area.

Keyword: Vernacular Landscape; Irrigation Area of the Ancient Weir; Tongji Weir; Landscape Elements; Settlement Pattern

丽水位于浙江西南山区之中，地势由西北向东北倾斜。山多田少，间有河谷盆地，素有“九山半水半分田”之说。瓯江水系上游流经此处，溪流纵横。雨水集中且丰沛但险峻的山势使得溪水短时量大而湍急，导致丽水人民饱受洪涝灾害的侵袭。历代丽水行政长官都将治水作为首要任务，发挥自身才干与群众智慧，因地制宜地兴修水利工程引用山川河流之水，便利人居生活。丽水地区堰、渠、塘、堤等水利设施星罗棋布，在人工干预之下建造的水利系统塑造了当地传统人居环境[1]，也为我们研究其乡土景观的演化提供了的重要线索。

从风景园林的视角我们将古堰灌区理解为自然基底景观、水利系统景观、农业聚落景观以及与生态、生产和生活相关的水管理运行机制的复合系统。这一系统由下而上堆积形成，每一层都为后来一层提供一个空间上的背景环境[2]。丽水地区古堰灌区历史悠久，堰坝系统和相伴而生的聚落景观组织巧妙，极具特色，是浙江西南山区乡土景观的典型代表。以之为对象加以分析与理解，丰富了乡土景观的研究类型与边界，加深了对于传统人居环境营建智慧的理解，可以为新型城镇化背景下的城乡发展与转型提供了有益的借鉴与启示。

1 丽水古堰灌区的形成与演变

总结前人的营建历史与经验我们不难发现，具体的人工建成环境总是对于外部自然环境的变化做出理性反馈，不断调整自身的形态，处于持续相互影响的动态变化中。丽水古堰灌区最大的自然塑造因素是水环境，以水利设施的形态与功能变化、土地划分模式、聚落肌理等为表征，同样体现出对应的形成和演变过程。从农耕时代到现代化的今天可以总结为如下 4 个阶段或时期（图 1）。

（1）未筑堰时期：灌区内河流频繁改道，水量无法控制，洪涝灾害频发导致农业发展落后；此时的粮食生产，主要靠气候，人力的作用微弱，不能够获得长期定居并稳定发展的基础。

（2）施工兴建期：兴建堰坝，开挖干渠，水患得以治理，提供了开展稳定农业生产的前提。村落得以固定，并逐渐随着生产力水平的提高而扩大规模，形成与水利系统、农业生产高度契合的聚落形态。

（3）支渠扩张期：干渠周边自发而缓慢地逐渐形成完整的干渠、支渠、毛渠组成的渠道系统，同时可能出现吞

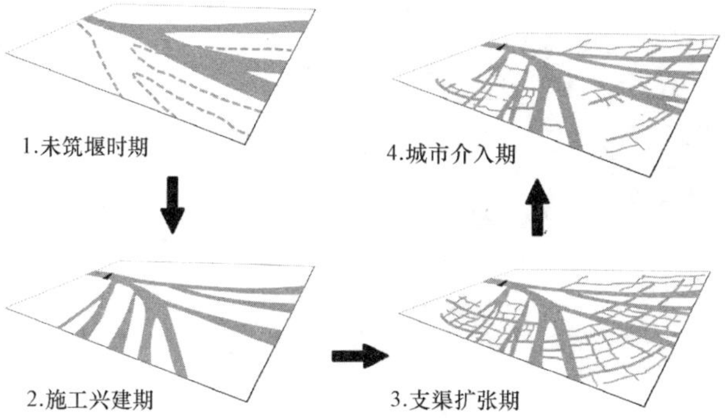

图 1　古堰灌区的演变阶段示意图
（图片来源：作者自绘）

并相邻小型灌区的时期，这一时期通常政局稳定，水利工程获得统治者的重视，往往伴随着农业丰产和政治盛世的出现。村落形态与功能随之进化，形成局部中心城镇，而随着渠系的扩张更多的分散式村落开始出现，也出现更为多元的聚落肌理和形态类型。

（4）城市介入期：随着生产资料和生产方式的转变，出现更加高效的灌溉工具，人们对于古堰水利灌溉体系的依赖降低。城镇的快速扩张开始侵蚀农田范围，现代交通网络的兴起对于水利系统渠道网络的破坏使得灌区形态遭到结构性损害。而多因素导致的生态系统的破坏和生态环境的恶化，使得洪涝灾害更加频繁。对此应运而生的现代工程技术如工程加固、渠道硬化、修建水库等着眼于高效排涝防洪，越发导致灌区水网系统及原生生态系统的衰落[3]。

2　丽水主要古堰灌区的分布与发展特征

浙江省域内现存的民国及以前所建的古堰坝约 1000 座，明、清和中华人民共和国成立后 3 个时期为浙江省堰坝建设的主要时期[4]。丽水市的许多古堰坝在今天仍发挥灌溉作用，其建造年代大致与浙江省类似。由于人力、时间有限，本文采用典型取样法从样本的研究代表性出发，在丽水市域内选取 10 个灌区（12 处古堰坝），基本信息统计如下表（表 1）。

丽水市域典型古堰灌区样本统计表　　表 1

序号	古堰名称	灌区面积（hm^2）	合计灌溉（hm^2）	堰坝长度（m）	干渠长度（km）
1	关浸堰	13.3	13.3	60.0	0.4
2	凤山堰	30.0	30.0	110.0	3.0
3	万工堰	40.0	50.0	120.0	2.0
	清宁堰	50.0	50.0	不详	2.3
4	前路村东堰	20.0	64.0	28.5	2.0
	前路村西堰	10.7	64.0	26.6	1.0
	漳堰	33.3	64.0	35.0	2.5
5	宫堰	146.7	146.7	30.0	10.0
6	新兴堰	166.7	166.7	100.0	不详

续表

序号	古堰名称	灌区面积（hm^2）	合计灌溉（hm^2）	堰坝长度（m）	干渠长度（km）
7	永济堰	190.0	190.0	110.0	不详
8	金梁堰	214.7	214.7	不详	14.5
9	龙石堰	226.0	226.0	不详	53.0
10	芳溪头堰	113.3	295.8	58.0	2.5
	芳溪二堰	100.5	295.8	70.0	6.0
	芳溪三堰	82.0	295.8	不详	2.0

在收集数据与卫星影像对比的基础之上进行分析，可以推断出丽水古堰灌区的分布和发展的几个规律：

（1）堰坝灌区的尺度与所截溪流的水量有关。水量丰沛的干渠在合理规划渠系高程设计的情况下，可以使得引入的溪水或河水深入腹地，甚至接近高原台地的边缘，因而能够灌溉更多面积的农田，相应，聚落发展的程度也更高。

（2）聚落、干渠和农田的分布有典型的空间聚集特征。表现为渠系对于农田的分布有显著的引导作用，聚落和农田表现出明显的“核心-外围”的特征。

图 2　碧湖平原通济堰灌区示意图
（图片来源：作者自绘）

（3）截至目前灌区中普遍出现城乡化的痕迹，同时城市化肌理有趋向分布于灌区下游地区的趋势。当下的古堰灌区中，明显有大量尺度与原有村落尺度不符的城市化用地侵入灌区，导致了水网被破坏，灌区结构失衡。这些结构多分布在下游地区的原因是由于上游地区对于水资源的过度使用，使得下游水量不足，农业发展的成本升高，因此多将原有的农田征用并规划作为工业厂房用地。

（4）灌区人口数与灌区面积、干渠长度呈正相关关系。古堰灌区作为人居环境单元，在农业为基础的传统生产模式的背景下，其人口承载力与干渠长度、农田分布等密切相关。

灌区是构成乡土景观的最基本单元，在人工灌渠系统的强烈控制与引导下，渠系的供水量决定了灌溉面积的大小，而灌溉面积（灌区）的规模又决定了人口的承载能力，因此，水—土—人系统存在着高度的相互依存性和共生性[5]。

3 通济堰的乡土景观系统

在讨论过丽水市的古堰灌区基本情况之后，我们选取其中的通济堰灌区为典型案例进行深入分析。通济堰是浙江省最古老的大型水利工程，其工程体系完备并独具智慧，灌区平原之上渠道水网发育完善，村落密布，并有类似堰头村的典型因水而生、因水布局的村落存在，目前它是仍以渠系—农田—聚落为主要结构的灌区[6]，通过对于通济堰灌区的分析我们可以推知古堰灌区结构、组成和发展的一般规律。

3.1 自然环境

碧湖平原上的通济堰灌区长约 17km、宽约 5km，占据了丽水市内平原面积的 40%以上。碧湖平原四面环山，地势西南高东北低，同时东西两面高中间低；其自然地理条件决定了其既容易受到西部山区雨季山洪的洪涝灾害，又面临下游瓯江洪水的威胁。平原东南侧有大溪为分界，除此之外，平原之上只有高溪、苍坑溪等几条水量较小的溪流穿过，溪窄水小并不能满足日常的灌溉需求。

3.2 水利体系

3.2.1 堰首工程

通济堰位于丽水市莲都区碧湖镇堰头村，史料记载建于南朝梁天监四年。调研时间恰逢通济堰枯水期，水量较少，拱形坝体大部分露出水面。现存大坝长 275m，高 2.5m，顶宽 2.5m，坦底宽 25m，坝身弧度约为 120°。堰体的选址和形式确定来自“白蛇示迹”的传说。筑堰的材料几经变化，在南宋开禧元年（1205 年）改建成为石坝以前，通济堰一直采用传统的柴木结构[7]。

3.2.2 渠系变化

通济堰干渠分为 6 条大概（大渠），又分凿 72 条小概，再次分凿为 321 条小支渠，构成了碧湖平原密集的灌溉水网；同时，在各支渠的末端开挖了许多湖塘来加以拦截蓄积多余的水量，以备旱时灌溉之用。这种结构和肌理在目前的碧湖平原上依旧清晰可见。

史料中多记载较为完备时期的通济堰灌区，由此也可以推断出通济堰灌区在农耕时代的渠系分布。堰有三

图 3　通济堰堰首工程与干渠闸的关系及闸上风景建筑
（图片来源：作者自摄）

源、四十八派（图 4），由道光《丽水县志》卷三《山水》记载可知，一为松阳大溪水，一为白溪，一为岑溪[8]。

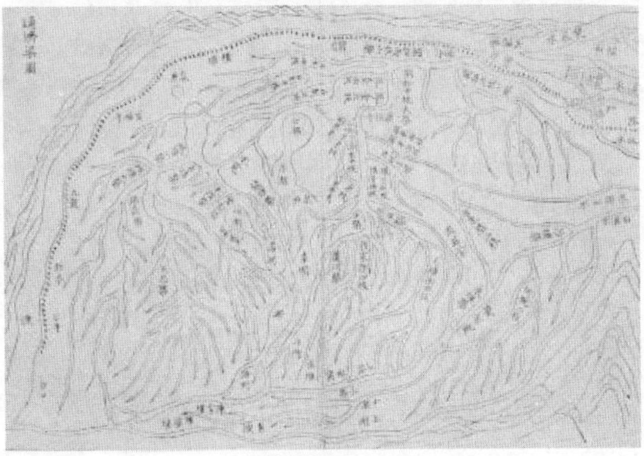

图 4　通济堰灌区堰水系图
（清道光二十六年，1846 年）
（图片来源：《处州府志》，作者后期拼接）

随着现代化的发展，碧湖平原中的城市干道取代了与主干渠并行设置的古官道成为交通运输的主力方式。同时，通济堰灌区中，已经无法看到白溪方向汇入的明显的渠系，由于高溪水库的建成，上游方向的白溪来水注入水库存蓄，此条支流已经弱化。通济堰灌区水系及渠系从发育的鼎盛阶段逐渐下滑，渠系减少。

3.2.3 其他水利设施

（1）概闸

通济堰灌区的用水调节主要依靠堰渠上的概闸。灌区中的概闸与渠系有类似的分层设置的结构，在大概之外，还在各个分水节点处设置小概闸，在清代进行统计时仍存有 72 处之多。

在堰头村的通济堰堰首旁的干渠上设有通济闸，旧称斗门、小陡门等。概闸随着年代的推进也有了材料与造景方面的变化。民国前的闸门采用木制，中华人民共和国后改为半机械启闭的二孔水泥闸门。造景方面，期初由木叠梁门概闸和提概枋的桥组成的一组“巩固桥”建筑，如

今在桥上兴建了亭台以点景供游客观景，虽未恢复古朴原貌，但也是水利灌区与现实的自然、文化环境相适应的某种发展。

除堰首的通济闸外，碧湖平原之上另有木西花概、开拓概、枫台概等。由于现代农业技术的发展，灌区的灌溉水来源已经不仅仅局限于渠水，因此这些概闸因年久失修，多失去了从前的作用，或已坍坏不存。

（2）石函

堰头村西村口有从北侧山上汇入大溪中的泉坑涧。每逢大雨，泉坑涧水夹杂着从山体剥落的大量的泥沙、卵石填满渠道，渠道很容易被堵塞，从而渠水不得通。宋政和元年（1111年），溧水县令王禔架设了石函（石函引水桥）。由此，涧水在上层由北向南汇入大溪，渠水在下层由西向东进入碧湖平原，互不干扰，节省了大量的疏浚人力。

石函是排水和交通相结合的成功工程，上层桥面通行行人，中间可以引流涧水，下层渠道通行渠水。石函是我国最早的立体排水工程实例，可谓中国最早的“水立交桥”但如今渠道已经淤积严重。

3.3 人居聚落

水诱导着聚落和建筑物的排列。……水有决定社会存在的力量[9]。同时，水体在关键位置恰当营造之后，会成为族众、村民以及外来者游憩的理想的公共场所和空间。灌区村落通常会在选址、布局、整体规划时充分考虑与水体、水道的关系（图5）。

通济堰灌区示意图：民国时期　　通济堰灌区示意图：当代

图5　碧湖平原不同时期的水利体系与聚落分布关系对比（图片来源：作者自绘）

通济堰灌区的人居聚落形成大概有以下三种模式：（1）因堰首工程而生的村落；（2）因灌区水利设施的设置管理而形成的村落；（3）因人口外迁形成的村落。

3.3.1 因堰首工程而生的村落

在堰坝兴建的过程中，因为在堰首部分聚集起人力物力，由工匠及亲眷驻留而形成的堰头村，命名中多有头、口、首等表示开端的字。

通济堰堰头村是这一类村落的代表。通济堰建成后成为了碧湖平原富饶丰沛的重要保障，干渠由此对外展开，由松阳至处州府（现丽水城区）的水路（干渠）、陆路（官道）运输也以此为要地，加之堰坝的管理和维缮等工作需要持续开展，为堰头村的进一步发展提供了必要的条件。这一类聚落形式在整个丽水市域内非常普遍，其他的典型案例有：新兴堰堰首处的上源口村、芳溪三堰堰首处的下源口村、清宁堰及万工堰附的左库村等（图6）。

（1）堰头村选址

堰头村的发展虽由功能出发，但选址不可谓不讲究。

图6　碧湖平原堰头村人居聚落构成分析
（图片来源：作者自绘）

村基落址于距离松阴溪一段稍微错开的位置，傍水而依山，“取其势（水）之高燥，无使水近，亲肤而已”。村落布局以扇形沿干渠展开，干渠穿越村落，同时在村中辅助设置排水沟渠，使生活用水与渠系形成了一个完整的水利系统。

(2) 堰头村布局

以村口景观为例。石函及三孔桥相配合的是村口的文昌阁，别名八角亭。它是二层重檐歇山顶亭榭式木构建筑。坐落村口，紧邻通济堰三洞桥北侧，东西走向，是官道的必经之地。由村头出文昌阁至村外，有开阔地约100m² 左右，可以供路人和村民在此休憩。自村外向村内观，该建筑滨水而设，与古老的石函、三洞桥、古樟树群完美结合，绿荫掩映，藏风得水。涧水泄洪道、通航干渠、入村三孔桥、古樟树以及文昌阁及其前部公共空间，形成疏密有致、点景物与观景处密切配合的空间结构。

此处村口的景观有以下几点巧妙之处：①涧水和溪水合理分隔，泄洪与用水互不干扰。②村落水口系统营造合理，技术、艺术、风水兼得。③空间设计收放得当，成为陆路交通节点的典型。

3.3.2 因灌区水利设施的设置和管理而形成的村落

为了调控和管理水量，在重要的干渠支渠上也修建了概闸等控水设施以及陂塘等储水结构，随着渠系的发展，这些控水设施的地位日渐重要，也因而渐渐积蓄物资与人口，形成水量控制枢纽类的村落，这一类村落的名称中多带有工程类的字眼，例如概、址、塴、坎、石门等命名的村落，例如石门圩村、址墩村、坑沿村等(图 7)。

图 7　碧湖平原概头村人居聚落构成及概闸位置分析
(图片来源：作者自绘)

3.3.3 因人口外迁形成的村落

在水网密布的灌区平原上，在一些村落形成之后，田地和人口的容量达到一定程度之后，人口外迁也会形成新的村庄聚落，这一类的村庄聚落名称中多包含姓氏，或带有垟、畈垄等耕作目的明显的字眼，例如陆家村、兰家村、白塔垄村等。随着筑堰经验和治水手段的提升，许多自然形成的村落也因地制宜修筑堰坝，将水流引入村落及周围田畈，便利生产和生活，这一类的堰坝通常以村落的名称或堰坝的方位命名，例如前路村附近的前路东堰、前路西堰(图 8)。

图 8　碧湖平原泉庄村、塘里村区域人居聚落构成分析
(图片来源：作者自绘)

3.4　农田肌理

农田肌理在古堰灌区这一人居环境单元中，是作为具有生产属性的一种景观存在的。这其中不仅仅包含着水患治理、用水管理等，也包括土地开发的内容。随着灌区的排水、灌溉的技术进步，农业生产能力的提升，农业肌理的空间分布状况也不断优化。

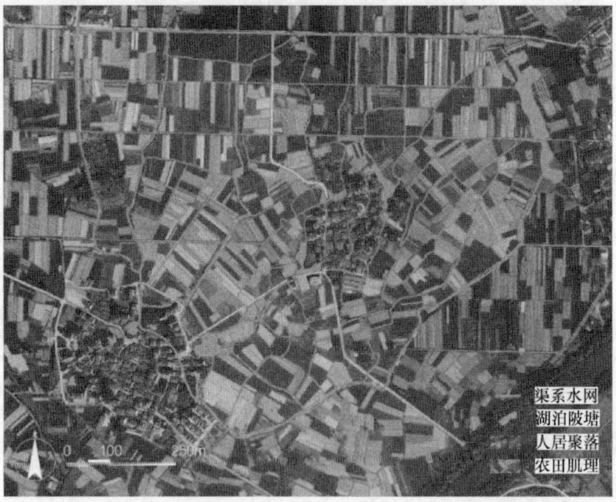

图 9　碧湖平原某农田肌理片区中的半规则式土地分割
(图片来源：作者自绘)

农田的开垦最初以灌区的渠系发育为基础展开。随着灌区水网的发育完善，越来越多地块的开发按照一种经验式的基本原型展开。这种原型的最典型表现为分布在灌区各处的规整的、延伸的地块，其中暗含着某些隐形的网格。这种原型的几何结构很大程度上是由自然的溪流系统以及古堰灌区中的渠系的形式而决定的[10]。

古堰灌区的农田肌理大致可以分为规则、半规则、不规则三种。碧湖平原面积广阔，因此土地的组织形式相当自由。灌区中多分布半规则式的农田肌理。这种农田肌理的几何结构基本上可以形容为从一条基准线发源而形成的平行条带，这条基准线通常是灌区中的主要干渠。这些平行条带并不是总和干渠形成直角关系，平行四边形和梯形的形式也非常常见。

3.5　水管理运行机制

表 2 中总结出通济堰灌区水管理的最重要的三方面。

随着灌区的发展，水管理制度也产生相应变化。管理系统越来越完备，堰首、概首、闸夫与相应的水利系统结构相对应，为了规范和防止管理者牟私利，许多闸、概由三源的人员共同看管。此外，至清末，管理者除政府官员外，还覆盖了当地绅董，水管理由自上而下、村民配合而变成带有上下共治、共享水利的模式。除水量及通航的管理之外，通济堰的许多堰规与环境治理息息相关。通济堰堰坝改为石砌之前，需要在每年枯水期进行大修。工程需求人力量非常大，因此也使得灌区的水管理需要保证有充足的维修人力储备。由于材料主要是竹木，因此为了保证修坝用材，南宋时开始留有方圆十里的山体作“堰山”，这也与管理活动中的重视植树造林，鼓励植树等措施相辅相成[11]。清朝时具体详尽地规定了渠岸不准侵占垦种，有专人负责查清堰基的侵占状况，并广泛在渠岸种植固定樟树等固岸植物，遥遥望去，在田畴中沿渠系葱茏生长齐整的樟树数列，是灌区特有的乡土景观。

南宋至清末通济堰灌区水管理制度对比表　表 2

	南宋（1169 年）	明万历（1608 年）	清道光（1824 年）	清光绪（1907 年）
管理系统	堰首、田户、甲头	堰首、田户、甲头、概首	堰首、田户、甲头、概首、闸夫	堰首、田户、甲头、概首、闸夫、绅董
放水制度	三源轮灌制，每源三昼夜	三源轮灌制，每源四昼夜	三源轮灌制，每源四昼夜	三源轮灌制，每源四昼夜
维修时间	隔一年农隙	每年农隙（岁修）	岁修及大修	岁修及大修

4　结语

本文从风景园林的角度，将堰坝和相关灌区置入乡土景观的背景下进行考察。通过梳理丽水古堰灌区的相关资料，厘清了古堰灌区发展历史与分布特征，加深了对于灌区乡土景观形成方式的理解。在空间的角度上总结了通济堰灌区的地域特征、村落形态以及景观空间的构成元素与特色。通过对于通济堰灌区内的聚落分布进行整体研究，总结出聚落的选址与堰首工程、渠系与河网的分布等因素之间的关系。研究不同聚落的特征、共性、差异之后总结出相应的典型类型。从宏观尺度区分聚落群落、划分层次，研究灌区水利体系与聚落层次叠加之后产生的效应。这种效应通常仍处在动态变化的进程之中，而了解其中的规律以及营造法则有助于引导人居聚落的良性发展。这样既能够体现古堰灌区风景园林营造智慧，也可以在实际层面为类似因水利而兴的传统村落和水体提供保护与发展的建议。

参考文献

[1]　阮仁良．水资源和水环境的可持续发展[J]．水资源保护，2003，19(1)：21-24.

[2]　侯晓蕾，郭巍．场所与乡愁：风景园林视野中的乡土景观研究方法探析[J]．城市发展研究，2015，164(4)：80-85.

[3]　郭涛．中国古代水利科学技术史[M]．北京：中国建筑工业出版社：2003：58-71.

[4]　马燕燕，闫彦，王生云，等．浙江省古堰坝分布特征与历史价值研究．浙江水利科技，2012，(04)：47-50.

[5]　王录仓，高静．基于灌区尺度的聚落与水土资源空间耦合关系研究——以张掖绿洲为例[J]．自然资源学报，2014，(11)：1888-1901.

[6]　王树声．中国城市人居环境历史图典·浙江卷[M]．科学出版社，2015：367-399.

[7]　林昌丈．“通济堰图”考[J]．中国地方志，2013，(12)：39-43.

[8]　(清)张铣，全学超，叶建平主编．清·道光版：丽水县志和丽水志稿合刊点校本．北京：方志出版社，2010.

[9]　(日)原广司．世界聚落的教示100[M]．于天祎等译．北京：中国建筑工业出版社，2003.

[10]　李凯生．乡村的逻辑与丘里之美[J]．时代建筑，2011，(05)：98-99.

[11]　林昌丈．水利灌区管理体制的形成及其演变——以浙南丽水通济堰为例[J]．中国经济史研究，2013，(01)：44-54.

作者简介

李帅，1993 年生，男，汉族，湖南人，北京林业大学园林学院硕士研究生，风景园林规划与设计。电子邮箱：315130828@qq.com。

韩冰，1991 年生，女，汉族，山东人，北京林业大学园林学院硕士研究生，风景园林规划与设计。电子邮箱：715069457@qq.com。

郭巍，1976 年生，男，汉族，浙江人，北京林业大学园林学院博士，北京林业大学园林学院副教授，荷兰代尔伕特理工大学(TUD) 访问学者，研究方向为风景园林规划与设计、乡土景观。电子邮箱：gwei1024@126.com。

中国古代城市陂塘系统空间内涵探究

The Imponding Lake System and Its Space Structure in Ancient Cities of China

王晞月　王向荣

摘　要：本文试图以风景园林学科的视角探讨中国古代城市陂塘系统的空间内涵及其与古代城市营建的空间联系。研究聚焦于中国古代城市陂塘系统的营建背景，在区域与城市尺度讨论中国古代城市营建的自然基底与陂塘系统的空间关系，从城市山水结构的层面深入挖掘古代城市陂塘系统的空间内涵与特征。同时，以丹阳练湖、福州西湖作为具有代表性的古代城市陂塘系统案例将陂塘系统与城市功能的支撑系统建立联系，提炼出"山—陂—城"基本空间结构。以期一定程度上填补风景园林及相关学科在古代城市陂塘系统研究上的缝隙。

关键词：古代城市；水利系统；陂塘系统；空间结构

Abstract: From the perspective of landscape architecture, the paper attempted to establish theoretical framework and research system of ILS (Imponding Lake System) by building up spatial linkage between ILS with ancient Chinese cities construction. The background of the construction of ILS is firstly analyzed, then from the horizons space, the connation and characteristics of ILS were consolidated to form the fundamental content framework and characteristic system of ILS of ancient Chinese cities. Meanwhile, by typical ILS cases of time-honored cities for interactive studies of ILS with the supporting system of urban functions, the paper investigated the construction of ILS and their impacts on the urban and regional special structure of ancient cites.

Keyword: Ancient City; Water Conservancy System; Imponding Lake System; Human Settlements; Spatial Structure

中国古代城市是包含时间内涵与空间内涵的景观综合载体，由始至终贯穿着人类社会和自然环境的历史变迁，承载着人与自然系统的互动发展过程，凝聚了丰富的人居环境营建智慧。几乎每一座历史城市都存在一个完整的支撑城市环境安全的支撑系统，而陂塘系统则是古人为解决城市降水与用水矛盾的古老的城市支撑系统。人们根据汇水来向筑堤，形成相对于灌区的高位湖泊，雨季可蓄积山洪，旱季可自流泄水，满足城市防洪和灌溉需求，也为城市用水、区域水网水量调配和交通运输提供水源，从而保证区域的经济和市镇体系的发展。我国大量历史城市在陂塘系统的梳理下构建了完善的城市支撑系统与景观体系。杭州的西湖、南京的玄武湖、福州的西湖、南昌的东湖等都是随着这一系统的兴建而形成的湖泊[1]。许多建造于几百年甚至上千年前的环境支撑系统在今天依然发挥着综合强大的功能，守护着城市的生态安全（表 1）。

我国典型陂湖基本概况　　**表 1**

陂湖名	区位	建设时期	建设者	工程内容相关记载	规模相关记载
芍陂	安徽寿县	春秋时期	孙叔敖	引淠入白芍亭东成湖，东汉至唐可灌田万顷	现蓄水约 7300 万 m^3，灌溉面积 4.2 万 hm^2
鉴湖	浙江绍兴	东汉永和五年（140 年）	会稽太守马臻	纳山阴、会稽两县 36 源之水为湖	总面积曾达 200 多 km^2
鸿隙陂	河南正阳县	不详	不详	利用自然地势修建，用于蓄水灌溉	在东汉初有陂塘 400 里，周围有田数千顷
东钱湖	浙江宁波	唐天宝年间修筑坝堤（744 年）	鄮县县令陆南金	系远古时期地质运动形成的天然泻湖，后地方官员修筑坝堤，除葑清界、增筑设施，使之成为综合利用的水域	南北长 8.5km，东西宽 6.5km，环湖周长 45km，面积 22km^2
扬州五塘	江苏扬州	明代正式称五塘	广陵太守马稜	拦蓄西来山水不使入湖，避免决运河堤	陈公塘周 90 余里，勾城塘周 10 余里，上、下雷塘周各六七里，小新塘周二三里
六门陂	河南南阳	西汉	西汉元帝时南阳太守召信臣	诸陂蓄水，相互补充，形成排水、蓄水、灌溉相结合的水利体系	灌溉穰、新野、朝阳三县土地 5000 余顷

续表

陂湖名	区位	建设时期	建设者	工程内容相关记载	规模相关记载
钳卢陂	河南南阳	西汉	西汉元帝时南阳太守	累石为堤，旁开六石门以节水势。引蓄朝水，利用原有的湖洼，人工筑堤围成	溉田3万顷
西湖	福建福州	晋太康三年	郡守严高	引西北诸山之水注此，以灌溉农田	东西二湖周回各20里
西湖	广东潮州	始于唐、著于宋	南宋知军州事林骠及知州林光世	修筑北堤，将湖与韩江切断，成了宽阔长形的大湖	绵亘十余里
木兰陂	福建莆田	始建于北宋平元年（1064年）	侯官人李宏捐资	木兰溪的水源引入莆田南北洋平原灌溉，工程分枢纽和配套两大部分	占地面积583m^2，高7.25m，灌农田25万亩
广济陂	浙江嘉兴	宋庆元3年（1197年）	漳州知事傅伯成	叠石为堰，自洪礁、倒港历八都、六七都（今海澄镇南部及东泗、东园乡一带）及漳浦县二十八都（今松浦、董浦一带）	长130丈，灌溉田园千余顷
新丰塘	江苏丹阳	东晋太兴四年（321年）	晋内史张闿立	开发湖泊，疏浚了湖中原有的古运河，使湖周围八百余顷的田亩得到灌输，消灭下雨涝灾，住雨旱灾的现象	灌溉曲阿（今丹阳）境内田地八百余顷
赤山湖	江苏句容	三国吴赤乌三年（240年）	不详	承周围120里水源，内有五荡屯水，三坝蓄水。湖之源起于上游诸山，或屯水滞洪，以减下游危害；或下注秦淮入长江	湖周长百二十里，灌民田万顷

1 陂塘系统的营建背景

1.1 陂塘系统的起源与概念

从功能出发，陂塘系统是通过筑堤拦蓄水流，解决季节性降水和生产生活用水之间矛盾的传统工程措施，是古人为获得更好的生产、生活空间而改造自然的一种方式。它根据汇水来向筑堤，形成相对于灌区的高位水塘，雨季可蓄积山洪，旱季可自流泄水。从空间结构上看，陂塘系统是以蓄水陂湖为主体，结合塘渠结构的是在丘陵和孤丘平原的地貌环境中常用的一种水利模式。乾隆时期的《(湖南）沅州府志·水利志》中记载，“障堰而蓄水者，曰陂”[2]。在农田水利研究中“陂”，通常指利用地形汇集周边来水，就近蓄集径流的人工贮水工程。“塘”，通常指堤坝或者由堤坝发展形成的水路，有阻滞、引导水流的功能。因此“陂”和“塘”分别指的是蓄水单元和引导运输单元，合称陂塘体系。《淮南子·泰族训》中提到的陂塘“以积土山之高修堤防，则水用比足矣”[3]。清晰描述了陂塘系统形成的湖泊与天然湖泊的区别在于人工筑堤成陂，集水而成的陂湖与输水塘渠相配合成为具有集水、蓄水和输水功能的工程系统，满足小流域用水需求和水量调节的需要，农田水利中称之为陂塘水利系统。陂塘系统能够很好地顺应自然地势，起到重要的蓄水灌溉与潴水济运的作用[4]。

我国建设陂塘系统建设的历史由来已久，但各地方志中对类似的水利梳理工程称谓不一，也一定程度上致使了对传统陂塘系统的史料记载系统性相对薄弱，在地理学、考古学、生态学和城市规划等相关学科中对其研究均相对缺乏。

1.2 陂塘系统的结构单元

元人王祯在其《农书》中描绘了陂塘系统结构，其中有连绵的堤坝、广袤的湖面、灌溉的农田和村庄等，王祯注“足溉田亩千万。比作田围特省费，又可畜育鱼鳖，栽种菱藕之类，其利可胜言哉?[5]”陂塘系统的主要目标是调节区域的天然径流，调解来水与用水之间存在的水量差和时间差上的矛盾，依据旱涝和降水情况动态调控给水时间、给水水量。因此整套系统往往包含水源单元（山间汇水、地下涌泉、潮水倒灌等）、弹性蓄水单元（蓄水陂湖、湿地沼泽等）、传输单元（人工河渠、自然溪流、地下暗河等）、动态调控单元（水门水关、闸坝系统等）、用水单元（城市、周边农田、需济运的运河），除此以外依据城市的特殊需要还配有拒咸蓄淡、防倒灌、水速调节等系统设施。古代城市水系结构能够依据城市所在区域地理环境和山形水势进行整体布局，将这些单元在城市区域的地理空间上依次落位、相互组合，以合宜的人工措施介入，结合城市规划对自然水文过程进行二次设计，辅以长久的管理以达空间上合形辅势、功能上与互为支撑的城市山水结构。

1.3 我国陂塘系统的营建条件

由于我国降水在空间及时间上分布差异较大，加之阶梯状地貌带来的气候差异，导致降水分配往往和农作物生长需水期不相适应。不同区域地理条件衍生出不同的水利类型以解决来水和用水之间的矛盾。同时，整体上呈现三级阶梯式由西北向东南逐级递减的地理结构决定了我国各个地区存在着相似的区域山水环境：西北地势相对高耸山脉环绕，河流多自西北流向东南方向。而自古以来，人们在选择聚居环境时，山下相对平缓、背山面水的地带通常是城市选址的集中地。这也决定了在人居环境建设和城市发展的过程中，兼具城市防洪、蓄水和调控功能的陂塘系统需作为协调城市运转、保障区域及城市生态安全的关键支撑系统。

许多城市陂塘系统逐渐在发展中融入城市血脉，成为城市景观体系中有着悠久的文化历史渊源的一部分，更是多样的城市空间形态和景观体系类型形成的原动力。不同古代城市类型的陂塘系统由于其所处环境、地理位置、政治地位等不同形成了各具特色的城市景观体系。在此意义下，陂塘系统一方面是保障城市运转的人居环境建设成果，另一方面也是城市不断发展和承载文化、历史和公众生活不断在其上叠加的基底和框架。

2 城市陂塘系统的空间结构内涵

2.1 "区域——陂塘系统"空间结构

基于蓄泄功能的需求，陂塘系统与其所在地理环境形成的空间结构关系具有相似的特征：在竖向的高程关系上，陂塘系统的本质是形成用水水位（城市生活用水、农田灌溉用水等）和来水水位（山体汇水、季节性洪泛）之间，具有一定水容量的蓄水单元；在平面空间关系上，蓄水陂湖通常位于丘陵、山地或江河朝向用水和防洪需求一侧的山下，或距离山体有一定距离但通过塘河等传输系统将水运达陂湖。

在此基本架构的基础上，基于陂塘建设所处的区域环境、地形地貌特征和水文条件的不同，陂塘的空间结构也具有一定的差异性，倾向于呈现异质化的空间特征，并因此形成迥然的景观面貌，这与其中各个景观元素特征对于区域自然地理环境的适应性密切相关。总体来说，根据陂塘系统所在区域的地形地貌，可将其大致分为低丘平原陂塘系统和山地丘陵陂塘系统（表2）。

低丘平原陂塘系统由于所处地势低缓，通常依托于周围河流水源围建长堤而成，堤堰通常低而窄，形态有直堤、曲堤、马蹄堤和圈堤等，中央形成浅而宽广的湖面，由于水位较低，湖中常有散落的岛屿，引导水流方向，形成堤岛相称、广袤疏朗的湖面景观，如丹阳练湖。山地丘陵陂塘系统通常位于山区丘陵起伏的谷地，面向用水和防洪需求一侧的低山区域，以最少的工程量建设堤坝连接相邻的山体，截蓄山体的汇水，以保下游的城市、村庄、农田免受季节性洪水的侵袭，同时也可蓄水用于旱季灌溉和城市用水。山地和丘陵地的陂湖湖面小而湖体深，高水位也要求堤坝和防洪闸阀设施的高强度、高技术建设；湖体依山就势，通常其边界与山体相嵌而形成不规则的湖面形态，如宁波东钱湖、扬州五塘。

陂塘系统类型及其结构单元特征比较（作者自绘） 表2

类型	堤坝特征	蓄水面（湖面）特征	水位特征	涵闸设施特征
低丘平原陂塘系统	堤坝较长，主要有直堤、曲堤、马蹄堤和圈堤；堤坝较低、较窄	主要依靠堤坝围水蓄水，形成较宽阔、平静的水面	水位通常较低、水深较浅	水闸等设施体量相对较小，修建强度较弱，但一般位于多个方向、四通八达
山地丘陵陂塘系统	堤坝依托山体修建，以最少工程量连接相邻山体，相对较短、较高	蓄水面形态随周围山体地形而成，通常位于"肚大口小"的山谷处	水位相对较高、湖泊较深	具有相对复杂、高强度的涵闸、水门等设施，但数量有限

2.2 "城市—陂塘系统"空间结构

在城市视野下，陂塘系统与其所服务的城市及其山形水势联系紧密。基于城市防洪和蓄水的需要，往往形成水源单元—弹性蓄水单元—用水单元的空间序列，据此可总结出我国古代城市在水利梳理影响下形成的最基本的空间结构"山—陂—城"。但由于城市的区域环境不同、山形水势各异，山、城及自然水体的位置关系不同，每一座城市会在"山—湖—城"的基本结构下表现出更加多样的空间格局。

2.2.1 丹阳练湖（山—溪—陂—城—运河）

练湖位于宁镇丘陵和太湖平原的延伸交接地带——丹阳市北（图1）。太湖湖西高亢平原地形从西北到东南逐渐降低，西北分布宁镇丘陵余脉长山、高骊山等山丘。由于山溪水源短流急，夏秋季节，每遇大雨，洪水从镇江高骊山、长山倾泻而下，使丹阳及其南部地区金坛、延陵一带良田遭受水害[6]。西晋末年始修筑练湖，四周筑堤，蓄山溪水，总面积达到两万余亩，长山、高骊、马鞍诸山的山溪水汇入马林溪后再流入练湖。"练湖在县北百二十步，周回四十里…谐遏马林溪，以溉云阳，亦谓之练塘，溉田数百倾。[7]"

练湖修筑的主要功能有两个：第一为削减洪期山间汇水之势，以陂湖为弹性水柜，对短时降水进行蓄水和缓冲，旱季再通过调控系统为城市及周边农田灌溉提供水源，使城市免于内涝，丹阳、金坛、延陵一带八九千顷农田免于洪涝与旱灾。其二为济运通航。江南运河由北而南从镇江、丹徒流入县境，经丹阳县城东折向东南。而运河的镇江至常州段因地势较高，自西北向东南倾斜，水流易泄难蓄，水量不稳，常年匮乏，练湖与运河相邻相接，可调蓄运河水量，为江南运河以及之后大运河的通航济运。练湖面积也因这一功能需求而扩容一倍，同时建设了可动态调控的完整的陂湖系统：整体布局为上下两级湖的形式，上湖承接水源，下湖连接运河，上下练湖之间有数

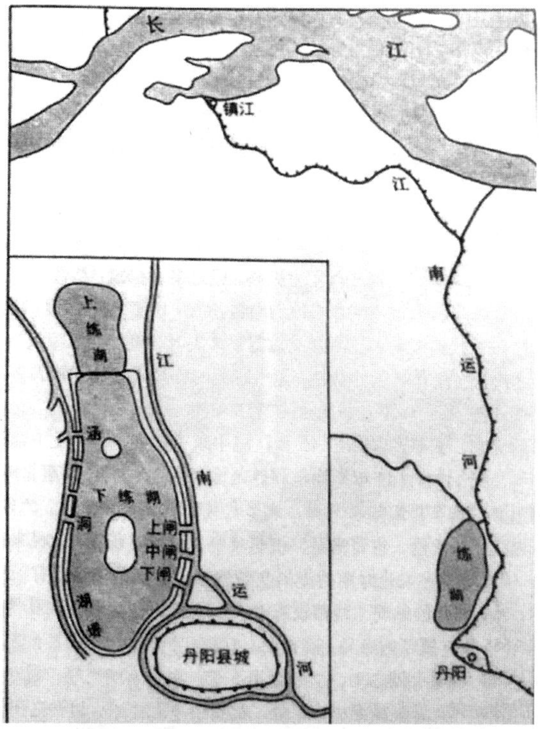

图 1　练湖与丹阳城及运河的空间关系
（图片来源：郑连第，《古代城市水利》）

尺高差，中央横堤有三个闸口进行控制，可在保证蓄水量的前提下节省湖堤的工程量。另外有 12 个涵洞连接至农田进行灌溉，也可启闭以时，灵活调控。根据练湖图可以看出，下练湖在湖南侧端头与丹阳城的绕城河道相连，通过四个闸口控制水流，正对城门。在功能上练湖为城市水系弹性补给，维持城内水系的稳定，在空间上城市与湖体互为表里，相互依存。据此，练湖形成了山—溪—陂—城—运河的空间格局：远处宁镇丘陵的山体汇水顺势而下，汇集城一条主干溪流流过太湖平原进入练湖，由练湖诸多闸口控制一可灌溉周边农田，启闭以时，二与城市相依，弹性蓄泄，三与运河相通，济运通航（图 2）。

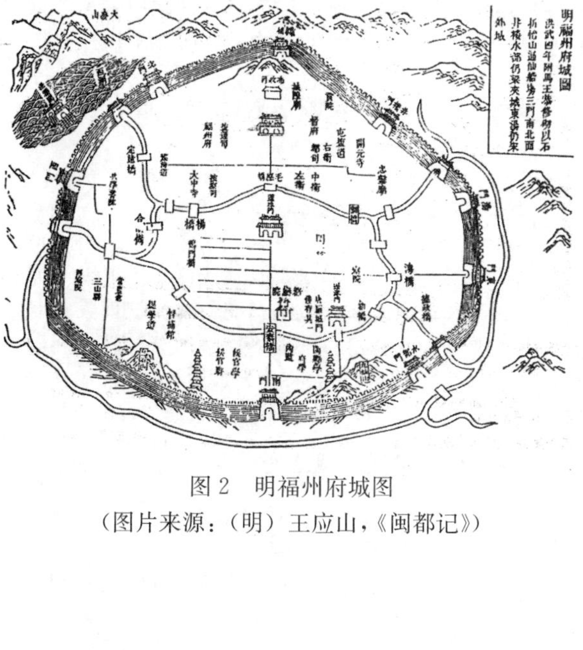

图 2　明福州府城图
（图片来源：（明）王应山，《闽都记》）

2.2.2　福州西湖

浙闽丘陵上的福州城是典型的建设于沿海小平原上的古代城市，城址位于山海之间，地势由西北向东南倾斜，同南京城一样山岭三侧环绕，冈阜散落其间[8]。因此，福州城形成了山—湖—城—江—海的区域山水格局，以及历史上“多湖围一城”的陂湖系统结构：发源于北侧诸山的山溪与河流一路南流经平原上迂回的港汊水道缓冲，在城东北角、西北角、和东南角的东湖（古东湖地区，今废）、西湖和南湖（洪塘浦地区，今废）西南三个蓄水陂湖汇集，三湖之间以水网相通，供城市水系的调蓄；经以时启闭的水关闸口弹性调控城中城濠与各水道的水位，旱则引水、泛则排涝[9]。由于福州城市处于大山与大江之间丘陵地带、山岭环绕的小平原上，这类为城市蓄水的陂湖通常受地形所限紧邻城市外缘，可直接服务于城市水系的弹性调控，与城市互为表里，如此既便于管理调控，又可为城市提供风景、游憩资源，塑造城市景观体系的空间格局，同时也是城池的天然防御屏障。

丹阳练湖与福州西湖相比较，福州西湖规模相对较小，且历史上与东湖、南湖三个陂湖共同服务一个城市，是“多湖围一城”的陂—城系统；丹阳练湖规模更大，湖城相依，体量相当，湖体可以服务城市周边农田、运河，甚至惠及周边其他城市。

3　结语

陂塘水利系统是古人通过筑堤拦蓄水流的重要水利措施，我国大量历史城市在陂塘系统的梳理下构建了完善的城市支撑系统与景观体系。在如今我国城乡迅猛发展与剧变的背景下，陂塘系统的功能逐渐被其他工程所代替，面临着消失、断裂和破碎化窘境。以风景园林学科的视角探讨中国古代城市陂塘系统的理论框架和研究体系并将其与古代城市营建建立联系，促进传统陂塘景观的研究与正确认知能够帮助辨识当地城市景观特征、保证生态安全，维护中国城市及地域景观的传统结构。

参考文献

[1]　王向荣．中国园林．刊首语[J]．中国园林，2018，4．
[2]　张官五，吴嗣仲，等．同治沅州府志[M]．岳麓书社，2011．
[3]　何宁．淮南子集释・下[M]．中华书局，1998．
[4]　庸漢．陂塘蓄水问题[J]．人民水利，1951，(01)：53—55．
[5]　王祯．农书[M]．北京：中华书局，1991．
[6]　张昌龄．丹阳县志[M]．南京：江苏人民出版社，1992．
[7]　李吉甫．元和郡县图志．下[M]．北京：中华书局，1983．
[8]　徐景熹．福州府志：[(清)乾隆][M]．福州：海风出版社，2001．
[9]　何振岱．西湖志[M]．福州：海风出版社，2001．

虎丘的风景格局与景观空间及其演变初探

Study of Landscape Pattern and Space of Huqiu Hill and Preliminary Study on Its Evolution

陈裕玲 周宏俊

摘 要： 虎丘，虽只有三十余米高，却几与九山十岳齐名，备受历代游人青睐。因此探究其景观空间特征对于指导现今风景区理景具有重要意义。虎丘景观是其自然基地与历代营建的累加结果，因此梳理出虎丘风景格局与景观空间的形成过程才能全面了解今天虎丘景观空间特质，古人留下的大量图文资料也为此提供了可行性。本文通过阅读各版虎丘山志与苏州地方志，总结出虎丘风景格局的特征形成阶段并发现前山始终是风景核心，进而与虎丘绘画互证，总结出虎丘前山风景发展到今状的过程，发现前山地形景观基底成形于春秋末期，人造景观要素及空间格局宋代形成，已似今状。并发现图像中双桶桥、"别有洞天"与现状存在差异，通过进一步研究史料，推测出今天这两个景观要素在历史中出现的原因、演变及其景观意义。

关键词： 虎丘；风景格局；景观空间；演变；图文互证

Abstract: Although Huqiu Hill is only 30 meters high, it is as famous as the most famous mountains in China and has been favored by tourists throughout the ages. Therefore, exploring the spatial characteristics of its landscape has great significance for planning and designing the landscape of scenic areas. The landscape of Huqiu is the accumulation of its natural base and past generations. Therefore, to comprehensively understand the spatial characteristics of the Huqiu landscape today, it is necessary to comb out the landscape pattern of Huqiu and the formation of landscape space. The vast amount of graphic and text materials left by the ancients are also provided for this purpose. By reading the various editions of Huqiushan and Suzhou local chronicles, this paper summarizes the characteristics of Huqiu's landscape pattern and finds that southern part is always the core of the landscape, and then mutual evidence with Huqiu painting, summed up the process of the development of the landscape of this part to the present. It was found that the formation of the terrain basement was at the end of the Spring and Autumn Period, and the artificial landscape elements and spatial pattern were formed in the Song Dynasty. It is found that there are differences between the two-barrel bridge and the gate on the wall on the southern side of Sword Stream, with further study, this paper finds out the causes, evolution and landscape significance of these two landscape elements.

Keyword: Huqiu Hill; Landscape Pattern; Landscape Space; Evolution; Picture-and-text Mutual Certification

虎丘位于苏州古城西北约 3.5km 处，又名海涌山、海涌峰、虎阜等。虎丘海拔仅 34.3m，实为吴中部娄，却几与九山十岳齐名，有吴中第一名胜之称，历代文人对其赞赏总结起来有：小中见层峰峭壁之气势、近城郭而有云气出没、有剑池之古意森然，又可登临一览四野。因而其风景格局与景观空间特质对于山水理景研究具有重要意义。而虎丘景观是其自然基底与历代景观开发叠加的结果，为了更加准确严谨地分析其空间特质，需要理清其风景格局与景观空间形成过程。

关于虎丘景观空间的研究国内尚且不多，潘谷西先生在《江南理景艺术》中，将虎丘作为江南邑郊理景典型案例，分析了虎丘景观要素及景观空间特征。吴洪德《名胜古迹的再现与其变形——14～18 世纪传统绘画中虎丘的视觉形象建构》，通过一系列 14～18 世纪明清绘画的个案分析考察了该时期虎丘的文化形象、视觉形象建构及演变的过程。冯江《剖读虎丘——从谢时臣〈虎阜春晴图〉中的远山说起》针对某一幅虎丘图研究特定时间虎丘图像空间与现实空间的比较从而在人文景观的切面中寻求虎丘文化意涵的积淀与转变。

本文参考各版虎丘山志即苏州地方志包括明王宾、昂茹《虎丘山志》，明文肇祉《虎丘山志》，清顾湄《虎丘山志》，清顾诒禄《虎丘山志》，清陆肇域、任兆麟《虎阜志》，民国陆旋卿《虎丘山小志》，民国黄厚诚《虎邱新志》，苏州市园林和绿化管理局《虎丘山志》，清顾禄《桐桥倚棹录》，清张大纯、徐崧《百城烟水》、《姑苏志》，结合宋代以来虎丘绘画，通过图文互证，梳理出虎丘不同时期景点分布与人们游览分布特点，试图总结出虎丘风景格局及景观空间演变特征。

本文研究范围为现状环山河内范围，以东溪、西溪、后溪和塔影浜为四至。

1 虎丘风景格局演变

虎丘现在是全山可游，以前山、山顶、后山为主，其中前山环千人石和山顶区域是核心。本文梳理景点时空分布，发现历史上虎丘的风景格局是逐渐分区发展起来的，其中前山与山顶区域一直是景观核心区域，在历代游记的整理出的游人、游线分布也印证了这一点。

1.1 虎丘风景发展区域演变

1.1.1 山顶与前山的风景发端

虎丘地形、岩性的自然特色基础结合帝王墓葬传说与佛事典故，前山与山顶开始出现景观营造，形成独有的虎丘景观。

春秋末期，吴人为造阖闾墓在虎丘顶天然岩石条件下人工加以整理，在剑池位置岩石天然垂直节理基础上开凿注水，形成虎丘最经典的景点剑池。

《虎阜志》载“别馆在虎丘，与弟珉夹石涧东西以居”。石涧即为剑池，后王珣、王珉舍宅为寺，分为东寺、西寺。王珣《虎丘记》中载“山大势，四面周岭，南则是山径”。可见当时人们已从南山上山礼佛游览。

南朝竺道生讲法虎丘，《十道四蕃志》记载竺道生“聚石为徒，与谈至理，石皆点头”，有点头石之景。《姑苏志》载：“生公说法时，池生千叶莲花，故名。”有白莲池之景。《续图经》载：“生公讲经，下有千人列坐，故名。”留下千人坐之景。“神僧竺道生讲经处，唐李阳冰篆书四字，分刻四砥。”(《姑苏志》)即生公讲台。由此前山千人石区域因生公讲法的佛事典故形成一系列景点。

可见直到魏晋，阖闾墓与佛教景点已在虎丘前山与山顶形成景观区域，并且前山已有了游览活动分布。

1.1.2 后山与环山河的景观兴起

直到唐宝历年间开挖山塘河与环山河，虎丘风景格局开始突破前山和山顶，人们可以乘舟沿山塘河直达虎丘并环山而游，后山与环山河景观开始兴起。

“自吴国以来，山在平田中……今之山塘是也，公又缘山麓凿水四周，溪流映带，别成仙岛……”此时苏州市民从水路直接到达虎丘，虎丘游人大增。市民也可乘船绕至后山往返虎丘，“进斟酌桥，通虎丘后山。”“从前来虎丘者，多乘灯船，具酒肴，载弦管，过斟酌桥而入后溪。”因此环山河的开挖带动了后山景观的兴起，也带来了整个环山河的泛舟游乐氛围，如唐皮日休、陆龟蒙有《虎丘西溪游泛》，郭凤有《寓居东山浜》。

河道的开挖促进了虎丘前后山及环山河景观的全面发展。

1.1.3 整体经典空间形象与佛教氛围的确立

宋虎云岩寺塔建成于山顶后，虎丘佛教文化氛围与全山空间形象得到确立。1136年，东山庙西松径后又建隆祖塔，“嗣绍隆说法，道化益振，盖自清顺以来，山门之盛，莫逾于此”。因此虎丘此时山顶有寺和塔，东山麓有塔院，佛事鼎盛。

超出山高度的云岩寺塔一经建立，虎丘山制高点形成，对整个虎丘空间形象产生了绝对控制作用，虎丘经典的空间形象也得到确立，今日所见的虎丘绘画中几乎都包含这座云岩寺塔，并且与今虎丘现状也已经非常类似。

可以说云岩寺塔的建成，最终奠定了虎丘佛教宗教氛围与空间形态大格局。

1.1.4 商业与皇帝南巡带动下的全面鼎盛

商品经济的发展带来了虎丘全山的游览鼎盛，皇帝的多次南巡更使虎丘一时建设大增，最终风光尽毁于咸丰兵火。

明代虎丘风景很快从元末战火导致的破坏中恢复，并且山塘街的商业兴盛直接给虎丘带来巨大人气。每逢节庆，从头山门到剑池挤满摊铺，明代李流芳《游虎丘小记》载：“虎丘，中秋游者尤盛。士女倾城而往，笙歌笑语，填山沸林，终夜不绝。”前山游览活动异常繁华可见一斑。文人雅士都于虎丘雅集。

清代康乾多次驻跸虎丘，虎丘因此构建大增，山顶增建万岁楼（1687年）、御碑亭，行宫“含晖山馆”等。乾隆年间，胜景达200多处，满山皆景。但这一切都在太平天国运动中尽毁，虎丘山寺建筑除云岩寺塔、二山门外破坏殆尽，同光时期稍有恢复，仍不掩萧条。好在前山石构景观要素保留下来，经近现代修复，重回疏朗有致。

山塘街的经济发展与皇帝南巡的政治力量推动虎丘景观发展鼎盛，前山与山顶仍是最盛区域，而经历战火摧残，前山的大量石构景观要素的生命力也最顽强，留下了景观恢复的潜力。

综上，虎丘风景始于前山与山顶，后山随后兴起，东西山麓皆较为迟缓与薄弱，其中前山与山顶区域的景观最为核心与持久。

1.2 游线、游览景点整理

现存虎丘游记，有明、清两朝共20篇。本文对游记中的路线与景点进行整理，发现游线大都从头山门开始，沿前山上山道游览至山顶，再沿前山道返回或者游览至后山。连接的景点几乎都包含千人坐、剑池，生公讲台、大雄宝殿、憨憨泉、白莲池前山环千人石区域的景点，可见明清时期，环千人石区域是重点游览区。与上文风景格局梳理的结论一致。

1.3 环虎丘河道及出入口变迁

环山河的变迁可分为三个时期：未开挖时期、四面环山河时期、南段拥塞时期。开挖环山河之前，虎丘只有山南即前山一个入口；四面挖河后虎丘四面可达性大增，山北增加一个入口；环山河南段拥塞时期前山入口日益重要，后山入口成为更多喜爱泛舟清游的雅客首选，也承担游人出山出口的功能，时至今日，前山进山后山出山的游览路线仍然是虎丘最主要的游线。

山塘河与环山河开挖之前，游客通过陆路至虎丘，可达性不佳。只有南山脚一个入口。“盖晋时山塘未开，水道不通，径或自南也……自吴国建国以来，山在平田中，游者率繇阡陌以登”。

唐代开挖山塘河及环山河而导致后山新增入口与游线，在1.1.2中已详述，不再赘述。

环山河南段拥塞时期，起始于元末张士诚驻防填河，“士诚败后，撤桥以壅之。”一直到近代。前山入口和北入口依然是主要出入口。“初入山之路并斟酌桥，从此去斗折而西，向山口南径入。”山塘街发展 后山仍为入口，“尤其是明初，已有水路直至虎丘后山游览，后山三天门成为登临虎丘的主要入口，百步趋是上山的必由之路。当年沈周、文徵明在山上以文会友，唐寅、祝允明在可中亭诗酒酬唱，都是从这条山道上下。”游人也可从前山入山，从后山出山，乘船绕东溪而去，不走回头路。明代刘原起在其《虎丘后山图》题跋为“戊午秋日，从虎丘后山归棹，仿佛写此，刘原起。”

2 虎丘前山、山顶景观空间探析

今虎丘景观核心区域在前山和山顶，历代虎丘绘画中描绘此区域也最多。本文对比虎丘前山今状与虎丘图文记录，发现虎丘前山地形景观基底在春秋末期剑池挖成之时已成今状；人为建造的主要景观要素及观景关系在宋代已类似今状；后几经损毁重建未有大变；清康乾时期出现大量增建，清末具毁，最终经近代及现代修建恢复，重回疏朗，呈现今貌。

2.1 地形景观基底的成形

虎丘前山最具为古人称道的是剑池之深澈与千人石之坦阔的空间组合在春秋末期已经形成。宋朱长文将“剑池泓淳，彻海浸云，不盈不虚，终古湛湛。”作为虎丘三绝之一。虎丘绘画也多表现这个区域的形象，甚至加以艺术夸张处理，表达对这个区域空间特质的理解（图 1）。

图 1　沈周《虎丘图册之剑池》、谢时臣《虎阜春晴图》、谢时臣《虎丘图卷局》、刘彦冲《虎阜图》

2.2 经典景观要素及观景关系的形成

几乎所有表现虎丘前山的绘画中，虎丘都呈现出一种经典形象，包括山顶高塔耸立、幽深剑池之上桥梁横跨、五十三参台阶铺展、千人坐块垒横披，南山上山径狭长空间，在上山道尽头今真娘墓处接环千人石区域，豁然开朗，如今也是如此。这种形象在宋代造双桶桥后已经形成。对比今虎丘前山部分平面图（图 2）与宋代萧照《虎丘图》（图 3）不难发现这点。

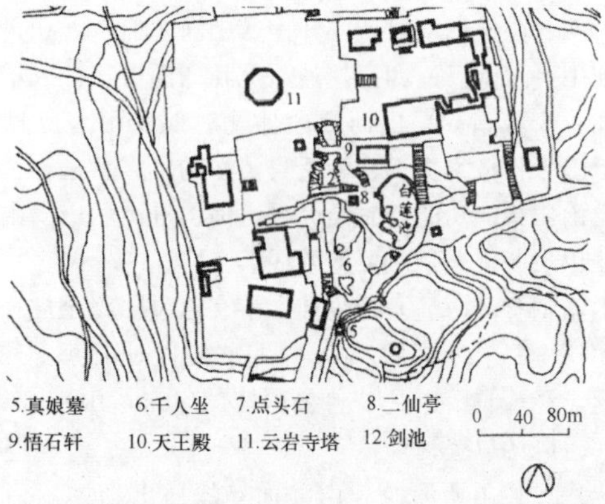

图2　虎丘现状平面图局部(图片来源:《江南理景艺术》)

宋云岩寺塔建于山顶确定了虎丘大体空间秩序，也是一大标志性景点。1164 年双桶桥建成后，虎丘剑池最佳观景点出现，王晓《陈公楼记》载：“其楼悬跨两崖，瞰临九仞，登之者耸然魄动，如历云栈之险。”多副虎丘图画中出现人物驻足千人坐或剑池旁，仰望剑池峭壁及双桶桥，双桶桥也成为被观之景。这些宋代已经形成的景观要素及空间格局一直保持至今。

元代开始虎丘绘画就已经直观可见前山上山径空间狭长，在上山道尽头真娘墓处接环千人石区域，豁然开朗的空间序列。二山门、憨憨泉、试剑石，环千人石区域的千人坐、白莲池、吴越经幢、生公讲台、五十三参、大雄宝殿、云岩寺塔等核心景点也如今状（图 4～图 7）。

值得一提的是，清代康乾时期虎丘在绘画中呈现出明显建筑物增加的状况。如焦秉贞《康熙南巡苏州虎丘行宫图卷》（图 8）中，前山挤满建筑，此前的疏朗特质减弱了许多。具体情形 1.1.4 中已述。

3 景点现状与绘画形象的比较探析

在比较景点现状与绘画形象过程中，本文发现双桶桥、“别有洞天”墙体及洞门、千人坐前亭子的分布与形

图 3　宋 萧照 虎丘图

图 4　元崔彦辅《虎丘晴岚图卷》

图 5　（明）文徵明《虎丘诗画合卷》

图 6　陆肇域《虎阜志》前山图

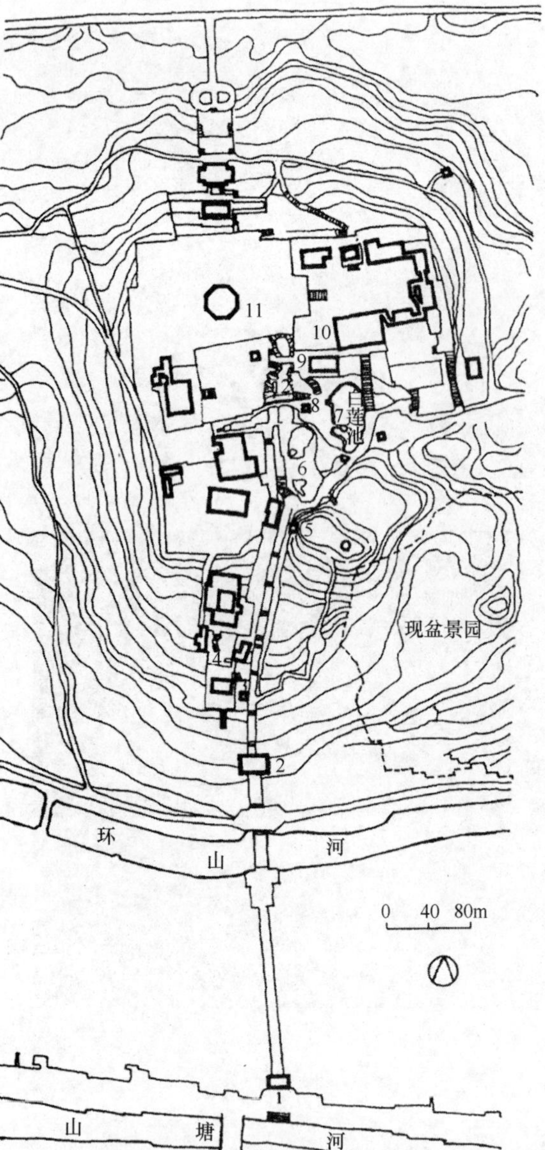

1.头山门；2.二山门；3.憨憨泉；4.拥翠山庄；5.真娘墓；6.千人坐
7.点头石；8.二仙亭；9.悟石轩；10.天王殿；11.云岩寺塔；12.剑池

图 7　虎丘现状平面图（图片来源：《江南理景艺术》）

象与现状出入较大且绘画之间有变动，因此本文查阅这三个景点相关文字记录与图像进行互证，试图探寻这些变动背后是否反映古人的景观空间观念。

3.1　双桶桥演变

不同于今裸露石桥，双桶桥在绘画中一直有构筑物遮蔽，但构筑物呈现出亭子、廊子、门框三种形象。通过图文互证，发现出于打水功能而建的双桶桥实际上具有观景点的作用。

文字资料显示造这座桥是为方便山顶寺僧打水。王宾、昂茹版《虎丘山志》中关于陈公楼记载："初，寺僧取水剑池，登降甚劳，隆兴间陈敷文出钱二十万跨水崖刱楼，其上为井干以便汲，因名陈公楼，其作石梁者，则霑公改为之。"

跨水建楼，与元代崔彦辅《虎丘晴岚图卷》中桥上有亭形象相符，明代虎丘图中的双桶桥都是廊桥（图 9）。

清代虎丘图像中双桶桥上则时而是一架带檐门框（图 10），时而是廊桥（图 11）。

关于桥上建筑的变化，缺乏文字记载，画家所呈现的形象的写实程度也待考。但可以肯定宋、元、明、清双桶桥桥上都有构筑物覆盖。关于桥上辘轳，根据清末民初陆璇卿《虎邱小志》明确记载："双吊桶，在剑池两崖之上，跨以石桥，桥面凿井栏二，桥上建亭，中设辘轳，挂吊桶二，一上一下，以便取水，是为双吊桶。洪杨之劫初毁。"廊房辘轳毁于清咸丰十年（1860 年）。因此多幅画上缺失辘轳，应画家艺术处理省略的结果，可见在画家眼中并不关注座桥用来打水的功能。清末刘彦冲的《虎阜图》（图 12）中双桶桥上直接画有两人凭栏而憩，且与千人石上停留人群相呼应，可见画家更关注桥上停留观景作用。桥上建"楼"，会产生引导驻足停留观景的作用。王晓《陈公楼记》载："其楼悬跨两崖，瞰临九仞，登之者耸然魄动，如历云栈之险……宝阁万椽，宸奎岳镇，玉车千乘，仗跸天临。其胜概雄观，视它处为不足道。"龚濼《剑池桥梁久就倾圮方丈霑公刊石代木递汲且并陈楼悉改旧观》载："幽寻稳登眺，清意逼肺腑。"可见双桶桥上确实是有人驻足登眺观景之所。

图 8　清焦秉贞《康熙南巡苏州虎丘行宫图卷》

图 9　崔彦辅《虎丘晴岚图卷》、沈周《虎丘图册》、文嘉《虎丘图》、谢时臣《虎阜春晴图》局部

图 10　顾湄《虎丘山志》虎丘全图、宋骏业《康熙南巡图》局部

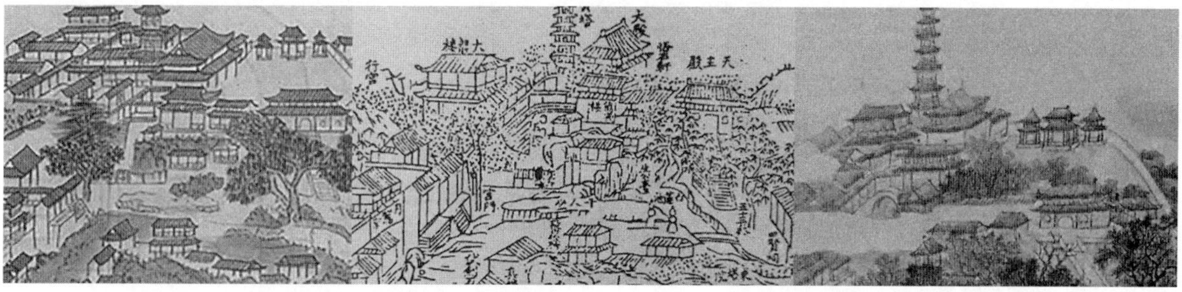

图 11　王翚《南巡盛典》、顾诒禄《虎丘山志》前山图、徐扬《盛世滋生图卷》局部

图 12　刘彦冲《虎阜图》局部

3.2 “别有洞天”的门洞及墙体的源流考证

今“别有洞天”为厚壁上的月洞门，清代这道墙体才开始在图像上出现，但形象与今迥异。因此本文考证图文，推测这段墙体起源于康熙南巡虎丘时所建的安保措施墙体的一部分，而门洞则为控制性进出口之一且指引康熙登临万岁楼的“东红门”。

这道墙体的首次出现是在1676～1687年间的顾湄《虎丘山志》的前山图中。图像中门洞都是方形且有门扇，更像是具有控制人流进出的功能性出入口（图13）。

太平天国墙体毁坏之后，民国时期重修，门洞也修成类似于园林中的洞门，失去控制人行进出的功能，转而具有隔景、增加空间层次的作用。1940年墙体被改筑为厚至1.5m，其顶部通道成为沟通第三泉至可中亭之间的道路，厚圆洞门正对剑池纵深方向，具有极强的隔景、透景作用，与剑池上方双桶桥共同将剑池空间之深远幽邃衬托的淋漓尽致。

图13 顾湄《虎丘山志》前山图、焦秉贞《康熙南巡苏州虎丘行宫图卷》、顾诒禄《虎丘山志》前山图、陆肇域《虎阜志》海峰云霁图局部

4 结语

通过各类虎丘图文资料研读与互证，本文从时间、空间多维把握了虎丘风景格局及景观空间及其演变过程，从中发现了虎丘风景形成背后有自然基地、空间审美、政治、经济、交通等多重因素。图像中还存在与今不符的要素，比如千人石北侧附近的亭子时而在千人石上，时而在千人石北侧平地，时而在今可月亭位置附近，尚待更多资料来考证。

参考文献

[1] 衣学领．虎丘山志[M]．上海：文汇出版社，2014.

[2] 潘谷西．江南理景艺术[M]．南京：东南大学出版社，2001.

[3] 沈云龙：中国名山胜迹志丛刊[M]．台湾：文海出版社，1971.

[4] 陆肇域．虎阜志[M]．任兆麟．苏州：古吴轩出版社，1995.

[5] 顾禄．桐桥倚棹录[M]．上海：上海古籍出版社，1980.

[6] 黄厚诚．虎丘新志[M]．北平：友联中西印字馆，1935.

[7] 顾湄．虎丘山志[M]．北平：友联中西印字馆，1935.

[8] 陆璇卿．虎丘山小志[M]．台中：三工实业社，1971.

[9] 文肇祉．虎丘山图志[M].

[10] 顾湄．虎丘山志．https：//library. harvard. edu/libraries/yenching.

[11] 徐崧．百城烟水．http：//dh. ersjk. com/spring/front/read.

[12] 王鏊．姑苏志．http：//dh. ersjk. com/spring/front/read.

[13] 冯桂芬．姑苏志．http：//dh. ersjk. com/spring/front/read.

作者简介

陈裕玲，1993年生，女，汉族，江苏人，同济大学建筑与城市规划学院景观学系在读硕士研究生。研究方向：中国古典园林与传统风景名胜区。电子邮箱：2570148701@qq. com。

周宏俊，1981年生，男，汉族，江苏人，博士，同济大学建筑与城市规划学院景观学系副教授。研究方向：中国古典园林与传统风景名胜区。电子邮箱：35558277@qq. com。

论文集

风景园林植物

北京地区滨水绿道植物景观特征研究

Waterfront Greenway Plant Landscape Features in Beijing Area

吴思佳　郝培尧　董　丽

摘　要： 滨水绿道作为城市滨水绿地的重要组成部分，对保护沿岸环境、改善小气候、保持河流生态系统平衡有重要作用。它也是绿道系统的一部分，不仅连接了沿岸滨水绿地斑块，还为沿岸居民提供慢行或骑行的线性绿色空间，提高城市滨水空间活力。随着北京市绿道建设大力推进，植物景观作为绿道整体景观的重要组成部分，是绿道建设水平的重要体现。本文选择北京市6条已经建成的滨水绿道作为研究对象进行调查研究，分析其植物物种构成和多样性特征，总结不同类型滨水绿道的植物景观特征，以探讨能提升滨水绿道沿途植物景观效果的植物配置，为北京市滨水绿道的植物景观理论研究及实践提供依据。

关键词： 滨水绿道；植物景观；物种构成；植物多样性

Abstract: As a important part of waterfront greenspace, waterfront greenway has an important effection in protecting coastal environments and keeping the river ecosystem balanced. In the same time, waterfront greenway is a type of greenway system, not only connects the waterfront along the mottled green, but also provides slow or biking linear green space for residents along rivers. That can improve vitality of the urban waterfront space. With Beijing Greenway is in full construction, as a important part of greenway landscape, plant landscape directly reflects the level of greenway construction. This article selected Beijing six built waterfront greenway as research objects, and analyze its characteristics of the plant species composition and plant diversity, and summarized plant landscape features. Based on the above conclusions, discussing the plant configuration that can improve the landscape effect of plants along the waterfront greenway and providing the basic theory and practice of landscape plants Beijing waterfront greenways.

Keyword: Waterfront Greenway; Plant Landscape; Species Composition; Plant Diversity

随着城市发展与人类活动的扩张，我国的城市水岸环境污染日益严重，如何保护沿岸环境并为沿途居民所利用成为学者们关心的问题。滨水绿道作为城市滨水绿地的重要组成部分，对保护沿岸环境、维护城市生态系统平衡有积极作用[1-2]，同时还可以为沿岸居民提供慢行或骑行的线性绿色空间[3]，成功的滨水绿道的实践，可以解决水岸生态与人类活动之间存在的矛盾，提高城市滨水空间活力，对城市宜居环境的发展建设具有重要意义。植物在绿地中往往有着不可忽视的作用，而植物景观作为绿道整体景观的重要组成部分，是绿道建设水平的重要体现。植物景观的塑造，对于滨水绿道的沿途景观及人们在滨水绿道中的游憩有重要的影响[4]。

本文选择北京市6条已经建成的滨水绿道作为研究对象进行调查研究，分析其植物物种构成和多样性特征，总结不同类型滨水绿道的植物景观特征，以探讨能提升滨水绿道沿途植物景观效果的植物配置，为北京市滨水绿道的植物景观理论研究及实践提供依据。

1　研究方法

1.1　研究对象

研究样地选取北京市6条已建成的市级滨水绿道进行调查，调查总长共计约57km，其绿道设施完善、景观规划建设皆较为成熟。将调查对象分为市区滨水绿道和郊野滨水绿道，根据调查对象的绿地性质，进一步将其分为非公园型滨水绿道及公园型滨水绿道[5-6]。调研滨水绿道如表1所示。

调查地滨水绿道分类　　**表1**

序号	级别	类型		名称	长度（km）
1	市级	市区滨水绿道	非公园型滨水绿道	环二环滨水绿道	35
2	市级			昆玉河绿道	7
3	市级		公园型滨水绿道	莲花河滨水绿道	2.4
4	市级			元大都滨水绿道	9
5	市级	郊野滨水绿道	非公园型滨水绿道	清河绿道	38
6	市级			温榆河滨水绿道通州段	22.6

1.2 调查方法

调查采取网格取样法与典型取样法结合，在滨水绿道范围内沿河方向每间距 200m 设置一个 10m×10m 的乔灌木样方，样方四角及中心各设置 1m×1m 草本样方；垂直河流方向每间距 10m 设置同上样方。对于随机取样法中物种没有差别、景观异质性不强的样方不进行重复调查，共调查乔灌木样方共计 403 个、草本样方 2015 个。样方内测量记录乔木层及灌木层植物种类、数量、株高、冠幅、胸径等植物信息。记录草本层的植物种类、数量、株高及盖度。

1.3 数据处理

1.3.1 频度

频度是指调查中一个物种在调查的全部样方中出现的频率。

频度=某一物种在全部样方中出现的样方数/全体样方数×100%

1.3.2 多样性特征

植物多样性以物种多样性、物种丰富度、物种均匀度三个指标来衡量。物种多样性用 Shannon-Wiener 多样性指数和 Simpson 多样性指数配合使用，表示物种多样性；物种丰富度用 Patrick 指数来计算；物种均匀度用 Pielou 指数计算。

(1) 物种多样性

① Simpson 多样性指数：

$$D = 1 - \sum Pi^2 \qquad (1)$$

式中，Pi 为某物种的个体数占群落中总个体数的比例，$Pi=Ni/N$。

② Shannon-Wiener 多样性指数：

$$H = -\sum Pi \ln Pi \qquad (2)$$

式中，$Pi=Ni/N$。

(2) 物种丰富度

S=样方内的物种数

(3) 物种均匀度

$$E = H/\ln(S) \qquad (3)$$

式中，H 为 Shannon—Wiener 指数，S 为样方内的物种数。

2 结果与分析

2.1 植物物种统计与分析

2.1.1 物种构成

如图 1～图 3，本次调查共记录北京市 6 条建成滨水绿道维管束植物 54 科 119 属 172 种（含品种/变种），裸子植物 11 种，隶属于 3 科 6 属；双子叶植物 139 种，隶属于 45 科 93 属；单子叶植物 22 种，隶属于 6 科 20 属。其中木本植物为 110 种，隶属于 37 科 66 属；草本植物为 62 种，隶属于 28 科 52 属。根据调查记录的植物种类数量及其隶属科属分析，调查样地中植物种类以蔷薇科（15.95%）>禾本科（6.75%）>木犀科（6.13%）>菊科（6.13%）>杨柳科（4.91%）为占比最大的优势科。

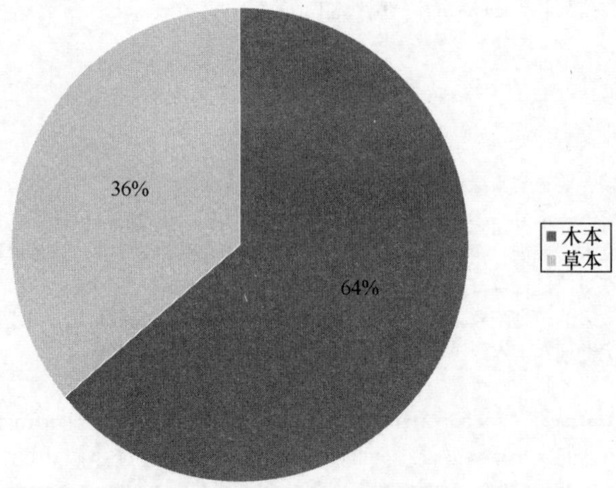

图 1　北京市滨水绿道木本与草本种类比例

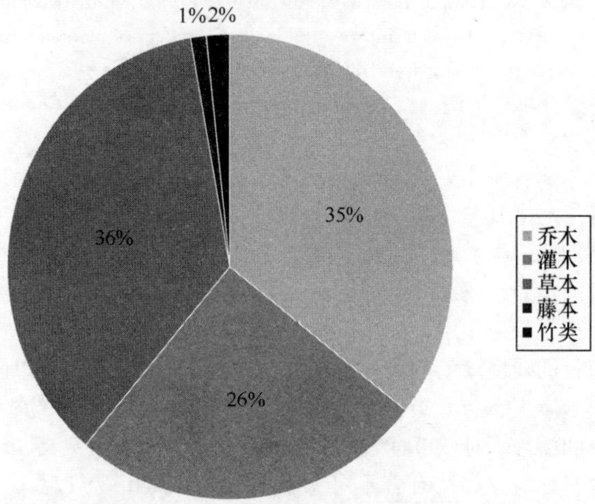

图 2　北京市滨水绿道不同生活型种类比例

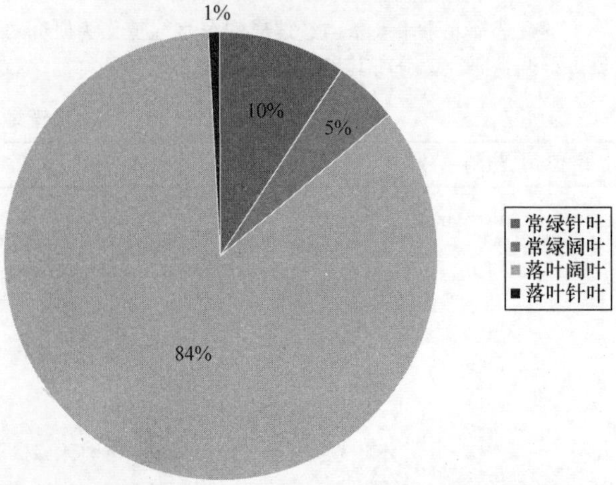

图 3　北京市滨水绿道常绿树种与落叶树种种类比例

2.1.2　物种来源

对调查记录的所有植物进行乡土植物与外来植物及其入侵种的分析，有利于坚持“适地适树”的植物规划原则，有效利用北京市乡土植物，发挥其在绿道植物景观中的价值；同时适当引进外来植物，也能在一定程度上丰富植物景观，提高植物景观的视觉效果，并且防止外来植物中入侵种的过度繁殖生长，保护原植物群落的生物多样性。

通过分析，调查样地内北京市乡土植物共 88 种，隶属 49 科 72 属；外来植物共 84 种，隶属 35 科 58 属。外来树种与乡土树种之比近 1∶1。外来入侵植物共 4 种，隶属 3 科 4 属。

2.1.3　应用频度

对调研样地不同类型滨水绿道调查到的所有植物分乔木、灌木、草本进行频度计算与统计，以分析各层植物的应用情况。频度计算分市区滨水绿道及郊野滨水绿道进行。结果表明市区非公园型滨水绿道共有乔木 51 种，其中绦柳的应用频度最高为 58.55%；灌木共 36 种，其中大叶黄杨应用频度最高为 53.37%；草本植物共 35 种，其中崂峪苔草应用频度最高为 37.31%。市区公园型滨水绿道共有乔木 30 种，其中频度最高为油松，频度为 27.52%；灌木 18 种，其中沙地柏频度最高，为 13.76%；草本植物共计 20 种，其中频度最高的是草地早熟禾，频度值为 39.45%。郊野滨水绿道乔木层共有植物 31 种，其中应用频度最高的树种为小叶洋白蜡，频度为 21.78%；灌木层共有植物 17 种，其中频度最高的物种为连翘，为 5.94%；草木层共有植物 33 种，频度最高的物种为独行菜，为 20.89%。

非公园型滨水绿道虽在灌木层种植了大量大叶黄杨以平衡常绿树种与落叶树种之比，但乔木层常绿树种频度与落叶树频度差距大，样地整体缺少常绿乔木的配植。郊野滨水绿道中灌木应用频度普遍较低。另比较发现，水生或湿生植物的种类及频度都非常低且种类单一，使得硬质驳岸形成的岸线与沿岸植物景观的衔接生硬，融合度差，降低沿岸景观优美度的同时，大大减少了滨水绿道中植物对河岸环境的净化作用。

2.2　植物多样性特征分析

如图 4 所示，对不同类型滨水绿道植物群落乔木层、灌木层、草本层的各多样性特征指标分别进行计算与统计，结果显示市区滨水绿道物种 Simpson 指数、Shannon—Wiener 指数（H）、Pielou 指数（E）均表现出乔木层>灌木层>草本层，非公园型滨水绿道物种 Patrick 指数（S）为乔木层>灌木层>草本层，公园型滨水绿道 Patrick 指数（S）则为乔木层>草木层>灌木层；郊野滨水绿道物种 Simpson 指数、Shannon—Wiener 指数（H）均为乔木层>草本层>灌木层，Pielou 指数（E）表现出乔木层>灌木层>草本层，物种 Patrick 指数（S）草本层>乔木层>灌木层，但三者差距不大。

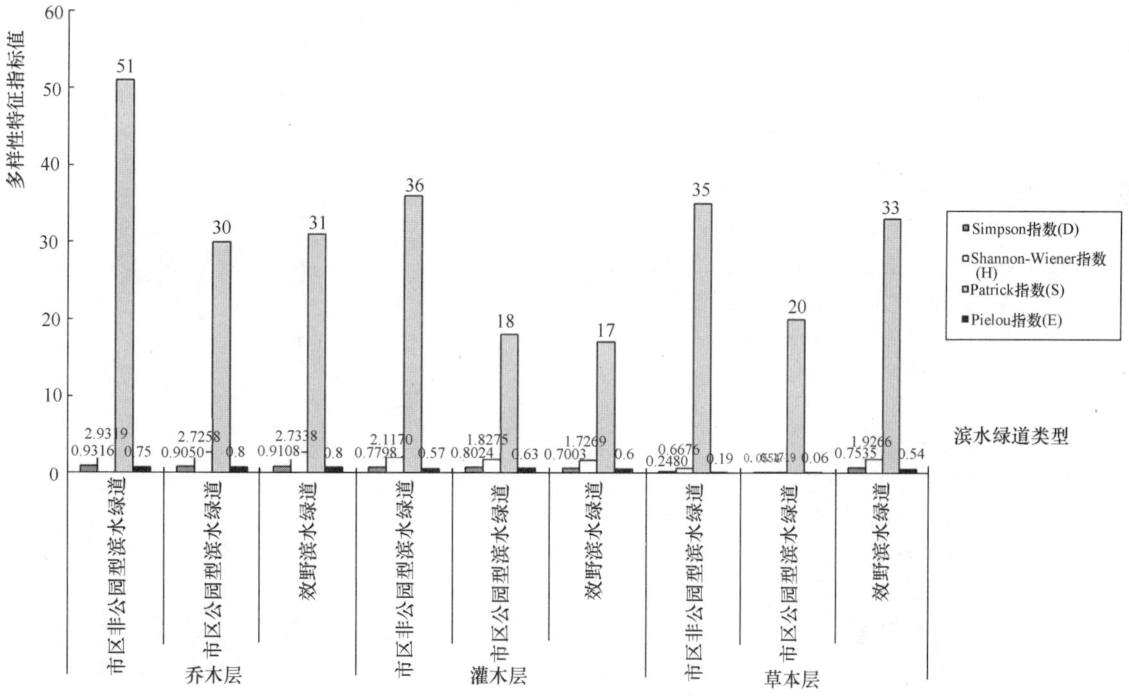

图 4　不同类型滨水绿道的植物多样性特征

综合植物多样性特征四项判断指标，乔木层及灌木层、非公园型滨水绿道的物种多样性及物种丰富度指标值最占优势，即非公园型滨水绿道乔灌层物种构成及植物结构最为复杂，而该类型滨水绿道乔灌层物种均匀度均不及公园型滨水绿道，说明该类型的各类植物个体数目分布均匀程度不如公园型滨水绿道。对于草本层，郊野型滨水绿道除物种丰富度稍有不足外，在多样性及均匀度上都远超市区滨水绿道，说明郊野滨水绿道草本层生态功能更为显著。

图 7　直立式驳岸植物种植形式 2

2.3　植物景观特征分析

由于植物景观在不同驳岸类型下差异明显，故根据驳岸类型对植物景观特征进行分析，驳岸根据材料分为硬质驳岸和混合驳岸，硬质驳岸中根据驳岸样式的不同，分为直立式驳岸与斜坡式驳岸[7]。

2.3.1　不同驳岸形式的滨水绿道植物应用特征

分析表明共 45 种植物在三种驳岸形式下均有种植，且长势良好，是滨水绿道临水植物群落中的常用植物种类。如图 5 所示，其中木本植物 33 种，草本植物 12 种。

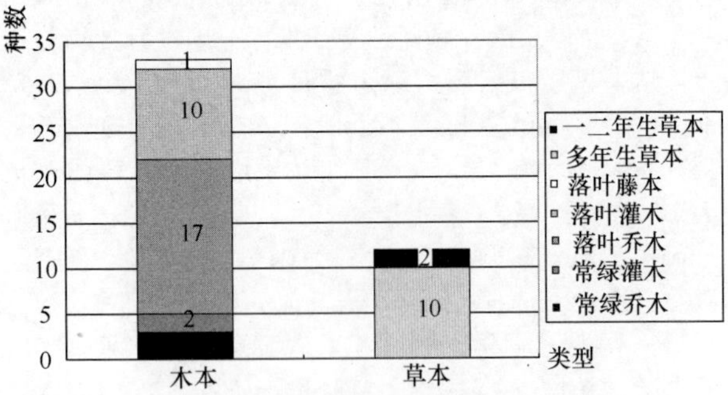

图 5　不同类型滨水绿道三种驳岸形式的共有植物物种构成

图 8　直立式驳岸植物种植形式 3

2.3.2　不同驳岸形式的植物空间种植规则

(1) 硬质驳岸的植物种植形式

直立式驳岸种植形式如图 6～图 8 所示。形式 1 种植带宽度较窄，只在列植绦柳等柳树以外种植树形瘦小直立的小乔木，或种植常绿树种绿篱；形式 2 与形式 3 绿地宽度较形式 1 宽并伴有地形，沿绿道内部道路一侧列植绦柳或金枝垂柳或旱柳，坡上种植落叶灌木、圆柏、油松等常绿乔木，再配植柳树之外的其他落叶乔木。形式 3 在靠水一侧单分一条种植带，种植树形俏丽的小乔木，部分样方中会加以块石砌筑种植槽种植水生植物，但种植频度不高。

图 6　直立式驳岸植物种植形式 1

斜坡式驳岸植物种植如图 9、图 10，形式 1 与直立式驳岸的种植方式基本相同，但由于斜坡式驳岸硬质面积大，降低了绿道整体植物景观良好的视觉效果。形式 2 的种植方式，人行道路平台上都为硬质铺装，采用树池种植柳树，坡上植物配置相对丰富，但植物景观衔接性较差，行人与植物之间缺乏互动。

图 9　斜坡式驳岸植物种植形式 1

图 10　斜坡式驳岸植物种植形式 2

（2）混合驳岸下的植物种植形式

混合驳岸种植形式如图 11，即临水一侧草坡入水过渡到人行道路再到种植带，外层种植带与城市道路用地相接。柳树通常种植在道路临水一侧的草坡上，灌木层物种丰富结构复杂，物种多样性高、观赏效果好。另外，混合驳岸种植了芦苇、黄菖蒲、唐菖蒲等水生植物，使得岸线的植物层次变化多样，植物景观衔接性好，驳岸与植物景观的融合性高。

图 11　混合式驳岸植物种植形式

3　总结与建议

总结北京市建成滨水绿道植物景观特征，植物应用方面，灌木在郊野滨水绿道中频度较低、应用不足，与郊野滨水绿道规划尺度与使用对象有关。水生植物普遍应用较少，岸线软化较弱。乡土植物与外来植物种类比例相当。景观效果方面，硬质驳岸下植物景观衔接比较生硬，沿线景观变化单一；混合驳岸乔灌草和谐搭配，以水生植物软化岸线，观赏性较强，物种多样性较丰富。基于此，提出滨水绿道植物景观优化建议：（1）提高植物多样性，丰富群落结构。市区滨水绿道应增加草本植物种类，力求草本层植物结构的丰富，从而完善乔灌草三层结构的植物多样性，以提高其生态作用；郊野型滨水绿道应增加灌木层植物种类，提高灌木层物种丰富度。（2）增加乡土树种，适地适树。增加如栾树（*Koelreuteria paniculata*）、银杏（*Gingko biloba*）、蝟实（*Kolkwitzia amabilis*）、黄栌（*Cotinus coggygria*）等乡土树种的种植。（3）充分利用水生植物，软化岸线。各绿道临水岸线增加诸如香蒲（*Typha orientalis*）等水生植物的种植，从而提高临水群落的植物层次、丰富物种构成。

参考文献

[1] Loring L S，Charles A F，Robert M Searns. Greenways：A guide to Planning，Design，and Development [M]. Island Press，2009：1-5.

[2] 任斌斌，李薇，刘兴，等．北京城市绿道植物多样性特征研究[J]．中国园林，2015(8)：10-14.

[3] 刘滨谊，余畅．美国绿道网络规划的发展与启示[J]．中国园林，2001(6)：77-81.

[4] 郭春华，李宏彬．滨水植物景观建设初探[J]．中国园林，2005(4)：59-62.

[5] 张文婷．北京滨水绿道慢行空间规划设计研究——以北京营城建都滨水绿道为例[D]．北京：北京林业大学，2013.

[6] 翁殊斐，陈锡沐，黄少伟．用 SBE 法进行广州市公园植物配置研究[J]．中国园林，2002(5)：84-86.

[7] 李鹏飞．园林驳岸的设计研究[D]．北京：中国林业科学研究院，2014.

作者简介

吴思佳，1993 年生，女，侗族，贵州凯里人，北京林业大学园林植物与观赏园艺硕士研究生。研究方向：园林植物应用与园林生态。电子邮箱：752345061@qq.com。

郝培尧，1983 年生，女，汉族，重庆人，博士，北京林业大学园林学院副教授。研究方向：植物景观规划设计。电子邮箱：haopeiyao@bjfu.edu.cn。

董丽，1965 年生，女，汉族，山西万荣人，博士，北京林业大学园林学院教授、副院长。研究方向：植物景观规划设计。电子邮箱：dongli@bjfu.edu.cn。

北京市公园绿地植物群落季相景观评价及其影响因子研究①

Study on Landscape Evaluation and Its Related Parameters of Plant Communities' Seasonal Appearance in Parks in Beijing

李逸伦　郝培尧　董　丽

摘　要：季相是植物群落重要的外貌特征。研究利用SBE美景度评价法评价了北京市5座公园内25个植物群落的四季景观，拆解了对群落美景度值产生影响的景观要素，并构建了植物群落四季美景度值与各群落景观要素间的多元回归方程。结果表明，影响群落四季美景度的影响因素不同，其中灌木层相关因素以及植物层次数量等对四季群落美景度影响较大。研究可为北京地区公园绿地植物群落的合理构建提供指导。

关键词：园林植物；SBE美景度评价；季相；植物景观；公园绿地

Abstract: Aspection is an important feature of plant community. This study estimated the seasonal phases of 25 plant communities in 5 parks in Beijing by scenic beauty estimation method, and established multiple regression models between four seasons' SBE value and plant communities' characters. Results show that SBE values in 4 seasons are determined by different factors. Factors related to shrubs and factors such as the amount of plant layers contribute greatly to SBE values in 4 seasons. This study can serve as scientific basis for plant community construction in urban parks in Beijing.

Keyword: Landscape Plants; Scenic Beauty Estimation; Seasonal Phase; Plant Landscape; Park

植物造景是运用乔木、灌木、藤本及草本植物等题材，通过艺术手法、充分发挥植物的形体、线条、色彩等自然美来创造植物景观[1]。季相作为植物群落重要的外貌特征，涵盖了植物色彩、质感、层次等的变化，在植物景观营造方面有着不可忽视的作用。

植物的物候相是构成植物景观动态变化的基础。近年来，大量研究聚焦园林植物的物候变化[2-4]，定量研究了植物微观与宏观色彩等特征随季节的变化[5-8]，并探讨了其园林应用。此类研究多从单株园林植物的物候变化与观赏特征出发，筛选出了众多景观效果突出的植物种类，却难以很好地为植物搭配与群落构建提供依据。有研究依据景观评价结果，对风景林的营造提出建议[9-10]，但其选取研究尺度较大，拆解景观要素多基于图像自身特征，不能很好地反映群落结构、群落构成要素等群落自身特征。

本研究以北京公园绿地内以木本植物为主的植物群落为研究对象，进行持续的群落季相监测，并基于景观评价结果，探讨影响公园绿地植物群落景观效果的因素。

1　研究地概况

北京市（39°56′～41°36′N、115°42′～117°24′E）位于华北平原西北部，总面积16410km²，中心城区1088km²。北京市中心城区规划绿地面积132.6km²，有市属公园11座，郊野公园十余座，区属公园几十座，有着青山环抱、三环环绕、公园绿地散布的绿地格局[11]。

本研究选取北京市4座市属公园（北海公园、天坛公园、紫竹院公园、陶然亭公园）及奥林匹克森林公园南园为研究地点。上述公园绿地均位于北京市中心城区五环路内。

2　研究方法

2.1　景观评价方法

研究采用SBE美景度评价法对群落四季景观进行美景度评价。由Daniel和Boster建立的美景度评价法（Scenic Beauty Estimation，SBE）最初应用于风景林的景观评价[12]，长久以来得以广泛应用[9, 10, 13]。尽管该方法使得各个风景之间缺乏相互比较的机会，但长期以来仍被认为是极好的景观评价方法[14]。

参与景观评价的为60名北京林业大学园林专业大三学生。在评价前对参与评价者进行了"标准化说明"，说明了研究的内容与目的，介绍了SBE美景度评价方法，明确了评价的内容，回避了图像采集的地点与时间。评判选用幻灯评判（By-slide）的方式。反应尺度采用7分制（－3、－2、－1、0、1、2、3，分别对应极差、较差、差、一般、好、较好、极好）。

① 基金项目："2016年北京园林绿化增彩延绿植物资源收集、快繁与应用技术研究（CEG-2016）"和"北京林业大学大学生科研训练项目计划"（项目编号：X201610022012）资助。

2.2 景观图像采集方法

采用典型取样法，对选定公园绿地内植物生长状况良好、养护水平较高、景观效果优良的25个植物群落进行季相监测，利用相机于2016年5～6月、7～8月、10～11月、2017年1月、2017年3月采集群落照片。在群落选择时，要求群落的草本层植物种类较为单一，避免应用种类过于丰富的草本花卉，且不对植物种类、植物层次的多寡等要素进行特殊限制。景观图片的拍摄与选择遵循以下要求：①控制拍摄对象的主体距离拍摄点的距离在80m以内，群落大小局限在20～40m的尺度范围内，有研究者将该尺度划分为中空间尺度[15]；②选择晴朗、空气质量优或良，能见度高的天气拍摄；③在10：00～16：00之间拍摄，同一地点的拍摄在相同光线来源条件下拍摄；④为使照片最大限度还原实际游赏场景，全部选择在园路上以水平视角拍摄照片；⑤拍摄时选择的角度避免大体量的构筑物、建筑，尽量躲避行人；⑥拍摄器材为Nikon D90，拍摄时选择程序自动P模式，自动对焦，多点测光，感光度ISO自动，白平衡自动。保存RAW格式和JPG格式图像，在存在曝光过量或不足影响植物细节的情况下使用RAW格式图像进行调整（图1）。

图1　植物群落四季图像示例

2.3 数据处理方法

由于不同评价者之间的评分存在较大的差异，需要对获取的SBE美景度评价值进行评判等级标准化处理：

$$Z_{ij}=(R_{ij}-R_j)/S_j$$

$$Z_i=\sum_j Z_{ij}/N_i$$

式中　Z_{ij}是第j个评价者对第i张景观照片的评判标准化值，R_{ij}是第j个评价者对第i张景观照片的评判值，R_j是第j个评价者对某一季节景观照片评价的平均值，S_j是第j个评价者对某一季节景观照片评价的标准差，Z_i为第i个景观的标准化得分，其中N_i为评价者数量，本例为60。

2.4 群落景观要素确定方法

为使研究结果能对公园绿地植物群落构建起到直接指导意义，借鉴前人研究[9-10]，将群落景观要素划分为群落构成类要素与群落外貌特征类要素两类。

群落构成类要素是描述群落物种组成的各项要素。包括群落乔木层辛普森指数、灌木层辛普森指数、木本层辛普森指数、常绿树数量占比、圆锥形树数量占比、灌木数量占比及针对四季群落不同的春季开花乔木、灌木数量占比，春季未展叶乔木、灌木占比，夏季开花及彩叶乔木、灌木数量占比，秋色叶乔木数量占比，已完成落叶的乔木、灌木数量占比共计15个因素。这些因素都是由群落调查所收集的数据计算得来的，覆盖了物种多样性、乔灌搭配、树形搭配、常绿与落叶搭配等多项植物群落构成时所需考虑的要素。其中，涉及开花、展叶等具体物候相的景观要素是对照照片选择群落中的数据进行计算得来的。各项值的区间为［0，1］。

群落外貌特征类要素包括植物生长状况、植物空间营造、植物层次数量、绿色色彩数量、绿色以外其他色彩数量5个要素，是通过打分与计数得来的。各类要素值的区间为［1，10］。不同季节用于多元回归的的景观要素见表1。

各季节群落景观要素分解表　　**表1**

季节	要素数量	景观要素
春季	15	群落构成类要素：乔木层辛普森指数、灌木层辛普森指数、木本层辛普森指数、常绿树数量占比、圆锥形树数量占比、灌木数量占比；春季开花乔木占比、春季开花灌木数量占比、春季未展叶乔木占比、春季未展叶灌木占比 群落外貌特征类要素：植物生长状况、植物空间营造、植物层次数量、绿色色彩数量、绿色以外其他色彩数量
夏季	13	群落构成类要素：乔木层辛普森指数、灌木层辛普森指数、木本层辛普森指数、常绿树数量占比、圆锥形树数量占比、灌木数量占比；夏花植物比、彩叶植物比 群落外貌特征类要素：植物生长状况、植物空间营造、植物层次数量、绿色色彩数量、绿色以外其他色彩数量

续表

季节	要素数量	景观要素
秋季	13	群落构成类要素：乔木层辛普森指数、灌木层辛普森指数、木本层辛普森指数、常绿树数量占比、圆锥形树数量占比、灌木数量占比；秋季完成落叶植物百分比、秋色叶与彩叶植物百分比 群落外貌特征类要素：植物生长状况、植物空间营造、植物层次数量、绿色色彩数量、绿色以外其他色彩数量
冬季	9	群落构成类要素：乔木层辛普森指数、灌木层辛普森指数、木本层辛普森指数、常绿树数量占比、圆锥形树数量占比、灌木数量占比 群落外貌特征类要素：植物生长状况、植物空间营造、植物层次数量

为了使各景观要素值更好地与美景度值进行回归，首先对收集到的数据进行了数据转化，对百分比类的各因素进行了反正弦转化，对计数类要素进行了 log 转化。在此基础上，以群落标准化美景度值为因变量，各群落要素为自变量，构建春、夏、秋、冬季群落美景度多元回归方程。

3 结果与分析

3.1 春季群落美景度回归模型构建及分析

在春季群落美景度回归模型构建中，最终保留了群落乔木层辛普森指数等 5 个因子，群落春季美景度（Z_{sp}）回归模型如下：

$Z_{sp}=-2.827+1.546$（群落乔木层辛普森指数）$+2.358$（群落木本层灌木数量占比）-0.780（群落内开花木本植物所占数量百分比）-0.625（未展叶木本植物所占数量百分比）$+2.145$（群落植物层次数量）

该回归模型调整 $R^2=0.511$，线性模型的拟合效果中等。与群落春季美景度值成正相关的景观要素有群落内灌木所占全部木本植物数量百分比、群落植物层次数量、乔木层辛普森指数。根据系数的大小，群落内灌木所占全部木本植物数量百分比和群落植物层次数量对群落春季美景度值的影响较大。群落乔木层辛普森指数对群落春季美景度值的影响次之。群落未展叶木本植物数量百分比与开花木本植物数量百分比两项指标与春季群落美景度成负相关。群落未展叶木本植物数量百分比与美景度值负相关表明，随着春季展叶逐渐完全，群落的美景度将逐渐提升。而开花木本植物数量百分比与美景度值负相关表明，不能通过一味地种植春花植物以求片面提升群落美景度，必须同时辅助以植物种类的搭配、营造多样的植物层次等配植手段。

3.2 夏季群落美景度回归模型构建及分析

在夏季群落美景度回归模型构建中，最终保留了群落木本层灌木数量占比等 3 个因子，群落春季美景度（Z_{su}）回归模型如下：

$Z_{su}=-2.883+1.712$（群落木本层灌木数量占比）$+1.284$（群落内绿色以外其他色彩数量）$+1.603$（群落内植物生长状态优劣）

该回归模型调整 $R^2=0.307$，线性模型的拟合效果不佳。群落内灌木所占数量百分比、群落内植物生长状态、群落内绿色以外其他色彩数量三项指标均与群落夏季美景度成正相关，其中灌木所占百分比贡献最大，植物生长状态其次，绿色以外其他色彩数量最次。灌木作为与人亲近程度最高的群落组成成分，通过适当增加灌木层植物数量，可以提高群落美景度值。通过增加群落内彩叶植物的种类以丰富群落植物色彩可以较好地提高群落美景度值。

3.3 秋季群落美景度回归模型构建及分析

在秋季群落美景度回归模型构建中，最终保留了群落灌木层辛普森指数、群落植物层次数量 2 个因子，群落春季美景度（Z_{au}）回归模型如下：

$Z_{au}=-0.973+0.955$（群落灌木层辛普森指数）$+1.750$（群落植物层次数量）

该回归模型调整 $R^2=0.338$，线性模型的拟合效果不佳。植物层次数量与群落灌木层辛普森指数均与秋季美景度值成正相关，通过适当提高群落灌木层物种多样性和群落植物层次的数量，可以提高秋季群落的美景度。

3.4 冬季群落美景度回归模型构建及分析

在冬季群落美景度回归模型构建中，最终保留了群落灌木层辛普森指数等 3 个因子，群落春季美景度（Z_{wi}）回归模型如下：

$Z_{wi}=-2.262+1.227$（群落灌木层辛普森指数）$+1.192$（群落内植物生长状态优劣）$+2.348$（群落植物层次数量）

该回归模型调整 $R^2=0.484$，线性模型的拟合效果中等。群落植物层次数量、群落灌木层辛普森指数、群落内植物生长状态三项指标均与群落冬季美景度成正相关，其中群落植物层次数量贡献最大，群落灌木层辛普森指数其次，群落内植物生长状态最次。植物冬季的景观效果通常较其他三季较差，不能通过植物的叶、花与植物色彩进行搭配丰富植物景观，但结果表明，植物冬季的层次数量对美景度高低贡献较大，同时通过丰富灌木层植物，种植株高、冠幅大的植物也能提高群落冬季美景度。这为通常采用的单纯搭配常绿植物，种植冬季可观果、观冬芽植物的常用手段做了补充。

综上所述，植物群落各季节美景度受多种景观要素影响，其中既包括群落构成类要素，也包括群落外貌特征类要素，不同季节间影响群落美景度值的景观要素存在着不同。显著影响群落各季节美景度的景观要素见表 2。

影响群落四季美景度的景观要素　　表 2

	显著影响的因子
春季群落美景度	灌木所占百分比、植物层次数量、乔木层辛普森指数、开花木本植物数量百分比、未展叶木本植物数量百分比
夏季群落美景度	灌木所占百分比、绿色以外其他色彩数量、植物生长状态
秋季群落美景度	灌木层辛普森指数、植物层次数量
冬季群落美景度	灌木层辛普森指数、植物生长状态、植物层次数量

4 讨论与结论

基于群落美景度评价和与景观要素线性回归结果，在进行植物景观规划设计时可以从以下几点出发，以实现更好的景观效果。

4.1 充分利用园林植物物候特征

园林植物花、叶、果随季节变化的特征是植物造景的重要依据。本研究的结果表明，群落中植物展叶、开花的关键物候变化对群落美景度有较重要影响。在春季，开花木本植物数量百分比、未展叶木本植物数量百分比对群落美景度影响大。已有对北京地区木本植物物候相组合的研究指出了在北京地区具有展叶早、落叶晚、绿色期长、花期长等特征的植物种类[16]。在群落构建过程中应充分利用园林植物物候特征，以形成具有明显季节特征的植物景观。

4.2 加强植物夏季的色彩搭配

色彩构图是植物造景的重要方面[1]。春、秋季的植物色彩丰富，可以借助色相的对比形成丰富的植物景观。夏季植物色彩单调，一方面可以充分利用夏季绿色植物色彩上的细微差异，另一方面可以利用彩叶植物、夏花植物实现夏季增彩，加强夏季植物的色彩搭配。

诺曼·布斯提出，在夏季植物色彩的搭配上可使用一系列具色相变化的绿色植物，使之在构图上有丰富层次的视觉效果，并指出深色植物可作为浅色植物的背景作为衬托，中间绿色的植物可作为色彩的过渡[17]（图 2）。叶片色彩明度较高的植物种类如黄金树（*Catalpa speciosa*）、山楂（*Crataegus pinnatifida*）、棣棠（*Kerria japonica*）、鸡麻（*Rhodotypos scandens*）、紫藤（*Wisteria sinensis*）等，与叶片色彩明度较低的植物种类如油松（*Pinus tabuliformis*）、圆柏（*Sabina chinensis*）等常绿树，毛白杨（*Populus tomentosa*）、臭椿（*Ailanthus altissima*）、白蜡（*Fraxinus chinensis*）、杜仲（*Eucommia ulmoides*）等可形成色彩明度的对比。利用这些植物色彩明度的差异同样可以形成多种搭配。

图 2　深色植物与浅色植物的一种搭配方式

彩叶植物与夏花植物可以极大地丰富植物群落的色彩。已有大量研究聚焦北京地区常用夏季彩叶植物与植物色彩搭配原理[18-20]，表 3 列举了文献中常见的北京地区可以应用的夏季彩叶植物种类。

夏季彩叶种类　　表 3

	植物种类
常色叶类	黄叶银杏（*G. biloba* ‘Aurea’）、中华金叶榆（*Ulmus pumila* ‘Jinye’）、金枝国槐（*S. japonica* ‘Aurea’）、金叶刺槐（*R. pseudoacacia* ‘Aurea’）、紫叶小檗、紫叶李、紫叶稠李（*P. virginiana* ‘Canada Red’）、紫叶矮樱（*P.* × *cistena*）、紫叶桃、紫叶黄栌（*Cotinus coggygria* ‘Purpureus’）、金叶连翘（*F. suspensa* ‘Aurea’）、金叶红瑞木（*Cornus alba* ‘Aurea’）
双色叶类	银白杨（*P. alba*）、栓皮栎（*Quercus variabilis*）、胡颓子（*Elaeagnus pungens*）、秋胡颓子（*Elaeagnus umbellata*）、沙枣、沙棘（*Hippophae rhamnoides*）
新叶异色类	月季

（续表）

4.3 加强群落灌木层植物的搭配与选择

相较于高大的乔木与低矮的草本植物，灌木是近景尺度与人关系更为亲密的植物类型。多元回归结果表明，灌木层物种多样性与木本植物中灌木所占数量百分比均对群落美景度有影响，对群落灌木层植物的搭配与选择对提升植物景观质量有重要作用。

利用灌木营造植物景观的思路多样。一方面可以通过同种植物的大量栽植形成群体景观，例如碧桃（*Prunus persica* ‘Duplex’）、榆叶梅（*P. triloba*）等蔷薇科植物；另一方面也可运用灌木在色彩、株型、花期、果期上的差异，形成季相丰富、层次多样的植物景观。

灌木除花具景观效果外，一些植物的叶与果实同样具有观赏价值。金叶风箱果（*Physocarpus opulifolius* ‘Luteus’）、金叶接骨木（*Sambucus nigra* ‘Aurea’）等外可作为彩叶植物丰富近景植物色彩；金银木（*Lonicera maackii*）、平枝栒子（*Cotoneaster horizontalis*）的果实冬季不凋，可以作为冬季观果植物；锦带花（*Weigela florida*）、棣棠等植物秋季叶色变化可用于丰富秋季景观。

4.4 注重营造群落丰富的植物层次

丰富的植物层次在视觉上可以起到增强空间感的作用。丰富群落的植物层次可有助于提高群落四季美景度。植物层次的营造是结合植物树形、株高、色彩的搭配实现的。图3表达了一种乔灌草结构的植物群落构建模式。群落中，以落叶乔木搭配常绿乔木形成木本层，以三种不同种类的灌木搭配形成灌木层，以草本地被形成群落前的空间。该模式中，以树形的差异区分了乔木的层次，其中，圆锥形植物可选择圆柏（*Sabina chinensis*）、侧柏（*Platycladus orientalis*）等常绿乔木，水杉（*Metasequoia glyptostroboides*）、银杏等落叶乔木，也可选用新疆杨（*Populus bolleana*）、铅笔柏（*Sabina virginiana*）等树形收缩的种类。灌木层的搭配可实现不同植物色彩与花期的搭配，例如三裂绣线菊（*Spiraea trilobata*）＋棣棠＋珍珠梅（*Sorbaria sorbifolia*）、锦带花＋平枝栒子＋木槿（*Hibiscus syriacus*）等。

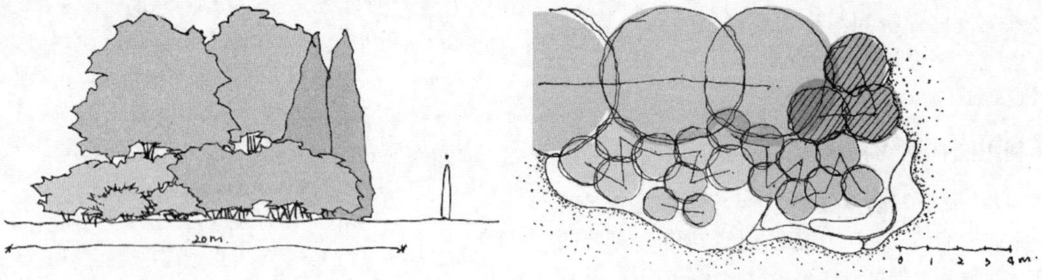

图3　一种层次丰富的植物群落的构建模式

参考文献

[1] 苏雪痕．植物造景[M]．北京：中国林业出版社，1994.

[2] 谷爱珍．植物物候相在植物季相景观设计中的应用[D]．呼和浩特：内蒙古农业大学，2011.

[3] 李淑娟．西安秋季色叶植物物候图谱构建及观赏性评价[D]．杨陵：西北农林科技大学，2013.

[4] 谷志龙．哈尔滨市园林植物应用数据资源库的构建[D]．哈尔滨：东北林业大学，2014.

[5] 邵娟．南京市秋季植物色彩的定量研究与应用[D]．南京：南京林业大学，2012.

[6] 郑瑶．重庆市秋季常见园林植物色彩定量研究[D]．重庆：西南大学，2014.

[7] Zhang Z，Qie G，Wang C，et al. Relationship between Forest Color Characteristics and Scenic Beauty：Case Study Analyzing Pictures of Mountainous Forests at Sloped Positions in Jiuzhai Valley，China. Forests，2017，8(3)：63.

[8] 孙亚美．北京地区常用秋色叶树种色彩量化与评价研究[D]．北京：北京林业大学，2015.

[9] 李效文，贾黎明，李广德，等．北京低山山桃针叶树混交风景林景观质量评价及经营技术[J]．南京林业大学学报（自然科学版），2010(04)：107－111.

[10] 陈鑫峰，贾黎明，王雁，等．京西山区风景游憩林季相景观评价及经营技术原则[J]．北京林业大学学报，2008(04)：39－45.

[11] 北京市绿地系统规划．北京：北京市城市规划设计研究院，2007.

[12] Daniel T C，Boster R S. Measuring Landscape Esthetics：The Scenic Beauty Estimation Method，1976.

[13] 黄广远．北京市城区城市森林结构及景观美学评价研究[D]．北京：北京林业大学，2012.

[14] 俞孔坚．自然风景质量评价研究——BIB-LCJ审美评判测量法[J]．北京林业大学学报，1988(02)：1-11.

[15] 陈鑫峰，王雁．森林美剖析——主论森林植物的形式美[J]．林业科学，2001(02)：122-130.

[16] 杨国栋，陈效逑．木本植物物候相组合分类研究——以北京市植物园栽培树种为例[J]．林业科学，2000(02)：39-46.

[17] 诺曼·布斯．风景园林设计要素[M]．北京：中国林业出版社，1989.

[18] 李霞，安雪，潘会堂．北京市园林彩叶植物种类及园林应用[J]．中国园林，2010(03)：62－68.

[19] 段建平，季慧颖，刘艳红．北京市引进彩叶植物种类调查及应用分析[J]．北京林业大学学报，2010(S1)：84-89.

[20] 彭丽军．北京常见彩叶树种叶色特征值与景观配置模式研究[D]．北京：北京林业大学，2012.

作者简介

李逸伦，1994年生，男，汉族，北京人，北京林业大学园林学院在读硕士研究生，研究方向：园林植物应用与园林生态。电子邮箱：yilunli@bjfu. edu. cn。

郝培尧，1983年生，女，汉族，重庆人，博士，北京林业大学园林学院副教授。研究方向：植物景观规划设计。电子邮箱：haopeiyao@bjfu. edu. cn。

董丽，1965年生，女，汉族，山西万荣人，博士，北京林业大学园林学院教授、副院长。研究方向：植物景观规划设计。电子邮箱：dongli@bjfu. edu. cn。

北京市远郊平原地区人工林中外来入侵植物特征研究

Study on Characteristics of Invasive Plants in Plantations of Beijing Suburban Plains

李 坤 郭 加 董 丽

摘 要：随着飞速发展的城市化进程，北京市城市生态系统受到破坏，雾霾、城市内涝等环境问题加剧。"平原地区造林工程"作为北京城市绿地系统的完善和补充，在保障城市生态安全方面具有重要意义。但是，北京市远郊区平原地区人工林中的外来入侵植物对群落结构稳定性与生态系统安全造成威胁。通过实地调查与文献分析，主要从入侵植物物种构成、季节性分布特征、影响因素及风险评估3个方面对北京市远郊平原区人工林中入侵植物进行研究，分级分类提出相应的防控措施，为降低外来植物入侵风险，以及维护北京市远郊平原区人工林的生态系统安全提供可参考的本底资料。

关键词：平原地区造林工程；外来植物；入侵植物；分布特征；风险评估

Abstract: With the rapid development of urbanization, the urban ecosystem of Beijing has been damaged, and environmental problems such as smog and urban waterlogging have intensified. So, the Plain Afforestation Project is of great significance in ensuring urban ecological security as a perfection and supplement of Beijing urban green space system. However, alien invasive plants in plantations of Beijing suburban plains threaten the stability of community structure and ecosystem safety. Through field investigation and literature analysis. The study focuses on invasive plants in plantations of Beijing suburban plains on three aspects: invasive plant species composition, seasonal distribution characteristics, influencing factors and risk assessment and propose correspond prevention and control measures. In order it can provide background information for reducing the risk of invasive plants and maintaining ecosystem safety in plantations of Beijing suburban plains.

Keyword: Plain Afforestation Project; Alien Plant; Invasive Plants; Distribution Pattern; Risk Assessment

随着飞速发展的城市化进程，北京市城市生态系统受到破坏，城市内涝、雾霾等环境问题加剧。因此，2012年北京市启动"平原地区造林工程"，以保障城市人居环境与生态系统安全。实施"平原地区造林工程"6年以来，虽然平原地区整体绿量增加，林地质量却参差不齐，景观破碎度较高，在影响到本地植物生存的同时，给外来入侵植物的生长提供了有利条件[1]。外来植物入侵将对群落物种多样性及人工林地的生物多样性与生态安全造成威胁。但是，目前风景园林行业对于北京市远郊平原地区人工林环境中整体外来入侵植物现状鲜有关注。

本研究通过实地调研与文献分析的方法，对北京市远郊平原区人工林地中入侵植物的种类、生活型、引入途径及分布特征进行研究，在此基础上对入侵植物建立入侵趋势的评价体系，为未来对入侵植物进行管控，维护北京市远郊平原区人工林的生态系统安全提供可参考的本底资料。

1 研究材料与方法

1.1 样点布置及样方调查

本研究采取分层抽样的方法选取北京远10个远郊区县（北京六环以外），包括顺义区、海淀区、昌平区、通州区、大兴区、门头沟区、怀柔区、平谷区等，共计25个村，对远郊平原区人工林地植被展开调查。调查以样线法为主，结合典型样方法，每个调查区域按照调查线路隔500m设置一个样点，每样方带根据线路及物种分布状况均匀设置5～15个样点。每个样点设置10m×10m的乔木调查样方；在乔木样方中心及四个角点处布置1m×1m的正方形小样方，在其中对草本植物进行取样。调查时，乔木记录种名、株数（株）、株高（m）、胸径（cm）、冠幅（m）、生长势等，灌木（包括胸径小于4cm的乔木幼苗）和草本记录种名、株高（m）、盖度、生长势等，同时记录样方生境、植物群落结构等信息。

1.2 数据处理方法

对调查所得原始数据运用EXCEL、SPSS软件进行汇总处理。对调查数据进行以下指标计算：

1.2.1 频度

$$频度=(某一物种出现的样方数之和/全部样方总数)\times 100\% \quad (1)$$

1.2.2 重要值

$$IV=[D(\%)+F(\%)+T(\%)]/3 \quad (2)$$

公式中，IV为重要值；D（%）为相对密度；F（%）为相对频度；T（%）在乔灌层计算中为相对基盖度，在草本层计算中为相对盖度。

1.2.3 丰富度指数

丰富度指数用来反映物种的丰富程度，本研究中用Patrick指数表示。

$$R=S \quad (3)$$

公式中，R为Patrick指数；S为物种数。

1.3 相关概念

1.3.1 外来植物

外来植物指以各种方式迁徙或者扩散到原生境以外的地区，对这一地区而言，并非与该地域自然发生或进化，却又能正常完成生活周期并建立种群的植物[2]。本研究中，外来植物为原产地为中国境外，后来传入北京的植物，即国外外来物种。该界定范围参考世界自然保护联盟（IUCN）物种生存委员会（SSC）对外来植物的定义。判定以《中国植物志》、《北京植物志》、中国自然标本（www.nature－museum.net）为参考，同时，界定已在北京地区多年生长、无入侵危害的经济型（马铃薯、辣椒、番茄等）外来植物不在此次研究范围内。

1.3.2 入侵植物

入侵植物是指原本不属于某一生态区域或地理区域的植物，通过不同的途径，被传播到一新的区域，在当地的自然或半自然生态系统或生境中建立种群，并自然扩散扩展种群规模，在新的栖息地定殖、建群、扩展和蔓延，占据乡土植物生境，给当地的生态系统、经济活动和人类健康造成明显损害或有潜在威胁的外来植物[3]。本研究中入侵植物的判定以中国外来入侵物种数据库（http：//www.chinaias.cn/wjPart/index.aspx）与中国外来入侵物种信息系统（http：//ias.iplant.cn/protlist）为参考，在结合文献资料和野外调查的基础上进行判断。

2 研究结果与分析

2.1 远郊平原区人工林地中入侵植物物种构成研究

参考国家环境保护部2016年公布的《中国外来入侵物种名单》以及中国外来入侵物种数据库，对北京市平原地区人工林中入侵物种进行核定，统计结果（表1）显示，北京市平原地区人工林中调查外来植物中含入侵种32种，涉及13科25属，占外来植总数的66.67%；包含有入侵植物种数排名前五位的大科主要有菊科（Asteraceae，8种）、苋科（Amaranthaceae，7种）、禾本科（Gramineae，3种）。研究表明北京市平原地区人工林环境中的入侵植物有13.33%由园林栽培引入，分别为刺槐（*Robinia pseudoacacia*）、火炬树（*Rhus typhina*）、五叶地锦（*Parthenocissus quinquefolia*）、野牛草（*Buchloe dactyloides*）、孔雀草（*Tagetes patula*）；86.67%为自然生长，比较常见的有北美独行菜（*Lepidium virginicum*）、苦苣菜（*Sonchus oleraceus*）、小蓬草（*Conyza canadensis*）等。

北京市远郊平原地区人工林中入侵植物统计表　　表1

科	物种	属数	种数
菊科	牛膝菊＊（*Galinsoga parviflora*）、意大利苍耳＊（*Xanthium italicum*）、小蓬草（*Conyza canadensis*）、苦苣菜＊＊（*Sonchus oleraceus*）、孔雀草＊（*Tagetes patula*）、豚草（*Ambrosia artemisiifolia*）、一年蓬（*Erigeron annuus*）、鬼针草（*Bidens pilosa*）	8	8
禾本科	多花黑麦草＊（*Lolium multiflorum*）、假高粱＊（*Sorghum halepense*）、野牛草＊（*Buchloe dactyloides*）	3	3
藜科	土荆芥（*Chenopodium ambrosioides*）	1	1
苋科	凹头苋＊（*Amaranthus lividus*）、绿穗苋＊（*Amaranthus hybridus*）、反枝苋（*Amaranthus retroflexus*）、苋（*Amaranthus tricolor*）、刺苋（*Amaranthus spinosus*）、合被苋＊（*Amaranthus polygonoides*）、皱果苋＊（*Amaranthus viridis*）	1	7
旋花科	圆叶牵牛（*Pharbitis purpurea*）、牵牛（*Pharbitis nil*）	1	2
酢浆草科	红花酢浆草＊（*Oxalis corymbosa*）	1	1
大戟科	斑地锦＊（*Euphorbia maculata*）	1	1
豆科	刺槐＊＊（*Robinia pseudoacacia*）、紫苜蓿＊（*Medicago sativa*）	3	3
锦葵科	野西瓜苗＊（*Hibiscus trionum*）	1	1
漆树科	火炬树＊（*Rhus typhina*）	1	1
桑科	大麻＊（*Cannabis sativa*）	1	1
商陆科	垂序商陆（*Phytolacca americana*）	1	1
十字花科	北美独行菜＊（*Lepidium virginicum*）	1	1
茄科	曼陀罗＊（*Datura stramonium*）	1	1
葡萄科	五叶地锦＊＊（*Parthenocissus quinquefolia*）	1	1
总计	—	25	32

注：未标注为截止到2016年环保部中国外来入侵物种名单中的植物；＊为学术界认可的入侵种；＊＊为争议种。

2.2 远郊平原区人工林地中入侵植物季节性分布特征

北京市远郊区平原造林春季出现的入侵植物共5种，分别为：北美独行、多花黑麦草、圆叶牵牛、苦苣菜、红花酢浆草（*Oxalis corymbosa*），占春季出现的野生型外来植物的71.43%；夏季出现入侵植物22种，占外来植物总数的53.33%，例如，反枝苋（*Amaranthus retroflexus*）、圆叶牵牛（*Pharbitis purpurea*）、牵牛（*Pharbitis nil*）、鬼针草（*Bidens pilosa*）、假高粱（*Sorghum halepense*）等。其中优势度较高的物种有反枝苋、圆叶牵牛、牵牛、鬼针草，圆叶牵牛和反枝苋的出现频率在60%以上；秋季出现入侵植物11种，占外来植物总数的24.44%，例如，圆叶牵牛、牛膝菊（*Galinsoga parviflora*）、反枝苋、鬼针草等。优势度较高的物种有圆叶牵牛、牛膝菊、反枝苋、鬼针草。

平原造林入侵植物出现种数在季节上的分布表现为夏季>秋季>春季。夏季野生型外来植物种类最多，分布更加广泛，且多为入侵植物，呈现出较为显著的入侵现象。在春、夏、秋3个季节均出现的入侵植物分别为圆叶牵牛、红花酢浆草、多花黑麦草（*Lolium multiflorum*）、苦苣菜（图1）。

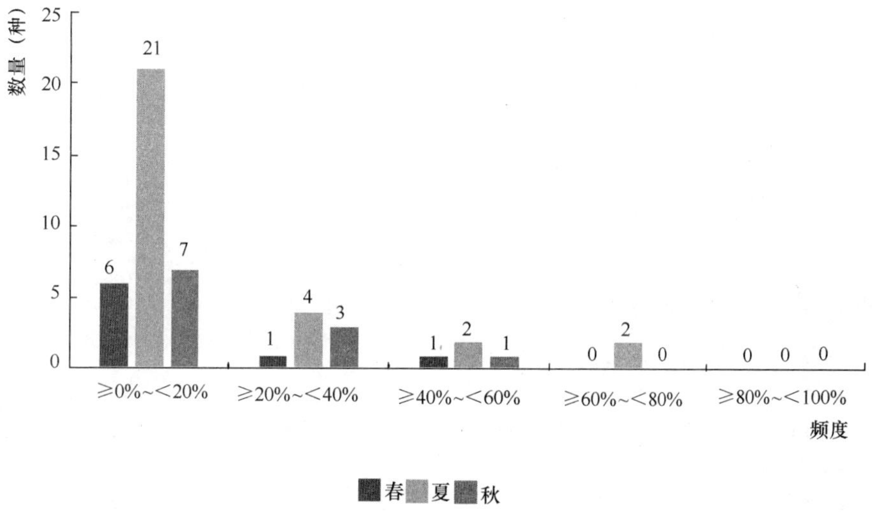

图1　北京市远郊平原区人工林中入侵植物各季节出现频度分布图

2.3 远郊平原区人工林地中入侵植物分布的影响因素与风险评估研究

外来植物入侵是由众多自然因素和社会经济因素共同作用的结果，其过程包括引进、建立种群、扩散和爆发以及产生危害。入侵风险主要来自4个方面：植物自身因素、生态环境因素、人为因素和入侵后果。植物自身因素是外来植物本身具备的有利于入侵的生物学和生态学特性，如很强的繁殖能力、传播能力等固有的特性以及对环境改变的适应能力。生态环境因素是适合外来植物入侵的各种生物和非生物因素，人为因素是人类活动对外来植物入侵产生的影响，由于平原造林工程的实行，北京地区森林面积在波动中持续增加，但林地的总体质量水平却有所下降，林地破碎化程度高，北京植物景观的这种恢复过程可能也给外来入侵种的生长带来了有利条件。入侵后果表现为外来植物入侵对经济、生态环境以及人类健康的影响[4]。

因此，本研究根据外来植物入侵的过程及风险来源，参考丁晖的外来入侵植物风险评估指标体系[4]，对北京市远郊区平原地区人工林中的32种入侵植物进行风险等级评估（表2）。研究表明北京市远郊平原地区人工林中存在4种特别危险的入侵植物，包括反枝苋、鬼针草、意大利苍耳、豚草等；13种植物为高度危险，例如红花酢浆草、火炬树、牛膝菊等；9种植物一般危险，例如刺槐、苋；6种植物为低度危险，例如孔雀草、紫苜蓿（*Medicago sativa*）、土荆芥（*Chenopodium ambrosioides*）等。

北京市远郊平原区人工林中入侵植物风险评价　　表2

风险等级	植物种类
特别危险	反枝苋、鬼针草、意大利苍耳、豚草
高度危险	红花酢浆草、**火炬树**、牛膝菊、一年蓬、小蓬草、绿穗苋、皱果苋、凹头苋、垂序商陆、圆叶牵牛、牵牛、大麻、土荆芥
一般危险	**刺槐**、苋、斑地锦、北美独行菜、刺苋、合被苋、多花黑麦草、假高粱、野西瓜苗
低度危险	**孔雀草**、紫苜蓿、**五叶地锦**、曼陀罗、**野牛草**、苦苣菜

注：加粗为引进的园林栽培植物。

3 结论与讨论

3.1 北京市远郊平原区人工林地中入侵植物物种特征与分布格局

外来植物中入侵种共计32种，其中有入侵倾向物种的科排名前三位为菊科（8种）、苋科（7种）、豆科（3

种）。从前人的研究结果来看，彭程等依据2002年国家环境保护部发布的入侵植物名录和中国外来入侵物种数（http：//www.biodiv.org.cn/ias/），确定北京地区入侵植物为28种[5]，以菊科、豆科和苋科植物居多，均为草本植物。闫晓玲等基于文献初步整理出中国外来入侵植物670余种，其中以菊科、豆科、禾本科和茄科的入侵植物种数较多[6]。张帅等研究表明，目前我国已知的入侵植物至少有282种，其中菊科（67种）、禾本科（32种）、豆科（29种）、苋科（23种）和旋花科（13种）是我国境内入侵植物种类分布最为丰富的5科[7]。本研究中对入侵种的界定与上述研究相同，在入侵植物种类组成的研究上，除去时间上的变化带来的数量差异外，对于入侵种分布较高的科结论一致。因此，对外来植物的引进或检疫过程中，应特别注意上述几科植物。

入侵植物数量与种类的季节性分布格局为夏季＞秋季＞春季，在春、夏、秋三个季节均出现的入侵植物有4种，分别为圆叶牵牛、红花酢浆草、多花黑麦草、苦苣菜。因此，夏季应当是监控与防治外来植物入侵的重点季节。

3.2 北京市远郊平原区人工林地入侵植物应对策略

本研究综合入侵等级与观赏价值两方面因素提出入侵植物的防治或应用策略。在远郊平原区的人工林中，以园林观赏为目的引入的物种数量为5种。其中，火炬树在人工林环境中形成栽培逸生现象，以野生状态存在，具有一定的入侵性。因此，建议减少其应用数量，对于已栽培该植物的区域应当在日常养护管理下，限制在一定可控范围内。例如刺槐、孔雀草、五叶地锦、野牛草属于风景园林设计中常用的外来栽培植物，具有较强的抗逆性与较好的景观效果，实践证明在日常养护管理条件下，限制在一定可控范围内，对其他物种及种群的入侵性很低。

针对野生外来植物建议采用分级分类的管护措施。其中4种特别危险的入侵植物采用一定生物化学方法清除，应严格实施检疫，限制其传输；12种高度危险的植物，风险较大，建议舍弃其观赏价值，应该进行检疫或限制；8种一般危险的植物，可能有一定潜在风险，有待长期持续观察和研究。其中，野西瓜苗夏秋可观花，具有一定观赏价值，可进一步观察其入侵性；3种低度危险的植物中紫苜蓿与曼陀罗夏秋季可观其紫花，苦苣菜花期长，均具有一定的园林景观价值，在目前远郊平原地区人工林环境中可暂时不进行处理，需要长期监测。

因此，建议在未来平原区人工林建造中增加乡土草本植物的应用，提高群落抵抗外来植物入侵的能力；适量应用外来植物，防止其迅速扩散蔓延成为入侵种。随着智慧园林时代的来临，建立外来物种数据库，完善风险评估体系，对具有入侵风险的外来植物进行长时间跟踪研究，以保障城市生态系统安全。

参考文献

[1] 彭羽，刘雪华．城市化对植物多样性影响的研究进展[J]．生物多样性，2007(05)：558-562.

[2] 何家庆．外来植物及生态学影响[J]．科学，2008(3)：27-29.

[3] 杨景成，王光美，姜闯道，等．城市化影响下北京市外来入侵植物特征及其分布．生态环境学报[J]，2009，18(5)：1857-186.

[4] 丁晖，石碧清，徐海根．外来物种风险评估指标体系和评估方法[J]．生态与农村环境学报，2006(02)：92-96.

[5] 彭程．北京外来植物地理分布及其影响因子研究[D]．北京：北京林业大学，2010.

[6] 闫晓玲，寿海洋，马金双．中国外来入侵植物研究现状及存在的问题[J]．植物分类与资源学报，2012，(03)：287-313.

[7] 张帅，郭水良，管铭，等．我国入侵植物多样性的区域分异及其影响因素——以74个地区数据为基础[J]．生态学报，2010，30(16)：4241-4256.

[8] 王苏铭．北京地区外来入侵植物种类、分布格局及其影响因素研究[D]．北京：北京林业大学，2012.

作者简介

李坤，1994年生，女，汉族，内蒙古人，北京林业大学园林学院在读硕士研究生。研究方向：园林植物应用与园林生态。电子邮箱：kunecho@icloud.com。

郭加，1993年生，女，汉族，山西人，北京林业大学园林学院在读博士研究生。研究方向：切花采后生理与保鲜技术。电子邮箱：guojia9393@163.com。

董丽，1965年生，女，汉族，山西人，博士，北京林业大学园林学院副院长、植物景观规划与设计教研室主任、教授、博士生导师。研究方向：园林植物景观规划与设计。电子邮箱：dongli@bjfu.edu.cn。

基于有害生物及其天敌发生规律的蜜粉源植物群落构建研究①

Construction of Insectary Plant Community Based on Occurrence Regularity of Pests and Natural Enemies

任斌斌　王建红　李　广　车少臣

摘　要：蜜粉源植物对有害生物天敌具有诱集效应，科学构建蜜粉源植物群落能够激活绿地内部自我调控机制，有效发挥生防功能。以油松、元宝枫、栾树为目标植物，基于刺吸害虫与天敌动态发生时序，提出以保育式生物防治为目标的蜜粉源植物群落构建方法与模式。结果表明：植物种类、刺吸害虫、天敌类群及时间动态之间存在极显著相关关系；在无干扰状态下，刺吸害虫以蚜虫为主，种群发生高峰为4月下旬，可在天敌或高温作用下发生崩溃；瓢虫、草蛉、食蚜蝇和寄生蜂为天敌主要类群，各种群发生高峰有所差异，但在5月下旬～6月中旬有时间重叠，稍滞后于蚜虫种群高峰时间；基于食物链结构，为保证补充营养食物资源连续性，将不同花期与诱集效应的蜜粉源植物合理配置于目标植物周围，是进行生防型植物群落构建的基本方法，由此形成的群落模式可供绿地推广使用。

关键词：蜜粉源植物；有害生物；天敌昆虫；群落构建；保育式生物防治

Abstract: Insectary plants play a role in attracting effect on natural enemies of pests, and the scientific construction of insectary plant community can activate the internal self-regulation mechanism of open green space and effectively play the function of biocontrol. Taking Pinus tabuliformis, Acer truncatum, and Koelreuteria paniculata as the target plants, based on the dynamic time sequence of the sucking pests and their natural enemies, this paper puts forward the method and models of insectary plant community construction used in conservation biological control. The results shows that there is a significant correlation between plant species, sucking pest species, natural enemy group and dynamic time. If there is no interference, aphids are the main sucking pests and its population peak is in late April, which may collapse under the action of natural enemies or high temperature. As the main natural enemies, Ladybugs, Lacewing flies, hoverflies and parasitic wasps have different population peak time, while have time overlap from late May to middle June lagging behind the aphids population peak time. Based on the food chain structure, in order to ensure the continuity of food resources, reasonable planting insectary plants with different florescence and trapping effect around the target plants is the basic method of bio-control type plant community construction and the community models are worth spreading in landscape architecture field.

Keyword: Insectary Plant; Pest; Natural Enemy Insect; Community Construction; Conservation Biological Control

引言

城市绿地生态系统作为人工开放系统，自我调控能力相对较弱，加之新优奇特植物的广泛应用、不严格的植物检疫、不合理的化学用药以及不科学的植物景观设计，进一步造成了城市绿地生态系统失衡，致使园林有害生物防治陷入“越打药，虫害发生越重，虫害发生越重，打药越重”的恶性循环中。

当前，生态环境保护与生态系统维护已成为全球共识，面对化学农药带来的环境与生态系统压力，生物防治成为解决问题的根本途径。其中，保育式生物防治主要通过改善天敌生存、繁衍、栖息和觅食等生态环境措施来提高绿地中自然天敌控害效果，不仅能够将有害生物控制在较低水平，而且能够提高城市绿地生物多样性，激活绿地内部自我调控机制，促进生态系统平衡，是最有效和最安全的生物防治方法。其常用措施包括提供蜜粉源植物、天敌栖息场所、人工食物以及提高植物多样性等方面。其中，蜜粉源植物（Insectary Plant）是指有目的地引入生态系统中并能够为有害生物天敌提供花粉、花蜜等食物资源的植物。研究表明，多数寄生性和捕食性天敌昆虫成虫具有通过取食非寄主食物来补充营养的习性[1]，天敌昆虫通过补充营养能够显著延长其成虫寿命[2-5]，促进生殖系统发育[6-8]，甚至一些天敌昆虫不经过补充营养阶段就不能达到性成熟[9]。在目标害虫周围合理配置蜜粉源植物，可显著提高目标害虫天敌昆虫的控害能力[10]。整体而言，国外研究在农田系统领域已经发展到相对成熟的阶段，但针对城市绿地系统的相关研究较少。而国内除本研究团队已经开展的部分研究外[10-12]，该领域研究尚属空白。本文以油松、元宝枫、栾树为目标植物，基于刺吸害虫与天敌动态发生时序，充分考虑补充营养食物资源连续性，对蜜粉源植物群落构建方法与模式进行研究，以期为安全的绿地虫害管理和科学的植物景观设计提供新思路。

① 基金项目：北京市科技计划课题“北京通州区生态绿化城市建设关键技术集成研究”（编号 D171100001817001）资助。

1 研究方法

1.1 试验地概况

样地位于北京市海淀区四季青镇北坞路与闵庄路交叉口西北侧绿地（116°16’03”N，39°58’50”E），乔木种类丰富，灌木种类较少，草本地被植物多为野生杂草（表1），绿地内管理粗放，基本不施用化学农药，仅于2015年4月28日施用高效氯氟氰菊酯防治刺吸害虫蚜虫1次。

样地植物概况　表1

类别	乔木层		灌木层		地被层	
	优势种	其他	优势种	其他	优势种	其他
种类	油松、元宝枫、栾树	银杏、白皮松、桑树、悬铃木、雪松、圆柏、白蜡、青杆、刺槐、臭椿、国槐、构树、紫玉兰	碧桃	紫荆、榆叶梅、棣棠、连翘	抱茎苦荬菜、二月兰	益母草、蒲公英、泥胡菜、狗尾草、紫花地丁、马唐等

1.2 刺吸害虫及天敌调查与分析方法

分别以绿地骨干树种油松、元宝枫、栾树为研究对象，采用“之”字形抽样的方法各随机抽取3株，于每株植物的东南西北四个方向各随机抽取一根枝条，在其下悬挂1块黄板（25×40cm，两面着胶，北京中捷四方生物科技股份有限公司生产），共计36块，每隔14d对黄板及枝条上的刺吸害虫及其天敌进行调查，分别记录种名与数量，并更换黄板。调查时间为2014年4月24日～11月6日、2015年3月28日～10月30日。

采用方差分析方法检验植物种类、时间、方向对刺吸害虫及天敌类群数量的影响，分析刺吸害虫及其天敌类群的动态发生时序。

1.3 蜜粉源植物群落构建方法

依据刺吸害虫及其天敌发生规律，结合研究团队已有研究基础（表2、表3）[11-12]，分别以油松、元宝枫、栾树为目标树种，科学选择与配置蜜粉源植物，并遵循以下方法进行蜜粉源植物群落构建。

木本植物植物花期时诱集的天敌种类与强度　表2

天敌种类	食性强度	植物名称
食蚜蝇	喜食	山茱萸、椴属、蔷薇、丝棉木
	一般	迎春
寄生蜂	嗜食	紫叶李、碧桃、榆叶梅
	喜食	山茱萸、连翘、丝棉木、三桠绣线菊
瓢虫	嗜食	椴属、丰花月季
	一般	丝棉木、山茱萸
草蛉	嗜食	山茱萸、连翘、丝棉木
	喜食	椴属、华北珍珠梅、二乔玉兰
	一般	紫叶李

草本植物花期时诱集的天敌种类与强度　表3

天敌种类	食性强度	植物名称
食蚜蝇	嗜食	欧防风、刺芹、甘野菊、抱茎苦荬菜
	喜食	蛇鞭菊、地榆、蓍草、荆芥、薄荷、虎杖、八宝景天、硕葱
	一般	蒲公英、金鸡菊、加拿大一枝黄花、毛蕊花、红蓼、三七景天、德国景天、花葱、麦冬
寄生蜂	喜食	欧防风
	一般	刺芹
瓢虫	一般	欧防风、刺芹
草蛉	喜食	荆芥

（1）依据目标树种刺吸害虫发生规律，确定目标虫害。

（2）依据目标树种刺吸害虫天敌发生规律，确定优势天敌。

（3）为获得长期、持续的诱集作用，便于天敌及时获得充足的补充营养食物，依据目标害虫及其天敌动态发生时序，参照蜜粉源植物诱集效应特征，进行食物链结构与天敌补充营养食物资源连续性分析，筛选蜜粉源植物。

（4）为实现良好的生防效果，优势蜜粉源植物宜成片配置于目标植物周围，并植于林缘。同时，可适当考虑天敌栖息植物的应用。

2 结果与分析

2.1 刺吸害虫及其天敌类群物种组成

样地有害生物及其天敌如表4所示，共计刺吸害虫8种，以蚜虫类为主；其天敌共计27种，以瓢虫、草蛉、食蚜蝇和寄生蜂类为主。

样地有害生物及其天敌类群　　表 4

植物种类	刺吸害虫	天敌
油松	居松长足大蚜、油松长大蚜、油松球蚜、针叶小爪螨	异色瓢虫、龟纹瓢虫、红点唇瓢虫、多异瓢虫、菱斑巧瓢虫、梯斑巧瓢虫、七星瓢虫、十四星裸瓢虫、红环瓢虫、隐斑瓢虫、黑缘红瓢虫、中华通草蛉、叶色草蛉、大草蛉、丽草蛉、黑带食蚜蝇、大灰后食蚜蝇、斜斑鼓额食蚜蝇、刻点小蚜蝇、印度细腹蚜蝇、连带细腹食蚜蝇、蚜小蜂科、蚜茧蜂科、捕食螨
元宝枫	京枫多态毛蚜、透翅疏广蜡蝉、缘纹广翅蜡蝉	
栾树	栾多态毛蚜、山楂叶螨	

2.2　刺吸害虫及其天敌类群发生时序动态

2.2.1　刺吸害虫发生时序动态

枝条上刺吸害虫的方差分析结果显示，植物种类、刺吸害虫种类及时间之间差异极显著［$P<0.001$，$P<0.001$，$P<0.001$（2014）；$P<0.001$，$P<0.001$，$P<0.001$（2015）］，但方向间均不显著［$P=0.554$（2014）；$P=0.387$（2015）］。

如图 1、图 2 所示，绿地中京枫多态毛蚜、栾多态毛蚜、居松长足大蚜等蚜虫种群均可在天敌或夏季高温作用下自然崩溃。3 种蚜虫由于 2014 年春夏季没有施药防治，其发生高峰期位于 4 月下旬，随后在天敌的作用下（图 3～图 6），蚜虫种群迅速崩溃，且无反弹。2015 年 4 月 28 日施药后，曾暂时降低了蚜虫的种群数量，但也大量杀死了天敌（图 7～图 10），停用农药后，京枫多态毛蚜与栾多态毛蚜的种群数量在短期内很快恢复，于 5 月中旬达到最高峰，且高峰期比 2014 年推后 20d 左右，随后由于 2015 年 5 月 20 日～28 日，北京连续 9d 最高温达 30℃以上，显著降低了蚜虫的繁殖能力，使京枫多态毛蚜与栾多态毛蚜种群数量急剧降低，并在随后聚集天敌的作用下崩溃。

叶蝉类与螨类刺吸害虫从 3 月底～8 月底虽有一定的种群数量，但未爆发。

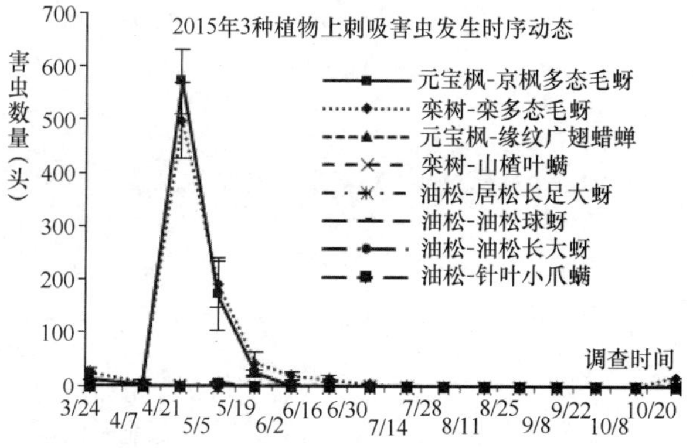

图 1　2014 年刺吸害虫发生时序动态

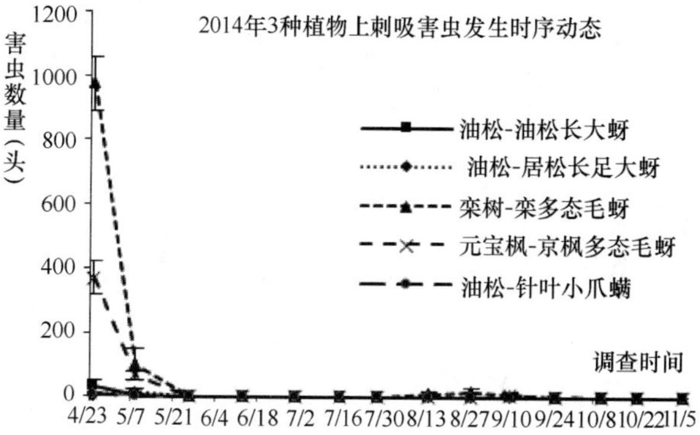

图 2　2015 年刺吸害虫发生时序动态

2.2.2　天敌类群发生时序动态

对绿地中天敌的方差分析结果显示，两年中植物种类、天敌种类和时间之间差异极显著（$P<0.001$，$P<0.001$，$P<0.001$；$P<0.001$，$P<0.001$，$P<0.001$），但方向之间均无显著差异（$P=0.455$，$P=0.412$），植物与天敌种类间的交互作用极显著（$P<0.001$，$P<0.001$），故将不同方向数据视为重复。

如图 3～图 10 可见，绿地中数量最多的天敌类群为瓢虫类，其次为草蛉类，食蚜蝇类和寄生蜂类相对较少。其中，瓢虫类的数量 5 月下旬～7 月上旬最多，草蛉类在 5 月前有一定的数量，但从 6 月中旬后数量一直维持在较高水平，食蚜蝇类在 3 月底 4 月初、5 月中旬～6 月中旬数量最多，其他时间极少，寄生蜂类有 2 个数量发生高峰，分别为 5 月中旬～6 月中旬以及 9 月中下旬。另外，元宝枫与草蛉种群数量关系密切，经观察验证，可能是草蛉的栖息植物。

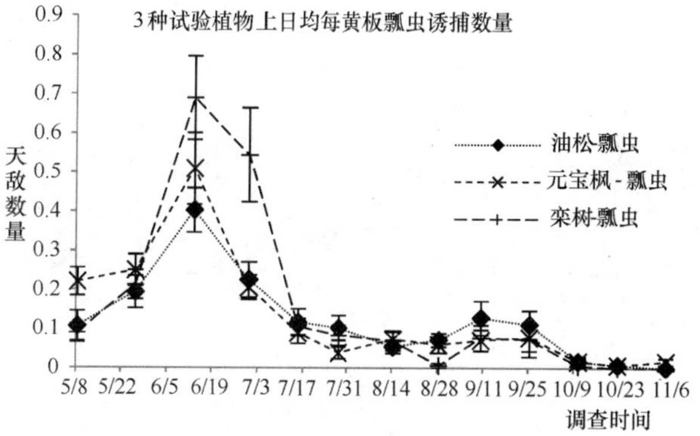

图 3　2014 年瓢虫类发生时序动态

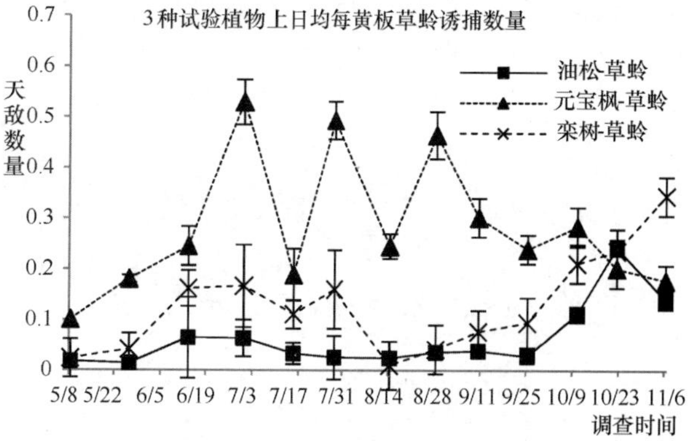

图 4　2014 年草蛉类发生时序动态

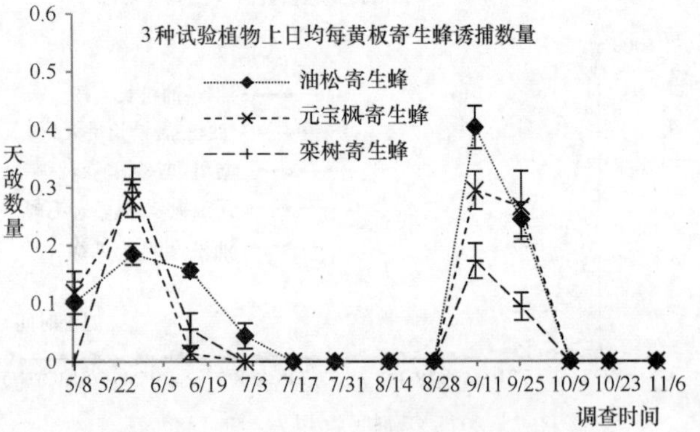

图 5　2014 年寄生蜂类发生时序动态

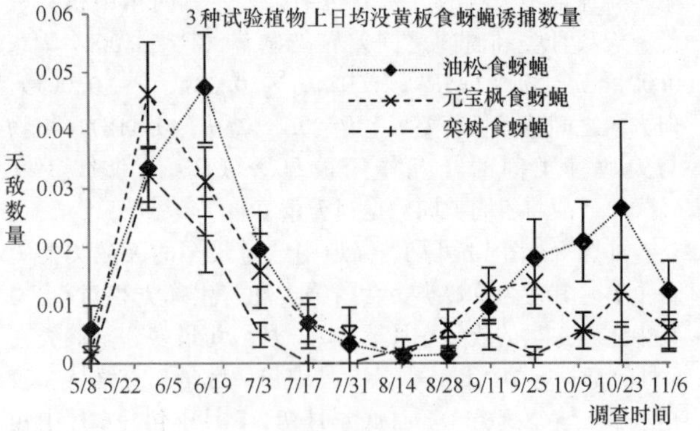

图 6　2014 年食蚜蝇蜂类发生时序动态

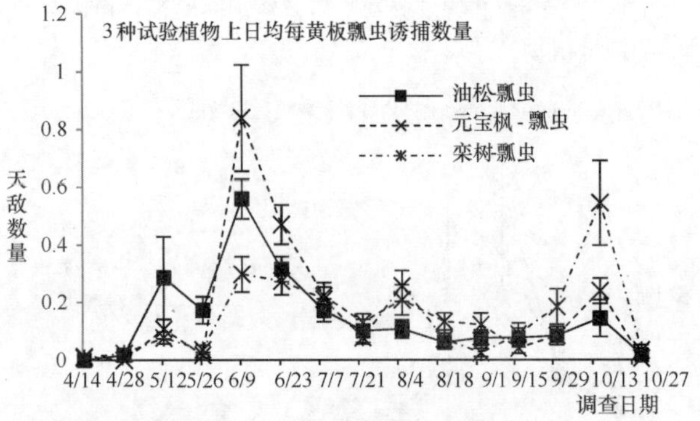

图 7　2015 年瓢虫类发生时序动态

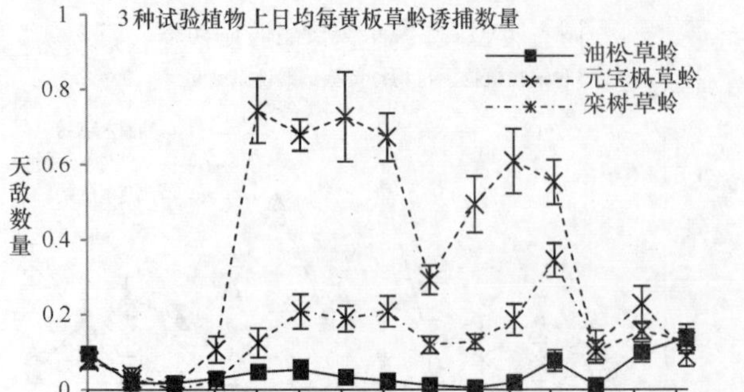

图 8　2015 年草蛉类发生时序动态

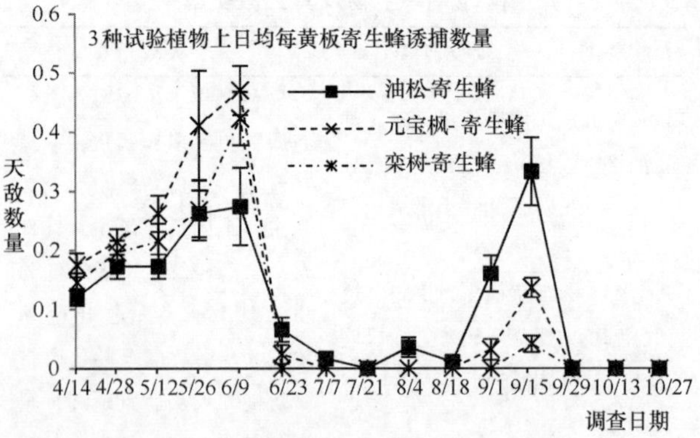

图 9　2015 年寄生蜂类发生时序动态

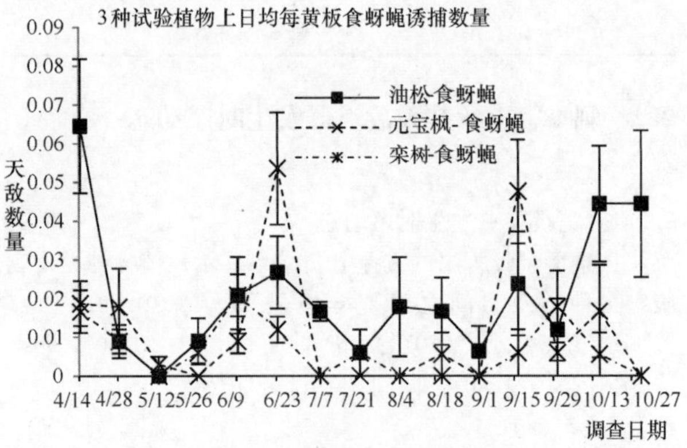

图 10　2015 年食蚜蝇类发生时序动态

对比刺吸害虫及其天敌发生时序动态可以发现，食蚜蝇、瓢虫、草蛉和寄生蜂的数量发生高峰于 5 月下旬～6 月中旬有时间重叠，稍滞后于各类蚜虫发生高峰时间。其原因可能是在此时间段内，各类蚜虫的数量达到最大值之后，对于各类天敌的招引效应也达到最大，繁殖速度增加，其种群数量会随之在稍后时间得以增长并达到最大。伴随高温对于蚜虫的生殖抑制，在被天敌捕食之后，蚜虫种群数量减少，进而引起各类天敌食物资源减少，大部分天敌会因缺乏食物资源而死亡，也有部分天敌会通过其他途径获取补充营养食物而使生命得以延续。

2.3　蜜粉源植物群落构建

分别以油松、元宝枫和栾树为目标植物，依据其有害生物及其天敌动态发生时序特征，采用蜜粉源植物群落构建方法，依次确定目标有害生物及其优势天敌，筛选蜜粉源植物、构建蜜粉源群落（表 5）。

2.3.1　油松群落

（1）目标害虫与优势天敌确定

以油松为目标植物，确定其目标虫害主要为居松长足大蚜和油松长大蚜，其优势天敌为瓢虫和食蚜蝇。其中，食蚜蝇出蛰较早，是早春蚜虫的主要天敌；瓢虫是夏初蚜虫的主要天敌。

（2）蜜粉源植物筛选

基于蚜虫优势天敌补充营养需要，在蜜粉源植物选择中应充分考虑早春未出现蚜虫等食物资源前用以诱集食蚜蝇的补充营养植物，夏季和秋季应充分考虑在蚜虫种群高温崩溃后，用以维持食蚜蝇和瓢虫生命的补充营养植物。同时，为获得长期、持续的诱集作用，便于天敌昆虫及时获得充足的补充营养食物，还应充分考虑蜜粉源植物特别是夏、秋季开花植物的花期连续性。因此，依据项目组已有研究结果，选择蜜粉源植物为：蒙椴、丝棉木、山茱萸、欧防风和现代月季。

基于不同目标植物的蜜粉源植物选择与群落构建 **表 5**

编号	目标植物	刺吸害虫	优势天敌	蜜粉源植物		植物群落结构
				种类	备注	
1	油松	居松长足大蚜、油松长大蚜	瓢虫、食蚜蝇	蒙椴	夏季开花；诱集食蚜蝇、瓢虫	油松＋蒙椴＋丝棉木—山茱萸＋现代月季—欧防风＋甘野菊
				丝棉木	晚春开花；诱集食蚜蝇	
				山茱萸	早春开花；诱集食蚜蝇	
				现代月季	三季开花；诱集瓢虫	
				欧防风	夏季开花；诱集食蚜蝇	
				甘野菊	秋季开花；诱集食蚜蝇	
2	元宝枫	京枫多态毛蚜	草蛉、瓢虫	蒙椴	夏季开花；诱集草蛉、瓢虫	元宝枫＋蒙椴＋丝棉木＋栾树*—山茱萸＋连翘＋华北珍珠梅＋现代月季—荆芥
				丝棉木	晚春开花；诱集草蛉	
				山茱萸	早春开花；诱集草蛉、食蚜蝇	
				连翘	春季开花；诱集草蛉	
				华北珍珠梅	夏季开花；诱集草蛉	
				现代月季	三季开花；诱集瓢虫	
				荆芥	夏、秋季开花；诱集草蛉	
3	栾树	栾多态毛蚜	瓢虫、草蛉	同“元宝枫”	同“元宝枫”	栾树＋蒙椴＋丝棉木＋元宝枫*—山茱萸＋连翘＋华北珍珠梅＋现代月季—荆芥

注：栾树群落中元宝枫是草蛉夏季栖息植物；元宝枫群落中栾树是草蛉越冬场所植物，非蜜粉源植物。

（3）蜜粉源植物群落构建

参照蜜粉源植物群落构建方法，形成“油松＋蒙椴＋丝棉木—山茱萸＋现代月季—甘野菊＋欧防风”基本结构。以油松为群落骨干树种，选择蒙椴与丝棉木为乔木层蜜粉源植物。其中，蒙椴与油松混植，其花期6～7月，能够在蚜虫种群高温崩溃后为食蚜蝇和瓢虫类天敌提供补充营养食物；丝棉木在林缘作点缀，其花期4～5月，能够在春季丰富食蚜蝇类天敌的食物资源。小乔木和灌木层以山茱萸为主体，其花期3～4月，是北京早春重要的开花植物，对于出蛰较早的食蚜蝇具有极强的诱集效应；现代月季可作为花带植于林缘，能够为瓢虫类提供三季补充营养食物。下层地被以甘野菊为主体，其花开晚秋，是食蚜蝇类的重要补充营养植物；欧防风花开夏季，对食蚜蝇和瓢虫类天敌均具有极强的诱集效应，可形成花带植于林中或林缘。另外，为提高群落生物多样性与景观丰富性，可根据基址条件，适当增加连翘、华北珍珠梅等具有天敌诱集效应的其他园林植物。

2.3.2 元宝枫群落

（1）目标害虫与优势天敌确定

以元宝枫为目标植物，确定其目标虫害主要为京枫多态毛蚜，其优势天敌为草蛉和瓢虫。

（2）蜜粉源植物筛选

综合京枫多态毛蚜及其优势天敌草蛉与瓢虫的发生时序动态，以及元宝枫作为草蛉的栖息植物，选择蜜粉源植物为：蒙椴、丝棉木、山茱萸、连翘、华北珍珠梅、现代月季、荆芥。

（3）蜜粉源植物群落构建

参照蜜粉源植物群落构建方法，形成“元宝枫＋蒙椴＋丝棉木＋栾树—山茱萸＋连翘＋华北珍珠梅＋现代月季—荆芥”基本结构。以油松为群落骨干树种，蒙椴作为蜜粉源植物与其混植，林缘点缀丝棉木与栾树。小乔木和灌木层以山茱萸为主体，对于出蛰较早的草蛉具有极强的诱集效应；林缘适当点缀连翘与华北珍珠梅，两者分别是春季与夏季的草蛉补充营养植物；现代月季可形成花带植于林缘。下层地被以荆芥为主体，其花期7～9月，是草蛉的重要补充营养植物。此外，本项目组已有研究结果表明，栾树的硕果能够在冬季为草蛉提供安全越冬场所，对次年草蛉的繁殖具有重要作用。

2.3.3 栾树群落

（1）目标害虫与优势天敌确定

以栾树为目标植物，确定其目标虫害主要为栾多态毛蚜，其优势天敌为瓢虫和草蛉。

（2）植物筛选

综合而言，栾树主要刺吸害虫及其优势天敌发生规律与元宝枫相似，同时，栾树可为草蛉提供越冬场所。因此，蜜粉源植物选择与元宝枫群落相同。

（3）植物群落构建

群落构建与栾树群落相似，元宝枫作适当点缀。

3 结论与讨论

3.1 结论

（1）对油松、元宝枫及栾树3种植物的刺吸害虫及其天敌发生动态时序连续两年进行观测与分析，结果显示，植物种类、刺吸害虫、天敌类群以及时间动态之间存在极显著相关关系。

（2）在无干扰状态下，3种植物刺吸害虫均以蚜虫为主，种群发生高峰为4月下旬，可在天敌或高温作用下出现种群崩溃。

（3）天敌类群以瓢虫、草蛉、食蚜蝇及寄生蜂为主。其中，瓢虫发生高峰为5月下旬～7月上旬；草蛉发生高峰为6月中旬～11月初；食蚜蝇发生高峰为3月底～4月初以及5月中旬～6月中旬；寄生蜂发生高峰为5月中旬～6月中旬以及9月中下旬。4类天敌发生高峰于5月下旬～6月中旬有时间重叠，稍滞后于各类蚜虫发生高峰时间。

（4）基于食物链结构，充分考虑补充营养食物资源连续性，将不同花期与不同诱集效应的蜜粉源植物合理配置于目标植物周围，是进行生防型植物群落构建的基本方法。分别以油松、元宝枫、栾树为目标树种，结合研究团队关于蜜粉源植物研究成果，由此形成3种群落模式可供城市绿地推广使用。

3.2 讨论

（1）关于绿地有害生物

近年来，城市绿地有害生物呈现出种类不断增多、数量居高不下的特点。就北京地区而言，刺吸害虫由于适生范围广、出蛰早、个体小以及繁殖速度快等特点，目前已成为绿地有害生物的优势种群，其化学农药使用量达到防治害虫用药量的60%以上。因此，若能优先采用生物防治方法实现刺吸害虫的有效控制，对于扭转绿地生态系统恶性循环状态、激活系统内部自我调控机制具有重要作用。本研究针对北京城市绿地特点，选择3种常用树种进行了持续观测与系统研究，未来还将持续对其他植物的有害生物及其天敌发生规律开展相关研究。

（2）关于蜜粉源植物

由于国内外植物区系、昆虫区系及生态系统差异较大，国外已有成果无法直接应用于国内，因此，欲要开展蜜粉源植物相关研究，需结合我国具体情况而展开。目前，研究团队已筛选出部分蜜粉源植物材料，但数量偏少，其中的部分植物种类如欧防风、刺芹等虽具有较好的诱集效应，但不属于常用园林植物，苗源与种源匮乏，对于推广和实践工作不利。基于此，研究团队将在此基础上进一步扩展蜜粉源植物数据库，并将偏重于乡土园林植物的研究工作。

（3）关于蜜粉源植物群落构建方法与模式的实践

以提供蜜粉源植物的方式进行保育式生物防治在国外也已有成功的案例，但在国内尚属空白。目前，研究团队已在北京市园林科学研究院内进行了示范与控害效果监测，以此验证研究成果在绿地建设实践中的可行性与有效性，至今已经10月有余，目前控害效果良好，除在春季短暂发生过蚜虫危害外，其他时段有害生物控制在较低水平。基于此，在完成1年的动态监测后，将在城市绿地特别是郊野公园、防护绿地中推广使用。

（4）关于保育式生物防治技术

保育式生物防治技术涉及提供蜜粉源植物、天敌栖息场所、人工食物以及提高植物多样性等。目前本团队仅对提供蜜粉源植物进行了系列研究，未来亟待开展其他方面的相关研究。其中，天敌栖息场所营建方面，应至少涉及多孔隙空间的营造、人工栖息场所投放、自然栖息场所设置与保护等内容。另外，植物多样性对昆虫多样性和生物链结构产生的影响也不容忽视

参考文献

[1] Wäckers F L, van Rijn P C J, Heimpel GE. Honeydew as a food source for natural enemies: making the best of a bad meal? Biol. Control, 2008, 45: 176-184.

[2] Irvin N A, Hoddle M S, Castle S J. The effect of resource provisioning and sugar composition of foods on longevity of three Gonatocerus spp., egg parasitoids of Homalodisca vitripennis. Biol. Control, 2007, 40: 69-79.

[3] Jervis M A, Kidd N A C, Heimpel G E. Parasitoid adult feeding behaviour and biocontrol-a review. Biocontrol News and Inform, 1996, 17: 11-26.

[4] Langoya L A, van Rijin P C J. The significance of floral resources for natural control of aphids. Proc. Neth. Entomol. Soc. Meet., 2008, 19: 67-74.

[5] Van Rijn C J P, Kooijman J, Wäckers F L. The impact of floral resources on syrphid performance and cabbage aphid biological control. IOBC/wprs Bulletin, 2006, 29 (6): 149-152.

[6] Ellis J A, Walter A D, Tooker J F, et al. Conservation biological control in urban landscapes: Manipulating parasitoids of bagworm (Lepidoptera: Psychidae) with flowering forbs. Biol Control, 2005, 34: 99-107.

[7] Lee J C, Heimpel G E. Impact of flowering buckwheat on Lepidopteran cabbage pests and their parasitoids at two spatial scales. Biological Control, 2005, 34: 290-301.

[8] Winkler K, Wäckers F L, Bukovinszkine K G, et al. Sugar resources are vital for Diadegma semiclausum fecundity under field conditions. Basic Appl Ecol. 2006, 7: 133-140.

[9] Thorpe W H, Caudle H B. A study of the olfactory responses of insect parasites to the food plant of their host. Parasitology, 1938, 30: 523-528.

[10] 王建红，仇兰芬，车少臣，等．蜜粉源植物对天敌昆虫的作用及其在生物防治中的应用[J]．应用昆虫学报[J]，2015，52(2)：289-299.

[11] 王建红，李广，仇兰芬等．北京园林花灌木对天敌昆虫成虫补充营养引诱作用的研究[J]．应用昆虫学报，2017，54(1)：126-134.

[12] 任斌斌，王建红，李广等．基于保育式生物防治的蜜粉源

植物调查与群落构建研究[J]. 中国园林，2018，34(1)：108-112.

作者简介

任斌斌，1982年生，女，山东青岛人，博士，北京市园林科学研究院园林绿地生态功能评价与调控技术北京市重点实验室，高级工程师，研究方向为园林生态与绿地生物多样性保育。电子邮箱：475196532@qq.com。

王建红，1970年生，男，山西人，硕士，北京市园林科学研究院园林绿地生态功能评价与调控技术北京市重点实验室，教授级高级工程师，研究方向为园林植保。

李广，1982年生，男，河北人，硕士，北京市园林科学研究院园林绿地生态功能评价与调控技术北京市重点实验室，助理工程师，研究方向为园林植保。

车少臣，1974年生，男，北京市园林科学研究院园林绿地生态功能评价与调控技术北京市重点实验室，高级工程师，研究方向为园林植物病虫害可持续控制。

湿地公园鸟类栖息地植物群落构建模式研究

Study on the Plant Community Construction Model of Bird Habitat in Wetland Park

叶静珽　杨　凡　包志毅

摘　要：湿地被誉为“地球之肾”。随着国家城市规模的不断扩张，城市及其周边越来越多的湿地被用作商业开发，城市湿地保护面临着巨大的挑战，同时鸟类的生存也面临着巨大的压力。本论文中涉及的湿地鸟类和植物以华东地区为例，通过大量的文献阅读，对华东地区湿地的主要鸟类和主要植物进行统计整理，分析适宜当地鸟类生存的植物群落，并总结适宜鸟类栖息的群落结构，提出能够吸引鸟类的植物群落构建模式。通过对鸟类栖息地植物群落的构建，扩大鸟类栖息地范围，增强植物群落的稳定性，从而维持湿地公园的生物多样性。

关键词：湿地；鸟类栖息地；植物群落

Abstract: Wetland is called “kidney of the earth”, With continuous improvement of city scale expanding, it has witnessed a larger destruction of wetlands for business development in recent years. Because of this, the most critical threat facing threatened birds life is the destruction and fragmentation of habitat. This paper, we conduct bird species and plant species of study at east China. Through numerous literature material, collecting the population of main birds and plants of wetland in east China. The plant communities that are suitable for local birds is analyzed. Through summarized plant community structure in which birds inhabit, and the model of plant community construction that can attract birds is proposed. Based on this, we research plant community structure, and especially construct palnt communities in birds food palnts and birds habitat plants, to expand the range of bird habitats, enhance the stability of plant communities and maintain wetland biodiversity.

Keyword: Wetland; Birds Habitate; Plant Community

引言

湿地是指天然的或人工的、永久的或暂时的沼泽地、泥炭地、水域地带，带有静止或流动、淡水或半咸水及咸水水体，包括低潮时水深不超过 6m 的海域[1]。湿地为众多野生动物提供食物来源和栖息地。而鸟类的多样性对城市湿地生态系统建设意义重大，构建适宜的鸟类栖息地是湿地保护中的重要内容[2-3]。

国家林业局于 2017 年 4 月印发《全国湿地保护“十三五”实施规划》，该规划内明确阐述当下湿地保护存在的主要问题是我国湿地每年以 500 万亩（1 亩 = 666.7m^2）速度锐减，且 70% 重要湿地受到污染、围垦等威胁影响，生态功能退化的趋势不断加剧，鸟类生境被不断蚕食，湿地生态状况不断下降[1]。总而言之，湿地面积锐减、湿地功能退化、湿地鸟类栖息地丧失、湿地生物多样性衰退等趋势如果不及时遏制，势必影响我国经济及生态的可持续发展。

1　湿地植物与鸟类之间的关系

植物和鸟类共同影响着湿地景观，这两种生物有着紧密的共生关系。在生态学中，共生是用来描述不同生物之间共同生活时的竞相作用[4]。比如植物以花、果实、种子、汁液、枝丫等形式为鸟类提供食源、筑巢空间以及栖息环境。对植物来说，鸟类有能帮助其传播花粉种子、消灭害虫害鼠等作用。

鸟类与植物的共生关系有利地协调两个物种之间的动态交互，构建鸟类栖息地植物群落对鸟类数量的维持和植物群落的稳定皆具意义。根据国外研究数据显示，每当有一种鸟类灭绝或消失，将有 90 种昆虫、35 种植物、2～3 种鱼类、0.5 种哺乳动物也将随之灭绝，在欧美国家，科学家们常以鸟类等野生动物来作为生态环境质量的指示剂，鸟类的数量和种类是生态效益的具体体现[5]。

2　鸟嗜植物

鸟嗜植物是指代能结出果实，并为鸟类提供食物的乔木、灌木和草本植物的总称[6]。鸟嗜植物的挂果期按时间先后，大致可分为三个时间段：①夏季；②秋季；③冬季至翌年春季（表 1）。

华东地区常见鸟嗜植物挂果期　　表 1

编号	时间段	主要植物科（属）
1	夏季	蔷薇科 Rosaceae 石楠属 *Photinia*、梨属 *Pyrus*、桃属 *Amygdalus*；杏属 *Armeniaca*、樱桃属 *Ceraras*、悬钩子属 *Rubus*；榆科 Ulmaceae 榆属 *Ulmus*；豆科 Leguminosae 黄檀属 *Dalbergia*、槐属 *Sophora*、决明属 *Cassia*、大豆属 *Glycine*；木兰科 Magnoliaceae 木兰属 *Magnolia*、含笑属 *Michelia*；葡萄科 Vitaceae 葡萄属 *Vitis*

续表

编号	时间段	主要植物科（属）
2	秋季	银杏科 Ginkgoaceae 银杏属 *Ginkgo*；樟科 Lauraceae 樟属 *Cinnamomum*、木姜子属 *Litsea*；葡萄科 Vitaceae 地锦属 *Parthenocissus*；木兰科 Magnoliaceae 鹅掌楸属 *Liriodendron*、木莲属 *Manglietia*；芸香科 Rutaceae 柑橘属 *Citrus*；松科 Pinaceae 松属 *Pinus*、雪松属 *Cedrus*；榆科 Ulmaceae 榉属 *Zelkova*、朴属 *Celtis*
3	冬季至翌年春季	无患子科 Sapindaceae 无患子属 *Sapindus*；木犀科 Oleaceae 木犀属 *Osmanthus*；冬青科 Aquifoliaceae 冬青属 *Ilex*；卫矛科 Celastraceae 卫矛属 *Euonymus*；柿树科 Ebenaceae 柿属 *Diospyros*；小檗科 Berberidaceae 小檗属 *Berberis*；杉科 Taxodiaceae 水杉属 *Metasequoia*、落羽杉属 *Taxodium*、杉木属 *Cunninghamia*

3 栖息植物

栖息地是指为鸟类提供栖息和停歇、提供安全繁衍的场所。栖息植物是指具有为鸟类提供栖息地的植物群落总称[7]。

营巢林是鸟类营巢和栖息的主要场所，鸟类对营巢树种的选择具有一定偏好，他们常根据自身体型大小选择适宜的树种，从乔木到灌木不等[8]。常绿树相比落叶树普遍较低矮，不益鸟类安全，所以鸟类进行营巢工作时较倾向选择落叶树种[9]。像红嘴蓝鹊、喜鹊、丝光椋鸟、白鹡等鸟类首选马尾松（*Pinus massoniana*）、湿地松（*Pinus elliottii*）、香樟（*Cinnamomum camphora*）、悬铃木（*Platanus acerifolia*）、喜树（*Camptotheca acuminata*）、水杉（*Metasequoia glyptostroboides*）等高大乔木；灰眶雀鹛、灰喉山椒鸟、金翅雀、暗绿绣眼鸟等喜欢活动于垂丝海棠（*Malus halliana*）、石榴、桂花（*Osmanthus fragrans*）等小乔木中；灌木类如迎春（*Jasminum nudiflorum*）、南天竹（*Nandina domestica*）、小叶女贞（*Ligustrum quihoui*）等，常是灰头鸦、麻雀、白头鹎、斑鸠、棕头鸦雀、白腰文鸟等鸟类选择的树种。因此，有针对性地构建植物群落可以招引相应鸟类前来栖息[10-12]。

4 植物群落构建

植物群落优先选用乡土树种，以保证群落的稳定性、生态性和持续性。在配置植物时需要根据不同鸟类的生活习性，科学合理配置大乔木、小乔木以及灌木种植的比例、数量，确保鸟类的食源，有助维持鸟类的种群稳定[13]。此外，单一种植某种植物可能会造成局部景观单调、生硬，解决这一问题可通过种植能够招蜂引蝶的蜜源植物或芳香植物吸引鸟虫，最终形成稳定、生物多样性高的植物群落结构[14-15]。

通常情况下，湿地公园内水鸟数量＞林鸟数量＞中间型鸟类数量。在此基础之上，根据华东地区湿地公园内常见鸟类生境类型及活动范围（表 2），适合构建的引鸟植物群落主要如下。

华东地区湿地公园内常见鸟类生境类型及活动范围 **表 2**

生境类型	活动范围	常见鸟类
林木类	乔木中上层	红嘴蓝鹊、喜鹊、黑尾蜡嘴、丝光椋鸟、白头鹎、斑鸠、灰喉山椒鸟、斑鸫、小太平鸟、红隼、黄眉柳莺、白鹭
	林缘及灌丛边缘	红头长尾山雀、红嘴蓝鹊、栗背短脚鹎、黑短脚鹎、大山雀、黄颊山雀、麻雀、喜鹊、暗绿绣眼鸟、乌鸫、斑鸫
	灌丛中间	树鹨、灰眶雀鹛、画眉、褐柳莺、栗背短脚鹎、绿翅短脚鹎、黑短脚鹎、棕头鸦雀、白腹鸫
湿地类	水体周围	小䴙䴘、凤头䴙䴘、普通鸬鹚、凤头潜鸭、普通秋沙鸭、普通翠鸟、鸳鸯、白鹡鸰、白鹭、池鹭、苍鹭、牛背鹭、黑鸢、灰头鸦、红尾水鸲
草地类	草地及河滩	树鹨、白鹡鸰、珠颈斑鸠、麻雀、乌鸫

4.1 林木类植物群落

林木类植物群落的构建主要通过对植物的垂直层进行分层改造。对上木层采取最大化地保留，并维持或者适当提高适合鸟类活动的林木郁闭度，适合用于上木层的良好树种有枫香（*Liquidambar formosana*）、悬铃木、银杏（*Ginkgo biloba*）、无患子（*Sapindus mukorossi*）、香樟等，这些树种冠幅大可以为丝光椋鸟、红嘴蓝鹊、白头鹎等鸟类提供庇护，还可结实以吸引其采摘。中层植物一般由小乔木、灌木、藤本组成，常见的组合有“乌桕（*Sapium sebiferum*）＋桂花＋石楠（*Photinia serrulata*）—金丝桃（*Hypericum monogynum*）＋杜鹃（*Rhododendron simsii*）”、“鸡爪槭（*Acer palmatum*）＋冬青＋桂花—八仙花＋八角金盘（*Fatsia japonica*）”“日本晚樱（*Cerasus serrulata*）＋紫叶李（*Prunus Cerasifera*）—枸骨＋海桐（*Pittosporum tobira*）”等组合，这类植物通常以蔷薇科、豆科、槭树科、小檗科占比为多，这归因于蔷薇科、豆科及小檗科是良好的观花蜜源植物，能够吸引蝶虫前来采蜜授粉，其果实通常也是橙腹叶鹎、暗绿绣眼鸟较喜食的挂果植物。地被层可选择多年生草本植物如沿阶草（*Ophiopogon bodinieri*）、狗牙根（*Cynodon dactylon*）、山麦冬（*Liriope spicata*）、兰花三七（*Liriope cymbidiomorpha*）等，这些植物的种子通常在冬天能很好地吸引麻雀、斑鸠前来觅食。

4.2 湿地类植物群落

湿地植物按照生活习性可分为湿生植物、沼生植物和水生植物，其中水生植物按高度大致可分为挺水植物、沉水植物、浮水植物。常见易招引鸟类的水湿生木本植物有湿地松（*Pinus elliottii*）、水杉、池杉（*Taxodium ascendens*）、落羽杉（*Taxodium distichum*）、乌桕等；水生草本植物有再力花（*Thalia dealbata*）、梭鱼草、荷花、黄菖蒲（*Iris pseudacorus*）、鸢尾、睡莲（*Nymphaea tetragona*）、萍蓬草（*Nuphar pumilum*）等，这些植物大部分既是蜜源植物也是鸟嗜植物，在设计时可以通过色块的合理搭配进行栽植，构成科学的“乔木＋草本”形式的植物群落。

4.3 草地类植物群落

这类植物群落主要以“孤植树＋草坪/草花”或“岛状植物群落＋草坪/草花”的组合形式存在。在浦阳江国家湿地公园的三江口湿地内，宜构建的草地类鸟嗜植物群落可以是“银杏—草坪”“悬铃木—草坪”“枫香＋无患子—草坪”“雪松（*Cedrus deodara*）＋三角枫（*Acer buergerianum*）—鸡爪槭＋早樱（*Cerasus subhirtella*）＋茶梅（*Camellia sasanqua*）—山麦冬＋草坪”。这些草地类植物群落可以有效吸引棕背伯劳、白鹡鸰、乌鸫等鸟类。

5 小结

构建鸟类栖息地植物群落可以分别从鸟类食源和栖息两个角度进行。增加深秋至早春时间段内挂果植物的数量，可以帮助鸟类解决食物匮乏问题。栖息植物群落从保护、提升和新建鸟类营巢林三方面着手。综上所述，结合鸟类活动范围及生境，建立适合鸟类栖息的林木类植物群落、湿地类植物群落以及草地类植物群落，为鸟类提供安全的庇所。此外，适当增加乡土的彩叶植物、蜜源植物、香花植物以及水生植物的种类和数量，可丰富湿地的季相，净化湿地空气和水质，促使湿地内景观更优美、环境更舒适、生态更稳定。

鸟类的数量是生物丰富度和环境健康的敏感指标，保护鸟类并为之构建栖息地是提高群众保护环境意识的理想选择，无论是建立专门的鸟类栖息地，还是与其他动植物群体共享的栖息地，这些举措将在我们的自然生态系统中起重要作用。

参考文献

[1] 国家林业局，国家发展改革委，财政部．全国湿地保护“十三五”实施规划[Z/OL].

[2] 陆健健，何文珊，童春富．湿地生态学[M]. 北京：高等教育出版社，2006：3-5.

[3] 杨云峰．城市湿地公园中鸟类栖息地的营建[J]. 技术开发，2013，27(6)：89-94.

[4] 牛翠娟，娄安如．基础生态学[M]. 北京：高等教育出版社，2015：124-140.

[5] 王绪平，李德志，盛丽娟，等．城市园林中鸟类及蜂蝶的重要性及其招引与保护[J]. 林业科学，2007，43(12)：134-143.

[6] Ingesol L H. The Encyclopedia Americana /Birds，Plants Attractive to[M/OL]. Chicago：The Encyclopedia American corporation，1920. https：//en. wikipedia. org/wiki/Bird _ food _ plants.

[7] 吴贤斌，李洪远，黄春燕，等．城市绿地结构与鸟类栖息生境的营造[J]. 环境科学与管理，2008，33(6)：150-153.

[8] 谢华辉．鸟类分布与植物景观关系的研究[D]. 杭州：浙江大学，2006.

[9] 严少君，朱曦，俞益武，等．城市绿地引鸟设计的探索与实践—长兴龙山鹭鸟公园设计方案浅析[J]. 华中建筑，2006，24(12)：186-188.

[10] Goldstein E L，Gross M，Degraaf R M. Breeding birds and vegetation：A quantitative assessment[J]. Urban Ecology，1986，9(3-4)：377-385.

[11] Adams L W. Urban wildlife habitats：a landscape perspective[J]. Journal of Wildlife Management，1994，59(1).

[12] Savard J P L，Clergeau P，Mennechez G. Biodiversity concepts and urban ecosystems[J]. Landscape & Urban Planning，2000，48(3)：131-142.

[13] 王禄路．城市湿地公园植物群落构建分析[J]. 山东农业科学，2011，43(10)：66-69.

[14] 吴贤斌，李洪远，黄春燕，等．城市绿地结构与鸟类栖息生境的营造[J]. 环境科学与管理，2008，33(6)：150-153.

[15] 孙欣欣，周凌燕，王中生，等．湿地公园建设中鸟类栖息地的营造——以江苏句容赤山湖国家湿地公园白水荡区为例[J]. 中国城市林业，2014，12(4)：58-60.

论文集

风景园林工程与管理

基于生态智慧的古代水利工程绿色基础设施构建策略研究①

The Research on Construction Strategy about Green Infrastructure of Ancient Water Conservancy Project Based on Ecological Wisdom

王梦颖　肖华斌　董　晶

摘　要：古人治水以人水和谐关系为核心，建设水利工程解决灌溉、航运等问题。但当前古代水利工程缺乏保护，面临着成为“生态孤岛”的困境。研究梳理了古代水利工程的发展历程，将其划分为避害治水、趋利用水、系统理水三个阶段。各阶段古代水利工程从规划到管理均蕴含着传统的生态智慧。绿色基础设施作为精明保护策略，与古代水利工程存在耦合关系。基于此本文将生态智慧融入到古代水利工程绿色基础设施构建策略中，以南旺分水枢纽为例，在精明保护的规划目标下对其进行现状评估，其次通过MSPA技术识别绿色基础设施要素及网络，并进一步明确保护优先级，优化绿色基础设施网络，最后通过跨区域、跨层次的协作进行落实，以期为区域可持续发展提供生命支撑。

关键词：古代水利工程；绿色基础设施；生态智慧；人水关系

Abstract: The ancients ruled the water with the harmonious relationship between human and water as the core, and built water conservancy projects to solve problems such as irrigation and transportation. However, the current ancient water conservancy projects lack protection and face the predicament of becoming an "ecological island". The study sorts out the development process of ancient water conservancy and divides it into three stages: avoiding the water, using the water, and managing the water. The ancient water conservancy projects of all stages contain traditional ecological wisdom from planning to management. As a smart protection strategy, green infrastructure has a coupling relationship with ancient water conservancy projects. On this basis, this paper propose that the ecological wisdom is integrated into the construction strategy about green infrastructure of ancient water conservancy projects, taking the Nanwang water diversion hub as an example. First, assessing the status under the smart protection planning goals, Secondly, distinguishing elements and networks of green infrastructure through MSPA technology, further confirming priorities of protection and optimizing green infrastructure networks, finally, through the cross－regional, cross－level collaboration implementing the work, in order to provide life support for regional sustainable development.

Keyword: Ancient Water Conservancy Project; Green Infrastructure; Ecological Wisdom; Human-water Relationship

古人在长期与自然斗争的过程中积累了众多生态智慧经验，譬如聚落选址、聚落形态及水利管理等。古代水利工程的修建以人为过程改变自然过程，但其仍保证区域内为一个生命系统，目前几乎已没有完全自然且不受人为干预的水系统。在快速城市化进程中，灰色基础设施不断增建，自然环境日益恶化，水生态失调等问题逐渐凸显。体现古人治水智慧的古代水利工程原生功能逐渐弱化甚至废弃，新生功能单一，面临着成为“生态孤岛”等困境，急需注入新的元素焕发活力。绿色基础设施作为城市的生命支撑系统，能有效实现资源的精明保护与开发。基于此提出将生态智慧融入古代水利工程绿色基础设施构建策略中，为古代水利工程焕发活力提供理论与实践支持。

1　中国古代水利工程发展演变

中华文化发源于黄河冲积平原，河流决定着人类发展的城市选址。自先秦至清末，古人在治水方面显示出了高超的智慧，从“为水所困”到“水为人用”，体现了人水和谐关系的重要性。在历史发展中，我国古代水利工程的技术、理论及功能等不断补充并完善，与人类社会和城市的发展息息相关。

在古人治水过程中，根据人水的关系，可将古代水利工程的发展划分为逐水而居的避害治水初期（先秦时期）、以水事农的趋利用水强期（秦汉—唐宋）以及经验总结的系统理水后期（元明清）三个发展时期，并对各时期古代水利工程的功能进行梳理。由饱受水害到趋利避害，古人始终遵循自然法则，依托天然水网、地形加以改造，以灌溉、防灾、航运为出发点，形成了系统有效的治水方略，造就了都江堰、京杭运河等杰出古代水利工程，对社会、经济、文化等起到了极大的推动作用（图1）。

1.1　逐水而居的避害治水初期

避害治水阶段为先秦时期，农业文明处于初级阶段，对生产、生活用水的需求使人类通常逐水而居，往往以简单直接的方式获取自然资源，以退让躲避的方式面对自然灾害[1]。据史籍记载，自尧舜时代起，人类多于黄河下游平原选址生活，虽土壤肥沃，却水害频发。共工以“堵”

① 基金项目：国家自然科学基金（51408342）、教育部人文社会科学研究基金（14YJCZH166）和华南理工大学亚热带建筑科学国家重点实验室开放研究项目（2016ZB11）共同资助。

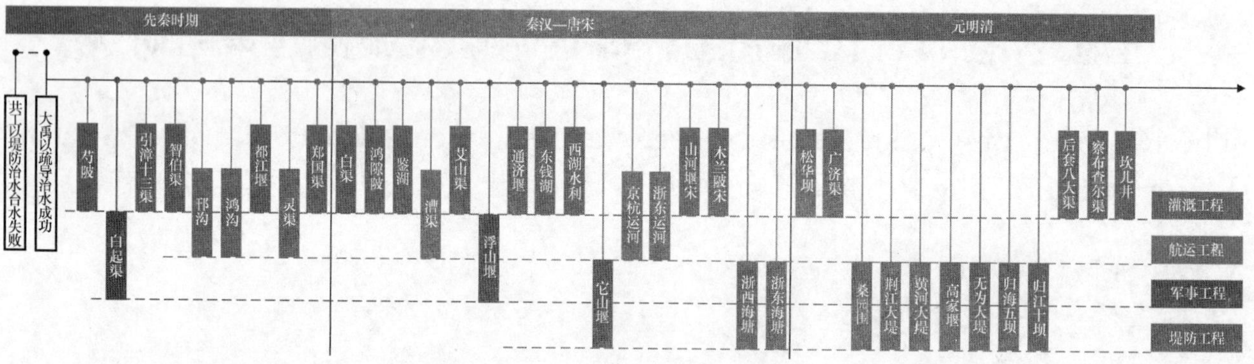

图1　中国古代水利工程历史演变图

治水失败后，禹分流治水的思想逐渐产生，之后成为中国古代水利工程的核心。依托地形，大禹以人工开挖沟渠的方式进行分流，沟通积水区域与江河湖沼平息洪水，并借以灌溉[2]。此后古人对水既有需求又畏惧的思想开始转变，认为水害可以人为避免，古代水利工程最原始的防灾功能产生。

春秋战国时期，百家争鸣的学术氛围与生产力的提升使水利技术进一步发展，也使人类思想由治“水害”向趋“水利”发展。该时期产生了我国第一个航运工程——邗沟，其以自然水系为依托，沟通了长江、淮河。同时，在农业灌溉工程中，都江堰（图2）、郑国渠等均始建于战国时期，为无坝引水工程，兼具灌溉、防洪等多种功能。

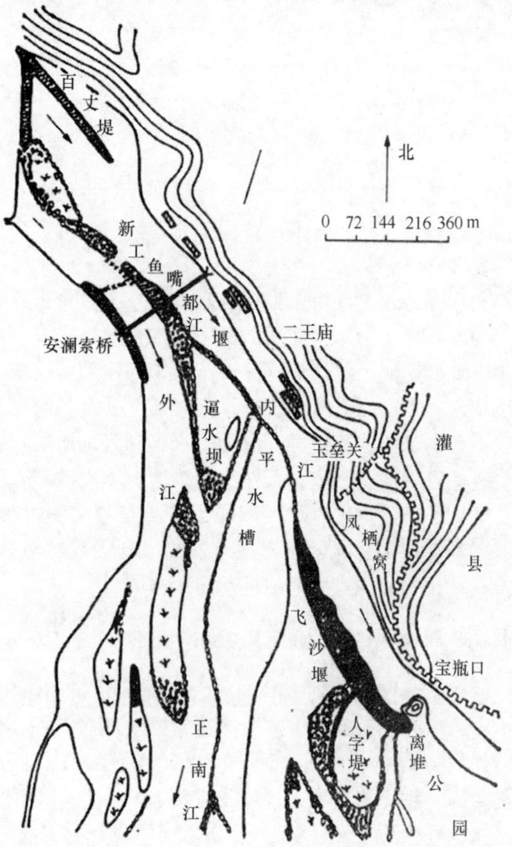

图2　都江堰示意图
（图片来源：改绘自《中国水利发展史》[2]）

先秦时代为古代水利工程的发展打下了扎实的基础。理论方面，在《周礼》、《管子》等典籍中均涉及有古人治水基础理论；实践方面，以都江堰为主，其因势利导，在历朝历代的保护和修缮中保持着相对稳定的状态，持续发挥着灌溉功能。

1.2　以水事农的趋利用水强期

该阶段为秦汉至唐宋时期，前期治水带来的效益使人类尝试进一步改造自然，以利农事，但仍保持着对自然的尊重与敬畏。该时期水利技术明显提高，并将水利工程功能扩展为灌溉、军事、防洪、航运等多个方面。

在趋利用水阶段，秦朝对统一六国前的水利工程进行了完善与提升。西汉时期，则以治理黄河为主。同时期出现首条运河——漕渠，为运河发展奠定了基础。秦汉以后，长江、珠江流域逐渐发展，经济向南拓展过程中，南方水利建设取得了长足的进展。“西湖”在《水经注》中首次出现，以杭州西湖（图3）为主，各地西湖原生功能为防洪、灌溉、调蓄，部分在发展中逐渐成为水利风景。西湖吸收了园林中山水共生的理念，成为城市风景中的古代水利工程[3]。长江流域于唐宋时期形成了有序的水网体系，用于灌溉与运输。该时期水利工程建设类型颇为丰富，且船闸建造等水工技术逐渐成熟。

图3　西湖图
（图片来源：《咸淳临安志》[4]）

“水利”一词在该阶段西汉时期首次出现，成为以防洪、灌溉、航运为主的古人治水专业名词。司马迁所书的《史记·河渠志》作为我国第一部水利通史，对先秦时期的治水经验与理论进行了整理与深化。由于唐朝经济繁荣、社会开放，古代水利工程的治水理论及科学技术在此期间飞速发展，且出现了最早的水利法规——《水部式》。

1.3 经验总结的系统理水后期

系统理水阶段为元明清时期。由于趋利治水阶段在治水理念、科学技术及体制机制上取得了长足进步，使古代水利工程在该时期以总结经验为主，水利建设逐渐系统化。元明清时期古代水利工程的功能仍以农业灌溉为主，在航运交通方面也取得了巨大成就，同时堤塘工程发展迅速。

京杭运河（图 4）为该阶段古代水利工程的杰出代表，是世界上最长的人工运河，沟通了我国南北方的航运交通。为实现漕运流通功能，选址南旺作为制高点建设分水枢纽（图 5），通过水柜—引河—闸坝体系，以高水平的水工技术解决了流经山东的难题，并建立了严密的管理机制。此外，长江流域的防洪防灾问题成为重点，政府进行了大规模的堤防工程建设。我国大范围区域在该时期进行了水利普及，并不断对已建设古代水利工程进行维修与完善。元明清时期是中国古代水利工程的成熟期，人类已能较好地处理与水的关系，整体观强，注重区域协作，通过对经验的总结，治水工作形成系统。

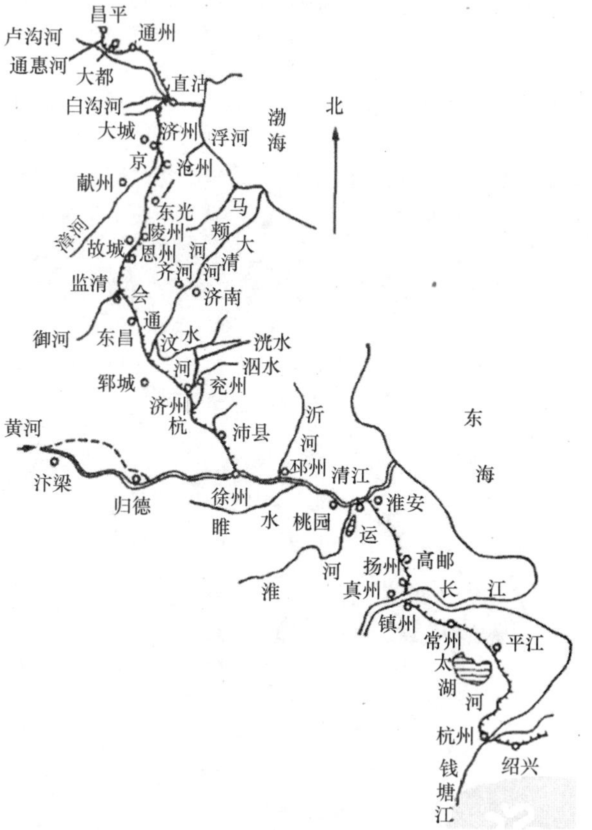

图 4　元代京杭运河示意图
（图片来源：《中国水利发展史》[2]）

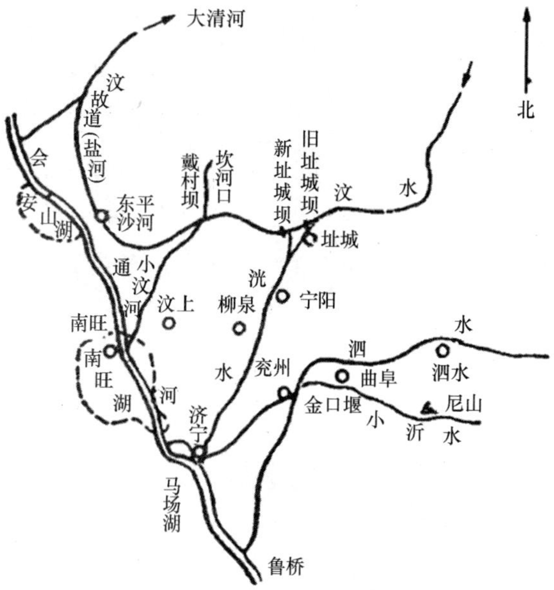

图 5 南旺分水枢纽示意图
（图片来源：《中国水利发展史》[2]）

2 古代水利工程人与自然和谐共生的生态智慧

我国古代水利工程往往由大型水工建筑、水柜、引河、坑塘与农田等构成，依据建设区域内的地形地貌、水文情况建设，使其既能实现灌溉、防洪、航运等功能，又尽少改变区域自然特征。古代水利工程在发展历程中始终顺势而为并随自然变化而逐渐完善，从敬畏自然到与自然和谐共生，蕴含着传统的生态智慧。生态智慧并非是人对自然的掌控，而是正确处理人与自然的关系。研究以古代水利工程的规划理念、工程技术等方面着手，探讨人与自然和谐共生的生态智慧，可为当前及未来的生态实践提供可借鉴经验。

2.1 因地制宜的规划理念

我国地域范围广，地形地貌复杂，水利工程自设计至施工，均需遵循因地制宜的规划理念。各地水文情况不同，水利实践有所差异。北方以黄河为主，河流多泥沙，水害频发，便以“束水攻沙”“蓄清刷黄”的方案治河，同时水沙并用，以“且溉且粪”的方式灌溉，兴修水利则多采用引洪淤灌方式；南方水源丰富且较为清澈，通过开挖沟渠贯通区域水网，并以闸坝等水工设施进行辅助。为便于农业灌溉，平原地区多以沟渠引水；丘陵地区则多以塘堰引灌；沿海地区关注御咸蓄淡；荒漠地区则采用坎儿井灌溉[5]。

2.2 整体均衡的治水方略

古代水利工程遵循整体均衡的治水方略，可体现在区域资源的均衡性与工程本体的整体性两方面。引水灌溉工程便以均衡资源为目的，工程从周边丰水地区引水，用以支持缺水地区的农业发展。元明清时期运河逐渐增加，区域水网不断完善，对我国政治经济发展不平衡问题亦有所改善。水利工程本体则通过各个局部的稳定来保障整体的正常运行。以京杭运河最为例，由于涉及地域范围广，运河修建了众多水利枢纽，以保证航运畅通。各个枢纽内部也自成完整的网络系统，以水库进行补水，根据地理条件调节运河流向，必要时设置闸、坝等水工设施确保枢纽的正常运行。如南旺分水枢纽（图 6），通过河网、水柜、闸坝等的配合，解决了运河水量不足的问题，跨越了通航的制高点[6]。

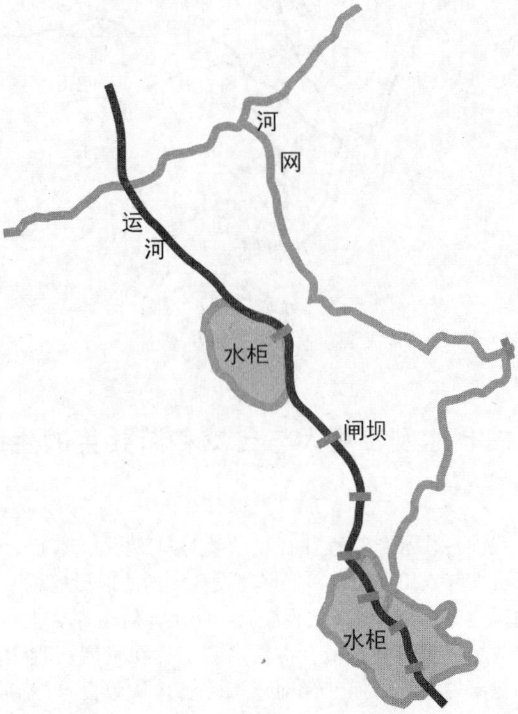

图 6　京杭大运河南旺分水枢纽明永乐时期模式图
（图片来源：改绘自《大运河遗产廊道构建》[6]）

2.3　自然生态的水工技术

我国复杂的地形与水文特点，使古代水利工程面临着众多难题，同时也造就了高超的水工技术。都江堰、灵渠、郑国渠等均为无坝引水形式，该形式利用地形与水文特点进行水工设施的布局与建造，多利用自然河渠，工程量较小[7]。以都江堰为例，其因势利导，通过鱼嘴、飞沙堰、宝瓶口三者相配合，便可保证灌区内根据水量自动调节，内外江合理分流[8]。且都江堰取材于当地自然资源，渠首工程以竹笼卵石进行搭建，与大型石材结构相比，灵活性强，能适应河床变动，生态便捷[9]。D. 格罗恩菲尔德指出无坝引水方式有利于水资源的公平分配，且长时间以来在生态学上也是可持续的[7]。南旺分水枢纽中则建设 30 余座水闸相互配合，在控制南北水流流量的同时起到疏浚泥沙的作用，显示了高超的水工技术与生态智慧[10]。

2.4　协作共生的管理制度

在管理体制方面，秦汉以后，各地、各工程（渠、闸坝等）均设官吏单独管理；宋代以后，则增设高级官吏主持总体工作；明清则设 2～3 个高级官吏把控水利工程的全局，且其有权指挥地方官吏[2]。以京杭运河为例，由于其涉及地区广，各个行政区域内，均设有管理、修缮运河的机构与大量水工人员，实现了线性的区域协作。

3　古代水利工程绿色基础设施可实施途径与策略

古代水利工程秉承着人与自然和谐共生的朴素生态智慧，但在城市化进程中前景堪忧。绿色基础设施作为一种精明保护策略，旨在协调保护与发展的矛盾，修复生态环境，可为其优化提升提供前瞻性策略。且绿色基础设施与古代水利工程之间存在耦合关系，二者结合将有效提出科学的实践策略。

3.1　绿色基础设施理念及构成

美国提出"精明保护"以求恢复生态系统，1994 年在美国佛罗里达州的土地保护报告中正式提出绿色基础设施，用以阐述由自然资源构成的、相互连接呈网络状的，以及可提供多种生态服务功能的"基础设施"[11]。其中以美国马里兰州的绿图计划最为典型，突出强调生态环境的"生命支撑"功能[12]。2001 年，《加拿大城市绿色基础设施导则》紧随其后发布，旨在指导城市基础设施可持续的规划，重点关注灰色基础设施的绿色化途径，多体现在技术层面[13]。绿色基础设施概念涵盖范围较广，包括生物保护、工程技术、人居环境等多个方面，但核心均围绕精明保护、生态恢复与可持续发展。

绿色基础设施网络（图 7）包括枢纽（hub）、连接通道（link）和场地（sites），通过对这些关键要素的保护，实现对整体景观格局的保护，以达到生态可持续发展的目标[14]。枢纽通常指大片的自然区域，是整个系统中生态过程的"源"和"汇"，其形态和尺度随着不同层级而变化。连接通道在形状上呈线性，将整个网络系统串联整合起来，是重要的生态廊道。场地则比枢纽要小，且不一定与整体网络或区域保护系统相连接，但在枢纽和连接通道无法连通的情况下，能成为发挥动物迁徙等功能的生态节点[15]。

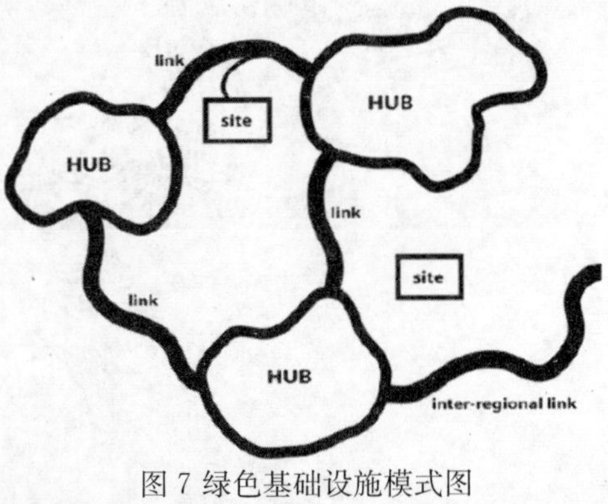

图 7 绿色基础设施模式图
（图片来源：《绿色基础设施：连接景观与社区》[15]）

3.2 古代水利工程与绿色基础设施耦合关系

尽管绿色基础设施这一概念由国外引入，但其理念自古便存在于我国城市规划及水利工程中，京杭运河便是我国古代绿色基础设施建设的典型代表。通过对古代水利工程生态智慧与绿色基础设施理论的探讨，发现二者的有机结合切实可行。

3.2.1 构成元素相契合

通过对古代水利工程与绿色基础设施构成要素的探讨，发现古代水利工程体系与枢纽—连接通道—场地的绿色基础设施网络相契合。仅从图底关系出发，就古代水利工程而言，在区域生态本底基础上，水柜及大型水工建筑为枢纽，引河可为连接通道，兼具小型水工建筑、农田、坑塘等场地，以稳定完整的网络格局维护区域生态安全并提供服务。

古代水利工程中实际枢纽的确定要综合考虑生态服务功能与社会服务功能，与其他绿色基础设施不同，古代水利工程应将高遗产价值区域作为一项评判重点。将覆盖面积大、生态质量好、生态敏感性高、服务功能强的湿地、湖泊及遗址等作为网络结构中的枢纽。廊道则宜从古代水利工程的引河及周边自然河流中选择，形成完整的网络结构。场地作为枢纽的补充，确定方式相类似，为规模较小的生态节点，或将与古代水利工程中的坑塘、部分水工设施等吻合。确定枢纽—连接通道—场地的网络格局，有利于完善古代水利工程的生态结构，进行有效保护与合理开发。

3.2.2 服务功能相补充

绿色基础设施为古代水利工程与生态环境—人类社会之间的关系提供了新的契合点，形成人工与自然紧密相连的绿色基础设施网络，可对古代水利工程进行服务功能上的补充。绿色基础设施涵盖公园、自然保护区、生物栖息地等多种空间类型，服务于城市与郊野，具有生态、经济及社会效益。古代水利工程作为人工—自然复合系统，同样应立足于城市环境与生态环境两个层面，既将休闲游憩、文化科普功能作为重点，也需重视其改善区域环境，保障生态安全的功能。

3.3 古代水利工程绿色基础设施构建策略

绿色基础设施作为精明保护策略，旨在协调保护与发展的矛盾，具有前瞻性。古代水利工程蕴含人与自然和谐共生的生态智慧，以整体环境为着力点进行规划建设，是可持续的基础设施。时代变迁下，气候、地形等皆会对自然水系与古代水利工程带来影响。将生态智慧融入到古代水利工程绿色基础设施构建策略中（图 8），综合考虑生态系统服务功能与土地资源的保护开发，对古代水利工程进行精明改造与提升，可为区域发展提供前瞻性与主动性。

以南旺分水枢纽（图 9）为例，自元代会通河开通以来，以安山湖作为水柜补水；明永乐时期由于运河通航动力不足选址戴村坝引汶河水，并增设南旺三湖进行补水、分水；明末清初，安山湖与南旺三湖逐渐萎缩，清咸丰时期黄河夺大清河河道入海，截断会通河，四处水柜也彻底失去补水功能，东平湖逐渐形成；目前，四处水柜已完全消失，南旺分水枢纽一带仅余东平湖。由于南旺分水枢纽为京杭运河的心脏工程，文化遗产价值高，在南旺湖分水龙王庙一带设有南旺枢纽国家考古遗址公园。此外，黄河改道对区域生态环境造成了一定的影响。东平湖作为黄河滞洪区，当前具有重要的生态价值。在历史演变过程中，南旺分水枢纽等众多古代水利工程均面临着生态及社会环境的变化，仍在利用者的生态、社会功能不断拓展，已被荒弃者则以社会功能为主，但仍具备发挥更重要生态功能的潜力。绿色基础设施的规划程序目前已有完善的体系，融入生态智慧，构建古代水利工程的绿色基础设施，对于其保护与开发而言更为科学可行。

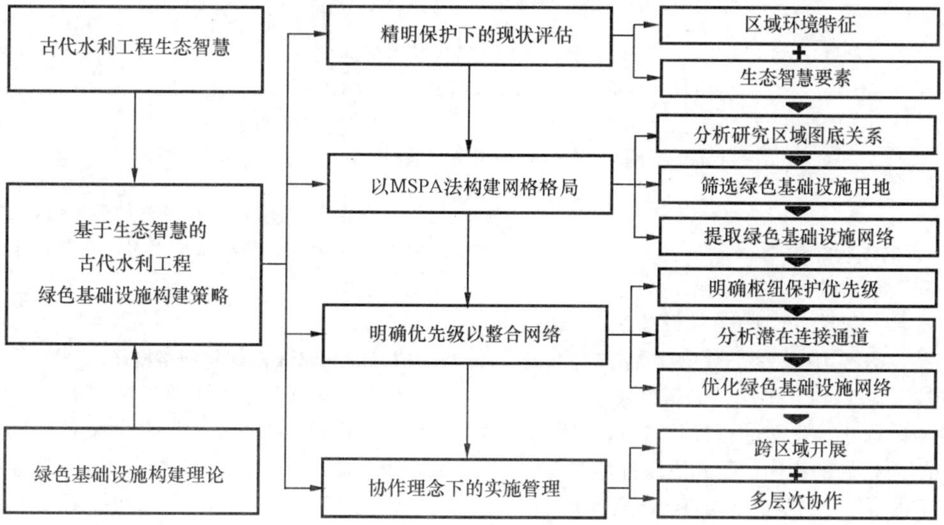

图 8 古代水利工程绿色基础设施规划框架

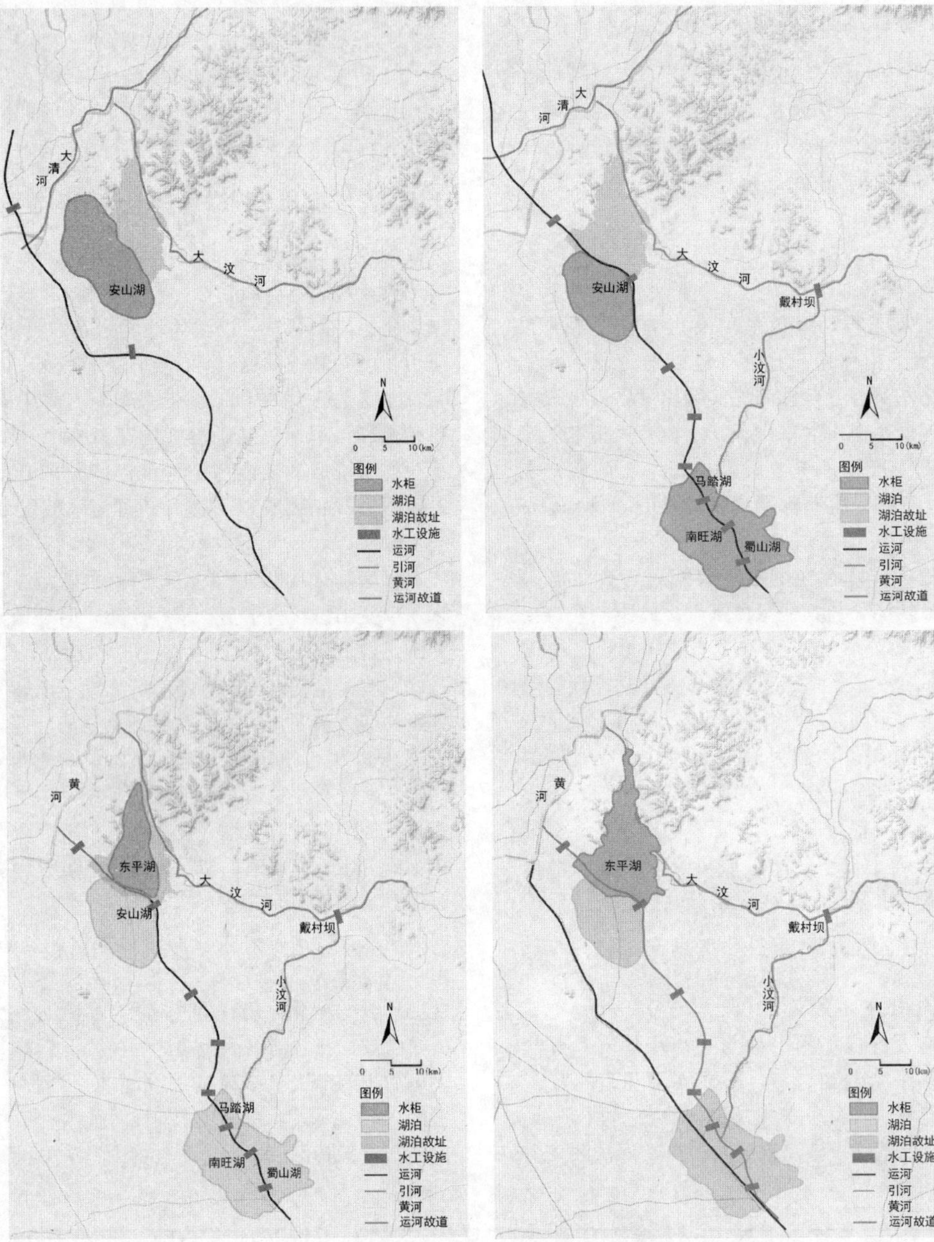

图 9　南旺分水枢纽区域历史演变

（图片来源：自《大运河遗产廊道构建》[6]）

(*a*) 元代南旺分水枢纽图；(*b*) 明永乐南旺分水枢纽图

(*c*) 清咸丰南旺分水枢纽图；(*d*) 中华人民共和国成立后南旺分水枢纽图

3.3.1　精明保护下的现状评估

古代水利工程服务对象不应仅局限于人类，还应服务于其他生物，且在一定意义上属于灰色基础设施。构建绿色基础设施网络，需致力于平衡土地资源保护与开发之间的矛盾，管控水系统风险，以利于流域健康。

绿色基础设施的构建首先需进行现状评价，以此支撑网络要素的识别与格局的构建。与其他绿色基础设施不同，古代水利工程不仅是一项基础设施，还是物质文化遗产。现今具有科普旅游功能的古代水利工程，同时也是公共绿地。因此对于南旺分水枢纽等古代水利工程而言，在进行现状评估时，要综合考虑其目前的功能及价值，不仅要评判生态敏感性、景观格局指数等区域环境特征，还需要增加对生态智慧要素的考量，包括水工技术层面、文化遗产层面等。

3.3.2　以 MSPA 法构建网络格局

绿色基础设施通常通过对区域水平或垂直生态过程等的分析构建生态网络，但古代水利工程涉及区域往往面积较大，详细数据获取较难，作为前瞻性策略，选择形态学空间格局分析法（MSPA）更为便捷有效。MSPA 技术能快速准确地识别宏观尺度的绿色基础设施网络，并对其空间布局进行可视化分析[16]。以 MSPA 法构建绿色基础设施，需以 GIS 为工具对区域内土地类型进行重分类，将古代水利工程中具备生态系统服务功能的用地作为绿色基础设施要素，其他用地则作为背景要素，以此得出绿色基础设施二值栅格图像。在南旺分水枢纽中，东平湖、大汶河、小汶河、现状运河及周边湿地为重要的生态要素，南旺枢纽国家考古遗址公园、戴村坝、运河故道及其他水工设施则为重要的遗产要素，二者可共同作为绿色基础设施前景要素。以 MSPA 技术处理得到的二值栅格图像，即可得出绿色基础设施枢纽—连接廊道—场地的网络格局图示。

3.3.3 明确优先级以整合网络

古代水利工程绿色基础设施的整体网络即为区域内需保护的部分，而优先级的合理设置，则进一步明确了网络中的优先保护顺序，能有效实现区域保护与开发的最大效益[17]。在古代水利工程绿色基础设施的要素与格局确定后，需协调具体古代水利工程发展与保护的矛盾，以明确保护优先级。在南旺分水枢纽绿色基础设施中，枢纽要素可能包含南旺湖遗址、戴村坝、东平湖等，应将文化遗产价值大、生态安全地位高作为确定优先级的重要因子，并合理确定因子权重，保障区域生态安全与生态系统服务功能。

由于水网具备较高的生态价值，因此古代水利工程周边现状水网可作为连接通道。古代水利工程以人与自然和谐共生的生态智慧为原则，河网体系的布置亦是传统智慧的体现，因此从生态及遗产两方面考虑，已废弃故道可作为潜在连接通道。通过疏通水网，优化网络连通度，以现存水网作为主要连接通道，必要时重开废弃河道，解决古代水利工程的“生态孤岛”问题。对于南旺分水枢纽而言，应考虑其是否可重新开发废弃水柜与故道，重启补水能力，为运河复航提供动力，保障区域生态安全。

3.3.4 协作理念下的实施管理

古代水利工程往往不归属于某个地区，如京杭运河跨越我国多个省份。构建绿色基础设施可借鉴古人治水方略，从古代治水机制中汲取地区协作共生的生态智慧，进行区域协同管理与保护。同时，古代水利工程整合了众多生态资源，往往具备多种生态系统服务功能，切不可将其分割管理。以南旺分水枢纽为例，仅作为京杭运河的子系统之一，便跨越两市，绿色基础设施的构建与管理应由两地市各相关部门（文物局、城乡建设局、旅游局、交通局等）与企业、公众作为利益相关者共同协作参与。任何古代水利工程绿色基础设施的构建均需将其作为整体，进行跨区域、多层面的协作，保障其实现综合效益与可持续发展。

4 结语

古代水利工程是中华文化的智慧载体，挖掘古代水利工程的价值，使其持续焕发活力是区域发展的需求，也是对古人治水经验的传承与对物质文化遗产的保护。本研究基于传统生态智慧，提出古代水利工程绿色基础设施构建策略，将当前生态规划方法与传统智慧相融合，通过梳理水网进行古代水利工程绿色基础设施的科学布局，以区域协作共生的管理机制作为保障。构建古代水利工程绿色基础设施，能将人类社会与生态环境有效连接，为区域可持续发展提供生命支撑与前瞻性策略。

参考文献

[1] 韩春辉，左其亭，等．我国治水思想演变分析[J]．水利发展研究，2015，15(05)：75-80.

[2] 姚汉源．中国水利发展史[M]．上海：上海人民出版社，2005.

[3] 毛华松，杜春兰，陈心怡．“西湖文化”的生态智慧及其现实意义探索[J]．风景园林，2014(06)：59-63.

[4] 潜说友．咸淳临安志[M]．台北：成文出版社．1970.

[5] 周魁一．水的历史审视·姚汉源先生水利史研究论文集[M]．北京：中国书籍出版社，2016.

[6] 奚雪松．大运河遗产廊道构建 全彩[M]．北京：电子工业出版社，2012.

[7] 谭徐明，张仁铎．应重视并研究古代水利的科学内涵[J]．科技导报，2006(10)：84-86.

[8] 蒋超．中国古代水利工程[M]．北京：北京出版社，1994.

[9] 朱学西．中国古代著名水利工程[M]．天津：天津教育出版社，1991.

[10] 卢勇，刘启振．明初大运河南旺分水枢纽水工技术考[J]．安徽史学，2015(02)：56-60.

[11] 张炜，(美)杰克·艾亨，刘晓明．生态系统服务评估在美国城市绿色基础设施建设中的应用进展评述[J]．风景园林，2017，(2)：101-108.

[12] 吴伟，付喜娥．绿色基础设施概念及其研究进展综述[J]．国际城市规划，2009，(05)：67-71.

[13] 沈清基．《加拿大城市绿色基础设施导则》评介及讨论[J]．城市规划学刊，2005(5)：98-103.

[14] 裴丹．生态保护网络化途径与保护优先级评价——“绿色基础设施”精明保护策略[J]．北京大学学报(自然科学版)，2012，48(05)：848-854.

[15] 马克·A·贝内迪克特，爱德华·T·麦克马洪，等．绿色基础设施：连接景观与社区[M]．北京：中国建筑工业出版社，2010.

[16] 邱瑶，常青，王静．基于 MSPA 的城市绿色基础设施网络规划——以深圳市为例[J]．中国园林，2013，29(05)：104-108.

[17] 张媛，吴雪飞．绿色基础设施视角下的非建设用地规划策略[J]．中国园林，2013，29(10)：40-45.

作者简介

王梦颖，1993 年生，女，汉族，山东平阴人，山东建筑大学建筑城规学院硕士研究生。电子邮箱：641175286@qq. com。

肖华斌，1980 年生，男，汉族，山东肥城人，博士，山东建筑大学建筑城规学院副教授、硕士生导师，山东建筑大学生态规划与景观设计研究所。电子邮箱：Xiaohuabin@foxmail. com。

董晶，1994 年生，女，汉族，吉林德惠人，山东建筑大学建筑城规学院硕士研究生。电子邮箱：1185233214@qq. com。

西安环城公园服务绩效调查研究

The Research on Service Performance of The Round-City-Park in Xi’an

刘小科　吴　焱

摘　要：创建舒适社区、促进社会共融是绿色基础设施规划发展的长远目标，西安环城公园是城市绿地系统重要组成部分。针对环城公园空间利用率低、供需错位的现象，本文以西安环城公园为主要研究对象，以实地调研和切片分析法将公园服务绩效指标和内部空间特征进行梳理，研究环城公园服务绩效的内部空间影响因素，进而提出优化策略，以提升环城公园的服务绩效。

关键词：西安环城公园；服务绩效；使用率

Abstract: To create a comfortable community and promote social harmony is the long-term goal of green infrastructure planning and development, The Round-City-Park is an important part of the urban green space system. In view of the low utilization of the park space and the dislocation of supply and demand, This paper takes Xi'an Round-City-Park as the main research object, analyze the service performance indicators and internal spatial characteristics of the park by field investigation and slice analysis, studies the internal spatial factors affecting the service performance of the city Ring Park, and then puts forward optimization suggestions in order to improve the service performance of The Round-City-Park.

Keyword: The Round-City-Park; Service Performance; Usage

引言

美国景观设计专业资格评估委员会（LAAB）承认，景观绩效的引入是从循证的视角对设计绘画类、工程技术类、社会人文类以及生态类这四大板块的一种完善[1]，在定量分析景观服务的基础上进行景观规划设计是今后风景园林学科的重要发展方向。

城市开放空间作为人类生活、生产与游憩的载体，在各个尺度上发挥着多样化的服务功能，因此，对于开放空间服务的绩效研究具有重要意义。把绩效应用于空间概念，则称为空间绩效，即通过对空间进行组织而达到的期望结果与目标，是空间在一定时期内的有效输出，反映了空间被使用的数量、质量及效率[2]。

景观绩效研究试图将建成环境的所有相关因素都放在经济一社会一环境这一体系下，但这些研究与人群行为偏好相割离。依据空间绩效的定义，可将社会层面上空间服务绩效的定义转换为空间的使用强度，反映空间被使用的数量及质量等。本文以环城公园自身功能的使用强度界定公园的服务绩效，以实地调研和切片分析法[3]研究环城公园服务绩效，进而提出优化策略，为后期公园规划设计提供一些思路。

1　研究概况

西安环城公园位于西安市中心区，跨越三大行政区：莲湖区、新城区、碑林区（图 1），面积高达 122 万 m^2，其公共空间服务范围面积高达 $24km^2$。环城公园绕西安旧城区东、西、南、北四个界面，与西安老城区空间肌理和社会文化生活机理密切交织，是西安市典型的线性公共开放空间，其辐射面广、易被使用，具有独特的文化氛围和景观风貌，是具有极高使用价值的绿色开放空间，对整个城市而言显得弥足珍贵。

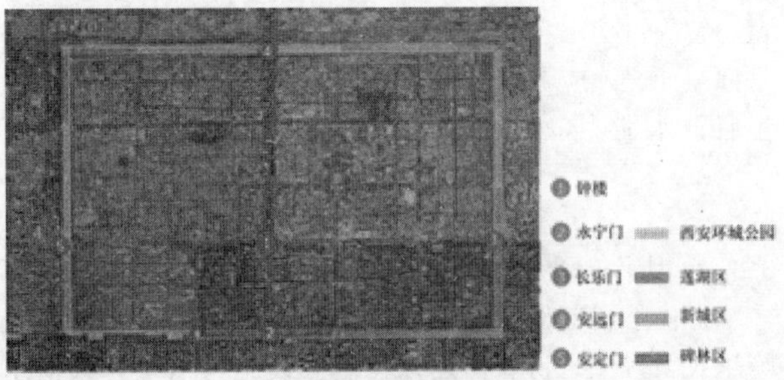

图 1　环城公园跨区区位

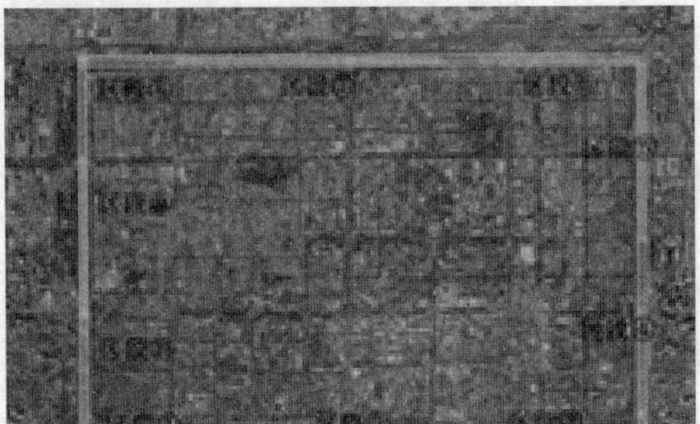

图 2　区段划分图

有学者针对西安环城公园进行研究，例如李亚伟等研究西安环城公园建筑小品人性化设计[4]；霍萌等以西安环城公园为例研究线性公园的景观序列组织方法[5]；王文韬[6]、肖文静[7]等从遗址保护视角研究城墙公园公共空间；张海涛[8]、任超[9]、强虹[10]等以西安环城公园为例研究了老龄化社会背景下公共空间环境设计研究；夏露[11]研究西安环城公园环境状况调查及改造建议；张楠[12]、薛培芹[13]等以西安环城公园为例研究城市公共休闲空间的价值及评价体系。但上述研究中较少和城市当代人们的生活相联系，缺少对西安环城公园使用偏好与服务价值的调查评价，就公园谈公园，使物理环境与使用者偏好相割离，不能有效表达出人们在环城公园中的使用面貌。

预调研中发现环城公园存在空间绩效差异大、供需不平衡的现象，为探索西安环城公园的服务绩效，本文以西安环城公园为主要研究对象，根据使用人群的相关调查数据，借鉴医学中使用的切片分析法，解析西安环城公园服务绩效内部空间的影响因素，进而提出优化策略，以提升环城公园的服务绩效。整个调查和研究的技术路线可以分为“三个阶段、一条线索”，其中三个阶段分别为研究对象确定、数据的采集和处理、讨论与启示。一条线索则是环城公园内部空间特征与服务绩效关联分析，以此为框架探索环城公园服务绩效的内部空间影响因素，提出优化策略。

2　研究方法和过程

2.1　研究方法

在研究的过程中，使用一系列不同的方法，包括非参与式观察法、行人统计、现场观察记录、画图、拍照等收集人们对环城公园的相关使用信息。运用医学分析所用的切片法，对所收集到的数据信息进行图解梳理。

依据日本建筑师芦原义信 20～25m 为模数的“外部模数理论”[14]，规划师普遍认为25m左右是舒适和得当的空间尺度，70～100m 是满足能看到彼此的“社会性视域”，结合二者，将 50m 定为最小研究单元。在此距离内，可以辨清他人的身体状态，是“人看人”心理需求的上限，是组织活动和设计景观的最佳尺度。因此，本研究将环城公园划分为 10 个区段（图 2），每个区段以 50m 为基本单元被划分为 20～30 个切片，作为最小研究单元。

2.2　研究过程

调查方法以地面调查为主，以城墙高空观察为辅，利用非参与式观察法和定时观察法来观察环城公园，同时，作者也作为一个主动的参与者，通过对不同空间的亲自使用来进行观察，并通过航拍来记录行为模式。调研数据采集过程中，在具有代表性的季节和天气时段内进行超过 10 次（含预调研次数）的调查。数据采集包括环城公园内部的公共空间特征和公园使用者的相关信息（使用人群规模、人群结构、活动类型）。

经过多次预调研分析，调研时间定为游憩出行外部条件较佳、居民游憩需求旺盛的时段，为减少信息采集过程的偶然性，每个区段共进行 6 次信息采集，并在游憩需求旺盛的日常傍晚（18：00～20：00）、周末下午（14：00～16：00）2 个时段各采集 3 次数据（调研时间安排如表 1）（预调研显示周内和周末环城公园的使用均为周边居民日常游憩为主，日常傍晚使用差别变化不大，因此在正式调研时日常傍晚并不区分工作日和周末）。

调理时间安排　　表 1

序号	日期	时间	天气
1	2018.4.10	18：00～20：00	春季 晴/多云 12～28℃
2	2018.4.14	18：00～20：00	
3	2018.4.15	18：00～20：00	
4	2018.4.14	14：00～16：00	
5	2018.4.15	14：00～16：00	
6	2018.4.16	14：00～16：00	

3　研究结果分析

从数据看，环城公园的使用对象以周边居民为主体，几乎每天都来的公园使用者人数最多，约占 57.8%；每周内来 2～3 次使用者占 39.6%，偶尔来或者更少的使用者一般就是外地游客。调研对象中大多数是采用步行的方式来到公园休憩或参与活动，其次是乘坐公共交通工具或自行车等。采用描述统计方法统计公园使用者 6 次调研平均人群的年龄结构及活动类型规模（图 3）。运用切片分析进行信息提取，运用 excel 统计研究区段内的物理特征和行为特征（表 2，剔除含光门和勿幕门对应的道路部分），最终以区段内切片人数差异较大的环城公园西南拐角——朱雀门即区段①段为例分析服务绩效。

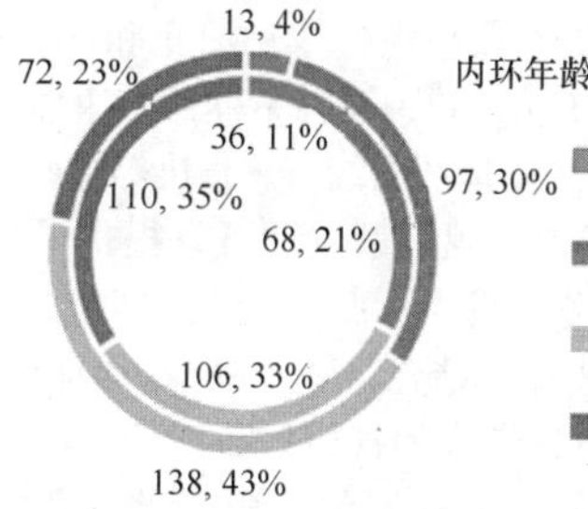

图 3　年龄结构及活动类型规模占比

区段①人群规模共计 320 人，年龄结构排序依次为老年、中年、青年、儿童，对应的人群活动类型排序依次为散步、康体、休憩、跑步。在该区段中老年人是环城公园的核心使用群体，康体活动和散步是主要活动类型；以青年占主体的跑步人数较少，这是当下社会发展的趋势，越来越多的青年人选择在健身房运动，室外活动空间只能满足青年诸如散步、约会等活动的需求；环城公园在设计之初以运动为主题，较少考虑儿童的活动需求，故儿童活动人数较少，少数的儿童人群同家长一起休憩。应增加儿童活动空间和设施，增加健身器械等以吸引更多群体。

物理特征和行为特征切片分析 **表 2**

切片	卫星图	结构图	绿地面积（m^2）	硬底面积（m^2）	座椅（个）	人群规模（人）	活动类型（人）			
							跑步	康体	散步	休憩
1-1			787	613	8	23	1	7	10	5
1-2			962	531	1	19	2	4	8	5
1-3			1063	597	6	42	2	20	11	9
1-4			720	930	4	15	0	4	7	4
1-5			702	693	40	23	4	8	6	5
1-6			332	1318	53	56	1	21	23	11
1-7			1306	344	3	8	0	2	6	0
1-8			1245	404	20	9	0	1	5	3
1-9			1261	388	22	8	0	0	6	2
1-10			1273	377	20	5	0	1	4	0
1-11			1150	500	51	39	2	11	16	10
1-12			1165	1165	49	11	0	6	4	1
1-13			804	317	9	3	1	0	2	0
1-14			539	875	17	6	0	0	2	4
1-15			844	462	27	6	0	1	3	2
1-16			1168	481	40	4	0	0	3	1
1-17			1252	407	28	12	0	4	3	5
1-18			1041	378	30	10	0	3	6	1
1-19			571	1079	23	4	0	1	3	0
1-20			861	423	26	3	0	1	2	0
1-21			1190	460	14	14	0	2	8	4
合计			20236	12742	491	320	13	97	138	72

在研究区段中人群规模排序前三的依次为切片 1-6、1-3、1-11，这些切片硬地面积大、绿化面积相对较高。切片 1-3 中座椅数量只有 6 个，但是停留休憩与康体人数都相对较多，不具有座椅功能的路缘石、石块等被改变用途，成为休憩座椅，场地不规则散置的石景提供了聚集的可能，高度适宜的平台提供大量可坐的空间（图 4、图 5）。自由式园路为主路，结合路旁自然布局的植物时高时低、时远时近，引导游人的视野时放时收，形成私密度不同的景观小空间，给游人创造娱乐的可能（图 6）。切片 1-6、1-11 是 2 个入口广场，空间开阔，视线通畅，围绕树池的座椅、“L”型组合座椅，能够满足观赏休憩、下棋等不同活动（图 7、图 8）。切片 1-3 是节点景观丹凤朝阳的高潮地段，串联的自由形状花坛把空间划分为多个小空间，造型上呈孔雀开屏状，功能上能满足不同人群的使用。

切片 16、19、20 是区段中人群规模排序后三名，其绿化空间局促，游步道不超过 2m，座椅位于狭窄道路一侧，与来往行人距离过近，空间局促；或位于开阔空间中，无遮荫设施，数量虽多，但白天几乎无人使用，到晚上会有较多人群组织活动（图 9～图 11）。在切片 16 中，虽有座椅，但是市民却自带座椅（图 12），硬性设计造成资源浪费的同时，抑制了空间的多元发展，降低人们的使用率。

图 4 石景座凳

图 5　可坐平台空间

图 6　景观小空间

图 7　树池座椅

图 8　“L”形组合座椅

图 9　路测座椅

图 10　无遮荫座椅

图 11　无遮荫座椅（晚上）

图 12　自带座椅

4 讨论与结论

城市公共开放空间规划设计的最终目的是为市民日常活动打造理想场所，满足受众群体不同层面的需求，环城公园是市民日常生活的公共空间，其服务绩效直接体现了受众的喜爱程度。中老年人、外地游客或者偶然来游玩的市民在康体、休憩等活动中得到较好满足；青年和儿童的使用需求在环城公园中还没得到较好的满足，在日后的改造中，需要增大不同受众群体的需求，提高各类人群的参与度。西安环城公园的提升改造应多关注空间序列的组织，当空间开合有致，有节奏和韵律感时，吸引力更强，有节奏的空间开合变化让均质单一的线性空间充满活力；弹性设计能够提高场地的包容性和多功能性，从日常使用者的体验出发，多元发展，为市民打造易于理解和易于交流的环境，能够有效提升公园的使用和服务绩效。

参考文献

[1] 金云峰，杜伊，李瑞冬，等．景观绩效的教学模型——以美国风景园林学科进展为例[J]．风景园林，2018，25(3)：117-121.

[2] 王云才，申佳可，象伟宁．基于生态系统服务的景观空间绩效评价体系[J]．风景园林，2017，138(1)：35-44.

[3] 周聪惠．城垣下的绿谱[M]．南京：东南大学出版社，2017.

[4] 李亚伟．西安环城公园建筑小品人性化设计研究[D]．西安：西安建筑科技大学，2011.

[5] 霍萌．西安环城公园景观序列组织方法研究[D]．西安：长安大学，2016.

[6] 王文韬．城市遗产视角下西安明城墙及周边区域研究[D]．西安：西安建筑科技大学，2015.

[7] 肖文静．基于城墙遗址保护利用的荆州环城公园建设研究[D]．武汉：华中农业大学，2010.

[8] 张海涛．适宜老年人的城市公园环境设计研究——以西安环城公园西北段为例[J]．美与时代（城市版），2017，No. 691(2)：37-38.

[9] 任超．老龄社会环境下城市线形公园绿地的设计浅析——西安环城公园老年使用者实态调查[J]．华中建筑，2005(01)：136-138.

[10] 强虹．适宜老年人的城市公共空间环境设计研究[D]．西安：西安建筑科技大学，2004.

[11] 夏露．西安环城公园环境状况调查及改造建议[J]．郑州轻工业学院学报(社会科学版)，2007(06)：78-80.

[12] 张楠．西安明城墙景观环境调查及其合意性评价[D]．西安：西安建筑科技大学，2008.

[13] 薛培芹．城市公共休闲空间的价值及其测评研究[D]．西安：西安科技大学，2008.

[14] 芦原义信．外部空间设计[M]．北京：中国建筑工业出版社，1985.

作者简介

刘小科，1990年生，女，汉族，河南平顶山人，硕士，长安大学建筑学院研究生。研究方向：城市景观环境设计。电子邮箱：1183595639@qq.com。

吴焱，1983年生，女，汉族，山东临沂人，博士，长安大学建筑学院环境设计系副教授、硕士生导师。研究方向：城市景观环境设计、可持续景观研究。

论文集

摘要选登

基于文化线路保护与活化利用的游憩体系规划研究

——以连州秦汉古道为例

The Study of Recreational System Planning Based on the Protection and Activation of Cultural Routes

—Taking the South China Historical Trail in Lianzhou as an Example

牛丞禹

摘　要：文化线路作为文化遗产的一部分，正在受到越来越多的关注，但对于文化线路保护与活化利用的研究和实践还不够深入。广东省南粤古驿道作为线性文化遗产，是古代岭南与中原地区经济交流和文化传播的重要通道，连州秦汉古道是广东省最早的古驿道之一，位于连州山区，沿线分布有众多贫困村、古村，以古驿道文化线路为载体，整合串联沿线历史文化资源，构建古驿道游憩体系，对促进南粤古驿道保护与活化利用、展示岭南地域文化特色、促进县域经济健康发展、实现乡村振兴等具有深远的历史意义和重要的现实意义。

关键词：文化线路；南粤古驿道；保护与活化利用

Abstract：As a part of cultural heritage，Cultural Routes are receiving more and more attention，but the research and practice of the protection and activation of Cultural Routes are not deep enough. As a kind of Linear Cultural Heritage，the South China Historical Trail was an important channel for economic exchange and cultural communication in the ancient Guangdong and Central Plains regions. The South China Historical Trail in Lianzhou mountainous area is one of the earliest a Trail in Guangdong Province. There are many impoverished villages and ancient villages along the trail. To integrate historical and cultural resources，the trail has far-reaching historical significance and important practical significance to protect and activate the use of the ancient resource in Guangdong，to display the cultural characteristics of Guangdong，to promote the healthy development of the county economy，and to achieve rural vitalization.

Keyword：Cultural Routes；South China Historical Trail；Protection and Activation

"城市双修"背景下城市建成区改造提升方法的研究

——以北京北中轴更新为例

Research on the Method of Urban Built-up Area Reconstruction and Upgrading under the Background of " Urban Double-repair"

—Taking Beijing North Central Axis Renewal as an Example

王言茗

摘　要：基于"城市双修"的背景，本文着重研究城市建成区改造提升的方法，探讨如何将"再生态"与"更新织补"相结合，达到城市结构优化更新的目标。并以北京北中轴为例，通过对于场地分析，结合区域总体规划，尝试从生态、生活、文化三个层面提出策略，以落实"城市双修"的理念。本文致力于具有弹性特征的城市设计导则的制定，以期为相关规划设计提供借鉴。

关键词：城市双修；北京北中轴；城市建成区

Abstract：Based on the background of " urban double-repair"，this paper focuses on the method of urban built-up area transformation and upgrading，and discusses how to combine " re-ecology" with " renewal and weaving" to achieve the goal of urban structure optimization and re-

newal. Taking the north central axis of Beijing as an example, this paper tries to put forward strategies from three aspects of ecology, life and culture through site analysis and overall regional planning, in order to implement the concept of " urban double-repair" . This paper devotes itself to the formulation of urban design guidelines with elastic characteristics in order to provide reference for relevant planning and design.
Keyword: City Double Repair; Beijing North Central Axis; Urban Built-up Area

"新中式"景观在秦皇岛园博园中的应用研究

Application Research of "New Chinese": Landscape in Qinhuangdao Garden Expo Park

张铁伦　宋　凤

摘　要：当代园林景观设计风格日新月异，出现了"百家争鸣"的局面，中国传统园林的传承面临着挑战。新中式景观的出现，赋予了中国传统园林新的生命力，于当前背景下越来越受到人们的关注和欢迎。新中式景观既满足现代人的审美需求，又不失传统文化精髓的包容性，呈现出了含蓄秀美又具有现代中国特色的新设计风格。本研究采用田野调查、文献查阅、归纳总结等研究方法，厘清了新中式景观概念及其内涵，概括了当代新中式景观的发展现状，并以秦皇岛园博会城市展园为载体，探讨新中式景观元素在不同展园中的设计思路、应用手法和时代特征，分析各个展园中如何对中国传统园林进行继承创新以及如何融入中国传统文化。目的在于探讨新中式景观对中国传统园林传承和在当前背景下的发展空间与前景。
关键词：新中式景观；秦皇岛园博园；城市展园；中国传统园林；传承

Abstract: The contemporary landscape design style is changing with each passing day, and there is a situation of "hundred schools of thought contend" . The inheritance of Chinese traditional gardens faces challenges. The emergence of the new Chinese landscape has given new life to Chinese traditional gardens, and it has received more and more attention and welcome in the current context. The new Chinese landscape not only meets the aesthetic needs of modern people, but also the inclusiveness of the essence of traditional culture. It presents a new design style with subtle beauty and modern Chinese characteristics. This research uses field research, literature review, summary and other research methods to clarify the concept of new Chinese landscape and its connotation, summarizes the development status of contemporary new Chinese landscape, and explores the new Chinese style with the Qinhuangdao Garden Expo City Exhibition Park as a carrier. The design ideas, application techniques and characteristics of the landscape elements in different exhibition gardens, how to inherit and innovate Chinese traditional gardens in various exhibition gardens and how to integrate Chinese traditional culture. The purpose is to explore the inheritance of the Chinese landscape in the new Chinese landscape and the development space and prospects in the current context.
Keyword: New Chinese Landscape; Qinhuangdao Garden Expo Park; City Exhibition Garden; Chinese Traditional Garden; Heritage

杭州西湖四季特色植物景观及人文内涵研究

Shtudy on the Characteristic Planting Landscape and Its Humanistic Connotation in Hangzhou West Lake

俞青青

摘　要：杭州西湖风景如画，四季皆有其独特的韵味，植物景观作为西湖风景名胜区的重要组成部分，对四季景观的构成及特点的形成起到了重要的作用，本文选取四季有代表性的植物（春桃、夏荷、秋桂、冬梅），通过对历代文献的研读，研究历史上相关的重要景点及造景手法，并探讨其中的审美意趣，以期对今后西湖景区植物景观改造及其他城市植物景观设计中融入更多人文内涵起到抛砖引玉的作用。

关键词：特色植物；景观；人文内涵；审美意趣；杭州西湖

Abstract: The landscape in Hangzhou West Lake is picturesque, with each of four seasons appealing uniquely. Plants, as an essential part of West Lake Scenic Area, playing an important role in forming the composition and characteristics of the four seasons' landscape. This article selectively discussed four seasons' representative plants (peach of spring, lotus of summer, osmanthus of autumn, plum of winter) about their historical literature, important scenic spots and landscaping techniques through the history, and explored the implied aesthetic interests. This article would help to inspire future efforts on incorporating more humanistic connotation in design and renovation of plant landscape in West Lake and other areas and cities.

Keyword: Characteristic Plants; Landscape; Humanistic Connotation; Aesthetic Interest; West Lake

保护与再生、传承与创新，用设计解决问题

——记塔尔寺寺前广场规划设计

With Protection and Reprocess, Inheritance and Innovation, the Problems will be Solved Through Design Planning

—Programming of the Front Square of Kumbum Monastery

陈朝霞　庄　瑜

摘　要：塔尔寺作为全国文保单位，其寺前广场景观做得也是小心翼翼，既要严格保护、呼应历史，又要衔接现状、科学发展。在有效保护的前提下，通过规划整合，优化布局，激活文物保护与当代城市生活之间的关系。但保护并不等于面对当前存在的问题，束手无策、原封不动，而是积极运用科学的设计手段和先进的材料技术，解决安全、交通、景观文化等问题。本文从探究塔尔寺的前世今生、历经四百余年的不断发展历程以及修建扩建的历史沿革入手，总结设计过程中的经验教训，探讨历史与设计的互动，并怀着对历史文化的敬畏与尊重，积极探索保护与再生的关系、传承与创新的融合，注重用设计书写景观的历史，让历史文化得以延续和发展，这些理念和设计策略不仅对塔尔寺的未来持续发展做出了充足的准备与及时的呼应，也为寺庙改造及历史文化遗迹的保护与传承提供了宝贵的经验。

关键词：塔尔寺；佛教；寺院；前广场；规划设计

Abstract: Kumbum Monastery is the activity center of Tibetan Buddhism in the northwest of China, is one of six large temples of Gelu sect of Tibetan Buddhism in China (Yellow religion), and also one of the most famous scenic spots in Qinghai Province and national key cultural relics protection units. As a famous tourist attraction in western, it needs to receive about 50 or 60 thousand visitors and Buddhists every day in Kumbum Monastery. Based on this, there are some potential hazards for the reception capacity, the traffic conditions and the safety of tourist. Therefore, for the national cultural protection unit, the landscape is not only strictly protected to echo with the history and culture, but also linked up to the present situation for scientific development. Under the effective protection, the cultural relics shall be protected carefully and activated with the modern urban life by the planning and integration and optimized layout. However, it does not mean we will be helpless in front of current problems, but we shall deal with the safety, traffic and landscape culture making full use of the scientific design and advanced material technology.

Keyword: Kumbum Monastery; Buddhism; Temple; Front Square; Planning and Design

北方城市行道树选择与管理研究

Research on the Selection and Management of Street Trees in Northern Cities

赵　林　徐照东　卢　婷

摘　要：在城市园林绿化与绿地系统建设中，城市行道树发挥着改善城市环境、完善城市功能、塑造城市景观空间的重要作用，城市行道树的选择则应综合考虑气候特征、水土条件、植物特性以及城市景观空间特征、城市文化传承等诸因素，并与城市绿地养护管理体系相结合。本文在对部分北方城市行道树调研的基础上，分析行道树设计选择和管理养护的思路与方法，为北方城市的园林绿化提升提供参考。

关键词：北方城市行道树；行道树优化选择；后期管理与维护

Abstract: In the construction of urban landscaping and green space system, urban street trees play an important role in improving urban environment, improving urban functions and shaping urban landscape space. The choice of urban street trees should consider climate characteristics, soil and water conditions, plant characteristics and cities. The characteristics of landscape space, urban cultural heritage and other factors are combined with the urban green space conservation management system. Based on the investigation of some northern city street trees, this paper analyzes the design and management methods of street tree design and provides a reference for the urban greening improvement of northern cities.

Keyword: Street Trees In Northern Cities; Optimization of Street Trees; Post-management and Maintenance

社区营造理念下城市老旧住区公共空间景观优化研究

——以宝鸡市经二路街道社区为例

Study on the Optimization of Public Space Landscape in Old Residential Areas under the Concept of Community Construction

—Taking the Community of Jing'er Road in Baoji City as an Example

曹姣姣　吴　焱　关　宇

摘　要：社区公共空间是城市公共空间重要组成部分，占据公众生活重要位置，其中老旧住区占城市社区的一半，老旧住区存在环境差，邻里关系淡漠，公共场所品质低等问题。在集约式发展的背景下，社区营造是改善老旧住区公共空间的有效策略。本文将宝鸡市经二路街道社区的老旧住区作为研究对象，在社区营造理念下，运用景观设计理论方法从老旧住区的空间环境优化、邻里关系重建、后期维护管理三个方面入手，探讨以设计要素、设计目标、设计原则和设计方法为主的老旧住区公共空间景观更新模式，进一步提出社区营造理念下老旧住区公共空间景观设计的地域性策略。

关键词：社区营造；城市老旧住区；公共空间；邻里关系；景观更新模式

Abstract: Community public space is an important part of urban public space, occupying an important position in public life. Old residential areas account for half of urban communities. Old residential areas have poor environment, indifferent neighborhoods and low quality of public places. In the context of intensive development, community building is an effective strategy to improve the public space of old settlements. This paper takes the old residential area of Jinger Road Community in Baoji City as the research object. Under the concept of community construction, the landscape design theory is used to improve the spatial environment optimization, neighborhood relationship reconstruction and post-maintenance management of the old residential areas. This paper discusses the renewal pattern of public space landscape in old residential areas based on design elements, design goals, design principles and design methods, and further proposes the regional strategy of public space landscape design in old residential areas under the concept of community building.

Keyword: Community Building; Urban Old Residential Area; Public Space; Neighborhood Relationship; Landscape Renewal Model

城市边缘区与城市开发共生绿网体系构建

Construction of Symbiotic Green Network System for Urban Fringe and Urban Development

郅 爽

摘 要：在高强度的城市更新和高密度的社会发展进程中，北京在城市化进程中“大城市病”问题突出。“摊大饼”式的城市扩张模式很难适应新格局、新定位下的国际化大都市综合建设。就此以北京沙河沿岸空间为研究对象，探索北京中心城区外围城市边缘区绿地系统建设。现阶段北京市昌平区处于城市的无序扩张和人口机械化增长中，城乡建设用地大量占用生态景观绿地，导致绿地面积逐渐减少、绿地系统连接性差、水污染问题严重、城市景观风貌差。沙河沿岸空间处于不稳定的城市过渡期，人与自然关系呈无组织变化中。本文结合北京上位规划和场地现状的研究，提出以生态化为指导，建立生态框架，探索城市边缘区与城市开发共同生长的绿网体系。
关键词：自然；生态；河流整治；合理用地；规划布局

Abstract: In the process of high-intensity urban renewal and high-density social development, The problem of “big city disease” is prominent in Beijing's urbanization process. The urban expansion mode is difficult to adapt to the comprehensive construction of international metropolis under the new pattern and orientation. This study takes the space along “the Sha river” in Beijing as the research object. To explore the green space system construction in the peripheral urban fringe area of Beijing central city. At present, Chang Ping District is in the city's disorderly expansion and population mechanization growth. A large amount of ecological landscape green space is occupied by urban and ruralconstruction land, leading to the gradual reduction of green area, poor connectivity of greenspace system, water pollution and poor urban landscapeis a serious problem. The region is in an unstable urban transition period, and the relationship between human and nature is unorganized. Based on thestudy of the upper planning and site status in Beijing, this paperproposes to set up an ecological framework under the guidance of ecology and explore the green network system of urban fringe and urban development.
Keyword: Natural; Ecological; River Improvement; Rational Land Use; Layout Planning

城市对话：青岛老旧社区公共空间微更新参与式设计介入途径探究

City Dialogue: Discussion on the Way to Intervene the Microrenewal Design of Public Space in Old Communities in Qingdao

杜娇娇

摘 要：在青岛迅猛的经济发展速度和城市建设的背景下，青岛以国际化的姿态吸引大批量人群涌入其中，为响应青岛市政府“老城复兴”政策的号召，政府启动专项基金，对青岛老城区的社区公共空间进行微更新改造，注入新活力；本文研究的主要目的是让城市中居住的人们增强彼此之间的认同感和归属感，强调人文主义关怀和对话的重要性，同时与青岛老旧社区空间的微更新相结合，在改善老旧社区空间缺少活力、老化、消极等问题的同时，通过参与式设计介入的途径增强城市之间的对话；以老旧社区空间琐碎的日常公共空间的微更新为载体，对社区公共空间进行富有创意的参与性表达，从而激发城市自身的活力和主动性，在有限的空间中传播城市文化、集体记忆，在与城市的交往中促进形成更为文明的生活方式。

关键词：社区微更新；城市对话；参与式；设计途径

Abstract：Under the background of rapid economic development and urban construction in Qingdao，Qingdao attracts a large number of people to flock to Qingdao with an international attitude. In response to the call of Qingdao municipal government's " old city revival" policy and the government launched a special fund，the community public space in the old urban area of Qingdao was micro-renovated and injected into it. The main purpose of this study is to enhance the sense of identity and belonging between urban residents，to emphasize the importance of humanistic care and dialogue，and to combine with the micro-renewal of the old community space in Qingdao，to improve the old community space lack of vitality，aging，negative and other issues. Through participatory design，the dialogue between cities can be enhanced，and the innovative participatory expression of community public space can be carried out with the micro-renewal of old community space as the carrier to stimulate the vitality and initiative of the city itself and spread the city culture and collective memory in the limited space. A way to promote a more civilized life in the interaction with cities；

Keyword：Community Micro Renewal；Urban Dialogue；Participatory；Design Apprpach.

城市高架桥下空间利用方式及其景观研究综述

A Summary of Spatial Utilization and Landscape Research under Urban Viaducts

刘小萌　董贺轩　殷利华

摘　要：城市高架桥是城市的重要基础设施，为城市的交通带来极大的便利，但桥下空间的景观营造在国内尚未形成体系，且桥下空间的不当利用甚至会给城市带来一定的环境、经济、社会问题。通过对国内外相关资料的搜集、阅读和整理，对城市高架桥下空间特点进行总结，并通过案例研究对其利用方式及景观设计方式进行分析，探索其中的规律和普遍处理手法。最后探讨了对城市高架桥下空间利用方面的研究存在的不足，为相关的设计及研究提供参考借鉴。

关键词：风景园林；交通基础设施；公共空间

Abstract：The urban viaduct is an important infrastructure of the city，which brings great convenience to the city's transportation. However，the landscape construction under the bridge has not yet formed a system in China，and the improper use of the space under the bridge will even bring certain cities. Environmental，economic and social issues. Through the collection，reading and sorting of related materials at home and abroad，the spatial characteristics of the city viaduct are summarized，and the use and landscape design methods are analyzed through case studies to explore the rules and common treatment methods. Finally，the shortcomings of the research on the space utilization under the urban viaduct are discussed，which provides reference for related design and research.

Keyword：Landscape Architecture；Transportation Infrastructure；Public Space

城市更新背景下的城市游园使用状况评价

——以山东省青岛市为例

Evaluation of Urban Garden Use Status under the Background of Urban Renewal

—Taking Qingdao City，Shandong Province as an Example

孙博杰　李端杰

摘　要：当前城市用地日趋紧张，城市可建设区域呈现出碎片化的特点。城市更新活动规模逐渐开始由大转小。同时，社会发展带来的人们生活节奏的加快使人们的休闲时间也变得碎片化，人们休闲活动的发生将更多放在距离居住区、公司更近的小型公园。因此，城市小规模公园的建设将成为未来的城市更新的一个重要部分。本文基于POE（使用后评价）理论对青岛市游园进行调查研究，按照“调研方案→数据收集→数据整理→数据分析→综合评价→提升建议”的流程分析使用者的行为特征与需求规律，总结目前城市游园现状，提出一些合理化建议与解决措施。对游园建设与管理提供一定的理论支撑及参考，使城市游园能更好地满足人们地使用需求。

关键词：城市更新；城市游园；使用后评价；青岛

Abstract：The current urban land use is becoming increasingly tense，and the urban construction area is characterized by fragmentation. The scale of urban renewal activities has gradually started to turn from small to small. At the same time，the accelerated pace of people's life brought about by social development has made people's leisure time fragmented，and people's leisure activities will be more placed in small parks closer to residential areas and companies. Therefore，the construction of small-scale urban parks will become an important part of future urban renewal. Based on the POE（post-use evaluation）theory，this paper investigates and studies the Qingdao Garden，and analyzes the user's behavior characteristics and demand rules according to the process of “research plan→data collection→data collation→data analysis→comprehensive evaluation→enhancement suggestions”. At present，the current situation of urban gardens，some reasonable suggestions and solutions. It provides certain theoretical support and reference for the construction and management of the garden，so that the city garden can better meet the needs of people.

Keyword：Urban Renewal；Urban Recreation Park；Post-use Evaluation；Qingdao

城市景观格局视角下的洪涝适应性景观研究及其对新时期风景园林的启示

Study on the Adaptability of Flood Disaster from the Perspective of Urban Landscape Pattern and its Enlightenment to Landscape Architecture in the New Period

林　俏

摘　要：本文首先以古代商丘地区为例，从城市景观格局视角下分析了其抵御自然洪涝灾害的适应性措施，这种中国古代独具特色的适应自然、利用自然的生态智慧，其本质上是以“人适应水”的方向来规划城市景观布局，由此诞生了一系列的适应自然的景观斑块，如坑塘等。其次，本文通过简介北京的内涝现象和成因，发现现代社会以“水适应人”为特征的城市水利系统存在建设用地无序扩张等问题。最后，本文通过古今对比，提出新时期的风景园林建设应当总结历史的经验教训，古为今用，吸取古代生态智慧，在生态可持续的角度下，进行生态文明建设，实现人和自然的和谐发展。

关键词：洪涝灾害；景观格局；适应性景观

Abstract：This paper first takes the Shangqiu area as an example，and analyzes its adaptation measures against natural floods from the perspective of urban landscape pattern. This ancient Chinese unique ecological adaptation to nature and the use of nature is essentially the direction of " people adapting to water" to plan the layout of the city landscape has resulted in a series of landscape patches adapted to nature，such as pits and ponds. Secondly，this paper introduces the intrinsic phenomenon and causes of Beijing，and finds that the urban water conservancy system characterized by “water adapting to people” in modern society has problems such as high landscape fragmentation and disorderly expansion of construction land. Finally，through the comparison of ancient and modern，this paper proposes that the construction of landscape architecture in the new period should sum up the historical experience and lessons，use it for the present，absorb the ancient ecological wisdom，and carry out ecological civilization construction from the perspective of ecological sustainability to realize the harmonious development of human and nature.

Keyword：Flood Disaster；Landscape Pattern；Adaptive Landscape

城市浅山地区的绿色空间构建策略研究

——以北京五里坨地区西山军工社区为例

Study on the Construction Strategy of Green Space in Urban Shallow Mountain Area

—Taking Xishan Military Industry Community in Wulitun Area of Beijing as an Example

赵茜瑶

摘　要：浅山地区是指城市与山区相联系的过度区域。北京市的地理环境造就了大量浅山地区，作为未来城市空间拓展的潜在资源，在城市高速扩张的背景下，其保护利用问题备受关注。本文结合北京五里坨地区的绿色空间网络规划和其中西山军工社区节点设计展开实践探讨，从绿色网络构建和浅山区社区绿色更新两方面，在中观和微观两个尺度下进行城市浅山区的绿色空间构建策略研究。希望以五里坨绿网构建和景观更新作为切入点，激起一些亟须的对我们城市未来发展的设想。

关键词：浅山地区；绿色空间；中观尺度；微观尺度；GIS

Abstract：The shallow mountain area refers to the transitional area between the city and the mountainous area. The geographical environment of Beijing has created a large number of shallow mountain areas. As a potential resource for future urban space expansion，the protection and utilization of the shallow mountain area has attracted much attention in the context of rapid urban expansion. This paper discusses the green space network planning of the Wulituo area in Beijing and the green space design of the Xishan military community. From the green network construction and the green renewal of the shallow mountain community，the green space construction strategy research of the urban shallow mountain area is carried out at the meso and micro scales.

Keyword：Shallow Mountain Area；Green Space；Mesoscale；Microscopic Scale；GIS；

城市湿地公园野生动物生境改造的景观营造策略
——以北京市莲石湖城市湿地公园为例

Landscape Construction Strategy of Wildlife Habitat Reconstruction in Urban Wetland Park

陈 茜

摘 要：随着城市化进程的加速，城市生态环境逐渐恶化，城市中适宜野生动物栖息的空间也逐渐缩小，城市生物种类与数量也因此呈减少趋势。在城市湿地公园中营建野生动物栖息地，对构建多样的城市生境具有重要意义。当前我国较多城市湿地公园设计大多停留在人的视觉营造与游憩设施设计，而对于野生动物生境的营造与修复关注较少。本文以北京莲石湖城市湿地公园为例，通过公园中生境质量的评估与分析，首先对公园中的关键水域形态和水位控制等提出优化策略，并提出植物种类选择和群落配置、公园水体驳岸形态和驳岸材料的设计方法，最后对公园中野生动物的生境的类型和尺度、布局、关键空间结构进行定量化设计，总结提出城市湿地公园的野生动物生境的设计方法。本文从风景园林的视角提出了优化城市湿地公园设计具体的策略和指引。
关键词：城市湿地公园；野生动物；栖息地营造；景观规划设计；北京

Abstract: With the acceleration of the urbanization process, the urban ecological environment has gradually deteriorated, and the space suitable for wildlife habitats in the city has narrowed, and the types and quantities of urban organisms have also decreased. The construction of wildlife habitats in urban wetland parks is of great significance for the construction of diverse urban ecological environment. At present, most urban wetland parks in China are mostly designed for people's visual construction and recreation facilities, but less attention is paid to the creation and restoration of wildlife habitats. Taking the Lianshi Lake Urban Wetland Park in Beijing as an example, this paper proposes an optimization strategy for the key water form and water level control in the park through the assessment and analysis of the habitat quality in the park, and proposes plant species selection and community allocation, and park water revetment. The design method of morphology and revetment materials finally quantify the type, scale, layout and key spatial structure of the habitats of wild animals in the park, and summarize the design methods of wild animal habitats in urban wetland parks. This paper proposes specific strategies and guidelines for optimizing urban wetland park design from the perspective of landscape architecture.
Keyword: Urban Wetland Park; Wildlife; Habitat Creation; Landscape Planning and Design; Beijing

从数字公园到智能屋顶：高密度立体环境中的绿色空间智慧技术框架初探

From Digital Park to Intelligent Roof: Discussion on the Green Space Intelligent Technology Framework in the High-density Three-dimensional Environment

董楠楠 吴 静 刘 颂 胡抒含

摘 要：随着我国城市发展进入新时期，尤其是公园城市概念的提出，对于存量绿色空间的研究日益成为风景园林学术界的关注热点。高密度中心城区存量绿地的保护、运维与快速发展以及空中绿化空间效益评估与改进，共同决定了我国城市绿色空间的质量，并影响到城市微气候、生物多样性以及社会功能等方面。基于近年数字景观技术的系列研究，将地面城市公园体系和城市绿色屋面的空间要素加以整体考虑，共同构建高密度城市立体化的绿色空间效能智慧体系。重点通过监测感知模块、智能调节系统、智慧城市网络三个方面，探索数据采集、数据库构建、物联网体系、智能化反馈等技术，不仅实现有限绿色环境中时间、空间、用量、质量上的准确化和精细化，同时也为其进一步应用于生态、社会、文化等多方面提供数据基础与技术支持。
关键词：存量绿色空间；公园城市；绿色屋面；智慧体系

Abstract: As cities in China entering a new developing era, the propose of Garden City has raised the research on the stock green space to increasingly become a hot spot in the landscape architecture academia. The preservation, maintenance and rapid development of urban parks in high-density central areas, as well as the assessment and improvement of efficiency of the airborne greenery, jointly determine the quality of urban green space in China and affect urban microclimate, biodiversity and social functions. Based on a series of studies on digital landscape technology in recent years, the urban park system on ground and the spatial elements of the urban green roofs are considered as a whole, and a smart three-dimensional green space efficacy system in high-density cities is constructed. Monitoring and sensing module, intelligent adjustment system, and smart city network are mainly adopted to explore data collection, database construction, Internet of Things system, intelligent feedback and other technologies. Not only can accuracy in time, space, usage and quality in limited green environment be achieved, it also provides data foundation and technical support for further improvent on multi-dimensional service efficiency in ecology, society and culture.
Keyword: Stock Green Space; Garden City; Green Roof; Smart System

地域文化视角下藏东地区乡村风貌解析与控制策略研究

——以昌都江达县域乡村为例

Study on the Analysis and Control Strategy of Rural Scenery in Eastern Tibet from the Perspective of Regional Culture

—Taking the village of Changdu Jiangda County as an Example

邓 宏 黄 怡

摘 要：2013年中央一号文件提出努力建设“美丽乡村”，至此美丽乡村建设在全国范围内如火如荼地展开，但由于快速城镇化推进、村庄规划编制管控不完善、外来文化冲击等原因，导致乡村风貌特色缺失，同质化现象严重。独具特色的藏东地区也面临相同的问题，因此如何传承发展民族文化、引导乡村风貌建设，变得尤为紧迫。

本文以藏东地区的乡村风貌为研究对象，通过文献史料收集、实地调研、归纳演绎等方法，从自然环境、历史文脉、业态模式三个方面解析影响该地区风貌形成的因素，总结其风貌特征，针对风貌趋同等问题，从地域文化的视角出发，以实例为基础，在山水格局、空间形态、建筑风貌与技艺、特色要素与符号四个层面上提出乡村风貌的控制策略，以期延续藏东地区历史文脉，保持其乡村风貌的独有性与特殊性，为高寒地区乡村风貌控制提供理论依据和营建思路。
关键词：地域文化；藏东地区；乡村风貌；解析与控制策略

Abstract: In 2013, the No. 1 Document of the Central Committee proposed to work hard to build a "beautiful village". So far, the construction of beautiful villages has been in full swing throughout the country. However, due to the rapid urbanization, the imperfect management and control of village planning, and the impact of foreign cultures, the characteristics of rural styles have been brought about missing and homogenization. The unique eastern Tibet region also faces the same problem, so how to inherit the development of national culture and guide the construction of rural style has become particularly urgent.

This paper takes the rural style of the eastern Tibet as the research object, and analyzes the factors affecting the formation of the region from the three aspects of natural environment, historical context and business model through literature historical data collection, field research, inductive deduction and other methods. Based on the perspective of regional culture, from the perspective of regional culture, based on the example, the rural landscape control strategy is proposed in four aspects: landscape pattern, spatial form, architectural style and skill, characteristic elements and symbols, in order to continue the eastern part of Tibet. The historical context maintains the uniqueness and particularity of its rural style, and provides theoretical basis and construction ideas for the control of rural style in alpine regions.
Keyword: Regional Culture; Eastern Tibet; Rural Style; Analysis and Control Strategy

东北乡村健康适老住宅庭院绿化评价体系构建探究

Study on the Construction of Garden Greening Evaluation System for Healthy and Old Residential in Northeast China

孙楚天　曲广滨　胡俞洁

摘　要： 中国乡村人口结构老龄化的趋势日益严峻，在空巢老人、城乡医疗保障体系不均衡以及经济条件的制约下，与留守儿童问题一样，乡村老年人在身心理健康、社会交往上也出现了日益严重的问题。然而对这方面的研究和投入尚处于起步阶段，乡村住宅庭院空间环境的适老性改善将成为缓解这一矛盾和问题的有效途径。庭院空间环境是东北乡村老年人生产生活的基本空间单元，而庭院绿化则能极大地提升空间品质，促进老年人身心健康的改善。由此通过文献分析，探究实体空间环境要素与老年人健康的相互作用机制，利用模糊德尔菲法构建以促进乡村地区老年人健康为目标的东北乡村住宅庭院绿化空间要素评价指标体系，对以促进东北乡村老年人健康为导向的规划设计实践前期阶段的选择与决策提供一定的参考。

关键词： 东北乡村；健康适老；住宅庭院绿化；评价体系；模糊德尔菲

Abstract: The trend of population aging in China's rural population is becoming increasingly seve-re. Under the constraints of empty nesters, urban and rural medical security systems, and economi-cconditions, as in the case of left-behind children, rural elderly have become increasingly aware of their mental health and social interactions. serious problem. However, research and investmenti-nthis area are still in their infancy, and the improvement of the adaptability of the rural residetial courtyard space environment will be an effective way to alleviate this contradiction and problems. The courtyard space environment is the basic space unit for the production and living of the ederly in the northeastern rural areas, and the courtyard greening can greatly improve the quality of the s-paceand promote the improvement of the physical and mental health of the elderly. Through literature analysis, this paper explores the interaction mechanism between physical space environment elements and the health of the elderly, and uses the fuzzy Delphi method to construct the evalution index system of the rural residential green space elements in the rural areas to promote the health of the elderly in rural areas. The evaluation of the status quo of the residential garden green space provides a reference for the selection and decision-making of the preliminary stage of planning and design practice to promote the health of the elderly in the northeastern rural areas.

Keyword: Northeastern Village; Fitness Health Old; Residential Courtyard Greening; Evaluation System; Fuzzy Delphi

风景园林空间中的视觉修辞研究

Research on the Visual Rhetoric in Landscape Architecture

边思敏

摘　要： 本文回顾了源于语言文本分析的修辞学研究在当今视觉文化盛行的时代背景下，如何转向关注视觉文本分析，并在一系列的学术探讨中逐渐明细其内涵和研究方法。在此基础上，指出风景园林空间中的视觉文本同样具有视觉修辞属性，并不可避免地携带着复杂的劝服欲望、叙事引导和修辞目的，通过某些"修辞"手段成为信息的传达媒介。然后通过对越战纪念碑在时间、空间、意义三个层面上的视觉文本剖析，辨析其背后的修辞目的和对公众认知产生的深远影响。最后指出认识、辨别风景园林空间中的视觉修辞方法，有助于在公共空间话语构建和大众心理层面深入了解景观空间的意义层次和创作的内在动因，从而形成对风景园林空间营造更加全面的认知与理解。

关键词： 风景园林；空间；视觉修辞；劝服；意义

Abstract: This paper reviewed the development of rhetorical research originating from the analysis of linguistic texts to visual field. In the context of the prevailing in visual culture, this paper explored how rhetorical research turned the attention to visual text analysis, and how visual rhetoric gradually summarized its connotation and research methods in a series of academic discussions. Based on the reviews above, this paper

pointed out that the visual texts in landscape architecture also contained visual rhetorical attributes, with complex persuasive desires, narrative guidance and rhetorical purposes at the same time, inevitably. Therefore, landscape architecture becomes the medium to express information through some " rhetoric" ways. Furthermore, through the visual rhetorical analysis in time, space and meaning levels of the Vietnam Veteran Memorial, the rhetorical purpose behind and the far-reaching influence on public cognition are analyzed in this paper. Then the paper pointed out that understanding and discerning the visual rhetorical methods in the landscape architecture can help to understand the deep meaning in landscape space and the internal motivation in the process of design, forming a more comprehensive recognition of the landscape architecture.
Keyword: Landscape Architecture; Space; Visual Rhetoric; Persuasion; Meaning

风景园林跨学科创新创业项目的实践探索
——以同济大学为例

Exploration of the Interdisciplinary Innovation and Entrepreneurship Project in Landscape Architecture
—An Example of Moving Potted Plants

赵双睿　韩艺创　任冠南　戴代新　陈　静

摘　要：风景园林学是一门综合性学科，与众多学科领域有着良好的交叉和融合，而学科交叉与融合往往能促成原创性科研和教学成果。当前风景园林学科迫切需要培养具有广阔视野、多学科知识背景和创新意识，能够从学科交叉融合的角度挑战复杂人居生态环境问题的创新型和应用型人才。面向实践的创新创业是高校人才培养的重要构成部分，本文以同济大学风景园林专业和电子科学与技术专业学生跨学科合作的国家大学生创新训练计划项目为实证，探讨了创新创业项目实践对学生综合能力的培养作用，以及学科交叉与融合对学生创新创业意识和设计热情的提高。
关键词：学科交叉；创新创业；大学生创新训练计划

Abstract: Landscape Architecture (LA) is a comprehensive discipline with a long history connecting and integrating with multiple disciplines, meanwhile interdisciplinary studies usually can contribute to original achievements both in research and teaching. In order to solve the large number of issues in human settlements emerged from the process of rapid urbanization in China, it is urgent for LA to cultivate innovative and applied professionals who can develop a broad vision, multidisciplinary background and innovative consciousness, and who can challenge the complex environmental problems. The innovation and entrepreneurship based on practice is an important component of the talent training in colleges and universities. This paper takes the National University Student Innovation Training Program collaborated by students from Landscape Architecture and Electronic Science and Technology of Tongji University as an example to explore the role of Innovation and Entrepreneurship project in improving students' comprehensive ability, as well as the intercrossing and integration of disciplines to students' increased design enthusiasm and awareness of innovation and entrepreneurship.
Keyword: Interdisciplinary Approach; Innovation and Entrepreneurship; Innovation Training Program

高密度城市建设背景下基于城市绿地分类新标准的附属绿地优化提升策略

Urban Attached Green Space Optimization and Improvement Strategy Based on the New Standard of Urban Green Space Classification under the Background of High-density Urban Construction

钱 翀 金云峰 吴钰宾

摘 要：高密度城市建设的高效化、节能化、紧凑化的要求驱使我们关注到当下被忽略的更小尺度和更灵活的绿地空间，这与附属绿地数量优、分布广、比重大的特征相契合，附属绿地因而显现出巨大的提升潜能。论文对相关概念作出阐述；解读新的《绿地分类标准》修改部分及附属绿地优化提升的可能性；针对现存的功能使用和空间配置两个方面的问题提出两大策略：第一，适度功能复合以激活附属绿地的活力与效率，第二，完善空间配置以转孤立为连续。本文对新型城镇建设的环境友好与可持续发展有着现实意义。

关键词：附属绿地；绿地分类新标准；高密度城市；优化策略；功能复合

Abstract: The requirements for high efficiency, energy saving and compactness in high-density urban construction have driven us to focus on the smaller scale and more flexible green space that is currently neglected. It is in line with the characteristics of urban attached green spaces, which have large numbers and are widely distributed. Urban attached green space thus shows a huge potential for improvement. Firstly, the related concepts are explained. Then the new Green Space Classification Standards are revised and also the possibility of the auxiliary green space optimization. Two strategies are proposed for the existing two levels of problems: Moderate functional compounding to activate the vitality and efficiency of the attached green space. Second, improve the spatial configuration to turn isolated condition into continuous one. It is of great significance to the environmentally friendly and sustainable development of new urban construction.

Keyword: Attached Green Space; New Standard of Green Space Classification; High-density Urban Construction; Optimization Strategy; Functional Compound

不同层级乡土聚落景观研究

Study of Multi-Scale Vernacular Settlement Landscape

白雪悦

摘 要：乡土聚落镶嵌于自然本底之中，是见证中华民族几千年农耕文明的载体，也是建设美丽中国的重要组成部分。在对于聚落景观的研究中不光要注意到和人体比例相近的尺度空间，更要以多尺度的眼光关注聚落景观对人居环境造成的影响。本文将聚落空间分为宏观、中观和微观三个层级，结合相关研究案例，建立适合于乡土聚落不同层级的研究体系，把握影响不同层级乡土聚落景观形成的核心要素，对各个层级的乡土聚落景观进行空间分析。

关键词：乡土聚落；乡土景观；空间结构

Abstract: The rural settlement is embedded in the natural background. It is the carrier of the thousands of years of farming civilization of the Chinese nation and an important part of building a beautiful China. In the study of the settlement landscape, it is necessary not only to notice the scale space similar to the proportion of the human body, but also to pay attention to the impact of the settlement landscape on the living environment with multi-scale vision. This paper divides the settlement space into three levels: macro, meso and micro. Combined with relevant research cases, it establishes a research system suitable for different levels of local settlements, grasps the core elements that affect the formation

of different levels of rural settlements, and settles at various levels of local settlements. Landscape analysis of the landscape.
Keyword: Vernacular Settlement; Vernacular Landscape; Spatial Structure

隔代养育友好型社区交往空间优化策略研究

——以济南市雪山片区为例

Study on Optimization Strategy of Intergenerational and Friendly Community Communication Space

—Taking Xueshan Area of Jinan City as an Example

匡绍帅　肖华斌　郑　峥

摘　要：抚养教育阶段的家庭要面对养老、养幼和工作的三重压力，老人带孩子的组合大量出现在社区中，隔代养育成为解决年轻人压力的主要途径。现有的社区规划中，居民多以小区道路为日常活动场地，优质交往空间缺乏。打造隔代养育友好型社区，为老人和孩子提供良好的交往空间成为亟待解决的问题。社区交往空间中老人和孩子首先考虑的是安全性；其次是各类设施、人性化设计以及良好的社区交往氛围。安全性提升主要通过优化出行路线和打造具有参与性的社区景观。合理配比各类设施，加强实用性和性价比；强调人性化设计，增加无障碍设施。在时空领域，找到隔代养育家庭外出时间规律，从时间上灵活划分空间使用，确保老人和儿童有足够的空间权利。通过物质环境与隔代养育之间的互动关系，优化社区交往空间，营造合理的空间使用体系和良好的社区氛围。
关键词：隔代养育；交往空间；安全；生态；参与性

Abstract: The family in the period of raising education should face the triple pressure of old-age care, child-rearing and work. The combination of old people and children is present in the community. The generation of parenthood has become the main way to solve the pressure of young people. In the existing community planning, residents often use community roads as daily activities venues, and there is a lack of quality communication space. Creating a friendly community through generations and providing a good space for communication between the elderly and children has become an urgent problem to be solved. The first consideration for the elderly and children in the community interaction space is safety; secondly, various facilities, humanized design and good community communication atmosphere. Security improvements are primarily through optimizing travel routes and creating a participatory community landscape. Reasonable matching of various facilities, enhance practicality and cost performance; emphasize humanized design and increase barrier-free facilities. In the field of time and space, we find the law of time out for raising families, and divide the use of space from time to ensure that the elderly and children have sufficient space rights. Through the interaction between the physical environment and the intergenerational parenting, optimize the community communication space, create a reasonable space use system and a good community atmosphere.
Keyword: Breeding Through Generations; Communication Space; Safety; Ecology; Participation

共享经济视角下开放街区的公共空间利用模式研究

Study on the Public Space Utilization Model of Open Blocks: A Viewpoint of Sharing Economy

李　秦　王中德

摘　要：长期以来，封闭式的小区管理造成了城市空间资源的巨大浪费，随着我国城市规划重点由增量规划转为存量规划，国务院出台了开放街区政策，但开放街区的发展同时面临着机遇和挑战。在此背景下，如何利用开放街区的公共空间资源，并缓解开放带来的多方利益冲突，成为亟待研究的问题，而共享经济的快速崛起为此提供了新思路。本文从共享经济模式和公共空间本身属性的角度，探讨了开放街区公共空间共享的可行性，在此基础上提出了基于产权政策引导、共享平台搭建和二维共享空间打造的开放街区公共空间利用模式。

关键词：共享经济；开放街区；公共空间；利用模式

Abstract: For a long time, closed community has caused great waste of urban space resources. With the change of the emphasis of urban planning in China from incremental planning to inventory planning, the state council has launched the open block policy, but the development of open blocks faces both opportunities and challenges. In this context, how to make use of the public space resources of open blocks and mitigate the conflicts of interests caused by the opening has become an urgent problem to be studied. While the rapid rise of the sharing economy has provided a new idea. This paper discusses the feasibility of public space sharing in open blocks from the perspective of sharing economic model and the nature of public space itself. On this basis, it puts forward the public space utilization model of open blocks based on property right policy guidance, sharing platform construction and two-dimensional Shared space construction.

Keyword: Sharing Economy; Open Blocks; Public Space; Utilization Model

观赏草的人文与生态价值在景观中应用现状与潜力探析

Analysis on the Application Status and Potential of Cultural and Ecological Value of Ornamental Grass in Landscape

郭真真

摘　要：在当今城镇化进程不断推进并大力提倡生态文明建设的背景下，观赏草特有的文化内涵与生态特性使其在棕地生态修复与乡村景观规划中有很好的应用前景。通过大量文献研究以及案例分析，可得出以下结论：作为能契合"乡愁"文化的景观元素，观赏草在乡村景观规划设计中已开始应用，并有较大的潜力；在生态修复实践中，重金属耐受与超富集植物是植物修复技术的基础，从对耐镉、铅、砷、硒的植物中可筛选出部分观赏草，但种类较少，且观赏性有限；在生态湿地中，观赏草应用较多，景观效果与净化水质功能兼备。

关键词：风景园林；观赏草；人文价值；生态价值；生态修复

Abstract: Under the background of continuous promotion of ecological civilization construction in current urbanization process, the unique cultural connotation and ecological characteristics of ornamental grass make it a promising application prospect in the ecological restoration of brown land and rural landscape planning. Through a large number of literature studies and cases analysis, the following conclusions can be drawn: as a landscape element that can fit the "nostalgia" culture, ornamental grass has been applied in the planning and design of rural landscape and has great potential; in the practice of ecological restoration, Hyperaccumulators are the basis of phytoremediation technology. Some ornamental grasses can be selected from plants resistant to cadmium, lead, arsenic and selenium, but there are few species which meanwhile are limited in ornamental value; ornamental grass were widely applied in ecological wetland, performing both landscape effect and water purification function.

Keyword: Landscape Architecture; Ornamental Grass; Cultural Value; Ecological Value; Ecological Remediation

社区公园典型植物群落夏冬季小气候适宜性以及对人体舒适度的影响比较研究

——以石景山区古城公园为例

A Comparative Study on the Adaptability of Typical Plant Communities in Summer and Winter in Community Parks and Their Influence on Human Comfort

—Taking the Ancient City Park in Shijingshan District as an Example

郭君仪

摘　要：社区公园作为与城市居民距离最近、生活最为密切相关的城市公园绿地，它对于居民的户外活动及社会交往起着非常重要的作用。本文通过对石景山区古城公园内植物景观配置进行分类，选取典型植物群落监测点，分别在夏季与冬季各选择三天进行温湿度及风速监测。将监测结果整理分析后结合人体舒适度计算公式，总结不同植物群落对人体舒适度的影响，并对石景山区社区公园的植物景观配置提出优化建议，以在除了美观感受之外，更深层次地满足居民日益增长的生态文明需要。
关键词：社区公园；植物群落；小气候；人体舒适度

Abstract: As the urban park green space closest to the urban residents and the most closely related to life, the community park plays an important role in the outdoor activities and social interaction of the residents. This paper classifies the plant landscape configuration in the ancient city park of Shijingshan District, selects the typical plant community as monitoring points, and monitors the temperature, humidity and wind for three days in summer and winter respectively. I organize the analysis of the monitoring results and combine the human comfort calculation formula to summarize the impact of different plant communities on human comfort, and propose optimization suggestions for the plant landscape configuration of Shijingshan Community Park. The purpose is to meet the growing needs of the ecological civilization of the residents in addition to the aesthetic feeling.
Keyword: Community Park; Plant Community; Microclimate; Human Comfort

基于 RS 和 GIS 技术的绿色网络构建方法研究

——以武汉市为例

Green Network Building Base on RS and GIS Illustrated by the Case of Wuhan

郭熠栋

摘　要：我国城市化步伐的不断加快和城市建设用地的持续扩张，使得城市生境破碎化程度日益严重。传统的绿地系统规划从“二维平面”分析用地的角度提升城市的环境品质，然而其忽略了非建设用地与建设用地的功能延续，未能在城市整体层面形成一个网络体系。同时，党的十九大后的生态文明建设和近年来大规模的绿道建设正为生态与游憩网络体系构建提供契机。因此，本文引入遥感（RS）和地理信息系统（GIS）技术作为绿色网络构建的手段，对于基于 RS 和 GIS 技术绿色网络构建方法进行初步阐述，并选取武汉市为研究对象，基于 RS 提取绿色斑块与廊道，对市域范围内的各类生态要素进行解译及评价，并通过 GIS 进行生态、游憩、人文等多因子分析，最终构建市域及城区的“三维立体”绿色网络。武汉市绿色网络的构建形成了城乡一体的绿地环境及具有整体性与连续性的绿地系统结构，为我国生态文明建设提供科学理论与实践依据。

关键词：RS；GIS；绿色网络

Abstract：The accelerating pace of urbanization in China and the continued expansion of urban construction land have made urban habitat fragmentation increasingly serious. The traditional green space system planning enhances the urban environmental quality from the perspective of "two-dimensional plane" analysis of land. However，it ignores the functional continuity of non-construction land and construction land，and fails to form a network system at the overall level of the city. At the same time，the construction of ecological civilization after the 19th National Congress and the large-scale greenway construction in recent years are providing opportunities for the construction of ecological and recreational network systems. Therefore，this paper introduces RS and GIS technology as a means of green network construction，and preliminarily expounds the green network construction method based on RS and GIS technology，and selects Wuhan as the research object，extracts green patches and corridors based on RS，and applies to the city scope. Interpretation and evaluation of various ecological elements within the system，and through GIS for ecological，recreational，human and other multi-factor analysis，and finally build a "three-dimensional" green network in the city and urban areas. The construction of the green network in Wuhan has formed a green space environment integrated with urban and rural areas and a green space system structure with integrity and continuity，providing scientific theory and practical basis for the construction of ecological civilization in China.
Keyword：RS；GIS；Green Network

大巴山乡村聚落设计研究

——以城口县东安镇鲜花村规划设计为例

Research on Rural Settlement Design in Dabashan

—Take the Planning and Design of Xianhua Village in Dongan Town，Chengkou as an Example

郭钰珠　邓　宏　邓　罗　辰　尘

摘　要：大巴山地区受高山特殊的地形特点和地理位置影响，有丰富的自然资源和多元的文化，乡村聚落形态多样，村民建设意愿复杂，经济落后，乡村建设处于起步阶段。本文运用实地调研法、文献资料法和多学科综合研究，通过现状调查、问题分析、策略提出、实践探索，针对自然资源丰富但贫穷落后的大巴山高山地区聚落现状问题，探讨巴山地区乡村聚落的聚落规划与设计策略。深入研究巴山地区传统聚落，确定其自然要素中的地形因子、人文要素中的文化因子和经济要素中的业态因子等影响巴山地区传统聚落的关键因子，进而从空间形态、山水格局、文化要素和人居环境中提取控制方法。从微观到宏观的层面分类指导。在契合乡村建设的浪潮下保护和复原巴山传统聚落，改善人居环境，还原乡村风情。对大巴山乡村聚落规划建设提出指导意见和技术思路。
关键字：大巴山；乡村聚落；设计策略

Abstract：Due to the special topographic features and geographical position of the mountains，the mountain region of Dabashan has rich natural resources and diversified culture. The rural settlements there are in diverse forms. The villager's will for construction is complex，and the economy there is rather backward. The rural construction is still in its beginning stage. In view of the present situation of settlements such as rich in natural resources but poor and backward in the high mountainous regions of Dabashan，this paper adopts the research method of field investigation，literature research and multidisciplinary comprehensive research，and discusses the settlement planning and design strategy of rural settlements in the mountain region of Dabashan through the status investigation，problem analysis，strategy proposal and practical exploration. It determines the key factors which influences the traditional settlements in the Dabashan region，such as topographic factors，cultural factors in humanistic factors and operational factors in economic factors through the in-depth study of the traditional settlements in the Dabashan region，and then extract the control methods from the spatial form，landscape pattern，cultural elements and habitat environment of the Dabashan region. It gives the classified guide from the microcosmic level to the macroscopic level and tries to protect and restore the traditional settlements of Dabashan region，improves the living environment and restores the original rural customs under the tide of rural construction，thus putting forward the guiding opinions and technical ideas for the planning and construction of rural settlements in Dabashan region.
Keyword：Dabashan；Rural Settlements；The desing Strategy

海岛村镇景观空间的现状与适应性再生策略初探

——以舟山东极镇群岛为例

Present Situation of Landscape Space and Preliminary Study of Adaptive Regeneration Strategy in a Certain Island Village

——A Case Study Based on Dongji Island

杜春兰　常　贝

摘　要：海岛村镇空间的再生是繁荣海岛文化和加强海岛经济建设的基础。基于海岛的规模，大多数海岛上人们的聚集区是以村镇作为基本单元，因此，合理地对海岛村镇空间进行规划不仅可以实现海洋发展与人类生存的共融，还能保证海洋经济持续稳定的发展。本文主要从东极群岛中的庙子湖岛和东福山岛空间格局、建筑布局、景观现状等方面分析了海岛建设现状以及场地的制约性条件，并在此基础上初步提出海岛村镇空间建设策略，以期我国海岛村镇空间在承载文化记忆的同时能够在当代社会实现适应性再生。

关键词：山地空间；海岛城镇；景观格局；适应性再生

Abstract：The regeneration of the island villages and towns is the foundation for the prosperity of the island culture and economic construction. Based on the size of the island，Villages and towns are often as the basic unit of the colony on the island. Therefore，a reasonable plan with the island village space can not only ensure the development of economy，but also can realize the ocean development and the communion of human existence，and to ensure sustainable development of Marine economy. This article is mainly from village space pattern，architectural layout and landscape present situation in the Miaozihu island and Dongfushan island. After an analysis of the current situation of island construction，the paper puts forward the island village space construction strategy，in order to realize adaptive regeneration in modern society with cultural inheritance and preservation.

Keyword：Mountain Space；Island Villages and Towns；Landscape Pattern；Adaptive Regeneration

杭州地区雨水花园植物选择及配置研究

——以杭州长桥溪水生态修复公园为例

On Plant Collocation and Landscaping Design of Rain Garden

—Taking Changqiao Stream Eco-Restoration Park in Hangzhou as Example

马道原　舒　也　史　琰　包志毅

摘　要：以低影响开发模式表现的雨水花园，是构建海绵城市的绿色"海绵体"。杭州长桥溪公园是杭州市公共绿地系统中首个雨水花园，是公认的雨水花园优秀案例，也是后续江浙沪地区其他雨水花园建设的典范。植物在雨水花园中起至关重要的作用，适合于地区生长条件的植物种类及景观效果良好的植物配置模式的研究成果能为江浙沪地区未来雨水花园中植物的应用及研究提供参考。基于植物景观效果，雨水花园林下植物选择搭配研究相较于高大乔木树种选择配置目前更为薄弱。而林下植物景观较林上植物在物种多样性、观赏特性、景观时序以及与基底景观的和谐性上更加丰富多样和能够体现景观价值。研究采用实地调查与数据分析相结合的方法，针对植物的气候适应性，着重从植物选择与配置角度进行研究，对雨水花园植物配置中的林下植物景观进行记录，并采用AHP层次分析法对园内林下植物的配置效果进行评价。总结出杭州雨水花园的常用植物以耐旱涝、根系发达的植物为主，其主要的植物种类有以下4种：乔木类：广玉兰、垂柳、香樟、红枫等；灌木类：孝顺竹、贴梗海棠、云南黄馨等；草本类：萱草、大吴风草、细茎针茅等；水生植物：芦苇、唐菖蒲、黄菖蒲、鸢尾、千屈菜、旱伞草等。依据生长区域、植物观赏特性等方面，总结出植物种类表，并归纳出景观效果良好的林下植物配置模式如下。模式A：八仙花＋杜鹃＋黄菖蒲＋梭鱼草＋香蒲＋旱伞草；模式B：八角金盘＋千屈菜＋美人蕉＋鸢尾＋黄菖蒲＋灯心草＋再力花。
关键词：长桥溪公园；植物选择；林下植物配置；AHP层次分析法

Abstract: The rain garden, which is represented by the low-impact development model, is a green "sponge" constructed in a sponge city. Changqiao Stream Eco-Restoration Park is the first rain garden in the public green space system of Hangzhou. It is recognized as an excellent case of rain garden and a model for other rainwater gardens in Jiangsu, Zhejiang and Shanghai. Plants play a crucial role in rain gardens. Research results of plant species suitable for growing conditions in the region and plant configuration model with good landscape effect can provide reference for the application and research of rainwater gardens within plants in Jiangsu, Zhejiang and Shanghai in the future. Based on the effect of plant landscape, the selection and collocation of plants under rainwater garden is weaker than that of tall tree species. The undergrowth plant landscape is more diverse in species diversity, ornamental characteristics, landscape timing and the harmony with the base landscape, reflecting the landscape value. Comparison of the landscape with the forest, undergrowth plant landscapes are more diverse and reflect the value of landscape in terms of species diversity, ornamental characteristics, time sequence of landscape and the harmony of the base landscape. The study combines the methods of field survey and data analysis. In view of the climate adaptability of plants, the research focuses on the selection and allocation of plants, and records the undergrowth plant landscape in the plant configuration of rain garden. It uses Analytic Hierarchy Process to evaluate the distribution effect of undergrowth plants in the garden. The commonly used plants in rain-gardens in Hangzhou are mainly drought-tolerant and well-developed plants. The main plant species are the following. Trees: *Magnolia Grandiflora*, *Salix babylonica*, *Cinnamomum camphora*, *Acer palmatum* '*Atropurpureum*'; Shrub species: *Bambusa multiplex*, *Chaenomeles speciosa*, *Jasminum mesnyi*; Herbs: *Hemerocallis fulva*, *Farfugium japonicum*, *Stipa tenuissima*; Aquatic plants: *Phragmites australis*, *Gladiolus*×*gandavensis*, *Iris pseudacorus*, *Iris tectorum*, *Lythrum salicaria*, *Cyperus alternifolius*. According to the growth area and the ornamental characteristics of the plant, the table of plant species and the distribution pattern of undergrowth plants with good landscape effect were summarized as follows. Mode A: *Hydrangea macrophylla*＋*Rhododendron simsii*＋*Iris pseudacorus*＋*Pontederia cordata*＋*Typha orientalis*＋*Cyperus alternifolius*. Mode B: *Fatsia japonica*＋*Lythrum salicaria*＋*Canna indica*＋*Iris tectorum*＋*Iris pseudacorus*＋*Juncus setchuensis*＋*Thalia dealbata*.
Keyword: Changqiao Stream Eco-Restoration Park; Plant Selection; Undergrowth Plant Configuration; Analytic Hierarchy Process

杭州西湖风景名胜区佛教文化景观在山水园林中的实践

Practice of Buddhist Culture Landscape in Landscape Architecture in Hangzhou West Lake Scenic Spot

郑黛丹

摘　要：本文将收集定义佛教文化景观概念，并对其进行分类，梳理佛教文化景观所具有的功能。通过探究杭州西湖风景名胜区佛教文化景观的人文地理背景对其进行分析，从其宗教意义、历史价值、空间分布、山水意境、园林植物等方面进行阐述和总结。归纳总结杭州西湖风景名胜区山水结构对于佛教文化景观的影响与其所具有的特点。
关键词：佛教文化景观；西湖风景名胜区；风景园林；杭州

Abstract: This paper will collect and define the concept of Buddhist cultural landscape, classify it, and sort out the functions of Buddhist cultural landscape. By exploring the humanistic and geographical background of Buddhist cultural landscape in Hangzhou West Lake Scenic Area, this paper expounds and summarizes its religious significance, historical value, spatial distribution, landscape artistic conception, garden plants and other aspects. This paper summarizes the impact of landscape structure on Buddhist cultural landscape in Hangzhou West Lake Scenic Area and its characteristics.
Keyword: Buddhist Cultural Landscape; West Lake Scenic Area; Landscape Architecture; Hangzhou

河北省平山县古中山陵园景观规划设计

Landscape Planning and Design of Ancient Zhongshan Cemetery in Pingshan County，Hebei Province

郭　畅

摘　要：我国的现代公共墓园景观设计较世界水平存在一定差距，且自身存在诸多问题，这使得其研究价值意义凸现。本文在所论述的实际项目——河北省平山县古中山陵园景观规划与设计中，探讨如何以园林式的公墓规划布局和结合当地文脉的设计方式，来解决我国现阶段墓园存在的缺乏文化内涵与文脉传承、大量开发导致青山白化、墓园气氛荒凉阴森等一系列问题。设计实践从宏观的规划策划、中观的场地空间规划设计、微观的景观节点设计等不同层面上，营建园林式的公墓形式，力求将荒凉恐怖的传统“义地”形象转变为逝者与生者灵魂交流的“逸境”空间。
关键词：墓园；园林式；景观设计；生态化；古中山陵园

Abstract：The landscape design of modern public cemeteries in China is far from the world level，and there are many problems in the design，which makes the study of the value of landscape design highlight the significance of the cemetery. This article discusses the actual project - Pingshan County，Hebei Province，Zhongshan Mausoleum ancient landscape's planning and design. It will explore how to use the garden-style cemetery layout and design approach combining local context，to solve the problems of lacking in cemetery meaning and context of cultural heritage，resulting in a large number of developing albino cemetery in a desolate atmosphere. This design practices from different level such as macro planning，space planning and design，micro landscape node design，and strive to change the bleak horror tradition of “Yidi” into “Yijing” Space for the dead and the living soul to communicate with each other.
Keyword：Cemetery；Garden-style；Landscape Architecture Design；Ecological；Ancient Zhongshan Cemetery

花藏世界，景物天成

——藏传佛教寺院塔尔寺寺前区广场规划设计解析

A Study on Protection and Inheritance of Tibetan Buddhism Setting

—A Case Study of the Square Planning and Design before the Kumbum Monastery

李程成

摘　要：保护和传承藏传佛教寺院周边环境，协调好文化保护与旅游开发的冲突，对实现文化与经济的双重复兴具有重要意义。塔尔寺不仅是历史遗迹，更是仍保持原使用功能并有着强盛生命力的藏传佛教寺庙。塔尔寺寺前区广场修建性详细规划建立在尊重和保护环境的基础上，注重融新和发展，对具有小社会性质的藏传佛教寺院的宗教活动、僧人生活、宗教文化艺术的传承以及旅游开放需求进行综合考虑。从“花藏世界，景物天成”“事半功倍，灵活多变”两大层面来分析和解决寺前区广场在塔尔寺文化的保护、传承与发展过程中存在的综合问题，将经济效益、社会效益和自然效益凝聚成一体的诗篇。
关键词：风景园林；塔尔寺；藏传佛教；周边环境；保护

Abstract：Kumbum Monastery is Tibetan Buddhism temple that still preserves intrinsically use function and has great vitality. How to protect and inherit Tibetan Buddhism culture and coordinate culture protection and tourism development and eventually achieve renaissance of culture and economy，what has important meaning to economic growth and culture development in the west. The square planning and design before the Kumbum Monastery that is constructed on the protection and inheritance，lays emphasis on development and assimilating the new and considers religious activities of Tibetan Buddhist monasteries with a small social nature，monkdom，the inheritance of religious culture and art and

tourist open as a whole. Landscape pattern, construction culture of Tibetan Buddhism and functional space for religious activities are analyzed to solve the problem of ecological, economical and social benefits.
Keyword: Landscape Architecture; Kumbum Monastery; Tibetan Buddhism; Setting; Protection

机构改革背景下的国家公园体制建设思考

Considerations on Construction of National Park System in the Context of Institutional Reform

严国泰　宋　霖

摘　要：通过对2012年以来的生态文明建设的相关政策的回顾，结合2018年的机构改革中自然资源部的组建和国家公园管理局的挂牌，探讨国家公园在新的时代背景下所包含的生命共同体，绿水青山规划先行，共建共享等新内涵。对比外国国家公园体系，讨论现阶段我国国家公园中历史与文化遗产保护功能遗漏、人类活动限定标准过严等问题，梳理我国现有的各类保护地法规，表明综合性高位阶法律的缺失，指出国家公园规划管理不成体系的现状，提出国家公园规划编制体系的4个层面，深化对我国国家公园体制建设初期阶段的认识。
关键词：机构改革；生态文明建设；国家公园；文化遗产；规划体系

Abstract: Reviewing the policies of ecological civilization construction since 2012, the paper discusses the new content of national parks, such as Community of Shared Life, Beautiful Scenery and Planning First, Co-construction and Sharing, etc, in the context of the Ministry of Natural Resources and the National Park Service establishment in the institutional reform in 2018. Comparing with the foreign national park system, the paper reflects the omission of the historical and cultural heritage protection functions and the strict limits on human activities, sorts out the existing regulations on various types of protected areas in China, indicates the lack of comprehensive high-level laws, points out the current situation of the national park planning management system, proposes four levels of the national park planning system, and deepens the understanding of the initial stage of China's national park system construction.
Keyword: Institutional Reform; Ecological Civilization Construction; National Park; Cultural Heritage; Planning System

基于IPA分析法的园博园满意度测评研究

——以郑州园博园为例

A Study on Satisfaction of Garden Expo Park Based on the IPA Analysis Method

—A Case of Zhengzhou Garden Expo Park

张　琳

摘　要：满意度是景区质量重要的测度指标，也是景区发展的基础。研究以郑州园博园为例，采用IPA分析法对8个指标的重要性和满意度进行评价。结果表明：（1）景观特色、景观基础设施和环境氛围是评分最高的3个重要因子；（2）园博园的总体满意度评价为3.78，其中评价者对景区容量、环境氛围和景观特色的满意度评价相对较高；（3）娱乐活动、餐饮购物和景区内外交通3个因子属于弱势区，是景区的主要劣势。针对郑州园博园满意度评价的实际调查情况，提出完善娱乐项目和活动设施、适当增加餐饮购物场所和注意优化整体环境的建议。

关键词：IPA 分析法；满意度；郑州园博园

Abstract：Satisfaction is an important measure of the quality of the scenic spot and the basis for the development of the scenic spot. Taking Zhengzhou Garden Expo Park as an example，the IPA analysis method was used to evaluate the importance and satisfaction of the eight indicators. The results showed that：1）Landscape features，landscape infrastructure and environmental climate are the three most important factors. 2）The overall satisfaction of the Garden Expo Park was 3.78，in which the respondents rated the satisfaction of scenic area capacity，environmental atmosphere and landscape features relatively high. 3）The three factors of entertainment activities，catering and shopping，and transportation within and outside the scenic spot are weak areas，which is the main disadvantage of the scenic spot. According to the actual investigation of the satisfaction evaluation of Zhengzhou Garden Expo Park，suggestions for perfecting entertainment projects and activity facilities，appropriately increasing food and beverage shopping places and paying attention to optimizing the overall environment are proposed.
Keyword：IPA Analysis Method；Satisfaction；Zhengzhou Garden Expo Park

基于 SWMM 模型的新建区海绵城市雨洪控制利用模拟研究

Simulation Study on Stormwater Management of Sponge City in New Area based on SWMM Model

高　兆　卢艳香

摘　要：以北京市顺义区文化中心景观为例，在全年连续降雨条件以及场降雨条件下，运用 SWMM 模型对研究区现状模式、传统开发模式以及海绵城市开发模式进行水量和水质的控制利用效果研究。结果表明，海绵城市开发模式与传统开发模式相比：（1）在全年连续降雨条件下，年径流总量和峰值流量分别降低了 45.1%和 39.9%，SS、COD、TP、TN 年负荷总量分别降低了 40.9%、40.5%、38.9%、45.2%；（2）在场降雨条件下，中小雨型峰值流量、径流总量、径流系数均有明显消减，分别高达 27.4%、61.5%、80.7%；在大到暴雨型条件下，峰值流量、径流总量、径流系数消减作用不明显，分别为 3.3%、7.5%、9.3%；在 1 年一遇、5 年一遇、10 年一遇降雨强度下，各类污染物总量消减率均在 45%以上，但在 50 年一遇降雨强度下，各类污染物消减率迅速下降，SS、COD、TP、TN 的消减率分别只有 4.0%、4.2%、5.3%、5.6%。
关键词：SWMM；海绵城市；LID

Abstract：Taking the cultural center landscape of Shunyi District of Beijing as an example，the SWMM model was used to study the effect of water quantity and quality control and utilization under the condition of continuous rainfall and field rainfall，corresponding to the current mode，the traditional development mode，and the sponge city development mode. The results show that compared with the traditional development mode，the sponge city development mode：①the total annual runoff and peak runoff decreased by 45.1% and 39.9% respectively，and the total annual loads of SS，COD，TP and TN decreased by 40.9%，40.5%，38.9% and 45.2% respectively under the condition of continuous rainfall. ②The peak discharge，total runoff and coefficient of runoff decreased significantly，reaching 27.4%，61.5% and 80.7% respectively，while the peak discharge，total runoff and coefficient of runoff didn't significantly reduce under the condition of heavy rain，respectively，reaching 3.3%，7.5% and 9.3%. Under the intensity of once-in-a-year rainfall and once-in-a-decade rainfall，the total reduction rate of all kinds of pollutants was above 45%. But under the intensity of once-in-a-year rainfall，the reduction rate of all kinds of pollutants dropped rapidly. The reduction rates of SS，COD，TP and TN were only 4.0%，4.2%，5.3% and 5.6% respectively.
Keyword：SWMM；Sponge City；LID

“还河于民”
——基于参与性和体验性的城市古运河景观营造策略研究

Research on Urban Ancient Canal Landscape Construction Strategy Based on Participation and Experience

聂文彬

摘　要： 大运河的申遗成功和目前诸多城市正在进行的老城区改造运动为古运河的再次兴盛带来了新的契机。本文从提高运河场所在当前背景下的参与性与体验性出发，明确在风景园林视角下参与性与验性的概念，然后分别从功能需求和情感需求两个方便研究其影响因素。最后本文以江阴市锡澄运河公园景观规划设计为例提出三点策略：（1）通过延续土地机理、植物空间营造、驳岸优化等营造独特的运河风景；（2）通过功能活动植入、绿道贯通、夜景营造、基础设施规划等融入多彩的百姓生活；（3）通过文化的根植、载体的表达、情感的共鸣来讲述并延续千年运河的故事，为相关规划提供借鉴和参考。
关键词： 运河；文化；心理需求；参与性；体验性；江阴

Abstract： The successful application of the Grand Canal and the ongoing urban renewal movement in many cities have brought new opportunities for the revival of the ancient canal. From the perspective of landscape architecture, this paper clarifies the concepts of participation and experimentation in order to improve the participation and experience of canal sites in the current context, and then studies the influencing factors from the perspective of functional needs and emotional needs. Finally, this paper takes the planning and design of Xicheng Canal Park in Jiangyin City as an example to propose three strategies：(1) to create a unique canal landscape through the continuation of land mechanism, plant space construction, bank optimization, etc. (2) to integrate into the colorful life of the people through functional activities implantation, greenway through, night scene construction, infrastructure planning, etc. (3) To tell and continue the story of Jiangyin for thousands of years through cultural roots, expression of carriers, emotional resonance, and provide reference for relevant planning.
Keyword： Canal；Culture；Psychological Needs；Participatory；Experiential；Jiangyin

基于城市交通微循环理论的社区级绿道系统选线规划研究
——以北京市海淀区安德里街区为例

Preliminary Study on the Method of Community - Level Greenway Route Selection Based on Micro-circulation Theory
—A Case Study of Andili District in Beijing

贾子玉

摘　要： 随着城市化进程加快，城市街区内交通拥堵、环境恶劣、绿地缺失现象严重，为解决这一问题并实现城市居民对绿色生活与生态文明的需求，提出将构建开放社区、交通微循环系统与社区绿道规划相结合，以实现社区交通纾解与生态环境提升。研究以安德里社区为例，在实地调研的基础上梳理并重构社区内交通微循环体系，结合现状、潜在公共资源形成研究底图。其次借助 ArcGIS 网络分析工具，以生活交通、通勤交通最短路径为主要考虑因素进行绿道选线，并将筛选路线进行叠加分析，得到绿道选线初步结果。最终结合线路周边社区公共资源分布情况进行线路调整优化，使社区交通和绿道系统趋于完善。研究旨在为北京市老旧街区绿道规划设计及生态型城市建设规划提供科学参考意义。
关键词： 交通微循环；开放社区；社区绿道；便捷通勤

Abstract: With the acceleration of urbanization, environmental problems like traffic congestion, lack of green space is serious in urban blocks. To solve this problem and realize the demand of urban residents for green and ecological lifestyle, it is proposed to combine open community theory, micro-circulation theory and community greenway planning together to achieve community improvement. The study takes the Andeli community as an example. Based on field research, it combs and reconstructs the traffic micro-circulation system in the community, and combines the status and potential public resources to form a research base map. Secondly, with the help of ArcGIS network analysis tools, the greenway route selection and the screening route are superimposed and analyzed with the shortest path of life traffic and commuting traffic as the main considerations, and the preliminary results of the greenway line selection are obtained. Finally, the line adjustment and optimization will be carried out in combination with the distribution of public resources around the line, so that the community traffic and greenway system will be perfected. The research aims to provide scientific reference significance for greenway planning and design and eco-city construction planning in the old districts of Beijing.
Keyword: Micro Transportation Circulation; Open Community; Community Greenway; Commuting Convenience

基于低影响开发的山地住区海绵体系构建策略研究

Study on the Strategy of Building Sponge System in Mountainous Residential Area Based on Low Impact Development

李景辉　毛华松　魏映彦

摘　要：山地城镇复杂地貌增加了径流流量、流速、水质以及就地消纳和利用的难度，是当前山地城市海绵体系建构的亟待突破的问题，而住区作为其中重要的局域集水单元，其海绵体系的建构对山地城市具有重要的意义。基于重庆市悦来新城海绵住区设计实践，梳理出LID设施立地条件困难，汇水单元破碎化、连接度弱等山地海绵住区建设问题，提出局域层级式雨景单元系统的建构策略。并以首地·江山赋为例，构建2种典型的海绵空间建设类型：行列式布局下小而分散、散点式布局下大而集中的适宜性雨景单元系统。以期促进对山地住区降雨径流过程管控策略的优化，为其低影响开发建设提供理论与实践经验。
关键词：低影响开发；海绵城市；山地住区；雨景单元；海绵体系

Abstract: The complex landform of mountainous towns increases the difficulty of runoff flow, flow velocity, water quality and in-situ absorption and utilization. It is an urgent problem to be solved in the construction of sponge system in mountainous cities. As an important local water collecting unit, the construction of sponge system in residential areas is of great significance to mountainous cities. Based on the design practice of sponge residential area in Yuelai New Town of Chongqing City, the problems of LID facilities construction, such as difficult site conditions, fragmentation of catchment units and weak connectivity, are sorted out, and the construction strategy of local hierarchical rain landscape unit system is put forward. Taking Jiangshan Fu as an example, construct the suitability of the rain landscape unit system in two typical types of sponge space: small and scattered in determinant layout and large and concentrated in scattered layout. In order to promote the optimization of the management and control strategy of rainfall and runoff process in Mountainous Residential areas, and provide theoretical and practical experience for its low impact development and construction.
Keyword: Low-impact Development; Sponge City; Mountainous Residential Areas; Rain Landscape Unit; Sponge City

基于多尺度视角下的乡村旅游产业布局模式研究

——以诸暨市浬浦镇旅游产业规划为例

Research on Rural Tourism Industry Layout Model Based on Multi-scale Perspective

—Take the Tourism Industry Planning of Lipu Town in ZhuJi as an Example

彭 浪 游 炼

摘 要：乡村旅游因其具有农民增产增收、农业多元经营、农村美丽繁荣的作用，已成为乡村振兴中的重要引擎。乡村旅游产业的科学化、体系化布局是发挥全域资源最大效益和保证旅游产业可持续发展的关键，但当下部分乡村在旅游开发过程中景区独立、景村联动弱等问题凸显，全域统筹性考虑不足，且乡村资源分散、地形限制等因素也对旅游产业的体系化布局进一步造成阻碍。文章从镇域、村域、社区或景区的多尺度视角出发，进一步探索乡村旅游产业布局模式，提出"域尺度：资源成组，建构多景区式的旅游产业总体结构"、"村域尺度：村景融合，社区与景区功能联动"、"社区或景区尺度：立足乡村性，落实项目具体内容"的体系建构策略，并以浬浦镇旅游产业规划进行实证研究。

关键词：多尺度；乡村旅游；产业体系；产业布局

Abstract: Rural tourism has become an important engine in Rural Revitalization because of its role in increasing farmers' output and income, diversified agricultural management, and beautiful and prosperous countryside. The scientific and systematic layout of rural tourism industry is the key to bring into full play the high benefit of resources and the sustainable development of tourism industry in the whole region, and rural resources scattered, terrain constraints and other factors also impeded the systematic layout of the industry. From the multi-scale perspective of towns, villages, communities or scenic spots, this paper further explores the distribution pattern of rural tourism industry, and puts forward the following suggestions: "domain scale: resources grouping, constructing the overall structure of multi-scenic tourism industry", "village scale: integration of village scenery, functional linkage between community and scenic spots", "community or scenic spot scale: Based on the rural nature, the specific content of the project" system construction strategy, and Li Pu town tourism industry planning for empirical research.

Keyword: Multi Scale; Rural Tourism; Industrial System; Industrial Layout

基于多学科合作的文化遗产廊道构建研究

——以山西省大同市沿古长城为例

Construction for Cultural Heritage Corridor Based on Multidisciplinary Cooperation

—Take the Ancient Great Wall along Datong City, Shanxi Province as an Example

税嘉陵

摘 要：该研究以风景园林为主导，结合地理信息系统、生态造林、水土保持、建筑学、文化旅游、文物保护等多学科的合作，运用景观生态学与可持续发展理论等，从遗产资源保护、游憩系统开发、经济产业引导三个方面出发，采用综合评价法、层次分析法、因子叠加法等分析方法，对山西省大同市沿古长城文化遗产廊道构建方法进行研究，以达到保护与开发、文化与生态、景观与社会的和谐，为文化遗产廊道的保护与发展提供基础性研究框架。

关键词：大同古长城；遗产廊道；多学科合作

Abstract: The research is on the basis of landscape architecture and combined with geographic information system, ecological afforestation, soil and water conservation, architecture, cultural tourism, cultural relic protection and other multidisciplinary cooperation. We employ landscape ecology and sustainable development theory to analyze the construction of the ancient Great Wall cultural heritage corridor in Datong City, Shanxi Province. Three aspects are considered: cultural heritage protection, recreation system and industry guidance. The comprehensive evaluation method, analytic hierarchy process and factor superposition method are used in the research. The research provides a basic framework for the protection and development of cultural heritage corridors which balances culture and ecology, landscape and society.
Keyword: Datong Ancient Great Wall; Heritage Corridor; Multidisciplinary Cooperation

基于功能与地域的乡村景观建设中风景园林的思考

Reflections on Landscape Architecture in the Construction of Rural Landscape Based on Function and Region

方书媛

摘　要：伴随着工业经济的快速发展，乡村景观受到了来自各方面的冲击，出现衰退的趋势。从乡村景观的内涵与价值为切入点，分析了我国乡村景观中面临的危机。结合风景园林的学科特点，从功能价值的重塑与地域特点的再现两方面对乡村景观的可持续发展提出实践途径。最后论述了风景园林师在未来乡村景观发展中的责任与担当。
关键词：风景园林；乡村景观；地域景观

Abstract: Along with the rapid development of the industrial economy, the rural landscape has been impacted by various aspects and has a tendency to decline. From the perspective of the connotation and value of rural landscapes, the crisis in rural landscapes in China is analyzed. Combining the characteristics of landscape architecture, it proposes a practical approach to the sustainable development of rural landscape from the reshaping of functional value and the reproduction of regional characteristics. Finally, the responsibility of landscape architects in the devel-op-ment of future rural landscapes is discussed.
Keyword: Landscape Architecture; Rural Landscape; Regional Landscape

基于海绵理念的桥阴空间景观绩效评价因子研究①

Research on Performance Evaluation Factors of Spatial Landscape under Bridge Based on Sponge Concept

王之羿　万　敏　殷利华

摘　要：桥阴空间利用已有诸多案例，但缺乏设计功效的实证研究，各技术应用与经验总结的扬弃无人得知。因此，桥阴空间利用的优势难以推广和实施。本文基于海绵城市理念，通过文献研究、定性分析和逻辑分析等，对桥阴空间景观绩效的评价原则与目标进行探讨，得出以生态效益显著、排水方式科学、融合城市肌理、美化周边环境等景观优化的目标导向，并结合 EPI 环境绩效评价指数，对桥阴空间景观绩效评价框架和各项指标选择进行探究，得出参考评价因子，为桥阴空间设计实证提供合理的评价指标。
关键词：风景园林；景观绩效；桥阴海绵体空间；可持续发展

① 桥阴海绵体空间形态及景观绩效研究（项目号：51678260）。

Abstract: There are many cases in the use of bridge space, but there is a lack of empirical research on design effects, and no one knows about the application of technology and the summary of experience. Therefore, the advantages of bridge space utilization are difficult to promote and implement. Based on the concept of sponge city, this paper discusses the evaluation principles and objectives of the bridge landscape performance through literature research, qualitative analysis and logic analysis, and draws the advantages of ecological benefits, scientific drainage, blending urban texture, beautifying the surrounding environment, etc. For the goal orientation of landscape optimization, combined with the EPI environmental performance evaluation index, the bridge performance evaluation framework and various indicators selection of bridge space are explored, and the reference evaluation factor is obtained to provide a reasonable evaluation index for the bridge Yin space design.
Keyword: Landscape Architecture; Landscape Performance; Bridge Yin Sponge Space; Sustainable Development

基于混沌论的绿地系统布局多情景优化模拟

——以崇明世界级生态岛创新发展为例①

Multi-scenario Optimization Simulation of Green Space System Layout Based on Chaos Theory

—Taking Chongming as an Example

金云峰　李　涛　周　艳

摘　要：将混沌论引入城市绿地空间研究领域，进行空间布局多情景优化的空间模拟引导，有助于将复杂系统的不可预测性、随机性和科学的规律性、确定性优化框架相协调，为城市绿地系统的演化及优化提供了新的思维视角。在阐明混沌论的理论内涵和研究进展基础上，首先，分析作为一个混沌体系的绿地系统演化特点。其次，探讨基于不确定性的情景规划策略。再次，以上海崇明世界级生态岛为研究案例，以情景规划为研究方法，进行3项目标导向下的绿地系统布局的多情景优化模拟：生态导向、游憩导向、协调导向。最后通过游憩建设适宜性、生态安全性和斑块紧凑性三方面对情景优化模拟方案进行定量评价。结果表明，协调导向性布局尽管在单个属性上均未达到最优，但却是综合效能最大化的情景方案，这也是崇明岛达到“自然生态”和“生态发展”双维度“世界级生态岛”创新发展的空间建设要求所在。
关键词：绿地系统；混沌论；情景规划；不确定性；创新思维

Abstract: Introducing chaos theory into the field of urban green space research, spatial simulation guidance for spatial layout and multi-scenario optimization, which helps to coordinate the unpredictability and randomness of complex systems with the scientific regularity and deterministic optimization framework. The evolution and optimization of the urban green space system provides a new perspective. On the basis of clarifying the theoretical connotation and research progress of chaos theory, firstly, the evolution characteristics of green space system as a chaotic system are analyzed. Secondly, explore the scenario planning strategy based on uncertainty. Thirdly, taking Shanghai Chongming world-class ecological island as a research case, using scenario planning as a research method, we research on three scenarios-oriented multi-scenario optimization simulation of green space system layout: ecological orientation, recreation guidance, and coordination orientation. Finally, the optimization scheme was quantitatively evaluated through three aspects: recreation suitability, ecological security and plaque compactness. The result shows that although the coordination-oriented layout is not optimal in terms of individual attributes, but it is the scheme with maximum comprehensive efficiency. This is also the space construction requirement for Chongming Island to achieve the innovative development of "world-class ecological island" in the two-dimensional "natural ecology" and "ecological development".
Keyword: Green Space System; Chaos Theory; Scenario Planning; Uncertainty; Innovative Thinking

① 基金：上海市城市更新及其空间优化技术重点实验室开放课题资助（编号201820303）。

基于空间潜力量化分析的城市型绿道识别与构建研究

——以海淀区为例[①]

The Identification and Building Pattern Research of Urban Greenway Network Based on Space Potential

张文海　李　倞

摘　要：城市型绿道作为一种深入城市内部的多功能公共空间网络，其建设可以有效改善城市交通状况、提高居民生活品质，推广慢行城市生活方式，是城区存量空间优化的重要途径。目前针对建成区城市型绿道的研究相对不足，特别是绿道网络识别中尤其缺乏对城区土地转化潜力这个关键因素的考虑。因此，本研究针对该类型绿道与城市生活联系密切，更容易受到城市用地制约的特点，结合国内外城市型绿道相关设计实例对其进行再分类研究，并在现行城市用地分类标准的基础上，挖掘潜在用地资源，提出更加精细化的土地分类。此外，探索一种基于GIS空间分析（城市土地使用潜力评价）和土地适宜性评估程序进行定量化的潜在性城市型绿道用地识别的途径，并以北京海淀区为例开展实证研究，为未来中国城市空间向紧凑型、精细化发展探索有效路径。

关键词：风景园林；绿色基础设施；空间挖潜；城市更新

Abstract: In a matter of speaking, as a multifunctional public space network deep into city, the construction of urban greenway network, which can effectively improve the traffic condition, raise the residential quality and promote slow traffic lifestyle, is an important means of urban stock space optimization. The present research of urban greenway in built-up areas was relatively insufficient, especially in the study on the one key factor——the potential of urban land conversion in network identification. From what we have mentioned, this paper is aimed at the characteristic of this kind of greenways that is closely connected with urban life and is easily constrained by urban land use and residents demand. In the new data environment, multiple heterogeneous spatial information is used to intentionally explore the means of urban greenway network identification with the mature land suitability assessment process based on GIS spatial analysis (the evaluation of urban land use potential). An empirical research is also conducted in Beijing Haidian district, exploring an effective way for the development of compact and intensive city in the future of China.

Keyword: Landscape Architecture; Green Infrastructure; Space Potential; Urban Renovation

基于民生导向下可持续发展的乡村营建策略研究

——以大巴山地区重庆城口县沿河乡为例

Research on Rural Construction Strategy Based on Sustainable Development under the Guidance of People's Livelihood

—Take the YanheVillage of Chengkou in Chongqing as an Example

周　薇　王　亮　邓　宏

摘　要：随着城市快速发展，山地乡村聚落疏于保护而遭到破坏。无序开发造成乡村“千村一面”、“同质化”现象严重，造成地域文化缺失。大巴山地区是乡村建设突出且具有典型特征的地区，具有独特的地域优势和人文资源，是乡村建设中的重要风貌因子，具有特殊的景观价值。因此，论文以大巴山地区重庆城口县沿河乡为研究对象，采用文献查阅、实地调研、挖掘“文化”记忆，运用比较研究的方法，

① 基金来源：获国家自然科学基金青年科学基金项目（31600577）和中央高校基本科研业务费专项资金资助（2015ZCQ-YL-02）共同资助。

研究大巴山地区乡村聚落营建经验和技术，探索乡村建设的可持续发展路径和人居环境特征，从民生导向视角，分析营造特色、生态环境和历史文脉，探索其营建理念及方法。认识乡村特色价值，为山地聚落的保护及更新提供一种新的思路，实现保护自然资源、传承历史文脉、提升原住民生活品质的综合目标，为大巴山地区乡村保护与建设提供依据、历史经验和技术路线。
关键词：民生导向；可持续发展；大巴山地区；乡村营建策略

Abstract: With the rapid development of cities, mountain village settlements have been damaged by neglect of protection. The disorderly development has caused serious phenomena of "one side of a thousand villages" and "homogeneity" in the countryside, resulting in the lack of regional culture. Dabashan area is a prominent and typical rural construction area, with unique geographical advantages and human resources, is an important style factor in rural construction, with special landscape value. Therefore, this paper takes Yanhe Village, Chengkou, Chongqing, as the research object, and uses literature review, field research, mining "culture" memory, and using comparative research methods to study the experience and technology of rural settlement construction in Dabashan area and explore the countryside. The sustainable development path and the characteristics of human settlements are analyzed from the perspective of people's livelihood, and the characteristics, ecological environment and historical context are analyzed, and the construction concepts and methods are explored. From the perspective of student orientation, this paper analyzes the construction of features, ecological environment and historical context, and explores its construction concept and methods. Understanding the value of rural characteristics provides a new way of thinking for the protection and renewal of mountain settlements, realizes the comprehensive goals of protecting natural resources, inheriting historical context and improving the quality of life of the aborigines, and provides the basis, historical experience and technical route for the protection and construction of rural areas in Dabashan.
Keyword: People's Livelihood; Sustainable Development; Dabashan Area; Rural Construction Strategy

基于鸟类栖息活动的小型近郊城市森林声景营造模式研究

——以北京吕家营城市森林公园为例

A Study on the Soundscape Construction Model of a Small Suburban City Forest based on Bird Habitat

—A Case Study of Beijing Lv Jiaying City Park

宋 捷

摘 要：随着城市化的不断推进，城市森林的面积越来越少，功能也趋于单一，生态效益也随之降低。新时代的城市生态系统构建，需要寻找更多的机会空间，建设多种类型的小型近郊城市森林，为城市生态环境的改善和人们生活品质的提高提供更多样的选择。研究依托北京吕家营城市森林公园，抓住场地特点，从声景序列分析与塑造、潜在鸟类迁徙路线分析、目标鸟类选定、鸟类生存的生境营造、森林公园边界降噪植物群落样方模拟设计、游憩行为噪音减弱设计、森林声音收集模拟和空间声音强化营造等方面，营建适合鸟类栖息活动，有益人们身心健康，聆听"森林声音"的城市森林，为小型近郊城市森林片段营建的探索与发展提供有益的参考。
关键词：鸟类栖息；近郊城市森林；声景营造

Abstract: with the continuous advancement of urbanization, the area of urban forests is becoming less and less, the functions of them tend to be single, and the ecological benefits are also reduced. The urban ecosystem construction in the new era needs more space to build multiple types of small suburban city forests, and provide more diversified choices for the improvement of urban ecological environment and the improvement of people's living quality. Research relys on Beijing Lv Jiaying urban forest park, seizes the site characteristics, and makes construction from soundscape sequence analysis and characterization, bird migration route analysis, potential target birds selection, the birds habitat construction, noise reduction phytocoenoses samples plot simulation design for suburban forest park border, noise reduction of recreation behavior design, and forest sound collection and enhancement design. The rearch on Beijing Lv Jiaying urban forest park help construct a suburban forest segment which is suitable for birds activity, healthy for people, and convenient for people to hear the sound of the forest, so that the reasearch can offer the beneficial reference for exploration and development of small suburban forest segments construction.
Keyword: Bird Habitat; Suburban City Forest; Soundscape Construction

基于群落空间和设施体系的城市森林营造模式研究

——以北京市十八里店地块为例

Research and Construction of Urban Forest Based on Community Space and Facilities System

—Case Study of Shibalidian Plot in Beijing

王宏达

摘　要：现代城市对高品质城市森林的景观效益需求愈加提升，而我国目前的城市森林大多仅作为城市基础绿化而出现。为营建符合时代需求的城市森林，本文从风景园林的视角，提出以塑造植物群落空间和构建功能设施体系两个层面对城市森林进行营建，并最终将这两层面耦合成为完整的景观体系，并以北京市十八里店地块作为案例进行实践检验，以期深化人们对城市森林营造的理解，进而创造更加自然美好的新时代中国风景园林。

关键词：城市森林；景观化营建；群落空间；设施体系

Abstract: Modern cities'demand for landscape benefits of high quality urban forest has been enhanced, however, most of the urban forest in China appear as urban basic greening. In order to build the urban forest which meets the needs of the times, this paper puts forward two layers of urban forest construction in the view of landscape architecture, which is to shape plant community space and build functional facilities system. Finally, these coupled into a complete landscape system. Taking Beijing Shibalidian plot as a case, we made a practical examination of the method proposed in this paper, so as to deepen people's understanding of urban forest construction, and further create the more natural and beautiful Chinese landscape architecture in the new era.

Keyword: Urban Forest; Construction as Landscape; Community Space; Facilities System

基于生态网络构建的城市近郊区乡村景观生态规划初探

——以安徽阜阳市南部城乡交错带为例

Rural Landscape Ecological Planning in Urban Suburbs Based on Ecological Network Construction

—A Case Study of the Urban-Rural Intersection in Southern Fuyang City, Anhui Province

王　念　朱建宁

摘　要：近年来随着城乡一体化进程的不断推进，导致城乡空间的景观格局分布不断受到改变，城乡的自然生态过程和环境受到了威胁。城市近郊区的乡村景观作为一种特殊的区域农业空间与生态空间类型，是产业、人口、空间结构逐步从城市向农村特征过渡的地带，具有强烈的空间异质性。许多研究表明农业集约化会导致景观单一化和生物多样性丧失，可能进一步导致生态系统功能的缺失，并降低对于外界干扰的抵抗能力。传统的乡村景观规划注重于文化与民居构筑风貌的探讨，对于乡村地区整体的山水林田湖草的综合生态空间关注不足。如何在生态文明建设理念下以生态导向为优先，整合各类自然资源，提出合理有效的空间规划方法是值得进一步深化研究的方向。本文以安徽阜阳市南部城乡交错带为例，通过地理信息技术手段，以景观连通性确定场地自然空间组分的核心生境斑块，划定生境保育核心区，并结合林带和河渠构建生态廊道网络体系，维护和保持淮北平原独特地域性的乡村肌理，增加生物多样性，促进可持续发展。并在此基础之上，以低影响开发为原则，连同农田道路及水上航线串联主要历史村落，结合现有村庄设施，构建慢行游线体系，促进乡村人居环境建设和村镇农业经济的发展，振兴城市近郊区的都市田园旅游产业，塑造独居特色的生态田园景观，为新时代的乡村景观生态规划提供新的思路。
关键词： 城市近郊区；乡村景观；景观生态规划；生态网络；景观连通性

Abstract: In recent years, with the continuous advancement of urban-rural integration, the landscape pattern of urban-rural space has been changed, and the natural ecological process and environment of urban and rural areas have been threatened. As a special type of regional agricultural space and ecological space, rural landscape in urban suburbs is a transitional zone of industry, population and spatial structure from city to countryside, with strong spatial heterogeneity. Many studies have shown that agricultural intensification leads to landscape simplification and loss of biodiversity, which may further lead to the loss of ecosystem functions and reduce the resistance to external disturbances. Traditional rural landscape planning pays attention to the discussion of culture and residential building style, but not enough attention to the comprehensive ecological space of landscape, forests, fields, lakes and grasses in rural areas. How to integrate all kinds of natural resources and put forward reasonable and effective means of spatial planning under the concept of ecological civilization construction is a direction worthy of further study. Taking the southern urban-rural ecotone of Fuyang City in Anhui Province as an example, this paper determines the core habitat patches of site natural spatial components by means of geographic information technology and landscape connectivity, delineates the core areas of habitat conservation, and constructs an ecological corridor network system in combination with forest belts and canals to maintain and maintain the unique regional Village of Huaibei Plain. Texture, increasing biodiversity and promoting sustainable development. On this basis, the main historical villages are connected in series with farmland roads and waterways on the principle of low-impact development. Combining with the existing village facilities, a slow-moving tour system is constructed to promote the construction of rural human settlements and the development of rural agricultural economy, to revitalize the urban pastoral tourism industry in the urban suburbs and to create a solitary residence. The ecological pastoral landscape of color provides new ideas for the ecological planning of the rural landscape in the new era.
Keyword: Urban Suburbs; Rural Landscape; Landscape Ecological Planning; Ecological Network; Landscape Connectivity

基于水生态系统服务综合效能提升的城市河流生态修复研究①

Urban River Ecological Restoration Based on the Improvements of Water-related Ecosystem Services Overall Capacity

汪洁琼　葛俊雯　成水平

摘　要： 针对城市双修背景下河流生态修复工作存在的3大误区与困境，通过荟萃分析的文献定量研究，厘清了城市河流修复的生态效应，指出河流生态修复对水生态系统服务有着积极的提升作用，对于丰富物种多样性，增加物种数量与分布密度，对调节性生态系统服务有显著的正面影响。研究构建了城市河流生态修复、水生态系统服务综合效能提升的概念模型，包括以水质净化为基础、生境多样性为核心、文化性服务为关键的3个方面。
关键词： 风景园林；城市河流；生态修复；生态系统服务；水生态

Abstract: there are three major misunderstandings and difficulties regarding urban river ecological restoration in the context of Urban Renovation and Restoration. Using a meta-analysis, this paper aimed to clarify the ecological effects of urban river restoration through quantitative literature research. The results showed that urban river ecological restoration positively contributed to water-related ecosystem services. It can also increase the richness of river biodiversity, species number and density, which have significant positive impacts on regulating ecosystem services. This paper also proposed a framework for the ecological restoration of urban rivers through which the overall capacity of water-related ecosystem services can be improved. The framework included three aspects, which were water quality improvements as the foundation, habitat diversity as the core, and cultural service as the key.
Keyword: Landscape Architecture; Urban River; Ecological Restoration; Ecosystem Services; Water Ecology

① 基金项目：国家重点研发计划课题"绿色基础设施生态系统服务功能提升与生态安全格局构建"（编号2017YFC0505705）；国家自然青年科学基金项目"江南乡村水网空间形态优化与生态服务评价模型"（编号51508391）；高密度人居环境生态与节能教育部重点实验室（同济大学）开放课题"城市河流水质特征的多源异构数据集成与应用研究"（编号201820301）。

基于文化传承的大学新校区景观提升改造设计研究
——以山东财经大学圣井校区为例

Research on Landscape Upgrading and Transformation Design of New Campus Based on Cultural Heritage
—Taking Shandong University of Finance and Economics as Exanple

刘 欣 姚 婷 任 震

摘 要： 自20世纪末以来，我国掀起大学城建设热潮。但由于选址跳出主城，建设周期短且缺乏理论指导，校园建设出现一些问题，突出表现为校园建设中的文化困境。新校区与原有校园空间的历史被割裂，出现多校一面的趋同化现象。通过对校园文化概念进行解读，并对大学城文化断裂缺失等景观营造问题进行分析，在此基础上提出城市地域文化及校园历史文脉在当前校园景观建设中的传承策略，最后结合山东财经大学圣井校区提升改造的工程项目实例，探索大学新校区校园文化景观建设的可行途径。
关键词： 新校区；校园文化景观；文化传承；改造设计

Abstract: Since 1990s, the upsurge of university town construction has been set up in China. However, due to the location jumping out of the edge of the main city, the lack of correct theoretical guidance, campus construction has some problems, highlighting the cultural dilemma in campus construction. The history of the new campus and the original campus space is fragmented, and the phenomenon of multiple schools converge. Firstly, this paper interprets the concept of campus culture, and analyzes the problems of landscape construction such as cultural breakage and lack of campus culture. On this basis, it puts forward the inheritance strategy of urban regional culture and campus historical context in the current campus landscape construction. Finally, it combines with the project of upgrading the Shengjing campus of Shandong University of Finance and Economics. An example is given to explore the feasible way to construct the campus cultural landscape in the new campus of the University.
Keyword: New Campus; Campus Cultural Landscape; Cultural Heritage

基于文化特征的园林景点命名研究
——以济南三大名胜为例

Research on Naming of Scenic Spots Based on Cultural Characteristics
—Take Three Famous Scenic Spots in Ji'nan as an Example

关 任

摘 要： 本研究以济南三大名胜为例，对景区内的景点命名进行调查分析，根据要素及不同的文化特征进行分类，总结不同文化对于济南三大名胜中景点命名的影响。具体研究成果如下：（1）济南的文化类型。主要包括泉水文化、儒家文化、佛教文化、道教文化、舜文化、诗经文化、名士文化、市民文化、红色文化。（2）济南三大名胜中的景点命名按文化特征分类影响的占比分析。从构成要素和文化类型两方面进行了分析。以文化为切入点，分析文化对地方代表性园林中景题的影响，可以对园林的景题提供一定的实践参考意义。
关键词： 风景园林；景点命名；文化

Abstract: Taking the three scenic spots in Jinan as an example, this study investigates and analyzes the naming of scenic spots, classifies them according to the elements and different cultural characteristics, and summarizes the influence of different cultures on the naming of scenic spots

among the three scenic spots in Jinan. The concrete research results are as follows: (1) the type of culture in Ji'nan. It mainly includes spring water culture, Confucian culture, Buddhist culture, Taoist culture, Shun culture, Book of Songs culture, celebrities culture, civic culture, red culture. (2) the analysis of the proportion of scenic spots in three famous scenic spots in Ji'nan according to the classification of cultural characteristics. Two aspects are analyzed from the elements and types of culture. Taking culture as the breakthrough point, analyzing the influence of culture on landscape topics in local representative gardens can provide certain practical reference significance for landscape topics.
Keyword: Landscape Architecture; Naming of Scenic Spots; Culture

基于乡土性特征的城市边缘区新型村镇景观模式规划设计与研究

——以北京市黑庄户地区为例

Study and Planning of Rural Landscape New Model in Urban Fringe Area Based on Rural Indigenous Character

—A Case Study of Heizhuanghu Area in Beijing

梁文馨　邢鲁豫　黄楚梨

摘　要：随着我国城市化进程的加快，许多城市的发展呈现出无序无度的扩张趋势。城市边缘区是城市外围的重要一环，其景观模式影响着城市生态环境、城市资源开发利用以及农业产业等各个方面，景观空间的合理布局规划极为重要。本文通过对相关概念和理论的研究梳理，对我国城市发展进程中城市边缘区景观乡土性特征灭失等问题进行探讨和归纳。以北京市黑庄户为例，对其体现乡土性的景观要素——“水田林宅”进行提取与分析，在此层面上梳理具有乡土性的景观走廊和景观斑块，探究城市边缘区新型村镇景观更新策略。通过梳理场地现状乡土性要素的模式特征，对该边缘区村镇景观基底进行修正，并提升、优化与环境相容的开放空间，构建“水田林宅”新格局。以此格局为基底规划景观空间，赋予其与环境相容的功能与特点，同时为相关规划提供借鉴和参考。
关键词：风景园林；村镇景观；乡土性特征；城市边缘区

Abstract: With the acceleration of China's urbanization process, the development of many cities has shown an unordered expansion trend. The urban fringe area is the important part of the city. Its landscape model affects the urban ecological environment, urban resource development and utilization, the agricultural industry. The rational layout of the landscape space is extremely important. Through the study of related concepts and theories, this paper discusses and summarizes the problems of the local characteristics of urban fringe landscapes in the process of urban development in China. Taking the Heizhuanghu area in Beijing as an example, the landscape elements that reflect the local nature—"water-field-forest-home" are extracted and analyzed. At this level, the landscape corridors and landscape patches with local features are sorted out. Landscape renewal strategy for new rural landscape model in the marginal area. By combing the pattern characteristics of the local factors of the site, the landscape base of the rural in the marginal area was revised, and the open space compatible with the environment was upgraded and optimized, and a new pattern of "water-field-forest-home" was constructed. This landscape is used as the base to plan the landscape space, giving it the functions and characteristics compatible with the environment, and providing reference for related study.
Keyword: Landscape Architecture; Village and Town Landscape; Rural Indigenous Character; Urban Fringe

基于游客满意度的寒地传统村落公共文化空间满意度评价指标体系研究

Research on Satisfaction Evaluation Index System of Public Culture Space in Traditional Villages of Cold Region Based on Tourist Satisfaction

洪延峰

摘　要：社会主义新农村、美丽乡村、特色小镇、乡村振兴等一系列政策的提出与实施使传统村落的复兴迎来了新的机遇，越来越多富有特色的传统村落响应国家的号召，开始寻求以乡村旅游开发作为新的经济增长点。但在旅游开发过程中也产生了许多问题，本文采用文献分析法，基于游客满意理论和文化空间的3个维度，遵循科学性、有效性、全面性、代表性、层次性、可操作性等原则，选取22个游客满意度影响要素，经过两轮模糊德尔菲法请10位专家对指标进行修正，留下20个指标，初步构建寒地传统村落公共文化空间满意度评价指标体系，目的是能更好地为当地游客提供进行文化体验活动的场所，满足他们的旅游需求，使他们能够有条件重拾和体验乡土文化传统，同时指导与评价乡村公共文化空间的保护与开发，更好地保护和传承乡土文化，使乡村获得可持续发展并最终实现乡村复兴。

关键词：游客满意度；传统村落；公共文化空间

Abstract：The introduction and implementation of a series of policies，such as the new socialist countryside，beautiful villages，characteristic towns，and rural revitalization，have ushered in new opportunities for the rejuvenation of traditional villages. More and more traditional villages respond to the call of the state and begin to seek Rural tourism development is a new economic growth point. However，many problems have arisen in the process of tourism development. This paper adopts the literature analysis method，which is based on the three dimensions of tourist satisfaction theory and cultural space，and follows scientific，effective，comprehensive，representative，hierarchical，operability，etc. In principle，22 factors of tourist satisfaction are selected. After two rounds of fuzzy Delphi method，10 experts are required to correct the indicators，leaving 20 indicators to initially construct a public cultural space satisfaction evaluation index system for cold villages. It can better provide local tourists with cultural experience activities to meet their tourism needs，so that they can conditionally regain and experience the local cultural traditions，while guiding and evaluating the protection and development of rural public cultural space，better Protecting and inheriting the local culture enables the village to achieve sustainable development and ultimately achieve rural renewal.

Keyword：Tourist Satisfaction；Traditional Village；Public Cultural Space

基于雨洪管理的浅山区冲沟公共绿地设计策略研究

Research on Design Strategy of Gully Landform Green Space in Hillside Area Based on Stromwater Management

牛思亚　刘志成

摘　要：浅山区与城市发展关系逐渐密切，是城市化拓展的必然选择，同时也是重要的水源涵养地，对城市雨洪管理问题和水资源短缺问题起到重要的作用，具有开发与保护的双重性。冲沟地貌是山地中常见的地貌类型，且具有一定的不稳定性。为增强浅山区雨水调蓄能力，提升生态屏障功能，同时丰富游憩体验，本文以北京石景山五里坨浅山地区为例，基于水安全和水利用两个视角，综合考虑提升浅山区作为自然基底的蓄水能力、基于低影响开发的雨洪管理以及雨水径流控制技术设施等方面内容，从风景园林学的角度，结合使用人群需求，整理浅山区基于冲沟地貌的用地开发和绿地设计策略。

关键词：浅山区；冲沟；雨洪管理；设计策略

Abstract：The relationship between the hillside area and urban development is gradually close. It is an inevitable choice for urbanization expan-

sion. It is also an important source of water conservation. It plays an important role in urban stormwater management and water shortage. It has the duality of development and protection. In the hillside area, the gully landform, as one of the common suburban of landform types, tends to be unstable. In order to enhance the ability of rainwater storage of the hillside areas, the function of ecological barriers, and enrich the experience of recreation, this paper takes the hillside area of Wulituo, Beijing as an example. Based on the two perspectives of water safety and water utilization, comprehensive consideration is given to following three things: (1) taking the hillside area as a natural substrate; (2) integrating the LID facilities into the green space design; (3) Stormwater processing methods technology facility application. This paper based on the perspective of landscape architecture, combined with the needs of the population, summarize the design strategies of the green space based on gully landform in hillside areas.
Keyword: Hillside Area; Gully; Stromwater Management; Design Strategy

简单式屋顶绿化植物景观效果评价初探①

Preliminary Study onVisual Evaluation of Extensive Green Roof Plants

文敬霞　骆天庆

摘　要：简单式屋顶绿化目前处于发展初期，提高其景观效果可有效促进其推广建设。本文从植物品种的筛选应用、评价方法、评价因子的选择等方面着手，探讨适合现阶段简单式屋顶绿化植物景观效果评价的评估方式，以评价获得大众可接受的屋顶绿化景观效果。
关键词：简单式屋顶绿化；植物；景观评价

Abstract: Extensive green roof has a promising perspective of development and its visual effect is associated directly with the public acceptance. This study compared the existing visual evaluation methods and identified the suitable one to evaluate various plants on extensive green roofs. With the identified method, acceptable visual effect of extensive green roof will be evaluated.
Keyword: Extensive Green Roof; Plants; Visual Evaluation

建成环境步行性评价方法研究及启示

Review and Enlightenment of Tools and Approaches for Assessment of Walkability of Built Environment

徐昕昕

摘　要：建成环境步行的友好程度对于城市的使用者有着重要的意义。进入新时代后，随着生活方式的变化，人们对宜居环境的要求越来越高，对建成环境的步行性也有了新的要求。本文首先明确了步行性与步行性评价方法的概念，对现有的步行性评价方法进行分类，阐述了各类步行性评价方法的特征、适用范围与优缺点。对步行性的研究热点与研究空白进行了讨论，为城市的建设者与设计者提供了有关步行环境的新视角。
关键词：步行性；步行性评价方法；步行环境

Abstract: Walkability of the built environment is of great significance to the users of the city. After entering a new era, with the changes in the lifestyle people are increasingly demanding a livable environment, beautiful and comfortable. There are also new requirements for the walkabili-

① 基金项目：高密度人居环境生态与节能教育部重点实验室自主与开放课题资助。

ty of the built environment. This paper first defines the concept of walkability and walkability evaluation methods. Then explores the study scope，walkable index and standards setting of walkability in these instruments，and discusses the characteristics and differences between the assessment . This paper discusses the research hotspots and research gaps of walkability，providing urban builders and designers with a new perspective on the walking environment. instruments
Keyword：Walkability；Walkability Evaluation Methods；Walking Condition

健康视角下基于模拟技术的社区环境优化策略①

Community Environmental Optimization Strategy Based on Simulation Technology from the Health Perspective

邓 瑛 戴 菲

摘 要：在现代，社区环境与健康之间的关联性越来越受到关注。本文以武汉市的汽发社区为例，对社区环境进行调查。再通过基于健康促进为导向的评价方法，分析实例。热湿环境、风环境、天空视域因子、声景等都是评价指标之一。人体感官是健康与环境之间联系的桥梁，如视、听、嗅、触等。评价指标从人的感受出发，评价社区自然环境对人体健康的影响。结合评价结果，给出社区环境优化策略，以符合时代的要求且具有代表性。
关键词：健康；环境质量；景观元素；评价体系；社区空间

Abstract：In modern times，the relationship between community environment and health has received increasing attention. This paper takes Wuhan's steam development community as an example to investigate the community environment. Then，the health promotion - oriented evaluation method was used to analyze the examples. Thermal environment，wind environment，sky view factor and soundscape are all evaluation indexes. Human sense is the bridge between health and environment. See，hear，smell，touch，etc. The evaluation index starts from human feeling and evaluates the impact of community natural environment on human health. Combined with the evaluation results，the optimization strategy of community environment is in line with the requirements of The Times and representative.
Keyword：Health；Environmental Quality；Landscape Elements；Evaluation System；Community Space

存量发展下城市线性绿地的空间规划策略研究②

Spatial Planning Strategy of Urban Linear Green Space under Existent Development

蒋 祎

摘 要：文章立足于"多规合一"的空间规划体系，在存量发展的背景下，以空间资源的合理保护和有效利用为核心，为使城市形成一个更合理的土地利用及其关系的地域组织，从用地载体、选线策略、分类体系、分级管控、控制指标这五个方面提出了城市线性绿地的空间规划策略。使城市线性绿地能更广泛地应用于城市空间规划体系之中，健全空间规划体系，逐步实现存量规划。为新时代的风景园林如何在城市建设中落实存量发展做出探索。

① 资助项目：国家自然科学基金面上项目（编号：51778254）消减颗粒物空气污染的城市绿色基础设施多尺度模拟与实测研究。
② 基金项目：上海市城市更新及其空间优化技术重点实验室开放课题资助（编号 201820303）。

关键词：城市线性绿地；存量发展；空间规划；控制策略

Abstract：Based on the space planning system of "multi-regulation and integration", the paper takes the reasonable protection and effective utilization of space resources as the core under the background of stock development, and makes the city form a more reasonable regional organization of land use and its relationship, from the land use carrier, route selection strategy, classification system, graded management and control, and control index. These five aspects put forward the spatial planning strategy of Urban Linear green space. So that the urban linear green space can be more widely used in the urban spatial planning system, improve the spatial planning system, and gradually realize the stock planning. This paper explores how to implement the stock development in the new era of landscape architecture in urban construction.
Keyword：Urban Linear Green Space；Stock Development；Spatial Planning；Control Strategy

街区共享空间设计

——以天津市五大道街区为例

Design of Shared Space in Blocks

—Taking Five Old Street in Tianjin as an Example

张　颖　王洪成

摘　要：街区空间作为公共活动空间，连接城市交通，为居民提供锻炼、休憩、交流等活动空间，具有共享性。天津市五大道街区是天津市典型的街区代表，具有历史性、地方性、现代性与共享性，集居住、旅游、教学、医疗等多种功能于一体，反映街道景观的一般特征。通过与人的行为活动相结合，对五大道街区的交通功能设施、步行与活动空间、附属功能设施、沿街建筑界面等几个方面进行分析与总结，探讨街区共享空间的营造手法，用其指导街区设计。
关键词：共享空间；街区；五大道街区

Abstract：As a public activity space, the block space connects the city traffic and provides residents with space for activities such as exercise, rest and communication. Excellent neighborhood designing will form a good relationship with people. People use space to engage in activities. Residents consciously participate in the maintenance and governance of the neighborhood, which demonstrate a harmonious neighborhood image and help to form a city character. Five Old Street is a typical representative of Tianjin. It has historical, local, modern and shared functions. It integrates various functions such as residence, tourism, teaching, medical treatment, office, catering and service. Regional culture reflects the general characteristics of the streetscape. Through field investigation and data analysis, combined with people's behavioral activities, the paper analyzes and summarizes the traffic function facilities, walking and activity space, auxiliary function facilities and building interface along the street in the Five Old Street. Discuss the construction method of shared space in the neighborhood, and use it to guide the design of the block to create a good shared space for the block.
Keyword：Shared Space；Block；Five Old Street in Tianjin

景观规划在大遗址保护中的运用探索

——以良渚文化艺术走廊城市设计项目为例

Research on the Utilization of Landscape Planning for the Conservation in Great Heritage Site

—A Case Study of the Urban Design of Liangzhu Cultural Art Corridor

王吉尧　苏　唱　梁　晨

摘　要：传统的遗址保护规划以遗产本体的抢救、保护与利用为主要目标，疏忽遗产所在区域的生态环境与文化环境。大遗址综合保护理念是将构成遗存本体的若干部分与其所依存的环境视为一个整体，采用多种手段制定保护措施，深刻体现遗产保护的整体性原则与系统性原则。良渚文化艺术走廊连接良渚古城遗址展示区与良渚文化新城，位于《良渚遗址保护总体规划（2008～2025 年）》设定的保护范围与建设控制地带之间。通过对良渚文化艺术走廊区域生态景观及人文景观的修复及保护，探索景观规划在大遗址保护中的应用，为协调遗址保护与区域发展增添有益的探索。

关键词：大遗址；良渚遗址；生态环境与文化环境；景观规划；保护与发展

Abstract: The main goal of the traditional site conservation planning is to save, protect and utilize the heritage itself, neglecting the ecological environment and cultural environment of the region where the heritage is located. The idea of comprehensive conservation of great heritage is to regard several parts of the remains as a whole with the environment on which they depend. Adopt a variety of means to formulate protective measures which highlighting the integrity principle and systematic principle of heritage conservation. The Liangzhu Cultural and Art Corridor connects the exhibition area of Liangzhu Ancient City ruins with the Liangzhu Cultural New Town, which lies between the protection scope and the construction control zone set by the General Plan for Liangzhu Site Protection (2008-2025). Through the restoration and protection of ecological and humanistic landscape in Liangzhu Cultural Art Corridor, the application of landscape planning in the conservation of large sites is explored, which providing beneficial exploration for coordinating the relationship between archaeological site preservation and regional development.

Keyword: Great Heritage Site; Liangzhu Archaeological Site; Ecological and Humanistic Landscape; Landscape Planning; Preservation and Development.

景观生态设计模式的公众感知研究

——以上海黄浦江滨江绿地为例①

Public Perception of Landscape Ecological Design Pattern

—Case Studies of Huangpu Riverside Green Spaces in Shanghai

王　敏　朴世英

摘　要：反思当今景观“生态化”设计普遍缺乏人文目标体系，在归纳总结景观生态设计基本途径与重要倾向的基础上，提出四种景观生

摘要选登

① 基金项目：国家重点研发计划课题“绿色基础设施生态系统服务功能提升与生态安全格局构建”（编号 2017YFC0505705）；同济大学 2018～2019 年研究生教育改革与研究项目“对标双一流发展要求的研究生培养模式、课程及教学管理改革研究”子项目“风景园林研究生《景观学理论》LAT 模式教学创新”（项目编号 0100106057）。

态设计模式，包括地方传统型、保护节约型、生态循环型和示景模拟型，并确定不同生态设计模式的主要景观空间表征因子与综合特征。之后遴选上海黄浦江滨江绿地中具有代表性特征的16个景观空间样点，应用问卷法进行滨江景观生态感知的公众偏好调研，分析影响公众生态感知强度的绿地景观空间特征，探讨不同生态设计模式的公众感知倾向，以期为未来城市绿地空间的景观生态化设计提供一定实证依据。
关键词： 景观生态设计；滨江绿地；生态感知；公众偏好

Abstract: Reflecting on the lack of humanistic objectives system in landscape ecological design, four landscape ecological design modes and their main landscape spatial representation factors and comprehensive characteristics were proposed, including local traditional design, conservation design, ecological cycle design and landscape simulation design, based on summarizing the basic ways and important tendencies of landscape ecological design. Then, 16 typical landscape spatial samples along Huangpu River in Shanghai were selected, and the public preference of riverside landscape ecological perception was investigated by using questionnaire method. The spatial characteristics of green space which affected the intensity of public ecological perception were analyzed, and the public perception tendency of four different ecological design modes was discussed, to provide empirical evidences for urban green spaces ecological design in future.
Keyword: Landscape Ecological Design; Riverside Green Space; Ecological Perception; Public Preference

居住区绿地空间的植物尺度与种植密度研究

Study on Plant Scale and Planting Density of Green Space in Residential Areas

赵亚琳

摘　要： 伴随着人们物质生活水平的提升，人们对于居住区的绿化环境要求也越来越高。为与居住区建筑建设速率相匹配，居住区植物景观建设往往期盼能够达到立竿见影的效果，因此忽略了对植物空间尺度的把控和对植物种植密度的合理化设计。植物尺度与种植密度决定了植物景观的空间形态以及空间之间的相互关系，对居住区绿地空间的营造有着至关重要的影响。本文将分别从植物个体空间尺度、植物种植尺度与种植密度以及杭州居住区绿地案例等三个部分，综合分析居住区植物景观空间设计中有关于植物的尺度应用问题以及植物的种植密度问题，并给出空间营造改善的相关建议。最后讨论如何从植物造景的角度，创造出舒适宜人的居住区绿化空间，提升居住区绿地环境的整体质量。
关键词： 居住区绿地；植物尺度；植物密度；绿地空间

Abstract: It is accompany by raising that live standards of people, and the demands for the green environment in residential district are increasing. To match the rate of residential building construction, construction of residential plant landscape tend to expect to achieve quick results, so ignored on the scale of plant space and the rational design of planting density of plants. Plant scale and planting density determines the space form of plant landscape, also affect the relationship between space and space, green space of residential construction has a crucial effect. In this paper, the spatial design of plant landscape in residential areas is comprehensively analyzed from three parts: the individual spatial scale of plants, the planting scale and density of plants, and the greenbelt case in hangzhou residential area. Problems related to the scale application of plants and the planting density of plants are discussed, and related Suggestions for spatial construction improvement are given. Finally, the paper discusses how to create a comfortable and pleasant green space and improve the overall quality of green space.
Keyword: Residential Green Space; Plant Scale; Plant Density; Green Space

居住小区使用环境与景观改善分析研究

Analysis on the Improvement of the Environment and Landscape of the Community

王睿智

摘　要： 本文综合分析了居住环境中的公共性与私密性、方便性与安全性、领域性与识别性等使用特性问题，探讨了居住小区步行系统与风景园林景观广场的结合等体现使用自然环境、人工环境、景观改善紧密结合，有个性有时代气息的居住区构成要素及方法。本文以北京曙光花园小区为例，通过调研，分析研究了该小区的功能分布、交通状况、景观设计、建筑布局等内容，对不合理设计提出了修改完善建议。并基于本次调研研究，就如何改善小区使用环境，从小区空间沟通、使用时间特征、领有空间的设计三面进行了重点阐述，以引起人们对小区居住环境内在因素的关注与重视。

关键词： 建筑布局；景观设计；环境改善

Abstract: This paper took Beijing ShuGuang Garden Community as an example. Through research, it analyzed the functional distribution, traffic conditions, landscape design and architectural layout of the community, and proposed suggestions for modification and improvement of irrational design. Based on this research and research, on how to improve the community use environment, from the focus on community space communication, pay attention to the characteristics of community use time, focus on the design of the three sides of the design, to highlight people's attention to the internal factors of the residential environment.

Keyword: Architectural Layout; Landscape Design; Environmental Improvement

枯木在园林中美学特征的评价指标体系构建①

Construction of Evaluation Index System for the Aesthetic Characteristics of Dead Wood in Garden

余银财　戴　菲

摘　要： 枯木因其自然存在形式独特、象征寓意丰富等特质在园林中逐渐得到使用，其美学对枯木在园林中发挥景观、生态、历史价值意义重大。然而当前对枯木的美学认知主要以主观定性描述为主，缺乏科学依据。本文梳理了枯木在园林中的研究现状，在此基础上补充了枯木美学特征的具体内涵，提出影响枯木美学特征的12个景观要素，并通过AHP层次分析法对景观要素量化分析，得到景观要素影响权重和重要性排序，从而构建枯木的美学特征评价指标体系，以期为枯木在园林中的具体应用提供客观依据。

关键词： 枯木；园林；美学特征；AHP；评价体系

Abstract: Due to its unique form of natural existence and rich symbolic meaning, dead wood is gradually used in gardens. Its aesthetics is of great significance to the landscape, ecology and historical value of dead wood in gardens. However, the current aesthetic perception of dead wood is mainly based on subjective qualitative description, lacking scientific basis. This paper combs the research status of dead wood in gardens. On this basis, it supplements the specific connotation of the aesthetic characteristics of dead wood, proposes 12 landscape elements that affect the aesthetic characteristics of dead wood, and quantitatively analyzes the elements through AHP analytic method to obtain the weight of influence of elements. The importance ranking is used to construct the evaluation index system of the aesthetic characteristics of dead wood, in order to provide an objective basis for the specific application of dead wood in the garden.

Keyword: Dead Wood; Garden; Aesthetic Characteristics; Analytic Hierarchy Process; Evaluation System.

① 国家自然科学基金面上项目（51778254）资助。

老旧小区内的老幼复合型户外活动场地模式研究①

Research on Model of Compound Outdoor Places for Elders and Children in Old Communities

张　瑶　齐　凯　刘庭风

摘　要：老幼组合活动是日常小区户外空间中的主要形式，在当前城市双修老旧小区改造的背景下，本文以老幼共同使用的户外活动场地为对象，总结老年人和幼儿的现实需求，从老旧小区的问题出发，探索老幼复合型活动场地布置的模式，建立设计标准，为创造适宜老幼的住区景观环境提供理论指导，便于老旧小区改造的设计和实践。

关键词：老旧小区；老幼复合型户外活动场地；模式；设计标准

Abstract: The activities of elders and children are the main forms in outdoor space in the daily communities. Under the background of the reconstruction of the old communities in cities, this article targets the outdoor space used by elders and children, grasps the actual needs of them, from the problems of old communities, explores the model of Compound outdoor places for elders and children, and establishes design standards, provides theoretical guidance for the creation of a suitable residential landscape environment for the elders and children, facilitates the design and practice of the transformation of the old communities.

Keyword: Old Communities; Compound Outdoor Places for Elders and Children; Model; Design Standards

新时期城市湿地公园游憩空间优化策略研究

——以南昌艾溪湖湿地公园为例

Study on Optimization Strategy of Recreation Space in Urban Wetland Parks in New Period

—Taking Nanchang Aixi Lake Wetland Park as an Example

易桂秀　胡而思

摘　要：随着城市生态文明建设的稳步推进、人们生活方式的改变以及新版城市绿地分类标准的颁布实施，城市湿地公园不仅需要满足湿地资源保护的要求，更要立足于服务本地居民，承担休闲游憩、康体娱乐、文化传承等城市公园的功能，以满足人民日益增长的美好生活需要。从城市湿地公园功能定位和使用人群需求视角，归纳了新时期城市湿地公园游憩设施类型与游憩空间特征。通过对南昌艾溪湖湿地公园游憩设施的实地调研和问卷分析，剖析了当前城市湿地公园游憩设施和活动空间存在的主要问题，并从分区引导、分类完善、注重创新、开放包容四个方面提出了游憩空间优化策略。

关键词：城市湿地公园；游憩空间；新时期；艾溪湖

Abstract: With the steady development of urban ecological civilization construction, the change of people's lifestyles and the promulgation and implementation of the new urban green space classification standards, urban wetland parks not only need to meet the requirements of wetland resource protection, but also serve local residents and undertake the functions of urban parks such as leisure recreation, entertainment and cultural heritage in order to meet the growing needs of the people for a better life. From the perspective of functional positioning of urban wetland parks and the needs of people in use, the characteristics of recreation facilities and spaces of urban wetland parks in the new period are summa-

① 国家自然科学基金项目（51608357）；天津市自然科学基金（18JCQNJC07700）；天津市建委重点研究方向课题（重点 2018-7）。

rized. Through the field investigation and questionnaire analysis of the recreation facilities of the Aixi Lake Wetland Park in Nanchang, the article firstly analyzed the main problems of the current recreation facilities and activity space of urban wetland parks, then proposed the optimization strategies of recreation space from four aspects of the division guidance, classification improvement, innovation and openness.
Keyword: Urban Wetland Parks; Recreation Space; New Period; Aixi Lake

旅游导向型纪念性景观规划设计方法研究
——以正宁黄帝文化景区规划实践为例

Study on Methods of Tourism-oriented Memorial Landscape Architecture
—Taking The Planning of Huangdi Cultural Scenic Area in Zhengning as an Example

李可心

摘　要：本文以纪念性文化景区为研究对象，分析指出当前国内此类景区规划建设中存在的若干问题；分析旅游大发展时代下，游览体验在旅游导向型纪念性景观中的重要意义。中华文明自黄帝开启，本文以甘肃正宁黄帝文化景区为规划实践并进行探讨，提出“神圣化＋叙事化”的规划理念。阐述以此理念为指导的此景区的空间结构、景点布局及文化性景观营造等具体内容。最终归纳出旅游导向型纪念性景观的规划设计方法，为此类景区的规划建设及相关研究提供初步指导思路。
关键词：风景园林；纪念性景观；文化景区；旅游导向；叙事性

Abstract: This writing takes the memorial and cultural scenic area for the study and analysts several problems existed in current domestic scenic area when planning and building, in great development of tourism, it also analysts significance of the experience in a tourism-oriented memorial landscape. Chinese culture starts from Huangdi , and this writing is discussed on the planning of Huangdi Cultural Scenic Area in Zhengning, putting forward the planning concept of “sacredness and narrative” . It elaborates the specific content of spatial structure, attractions layout, disign of cultural landscape and so on. And it finally sums up methods of tourism-oriented memorial landscape architecture, and provides initial guidance ideas for the planning and construction of such scenic area and related research.
Keyword: Landscape Architecture; Memorial Landscape; Cultural Scenic Area; Tourism-oriented; Narration

美丽乡村建设热潮下的乡村景观规划设计冷思考[①]
——以聊城市许营镇美丽乡村片区为例

Sober Reflection on the Rural Landscape Planning and Design under the Upsurge of the Construction of the Beautiful Countryside
—Taking the Beautiful Rural Area of Xuying Town in Liaocheng as an Example

刘雪娇　翟付顺　于守超

摘　要：随着国家政策对美丽乡村建设工作的高度重视与持续推进，全国各地美丽乡村建设热潮迅速兴起并呈不断高涨之势。但同时，一

① 资助项目：山东省研究生导师指导能力提升项目（SDYY17147）；聊城大学博士科研启动基金资助项目（31805）。

些乡村景观规划设计方面的突出问题也逐渐显现。在美丽乡村建设各领域、视角反馈尚不多见、景观设计层面反思甚少的状况下，本文通过对美丽乡村建设热潮下乡村规划与乡村景观设计现状的审视和思考，认为在当下乡村景观建设中我们面临着乡村风貌城市化、乡村整治表面化、乡村规划重旅游轻产业等现实困境。由此本文以山东省聊城市许营镇美丽乡村片区为典型个案研究对象，立足美丽乡村建设的理论内涵和实践状况，系统剖析当下美丽乡村建设中存在的共性问题，针对当前突出问题探索其解决对策，并对未来乡村景观营建走向提出新思考。
关键字：美丽乡村建设；乡村规划；景观设计

Abstract: As the national policy continuously promotes and attaches great importance to construction work of beautiful village, the boom of beautiful rural construction in various parts of the country rose rapidly and took on a rising trend. However, at the same time, some prominent problems in rural landscape planning and design also gradually appear. Under the condition that feedback from perspective in various fields of beautiful rural construction is still rare and there is few reflections on landscape design, this paper examines and ponders the present situation of rural planning and rural landscape design under the upsurge of beautiful rural construction. It is believed that in the current rural landscape construction we are faced with such practical difficulties as the urbanization of rural style, the superficial treatment of rural areas, and the emphasis on tourism rather than industry in rural planning. Therefore, taking the beautiful rural area of Xuying Town in Liaocheng City of Shandong Province as a typical case study object, based on the theoretical connotation and practical situation of beautiful rural construction, this paper systematically analyze the common problems existing in the construction of beautiful villages. Aiming at the outstanding problems at present, the paper explores the solutions to the problems and put forward new thinking to the future rural landscape construction trend.
Keyword: Beautiful Countryside Construction; Rural planning; Landscape Design

门头沟山地乡村水适应性景观研究

——以上苇甸村为例[①]

Study on Water Adaptive Landscape of Mountainous Villages in Mentougou District

—Take the Shangweidian Village as an Example

赵世元　张　晋

摘　要：人类聚落的发展与水存在着密切关系，而传统村落作为聚落发展的“活化石”，保留有大量人水互动产生的景观形式与营造经验，保证了传统村落千百年来的水环境安全，具有十分重要的历史与生态价值。本文以北京门头沟为研究区域，以山地乡村水适应性景观为研究对象，梳理山地乡村水适应性景观的范畴与特点，在此基础上以妙峰山镇上苇甸村为例，对该村水适应性景观要素进行系统总结，形成针对单一村落的水适应性景观调查研究与营造模式分析。以点及面，为山地乡村聚落景观的研究与保护利用提供水适应性景观研究视角与思路。
关键词：门头沟；山地乡村；水适应性景观；上苇甸村

Abstract: The development of human settlements is closely related to water. As a historical case of settlement development, traditional villages retain a large number of landscape forms and experience created by the interaction of human and water, ensuring the safety of water environment in traditional villages for thousands of years. It has very important historical and ecological value. This paper takes Mentougou district as the research area in Beijing, and takes the mountain water adaptive landscape as the research object, and summarize the scope and characteristics of water-adaptive landscapes in mountainous villages. Based on this, taking Shangweidian Village as an example, this paper systematically summarizes the water adaptive landscape elements of the village, and forms a water adaptive landscape survey research and construction model analysis for a single village. It provides water adaptive landscape research perspectives and ideas for the study and protection of mountainous rural settlements.
Keyword: Mentougou District; Mountainous Village; Water Adaptive Landscape; Shangweidian Village

① 项目名称：北方工业大学“毓秀人才培养计划”。

基于空间句法的城市绿地防灾避险功能布局研究

——以北京市海淀区为例

Research on Layout of Disaster Prevention and Avoidance Function of Urban Green Space Based on Space Syntax

—Haidian District, Beijing as an Example

孟城玉　王　健

摘　要："绿地"是城市开放空间系统的一个重要组成部分，城市绿地作为一种特殊形式的空间体具有综合的生态效益和社会效益，面对不同类型的城市灾害，绿地可在不同层面发挥避灾作用，从而完善整个城市的综合防灾体系。本文对北京城区绿地应急避险功能进行整体研究并以北京市海淀区应急避难场所为研究对象进行实地调研，通过现场调查和理论分析相结合的方法展开研究，并建立避难场所应急能力评价指标体系评价其功能实现情况。根据调查研究的情况，对海淀区应急避难场所未来的规划建设提出可行性建议并力求为进一步引导与落实城市防灾避险绿地的建设提供参考。

关键词：城市绿地；应急避难；服务半径；评价指标体系；北京

Abstract: "Green space" is an important part of urban open space system. As a special form of space, urban green space has comprehensive ecological and social benefits. In the face of different types of urban disasters, green space can play a role of disaster avoidance at different levels, thus improving the comprehensive disaster prevention system of the whole city. In this paper, the emergency shelter function of urban green space in Beijing is studied as a whole and the emergency shelter in Haidian District of Beijing is taken as the research object. The research is carried out through the method of field investigation and theoretical analysis, and the evaluation index system of emergency capacity of shelter is established to evaluate its function realization. According to the investigation and study, this paper puts forward feasible suggestions for the future planning and construction of emergency shelters in Haidian District, and tries to provide reference for further guiding and implementing the construction of urban disaster prevention and shelter green space.

Keyword: Urban Green Space; Emergency Shelter; Service Radius; Evaluation Index System; Beijing

民族意识在哈尔滨铁路附属地园林发展中的作用

The Role of National Consciousness in the Development of Harbin Railway Affiliated Lands

朱冰淼

摘　要：通过分析研究哈尔滨近代的社会思潮，探究哈尔滨民族意识觉醒的进程，从铁路附属地园林近代化的形成与影响因素，以及民族意识在园林中的具体体现理清铁路附属地园林演变的特殊性，揭示园林设计文化内涵中的民族自我和民族独立意识。阐述在强势文化入侵的大前提下，我国铁路附属地园林是如何通过对强势的外来文化的被动选择和主动对先进文化的吸收来达到融合外来先进文化，同时在一定程度上保持自身文化特点，并最终产生一种新型样式或者功能，加强对近代公园发展的全面把握和理解，开拓我们对本国近代园林理解的范畴和视野。

关键词：民族意识；铁路附属地；近代园林；哈尔滨

Abstract: Through the analysis of Harbin modern social thoughts, the process of Harbin national consciousness awakening, the formation and influencing factors of modernization of railway affiliated gardens, and the concrete manifestation of national consciousness in gardens, clarify the particularity of garden evolution in railway affiliated areas. Reveal the national self and national independence consciousness in the cultural

connotation of garden design. Explain that under the premise of strong cultural invasion, how does the garden affiliated to China's railways achieve the integration of foreign advanced culture through the passive selection of strong foreign culture and the active absorption of advanced culture, while maintaining their own cultural characteristics to a certain extent, And eventually produce a new style or function, strengthen the comprehensive grasp and understanding of the development of modern parks, and open up our understanding of the scope and vision of modern gardens in our country.
Keyword: National Consciousness; Railway Affiliated Land; Modern Park; Harbin

南方植物在北方地区城市展园中的地域主题表达①

——以济南园博园为例

Regional Theme Expression of Southern Plants in Urban Exhibition of Northern Area

—Taking Jinan Garden Expo as an Example

郑　峥　肖华斌　匡绍帅

摘　要：展园是新时代下一种特殊的风景园林形式。城市展园是展园中最常见的类型。但由于地域的限制，在城市展园的主题表达中，建筑特色往往表现突出，植物景观却营造不足。本文基于济南地区的气候分区和土壤特性，汇总筛选了在济南地区合适的南方植物种类。具体以济南园博园中重庆园、福州园为例，详细探讨了植物的种类选择。在空间表达上，通过“藏”、“透”、“引”、“对”、“衬”、“围”六种方法来分析植物与其他园林要素结合的具体应用。为未来植物的地域规划提供了设计思路和表达方法。
关键词：城市展园；植物景观；济南园博会；地域表达

Abstract: Garden exhibition is a special form of landscape architecture in the new era. Urban garden is the most common type of garden. However, due to geographical constraints, architectural features are often prominent in the theme expression of urban garden, but plant landscape is not enough. Based on the climate zoning and soil characteristics in Jinan, the suitable outhern plant species in Jinan were selected. Taking Chongqing Garden and Fuzhou Garden as examples, the selection of plant species was discussed in detail. In terms of spatial expression, the combination of plant and other garden elements is analyzed by six methods: "hide", "through", "quote", "symmetry", "guide" and "surround" . The concrete application of Provides the design idea and the expression method for the future plant regional plan.
Keyword: Urban Garden; Plant Landscape; Jinan Garden Expo; Regional Expression

摘要选登

① 基金项目：国家自然科学基金（51408342）；教育部人文社会科学研究基金（14YJCZH166）；华南理工大学亚热带建筑科学国家重点实验室开放研究项目（2016ZB11）。

浅谈历史建筑的活化与更新

——以上海市北京西路铜仁路为例

Talking about the Activation and Renewal of Historical Buildings

—Take Tongren Road，Beijing West Road，Shanghai as an Example

吕智慧　卞筱洁　宋凡桢　封茗君

摘　要： 在城市高速发展的现代社会，建筑文化遗产正面临新的挑战。本文选择了上海铜仁路和北京西路为研究对象，并探讨如何使“无人问津”的城市建筑文化遗产活化。通过溯源两条街区的历史，实地查访，并借鉴香港“活化历史建筑伙伴计划”中美荷楼的成功经验。提出了在保持历史原真、重视文化传承、创造多方效益、提升观感的前提下，总结出提升建筑感知度、围墙透化、前区空间活化、升级建筑功能和完善建筑保护政策的可持续历史建筑活化更新方法。

关键词： 历史建筑；文化遗产；活化更新；北京西路；铜仁路

Abstract： In the modern society where the city is developing at a high speed，the architectural cultural heritage is facing new challenges. This paper selects Shanghai Tongren Road and Beijing West Road as research objects，and explores how to revitalize the urban architectural cultural heritage of “no one cares”. Trace back to the history of the two historical districts，visit the site，and learn from the successful experience of the United States and the United States in the “Revitalization of Historic Buildings Partnership Program”. Under the premise of maintaining historical authenticity，attaching importance to cultural inheritance，creating multi-effects and enhancing perception，it sums up the sustainable history of improving building perception，wall permeation，front zone space activation，upgrading building functions and improving building protection policies. Building activation update method.

Keyword： Historic Buildings；Cultural Heritage；Activation and Renewal；Beijing West Road；Tongren Road

浅析旅游背景下重庆历史城镇更新策略研究

——以重庆渝北区悦来古镇为例

Development Strategy of Historical Towns in Chongqing under the Background of Tourism

—Taking Yuelai Historical Town in Yubei District of Chongqing as an Example

叶欣桐　欧阳桦　邓　罗　辰　尘

摘　要： 传统山地历史城镇由于自身空间、功能的局限性；历史价值的特殊性，无法迎合当下旅游产业大规模、高强度的发展模式，导致其在面向旅游转型的更新过程中产生了诸多问题。通过对重庆历史城镇资源特征发展趋势的分析，提出构建新旧场镇“资源互补，差异发展”的业态体系；“空间互补，场所再生”的山地空间体系；“景源互补，环线贯通”的景观体系的更新策略；推动历史城镇更新可持续发展。本文以重庆市渝北区悦来古镇为研究对象，通过文献整理、现场调研、问卷调查等研究方法，对新旧场镇的历史格局、功能结构、空间形态、建筑风貌进行空间整合，将历史城镇更新与城市公共空间的发展结合起来，提升历史城镇的知名度和开放性。为塑造历史城镇地域特色环境提供参考，对历史文化价值突出的山地历史城镇在转型道路上的持续发展具有一定的指导意义。

关键词： 旅游；历史城镇；文化传承；更新策略

Abstract： Due to the limitations of its own space and function and the special value of historical value，traditional historical towns cannot cater

to the large-scale and high-intensity development mode of the current tourism industry, which has led to many problems in the process of updating for tourism transformation. Through the analysis of the development trend of the resource characteristics of Chongqing's historical towns, this paper proposes to construct a business system of "resource complementarity and differential development" between the old and new towns; a mountain space system with "space complementarity and place regeneration"; "the complement of Landscape resources, loop through the entire area" to promote the sustainable development of historical towns. This paper takes the Yuelai Historical Town of Yubei District in Chongqing as the research object. Through literature research, on-site investigation, questionnaire survey and other research methods, it integrates the historical pattern, functional structure, spatial form and architectural style of the new and old towns, and updates the mountain towns. Combined with the development of urban public space, it enhances the visibility and openness of historical towns. It provides a reference for shaping the regional characteristic environment of historical towns, and has certain guiding significance for the sustainable development of mountain historical towns with outstanding historical and cultural values on the transition road.
Keyword: Tourism; Historical Town; Cultural Heritage; Development Strategy

浅析野生观赏植物在新时代城市园林建设中的意义

Analysis of the Significance of Wild Ornamental Plants in the Construction of New Era Urban Landscape

黄楚梨　李骏倬

摘　要：我国幅员辽阔，多样化的景观类型孕育出丰富的野生植物资源。然而，目前只有极少部分野生植物资源应用到新时代城市园林建设当中。本文旨在对野生植物资源在城市园林建设中的运用进行探究，通过对中国野生观赏植物资源现状调查，分析城市生态系统对园林建设需求，充分考虑到观赏价值、栽培难度、应用范围等多个因素，提出将通过引种驯化、建立或充实专类花园、融入公园绿化等方式将野生观赏植物应用到城市园林建设中，并以成都市碧落湖公园为实例进行探究，以期在新时代风景园林建设中打破目前千城一面的植物配置，减轻人工选育工作量，丰富城市植被群落多样性。
关键词：野生观赏植物；城市园林建设；植被群落多样性

Abstract: China's vast territory, complex and changeable geographical types and diverse climate characteristics make landscape types extremely diverse and breed abundant wild plant resources. However, only a few wild plant resources have been applied to the construction of urban landscape in the new era. This paper aims to explore the application of wild plant resources in urban landscape construction. It analyzes the demand of urban ecosystem for landscape construction through the investigation of the status quo of wild ornamental plant resources in China. Then, taking into account many factors such as ornamental value, cultivation difficulty, and application range are proposed that wild ornamental plants will be applied to urban landscape construction through introduction and domestication, establishment and enrichment of special gardens, and integration into park greening. The Biluo Lake Park in Chengdu is an example to explore the plant configuration, to break the same planting types of the current city, to reduce the amount of artificial breeding work, and to enrich the diversity of urban vegetation communities.
Keyword: Wild Ornamental Plants; Urban Landscape Construction; Vegetation Community Diversity

桥面雨水径流控制下的桥阴植草沟设计研究
——以武汉市为例

Research of the Grass Swales of Shade under the Limit of Rainfall Runoff of Deck

周 婷 戴 菲 殷利华

摘 要：将城市中最为普遍的六车道、30m跨径的高架桥作为研究对象，通过文献查阅、实地勘探等方法，在桥下分车绿带中设计植草沟。得到以下结论：当桥阴绿地为最窄的3m宽时，设置植草沟横坡为3∶1（水平∶垂直），底长1.5m，深度250mm，此时为植草沟现有条件下的最大设计容量，即16.975m^3，可完全解决桥面雨水径流70%。此时，植草沟的平均流速为0.0682～0.2287m/s，水力停留时间为2.18～7.33min，植草沟计算净流量为0.0575～0.1286m^3/s。选择20cm壤质沙土（$K=6.0\times10^{-5}$m/s）+40cm砾石（$K=3\times10^{-2}$）作为植草沟垫层，细叶麦冬等作为植草沟草本植物。由此可知，在桥阴绿地空间设置植草沟对于解决城市道路雨水径流问题有着重要意义。

关键词：风景园林；雨水管理；桥阴绿地；植草沟

Abstract： The author chooses the most common highway bridge in the city which is 30m，six lane span as the research object ， and designs grass swales under the bridge dividing greenbelts in by the field exploration ， literature reviewing . Get the following conclusions：when the cross slope of grass swales in the 3m wide green belt is 3∶1 (horizontal∶vertical)，depth is 250 mm，the bottom width is 1.5m，corresponding bearing water yield becomes largest 16.875m^3. This moment grass swales can completely consume 70% annual runoff volume of rainwater in the surface of viaducts. At this time，the average velocity of grass swales is 0.0682～0.2287m/s，HRT is 2.18～7.33min，the grass swales calculation of flow is 0.0575m^3/s～0.1286m^3/s. What's more，selecting loamy soil as soil layer of planting，coefficient of permeability $K=1.7\times10^{-5}\sim6.0\times10^{-5}$m/s. Cushion of grass swales select 20cm loamy soil $K=6.0\times10^{-5}$m/s) and 40cm gravel ($K=3\times10^{-2}$) . Therefore，setting the grass swales under the bridge of green space has an important significance to solve the problem of city road runoff.

Keyword： Landscape；Rainwater Management；Green Space Under the Bridge，Grass Swale

青岛市中山公园特色赏樱模式探究

Researching on the characteristic Cherry Blossom Viewing Mode in Qingdao Zhongshan Park

徐晓彤 曹馨予 张 安

摘 要：青岛市中山公园是青岛最早种植樱花的地区，可追溯到“一战”时期。为了探究中山公园的特色赏樱模式，本文从公园的现状入手，通过查阅相关资料、现场调研等方法并结合周边环境、樱花种植现状和人群活动进行分析。通过“人聚、樱聚、食聚”三种手段，再现当时“赏樱会”的盛况，感受民国时期人们赏樱的情怀，同时也能产生一种时空异化的体验，使人们享受不一样的樱花盛会。

关键词：风景园林；赏樱；模式；青岛市中山公园

Abstract： Zhongshan Park in Qingdao is the earliest area for planting cherry blossoms in Qingdao，dating back to World War I. In order to explore the cherry blossom viewing mode of Zhongshan Park，this paper starts with the current situation of the park，and analyzes the relevant materials，on-site investigation and other methods combined with the surrounding environment，cherry blossom cultivation status and crowd activities. Through the three methods of “people gathering，cherry blossom gathering，and food gathering”，the grandeur of “cherry blossom viewing” was reappeared at the time，and the feelings of people enjoying cherry blossoms during the republic of China were felt. At the same

time, an experience of time and space alienation was produced, which made people enjoy different cherry blossom festival.
Keyword: Landscape Architecture; Cherry Blossom Viewing; Mode; Qingdao Zhongshan Park

区域绿色基础设施构建方法述评

Methodology Review of Regional Green Infrastructure Planning

何 蓓

摘 要：随着城市化进程加速，我国就已形成京津冀、长江三角洲、珠江三角洲等城市群区域，还有许多内陆都市圈正在形成之中，与此同时，区域生态空间受到挤压，环境持续恶化。区域绿色基础设施被普遍视为维护区域生态安全的有效途径，受到广泛关注。国内外大量学者以景观生态学为核心，结合多种学科，发展众多构建方法，为区域规划提供理论与技术支撑。本文通过梳理目前被广泛使用、经过应用检验的区域绿色基础设施构建方法，归纳为四类：基于生物多样性保护的区域绿色基础设施构建、基于景观时空模拟的区域绿色基础设施构建、强调景观结构、格局与功能的区域绿色基础设施构建，以及基于价值评价的能级层次网络，并总结各类方法的主要流程及特征，最后指出四类方法在目标指向、构成要素及影响因素方面的差异，认为不同方法具备满足不同的目标的潜力。
关键词：区域生态保护；区域生态网络；构建方法

Abstract: Along with the urbanization process accelerated, the beijing-tianjin-hebei area, Yangtze river delta and the pearl river delta has been formed, and more urbans are agglomerating at the same time. There is increasing interest and investment in the implementation of regional ecological protection, the concept of ecological network has been comfirmed to help to ensure the ecological sustainability of a landscape, and the domestic and foreign developed masses of building approaches for ecological network. This paper begins with combing methods which are widely used and applied, divided into three categories: approaches based on biodiversity conservation, approaches emphasizes the ecological landscape structure, landscape and function of the network, and energy level hierarchical network based on the value evaluation, then summarize the main process and characteristics of various methods, finally points out discrepancy of methods above: goals, constituent elements, and influencing factors , point out different methods have met the potential of different targets.
Keyword: Regional Ecological Protection; Regional Ecological Network; Ecological Network Approaches

泉城公园植物展览温室景观改造设计研究

The Study on Landscape Transformation Design of Exhibition Greenhouse in Springs Park

陈 虹 胡亚齐 王 青

摘 要：在总结分析国内外植物园展览温室特点的基础上，本文以济南泉城公园植物展览温室景观改造设计项目为着手点，提出了泉城公园植物展览温室的定位、设计原则及设计思路，并从物种多样性、景观创新、功能拓展方面进行展览温室建设的思考，对展览温室如何进行景观规划、设计及植物配置等方面进行了探索和研究，以期为今后展览温室的建设和发展提供参考。
关键词：泉城公园；展览温室；改造设计；植物配置

Abstract: On the basis of analyzing the characteristics of the exhibition greenhouse of botanical garden at home and abroad, this paper takes Jinan springs park plant design of the exhibition greenhouse landscape projects as the starting point, puts forward the springs park plant exhibition greenhouse positioning, design principles and design ideas, and from the diversity of species, landscape innovation, function expansion of

the construction of the exhibition Greenhouse, in order to provide reference for the future exhibition greenhouse construction and development.
Keyword: Springs Park; Public Conservatory; Transformation Design; Plant Configuration

基于资源保护的城市特色空间与色彩规划研究

The Study of Urban Featured Space and Color Planning Based on Resource Protection

任君为

摘　要：乐山市是我国著名旅游城市，历史悠久，拥有丰富自然人文资源。然而在近年城市扩张的进程中，乐山市城市景观产生了一系列问题：城市开放空间体系缺失，老城色彩单调，新区色彩混杂，没有形成城市特色历史风貌，对城市形象的树立和旅游业的发展产生了一定负面影响。本研究在解读乐山市城市历史文化特色、自然山水特色和相关规划的基础上，结合定性与定量的技术方法，通过实地调研、问卷调查和样本采集，提炼了乐山城市特色空间的特征，提出了"三江交汇嘉州画廊，群山环列禅意佛都"特色空间定位与"三川汇聚，水墨乐山"的本土色彩印象，建立了相应的分类分级体系。在此基础上，进一步提出了乐山市城市色彩控制导则及建筑风貌控制导则的管控要素。本研究旨在改善乐山城市景观、提升乐山城市形象，尝试在城市特色空间、色彩规划方面做出具有指导意义的实践。
关键字：特色空间规划；色彩规划；乐山

Abstract: Leshan is a famous tourist city in China with a long history and abundant natural and cultural resources. However, in the process of urban expansion in recent years, a series of problems have arisen in Leshan's urban landscape: the absence of urban open space system, the monotonous color in old city area, the mixed color in the new district, and the lack of urban characteristics and historical features, which have a negative impact on the development of the city image and tourism. By interpreting the historical and cultural characteristics, together with natural landscape characteristics and related planning of Leshan City, combining with qualitative and quantitative technical methods, through field investigation, questionnaire survey and sample collection, this study refines the characteristics of Leshan City's characteristic space, and puts forward as "Three Rivers Interchange Jiazhou Gallery, Mountains Ring around Zen Buddha", and local color impression as "three rivers convergence, ink Leshan", established the corresponding classification and classification system. Furthermore, the essay proposed the management and control elements of Leshan city color control guidelines and building style control guidelines. The study aimed at improving the landscape of Leshan City, enhancing the image of Leshan City, and tried to make a guiding practice in urban characteristic space and color planning.
Keyword: Characteristic Spatial Planning; Color Planning; 3S; Leshan City

日本传统园林的现代转型及其对新时代中国风景园林发展的启示

The Modern Transformation of Japanese Traditional Gardens and Its Enlightenment to the Development of Chinese Landscape Architecture in the New Era

王　芳　薛晓飞

摘　要：在全球化的普世文明冲击下，中国古典园林逐渐沦落为一种纪念性存在，现代风景园林的发展也陷入特色缺失的窘境。通过对在现代实现了良好转型与发展的日本园林进行研究与解析，从对自然环境的表达，对地域文化特色的传承与创新，对当地传统要素的运用，以及对空间场所精神的追求等方面总结其转型的成功经验。在分析中国现代园林发展存在的问题的基础上，以日本为借鉴，探索适合中国的古典园林振兴与新时代风景园林发展之道。
关键词：风景园林；日本园林；转型；中国古典园林；发展

Abstract: Under the impact of the globalization of modern civilization, Chinese classical gardens have gradually become a commemorative existence, and the development of modern landscape architecture has also fallen into the dilemma of lack of features. The paper summarizes the successful experience of Japanese gardens that have achieved good transformation and development in modern times through the research and analysis from the expression of the natural environment, the inheritance and innovation of regional cultural characteristics, the use of local traditional elements, and the pursuit of the spirit of space. Based on the analysis of the problems existing in the development of modern Chinese gardens, this paper studies Japan and explores the revival of classical gardens and the development of landscape architecture in the new era that is suitable for China.
Keyword: Landscape Architecture; Japanese Garden; Transformation; Chinese Classical Garden; Development

LA的植景课程体系研究

容怀钰

摘　要：应对目前国内风景园林植景教学体系及课程设置的问题，以著名院校中风景园林本科课程为研究对象，分析比较不同课程教学目的、教学方式、课程占比等具体情况，以此总结出上述院校中风景园林本科教育在课程设置上的特点，最后简要分析了课程教师的教学方式。在新时代的要求下，通过对课程体系、内容设置的分析，提出对我国的风景园林本科课程设置的借鉴经验。
关键词：风景园林；植景课程；课程设置

Abstract: In response to the current problems of the domestic landscape architecture teaching system and curriculum setting, the undergraduate course of landscape architecture in famous universities is taken as the research object, and the specific conditions such as the teaching purpose, teaching method and proportion of courses are compared and analyzed. The characteristics of undergraduate education in landscape architecture in colleges and universities, and finally a brief analysis of the teaching methods of curriculum teachers. Under the requirements of the new era, through the analysis of the curriculum system and content setting, the author draws lessons from the undergraduate course setting of landscape architecture in China.
Keyword: Landscape Architecture; Planting Course; Curriculum

三峡库区迁建城市移民社区文化空间重构研究
——以巫山县高唐城区为例

Study on the Reconstruction of the Cultural Space of the Resettlement Community in the three Gorges Reservoir area
—a case study of the Gaotang City in Wushan County

李　越　毛华松

摘　要：三峡工程建设伴随大规模城市迁建和移民搬迁，引发了库区城市传统文化生态网络的解体与人为重组，造成移民社会适应力降低。因此，探寻迁建城市的社区营建途径，激发文化空间提升库区社会适应的中介作用，成为三峡后续工作的紧迫问题。“文化空间”重构所具有的活态、生活性保护理念，对提升库区移民社会适应，保障库区人民生活水平具有重要意义。本文结合三峡库区文化遗产保护传承，通过借鉴移民生产生活适应、人际关系适应、心理适应等社会适应的经典研究，以及非物文化遗产保护的文化场域、传承人、要素组成等相关研究，寻求巫山高唐城区移民社区文化重构的营建途径，以期为增强社会凝聚力，实现库区移民安稳致富提供理论支撑。
关键词： 三峡库区；移民社区；社会适应；文化空间；巫山

Abstract: The construction of the three Gorges Project is accompanied by the large-scale urban relocation and relocation, which leads to the disintegration and artificial reorganization of the traditional cultural ecological network of the city in the reservoir area, resulting in the reduction of the social adaptability of the migrants. Therefore, it is an urgent problem for the three Gorges Project to explore the ways of community construction in the relocation city and to stimulate the cultural space to promote the intermediary role of social adaptation in the reservoir area. The reconstruction of "cultural space" is of great significance in improving the social adaptation of immigrants in the reservoir area and ensuring the living standard of the people in the reservoir area. Combining with the heritage of cultural heritage protection in the three Gorges Reservoir area, this paper draws lessons from the classical research on social adaptation, such as the adaptation of production and life, interpersonal relationship and psychological adaptation, as well as the cultural field of non-material cultural heritage protection. In order to strengthen the social cohesion and realize the stability and prosperity of immigrants in the reservoir area, this paper tries to find a way to reconstruct the community culture of immigrants in Gaotang District of Wushan.
Keyword: Three Gorges Reservoir Area; Immigrant Community; Social Adaptation; Cultural Space; Wushan

社区生活圈视角下公共开放空间的规划控制探析

Study on the Planning Control of Public Open Space in Community Life Circle

陈栋菲　金云峰　卢　喆

摘　要： 在新时代的发展背景下，对社区生活圈视角下公共开放空间的规划控制进行探究是解决人与空间矛盾、满足城市公共性需求、提升城市休闲功能的关键议题。通过对国内外先进城市的相关规划控制途径进行研究，并结合我国新时代的发展需求，为我国社区生活圈视角下公共开放空间的规划控制提出思考与建议。
关键词： 新时代的风景园林；社区生活圈；公共开放空间；规划控制

Abstract: In the context of the development of the new era, the study on the planning control of public open space in community life circle is a key issue to solve the contradiction between people and space, meet the public needs of the city, and enhance the leisure function of the city. Through the research on the relevant planning control approaches of advanced cities in China and abroad, and combined with the development needs of China's new era, this paper has put forward some suggestions for the planning control of public open space in community life circle of China.
Keyword: New Era of Landscape Architecture; Community Life Circle; Public Open Space; Planning Control

生活圈视角下哈尔滨市中心区社区规划方法初探

A Preliminary Study on the Community Planning Method of Downtown Harbin from the Perspective of Life Circle

胡俞洁　冯　瑶　刘　畅

摘　要：在社区规划向重视生活质量与人居环境转型的时期，社区涌现的生活配套设施不足、归属感缺失等问题亟待解决，居民对便捷、紧凑的生活空间的追求也推动着传统社区规划方法的转变。通过梳理国内外各自在"生活圈"理论方面的研究和实践进展，总结出目前研究热点在生活圈范围测度、层次划分以及基于生活圈理论的空间优化三方面；提出采用生态系统服务量化评价的方法对社区绿地公共空间进行评价，是研究绿地公共空间优化策略的有效途径。

关键词：生活圈规划；空间优化；生态系统服务；量化评价

Abstract：In the transition period from the emphasis on material and economic space to the emphasis on quality of life and human settlements, urban living problems such as separation of employment and residence, lack of living facilities, and lack of belonging need to be solved urgently in the community. The pursuit of a convenient and compact living space has also driven the transformation of traditional community planning methods. By combing the research and practice progress of the "life circle" theory in Japan, South Korea, Taiwan and mainland China, we summarize the current research hotspots in the scope of life circle measurement, hierarchical division and spatial optimization based on life circle theory. It is proposed to use the method of quantitative evaluation of ecosystem services to evaluate the public green space, which is an effective way to study the optimization strategy of public green space.

Keyword：Life Circle Planning；Space Optimization；Ecosystem Services；Quantitative Evaluation

疏解腾退背景下的北京城市绿色微空间规划研究

——以石景山区衙门口城市片区为例

The Urban Green Micro-space Planning in Beijing under the Background of Relaxation and Retreat

—Take the Yamen City Area in Shijingshan as an Example

孙　睿　张云路

摘　要：近年来，北京市进行非首都功能疏解腾退空间的管理和使用。疏解腾退空间的利用效果直接关系到疏解腾退的效果，在腾退空间再利用的指引下构建城市绿色微空间将成为北京优化空间布局的战略支撑点和发展引擎。目前针对对腾退空间详细规划设计等方面的研究较少，没有提出系统的规划策略。本文首先从政策层面对北京市疏解腾退进行分析和解读，以北京市石景山区衙门口城市片区为例，在疏解腾退空间的基础上开展城市修补和生态修复，注重"留白增绿"，改善人居环境；并提出腾退还绿、疏解建绿、见缝插绿等规划策略，最终文章提出研究区域在疏解腾退的基础上研究城市绿色微空间的体系构建和科学合理的绿色空间格局。本文积极响应当前北京腾退还绿的重要契机，以构建城市绿色空间体系为宗旨，通过实证研究分析在城市片区尺度探索疏解腾退背景下的北京城市绿色微空间规划的路径与策略。

关键词：疏解腾退；城市绿地；绿地系统

Abstract：In recent years, Beijing has carried out the management and use of non capital functional evacuation space. The effect of the use of evacuation space is directly related to the effect of evacuation. Under the guidance of the reuse of evacuation space, the construction of urban green micro-space will become the strategic support and development engine for Beijing to optimize the spatial layout. At present, there is little research on how to plan and design the vacation space in detail, and no systematic planning strategy is proposed. This paper first analyzes and interprets the evacuation and retreat of Beijing from the policy level, taking the Yamenkou urban area in Shijingshan District of Beijing as an example, carrying out urban repair and ecological restoration on the basis of evacuation and retreat space, paying attention to "leave white and increase green" and improving the living environment; and puts forward that the evacuation and retreat should be green, the evacuation and construction of green, and the gap should be inserted green. Finally, the paper puts forward the research area to study the system construction of urban green micro-space and the scientific and rational pattern of green space on the basis of evacuation and retreat. This paper actively responds to the important opportunity for Beijing to take off and return to green. With the aim of constructing urban green space system, this paper explores the path and strategy of Beijing's urban green micro-space planning under the background of evacuation and retreat through empirical research.

Keyword: Escape and Retreat; Urban Green Space; Green Space System

水上森林中生态"岛屿"营建技术

Construction Technology of Ecological "Island" in Water Forest

赵　勋

摘　要：为实现水上森林中生态岛屿的景观与生态建造功能，对生态"岛屿"（小丛林）营造技术进行研究，结果表明：营建工序主要为，修筑围堰与排水、构建"岛屿"、苗木选择、栽植及养护。营建的重点是苗木选择和栽植技术，营建的关键是景观生态型植物群落的构建。在实际应用中，工程质量得到保证，并取得良好的经济效益和生态效益。

关键词：水上森林；生态"岛屿"；景观；营建技术

Abstract: In order to realize the landscape and ecological construction function of the ecological islands in the water forest, the construction technology of the ecological island (small jungle) were studied, the results showed that the construction process were the construction of cofferdam and drainage, the construction of "island", the selection of seedlings, planting and maintenance. The key point of construction was seedling selection and planting technology. The key to the construction was the construction of landscape ecotype plant communities. In practical application, the quality of the project was guaranteed, good economic and ecological benefits were achieved.

Keyword: Aquatic Forest; Ecological 'Island'; Landscape; Construction Technology

天津市社区公园老幼复合型公共空间调查研究

Research on the Composite Public Space of the Aged and Children in the Community Park in Tianjin

张炜玉　胡一可

摘　要：老年人与幼儿对城市绿地的高使用率为老幼公共空间的复合化创造了契机。本文对天津市三处居住用地附属绿地及社区公园的公共空间进行了使用功能、空间规模等与使用人群行为间关系的调研分析，通过分时段观察与场地测绘及对老幼心理生理活动特点的研究，发现老幼活动内容在时空使用上的复合化现象，论证该类城市绿地中老幼复合型公共空间存在的可行性，提出其空间模式构想，为城市绿地中老幼公共空间的复合化提供普适性设计参考。

关键词：复合型公共空间；老幼行为；社区公园；居住用地附属绿地

Abstract: The high utilization rate of urban green space by the old and the young creates an opportunity for the compound development of public space for the old and the young. This paper conducts a survey and analysis on the relationship between the use function, spatial scale and the behavior of the users in the public space of three affiliated green spaces and community parks in Tianjin. Through time-division observation, site mapping and research on the characteristics of psychological and physiological activities of the old and the young, it is found that the content of the old and the young is compound in the use of time and space. The feasibility of the old and young hybrid public space in such urban green space is demonstrated. The concept of space model is put forward to provide universal design reference for the compound of public space of old and young in urban green space.
Keyword: Composite Public Space; Young and Old Behavior; Community Park; Attached Green Space to Residential Land

通过国家森林步道建设标准探究古蜀道的保护模式

Explore the Protection Mode of Ancient Sichuan Road through the National Forest Trail Construction Standard

陆 成 高 翅

摘 要：随着国际上文化线路接连申遗成功，针对线性文化遗产的研究、保护和实践工作也不断地深入。在此背景下，古蜀道也由历史名词转变成为如今公认的文化遗产。古蜀道具有空间跨度大、线路复杂的特点，且穿过大面积荒野区域，导致古蜀道的线路断裂、文化缺失，作为文化线路的完整性不断下降，亟须一种新的区别于保护其他文化遗产类型的保护模式。2017 年中国林业局公布了第一批国家森林步道名录，使得全民通过徒步、骑行等非机动方式进入荒野进行长距离旅行成为可能，这就为古蜀道的保护提供了新思路。本文通过分析国家森林步道的选线标准、设计原则和设施建设标准，讨论将其运用于古蜀道保护的可行性，探究出一种适合古蜀道的保护模式。
关键词：古蜀道；文化线路；遗产保护；国家森林步道

Abstract: With the successive success of Cultural Routes applying entry into the world cultural heritage list, the research, protection and practice of the linear cultural heritage are also deepening. In this context, the ancient Sichuan Road has also changed from the historical noun to the recognized cultural heritage. The ancient Sichuan Road have the characteristics of large spatial span and complex lines, and it is particularly difficult to effectively protect them through large area of wilderness area, which leads to the broken lines Road and the lack of culture of the ancient Sichuan, the integrity of Cultural Routes is declining. A new protection model is urgently needed to protect the other types of cultural heritage. A protection mode different from other types of protection is urgently needed. In 2018, the first batch of national forest footpaths was published by the Chinese Forestry Bureau, which made it possible for the whole people to travel into the wilderness by hiking, riding and other non-maneuverable ways, which provided a new way of thinking for the protection of ancient Sichuan Road. Through the analysis of the standard and the design principles of the National Forest footpath, this paper discusses the feasibility and specific measures of applying it to the protection of the ancient Shu Road, and tries to explore the protection mode suitable for the ancient Sichuan Road.
Keyword: The Sichuan Road; Cultural Route; Heritage Conservation; National Forest Trail

退化森林生态系统恢复视角下的森林城市建设

Forest City Construction from the Perspective of Restoration of Degraded Forest Ecosystems

南歆格　包志毅　晏　海　史　琰

摘　要：国内森林城市的建设源于20世纪80年代，至今日已形成一定规模的定性、定量指标体系。在森林城市建设运动的推进中所面临的问题，森林生态系统退化首当其冲，其需通过相应的恢复评价研究解决，主要包括恢复目标的确定、参照系的选择、评价指标体系的构建及定量评价等几个方面，不同的研究者或管理者由于对恢复森林生态系统服务功能的需求存在差异，评价退化生态系统恢复的角度也不一样。森林建设为指标体系中最重要部分，该部分将国家森林城市建设指标进行量化，使建设国家森林城市更具体化，在分析研究退化森林恢复的评价方法基础上，本文通过引进物种多样性（物种丰富度和多度）、植被结构（植被盖度、乔木密度、高度、胸高断面积、生物量和凋落物结构）、森林植被群落构建等指标，为新时代背景下的中国森林城市建设指标体系提出完善建议。

关键词：森林城市；退化森林恢复；评价方法；景观构建

Abstract: The construction of forest cities in China originated from the 1980s, and now a certain scale of qualitative and quantitative index system has been formed. The degradation of forest ecosystem is the most serious problem in the process of promoting the construction of forest cities, which needs to be solved by the corresponding restoration evaluation. It mainly includes the determination of restoration target, the selection of reference system, the construction of evaluation index system and quantitative evaluation. Different researchers or managers have different needs for restoring forest ecosystem services, and different perspectives for assessing the restoration of degraded ecosystems are also different. Forest construction is the most important part of the index system. This part quantifies the index of national forest city construction to make the construction of national forest city more concrete. On the basis of analyzing and studying the evaluation methods of degraded forest restoration, this paper introduces such indexes as species diversity (species richness and abundance), vegetation structure (vegetation coverage, tree density, height, basal area at breast height, biomass and litter structure), and forest vegetation community construction. It puts forward some suggestions for the construction of China's forest city index system in the new era.

Keyword: Forest City; Degraded Forest Restoration; Evaluation Method; Landscape Construction

王维在辋川别业中的声景营造研究

Research of Soundscape Construction by Wangwei in Wangchuan Villa

董嘉莹

摘　要：本文通过文献古籍的查阅，阐述声景观对于传统园林和王维个人的特殊含义，并结合《辋川集》和历代临摹的《辋川图》，分析了辋川别业的声景观资源和声景观总体布局，还原别业中的声景观，并将辋川别业的声景观设计手法总结为三种：巧于因借、声情景交融和以动衬静，最后基于王维的禅宗思想剖析其在辋川别业声景营造中的禅意表达。本研究从声景观角度分析传统文人园林——辋川别业的营造形式，以期为园林景观理论与实践提供创新的思考方向，也为今后系统化的声景观研究提供基础理论支撑。

关键词：声景观；辋川别业；设计手法；禅宗思想

Abstract: Based on literature review of ancient books and relative papers, this paper explains the special meanings of soundscape for the traditional gardens and Wang Wei. The soundscape is restored by analysis of soundscape resources and overall soundscape layout in Wangchuan Villa. The method of soundscape design is summarized into three kinds: clever borrowing; integration of sound, motion and landscape; contrasting the dynamic with the static. And buddhist expression in constructing soundscape in Wangchuan Villa is analyzed based on Wang's buddhist thought. This study aims to provide innovative thinking direction for the theory and practice of landscape architecture, and also provide theoretical support for the systematic study of soundscape in the future from the perspective of soundscape research into the construction form of traditional literati garden——Wangchuan Villa.

Keyword: Soundscape; Wangchuan Villa; Design Methods; Buddhist Thoughts

河道焕生机，栖居富诗意

——济阳县新元大街河道景观设计

The River is Revitalized and the Residence is Poetic

—The River Landscape Design of XinYuan Avenue in JiYang County

王志楠

摘　要：如何解决城市既有环境的生态问题，有效利用城市环境资源，获得经济发展与环境改善的双赢，如何结合基地环境特征，采用更加合理的手段，因地制宜地创造不同的生态景观，成为城市河道改造的重要研究趋势。本文以济南市济阳县新元大街河景观设计为例，以生态性、景观性及经济性的交互综合的改造创新视角为突破口，因地制宜地设计出“一带、一脉、四点”的整体设计布局，巧妙地利用景观与经济的平衡点，真正做到经济性与景观性的结合，塑造出经济、生态、美观的城市生态绿廊。通过对新元大街河道设计项目的研究分析，为进一步提高城市河道景观建设质量提供参考，以期为今后在城市范围内形成具有城市生态环境调节功能、生态系统稳定，同时兼具地域文化特色、游憩活动功能的城市生态廊道。

关键词：河道景观；生态修复；经济性；自然化

Abstract：How to solve the ecological problems of city existing environment，effective utilization of the urban environment resources，economic development and environmental improvement of the win-win，how to combine the base environment characteristics，adopt more reasonable approach，adjust measures to local conditions to create different ecological landscape，the research on urban river improvement trend. Taking jinan jiyang s river street landscape design as an example，with ecological，landscape and economy interaction integrated innovation perspective as the breakthrough point，adjust measures to local conditions to design the “area，a pulse at four o'clock，” the overall design of the layout，landscape and economic balance，ingenious use the combination of the real economy and landscape，create ecological economic，ecological，beautiful city green gallery. Through the analysis of the research project of channel s street design，in order to further improve the quality of urban river landscape construction to provide the reference，so as to form within the city limits in the future with the regulating function of urban ecological environment，ecological system stability，at the same time with the function of regional cultural features，recreation activities of urban ecological corridor.

Keyword：River Landscape；Ecological Restoration；Economy；Natural

文化性历史文化街区景观风貌要素研究

——以山东大学西校区历史文化街区核心保护区为例

Study on the Landscape Characteristics of Cultural Historical and Cultural Blocks

—Taking the Core Protected Area of the Historical and Cultural District of the West Campus of Shandong University as an Example

陈业东　宋　凤

摘　要：文化性历史文化街区不仅拥有特殊价值的历史遗迹，而且承载着当地在地文化内核，尤其以教育功能为主的文化性历史街区于在地文化传承中作用凸显，当前城市发展和建设背景下其景观风貌的保护与传承不容忽视。本文以山东大学西校区（原齐鲁大学旧址）历史文化街区核心保护地段为对象，运用文献查阅法和建筑类型学基本分类方法结合田野调查和景观风貌特点提炼出街道景观、建筑风貌、空间布局、植被景观四类景观风貌构成要素。通过对该街区景观风貌要素分析梳理得到：该区域整体景观风貌特征具备典型性；街区内空间肌理与格局脉络保存完好，但景观结构因城市发展扩张有所影响；建筑风貌较为一致，特征突出，但部分建筑破损且存在侵占现象；植物景观风貌特色需要进一步凝练。最后，针对街区的保护发展与传承，从上述分析给出该历史文化街区景观风貌传承指导性建议和策略。
关键词：文化性；历史文化街区；景观风貌要素；齐鲁大学

Abstract: Cultural historical and cultural blocks not only have historical sites of special value, but also carry the local cultural core of the local culture, especially the cultural historical blocks dominated by educational functions, which play a prominent role in the cultural inheritance of the localities. The current urban development and construction background The protection and inheritance of its landscape can not be ignored. This paper uses the literature review method and the basic classification method of architectural typology to extract the street, architecture, spatial layout and vegetation in the core protection area of the historical and cultural district of the West Campus of Shandong University (formerly Qilu University) . Landscape features. Through the analysis of the landscape features of the block, the overall landscape features of the area are typical; the spatial texture and pattern of the block are well preserved, but the landscape structure is affected by the urban development and expansion; the architectural style is more consistent and prominent. However, some buildings are damaged and there is encroachment; the characteristics of plant landscapes need to be further concise. Finally, in view of the protection development and inheritance of the block, the above-mentioned analysis gives the guiding suggestions and strategies for the inheritance of the landscape and landscape of the historical and cultural block.
Keyword: Cultural; Historical and Cultural Blocks; Landscape Elements; Qilu University

污水处理型湿地的景观营造研究

——以杭州横溪湿地为例

Study on Landscape Construction of Sewage Treatment Wetland

—A Case of Hangzhou Hengxi Wetland Design

华莹珺　徐　斌

摘　要：近年来，人工湿地处理污水的方式在国内迅速推广，然而湿地景观营造未能较好地与水质净化的基础功能相结合。研究围绕国内外污水处理型湿地的发展，提出了污水处理型湿地的定义，介绍了污水处理系统的组成，并基于该类型的人工湿地景观较为孤立的现状，提出4部分污水处理型湿地景观营造注重的特点。从景观设计角度进行研究分析，以杭州横溪复合型湿地为例，根据不同功能区针对性地进行生态景观设计，构建生态景观与污水处理相互协调的人工湿地环境，在满足水质净化功能的基础上，为城市居民提供良好的生活环境和休憩空间。
关键词：污水处理型湿地；人工湿地系统；横溪湿地；景观营造

Abstract: In recent years, the artificial wetland treatment method has been rapidly promoted in China, but the construction of wetland landscape has not been well integrated with the basic function of water purification. Based on the development of domestic and foreign sewage treatment wetlands, this paper puts forward the definition of sewage treatment wetlands, introduces the composition of sewage treatment system, and puts forward the characteristics of four parts of sewage treatment wetland landscape construction based on the isolated status of this type of artificial wetland landscape. To study and analysis from the perspective of landscape design, gainesville, complex wetland in hangzhou as an example, according to the different functional areas, ecological landscape design in construction of ecological landscape and coordination of artificial wetland wastewater treatment environment, to meet the water quality purification function, on the basis of good living environment for urban residents and leisure space.
Keyword: Sewage Treatment Wetland; Constructed Wetland System; Hengxi Wetland; Landscape Construction

物质要素层面的景观生态绩效探讨

Study on Landscape Ecological Performance of Material Elements

黄思寒　郑　曦

摘　要：景观绩效被定义为：景观解决方案为实现其预设目标的同时满足可持续性方面效率的度量，其首要目标是指导未来景观规划设计的决策。景观物质要素作为景观功能效益的载体，内容与载体的潜在联系使得研究二者之间的关系存在可能。本文基于对现有景观绩效体系的梳理研究，确定以景观绩效系列现有绩效评价因子为基础，以环境生态效益的评估为例，研究并探讨景观物质要素与效益评价之间的联系，以期为新时代中国风景园林未来可持续设计提供依据。

关键词：物质要素；景观绩效；生态效益；景观生态绩效

Abstract: Landscape performance is defined as a measure of efficiency of landscape solution to achieve its preset goals while satisfying sustainability. Its primary goal is to guide the decision-making of future landscape planning and design. As the carrier of landscape functional benefits, the potential relationship between content and carrier makes it possible to study the relationship between them. Based on the carding and study of the existing landscape performance system, this paper determines that based on the existing performance evaluation factors of landscape performance series and taking the assessment of environmental ecological benefits as an example, studies and discusses the connection between landscape material elements and benefit evaluation, in order to provide the basis for the future sustainable design of Chinese landscape gardens in the new era.

Keyword: Material Elements; Landscape Performance; Ecological Benefits; Landscape Ecological Performance

乡村振兴背景下陕南传统村落景观特征分析及其规划路径

——以汉中市青木川为例

Landscape Characteristics Analysis and Planning Path of Traditional Villages in Southern Shaanxi under the Background of Rural Revitalization

—Taking Qingmuchuan of Hanzhong as an example

王　镭　武　联

摘　要：传统村落能够体现地域文化特色，具有重要的历史与文化价值。在十九大提出的乡村振兴战略背景下，以汉中市宁强县青木川为样本，研究其景观格局及景观特征，结果表明：青木川村景观构成以自然要素为基础，人文要素在自然要素上叠加形成；村落选址和建设时遵循坐北朝南、负阳抱阴的风水文化；其景观特征受多种要素的综合影响，其中地形地貌的影响最大。近年来，该地大规模发展旅游业，规划中忽视生态，景观同质性加强异质性减弱，形成“千村一面”的现象。针对此问题，基于陕南地区传统村落自然—经济—社会的耦合系统，提出青木川传统村落景观规划路径，即发挥地域特色，以生态优先的原则，发展特色景观风貌，为陕南地区传统村落景观保护规划提供参考。

关键词：乡村振兴；传统村落；景观特征；规划路径

Abstract: Traditional villages can reflect regional cultural characteristics and have important historical and cultural values. Under the background of the proposed rural revitalization strategy, Qingmuchuan, Ningqiang County, Hanzhong City, was taken as an example to study its landscape pattern and landscape characteristics. The results show that the landscape composition of Qingmuchuan Village is based on natural elements, and the human elements are superimposed on natural elements. The site selection and construction of the village follow the Fengshui culture of facing the south and the negative sun and holding the shade; the landscape features are influenced by various factors, among which

the topography has the greatest impact. In recent years, Qingmuchuan has developed tourism on a large scale, neglecting ecology in planning, and improving homogeneity of landscape homogeneity, forming a phenomenon of "one thousand villages". For the problem, based on the natural-economic-society coupling system of traditional villages in southern Shaanxi, the landscape planning path of traditional villages in Qingmuchuan is proposed in the present paper. The regional characteristics, the ecological factors and the landscape features are considered. The present work could provide reference for the traditional village landscape protection planning in the southern region.
Keyword: Rural Revitalization; Traditional Village; Landscape Features; Planning Path

乡村振兴背景下乡村景观建设途径探讨

On Rural Landscape Construction Under the Background of Rural Revitalization

王 瑞 严国泰

摘 要：乡村景观的保护和振兴是乡村振兴的重要基础。乡村振兴战略的提出，对乡村景观建设提出了更高的要求，也提供了重塑乡村景观价值和风貌的契机。现有的乡村景观建设理念和方式的滞后等原因导致乡村景观在快速建设中受到一定的建设性破坏，传统的乡村风貌、生态和文化景观的保护受到挑战。本文从法规、管理、规划理念和公众参与等方面提出以保护文化和生态景观资源为底线，由政府或乡村自组织主导，政府、专家和社会组织多维监管的建设途径。
关键词：乡村振兴；乡村景观；资源保护

Abstract: Rural landscape protection is an important basis for rural revitalization. The proposal of rural revitalization strategy puts forward higher requirements for rural landscape construction and provides opportunities to reshape rural landscape and its value. Reasons like the current backward ideas and methods of rural landscape construction lead to the destruction of rural landscape in rapid construction, and the protection of traditional rural landscape, ecological and cultural landscape is challenged. From the aspects of laws and regulations, management, planning concepts and public participation, this paper puts forward the construction approach of multi-dimensional supervision of government, experts and social organizations led by the government or rural self-organization with the protection of cultural and ecological landscape resources as the bottom line.
Keyword: Rural Revitalization; Rural Landscapes; Resource Conservation

小尺度风景园林设计的参数化设计手段初探

Discussing on Parametric Deisgn Method in Small Scale Landscape Architecture Design

刘 喆

摘 要：在参数化设计手段飞速发展的背景下，风景园林设计师利用新的技术条件突破传统的线性设计思维，构建了更为高效的设计手段。本文结合南宁园博会设计师园和河北省园博会秦皇岛展园的实例对参数化设计的应用手段进行详细论述，在此基础上对设计实践过程中建构的系统方法进行梳理与总结，发掘这一类参数化设计手段的潜力，探讨参数化设计手段在小尺度风景园林设计中的应用前景。
关键词：参数化设计；小尺度；风景园林

Abstract: With the rapid development of parametric design methods, landscape architects depend on new technical conditions to break through

the traditional linear design thinking and construct a more efficient design method. Therefore, this paper discusses the application of parametric design method in detail with the examples of Nanning Garden Expo Designer Garden and Qinhuangdao Exhibition Garden of Hebei Province Garden Expo, and summarizes the systematic methods constructed in the process of parametric design practice, reveals the potential of parametric design method and explore the application prospect of parametric design in small-scale landscape design.
Keyword: Parametric Deisgn; Small Scale; Landscape Architecture

新时代“美好生活”要求下我国社区绿地休闲功能的优化策略研究

——以芬兰为经验借鉴

Study on the Optimization Strategy of Leisure Function of Community Green Space in China under the Requirement of “Better Life” in the New Era

—A Reference to Finland

卢　喆　金云峰　陈栋菲

摘　要：本文在新时代美好生活的要求下，关注社区绿地的休闲功能，以北欧发达国家芬兰为经验借鉴，实地调研了赫尔辛基北郊的Klaneettitie社区，归纳抽象出该社区绿地发挥休闲功能的影响因素，即可达性、场所性和互动性。对比分析中芬社区绿地休闲功能，分别从居住区尺度、小区尺度和组团尺度提出我国社区绿地可达性、场所性和互动性的优化策略，包括构建居住区人行绿道系统、建设特色休闲口袋公园和鼓励绿地自组织使用等，最终形成我国社区绿地休闲功能优化的指导性框架。
关键词：社区绿地；休闲功能；优化策略；美好生活；新时代

Abstract: Under the requirements of a better life in the new era, this paper pays close attention to the leisure function of community green space, taking Finland, a developed country in northern Europe, as a reference, and investigates the Klaneettitie community in the northern suburb of Helsinki. The influence factors of the community green space to play leisure function are summarized and abstracted, namely accessibility, placeness and interaction. By comparing and analyzing the leisure function of community green space in China and Finland, this paper puts forward the optimization strategies of community green space accessibility, placeness and interaction from the scale of residential area, the scale of community and the scale of group formation, including the construction of pedestrian green road system in residential area, the construction of characteristic leisure pocket park and the encouragement of green space self-organizing use. Finally, this paper forms the guiding framework for optimizing the leisure function of community green space in our country.
Keyword: Community Green Space; Leisure Function; Optimization Strategy; Good Life; New Era

新时代·新校园·新活力

——山东某高校校园空间活力调研

New Era, New Campus, New Energy

—Survey on the Spatial Vitality of a College Campus in Shandong

李佩格　杨　阳　吴　萍　邵鲁玉　杨　慧

摘　要：为促进大学校园开放包容、健康发展，全国教育工作会议提出“创新、协调、绿色、开放、共享”的理念。新时代背景下校园空间规划将呈现崭新面目。

本次调研以山东某高校15处校园空间为研究对象，首先调查各空间的活力情况，初步确定校园空间活力的指标体系，根据专家打分确定最终指标以及各指标权重，得出活力分值较高的校园公共空间作为样本。同时结合文献法，根据校园空间特征，确定空间品质的因素：区位因子、空间属性因子、感官体验因子。并进行各空间因子指标的量化，从而建立空间品质与活动的联系。最后，为创建有活力校园公共空间提出建议，以期对大学校园公共空间的规划与建设提供借鉴。
关键词：大学校园；活力；空间品质；优化策略

Abstract: To promote the open, inclusive and healthy development of university campuses, the national education work conference put forward the concept of "innovation, coordination, green, openness and sharing". In the new era, campus space planning will take on a new look.

This survey takes 15 campus Spaces of a university in Shandong province as the object of study. First, it investigates the vitality of each space, preliminarily determines the index system of campus space vitality, and determines the final index and weight of each index according to the scores of experts, and obtains the public campus space with high vitality score as the sample. At the same time, the factors of spatial quality were determined according to the campus spatial characteristics, including location factor, spatial attribute factor and sensory experience factor. And carry on the quantification of factor index of each space, thus establish the relation of space quality and activity. Finally, some Suggestions are put forward to create a dynamic public space on campus, in order to provide reference for the planning and construction of public space on campus.
Keyword: College Campus; Dynamic; Space Quality; Optimization Strategy

新时代背景下贵州绿色发展思想的创新探索

——以第四届中国（贵州黔南）绿化博览会绿博园规划为例

Innovation Exploration of Guizhou's Idea of Green Development under the New Era Background

冯一民

摘　要：中国绿化博览会（简称绿博会）是我国绿化领域组织层次最高的综合性盛会，第四届绿博会将于2020年8月在贵州省黔南州举行。黔南绿博园已成为贵州省重点建设项目，必将承担绿色发展思想创新探索的任务。从保护现状良好绿色生态环境出发，规划提出公园与城市合一、绿水与青山合一、共同体与综合体合一、刚性与弹性合一、形势与形态合一、绿色与多彩合一、会期与会后合一的绿色发展思想，演绎绿博园"绿水青山"如何转变为"金山银山"，将绿博园打造成为一幅美丽青山绿水的画卷、一个绿色发展建设的范本。
关键词：绿博会；绿色发展；绿水青山；金山银山；合一

Abstract: China green expo is a comprehensive event with the highest level of organization in the field of greening in China. The fourth green expo will be held in August 2020 in Qiannan Guizhou. Qiannan green expo park has become a key construction project in Guizhou and will certainly undertake the task of innovation and exploration of green development ideas. Starting from the protection present situation of green ecological environment, the plan puts forward the unity of parks and cities, green mountains and blue water, community and synthesis, rigidity and elasticity, situation and form, green and colorful, expo period and after the expo. It deduces how "green mountains and blue water" is transformed into "Gold & silver mountain", and makes it into a picture scroll of beautiful green mountain and blue water and a model of green development and construction.
Keyword: Green Expo; Green Development; Green Mountains and Blue Waters; Gold & Silver Mountain; Unity

新时代背景下历史名园保护与传承

——以古莲花池改造设计为例

Protection and Inheritance of Historical Park Under the Background of the New Era

—For Example of the Ancient Lotus Pond's Reconstruction Design

夏 康

摘 要：历史名园是中国传统园林的遗产和见证，体现了中国千年沉淀的历史文化印记。新时代背景下，历史名园的保护与传承有着更深刻的意义和更全面的要求。文章在历史名园相关理论研究的基础上，对新时代背景下历史名园面对的问题与保护传承要点进行解析，并以中国十大历史名园之一——古莲花池作为案例，梳理其历史沿革和造园特点，剖析其现状存在的问题，从布局、文化、设计三个方面提出改造思路，在空间、交通、景观要素等方面提出相应的改造设计方案。

关键词：历史名园；新时代；保护；传承；古莲花池

Abstract: The historical park is the heritage and testimony of Chinese traditional gardens, reflecting the historical and cultural imprint of China's millennium sedimentation. Under the background of the new era, the protection and inheritance of Historical parks has more profound significance and more comprehensive requirements. On the basis of the relevant theoretical research of historical famous gardens, this paper analyzes the problems faced by historical famous gardens in the new era and the ideas of protection and inheritance, the paper also take the ancient lotus flower pond, one of China's top ten famous Historical parks, as a case study, combing its historical evolution and characteristics of gardening, to analyze the problems existing in the status quo, propose transformation ideas from three aspects of layout, culture and design, and propose corresponding transformation design schemes in terms of space, traffic and landscape elements.

Keyword: Historical Park; New Era; Protection ; Inheritance ; Ancient Lotus Pond

新时代背景下世园会规划新思路探讨

——以 2021 年扬州世园会为例

Solutions of Plan for EXPO in New Era

—Taking YangZhou EXPO 2021 as an Example

董宇恒 杨 明

摘 要：党的十九大报告指出，中国特色社会主义进入了新时代，新趋势、新理念在园林建设中越来越受到重视，世园会作为大型城市事件，与城市发展高度相关。本文以 2021 年扬州世园会规划为例，分析往届世园会的发展模式和存在的问题，结合新时代特征，着眼于世园会体制革新、区域旅游发展、文化旅游深度融合、大健康产业发展、新型城镇化建设五个方面提出世园会规划新思路，旨在提出科学合理并符合当地实际的发展方案，并为今后园艺博览会等节事发展提供借鉴。

关键词：世界园艺博览会；大健康；旅游；扬州

Abstract: The 19th Report of the Communist Party of China has mentioned that, Socialism with Chinese Characteristics has stepped into a New Era. New trends and new conceptions has been extremely valued in landscape practice. EXPO, as a large city evident, is highly related to

the development of the city. This thesis, taking YangZhou EXPO 2021 as an example, taking problems in former EXPO and features in New Era into consideration, put forward five solutions, including organization, tourism development, culture integration, industry development and urbanization. This thesis is meant to put forward reasonable solutions and provide reference for the development of future EXPO.
Keyword: EXPO; Enlarged Health; Tourism; YangZhou

新时代城市绿道建设探究

——以北京“三山五园”绿道建成现状调查评价与建议为例

Research on the Construction of Greenway in Contemporary Cities

—Taking the Investigation and Evaluation of the Greenway Construction of Beijing “Three Hills and Five Gardens” Greenway as an Example

冯　玮

摘　要：伴随着国内经济转型，绿道从国外引进，成为城市建设的热点，众多城镇都相继开展了绿道建设。然而由于缺乏长期研究，绿道引入后，“绿道热”出现了诸如千篇一律、与当地人文或自然环境脱节等问题，这些问题在这股浪潮中被不断模仿放大。为了解绿道在国内的建设现状，笔者团队以北京“三山五园”绿道为例，从绿道建设的生态、景观、文化、游憩四个方面进行评价与思考，并提出相应的完善意见。
关键词：绿道建设现状；可持续发展；三山五园

Abstract: With the economic transformation, the greenway has been introduced from abroad and has become a hot spot in the construction of domestic cities. Cities and towns have carried out greenway construction. However, due to the lack of long-term research, the “green road heat” appeared lots of problems. These problems were constantly imitated and amplified in this wave. In order to understand the status quo of greenway construction in China, the author team takes Beijing Three Hills and Five Gardens Greenway as an example to evaluate and think about the ecology, landscape, culture and recreation of greenway construction, and propose corresponding improvement suggestions.
Keyword: Construction Issues of Greenway, Sustainable Development, Three Hills and Five Gardens

新时代城市绿地规划建设初探

——以深圳“公园之城”规划建设为例

Preliminary Study on the Planning and Construction of Urban Green Space in the New Era

—Case Study of Shenzhen Park City Planning and Construction

林楚燕

摘　要：深圳是一个具有先锋性的城市，其城市绿地系统的规划与建设通过不断地先行探索，不仅创造了绿地建设的数量奇迹，从内涵、功能、品质等内容也在不断赋予绿地新的生态观和人文关怀，以“公园之城”的实施计划奠定了新时代深圳生态文明建设示范引领的先锋作用。

关键词：风景园林；深圳；公园之城；绿地建设

Abstract：Shenzhen is a pioneer city. The planning and construction of urban green space system has not only created a miracle in the quantity of green space construction，but also endowed the green space with new ecological concept and humanistic care from its connotation，function and quality. The implementation plan of "Park City" has laid a pioneer role in Shenzhen's ecological civilization construction in the new era.

Keyword：Landscape Architecture；Shenzhen；Park City；Green Space Construction

新时代下参数化与植物景观设计初探

Preliminary Explore on Parameterization and Plant Landscape Design in the New Era

宋纯冰　包志毅　杨　凡　晏　海

摘　要：风景园林致力于协调人类社会活动空间与自然生态环境关系，在不断的发展过程中，纳入更加广阔的研究范畴，强调生态、社会、经济等多方面要素，突出自然与人类和谐共处的生态理念。其中具有生态效益的植物景观越来越重要，新时代背景下，计算机与信息技术的不断发展，越来越多的行业进入数字化时代，参数化在众多行业得到普遍应用，而参数化与植物景观设计缺少系统性研究。基于各行业参数化设计的应用，进行分析并得到启示，提出新时代背景下植物景观参数化设计的构想，构建参数化与植物景观设计的交互反馈的逻辑关系，组织设计流程，构想运算方式与理论模型。初步探究参数化与植物景观设计结合的可行性，带动行业内对其更多的探索与研究。发挥参数化设计优势性，并非追求设计自动化，而是将其作为植物景观设计的一种辅助工具，作为一种检验与审核方式，提高植物景观设计效率与科学性，推动风景园林进一步发展。

关键词：风景园林；参数化；植物；构想

Abstract：In the process of continuous development，it incorporates a broader range of research，emphasizing ecological，social，economics other aspects，highlighting nature and humanity. The ecological concept of harmonious coexistence. The ecological landscape has become more and more important. In the new era，with the development of computer and information technology，more and more industries have entered the digital age，and the parameterization has been widely used. However，parametric and plant landscape design lack systematic research. Research，this article in the analysis of the application of the parametric design inspiration，put forward the concept of plant landscape design under the background of new era，construction of parametric and plant landscape design interactive feedback. The logical relationship，organizational design process，conception and calculation methods and theoretical models. Preliminary exploration of the feasibility of combining parameterization with plant landscape design，try to drive more exploration and research in the industry. Parametric design ，have an advantage，is an auxiliary tool and the way of inspection and review for plant landscape design，rather than pursue design automation. In order to improve the efficiency and scientificity of plant landscape design，the landscape garden will be further developed.

Keyword：Landscape Architecture；Parametric；Plant；Conception

新时代下儿童户外活动空间景观营造

——以贵阳未来方舟幼儿园为例

Landscape Architecture of Children's Outdoor Activities in the New Era

—Taking Kindergarten of Guiyang Weilai Fangzhou as an Example

孙　艺　王成业　高宇星

摘　要： 随着物质文明的日益丰富，城市建设越来越密集，如何利用有限的空间为儿童提供安全、积极、富有创造性的户外活动空间越来越多地受到大家关注。自1996年，联合国儿童基金会提出“儿童友好型城市”的倡导以来，日本、美国等发达国家积极响应，分别从城市规划角度、景观设计、建筑设计等多方面做出实践，积极探索儿童户外空间建设。户外活动空间是儿童成长过程中游戏、交往、完善认知的主要场所，为儿童营造复合、生态、创意的活动空间有着重要意义。结合国内外成功的景观设计实践经验，本文将从儿童需求的本源出发，通过分析3～6岁儿童的生理、行为等特征，总结儿童户外活动空间的设计要点，以及区别于传统单一、乏味游戏空间的创新点，并结合贵阳市未来方舟居住区幼儿园景观设计案例，探讨理论在实际项目中的指导意义。

关键词： 儿童户外活动空间；景观设计；学龄前儿童；幼儿园

Abstract: With the enrichment of material civilization, more and more attention has been paid to the public view to provide a safe, active and creative outdoor space for children's growth. The purpose of this paper is to make a multi-dimensional analysis of children's physiological needs and psychological needs, and to discuss the children's outdoor activity space, which is different from the traditional single, artificial and stylized children's outdoor activities. Combined with the case of the future landscape design of the ark living area in Guiyang, the guiding significance of the theory in the actual project is discussed.

Keyword: Outdoor Space for Children; Landscape Design; Preschool Children; Kindergarten

新时代乡村旅游资源开发与保护的行动者网络研究

Research on Actor-Network in the Development and Protection of Rural Tourism Resources in the New Era

周　莉　丁金华　余　慧

摘　要： 在乡村振兴战略规划的背景下，乡村旅游是推动产业结构升级、农业现代化转型，提高村民收入，治理乡村生态环境的重大发展举措。乡村旅游业的发展，涉及主体多、利益多元、主导地位分配不合理等问题。本文以行动者网络理论为研究视角，根据“转译”的四步骤，分析了乡村旅游资源的开发与保护网络，以村民为主要观察视角，提出保护社会旅游资源和维护网络稳定性的建议。

关键词： 乡村振兴；乡村旅游；行动者网络理论；社会旅游资源；乡村性

Abstract: Under the background of rural revitalization strategic planning, rural tourism is a major development measure to promote industrial structure upgrading, agricultural modernization transformation, increase villagers' income, and manage rural ecological environment. The development of rural tourism involves many problems such as multi-subjects, diversified interests, and the distribution of dominant positions is still unreasonable. Based on the perspective of Actor-Network-Theory, this paper analyzes the development and protection of rural tourism resources according to the four steps of "translation" network. Taking the villagers as the main observation angle, it puts forward suggestions for protecting social tourism resources and maintaining network stability.

Keyword: Rural Revitalization; Rural Tourism; Actor Network Theory; Social Tourism Resources; Rurality

新型城镇化建设背景下的城市道路绿地建设模式研究

——以通州为例

Research on the Model of Urban Road Green Space Construction under the Background of New Urbanization

—A Case of Tongzhou

邢露露

摘　要： 道路是城市的动脉，在城市快速扩张时期，道路建设以机动车的效率优先，主要强调通行能力；而在城镇化建设的新时代，道路已经成为展现城市风貌的重要途径。国际上城市道路建设逐步朝着功能化、生态化、人文化、景观化的方向发展。本文旨在整合国内外城市道路绿地建设的最新理论，总结城市道路绿廊网络的建设结构，探讨道路绿地建设的多种模式。之后，以通州道路建设为例，总结目前道路绿地建设的现状问题，针对通州区道路绿地的完善提升、系统规划等问题，提出可实施的解决策略。
关键词： 道路绿地；城市道路；风景园林；建设模式

Abstract: The road is the artery of the city. During the period of rapid urban expansion, road construction takes priority in the efficiency of motor vehicles, mainly emphasizing the capacity of transportation. Under the background of new urbanization, the road has become an important way to show the urban style. Road construction is gradually developing towards functionalization, ecologicalization, human culture and landscape. The purpose of this paper is to integrate the latest theories of urban road green space construction at home and abroad, summarize the construction structure of urban road green corridor network, and explore the modes of road green space construction. After that, taking Tongzhou road construction as an example, this paper summarizes the current status of road green space construction, and proposes an implementable solution strategy for the improvement of road green space in Tongzhou District and system planning.
Keyword: Road Green Space; Urban Road; Landscape Architecture; Construction Model

新型生态系统理念下的植物景观修复实践研究

Practice Study on Plant Landscape Restoration under the Concept of Novel Ecosystem

尹智毅　徐文飞

摘　要： 植物景观修复是地区生物多样性与生态系统服务功能修复与重建的重要环节。然而，在“自然生态系统”的范式下，植物景观修复的目标是恢复到人类干扰之前的格局状态，这给已经发生了不可逆变化的植物群落的恢复带来了很大风险，同时也使文化景观遭到破坏。从植物景观修复的整体过程出发，首先梳理了 Richard Hobbs 新型生态系统理论的起源、内涵、管理机制。其次通过推导理论要点与植物景观修复的关系，在分析美国佛罗里达 Everglades 湿地和淮南大通煤矿植被修复实践案例的基础上，探索新型生态系统理念下的植物景观修复规划设计途径，以期能为植物景观修复的实践应用提供指导。
关键词： 新型生态系统；植物景观修复；适应性设计；生态系统服务

Absrtact: Plant landscape restoration is an important link in the restoration and reconstruction of regional biodiversity and ecosystem services. However, in the "natural ecosystems" paradigm, the goal of plant landscape restoration is to restore the pattern that existed before human disturbance, which poses a great risk to the restoration of plant communities that have already undergone irreversible changes. It also destroys the cultural landscape. Based on the whole process of plant landscape restoration, the origin, connotation and management mechanism of Richard Hobbs's new ecosystem theory are firstly analyzed. Then, by deducing the relationship between the main points of theory and the restora-

tion of plant landscape, this paper analyses the practice cases of phytoremediation of Everglades Wetland in Florida , USA and the coal mine of Huainan Datong. on this basis, this paper explores the way of plant landscape restoration planning and design under the concept of novel ecosystems, so as to provide guidance for the practical application of plant landscape restoration.
Keyword: Novel Ecosystems; Plant Landscape Restoration; Adaptive Design; Ecosystem Service

亚特兰大城市绿地系统规划对我国中小城市的借鉴与启示

The Reference and Enlightenment of Atlanta Urban Green Space System Planning to Small and Medium-sized Cities in China

赵海月　周　煜　许晓明

摘　要：亚特兰大（Atlanta）市域面积和人口规模与我国中小城市相当，其70%的城市绿化率位居世界前列。本文分析总结了现状亚特兰大单中心发展模式下城市绿色空间的布局特点；系统研究了其最新颁布的城市绿地系统规划——《绿色空间计划》（*Project Greenspace*）中城市绿色空间的发展目标、原则及"指状"绿地系统的布局结构；并进一步探讨其绿地系统规划的子项目——"亚特兰大（Beltline）2030战略实施规划"的背景、规划内容和实施策略等。同时针对我国中小城市绿地系统规划存在的问题提出相应的借鉴与启示，以期为全国中小城市绿地系统规划工作提供一定的理论指导。
关键词：亚特兰大；城市绿地系统；规划；中小城市；启示

Abstract: With 70% of its urban greening rate ranking the world's top, Atlanta has the same area and population size as small and medium-sized cities in China. The paper analyzes and summarizes the characteristics of the urban green space layout under the single-center development mode of Atlanta, the goals, principles , the layout structure of the "finger-shaped" green space system in its latest urban greenspace system planning "Project Greenspace" . The background, planning content and implementation strategy of "The Atlanta Beltline 2030 Strategic Implementation Plan" are further discussed. Lastly, the paper puts forward the corresponding reference and Enlightenment for the problems existing in the green space system planning of small and medium-sized cities in China, in order to provide some theoretical guidance for it.
Keyword: Atlanta; Urban Greenspace System; Planning; Small and Medium-sized Cities; Enlightenment

养老旅游视角下的巴渝村落保护更新策略研究

——以重庆市奉节县百里坡为例

Study on the Protection and Renewal Strategy of Bayu Village from the Perspective of Pension Tourism

—Taking Bailipo, Fengjie County, Chongqing as an Example

邓　宏　张梦蝶

摘　要：根据国家统计局数据显示，自2015年中国已经超过国际公认的人口老龄化的"红线"，老龄化形势严峻，城镇老人有了新的养老需求。另一方面，随着乡村旅游如火如荼地进行，村落保护在旅游开发的同时没有得到相应的重视，各地的古村落保护形势严峻。本文将养老旅游和村落保护相结合，以巴渝村落为研究对象，采用文献史料收集、实地人工调研、比较分析等多学科交叉方法，整合巴渝村落独特的自然资源、人文价值、原乡记忆等多种养老资源。基于老人的基本养老需求和对原乡村落的尊重，选取百里坡为示范基地，结合基础设施改造，空间重塑、三元主体建设、原乡记忆唤醒等方式，提出相应的控制内容和设计指引。进而构建巴渝村落保护机制，为巴渝村落养老旅游开发与建设提供新的思路与技术支持，也为其他地区村落养老旅游开发与保护更新提供了历史经验与技术思路。
关键词： 养老旅游；巴渝村落；原乡记忆；保护更新

Abstract: According to the National Bureau of Statistics, since 2015, China has surpassed the internationally recognized "red line" of population aging, the aging situation is severe, and urban elderly have new needs for old-age care. On the other hand, with the rural tourism in full swing, the village protection has not received corresponding attention in the development of tourism, and the protection of ancient villages in various places is grim. This paper combines old-age tourism and village protection, and takes Bayu village as the research object. It adopts multi-disciplinary methods such as literature historical data collection, field artificial investigation and comparative analysis to integrate the unique natural resources, human values and original memories of Bayu Village. And a variety of old-age resources. Based on the basic old-age needs of the elderly and respect for the original village, Bailipo was selected as a demonstration base, combined with infrastructure transformation, spatial remodeling, ternary subject construction, and awakening of the original memory, and proposed corresponding control content and design. Guidelines. Then build the protection mechanism of the Bayu Village, provide new ideas and technical support for the development and construction of the old-age tourism in the Bayu Village, and provide historical experience and technical ideas for the development and protection of the old-age tourism in other areas.
Keyword: Old-age Tourism; Bayu Village; Original Town Memory; Protection and Renewal

意大利台地园空间结构及景观要素比较分析

Compare and Analyze of Spatial Structure and Landscape Element of Italian Terrace Gardens

郭凯凯　丁益博　徐　慧　王旭东

摘　要： 地形的高差处理，是风景园林规划设计与工程实践过程中最为关键的环节之一。意大利台地园在世界园林发展史上占据重要的地位，因其独有的地形山势特征而名著。本文选取文艺复兴初期、中期以及末期的几个典型的台地园为研究对象，从平面序列和竖向节奏变化以及点、线、面空间结构层面出发，对高差的处理手法、台地园空间结构及组织形式、高差与造园要素的关系等几个方面进行比较分析，以期为山地城市景观及地形设计提供有价值的参考。
关键词： 台地园；地形；高差；空间结构；造园要素

Abstract: The disposal of the terrace's differences is one of the pivotal parts in the process of landscape planning design and engineering practice. The Italian terrace garden, which is characterized by its unique terrain, play an important role in the history of world's gardens. This paper selected a few typical terrace garden from the early, middle and late Renaissance as the research objects. Based on the planar sequence, the rhythm of the vertical change and the spatial structure of point, line and surface, the disposal method of the terrace's height differences, the space structure and organizational form of the terrace gardens, and the relationship between the terrace's height differences and the elements of building gardens are compared and analyzed, so as to provide valuable reference for landscape and topography design of mountain cities.
Keyword: Terrace Gardens; Terrace; Height Differences; Spatial Structure; Landscape Elements

英国海景特征评估方法研究

The Research of Seascape Character Assessment

霍曼菲　朱建宁

摘　要：由于全球化影响与城乡一体化建设，我国已产生了地域特色消失、城市建设千篇一律等众多问题。同时，过快的滨海景观建设使得这些问题更加严重地暴露于海岸带景观中。新时代的风景园林，海岸带建设已成为沿海城市发展的重要内容，如何能够营造具有地域景观特征的海岸带景观，成为沿海城市生态文明建设的重要一部分。

英国风景特征评估是对某个特定区域的风景园林特征进行认知的基本方法，由于海岸带自然因素作用的特殊性，欧洲建立了更加适应海岸带风景特征的描述评估体系。本文通过对海岸风景特征评估体系的评估目标、评估原则、评估步骤等方面进行详细解读，结合海岸风景特征评估实践案例进行分析，梳理出整个评估方法及其应用方式，以期对我国海岸带生态空间建设提供参考。
关键词：海岸带；风景特征；风景特征评估

Abstract: Because of the impact of globalization and urban-rural integration, many problems have arisen in China, such as the disappearance of regional features and the monotony of urban construction. At the same time, the rapid construction of coastal landscape makes these problems more seriously exposed to coastal landscape. The construction of coastal zones has become an important part of the development of coastal cities in the new era. How to build coastal landscapes with regional landscape features has become an important part of the construction of ecological civilization of coastal cities.

Landscape Character Assessment is a basic method for the recognition of landscape features in a specific region. Due to the particularity of natural factors in coastal zones, England has established a description and assessment system that is more suitable for coastal landscape features. In this paper, through detailed interpretation of the assessment objectives, principles and procedures of Seascape Character Assessment, combined with the practical cases of coastal landscape feature evaluation, sort out the entire evaluation method and its application, in order to provide reference for the construction of coastal space in China.
Keyword: Coastal Area; Seascape Character; Seascape Character Assessment

雨洪安全视角下的华北地区浅山区绿道构建研究

——以石家庄市鹿泉区山前大道绿道规划设计为例

Study on the Construction of Greenway in Hillsides Area of North China from the Perspective of Rain Flood Safety

—Taking the Landscape Plan of Shanqian Avenue Greenway as an Example in Luquan District, Shijiazhuang

冯君明

摘　要：华北地区浅山区作为城市发展的新兴区域，同时也面临着季节性雨洪威胁，绿道作为一种线型景观空间，具有较好的雨水消纳、径流减缓等功能。在此背景下，本研究提出雨洪安全视角下的华北浅山区绿道构建途径，并以鹿泉区山前大道绿道景观规划设计为例，结合GIS与SWMM软件对研究区的水文特点、LID设施布置以及雨洪安全效能等进行分析。希望借此梳理雨洪安全视角下适宜华北地区浅山区绿道的规划设计流程，并为新时代绿道景观的发展提供参考。
关键词：雨洪安全；华北地区；浅山区；绿道

Abstract: As an emerging area of urban development, The hillsides area in North China are also facing the threat of seasonal rain. As a linear landscape space, greenway has better functions of rainwater absorption and runoff mitigation. In this context, this study proposed the greenway construction approach in the shallow mountains of north China from the perspective of rain flood security. Taking the landscape planning and design of the greenway on the Shanqian Avenue in Luquan District as an example, combined GIS and SWMM software to analyze the hydrological characteristics, LID facility layout and the safety efficiency of rain flood in the study area. It is hoped that the planning and design process suitable for the greenway in the shallow mountainous area of north China can be sorted out from the perspective of rain flood safety, and also providing reference for the development of greenway landscape in the new era.
Keyword: Stormwater Safety; North China; Hillside; Greenway

云南坝区城市绿地景观格局研究

——以昆明市主城区为例

Landscape Pattern of Urban Green Space in Dam Area of Yunnan Province

—A Case Study of the Main Urban Area of Kunming

黄贞珍　魏　雯

摘　要：本文以昆明市主城区为研究区域，以 2015～2016 年高分一号卫星影像图作为数据源，根据坝区类型及特点勾绘出昆明市主城区主要坝区边界，运用景观指数对比分析坝区与非坝区的城市绿地景观格局，对坝区城市绿地分布情况进行研究。研究结果表明：（1）近 10 年来，研究区坝区面积明显增大，城市扩张明显；（2）研究区绿地以林地为主，面积大，分布集中，破碎程度低；公园绿地总面积最小；其他绿地面积较小，破碎程度高；（3）坝区与非坝区绿地景观格局呈现明显的差异，林地、草地及公园绿地主要分布于非坝区，其他绿地主要分布于坝区；坝区内各类型绿地分布比较均匀，而非坝区内林地具有明显的优势性。
关键词：坝区；坝子；城市绿地；景观格局；昆明市

Abstract: In the paper, the Main Urban Area of Kunming was selected as a research area. The high-score No. 1 satellite image from 2015 to 2016 was used as the data source. According to the type and characteristics of the dam area to draw the boundaries of the main dam areas in the main urban area of Kunming. The landscape index was used to compare and analyze the landscape pattern of urban green space in dam area and non-dam area in the main urban area of Kunming and, than studing the distribution of urban green space in dam area. The results shows: ①In the past 10 years, the area of dam area in the main urban area of Kunming has increased obviously, and the urban expansion is obvious. ②The woodland in the study area is mainly green space that with large area, concentrated distribution and low degree of fragmentation. The total area of park green space is the smallest. The other green space is small and high degree of fragmentation. ③The landscape pattern of green space between dam area and non-dam area is obviously different. Forest land, grassland and park green space are mainly distributed in non-dam area, while other green space is mainly distributed in dam area. The distribution of various types of green space in the dam area is relatively uniform, but forest land in non dam area has obvious superiority.
Keyword: Dam Area ; Dam ; Urban Green Space; Landscape Pattern; Kunming City

在现代性浪潮影响下风景文化的发展

——读边留久的《风景文化》

The Development of Landscape Culture under the Influence of the Wave of Modernity

—Reading the *Landscape Culture*

朱丽衡

摘　要：风景诞生在中国，在17世纪兴起于欧洲，有着悠久的历史。但有关风景思想的诞生，却是近几个世纪的事情。在某种程度上，表面上看是物质属性的风景，在现代社会实际上是由各种社会关系建构和生产出来的。现代性风景越来越多地成为人们表达自我与身份认同的方式，人们通过消费风景的能力来彰显自己的品位、地位和身份。因此，现今之风景和风景设计实际上是文化、政治、经济三位一体的空间生产的结果。本篇文章，将从风景的诞生、没有风景师的风景、谢灵运原则和宗炳原则以及基于这两种原则所引发的有关现代性景观的思考这几个方面展开综述，去更加深入地探讨有关风景文化的发展问题。

关键词：现代性；风景文化；风景思想；谢灵运原则；宗炳原则

Abstract: The scenery was born in China. It rose in Europe in the 17th century and has a long history. But the birth of landscape thoughts is a matter of the past century. To a certain extent, the surface is a material attribute, and in modern society it is actually constructed and produced by various social relationships. More and more modern landscapes have become the way people express themselves and their identities. People use their ability to consume landscapes to express their taste, status and identity. Therefore, today's landscape and landscape design is actually the result of the spatial production of the trinity of culture, politics and economy. This article will summarize the aspects of the birth of landscapes, the scenery without landscape architects, the principles of Xie Lingyun and Zong Bing, and the thinking about modern landscapes based on these two principles. Cultural development issues.

Keyword: Modernity; Landscape Culture; Landscape Thought; Xie Lingyun Principle; Zongbing Principle

半干旱地区浅山区公园设计研究

Study on the Design of Shallow Mountain Park in Semi-arid Area

张文伟

摘　要：随着发展用地紧张，城市出现了复杂的人居环境问题，城郊的浅山区蕴含着巨大的土地价值，面临被开发的机遇与风险。我国北方山地众多，浅山区是山地和平原的过渡地带，拥有丰富的动植物资源和特色的地形地貌。然而华北地区的浅山区也面临着气候干旱、土壤瘠薄等影响景观质量的因素，山地缺水的现状限制了景观的营造。本文通过案例分析，总结出针对华北地区半干旱浅山区公园的设计方法，并提出应对独特气候条件和特殊地形地貌的设计策略，以期为这类浅山区公园的建设提供意见。

关键词：半干旱；浅山区；公园

Abstract: With the number of urban development land is tense, the city has experienced complex living environment problems. The shallow mountainous areas in the suburbs contain huge land values and face opportunities and risks. There are many mountainous areas in the north of China. The shallow mountainous area is a transitional zone between mountains and plains. It has abundant animal and plant resources and characteristic topography. However, the shallow mountainous areas in North China are also facing factors such as climate drought and soil thinning, which affect the quality of the landscape. The current situation of water shortage in the mountains limits the construction of landscapes. Through case analysis, this paper summarizes the design methods for semi-arid shallow mountain parks in North China, and proposes

design strategies to deal with unique climatic conditions and special topography, in order to provide advices on the construction of such shallow mountain parks.
Keyword: Semi-arid; Shallow Mountain; Park

智慧乡村理念下的“历史文化名村”景观提升策略

——以仙游县济川村为例

Landscape Promotion Strategy of “Historical and Cultural villages” under the Concept of Wisdom Countryside

—A Case Study of Jichuan Village in Xianyou County

杨亚荣

摘　要：本文融入“智慧乡村”的设计理念，以千年汉代历史文化名村济川村为例，通过实地调研和分析，发现该村存在基础设施不完善、历史资源保护和利用不足、旅游宣传工作不到位、村庄产业发展欠缺等问题。本文通过客观解读智慧建设理念与“历史文化名村”保护活化的辩证关系，以建设智慧型历史文化名村为目标，提出智慧型景观提升策略，构建智慧宜居、智慧文化、智慧旅游、智慧农业、智慧管理的五力模型，打造集文化、信息、宜居于一体的智慧历史文化名村，为其他历史文化名村的景观提升提供参考。
关键词：智慧乡村；历史文化名村；景观提升；济川村

Abstract: This article is integrated into the design concept of “intelligent village”, taking the village of the historical and cultural name of the Han Dynasty as an example. Through field investigation and analysis, it is found that the village has some problems, such as imperfect infrastructure, protection and utilization of historical resources, lack of Tourism propaganda and lack of development of village production. Through the objective interpretation of the dialectical relationship between the concept of intellectual construction and the protection of the “historical and cultural village”, this paper aims at building a famous village of intellectual history and culture, and puts forward the strategy of intelligent landscape promotion, and constructs a five force model of wisdom and livable, intelligent culture, wisdom tourism, wisdom agriculture and wisdom management to build a collection of culture and letters. The smart historical and cultural village, which is livable and livable, provides a reference for the upgrading of other historical and cultural villages.
Keyword: Smart Countryside; Historical and Cultural Village; Landscape Upgrading; Ji Chuan Village

智慧型绿道的探究

——以石家庄市鹿泉区绿道为例

Research on Wisdom Green Way

—Taking Shijiazhuang Luquan Greenway as an Example

徐一丁　李运远

摘　要：当前城市正朝着智慧化方向发展演进，智慧城市和智慧建筑的探究早已开展，而智慧园林作为智慧城市的组成之一，也已逐渐成为研究的热点。园林绿地类型有很多种，由于绿道型绿地具有和城市衔接紧密、可辐射影响较大区域的特点，智慧绿道的探索具有深远意义。本文浅析了智慧绿道的概念和基本建设要求，从数据采集管理优化、信息监测、互动景观营造等层面进行研究分析，从而得出基于实践支撑的智慧绿道发展趋势。
关键词：风景园林；绿道；智慧绿道

Abstract: The current city is developing towards the direction of wisdom, and the exploration of smart cities and smart buildings has already been carried out. As one of the components of smart cities, smart gardens have gradually become a research hotspot. There are many types of garden green space. Since the greenway type green space has close connection with the city and can affect the characteristics of larger areas, the exploration of the intelligent green road has far-reaching significance. Firstly, this paper analyzes the concept and basic construction requirements of the intelligent greenway, and then conducts research and analysis from the aspects of data collection management optimization, information monitoring and interactive landscape construction to obtain the development trend of the wisdom greenway based on practice support.
Keyword: Landscape Architecture; Green Way ; Wisdom Green Way

中西方社区环境更新中公众参与的比较研究

The Comparative Study of Public Participation in Community Renewal in China and the West

张海花　王中德

摘　要：近年来，中国社区环境更新当中已经逐渐引入了公众参与，但仍然存在公众参与主客体不明确、公众参与的程序操作性不强、公众参与的渠道不清晰、公众参与的意识差等诸多问题，使公众参与的作用始终收效甚微。基于此，本文通过梳理中西方社区环境更新公众参与各自的发展概况，分析其产生不同成长机制的原因，同时对中西方城市社区更新中的公众参与在参与主客体、参与制度、参与模式等多方面做出深入的对比分析，依据当下我国国情和特点，对社区环境更新中的公众参与的制度建立和发展模式提出了几点建议，这对于探讨我国城市社区更新中公众参与模式的发展具有重要的理论价值和现实意义。
关键词：公众参与；社区环境更新；城市更新；比较研究

Abstract: In recent years, public participation has been gradually introduced into China's community environmental renewal, but there are still many problems, such as the unclear subject of public participation, the weak maneuverability of public participation procedures, the unclear channels of public participation, the poor awareness of public participation and so on, which make the role of public participation ineffective. Based on this, this paper combs the development of public participation in community renewal in China and the West, analyzes the reasons for their different growth mechanisms, and makes a thorough comparative analysis of public participation in urban community renewal in China and the West in terms of participation subject and object, participation system, participation model and so on. And Then based on the current situation and characteristics of China, this paper puts forward some suggestions on the establishment and development of public participation system in community environmental renewal. It has important theoretical value and practical significance to discuss the development of public participation model in urban community renewal in China.
Keyword: Public Participation; Community Environmental Renewal; Urban Renewal; Comparative Study

重庆主城区山水形式与传统城市结构分析

Analysis of Landscape Form and Traditional Urban Structure in Chongqing Main Urban Area

黄婷婷　朱建宁

摘　要：重庆是我国传统城市设计与自然山水历史拓展演进的典例，素有诗云“片叶浮沉巴子国，两江襟带浮图关”。本文以重庆城市历史发展时间为依据，从远古到中华人民共和国成立，把主城空间拓展模式按时间进程分为三个阶段：先秦时代城市起源期、沿江拓展的传统山地城市期、跨江拓展和分散拓展的跳跃建设期。从研究本体——主城产生、拓展过程出发，针对各时期的扩张特点，结合自然山水环境，剖析城市形成发展过程中自然与社会综合环境机制的影响及其表现，最后对当代重庆城市建设持续规模扩张与拓展的方式再加以探讨。

关键词：风景园林；传统山水城市；山地人居环境；重庆；形态结构分析

Abstract: Chongqing is a classic example of traditional urban design and historical development of natural landscape in China. Based on the historical development time of Chongqing city, from ancient times to liberation, this paper divides the spatial expansion mode of main city into three stages according to the time process: the period of city origin in pre-Qin period, the period of traditional mountain city developing along the river. The jump construction period of cross-river expansion and dispersive expansion. Based on the study of the process of Noumenon, the main city, and the characteristics of the expansion of each period, combined with the natural landscape environment, this paper analyzes the influence and performance of the comprehensive environmental mechanism of nature and society in the process of the formation and development of the city. In the end, the way of sustainable scale expansion and expansion of contemporary Chongqing city construction is discussed again.

Keyword: Landscape Architecture; Traditional Landscape City; Mountain Settlement Environment; Chongqing; Morphological and Structural Analysis.

新时代背景下的濒危植物保护区建设规划

——以突托蜡梅为例

The Construction Plan of the Endangered Plant Protection Area under the Background of New Era

—Take Chimonanthus Gramatus as an Example

周卫玲

摘　要：随着党中央、国务院关于生态文明建设和生态文明体制改革总体部署的纵深推进，各类生物保护区建设规划逐步成为地方政府工作重点和抓手。濒危植物保护区建设规划是宏观与微观兼顾的、远近期结合的战略性与经营管理性相统一的保护发展规划；是有效保护大自然留给人们的宝贵财富的技术手段。本文以安远县突托蜡梅植物保护区建设规划为例，从发展定位、管理体制、创新建设、种质资源库建设、近远期统筹五个方面阐述新时代背景下要求和建设特点，认为其对国家生态文明试验区（江西）实施有一定的借鉴意义。

关键词：新时代背景；濒危植物保护区建设规划；突托蜡梅植物保护区

Abstract: With the party central committee and the state council about the construction of ecological civilization and ecological civilization push deeper reform of the overall deployment of, all kinds of biological reserve construction planning gradually become the focus of local government and the gripper. The construction plan of the endangered plant protection zone is the protection and development plan of the rare and endangered plant resources in the wild, which is a combination of macro and micro, and a combination of strategy and management. It is a technical

means to effectively protect the precious wealth left by nature. Based on anyuan county Chimonanthus gramatus plant reserve construction planning as an example, from the development orientation, management system and innovative construction, germplasm repository construction, JinYuanQi five aspects elaborated under the background of new era demand as a whole, and the characteristics of the construction, think the experimental zone of national ecological civilization (jiangxi) implementation has the certain reference value. 。
Keyword: New Era Background; Planning for the Construction of Endangered Plant Reserves; Chimonanthus Gramatus Plant Reserve